제2판

R 기초와 활용

Introductory R

곽기영

도서출판 청람

| 머리말 |

R은 데이터분석을 위한 공개 소프트웨어로서 매우 안정적이고 신뢰할만한 성능을 자랑합니다. R의 사용자수는 기하급수적으로 증가하고 있으며 R의 활용분야 또한 꾸준히 확장되고 있습니다. 오늘날 R은 통계 및 데이터분석이 필요한 거의 모든 영역에서 사용되고 있다고 해도 과언이 아닙니다. 이 책은 데이터분석 프로그래밍 언어인 R을 처음 접하는 독자를 위해 쓰여졌습니다. 그러므로 이 책의 목적은 이제 막 R의 세계에 발을 들여놓은 독자들이 R의 기초와 응용분야의 기반 지식을 습득함으로써 R을 학문적으로나 실무적으로 보다 유용하고 자유롭게 활용할 수 있도록 하는 데 있습니다. 이 책은 비록 R의 입문자를 염두에 두고 집필하기는 하였지만 R을 활용한 고급 그래픽, Tidyverse 생태계, 기초적인 통계 및 데이터분석을 포함함으로써 R에 어느 정도 익숙한 독자에게도 이 책이 보다 더 전문적으로 R을 활용하기 위한 출발점으로서의 역할을 할 수 있도록 하였습니다. 이 책이 데이터 사이언티스트(data scientist)로서 R 활용 역량을 키우고자 하는 독자들에게 도움이 되기를 기대합니다.

이 책은 다음과 같은 특징을 갖습니다. 첫째, 모든 설명은 예제를 함께 제시하여 독자들이 이해하고 실제로 활용하는 데 있어서 어려움이 없도록 하였습니다. 가능한 다양한 예제를 접할 수 있게 함으로써 실무적으로 응용할 때에도 도움이 될 수 있도록 하였습니다. 둘째, 각 장의 끝에는 연습문제를 수록하여 본문에서 학습한 내용을 스스로 점검할 수 있도록 하였습니다. 때로는 설명의 흐름상 본문에서 직접 다루기 어렵거나 추가적인 설명이 필요한 내용을 포함함으로써 연습문제가 또 하나의 본문 역할을 할 수 있도록 하였습니다. 셋째, 가능한 활용도가 높은 주제를 다루려고 노력하였습니다. R은 매우 포괄적인 프로그래밍 언어로서 방대하고 다양한 주제를 포함하고 있기 때문에 한 권의 책에 모든 내용을 빠짐 없이 담는다는 것은 애초부터 불가능한 일입니다. 책에 포함되어야 할 내용은 활용도라는 관점에서 선택하였으며 이러한 관점은 여러 가지 다른 기준으로 보아도 보편적이면서 중요한 주제인 경우가 많으므로 R이라는 새로운 세계에 입문한 독자들이 보다 전문적인 내용을 학습할 때에도 도움이 될 것입니다.

이 책을 집필하는 과정에서 가장 어려웠던 부분은 어떤 내용을 수록하고 어떤 내용을 제외할 것인가의 문제였습니다. 개인적으로 다루고 싶은 흥미로운 주제가 많이 있었으나 현실적으로 그러한 내용을 모두 포함할 여유가 없었습니다. 이들을 모두 다루게 되면 이 책의 두께가 두배 세배로 늘어났을 것이고 R 입문서로서의 가치도 감소되었을 것입니다. 그래서 이 책에서 미처 소개하지 못한 R의 전문적인 응용분야는 필자의 다른 책에서 다루는 것으로 타협할 수밖에 없었습니다. 이 책을 집필하고 출간하기까지는 많은 사람들의 도움이 있었습니다. 도서출판 청람의 이수영 대표는 이 책이 출판될 수 있도록 아낌 없는 지원을 하였으며, 편집부는 편집과 관련된 전문적 의견을 제시하여 필자가 내용을 가다듬는 데 보다 집중할 수 있도록 도움을 주었습니다. 집필 과정에서 의지할 수 있는 가족이 없었다면 이 책의 출간은 더욱 오랜 시간이 걸렸을지도 모릅니다. 끝으로 아내와 아들, 딸에게 고마움을 전합니다.

2022년 2월
곽기영

이 책의 동영상 강의와 R 스크립트 코드 및 예제 파일은 다음 사이트에서 볼 수 있습니다.

▶ 동영상 강의: https://www.youtube.com/곽기영

⬇ R 스크립트 코드 및 예제 파일: https://www.github.com/kykwahk

| 차례 |

Contents

Contents

Contents | 차례

10 Chapter 그래픽

11
Chapter
고급 그래픽

Contents

12 Chapter 데이터분석

부록 Appendix

Contents

Chapter **01**

R 개요

Chapter 01 | R 개요

1.1 R 특징

R은 뉴질랜드의 오클랜드대학(University of Auckland)에 근무하던 로스 이하카(Ross Ihaka)와 로버트 젠틀맨(Robert Gentleman)에 의해 1990년대 초에 개발되었다. R은 상업용 통계 프로그래밍 언어인 S를 기반으로 만들어졌다. 1993년 8월에 S-News 메일링 리스트상에 처음으로 공개되었으며, 이후 많은 사람들이 관심을 갖게 되었고 공동개발에 참여하기 시작하였다. 1997년 중반에 R 개발 코어팀(R Development Core Team)이 처음으로 구성되었고, 2000년 2월에 최초의 R인 버전 1.0.0이 발표되었다.

R은 다음과 같은 특징을 갖는다.

- R은 무료로 사용할 수 있다. R은 오픈소스 라이선스(open-source license)하에서 관리되며, 따라서 누구나 다운로드할 수 있고 코드를 수정할 수 있다. 많은 프로그래머가 R 코드의 개선에 참여하고 있고, 이러한 노력 덕택에 R은 무료이면서도 매우 안정적이고 신뢰할만한 성능을 자랑한다.
- R은 여러 다양한 컴퓨터 플랫폼에서 사용할 수 있다. 즉 R은 윈도우(Windows), 유닉스(Unix), 리눅스(Linux), 맥OS(macOS) 등 다양한 운영체제 및 하드웨어를 지원한다.
- R의 응용영역은 꾸준히 확장되고 있다. R은 통계처리를 위한 목적으로 통계학자에 의해 개발되기는 하였지만 사용자 기반이 점차 다양해짐에 따라 R의 응용분야는 통계학 이외의 영역으로 확장되기 시작하였다. R은 현재 데이터분석이나 그래픽과 같은 비통계적 목적으로도 폭넓게 이용되고 있으며 머신러닝(machine learning), 딥러닝(deep learning), 데이터마이닝(data mining), 자연어처리(natural language processing) 등 다양한 분야로 응용범위를 넓혀가고 있다.
- R은 인터프리터(interpreter) 언어이다. 따라서 C나 Java 같은 컴파일러(compiler) 프로그래밍 언어처럼 실행 코드를 생성하기 위한 별도의 컴파일 과정이 필요 없다. R은 입력한 코드를 컴파일 과정 없이 직접 실행함으로써 개발 과정을 편하고 간결하게 만든다.

▶ R은 뛰어난 그래픽 처리 능력을 갖고 있다. R은 복잡한 데이터를 시각화할 수 있는 포괄적이고 강력한 환경을 제공한다.

▶ R은 다양한 데이터 원천(파일, 데이터베이스, SPSS, SAS, XML 등)으로부터 데이터를 쉽게 불러들일 수 있다. 또한 데이터를 외부의 시스템으로 내보낼 수도 있다. 이 밖에도 R은 웹페이지, 소셜미디어 사이트, 다양한 온라인 데이터서비스에 직접 접근하여 데이터를 가져올 수 있다.

1.2 R 맛보기

본격적으로 R에 대해 학습하기 전에 R이 어떤 방식으로 동작하며 어떠한 기능을 제공하는지 대략적으로 탐색해보자. R 소프트웨어는 다른 보통의 소프트웨어 프로그램과 유사한 방식으로 실행한다. R을 실행하기 위해서는 윈도우의 시작 메뉴에서 R 프로그램을 선택하거나 바탕화면의 R 아이콘을 더블클릭한다. 그러면 R 명령어를 입력할 수 있는 RGui(R Graphical user interface)의 R 콘솔(R Console) 화면이 나타난다. R을 위한 통합 개발환경인 RStudio를 사용할 때는 윈도우의 시작 메뉴에서 RStudio를 선택하거나 바탕화면의 RStudio 아이콘을 더블클릭한다.[1]

R 코드를 실행하는 방식은 매우 간단하다. >로 표시된 R 프롬프트(R prompt)에 명령어 코드를 입력하고 엔터 키로 실행하면 R은 그 코드를 해석하고 결과를 출력한다. 다음과 같은 간단한 덧셈을 해보자.

```
> 1 + 2
[1] 3
```

R 프롬프트에 1과 2를 더하라는 명령어 코드를 입력하였고, R은 다음 라인에 실행 결과인 3을 출력하였다. 출력 결과 3 앞의 [1]은 약간의 설명이 필요하다. R은 기본적으로 벡터(vector) 단위의 연산을 수행한다. 결과가 하나의 값을 갖더라도 R은 원소의 개수가 하나인 벡터로 표현된다. 즉 R에서는 스칼라(scalar)도 원소 하나로 구성된 벡터로 취급된다.[2] 따라서 위의 결과 3은 하나의 원소로 이루어진 벡터로 표현되며, 3 앞의 [1]은 3이 출력 결과 벡터의 첫 번째 원소라는 것을 나타낸다. 출력 결과가 길어서 하나의 라인에 표현을 못할 때는 여러 라인에 걸쳐 벡터의 원소가 출력되며 각 라인의 맨 앞에 해당 원소의 순서가 괄호 속에 나타난다.

1 이 책은 윈도우 운영체제 환경을 가정한다. R 및 RStudio의 설치 및 기본적인 사용법에 대해서는 '부록 A. R 설치 및 사용'과 '부록 B. RStudio 설치 및 사용'을 참고한다.

2 여기에서 스칼라는 하나의 수치만으로 표시된 값을 의미한다.

벡터는 R에서 다루는 데이터 구조 중 가장 간단한 형태로서 R의 기본 연산 단위이다.[3] 벡터는 숫자나 문자와 같은 데이터 단위의 집합이다. 즉 숫자나 문자로 구성된 행 또는 열이라고 생각하면 된다. 예를 들어, 다섯 개의 숫자로 구성된 벡터는 길이 5를 갖는 숫자 벡터이며, 세 개의 문자열로 구성된 벡터는 길이 3을 갖는 문자 벡터이다. 벡터를 생성하기 위해서는 다음과 같이 c() 함수를 이용한다.

3 벡터에 대한 보다 자세한 내용은 '제2장 벡터'를 참고한다.

```
> c(1,2,3,4,5)
[1] 1 2 3 4 5
> c("Tiger", "Lion", "Elephant")
[1] "Tiger"    "Lion"     "Elephant"
```

프로그래밍 언어에 있어서 함수(function)는 입력을 받아서 특정 작업을 수행하는 프로그램 코드를 의미한다. 괄호 안에 입력을 받으며 이를 인수(argument)라고 한다. c() 함수는 벡터의 원소를 인수로 받아서 하나의 벡터를 생성한다.

+, -, *, / 등의 산술 연산자(arithmetic operator)는 R에서도 동일한 의미를 갖는다. 연산자는 두 값 사이에 위치하여 계산을 수행하는 역할을 한다. 산술 연산자 이외에 R은 다양한 연산자를 제공한다. 예를 들어, : 연산자는 연속된 숫자열 벡터를 생성한다.

```
> 1:5
[1] 1 2 3 4 5
```

벡터는 할당 연산자 <-를 이용하여 변수에 저장할 수 있다.

```
> x <- 1:5
> x
[1] 1 2 3 4 5
```

숫자열 1, 2, 3, 4, 5를 변수 x에 할당하고 이어서 x를 콘솔에 입력하고 엔터 키를 누름으로써 x에 저장된 값을 출력한다. R은 소문자와 대문자를 다르게 인식하기 때문에 코드 작성 시 주의를 기울일 필요가 있다. 생성된 변수는 이후 연산에 활용할 수 있다. 새로운 변수 y를 생성하고 2를 할당한 후 앞에서 생성한 변수 x에 더해보자.

```
> y <- 2
```

```
> x + y
[1] 3 4 5 6 7
```

x의 다섯 개 원소 각 값에 y의 변수값 2가 각각 더해졌다. 하나의 값만을 갖는 변수 y가 변수 x의 구성 원소 개수만큼 반복 사용되어 연산이 수행되었다.4 연산 결과는 다음과 같이 또 다른 새로운 변수에 할당할 수 있다. 생성된 변수는 그 변수에 새로운 값이 할당되지 않는 한 원래의 변수값을 그대로 유지한다.

```
> z <- x + y
> z
[1] 3 4 5 6 7
> x
[1] 1 2 3 4 5
> y
[1] 2
```

다음과 같은 논리 연산도 수행할 수 있다.

```
> 3 < 4
[1] TRUE
> if (3 < 4) "Yes" else "No"
[1] "Yes"
```

행렬과 관련된 작업도 쉽게 수행할 수 있다. 다음과 같이 3×2 행렬을 생성하고 t() 함수를 이용하여 전치행렬(transposed matrix)을 만든다.5

```
> m <- matrix(c(1,2,3,4,5,6), 3, 2)
> m
     [,1] [,2]
[1,]    1    4
[2,]    2    5
[3,]    3    6
> t(m)
     [,1] [,2] [,3]
[1,]    1    2    3
[2,]    4    5    6
```

4 이는 벡터 연산(vectorized operation)과 재사용(recycle)의 개념으로서 R이 갖는 중요한 특징 중의 하나이다. '제2장 벡터'에서 자세히 다룬다.

5 행렬은 R에서 다루는 데이터 구조 가운데 하나이다. 행렬의 생성 및 처리는 '제3장 행렬'을 참고한다. 전치행렬은 원래 행렬의 행을 열로, 열을 행으로 바꾼 행렬이다.

변수에는 숫자뿐만 아니라 문자(텍스트)도 저장할 수 있다. 문자를 변수에 할당할 때는 다음과 같이 문자를 인용부호로 감싼다. 변수 a에 문자 Tiger가 할당되었다. 문자를 감싸는 인용부호로는 큰따옴표와 작은따옴표를 모두 사용할 수 있다.

```
> a <- "Tiger"
> a
[1] "Tiger"
```

변수를 포함하여 어떤 객체(object)든 출력하기 위해서는 print() 함수를 이용한다.6 다음과 같이 print() 함수를 이용하여 화면에 'Welcome to R World'라는 텍스트를 출력할 수 있다.

```
> print("Welcome to R World")
[1] "Welcome to R World"
```

텍스트를 결합하기 위해서는 paste() 함수를 이용한다.

```
> paste("Tiger", "Lion", "Elephant")
[1] "Tiger Lion Elephant"
```

콘솔에서 사용자로부터 입력을 받기 위해서는 readline() 함수를 이용한다. 다음과 같은 명령어를 실행하면 'What is your favorite class?'가 화면에 출력되고 커서가 깜빡거리면서 R은 사용자로부터의 입력을 기다린다. 콘솔에 'Data Analytics'라고 입력하고 엔터 키를 누르면 입력된 문자열이 myclass 변수에 저장된다.

```
> myclass <- readline("What is your favorite class? ")
What is your favorite class? Data Analytics
> myclass
[1] "Data Analytics"
```

사용자의 입력이 저장된 myclass 변수는 이후의 작업에 활용될 수 있다. 다음과 같이 myclass 변수를 출력하여 저장된 문자열을 확인해보자.

```
> paste("My favorite class is", myclass)
[1] "My favorite class is Data Analytics"
```

6 R에서는 변수에 할당될 수 있는 것은 모두 객체라고 부른다. 데이터 구조, 함수, 통계모델 및 분석모델, 그래프 등 거의 모든 것이 객체가 될 수 있다.

R은 통계처리 및 데이터분석을 위한 다양한 함수를 갖고 있다. 다음과 같이 10개 국가의 도시인구비율(urban.pop 변수)과 기대수명(life.exp 변수)을 입력하고, 기대수명의 평균(mean() 함수)과 표준편차(sd() 함수), 그리고 둘 간의 상관계수(cor() 함수)를 차례대로 구해보자.

```
> urban.pop <- c(50,47,69,47,47,57,72,42,51,40)
> life.exp <- c(67,72,77,65,74,75,76,59,72,60)
> mean(life.exp)
[1] 69.7
> sd(life.exp)
[1] 6.566751
> cor(life.exp, urban.pop)
[1] 0.7778366
```

기대수명 평균은 69.7세이고 표준편차는 6.6세이다. 그리고 도시인구비율과 기대수명 간에는 비교적 높은 상관관계가 존재한다(상관계수 0.78). 이들 간의 관계를 선형회귀식으로 나타내기 위하여 기대수명을 종속변수로, 도시인구비율을 독립변수로 하여 회귀분석을 수행해보자(lm() 함수).7 회귀분석의 결과도 할당 연산자 <-를 이용하여 숫자나 문자처럼 변수에 저장할 수 있다.

```
> life.lm <- lm(life.exp ~ urban.pop)
> life.lm

Call:
lm(formula = life.exp ~ urban.pop)

Coefficients:
(Intercept)    urban.pop
    44.8678       0.4757
```

기울기 0.48, 절편 44.9인 선형회귀식이 도출되었다(기대수명=44.9+0.48×도시인구비율). 이를 이용하면 어떤 국가의 도시인구비율을 알고 있을 때 그 국가의 기대수명을 예측할 수 있다.

R은 매우 강력하고 유용한 그래픽 기능을 제공한다. 그래픽은 R이 갖고 있는 강점 중의 하나이다. [그림 1-1]과 같이 도시인구비율과 기대수명 간의 관계를 그래프로 그려보자.

7 회귀분석에 대한 보다 자세한 설명은 '제12장 데이터분석'의 '12.1 통계분석'을 참고한다.

```
> plot(urban.pop, life.exp, col="blue", pch=19,
+      main="Urban Population Percent vs. Life Expectancy",
+      xlab="Urban Population Percent (%)",
+      ylab="Life Expectancy (age)")
> abline(life.lm, col="red")
```

여기에서 plot() 함수는 도시인구비율과 기대수명 간의 관계를 산점도(scatter plot) 형태로 보여준다. abline() 함수는 산점도 위에 회귀모델로부터 추출한 직선의 선형 회귀선을 그린다. 입력해야 할 명령어가 길어서 한 라인에 모두 입력하지 못할 때는 Shift + Enter 키를 눌러서 다음 라인으로 이동할 수 있다.[8] 이때 라인 맨 앞의 + 기호는 이전 라인에서 명령어가 이어지고 있음을 나타낸다.

8 RStudio를 이용하여 코드를 작성할 때는 Source 영역에서 엔터 키를 눌러서 다음 라인으로 이동할 수 있다.

[그림 1-1] 도시인구비율과 기대수명 간 산점도와 회귀선. 도시인구비율이 클수록 기대수명도 길다.

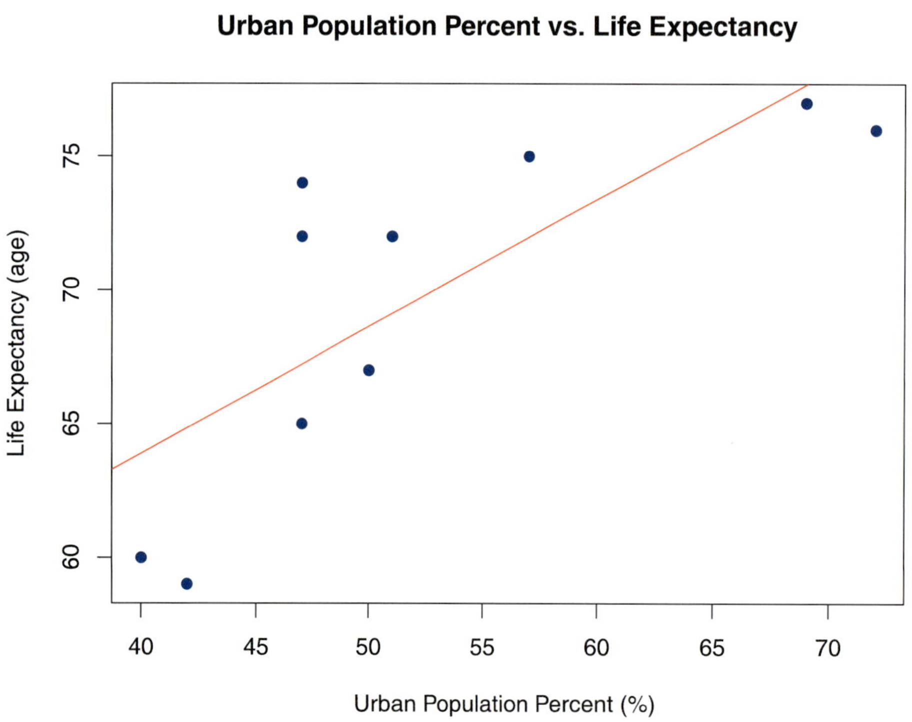

1.3 R 소프트웨어 이해하기

작업환경

현재의 작업 디렉토리(working directory) 위치를 알기 위해서는 getwd() 함수를 이용한다. setwd() 함수를 사용하여 작업 디렉토리를 변경할 수 있다. 작업 디렉토리는 모든 입력과 출력 작업이 이루어지는 기본 위치이다. 데이터 파일의 읽기와 쓰기, 스크립트(script) 파일의 열기와 저장하기, 생성한 변수나 함수를 저장하고 읽어들이기 등의 다양한 입력 및 출력 작업이 현재 설정된 작업 디렉토리에서 이루어진다. 예를 들어, 파일을 열 때 따로 경로를 지정하지 않으면 R은 열고자 하는 파일이 현재 설정된 작업 디렉토리에 존재한다고 가정한다.

R을 설치하고 나면 사용자의 작업 디렉토리는 C:\Users\<user>\Documents 형식으로 자동 설정된다. 여기에서 <user>는 윈도우 운영체제에 등록된 사용자 계정을 나타낸다. 다음과 같이 getwd() 함수를 입력하여 현재의 작업 디렉토리를 확인할 수 있다.

```
> getwd()
[1] "C:/Users/kykwahk/Documents"
```

출력 결과를 보면 디렉토리 경로를 표시하는 기호로서 \(backslash) 대신에 /(slash)가 사용되었다. R에서는 디렉토리 경로를 표시하기 위해서 \ 대신에 /를 사용하거나 또는 \\를 사용한다.

setwd() 함수는 변경할 작업 디렉토리 경로를 인수로서 받는다. 이때 작업 디렉토리 경로를 인용부호로 감싸야 한다.

```
> setwd("D:/MyWorkspaceR")
> getwd()
[1] "D:/MyWorkspaceR"
```

현재 디렉토리 위치를 기준으로 바로 위 상위 디렉토리로 이동하기 위해서는 ..을 인수로 지정한다. 경로 지정 없이 디렉토리 이름만을 인수로 줄 때는 현재 디렉토리 위치를 기준으로 작업 디렉토리가 지정된다. 즉 현재 디렉토리 하부의 지정된 디렉토리로 작업 디렉토리가 이동한다.

```
> setwd("..")
```

```
> getwd()
[1] "D:/"
> setwd("MyWorkspaceR")
> getwd()
[1] "D:/MyWorkspaceR"
```

R을 시작할 때마다 사용자의 작업 디렉토리를 원하는 위치로 변경하여 사용자만의 고유한 작업환경을 구성할 수 있다. Rprofile.site 파일에는 R 시작 시 실행시킬 수 있는 다양한 옵션을 지정할 수 있다. Rprofile.site 파일은 C:\Program Files\R\<R-version>\etc 폴더에 위치하며 텍스트 파일 형식이기 때문에 일반적인 텍스트 파일 편집기(예를 들면, 워드패드)를 이용하여 편집할 수 있다.[9] `setwd("D:/MyWorkspaceR")`를 Rprofile.site 파일에 추가한다. 그러면 새로운 R 세션이 시작될 때마다 `setwd()` 함수가 실행되고 'D:\MyWorkspaceR'로 작업 디렉토리가 변경된다.[10]

R을 끝내기 위해서는 다음과 같이 `q()` 함수를 입력한다. 또는 R 콘솔에서 『파일 > 종료』를 선택하거나 콘솔 창의 닫기 버튼(×)을 클릭한다.[11]

9 <R-version>은 사용자가 설치한 R 버전을 나타낸다.

10 Rprofile.site 파일의 수정을 통한 사용자 환경 구성은 '부록 A. R 설치 및 사용'을 참고한다.

11 RStudio를 이용할 때는 『File > Quit Session』을 선택하거나 RStudio 창의 닫기 버튼(×)을 클릭한다

```
> q()
```

사용자가 R을 마치려 하면 R은 [그림 1-2]와 같이 작업공간(workspace)을 저장할 것인지를 묻는다. 작업공간은 R을 시작할 때 만들어지며 사용자가 작업 중에 생성한 변수와 함수가 저장된다. 작업공간은 작업 중에 컴퓨터의 메인메모리에 보관되며 사용자는 R을 끝내면서 작업공간을 하드디스크에 저장할 수 있다.

[그림 1-2] 작업공간 저장. 사용자가 R을 끝내려고 할 때 작업공간 저장 대화상자가 나타난다.

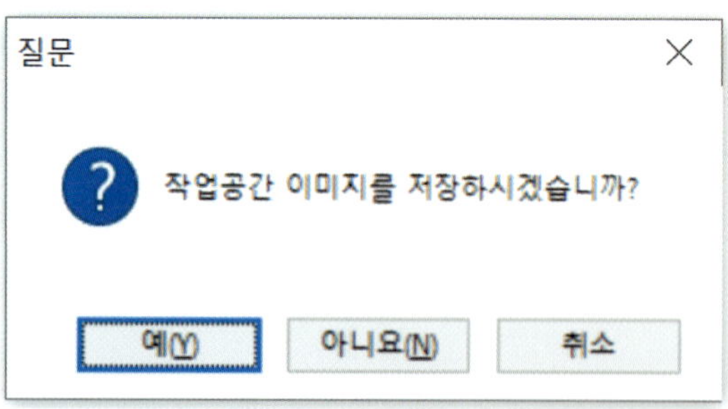

[그림 1-2]의 작업공간 저장 질문에서 '예(Y)'를 선택하면 R은 작업 디렉토리에 있는 .RData 파일에 작업 중에 생성된 변수와 함수를 저장한다. 작업공간을 저장하면 기존 파일을 덮어쓰게 되므로 기존에 저장된 작업공간의 변경을 원치 않으면 '아니오(N)'를 선택한다. 작업공간이 일단 .RData 파일에 저장되면 다음에 R을 새로 시작할 때 R은 이 파일을 현재의 작업 디렉토리에서 찾게 되고 이 파일에 저장된 내용으로 작업공간을 초기화한다.[12] 그런데 작업공간을 저장하더라도 작업 중 생성한 그래프 자체는 저장되지 않는다. 따라서 그래프를 저장하기 위해서는 별도의 그래프 파일 생성 함수(예를 들면, png() 함수)를 사용하거나 R을 종료하기 전에 동일한 그래프를 다시 생성하는 데 필요한 데이터와 R 코드를 저장한다.

작업을 종료할 때가 아니라 작업하는 중간 중간에 작업공간을 저장하고 싶을 때가 있다. 예를 들면, 점심식사를 하러 간다거나 잠시 회의를 위해 자리를 비운다거나 할 때 갑작스런 정전이나 컴퓨터 오류가 발생하면 그동안의 작업내용을 모두 잃게 된다. 이러한 예기치 않은 사고로부터 작업내용을 보호하기 위하여 작업 도중 작업공간을 저장하기 위해서는 save.image() 함수를 이용한다. save.image() 함수를 실행하면 현재까지 작업한 내용이 .RData 파일에 저장된다.

```
> save.image()
```

작업공간에 생성된 변수와 함수의 리스트를 보려면 ls() 함수를 이용한다.[13] 작업공간이 비어 있을 때, 즉 아무런 변수 또는 함수가 생성되지 않았을 때 ls() 함수는 작업공간에 아무것도 없다는 의미로 빈 벡터를 반환한다. 출력된 character(0)은 길이 0을 갖는 문자 벡터, 즉 아무것도 없는 빈 벡터가 반환되었음을 나타낸다.

```
> ls()
character(0)
```

작업공간에 생성된 변수 또는 함수가 있을 때 ls() 함수는 해당되는 변수 또는 함수 이름을 하나의 문자 벡터로 반환한다. 다음과 같이 차례대로 입력해보자.

```
> x <- 100
> y <- c(2,3,5,7)
> hero <- c("Superman", "Batman", "Spiderman")
```

12 RStudio를 이용할 때는 Environment 영역의 상단에 있는 저장 아이콘을 클릭하여 작업공간을 저장하고 오픈 아이콘을 클릭하여 저장된 작업공간을 불러온다.

13 RStudio에서는 별도의 명령어 입력 없이 Environment 영역에서 작업공간을 확인할 수 있다.

```
> f <- function(y) (y-32)/1.8
> ls()
[1] "f"    "hero" "x"    "y"
> ls(pattern="e")
[1] "hero"
```

ls() 함수에 의해 출력된 문자 벡터는 생성된 변수와 함수 개수만큼의 길이를 가지며 각 원소는 변수 또는 함수의 이름에 대응된다. 여기에서는 세 개의 변수와 한 개의 함수가 생성되어 총 네 개의 원소를 갖는 문자 벡터가 반환되었다. 특정 문자가 포함된 변수나 함수 이름을 찾으려면 pattern 인수를 이용한다.

이름 이외에 더 많은 정보를 보고 싶다면 ls.str() 함수를 이용한다. 각 변수 또는 함수의 이름뿐만 아니라 각 객체의 구조를 보여준다.

```
> ls.str()
f : function (y)
hero :  chr [1:3] "Superman" "Batman" "Spiderman"
x :  num 100
y :  num [1:4] 2 3 5 7
```

생성된 변수 또는 함수가 더 이상 필요 없어서 작업공간에서 삭제하고 싶을 때 rm() 함수를 이용한다.

```
> z <- 3.14
> z
[1] 3.14
> rm(z)
> z
Error: object 'z' not found
```

rm() 함수는 객체를 작업공간에서 영원히 제거하며 일단 제거된 객체는 되돌릴 수 없다. 다음과 같이 여러 개의 객체를 동시에 제거할 수도 있다.

```
> rm(x, y)
```

작업공간에 있는 모든 객체를 한꺼번에 제거하는 것도 가능하다. 다음과 같이 rm() 함수의 list 인수에 ls() 함수로부터 반환된 객체 벡터를 넘겨주면 작업공간상의 모든 객체를 한꺼번에 삭제할 수 있다.

```
> ls()
[1] "f"    "hero"
> rm(list=ls())
> ls()
character(0)
```

앞에서 살펴보았던 save.image() 함수는 작업공간 전체를 파일(즉 .RData)로 저장할 수 있었다. 반면에 save() 함수를 이용하면 개별 변수를 파일로 저장할 수 있다. save() 함수에 다음과 같이 변수명과 파일명을 인수로 주고 실행하면 작업 디렉토리에 변수 데이터가 저장된 파일이 생성된다. 저장할 변수를 여러 개 지정하면 다수의 변수를 하나의 파일로 저장할 수 있다.

```
> hero <- c("Superman", "Batman", "Spiderman")
> hero
[1] "Superman"  "Batman"    "Spiderman"
> save(hero, file="hero.rda")
```

저장된 데이터를 다시 작업공간으로 불러들이기 위해서는 load() 함수를 이용한다. load() 함수가 어떻게 작동되는지 보기 위하여 먼저 저장된 변수를 제거해보자.

```
> rm(hero)
> hero
Error: object 'hero' not found
```

작업공간에서 hero 변수가 사라졌다. 이제 load() 함수를 이용하여 파일로 저장된 변수를 다시 작업공간에 불러들인다. hero 변수가 작업공간에 다시 생성되었다.

```
> load("hero.rda")
> hero
[1] "Superman"  "Batman"    "Spiderman"
```

실행했던 명령어를 다시 보거나 다시 실행하고 싶다면 R 콘솔 창에서 윗화살표(up arrow) 키를 누른다. 한 번 누르면 바로 직전의 명령어가 보이고 두 번 누르면 그 직전에 수행한 명령어가 콘솔 창에 나타난다. 한 번에 한 라인씩 수행했던 명령어 라인을 보여준다. 보고 싶은 명령어가 나타날 때까지 윗화살표 키를 반복해서 누른다. history() 함수를 이용할 수도 있다. history() 함수는 기본적으로 최근 25개까지의 명령어 라인을 보여준다.

```
> history()
```

history() 함수에 인수를 제공함으로써 출력할 명령어 라인의 개수를 지정할 수 있다. 기록된 전체 명령어 라인을 모두 보고 싶으면 Inf를 인수로 넘겨준다.

```
> history(10)
> history(Inf)
```

실행했던 명령어는 작업 디렉토리에 .Rhistory 파일로 저장된다. 따라서 R을 종료한 후에도 텍스트 편집기를 이용하여 과거 명령어 기록을 볼 수 있다.14

14 RStudio는 History 영역에서 명령어 실행 기록을 확인할 수 있다.

바로 직전에 실행했던 명령어의 실행 결과는 .Last.value 변수에 저장된다. 이 변수는 때때로 유용하게 활용할 수 있다. 예를 들면, 매우 오랜 시간이 걸리는 함수를 실행한 후 그 결과를 저장하는 것을 잊어버렸을 때 이 변수를 활용하면 함수를 다시 실행하는 수고를 덜 수 있다.

```
> f <- function(y) (y-32)/1.8
> f(100)
[1] 37.77778
> z <- .Last.value
> z
[1] 37.77778
```

R은 변수나 함수 이름의 명명 규칙이 비교적 자유롭지만 몇 가지 규칙은 지켜야 한다. 모든 이름은 문자 또는 마침표(.)로 시작해야 하고 문자, 숫자, 밑줄(_), 마침표만을 사용해야 한다. 그리고 break, else, FALSE, for, function, if, Inf, NA, NaN, next, repeat, return, TRUE, while 등은 R에서 특별한 목적으로 사용되는 키워드이므로 변수나 함수 이름으로 사용할 수 없다.

R은 또한 대문자와 소문자를 구별한다(case sensitive). 즉 R은 myclass와 Myclass를 다른 변수로 인식한다. 변수나 함수 이름은 그 자체로 이해하기 쉽도록 정하는 것이 프로그램 코드의 가독성을 높이는 데 도움이 된다. 마침표를 사용하는 명명법(dotted style)과 첫 번째 단어를 제외한 나머지 단어의 첫 글자를 대문자로 사용하여 단어를 모두 붙여 길게 쓰는 명명법(camel case)이 많이 사용된다. 이 책에서는 변수 이름에는 전자를, 함수 이름에는 후자를 사용한다. 예를 들면, 변수는 stock.price와 같은 형식으로, 그리고 함수는 computeAveragePrice와 같은 형식으로 이름을 부여한다.

패키지

R에서 제공되는 각종 함수와 데이터셋(dataset)은 패키지(package)에 보관된다. R을 설치하면 기본적으로 표준패키지(standard package)가 함께 설치된다. 표준패키지에는 R의 기본 함수, 통계분석 함수, 그래픽 함수, 참고용 데이터셋 등이 포함되어 있다.

컴퓨터에 어떤 패키지가 설치되어 있는지 보려면 library() 함수를 인수 없이 사용한다. 그러면 설치된 패키지 리스트가 간단한 설명과 함께 팝업 창에 나타난다.[15]

15 Rstudio에서는 Source 영역에 결과가 출력된다. 첫 줄에 또는 탭에 깨진 문자가 출력될 때가 있다. 로케일(locale)을 북미 표준으로 설정하면 여기에서처럼 원문 그대로 영문으로 출력된다. 로케일 설정은 '부록 A. R 설치 및 사용'을 참고한다.

```
> library()
Packages in library 'C:/Users/kykwahk/Documents/R/win-library/4.1':

base                The R Base Package
boot                Bootstrap Functions (Originally by Angelo Canty for S)
class               Functions for Classification
cluster             "Finding Groups in Data": Cluster Analysis
                    Extended Rousseeuw et al.
codetools           Code Analysis Tools for R
compiler            The R Compiler Package
datasets            The R Datasets Package
foreign             Read Data Stored by Minitab, S, SAS, SPSS,
                    Stata, Systat, Weka, dBase, ...
graphics            The R Graphics Package
…(중략)
```

installed.packages() 함수를 이용하면 설치된 패키지에 대한 좀 더 자세한 정보를 볼 수 있다. installed.packages() 함수는 패키지에 대한 정보를 행렬(matrix) 형태로 보여준다. 행렬의 행은 설치된 패키지를, 열은 해당 패키지에 대한 정보(패키지 이름, 설치 경로, 버전, 라이선스 등)를 나타낸다. 다음과 같이 입력하여 패키지에 대한 정보 중 패키지 이름과 버전 정보만을 출력해보자.[16]

16 행렬로부터 특정 행 또는 열을 추출하는 방법은 '제3장 행렬'에서 자세히 다룬다.

```
> installed.packages()[,c("Package", "Version")]
             Package       Version
base         "base"        "4.1.2"
boot         "boot"        "1.3-28"
class        "class"       "7.3-19"
cluster      "cluster"     "2.1.2"
codetools    "codetools"   "0.2-18"
compiler     "compiler"    "4.1.2"
datasets     "datasets"    "4.1.2"
foreign      "foreign"     "0.8-81"
graphics     "graphics"    "4.1.2"
 …(중략)
```

어떤 패키지에 포함된 함수나 데이터셋을 이용하려면 그 패키지가 컴퓨터의 메모리에 적재(load)되어 있어야 한다. 즉 패키지가 설치되어 있다 하더라도 메모리에 적재되어 있지 않으면 그 패키지가 제공하는 함수나 데이터셋을 사용할 수 없다. R 설치 시 기본적으로 표준패키지가 함께 설치되기는 하지만 R 시작 시 이 표준패키지가 모두 자동으로 메모리에 적재되지는 않는다. 어떤 패키지가 메모리에 적재되어 있는지, 즉 어떤 패키지가 현재 사용 가능한지 알기 위해서는 search() 함수를 이용한다. search() 함수는 메모리에 적재된 패키지 리스트를 출력한다.

```
> search()
[1] ".GlobalEnv"        "tools:rstudio"    "package:stats"     "package:graphics"
[5] "package:grDevices" "package:utils"    "package:datasets"  "package:methods"
[9] "Autoloads"         "package:base
```

search() 함수는 문자열 벡터를 반환한다. 첫 번째 문자열 .GlobalEnv는 사용자가 생성한 변수나 함수가 저장된 작업공간을 의미한다. 나머지 대부분의 문자열은 package:<package name>의 형태로 되어 있으며, 이는 <package name>이라는 이름의 패키지가 현재 메모리에 적재되어 있다는 것을 나타낸다. 현재 이 시스템에는 stats, graphics, grDevices, utils, datasets, methods, base 등의 패키지가 적재되어 있다.

search() 함수가 반환하는 패키지 문자열 벡터를 탐색경로(search path)라고 한다. 왜냐하면 이 문자열은 R이 함수나 데이터를 탐색하는 경로로서 사용되기 때문이다. 어떤 함수를 실행하기 위해 R 콘솔에 함수 이름을 입력하면 R은 현재 메모리에 적재된 패키지에서 함수를 탐색하기 시작한다. 이때 search() 함수가 반환한 문자열 순서대로 탐색 작업을 수행한다. 실행하고자 하는 함수가 탐색되면 R은 그 함수를 실행하고, 그렇지 않으면 에러 메시지를 출력하고 멈춘다. 데이터셋을 호출할 때도 R은 이와 동일한 방식으로 R 데이터셋을 탐색한다.

사용자의 작업공간(.GlobalEnv)이 탐색경로상 첫 번째에 위치하고 있기 때문에 함수를 탐색할 때 R은 사용자의 작업공간에서 먼저 해당 함수를 찾으려고 한다. 만일 사용자가 생성한 함수 이름과 특정 패키지에서 사용하고 있는 함수 이름이 서로 같다면 R은 사용자가 생성한 함수를 작업공간에서 먼저 발견하게 되고 그 함수가 우선 실행된다. 그러면 R은 동일한 이름을 갖는 특정 패키지의 함수를 더 이상 탐색하지 않는다. 만일 동일한 이름을 갖는 특정 패키지 소속의 함수를 무시하고자 한 것이 사용자의 의도였다면 다행이지만, 그렇지 않았다면 이는 예기치 않은 잘못된 작업 결과를 가져올 수 있다.

다음과 같은 예를 살펴보자.[17] R의 표준패키지인 base 패키지에서 기본적으로 제공하는 t() 함수는 행렬을 인수로 받아서 그 행렬을 전치행렬로 변환한다.

17 사용자 정의 함수는 '제8장 함수와 논리흐름 제어'를 참고한다.

```
> m <- matrix(c(1,2,3,4,5,6), ncol=2)
> m
     [,1] [,2]
[1,]    1    4
[2,]    2    5
[3,]    3    6
> t(m)
     [,1] [,2] [,3]
[1,]    1    2    3
[2,]    4    5    6
```

그런데 사용자가 다음과 같이 동일한 이름의 t() 함수를 정의하면 이후 t() 함수를 실행할 때 R은 사용자의 작업공간에 있는 사용자 정의 t() 함수를 먼저 실행한다. 따라서 만일 사용자가 정의한 t() 함수의 존재를 모른 채 R 제공 t() 함수를 이용하여 전치행렬을 만들려고 했다면 전혀 예기치 않은 결과를 얻게 된다.

```
> t <- function(x) x + 100
> t(m)
     [,1] [,2]
[1,]  101  104
[2,]  102  105
[3,]  103  106
```

R은 이처럼 사용자(또는 패키지 개발자)가 정의한 함수의 이름이 다른 패키지 내의 함수 이름과 일치할 때 발생할 수 있는 이름충돌 문제를 방지하기 위하여 R의 모든 패키지에게 네임스페이스(namespace)를 갖도록 하였다. 패키지 이름과 함께 :: 연산자를 사용하면 특정 네임스페이스(즉 특정 패키지)로부터 함수를 선택할 수 있다. 다음 코드는 표준패키지인 base 패키지에 포함된 t() 함수를 실행한다.

```
> base::t(m)
     [,1] [,2] [,3]
[1,]    1    2    3
[2,]    4    5    6
```

설치된 패키지를 사용하려면 먼저 사용하고자 하는 패키지를 메모리에 적재해야 한다. library() 함수를 이용하여 패키지를 메모리에 적재한다. 다양한 그래픽 기능을 제공하는 lattice 패키지는 R과 함께 설치되는 표준패키지이지만 R 시작 시 메모리에 자동으로 적재되지는 않는다. 예를 들어, lattice 패키지 내의 xyplot() 함수를 사용하려고 다음과 같이 코드를 입력하면 R은 에러 메시지를 출력한다.

```
> xyplot(dist ~ speed, data=cars)
Error in xyplot(dist ~ speed, data = cars) :
  could not find function "xyplot"
```

이는 R이 현재 메모리에 적재된 패키지 가운데서 xyplot() 함수를 발견하지 못했다는 것을 의미한다. 다음과 같이 library() 함수를 이용하여 xyplot() 함수가 포함된 lattice 패키지를 탐색경로에 추가한다. lattice 패키지가 탐색경로의 두 번째 위치에 추가된다. 이제 xyplot() 함수를 실행하면 자동차 속도와 제동거리 간의 산점도가 출력되는 것을 볼 수 있다.

```
> library(lattice)
> search()
 [1] ".GlobalEnv"        "package:lattice"   "tools:rstudio"   "package:stats"
 [5] "package:graphics"  "package:grDevices" "package:utils"   "package:datasets"
 [9] "package:methods"   "Autoloads"         "package:base"
> xyplot(dist ~ speed, data=cars)
```

`library()` 함수는 이미 메모리에 적재되어 있는 패키지에 대해서는 다시 반복해서 메모리에 적재하지 않는다. 즉 동일한 패키지에 대해 반복해서 `library()` 함수를 사용해도 아무런 문제가 없다. 이러한 특성은 R 스크립트를 작성할 때 매우 유용하다. 왜냐하면 사용하려는 패키지가 스크립트의 다른 부분에서 이미 메모리에 적재되었는지 걱정할 필요 없이 스크립트의 어느 부분에서든 패키지를 사용하기 전에 안심하고 필요한 패키지를 메모리에 적재할 수 있기 때문이다.

현재 메모리에 적재된 패키지를 제거(unload)하기 위해서는 `detach()` 함수를 이용한다. 메모리상에 너무 많은 패키지가 적재되어 있거나 더 이상 필요하지 않은 패키지가 존재할 때 이용할 수 있다. 패키지 간에 함수 이름이 충돌할 때(즉 동일한 함수 이름이 존재할 때)에도 메모리에 적재된 패키지 제거 작업이 필요하다. 함수 이름이 충돌하게 되면 탐색경로상 상위에 속하는 패키지의 함수가 먼저 검색되기 때문에 하위에 속하는 패키지의 함수는 사용할 수 없다. 따라서 하위 패키지의 함수를 사용하려면 상위에 속하는 패키지를 탐색경로에서 제거할 필요가 있다. 다음 코드는 `lattice` 패키지를 탐색경로에서 제거한다.

```
> detach(package:lattice)
> search()
 [1] ".GlobalEnv"        "tools:rstudio" "package:stats"    "package:graphics"
 [5] "package:grDevices" "package:utils" "package:datasets" "package:methods"
 [9] "Autoloads"         "package:base"
```

R은 기본 설치 버전 그 자체로도 강력한 프로그래밍 언어이다. 하지만 R이 가지고 있는 큰 장점 중의 하나는 확장성에 있다. 누구든 새롭고 유용한 기능을 제공하는 R 코드를 개발하여 일정한 요건만 갖추면 다른 R 사용자와 쉽게 공유할 수 있다. 많은 R 개발자는 자신이 개발한 코드를 패키지 형태로 공유한다. 이러한 패키지에는 R 코드, 도움말 파일, 데이터셋 등이 포함되어 있으며, 사용자는

R 설치 버전에 이 패키지들을 쉽게 추가할 수 있다. CRAN(Comprehensive R Archive Network, https://cran.r-project.org) 웹사이트는 다양한 패키지에 대한 설치 파일과 참고 매뉴얼을 제공한다.

패키지를 설치하기 위해서는 `install.packages()` 함수를 이용한다. 이때 패키지 이름을 인용부호로 감싸서 인수로 제공한다. 패키지 이름을 인용부호 없이 인수로 제공했던 `library()` 함수에서와는 달리 `install.packages()` 함수에는 패키지 이름에 인용부호가 필요하다. 그래픽 패키지인 `ggplot2`를 설치하기 위해서는 다음과 같이 입력한다.[18]

```
> install.packages("ggplot2")
```

패키지 설치 함수를 실행하면 R은 CRAN 미러사이트(mirror site)를 지정할 것을 요구한다. CRAN은 한 곳에 접속이 집중되는 것을 방지하기 위하여 전 세계 곳곳에 미러사이트를 구축해놓았다. 가까운 미러사이트 중의 하나를 선택하면 R은 그 서버에 접속하여 패키지를 내려받는다.[19] 설치하려는 새로운 패키지가 아직 설치되지 않은 다른 패키지를 필요로 할 때 R은 필요로 하는 해당 패키지를 자동으로 내려받아 설치한다.

패키지가 설치된 위치는 다음과 같이 `.libPaths()` 함수를 이용하여 확인할 수 있다. `.libPaths()` 함수에 새로운 경로를 지정하면 R의 기본 디렉토리가 아닌 다른 장소에 설치 패키지를 보관할 수 있는 로컬 라이브러리가 생성된다.

```
> .libPaths()
[1] "C:/Users/kykwahk/Documents/R/win-library/4.1"
[2] "C:/Program Files/R/R-4.1.2/library"
```

패키지에 대한 자세한 사용방법과 포함된 함수나 데이터셋 등에 대해 알고 싶다면 다음과 같이 `help()` 함수나 `library()` 함수를 이용한다.

```
> help(package="ggplot2")
> library(help=ggplot2)
```

또는 `ls()` 함수를 이용하면 패키지에 포함된 모든 객체(데이터셋, 함수 등)를 출력할 수 있다. `ls()`

18 어떤 패키지를 처음 사용할 때는 `install.packages()` 함수를 이용하여 해당 패키지를 먼저 설치해야 한다. 패키지가 설치되어 있어야 `library()` 함수를 이용하여 사용할 수 있다. 이 책에서는 설명을 위해 필요한 경우를 제외하고는 사용하려는 패키지가 사용자의 컴퓨터에 이미 설치되어 있다고 가정한다.

19 RStudio에서는 『Tools > Global Options > Packages』에서 CRAN 미러사이트를 지정할 수 있다. RStudio에는 패키지를 설치할 CRAN 미러사이트가 사전에 지정되어 있기 때문에 설치 과정 중에 미러사이트를 선택할 것을 요구하지 않는다.

함수를 이용하여 패키지에 포함된 객체 정보를 보기 위해서는 사전에 패키지를 메모리에 적재해야 한다.

```
> library(ggplot2)
> ls("package:ggplot2")
```

R에는 기본적으로 많은 데이터셋이 내장되어 있다. 이러한 데이터셋은 R을 학습하거나 R이 제공하는 함수를 테스트할 때 유용하게 활용할 수 있다. R 설치 시 함께 제공되는 표준패키지 가운데 datasets 패키지는 이러한 기본 내장 데이터셋을 제공한다. 이 패키지는 R 시작 시 자동으로 메모리에 적재되어 탐색경로에 포함된다. 따라서 datasets 패키지에 포함된 데이터셋은 언제든 접근하여 사용할 수 있다. 일반적으로 data() 함수를 인수 없이 다음과 같이 입력하면 현재의 탐색경로상에 포함되어 있는 패키지의 데이터셋 리스트를 보여준다. R 세션을 시작한 후 다른 패키지를 메모리에 적재하지 않았으면 datasets 패키지에 포함된 데이터셋의 리스트가 출력된다.

```
> data()
```

데이터셋에 어떠한 데이터가 들어 있는지 그 내용을 보려면 간단히 데이터셋 이름을 입력한다. head() 함수를 이용하면 데이터의 앞부분 여섯 개만을 출력할 수 있다. tail() 함수는 반대로 마지막 여섯 개를 출력한다. 또는 인수 지정을 통하여 원하는 개수만큼을 출력할 수도 있다.

```
> cars
  speed dist
1     4    2
2     4   10
3     7    4
4     7   22
5     8   16
6     9   10
7    10   18
8    10   26
9    10   34
…(중략)
```

```
> head(cars)
  speed dist
1     4    2
2     4   10
3     7    4
4     7   22
5     8   16
6     9   10
> tail(cars)
   speed dist
45    23   54
46    24   70
47    24   92
48    24   93
49    24  120
50    25   85
> head(cars, 3)
  speed dist
1     4    2
2     4   10
3     7    4
```

데이터셋에 대한 좀 더 자세한 정보를 알고 싶다면 다음과 같이 help() 함수 또는 ?를 이용한다.

```
> help(cars)
> ?cars
```

R의 기본 내장 데이터셋 이외에도 R의 패키지에는 일반적으로 자신만의 데이터셋이 포함되어 있다. 예를 들어, MASS라는 패키지는 많은 유용한 데이터셋을 제공한다. 패키지에 어떤 데이터셋이 포함되어 있는지 보려면 다음과 같이 data() 함수에 패키지 이름을 인수로 지정한다.

```
> data(package="MASS")
```

패키지 내에 포함된 데이터셋을 사용하기 위해서는 다음과 같이 data() 함수에 패키지 이름과 함께 사용하고자 하는 데이터셋 이름을 인수로 제공한다.

```
> data(Animals, package="MASS")
> head(Animals)
                    body brain
Mountain beaver     1.35   8.1
Cow               465.00 423.0
Grey wolf          36.33 119.5
Goat               27.66 115.0
Guinea pig          1.04   5.5
Dipliodocus     11700.00  50.0
```

패키지에 포함된 다른 데이터셋에도 관심이 있다면 새로운 데이터셋을 이용하려고 할 때마다 앞과 같은 코드를 반복해야 한다. 그렇지 않으면 다음과 같이 에러가 발생한다.

```
> head(UScrime)
Error in head(UScrime) : object 'UScrime' not found
```

패키지에 포함된 데이터셋을 이용하는 보다 간단한 방법은 `library()` 함수를 이용하여 패키지를 메모리에 적재하고 탐색경로에 포함시키는 것이다. 대부분의 패키지는 패키지를 메모리에 적재하는 것만으로 그 안에 포함된 데이터셋을 이용할 수 있다.[20]

20 패키지에 따라서는 data() 함수를 이용하여 명시적으로 데이터셋을 지정할 것을 요구한다. 해당 패키지의 데이터셋 도움말을 참고한다.

```
> library(MASS)
> head(UScrime)
    M So  Ed Po1 Po2  LF  M.F Pop  NW  U1 U2 GDP Ineq     Prob    Time    y
1 151  1  91  58  56 510  950  33 301 108 41 394  261 0.084602 26.2011  791
2 143  0 113 103  95 583 1012  13 102  96 36 557  194 0.029599 25.2999 1635
3 142  1  89  45  44 533  969  18 219  94 33 318  250 0.083401 24.3006  578
4 136  0 121 149 141 577  994 157  80 102 39 673  167 0.015801 29.9012 1969
5 141  0 121 109 101 591  985  18  30  91 20 578  174 0.041399 21.2998 1234
6 121  0 110 118 115 547  964  25  44  84 29 689  126 0.034201 20.9995  682
> head(Rabbit)
  BPchange   Dose Run Treatment Animal
1      0.5   6.25  C1   Control     R1
2      4.5  12.50  C1   Control     R1
3     10.0  25.00  C1   Control     R1
4     26.0  50.00  C1   Control     R1
5     37.0 100.00  C1   Control     R1
6     32.0 200.00  C1   Control     R1
```

특정 패키지 내의 데이터셋을 좀 더 자세히 알고 싶다면 다음과 같이 `help()` 함수에 데이터셋 이름과 패키지 이름을 인수로 제공한다. 패키지가 이미 메모리에 적재되어 탐색경로상에 포함되어 있을 때는 데이터셋 이름만 인수로 제공해도 도움말을 볼 수 있다.

```
> help(UScrime, package="MASS")
> help(UScrime)
```

도움말

R은 다양한 방식으로 사용자를 위한 도움말 기능을 제공한다. R을 설치하면 기본적으로 도움말을 포함한 방대한 양의 R 관련 문서 파일이 사용자의 컴퓨터에 함께 설치된다. 패키지를 추가로 설치하면 패키지에 포함된 도움말 문서 파일 역시 사용자의 컴퓨터에 설치된다. `help.start()` 함수를 이용하여 이러한 문서에서 제공하는 다양한 정보에 쉽게 접근할 수 있다.

```
> help.start()
```

`help.start()` 함수를 실행하면 [그림 1-3]과 같이 팝업창에 주제별로 구분된 문서 링크가 나타난다.[21] Manuals 섹션은 말 그대로 매뉴얼을 제공한다. 이 섹션에 있는 링크를 통해 R의 설치, 관리, 활용 등과 관련된 다양한 매뉴얼을 살펴볼 수 있다. Reference 섹션에 있는 두 링크(Packages, Search Engine & Keywords)는 특히 유용하다. Packages 링크는 현재 사용자의 컴퓨터에 설치된 모든 패키지 리스트를 보여준다. R 설치 버전에 포함된 표준패키지뿐만 아니라 추가로 설치된 패키지도 볼 수 있다. 패키지가 제공하는 함수와 데이터셋을 보기 위해서는 패키지 리스트상의 패키지 이름을 클릭한다. Search Engine & Keywords 링크는 설치된 도움말 문서를 탐색할 수 있는 검색엔진과 주제별로 정리된 키워드 리스트를 제공한다. 검색엔진에 키워드를 입력하거나 주제별로 정렬된 키워드를 클릭함으로써 관련된 정보를 찾아볼 수 있다.

21 RStudio에서는 Help 영역에 주제별 문서 링크가 나타난다.

[그림 1-3] 도움말 문서 목록. help.start() 함수는 주제별로 구분된 도움말 목록을 제공한다.

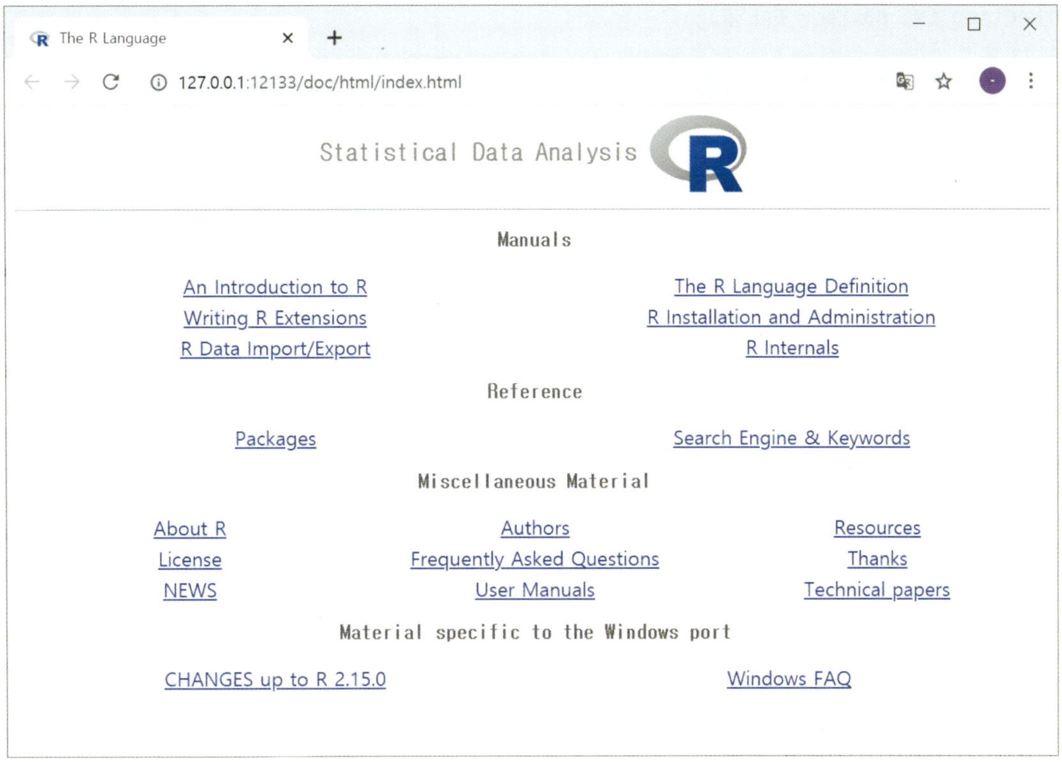

R은 다양하고도 풍부한 함수를 제공한다. 이러한 함수를 효과적으로 사용하기 위해서는 함수의 도움말을 잘 활용할 필요가 있다. 함수 이름을 알고 있을 때는 help() 함수에 함수 이름을 인수로 줌으로써 함수의 도움말 문서를 바로 불러올 수 있다. 또는 간단하게 ? 뒤에 함수 이름을 입력한다.[22] 중위수를 계산하는 median() 함수의 도움말을 보고 싶다면 다음과 같이 입력한다.

```
> help(median)
> ?median
```

함수의 도움말 문서에는 함수의 소속 패키지, 함수 호출 방법, 인수 등에 대한 설명이 포함되어 있으며 문서의 끝 부분에 사용자가 실행해볼 수 있는 예제가 제시되어 있다. 인수에 대해서만 간단히 보고 싶다면 다음과 같이 args() 함수를 이용한다.

22 help() 함수나 ?는 함수의 도움말뿐만 아니라 특정 주제어나 데이터셋의 도움말을 찾는 데도 이용할 수 있다. 예를 들면, help(Syntax)를 실행하면 R 연산자의 도움말이 출력되며, help(cars)를 입력하면 datasets 패키지에 포함된 cars 데이터셋에 대한 설명을 볼 수 있다.

```
> args(median)
function (x, na.rm = FALSE)
NULL
```

실행 결과를 살펴보면 median() 함수는 숫자 벡터 x와 na.rm을 인수로 받으며 na.rm은 기본값으로 FALSE가 미리 설정되어 있다.[23]

도움말 문서에는 대부분 함수에 대한 예제 코드가 포함되어 있다. 예제 코드를 실행하려면 다음과 같이 example() 함수를 이용한다. R은 자동으로 예제 코드를 실행하여 그 결과를 보여준다.

```
> example(median)

median> median(1:4)                # = 2.5 [even number]
[1] 2.5

median> median(c(1:3, 100, 1000))  # = 3 [odd, robust]
[1] 3
```

함수 이름을 알고 있을 때는 앞에서 살펴본 help() 함수가 유용하다. 그러나 함수 이름을 정확히 알지 못할 때는 help.search() 함수를 이용한다. help.search() 함수는 인수로 주어진 문자열과 매칭되는 함수를 검색한다. 간단하게 ??를 사용할 수도 있다.

```
> help.search("xyplot")
> ??xyplot
```

검색 결과는 [그림 1-4]와 같이 팝업창에 나타난다.[24]

23 na.rm은 함수 적용 시 NA를 포함시킬지 여부를 결정하는 인수이다. NA는 Not Available의 약자로 결측값(missing value)을 의미한다. 중위수 계산 시 NA를 제외시키려면 median(x, na.rm=TRUE)와 같이 na.rm=TRUE로 인수를 재설정해야 한다. NA를 포함시키면 결과값은 NA로 나타난다.

24 RStudio에서는 Help 영역에 주제별 문서 링크가 나타난다.

[그림 1-4] 키워드 검색. help.search() 함수는 도움말 문서의 키워드를 검색한다.

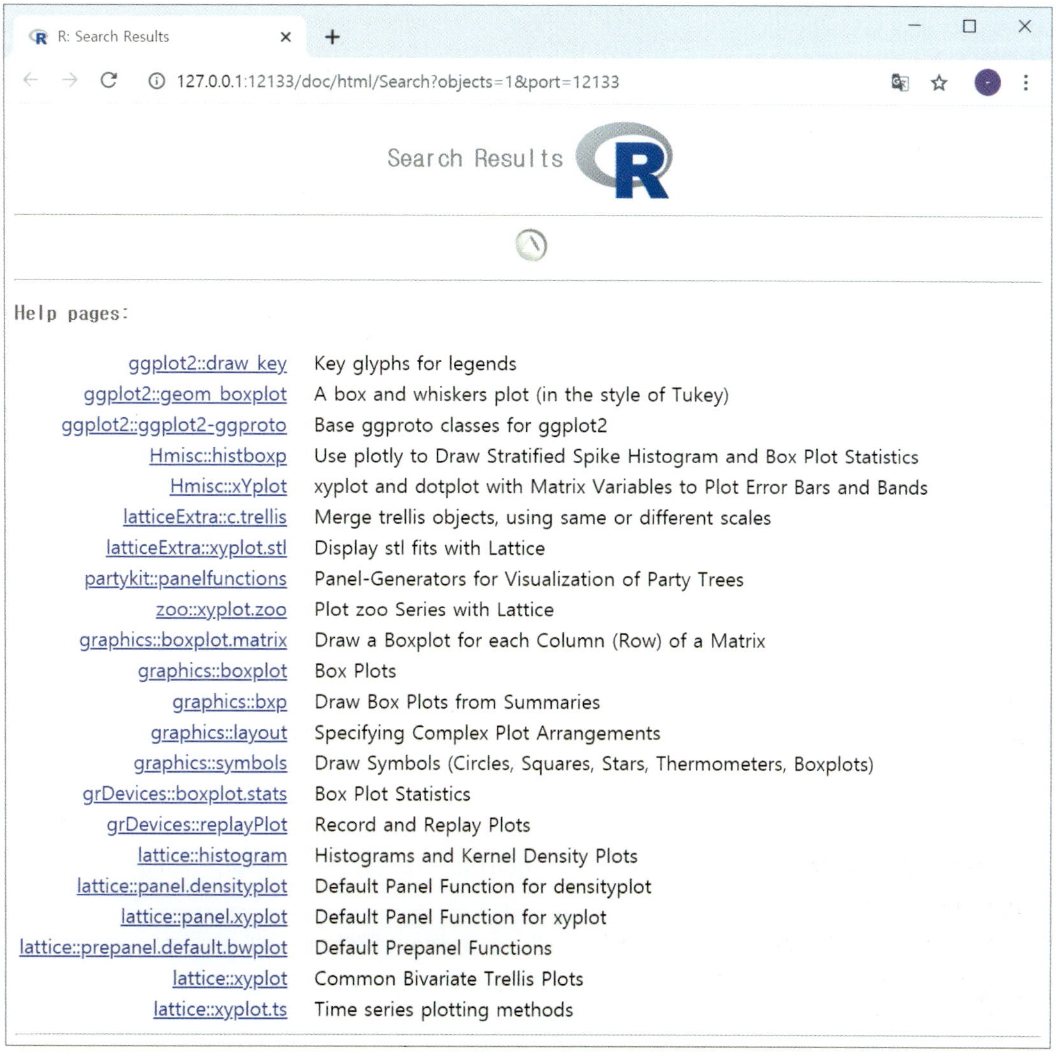

검색 결과를 보면 xyplot() 함수는 lattice 패키지에 포함되어 있다. 해당 링크를 클릭하면 도움말 페이지로 이동한다. 또는 다음과 같이 help() 함수에 패키지 이름을 인수로 주는 것도 한 방법이다.

```
> help(xyplot, package="lattice")
```

apropos() 함수는 생성했던 변수 이름이나 사용하려는 함수 이름의 일부만을 이용하여 검색하고자 할 때 유용하다. 예를 들어, 다음과 같이 변수를 생성해보자.

```
> hero.vector <- c("Superman", "Spiderman", "Batman")
```

이 변수를 사용하려는데 정확한 이름이 기억나지 않는다고 하자. 그러면 다음과 같이 apropos() 함수를 이용하여 이름의 일부만으로 검색할 수 있다.

```
> apropos("vector")
 [1] ".__C__vector"          ".rs.formCompletionVector" ".rs.namedVectorAsList"
 [4] "as.data.frame.vector" "as.vector"                "as.vector.factor"
 [7] "hero.vector"          "is.vector"                "vector"
[10] "Vectorize"
```

찾고자 하는 hero.vector 변수와 함께 vector라는 문자열을 포함하는 그 밖의 다른 변수와 함수도 출력되었다. hero.vector 변수 이외에는 모두 R의 내장함수이다.

apropos() 함수에 정규표현식(regular expression)을 이용하여 문자열을 지정하면 좀 더 다양한 방식으로 검색이 가능하다.[25] 예를 들어, q로 끝나는 변수, 7과 9 사이의 숫자를 포함하는 변수, xy를 포함하는 변수를 각각 다음과 같이 검색할 수 있다.

25 정규표현식은 특정한 규칙을 갖는 문자열 패턴을 표현하는 방법으로 많은 프로그래밍 언어에서 문자열의 검색이나 치환 작업을 위해 종종 사용된다. 간략한 설명은 '제6장 텍스트와 날짜'를 참고한다. 정규표현식의 도움말(?regex)을 이용하면 R에서의 정규표현식 사용 방법을 좀 더 자세히 알 수 있다.

```
> apropos("q$")
[1] "dchisq" "evalq"  "pchisq" "q"      "qchisq" "qr.Q"   "rchisq" "seq"
> apropos("[7-9]")
[1] ".rs.setEncodingUnknownToUTF8"    ".rs.usingUtf8Charset"
[3] ".TAOCP1997init"                  "blues9"
[5] "enc2utf8"                        "fixPre1.8"
[7] "Harman74.cor"                    "intToUtf8"
[9] "state.x77"                       "utf8ToInt"
> apropos("xy+")
[1] ".rs.attemptRoxygenTagCompletion" "plot.xy"
[3] "sortedXyData"                    "xy.coords"
[5] "xyinch"                          "xyTable"
[7] "xyz.coords"
```

컴퓨터에 설치된 R 도움말 문서만으로 원하는 정보를 얻지 못했을 때는 외부의 웹사이트를 활용하는 것도 고려할 필요가 있다. 구글(Google)과 같은 일반적인 검색엔진을 이용해도 R과 관련된 많은 정보를 얻을 수 있지만 R 프로젝트 웹사이트의 검색엔진(https://search.r-project.org)이나 R SEEK 웹사이트(https://www.rseek.org)를 이용하면 R과 관련된 좀 더 특화된 검색 결과를 얻을 수 있다.

RSiteSearch() 함수를 이용하면 R 콘솔에서 직접 search.r-project.org 웹사이트의 검색엔진을 활용할 수 있다. RSiteSearch() 함수에 다음과 같이 검색어를 인수로 주면 search.r-project.org 웹사이트의 검색엔진이 검색 결과를 웹브라우저로 보내준다.

```
> RSiteSearch("topicmodels")
```

RSiteSearch() 함수를 이용한 방법은 R 환경을 벗어나지 않고 웹사이트를 검색할 수 있는 장점이 있지만 검색 범위가 R 프로젝트 웹사이트의 R 문서와 R 메일링 리스트(www.r-project.org/mail.html)로 제한된다는 한계를 갖는다. 반면에 R SEEK 웹사이트는 구글 검색엔진을 이용하여 좀 더 넓은 검색 범위를 제공한다. 일반적 구글 검색과는 달리 R과 관련된 사이트에만 초점을 맞추어 검색 결과를 제공할 뿐만 아니라 검색 결과를 체계적으로 정리하여 보여준다.

R 콘솔에서 웹사이트를 검색하는 또 다른 방법으로 sos 패키지에 포함된 findFn() 함수를 이용하는 방법이 있다. 이 함수는 RSiteSearch() 함수의 검색 결과를 테이블 형식으로 변환하여 보여준다. findFn() 함수를 이용하기 위해서는 우선 다음과 같이 sos 패키지를 설치한 후 메모리에 적재한다.

```
> install.packages("sos")
> library(sos)
```

findFn() 함수에 다음과 같이 검색어를 인수로 주어 실행하면 검색 결과가 테이블 형식으로 웹브라우저에 출력된다. 테이블의 각 행에는 패키지 이름, 함수 이름, 함수의 도움말 페이지 링크 등의 정보가 담겨 있다.

```
> findFn("social network analysis")
found 60 matches;  retrieving 3 pages
2 3
Downloaded 60 links in 35 packages.
```

데이터 구조

데이터분석을 위해서 필요한 첫 번째 작업은 분석정보가 포함된 데이터셋을 분석에 적합한 형식으로 생성하는 것이다. 이는 데이터를 보관할 데이터 구조(data structure)를 선택하고 그 데이터 구조에 직접 데이터를 입력하거나 외부의 다른 데이터 원천(data source)으로부터 데이터를 불러들이는 작업을 의미한다. R은 벡터(vector), 팩터(factor), 행렬(matrix), 배열(array), 데이터프레임(data frame), 리스트(list) 등 다양한 형식의 데이터 구조를 갖고 있다. 이들 데이터 구조는 저장하는 데이터 유형(data type), 생성 방식, 구조적 복잡성, 데이터 개별 원소에 접근하는 방법 등에 있어서 서로 다른 특성을 지닌다. R에서 지원하는 데이터 구조의 특성을 그림으로 표현하면 [그림 1-5]와 같다.

벡터는 동일한 유형(예를 들면, 숫자)의 데이터를 원소로 갖는 데이터 집합이다. 숫자로 구성되어 있으면 숫자 벡터(numerical vector), 문자로 구성되어 있으면 문자 벡터(character vector), 논리값으로 구성되어 있으면 논리 벡터(logical vector)가 된다. 하나의 벡터 내에는 서로 다른 데이터 유형이 공존할 수 없다. 팩터(factor)는 벡터의 한 특수한 형태로서 범주형 값을 원소로 갖는 데이터 집합이다. 범주값의 순서가 의미 있을 때는 서열팩터(ordered factor)라고 한다. 행렬은 두 개의 차원으로 구성된 2차원 벡터이다. 행렬은 벡터로 구성되기 때문에 벡터에서와 마찬가지로 각 원소는 동일한 데이터 유형이어야 한다.

[그림 1-5] 데이터 구조. 데이터프레임은 R에서 가장 흔히 사용되는 데이터 구조이다.

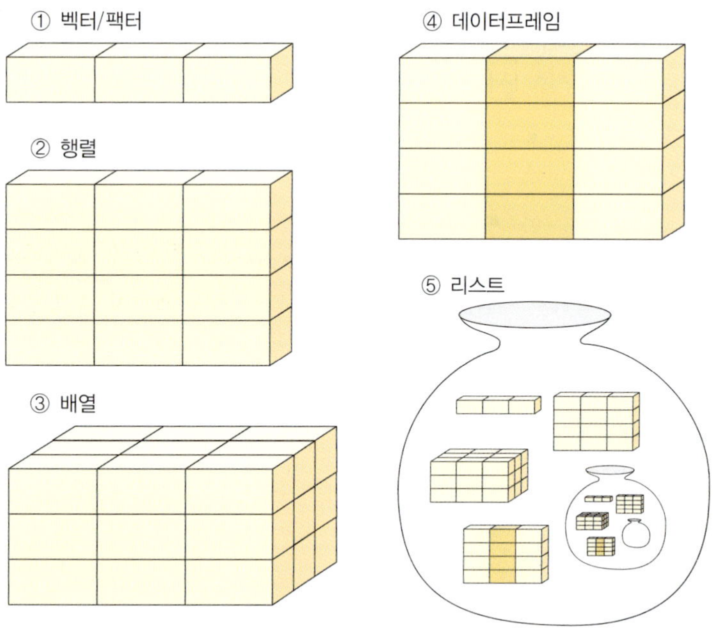

배열은 행렬을 확장한 형태로서 세 개 이상의 차원을 가질 수 있다. 데이터프레임은 행렬과 유사하나 각 열은 서로 다른 데이터 유형을 가질 수 있다는 점에서 행렬보다 유연한 데이터 구조이다. 데이터프레임은 데이터베이스나 통계패키지에서 일반적으로 다루는 데이터셋과 유사한 구조를 갖는다. 데이터프레임은 R에서 가장 빈번하게 다루는 데이터 구조이다. 리스트는 R의 데이터 구조 중 가장 복잡한 형태이다. 리스트는 일종의 객체 집합으로서 다양한 객체를 하나의 이름 아래 저장할 수 있다. 예를 들어, 리스트는 벡터, 행렬, 데이터프레임, 심지어는 다른 리스트까지 한꺼번에 수용 가능하다. 따라서 리스트는 가장 유연한 형태의 데이터 구조라고도 볼 수 있다. 벡터/팩터, 행렬/배열, 데이터프레임, 리스트 등의 R 데이터 구조를 다음 장부터 좀 더 자세히 살펴본다.

연 | 습 | 문 | 제 >>>

01. demo(graphics)를 실행하여 R의 다양한 그래프 예를 살펴보시오.

02. example("Titanic")을 실행하여 표준패키지에 포함된 타이타닉호 데이터셋에 대한 분석 예를 살펴보시오.

03. fortunes 패키지의 도움말을 살펴보고 fortune() 함수를 실행해보시오.

Chapter **02**

벡터

Introductory R
R 기초와 활용

Chapter 02 | 벡터

2.1 벡터 생성

벡터(vector)는 R에서 다루는 가장 기초적인 데이터 구조이다. 숫자형, 문자형, 논리형 등의 데이터 유형(data type)을 원소로 갖는 1차원 집합으로 표현된다. 벡터가 포함하고 있는 원소의 개수, 즉 데이터의 개수를 벡터의 길이 또는 크기라고 한다. R은 스칼라(즉 하나의 값)도 하나의 원소를 갖는 벡터, 즉 길이 1인 벡터로 취급한다.

벡터를 만드는 가장 간단한 방법은 c() 함수를 이용하는 것이다. c() 함수는 그 자체로 벡터를 생성하는 것은 아니며 인수로 주어진 벡터들을 서로 결합한다.[1] 다음과 같이 단일 원소 벡터들을 결합하여 하나의 새로운 벡터를 생성할 수 있다.

```
> c(1,2,3,4,5,6,7,8,9,10)
 [1]  1  2  3  4  5  6  7  8  9 10
> c("We", "love", "Data Analytics")
[1] "We"             "love"           "Data Analytics"
> c(TRUE, FALSE, TRUE, FALSE)
[1]  TRUE FALSE  TRUE FALSE
```

두 개 이상의 원소를 갖는 벡터들을 c() 함수의 인수로 주면 이 벡터들은 서로 결합되어 새로운 하나의 벡터가 된다. 이때 결합되는 벡터의 원소는 원래의 순서를 그대로 유지한다.

```
> odd <- c(1,3,5)
> even <- c(2,4,6)
> c(odd, even)
[1] 1 3 5 2 4 6
```

1 c() 함수에서 'c'는 'concatenate'의 약자로서 벡터를 연결한다는 의미이다.

순차적으로 1씩 증가 또는 감소하는 수열(sequence)로 이루어진 벡터를 생성하기 위해서는 : 연산자를 이용한다. 첫 번째 숫자가 두 번째 숫자보다 작으면 1씩 증가하는 숫자 벡터가 생성되며, 그 반대이면 1씩 감소하는 숫자 벡터가 만들어진다.

```
> 3:9
[1] 3 4 5 6 7 8 9
> 5:-3
[1]  5  4  3  2  1  0 -1 -2 -3
```

: 연산자는 하나씩 증가 또는 감소하는 숫자 벡터만 만들 수 있다. 숫자 간의 간격을 1 이외의 숫자로 다양하게 지정하려면 seq() 함수를 사용한다. seq() 함수에 시작 숫자(from)와 종료 숫자(to)를 인수로 주고, 세 번째 인수로 증가 또는 감소시키고자 하는 간격(by)을 지정한다. by 인수를 지정하지 않으면 1씩 증가 또는 감소한다.

```
> seq(from=3, to=9)
[1] 3 4 5 6 7 8 9
> seq(from=3, to=9, by=2)
[1] 3 5 7 9
> seq(from=3.5, to=1.5, by=-0.5)
[1] 3.5 3.0 2.5 2.0 1.5
```

숫자 간 간격을 지정하는 대신에 수열의 길이를 지정하는 방법도 있다. length.out 인수에 수열의 길이를 지정하면 R은 시작 숫자와 종료 숫자 간의 간격을 자동으로 계산한다.

```
> seq(from=0, to=100, length.out=5)
[1]   0  25  50  75 100
> seq(from=-1, to=1, length.out=5)
[1] -1.0 -0.5  0.0  0.5  1.0
```

rep() 함수는 주어진 값을 반복 사용하여 벡터를 생성한다. rep() 함수는 인수 지정을 통해 다음과 같이 여러 가지 방식으로 활용할 수 있다.

```
> rep(1, times=3)
[1] 1 1 1
```

```
> rep(c(1,2,3), times=3)
[1] 1 2 3 1 2 3 1 2 3
> rep(c(1,2,3), each=3)
[1] 1 1 1 2 2 2 3 3 3
> rep(c(1,2,3), times=c(1,2,3))
[1] 1 2 2 3 3 3
> rep(1:3, length.out=8)
[1] 1 2 3 1 2 3 1 2
```

벡터 전체를 반복 사용하려면 times 인수에 반복할 횟수를 지정한다. each 인수를 지정하면 벡터 전체가 아닌 각 원소값이 반복된다. 벡터의 각 원소값이 각각 몇 번씩 반복될지를 지정하고 싶다면 times 인수에 각 원소별 반복 횟수를 지정한다. length.out 인수에 생성할 벡터의 길이를 지정하면 R은 주어진 벡터를 반복 사용하여 그 길이만큼의 벡터를 생성한다.

벡터의 구성 원소는 모두 같은 데이터 유형이어야 한다. 즉 한 유형의 데이터로만 구성되어 있어야 하며 벡터 내에 서로 다른 데이터 유형이 섞여서는 안 된다. 예를 들어, 하나의 벡터 내에는 숫자 데이터와 문자 데이터가 동시에 존재할 수 없다. 만일 데이터 유형이 서로 다른 데이터를 결합하여 하나의 벡터를 생성하려 하면 R은 이 데이터를 하나의 데이터 유형으로 통일한다. 다음과 같이 숫자와 문자로부터 벡터를 생성하려 할 때 R은 숫자를 문자로 변환하여 벡터 내의 원소가 모두 동일한 문자 데이터 유형이 되도록 한다.

```
> num <- c(1,2,3)
> cha <- c("X", "Y", "Z")
> c(num, cha)
[1] "1" "2" "3" "X" "Y" "Z"
```

벡터의 데이터 유형 및 구조를 보려면 str() 함수를 이용한다. 함수나 스크립트 코드를 실행한 후 출력된 결과가 어떤 데이터 유형인지 혹은 내부 구조는 어떤지 알고 싶을 때 str() 함수는 매우 유용하다. str() 함수는 작업 중 생성된 R 객체의 내부 구조를 보여준다. 다음과 같이 벡터에 str() 함수를 적용해보자.

```
> num <- c(1,2,3)
> cha <- c("X", "Y", "Z")
```

```
> str(num)
 num [1:3] 1 2 3
> str(cha)
 chr [1:3] "X" "Y" "Z"
```

벡터에 str() 함수를 적용하면 먼저 벡터의 데이터 유형이 출력된다. num은 numeric, 즉 숫자 데이터 유형을 나타내고 chr은 character, 즉 문자 데이터 유형을 의미한다. 이어서 벡터의 차원(dimension)과 인덱스(index)가 출력된다. [1:3]은 벡터의 길이가 3, 즉 세 개의 원소를 갖는 1차원 벡터라는 것을 나타낸다. 벡터의 원소는 각각의 고유의 위치를 나타내는 인덱스(여기에서는 1:3, 즉 1, 2, 3)를 갖는다. 끝으로 벡터의 처음 몇 개의 값이 출력된다. 여기에서 두 벡터는 세 개의 값만 가지고 있기 때문에 그 값이 모두 출력된다. 단지 벡터의 길이만을 알고 싶다면 다음과 같이 length() 함수를 이용한다.

```
> length(num)
[1] 3
```

R에는 미리 그 값이 정의된 상수(built-in constant) 벡터가 있다. 알파벳 대문자 및 소문자, 월을 나타내는 영문과 그에 대응되는 영문 약자, 원주율(파이, π) 등이 이러한 상수 벡터에 해당한다.

```
> LETTERS
 [1] "A" "B" "C" "D" "E" "F" "G" "H" "I" "J" "K" "L" "M" "N" "O" "P" "Q" "R" "S" "T"
[21] "U" "V" "W" "X" "Y" "Z"
> letters
 [1] "a" "b" "c" "d" "e" "f" "g" "h" "i" "j" "k" "l" "m" "n" "o" "p" "q" "r" "s" "t"
[21] "u" "v" "w" "x" "y" "z"
> month.abb
 [1] "Jan" "Feb" "Mar" "Apr" "May" "Jun" "Jul" "Aug" "Sep" "Oct" "Nov" "Dec"
> month.name
 [1] "January"   "February"  "March"     "April"     "May"       "June"
 [7] "July"      "August"    "September" "October"   "November"  "December"
> pi
[1] 3.141593
```

내장된 상수 벡터는 데이터 처리 작업 중에 필요에 따라 다양한 용도로 사용된다. 예를 들어, 다음과 같이 month.name 상수 벡터를 이용하면 숫자로 표현된 월을 간단하게 영문명으로 변환할 수

있다.[2]

```
> month <- c(12,9,3,5,1)
> month.name[month]
[1] "December"  "September" "March"     "May"       "January"
```

2.2 벡터 인덱싱

R은 벡터 인덱싱(vector indexing)이라는 유용한 기능을 갖고 있다. 벡터로부터 특정 위치의 원소를 선택하는 방법을 통칭하여 벡터 인덱싱이라고 한다. 벡터의 원소는 고유의 숫자로 자신의 위치를 나타내며 이 숫자를 인덱스라고 한다. 인덱스는 벡터 출력 시 대괄호 [ ] 안의 숫자로 표시되고 1부터 시작한다.

```
> num <- 0:30
> num
 [1]  0  1  2  3  4  5  6  7  8  9 10 11 12 13 14 15 16 17 18 19 20 21 22 23 24 25
[27] 26 27 28 29 30
```

R은 벡터의 원소 출력 시 출력되는 모든 행 앞에 첫 번째 값의 인덱스를 보여준다. 앞의 예에서 원소 0의 인덱스 [1]은 num 벡터의 첫 번째 원소라는 것을 나타내며 원소 26의 인덱스 [27]은 27번째 원소라는 것을 의미한다.

벡터에서 원소를 선택하는 가장 기본적인 방법은 벡터의 인덱스를 이용하는 것이다. 대괄호 안에 인덱스를 인수로 제공하여 해당 위치의 원소를 선택한다.

```
> prime <- c(2,3,5,7,11,13,17,19)
> prime
[1]  2  3  5  7 11 13 17 19
> prime[1]
[1] 2
> prime[2]
[1] 3
> prime[3]
[1] 5
```

2 month.name 상수 벡터로부터 주어진 숫자에 대응되는 월 이름을 추출한다. 이처럼 벡터로부터 특정 위치의 원소를 선택하는 방법을 벡터 인덱싱이라고 한다. 벡터 인덱싱은 다음 섹션에서 자세히 다룬다.

여러 원소를 한꺼번에 선택하기 위해서는 벡터 형태로 인덱스를 제공한다. 인수로 주어진 인덱싱 벡터의 각 원소는 데이터 벡터 내 원소의 위치를 가리킨다.

```
> prime <- c(2,3,5,7,11,13,17,19)
> prime[1:3]
[1] 2 3 5
> prime[4:6]
[1]  7 11 13
```

인덱싱 벡터 1:3은 `prime` 벡터의 1, 2, 3번째 원소를 선택하라는 것을 나타낸다. 그러나 인덱싱 벡터는 이처럼 반드시 연속된 숫자로 배열된 형태일 필요는 없다. 순서와 관계없이 데이터 벡터 내의 어느 위치든 선택할 수 있으며 중복도 가능하다. R은 인덱싱 벡터의 순서대로 데이터 벡터의 원소를 출력한다. 따라서 인덱싱 벡터를 이용하면 데이터 벡터의 원소를 원하는 순서대로 정렬할 수 있다.

```
> prime <- c(2,3,5,7,11,13,17,19)
> prime[c(1,1,5,5)]
[1]  2  2 11 11
> prime[c(1,3,5,7)]
[1]  2  5 11 17
> prime[c(7,5,3,1)]
[1] 17 11  5  2
```

인덱싱 벡터를 변수로 저장하여 다음과 같이 인수로 사용할 수도 있다.

```
> prime <- c(2,3,5,7,11,13,17,19)
> indices <- c(1,3,5,7)
> prime[indices]
[1]  2  5 11 17
```

인덱스에 음수를 취하면 해당 원소를 선택하지 않는다는 것을 뜻한다. 따라서 음수 인덱스를 이용하여 해당 위치의 원소가 제거된(즉 선택되지 않은) 벡터를 생성할 수 있다.

```
> prime <- c(2,3,5,7,11,13,17,19)
> prime[-1]
[1]  3  5  7 11 13 17 19
```

```
> prime[-1:-3]
[1]  7 11 13 17 19
> prime[-(1:3)]
[1]  7 11 13 17 19
```

벡터에서 마지막 원소를 제거하고 싶다면 다음과 같이 length() 함수를 사용한다. length() 함수가 반환하는 값은 벡터의 길이이고, 이는 또한 마지막 원소의 인덱스를 의미하기도 한다. 따라서 length() 함수를 이용한 다음 코드는 모두 마지막 원소가 제거된 벡터를 반환한다.

```
> prime <- c(2,3,5,7,11,13,17,19)
> length(prime)
[1] 8
> prime[1:(length(prime)-1)]
 [1]  2  3  5  7 11 13 17
> prime[-length(prime)]
 [1]  2  3  5  7 11 13 17
```

인덱스를 이용하여 벡터의 값을 변경할 수 있다. 예를 들어, 다음은 두 번째 위치의 원소를 3으로 대체하고, 여섯 번째와 여덟 번째 위치의 원소를 각각 13과 19로 변경한다.

```
> prime <- c(2,4,5,7,11,14,17,18)
> prime[2] <- 3
> prime
[1]  2  3  5  7 11 14 17 18
> prime[c(6,8)] <- c(13,19)
> prime
[1]  2  3  5  7 11 13 17 19
```

기존의 값을 변경하는 것뿐만 아니라 벡터에 새로운 값을 추가할 수도 있다. 벡터의 마지막 인덱스 다음 위치에 값을 할당함으로써 벡터에 원소를 추가할 수 있다. 이는 벡터의 크기를 확장하는 것을 의미한다. 사실 R은 특별한 제약 없이 벡터의 어느 위치에든 원소를 추가할 수 있다. 인덱스를 지정하여 원소를 추가할 때 만일 값이 지정 안 된 위치가 발생하면 R은 해당 위치를 NA로 채운다.

```
> prime <- c(2,3,5,7,11,13,17,19)
> length(prime)
[1] 8
```

```
> prime[9] <- 23
> prime
[1]  2  3  5  7 11 13 17 19 23
> prime[c(10,11)] <- c(29,31)
> prime
 [1]  2  3  5  7 11 13 17 19 23 29 31
> prime[15] <- 47
> prime
 [1]  2  3  5  7 11 13 17 19 23 29 31 NA NA NA 47
```

벡터 인덱싱하는 다른 방법은 논리 연산을 이용하는 것이다. 벡터에 대해 논리 연산을 수행하여 결과값이 TRUE인 위치에 있는 원소를 추출할 수 있다.

```
> prime <- c(2,3,5,7,11,13,17,19)
> prime < 10
[1]  TRUE  TRUE  TRUE  TRUE FALSE FALSE FALSE FALSE
> prime[prime < 10]
[1] 2 3 5 7
> prime %% 2 == 0
[1]  TRUE FALSE FALSE FALSE FALSE FALSE FALSE FALSE
> prime[prime %% 2 == 0]
[1] 2
```

이를 응용하면 벡터로부터 매 n번째 원소를 추출할 수 있다. 매 n번째 원소가 TRUE가 되는 인덱싱 벡터를 생성하여 매 n번째 원소를 추출한다. seq_along() 함수는 인수로 주어지는 벡터를 인덱싱할 수 있도록 1부터 벡터 길이까지의 정수를 생성한다(즉 seq_along(v)는 1:length(v)와 동일). 예를 들어, 다음과 같이 매 2번째, 매 3번째 원소를 추출할 수 있다.

```
> prime <- c(2,3,5,7,11,13,17,19)
> seq_along(prime)
[1] 1 2 3 4 5 6 7 8
> prime[seq_along(prime) %% 2 == 0]
[1]  3  7 13 19
> prime[seq_along(prime) %% 3 == 0]
[1]  5 13
```

또는 다음과 같이 논리 연산의 결과를 직접 적용하여 동일한 결과를 얻을 수 있다. 각각 매 2번째, 매 3번째 원소를 추출한다. 벡터의 재사용 규칙에 따라 인덱싱 벡터가 벡터의 길이만큼 반복 사용된다.

```
> prime <- c(2,3,5,7,11,13,17,19)
> prime[c(FALSE, TRUE)]
[1]  3  7 13 19
> prime[c(FALSE, FALSE, TRUE)]
[1]  5 13
```

때로는 TRUE 위치에 있는 원소를 추출하기보다는 해당 위치의 인덱스 자체를 보고 싶을 때도 있다. `which()` 함수는 논리값을 인수로 받아서 TRUE인 위치의 인덱스를 반환하고, `which.min()` 함수와 `which.max()` 함수는 주어진 벡터에서 최소값과 최대값의 위치 인덱스를 반환한다. 예를 들어, `which()`, `which.min()`, `which.max()` 함수를 다음과 같이 월별로 정리된 강수량 데이터 벡터에 적용하여 강수량이 100보다 큰 달, 최소 강수량 달, 최대 강수량 달을 추출할 수 있다.

```
> rainfall <- c(21.6,23.6,45.8,77.0,102.2,133.3,
+               327.9,348.0,137.6,49.3,53.0,24.9)
> rainfall > 100
 [1] FALSE FALSE FALSE FALSE  TRUE  TRUE  TRUE  TRUE  TRUE FALSE FALSE FALSE
> which(rainfall > 100)
[1] 5 6 7 8 9
> month.abb[which(rainfall > 100)]
[1] "May" "Jun" "Jul" "Aug" "Sep"
> month.name[which.min(rainfall)]
[1] "January"
> month.name[which.max(rainfall)]
[1] "August"
```

강수량이 100보다 큰 달의 강수량, 최소 강수량, 최대 강수량은 앞에서 했던 것처럼 논리 연산을 이용하여 다음과 같이 추출할 수 있다.

```
> rainfall[rainfall > 100]
[1] 102.2 133.3 327.9 348.0 137.6
> rainfall[which.min(rainfall)]
[1] 21.6
```

```
> rainfall[which.max(rainfall)]
[1] 348
```

벡터 인덱싱하는 또 다른 방법은 벡터의 이름 속성을 이용하는 것이다. 벡터의 각 원소는 고유의 이름을 가질 수 있다. 예를 들어, 다음과 같이 names() 함수를 이용하여 요일별 교통사고 사망자수 데이터 벡터의 이름 속성에 문자열을 지정할 수 있다.

```
> traffic.death <- c(842,729,786,751,844,851,702)
> names(traffic.death) <- c("Mon", "Tue", "Wed", "Thu", "Fri", "Sat", "Sun")
> names(traffic.death)
[1] "Mon" "Tue" "Wed" "Thu" "Fri" "Sat" "Sun"
> traffic.death
Mon Tue Wed Thu Fri Sat Sun
842 729 786 751 844 851 702
```

일단 벡터에 이름이 정의되면 그 이름으로 벡터의 원소를 선택할 수 있다.

```
> traffic.death["Sat"]
Sat
851
> traffic.death[c("Tue", "Thu", "Sun")]
Tue Thu Sun
729 751 702
> weekend <- c("Fri", "Sat", "Sun")
> traffic.death[weekend]
Fri Sat Sun
844 851 702
```

names() 함수에 벡터 인덱싱 결과를 인수로 주면 이름이 추출된다. 다음 코드는 교통사고 사망자수가 800명을 넘은 요일을 출력한다.

```
> names(traffic.death[traffic.death > 800])
[1] "Mon" "Fri" "Sat"
```

앞의 코드는 다음과 같이 단계별로 분해해볼 수 있다. 먼저 논리 연산을 이용하여 교통사고 사망자수가 800을 초과하는 원소를 추출한 후, 즉 traffic.death[traffic.death > 800], 그 결과에

names() 함수를 적용하여 원소의 이름을 출력한다.

```
> traffic.death > 800
  Mon   Tue   Wed   Thu   Fri   Sat   Sun
 TRUE FALSE FALSE FALSE  TRUE  TRUE FALSE
> traffic.death[traffic.death > 800]
Mon Fri Sat
842 844 851
> names(traffic.death[traffic.death > 800])
[1] "Mon" "Fri" "Sat"
```

2.3 벡터 연산

R은 벡터 연산(vectorized operation)이라는 아주 효과적인 연산 방식을 채택하고 있다. R의 모든 작업은 기본적으로 함수를 호출하여 벡터에 적용하는 방식으로 수행되며, 이때 호출된 함수는 벡터 내 각 원소를 하나씩 차례대로 처리한다. 이러한 처리 방식을 벡터 연산이라고 한다. 기존의 프로그래밍 언어라면 순환 루프(예를 들면, Java나 C언어의 for문)를 사용해야만 할 수 있었던 작업이 R에서는 간단하게 벡터 자체에 함수를 호출하는 방식으로 가능해진다.

R은 기초적인 산술 연산자를 제공한다. +, -, *, / 등의 기본적인 사칙 연산자뿐만 아니라 ^(거듭제곱), %%(나머지), %/%(몫) 등의 연산자도 이용할 수 있다.

```
> 1 + 2
[1] 3
> 2^10
[1] 1024
> 10 %% 3
[1] 1
> 10 %/% 3
[1] 3
```

R에서 제공하는 이러한 연산자도 실제로는 함수이다. '1 + 2'라는 연산은 1이라는 벡터와 2라는 벡터에 +라는 덧셈 함수가 적용된 결과이다. 연산자를 함수 형식으로 표현하기 위해서는 인용부호로 감싼다. 이때 함수 형식으로 표현된 + 연산은 벡터의 원소 단위로 이루어지는 벡터 연산을 한다.

```
> 1 + 2
[1] 3
> "+"(1,2)
[1] 3
```

벡터 연산은 원소 대 원소 단위로 연산(element-wise operation)을 수행한다. 예를 들어, 다음 예에서 첫 번째 결과값 5는 첫 번째 벡터의 첫 번째 원소 1과 두 번째 벡터의 첫 번째 원소 4를 더한 값이다. 두 번째 결과값 7과 세 번째 결과값 9도 동일한 방식으로 두 벡터의 각각 대응되는 원소를 더해서 구한다.

```
> c(1,2,3) + c(4,5,6)
[1] 5 7 9
```

곱셈도 마찬가지다. 두 벡터의 원소 대 원소 단위로 곱셈이 이루어진다. 다음 예에서 첫 번째 결과값 4는 첫 번째 벡터의 첫 번째 원소 1과 두 번째 벡터의 첫 번째 원소 4를 곱한 값이다. 나머지 결과값도 마찬가지 방식으로 계산된다.

```
> c(1,2,3) * c(4,5,6)
[1]  4 10 18
```

그 밖의 다른 산술 연산도 모두 벡터 연산 방식으로 연산이 이루어진다. 다음 예의 나누기, 나머지, 몫 계산을 위한 산술연산은 내부적으로 모두 벡터 연산 방식으로 수행된다.

```
> k <- c(10,20,30)
> k / c(2,4,6)
[1] 5 5 5
> k %% c(3,5,7)
[1] 1 0 2
> k %/% c(3,5,7)
[1] 3 4 4
```

지금까지 살펴본 벡터 연산에서는 두 벡터의 길이(원소의 개수)가 모두 동일하다. R은 두 벡터의 대응되는 각 쌍의 원소에 대해 차례로 연산을 수행한다. 그런데 만일 두 벡터의 길이가 서로 다르면 길이가 긴 벡터의 원소 중 일부는 대응되는 원소를 갖지 못하게 된다. R은 이럴 때 벡터 연산을 수행하는 나름의 규칙을 갖고 있다. R은 재사용 규칙(recycling rule)이라는 방식을 통해 이러한 문제를 해결한다. 두 벡터에 어떤 함수를 적용할 때 벡터의 길이가 다르면 R은 길이가 짧은 쪽 벡터의 원소를 재사용해서, 즉 반복 사용해서 길이가 긴 쪽 벡터의 원소 개수에 맞춘다. 그런 다음 벡터 연산을 수행한다. 다음과 같은 예를 살펴보자.

```
> x <- c(1:3)
> x
[1] 1 2 3
> y <- c(4:9)
> y
[1] 4 5 6 7 8 9
> x + y
[1]  5  7  9  8 10 12
```

x 벡터는 y 벡터에 비해 길이가 짧다. 그래서 x + y의 벡터 연산을 수행하려면 x 벡터는 원소의 개수가 부족하게 된다. 이때 R은 벡터 연산을 위해 길이가 짧은 x 벡터의 원소를 재활용하여 벡터의 길이를 y 벡터의 길이만큼 늘린다. 이제 x 벡터와 y 벡터의 길이가 같아졌으므로 각 원소쌍끼리 벡터 연산을 수행할 수 있다. 즉 x 벡터는 원래의 원소인 1, 2, 3이 재활용되어 1, 2, 3, 1, 2, 3이 되고, 1 + 4, 2 + 5, 3 + 6, 1 + 7, 2 + 8, 3 + 9의 벡터 연산이 수행된다.

다음과 같은 벡터와 스칼라 간의 덧셈 연산도 재사용 규칙이 적용된 벡터 연산이다. 스칼라도 원소가 하나인 벡터로 취급되므로 일반 벡터와 동일한 방식으로 벡터 연산이 수행된다. 여기에서는 10이 반복 사용된다.

```
> c(1,3,5) + 10
[1] 11 13 15
```

만일 긴 벡터의 길이가 짧은 벡터의 길이의 배수가 아니면 R은 다음과 같은 경고 메시지를 내보낸다. 그러나 길이가 짧은 벡터의 원소를 재사용하여 벡터 연산은 정상적으로 수행된다.

```
> c(1,2,3) + c(4,5,6,7,8)
[1]  5  7  9  8 10
Warning message:
In c(1, 2, 3) + c(4, 5, 6, 7, 8) :
  longer object length is not a multiple of shorter object length
```

여기에서는 1 + 4, 2 + 5, 3 + 6이 수행되고 난 후 이어서 1 및 2가 재사용되어 1 + 7, 2 + 8이 계산된다. 긴 벡터의 길이가 짧은 벡터 길이의 배수가 아닐 때는 짧은 벡터의 원소 전체가 재사용되지 않는 다소 불완전한 방식으로 연산이 이루어진다. 따라서 이러한 방식으로 재사용 규칙을 적용하는 것이 원래 의도했던 것인지는 점검해볼 필요가 있다.

R은 다른 프로그래밍 언어와 마찬가지로 논리 연산자(logical operator)를 이용한 논리 연산을 수행할 수 있다. ==, !=, <, >, <=, >=, !x, x | y, x & y, isTRUE(x) 등의 연산자와 함수가 사용 가능하다. == 연산자는 두 값이 같은지를 비교하고 != 연산자는 두 값이 다른지를 비교하여 참이면 논리값 TRUE를, 거짓이면 FALSE를 반환한다. <, >, <=, >= 등의 부등호 연산자도 두 값을 비교한 후 논리값을 결과로 반환한다. !x, x | y, x & y는 각각 Not x, x or y, x and y에 대한 논리 연산을 수행하여 논리값을 반환한다. 객체의 논리값이 TRUE인지 확인하기 위해서는 isTRUE() 함수를 이용한다.

```
> v <- pi
> w <- 10/3
> v == w
[1] FALSE
> v != w
[1] TRUE
> v > w
[1] FALSE
> v < w
[1] TRUE
> !(v > w)
[1] TRUE
> (v == w) | (v < w)
[1] TRUE
> (v == w) & (v < w)
[1] FALSE
> isTRUE(v == w)
[1] FALSE
```

논리 연산자를 이용한 벡터 간 비교 역시 벡터 연산 및 재사용 규칙이 적용된다. 논리 연산자는 두 벡터의 각각의 원소를 쌍으로 차례대로 비교하여 결과에 따라 논리값(TRUE 또는 FALSE) 벡터를 반환한다.

다음과 같이 두 벡터에 대한 논리 연산을 수행해보자.

```
> y <- c(0,25,50,75,100)
> z <- c(50,50,50,50,50)
> y == z
[1] FALSE FALSE  TRUE FALSE FALSE
> y != z
[1]  TRUE  TRUE FALSE  TRUE  TRUE
> y > z
[1] FALSE FALSE FALSE  TRUE  TRUE
> y < z
[1]  TRUE  TRUE FALSE FALSE FALSE
```

0과 50, 25와 50, 50과 50, 75와 50, 100과 50을 차례로 비교하여 그 결과에 따라 TRUE 또는 FALSE의 논리값을 반환한다. 그런데 이 논리 연산은 사실 벡터의 각 원소를 하나의 동일한 값(즉 50)과 비교하고 있다. 이러한 논리 연산은 재사용 규칙을 이용하여 다음과 같이 단순화할 수 있다. 재사용 규칙에 의해 50은 벡터의 길이(즉 5, 다섯 번)만큼 반복 사용된다.

```
> y <- c(0,25,50,75,100)
> y == 50
[1] FALSE FALSE  TRUE FALSE FALSE
> y > 50
[1] FALSE FALSE FALSE  TRUE  TRUE
```

R은 내부적으로 TRUE를 1로, FALSE를 0으로 간주한다. 다음과 같이 as.numeric() 함수를 이용하여 확인할 수 있다.[3]

```
> as.numeric(TRUE)
[1] 1
> as.numeric(FALSE)
[1] 0
> TRUE * TRUE
[1] 1
> TRUE * FALSE
[1] 0
> TRUE + TRUE
[1] 2
```

3 as.numeric() 함수는 주어진 인수를 숫자 객체로 변환한다. 숫자 객체로 변환하지 못하는 인수가 주어졌을 때는 NA를 반환한다.

논리값을 숫자로 취급할 수 있기 때문에 논리값을 이용하여 산술 연산을 수행할 수 있고, 또한 다양한 방식으로 응용할 수도 있다. 예를 들어, y 벡터에서 50보다 큰 원소의 개수를 구하려면 다음과 같이 sum() 함수를 이용할 수 있다.

```
> y <- c(0,25,50,75,100)
> sum(y > 50)
[1] 2
```

sum() 함수는 논리값을 숫자로 변환하여 합산한 결과를 반환하며(FALSE + FALSE + FALSE + TRUE + TRUE = 0 + 0 + 0 + 1 + 1), 이 값이 y > 50 조건을 만족하는 원소의 개수이다.

벡터를 비교한 후 반환된 논리값 중 일부 또는 전부가 TRUE인지 알고 싶을 때가 있다. any() 함수는 반환된 논리값 벡터의 원소 가운데 하나라도 TRUE이면 TRUE를 반환한다. 반면에 all() 함수는 반환된 논리값 벡터의 모든 원소가 TRUE일 때 TRUE를 반환한다.

```
> a <- -3:3
> a
[1] -3 -2 -1  0  1  2  3
> any(a > 0)
[1] TRUE
> all(a > 0)
[1] FALSE
```

== 연산자를 이용하여 두 수치가 같은지 비교할 때는 주의가 필요하다. 예를 들어, 다음과 같이 두 개의 값을 비교하면 R은 두 값이 다르다고 인식한다.[4] identical() 함수를 이용하여 두 객체가 동일한지 여부를 테스트해보면 두 값은 분명히 다르다.[5]

```
> sqrt(2)^2 == 2
[1] FALSE
> sqrt(2)^2 - 2
[1] 4.440892e-16
> identical(sqrt(2)^2, 2)
[1] FALSE
```

4 sqrt() 함수는 제곱근을 계산한다.

5 identical() 함수는 두 객체가 동일하면 TRUE를 반환하고 그렇지 않으면 FALSE를 반환한다.

2의 제곱근을 제곱하면 당연히 2가 되어야 하지만 R은 두 값이 차이가 있다고 인식한다. 왜냐하면

R에서 모든 숫자는 내부적으로 부동소수점수(floating point number)로 저장되고, 따라서 매우 작은 값이긴 하지만 반올림을 함으로써 오차가 발생할 수 있기 때문이다. 이러한 오차 때문에 사실은 같아야 하는 두 개의 수치가 마치 다른 것처럼 인식된다.

수치를 비교할 때 이러한 문제를 피하기 위해서는 다음과 같이 `all.equal()` 함수를 이용한다. `all.equal()` 함수는 매우 작은 반올림 오차는 무시한다.6

6 허용하는 기본값은 1.5e-8로서, `tolerance` 인수로 변경할 수 있다.

```
> all.equal(sqrt(2)^2, 2)
[1] TRUE
```

비교하는 값이 서로 같지 않으면 `all.equal()` 함수는 FALSE를 반환하는 것이 아니라 그 차이에 대한 설명을 출력한다. 일관되게 TRUE 또는 FALSE로 출력되게 하려면 `isTRUE()` 함수로 `all.equal()` 함수를 감싼다.

```
> all.equal(sqrt(2)^2, 3)
[1] "Mean relative difference: 0.5"
> isTRUE(all.equal(sqrt(2)^2, 3))
[1] FALSE
> isTRUE(all.equal(sqrt(2)^2, 2))
[1] TRUE
```

벡터 연산은 문자 벡터에도 동일하게 적용된다. 다음과 같이 `paste()` 함수를 이용하여 한꺼번에 여러 문자열을 결합할 수 있다.

```
> fruit <- c("Apple", "Banana", "Strawberry")
> food <- c("Pie", "Juice", "Cake")
> paste(fruit, food)
[1] "Apple Pie"      "Banana Juice"   "Strawberry Cake"
```

재사용 규칙 역시 동일하게 적용된다. Juice 문자열을 `fruit` 벡터의 각 원소에 붙여서 새로운 벡터를 생성하는 벡터 연산을 수행할 때 Juice 문자열은 재사용 규칙에 의해 다음과 같이 반복 사용된다.

```
> paste(fruit, "Juice")
[1] "Apple Juice"      "Banana Juice"      "Strawberry Juice"
```

2.4 벡터 함수

R은 기본적인 연산자뿐만 아니라 유용한 많은 수학 함수(mathematical function)를 제공한다. 수학 함수 역시 벡터화된 방식으로 연산을 수행한다. 여기에서는 비교적 사용 빈도가 높은 함수를 중심으로 살펴본다.

주어진 값에 대한 절대값을 구하기 위해서는 다음과 같이 abs() 함수를 사용한다.

```
> x <- -3:3
> abs(x)
[1] 3 2 1 0 1 2 3
```

로그값을 구하기 위해서는 다음과 같이 log() 함수를 이용한다. log() 함수는 base 인수에 밑수를 지정할 수 있으며 달리 지정하지 않으면 밑수가 e인 자연로그값을 계산한다.

```
> log(1:5, base=3)
[1] 0.0000000 0.6309298 1.0000000 1.2618595 1.4649735
> log(1:5)
[1] 0.0000000 0.6931472 1.0986123 1.3862944 1.6094379
> log(1:5, base=exp(1))
[1] 0.0000000 0.6931472 1.0986123 1.3862944 1.6094379
```

자주 사용되는 밑수가 2와 10일 때의 로그값은 log2()와 log10() 함수를 이용하여 계산할 수 있다. 이는 log() 함수의 base 인수에 각각 2와 10을 지정한 것과 동일하다.

```
> log2(1:5)
[1] 0.000000 1.000000 1.584963 2.000000 2.321928
> log(1:5, base=2)
[1] 0.000000 1.000000 1.584963 2.000000 2.321928
> log10(1:5)
[1] 0.0000000 0.3010300 0.4771213 0.6020600 0.6989700
> log(1:5, base=10)
[1] 0.0000000 0.3010300 0.4771213 0.6020600 0.6989700
```

밑수가 e인 지수값의 계산은 exp() 함수를 이용한다. 지수 함수와 로그 함수는 서로 역의 관계이다.

```
> exp(1:5)
[1]   2.718282   7.389056  20.085537  54.598150 148.413159
> y <- exp(1:5)
> log(y)
[1] 1 2 3 4 5
```

factorial() 함수는 팩토리얼(factorial)을 계산하며, choose() 함수는 조합(combination)을 계산한다. choose() 함수는 첫 번째 인수로 주어진 개수에서 두 번째 인수로 주어진 개수만큼을 선택하는 경우의 수를 계산한다.

```
> factorial(1:5)
[1]   1   2   6  24 120
> choose(5, 2)
[1] 10
```

${}_5C_2 = \frac{5!}{2! \times (5-2)!}$ 이므로 choose(5, 2)는 다음과 같이 계산할 수도 있다.

```
> factorial(5)/(factorial(2)*factorial(5-2))
[1] 10
```

sqrt() 함수는 주어진 인수의 제곱근을 계산한다.

```
> sqrt(1:5)
[1] 1.000000 1.414214 1.732051 2.000000 2.236068
```

R에서는 달리 지정하지 않는 한 수치 계산 결과를 기본적으로 유효자릿수(significant digit) 일곱 자리로 출력한다. options("digits")를 실행하면 현재 설정된 유효자릿수를 확인할 수 있다.

```
> options("digits")
$digits
[1] 7
> pi
[1] 3.141593
> pi*100
[1] 314.1593
```

그런데 데이터분석 작업을 수행하다 보면 연산 수행 결과를 제한된 자릿수만큼만 출력하고 싶을 때가 종종 있다. 이럴 때 다음과 같이 signif() 함수를 이용하여 유효숫자(significant figure)의 개수를 지정할 수 있다.[7] signif() 함수의 첫 번째 인수에는 대상 숫자를 지정하고 두 번째 인수(digits)에 원하는 유효자릿수를 지정한다.[8]

```
> signif(456.789, digits=2)
[1] 460
> signif(456.789, digits=3)
[1] 457
> signif(456.789, digits=4)
[1] 456.8
```

round() 함수는 첫 번째 인수로 주어진 숫자를 두 번째 인수(digits)로 주어진 숫자만큼의 소수점 이하 자릿수(decimal place)로 출력한다. 두 번째 인수의 기본값은 0(digits=0)으로서 두 번째 인수를 주지 않고 round() 함수를 이용하면 소수점 이하 첫째 자리에서 반올림된 정수를 출력한다. 소수점 이하 두 자리로 숫자를 출력하려면 round() 함수의 두 번째 인수로 2(digits=2)를 지정한다. 소수점 셋째 자리에서 반올림되어 소수점 이하 둘째 자리까지 출력된다.

```
> round(456.789, digits=2)
[1] 456.79
> round(456.789)
[1] 457
> round(sqrt(1:5), 2)
[1] 1.00 1.41 1.73 2.00 2.24
```

round() 함수를 이용하면 주어진 숫자를 10의 배수로 표현되는 정수 자릿수로도 출력할 수 있다. 다음과 같이 digits 인수에 음수를 지정한다.

```
> round(456.789, digits=-2)
[1] 500
> round(456.789, digits=-1)
[1] 460
```

7 유효숫자는 신뢰할 수 있는 숫자를 의미한다. 반올림을 하여 근삿값을 사용하면 오차가 생기기 마련인데, 이때 오차를 고려하더라도 신뢰할 만한 숫자를 유효숫자라고 한다. 예를 들어, 456을 460이라고 얘기하면 1 단위에서는 틀리지만 10 단위에서는 틀리게 말한 것이 아니다. 왜냐하면 460은 455에서 464까지의 숫자를 반올림하여 만들어지기 때문이다. 이 경우 오차를 감안하더라고 믿을 수 있는 숫자는 4와 6이 되며 이 숫자를 유효숫자라고 한다.

8 signif() 함수의 digits 인수에는 현재 R 환경에 설정된 유효자릿수를 초과하여 지정할 수 없다. 이보다 큰 값으로 유효자릿수를 변경하려면 options() 함수의 digits 인수를 이용한다.

round() 함수와 signif() 함수는 5를 기준으로 반올림한다. 즉 반올림할 숫자가 5보다 작으면 내리고 5보다 크면 올린다. 반올림할 숫자가 5이면 가장 가까운 짝수로 반올림된다.

```
> round(11.5)
[1] 12
> round(12.5)
[1] 12
> round(13.5)
[1] 14
> round(-3.5)
[1] -4
> round(-4.5)
[1] -4
> round(-5.5)
[1] -6
```

floor() 함수는 주어진 인수보다 작은 가장 가까운 정수로 반올림하고, ceiling() 함수는 이와 반대로 주어진 인수보다 큰 가장 가까운 정수로 반올림한다. trunc() 함수는 0에 가장 가까운 정수로 반올림한다.

```
> floor(456.78)
[1] 456
> floor(-456.78)
[1] -457
> ceiling(456.78)
[1] 457
> ceiling(-456.78)
[1] -456
> trunc(456.78)
[1] 456
> trunc(-456.78)
[1] -456
```

데이터분석 작업 중에 정상적으로 데이터를 처리하기 어려울 때가 간혹 발생한다. 예를 들어, 계산을 수행한 결과가 무한대의 값을 갖거나(어떤 값을 0으로 나누었을 때), 또는 아예 전혀 계산이 불가능할 때(음수에

로그를 취했을 때)가 있다. 그리고 실제 현장의 실무 환경에서 수집된 데이터에는 적지 않은 결측값(missing value)이 포함되는 것이 일반적이다. R에서는 이러한 상황을 어떻게 다루는지 살펴보자.

임의의 값을 0으로 나누면 무한대가 된다. R은 양의 무한대 값을 Inf로 나타내며, 음의 무한대 값을 -Inf로 나타낸다. Inf는 일반적인 산술 연산과 동일한 방식으로 사용할 수 있다.

```
> 3 / 0
[1] Inf
> 5 - Inf
[1] -Inf
> Inf * Inf
[1] Inf
> Inf * (-Inf)
[1] -Inf
```

어떤 값이 무한대인지 여부를 확인하려면 is.infinite() 함수를 이용한다. is.infinite() 함수는 인수로 주어진 수가 무한대이면 TRUE를 반환한다. R은 컴퓨터가 다룰 수 있는 수보다 큰 수를 무한대로 간주한다. 대부분의 컴퓨터에서 수용할 수 있는 가장 큰 수는 1.8×10^{308}이기 때문에 이 수보다 큰 값에 대해 R은 무한대로 인식한다. 예를 들어, 다음 예에서 is.infinite() 함수를 통해 확인할 수 있는 것처럼 10^{309}과 10^{310}은 무한대이다.

```
> is.infinite(10^(305:310))
[1] FALSE FALSE FALSE FALSE  TRUE  TRUE
```

무한대를 무한대로 나누면 그 결과는 NaN이다. 무한대에 0을 곱해도 NaN이다. 로그에 음수를 취해도 NaN이 출력된다. NaN은 Not a Number의 약자이며, 계산 결과를 정의할 수 없다는 것을 뜻한다. NaN은 산술 연산이 가능하지만 그 결과는 항상 NaN이 된다. is.nan() 함수를 이용하면 인수로 주어진 값이 NaN인지 여부를 확인할 수 있다.

```
> Inf / Inf
[1] NaN
> Inf * 0
[1] NaN
> log(-2)
[1] NaN
```

```
> NaN + 3
[1] NaN
> is.nan(NaN + 3)
[1] TRUE
```

데이터분석 작업을 수행할 때 흔히 직면하게 되는 문제 중의 하나는 결측값이 포함된 불완전한 데이터셋의 존재이다. R은 결측값을 NA로 나타낸다. NA는 Not Available을 뜻한다. NA도 하나의 값이기 때문에 변수에 할당할 수 있다. 하지만 NA에 대해 연산을 수행하면 그 결과는 NA가 된다.

```
> k <- NA
> k + 5
[1] NA
> sqrt(k)
[1] NA
```

NA에 대한 논리 연산의 결과도 TRUE나 FALSE가 아닌 다른 연산과 마찬가지로 NA이다. 이는 논리 연산자를 이용하여 결측값의 존재를 테스트할 수 없다는 것을 의미한다. 예를 들어, == 연산자를 이용하여 어떤 값이 NA인지를 알고자 하면 기대와 달리 TRUE나 FALSE가 아닌 NA 값이 출력된다. 따라서 어떤 값이 NA인지 알고 싶으면 논리 연산자 대신에 is.na() 함수를 이용한다. is.na() 함수는 NA와 NaN에 대해 TRUE를 반환한다.

```
> k == NA
[1] NA
> is.na(k)
[1] TRUE
> is.na(k + 5)
[1] TRUE
> is.na(NaN)
[1] TRUE
```

지금까지 살펴봤던 수학 함수는 벡터의 각 원소에 대해 개별적으로 적용되는 함수이다. 그런데 수학 함수 가운데는 주어진 벡터의 원소 전체를 대상으로 계산을 수행하는 함수가 있다. 주로 통계처리 관련 함수가 여기에 해당한다. 예를 들어, 벡터의 합을 계산하는 sum() 함수는 전체 벡터를 대상으로 함수를 적용한다. 따라서 벡터 내 한 원소의 값이 바뀌면 결과도 달라진다. 벡터 내 원소의 곱을 계산하는

prod() 함수, 벡터 내 원소 중 최대값과 최소값을 찾아주는 max() 함수와 min() 함수 또한 벡터의 원소 전체를 대상으로 수행되는 함수이다.

```
> z <- 1:5
> sum(z)
[1] 15
> prod(z)
[1] 120
> min(z)
[1] 1
> max(z)
[1] 5
```

평균, 중위수, 범위, 분산, 표준편차를 계산하는 mean() 함수, median() 함수, range() 함수, var() 함수, sd() 함수도 마찬가지로 벡터 전체의 원소를 대상으로 수행된다.

```
> z <- 1:5
> mean(z)
[1] 3
> median(z)
[1] 3
> range(z)
[1] 1 5
> var(z)
[1] 2.5
> sd(z)
[1] 1.581139
```

이 함수들은 벡터의 원소 전체를 대상으로 계산을 수행하기 때문에 벡터 내에 결측값 NA가 포함되어 있을 때 의도하지 않은 결과가 나타난다. 결측값 NA가 포함된 벡터에 대해 이 함수들은 그 결과값으로 NA를 반환한다. 그러나 na.rm=TRUE를 지정하거나 na.omit() 함수를 이용하여 벡터 내의 결측값을 제거하면 이러한 문제를 피할 수 있다.

```
> w <- c(1,2,3,4,5,NA)
> sum(w)
[1] NA
```

```
> sum(w, na.rm=TRUE)
[1] 15
> sum(na.omit(w))
[1] 15
```

만일 결측값만으로 구성된 벡터가 있을 때 앞서와 같은 방법으로 벡터 내의 결측값을 제거한 후 함수를 적용하면 NA가 출력되는 것이 아니라 각 함수별로 사전에 약속된 값이 출력된다. 결측값만으로 구성된 벡터의 합은 0, 곱은 1, 최대값은 -Inf, 최소값은 Inf가 출력된다. 따라서 현재 작업 중인 벡터가 모두 NA로 구성되어 있다는 것을 알지 못하고 있을 때 결측값을 제거한 후 앞의 함수들을 적용하면 전혀 예상하지 못한 결과가 나타날 수 있다. 이런 일이 발생하더라도 R은 사전에 정의된 값을 출력할 뿐 별다른 경고 메시지를 보내지 않는다. 이 함수들 중 max() 함수와 min() 함수만이 경고 메시지를 내보내긴 하지만 그것만으로는 벡터가 결측값만을 포함하고 있다는 것을 알기는 어렵다.

```
> v <- c(NA,NA,NA,NA,NA)
> sum(v, na.rm=TRUE)
[1] 0
> prod(v, na.rm=TRUE)
[1] 1
> max(v, na.rm=TRUE)
[1] -Inf
Warning message:
In max(v, na.rm = TRUE) : no non-missing arguments to max; returning -Inf
> min(v, na.rm=TRUE)
[1] Inf
Warning message:
In min(v, na.rm = TRUE) : no non-missing arguments to min; returning Inf
```

min() 함수와 max() 함수는 주어진 벡터의 원소 가운데 가장 작은 값과 가장 큰 값을 찾아준다. 하지만 이와 달리 두 개 이상의 벡터가 주어졌을 경우 벡터의 짝을 이루는 각 원소별로 비교하여 최소값과 최대값을 찾고 싶을 때가 있다. 이럴 때는 다음과 같이 pmin() 함수와 pmax() 함수를 이용한다.

```
> v1 <- c(1,2,3,4,5)
> v2 <- c(5,4,3,2,1)
> min(v1, v2)
[1] 1
> max(v1, v2)
[1] 5
> pmin(v1, v2)
[1] 1 2 3 2 1
> pmax(v1, v2)
[1] 5 4 3 4 5
```

pmin() 함수와 pmax() 함수는 인수로 주어진 첫 번째 벡터와 두 번째 벡터로부터 (1, 5), (2, 4), (3, 3), (4, 2), (5, 1)의 원소쌍을 추출하여 각 원소쌍의 최소값과 최대값을 반환한다. min() 함수와 max() 함수는 두 개의 벡터가 주어지면 두 벡터의 모든 원소 가운데 가장 작은 값과 가장 큰 값 한 개를 반환한다. 반면에 pmin() 함수와 pmax() 함수는 두 벡터의 각 원소를 쌍으로 비교하여 최소값과 최대값을 찾아주므로 벡터의 길이만큼의 결과값을 반환한다.

pmin() 함수와 pmax() 함수 또한 재사용 규칙이 적용된다. 예를 들어, 양수와 음수가 섞여 있는 숫자 벡터에서 음수를 모두 0으로 대체하는 작업을 다음과 같이 pmax() 함수를 이용하여 수행할 수 있다. 0이 첫 번째 인수로 주어진 벡터 길이만큼 재사용된다. pmax() 함수는 첫 번째 인수로 주어진 숫자 벡터의 각 원소와 0을 비교하여 더 큰 값을 반환한다.

```
> pmax(c(1, -2, 3, -4, 5, -6, 7, -8, 9), 0)
[1] 1 0 3 0 5 0 7 0 9
```

pmin() 함수와 pmax() 함수는 두 개의 벡터만 원소끼리 비교할 수 있는 것은 아니며 다음과 같이 세 개 이상의 벡터로 확장할 수 있다. 각 벡터의 대응되는 원소끼리 비교하여 최소값과 최대값을 반환한다.

```
> v1 <- c(1,2,3,4,5)
> v2 <- c(5,4,3,2,1)
> pmin(v1, v2, pi)
[1] 1 2 3 2 1
> pmax(v1, v2, pi)
[1] 5.000000 4.000000 3.141593 4.000000 5.000000
```

다음과 같은 누적 연산 함수도 주어진 벡터의 원소 전체를 대상으로 계산을 수행한다. cumsum() 함수는 벡터 내 원소의 각 위치까지의 누적된 합을 계산한다. cumsum() 함수 출력 결과의 첫 번째 위치에는 첫 번째 원소의 값만이 나타나지만, 두 번째 위치에는 첫 번째 원소와 두 번째 원소값의 합이 나타나며, 세 번째 위치에는 처음 세 원소의 합이 출력된다. 그리고 출력 결과의 마지막 위치에는 모든 원소의 합이 출력된다. cumprod() 함수 역시 cumsum() 함수와 같은 방식으로 원소의 각 위치까지의 누적 곱을 계산한다. cummax() 함수와 cummin() 함수는 벡터 내 원소의 각 위치까지 나타난 값 중 가장 큰 값과 가장 작은 값을 출력한다. 예를 들어, 다음과 같이 요일별(월요일~일요일) 교통사고 사망자수 데이터 벡터에 cumsum() 함수를 적용하여 월요일부터 시작하여 각 요일까지의 누적 사망자수를 구할 수 있다.

```
> traffic.death <- c(842,729,786,751,844,851,702)
> cumsum(traffic.death)
[1]  842 1571 2357 3108 3952 4803 5505
```

이와 같은 누적 연산 함수에는 결측값을 제거하는 연산 수행 방식이 지원되지 않는다. 만약 결측값을 포함한 채로 벡터 연산을 수행하면 계산 결과에는 다음과 같이 NA가 포함된다.

```
> u <- c(3,5,1,NA,2)
> cumsum(u)
[1]  3  8  9 NA NA
```

인접한 두 원소 간의 차이를 계산하기 위해서는 diff() 함수를 이용한다. diff() 함수 출력 결과의 첫 번째 값은 인수로 주어진 벡터의 두 번째 원소와 첫 번째 원소의 차이이며, 두 번째 값은 인수로 주어진 벡터의 세 번째 원소와 두 번째 원소의 차이이다. 그리고 출력 결과의 마지막 값은 마지막 원소와 마지막에서 두 번째 원소의 차이이다. 따라서 diff() 함수의 출력 결과는 인수로 주어진 원래 벡터보다 원소의 개수가 항상 한 개 적다.

```
> traffic.death <- c(842,729,786,751,844,851,702)
> diff(traffic.death)
[1] -113   57  -35   93    7 -149
```

diff() 함수 또한 결측값을 제거하여 연산을 수행할 수 없다. 따라서 벡터에 결측값이 포함되어 있을 때 그 벡터로부터 계산된 결과는 NA를 포함하게 된다.

```
> u <- c(3,5,1,NA,2)
> diff(u)
[1]  2 -4 NA NA
```

diff() 함수는 인접한 두 원소 간의 차이만 계산할 수 있는 것이 아니다. 일정한 간격으로 떨어져 있는 원소 간 차이를 계산하는 것이 가능하다. lag 인수에 차이를 계산할 간격을 지정한다. 예를 들어, 다음과 같이 lag=2를 지정하면 두 칸 떨어진 원소 간의 차이가 계산된다. 즉 출력 결과의 첫 번째 값은 3 − 1, 두 번째 값은 4 − 2, 세 번째 값은 5 − 3을 계산한 결과이다.

```
> diff(1:5, lag=2)
[1] 2 2 2
```

집합을 다루는 함수도 종종 유용하다. union(), intersect(), setdiff() 함수는 인수로 주어진 두 벡터에 대해 각각 합집합, 교집합, 차집합을 구한다. setequal() 함수는 두 집합이 동일한지 테스트하며, is.element() 함수는 첫 번째 인수로 주어진 벡터의 각 원소가 두 번째 인수로 주어진 벡터의 원소인지 테스트한다.

```
> p <- 1:10
> q <- 6:15
> union(p, q)
 [1]  1  2  3  4  5  6  7  8  9 10 11 12 13 14 15
> intersect(p, q)
[1]  6  7  8  9 10
> setdiff(p, q)
[1] 1 2 3 4 5
> setdiff(q, p)
[1] 11 12 13 14 15
> setequal(p, q)
[1] FALSE
> is.element(setdiff(p, q), p)
[1] TRUE TRUE TRUE TRUE TRUE
> is.element(setdiff(p, q), q)
[1] FALSE FALSE FALSE FALSE FALSE
```

2.5 팩터

사물의 범주(category)를 구분하는 목적으로 사용되는 데이터를 범주형 데이터라고 한다. 예를 들어, 사람의 성별을 구분하는 남자와 여자, 산업을 구분하는 제조업, 유통업, 서비스업, 농수산업, 자동차의 크기를 나타내는 소형, 중형, 대형 등의 데이터 유형이 여기에 해당한다. R에서 팩터(factor) 데이터 형식은 이러한 범주형 데이터를 나타낸다.

범주형 데이터에 포함된 가능한 범주값을 레벨(level)이라고 한다. 팩터는 개념적으로는 레벨을 원소로 갖는 벡터이며, 따라서 벡터의 기본적인 특성을 그대로 갖는다. `factor()` 함수는 범주형 데이터로 취급하려는 문자 벡터나 숫자 벡터를 팩터로 변환한다. 인수로 주어지는 벡터 데이터에서 중복되지 않는 레벨을 추출하여 팩터를 생성한다. 예를 들어, 여섯 개 레스토랑을 평가한 결과를 다음과 같이 팩터로 변환할 수 있다.

```
> review <- c("Good", "Good", "Indifferent", "Bad", "Good", "Bad")
> review
[1] "Good"        "Good"        "Indifferent" "Bad"         "Good"        "Bad"
> review.factor <- factor(review)
> review.factor
[1] Good        Good        Indifferent Bad         Good        Bad
Levels: Bad Good Indifferent
```

팩터로 변환된 출력 결과를 보면 문자를 나타내는 인용부호가 없어졌다. 즉 변환된 결과는 더 이상 문자 데이터가 아니며 이는 범주형 데이터에서의 레벨을 나타낸다. 추출된 레벨은 마지막 라인에 출력된다.

`str()` 함수를 이용하여 팩터의 내부 구조를 살펴보자.

```
> str(review.factor)
 Factor w/ 3 levels "Bad","Good","Indifferent": 2 2 3 1 2 1
```

R은 내부적으로 팩터 데이터를 세 레벨 Bad, Good, Indifferent에 대응되는 숫자로 저장한다. 즉 알파벳 순으로 배열된 레벨의 순서대로 Bad는 1로, Good는 2로, Indifferent는 3으로 변환하여 데이터는 '2 2 3 1 2 1'로 저장된다. 팩터를 다음과 같이 `as.numeric()` 함수 또는 `as.integer()` 함수를 이용하여 숫자 벡터로 변환하면 벡터의 원소가 팩터 레벨에 대응되는 숫자로 변환된 것을

확인할 수 있다.

```
> as.numeric(review.factor)
[1] 2 2 3 1 2 1
> as.integer(review.factor)
[1] 2 2 3 1 2 1
```

R은 데이터 벡터에 포함된 레벨만을 이용하여 팩터로 변환한다. 데이터 벡터에 가능한 레벨이 모두 포함되어 있지 않더라도 R은 이를 인식하지 못하며 주어진 레벨만을 이용하여 팩터로 변환한다. 예를 들어, 어떤 사건이 발생한 날의 요일을 기록한 다음과 같은 데이터를 팩터로 변환해보자.

```
> eventday <- c("Mon", "Mon", "Wed", "Tue", "Mon", "Wed", "Fri", "Thu", "Tue")
> eventday.factor <- factor(eventday)
> eventday.factor
[1] Mon Mon Wed Tue Mon Wed Fri Thu Tue
Levels: Fri Mon Thu Tue Wed
```

주어진 데이터 벡터에는 토요일과 일요일이 포함되어 있지 않기 때문에 R이 출력한 레벨에는 토요일과 일요일이 없다. 하지만 모든 가능한 요일이 레벨에 포함되는 것이 바람직하다. 따라서 다음과 같이 factor() 함수의 levels 인수를 이용하여 모든 가능한 레벨을 지정한다.

```
> eventday.factor <- factor(eventday,
+                           levels=c("Mon", "Tue", "Wed", "Thu", "Fri", "Sat", "Sun"))
> eventday.factor
[1] Mon Mon Wed Tue Mon Wed Fri Thu Tue
Levels: Mon Tue Wed Thu Fri Sat Sun
```

출력된 데이터값은 종전과 변함이 없지만 이번에는 레벨에 토요일(Sat)과 일요일(Sun)이 포함되어 있다. factor() 함수의 levels 인수를 이용하여 레벨을 지정하면 레벨의 순서를 사용자가 원하는 대로 지정할 수 있다. 종전에는 알파벳 순으로 레벨이 나타난 반면, 이번에는 levels 인수에 지정된 대로 월요일부터 일요일까지의 순서로 요일이 출력되었다.

레벨의 순서를 데이터셋에 등장하는 순서와 일치시키고 싶을 때는 팩터를 생성할 때 unique() 함수를 이용하여 다음과 같이 levels 인수에 순서를 지정한다.

```
> eventday.factor <- factor(eventday, levels=unique(eventday))
> eventday.factor
[1] Mon Mon Wed Tue Mon Wed Fri Thu Tue
Levels: Mon Wed Tue Fri Thu
```

팩터의 레벨을 보기 위해서는 `levels()` 함수를 이용한다.

```
> review <- c("Good", "Good", "Indifferent", "Bad", "Good", "Bad")
> review.factor <- factor(review)
> levels(review.factor)
[1] "Bad"         "Good"        "Indifferent"
```

`levels()` 함수를 이용하면 레벨명을 직접 변경할 수도 있다. 이때 팩터의 값은 레벨과 직접 연결되어 있기 때문에 레벨명을 변경하면 데이터 벡터 역시 변경된다. Bad, Good, Indifferent의 세 레벨을 각각 B, G, I로 변경하면 팩터의 개별 원소도 그에 맞춰 자동으로 변경된다.

```
> levels(review.factor) <- c("B", "G", "I")
> review.factor
[1] G G I B G B
Levels: B G I
```

레벨의 개수를 알고자 할 때는 `nlevels()` 함수를 이용한다. 팩터의 레벨 역시 벡터로 저장되기 때문에 벡터의 길이를 반환하는 `length()` 함수를 이용해도 레벨의 개수를 확인할 수 있다.

```
> nlevels(review.factor)
[1] 3
> length(levels(review.factor))
[1] 3
```

팩터로 표현되는 범주 데이터의 범주는 종종 그 순서에 의미가 있다. 예를 들면, 자동차의 크기를 나타내는 소형, 중형, 대형이라든지 성적을 나타내는 A, B, C, D, F 등은 그 순서에 따라 어느 한 범주가 다른 범주보다 크기가 크거나 성적이 좋다는 의미로 해석된다. 이러한 범주형 데이터를 서열팩터(ordered factor)라고 한다. 서열팩터에는 부등호 기호를 이용하여 레벨의 순서가 표시된다. 이러한 서열팩터는 연산을 수행한 결과를 의미 있는 순서로 나타내려고 할 때 유용하다.

예를 들어, 다섯 개 제품에 대한 수익성 평가 결과를 나타내고 싶다고 하자. 각 제품은 수익성에 따라 Low, Medium, High로 평가된다.

```
> eval <- c("Medium", "Low", "High", "Medium", "High")
> eval.factor <- factor(eval)
> eval.factor
[1] Medium Low    High   Medium High
Levels: High Low Medium
```

서열팩터는 다음과 같이 factor() 함수의 ordered 인수를 TRUE로 설정하여 생성할 수 있다.

```
> eval.ordered <- factor(eval, levels=c("Low", "Medium", "High"), ordered=TRUE)
> eval.ordered
[1] Medium Low    High   Medium High
Levels: Low < Medium < High
```

일반적인 팩터로 변환했을 때와 서열팩터로 변환했을 때를 비교해보자. table() 함수를 이용하여 각 레벨별 빈도를 계산한다. table() 함수는 팩터의 각 레벨별 조합에 따른 교차표(crosstabulation)를 생성한다. 주어진 팩터가 한 개일 때는 팩터의 각 레벨별 빈도를 계산한다. 일반적인 팩터는 알파벳 순으로 결과를 출력하는 반면, 서열팩터는 정해진 순서, 즉 Low, Medium, High의 순서대로 결과를 출력하여 좀 더 의미 있는 해석을 할 수 있다.

```
> table(eval.factor)
eval.factor
  High    Low Medium
     2      1      2
> table(eval.ordered)
eval.ordered
   Low Medium   High
     1      2      2
```

그런데 이렇게 출력의 순서만을 조정하는 것이 목적이라면 굳이 서열팩터를 만들지 않아도 된다. 팩터를 생성할 때 다음과 같이 levels 인수에 레벨의 순서를 지정하여 동일한 목적을 달성할 수 있다.

```
> eval.factor <- factor(eval, levels=c("Low", "Medium", "High"))
> table(eval.factor)
eval.factor
   Low Medium   High
     1      2      2
```

서열팩터는 단순히 출력 순서를 결정하는 것 이상의 의미를 갖는다. 예를 들어, 첫 번째 제품이 두 번째 제품보다 수익성이 좋은지 궁금하다. 그래서 제품 간 수익성을 비교하기 위하여 다음과 같이 비교 연산자를 사용해본다.

```
> eval.factor[1] > eval.factor[2]
[1] NA
Warning message:
In Ops.factor(eval.factor[1], eval.factor[2]) :
   '>'  not meaningful for factors
```

그러면 NA가 출력되면서 의미 없는 연산을 하고 있다는 경고 메시지가 나온다. 이런 식으로는 제품 간 수익성을 비교할 수 없다. 이번에는 앞서 만들었던 서열팩터를 이용하여 동일하게 비교해본다.

```
> eval.ordered[1] > eval.ordered[2]
[1] TRUE
```

첫 번째 제품의 수익성이 Medium이고 두 번째 제품의 수익성이 Low이므로 첫 번째 제품의 수익성이 더 좋고 그래서 비교 결과는 TRUE이다(Levels: Low < Medium < High). 이처럼 서열팩터로 만들면 팩터의 원소 간 '서열화된' 크기를 비교할 수 있다. 여기에서는 일반 팩터와 서열팩터 간 차이를 간단한 비교 연산의 예를 통해서만 보여줬지만 둘 간의 차이는 사실 이보다 더 큰 의미를 갖는다. 통계분석 모델을 적용할 때 주로 차이가 나타나는데, 범주형 변수(categorical variable)가 순서를 갖는지 여부에 따라 통계모델은 범주형 변수(즉 팩터)를 서로 다른 방식으로 다룬다.

숫자 벡터는 `levels` 인수와 `labels` 인수를 이용하여 팩터로 변환할 수 있다. `labels` 인수에는 레벨에 대한 이름을 지정한다. 예를 들어, 성별을 나타내는 `sex` 변수가 원래 데이터셋에서 남자는 1로, 여자는 2로 코딩되어 있었다면 다음과 같이 범주형 변수로 변환할 수 있다. `labels` 인수의 순서는 `levels` 인수의 순서와 일치해야 한다.

```
> sex <- c(2,1,2,2,1,0)
> sex.factor <- factor(sex, levels=c(1, 2), labels=c("Male", "Female"))
```

이제 sex.factor 변수는 범주형 변수로 간주된다. 숫자 1과 2 대신에 Male과 Female이 사용되고, 원래 데이터셋에서 1 또는 2로 코딩되지 않았던 값은 결측값(즉 NA)으로 취급된다.

```
> sex.factor
[1] Female Male   Female Female Male   <NA>
Levels: Male Female
> table(sex.factor)
sex.factor
  Male Female
     2      3
```

forcats 패키지

forcats 패키지는 팩터를 효과적으로 다룰 수 있는 유용한 함수를 제공한다.9 예를 위해 다음과 같은 팩터를 생성해보자. 회사의 부페 식당에서 제공하는 10개의 음식을 다섯 개 종류별로 구분하였다. 기본적으로 레벨은 알파벳 순서로 출력된다.

9 forcats 패키지는 'Tidyverse 생태계'(Tidyverse ecosystem)에 속하는 tidyverse 통합 패키지 환경의 일부이다(https://www.tidyverse.org). Tidyverse는 데이터 사이언스(data science)를 위해 설계된 R 패키지 집합이다. Tidyverse 생태계에는 데이터 전처리, 텍스트 및 날짜 처리, 그래프 생성, 모델링 등에 필요한 유용한 패키지들이 포함되어 있으며 이들은 모두 디자인 철학, 문법 체계, 데이터 구조를 공유한다. Tidyverse는 여기 '제2장 벡터'에서 다루고 있는 forcats 패키지뿐만 아니라 tibble 패키지(제5장 데이터프레임), stringr 및 lubridate 패키지(제6장 텍스트와 날짜), readr 패키지(제7장 입력과 출력), dplyr, purrr, tidyr 패키지(제9장 데이터 전처리), 그리고 ggplot2 패키지(제11장 고급 그래픽) 등을 포함하고 있다. tidyverse 통합 패키지를 설치하면 이 패키지들 대부분을 개별적으로 설치하는 과정 없이 한꺼번에 사용할 수 있다: install.packages ("tidyverse"); library(tidyverse).

```
> food <- factor(c("Vegetables", "Fruits", "Vegetables", "Grains", "Fruits",
+                  "Vegetables", "Dairy", "Fruits", "Proteins", "Fruits"))
> food
 [1] Vegetables Fruits     Vegetables Grains     Fruits     Vegetables Dairy
 [8] Fruits     Proteins   Fruits
Levels: Dairy Fruits Grains Proteins Vegetables
```

데이터셋에 등장하는 순서대로 레벨을 출력하려면 다음과 같이 forcats 패키지의 fct_inorder() 함수를 사용할 수 있다.

```
> library(forcats)
> fct_inorder(food)
 [1] Vegetables Fruits     Vegetables Grains     Fruits     Vegetables Dairy
 [8] Fruits     Proteins   Fruits
Levels: Vegetables Fruits Grains Dairy Proteins
```

또는 다음과 같이 출현 빈도가 많은 순서대로 출력할 수도 있다. fct_infreq() 함수를 이용한다.

```
> fct_infreq(food)
 [1] Vegetables Fruits     Vegetables Grains     Fruits     Vegetables Dairy
 [8] Fruits     Proteins   Fruits
Levels: Fruits Vegetables Dairy Grains Proteins
```

다음과 같이 fct_relevel() 함수를 이용하면 앞서 factor() 함수에 levels 인수를 지정하여 레벨의 순서를 조정한 것처럼 레벨의 순서를 원하는 대로 지정할 수 있다. fct_relevel() 함수의 첫 번째 인수에 팩터를 지정하고 이어서 레벨을 차례대로 지정한다.

```
> fct_relevel(food, "Fruits", "Vegetables", "Grains", "Proteins", "Dairy")
 [1] Vegetables Fruits     Vegetables Grains     Fruits     Vegetables Dairy
 [8] Fruits     Proteins   Fruits
Levels: Fruits Vegetables Grains Proteins Dairy
```

fct_relevel() 함수는 factor() 함수보다는 좀 더 다양한 방식으로 레벨의 순서를 조정할 수 있다. 지정되지 않은 레벨은 원래의 순서를 그대로 유지한다. 예를 들어, 다음과 같이 지정하면 Proteins 레벨만 맨 앞으로 이동하고 나머지 레벨은 원래의 순서대로 출력된다.

```
> fct_relevel(food, "Proteins")
 [1] Vegetables Fruits     Vegetables Grains     Fruits     Vegetables Dairy
 [8] Fruits     Proteins   Fruits
Levels: Proteins Dairy Fruits Grains Vegetables
```

다음과 같이 두 개의 레벨을 차례대로 지정하면 지정된 Proteins와 Dairy 레벨은 앞으로 이동하고 나머지 레벨은 원래의 순서를 유지한다.

```
> fct_relevel(food, "Proteins", "Dairy")
 [1] Vegetables Fruits     Vegetables Grains     Fruits     Vegetables Dairy
 [8] Fruits     Proteins   Fruits
Levels: Proteins Dairy Fruits Grains Vegetables
```

레벨을 특정 위치로 이동시키려면 after 인수에 이동할 위치를 인덱스로 지정한다. 예를 들어, 다음과 같이 지정하면 Proteins 레벨은 두 번째 위치의 뒤, 즉 세 번째 위치로 이동한다.

```
> fct_relevel(food, "Proteins", after=2)
 [1] Vegetables Fruits     Vegetables Grains     Fruits     Vegetables Dairy
 [8] Fruits     Proteins   Fruits
Levels: Dairy Fruits Proteins Grains Vegetables
```

Proteins 레벨을 마지막 위치로 이동시키려면 다음과 같이 after=Inf를 지정한다.

```
> fct_relevel(food, "Proteins", after=Inf)
 [1] Vegetables Fruits     Vegetables Grains     Fruits     Vegetables Dairy
 [8] Fruits     Proteins   Fruits
Levels: Dairy Fruits Grains Vegetables Proteins
```

다른 변수의 값에 따라 레벨을 정렬(소팅)하고 싶을 때가 있다.[10] 다음과 같이 fct_reorder() 함수를 이용한다. fct_reorder() 함수의 첫 번째 인수에 팩터를 지정하고 두 번째 인수(.x)에 레벨의 순서를 결정할 벡터를 지정한다. 두 번째 인수에 지정된 값의 오름차순으로 레벨의 순서가 조정된다. 예를 들어, 여기에서는 팩터의 레벨(즉 음식 종류)을 음식 단가(value 변수) 순으로 정렬한다.

10 이러한 작업은 특히 범주형 변수를 다른 데이터의 크기 순으로 시각화할 때 유용하다. 예를 들어, 자동차 모델과 연비 간의 관계를 그래프로 표현할 때 자동차 모델을 연비의 크기 순으로 정렬하여 보여주면 자동차 모델 간 비교가 용이하다. '제11장 고급 그래픽'의 연습문제에서 활용 예를 볼 수 있다.

```
> food
 [1] Vegetables Fruits     Vegetables Grains     Fruits     Vegetables Dairy
 [8] Fruits     Proteins   Fruits
Levels: Dairy Fruits Grains Proteins Vegetables
> value <- c(1000, 1500, 1200, 700, 2000,
+            2000, 1350, 2500, 15000, 3000)
```

```
> fct_reorder(food, .x=value)
 [1] Vegetables Fruits     Vegetables Grains     Fruits     Vegetables Dairy
 [8] Fruits     Proteins   Fruits
Levels: Grains Vegetables Dairy Fruits Proteins
```

하나의 범주에 대응되는 값이 여러 개 있을 경우에는 기본적으로 그 값들의 중위수가 사용된다. 예를 들어, 여기에서 Vegetables 범주에는 1000, 1200, 2000 세 개의 값이 있으므로 이 값들의 중위수인 1200이 레벨의 순서를 결정할 값으로 사용된다. .fun 인수에 범주별 요약 함수를 지정할 수 있다. 예를 들어, 다음과 같이 mean() 함수를 지정하면 중위수 대신에 평균이 사용된다. Dairy와 Vegetables의 순서가 달라진 것을 볼 수 있다.[11]

11 Dairy는 1350이고 Vegetables는 1000, 1200, 2000 세 값의 평균인 1400이므로 오름차순으로 Dairy가 Vegetables보다 앞에 나온다.

```
> fct_reorder(food, .x=value, .fun=mean)
 [1] Vegetables Fruits     Vegetables Grains     Fruits     Vegetables Dairy
 [8] Fruits     Proteins   Fruits
Levels: Grains Dairy Vegetables Fruits Proteins
```

두 번째 인수에 지정된 값의 내림차순으로 레벨을 정렬하고 싶으면 추가로 다음과 같이 .desc=TRUE를 지정한다.

```
> fct_reorder(food, .x=value, .desc=TRUE)
 [1] Vegetables Fruits     Vegetables Grains     Fruits     Vegetables Dairy
 [8] Fruits     Proteins   Fruits
Levels: Proteins Fruits Dairy Vegetables Grains
```

팩터의 레벨명을 변경하려면 fct_recode() 함수를 사용한다. 다음과 같이 Proteins와 Dairy를 Fats로 변경할 수 있다.

```
> fct_recode(food, Fats="Proteins", Fats="Dairy")
 [1] Vegetables Fruits     Vegetables Grains     Fruits     Vegetables Fats
 [8] Fruits     Fats       Fruits
Levels: Fats Fruits Grains Vegetables
```

연 | 습 | 문 | 제 >>>

01. : 연산자를 이용하여 다음 벡터를 생성하시오.

```
1, 2, 3, …, 9, 10
10, 9, 8, …, 2, 1
1, 2, 3, …, 9, 10, 9, 8, …, 2, 1
```

02. 다음 두 코드를 수행하고 비교 설명하시오.

```
seq(0, 1, 0.1)
seq(0, 1, length.out=10)
```

03. 변수 x에 1부터 10까지의 값을 할당하고 변수 y에 3부터 1까지의 값을 할당한 후 다음을 수행하시오.

(a) letters 상수 벡터를 이용하여 x에 알파벳 소문자 이름을 부여하시오.
(b) x + y 연산을 수행하고 결과를 설명하시오.

04. pi=3.141593에 대해 다음 코드를 수행하고 출력 결과를 설명하시오.

```
signif(pi, digits=3)
round(pi)
round(pi, digits=3)
ceiling(pi)
trunc(pi)
```

05. 키가 179cm, 161cm, 165cm, 185cm, 158cm이고 몸무게가 각각 75kg, 72kg, 60kg, 100kg, 65kg인 다섯 사람에 대해 키는 heights 변수에, 몸무게는 weights 변수에 저장하고 다음을 수행하시오.

(a) BMI(bodymass index)를 계산하시오(BMI = $\frac{\text{몸무게(kg)}}{\text{키(m)}^2}$).
(b) BMI가 25보다 큰 사람의 몸무게를 구하시오.

06. 숫자 2, 5, 3을 원소로 갖는 숫자 벡터를 생성하고 변수 vec에 할당하시오. 변수 vec와 rep() 함수를 이용하여 다음 벡터를 생성하시오.

```
2, 5, 3, 2, 5, 3, 2, 5, 3, 2, 5, 3, 2, 5, 3
2, 5, 3, 2, 5, 3, 2, 5, 3, 2
2, 2, 5, 5, 5, 5, 5, 3, 3, 3
```

07. 다음 연산을 수행하고 결과를 설명하시오.

```
c(TRUE, TRUE, FALSE, FALSE) & c(TRUE, FALSE, TRUE, FALSE)
c(TRUE, TRUE, FALSE, FALSE) | c(TRUE, FALSE, TRUE, FALSE)
c(TRUE, TRUE, FALSE, FALSE) + 1:4
```

연 | 습 | 문 | 제 >>>

08. sum() 함수와 논리 연산을 이용하여 1에서 100까지의 정수 가운데 7의 배수인 정수의 개수를 구하는 코드를 작성하시오.

09. 다음 코드를 수행하고 결과를 설명하시오.

```
rep(c("a", "b", "c"), 3)
rep(c(1,3,5), c(1,3,5))
rep(0:2, rep(2,3))
rep(seq(1,3), times=3) + rep(0:2, each=3)
```

10. 다음과 같이 벡터를 생성하여 각 벡터에 any() 함수와 all() 함수를 적용하고 결과를 설명하시오.

```
none.true <- c(FALSE, FALSE, FALSE)
some.true <- c(FALSE, TRUE, FALSE)
all.true <- c(TRUE, TRUE, TRUE)
true.missing <- c(TRUE, TRUE, NA)
false.missing <- c(NA, FALSE, NA)
mixed <- c(TRUE, FALSE, NA)
```

11. 변수 x에 1부터 10까지의 값을 할당하고 이 값들을 평균 0과 표준편차 1로 표준화하시오.

12. 네 명의 학생을 대상으로 세 차례 시험을 치른 후 다음과 같이 성적을 기록하였다. 각 학생별 최고 점수를 산출하시오.

```
exam1 <- c(9,4,7,9)
exam2 <- c(10,5,8,7)
exam3 <- c(8,3,6,9)
```

13. 주사위를 일곱 번 던져서 나온 3, 2, 5, 1, 5, 6, 5의 값을 여섯 개의 레벨을 갖는 팩터로 저장하고 각 레벨에 one, two, three, four, five, six로 이름을 부여하시오. 그리고 table() 함수를 이용하여 레벨별 발생 빈도를 계산하시오.

14. 아래의 grade 변수와 count 변수를 이용하여 다음을 수행하시오(forcats 패키지 사용).

```
grade <- factor(c("A", "B", "C", "D", "F"))
count <- c(11, 25, 30, 5, 2)
```

(a) 등급 F 레벨의 위치를 맨 앞으로 이동시키시오.
(b) count 변수값의 내림차순으로 등급 레벨을 정렬하시오.

Chapter **03**

행렬

Introductory R
R 기초와 활용

Chapter 03 | 행렬

3.1 행렬 생성

행렬(matrix)은 2차원의 벡터로 정의된다. 따라서 행렬은 벡터에 차원을 부여함으로써 간단히 생성할 수 있다. 다음과 같이 dim() 함수를 이용하여 벡터로부터 행렬을 생성한다. 3×4의 행렬이 생성되었으며, 여기에서 c(3,4)는 차원의 크기를 나타낸다. 3은 행의 개수를, 4는 열의 개수를 의미한다. 행렬은 벡터로 구성되기 때문에 행렬의 원소는 모두 동일한 데이터 유형을 가져야 한다.

```
> v <- c(1,2,3,4,5,6,7,8,9,10,11,12)
> dim(v) <- c(3,4)
> v
     [,1] [,2] [,3] [,4]
[1,]    1    4    7   10
[2,]    2    5    8   11
[3,]    3    6    9   12
```

앞의 예처럼 벡터에 차원을 부여하여 행렬을 생성할 수도 있지만 행렬은 일반적으로 다음과 같이 matrix() 함수를 이용하여 생성한다.

```
> v <- c(1,2,3,4,5,6,7,8,9,10,11,12)
> matrix(data=v, nrow=3, ncol=4)
     [,1] [,2] [,3] [,4]
[1,]    1    4    7   10
[2,]    2    5    8   11
[3,]    3    6    9   12
```

matrix() 함수의 첫 번째 인수(data)는 데이터, 두 번째 인수(nrow)는 행의 개수, 세 번째 인수(ncol)는 열의 개수를 나타낸다. 데이터는 달리 지정하지 않는 한 열의 방향으로 채워진다. 행의 방향으로 데이터를 채우고 싶으면 byrow=TRUE를 지정한다.

```
> matrix(v, 3, 4, byrow=TRUE)
     [,1] [,2] [,3] [,4]
[1,]    1    2    3    4
[2,]    5    6    7    8
[3,]    9   10   11   12
```

dimnames 인수에는 다음과 같이 행과 열의 이름을 지정할 수 있다.

```
> rnames <- c("R1", "R2", "R3")
> cnames <- c("C1", "C2", "C3", "C4")
> matrix(v, 3, 4, dimnames=list(rnames, cnames))
   C1 C2 C3 C4
R1  1  4  7 10
R2  2  5  8 11
R3  3  6  9 12
```

행렬 전체를 하나의 동일한 값으로 채우고 싶을 때가 있다. matrix() 함수의 첫 번째 인수에 하나의 값을 주면 R은 재사용 규칙을 적용하여 동일한 값으로 행렬의 모든 셀을 채운다.

```
> matrix(0, 3, 4)
     [,1] [,2] [,3] [,4]
[1,]    0    0    0    0
[2,]    0    0    0    0
[3,]    0    0    0    0
> matrix(NA, 3, 4)
     [,1] [,2] [,3] [,4]
[1,]   NA   NA   NA   NA
[2,]   NA   NA   NA   NA
[3,]   NA   NA   NA   NA
```

ncol이나 nrow 인수 가운데 하나만를 이용하여 행렬을 생성할 수도 있다. ncol과 nrow를 모두 지정할 필요 없이 둘 중 하나를 지정하면 R은 자동으로 필요한 열 또는 행의 개수를 계산한다. 다음과 같이 열의 개수를 4(ncol=4)로 지정하면 12개의 원소를 네 개의 열로 표현해야 하므로 R은 자동으로 세 개의 행을 갖는 행렬을 생성한다.

```
> matrix(v, ncol=4)
     [,1] [,2] [,3] [,4]
[1,]    1    4    7   10
[2,]    2    5    8   11
[3,]    3    6    9   12
```

벡터의 내부 구조를 str() 함수를 이용하여 볼 수 있었듯이 str() 함수를 이용하면 행렬의 내부 구조를 확인할 수 있다. 행렬의 내부 구조는 차원이 두 개라는 점을 제외하고는 벡터의 내부 구조와 유사하다. 행렬은 2차원의 벡터로 정의되기 때문에 [1:3, 1:4]와 같이 2차원의 구조를 행과 열에 대한 인덱스와 함께 보여준다.

```
> mat <- matrix(v, 3, 4)
> str(mat)
 num [1:3, 1:4] 1 2 3 4 5 6 7 8 9 10 ...
```

행과 열의 개수는 dim() 함수를 이용하여 확인할 수 있다. 실행 결과의 첫 번째 원소는 행을 나타내며 두 번째 원소는 열을 의미한다. 행의 개수만을 보여주는 nrow() 함수나 열의 개수만을 보여주는 ncol() 함수도 사용할 수 있다. 행렬의 길이는 행렬에 포함된 값의 개수를 의미하며 벡터의 길이를 반환하는 length() 함수를 이용하여 계산한다.

```
> dim(mat)
[1] 3 4
> dim(mat)[1]
[1] 3
> dim(mat)[2]
[1] 4
> nrow(mat)
[1] 3
> ncol(mat)
[1] 4
> length(mat)
[1] 12
```

두 개의 벡터를 결합하여 행렬을 생성할 수도 있다. rbind() 함수는 두 벡터를 행의 방향으로 결합하여 행렬을 생성하며 cbind() 함수는 두 벡터를 열의 방향으로 결합하여 행렬을 구성한다. 벡터가 저장된 변수의 이름이 행 및 열의 이름으로 사용된다.

```
> v1 <- c(1,2,3,4,5)
> v2 <- c(6,7,8,9,10)
> rbind(v1, v2)
   [,1] [,2] [,3] [,4] [,5]
v1    1    2    3    4    5
v2    6    7    8    9   10
> cbind(v1, v2)
     v1 v2
[1,]  1  6
[2,]  2  7
[3,]  3  8
[4,]  4  9
[5,]  5 10
```

rbind() 함수와 cbind() 함수는 벡터 간의 결합뿐만 아니라 벡터와 행렬을 결합할 때도 이용할 수 있다. rbind() 함수와 cbind() 함수는 벡터 또는 행렬을 주어진 순서대로 차례로 결합하여 새로운 행렬을 생성한다. 다음 예에서는 1:3 벡터, 4:6 벡터, 그리고 3×2의 행렬이 차례로 결합되어 하나의 새로운 행렬을 생성한다.

```
> cbind(1:3, 4:6, matrix(7:12, 3, 2))
     [,1] [,2] [,3] [,4]
[1,]    1    4    7   10
[2,]    2    5    8   11
[3,]    3    6    9   12
```

다음과 같이 행렬과 행렬의 결합도 가능하다. rbind() 함수가 2×3 행렬 두 개를 행의 방향으로 결합하여 새로운 4×3 행렬을 생성한다.

```
> rbind(matrix(1:6, 2, 3), matrix(7:12, 2, 3))
     [,1] [,2] [,3]
[1,]    1    3    5
[2,]    2    4    6
[3,]    7    9   11
[4,]    8   10   12
```

3.2 행렬 인덱싱

벡터 인덱싱을 이용하여 벡터로부터 특정 위치의 원소를 선택할 수 있는 것처럼 행렬에도 인덱스를 이용하여 행렬로부터 행 또는 열을 추출할 수 있다. 벡터는 인덱싱할 수 있는 차원이 하나인 반면, 행렬은 두 개의 차원에 대해 각각 인덱스를 갖는다. 두 차원에 대한 인덱스는 쉼표(,)로 구분되며 행에 대한 인덱스는 쉼표 앞에, 열에 대한 인덱스는 쉼표 뒤에 위치한다. 하나의 행 또는 열 전체를 추출하려면 다음과 같이 추출하려는 행 또는 열을 지정한 후 다른 차원은 지정을 생략한 채 비워 둔다.

```
> v <- c(1,2,3,4,5,6,7,8,9,10,11,12)
> mat <- matrix(v, 3, 4)
> mat
     [,1] [,2] [,3] [,4]
[1,]    1    4    7   10
[2,]    2    5    8   11
[3,]    3    6    9   12
> mat[1,]
[1]  1  4  7 10
> mat[,3]
[1] 7 8 9
```

행렬 인덱싱 mat[1,]에 의해 첫 번째 행이 선택되었고, mat[,3]에 의해서는 세 번째 열이 선택되었다. 그런데 출력 결과를 보면 행렬이 아닌 벡터이다. 이처럼 행렬로부터 하나의 행 또는 열만 선택하여 추출하면 R은 행렬이 아닌 벡터 형식으로 데이터를 출력한다. R은 가능하면 차원의 수를 줄여서 객체를 단순화하려고 한다. 따라서 하나의 행 또는 열만 추출하도록 요구하면 R은 행렬 형식의 2차원을 유지하려 하지 않고 차원을 제거(drop)하여 1차원의 벡터 형식으로 출력한다.

R의 이러한 작동 방식이 때로는 예기치 않은 심각한 문제를 야기하기도 한다. 행렬로부터 추출된 결과가 당연히 행렬 형식일 것으로 생각하고 있었는데 사실은 하나의 행 또는 열 벡터일 때, 이러한 사실을 미처 알지 못하고 그대로 작업을 진행하면 예상과 다른 결과가 나타나거나 에러가 발생할 수 있다. 이러한 문제가 발생하는 것을 피하기 위해서는 인덱싱을 통해 선택된 행 또는 열이 2차원 형식을 그대로 유지하게 하면 된다. 행렬 인덱싱을 수행할 때 다음과 같이 drop=FALSE를 지정한다.

```
> mat[1,,drop=FALSE]
     [,1] [,2] [,3] [,4]
[1,]    1    4    7   10
> mat[,3,drop=FALSE]
     [,1]
[1,]    7
[2,]    8
[3,]    9
```

이번에는 첫 번째 행과 세 번째 열이 각각 행렬 형식으로 출력되었다. 여기에서 대괄호 [ ]는 마치 함수처럼 작동한다. 첫 번째 인수는 행 인덱스이고 두 번째 인수는 열 인덱스이다. 여기에 세 번째 drop 인수가 추가되었다. 인수들은 일반적인 함수에서처럼 쉼표로 구별된다.[1]

여러 행 또는 여러 열을 한꺼번에 선택하기 위해서는 벡터 형태로 인덱스를 제공한다. 인수로 주어진 인덱싱 벡터의 각 원소는 데이터 행렬 내 행 또는 열을 가리킨다.

1 함수에 대한 설명은 '제8장 함수와 논리흐름 제어'를 참고한다.

```
> mat[2:3,]
     [,1] [,2] [,3] [,4]
[1,]    2    5    8   11
[2,]    3    6    9   12
> mat[,3:4]
     [,1] [,2]
[1,]    7   10
[2,]    8   11
[3,]    9   12
> mat[1:2, 2:3]
     [,1] [,2]
[1,]    4    7
[2,]    5    8
> mat[c(1,3),]
     [,1] [,2] [,3] [,4]
[1,]    1    4    7   10
[2,]    3    6    9   12
```

두 개 이상의 행 또는 열이 선택되었기 때문에 별도로 drop 인수를 지정하지 않아도 행렬 형식으로 결과가 출력된다. 그런데 출력된 행렬의 인덱스는 더 이상 원래 행렬의 인덱스가 아니며 새롭게 인덱스가 부여되었다는 점에 유의할 필요가 있다.

행 또는 열의 인덱스를 음수로 주면 해당 행 또는 열을 선택하지 않는다는 것을 뜻한다. 따라서 음수 인덱스를 이용하여 해당 행 또는 열이 제거된 행렬을 생성할 수 있다. 다음 코드는 두 번째 열과 세 번째 열이 제거된 행렬을 생성한다. 생성된 행렬은 원래의 인덱스와는 다른 새로운 인덱스가 부여된다.

```
> mat[,-c(2,3)]
     [,1] [,2]
[1,]    1   10
[2,]    2   11
[3,]    3   12
```

행렬의 인덱스를 이용하여 셀값을 변경할 수 있다. 첫 번째 행과 세 번째 열이 만나는 셀의 값을 다음과 같이 해당 인덱스의 위치에 값을 직접 할당함으로써 변경할 수 있다.

```
> mat[1, 3] <- 77
> mat
     [,1] [,2] [,3] [,4]
[1,]    1    4   77   10
[2,]    2    5    8   11
[3,]    3    6    9   12
```

특정 행이나 열 전체를 변경하기 위해서는 다음과 같이 변경하지 않는 상대 차원의 인수 지정을 생략한다. 두 번째 행 전체가 22, 55, 22, 55로 변경되었다. 여기에서 22, 55는 재사용 규칙에 의해 반복 사용되었다.

```
> mat[2,] <- c(22,55)
> mat
     [,1] [,2] [,3] [,4]
[1,]    1    4   77   10
[2,]   22   55   22   55
[3,]    3    6    9   12
```

행렬 내의 일부분을 다른 행렬로 대체하기 위해서는 다음과 같이 대체할 벡터를 행렬 인덱스의 위치에 할당한다. 할당된 벡터의 원소들이 행렬의 해당 위치에 열의 방향으로 채워진다.

```
> mat[2:3, 3:4] <- c(1,2,3,4)
> mat
     [,1] [,2] [,3] [,4]
[1,]    1    4   77   10
[2,]   22   55    1    3
[3,]    3    6    2    4
```

행렬로부터 행 또는 열을 선택하여 추출하는 또 다른 방법은 행렬의 행 이름과 열 이름을 이용하는 것이다. 이를 위해서는 우선 행렬에 행과 열의 이름을 지정해야 한다. 다음과 같이 다섯 개 도시 간 거리 행렬을 생성해보자.

```
> city.distance <- c(0,331,238,269,195,
+                    331,0,95,194,189,
+                    238,95,0,171,130,
+                    269,194,171,0,77,
+                    195,189,130,77,0)
> city.distance.mat <- matrix(city.distance, 5, 5, byrow=TRUE)
> city.distance.mat
     [,1] [,2] [,3] [,4] [,5]
[1,]    0  331  238  269  195
[2,]  331    0   95  194  189
[3,]  238   95    0  171  130
[4,]  269  194  171    0   77
[5,]  195  189  130   77    0
```

rownames() 함수와 colnames() 함수를 이용하여 행렬의 행 이름과 열 이름을 지정한다.[2]

2 행렬을 생성할 때 행과 열의 이름을 부여할 수도 있다. matrix() 함수의 dimnames 인수를 이용한다.

```
> colnames(city.distance.mat) <- c("Seoul", "Busan", "Daegu", "Gwangju", "Jeonju")
> rownames(city.distance.mat) <- c("Seoul", "Busan", "Daegu", "Gwangju", "Jeonju")
> colnames(city.distance.mat)
[1] "Seoul"   "Busan"   "Daegu"   "Gwangju" "Jeonju"
```

```
> rownames(city.distance.mat)
[1] "Seoul"   "Busan"   "Daegu"   "Gwangju" "Jeonju"
> city.distance.mat
        Seoul Busan Daegu Gwangju Jeonju
Seoul       0   331   238     269    195
Busan     331     0    95     194    189
Daegu     238    95     0     171    130
Gwangju   269   194   171       0     77
Jeonju    195   189   130      77      0
```

또는 다음과 같이 dimnames() 함수를 이용하여 행 이름과 열 이름을 한 번에 지정할 수도 있다.

```
> dimnames(city.distance.mat) <-
+   list(c("Seoul", "Busan", "Daegu", "Gwangju", "Jeonju"),
+        c("Seoul", "Busan", "Daegu", "Gwangju", "Jeonju"))
> dimnames(city.distance.mat)
[[1]]
[1] "Seoul"   "Busan"   "Daegu"   "Gwangju" "Jeonju"

[[2]]
[1] "Seoul"   "Busan"   "Daegu"   "Gwangju" "Jeonju"
```

이제 행과 열의 이름을 이용하여 행렬로부터 원하는 셀이나 행 또는 열 전체를 추출할 수 있다. 다음과 같이 도시 간 거리 행렬로부터 서울과 부산 간의 거리, 서울과 나머지 도시 간의 거리, 서울 및 광주와 나머지 도시 간의 거리를 추출할 수 있다.

```
> city.distance.mat["Seoul", "Busan"]
[1] 331
> city.distance.mat[,"Seoul"]
  Seoul   Busan   Daegu Gwangju  Jeonju
      0     331     238     269     195
> city.distance.mat[c("Seoul", "Gwangju"),]
        Seoul Busan Daegu Gwangju Jeonju
Seoul       0   331   238     269    195
Gwangju   269   194   171       0     77
```

3.3 행렬 연산

행렬은 기본적으로 벡터의 성격을 가지고 있기 때문에 행렬 데이터에 대한 연산은 벡터 연산의 원리가 적용된다. 다음과 같이 산술 연산자를 행렬에 적용하여 행렬과 스칼라(즉 하나의 숫자) 간의 사칙 연산을 수행할 수 있다. 행렬의 각 원소와 스칼라 간에 연산이 수행된다.

```
> w <- c(1,2,3,4,5,6)
> mtx <- matrix(w, 2, 3)
> mtx
     [,1] [,2] [,3]
[1,]    1    3    5
[2,]    2    4    6
> mtx + 1
     [,1] [,2] [,3]
[1,]    2    4    6
[2,]    3    5    7
> mtx - 1
     [,1] [,2] [,3]
[1,]    0    2    4
[2,]    1    3    5
> mtx * 2
     [,1] [,2] [,3]
[1,]    2    6   10
[2,]    4    8   12
> mtx / 2
     [,1] [,2] [,3]
[1,]  0.5  1.5  2.5
[2,]  1.0  2.0  3.0
```

행렬과 행렬 간의 사칙 연산은 두 행렬의 차원이 일치해야 가능하다. 두 행렬의 대응되는 원소끼리 일대일로 사칙 연산이 수행된다.

```
> matrix(1:6, 2, 3)
     [,1] [,2] [,3]
[1,]    1    3    5
[2,]    2    4    6
```

```
> matrix(6:1, 2, 3)
     [,1] [,2] [,3]
[1,]    6    4    2
[2,]    5    3    1
> matrix(1:6, 2, 3) + matrix(6:1, 2, 3)
     [,1] [,2] [,3]
[1,]    7    7    7
[2,]    7    7    7
> matrix(1:6, 2, 3) - matrix(6:1, 2, 3)
     [,1] [,2] [,3]
[1,]   -5   -1    3
[2,]   -3    1    5
> matrix(1:6, 2, 3) * matrix(6:1, 2, 3)
     [,1] [,2] [,3]
[1,]    6   12   10
[2,]   10   12    6
> matrix(1:6, 2, 3) / matrix(6:1, 2, 3)
          [,1]     [,2] [,3]
[1,] 0.1666667 0.750000  2.5
[2,] 0.4000000 1.333333  6.0
> matrix(1:6, 2, 3) + matrix(6:1, 3, 2)
Error in matrix(1:6, 2, 3) + matrix(6:1, 3, 2) : non-conformable arrays
```

그런데 앞의 사칙 연산 가운데 곱셈은 우리가 일반적으로 알고 있는 행렬 곱셈의 연산 방식과는 다르다. 곱셈 연산자인 *를 행렬에 사용하면 일반적인 행렬 곱셈이 아닌 행렬의 각 원소 간의 곱셈을 수행한다. 일반적인 행렬 곱셈을 수행하려면 %*% 연산자를 이용한다. 곱셈하려는 두 행렬의 차원은 행렬 곱셈을 위한 조건을 충족해야 한다. 즉 행렬 곱셈을 하고자 하는 첫 번째 행렬의 열의 개수와 두 번째 행렬의 행의 개수가 일치해야 한다.

```
> w <- c(1,2,3,4,5,6)
> matrix(w, 2, 3)
     [,1] [,2] [,3]
[1,]    1    3    5
[2,]    2    4    6
```

```
> matrix(w, 3, 2)
     [,1] [,2]
[1,]    1    4
[2,]    2    5
[3,]    3    6
> matrix(w, 2, 3) %*% matrix(w, 3, 2)
     [,1] [,2]
[1,]   22   49
[2,]   28   64
> matrix(w, 2, 3) %*% matrix(w, 2, 3)
Error in matrix(w, 2, 3) %*% matrix(w, 2, 3) : non-conformable arguments
```

벡터와의 행렬 곱셈 수행 시 벡터는 곱셈이 가능한 행렬 형식으로 자동으로 변환된다. 자동으로 행렬 형식으로 변환이 이루어지더라도 행렬 곱셈을 위한 조건을 충족하지 못하면 에러가 발생한다.

```
> mtx <- matrix(c(1,2,3,4,5,6), 2, 3)
> mtx
     [,1] [,2] [,3]
[1,]    1    3    5
[2,]    2    4    6
> mtx %*% 1:3
     [,1]
[1,]   22
[2,]   28
> mtx %*% 1:2
Error in mtx %*% 1:2 : non-conformable arguments
> 1:2 %*% mtx
     [,1] [,2] [,3]
[1,]    5   11   17
```

행렬과 벡터 간의 산술 연산에도 일반적인 벡터 연산이 적용된다. 차원이 일치할 필요는 없으며 행렬의 원소의 개수와 벡터의 원소의 개수가 다르면 재사용 규칙에 의해 벡터의 원소가 반복 사용된다. 다음 예에서는 벡터 1:3이 두 번 반복 사용되어 첫 번째 열부터 세 번째 열까지 열의 방향으로 행렬의 각 원소와 덧셈 연산을 수행한다. 즉 열의 방향으로 $1+1$, $2+2$, $3+3$, $4+1$, $5+2$, $6+3$이 계산된다. 행렬과 벡터 간 연산은 이처럼 열의 방향으로 수행된다.

```
> mtx <- matrix(c(1,2,3,4,5,6), 2, 3)
> mtx
     [,1] [,2] [,3]
[1,]    1    3    5
[2,]    2    4    6
> mtx + 1:3
     [,1] [,2] [,3]
[1,]    2    6    7
[2,]    4    5    9
```

행렬의 행과 열에 대한 합이나 평균을 알고 싶을 때가 있다. 다음과 같이 rowSums(), colSums(), rowMeans(), colMeans() 함수 등을 이용하면 행렬의 행과 열에 대한 합과 평균을 쉽게 구할 수 있다.

```
> mtx <- matrix(c(1,2,3,4,5,6), 2, 3)
> mtx
     [,1] [,2] [,3]
[1,]    1    3    5
[2,]    2    4    6
> rowSums(mtx)
[1]  9 12
> colSums(mtx)
[1]  3  7 11
> rowMeans(mtx)
[1] 3 4
> colMeans(mtx)
[1] 1.5 3.5 5.5
```

원래 행렬의 행이 열로 되고 열이 행으로 되는 전치행렬로의 변환은 t() 함수를 이용한다.

```
> mtx <- matrix(c(1,2,3,4,5,6), 2, 3)
> mtx
     [,1] [,2] [,3]
[1,]    1    3    5
[2,]    2    4    6
```

```
> t(mtx)
     [,1] [,2]
[1,]    1    2
[2,]    3    4
[3,]    5    6
```

벡터에 대해서도 t() 함수를 적용할 수 있다. 행렬은 열의 방향으로 데이터를 처리하기 때문에 t() 함수는 인수로 주어지는 벡터를 하나의 열을 갖는 행렬로 간주한다. 따라서 벡터를 전치행렬로 변환하면 다음과 같이 하나의 행을 갖는 행렬이 생성된다. 즉 열의 행렬에서 행의 행렬로 변환된 것이다.

```
> t(1:5)
     [,1] [,2] [,3] [,4] [,5]
[1,]    1    2    3    4    5
```

이러한 특성 때문에 벡터를 전치행렬로 변환할 때는 약간의 주의가 필요하다. 행렬에서 하나의 행을 추출한 후 이를 전치행렬로 변환하면 하나의 열을 갖는 행렬이 생성될 것 같지만 예상과 달리 다음과 같이 하나의 열이 아닌 하나의 행으로 구성된 행렬이 생성된다.

```
> mtx <- matrix(c(1,2,3,4,5,6), 2, 3)
> mtx
     [,1] [,2] [,3]
[1,]    1    3    5
[2,]    2    4    6
> mtx[2,]
[1] 2 4 6
> t(mtx[2,])
     [,1] [,2] [,3]
[1,]    2    4    6
```

3.4 배열

행렬의 일반화된 데이터 형식을 배열(array)이라고 한다. 배열은 차원을 속성으로 갖는 벡터로 정의된다. 따라서 벡터와 행렬은 배열의 한 특별한 유형에 해당한다. 벡터는 하나의 차원을 가지며, 행렬은 두 개의 차원을 갖는다. 행렬을 생성할 때처럼 벡터에 차원을 부여함으로써 배열을 생성할 수 있다.

다음과 같이 dim() 함수를 이용하여 벡터로부터 3×4×2 크기를 갖는 3차원 배열을 생성할 수 있다. 여기에서 c(3,4,2)는 차원의 크기를 나타낸다.

```
> a <- 1:24
> dim(a) <- c(3,4,2)
> a
, , 1

     [,1] [,2] [,3] [,4]
[1,]    1    4    7   10
[2,]    2    5    8   11
[3,]    3    6    9   12

, , 2

     [,1] [,2] [,3] [,4]
[1,]   13   16   19   22
[2,]   14   17   20   23
[3,]   15   18   21   24
```

3차원 구조를 2차원 평면상에 한 번에 보여줄 수는 없기 때문에 R은 앞과 같은 방식으로 한 번에 3차원 구조의 한 단면씩 출력한다. 3×4×2 크기를 갖는 3차원 배열은 세 개의 '행'과 네 개의 '열'을 갖는 두 개의 '테이블'(table)로 구성되어 있다.

벡터에 차원을 지정함으로써 배열을 생성할 수도 있지만 배열은 일반적으로 다음과 같이 array() 함수를 이용하여 생성한다. c(2,3,2)는 배열이 두 개의 행, 세 개의 열, 두 개의 테이블로 구성되어 있다는 뜻이다. 여기에서 벡터 1:12가 배열에 채워지는 순서에 주목해보자. 열의 방향으로 값이 채워지면서 첫 번째 테이블을 완성하였고 동일한 방식으로 나머지 원소로 두 번째 테이블이 생성되었다.

```
> array(1:12, c(2,3,2))
, , 1

     [,1] [,2] [,3]
[1,]    1    3    5
[2,]    2    4    6
```

```
, , 2

     [,1] [,2] [,3]
[1,]    7    9   11
[2,]    8   10   12
```

배열로부터 값을 추출하는 방법은 행렬에서와 동일하다. 대괄호 [ ] 안에 추출하고 싶은 위치의 인덱스를 쉼표(,)로 구분하여 인수로 제공한다. ary[1,3,2]는 다음과 같이 두 번째 테이블에서 첫 번째 행과 세 번째 열이 만나는 셀의 값을 추출한다.

```
> ary <- array(1:12, c(2,3,2))
> ary
, , 1

     [,1] [,2] [,3]
[1,]    1    3    5
[2,]    2    4    6

, , 2

     [,1] [,2] [,3]
[1,]    7    9   11
[2,]    8   10   12

> ary[1,3,2]
[1] 11
```

두 번째 테이블에서 첫 번째 열을 전부 추출하려면 다음과 같이 행을 나타내는 첫 번째 인수를 생략한다.

```
> ary[,1,2]
[1] 7 8
```

그런데 출력된 결과는 벡터이다. R은 가능하면 차원의 수를 줄여서 객체를 단순하게 만들려고 한다. 따라서 출력된 결과가 이와 같이 하나의 행 또는 열로 표현이 가능하면 R은 원래의 배열 형식을 유지하지 않고 차원을 제거하여 1차원의 벡터 형식으로 출력한다. 차원을 그대로 유지하려면 다음과 같이 drop=FALSE를 지정한다.

```
> ary[,1,2,drop=FALSE]
, , 1

     [,1]
[1,]    7
[2,]    8
```

차원을 가능한 줄이려는 R의 이러한 특성으로 인해 만약 출력된 결과가 두 개의 차원만 필요로 하면 R은 3차원 배열을 2차원 행렬로 만든다. 다음 코드는 두 테이블로부터 각각 두 번째 행을 추출하여 하나의 행렬을 생성한다.

```
> ary[2,,]
     [,1] [,2]
[1,]    2    8
[2,]    4   10
[3,]    6   12
```

그런데 이처럼 차원이 축소되면 원래의 행과 열은 그대로 유지되지 않으며 R에 의해 행과 열이 새롭게 정의된다. 출력된 결과를 보면 추출된 두 개의 행이 새로운 행렬에서는 열을 구성하고 있다. R은 추출한 값을 토대로 필요한 차원의 개수를 새롭게 계산한다. 여기에서는 세 개의 인덱스(원래 배열에서 열의 개수, 즉 추출된 행의 원소의 개수)와 두 개의 인덱스(테이블 개수)를 갖는 두 개의 차원만 필요로 하기 때문에 추출한 원소를 열 방향으로 채워 3×2 크기를 갖는 2차원 행렬을 생성한다.

연 | 습 | 문 | 제 »»

01. 1부터 12까지의 숫자 벡터로 3×4 행렬을 생성하여 변수 `mtx`에 할당하고 알파벳 소문자 상수 벡터 `letters`를 이용하여 행 이름과 열 이름을 지정하시오.

02. 1번 문제에서 생성한 `mtx` 행렬로부터 첫 번째와 세 번째 열을 추출하여 부분행렬을 만들고 두 번째와 네 번째 열을 추출하여 부분행렬을 만든 후 이들을 열의 방향으로 결합한 새로운 행렬 `mtx.c`를 생성하시오.

03. 1번 문제와 2번 문제에서 생성한 `mtx` 행렬과 `mtx.c` 행렬을 이용하여 다음 연산을 수행하고 결과를 제시하시오.

```
3 * mtx
mtx + 3
mtx + mtx.c
mtx - mtx.c
mtx * mtx.c
mtx / mtx.c
mtx %*% mtx.c
```

04. 다음 코드를 수행하고 결과를 제시하시오.

```
matrix(1:4, nrow=2)^(1:4)
```

05. 첫 번째 열은 1:10 벡터로 구성되고, 두 번째 열은 첫 번째 열의 두 배, 세 번째 열은 첫 번째 열의 세 배, 네 번째 열은 첫 번째 열의 네 배, 다섯 번째 열은 첫 번째 열의 다섯 배인 10×5 행렬을 생성하시오. 문자 a부터 j까지 10개의 문자로 행 이름을 지정하고 h 행의 합을 구하시오.

06. 1부터 9999까지의 정수로 9개의 열을 갖는 행렬을 생성하고 마지막 세 개 행과 마지막 두 개 열로 구성된 3×2 부분행렬을 만드시오.

07. 다음과 같은 세 개의 벡터를 열의 방향으로 결합하여 행렬 `mtx`를 생성하고 행렬을 구성하는 세 개의 열이 원래의 벡터와 같은지 확인하시오.

```
x <- c(1:3)
y <- x^2
z <- letters[1:3]
```

연 | 습 | 문 | 제 >>>

08. 1부터 12까지의 숫자 벡터로 3×4 행렬 mtx를 생성하고 다음 연산의 결과 가운데 원래의 행렬 mtx와 같지 않은 것을 고르시오.

```
t(t(mtx))
mtx %*% matrix(1, ncol(mtx))
mtx * 1
mtx %*% diag(ncol(mtx))
```

09. 다음과 같은 행렬 mtx를 생성하고 777번째 행 3번째 열에 있는 값을 추출하시오.

```
matrix(1:10000, 1000)
```

10. 다음과 같은 계층이동 모델이 있다고 가정하자. 자식 세대의 계층은 부모 세대의 계층에 따라 결정된다. 행 이름은 부모 세대의 계층을 나타내고 열 이름은 자식 세대의 계층을 나타낸다. 테이블의 셀값은 자식 세대가 열 이름의 계층으로 이동할 확률을 나타낸다. 예를 들어, 부모가 하위 계층일 때 자식 세대가 하위(lower), 중위(middle), 상위(upper) 계층으로 이동할 확률은 각각 0.43, 0.49, 0.08이다. 다음을 수행하시오.

```
       lower  middle  upper
lower   0.43   0.49   0.08
middle  0.04   0.72   0.24
upper   0.01   0.52   0.47
```

(a) 계층이동 모델 확률 테이블을 행렬로 만드시오.
(b) 행의 합이 1이 됨을 확인하시오.
(c) 두 세대에 걸친 계층이동 모델의 확률 테이블을 생성하시오.
(d) 하위, 중위, 상위 계층이 각각 손자 세대에서 상위 계층으로 이동할 확률을 구하시오.

Chapter **04**

리스트

Introductory R
R 기초와 활용

Chapter 04 | 리스트

4.1 리스트 생성

벡터와 행렬의 구성 원소는 모두 동일한 데이터 유형이어야 한다. 즉 한 유형의 데이터로만 구성되어 있어야 하며 벡터나 행렬 내에는 서로 다른 데이터 유형이 섞여서는 안 된다. 반면에 리스트(list)는 벡터나 행렬과 달리 여러 다른 유형의 데이터를 수용할 수 있다. 이런 관점에서 리스트를 여러 작은 자루가 담겨 있는 하나의 커다란 상자에 비유할 수 있다. 모든 자루에 반드시 동일한 종류의 물건을 넣을 필요는 없으며 각 자루별로 자유롭게 여러 다양한 물건을 담을 수 있다.

리스트는 다음과 같이 `list()` 함수를 이용하여 생성한다.

```
> lst <- list(0.6826, 0.9544, 0.9974)
> lst
[[1]]
[1] 0.6826

[[2]]
[1] 0.9544

[[3]]
[1] 0.9974
```

리스트를 출력하면 원소의 위치를 나타내는 인덱스가 먼저 출력되고 이어서 바로 아래에 원소의 값이 출력된다. 예를 들어, [[2]]는 원소의 위치(즉 인덱스)를 의미하며 그 아래의 [1] 0.9544는 원소의 값을 나타낸다.

리스트는 서로 다른 다양한 유형의 객체를 표현하고자 할 때 유용하다. 예를 들어, 다음과 같이 리스트에 스칼라, 문자 벡터, 숫자 벡터, 행렬, 함수를 동시에 저장할 수 있다.

```
> lst <- list(1.23, "Apple", c(2,3,5,7), matrix(1:6, ncol=3), mean)
> lst
[[1]]
[1] 1.23

[[2]]
[1] "Apple"

[[3]]
[1] 2 3 5 7

[[4]]
     [,1] [,2] [,3]
[1,]    1    3    5
[2,]    2    4    6

[[5]]
function (x, ...)
UseMethod("mean")
<bytecode: 0x00000000127fff50>
<environment: namespace:base>
```

비어 있는 리스트를 먼저 생성한 후 그 안에 데이터를 채워 넣는 방식으로 리스트를 생성할 수도 있다. 예를 들어, 다음과 같은 방식으로 스칼라, 문자 벡터, 숫자 벡터, 행렬, 함수가 포함된 리스트를 생성한다.

```
> lst <- list()
> lst
list()
> lst[[1]] <- 1.23
> lst[[2]] <- "Apple"
> lst[[3]] <- c(2,3,5,7)
> lst[[4]] <- matrix(1:6, ncol=3)
> lst[[5]] <- mean
```

리스트에 포함된 원소는 이름을 가질 수 있다. 이름을 갖는 리스트를 생성하기 위해서는 names() 함수를 이용하여 이름을 지정하거나, 리스트 생성 시 각 원소의 값 앞에 이름을 지정한다. 원소에 이름이 지정된 리스트를 출력하면 인덱스를 나타내는 [[2]] 형식 대신에 $sigma2와 같은 형식으로 $와 이름이 나타난다. 리스트에 지정된 이름은 names() 함수를 이용하여 추출할 수 있다.

```
> lst <- list(0.6826, 0.9544, 0.9974)
> names(lst) <- c("sigma1", "sigma2", "sigma3")
> lst
$sigma1
[1] 0.6826

$sigma2
[1] 0.9544

$sigma3
[1] 0.9974

> lst <- list(sigma1=0.6826, sigma2=0.9544, sigma3=0.9974)
> lst
$sigma1
[1] 0.6826

$sigma2
[1] 0.9544

$sigma3
[1] 0.9974

> names(lst)
[1] "sigma1" "sigma2" "sigma3"
```

리스트에 포함된 원소의 개수를 알려면 다음과 같이 length() 함수를 이용한다.

```
> length(lst)
[1] 3
```

벡터를 결합할 때 사용하는 c() 함수는 리스트의 결합에도 이용된다. 벡터에서와 동일한 방식으로 다음과 같이 리스트를 결합할 수 있다.

```
> worldcup1 <- list("Brazil", "South Africa", "Germany")
> worldcup2 <- list("Korea-Japan", "France", "USA")
> c(worldcup1, worldcup2)
[[1]]
[1] "Brazil"

[[2]]
[1] "South Africa"

[[3]]
[1] "Germany"

[[4]]
[1] "Korea-Japan"

[[5]]
[1] "France"

[[6]]
[1] "USA"
```

리스트는 활용도가 높은 유용한 데이터 형식이긴 하지만 데이터분석을 수행할 때 리스트 형식이 아닌 벡터 형식의 데이터를 필요로 할 때가 종종 있다. 예를 들어, 기초적인 통계를 처리하는 수학 함수는 리스트를 처리할 수 없으며 벡터 형식만이 가능하다. 다음과 같이 mean() 함수를 이용하여 리스트의 값을 평균하려 하면 R은 경고 메시지를 출력한다.

```
> rainfall <- list(21.6,23.6,45.8,77.0,102.2,133.3,
+                  327.9,348.0,137.6,49.3,53.0,24.9)
> mean(rainfall)
[1] NA
Warning message:
In mean.default(rainfall) :
  argument is not numeric or logical: returning NA
```

이처럼 벡터 형식의 데이터가 필요할 때는 unlist() 함수를 이용하여 다음과 같이 리스트를 벡터로 변환한 후 작업을 수행한다.

```
> mean(unlist(rainfall))
[1] 112.0167
> min(unlist(rainfall))
[1] 21.6
> max(unlist(rainfall))
[1] 348
```

4.2 리스트 인덱싱

리스트 내의 특정 위치에 있는 원소는 인덱스를 이용하여 추출할 수 있다. 인덱스를 이용하여 리스트 내 특정 위치의 원소에 접근하는 방법은 두 가지이다. 두 개의 대괄호 [[ ]]를 이용하거나 한 개의 대괄호 [ ]를 이용한다. 이 두 방법은 서로 완전히 다른 의미를 갖는다. 두 개의 대괄호는 원소의 값 자체를 추출하고자 할 때 이용한다. 한 개의 대괄호를 이용하면 하나 또는 여러 개의 원소를 추출할 수 있으며 선택된 원소로 구성된 리스트가 반환된다. 이때 한 개의 원소만 선택되더라도 그 한 개의 원소는 리스트 형식으로 추출된다. 즉 [[ ]]를 이용한 추출 결과는 원소의 값이며, [ ]를 이용한 추출 결과는 원소로 구성된 리스트이다.

- lst[[n]]: lst 리스트의 n번째 원소의 값이 선택된다. 원소의 값 자체가 갖고 있는 형식을 그대로 유지한 채 추출된다. 예를 들면, 원소의 값이 벡터이면 벡터 형식으로, 행렬이면 행렬 형식으로 반환된다.
- lst[n]: lst 리스트의 n번째 원소가 리스트 형식으로 추출된다. lst[n]은 lst[c(n_1, n_2, …, n_k)]의 특수한 경우로서 하나의 값(즉 n)만 인덱스로 주어졌기 때문에 c(…)가 생략되었다. 이는 원래 리스트로부터 추출된 서브리스트(sublist)이다.

다음과 같이 문자 데이터와 숫자 데이터를 원소로 갖는 리스트를 생성해보자. 제품정보(품목번호, 제품명, 가격)를 리스트 형식으로 저장한다.

```
> product <- list("A001", "Mouse", 30000)
```

```
> product
[[1]]
[1] "A001"

[[2]]
[1] "Mouse"

[[3]]
[1] 30000
```

세 번째 원소의 값을 추출하기 위해서는 다음과 같이 두 개의 대괄호 [[ ]] 안에 추출할 인덱스를 지정한다. 원소의 값 자체가 벡터 형식으로 출력된다.

```
> product[[3]]
[1] 30000
```

다음과 같이 하나의 대괄호 [ ] 안에 인덱스를 지정하면 리스트의 구성 원소가 출력된다. 벡터 형식으로 출력되는 위의 경우와 달리 하나의 원소를 갖는 리스트 형식으로 반환된다.

```
> product[3]
[[1]]
[1] 30000
```

둘다 동일한 결과를 출력한 것 같지만 다음과 같이 class() 함수를 이용하여 내부 클래스(class) 속성을 살펴보면 두 출력 결과는 구조적으로 완전히 다르다.[1] 하나는 숫자 벡터이며 다른 하나는 리스트이다.

```
> class(product[[3]])
[1] "numeric"
> class(product[3])
[1] "list"
```

따라서 이러한 차이를 인식하지 못하면 예기치 않은 문제가 발생할 수 있다. 예를 들어, 다음과 같이 산술 연산을 수행해보면 차이가 명확히 드러난다. 산술 연산은 리스트를 대상으로는 수행할 수 없기

1 클래스란 R 함수가 객체를 다룰 때 어떤 방식으로 처리해야 하는지 알려주는 객체의 속성이다. 클래스에 대한 보다 자세한 설명은 '제9장 데이터 전처리'의 '9.2 데이터 유형 및 구조 변환'을 참고한다.

때문에 [ ]를 사용하여 추출한 데이터에 산술 연산을 적용하면 에러가 발생한다.

```
> product[[3]] * 0.9
[1] 27000
> product[3] * 0.9
Error in product[3] * 0.9 : non-numeric argument to binary operator
```

여러 원소를 한꺼번에 선택하려면 다음과 같이 c() 함수를 이용하여 선택할 원소의 인덱스를 지정한다. 선택된 두 개의 원소가 리스트 형식으로 반환된다.

```
> product[c(1,2)]
[[1]]
[1] "A001"

[[2]]
[1] "Mouse"
```

한 개의 대괄호 [ ]를 이용한 리스트 인덱싱은 벡터나 행렬에서 사용되는 다양한 인덱싱 기법을 그대로 이용할 수 있다. 따라서 다음과 같이 논리값이나 음수의 벡터를 이용하여 특정 위치의 원소를 선택하거나 제거할 수 있다.

```
> product[c(FALSE,TRUE,TRUE)]
[[1]]
[1] "Mouse"

[[2]]
[1] 30000

> product[-1]
[[1]]
[1] "Mouse"

[[2]]
[1] 30000
```

리스트의 원소에 이름이 지정되어 있으면 이름을 이용하여 원소를 선택할 수 있다. 다음과 같이 이름을 갖는 리스트를 생성해보자.

```
> product <- list(id="A001", name="Mouse", price=30000)
> product
$id
[1] "A001"

$name
[1] "Mouse"

$price
[1] 30000
```

숫자를 이용한 인덱싱에서처럼 두 개의 대괄호 [[ ]]를 이용하여 특정 위치의 원소의 값을 출력할 수 있다. 숫자 대신에 이름을 인수로 준다. $와 함께 이름을 지정해도 동일한 결과가 반환된다. 다음 두 코드는 모두 같은 값을 출력한다.

```
> product[["name"]]
[1] "Mouse"
> product$name
[1] "Mouse"
```

한 개의 대괄호 [ ]에 하나 또는 여러 개의 이름을 인수로 주면 선택된 원소가 리스트 형식으로 출력된다. 다음 두 코드는 리스트로부터 추출된 서브리스트를 반환한다.

```
> product[c("name", "price")]
$name
[1] "Mouse"

$price
[1] 30000

> product["name"]
$name
[1] "Mouse"
```

리스트의 원소에 접근할 때는 원소의 이름이나 인덱스가 적절한지 주의 깊게 살펴볼 필요가 있다. 만약 다음과 같이 [[ ]]나 $를 이용하여 존재하지 않는 이름의 원소에 접근하면 NULL이 출력된다.

또한 이름 대신에 잘못된 인덱스를 이용하여 원소에 접근하면 에러가 발생한다.

```
> product[["fourth"]]
NULL
> product$fourth
NULL
> product[[4]]
Error in product[[4]] : subscript out of bounds
```

이와 유사하게 [ ]를 이용하여 존재하지 않는 인덱스의 원소나 존재하지 않는 이름의 원소를 추출하면 NULL이 출력된다. 이때 인덱스나 원소 이름으로 NA가 함께 출력된다.

```
> product[c(4,2,5)]
$<NA>
NULL

$name
[1] "Mouse"

$<NA>
NULL

> product[c("fourth", "name", "fifth")]
$<NA>
NULL

$name
[1] "Mouse"

$<NA>
NULL
```

리스트는 내부에 다시 리스트를 포함할 수 있기 때문에 리스트 구조가 중첩된 다소 복잡한 데이터 구조를 가질 수 있다. 예를 들어, 다음과 같은 리스트를 생성해보자.

```
> lst <- list(one=1, two=2, three=list(alpha=3.1, beta=3.2))
```

```
> lst
$one
[1] 1

$two
[1] 2

$three
$three$alpha
[1] 3.1

$three$beta
[1] 3.2
```

이 리스트로부터 세 번째 원소의 beta 값을 추출해보자. 생성된 리스트의 세 번째 원소는 리스트 구조로 되어 있다. 따라서 [[ ]]나 $를 이용하여 세 번째 원소의 값을 추출하면 역시 리스트가 출력된다.

```
> lst[["three"]]
$alpha
[1] 3.1

$beta
[1] 3.2

> lst$three
$alpha
[1] 3.1

$beta
[1] 3.2
```

리스트로 추출되었기 때문에 내부의 두 번째 원소 beta 값을 구하기 위해서는 리스트의 원소 추출 방식을 한 번 더 사용한다. 다음과 같이 [[ ]]나 $를 이용하여 추출된 서브리스트로부터 리스트 내 원소의 값을 추출한다.

```
> lst[["three"]][["beta"]]
[1] 3.2
> lst$three$beta
[1] 3.2
```

[ ]를 이용하여 추출한 결과와 비교해보면 차이가 명확해진다. [ ]는 리스트를 반환한다.

```
> lst[["three"]]["beta"]
$beta
[1] 3.2
```

리스트의 원소를 변경하거나, 리스트에 원소를 추가하거나, 리스트로부터 원소를 삭제하는 등의 작업은 매우 빈번히 발생한다. 리스트 내 원소를 새로운 값으로 변경하기 위해서는 [[ ]]나 $를 이용하여 원소의 값을 선택한 후 그 곳에 새로운 값을 할당한다. 값을 할당하는 다음 코드는 모두 기존의 값 30000을 40000으로 변경한다.

```
> product <- list(id="A001", name="Mouse", price=30000)
> product[[3]] <- 40000
> product[["price"]] <- 40000
> product$price <- 40000
> product
$id
[1] "A001"

$name
[1] "Mouse"

$price
[1] 40000
```

원소를 추출할 때와 달리 하나의 값을 할당할 때는 [[ ]]와 [ ] 어느 것을 사용해도 결과에는 차이가 없다. [ ]를 이용한 다음과 같은 값 할당은 [[ ]]를 이용한 앞의 결과와 일치한다.

```
> product[3] <- 40000
> product["price"] <- 40000
```

```
> product
$id
[1] "A001"

$name
[1] "Mouse"

$price
[1] 40000
```

그러나 하나의 원소에 여러 개의 값을 할당할 때 [[ ]]와 [ ]는 사용 방법상에 차이가 있다. [[ ]]를 사용할 때는 할당할 값이 일반적인 벡터 형식이면 되지만, [ ]를 이용할 때는 할당할 값을 리스트로 변환해야 한다. 다음 두 코드는 두 개의 값을 하나의 원소에 할당하는 동일한 작업을 수행한다.

```
> product[[3]] <- c(40000, 50000)
> product[3] <- list(c(40000, 50000))
> product
$id
[1] "A001"

$name
[1] "Mouse"

$price
[1] 40000 50000
```

두 개 이상의 원소의 값을 동시에 변경하고 싶을 때는 [ ]를 이용한다. 다음과 같이 변경할 값을 리스트로 생성한 후 원하는 원소에 할당한다.

```
> product[1:3] <- list("A002", "Keyboard", 90000)
> product
$id
[1] "A002"

$name
[1] "Keyboard"

$price
[1] 90000
```

리스트 인덱싱을 이용하면 원소를 쉽게 추가할 수 있다. 다음과 같이 리스트에 네 번째 원소를 추가할 수 있다.

```
> product[[4]] <- c("Domestic", "Export")
> product
$id
[1] "A002"

$name
[1] "Keyboard"

$price
[1] 90000

[[4]]
[1] "Domestic" "Export"
```

원소를 추가하면서 동시에 원소의 이름을 부여할 수 있다. 다음 코드는 모두 기존 리스트에 다섯 번째 원소의 이름과 값을 함께 추가한다. [ ]를 이용하기 위해서는 할당할 값이 리스트이어야 한다.

```
> product$madein <- c("Korea", "China")
> product[["madein"]] <- c("Korea", "China")
> product["madein"] <- list(c("Korea", "China"))
> product
$id
[1] "A002"

$name
[1] "Keyboard"

$price
[1] 90000

[[4]]
[1] "Domestic" "Export"

$madein
[1] "Korea" "China"
```

두 개 이상의 원소를 한꺼번에 추가할 수 있다. 할당하려는 값이 모두 동일한 데이터 형식이라면 리스트가 아닌 벡터 형식으로 할당할 수도 있다.2 다음 두 코드는 모두 기존 리스트에 네 개의 새로운 원소를 추가한다.

```
> product[6:9] <- list(0.12, 0.15, 0.22, 0.27)
> product[6:9] <- c(0.12, 0.15, 0.22, 0.27)
> product
$id
[1] "A002"

$name
[1] "Keyboard"

$price
[1] 90000

[[4]]
[1] "Domestic" "Export"

$madein
[1] "Korea" "China"

[[6]]
[1] 0.12

[[7]]
[1] 0.15

[[8]]
[1] 0.22

[[9]]
[1] 0.27
```

2 할당해야 할 내용이 할당받을 객체의 데이터 형식과 다른 경우 R은 가능하면 할당받을 객체의 형식으로 변환하려고 한다. 따라서 벡터의 각 원소가 리스트의 원소로 변환된 후 할당이 이루어진다.

이름 벡터와 이에 대응되는 값 벡터를 가지고 있으면 다음과 같이 빈 리스트를 먼저 생성한 후 벡터 연산을 이용하여 한꺼번에 이름과 값을 리스트에 할당할 수 있다. 두 개 이상의 원소의 값을 동시에 변경하기 위해서는 [ ]를 이용한다.

```
> names <- c("Mon", "Tue", "Wed", "Thu", "Fri", "Sat", "Sun")
> values <- c(842,729,786,751,844,851,702)
> traffic.death <- list()
> traffic.death
list()
> traffic.death[names] <- values
> traffic.death
$Mon
[1] 842

$Tue
[1] 729

$Wed
[1] 786

$Thu
[1] 751

$Fri
[1] 844

$Sat
[1] 851

$Sun
[1] 702
```

리스트로부터 특정 원소를 제거하기 위해서는 리스트 인덱싱을 이용하여 원소를 선택한 후 NULL을 할당한다.

```
> traffic.death[["Fri"]] <- NULL
> traffic.death
$Mon
[1] 842

$Tue
[1] 729

$Wed
[1] 786

$Thu
[1] 751

$Sat
[1] 851

$Sun
[1] 702
```

다음과 같이 리스트로부터 한꺼번에 여러 개의 원소를 제거할 수도 있다.

```
> traffic.death[c("Sat", "Sun")] <- NULL
> traffic.death
$Mon
[1] 842

$Tue
[1] 729

$Wed
[1] 786

$Thu
[1] 751
```

논리값 벡터를 이용하여 리스트로부터 조건을 충족하는 원소를 선택할 수 있다. 다음과 같은 논리 연산을 수행하면 R은 리스트의 각 원소값과 750을 비교하여 750보다 작으면 TRUE를, 아니면 FALSE를 반환한다.

```
> traffic.death < 750
  Mon   Tue   Wed   Thu
FALSE  TRUE FALSE FALSE
```

이렇게 반환된 논리값 벡터를 이용하여 조건을 충족하는 원소를 리스트로부터 제거할 수 있다. 다음 코드는 논리값이 TRUE인 원소(즉 750보다 작은 원소)에 NULL을 할당한다. 그러면 교통사고 사망자 숫자가 750보다 작은 원소는 리스트에서 제거된다.

```
> traffic.death[traffic.death < 750] <- NULL
> traffic.death
$Mon
[1] 842

$Wed
[1] 786

$Thu
[1] 751
```

연 | 습 | 문 | 제 >>>

01. 다음 리스트의 길이(length)를 구하시오.

```
list(list(alpha=pi, beta=sqrt(pi)), gamma=letters, delta=NULL)
list(alpha=pi, beta=sqrt(pi), gamma=letters, delta=NULL)
```

02. 다음 리스트에서 A를 Alpha로 대체하시오.

```
list(c(3,5,7), c("A", "B", "C"))
```

03. 다음 리스트는 math, writing, reading의 중간고사 및 기말고사 점수이다. 전체 평균을 계산하시오.

```
list(math=list(95, 90), writing=list(90, 85), reading=list(85, 80))
```

04. 다음 리스트에서 첫 번째 원소(alpha)의 각 값에 1을 더하시오.

```
list(alpha=0:4, beta=sqrt(1:5), gamma=log(1:5))
```

05. 다음 리스트에서 두 번째 원소(M)를 출력하시오. 단, 두 번째 원소의 세 번째 값은 출력에서 제외하시오.

```
list(L=letters[1:5], M=month.name[1:5])
```

06. 아래와 같이 리스트를 생성하여 lst 변수에 할당한 후 다음을 수행하시오.

```
list(month.name, month.abb)
```

(a) 두 원소의 이름을 각각 mon.name과 mon.abb로 지정하시오.
(b) 원소 mon.name과 mon.abb의 길이의 합을 구하시오.
(c) lst 리스트에 1부터 12까지의 숫자를 세 번째 원소 mon.num 이름으로 추가하시오.

07. 다음과 같이 두 개의 리스트를 생성하고 lst2에 포함되지 않는 lst1의 값들을 <결과>와 같은 리스트 형식으로 출력하시오(setdiff() 함수 사용).

```
lst1 <- list("X", "Y", "Z", "x", "y", "z")
lst2 <- list("x", "y", "z")
```

<결과>

```
[[1]]
[1] "X"

[[2]]
[1] "Y"

[[3]]
[1] "Z"
```

08. 리스트 `list(a=1, b=2)`와 벡터 `pi`를 결합하여 새로운 리스트를 생성하고 생성한 리스트로부터 `pi`를 추출하시오.

09. 다음과 같이 리스트를 생성하여 `lst` 변수에 할당하시오. 그리고 (a), (b), (c) 각각에서 나머지와 다른 결과를 출력하는 코드를 고르시오.

```
list(first=1, second=2, third=list(third.one=3.1, third.two=3.2))
```

(a)

```
lst[1:2]
lst[-3]
lst[c("first", "second")]
lst[c(TRUE, TRUE, FALSE)]
lst[1,2]
```

(b)

```
lst$second
lst$s
lst[[2]]
lst[["second"]]
lst[["s"]]
```

(c)

```
lst[["third"]][["third.one"]]
lst[[c("third", "third.one")]]
lst[["third"]]$third.one
lst[[3]][[1]]
lst[[3]]["third.one"]
```

10. 다음과 같은 리스트로부터 값이 `NULL`인 원소를 제거하시오.

```
list("Apple", NULL, "Orange")
```

11. 다음은 우리나라 서울 지역의 30년간(1981년~2010년) 월평균 기온이다(기상청, www.kma.go.kr). 월평균 기온 데이터를 `month.abb` 상수 벡터를 이용하여 월 이름이 지정된 리스트로 만들고 다음을 수행하시오.

```
-2.4, 0.4, 5.7, 12.5, 17.8, 22.2, 24.9, 25.7, 21.2, 14.8, 7.2, 0.4
```

(a) 0도 미만인 월을 추출하시오.
(b) 연평균 기온보다 작은 월을 추출하시오.
(c) 연평균 기온보다 작은 월을 리스트로부터 제거하시오.

Chapter 05

데이터프레임

Introductory R
R 기초와 활용

Chapter 05 | 데이터프레임

5.1 데이터프레임 생성

데이터프레임(data frame)은 행과 열로 구성된 2차원 구조를 갖기 때문에 외형상 행렬과 동일한 형태를 갖는다. 그러나 각 열이 서로 다른 데이터 유형을 가질 수 있다는 점이 행렬과 다르다. 예를 들어, 데이터프레임에서 한 열은 숫자 데이터로, 다른 열은 문자 데이터로 구성될 수 있다. 이런 측면에서 데이터프레임은 여러 다른 데이터 유형을 수용할 수 있는 리스트의 성격을 지닌다. 리스트는 서로 다른 데이터 유형의 1차원 벡터를 담을 수 있는 반면, 데이터프레임은 서로 다른 데이터 유형의 2차원 행렬을 표현할 수 있다. 데이터프레임은 동일한 길이의 벡터로 이루어진 리스트를 구성 원소로 갖는 데이터 구조이다.

`data.frame()` 함수를 이용하여 다음과 같이 벡터로부터 데이터프레임을 생성할 수 있다.[1]

```
> v1 <- c("A001", "A002", "A003")
> v2 <- c("Mouse", "Keyboard", "USB")
> v3 <- c(30000, 90000, 50000)
> product <- data.frame(v1, v2, v3)
> product
    v1       v2    v3
1 A001    Mouse 30000
2 A002 Keyboard 90000
3 A003      USB 50000
```

각 벡터는 데이터프레임의 열을 구성하며 데이터프레임에서는 이를 변수(variable)라고 한다. 데이터프레임의 열은 반드시 이름을 가져야 한다. 데이터프레임의 열의 이름, 즉 변수의 이름은 벡터의 이름이

1 데이터프레임은 사실 구조적으로 리스트를 기반으로 하고 있다. 기술적으로 얘기하자면 데이터프레임은 `data.frame`이라는 클래스 속성을 갖는 리스트이다. 데이터프레임에 `unclass()` 함수를 적용하여 클래스를 제거하면 데이터가 리스트 형식으로 출력되는 것을 볼 수 있다. 리스트의 각 원소가 데이터프레임의 각 열로 표현된다.

사용된다.[2]

데이터프레임을 생성할 때 벡터를 행의 이름으로 사용할 수도 있다. 다음과 같이 row.names 인수에 행 이름으로 사용할 벡터를 지정한다.

```
> product <- data.frame(row.names=v1, v2, v3)
> product
           v2    v3
A001    Mouse 30000
A002 Keyboard 90000
A003      USB 50000
```

데이터프레임 생성 시 벡터 이름을 변수의 이름으로 사용하지 않으려면 다음과 같이 직접 열의 이름을 인수로 지정한다.

```
> product <- data.frame(id=v1, name=v2, price=v3)
> product
    id     name price
1 A001    Mouse 30000
2 A002 Keyboard 90000
3 A003      USB 50000
```

생성된 데이터프레임 객체 product의 내부 구조를 다음과 같이 str() 함수를 이용하여 살펴보면 id 열과 name 열은 문자이고 price 열은 숫자로서 본래 벡터의 데이터 유형과 일치한다. 행렬과 달리 문자와 숫자, 두 개의 서로 다른 데이터 유형이 하나의 데이터 구조로 저장되었다.

```
> str(product)
'data.frame':  3 obs. of  3 variables:
 $ id    : chr  "A001" "A002" "A003"
 $ name  : chr  "Mouse" "Keyboard" "USB"
 $ price : num  30000 90000 50000
```

벡터로부터뿐만 아니라 행렬이나 리스트 형식의 데이터로부터도 데이터프레임을 생성할 수 있다. as.data.frame() 함수를 이용한다. 행렬을 데이터프레임으로 변환하면 as.data.frame() 함수는

2 벡터에 이름이 없을 때는 벡터의 원소를 이용한 이름이 변수의 이름으로 자동 생성된다. 하지만 일반적으로 사용하기에 적절하지 않은 이름이 생성되므로 명시적으로 이름을 지정하는 것이 바람직하다.

열, 즉 변수의 이름을 자동으로 부여한다. 행렬에 열의 이름이 지정되어 있으면 그 이름이 데이터프레임의 열 이름으로 사용된다. 그렇지 않으면 R은 다음과 같이 이름을 자동 생성한다.

```
> mat <- matrix(c(1,3,5,7,9,
+                 2,4,6,8,10,
+                 2,3,5,7,11), ncol=3)
> mat
     [,1] [,2] [,3]
[1,]    1    2    2
[2,]    3    4    3
[3,]    5    6    5
[4,]    7    8    7
[5,]    9   10   11
> as.data.frame(mat)
  V1 V2 V3
1  1  2  2
2  3  4  3
3  5  6  5
4  7  8  7
5  9 10 11
```

열의 이름을 변경하려면 다음과 같이 colnames() 함수를 이용한다.

```
> number <- as.data.frame(mat)
> colnames(number) <- c("odd", "even", "prime")
> number
  odd even prime
1   1    2     2
2   3    4     3
3   5    6     5
4   7    8     7
5   9   10    11
```

as.data.frame() 함수를 이용하여 리스트를 데이터프레임으로 변환할 때 리스트의 원소에 이름이 지정되어 있을 때는 그 이름을 데이터프레임의 열 이름으로 사용한다. 리스트의 원소에 이름이 없을 때는 열의 이름을 자동으로 생성한다. 하지만 이렇게 생성된 이름은 다음 예에서 볼 수 있듯이 변수의 이름으로 그대로 사용하기에는 적절하지 않다. colnames() 함수를 이용하여 열의 이름을 변경한다.

```
> v1 <- c("A001", "A002", "A003")
> v2 <- c("Mouse", "Keyboard", "USB")
> v3 <- c(30000, 90000, 50000)
> lst <- list(v1,v2,v3)
> lst
[[1]]
[1] "A001" "A002" "A003"

[[2]]
[1] "Mouse"    "Keyboard" "USB"

[[3]]
[1] 30000 90000 50000

> as.data.frame(lst)
  c..A001....A002....A003.. c..Mouse....Keyboard....USB.. c.30000..90000..50000.
1                      A001                         Mouse                  30000
2                      A002                      Keyboard                  90000
3                      A003                           USB                  50000
> product <- as.data.frame(lst)
> colnames(product)
[1] "c..A001....A002....A003.."     "c..Mouse....Keyboard....USB.."
[3] "c.30000..90000..50000."
> colnames(product) <- c("id", "name", "price")
> product
    id     name price
1 A001    Mouse 30000
2 A002 Keyboard 90000
3 A003      USB 50000
```

데이터프레임에 포함된 행의 개수를 알려면 다음과 같이 nrow() 함수를 이용한다.

```
> nrow(product)
[1] 3
```

열의 개수를 알려면 ncol() 함수를 이용할 수 있다. length() 함수 또한 ncol() 함수와 마찬가지로 데이터프레임의 열의 개수, 즉 변수의 개수를 출력한다. length() 함수는 행렬에 대해서는 전체 원소의 개수를 반환하지만 데이터프레임에 대해서는 열의 개수를 반환한다.

```
> ncol(product)
[1] 3
> length(product)
[1] 3
```

dim() 함수를 이용하면 데이터프레임의 차원, 즉 행의 개수와 열의 개수를 한꺼번에 출력할 수 있다.

```
> dim(product)
[1] 3 3
```

tibble 패키지

티블(tibble)은 데이터프레임의 한 특수한 형태로서 표현의 간결성과 대용량 데이터셋 처리의 용이성으로 인해 전통적인 데이터프레임 대신에 종종 사용된다. 티블은 데이터프레임이 갖고 있는 특성을 그대로 간직하고 있기 때문에 기존의 데이터프레임과 호환해서 사용 가능하다.

티블 데이터셋을 생성하기 위해서는 다음과 같이 tibble() 함수를 사용한다. data.frame() 함수와 같은 방식으로 티블 데이터셋을 생성할 수 있다.

```
> library(tibble)
> v1 <- c("A001", "A002", "A003")
> v2 <- c("Mouse", "Keyboard", "USB")
> v3 <- c(30000, 90000, 50000)
> product <- tibble(id=v1, name=v2, price=v3)
> product
# A tibble: 3 x 3
  id    name     price
  <chr> <chr>    <dbl>
1 A001  Mouse    30000
2 A002  Keyboard 90000
3 A003  USB      50000
```

```
> str(product)
tibble [3 x 3] (S3: tbl_df/tbl/data.frame)
 $ id    : chr [1:3] "A001" "A002" "A003"
 $ name  : chr [1:3] "Mouse" "Keyboard" "USB"
 $ price : num [1:3] 30000 90000 50000
```

다음과 같이 tribble() 함수를 이용하여 티블 데이터셋을 생성할 수도 있다.

```
> product <- tribble(
+   ~id, ~name, ~price,
+   "A001", "Mouse", 30000,
+   "A002", "Keyboard", 90000,
+   "A003", "USB", 50000
+ )
> product
# A tibble: 3 x 3
  id    name     price
  <chr> <chr>    <dbl>
1 A001  Mouse    30000
2 A002  Keyboard 90000
3 A003  USB      50000
```

열 이름은 ~를 붙여 정의하고 각 데이터 항목은 콤마(,)로 구분한다. 생성할 데이터프레임과 동일한 모양으로 각 케이스가 행으로 배치된 익숙한 형태의 비교적 작은 크기의 데이터셋을 생성하려고 할 때 편리하다.

티블 형식은 리스트 데이터 구조의 열을 가질 수 있다. 이러한 열을 리스트 열(list column)이라고 부른다. 리스트 구조에는 어떤 형식이든 저장할 수 있기 때문에 일반적인 데이터프레임에 비해 티블 형식은 좀 더 다양한 형태의 데이터를 담을 수 있다. 예를 들어, 다음과 같이 티블(데이터프레임)로 구성된 리스트를 열로 가질 수 있다.

```
> tbl <- tibble(id=c(1, 2, 3),
+               data=list(tibble(x=1, y=2),
+                         tibble(x=4:5, y=6:7),
+                         tibble(x=10)))
```

```
> tbl
# A tibble: 3 x 2
     id data
  <dbl> <list>
1     1 <tibble [1 x 2]>
2     2 <tibble [2 x 2]>
3     3 <tibble [1 x 1]>
> tbl$data
[[1]]
# A tibble: 1 x 2
      x     y
  <dbl> <dbl>
1     1     2

[[2]]
# A tibble: 2 x 2
      x     y
  <int> <int>
1     4     6
2     5     7

[[3]]
# A tibble: 1 x 1
      x
  <dbl>
1    10

> tbl$data[[2]]
# A tibble: 2 x 2
      x     y
  <int> <int>
1     4     6
2     5     7
```

데이터프레임을 티블 형식으로 변환하기 위해서는 as_tibble() 함수를 이용한다. 예를 들어, 표준 패키지에 포함된 데이터프레임 형식의 iris 데이터셋을 다음과 같이 티블 형식으로 변환할 수 있다.

```
> str(iris)
'data.frame':	150 obs. of  5 variables:
 $ Sepal.Length: num  5.1 4.9 4.7 4.6 5 5.4 4.6 5 4.4 4.9 ...
 $ Sepal.Width : num  3.5 3 3.2 3.1 3.6 3.9 3.4 3.4 2.9 3.1 ...
 $ Petal.Length: num  1.4 1.4 1.3 1.5 1.4 1.7 1.4 1.5 1.4 1.5 ...
 $ Petal.Width : num  0.2 0.2 0.2 0.2 0.2 0.4 0.3 0.2 0.2 0.1 ...
 $ Species     : Factor w/ 3 levels "setosa","versicolor",..: 1 1 1 1 1 1 1 1 1 1 ...
> head(iris, 3)
  Sepal.Length Sepal.Width Petal.Length Petal.Width Species
1          5.1         3.5          1.4         0.2  setosa
2          4.9         3.0          1.4         0.2  setosa
3          4.7         3.2          1.3         0.2  setosa
> as_tibble(iris)
# A tibble: 150 x 5
   Sepal.Length Sepal.Width Petal.Length Petal.Width Species
          <dbl>       <dbl>        <dbl>       <dbl> <fct>
 1          5.1         3.5          1.4         0.2 setosa
 2          4.9         3            1.4         0.2 setosa
 3          4.7         3.2          1.3         0.2 setosa
…(중략)
 8          5           3.4          1.5         0.2 setosa
 9          4.4         2.9          1.4         0.2 setosa
10          4.9         3.1          1.5         0.1 setosa
# ... with 140 more rows
```

데이터프레임과 티블 간 차이점 가운데 하나는 화면에 출력하는 방식이다. 데이터프레임은 모든 행과 열을 화면에 출력하는 반면, 티블은 처음 10개의 행과 한 화면에 보여줄 수 있는 만큼의 열(변수)이 출력된다. 출력되지 않은 변수는 별도로 간략한 정보만을 보여준다. 많은 행과 열로 구성된 대용량의 데이터프레임을 화면에 출력하면 시간이 오래 걸릴 뿐만 아니라 변수가 많을 경우 모든 변수가 한 화면에 출력이 안 된다. 그래서 `head()` 함수나 `tail()` 함수를 이용하여 처음 몇 행이나 마지막 몇 행을 출력하여 데이터프레임의 내용을 확인하곤 한다. 그러나 열의 개수가 많을 때는 한 라인에 출력할 수 없는 열이 다음 라인으로 이어서 출력되기 때문에 한 화면에 깔끔하게 데이터프레임의 내용을 확인하기 어렵다.

미국의 메이저리그 야구 데이터베이스를 이용하여 데이터프레임을 티블로 변환하고 출력해보자. `Lahman` 패키지의 `Batting` 데이터셋에는 1871년부터의 타자의 기록이 연 단위로 기록되어 있다.

이 데이터셋에는 많은 행과 열이 포함되어 있기 때문에 head() 함수를 사용하더라도 R 콘솔의 화면 크기에 따라서는 전체 데이터 구조를 한 화면에 나타내지 못할 수도 있다.

```
> library(Lahman)
> str(Batting)
'data.frame':	108789 obs. of  22 variables:
 $ playerID: chr  "abercda01" "addybo01" "allisar01" "allisdo01" ...
 $ yearID  : int  1871 1871 1871 1871 1871 1871 1871 1871 1871 1871 ...
 $ stint   : int  1 1 1 1 1 1 1 1 1 1 ...
…(중략)
 $ SH      : int  NA NA NA NA NA NA NA NA NA NA ...
 $ SF      : int  NA NA NA NA NA NA NA NA NA NA ...
 $ GIDP    : int  0 0 1 0 0 0 0 1 0 0 ...
> head(Batting, 3)
   playerID yearID stint teamID lgID  G  AB  R  H X2B X3B HR RBI SB CS BB SO IBB HBP
1 abercda01   1871     1    TRO   NA  1   4  0  0   0   0  0   0  0  0  0  0  NA  NA
2  addybo01   1871     1    RC1   NA 25 118 30 32   6   0  0  13  8  1  4  0  NA  NA
3 allisar01   1871     1    CL1   NA 29 137 28 40   4   5  0  19  3  1  2  5  NA  NA
  SH SF GIDP
1 NA NA   NA
2 NA NA   NA
3 NA NA   NA
```

as_tibble() 함수를 이용하여 티블로 변환하면 한 화면에 비교적 단순한 형태로 데이터를 출력할 수 있다.

```
> Batting.tbl <- as_tibble(Batting)
> Batting.tbl
# A tibble: 108,789 x 22
   playerID yearID stint teamID lgID      G    AB     R     H   X2B   X3B    HR
   <chr>     <int> <int> <fct>  <fct> <int> <int> <int> <int> <int> <int> <int>
 1 abercda~   1871     1 TRO    NA        1     4     0     0     0     0     0
 2 addybo01   1871     1 RC1    NA       25   118    30    32     6     0     0
 3 allisar~   1871     1 CL1    NA       29   137    28    40     4     5     0
 4 allisdo~   1871     1 WS3    NA       27   133    28    44    10     2     2
 5 ansonca~   1871     1 RC1    NA       25   120    29    39    11     3     0
 6 armstbo~   1871     1 FW1    NA       12    49     9    11     2     1     0
```

```
 7 barkeal~   1871      1 RC1    NA          1     4     0     1     0     0     0
 8 barnero~   1871      1 BS1    NA         31   157    66    63    10     9     0
 9 barrebi~   1871      1 FW1    NA          1     5     1     1     1     0     0
10 barrofr~   1871      1 BS1    NA         18    86    13    13     2     1     0
# ... with 108,779 more rows, and 10 more variables: RBI <int>, SB <int>,
#   CS <int>, BB <int>, SO <int>, IBB <int>, HBP <int>, SH <int>, SF <int>,
#   GIDP <int>
> class(Batting.tbl)
[1] "tbl_df"     "tbl"        "data.frame"
```

화면에 출력되는 행의 개수와 열의 개수를 변경하려면 print() 함수의 n 인수와 width 인수를 이용한다. n 인수에는 출력할 행의 개수를 지정하고 width 인수에는 열의 개수를 지정한다. Inf를 지정하면 모든 행과 열을 출력할 수 있다.

```
> print(Batting.tbl, n=20)
# A tibble: 108,789 x 22
   playerID yearID stint teamID lgID      G    AB     R     H   X2B   X3B    HR
   <chr>     <int> <int> <fct>  <fct> <int> <int> <int> <int> <int> <int> <int>
 1 abercda~   1871     1 TRO    NA        1     4     0     0     0     0     0
 2 addybo01   1871     1 RC1    NA       25   118    30    32     6     0     0
 3 allisar~   1871     1 CL1    NA       29   137    28    40     4     5     0
…(중략)
18 berryto~   1871     1 PH1    NA        1     4     0     1     0     0     0
19 berthha~   1871     1 WS3    NA       17    73    17    17     1     1     0
20 biermch~   1871     1 FW1    NA        1     2     0     0     0     0     0
# ... with 108,769 more rows, and 10 more variables: RBI <int>, SB <int>,
#   CS <int>, BB <int>, SO <int>, IBB <int>, HBP <int>, SH <int>, SF <int>,
#   GIDP <int>
> print(Batting.tbl, n=3, width=Inf)
# A tibble: 108,789 x 22
   playerID  yearID stint teamID lgID      G    AB     R     H   X2B   X3B    HR
   <chr>      <int> <int> <fct>  <fct> <int> <int> <int> <int> <int> <int> <int>
 1 abercda01   1871     1 TRO    NA        1     4     0     0     0     0     0
 2 addybo01    1871     1 RC1    NA       25   118    30    32     6     0     0
 3 allisar01   1871     1 CL1    NA       29   137    28    40     4     5     0
```

```
    RBI    SB    CS    BB    SO   IBB   HBP    SH    SF  GIDP
  <int> <int> <int> <int> <int> <int> <int> <int> <int> <int>
1     0     0     0     0     0    NA    NA    NA    NA     0
2    13     8     1     4     0    NA    NA    NA    NA     0
3    19     3     1     2     5    NA    NA    NA    NA     1
# ... with 108,786 more rows
> print(Batting.tbl, n=Inf)
```

R에 내장된 일부 오래된 함수의 경우 티블 데이터 형식을 다루지 못하기 때문에 어떤 때는 이런 점이 불편할 수도 있다. 티블 데이터 형식은 as.data.frame() 함수를 이용하여 언제든 다시 전통적인 데이터프레임 구조로 변환할 수 있다.

```
> Batting.df <- as.data.frame(Batting.tbl)
> class(Batting.df)
[1] "data.frame"
```

5.2 데이터프레임 확장

데이터분석 작업을 수행하는 동안 데이터프레임에 새로운 데이터나 변수를 추가하는 일은 종종 발생한다. rbind() 함수와 cbind() 함수를 이용하여 데이터와 변수를 추가할 수 있다. 다음과 같이 데이터프레임을 생성해보자.

```
> id <- c("A001", "A002", "A003")
> name <- c("Mouse", "Keyboard", "USB")
> price <- c(30000, 90000, 50000)
> product <- data.frame(id, name, price)
> product
    id     name price
1 A001    Mouse 30000
2 A002 Keyboard 90000
3 A003      USB 50000
```

데이터프레임에 새로운 데이터, 즉 새로운 행을 추가하려면 다음과 같이 rbind() 함수를 이용한다. 이때 추가할 행을 나타내는 벡터의 각 원소는 데이터프레임의 각 변수에 대응되어야 한다.

```
> product <- rbind(product, c("A004", "Monitor", 250000))
> product
    id     name  price
1 A001    Mouse  30000
2 A002 Keyboard  90000
3 A003      USB  50000
4 A004  Monitor 250000
```

추가할 행을 벡터가 아닌 데이터프레임 형식으로 만든 후 원래의 데이터프레임에 추가하는 것도 가능하다. 데이터프레임에 두 개 이상의 여러 행을 추가하려면 우선 추가하고자 하는 데이터를 데이터프레임으로 만든다. 그런 다음 rbind() 함수를 이용하여 기존의 데이터프레임에 추가한다. 즉 rbind() 함수를 이용하여 데이터프레임을 행의 방향으로 결합한다. 새로 추가되는 행은 기존의 데이터프레임과 동일한 열 이름을 가져야 한다. 열 이름만 같으면 열의 순서가 다르더라도 문제 없이 행이 추가된다.

```
> new.rows <- data.frame(id=c("A005", "A006"),
+                        name=c("Memory", "CPU"),
+                        price=c(35000, 320000))
> new.rows
    id   name  price
1 A005 Memory  35000
2 A006    CPU 320000
> product <- rbind(product, new.rows)
> product
    id     name  price
1 A001    Mouse  30000
2 A002 Keyboard  90000
3 A003      USB  50000
4 A004  Monitor 250000
5 A005   Memory  35000
6 A006      CPU 320000
```

데이터프레임에 새로운 변수, 즉 새로운 열을 추가하려면 다음과 같이 cbind() 함수를 이용한다. 이때 벡터의 이름이 데이터프레임의 새로운 변수 이름으로 사용된다.

```
> product <- cbind(product, madein=c("Korea", "China", "China",
+                                    "Korea", "Korea", "USA"))
> product
    id     name  price madein
1 A001    Mouse  30000  Korea
2 A002 Keyboard  90000  China
3 A003      USB  50000  China
4 A004  Monitor 250000  Korea
5 A005   Memory  35000  Korea
6 A006      CPU 320000    USA
```

또는 다음과 같이 $ 기호를 이용하여 새로운 열을 추가할 수도 있다. $ 기호 다음에 변수 이름을 지정한다.

```
> product$madein <- c("Korea", "China", "China", "Korea", "Korea", "USA")
> product
    id     name  price madein
1 A001    Mouse  30000  Korea
2 A002 Keyboard  90000  China
3 A003      USB  50000  China
4 A004  Monitor 250000  Korea
5 A005   Memory  35000  Korea
6 A006      CPU 320000    USA
```

데이터프레임에 두 개 이상의 열을 추가하려면 우선 추가하고자 하는 열을 데이터프레임으로 만든다. 그런 다음 cbind() 함수를 이용하여 원래의 데이터프레임에 추가한다. 이런 방식으로 cbind() 함수는 두 개의 데이터프레임을 열의 방향으로 결합할 수 있다.

```
> new.cols <- data.frame(manufacturer=c("Logitech", "Logitech", "Samsung",
+                                       "Samsung", "Samsung", "Intel"),
+                        quantity=c(20, 15, 50, 30, 40, 10))
> product <- cbind(product, new.cols)
> product
    id     name  price madein manufacturer quantity
1 A001    Mouse  30000  Korea     Logitech       20
2 A002 Keyboard  90000  China     Logitech       15
```

```
3 A003       USB  50000  China      Samsung      50
4 A004   Monitor 250000  Korea      Samsung      30
5 A005    Memory  35000  Korea      Samsung      40
6 A006       CPU 320000    USA        Intel      10
```

그런데 cbind() 함수는 데이터프레임을 결합할 때 열 이름의 중복 여부는 체크하지 않는다. 예를 들어, 다음과 같이 두 데이터프레임이 동일한 변수 이름(x, y)을 갖더라도 cbind() 함수를 이용하여 데이터프레임을 결합하면 원래의 이름을 그대로 유지한 채 하나의 데이터프레임으로 결합된다. 일반적으로 하나의 데이터프레임 내에 동일한 변수 이름이 존재하는 것은 바람직하지 않으므로 cbind() 함수를 사용하여 데이터프레임을 결합할 때는 주의를 기울일 필요가 있다.

```
> cols1 <- data.frame(x=c("a", "b", "c"), y=c(1,2,3))
> cols2 <- data.frame(x=c("alpha", "beta", "gamma"), y=c(100,200,300))
> cbind(cols1, cols2)
  x y     x   y
1 a 1 alpha 100
2 b 2  beta 200
3 c 3 gamma 300
```

앞에서 살펴본 것처럼 rbind() 함수와 cbind() 함수는 두 개의 데이터프레임을 하나로 결합한다. rbind() 함수는 행을 결합함으로써 데이터프레임을 길이 방향으로 확장하며, cbind() 함수는 열을 결합함으로써 데이터프레임을 너비 방향으로 확장한다. rbind() 함수를 이용하려면 결합되는 데이터프레임들이 동일한 폭을 가져야 하며 열의 이름도 같아야 한다. 그러나 열은 같은 순서로 있을 필요는 없다. rbind() 함수는 열의 이름을 이용하여 행을 결합한다. cbind() 함수는 옆으로 데이터프레임을 결합한다. 일반적으로 동일한 높이(행의 개수)를 갖는 데이터프레임을 결합하지만 반드시 행의 길이가 일치할 필요는 없다. 하지만 행의 길이가 일치하지 않을 때는 주의가 필요하다. 왜냐하면 한쪽의 길이가 짧으면 R은 재사용 규칙을 이용하여 필요한 만큼 열의 값을 반복 사용하기 때문에 원치 않는 결과가 출력될 수도 있기 때문이다.

사실 rbind() 함수와 cbind() 함수는 두 개의 데이터프레임만 결합할 수 있는 것은 아니며 여러 개의 데이터프레임을 한꺼번에 결합할 수 있다. 인수로 여러 개의 데이터프레임을 지정하면 복수개의 데이터프레임을 행 또는 열의 방향으로 결합한다. 또한 이 두 함수는 데이터프레임뿐만 아니라 벡터, 행렬, 리스트 데이터 형식에도 동일한 방식으로 적용할 수 있다.

데이터는 종종 행의 형태로 주어진다. 각 관측값이 하나의 행을 구성하고 각 행은 여러 개의 변수(즉 열)로 구성되어 있는 형태이다. 텍스트 파일로 저장되어 있는 대량의 데이터는 대개 이런 형태이다. 텍스트 파일의 각 라인은 하나의 관측값이고 각 관측값은 여러 개의 열을 포함하고 있고 각 열은 서로 다른 유형의 데이터를 저장한다. 하나의 행에 여러 유형의 데이터가 포함될 수 있기 때문에 각 관측값은 일반적으로 데이터프레임 형식으로 저장된다. 그리고 이 데이터프레임의 집합은 보통 하나의 리스트 형식으로 저장된다. rbind() 함수를 이용하면 리스트 형식으로 저장된 행 형태의 데이터 집합으로부터 데이터프레임 데이터셋을 쉽게 구축할 수 있다.

예를 들어, 신생아의 몸무게를 측정한 다섯 개의 관측값이 있다고 가정하자. 각 관측값은 세 개의 변수를 갖고 있으며 각각은 하나의 데이터프레임으로 저장되어 있다. 다섯 개의 데이터프레임은 하나의 리스트에 저장되어 있다.

```
> df1 <- data.frame(sex="female", months=1, weight=3.5)
> df2 <- data.frame(sex="male", months=3, weight=4.8)
> df3 <- data.frame(sex="male", months=4, weight=5.3)
> df4 <- data.frame(sex="female", months=9, weight=9.4)
> df5 <- data.frame(sex="female", months=7, weight=8.3)
> lst <- list(df1, df2, df3, df4, df5)
> lst
[[1]]
     sex months weight
1 female      1    3.5

[[2]]
   sex months weight
1 male      3    4.8

…(중략)

[[5]]
     sex months weight
1 female      7    8.3
```

```
> str(lst)
List of 5
 $ :'data.frame':       1 obs. of  3 variables:
  ..$ sex    : chr "female"
  ..$ months : num 1
  ..$ weight : num 3.5
 $ :'data.frame':       1 obs. of  3 variables:
  ..$ sex    : chr "male"
  ..$ months : num 3
  ..$ weight : num 4.8
…(중략)
 $ :'data.frame':       1 obs. of  3 variables:
  ..$ sex    : chr "female"
  ..$ months : num 7
  ..$ weight : num 8.3
```

첫 번째 원소를 추출해보면 다음과 같이 첫 번째 관측값이 데이터프레임 형식으로 추출된다.

```
> lst[[1]]
     sex months weight
1 female      1    3.5
> str(lst[[1]])
'data.frame':  1 obs. of  3 variables:
 $ sex    : chr "female"
 $ months : num 1
 $ weight : num 3.5
```

이제 이 관측값들을 결합하여 하나의 데이터프레임으로 만들려고 한다. **rbind()** 함수는 인수로 주어진 데이터프레임을 행으로 결합하여 하나의 새로운 데이터프레임을 생성한다. 예를 들어, 다음과 같이 처음 두 개의 관측값을 결합하여 두 개의 행을 갖는 새로운 데이터프레임을 생성할 수 있다.

```
> rbind(lst[[1]], lst[[2]])
     sex months weight
1 female      1    3.5
2   male      3    4.8
```

그런데 우리가 여기에서 원하는 것은 단지 두 개의 관측값만을 결합한 데이터셋이 아니라 리스트에 포함된 모든 관측값으로부터 생성된 데이터프레임이다. 이를 위해 R의 강력한 벡터 연산 기능을 이용한다. do.call() 함수와 rbind() 함수를 이용하여 리스트 내의 각 원소를 행으로 결합하여 하나의 데이터프레임을 생성한다. do.call() 함수는 첫 번째 인수로 주어진 함수를 호출하여 두 번째 인수로 주어진 리스트의 개별 원소에 차례대로 적용한다. 이 두 함수를 이용하여 다음과 같이 리스트의 개별 원소를 행으로 결합한 데이터프레임을 생성할 수 있다.

```
> do.call(rbind, lst)
     sex months weight
1 female      1    3.5
2   male      3    4.8
3   male      4    5.3
4 female      9    9.4
5 female      7    8.3
```

데이터분석 작업을 수행하다 보면 데이터의 행이 데이터프레임이 아닌 리스트 형식으로 저장된 데이터를 다루어야 할 때가 종종 있다. 텍스트 데이터를 처리하거나 데이터베이스로부터의 데이터를 처리하는 중에 그런 일이 때때로 발생한다. 이때 do.call() 함수에 인수로 주어지는 데이터셋은 다음과 같이 데이터프레임의 리스트가 아니라 리스트의 리스트 형식이 된다.

```
> ls1 <- list(sex="female", months=1, weight=3.5)
> ls2 <- list(sex="male", months=3, weight=4.8)
> ls3 <- list(sex="male", months=4, weight=5.3)
> ls4 <- list(sex="female", months=9, weight=9.4)
> ls5 <- list(sex="female", months=7, weight=8.3)
> lst <- list(ls1, ls2, ls3, ls4, ls5)
> lst
[[1]]
[[1]]$sex
[1] "female"

[[1]]$months
[1] 1

[[1]]$weight
[1] 3.5
```

```
[[2]]
[[2]]$sex
[1] "male"

[[2]]$months
[1] 3

[[2]]$weight
[1] 4.8

…(중략)

[[5]]
[[5]]$sex
[1] "female"

[[5]]$months
[1] 7

[[5]]$weight
[1] 8.3

> str(lst)
List of 5
 $ :List of 3
  ..$ sex   : chr "female"
  ..$ months: num 1
  ..$ weight: num 3.5
 $ :List of 3
  ..$ sex   : chr "male"
  ..$ months: num 3
  ..$ weight: num 4.8
…(중략)
 $ :List of 3
  ..$ sex   : chr "female"
  ..$ months: num 7
  ..$ weight: num 8.3
```

따라서 앞서와 동일한 방식으로 do.call() 함수를 이용하여 리스트의 개별 원소를 행으로 결합하기 위해서는 먼저 리스트 형식인 각 행을 데이터프레임 형식으로 변환해야 한다. 예를 들어, 처음 두 개의 행을 다음과 같이 데이터프레임으로 변환할 수 있다.

```
> as.data.frame(lst[1])
     sex months weight
1 female      1    3.5
> as.data.frame(lst[2])
   sex months weight
1 male      3    4.8
```

이러한 변환 작업은 lapply() 함수를 이용하면 간단하게 처리할 수 있다. lapply() 함수는 첫 번째 인수로 주어진 리스트의 각 원소에 대해 두 번째 인수로 주어진 함수를 반복하여 적용한다.[3] 다음과 같이 do.call() 함수와 lapply() 함수를 함께 이용한다.

```
> do.call(rbind, lapply(lst, as.data.frame))
     sex months weight
1 female      1    3.5
2   male      3    4.8
3   male      4    5.3
4 female      9    9.4
5 female      7    8.3
```

우선 lapply() 함수를 이용하여 as.data.frame() 함수를 리스트의 각 원소에 적용한다. 그러면 리스트의 각 원소는 데이터프레임으로 변환되고 do.call() 함수는 rbind() 함수를 호출하여 데이터프레임으로 변환된 리스트 내의 원소들을 행으로 결합하여 하나의 데이터프레임을 생성한다.

3 lapply() 함수는 '제9장 데이터 전처리'의 '9.8 반복 적용'을 참고한다. lapply() 함수는 어떤 함수를 일련의 데이터 원소들에 반복적으로 적용하려고 할 때 유용하다. 첫 번째 인수에는 함수에 적용할 리스트를 지정한다. 두 번째 인수에는 함수를 지정한다. 리스트 내의 모든 원소에 대해 지정된 함수가 반복적으로 적용된다.

5.3 데이터프레임 인덱싱

데이터프레임으로부터 열을 선택하는 방법은 매우 다양하다. 데이터프레임은 외형상 행렬과 비슷하고 내용상 리스트의 성격을 갖고 있기 때문에 행렬과 리스트에서 사용하는 인덱싱 기법을 그대로 이용할 수 있다. 따라서 데이터프레임에서 열을 추가하거나 삭제하거나 변경하는 작업은 기존의 행렬 및 리스트의 인덱싱 기법을 이용한다.

R 설치 시 함께 제공되는 datasets 패키지에 내장되어 있는 데이터셋을 이용하여 데이터프레임을 생성해보자. 모두 네 개의 데이터셋(state.abb, state.name, state.region, state.area)으로부터 다음과 같이 미국 50개 주의 면적(평방마일) 정보를 담고 있는 데이터프레임을 생성한다.

```
> us.state <- data.frame(state.abb, state.name, state.region, state.area)
> us.state
   state.abb    state.name  state.region state.area
1         AL       Alabama         South      51609
2         AK        Alaska          West     589757
3         AZ       Arizona          West     113909
…(중략)
48        WV West Virginia         South      24181
49        WI     Wisconsin North Central      56154
50        WY       Wyoming          West      97914
> str(us.state)
'data.frame':  50 obs. of  4 variables:
 $ state.abb   : chr  "AL" "AK" "AZ" "AR" ...
 $ state.name  : chr  "Alabama" "Alaska" "Arizona" "Arkansas" ...
 $ state.region: Factor w/ 4 levels "Northeast","South",..: 2 4 4 2 4 4 1 2 2 2 ...
 $ state.area  : num  51609 589757 113909 53104 158693 ...
```

리스트 인덱싱과 동일한 방법으로 두 개의 대괄호 [[ ]]를 이용하거나 한 개의 대괄호 [ ]를 이용하여 열을 추출할 수 있다. 리스트 인덱싱에서처럼 이 두 방법은 서로 완전히 다른 의미를 갖는다. 두 개의 대괄호는 열 하나만을 원래의 데이터 형식에 따라 벡터 또는 팩터 형식으로 추출한다. 한 개의 대괄호를 이용하면 하나 또는 여러 개의 열을 추출할 수 있으며 선택된 열로 구성된 데이터프레임이 반환된다. 하나의 열만을 선택하더라도 데이터프레임 형식으로 반환된다.

다음과 같이 [[ ]]를 이용하여 하나의 열을 추출할 수 있다. 여기에서 두 번째 열은 문자 벡터이므로 us.state[[2]]는 그대로 문자 벡터를 출력한다. 반면에 세 번째 열은 팩터이므로 us.state[[3]]은 팩터를 그대로 반환한다.

```
> us.state[[2]]
 [1] "Alabama"        "Alaska"      "Arizona"      "Arkansas"
 [5] "California"     "Colorado"    "Connecticut"  "Delaware"
 [9] "Florida"        "Georgia"     "Hawaii"       "Idaho"
…(중략)
[41] "South Dakota"  "Tennessee"   "Texas"        "Utah"
[45] "Vermont"        "Virginia"    "Washington"   "West Virginia"
[49] "Wisconsin"      "Wyoming"
> str(us.state[[2]])
 chr [1:50] "Alabama" "Alaska" "Arizona" "Arkansas" "California" ...
> us.state[[3]]
 [1] South         West          West          South         West
 [6] West          Northeast     South         South         South
[11] West          West          North Central North Central North Central
…(중략)
[36] South         West          Northeast     Northeast     South
[41] North Central South         South         West          Northeast
[46] South         West          South         North Central West
Levels: Northeast South North Central West
> str(us.state[[3]])
 Factor w/ 4 levels "Northeast","South",..: 2 4 4 2 4 4 1 2 2 2 ...
```

[ ]를 이용하여 열을 선택할 때 선택된 열은 데이터프레임 형식으로 반환된다. 이때 다음과 같이 한 개의 열만을 선택하더라도 벡터나 팩터가 아닌 데이터프레임 형식으로 출력된다.

```
> us.state[2]
      state.name
1        Alabama
2         Alaska
3        Arizona
…(중략)
48 West Virginia
49     Wisconsin
50       Wyoming
> str(us.state[2])
'data.frame':  50 obs. of  1 variable:
 $ state.name: chr  "Alabama" "Alaska" "Arizona" "Arkansas" ...
```

두 개 이상의 열을 선택하려면 다음과 같이 c() 함수를 이용한다. 선택된 열은 데이터프레임 형식으로 출력된다.

```
> us.state[c(2,4)]
      state.name state.area
1        Alabama      51609
2         Alaska     589757
3        Arizona     113909
…(중략)
48 West Virginia      24181
49     Wisconsin      56154
50       Wyoming      97914
```

열 추출 시 데이터프레임을 마치 행렬인 것처럼 간주하여 행렬 인덱싱 방법을 그대로 이용할 수 있다. 다음과 같이 쉼표(,) 뒤에 하나의 인덱스만을 지정하면 인덱스에 해당하는 열이 추출된다.

```
> us.state[,2]
 [1] Alabama        Alaska     Arizona     Arkansas
 [5] California     Colorado   Connecticut Delaware
 [9] Florida        Georgia    Hawaii      Idaho
… (중략)
[41] South Dakota   Tennessee  Texas       Utah
[45] Vermont        Virginia   Washington  West Virginia
[49] Wisconsin      Wyoming
```

선택된 열이 데이터프레임이 아닌 벡터 형식으로 출력되었다. 데이터프레임 형식을 그대로 유지하려면 행렬에서처럼 drop=FALSE를 지정한다.

```
> us.state[,2,drop=FALSE]
      state.name
1        Alabama
2         Alaska
3        Arizona
…(중략)
48 West Virginia
49     Wisconsin
50       Wyoming
```

c() 함수를 이용하여 다음과 같이 여러 개의 인덱스를 주면 복수의 열을 데이터프레임 형식으로 출력할 수 있다.4

```
> us.state[,c(2,4)]
     state.name state.area
1       Alabama      51609
2        Alaska     589757
3       Arizona     113909
…(중략)
48 West Virginia     24181
49     Wisconsin     56154
50       Wyoming     97914
```

4 데이터프레임에 행렬 인덱싱 방법을 적용하면 주어진 인덱스의 개수가 하나인지 여러 개인지에 따라 선택된 열이 벡터/팩터 형식 또는 데이터프레임 형식으로 반환된다. 따라서 사용상에 주의가 필요하다. 리스트 인덱싱 방법을 이용하면 이러한 혼란을 피할 수 있다.

데이터프레임의 열은 반드시 이름을 가져야 하므로 리스트나 행렬에서처럼 이름을 이용한 열의 추출도 가능하다. 숫자를 이용한 인덱싱에서처럼 [[ ]]를 이용하여 특정 열을 벡터나 팩터 형식으로 출력할 수 있다. 숫자 대신에 이름을 인수로 준다. $ 기호와 함께 이름을 지정해도 동일한 결과가 출력된다. 다음 세 코드는 모두 동일한 결과를 출력한다. 처음 두 코드는 리스트 인덱싱 방법을 이용하였으며 세 번째 코드는 행렬 인덱싱 방법을 적용하였다.

```
> us.state[["state.name"]]
> us.state$state.name
> us.state[,"state.name"]
 [1] "Alabama"      "Alaska"      "Arizona"      "Arkansas"
 [5] "California"   "Colorado"    "Connecticut" "Delaware"
 [9] "Florida"      "Georgia"     "Hawaii"       "Idaho"
…(중략)
[41] "South Dakota" "Tennessee" "Texas"        "Utah"
[45] "Vermont"      "Virginia"    "Washington"  "West Virginia"
[49] "Wisconsin"    "Wyoming"
```

[ ]에 이름을 인수로 주면 선택된 열이 데이터프레임 형식으로 출력된다. 다음 두 코드는 모두 선택한 열을 동일한 데이터프레임 형식으로 반환한다. 첫 번째 코드는 리스트 인덱싱 방법을 이용하였으며 두 번째 코드는 행렬 인덱싱 방법을 적용하였다.

```
> us.state[c("state.name", "state.area")]
```

```
> us.state[,c("state.name", "state.area")]
      state.name state.area
1        Alabama      51609
2         Alaska     589757
3        Arizona     113909
…(중략)
48 West Virginia      24181
49     Wisconsin      56154
50       Wyoming      97914
```

논리 연산을 이용하면 조건을 충족하는 행만을 선택하여 추출할 수 있다. R 설치 시 함께 제공되는 `datasets` 패키지에 내장되어 있는 `state.x77` 데이터셋을 이용하여 논리 연산으로 행과 열을 추출해보자.

```
> str(state.x77)
 num [1:50, 1:8] 3615 365 2212 2110 21198 ...
 - attr(*, "dimnames")=List of 2
  ..$ : chr [1:50] "Alabama" "Alaska" "Arizona" "Arkansas" ...
  ..$ : chr [1:8] "Population" "Income" "Illiteracy" "Life Exp" ...
> head(state.x77)
           Population Income Illiteracy Life Exp Murder HS Grad Frost   Area
Alabama          3615   3624        2.1    69.05   15.1    41.3    20  50708
Alaska            365   6315        1.5    69.31   11.3    66.7   152 566432
Arizona          2212   4530        1.8    70.55    7.8    58.1    15 113417
Arkansas         2110   3378        1.9    70.66   10.1    39.9    65  51945
California      21198   5114        1.1    71.71   10.3    62.6    20 156361
Colorado         2541   4884        0.7    72.06    6.8    63.9   166 103766
```

`state.x77` 데이터셋은 행렬 형식이므로 우선 이를 데이터프레임 형식으로 변환한다. 이어 50개 주 이름으로 구성된 행 이름을 이용하여 `Name` 열을 추가하고 `Name` 열과 중복되는 기존의 행 이름을 삭제한다. 그러면 미국의 각 주별 인구, 소득, 면적 등이 포함된 아홉 개 변수를 갖는 데이터프레임이 완성된다.

```
> states <- data.frame(state.x77)
```

```
> str(states)
'data.frame':   50 obs. of  8 variables:
 $ Population : num  3615 365 2212 2110 21198 ...
 $ Income     : num  3624 6315 4530 3378 5114 ...
 $ Illiteracy : num  2.1 1.5 1.8 1.9 1.1 0.7 1.1 0.9 1.3 2 ...
 $ Life.Exp   : num  69 69.3 70.5 70.7 71.7 ...
 $ Murder     : num  15.1 11.3 7.8 10.1 10.3 6.8 3.1 6.2 10.7 13.9 ...
 $ HS.Grad    : num  41.3 66.7 58.1 39.9 62.6 63.9 56 54.6 52.6 40.6 ...
 $ Frost      : num  20 152 15 65 20 166 139 103 11 60 ...
 $ Area       : num  50708 566432 113417 51945 156361 ...
> row.names(states)
 [1] "Alabama"       "Alaska"      "Arizona"      "Arkansas"
 [5] "California"    "Colorado"    "Connecticut" "Delaware"
 [9] "Florida"       "Georgia"     "Hawaii"       "Idaho"
…(중략)
[41] "South Dakota" "Tennessee" "Texas"         "Utah"
[45] "Vermont"       "Virginia"   "Washington"   "West Virginia"
[49] "Wisconsin"     "Wyoming"
> states$Name <- row.names(states)
> row.names(states) <- NULL
> head(states)
  Population Income Illiteracy Life.Exp Murder HS.Grad Frost   Area       Name
1       3615   3624        2.1    69.05   15.1    41.3    20  50708    Alabama
2        365   6315        1.5    69.31   11.3    66.7   152 566432     Alaska
3       2212   4530        1.8    70.55    7.8    58.1    15 113417    Arizona
4       2110   3378        1.9    70.66   10.1    39.9    65  51945   Arkansas
5      21198   5114        1.1    71.71   10.3    62.6    20 156361 California
6       2541   4884        0.7    72.06    6.8    63.9   166 103766   Colorado
```

다음과 같이 논리 연산을 이용하여 일인당 소득이 5,000달러가 넘는 주로 구성된 rich.states 데이터프레임과 100,000평방마일이 넘는 면적을 갖는 주로 구성된 large.states 데이터프레임을 만들 수 있다. rich.states에는 Name 변수와 Income 변수를 포함시켰으며 large.states에는 Name 변수와 Area 변수를 포함시켰다.

```
> rich.states <- states[states$Income > 5000, c("Name", "Income")]
```

```
> rich.states
           Name Income
2        Alaska   6315
5    California   5114
7   Connecticut   5348
13     Illinois   5107
20     Maryland   5299
28       Nevada   5149
30   New Jersey   5237
34 North Dakota   5087
> large.states <- states[states$Area > 100000, c("Name", "Area")]
> large.states
         Name   Area
2      Alaska 566432
3     Arizona 113417
5  California 156361
6    Colorado 103766
26    Montana 145587
28     Nevada 109889
31 New Mexico 121412
43      Texas 262134
```

이제 이렇게 생성된 두 데이터프레임을 결합해보자. merge() 함수는 결합할 두 데이터프레임에 공통의 열이 존재할 때 공통의 열을 기준으로 데이터프레임을 결합한다. merge() 함수에 rich.states 데이터프레임과 large.states 데이터프레임을 인수로 주면 두 데이터프레임의 공통 변수인 Name 열이 서로 일치하는 행만이 추출된다. 즉 일인당 소득이 5,000달러가 넘으면서 동시에 100,000평방마일이 넘는 면적을 갖는 주로 구성된 데이터프레임이 생성된다.

```
> merge(rich.states, large.states)
        Name Income   Area
1     Alaska   6315 566432
2 California   5114 156361
3     Nevada   5149 109889
```

merge() 함수는 SQL(Structured Query Language)과 같은 데이터베이스 언어에서 제공하는 다양한 조인(join) 기능을 지원한다. 예를 들면, all 인수를 별도로 지정하지 않으면 기본값으로 FALSE가 지정되며 앞에서 살펴본 것과 같은 형태의 데이터프레임 결합이 이루어진다. 즉 두 데이터프레임으로부터 공통 열이 일치하는 행만이 선택되는 교집합이 생성된다. 다음과 같이 all=TRUE를 지정하면 두 데이터프레임으로부터 모든 행이 추출되어 두 데이터프레임의 합집합이 생성된다.5

5 merge() 함수에 all=FALSE(기본값)를 지정하면 SQL에서의 자연조인(natural join), 즉 내부조인(inner join)이 수행된다. all=TRUE일 때는 SQL에서의 외부조인(outer join)이 수행된다. 그 밖에 all.x=TRUE는 첫 번째 데이터프레임(x)을 기준으로 두 번째 데이터프레임의 열을 결합하며(left outer join), all.y=TRUE는 두 번째 데이터프레임(y)을 기준으로 첫 번째 데이터프레임의 열을 결합한다(right outer join).

```
> merge(rich.states, large.states, all=TRUE)
           Name Income   Area
1        Alaska   6315 566432
2       Arizona     NA 113417
3    California   5114 156361
4      Colorado     NA 103766
5   Connecticut   5348     NA
6      Illinois   5107     NA
7      Maryland   5299     NA
8       Montana     NA 145587
9        Nevada   5149 109889
10   New Jersey   5237     NA
11   New Mexico     NA 121412
12 North Dakota   5087     NA
13        Texas     NA 262134
```

이와 같은 두 데이터프레임의 합집합은 rich.states 데이터프레임과 large.states 데이터프레임의 공통의 변수인 Name 열을 기준으로 생성된다. 변수 Income 열의 값은 rich.states 데이터프레임으로부터 추출되고 변수 Area 열의 값은 large.states 데이터프레임으로부터 생성된다. 어느 한쪽 데이터프레임에 값이 없을 때는 NA 값으로 채워진다.

데이터프레임의 특정 열에 접근하기 위해서는 열 이름을 지정하는 $ 기호 앞에 데이터프레임 이름을 함께 지정해야 한다. 하지만 데이터 처리 작업을 수행할 때마다 이러한 방식으로 반복하여 데이터프레임 이름과 $ 기호를 지정하는 것이 때로는 번거롭다. 예를 들어, datasets 패키지에 내장되어 있는 iris 데이터셋에 포함된 데이터를 이용하여 아이리스 꽃의 꽃받침 길이(Sepal.Length)와 폭(Sepal.Width) 간의 비율을 다음과 같이 계산할 수 있다. 열을 불러올 때마다 데이터프레임 이름과 $ 기호를 반복해서 입력해야 한다.

```
> head(iris)
  Sepal.Length Sepal.Width Petal.Length Petal.Width Species
1          5.1         3.5          1.4         0.2  setosa
2          4.9         3.0          1.4         0.2  setosa
3          4.7         3.2          1.3         0.2  setosa
4          4.6         3.1          1.5         0.2  setosa
5          5.0         3.6          1.4         0.2  setosa
6          5.4         3.9          1.7         0.4  setosa
> r <- iris$Sepal.Length / iris$Sepal.Width
> head(r)
[1] 1.457143 1.633333 1.468750 1.483871 1.388889 1.384615
```

다음과 같이 with() 함수를 이용하면 입력 과정이 한결 쉬워지고 코드가 간결해진다. with() 함수를 사용하면 데이터프레임 이름과 $ 기호 없이 데이터프레임 내의 열을 직접 참조할 수 있다.

```
> r <- with(iris, Sepal.Length / Sepal.Width)
> head(r)
[1] 1.457143 1.633333 1.468750 1.483871 1.388889 1.384615
```

여러 개의 명령어를 연속해서 입력해야 할 때는 다음과 같이 중괄호 { }를 이용하여 명령어를 감싼다.6

```
> with(iris, {
+   print(summary(Sepal.Length))
+   plot(Sepal.Length, Sepal.Width)
+   plot(Petal.Length, Petal.Width)
+ })
   Min. 1st Qu.  Median    Mean 3rd Qu.    Max. 
  4.300   5.100   5.800   5.843   6.400   7.900 
```

with() 함수는 함수 내에서 이루어진 변수 할당은 함수 밖에서는 사용할 수 없다는 문제가 있다. 예를 들어, 다음과 같이 함수 내에서 할당한 값은 함수 밖에서는 인식하지 못한다.

```
> with(iris, {
+   stats <- summary(Sepal.Length)
+   stats
+ })
```

6 summary() 함수는 평균, 중위수, 최소값, 최대값, 사분위수 등의 기본적인 기술통계를 계산한다.

```
   Min. 1st Qu.  Median    Mean 3rd Qu.    Max. 
  4.300   5.100   5.800   5.843   6.400   7.900 
> stats
Error: object 'stats' not found
```

with() 함수 밖에서도 여전히 사용할 수 있는 변수를 생성하고 싶으면 일반적인 변수 할당자 <- 대신에 다음과 같이 <<-를 이용한다. <<-는 객체를 with() 함수 밖의 글로벌 환경에 저장한다.

```
> with(iris, {
+   stats.nokeep <- summary(Sepal.Length)
+   stats.keep <<- summary(Sepal.Length)
+ })
> stats.nokeep
Error: object 'stats.nokeep' not found
> stats.keep
   Min. 1st Qu.  Median    Mean 3rd Qu.    Max. 
  4.300   5.100   5.800   5.843   6.400   7.900 
```

with() 함수와 함께 within() 함수도 매우 유용하다. 아이리스 꽃의 꽃받침 길이와 폭 간의 비율을 계산하여 데이터프레임의 Sepal.Ratio라는 열에 할당하려면 다음과 같이 코드를 작성한다. 여기에서도 열을 불러올 때마다 데이터프레임 이름과 $ 기호를 반복해서 입력해야 한다.

```
> iris$Sepal.Ratio <- iris$Sepal.Length / iris$Sepal.Width
> head(iris$Sepal.Ratio)
[1] 1.457143 1.633333 1.468750 1.483871 1.388889 1.384615
```

within() 함수를 이용하면 데이터프레임 이름과 $ 기호 없이 데이터 처리 결과를 다음과 같이 함수 내에서 데이터프레임의 열에 직접 할당할 수 있다.

```
> iris <- within(iris, Sepal.Ratio <- Sepal.Length / Sepal.Width)
> head(iris$Sepal.Ratio)
[1] 1.457143 1.633333 1.468750 1.483871 1.388889 1.384615
```

데이터프레임의 열에 좀 더 빈번히 반복하여 접근할 필요가 있다면 데이터프레임을 메모리에 적재하는 것이 편리하다. attach() 함수를 이용하면 데이터프레임을 메모리에 적재하여 탐색경로상에 포함시킬 수 있으며 데이터프레임을 명시적으로 지정하지 않아도 열 이름만으로 직접 변수를 참조할 수 있다.

```
> attach(iris)
```

attach() 함수를 실행한 후 탐색경로를 살펴보면 iris 데이터셋이 두 번째에 포함되어 있는 것을 확인할 수 있다.

```
> search()
 [1] ".GlobalEnv"        "iris"              "tools:rstudio"   "package:stats"
 [5] "package:graphics"  "package:grDevices" "package:utils"   "package:datasets"
 [9] "package:methods"   "Autoloads"         "package:base"
```

이제 다음과 같은 방식으로 데이터프레임의 열을 직접 참조하여 열 이름을 변수명처럼 활용할 수 있다.

```
> r <- Sepal.Length / Sepal.Width
> head(r)
[1] 1.457143 1.633333 1.468750 1.483871 1.388889 1.384615
```

작업을 끝낸 후 데이터프레임을 탐색경로상에서 제거하려면 detach() 함수를 이용한다. detach() 함수를 실행한 후 탐색경로를 다시 살펴보면 두 번째 위치에 있었던 iris 데이터셋이 탐색경로에서 제거된 것을 확인할 수 있다.

```
> detach(iris)
> search()
 [1] ".GlobalEnv"         "tools:rstudio"  "package:stats"     "package:graphics"
 [5] "package:grDevices"  "package:utils"  "package:datasets"  "package:methods"
 [9] "Autoloads"          "package:base"
```

attach() 함수는 원본 데이터프레임이 아닌 데이터프레임의 복사본을 메모리에 적재한다. 열 이름만으로 데이터프레임에 접근할 때는 이 복사된 데이터가 참조된다. 따라서 다음과 같이 원래의 데이터프레임의 데이터(iris$Sepal.Length)를 변경하더라도 attach() 함수를 통해 메모리에 적재한 데이터(Sepal.Length)는 변경되지 않는다.

```
> attach(iris)
> iris$Sepal.Length <- 0
> head(iris$Sepal.Length)
[1] 0 0 0 0 0 0
> head(Sepal.Length)
[1] 5.1 4.9 4.7 4.6 5.0 5.4
> detach(iris)
```

attach() 함수의 이러한 특성 때문에 데이터프레임의 열에 값을 할당할 때는 주의를 기울일 필요가 있다. 다음과 같이 attach() 함수를 이용하여 iris 데이터셋을 탐색경로상에 포함시킨 후 Sepal.Width에 10을 곱하여 Sepal.Width 열에 재할당해보자. 이 작업은 데이터프레임의 열에 값을 할당하는 것처럼 보이지만 실제로는 Sepal.Width라는 로컬변수를 새로 생성하고 있는 것이다. 따라서 작업공간에 Sepal.Width라는 변수가 새로 생성되며 원래의 데이터프레임 데이터는 변하지 않는다.

```
> attach(iris)
> Sepal.Width <- Sepal.Width * 10
> ls()
[1] "iris"        "r"            "Sepal.Width"
> head(Sepal.Width)
[1] 35 30 32 31 36 39
> head(iris$Sepal.Width)
[1] 3.5 3.0 3.2 3.1 3.6 3.9
> detach(iris)
> rm(Sepal.Width)
```

attach() 함수를 이용할 때 동일한 이름을 사용하는 객체 간에 충돌이 발생하기도 한다.

```
> Sepal.Length <- c(4.5,5.3,6.7)
> attach(iris)
The following object is masked _by_ .GlobalEnv:

    Sepal.Length
```

```
> plot(Sepal.Length, Sepal.Width)
Error in xy.coords(x, y, xlabel, ylabel, log) :
  'x' and 'y' lengths differ
> Sepal.Length
[1] 4.5 5.3 6.7
> detach(iris)
```

Sepal.Length라는 변수가 이미 존재하는 상황에서 attach() 함수로 iris 데이터셋을 탐색경로 상에 포함시키면 기존의 Sepal.Length 객체와 iris 데이터셋 내의 Sepal.Length 객체 간에 충돌이 일어난다. 이때 이미 존재하던 원래의 객체가 우선권을 갖는다. 따라서 plot() 함수를 이용하여 그래프를 그리려고 할 때 의도하지 않은 에러가 발생한다. attach() 함수를 이용할 때는 동일한 변수 이름으로 인해 객체 간 충돌이 일어나지 않도록 주의를 기울일 필요가 있다.

데이터프레임으로부터 행과 열을 선택하는 일반적인 방법은 인덱싱을 이용하는 것이다. 그러나 원하는 행과 열을 추출할 때 인덱싱 방법을 사용하는 것이 때로는 복잡할 수도 있다. subset() 함수를 이용하면 좀 더 편리하고 직관적인 방법으로 원하는 행과 열을 선택할 수 있다. subset() 함수는 select 인수와 subset 인수를 갖는다. select 인수에는 선택할 열의 이름을 지정한다. 열의 이름을 지정할 때는 인덱싱에서와 달리 인용부호를 사용하지 않는다. subset 인수에는 행을 선택하는 논리식을 지정한다. 논리식에는 데이터프레임의 열 이름을 사용할 수 있다.

R의 표준패키지인 datasets 패키지에 내장되어 있는 mtcars 데이터셋에는 자동차 모델별 MPG(Miles Per Gallon, mpg), 마력(hp), 무게(wt), 실린더 개수(cyl), 변속기 유형(am: 0=automatic, 1=manual) 등의 정보가 포함되어 있다. subset() 함수를 이용하여 다음과 같이 MPG가 30보다 큰(mpg > 30) 자동차 모델을 추출할 수 있다.

```
> head(mtcars)
                   mpg cyl disp  hp drat    wt  qsec vs am gear carb
Mazda RX4         21.0   6  160 110 3.90 2.620 16.46  0  1    4    4
Mazda RX4 Wag     21.0   6  160 110 3.90 2.875 17.02  0  1    4    4
Datsun 710        22.8   4  108  93 3.85 2.320 18.61  1  1    4    1
Hornet 4 Drive    21.4   6  258 110 3.08 3.215 19.44  1  0    3    1
Hornet Sportabout 18.7   8  360 175 3.15 3.440 17.02  0  0    3    2
Valiant           18.1   6  225 105 2.76 3.460 20.22  1  0    3    1
```

```
> subset(mtcars, select=mpg, subset=(mpg > 30))
                mpg
Fiat 128       32.4
Honda Civic    30.4
Toyota Corolla 33.9
Lotus Europa   30.4
```

다음 코드는 실린더 개수가 네 개(cyl == 4)이면서 자동 변속기(am == 0)를 갖춘 자동차 모델의 MPG, 마력, 무게를 출력한다.

```
> subset(mtcars, select=c(mpg, hp, wt), subset=(cyl == 4 & am == 0))
                mpg hp    wt
Merc 240D      24.4 62 3.190
Merc 230       22.8 95 3.150
Toyota Corona  21.5 97 2.465
```

논리식 내에 함수를 포함할 수도 있다. 다음과 같이 MPG가 평균보다 더 큰(mpg > mean(mpg)) 자동차 모델의 MPG, 실린더 개수, 무게를 출력할 수 있다.

```
> subset(mtcars, select=c(mpg, cyl, wt), subset=(mpg > mean(mpg)))
                mpg  cyl    wt
Mazda RX4      21.0    6 2.620
Mazda RX4 Wag  21.0    6 2.875
Datsun 710     22.8    4 2.320
Hornet 4 Drive 21.4    6 3.215
Merc 240D      24.4    4 3.190
Merc 230       22.8    4 3.150
Fiat 128       32.4    4 2.200
Honda Civic    30.4    4 1.615
Toyota Corolla 33.9    4 1.835
Toyota Corona  21.5    4 2.465
Fiat X1-9      27.3    4 1.935
Porsche 914-2  26.0    4 2.140
Lotus Europa   30.4    4 1.513
Volvo 142E     21.4    4 2.780
```

subset() 함수를 이용하여 특정 열을 제외하고 출력하는 것도 가능하다. subset() 함수의 select 인수에 열의 이름을 음수 부호(-)와 함께 지정하면 지정된 열은 출력 시 제외된다. 다음과 같은 예를 살펴보자. datasets 패키지에 내장되어 있는 USArrests 데이터셋에는 미국의 주별 세 가지 유형의 범죄 발생 빈도(10만명당)와 도시인구비율 데이터가 포함되어 있다.

```
> head(USArrests)
           Murder Assault UrbanPop Rape
Alabama      13.2     236       58 21.2
Alaska       10.0     263       48 44.5
Arizona       8.1     294       80 31.0
Arkansas      8.8     190       50 19.5
California    9.0     276       91 40.6
Colorado      7.9     204       78 38.7
```

이 데이터셋에 포함된 변수 간의 상관계수(correlation coefficient) 행렬은 다음과 같이 cor() 함수를 이용하여 구할 수 있다.

```
> cor(USArrests)
             Murder   Assault   UrbanPop      Rape
Murder   1.00000000 0.8018733 0.06957262 0.5635788
Assault  0.80187331 1.0000000 0.25887170 0.6652412
UrbanPop 0.06957262 0.2588717 1.00000000 0.4113412
Rape     0.56357883 0.6652412 0.41134124 1.0000000
```

여기에서 세 가지 범죄 유형 간의 상관계수만을 보려면 도시인구비율을 나타내는 UrbanPop 변수를 출력에서 제외해야 한다. 이때 다음과 같이 변수명 앞에 음수 부호를 붙여 select 인수에 지정하면 UrbanPop 열이 제거된 상관계수 행렬을 생성할 수 있다.

```
> cor(subset(USArrests, select=-UrbanPop))
           Murder   Assault      Rape
Murder  1.0000000 0.8018733 0.5635788
Assault 0.8018733 1.0000000 0.6652412
Rape    0.5635788 0.6652412 1.0000000
```

여러 열을 한꺼번에 출력에서 제외하려면 다음과 같이 열을 벡터로 표현한 후 음수 부호를 붙여

select 인수에 지정한다.

```
> cor(subset(USArrests, select=-c(UrbanPop, Rape)))
           Murder   Assault
Murder   1.0000000 0.8018733
Assault  0.8018733 1.0000000
```

지금까지 우리는 인덱싱 기능이나 subset() 함수를 이용하여 데이터프레임으로부터 행과 열을 추출하는 방법을 살펴보았다. R에는 이 밖에도 다양한 데이터 처리 함수가 존재하며 고유한 함수 이외에도 R은 SQL문을 이용한 데이터 처리 방법을 제공한다. sqldf 패키지의 sqldf() 함수를 이용하여 데이터베이스에서 사용하는 것과 동일한 방식으로 SQL의 SELECT문을 사용할 수 있다. SQL을 이용하여 데이터베이스를 다루는 데 익숙한 사람은 R 환경에서 이를 이용하여 더욱 쉽게 데이터에 접근할 수 있다.

sqldf() 함수를 이용하여 mtcars 데이터셋으로부터 데이터를 추출해보자. sqldf() 함수에 SQL의 SELECT문을 인용부호로 감싸서 인수로 제공한다.

```
> library(sqldf)
> data(mtcars)
> sqldf("select * from mtcars where mpg > 30", row.names=TRUE)
                mpg cyl disp  hp drat    wt  qsec vs am gear carb
Fiat 128       32.4   4 78.7  66 4.08 2.200 19.47  1  1    4    1
Honda Civic    30.4   4 75.7  52 4.93 1.615 18.52  1  1    4    2
Toyota Corolla 33.9   4 71.1  65 4.22 1.835 19.90  1  1    4    1
Lotus Europa   30.4   4 95.1 113 3.77 1.513 16.90  1  1    5    2
> sqldf("select * from mtcars where cyl=6 order by mpg", row.names=TRUE)
                mpg cyl  disp  hp drat    wt  qsec vs am gear carb
Merc 280C      17.8   6 167.6 123 3.92 3.440 18.90  1  0    4    4
Valiant        18.1   6 225.0 105 2.76 3.460 20.22  1  0    3    1
Merc 280       19.2   6 167.6 123 3.92 3.440 18.30  1  0    4    4
Ferrari Dino   19.7   6 145.0 175 3.62 2.770 15.50  0  1    5    6
Mazda RX4      21.0   6 160.0 110 3.90 2.620 16.46  0  1    4    4
Mazda RX4 Wag  21.0   6 160.0 110 3.90 2.875 17.02  0  1    4    4
Hornet 4 Drive 21.4   6 258.0 110 3.08 3.215 19.44  1  0    3    1
```

```
> sqldf("select avg(mpg) as avg_mpg, avg(wt) as avg_wt, gear
+        from mtcars where cyl in (4, 6) group by gear")
   avg_mpg   avg_wt gear
1 20.33333 3.046667    3
2 24.53333 2.616667    4
3 25.36667 2.141000    5
```

첫 번째 SQL문은 연비(mpg)가 30보다 큰 행을 추출하고 두 번째 SQL문은 실린더 개수(cyl)가 여섯 개인 자동차 모델을 연비 오름차순으로 출력한다. 세 번째 SQL문은 실린더 개수가 네 개 또는 여섯 개인 자동차 모델의 기어 단수(gear)별 연비 평균과 무게(wt) 평균을 계산한다.

다음은 iris 데이터셋을 대상으로 sqldf() 함수를 적용한 결과이다. 첫 번째 SQL문은 아이리스 꽃 종류를 추출하였고 두 번째 SQL문은 iris 데이터셋의 처음 세 개의 데이터를 출력하였다.

```
> data(iris)
> sqldf("select distinct Species from iris")
     Species
1     setosa
2 versicolor
3  virginica
> sqldf("select * from iris limit 3")
  Sepal.Length Sepal.Width Petal.Length Petal.Width Species
1          5.1         3.5          1.4         0.2  setosa
2          4.9         3.0          1.4         0.2  setosa
3          4.7         3.2          1.3         0.2  setosa
```

R에서와 달리 SQL문에서는 마침표(.)를 열의 이름으로 사용할 수 없다. 열 이름에 마침표가 포함되어 있을 때 다음과 같은 방식으로 처리한다. 마침표가 포함된 열 이름을 대괄호([ ])나 큰따옴표(" ")를 이용하여 감싼다. 큰따옴표를 이용할 때는 SQL문 전체를 작은따옴표(' ')로 감싼다. 다음 SQL문은 setosa종(Species)의 꽃받침 길이(Sepal.Length) 평균을 계산한다.

```
> sqldf("select avg([Sepal.Length]) from iris where Species='setosa'")
  avg([Sepal.Length])
1               5.006
```

```
> sqldf('select avg("Sepal.Length") from iris where Species="setosa"')
  avg("Sepal.Length")
1               5.006
```

다음의 첫 번째 SQL문은 versicolor나 virginica 가운데 꽃받침 길이가 4.5와 4.9 사이인 데이터를 추출한다. 두 번째 SQL문은 아이리스 꽃 종류별 꽃받침 길이 평균을 계산한다.

```
> sqldf("select * from iris where [Sepal.Length] between 4.5 and 4.9
+        and Species in ('versicolor', 'virginica')")
  Sepal.Length Sepal.Width Petal.Length Petal.Width    Species
1          4.9         2.4          3.3         1.0 versicolor
2          4.9         2.5          4.5         1.7  virginica
> sqldf("select avg([Sepal.Length]) as avg_Sepal_Length, Species
+        from iris group by Species")
  avg_Sepal_Length    Species
1            5.006     setosa
2            5.936 versicolor
3            6.588  virginica
```

SQL에 경험이 많고 익숙한 사용자라면 sqldf 패키지가 데이터를 처리하는 데 있어서 매우 유용한 도구가 될 수 있다.

연 | 습 | 문 | 제 >>>

01. 다음과 같이 리스트, 행렬, 데이터프레임을 생성하고 길이를 비교하시오(length() 함수 이용).

```
lst <- list(1:12)
mtx <- matrix(1:12, nrow=4)
df <- data.frame(x=1:4, y=5:8, z=9:12)
```

02. 다음 중 실행 결과가 다른 것을 고르시오.

```
mtcars[1:4]
mtcars[,1:4]
mtcars[-c(5,6,7,8,9,10,11)]
mtcars[c("mpg", "cyl", "disp", "hp")]
mtcars[-5:11]
```

03. 다음 세 벡터를 이용하여 데이터프레임을 생성하고 sex 변수의 값을 반대 성별로 변경하시오. 그리고 name 변수는 문자, sex 변수는 팩터, math 변수는 숫자 데이터 유형이라는 것을 확인하시오.

```
name <- c("Potter", "Elsa", "Gates", "Wendy", "Ben")
sex <- factor(c("F", "M", "F", "M", "F"))
math <- c(85, 76, 99, 88, 67)
```

04. 3번 문제에서 생성한 데이터프레임에 대해 다음 작업을 수행하시오.

```
stat <- c(76, 73, 95, 82, 55)
```

(a) 위와 같이 stat 변수를 추가하시오.
(b) math 변수와 stat 변수의 평균을 구하여 score 변수에 저장하시오(소수 첫째 자리로 반올림 계산).
(c) 논리 연산 인덱싱을 이용하여 score가 90 이상이면 A, 80 이상 90 미만이면 B, 70 이상 80 미만이면 C, 70 미만이면 D로 등급을 부여하고 grade 변수에 저장하시오.
(d) grade 변수를 서열팩터로 변환하시오.

05. 다음 세 벡터를 이용하여 티블을 생성하시오.

```
x <- 1:5
y <- 3
z <- x^2 + y
```

연 | 습 | 문 | 제 >>>

06. iris 데이터셋에 대해 다음 작업을 수행하시오.

(a) iris 데이터셋의 데이터 구조를 확인하고 숫자 변수만으로 구성된 새로운 데이터프레임 iris.new를 생성하시오.
(b) 새로운 데이터프레임 iris.new의 열 평균을 구하시오.

07. 표준패키지에 포함되어 있는 beaver1, beaver2 데이터셋에 대해 다음 작업을 수행하시오.

(a) 두 데이터셋의 데이터 구조를 확인하고 id 변수를 추가하여 beaver1 데이터셋에 대해서는 1을 저장하고 beaver2 데이터셋에 대해서는 2를 저장하시오.
(b) 두 데이터셋을 행의 방향으로 결합하여 새로운 데이터프레임 beaver12를 생성하고 id 변수가 첫 번째 열에 위치하도록 열의 순서를 조정하시오.
(c) 새로운 데이터프레임 beaver12에서 active 상태(activ 변수값이 1)인 비버들의 서브셋(subset)을 추출하시오.

08. 표준패키지에 포함되어 있는 VADeaths 데이터셋에 대해 다음 작업을 수행하시오.

(a) VADeaths 데이터셋의 데이터 구조를 확인하고 만일 데이터프레임이 아니면 데이터프레임으로 변환하시오.
(b) 행 이름을 이용하여 Age 변수를 추가하고 기존의 행 이름을 삭제하시오.
(c) 네 개 사망률 변수에 대한 평균을 계산하여 Average 변수에 추가하시오.
(d) Age 변수와 Average 변수가 첫 번째, 두 번째 열에 위치하도록 열의 순서를 조정하시오.

09. 표준패키지에 포함되어 있는 USArrests 데이터셋에 대해 다음 작업을 수행하시오.

(a) USArrests 데이터셋의 데이터 구조를 확인하고 다섯 행 간격으로 데이터를 화면에 출력하시오(1번 행, 6번 행, 11번 행, …).
(b) 10만명당 살인사건 발생건수가 15를 초과하는 주는 몇 개인지 구하시오.
(c) 10만명당 살인사건 발생건수가 평균을 초과하는 주의 명단을 제시하시오.
(d) 10만명당 살인사건 발생건수가 가장 큰 주와 가장 작은 주의 이름을 제시하시오.

10. MASS 패키지에 포함된 mammals 데이터셋에 대해 다음 작업을 수행하시오.

(a) mammals 데이터셋의 데이터 구조를 확인하고 size 열을 추가하여 몸무게가 중위수보다 큰 동물에는 large를, 작은 동물에는 small을 저장하시오.
(b) size가 large인 동물을 추출하시오.
(c) 몸무게가 가장 큰 동물과 가장 작은 동물을 추출하시오.
(d) 두뇌무게(단위: g) 대 몸무게(단위: kg)의 비율을 퍼센트로 환산하여 brain.percent 열에 추가하고 이 비율이 가장 큰 동물과 가장 작은 동물을 추출하시오.
(e) 두뇌무게 대 몸무게의 비율이 중위수보다 크면서 크기가 large인 동물을 추출하시오.

연 | 습 | 문 | 제 >>>

11. 다음과 같이 `mtcars` 데이터셋과 `iris` 데이터셋을 대상으로 `sqldf()` 함수를 적용하시오. 그리고 SQL문에 대응되는 R 코드를 작성하시오.

(a)

```
data(mtcars)
sqldf("select * from mtcars where mpg > 30", row.names=TRUE)
sqldf("select * from mtcars where cyl=6 order by mpg", row.names=TRUE)
```

(b)

```
data(iris)
sqldf("select * from iris where [Sepal.Length] between 4.5 and 4.9
      and Species in ('versicolor', 'virginica')")
sqldf("select avg([Sepal.Length]) as avg_Sepal_Length, Species
      from iris group by Species")
```

Chapter **06**

텍스트와 날짜

Chapter 06 | 텍스트와 날짜

6.1 텍스트

R에서는 문자 벡터의 원소를 텍스트(text)라고 한다. 텍스트는 한 개의 문자도 될 수 있고 여러 개의 문자로 구성될 수도 있다. 텍스트가 몇 개의 문자로 구성되어 있는지 확인하려면 nchar() 함수를 이용한다. nchar() 함수는 텍스트 안의 공백도 하나의 문자로 취급한다. length() 함수를 사용하면 텍스트의 길이를 알 수 있을 것 같지만 length() 함수는 주어진 문자 벡터의 벡터 길이(즉 원소의 개수)를 반환한다.

```
> x <- "We have a dream"
> nchar(x)
[1] 15
> length(x)
[1] 1
```

nchar() 함수를 텍스트 벡터에 적용하면 벡터 연산에 의해 벡터의 각 원소, 즉 벡터를 구성하는 개별 텍스트 원소의 문자 개수를 알 수 있다.

```
> y <- c("We", "have", "a", "dream")
> length(y)
[1] 4
> nchar(y[4])
[1] 5
> nchar(y)
[1] 2 4 1 5
```

텍스트 벡터를 정렬하기 위해서는 sort() 함수를 이용한다. sort() 함수는 기본적으로 오름차순으로 정렬한다. 내림차순으로 정렬하려면 decreasing=TRUE를 지정한다. 예를 들어, R에 내장된 상수인 letters 벡터를 알파벳 역순으로 정렬하려면 다음과 같이 decreasing=TRUE를 지정한다.

```
> sort(letters)
 [1] "a" "b" "c" "d" "e" "f" "g" "h" "i" "j" "k" "l" "m" "n" "o" "p" "q" "r" "s" "t"
[21] "u" "v" "w" "x" "y" "z"
> sort(letters, decreasing=TRUE)
 [1] "z" "y" "x" "w" "v" "u" "t" "s" "r" "q" "p" "o" "n" "m" "l" "k" "j" "i" "h"
[20] "g" "f" "e" "d" "c" "b" "a"
```

텍스트에 포함된 문자를 소문자 또는 대문자로 일괄 변경하는 것이 데이터 처리 작업 수행 시 유용할 수 있다. 특히 R은 소문자와 대문자를 구별하기 때문에 이러한 변경 작업은 소문자와 대문자를 혼동하여 발생하는 예기치 않은 결과나 오류를 방지할 수 있다. 텍스트에 포함된 문자를 모두 소문자로 변경하려면 tolower() 함수를, 모두 대문자로 변경하고자 하면 toupper() 함수를 이용한다.

```
> fox.says <- "It is only with the HEART that one can See Rightly"
> tolower(fox.says)
[1] "it is only with the heart that one can see rightly"
> toupper(fox.says)
[1] "IT IS ONLY WITH THE HEART THAT ONE CAN SEE RIGHTLY"
```

텍스트를 분할하거나 결합하는 일은 텍스트 데이터 처리 과정에서 종종 발생한다. strsplit() 함수를 이용하여 텍스트를 분할할 수 있으며 paste() 함수를 사용하여 텍스트를 결합할 수 있다.

strsplit() 함수는 두 개의 인수를 갖는다. 첫 번째 인수(x)에는 분할하려는 텍스트를 지정하고 두 번째 인수(split)에는 분할에 사용할 구분자(delimiter)를 지정한다. 단어 단위로 분할하기 위해서는 다음과 같이 공백(space, " ")을 구분자로 지정한다.

```
> fox.said <- "what is essential is invisible to the eye"
> fox.said
[1] "what is essential is invisible to the eye"
> strsplit(x=fox.said, split=" ")
[[1]]
[1] "what"      "is"        "essential" "is"        "invisible" "to"        "the"
[8] "eye"
```

다음과 같이 구분자에 공백 없이 따옴표("")만을 인수로 주면 문자 단위로 분할된다. 텍스트 내에 포함된 공백도 다른 문자처럼 별도로 분리된다. 만일 이런 식의 텍스트 분할을 의도한 것이 아니라면 주의할 필요가 있다.

```
> strsplit(x=fox.said, split="")
[[1]]
 [1] "w" "h" "a" "t" " " "i" "s" " " "e" "s" "s" "e" "n" "t" "i" "a" "l" " " "i" "s"
[21] " " "i" "n" "v" "i" "s" "i" "b" "l" "e" " " "t" "o" " " "t" "h" "e" " " "e" "y"
[41] "e"
```

strsplit() 함수는 텍스트 분할 결과를 리스트 형식으로 출력한다. 리스트의 각 원소는 분할된 텍스트로 구성된 벡터이다. 따라서 다음과 같이 unlist() 함수를 이용하여 리스트를 벡터로 변환하거나 리스트 인덱싱을 이용하여 리스트로부터 벡터 원소를 추출하면 분할된 텍스트를 얻을 수 있다. 여기에서는 공백을 구분자로 사용하여 텍스트를 분할하였으므로 텍스트를 구성하는 단어가 벡터 형식으로 추출된다. 여기에 일반적인 벡터 인덱싱을 적용하면 특정 단어를 추출할 수 있다.

```
> fox.said.words <- unlist(strsplit(fox.said, " "))
> fox.said.words
[1] "what"      "is"        "essential" "is"        "invisible" "to"        "the"
[8] "eye"
> fox.said.words <- strsplit(fox.said, " ")[[1]]
> fox.said.words
[1] "what"      "is"        "essential" "is"        "invisible" "to"        "the"
[8] "eye"
> fox.said.words[3]
[1] "essential"
```

strsplit() 함수의 첫 번째 인수에는 벡터를 지정할 수 있고 벡터의 각 원소는 다양한 텍스트 길이를 가질 수 있기 때문에 이와 같은 리스트 데이터 형식은 매우 유용하다. 다음과 같이 strsplit() 함수의 첫 번째 인수에 텍스트의 벡터가 지정되면 출력된 리스트의 각 원소는 인수로 주어진 텍스트 벡터의 각 원소에 대응되는 분할 결과를 담게 된다. 리스트 인덱싱을 이용하여 분할 결과로부터 원하는 값을 추출할 수 있다.

```
> p1 <- "You come at four in the afternoon, then at three I shall begin to be happy"
```

```
> p2 <- "One runs the risk of weeping a little, if one lets himself be tamed"
> p3 <- "What makes the desert beautiful is that somewhere it hides a well"
> littleprince <- c(p1, p2, p3)
> strsplit(littleprince, " ")
[[1]]
 [1] "You"        "come"       "at"         "four"       "in"         "the"
 [7] "afternoon," "then"       "at"         "three"      "I"          "shall"
[13] "begin"      "to"         "be"         "happy"

[[2]]
 [1] "One"     "runs"    "the"     "risk"    "of"      "weeping" "a"       "little,"
 [9] "if"      "one"     "lets"    "himself" "be"      "tamed"

[[3]]
 [1] "What"      "makes"     "the"       "desert"    "beautiful" "is"
 [7] "that"      "somewhere" "it"        "hides"     "a"         "well"

> strsplit(littleprince, " ")[[3]]
 [1] "What"      "makes"     "the"       "desert"    "beautiful" "is"
 [7] "that"      "somewhere" "it"        "hides"     "a"         "well"
> strsplit(littleprince, " ")[[3]][5]
[1] "beautiful"
```

텍스트로부터 중복되지 않는 단어만을 추출하려면 다음과 같이 unique() 함수를 이용한다. 그러나 unique() 함수를 적용하기 전에 우선 tolower() 함수나 toupper() 함수를 이용하여 추출한 단어를 모두 소문자 또는 대문자로 변경할 필요가 있다. 왜냐하면 R은 대문자와 소문자를 구분하기 때문에 동일한 단어라 하더라도 서로 다른 단어로 인식될 수 있기 때문이다.

```
> fox.said <- "WHAT IS ESSENTIAL is invisible to the Eye"
> fox.said.words <- strsplit(fox.said, " ")[[1]]
> fox.said.words
[1] "WHAT"      "IS"        "ESSENTIAL" "is"        "invisible" "to"        "the"
[8] "Eye"
> unique(fox.said.words)
[1] "WHAT"      "IS"        "ESSENTIAL" "is"        "invisible" "to"        "the"
[8] "Eye"
```

```
> unique(tolower(fox.said.words))
[1] "what"      "is"        "essential" "invisible" "to"        "the"       "eye"
```

텍스트를 결합하기 위해서는 paste() 함수를 이용한다. paste() 함수는 인수로 주어진 텍스트 벡터들을 차례대로 결합하여 하나의 새로운 텍스트를 생성한다.

```
> paste("Everybody", "wants", "to", "fly")
[1] "Everybody wants to fly"
```

paste() 함수와 같이 여러 개의 인수를 받아 처리하는 함수를 이용할 때는 인수를 올바른 형태로 제공했는지 주의 깊게 살펴봐야 한다. 다음과 같은 예를 보자.

```
> paste(c("Everybody", "wants", "to", "fly"))
[1] "Everybody" "wants"     "to"        "fly"
```

텍스트가 결합되지 않았다. 그 이유는 c() 함수에 의해 paste() 함수로 한 개의 인수, 즉 한 개의 텍스트 벡터만 제공되었기 때문이다. paste() 함수는 분리된 벡터를 결합하지 벡터의 원소를 분리한 후 결합하지는 않는다. 다음 예도 동일한 이유로 결합되지 않은 텍스트를 출력한다.

```
> fox.said <- "WHAT IS ESSENTIAL is invisible to the Eye"
> fox.said.words <- strsplit(fox.said, " ")[[1]]
> fox.said.words
[1] "WHAT"      "IS"        "ESSENTIAL" "is"        "invisible" "to"        "the"
[8] "Eye"
> paste(fox.said.words)
[1] "WHAT"      "IS"        "ESSENTIAL" "is"        "invisible" "to"        "the"
[8] "Eye"
```

paste() 함수는 텍스트 결합 시 텍스트 간에 한 개의 공백을 삽입한다. 텍스트 결합 시 다른 구분자를 사용하고 싶다면 sep 인수에 이용하려는 구분자를 지정한다. 공백 없이 따옴표만으로 빈 텍스트("")를 지정하면 텍스트가 모두 공백 없이 결합된다. 이는 추가 인수 없이 paste0() 함수를 사용한 것과 같다.

```
> paste("Everybody", "wants", "to", "fly", sep="-")
[1] "Everybody-wants-to-fly"
```

```
> paste("Everybody", "wants", "to", "fly", sep="")
[1] "Everybodywantstofly"
> paste0("Everybody", "wants", "to", "fly")
[1] "Everybodywantstofly
```

paste() 함수는 결합해야 할 데이터가 텍스트가 아닐 때 내부적으로 이 데이터를 문자형의 텍스트로 변환한다. 따라서 비문자형 데이터나 수식의 실행 결과도 텍스트 형식으로 결합이 가능하다.

```
> paste(pi, sqrt(pi))
[1] "3.14159265358979 1.77245385090552"
> paste("25 degrees Celsius is", 25*1.8 + 32, "degrees Fahrenheit")
[1] "25 degrees Celsius is 77 degrees Fahrenheit"
```

paste() 함수는 인수로 벡터를 받을 수 있으며 텍스트 결합 시 다음과 같이 벡터 연산 방식이 적용된다.

```
> heroes <- c("Batman", "Captain America", "Hulk")
> colors <- c("Black", "Blue", "Green")
> paste(colors, heroes)
[1] "Black Batman"          "Blue Captain America" "Green Hulk"
```

어느 한쪽의 벡터 길이가 다른 벡터보다 짧을 때 재사용 규칙이 적용된다. 다음과 같이 짧은 쪽의 벡터가 긴 쪽의 벡터 길이만큼 반복 사용된다.

```
> paste("Type", 1:5)
[1] "Type 1" "Type 2" "Type 3" "Type 4" "Type 5"
> heroes <- c("Batman", "Captain America", "Hulk")
> paste(heroes, "wants", "to", "fly")
[1] "Batman wants to fly"          "Captain America wants to fly"
[3] "Hulk wants to fly"
```

paste() 함수의 collapse 인수는 텍스트 결합을 통해 생성된 텍스트들을 다시 하나로 연결하는 구분자를 정의한다. sep 인수가 하위 수준의 연결을 정의한다면, collapse 인수는 상위 수준의 연결을 정의한다. 즉 반환되는 벡터 내의 모든 원소가 서로 모두 연결되어 하나의 값으로 출력되기를 원한다면 collapse 인수를 사용한다. 예를 들어, 다음과 같이 하나의 텍스트 벡터가 주어지더라도

collapse=" " 인수를 지정하면 벡터 내의 각 원소가 공백으로 연결된다.

```
> paste(c("Everybody", "wants", "to", "fly"))
[1] "Everybody" "wants"     "to"        "fly"
> paste(c("Everybody", "wants", "to", "fly"), collapse=" ")
[1] "Everybody wants to fly"
```

다음과 같이 하위 수준에서 결합된 텍스트('Batman wants to fly', 'Captain America wants to fly', 'Hulk wants to fly')가 collapse 인수에 지정된 ', and '로 결합되어 상위 수준에서 전체가 모두 연결된 'Batman wants to fly, and Captain America wants to fly, and Hulk wants to fly'라는 새로운 텍스트를 생성한다.

```
> heroes <- c("Batman", "Captain America", "Hulk")
> paste(heroes, "wants", "to", "fly")
[1] "Batman wants to fly"          "Captain America wants to fly"
[3] "Hulk wants to fly"
> paste(heroes, "wants", "to", "fly", collapse=", and ")
[1] "Batman wants to fly, and Captain America wants to fly, and Hulk wants to fly"
```

paste() 함수에서 sep 인수와 collapse 인수를 함께 사용할 수 있다. 두 인수를 동시에 사용하면 먼저 sep 인수의 지정 구분자에 따라 텍스트 벡터가 결합된다. 그리고 이어서 collapse 인수에 지정된 구분자에 따라 모두가 연결된 하나의 텍스트가 생성된다.

```
> heroes <- c("Batman", "Captain America", "Hulk")
> paste(heroes, "wants", "to", "fly", sep="-", collapse="; ")
[1] "Batman-wants-to-fly; Captain America-wants-to-fly; Hulk-wants-to-fly"
> paste(month.abb, 1:12, sep="_", collapse="-")
[1] "Jan_1-Feb_2-Mar_3-Apr_4-May_5-Jun_6-Jul_7-Aug_8-Sep_9-Oct_10-Nov_11-Dec_12"
```

paste() 함수와 함께 outer() 함수를 이용하면 두 개의 텍스트 집합으로부터 가능한 모든 텍스트 쌍의 조합을 구할 수 있다. outer() 함수는 본래 다음과 같이 두 집합에 대해 가능한 모든 순서쌍의 곱을 수행한다.[1]

1 이를 카티전 곱(Cartesian product)이라고 한다.

```
> outer(c(1,2,3), c(3,2,1))
     [,1] [,2] [,3]
[1,]    3    2    1
[2,]    6    4    2
[3,]    9    6    3
```

outer() 함수는 세 번째 인수(FUN)에 함수를 지정함으로써 모든 순서쌍에 대해 곱셈 대신 다른 작업을 수행하게 할 수 있다. 따라서 세 번째 인수에 paste() 함수를 지정하면 모든 순서쌍의 텍스트 결합 작업이 수행된다. outer() 함수의 네 번째 인수는 FUN 인수에 지정된 함수에 대한 인수로서 사용된다. 예를 들어, 다음과 같이 두 개의 텍스트 벡터에 대한 가능한 순서쌍의 조합을 만들어낼 수 있다. 여기에서는 sep 인수가 outer() 함수의 네 번째 인수로서 FUN 인수에 주어진 paste() 함수의 인수로 사용된다.

```
> asian.countries <- c("Korea", "China", "Japan")
> info <- c("GDP", "Population", "Area")
> outer(asian.countries, info, FUN=paste, sep="-")
     [,1]        [,2]                [,3]
[1,] "Korea-GDP" "Korea-Population" "Korea-Area"
[2,] "China-GDP" "China-Population" "China-Area"
[3,] "Japan-GDP" "Japan-Population" "Japan-Area"
```

outer() 함수는 결과를 행렬 형식으로 출력한다. 벡터 형식이 필요하면 다음과 같이 as.vector() 함수를 이용한다.

```
> out <- outer(asian.countries, info, FUN=paste, sep="-")
> as.vector(out)
[1] "Korea-GDP"        "China-GDP"        "Japan-GDP"        "Korea-Population"
[5] "China-Population" "Japan-Population" "Korea-Area"       "China-Area"
[9] "Japan-Area"
```

outer() 함수의 적용을 하나의 텍스트 벡터로 한정해보면 다음과 같이 하나의 텍스트 집합 내에서 가능한 모든 텍스트 조합을 구할 수 있다.

```
> outer(asian.countries, asian.countries, paste, sep="-")
     [,1]          [,2]          [,3]
[1,] "Korea-Korea" "Korea-China" "Korea-Japan"
[2,] "China-Korea" "China-China" "China-Japan"
[3,] "Japan-Korea" "Japan-China" "Japan-Japan"
```

그런데 여기에서 순서를 고려하지 않은 중복되지 않는 텍스트 조합만을 보고 싶다면 도출된 행렬의 대각선 아래 부분(또는 위 부분)을 제거하면 된다. lower.tri() 함수는 대각선 아래 부분을 추출한다. 이에 대한 반대 집합을 구하면 다음과 같이 대각선과 그 위 부분의 행렬 원소가 추출되어 중복되지 않는 텍스트 조합을 구할 수 있다.

```
> x <- outer(asian.countries, asian.countries, paste, sep="-")
> x[!lower.tri(x)]
[1] "Korea-Korea" "Korea-China" "China-China" "Korea-Japan" "China-Japan"
[6] "Japan-Japan"
```

paste() 함수는 짧은 텍스트를 결합하는 데는 큰 문제가 없지만 변수와 함께 긴 텍스트를 결합할 때는 다소 불편할 수 있다. 예를 들어, 다음과 같이 세 개 변수가 삽입된 텍스트를 생성해보자.

```
> customer <- "Jobs"
> buysize <- 10
> deliveryday <- 3
> paste("Hello ", customer, ", your order of ", buysize,
+       " product(s) will be delivered within ", deliveryday, " day(s).", sep="")
[1] "Hello Jobs, your order of 10 product(s) will be delivered within 3 day(s)."
```

텍스트 내에 각 변수가 삽입될 올바른 위치를 지정해야 하고 쉼표로 텍스트와 변수를 구분해야 한다. 변수와 텍스트가 섞여 있어서 코드를 읽기가 쉽지 않다.

sprintf() 함수는 이럴 때 유용하게 활용할 수 있다. paste() 함수를 사용한 앞의 코드는 다음과 같이 sprintf() 함수로 대체할 수 있다. 텍스트 내의 %s가 각 변수에 대응된다. %s와 변수는 순서가 일치해야 한다. %s는 해당 위치에 대응되는 변수를 텍스트 형식의 포맷으로 출력한다.

```
> sprintf("Hello %s, your order of %s product(s) will be delivered within %s days.",
+         customer, buysize, deliveryday)
[1] "Hello Jobs, your order of 10 product(s) will be delivered within 3 days."
```

변수가 다음과 같이 벡터로 주어졌을 때는 벡터 연산 방식으로 벡터 내 원소가 처리된다. 벡터의 길이는 다른 벡터 길이의 배수이어야 한다.

```
> customers <- c("Jobs", "Gates", "Bezos")
> buysizes <- c(10, 7, 12)
> deliverydays <- c(3, 2, 7.5)
> sprintf("Hello %s, your order of %s product(s) will be delivered within %s days.",
+         customers, buysizes, deliverydays)
[1] "Hello Jobs, your order of 10 product(s) will be delivered within 3 days."
[2] "Hello Gates, your order of 7 product(s) will be delivered within 2 days."
[3] "Hello Bezos, your order of 12 product(s) will be delivered within 7.5 days."
```

sprintf() 함수는 %s 이외에도 다양한 포맷 인수를 제공한다. %f와 %e는 부동소수점 숫자(floating-point number)를 고정자릿수(fixed format)와 지수표기법(scientific format)으로 나타내고, %d는 정수 형식으로 출력한다.[2] 예를 들어, 다음과 같이 deliverydays를 소수점 이하 한 자리를 포함시켜 출력할 수 있다.

```
> sprintf("Hello %s, your order of %s product(s) will be delivered within %.1f days.",
+         customers, buysizes, deliverydays)
[1] "Hello Jobs, your order of 10 product(s) will be delivered within 3.0 days."
[2] "Hello Gates, your order of 7 product(s) will be delivered within 2.0 days."
[3] "Hello Bezos, your order of 12 product(s) will be delivered within 7.5 days."
```

데이터분석 작업 시 텍스트로부터 특정 위치에 있는 문자열을 추출하는 일은 종종 발생한다. substr() 함수에 텍스트와 함께 시작 위치(start)와 종료 위치(stop)를 인수로 주면 해당 위치의 문자열이 텍스트로부터 추출된다. 시작 위치로부터 이후의 모든 문자열을 추출하려면 substring() 함수를 이용한다. substring() 함수는 종료 위치 인수를 생략할 수 있다.

```
> substr("Data Analytics", start=1, stop=4)
[1] "Data"
> substr("Data Analytics", 6, 14)
[1] "Analytics"
> substring("Data Analytics", 6)
[1] "Analytics"
```

2 포맷 인수에 대한 보다 자세한 설명은 sprintf() 함수의 도움말(?sprintf)을 참고한다.

텍스트 벡터가 인수로 주어지면 벡터 연산이 적용된다. 따라서 벡터의 각 텍스트 원소별로 시작 위치와 종료 위치를 기준으로 부분 텍스트가 추출되고 이렇게 추출된 텍스트가 벡터 형태로 반환된다.

```
> class <- c("Data Analytics", "Data Mining", "Data Visualization")
> substr(class, 1, 4)
[1] "Data" "Data" "Data"
```

substr() 함수의 인수는 모두 벡터가 될 수 있다. 텍스트뿐만 아니라 시작 위치와 종료 위치도 벡터로 지정할 수 있다. 인수가 벡터일 때는 각각 대응되는 시작 위치와 종료 위치를 기준으로 각 텍스트로부터 부분 텍스트가 추출되고 이들이 벡터 형태로 출력된다. 예를 들어, 다음 코드는 텍스트 벡터의 각 원소로부터 마지막 두 개의 문자를 추출한다.

```
> countries <- c("Korea, KR", "United States, US", "China, CN")
> substr(countries, nchar(countries)-1, nchar(countries))
[1] "KR" "US" "CN"
```

특정 문자열을 포함하고 있는 텍스트를 찾고 싶을 때가 있다. grep() 함수를 이용하면 텍스트 벡터로부터 지정된 문자열을 포함하고 있는 텍스트를 찾을 수 있다. datasets 패키지에 내장되어 있는 islands 데이터셋으로부터 다음과 같이 대륙 및 섬의 이름을 추출해보자.

```
> head(islands)
     Africa   Antarctica         Asia   Australia Axel Heiberg       Baffin
      11506         5500        16988        2968           16          184
> landmasses <- names(islands)
> landmasses
 [1] "Africa"            "Antarctica"      "Asia"            "Australia"
 [5] "Axel Heiberg"      "Baffin"          "Banks"           "Borneo"
 [9] "Britain"           "Celebes"         "Celon"           "Cuba"
…(중략)
[29] "Moluccas"          "New Britain"     "New Guinea"      "New Zealand (N)"
[33] "New Zealand (S)"   "Newfoundland"    "North America"   "Novaya Zemlya"
[37] "Prince of Wales"   "Sakhalin"        "South America"   "Southampton"
[41] "Spitsbergen"       "Sumatra"         "Taiwan"          "Tasmania"
[45] "Tierra del Fuego"  "Timor"           "Vancouver"       "Victoria"
```

grep() 함수를 이용하여 텍스트 벡터로부터 New라는 단어가 포함된 대륙 및 섬을 찾아보자. grep() 함수의 첫 번째 인수(pattern)에 찾으려는 문자열을 지정하면 두 번째 인수(x)로 지정된 텍스트 벡터에서 해당 문자열을 포함하고 있는 원소의 위치가 반환된다. grep() 함수는 다음과 같이 일치하는 문자열을 포함하고 있는 원소의 인덱스를 반환한다.

```
> grep(pattern="New", x=landmasses)
[1] 30 31 32 33 34
```

이 인덱스를 이용하면 다음과 같이 New라는 단어가 포함된 대륙 및 섬을 추출할 수 있다.

```
> index <- grep("New", landmasses)
> landmasses[index]
[1] "New Britain"     "New Guinea"      "New Zealand (N)" "New Zealand (S)"
[5] "Newfoundland"
```

굳이 인덱스를 알 필요가 없다면 다음과 같이 grep() 함수에 value=TRUE를 지정한다. 그러면 결과를 바로 확인할 수 있다.

```
> grep("New", landmasses, value=TRUE)
[1] "New Britain"     "New Guinea"      "New Zealand (N)" "New Zealand (S)"
[5] "Newfoundland"
```

두 개 이상의 단어로 이루어진 대륙 및 섬의 이름을 알고 싶다면 다음과 같이 공백(" ")이 포함된 문자열을 찾는다.

```
> landmasses[grep(" ", landmasses)]
 [1] "Axel Heiberg"     "New Britain"      "New Guinea"      "New Zealand (N)"
 [5] "New Zealand (S)"  "North America"    "Novaya Zemlya"   "Prince of Wales"
 [9] "South America"    "Tierra del Fuego"
> grep(" ", landmasses, value=TRUE)
 [1] "Axel Heiberg"     "New Britain"      "New Guinea"      "New Zealand (N)"
 [5] "New Zealand (S)"  "North America"    "Novaya Zemlya"   "Prince of Wales"
 [9] "South America"    "Tierra del Fuego"
```

grepl() 함수는 문자열 탐색 결과를 인덱스 대신 논리값으로 반환한다. 문자열이 존재하면 TRUE를 반환하고 그렇지 않으면 FALSE를 반환한다. 다음 코드는 각 원소가 New 문자열을 포함하고 있으면 TRUE를 반환하고 포함하고 있지 않으면 FALSE를 반환한다.

```
> grepl("New", landmasses)
 [1] FALSE FALSE FALSE FALSE FALSE FALSE FALSE FALSE FALSE FALSE FALSE FALSE FALSE
[14] FALSE FALSE FALSE FALSE FALSE FALSE FALSE FALSE FALSE FALSE FALSE FALSE FALSE
[27] FALSE FALSE FALSE  TRUE  TRUE  TRUE  TRUE  TRUE FALSE FALSE FALSE FALSE FALSE
[40] FALSE FALSE FALSE FALSE FALSE FALSE FALSE FALSE FALSE
```

grepl() 함수는 문자열의 존재 여부를 논리값으로 반환하기 때문에 sum() 함수를 함께 사용하면 텍스트 벡터 내에 특정 문자열이 존재하는 원소의 개수를 쉽게 계산할 수 있다. 다음 코드는 landmasses 데이터셋으로부터 New라는 문자열이 포함된 대륙 및 섬 이름을 출력하고 sum() 함수를 이용하여 그 개수를 계산한다.

```
> landmasses[grepl("New", landmasses)]
[1] "New Britain"     "New Guinea"      "New Zealand (N)" "New Zealand (S)"
[5] "Newfoundland"
> sum(grepl("New", landmasses))
[1] 5
```

찾으려는 문자열이 텍스트 내에서 정확히 어디에 위치하는지 알기 위해서는 regexpr() 함수를 이용한다. regexpr() 함수는 텍스트 벡터의 각 원소에서 첫 번째 패턴매칭이 이루어지는 시작 위치와 매칭 길이를 제공한다. 첫 번째 인수(pattern)에 찾고자 하는 문자열을 지정하고 두 번째 인수(text)에 텍스트 벡터를 지정한다. 다음 코드는 텍스트 벡터의 각 원소에서 data 문자열이 매칭되는 위치 정보를 제공한다.

```
> string <- c("data analytics is useful",
+             "business analytics is helpful",
+             "visualization of data is interesting for data scientists")
> regexpr(pattern="data", text=string)
[1]  1 -1 18
attr(,"match.length")
[1]  4 -1  4
attr(,"useBytes")
[1] TRUE
```

첫 번째 출력 결과 '1 −1 18'은 각 원소에서 data 문자열의 첫 매칭이 이루어진 시작 위치를 나타낸다. −1은 매칭된 문자열이 없음을 의미한다. 첫 번째 원소는 첫 번째 문자에서 첫 매칭이 이루어졌고, 두 번째 원소는 해당되는 문자열이 없으며, 세 번째 원소는 18번째 문자에서 첫 매칭이 이루어졌다. 두 번째 출력 결과 '4 −1 4'는 각 원소에서 매칭된 문자열 길이를 나타낸다. −1은 매칭된 문자열이 없음을 의미한다. 첫 번째와 세 번째 원소에서 네 개의 문자로 구성된 문자열(즉 data)이 매칭되었다.

gregexpr() 함수는 **regexpr()** 함수와 동일한 정보를 제공한다. 다만 첫 매칭이 아닌 모든 매칭에 대해 매칭 시작 위치와 길이를 반환한다. 따라서 결과는 벡터 형식이 아닌 리스트 형식으로 출력된다. 다음 코드는 텍스트 벡터의 각 원소에서 data 문자열이 매칭되는 모든 위치 정보를 제공한다.

```
> gregexpr("data", string)
[[1]]
[1] 1
attr(,"match.length")
[1] 4
attr(,"useBytes")
[1] TRUE

[[2]]
[1] -1
attr(,"match.length")
[1] -1
attr(,"useBytes")
[1] TRUE

[[3]]
[1] 18 42
attr(,"match.length")
[1] 4 4
attr(,"useBytes")
[1] TRUE
```

출력된 리스트의 세 번째 원소를 보면 두 개의 시작 위치 정보(18, 42)가 포함되어 있다. 이는 텍스트 벡터의 세 번째 원소는 data 문자열을 두 개 포함하고 있으며 각각 18번째와 42번째 문자에서 매칭이 이루어지고 있다는 것을 나타낸다.

텍스트로부터 특정 문자열을 추출하거나 이를 다른 문자열로 치환하는 작업은 빈번히 수행되는 텍스트 전처리 작업 가운데 하나이다. regmatches() 함수는 regexpr() 함수나 gregexpr() 함수로부터 산출된 매칭 정보(위치, 길이)를 바탕으로 문자열을 추출한다. regmatches() 함수에 regexpr() 함수가 사용되면 첫 매칭 문자열만 추출되고 gregexpr() 함수가 지정되면 모든 매칭 문자열이 리스트 형식으로 반환된다. 첫 번째 인수(x)에는 텍스트 벡터를 지정하고 두 번째 인수(m)에는 매칭 정보를 갖고 있는 객체를 지정한다. 다음 코드는 텍스트 벡터의 각 원소로부터 data 문자열을 추출한다.

```
> regmatches(x=string, m=regexpr("data", string))
[1] "data" "data"
> regmatches(string, gregexpr("data", string))
[[1]]
[1] "data"

[[2]]
character(0)

[[3]]
[1] "data" "data"
```

텍스트 내의 특정 문자열을 찾아서 이를 다른 문자열로 바꾸려면 sub() 함수와 gsub() 함수를 이용한다. sub() 함수는 일치하는 처음 문자열만 새로운 문자열로 바꾸며 gsub() 함수는 일치하는 모든 문자열을 새로운 문자열로 대체한다. 첫 번째 인수(pattern)에는 찾으려는 문자열을 지정하고 두 번째 인수(replacement)에는 대체하려는 새로운 문자열을 지정한다. 그리고 세 번째 인수(x)에는 대상이 되는 전체 텍스트 벡터를 지정한다. 다음 코드의 sub() 함수는 텍스트 벡터로부터 data 문자열을 찾아 매칭되는 첫 번째 문자열만 text 문자열로 대체한다.

```
> sub(pattern="data", replacement="text", x=string)
[1] "text analytics is useful"
[2] "business analytics is helpful"
[3] "visualization of text is interesting for data scientists"
```

매칭되는 data 문자열을 모두 text 문자열로 치환하려면 다음과 같이 gsub() 함수를 이용한다.

```
> gsub(pattern="data", replacement="text", x=string)
[1] "text analytics is useful"
[2] "business analytics is helpful"
[3] "visualization of text is interesting for text scientists"
```

문자열을 빈 텍스트로 대체하면 문자열을 삭제하는 것과 동일한 효과를 얻을 수 있다. 다음과 같이 gsub() 함수를 이용하여 확장자 .csv를 제외한 파일 이름만을 추출할 수 있다.

```
> x <- c("product.csv", "customer.csv", "supplier.csv")
> gsub(".csv", "", x)
[1] "product"  "customer" "supplier"
```

grep() 함수, grepl() 함수, regexpr() 함수, gregexpr() 함수, sub() 함수, gsub() 함수 등은 텍스트 내에서 특정 문자열을 찾거나 대체하기 위해서 pattern 인수에 찾고자 하는 문자열을 지정한다.[3] pattern 인수에는 지금까지 살펴본 것과 같은 고정된 문자열뿐만 아니라 다양한 텍스트 패턴을 정규표현식(regular expression) 형태로 지정할 수 있다. fixed=FALSE(기본값)이면 pattern 인수에 지정된 문자열은 정규표현식으로 해석되고 fixed=TRUE를 지정하면 pattern 인수의 문자열은 문자열 그대로 취급된다. 앞에서 살펴본 strsplit() 함수 또한 정규표현식을 사용할 수 있다. split 인수에 정규표현식을 지정하면 패턴과 일치하는 문자열을 구분자로 사용하여 주어진 텍스트를 분할한다.

정규표현식은 특정한 규칙을 갖는 문자열 패턴을 표현하는 방법으로 많은 프로그래밍 언어에서 문자열의 검색이나 치환 작업을 위해 종종 사용된다. 예를 들어, ABC, ABBA, ACE 등은 모두 A로 시작하는 문자열이다. 정규표현식은 이러한 'A로 시작하는 문자열'이라는 규칙을 정의한다. 정규표현식을 이용하면 문자열의 패턴을 바탕으로 고정된 문자열이 아니라 일정 규칙을 만족하는 문자열을 검색할 수 있다.

정규표현식의 표현 방법을 살펴보자. 예를 위해 먼저 다음과 같이 검색에 사용할 단어 벡터를 생성한다.

```
> words <- c("at", "bat", "cat", "chaenomeles", "chase", "chasse",
+            "cheap", "check", "cheese",  "chick", "hat")
```

3 텍스트에 대소문자가 섞여 있을 경우 이를 구분하지 않고 치환하려면 ignore.case=TRUE를 추가로 지정한다.

기본적으로 모든 문자열은 그 자체로 하나의 정규표현식이 된다. 패턴으로 주어진 문자열과 일치하는 문자열을 검색한다. 다음과 같이 che가 포함된 문자열을 검색하거나 at가 포함된 문자열을 검색할 수 있다.

```
> grep("che", words, value=TRUE)
[1] "cheap"  "check"  "cheese"
> grep("at", words, value=TRUE)
[1] "at"  "bat" "cat" "hat"
```

문자 리스트를 대괄호 [ ]로 감싸면 대괄호 안에 포함된 각 문자와 하나라도 일치하는 문자열을 검색한다. 예를 들어, [0123456789] 또는 [0-9]를 패턴으로 지정하면 숫자가 포함된 모든 문자열을 찾을 수 있다. 다음 코드는 각각 c 또는 h가 포함된 문자열을 검색하고 a 또는 t가 포함된 문자열을 찾아준다.

```
> grep("[ch]", words, value=TRUE)
[1] "cat"         "chaenomeles" "chase"  "chasse"      "cheap"
[6] "check"       "cheese"      "chick"  "hat"
> grep("[at]", words, value=TRUE)
[1] "at"          "bat"         "cat"    "chaenomeles" "chase"
[6] "chasse"      "cheap"       "hat"
```

|를 이용하여 OR 조건을 만족하는 패턴을 찾을 수 있다. 다음과 같이 ch가 포함된 문자열 또는 at가 포함된 문자열을 검색할 수 있다.

```
> grep("ch|at", words, value=TRUE)
 [1] "at"          "bat"         "cat"    "chaenomeles" "chase"
 [6] "chasse"      "cheap"       "check"  "cheese"      "chick"
[11] "hat"
```

소괄호 ( )는 패턴을 그룹화한다. 다음은 e 또는 i의 발생 패턴을 그룹화하여 check 또는 chick 문자열을 찾는다.

```
> grep("ch(e|i)ck", words, value=TRUE)
[1] "check" "chick"
```

패턴 내의 반복되는 문자를 지정할 수 있다. ?는 ? 앞의 문자가 0 또는 1회 나타나는 패턴을 나타내며(최대 1회), *는 * 앞의 문자가 0 또는 1회 이상 반복되는 패턴을 나타낸다(최소 0회). +는 + 앞의 문자가 1회 이상 반복되는 패턴을 나타낸다(최소 1회).

```
> grep("chas?e", words, value=TRUE)
[1] "chaenomeles" "chase"
> grep("chas*e", words, value=TRUE)
[1] "chaenomeles" "chase"       "chasse"
> grep("chas+e", words, value=TRUE)
[1] "chase"  "chasse"
> grep("ch(a*|e*)se", words, value=TRUE)
[1] "chase"  "cheese"
```

^와 $는 각각 시작과 끝의 빈 문자열을 나타낸다. 이를 이용하여 다음과 같이 c로 시작하는 문자열과 t로 끝나는 문자열을 검색할 수 있다.

```
> grep("^c", words, value=TRUE)
[1] "cat"         "chaenomeles" "chase"  "chasse"       "cheap"
[6] "check"       "cheese"      "chick"
> grep("t$", words, value=TRUE)
[1] "at"  "bat" "cat" "hat"
```

다음과 같은 정규표현식은 c로 시작하고 t로 끝나는 모든 문자열을 찾는다. 여기에서 .(마침표)는 임의의 문자 하나를 나타낸다. 따라서 .*는 임의의 문자가 0 또는 1회 이상 출현하는 패턴을 의미하므로 빈 문자열을 포함한 임의의 문자열을 나타낸다.

```
> grep("^c.*t$", words, value=TRUE)
[1] "cat"
```

다음 정규표현식은 at 앞에 아무 문자도 없거나 h 또는 c로 시작하는 문자열을 검색한다.

```
> grep("^[hc]?at", words, value=TRUE)
[1] "at"  "cat" "hat"
```

이 밖에도 미리 정의된 다양한 표현식을 정규표현식에 사용할 수 있다. 예를 들어, [[:alnum:]]은 알파벳과 숫자의 조합을, [[:alpha:]]는 알파벳을, [[:digit:]]는 숫자를, [[:punct:]]는 문장부호 및 특수문자를, [[:space:]]는 공백을 나타낸다.

```
> words2 <- c("12 Dec", "OK", "http://", "<TITLE>Time?</TITLE>", "12345", "Hi there" )
> grep("[[:alnum:]]", words2, value=TRUE)
[1] "12 Dec"                 "OK"                    "http://"
[4] "<TITLE>Time?</TITLE>"   "12345"                 "Hi there"
> grep("[[:alpha:]]", words2, value=TRUE)
[1] "12 Dec"                 "OK"                    "http://"
[4] "<TITLE>Time?</TITLE>"   "Hi there"
> grep("[[:digit:]]", words2, value=TRUE)
[1] "12 Dec" "12345"
> grep("[[:punct:]]", words2, value=TRUE)
[1] "http://"                "<TITLE>Time?</TITLE>"
> grep("[[:space:]]", words2, value=TRUE)
[1] "12 Dec"   "Hi there"
```

또한 앞서 살펴본 ., ^, $ 등과 같은 문장부호 이외에도 패턴을 나타내는 다양한 심볼을 정규표현식에 사용할 수 있다. 예를 들어, \w, \d, \s는 각각 단어(알파벳과 숫자의 조합), 숫자, 공백을 나타낸다.[4] 이는 각각 [[:alnum:]], [[:digit:]], [[:space:]]에 해당한다.

```
> grep("\\w", words2, value=TRUE)
[1] "12 Dec"                 "OK"                    "http://"
[4] "<TITLE>Time?</TITLE>"   "12345"                 "Hi there"
> grep("\\d", words2, value=TRUE)
[1] "12 Dec" "12345"
> grep("\\s", words2, value=TRUE)
[1] "12 Dec"   "Hi there"
```

정규표현식에 대한 도움말(?regex)을 이용하면 R에서의 정규표현식 사용 방법에 대한 자세한 설명을 볼 수 있다.

stringr 패키지

stringr 패키지는 R의 표준패키지(base 패키지)에서 제공하는 기본적인 텍스트 처리 함수와 마찬가지로 정규표현식을 지원하는 다양한

4 \는 정규표현식에서 특별한 용도로 사용되는 심볼(예를 들면, ., ^, $, ?, *, +, \)의 특별한 의미를 제거한다. \를 특별한 의미가 아닌 본래의 고유한 목적으로 사용하기 위해서는 \ 자체의 특별한 의미를 제거해야 하기 때문에 \\와 같이 두 개의 \를 이용한다.

텍스트 함수를 제공한다. stringr 패키지의 함수는 또한 일관된 형식을 제공한다는 장점을 갖고 있다. 대부분의 경우 str_*whatever*() 또는 str_*whatever*_all()과 같은 형식을 갖는다. 전자는 첫 번째 매칭 결과만을 처리하고 후자는 모든 매칭 결과를 처리한다. 여기에서 *whatever*는 문자열 위치 탐색(locate), 문자열 추출(extract), 문자열 치환(replace) 등의 텍스트 처리 요청을 나타낸다. stringr 패키지의 함수는 base 패키지에서 제공하는 함수와 달리 첫 번째 인수(string)에 텍스트 벡터를 지정하고 두 번째 인수(pattern)에 문자열 패턴을 지정한다. 추가로 필요한 인수는 그 이후에 지정한다.

텍스트 내에 문자열 패턴의 존재 여부를 확인하기 위해서는 다음과 같이 str_detect() 함수를 이용한다. 텍스트에 패턴이 존재하면 TRUE를 반환하고 그렇지 않으면 FALSE를 반환한다. 이는 base 패키지의 grepl() 함수와 동일하다.

```
> library(stringr)
> string <- c("data analytics is useful",
+             "business analytics is helpful",
+             "visualization of data is interesting for data scientists")
> str_detect(string=string, pattern="data")
[1]  TRUE FALSE  TRUE
```

대문자와 소문자를 구별하지 않고 패턴매칭을 하려면 fixed() 함수를 이용한다. 다음과 같이 fixed() 함수에 ignore_case=TRUE를 지정하여 패턴의 대소문자 구별을 무시할 수 있다.[5]

```
> str_detect(string, fixed("DATA", ignore_case=TRUE))
[1]  TRUE FALSE  TRUE
```

패턴이 매칭된 정확한 위치를 알기 위해서는 str_locate() 함수와 str_locate_all() 함수를 이용한다. str_locate() 함수는 첫 매칭이 이루어진 문자열의 시작 위치와 종료 위치를 행렬 형식으로 제공한다. str_locate_all() 함수는 모든 매칭 문자열에 대해 시작 위치와 종료 위치를 리스트 형식으로 제공한다. 리스트의 각 원소는 텍스트 벡터의 각 원소에 대응되며 행렬 형식을 갖는다. 이 두 함수는 각각 base 패키지의 regexpr() 함수 및 gregexpr() 함수와 유사한 정보를 제공한다.

5 이는 stringr 패키지의 텍스트 함수에 모두 공통적으로 적용된다.

```
> str_locate(string, "data")
     start end
[1,]     1   4
[2,]    NA  NA
[3,]    18  21
> str_locate_all(string, "data")
[[1]]
     start end
[1,]     1   4

[[2]]
     start end

[[3]]
     start end
[1,]    18  21
[2,]    42  45
```

문자열 추출은 str_extract() 함수와 str_extract_all() 함수를 이용한다. str_extract() 함수는 첫 번째 매칭된 문자열을 추출하며 str_extract_all() 함수는 모든 매칭 문자열을 추출한다. 이 두 함수는 base 패키지의 regmatches() 함수와 동일한 기능을 수행한다.

```
> str_extract(string, "data")
[1] "data" NA     "data"
> str_extract_all(string, "data")
[[1]]
[1] "data"

[[2]]
character(0)

[[3]]
[1] "data" "data"
```

패턴매칭된 문자열을 다른 문자열로 대체하기 위해서는 str_replace() 함수와 str_replace_all() 함수를 이용한다. str_replace() 함수는 첫 번째 매칭된 문자열을 치환하고 str_replace _all() 함수는 매칭된 문자열을 모두 대체한다. 텍스트 벡터와 문자열 패턴을 첫 번째 인수와 두 번째 인수로 차례로 지정하고 세 번째 인수(replacement)에는 치환할 문자열을 지정한다. 이 두 함수는 각각 base 패키지의 sub() 함수 및 gsub() 함수와 동일하다.

```
> str_replace(string=string, pattern="data", replacement="text")
[1] "text analytics is useful"
[2] "business analytics is helpful"
[3] "visualization of text is interesting for data scientists"
> str_replace_all(string, "data", "text")
[1] "text analytics is useful"
[2] "business analytics is helpful"
[3] "visualization of text is interesting for text scientists"
```

문자열의 분할은 str_split() 함수를 이용한다. 이는 base 패키지의 strsplit() 함수와 동일하다. 다음과 같이 텍스트를 공백으로 분할하여 단어만 추출할 수 있다.

```
> str_split(string, " ")
[[1]]
[1] "data"      "analytics" "is"        "useful"

[[2]]
[1] "business"  "analytics" "is"        "helpful"

[[3]]
[1] "visualization" "of"            "data"          "is"            "interesting"
[6] "for"           "data"          "scientists"
```

분할 결과는 리스트로 출력되기 때문에 문자 벡터로 변환하려면 다음과 같이 unlist() 함수를 이용한다.

```
> unlist(str_split(string, " "))
 [1] "data"          "analytics"     "is"            "useful"        "business"
 [6] "analytics"     "is"            "helpful"       "visualization" "of"
[11] "data"          "is"            "interesting"   "for"           "data"
[16] "scientists"
```

```
> unique(unlist(str_split(string, " ")))
 [1] "data"         "analytics"     "is"           "useful"        "business"
 [6] "helpful"      "visualization" "of"           "interesting"   "for"
[11] "scientists"
```

6.2 날짜

데이터분석 현장의 많은 데이터는 날짜나 시간과 관련된 경우가 종종 있다. 예를 들어, 회사에서는 제품 판매 실적을 보통 월별, 분기별로 집계한다. 주식시장의 주식 가격은 일별 종가로 기록된다. R에는 날짜와 시간을 다룰 수 있는 많은 함수가 있다. 현재 날짜를 알고자 하면 다음과 같이 Sys.Date() 함수를 이용한다. date() 함수는 현재의 날짜와 시간을 알려준다.

```
> Sys.Date()
[1] "2022-01-11"
> date()
[1] "Tue Jan 11 10:57:26 2022"
```

현재의 시스템 시간은 다음과 같이 간단하게 Sys.time() 함수를 이용하여 구할 수 있다.6

6 출력 결과에서 KST는 Korea Standard Time의 약자로 한국표준시간을 의미한다.

```
> Sys.time()
[1] "2022-01-11 10:58:34 KST"
```

Sys.Date() 함수의 출력 결과는 텍스트처럼 보이지만 실제로는 Date 객체이다. Sys.Date() 함수는 Date 객체를 반환하고 R은 그 객체를 텍스트 형태로 변환하여 출력한다.

```
> class(Sys.Date())
[1] "Date"
```

텍스트 데이터로부터 날짜를 생성하는 가장 간단한 방법은 as.Date() 함수를 이용하는 것이다. as.Date() 함수는 첫 번째 인수(x)로 주어진 텍스트를 두 번째 인수(format)로 주어진 날짜 형식으로 변환하여 날짜를 생성한다. as.Date() 함수는 달리 날짜 형식을 지정하지 않으면 yyyy-mm-dd 형식을 가정한다. 인수로 주어진 텍스트가 yyyy-mm-dd가 아닌 다른 형식이라면 as.Date()

함수가 그 형식을 이해할 수 있도록 format 인수에 해당 형식을 지정해야 한다.

```
> as.Date("2030-12-31")
[1] "2030-12-31"
> as.Date("12/31/2030")
Error in charToDate(x) :
  character string is not in a standard unambiguous format
> as.Date("12/31/2030", format="%m/%d/%Y")
[1] "2030-12-31"
```

여기에서 %m은 두 자리 숫자로 표현한 월(예: 12)을 나타내며 %d는 일(예: 31)을 나타낸다. 대문자 %Y는 네 자리로 표현한 연도(예: 2030)를 의미한다.7

7 R에서 제공하는 날짜 및 시간 표현 형식은 strptime() 함수의 도움말(?strptime)을 참고한다.

format() 함수를 이용하면 날짜를 다양한 형식으로 출력할 수 있다. format() 함수는 인수(여기에서는 날짜)를 받아서 지정한 형식(여기에서는 날짜 형식)으로 출력한다. 예를 들면, 다음과 같이 Date 객체를 인수로 받아서 format 인수에 mm/dd/yyyy의 형식을 지정하여 미국식 날짜 형식으로 출력할 수 있다.

```
> d <- as.Date("2030-12-31")
> format(d, format="%m/%d/%Y")
[1] "12/31/2030"
```

오늘의 날짜와 요일을 다음과 같이 format() 함수를 이용하여 'yyyy/mm/dd 요일'의 형식으로 출력해보자. 여기에서 %A는 요일의 출력 형식을 나타낸다.

```
> today <- Sys.Date()
> today
[1] "2022-01-11"
> format(today, format="%Y/%m/%d %A")
[1] "2022/01/11 화요일"
```

어떤 날짜의 요일을 알기 위해서는 다음과 같이 weekdays() 함수에 Date 객체를 인수로 준다.

```
> d <- as.Date("2030-12-31")
```

```
> weekdays(d)
[1] "화요일"
```

날짜 객체에 숫자를 더하거나 빼서 새로운 날짜를 생성할 수 있다. 더하거나 뺄 숫자가 벡터로 주어지면 벡터 연산이 수행된다.

```
> d + 7
[1] "2031-01-07"
> d + 1:7
[1] "2031-01-01" "2031-01-02" "2031-01-03" "2031-01-04" "2031-01-05" "2031-01-06"
[7] "2031-01-07"
```

weekdays() 함수는 날짜 벡터를 인수로 받을 수 있으며 벡터 연산이 적용되어 각 날짜에 대응되는 요일이 벡터 형식으로 출력된다.

```
> weekdays(d + 1:7)
[1] "수요일" "목요일" "금요일" "토요일" "일요일" "월요일" "화요일"
```

연속된 날짜 데이터를 생성하기 위해서는 seq() 함수를 이용한다. seq() 함수는 연속된 숫자를 생성하는 것과 동일한 방식으로 연속된 날짜 데이터를 만든다. seq() 함수를 날짜 데이터에 적용하기 위해서는 시작 날짜(from), 종료 날짜(to), 날짜 증가분(by)을 지정한다. 다음과 같이 시작 날짜로부터 한 달간의 날짜를 출력할 수 있다. 날짜 증가분 1(by=1)은 하루를 의미한다.

```
> start <- as.Date("2031-01-01")
> end <- as.Date("2031-01-31")
> seq(from=start, to=end, by=1)
 [1] "2031-01-01" "2031-01-02" "2031-01-03" "2031-01-04" "2031-01-05" "2031-01-06"
 [7] "2031-01-07" "2031-01-08" "2031-01-09" "2031-01-10" "2031-01-11" "2031-01-12"
[13] "2031-01-13" "2031-01-14" "2031-01-15" "2031-01-16" "2031-01-17" "2031-01-18"
[19] "2031-01-19" "2031-01-20" "2031-01-21" "2031-01-22" "2031-01-23" "2031-01-24"
[25] "2031-01-25" "2031-01-26" "2031-01-27" "2031-01-28" "2031-01-29" "2031-01-30"
[31] "2031-01-31"
```

연속된 날짜 데이터를 생성할 때 시작 날짜(from), 날짜 증가분(by), 일수(length.out)를 지정하는 것도 종종 이용되는 방법이다. 다음과 같이 시작 날짜로부터 일주일간의 날짜를 출력할 수 있다.

```
> seq(from=start, by=1, length.out=7)
[1] "2031-01-01" "2031-01-02" "2031-01-03" "2031-01-04" "2031-01-05" "2031-01-06"
[7] "2031-01-07"
```

날짜 데이터에서 by 인수는 좀 더 다양한 의미를 갖는다. 다음과 같이 day(s), week(s), month(s)를 인수로 지정하여 일 단위, 주 단위, 월 단위로 증가하는 날짜 데이터를 생성할 수 있다.

```
> seq(from=start, by="7 days", length.out=9)
[1] "2031-01-01" "2031-01-08" "2031-01-15" "2031-01-22" "2031-01-29" "2031-02-05"
[7] "2031-02-12" "2031-02-19" "2031-02-26"
> seq(from=start, by="week", length.out=9)
[1] "2031-01-01" "2031-01-08" "2031-01-15" "2031-01-22" "2031-01-29" "2031-02-05"
[7] "2031-02-12" "2031-02-19" "2031-02-26"
> seq(from=start, by="month", length.out=12)
 [1] "2031-01-01" "2031-02-01" "2031-03-01" "2031-04-01" "2031-05-01" "2031-06-01"
 [7] "2031-07-01" "2031-08-01" "2031-09-01" "2031-10-01" "2031-11-01" "2031-12-01"
> seq(from=start, by="3 months", length.out=4)
[1] "2031-01-01" "2031-04-01" "2031-07-01" "2031-10-01"
> seq(from=start, by="year", length.out=10)
 [1] "2031-01-01" "2032-01-01" "2033-01-01" "2034-01-01" "2035-01-01" "2036-01-01"
 [7] "2037-01-01" "2038-01-01" "2039-01-01" "2040-01-01"
```

by 인수에 month(s)를 지정할 때 from 인수의 날짜가 월말 부근일 때는 주의가 필요하다. 2월에는 30일이 없기 때문에 대신에 3월의 날짜가 출력되는 다음과 같은 예상치 못한 결과를 얻을 수 있다.

```
> seq(from=as.Date("2031-01-30"), by="month", length.out=6)
[1] "2031-01-30" "2031-03-02" "2031-03-30" "2031-04-30" "2031-05-30" "2031-06-30"
```

months() 함수와 quarters() 함수는 다음과 같이 주어진 날짜에 대한 월과 분기를 출력한다.

```
> start <- as.Date("2031-01-01")
> qrt <- seq(from=start, by="3 months", length.out=4)
> months(qrt)
[1] "1월"  "4월"  "7월"  "10월"
> quarters(qrt)
[1] "Q1" "Q2" "Q3" "Q4"
```

날짜 관련 함수의 출력 결과는 현재 사용 중인 컴퓨터의 로케일(locale) 설정에 따른다.8 따라서 한글 윈도우를 사용할 때는 '1월'과 같이 한글 형식으로 날짜를 출력한다. 현재의 로케일 설정 내용을 보려면 다음과 같이 Sys.getlocale() 함수를 이용한다. 현재의 로케일 설정이 한글 윈도우 운영체제 하에서 한글 버전 R 설치 당시의 상태라면 다음과 같이 한국 로케일 설정이 출력될 것이다.

```
> Sys.getlocale()
[1] "LC_COLLATE=Korean_Korea.949;LC_CTYPE=Korean_Korea.949;LC_MONETARY=Korean_
Korea.949;LC_NUMERIC=C;LC_TIME=Korean_Korea.949"
```

카테고리 LC_TIME 부분이 날짜와 관련된 로케일 설정이다. 이 부분을 Sys.setlocale() 함수를 이용하여 다음과 같이 설정하면 이후 날짜 관련 함수들의 출력 결과는 북미 지역 표준 형식을 따른다.

```
> Sys.setlocale("LC_TIME", "C")
[1] "C"
> months(qrt)
[1] "January" "April"   "July"    "October"
```

다음과 같이 설정하면 다시 원래의 한국의 표준 형식으로 출력된다.9

```
> Sys.setlocale("LC_TIME", "Korean_Korea.949")
[1] "Korean_Korea.949"
> months(qrt)
[1] "1월"  "4월"  "7월"  "10월"
```

as.Date() 함수를 통해 생성한 Date 객체는 날짜 정보만 나타낼 수 있을 뿐 시간을 표현하지는 못한다. 날짜와 함께 추가로 시간 정보를 저장하려면 as.POSIXct() 함수나 as.POSIXlt() 함수를 이용한다. as.POSIXct() 함수에 의해 생성되는 POSIXct 객체는 1970년 1월 1일 이후 경과된 초(second)의 개수를 숫자 벡터 형식으로 저장한다. 반면에 as.POSIXlt() 함수에 의해 생성되는 POSIXlt 객체는 연, 월, 일, 요일, 시간, 분, 초 등과 같은 날짜 및 시간 요소를 리스트 형식으로 저장한다. POSIXct 객체는 숫자 벡터이고 POSIXlt 객체는 리스트이기 때문에 POSIXct 객체가 메모리를

8 로케일은 언어, 화폐, 숫자, 날짜 등에 대한 로컬 사용 환경을 설정한 환경변수를 의미한다. 사용 중인 컴퓨터의 숫자와 화폐 관련 로케일 설정을 보려면 Sys.localeconv() 함수를 이용한다. R은 설치 시 운영체제의 정보를 바탕으로 로케일을 설정한다.

9 인수 없이 Sys.setlocale() 함수를 입력해도 원래의 로케일로 돌아간다.

덜 필요로 하며, 따라서 데이터 저장에 보다 효율적이다. 하지만 POSIXlt 객체는 리스트 형식으로 저장된 날짜 및 시간 요소를 보다 쉽게 추출할 수 있다.

다음과 같이 as.POSIXct() 함수를 이용하여 날짜와 함께 시간을 나타낼 수 있다.[10] as.Date() 함수에서 사용하는 인수와 유사하지만 여기에서는 날짜뿐만 아니라 시간에 대한 인수도 지정한다. format 인수에 지정된 %H, %M, %S는 각각 시, 분, 초를 나타낸다. POSIXct 객체를 as.integer() 함수를 이용하여 정수로 변환하면 1970년 1월 1일 이후 경과된 초 단위의 시간을 확인할 수 있다.

```
> pct <- as.POSIXct("2030/03/15, 15:03:04", format="%Y/%m/%d, %H:%M:%S")
> pct
[1] "2030-03-15 15:03:04 KST"
> class(pct)
[1] "POSIXct" "POSIXt"
> as.integer(pct)
[1] 1899784984
```

POSIXlt 객체는 as.POSIXlt() 함수를 이용하여 POSIXct 객체 생성과 유사한 방식으로 생성한다.

```
> plt <- as.POSIXlt("2030/03/15, 15:03:04", format="%Y/%m/%d, %H:%M:%S")
> plt
[1] "2030-03-15 15:03:04 KST"
> class(plt)
[1] "POSIXlt" "POSIXt"
```

as.POSIXlt() 함수에 의해 생성되는 POSIXlt 객체는 다음과 같은 날짜 및 시간 구성 요소를 원소로 갖는다. POSIXlt 객체의 내부 구조를 보기 위해서는 unclass() 함수를 이용한다.

```
> unclass(plt)
$sec
[1] 4

$min
[1] 3

$hour
[1] 15
```

10 출력 결과에서 KST는 한국표준시간을 의미하며, 시간대를 달리 지정하고 싶으면 tz 인수를 사용한다. tz="UTC" 또는 tz="GMT"를 지정하면 세계표준시간으로 설정된다(UTC=Universal Time Coordinated, GMT=Greenwich Mean Time).

```
$mday
[1] 15

$mon
[1] 2

$year
[1] 130

$wday
[1] 5

$yday
[1] 73

$isdst
[1] 0

$zone
[1] "KST"

$gmtoff
[1] NA
```

POSIXlt 객체 내부의 주요 구성 요소가 갖는 의미는 다음과 같다.

- sec
  - 0-61: 초(윤초 허용)
- min
  - 0-59: 분
- hour
  - 0-23: 시간
- mday
  - 1-31: 그 달의 경과된 일수
- mon
  - 0-11: 월(0은 1월, 11은 12월)

year

　　1900년 이후 경과된 햇수

wday

　　0-6: 요일(0은 일요일, 6은 토요일)

yday

　　0-365: 그 해의 경과된 일수

POSIXlt 객체로부터 날짜 및 시간 구성 요소를 추출하기 위해서는 다음과 같이 $ 기호와 함께 추출하고자 하는 요소를 입력한다.

```
> plt$mday
[1] 15
> plt$mon
[1] 2
> plt$year
[1] 130
> plt$wday
[1] 5
> plt$hour
[1] 15
```

POSIXlt 객체로부터 날짜 및 시간을 추출할 때는 약간의 주의가 필요하다. 예를 들어, 연도(year)를 추출할 때는 추출된 결과값에 1900을 더해야만 올바른 연도를 얻을 수 있다(여기에서 연도는 130+1900=2030년). 또한 추출된 월(mon)에는 1을 더해야 정확한 월이 된다(여기에서 월은 2+1=3월).

Date 객체로부터 날짜 관련된 보다 자세한 정보를 추출하려고 할 때는 우선 다음과 같이 Date 객체를 as.POSIXlt() 함수를 이용하여 POSIXlt 객체로 변환한다. 그런 다음 POSIXlt 객체를 이용하여 날짜 관련 정보를 추출한다. 변환된 POSIXlt 객체로부터 2030년 12월 31일은 화요일(wday=2)이며 그 해의 365일째(yday=364) 되는 날임을 확인할 수 있다.

```
> dposix <- as.Date("2030-12-31")
> dposix
[1] "2030-12-31"
> as.POSIXlt(dposix)$wday
[1] 2
```

```
> as.POSIXlt(dposix)$yday
[1] 364
> as.POSIXlt(dposix)$year + 1900
[1] 2030
> as.POSIXlt(dposix)$mon + 1
[1] 12
```

strptime() 함수를 이용해도 텍스트로 주어진 날짜와 시간을 POSIXlt 객체로 나타낼 수 있다. 변환된 결과는 POSIXlt 객체와 동일하게 취급된다.

```
> strptime("2030-12-31", format="%Y-%m-%d")
[1] "2030-12-31 KST"
> class(strptime("2030-12-31", format="%Y-%m-%d"))
[1] "POSIXlt" "POSIXt"
> strptime("2030-12-31", format="%Y-%m-%d")$year + 1900
[1] 2030
> dates <- c("05/05/81", "06/06/92", "08/15/03", "10/03/14", "12/25/25")
> times <- c("22:05:19", "20:29:46", "05:03:30", "17:11:05", "15:36:25")
> dt <- paste(dates, times)
> strptime(dt, "%m/%d/%y %H:%M:%S")
[1] "1981-05-05 22:05:19 KST" "1992-06-06 20:29:46 KST" "2003-08-15 05:03:30 KST"
[4] "2014-10-03 17:11:05 KST" "2025-12-25 15:36:25 KST"
```

as.POSIXct() 함수와 as.POSIXlt() 함수를 사용하여 생성한 POSIXct 객체와 POSIXlt 객체도 Date 객체와 마찬가지로 format() 함수를 이용하여 다양한 형태로 출력이 가능하다.

```
> moon <- as.POSIXct("1969/07/20, 20:17:39", format="%Y/%m/%d, %H:%M:%S", tz="UTC")
> moon
[1] "1969-07-20 20:17:39 UTC"
> format(moon, "The time of the Apollo moon landing was %Y-%b-%d, at %H:%M:%S.")
[1] "The time of the Apollo moon landing was 1969-7-20, at 20:17:39."
> format(moon, "인류 최초의 달 착륙은 %Y년 %m월 %d일, %H시 %M분 %S초에 이루어졌다.")
[1] "인류 최초의 달 착륙은 1969년 07월 20일, 20시 17분 39초에 이루어졌다."
```

연, 월, 일이 각각 별도로 저장되어 있을 때 이들을 합쳐 하나의 날짜 데이터를 생성해야 할 때가 있다. ISOdate() 함수는 인수로 주어진 세 데이터를 합쳐서 하나의 POSIXct 객체를 생성한다.

```
> y <- 2030
> m <- 12
> d <- 31
> ISOdate(y, m, d)
[1] "2030-12-31 12:00:00 GMT"
> class(ISOdate(y, m, d))
[1] "POSIXct" "POSIXt"
```

POSIXct 날짜 형식을 그대로 이용할 수도 있지만 시간 정보가 필요 없을 때는 Date 객체로 변환하여 불필요한 시간 정보를 제거한다.

```
> as.Date(ISOdate(y, m, d))
[1] "2030-12-31"
```

ISOdate() 함수는 벡터 형식으로 저장된 연, 월, 일 데이터를 벡터 연산을 통해 한꺼번에 날짜 데이터로 변환할 수 있다. 날짜 데이터를 대량으로 생성해야 할 때 매우 유용하다. 다음과 같이 연, 월, 일 데이터 벡터를 결합하여 하나의 Date 객체를 생성한다.

```
> years <- c(2030, 2031, 2032, 2033)
> months <- c(1, 4, 7, 10)
> days <- c(12, 19, 25, 17)
> ISOdate(years, months, days)
[1] "2030-01-12 12:00:00 GMT" "2031-04-19 12:00:00 GMT" "2032-07-25 12:00:00 GMT"
[4] "2033-10-17 12:00:00 GMT"
> as.Date(ISOdate(years, months, days))
[1] "2030-01-12" "2031-04-19" "2032-07-25" "2033-10-17"
```

R은 날짜를 저장할 때 1970년 1월 1일 이후 경과된 일수로 저장한다. 그 이전의 날짜는 음수로 저장한다. 이처럼 특정 기준 일자(여기에서는 1970년 1월 1일)로부터 경과된 일수로 표현된 날짜를 줄리안 날짜(Julian date)라고 한다. Date 객체로부터 줄리안 날짜를 계산하기 위해서는 Date 객체를 as.integer() 함수를 이용하여 정수로 변환하는 방법을 사용하거나 julian() 함수를 이용한다.

```
> jdate <- as.Date("2030-12-31")
> as.integer(jdate)
[1] 22279
```

```
> julian(jdate)
[1] 22279
attr(,"origin")
[1] "1970-01-01"
```

1970년 1월 1일은 줄리안 날짜로 0이며 하루 전 날은 -1이고 그 다음 날은 1이다. 1970년 1월 3일은 2이다.

```
> as.integer(as.Date("1970-01-01"))
[1] 0
> as.integer(as.Date("1969-12-31"))
[1] -1
> as.integer(as.Date("1970-01-02"))
[1] 1
> as.integer(as.Date("1970-01-03"))
[1] 2
```

줄리안 날짜가 주어졌을 때 이를 `Date` 객체로 변환하려면 다음과 같이 `as.Date()` 함수를 이용한다. `origin` 인수에 기준 일자를 지정한다.

```
> as.Date(as.integer(jdate), origin="1970-01-01")
[1] "2030-12-31"
> as.Date(julian(jdate), origin="1970-01-01")
[1] "2030-12-31"
```

R은 날짜 관련 정보를 숫자로 저장하기 때문에 날짜에 대해 다양한 산술 연산과 비교 연산을 수행할 수 있다. 예를 들어, 두 시간 후는 다음과 같이 두 시간을 초 단위로 변환한 후 더함으로써 계산할 수 있다.

```
> moon <- as.POSIXct("1969/07/20, 20:17:39", format="%Y/%m/%d, %H:%M:%S", tz="UTC")
> moon
[1] "1969-07-20 20:17:39 UTC"
> moon + 2*60*60
[1] "1969-07-20 22:17:39 UTC"
```

마찬가지 방식으로 일주일 후와 일주일 전의 시간은 일주일의 시간을 각각 초 단위로 변환한 후 더하거나 뺌으로써 산출할 수 있다.

```
> moon + 7*24*60*60
[1] "1969-07-27 20:17:39 UTC"
> moon - 7*24*60*60
[1] "1969-07-13 20:17:39 UTC"
```

이처럼 POSIXct 객체나 POSIXlt 객체에는 날짜 정보가 초 단위로 저장되기 때문에 산술 연산 또한 초 단위로 수행된다. 하지만 Date 객체에서는 다음과 같이 일 단위로 산술 연산을 수행할 수 있다.

```
> as.Date(moon) + 7
[1] "1969-07-27"
```

예를 들어, 1988년 서울올림픽 개최일로부터 2018년 평창 동계올림픽 개최일까지 기간 동안의 일수는 다음과 같이 계산할 수 있다.

```
> start <- as.Date("1988-09-17")
> end <- as.Date("2018-02-09")
> days <- end - start
> days
Time difference of 10737 days
```

difftime() 함수는 좀 더 다양한 방식으로 기간 간격을 계산한다. 초(secs), 분(mins), 시(hours), 일(days), 주(weeks) 단위로 기간을 계산할 수 있다. 다음과 같이 뽀로로의 탄생일부터 현재(집필 시점 2022년 1월 11일 현재)까지의 기간을 주 단위로 나타낼 수 있다.

```
> today <- Sys.Date()
> Pororo <- as.Date("2003-11-27")
> difftime(today, Pororo, units="weeks")
Time difference of 945.7143 weeks
```

날짜를 대상으로 비교 연산을 수행할 수도 있다. 다음과 같이 비교 연산자를 이용하여 날짜의 선후 관계를 비교할 수 있다. 날짜가 벡터로 표현되어 있으면 벡터 연산 방식이 적용된다.

```
> Sys.time()
[1] "2022-01-11 11:42:15 KST"
> moon <- as.POSIXct("1969/07/20, 20:17:39", format="%Y/%m/%d, %H:%M:%S", tz="UTC")
> moon
[1] "1969-07-20 20:17:39 UTC"
> Sys.time() > moon
[1] TRUE
> Sys.Date()
[1] "2022-01-11"
> as.Date(moon)
[1] "1969-07-20"
> Sys.Date() > as.Date(moon)
[1] TRUE
> period <- seq(as.POSIXct("1950-01-01", tz="UTC"), by="10 years", length.out=5)
> period
[1] "1950-01-01 UTC" "1960-01-01 UTC" "1970-01-01 UTC" "1980-01-01 UTC"
[5] "1990-01-01 UTC"
> period > moon
[1] FALSE FALSE  TRUE  TRUE  TRUE
```

lubridate 패키지

lubridate 패키지는 날짜와 시간을 보다 편리하게 처리할 수 있도록 도와준다. 현재의 날짜를 알기 위해서는 다음과 같이 today() 함수와 now() 함수를 이용한다. now() 함수는 날짜와 함께 시간 정보를 제공한다.

```
> library(lubridate)
> today()
[1] "2022-01-11"
> class(today())
[1] "Date"
> now()
[1] "2022-01-11 11:44:02 KST"
> class(now())
[1] "POSIXct" "POSIXt"
```

lubridate 패키지가 텍스트 데이터로부터 날짜를 생성하는 방법은 매우 유연하고 편리하다. lubridate 패키지의 다양한 날짜 생성 함수는 텍스트로부터 날짜를 구성하는 요소(연, 월, 일 등)의 순서를 인식하여 그 형식에 맞춰 자동으로 날짜로 변환한다. 날짜 생성 함수의 선택을 위해서는 우선 날짜를 표현한 텍스트에서 연, 월, 일이 나타나는 순서를 확인하고 그와 동일한 순서로 y, m, d를 배열한다. 이렇게 배열된 알파벳이 날짜 텍스트를 변환하는 함수의 이름이 된다. 예를 들어, 다음과 같은 함수를 이용하여 텍스트로부터 날짜를 생성할 수 있다. 함수 이름과 텍스트의 연, 월, 일 순서만 일치하면 텍스트 데이터는 쉽게 날짜로 변환된다.

```
> ymd("2030-03-15")
[1] "2030-03-15"
> mdy("03/15/2030")
[1] "2030-03-15"
> dmy("15032030")
[1] "2030-03-15"
```

연도는 네 자리를 다 쓰지 않고 두 자리만 사용해도 문제 없이 인식된다. 또한 연, 월, 일은 반드시 숫자이어야 하는 것은 아니며 이름을 사용할 수도 있다. 예를 들어, 다음과 같은 형태로 사용 가능하다.

```
> ymd("300315")
[1] "2030-03-15"
> ymd("2030년 3월 15일")
[1] "2030-03-15"
> mdy("3월 15일, 2030년")
[1] "2030-03-15"
> dmy("15-March-2030")
[1] "2030-03-15"
```

그런데 영문 이름을 사용할 경우 다음과 같이 제대로 동작하지 않기도 한다.

```
> mdy("March 15th, 2030")
[1] "2030-01-05"
```

이럴 때는 날짜 관련 로케일을 다음과 같이 북미 지역 표준 형식으로 변경한 후 함수를 실행한다.

```
> Sys.setlocale("LC_TIME", "C")
[1] "C"
> mdy("March 15th, 2030")
[1] "2030-03-15"
> Sys.setlocale()
[1] "LC_COLLATE=Korean_Korea.949;LC_CTYPE=Korean_Korea.949;LC_MONETARY=Korean_
Korea.949;LC_NUMERIC=C;LC_TIME=Korean_Korea.949"
```

날짜 생성 함수는 인용부호 없이 날짜 데이터를 지정해도 문제 없이 작동한다. 가장 쉽고 간결하게 날짜 데이터를 생성할 수 있는 방법이다.

```
> ymd(20300315)
[1] "2030-03-15"
```

시간이 포함된 날짜 데이터를 생성하려면 다음과 같이 밑줄(_)과 시간, 분, 초를 나타내는 h, m, s를 한 개 이상 추가한다.

```
> ymd_hms("2030-03-15 23:11:59")
[1] "2030-03-15 23:11:59 UTC"
> mdy_hm("03/15/2030 23:12")
[1] "2030-03-15 23:12:00 UTC"
> dmy_h("15032030 23")
[1] "2030-03-15 23:00:00 UTC"
```

날짜 데이터가 하나의 문자열에 저장된 것이 아니라 다음과 같이 날짜의 구성 요소별로 각각 별도로 저장되어 있는 경우가 있다.

```
> years <- c(2030, 2031, 2032, 2033)
> months <- c(1, 4, 7, 10)
> days <- c(12, 19, 25, 17)
> hours <- c(3, 7, 11, 20)
> mins <- c(5, 12, 33, 59)
> secs <- c(15, 5, 27, 55)
```

이런 경우에는 일반적으로 다음과 같이 날짜 데이터가 하나의 데이터프레임에 여러 열에 걸쳐 저장되곤 한다.

```
> dt <- data.frame(years, months, days, hours, mins, secs)
> dt
  years months days hours mins secs
1  2030      1   12     3    5   15
2  2031      4   19     7   12    5
3  2032      7   25    11   33   27
4  2033     10   17    20   59   55
```

이처럼 날짜 데이터가 각 구성 요소별로 별도의 벡터에 저장되어 있거나 데이터프레임의 여러 열에 걸쳐 보관되어 있을 때는 다음과 같이 make_date() 함수와 make_datetime() 함수를 이용한다.

```
> make_date(year=dt$years, month=dt$months, day=dt$days)
[1] "2030-01-12" "2031-04-19" "2032-07-25" "2033-10-17"
> make_datetime(year=dt$years, month=dt$months, day=dt$days,
+               hour=dt$hours, min=dt$mins, sec=dt$secs)
[1] "2030-01-12 03:05:15 UTC" "2031-04-19 07:12:05 UTC" "2032-07-25 11:33:27 UTC"
[4] "2033-10-17 20:59:55 UTC"
```

시간 정보가 포함되지 않은 날짜 데이터와 시간 정보까지 포함된 날짜 데이터 간의 변환을 위해서는 다음과 같이 as_datetime() 함수와 as_date() 함수를 이용한다.

```
> ymd("2030-03-15")
[1] "2030-03-15"
> as_datetime(ymd("2030-03-15"))
[1] "2030-03-15 UTC"
> ymd_hms("2030-03-15 23:11:59")
[1] "2030-03-15 23:11:59 UTC"
> as_date(ymd_hms("2030-03-15 23:11:59"))
[1] "2030-03-15"
```

날짜의 각 구성 요소를 추출하기 위해서는 개별 요소 추출 함수를 이용한다. year(), month(), mday()(day of the month), hour(), minute(), second(), yday()(day of the year), wday()(day of the week) 함수 등을 이용할 수 있다. mday() 함수와 yday() 함수는 각각 그 달 및 그 해의 경과된 일수를 나타낸다. wday() 함수는 요일을 1~7의 정수로 반환하며 1은 일요일을 의미한다.

```
> datetime <- ymd_hms("1969/07/20, 20:17:39")
> datetime
[1] "1969-07-20 20:17:39 UTC"
> year(datetime)
[1] 1969
> month(datetime)
[1] 7
> mday(datetime)
[1] 20
> hour(datetime)
[1] 20
> minute(datetime)
[1] 17
> second(datetime)
[1] 39
> yday(datetime)
[1] 201
> wday(datetime)
[1] 1
```

month() 함수와 wday() 함수에 대해서는 label=TRUE를 지정하여 월과 요일을 숫자가 아닌 이름의 약어로 출력할 수 있다. 약어는 영문의 경우에만 해당되므로 다음과 같이 임시로 영문 로케일로 변경한다. abbr=FALSE를 지정하면 약어가 아닌 본래 이름(full name)으로 출력된다.

```
> Sys.setlocale("LC_TIME", "C")
[1] "C"
> month(datetime, label=TRUE)
[1] Jul
12 Levels: Jan < Feb < Mar < Apr < May < Jun < Jul < Aug < Sep < Oct < ... < Dec
> month(datetime, label=TRUE, abbr=FALSE)
[1] July
12 Levels: January < February < March < April < May < June < July < ... < December
> wday(datetime, label=TRUE)
[1] Sun
Levels: Sun < Mon < Tue < Wed < Thu < Fri < Sat
```

```
> wday(datetime, label=TRUE, abbr=FALSE)
[1] Sunday
Levels: Sunday < Monday < Tuesday < Wednesday < Thursday < Friday < Saturday
> Sys.setlocale()
[1] "LC_COLLATE=Korean_Korea.949;LC_CTYPE=Korean_Korea.949;LC_MONETARY=Korean_
Korea.949;LC_NUMERIC=C;LC_TIME=Korean_Korea.949"
```

한글 로케일의 경우에는 다음과 같이 출력된다.

```
> month(datetime, label=TRUE)
[1] 7
Levels: 1 < 2 < 3 < 4 < 5 < 6 < 7 < 8 < 9 < 10 < 11 < 12
> wday(datetime, label=TRUE)
[1] 일
Levels: 일 < 월 < 화 < 수 < 목 < 금 < 토
```

날짜의 각 구성 요소를 추출하는 앞서의 함수를 이용하여 날짜의 구성 요소를 새로운 값으로 대체할 수 있다. 다음과 같이 우선 날짜 구성 요소를 추출하고 할당 연산자를 이용하여 변경할 새로운 값으로 대체한다.

```
> datetime
[1] "1969-07-20 20:17:39 UTC"
> year(datetime) <- 2030
> datetime
[1] "2030-07-20 20:17:39 UTC"
> month(datetime) <- 8
> datetime
[1] "2030-08-20 20:17:39 UTC"
> hour(datetime) <- hour(datetime) + 1
> datetime
[1] "2030-08-20 21:17:39 UTC"
```

또는 다음과 같이 update() 함수를 이용하여 여러 개의 값을 한꺼번에 변경할 수도 있다.

```
> update(datetime, year=2031, month=8, mday=15, hour=11)
[1] "2031-08-15 11:17:39 UTC"
```

```
> update(datetime, yday=1)
[1] "2030-01-01 21:17:39 UTC"
```

그 밖에 반기, 분기, 오전/오후 등을 식별하기 위한 다음과 같은 함수도 때때로 유용하다. 상하반기 구분을 위해서는 semester() 함수를 이용한다. 1은 상반기를 나타내며 2는 하반기를 의미한다. quarter() 함수는 해당 날짜가 속한 분기를 출력한다. am() 함수와 pm() 함수는 각각 오전과 오후를 식별한다.

```
> datetime <- ymd_hms("1969/07/20, 20:17:39")
> datetime
[1] "1969-07-20 20:17:39 UTC"
> semester(datetime)
[1] 2
> quarter(datetime)
[1] 3
> am(datetime)
[1] FALSE
> pm(datetime)
[1] TRUE
```

날짜 데이터를 가까운 시간 단위로 반올림하거나(round_date() 함수) 내리거나(floor_date() 함수) 올리는(ceiling_date() 함수) 작업이 때로는 유용할 수 있다. unit 인수에 반올림하거나 내리거나 올려서 조정할 시간 단위를 지정한다. 예를 들어, floor_date() 함수를 이용하여 일자를 매월의 1일로 변경하면(unit="month") 월간 단위로 데이터를 쉽게 집계할 수 있어서 월별 변화 패턴을 시각화할 때 유용하다.

```
> datetime
[1] "1969-07-20 20:17:39 UTC"
> round_date(datetime, unit="year")
[1] "1970-01-01 UTC"
> round_date(datetime, unit="month")
[1] "1969-08-01 UTC"
> round_date(datetime, unit="day")
[1] "1969-07-21 UTC"
```

```
> round_date(datetime, unit="week")
[1] "1969-07-20 UTC"
> floor_date(datetime, unit="month")
[1] "1969-07-01 UTC"
> ceiling_date(datetime, unit="month")
[1] "1969-08-01 UTC"
```

일반적인 사칙 연산을 하듯이 날짜 간의 산술 연산도 가능하다. 예를 들어, 날짜 데이터에 특정 기간을 나타내는 숫자를 더하거나 빼서 일정 기간이 경과된 미래의 날짜와 일정 기간 이전의 과거의 날짜를 계산할 수 있다. 이처럼 날짜 간의 산술 연산에는 몇 년, 몇 개월, 며칠 같은 기간의 개념이 포함된다. years(), months(), days(), weeks(), hours(), minutes(), seconds() 함수 등을 이용하여 기간을 정의할 수 있다.

```
> years(1)
[1] "1y 0m 0d 0H 0M 0S"
> months(3)
[1] "3m 0d 0H 0M 0S"
> days(7)
[1] "7d 0H 0M 0S"
> weeks(2)
[1] "14d 0H 0M 0S"
```

years(1)의 1은 1년을 의미하며, months(3)의 3은 3개월, days(7)의 7은 7일, weeks(2)의 2는 2주, 즉 14일을 나타낸다. 기간 함수의 인수는 다음과 같이 벡터로 지정할 수도 있다.

```
> hours(c(12, 24))
[1] "12H 0M 0S" "24H 0M 0S"
> minutes(1:5)
[1] "1M 0S" "2M 0S" "3M 0S" "4M 0S" "5M 0S"
> seconds(seq(0, 10, by=2))
[1] "0S"  "2S"  "4S"  "6S"  "8S"  "10S"
```

다음과 같이 기간으로 사칙 연산을 할 수도 있다.

```
> 10 * (months(6) + days(2))
[1] "60m 20d 0H 0M 0S"
```

```
> days(60) + hours(12) + minutes(15)
[1] "60d 12H 15M 0S
```

인간이 최초로 달에 착륙한 날은 1969년 7월 20일이다. 이로부터 10,000일이 지난 날, 1,000개월이 경과된 날, 100년 전의 날은 각각 다음과 같이 계산할 수 있다.

```
> moon <- ymd("1969/07/20")
> moon
[1] "1969-07-20"
> moon + days(10000)
[1] "1996-12-05"
> moon + months(1000)
[1] "2052-11-20"
> moon - years(100)
[1] "1869-07-20"
```

화성 탐사선 퍼시비어런스(Perseverance)가 화성에 착륙한 날은 2021년 2월 18일이다. 화성 탐사선 착륙일에서 인간의 달 착륙일을 빼면 인간이 달에 착륙한 날로부터 화성에 탐사선을 보내기까지 얼마나 시간이 흘렀는지 계산할 수 있다.

```
> mars <- ymd("2021/02/18")
> mars
[1] "2021-02-18"
> mars - moon
Time difference of 18841 days
```

화성 탐사선 착륙일은 인간의 달 착륙일로부터 18,841일이 지났다. 이 경과된 일수를 몇 년, 몇 개월, 며칠과 같이 일상적으로 사용하는 기간으로 변경하려면 `interval()` 함수가 필요하다. `interval()` 함수에 시작 날짜와 종료 날짜를 지정하여 `Interval` 객체를 생성한다.

```
> interval(moon, mars)
[1] 1969-07-20 UTC--2021-02-18 UTC
> class(interval(moon, mars))
[1] "Interval"
attr(,"package")
[1] "lubridate"
```

Interval 객체는 다음과 같이 %--% 연산자를 이용하여 생성할 수도 있다.

```
> moon %--% mars
[1] 1969-07-20 UTC--2021-02-18 UTC
```

이렇게 생성한 Interval 객체에 as.period() 함수를 적용하면 다음과 같이 연, 월, 일로 기간이 표시된 결과를 얻을 수 있다.

```
> as.period(moon %--% mars)
[1] "51y 6m 29d 0H 0M 0S"
```

Interval 객체에 as.period() 함수 대신에 as.duration() 함수를 적용하면 초 단위로 계산된 결과가 출력된다.

```
> as.duration(moon %--% mars)
[1] "1627862400s (~51.58 years)"
```

as.numeric() 함수를 사용하면 이를 연, 월, 일, 시간, 분 단위로 쉽게 변환할 수 있다. as.numeric() 함수의 두 번째 인수로 years, months, days, hours, minutes 등을 지정한다.

```
> moon.to.mars <- as.duration(moon %--% mars)
> as.numeric(moon.to.mars, "years")
[1] 51.58385
> as.numeric(moon.to.mars, "months")
[1] 619.0062
> as.numeric(moon.to.mars, "days")
[1] 18841
```

lubridate 패키지는 사실 기간(time span)을 표현하는 세 가지 클래스를 갖고 있다. Interval 객체는 시작 시점과 종료 시점으로 표현한다. as.period() 함수로부터 반환된 객체는 Period 객체로서 앞서 사용했던 years(), months(), days(), weeks(), hours(), minutes(), seconds() 함수 등을 이용하여 생성된 기간 객체이다. Period 객체는 주나 월 같이 우리에게 익숙한 기간 개념을 표현한다.

```
> class(as.period(moon %--% mars))
[1] "Period"
attr(,"package")
[1] "lubridate"
```

as.duration() 함수는 Duration 객체를 반환하며 초 단위로 정확한 시간을 표현한다.

```
> class(as.duration(moon %--% mars))
[1] "Duration"
attr(,"package")
[1] "lubridate"
```

Duration 객체는 Period 객체의 기간을 생성할 때 사용했던 함수 이름에 d를 붙인 함수를 이용하여 생성한다. 1분은 60초, 1시간은 60분, 하루는 24시간, 일주일은 7일, 1년은 365일로 환산하여 어떠한 기간 단위든 모두 초 단위로 출력한다.

```
> dyears(1)
[1] "31557600s (~1 years)"
> dmonths(1)
[1] "2629800s (~4.35 weeks)"
> ddays(1)
[1] "86400s (~1 days)"
> dweeks(1)
[1] "604800s (~1 weeks)"
> dhours(1)
[1] "3600s (~1 hours)"
> dminutes(1)
[1] "60s (~1 minutes)"
> dseconds(1)
[1] "1s"
```

다음과 같이 사칙 연산을 수행할 수도 있다.

```
> 2 * dyears(1)
[1] "63115200s (~2 years)"
> dyears(1) + dweeks(4) + dhours(12)
[1] "34020000s (~1.08 years)"
```

그런데 일반적인 주, 일, 월과 같은 기간 단위를 표현할 수 있는 Period 클래스가 있는데 왜 초 단위로 표현하는 Duration 클래스가 필요한지 궁금해진다. 다음과 같이 2029년 1월 1일부터 1년 후의 날짜를 계산하면 Period 클래스와 Duration 클래스 모두 2030년 1월 1일이라는 동일한 날짜를 출력한다.

```
> ymd("2029-01-01") + years(1)
[1] "2030-01-01"
> ymd("2029-01-01") + dyears(1)
[1] "2030-01-01 06:00:00 UTC"
```

그런데 다음과 같이 2028년 1월 1일부터 1년 후의 날짜를 계산하면 서로 다른 결과를 반환한다. Duration 클래스는 우리가 상식적으로 기대하는 것과 달리 그 해 마지막 날을 1년 후의 날짜로 출력해준다.

```
> ymd("2028-01-01") + years(1)
[1] "2029-01-01"
> ymd("2028-01-01") + dyears(1)
[1] "2028-12-31 06:00:00 UTC"
```

이러한 차이가 발생한 이유는 2028년은 2월이 29일까지 있는 윤년이기 때문이다. 윤년의 여부는 다음과 같이 leap_year() 함수를 이용하여 확인할 수 있다.

```
> leap_year(2029)
[1] FALSE
> leap_year(2028)
[1] TRUE
```

4년마다 한 번씩 윤년이 돌아오기 때문에 1년은 항상 365일인 것은 아니다. 그래서 1년을 계산해보면 다음과 같이 365.25일이라고 산출된다. 2028년은 윤년이기 때문에 1년의 기간은 실제로 366일이다.

```
> years(1)/days(1)
[1] 365.25
> as.duration(ymd("2028-01-01") %--% ymd("2029-01-01"))/ddays(1)
[1] 366
```

이런 이유로 날짜를 초 단위로 정확히 표현하는 Duration 클래스로 1년 후의 날짜(즉 365일 후)를 계산하면 다음 해인 2029년의 첫째 날이 아니라 그 해 마지막 날이 산출된다. 따라서 날짜를 정확히 계산해야 하는 이러한 필요성 때문에 lubridate 패키지는 직관적으로 이해하기 쉬운 Period 클래스 이외에 추가로 Duration 클래스를 제공한다.

날짜를 이용하여 여러 가지 분석을 수행할 때 시간의 흐름만을 대상으로 하는 것이 아니라 지역별 차이, 즉 시간대를 고려해야 할 때도 있다. 현재 R 환경에서 어떤 시간대를 가정하고 있는지 확인하기 위해서는 다음과 같이 Sys.timezone() 함수를 이용한다.

```
> Sys.timezone()
[1] "Asia/Seoul"
```

모든 시간대를 확인하기 위해서는 다음과 같이 OlsonNames() 함수를 이용한다.

```
> OlsonNames()
  [1] "Africa/Abidjan"              "Africa/Accra"
  [3] "Africa/Addis_Ababa"          "Africa/Algiers"
…(중략)
[589] "US/Pacific"                  "US/Samoa"
[591] "UTC"                         "W-SU"
[593] "WET"                         "Zulu"
attr(,"Version")
[1] "2021e"
```

날짜 데이터를 생성할 때 별다른 인수 지정을 하지 않으면 세계표준시간대인 UTC를 가정한다. 이 시간대를 다른 시간대로 변경하려면 tz 인수에 시간대 이름을 지정한다. 예를 들어, 다음과 같이 tz="Asia/Seoul"을 지정하여 시간대를 서울 시간대로 변경할 수 있다.

```
> kst <- ymd_hm("2030-03-15 15:30", tz="Asia/Seoul")
> kst
[1] "2030-03-15 15:30:00 KST"
```

세계표준시간대는 서울의 시간대보다 9시간 빠르다. 따라서 서울 시간으로 15시 30분은 UTC로는 6시 30분이 된다. 시간대를 UTC로 지정하여 날짜 데이터를 생성해보자. UTC는 tz 인수의 기본값이기 때문에 별도로 지정할 필요는 없다.

```
> utc <- ymd_hm("2030-03-15 06:30")
> utc
[1] "2030-03-15 06:30:00 UTC"
```

이제 서울 시간에서 UTC 시간을 빼보면 다음과 같이 0이 나온다. 두 시간은 시간대만 다를 뿐 완전히 동일하다는 것을 알 수 있다.

```
> kst - utc
Time difference of 0 secs
```

with_tz() 함수는 한 시간대의 시간을 다른 시간대의 시간으로 변환해서 보여준다. 예를 들어, 다음과 같이 미국 뉴욕에서 2030년 1월 1일 0시에 새해를 맞이할 때 한국(서울 시간대)은 오후 2시이다. 즉 뉴욕은 한국보다 14시간 빠르다는 것을 알 수 있다.

```
> ny <- ymd_hms("2030-01-01 00:00:00", tz="America/New_York")
> with_tz(ny, tzone="Asia/Seoul")
[1] "2030-01-01 14:00:00 KST"
```

Chapter 06 | 텍스트와 날짜

연 | 습 | 문 | 제 >>>

01. 'Happy', 'Birthday', 'to', 'You'로 구성된 텍스트 벡터를 생성한 후 벡터의 길이와 문자 개수의 합을 계산하시오.

02. 1번 문제에서 생성한 텍스트 벡터의 개별 원소를 연결하여 다음과 같은 텍스트 벡터를 생성하시오. 연결된 새로운 텍스트 벡터의 길이와 문자 개수의 합을 계산하시오.

```
"Happy Birthday to You"
```

03. paste() 함수와 LETTERS 상수 벡터를 이용하여 다음과 같은 문자 벡터를 생성하시오(첫 번째 벡터는 문자와 숫자 사이에 공백이 있으며, 두 번째 벡터는 문자와 숫자가 서로 붙어 있음).

```
"A 1"  "B 2"  "C 3"  "D 4"  "E 5"  "F 6"  "G 7"  "H 8"  "I 9"  "J 10"
"A1"  "B2"  "C3"  "D4"  "E5"  "F6"  "G7"  "H8"  "I9"  "J10"
```

04. 다음 코드의 실행 결과를 제시하시오.

```
paste(c("red", "blue"), "pen")
paste(c("red", "blue"), "pen", sep="-")
paste(c("red", "blue"), "pen", collapse="; ")
paste(c("red", "blue"), "pen", sep="-", collapse="; ")
```

05. 텍스트 'Good Morning'을 분할하여 다음과 같은 리스트 형식으로 출력하시오.

```
[[1]]
[1] "Good"

[[2]]
[1] "Morning"
```

06. 다음 텍스트 벡터를 단어 단위로 분할하시오. 단, 모든 쉼표(,)와 하이픈(-)은 제거하시오.

```
c("Yesterday is history, tomorrow is a mystery, today is a gift!",
  "That's why we call it the present - from Kung Fu Panda")
```

07. outer() 함수와 paste() 함수를 이용하여 두 개의 주사위를 던져서 나오는 두 개의 숫자로 이루어진 모든 가능한 조합을 만드시오.

08. 다음 주민등록번호 세 개를 ssn 변수에 저장하고, 뒤 일곱 자리의 숫자를 '*******'으로 대체하시오.

```
"941215-1234567" "850605-2345678" "760830-1357913"
```

연 | 습 | 문 | 제 >>>

09. 표준패키지에 포함되어 있는 `USArrests` 데이터셋으로부터 New 단어가 포함된 주로 구성된 서브셋을 생성하고 각 변수의 평균을 구하시오.

10. 다음 코드의 실행 결과를 제시하시오.

```
txt <- c("a", "ab", "acb", "accb", "acccb", "accccb")
grep("ac?b", txt, value=TRUE)
grep("ac*b", txt, value=TRUE)
grep("ac+b", txt, value=TRUE)
```

11. 텍스트 '12/25/2030 23:59:59', '1/25/2031 23:59:59', '2/25/2031 23:59:59'를 데이터프레임의 `Datetime` 변수에 저장한 후 이를 날짜 형식(`POSIXlt` 객체)으로 변환하시오.

12. `seq()` 함수를 이용하여 2030년 6월 1일부터 7일간의 날짜를 생성하고 다음과 같은 형식으로 출력하시오.

```
"토-0601" "일-0602" "월-0603" "화-0604" "수-0605" "목-0606" "금-0607"
```

13. 2030년 12월 25일, 2031년 1월 25일, 2032년 2월 25일을 다음과 같은 형식으로 출력하시오.

```
"December 25, 2030" "January 25, 2031"  "February 25, 2032"
```

14. 다음 텍스트는 `stringr` 패키지에 포함된 `sentences` 데이터셋으로부터 처음 세 개 텍스트를 추출한 것이다. 여기에 포함된 'The/the'를 모두 'THE'로 변경하시오(`stringr` 패키지 사용).

```
"The birch canoe slid on the smooth planks."
"Glue the sheet to the dark blue background."
"It's easy to tell the depth of a well.
```

15. 다음 텍스트를 날짜 데이터로 변환하시오(`lubridate` 패키지 사용).

```
d1 <- "January 1, 2030"
d2 <- "2030-Mar-21"
d3 <- c("August 15 (2030)", "July 17 (2030)")
d4 <- "7-Jun-2030"
d5 <- "12/30/30" # 2030년 12월 30일
```

Chapter 07

Introductory R
R 기초와 활용

입력과 출력

Chapter 07 | 입력과 출력

7.1 입력

키보드

R은 다양한 데이터 입력 방법을 제공한다. 데이터 양이 많지 않을 때는 별도로 입력 파일을 생성하지 않고 키보드로부터 직접 데이터를 입력받아 작업공간 메모리에 적재하는 것이 편리하다. 입력해야 할 데이터가 아주 적을 때는 c() 함수를 이용하여 데이터를 직접 입력한다.

```
> product <- data.frame(id=c("A001", "A002", "A003"),
+                       name=c("Mouse", "Keyboard", "USB"),
+                       price=c(30000, 90000, 50000))
> product
    id     name price
1 A001    Mouse 30000
2 A002 Keyboard 90000
3 A003      USB 50000
```

R에서 제공하는 데이터 편집기를 이용하는 것도 한 방법이다. 먼저 빈 데이터프레임을 생성한 후 edit() 함수를 이용하여 [그림 7-1]과 같은 데이터 편집기를 불러온다.

```
> product <- data.frame()
> product
data frame with 0 columns and 0 rows
> product <- edit(product)
```

스프레드시트(spreadsheet)를 사용하듯이 커서를 자유롭게 이동하며 데이터 편집기에 데이터를 입력한다.

[그림 7-1] 데이터 편집기. 변수 편집기 창을 통해 변수의 이름이나 데이터 유형을 변경할 수 있다.

상단의 열 이름을 클릭하면 변수 편집기 창이 호출되고 그 곳에서 변수 이름과 데이터 유형(숫자 또는 문자)을 지정할 수 있다. 데이터 입력을 모두 마치면 『파일 > 닫기』를 선택하거나 데이터 편집기 창 우측 상단의 닫기 버튼(×)을 클릭한다. 그러면 입력 내용이 변수로 저장된다. `product <- edit(product)` 명령어를 다시 실행하면 입력한 데이터를 편집할 수 있다. `product <- edit(product)` 대신에 간단하게 `fix(product)`를 이용할 수 있다.

스프레드시트 형식의 데이터 파일이 있을 때 데이터 양이 많지 않다면 클립보드(clipboard)로 데이터를 복사한 후 붙여넣기(copy and paste)하는 방식으로 데이터를 입력하는 것도 편리하다. 예를 들어, [그림 7-2]와 같이 엑셀시트(Excel sheet)의 B2:B4 셀을 선택하고 클립보드로 복사한다(Ctrl+C). 그런 다음 `readClipboard()` 함수를 호출하여 변수에 할당하면 복사한 셀의 데이터가 변수로 저장된다.

```
> p <- readClipboard()
> p
[1] "Mouse"    "Keyboard" "USB"
```

[그림 7-2] 클립보드를 이용한 데이터 입력. readClipboard() 함수를 이용하여 클립보드로부터 데이터를 가져온다.

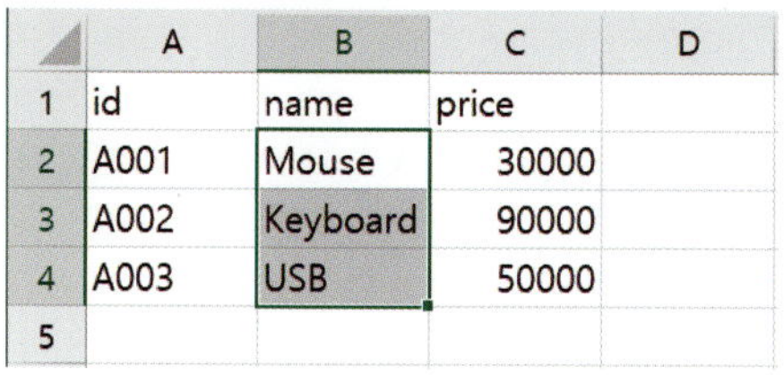

[그림 7-3] 클립보드를 이용한 데이터 입력. 테이블 형식의 데이터를 클립보드로부터 가져오려면 `read.table()` 함수를 이용한다.

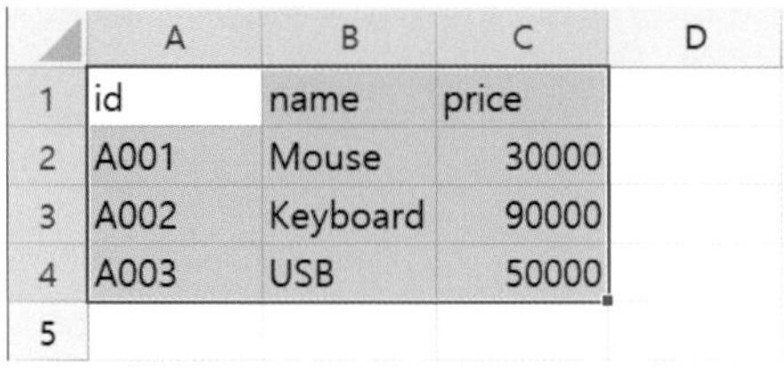

	A	B	C	D
1	id	name	price	
2	A001	Mouse	30000	
3	A002	Keyboard	90000	
4	A003	USB	50000	
5				

하나의 열이 아니라 두 개 이상의 열과 행이 포함된 테이블 형식의 데이터를 입력하고자 할 때는 약간 문제가 복잡해진다. [그림 7-3]과 같이 A1:C4 셀을 클립보드로 복사한 후 `readClipboard()` 함수를 호출하여 변수에 할당해보자.

```
> p <- readClipboard()
> p
[1] "id\tname\tprice"       "A001\tMouse\t30000"    "A002\tKeyboard\t90000"
[4] "A003\tUSB\t50000"
```

입력된 데이터는 우리가 원하는 테이블 형식의 데이터가 아니며, 더군다나 원래 엑셀시트에는 포함되어 있지 않던 새로운 문자열 `\t`가 삽입되어 있다. 여기에서 `\t`는 데이터 간의 구분자 역할을 하는 탭(tab) 키를 의미한다.[1] 클립보드로부터 이와 같은 테이블 형식의 데이터를 입력하려면 다음과 같이 `read.table()` 함수를 이용한다. 인수로서 `file="clipboard"`, `sep="\t"`, `header=TRUE`를 지정한다.

```
> p <- read.table(file="clipboard", sep="\t", header=TRUE)
> p
    id     name price
1 A001    Mouse 30000
2 A002 Keyboard 90000
3 A003      USB 50000
```

---

1 엔터(enter) 키나 탭(tab) 키와 같이 키보드상의 일부 키는 문서상에 입력이 되더라도 화면에 출력되지 않아 흔적이 남지 않는다. R에서 이러한 키를 사용하기 위해서는 이스케이프 시퀀스(escape sequence, `\`와 제어 문자의 조합)를 이용해야 한다. 새로운 라인으로의 이동을 뜻하는 엔터 `\n`, 탭 `\t`, 역슬래시(backslash) `\\` 등이 많이 사용되는 이스케이프 시퀀스이다. `\n`은 보고서를 생성하거나 메시지를 프린트할 때 유용하며, `\t`는 탭 키로 구분된 텍스트 파일을 읽어들일 때 주로 사용된다. `?Quotes`를 실행하면 이스케이프 시퀀스에 관한 좀 더 자세한 정보를 볼 수 있다.

read.table() 함수를 이용하면 다음과 같이 텍스트 벡터로 저장된 데이터를 직접 불러올 수 있다. text 인수에 텍스트 벡터를 지정한다.

```
> mytxt <- "
+ id name price
+ A001 Mouse 30000
+ A002 Keyboard 90000
+ A003 USB 50000
+ "
> p <- read.table(text=mytxt, header=TRUE)
> p
    id     name price
1 A001    Mouse 30000
2 A002 Keyboard 90000
3 A003      USB 50000
```

파일

키보드를 이용한 데이터 입력은 적은 양의 데이터를 다룰 때는 편리할 수 있다. 그러나 대량의 데이터를 다루기에는 적합하지 않다. 데이터분석을 위한 대용량의 데이터는 일반적으로 파일 형태로 존재할 때가 많다.

CSV(Comma-Separated Value) 형식은 데이터 입력 파일로서 가장 보편적으로 사용되는 형식이다. R을 비롯하여, 스프레드시트 프로그램, 데이터베이스 소프트웨어, 통계패키지 등 대부분의 소프트웨어 프로그램이 CSV 파일 형식을 지원한다. CSV 파일 형식은 쉼표(,)를 이용하여 데이터 요소를 구분하기 때문에 테이블 형식의 데이터를 표현하는 데 적합하다. 각 라인은 하나의 행을 나타내며, 각 행은 쉼표로 구분된 데이터 항목으로 구성된다. 예를 들어, 다음과 같이 네 개의 행과 세 개의 열로 구성된 CSV 파일을 만들어보자(product.csv 파일). 첫 번째 행은 헤더(header) 라인으로 열의 이름을 나타낸다.

```
<product.csv 파일>
id,name,price
A001,Mouse,30000
A002,Keyboard,90000
A003,USB,50000
```

read.csv() 함수는 첫 번째 인수(file)로 주어진 CSV 파일을 읽어들여 데이터프레임을 생성한다.

read.csv() 함수는 파일을 읽어들일 때 달리 지정하지 않는 한 CSV 파일의 첫 라인에 헤더가 포함되어 있다고 가정한다(header=TRUE). 첫 번째 라인으로부터 헤더를 읽어서 데이터프레임의 열 이름으로 사용한다. 또한 달리 지정하지 않는 한 각 데이터 항목은 쉼표로 구분되어 있다고 가정한다(sep=",").

```
> read.csv(file="product.csv")
    id     name price
1 A001    Mouse 30000
2 A002 Keyboard 90000
3 A003      USB 50000
```

파일에 헤더가 포함되어 있지 않을 때는 다음과 같이 header=FALSE를 지정한다(product-with-no-header.csv 파일). R은 자동으로 데이터프레임의 열 이름을 생성한다.

```
<product-with-no-header.csv 파일>
A001,Mouse,30000
A002,Keyboard,90000
A003,USB,50000
```

```
> read.csv("product-with-no-header.csv", header=FALSE)
    V1       V2    V3
1 A001    Mouse 30000
2 A002 Keyboard 90000
3 A003      USB 50000
```

테이블 형식의 데이터는 가장 보편적 형식의 데이터이다. 테이블 형식의 데이터는 다음과 같은 특성을 갖는다. 각 라인은 하나의 레코드(record)로 구성되며, 각 레코드 안에는 필드(field)가 공백, 탭, 콜론, 쉼표 등과 같은 구분자(delimiter)에 의해 구별되고, 각 레코드는 동일한 개수의 필드를 갖는다. 예를 들어, 다음과 같은 테이블 형식 데이터를 생성해보자(product.txt 파일). 여기에서 필드는 빈칸으로 구분되어 있다.

```
<product.txt 파일>
id name price
A001 Mouse 30000
A002 Keyboard 90000
A003 USB 50000
```

테이블 형식의 데이터를 읽기 위해서는 read.table() 함수를 이용한다. read.table() 함수는 구분자로 구별된 텍스트 데이터를 읽어들여서 데이터프레임을 생성한다. read.csv() 함수와 유사하지만 그보다는 좀 더 다양한 옵션을 제공한다. read.table() 함수는 달리 지정하지 않는 한 데이터 필드가 빈칸(공백 또는 탭)에 의해 구분되어 있다고 가정한다.

```
> read.table(file="product.txt")
    V1       V2    V3
1   id     name price
2 A001    Mouse 30000
3 A002 Keyboard 90000
4 A003      USB 50000
```

출력된 결과를 보면 입력된 데이터의 첫 번째 행에 열 이름이 입력되었다. 이는 read.table() 함수는 데이터에 헤더가 포함되어 있지 않다고 가정하기 때문이다(header=FALSE). 따라서 여기 예의 데이터 파일처럼 첫 번째 라인에 헤더가 포함되어 있다면 다음과 같이 header=TRUE를 지정한다.

```
> read.table("product.txt", header=TRUE)
    id     name price
1 A001    Mouse 30000
2 A002 Keyboard 90000
3 A003      USB 50000
```

빈칸이 아닌 다른 문자로 필드 간 구분이 이루어져 있으면 sep 인수에 해당 구분 문자를 지정한다. 예를 들어, 다음과 같이 콜론(:)으로 필드 간 구분이 이루어진 데이터 파일(product-colon.txt 파일)을 입력하기 위해서는 sep 인수에 콜론을 지정한다.

```
<product-colon.txt 파일>
id: name: price
A001: Mouse: 30000
A002: Keyboard: 90000
A003: USB: 50000
```

```
> read.table("product-colon.txt", sep=":", header=TRUE)
    id     name price
1 A001    Mouse 30000
2 A002 Keyboard 90000
3 A003      USB 50000
```

read.table() 함수는 데이터 파일에 포함된 문자 NA를 결측값으로 간주한다. 만일 데이터 파일에 결측값을 나타내는 문자로 다른 문자가 사용되었다면 na.strings 인수에 그 문자를 지정하여 파일을 읽어들일 때 결측값으로 인식되도록 한다. 예를 들어, 결측값을 마침표(.)로 나타낸 파일(product-missing.txt 파일)을 읽어들이려면 다음과 같이 na.strings="."를 지정한다. 그러면 마침표는 결측값을 나타내는 NA로 변환되어 저장된다.

```
<product-missing.txt 파일>
id name price
A001 Mouse 30000
A002 Keyboard .
A003 USB 50000
```

```
> read.table("product-missing.txt", header=TRUE)
    id     name price
1 A001    Mouse 30000
2 A002 Keyboard     .
3 A003      USB 50000
> read.table("product-missing.txt", header=TRUE, na.strings=".")
    id     name price
1 A001    Mouse 30000
2 A002 Keyboard    NA
3 A003      USB 50000
```

read.table() 함수는 데이터 파일을 읽어들일 때 #으로 시작하는 라인은 데이터로 인식하지 않고 무시한다. 따라서 다음과 같이 # 기호를 이용하여 데이터 파일(product-comment.txt 파일)에 설명을 위한 주석을 추가할 수 있다.

```
<product-comment.txt 파일>
# This is a data file of products.
id name price
A001 Mouse 30000
A002 Keyboard 90000
A003 USB 50000
```

```
> read.table("product-comment.txt", header=TRUE)
    id      name price
1 A001     Mouse 30000
2 A002 Keyboard 90000
3 A003       USB 50000
```

다음과 같은 데이터 파일(brand-eval.csv 파일)을 이용하여 read.table() 함수의 다른 특성을 좀 더 살펴보자. 이 데이터 파일은 CSV 파일 형식으로서 각 데이터 항목이 쉼표로 구분되어 있다.

```
<brand-eval.csv 파일>
# This is an evaluation of clothing brands.
BrandID,Name,Quality,Price,After Service
010,GAP,90,85,80
012,H&M,95,,82
013,"Lands' End",88,90,75
014,UNIQLO,75,95,90
015,ZARA,80,83,86
```

read.table() 함수를 이용하여 데이터 파일을 읽어보자. 데이터 파일로부터 데이터프레임을 생성할 때 row.names 인수를 이용하면 행의 이름을 지정할 수 있다. 여기에서는 첫 번째 열의 BrandID를 행 이름으로 지정한다. 데이터 항목이 쉼표로 구분되어 있기 때문에 sep=","를 지정한다.

```
> brand.eval <- read.table("brand-eval.csv", header=TRUE,
+                          row.names="BrandID", sep=",")
> brand.eval
         Name Quality Price After.Service
10        GAP      90    85            80
12        H&M      95    NA            82
13 Lands' End      88    90            75
14     UNIQLO      75    95            90
15       ZARA      80    83            86
> str(brand.eval)
'data.frame':  5 obs. of  4 variables:
 $ Name         : chr  "GAP" "H&M" "Lands' End" "UNIQLO" ...
 $ Quality      : int  90 95 88 75 80
 $ Price        : int  85 NA 90 95 83
 $ After.Service: int  80 82 75 90 86
```

두 개의 단어로 이루어진 변수 이름 After Service는 단어 간 공백 없이 마침표(.)로 연결된 새로운 변수 이름(After.Service)으로 변환되었다. BrandID 변수는 열에서 사라졌으며 행 이름으로 사용되면서 앞자리의 0이 없어졌다. 공란이었던 H&M의 Price 셀에는 NA가 입력되어 결측값으로 처리되었다. 따옴표나 쉼표 등의 문장부호를 있는 그대로 나타내기 위해서는 "Lands' End"와 같이 전체 텍스트를 따옴표로 감싼다. Name 변수는 문자 벡터로 변환되었다.

다음과 같이 colClasses 인수를 이용하여 각 열의 클래스(즉 숫자, 문자, 논리, 팩터 등)를 지정할 수 있다.

```
> brand.eval <- read.table("brand-eval.csv", header=TRUE,
+                          row.names="BrandID", sep=",",
+                          colClasses=c("character", "character",
+                                       "numeric", "numeric", "numeric"))
> brand.eval
          Name Quality Price After.Service
010        GAP      90    85            80
012        H&M      95    NA            82
013 Lands' End      88    90            75
014     UNIQLO      75    95            90
015       ZARA      80    83            86
> str(brand.eval)
'data.frame'    :  5 obs. of  4 variables:
 $ Name         : chr  "GAP" "H&M" "Lands' End" "UNIQLO" ...
 $ Quality      : num  90 95 88 75 80
 $ Price        : num  85 NA 90 95 83
 $ After.Service: num  80 82 75 90 86
```

문자 클래스로 지정된 행 이름에 앞자리 0이 다시 나타났으며 세 변수의 값은 정수(integer)가 아닌 실수(numeric)로 처리된다.

테이블 형식의 데이터 파일 가운데는 고정된 너비(fixed width)로 데이터 필드를 구분하는 경우가 종종 있다. 각 필드의 위치는 모든 라인에 걸쳐 동일하다. 이처럼 데이터 항목이 고정된 폭을 가질 때는 read.fwf() 함수를 이용하여 데이터를 읽어들인다. 예를 들어, 첫 번째 필드 네 자리, 두 번째 필드 10자리, 세 번째 필드 여덟 자리로 이루어진 고정너비 파일(product-fwf.txt 파일)로부터 데이터를 읽어보자. 첫 번째 필드와 두 번째 필드 사이에는 한 칸의 공백이 있다.

<product-fwf.txt 파일>

```
A001 Mouse         30000
A002 Keyboard      90000
A003 USB           50000
```

read.fwf() 함수를 이용하여 이 파일로부터 다음과 같이 데이터를 읽어들인다. 첫 번째 인수(file)에는 읽어들일 파일 이름을 지정한다. widths 인수에는 각 데이터 필드의 너비를 차례대로 지정한다. 음수가 지정되면 read.fwf() 함수는 그 숫자만큼의 열을 건너뛴다. 0이 지정되면 해당 필드는 결측값으로 채워진다. 여기에서 인수로 지정된 −1은 첫 번째 필드(길이 4)와 두 번째 필드(길이 10) 사이에 있는 한 칸의 공백을 나타낸다.

```
> read.fwf(file="product-fwf.txt", widths=c(4,-1,10,8))
    V1         V2    V3
1 A001 Mouse      30000
2 A002 Keyboard   90000
3 A003 USB        50000
```

데이터 파일 내에 필드의 이름이 포함되어 있지 않을 때 read.fwf() 함수는 자동으로 이름을 부여한다. 데이터를 읽어들일 때 필드의 이름, 즉 열의 이름을 지정하려면 col.names 인수를 이용한다.

```
> read.fwf("product-fwf.txt", widths=c(4,-1,10,8), col.names=c("id", "name", "price"))
    id       name price
1 A001 Mouse      30000
2 A002 Keyboard   90000
3 A003 USB        50000
```

입력하려는 데이터가 테이블 형식이면 앞에서 살펴본 read.table(), read.csv(), read.fwf() 함수 등을 이용하여 R 환경으로 읽어들일 수 있다. 하지만 우리가 다루어야 할 데이터가 항상 이렇게 정형화되어 있는 것은 아니다. 데이터 구조가 복잡하거나 불규칙적일 때는 readLines() 함수나 scan() 함수가 유용하다. 다음과 같이 다소 불규칙해 보이는 구조를 갖는 데이터 파일(won-dollar.txt 파일)로부터 데이터를 읽어보자.

```
<won-dollar.txt 파일>
2014-11-27 1116.70 1078.30 2014-11-28 1127.89 1089.11
2014-12-01 1130.13 1091.27 2014-12-02 1130.13 1091.27 2014-12-03 1131.86 1092.94
2014-12-04 1134.51 1095.49
2014-12-05 1134.51 1095.49 2014-12-08 1139.60 1100.40
2014-12-09 1134.51 1095.49 2014-12-10 1121.79 1083.21
```

테이블 형식의 데이터가 아니기 때문에 read.table(), read.csv(), read.fwf() 함수 등을 이용할 수는 없다. 테이블과 같이 정형화된 형식이 아닐 때는 readLines() 함수나 scan() 함수를 이용하여 라인 단위나 데이터 항목 단위로 데이터를 읽는다.

readLines() 함수는 데이터 파일로부터 라인 단위로 데이터를 읽어서 다음과 같이 문자 벡터를 반환한다. 첫 번째 인수(con)에 읽어들일 파일 이름을 지정한다.

```
> readLines(con="won-dollar.txt")
[1] "2014-11-27 1116.70 1078.30 2014-11-28 1127.89 1089.11"
[2] "2014-12-01 1130.13 1091.27 2014-12-02 1130.13 1091.27 2014-12-03 1131.86 1092.94"
[3] "2014-12-04 1134.51 1095.49"
[4] "2014-12-05 1134.51 1095.49 2014-12-08 1139.60 1100.40"
[5] "2014-12-09 1134.51 1095.49 2014-12-10 1121.79 1083.21"
```

readLines() 함수는 읽어들인 라인 개수만큼의 원소를 갖는 문자 벡터로 반환한다. 다음과 같이 paste() 함수를 이용하면 모두 결합된 하나의 원소를 갖는 문자 벡터로 만들 수 있다.

```
> paste(readLines(con="won-dollar.txt"), collapse=" ")
[1] "2014-11-27 1116.70 1078.30 2014-11-28 1127.89 1089.11 2014-12-01 1130.13 1091.27
2014-12-02 1130.13 1091.27 2014-12-03 1131.86 1092.94 2014-12-04 1134.51 1095.49 2014-
12-05 1134.51 1095.49 2014-12-08 1139.60 1100.40 2014-12-09 1134.51 1095.49 2014-12-10
1121.79 1083.21"
```

n 인수에 읽어들일 라인의 개수를 지정하여 입력할 라인의 개수를 제한할 수 있다. 예를 들어, 다음과 같이 처음 두 개 라인만 읽어들일 수 있다.

```
> readLines("won-dollar.txt", n=2)
[1] "2014-11-27 1116.70 1078.30 2014-11-28 1127.89 1089.11"
[2] "2014-12-01 1130.13 1091.27 2014-12-02 1130.13 1091.27 2014-12-03 1131.86 1092.94"
```

scan() 함수는 readLines() 함수에 비해 보다 풍부한 기능을 제공한다. scan() 함수는 라인 단위가 아닌 데이터 항목 단위로 데이터를 읽고 처리한다. 첫 번째 인수(file)에 읽어들일 파일 이름을 지정한다. what 인수에는 scan() 함수가 읽어들일 데이터 항목의 유형을 지정한다. numeric(), integer(), complex(), character(), logical() 등을 지정할 수 있다. 예를 들어, 다음과 같이 what=character()를 지정하면 데이터 파일을 읽어들일 때 각 데이터 항목은 문자로 처리된다. scan() 함수는 what 인수에 지정된 패턴을 모든 데이터 항목에 대해 반복적으로 적용한다. 각 데이터 항목을 원소로 갖는 하나의 문자 벡터로 저장된다.

```
> scan(file="won-dollar.txt", what=character())
Read 30 items
 [1] "2014-11-27" "1116.70"    "1078.30"    "2014-11-28" "1127.89"    "1089.11"
 [7] "2014-12-01" "1130.13"    "1091.27"    "2014-12-02" "1130.13"    "1091.27"
[13] "2014-12-03" "1131.86"    "1092.94"    "2014-12-04" "1134.51"    "1095.49"
[19] "2014-12-05" "1134.51"    "1095.49"    "2014-12-08" "1139.60"    "1100.40"
[25] "2014-12-09" "1134.51"    "1095.49"    "2014-12-10" "1121.79"    "1083.21"
```

what 인수는 여러 데이터 유형을 포함하는 리스트 형식으로 지정할 수 있다. scan() 함수는 파일의 데이터를 읽을 때 what 인수에 지정된 데이터 유형이 동일한 패턴으로 반복적으로 나타난다고 가정한다. 예제의 원 달러 환율 데이터는 불규칙해 보이지만 실제로는 일정한 패턴을 가지고 있다. '날짜, 살 때 환율, 팔 때 환율'의 순서로 데이터 항목이 반복된다. scan() 함수의 what 인수를 다음과 같이 리스트 형식으로 지정하여 날짜는 문자로, 살 때 환율과 팔 때 환율은 숫자로 읽어들인다.

```
> scan("won-dollar.txt", what=list(character(), numeric(), numeric()))
Read 10 records
[[1]]
 [1] "2014-11-27" "2014-11-28" "2014-12-01" "2014-12-02" "2014-12-03" "2014-12-04"
 [7] "2014-12-05" "2014-12-08" "2014-12-09" "2014-12-10"

[[2]]
 [1] 1116.70 1127.89 1130.13 1130.13 1131.86 1134.51 1134.51 1139.60 1134.51 1121.79

[[3]]
 [1] 1078.30 1089.11 1091.27 1091.27 1092.94 1095.49 1095.49 1100.40 1095.49 1083.21
```

날짜, 살 때 환율, 팔 때 환율이 각각 리스트의 세 개 원소에 저장된다. 데이터를 읽어들일 때 다음과 같이 리스트 원소에 이름을 부여할 수도 있다. 그러면 날짜, 살 때 환율, 팔 때 환율의 데이터 구분이 보다 명확해진다.

```
> scan("won-dollar.txt",
+       what=list(date=character(), buy=numeric(), sell=numeric()))
Read 10 records
$date
 [1] "2014-11-27" "2014-11-28" "2014-12-01" "2014-12-02" "2014-12-03" "2014-12-04"
 [7] "2014-12-05" "2014-12-08" "2014-12-09" "2014-12-10"

$buy
 [1] 1116.70 1127.89 1130.13 1130.13 1131.86 1134.51 1134.51 1139.60 1134.51 1121.79

$sell
 [1] 1078.30 1089.11 1091.27 1091.27 1092.94 1095.49 1095.49 1100.40 1095.49 1083.21
```

scan() 함수는 이 밖에도 유용하게 활용할 수 있는 다양한 인수를 제공한다. 예를 들어, nlines 인수에는 읽어들일 라인의 개수를 지정하며, 반대로 skip 인수에는 읽지 않고 건너뛸 라인의 개수를 지정한다. 다음과 같이 처음 두 개 라인만을 읽어들이거나(nlines=2), 세 개 라인을 무시하고 네 번째 라인부터 데이터를 읽어들일 수 있다(skip=3).

```
> scan("won-dollar.txt",
+       what=list(date=character(), buy=numeric(), sell=numeric()),
+       nlines=2)
Read 5 records
$date
[1] "2014-11-27" "2014-11-28" "2014-12-01" "2014-12-02" "2014-12-03"

$buy
[1] 1116.70 1127.89 1130.13 1130.13 1131.86

$sell
[1] 1078.30 1089.11 1091.27 1091.27 1092.94
```

```
> scan("won-dollar.txt",
+       what=list(date=character(), buy=numeric(), sell=numeric()),
+       skip=3)
Read 4 records
$date
[1] "2014-12-05" "2014-12-08" "2014-12-09" "2014-12-10"

$buy
[1] 1134.51 1139.60 1134.51 1121.79

$sell
[1] 1095.49 1100.40 1095.49 1083.21
```

일반 텍스트 파일이 아닌 엑셀 파일로부터 데이터를 직접 읽어들이기 위해서는 별도의 패키지 설치가 필요하다. 예를 들어, 다음과 같이 readxl 패키지에 포함된 read_excel() 함수를 이용하여 엑셀 파일을 데이터프레임 형식으로 읽어올 수 있다.[2] 첫 번째 인수(path)에는 엑셀 파일을 지정하고 두 번째 인수(sheet)에는 읽어들일 워크시트 번호를 지정한다. readxl 패키지의 read_excel() 함수는 달리 지정하지 않는 한 첫 번째 행을 변수 이름으로 사용한다(col_names=TRUE).

<product.xlsx 파일>

	A	B	C	D
1	id	name	price	madein
2	A001	Mouse	30000	KR
3	A002	Keyboard	90000	CN
4	A003	USB	50000	US

```
> library(readxl)
> read_excel(path="product.xlsx", sheet=1)
# A tibble: 3 x 4
  id    name     price madein
  <chr> <chr>    <dbl> <chr>
1 A001  Mouse    30000 KR
2 A002  Keyboard 90000 CN
3 A003  USB      50000 US
```

2 read_excel() 함수는 사실 엑셀 파일을 티블 형식으로 변환한다. 티블 형식은 데이터프레임의 한 특수한 형태이다.

openxlsx 패키지에 포함된 read.xlsx() 함수 또한 앞서 살펴본 read_excel() 함수와 유사한 방식으로 사용할 수 있다.

```
> library(openxlsx)
> read.xlsx(xlsxFile="product.xlsx", sheet=1)
    id     name price madein
1 A001    Mouse 30000     KR
2 A002 Keyboard 90000     CN
3 A003      USB 50000     US
```

그 밖에 xlsx 패키지, XLConnect 패키지, gdata 패키지 등도 엑셀 파일을 읽는 데 사용할 수 있다. xlsx 패키지는 read.xlsx() 함수와 read.xlsx2() 함수(대용량 파일일 때 사용)를 지원한다. gdata 패키지에서는 read.xls() 함수를 이용할 수 있으며, XLConnect 패키지에서는 readWorksheetFromFile() 함수를 사용할 수 있다.

readr 패키지

readr 패키지는 R 환경으로 데이터를 읽어오는 다양한 함수를 제공한다. 앞서 살펴본 표준패키지에 포함된 입력 함수에 비해 속도가 빠르고 보다 일관된 방식으로 사용할 수 있는 장점이 있다. 파일을 읽는 데 사용하는 대부분의 readr 패키지 함수는 테이블 형태의 파일을 데이터프레임의 한 특수한 형식인 티블(tibble)로 변환한다. 다음과 같은 read_*() 형태의 함수를 이용할 수 있다.

- read_csv(): 쉼표(,)로 데이터 항목이 구분된 CSV 형식의 파일을 읽어들인다. read_csv2() 함수는 세미콜론(;)을 구분자로 사용한 파일을 읽어들인다.
- read_tsv(): 탭(tab)으로 데이터 항목이 구분된 파일을 읽어들인다.
- read_delim(): 어떠한 구분자를 갖는 파일이든 함수 내에 구분자를 지정하여 읽어들일 수 있다.
- read_fwf(): 데이터 항목이 고정된 길이를 갖는 파일을 읽어들인다. 각 필드는 폭이나 위치로 지정한다.
- read_table(): 데이터 항목이 하나 이상의 빈칸(공백)으로 구분된 파일을 읽어들인다.
- read_lines(), read_file(): 비정형의 텍스트 파일을 읽어들인다.

이 함수들은 모두 유사한 인수를 갖는다. 따라서 어느 한 함수에 익숙해지면 나머지 함수도 쉽게 사용할 수 있다. 먼저 read_csv() 함수를 살펴본다. 앞서 예로 사용했던 네 개의 행과 세 개의 열로 구성된 CSV 파일(product.csv 파일)을 읽어보자. 데이터의 첫 번째 행은 헤더 라인으로 열의 이름을 나타낸다. `read_csv()` 함수의 첫 번째 인수(`file`)에 다음과 같이 CSV 파일을 지정한다.

```
<product.csv 파일>
id,name,price
A001,Mouse,30000
A002,Keyboard,90000
A003,USB,50000
```

```
> library(readr)
> read_csv(file="product.csv")
Rows: 3 Columns: 3
-- Column specification ------------------------------------------------------------
Delimiter: ","
chr (2): id, name
dbl (1): price

i Use `spec()` to retrieve the full column specification for this data.
i Specify the column types or set `show_col_types = FALSE` to quiet this message.
# A tibble: 3 x 3
  id    name     price
  <chr> <chr>    <dbl>
1 A001  Mouse    30000
2 A002  Keyboard 90000
3 A003  USB      50000
```

`read_csv()` 함수를 실행하면 각 열의 이름과 데이터 유형이 먼저 출력된다.[3] `read_csv()` 함수는 데이터의 첫 번째 라인을 열 이름으로 사용한다. 만약 다음과 같이 데이터(product-with-no- header.csv 파일)에 열 이름이 포함되어 있지 않다면 `col_names` 인수에 `FALSE`를 지정하거나 사용할 열 이름을 지정할 수 있다.

```
<product-with-no-header.csv 파일>
A001,Mouse,30000
A002,Keyboard,90000
A003,USB,50000
```

3 `show_col_types=FALSE`를 지정하면 열의 이름과 데이터 유형 메시지가 출력되지 않는다.

```
> read_csv("product-with-no-header.csv", col_names=FALSE)
Rows: 3 Columns: 3
-- Column specification ------------------------------------------------------------
Delimiter: ","
chr (2): X1, X2
dbl (1): X3

i Use `spec()` to retrieve the full column specification for this data.
i Specify the column types or set `show_col_types = FALSE` to quiet this message.
# A tibble: 3 x 3
  X1    X2          X3
  <chr> <chr>    <dbl>
1 A001  Mouse    30000
2 A002  Keyboard 90000
3 A003  USB      50000
> read_csv("product-with-no-header.csv", col_names=c("id", "name", "price"))
Rows: 3 Columns: 3
-- Column specification ------------------------------------------------------------
Delimiter: ","
chr (2): id, name
dbl (1): price

i Use `spec()` to retrieve the full column specification for this data.
i Specify the column types or set `show_col_types = FALSE` to quiet this message.
# A tibble: 3 x 3
  id    name     price
  <chr> <chr>    <dbl>
1 A001  Mouse    30000
2 A002  Keyboard 90000
3 A003  USB      50000
```

데이터(product-missing.csv 파일)에 결측값이 포함되어 있다면 **na** 인수에 결측값으로 사용된 값을 지정한다.

```
<product-missing.csv 파일>
id,name,price
A001,Mouse,30000
A002,Keyboard,.
A003,USB,50000
```

```
> read_csv("product-missing.csv", na=".")
Rows: 3 Columns: 3
-- Column specification ---------------------------------------------------------
Delimiter: ","
chr (2): id, name
dbl (1): price

i Use `spec()` to retrieve the full column specification for this data.
i Specify the column types or set `show_col_types = FALSE` to quiet this message.
# A tibble: 3 x 3
  id    name     price
  <chr> <chr>    <dbl>
1 A001  Mouse    30000
2 A002  Keyboard    NA
3 A003  USB      50000
```

또한 데이터(product-comment.csv 파일)에 주석이 포함되어 있으면 comment 인수에 주석을 나타내는 문자를 지정한다. 만약 주석이 데이터 파일의 처음 몇 라인에 걸쳐 포함되어 있으면 skip 인수를 이용하여 첫 몇 라인을 건너뛰는 방식으로 주석을 제외하고 데이터를 읽어들일 수도 있다.

```
<product-comment.csv 파일>
# This is a data file of products.
id,name,price
A001,Mouse,30000
A002,Keyboard,90000
A003,USB,50000
```

```
> read_csv("product-comment.csv", comment="#")
Rows: 3 Columns: 3
-- Column specification ---------------------------------------------------------
Delimiter: ","
chr (2): id, name
dbl (1): price

i Use `spec()` to retrieve the full column specification for this data.
i Specify the column types or set `show_col_types = FALSE` to quiet this message.
```

```
# A tibble: 3 x 3
  id    name     price
  <chr> <chr>    <dbl>
1 A001  Mouse    30000
2 A002  Keyboard 90000
3 A003  USB      50000
> read_csv("product-comment.csv", skip=1)
Rows: 3 Columns: 3
-- Column specification ------------------------------------------------------------
Delimiter: ","
chr (2): id, name
dbl (1): price

i Use `spec()` to retrieve the full column specification for this data.
i Specify the column types or set `show_col_types = FALSE` to quiet this message.
# A tibble: 3 x 3
  id    name     price
  <chr> <chr>    <dbl>
1 A001  Mouse    30000
2 A002  Keyboard 90000
3 A003  USB      50000
```

read_delim() 함수는 보다 유연하다. CSV 파일뿐만 아니라 어떠한 구분자를 사용한 파일(product.txt 파일, product-with-no-header.csv 파일)도 읽어올 수 있다. **delim** 인수에 필드 간 구분자를 지정한다. 나머지 인수는 앞서 살펴본 **read_csv()** 함수와 유사하다. 예를 들어, **col_names** 인수에는 데이터 파일의 첫 번째 라인에 헤더가 포함되어 있는지 여부를 논리값으로 지정한다. 또는 헤더가 없을 경우에는 새로운 열 이름을 지정할 수 있다.

```
<product.txt 파일>
id name price
A001 Mouse 30000
A002 Keyboard 90000
A003 USB 50000
```

```
> read_delim(file="product.txt", delim=" ")
Rows: 3 Columns: 3
-- Column specification -----------------------------------------------------------------
Delimiter: " "
chr (2): id, name
dbl (1): price

i Use `spec()` to retrieve the full column specification for this data.
i Specify the column types or set `show_col_types = FALSE` to quiet this message.
# A tibble: 3 x 3
  id    name     price
  <chr> <chr>    <dbl>
1 A001  Mouse    30000
2 A002  Keyboard 90000
3 A003  USB      50000
> read_delim("product-with-no-header.csv", delim=",",
+            col_names=c("id", "name", "price"))
Rows: 3 Columns: 3
-- Column specification -----------------------------------------------------------------
Delimiter: ","
chr (2): id, name
dbl (1): price

i Use `spec()` to retrieve the full column specification for this data.
i Specify the column types or set `show_col_types = FALSE` to quiet this
message.
# A tibble: 3 x 3
  id    name     price
  <chr> <chr>    <dbl>
1 A001  Mouse    30000
2 A002  Keyboard 90000
3 A003  USB      50000
```

고정된 너비의 필드를 갖는 데이터 파일은 read_fwf() 함수를 이용하여 읽어들일 수 있다. 다음과 같은 고정너비 필드의 데이터 파일(product-fwf.txt 파일)로부터 데이터를 읽어보자.

<product-fwf.txt 파일>

```
A001 Mouse      30000
A002 Keyboard   90000
A003 USB        50000
```

read_fwf() 함수를 이용하여 고정너비 필드의 데이터 파일을 읽기 위해서는 col_positions 인수에 필드의 위치, 즉 열의 위치를 지정해야 한다. 열의 위치는 여러 가지 방식으로 지정할 수 있다. 우선 다음과 같이 fwf_empty() 함수를 이용하여 비어 있는 부분을 바탕으로 열의 위치를 추정할 수 있다. fwf_empty() 함수의 첫 번째 인수(file)에 파일 이름을 지정한다. col_names 인수에는 추가로 열의 이름을 지정할 수 있다.

```
> read_fwf(file="product-fwf.txt",
+          col_positions=fwf_empty(file="product-fwf.txt",
+                                  col_names=c("id", "name", "price")))
Rows: 3 Columns: 3
-- Column specification ------------------------------------------------------------

chr (2): id, name
dbl (1): price

i Use `spec()` to retrieve the full column specification for this data.
i Specify the column types or set `show_col_types = FALSE` to quiet this message.
# A tibble: 3 x 3
  id    name     price
  <chr> <chr>    <dbl>
1 A001  Mouse    30000
2 A002  Keyboard 90000
3 A003  USB      50000
```

필드의 너비를 바탕으로 열의 위치를 결정할 수도 있다. 다음과 같이 fwf_widths() 함수의 첫 번째 인수(widths)에 각 필드의 너비를 벡터로 지정한다.

```
> read_fwf("product-fwf.txt",
+          col_positions=fwf_widths(widths=c(5, 10, 8), c("id", "name", "price")))
```

```
Rows: 3 Columns: 3
-- Column specification --------------------------------------------------------

chr (2): id, name
dbl (1): price

i Use `spec()` to retrieve the full column specification for this data.
i Specify the column types or set `show_col_types = FALSE` to quiet this message.
# A tibble: 3 x 3
  id    name     price
  <chr> <chr>    <dbl>
1 A001  Mouse    30000
2 A002  Keyboard 90000
3 A003  USB      50000
```

필드의 시작 위치와 종료 위치를 이용하는 방법도 있다. **fwf_positions()** 함수의 **start** 인수와 **end** 인수에 각각 시작 위치 벡터와 종료 위치 벡터를 지정한다. **fwf_positions()** 함수를 이용하여 열의 위치를 지정할 경우에는 몇 개의 열만을 선택하여 읽어들일 수 있다. 예를 들어, 다음과 같이 두 번째 열과 세 번째 열만을 읽어들일 수 있다.

```
> read_fwf("product-fwf.txt",
+          col_positions=fwf_positions(start=c(6, 16), end=c(15, 23),
+                                      c("name", "price")))
Rows: 3 Columns: 2
-- Column specification --------------------------------------------------------

chr (1): name
dbl (1): price

i Use `spec()` to retrieve the full column specification for this data.
i Specify the column types or set `show_col_types = FALSE` to quiet this message.
# A tibble: 3 x 2
  name     price
  <chr>    <dbl>
1 Mouse    30000
2 Keyboard 90000
3 USB      50000
```

끝으로 열 이름을 인수로 사용하여 필드의 시작/종료 위치 또는 필드의 너비를 지정할 수 있다. 다음과 같이 fwf_cols() 함수를 이용한다.

```
> read_fwf("product-fwf.txt",
+          col_positions=fwf_cols(name=c(6, 15), price=c(16, 23)))
Rows: 3 Columns: 2
-- Column specification ------------------------------------------------------------------

chr (1): name
dbl (1): price

i Use `spec()` to retrieve the full column specification for this data.
i Specify the column types or set `show_col_types = FALSE` to quiet this message.
# A tibble: 3 x 2
  name     price
  <chr>    <dbl>
1 Mouse    30000
2 Keyboard 90000
3 USB      50000
> read_fwf("product-fwf.txt",
+          col_positions=fwf_cols(id=5, name=10, price=8))
Rows: 3 Columns: 3
-- Column specification ------------------------------------------------------------------

chr (2): id, name
dbl (1): price

i Use `spec()` to retrieve the full column specification for this data.
i Specify the column types or set `show_col_types = FALSE` to quiet this message.
# A tibble: 3 x 3
  id    name     price
  <chr> <chr>    <dbl>
1 A001  Mouse    30000
2 A002  Keyboard 90000
3 A003  USB      50000
```

데이터 필드가 하나 이상의 빈칸으로 구분되어 있으면 read_table() 함수를 이용하는 것이 보다 편리할 수 있다. read_table() 함수는 필드가 공백으로 구분된 일반적인 형태의 파일(product-fwf.txt 파일, product.txt 파일)을 쉽게 읽어들일 수 있다.

```
> read_table(file="product-fwf.txt", col_names=c("id", "name", "price"))

-- Column specification --------------------------------------------------------
cols(
  id = col_character(),
  name = col_character(),
  price = col_double()
)

# A tibble: 3 x 3
  id    name     price
  <chr> <chr>    <dbl>
1 A001  Mouse    30000
2 A002  Keyboard 90000
3 A003  USB      50000
> read_table(file="product.txt")

-- Column specification --------------------------------------------------------
cols(
  id = col_character(),
  name = col_character(),
  price = col_double()
)

# A tibble: 3 x 3
  id    name     price
  <chr> <chr>    <dbl>
1 A001  Mouse    30000
2 A002  Keyboard 90000
3 A003  USB      50000
```

테이블 형식의 데이터가 아닌 비정형의 텍스트 파일(won-dollar.txt 파일)은 read_lines() 함수를 이용하여 읽어들인다.

<won-dollar.txt 파일>

```
2014-11-27 1116.70 1078.30 2014-11-28 1127.89 1089.11
2014-12-01 1130.13 1091.27 2014-12-02 1130.13 1091.27 2014-12-03 1131.86 1092.94
2014-12-04 1134.51 1095.49
2014-12-05 1134.51 1095.49 2014-12-08 1139.60 1100.40
2014-12-09 1134.51 1095.49 2014-12-10 1121.79 1083.21
```

```
> read_lines(file="won-dollar.txt")
[1] "2014-11-27 1116.70 1078.30 2014-11-28 1127.89 1089.11"
[2] "2014-12-01 1130.13 1091.27 2014-12-02 1130.13 1091.27 2014-12-03 1131.86 1092.94"
[3] "2014-12-04 1134.51 1095.49"
[4] "2014-12-05 1134.51 1095.49 2014-12-08 1139.60 1100.40"
[5] "2014-12-09 1134.51 1095.49 2014-12-10 1121.79 1083.21"
```

read_lines() 함수의 skip 인수에는 건너뛸 라인 개수를 지정할 수 있으며 n_max 인수에는 읽어들일 라인 개수를 지정할 수 있다.

```
> read_lines("won-dollar.txt", skip=1, n_max=3)
[1] "2014-12-01 1130.13 1091.27 2014-12-02 1130.13 1091.27 2014-12-03 1131.86 1092.94"
[2] "2014-12-04 1134.51 1095.49"
[3] "2014-12-05 1134.51 1095.49 2014-12-08 1139.60 1100.40"
```

read_lines() 함수는 각 라인에 대응되는 원소를 갖는 문자 벡터를 반환한다. 전체를 하나의 문자 벡터로 읽어들이려면 다음과 같이 read_file() 함수를 이용한다.

```
> read_file(file="won-dollar.txt")
[1] "2014-11-27 1116.70 1078.30 2014-11-28 1127.89 1089.11\r\n2014-12-01 1130.13
1091.27 2014-12-02 1130.13 1091.27 2014-12-03 1131.86 1092.94\r\n2014-12-04 1134.51
1095.49\r\n2014-12-05 1134.51 1095.49 2014-12-08 1139.60 1100.40\r\n2014-12-09
1134.51 1095.49 2014-12-10 1121.79 1083.21\r\n"
```

readr 패키지는 지금까지 살펴본 파일 읽기 함수 이외에도 문자 벡터를 논리값, 숫자, 날짜와 같은 특정 데이터 유형의 벡터로 변환하는 유용한 함수들을 제공한다. 이 가운데 활용도가 높은 parse_number() 함수는 숫자의 앞이나 뒤에 붙어 있는 문자(non-numeric character)를 제거한 후 숫자 형식으로 반환한다. 이 함수는 텍스트로부터 숫자를 추출할 때 매우 유용하다. 예를 들어, 다음과 같이 사용할 수 있다.

```
> parse_number("$100")
[1] 100
> parse_number("30%")
[1] 30
> parse_number("61.3kg")
[1] 61.3
> parse_number("Salary per year: $250,000")
[1] 250000
```

일부 유럽 국가에서는 소수점으로 마침표(.) 대신에 쉼표(,)를 사용하고 숫자 1,000 단위를 표시하는 기호로 쉼표 대신에 마침표를 사용한다. 다음과 같이 `locale` 인수를 이용하여 이러한 문제를 해결할 수 있다.

```
> parse_number("61,3kg", locale=locale(decimal_mark=","))
[1] 61.3
> parse_number("Salary per year: $250.000", locale=locale(grouping_mark="."))
[1] 250000
```

웹사이트[4]

R은 웹상의 데이터를 읽어들이는 다양한 방법을 제공한다. 웹사이트에 링크된 파일은 앞에서 살펴본 파일 읽기용 함수를 그대로 이용할 수 있다. 파일이 위치한 URL을 파일 이름 대신에 사용한다. 예를 들어, 테이블 형식의 텍스트 파일을 읽는 데 사용하는 `read.csv()` 함수나 `read.table()` 함수를 이용하여 웹사이트에 저장된 데이터 파일을 직접 불러올 수 있다.

UCI 머신러닝 리포지토리(UCI Machine Learning Repository) 웹사이트(https://archive.ics.uci.edu/ml/index.php)로부터 아이리스 꽃의 꽃잎과 꽃받침 데이터를 읽어보자.[5] 데이터 파일을 살펴보면 데이터 항목이 쉼표(,)로 구분되어 있다. 따라서 `read.csv()` 함수로 데이터를 읽어올 수 있다. `read.csv()` 함수에 다음과 같이 파일 이름 대신에

4 이 책에서 예로 사용한 웹사이트는 유지보수, 콘텐츠 업데이트 등으로 URL이나 웹사이트 구조가 변경될 수 있다. 만일 URL이나 웹사이트 구조가 이 책의 설명과 다르다면 변경된 상황에 맞도록 관련된 코드를 수정한다.

5 UCI 머신러닝 리포지토리 웹사이트는 머신러닝(machine learning) 및 지능형 시스템과 관련된 데이터를 공유하는 커뮤니티로서 UC 어바인대학(University of California, Irvine)에서 관리하고 있다. 아이리스 데이터 파일은 UCI 머신러닝 리포지토리 웹사이트에서 'iris'를 검색하여 쉽게 찾을 수 있다.

URL을 인수로 제공한다. URL을 이용하는 것을 제외하고는 CSV 파일을 읽어들일 때와 모든 것이 동일하다. URL에는 HTTP 서버뿐만 아니라 FTP 서버도 포함할 수 있다.

```
> url <- "https://archive.ics.uci.edu/ml/machine-learning-databases/iris/iris.data"
> iris.UCI <- read.csv(url, header=FALSE)
> head(iris.UCI)
   V1  V2  V3  V4          V5
1 5.1 3.5 1.4 0.2 Iris-setosa
2 4.9 3.0 1.4 0.2 Iris-setosa
3 4.7 3.2 1.3 0.2 Iris-setosa
4 4.6 3.1 1.5 0.2 Iris-setosa
5 5.0 3.6 1.4 0.2 Iris-setosa
6 5.4 3.9 1.7 0.4 Iris-setosa
```

빈번히 이용하는 파일은 필요할 때마다 인터넷을 통해 읽어오기보다는 자신의 컴퓨터로 다운로드하여 사용하는 것이 좋다. 다음과 같이 `download.file()` 함수를 이용해서 파일을 다운로드하여 `iris.csv` 이름으로 저장한 후 `read.csv()` 함수를 통해 읽어들인다. `download.file()` 함수의 첫 번째 인수(`url`)에는 URL을 지정하고 두 번째 인수(`destfile`)에는 저장할 파일 이름을 지정한다.

```
> url <- "https://archive.ics.uci.edu/ml/machine-learning-databases/iris/iris.data"
> local.copy <- "iris.csv"
> download.file(url=url, destfile=local.copy)
> iris.UCI <- read.csv(local.copy, header=FALSE)
> head(iris.UCI)
   V1  V2  V3  V4          V5
1 5.1 3.5 1.4 0.2 Iris-setosa
2 4.9 3.0 1.4 0.2 Iris-setosa
3 4.7 3.2 1.3 0.2 Iris-setosa
4 4.6 3.1 1.5 0.2 Iris-setosa
5 5.0 3.6 1.4 0.2 Iris-setosa
6 5.4 3.9 1.7 0.4 Iris-setosa
```

인터넷으로부터 가져오는 파일은 종종 압축 파일(zip 파일) 형식으로 존재한다. 압축 파일 형식일 때는 다운로드한 파일을 읽어들이기 전에 먼저 `unzip()` 함수를 이용하여 압축을 풀어야 한다. `unzip()` 함수의 첫 번째 인수(`zipfile`)에는 압축 파일 이름을 지정한다. 하나의 압축 파일 내에 여러 개의 파일이 들어 있을 때는 두 번째 인수에 압축 해제할 파일 이름을 지정할 수 있다. SeanLahman.com (https://www.seanlahman.com)은 미국 메이저리그 야구에 대한 다양한 데이터를 압축 파일의 형식으로 제공한다(https://www.seanlahman.com/baseball-archive/statistics). 다음과 같이 선수의 연봉 데이터 파일(Salaries.csv)을 읽어올 수 있다.

```
> url <- "https://github.com/chadwickbureau/baseballdatabank/archive/master.zip"
> local.copy <- "lahman.zip"
> download.file(url, local.copy)
> baseball.salary <- read.csv(unzip(zipfile=local.copy,
+                                   "baseballdatabank-master/core/Salaries.csv"))
> head(baseball.salary)
  yearID teamID lgID  playerID salary
1   1985    ATL   NL barkele01 870000
2   1985    ATL   NL bedrost01 550000
3   1985    ATL   NL benedbr01 545000
4   1985    ATL   NL  campri01 633333
5   1985    ATL   NL ceronri01 625000
6   1985    ATL   NL chambch01 800000
```

웹사이트로부터 자동으로 데이터를 가져오는 작업은 인터넷상에서 빈번히 업데이트되는 데이터를 바탕으로 반복적으로 어떤 보고서나 그래프를 생성해야 할 때 특히 유용하다. 데이터에 대한 인터넷 링크와 데이터를 수집하고 분석하는 프로그램 코드만 있으면 필요할 때마다 업데이트된 데이터를 이용한 새로운 분석을 수행할 수 있다. 예를 들어, 미국의 원자력규제위원회(NRC, National Regulatory Commission)는 원자력 발전소 가동 현황을 매일 업데이트하여 웹사이트(https://www.nrc.gov)에 공개하고 있다. 원자력 발전소 가동 상태를 기록한 데이터 파일이 웹사이트상에 매일 업데이트될 때 데이터 파일을 읽어들여 정기적인 분석 업무에 활용할 수 있다.[6] 이때 파일 읽기 함수에 URL을 지정하여 직접 읽어올 수도 있지만 웹사이트 상황에 따라서는 그러한 접근을 허용하지 않는 경우가 있다. 이럴 때 다음과 같이 웹사이트로부터 HTML 문서를 가져온 후 텍스트로 변환하여 읽어들인다.

6 https://www.nrc.gov 웹사이트에 접속한 후 『NRC LIBRARY > Dccument Collections > Events, Reports Associated With > Power Reactor Status Report | Archive > Power Status (raw data text file) for the last 365 Days』의 경로로 찾아 들어가면 원자력 발전소 가동 상태를 기록한 데이터 파일에 접근할 수 있다. 또는 구글에서 'Power Reactor Status Report'를 검색하는 것도 한 방법이다.

```
> url <- "https://www.nrc.gov/reading-rm/doc-collections/event-status/reactor-status
/PowerReactorStatusForLast365Days.txt"
> library(httr)
> get <- GET(url)
> txt <- content(get, as="text")
> cat(txt)
```

데이터 파일을 살펴보면 데이터 항목이 '|'로 구분되어 있다. 따라서 readr 패키지의 read_delim() 함수로 읽어들일 때 sep 인수에는 구분자로 사용된 문자 '|'를 지정한다. 그리고 시계열 그래프 생성을 위해 날짜 열(ReportDT)을 Date 객체로 변환한다.7

7 R에서 제공하는 날짜 및 시간 표현 형식은 strptime() 함수의 도움말(?strptime)을 참고한다.

```
> library(readr)
> npower <- read_delim(txt, delim="|")
Rows: 34537 Columns: 3
-- Column specification ------------------------------------------------------------------
Delimiter: "|"
chr (2): ReportDt, Unit
dbl (1): Power

i Use `spec()` to retrieve the full column specification for this data.
i Specify the column types or set `show_col_types = FALSE` to quiet this message.
> head(npower, 3); tail(npower, 3)
# A tibble: 3 x 3
  ReportDt              Unit                Power
  <chr>                 <chr>               <dbl>
1 1/28/2022 12:00:00 AM Arkansas Nuclear 1    100
2 1/28/2022 12:00:00 AM Arkansas Nuclear 2    100
3 1/28/2022 12:00:00 AM Beaver Valley 1       100
# A tibble: 3 x 3
  ReportDt              Unit         Power
  <chr>                 <chr>        <dbl>
1 1/29/2021 12:00:00 AM Watts Bar 1    100
2 1/29/2021 12:00:00 AM Watts Bar 2     90
3 1/29/2021 12:00:00 AM Wolf Creek 1   100
> npower$ReportDt <- as.Date(npower$ReportDt, format="%m/%d/%Y")
```

```
> head(npower, 3); tail(npower, 3)
# A tibble: 3 x 3
  ReportDt   Unit                Power
  <date>     <chr>               <dbl>
1 2022-01-28 Arkansas Nuclear 1    100
2 2022-01-28 Arkansas Nuclear 2    100
3 2022-01-28 Beaver Valley 1       100
# A tibble: 3 x 3
  ReportDt   Unit          Power
  <date>     <chr>         <dbl>
1 2021-01-29 Watts Bar 1     100
2 2021-01-29 Watts Bar 2      90
3 2021-01-29 Wolf Creek 1    100
> dim(npower)
[1] 34537     3
```

원자력 발전소 목록으로부터 처음 12개의 발전소를 추출하여 일별 가동 상태를 그래프로 그려보면

[그림 7-4] 원자력 발전소 가동 현황. 12개 원자력 발전소의 지난 1년간의 일별 가동현황을 비교할 수 있다.

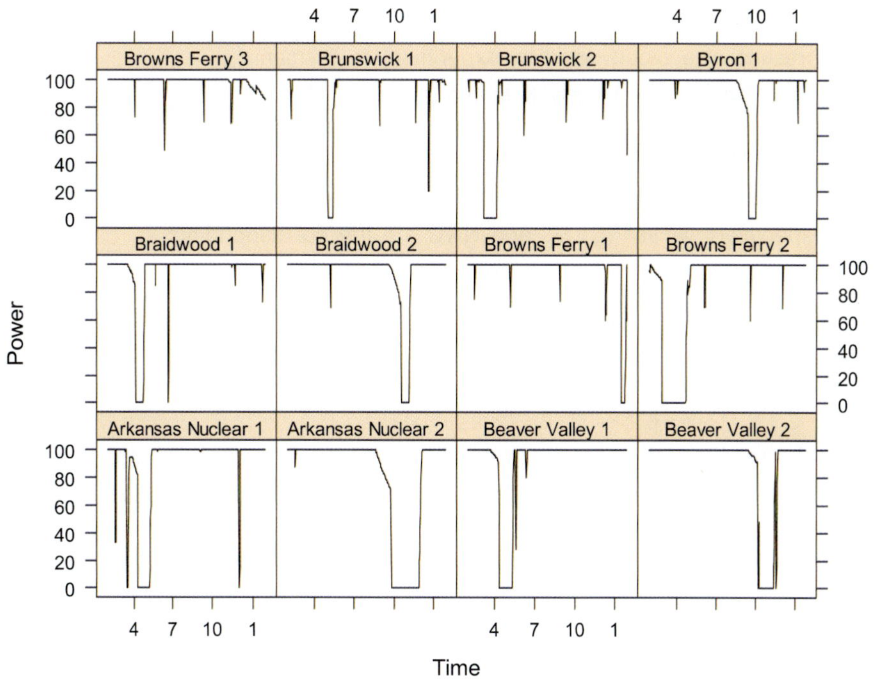

[그림 7-4]와 같다.8 여기에서는 그래프 생성을 위해 `lattice` 패키지를 이용하였다.9 이러한 방식으로 웹사이트에 직접 접근하여 필요한 데이터를 자동으로 가져오면 데이터가 매일 바뀌더라도 앞의 과정을 거쳐 비교적 쉽게 새로운 데이터를 반영한 업데이트된 그래프를 생성할 수 있다.

```
> library(lattice)
> some <- npower[npower$Unit %in% unique(npower$Unit)[1:12],]
> xyplot(Power ~ ReportDt | Unit, data=some,
+        strip=strip.custom(par.strip.text=list(cex=0.8)),
+        type="l", col.line="black", xlab="Time", ylab="Power")
```

테이블 형식의 정형화된 텍스트 파일이 아닌 다소 불규칙한 구조의 파일을 읽어 올 때는 `scan()` 함수가 유용하다. `scan()` 함수 역시 웹사이트상의 데이터 파일을 직접 읽어올 수 있다. StatLib 웹사이트(http://lib.stat.cmu.edu/datasets)로부터 인공강우 실험 데이터를 읽어보자.10 StatLib 웹사이트로부터 가져올 텍스트 데이터는 다음과 같은 형식으로 저장되어 있다.

```
These data are those collected in a cloud-seeding experiment in Tasmania
between mid-1964 and January 1971. Their analysis, using regression
techniques and permutation tests, is discussed in:

    Miller, A.J., Shaw, D.E., Veitch, L.G. & Smith, E.J. (1979).
    'Analyzing the results of a cloud-seeding experiment in Tasmania',
    Communications in Statistics - Theory & Methods, vol.A8(10),
    1017-1047.

The rainfalls are period rainfalls in inches. TE and TW are the east and
west target areas respectively, while NC, SC and NWC are the corresponding
rainfalls in the north, south and north-west control areas respectively.
S = seeded, U = unseeded.
```

8 `%in%` 연산자는 첫 번째 인수 벡터의 각 원소가 두 번째 인수 벡터에 존재하면 TRUE를, 그렇지 않으면 FALSE를 반환한다. 전체 발전소 가운데 처음 12개 발전소에 해당하는 행만이 TRUE로 반환되므로 이를 인덱스로 사용하여 12개 발전소의 데이터만을 추출할 수 있다. `%in%` 연산자에 대한 보다 자세한 설명은 '제9장 데이터 전처리'의 '9.3 결합'을 참고한다.

9 `lattice` 패키지는 그래프를 생성하는 다양한 함수를 제공한다. 특히 [그림 7-4]와 같은 집단별 그래프를 생성할 때 유용하다. 여기에서 사용한 `xyplot()` 함수는 두 변수(`Power`와 `ReportDt`) 간의 관계를 집단(`Unit`)별로 보여준다. `lattice` 패키지는 '제11장 고급 그래픽'의 '11.1 `lattice` 패키지'를 참고한다.

10 StatLib 웹사이트는 통계 관련 데이터와 소프트웨어를 공유하는 커뮤니티로서 카네기멜론대학(Carnegie Mellon University)에서 관리하고 있다. 여기에서 사용하고 있는 데이터셋은 StatLib 웹사이트 http://lib.stat.cmu.edu/datasets/cloud 또는 미러 사이트인 http://ftp.uni-bayreuth.de/math/statlib/datasets/cloud에서 다운로드할 수 있다.

```
PERIOD SEEDED SEASON  TE    TW    NC    SC    NWC
   1     S    AUTUMN  1.69  3.73  1.65  1.80  3.33
   2     U    AUTUMN  0.74  0.78  1.09  0.79  1.59
   3     S    WINTER  0.81  0.86  2.39  0.36  2.06
   4     U    WINTER  1.44  2.01  2.96  1.27  4.05
   5     S    WINTER  2.48  4.61  4.16  2.16  6.00
…(중략)
```

이 데이터는 인공강우 실험 데이터로서 두 개 목표 지역과 세 개 통제 지역의 강우량(인치 단위)이 기록되어 있다. TE와 TW는 동쪽과 서쪽 목표 지역의 강우량을 나타내며, NC, SC, NWC는 각각 북쪽, 남쪽, 북서쪽 통제 지역의 강우량을 의미한다. SEEDED는 인공강우 실시 여부를 나타낸다. S는 인공강우를 실시했음을 의미하고 U는 실시하지 않았음을 뜻한다. 웹사이트상에 저장된 텍스트 데이터에는 14개 라인에 걸쳐 데이터에 대한 설명이 포함되어 있고 1개 라인은 데이터 헤더 부분이 차지하고 있다. 이어서 108개 라인에 걸쳐 실제 데이터가 저장되어 있다.

scan() 함수를 이용하여 웹사이트상의 데이터를 읽기 위해서는 파일 이름 대신에 URL을 입력한다. 데이터를 읽어들일 때 설명 부분과 데이터 헤더 부분을 건너뛰기 위해서 skip=15를 지정한다. 그리고 nlines=108을 지정하여 데이터 부분을 읽어들인다. what 인수에 리스트 형식으로 변수 이름과 데이터 유형을 지정한다.

```
> cloud.seeding <- scan("http://lib.stat.cmu.edu/datasets/cloud",
+                       skip=15,
+                       nlines=108,
+                       what=list(period=character(),
+                                 seeded=character(),
+                                 season=character(),
+                                 te=numeric(),
+                                 tw=numeric(),
+                                 nc=numeric(),
+                                 sc=numeric(),
+                                 nwc=numeric()))
Read 108 records
```

scan() 함수는 다음과 같이 여덟 개의 원소를 갖는 리스트를 반환한다. 리스트의 여덟 개의 원소는 각각 데이터 필드에 대응된다.

```
> str(cloud.seeding)
List of 8
 $ period : chr [1:108] "1" "2" "3" "4" ...
 $ seeded : chr [1:108] "S" "U" "S" "U" ...
 $ season : chr [1:108] "AUTUMN" "AUTUMN" "WINTER" "WINTER" ...
 $ te     : num [1:108] 1.69 0.74 0.81 1.44 2.48 0.84 0.37 0.37 1.33 3.38 ...
 $ tw     : num [1:108] 3.73 0.78 0.86 2.01 4.61 2.39 1.37 0.84 2.31 5.56 ...
 $ nc     : num [1:108] 1.65 1.09 2.39 2.96 4.16 2.76 1.08 0.26 2.53 2.76 ...
 $ sc     : num [1:108] 1.8 0.79 0.36 1.27 2.16 0.87 0.85 0.47 1.08 3.1 ...
 $ nwc    : num [1:108] 3.33 1.59 2.06 4.05 6 4.17 3.45 0.9 3.65 5.06 ...
> cloud.seeding
$period
  [1] "1"   "2"   "3"   "4"   "5"   "6"   "7"   "8"   "9"   "10"  "11"  "12"  "13"
 [14] "14"  "15"  "16"  "45"  "46"  "47"  "48"  "49"  "50"  "51"  "52"  "53"  "54"
 [27] "55"  "56"  "57"  "58"  "59"  "60"  "61"  "62"  "63"  "64"  "65"  "66"  "67"
…(중략)
$seeded
  [1] "S" "U" "S" "U" "S" "U" "U" "S" "U" "S" "S" "U" "S" "U" "S" "U" "S" "U" "U" "S"
 [21] "S" "U" "U" "S" "U" "S" "S" "U" "U" "S" "U" "S" "U" "S" "S" "U" "S" "U" "U" "S"
 [41] "S" "U" "U" "S" "S" "U" "U" "S" "U" "S" "U" "S" "S" "U" "S" "U" "S" "U" "S" "U"
…(중략)
 ⋮
> cloud.seeding$season
  [1] "AUTUMN" "AUTUMN" "WINTER" "WINTER" "WINTER" "WINTER" "WINTER" "WINTER"
  [9] "SPRING" "SPRING" "SPRING" "SPRING" "SPRING" "SPRING" "SUMMER" "SUMMER"
 [17] "SUMMER" "SUMMER" "SUMMER" "SUMMER" "AUTUMN" "AUTUMN" "AUTUMN" "AUTUMN"
…(중략)
```

데이터프레임으로 변환하려면 다음과 같이 as.data.frame() 함수를 이용한다.

```
> cloud.seeding <- as.data.frame(cloud.seeding)
> cloud.seeding
  period seeded season   te   tw   nc   sc  nwc
1      1      S AUTUMN 1.69 3.73 1.65 1.80 3.33
2      2      U AUTUMN 0.74 0.78 1.09 0.79 1.59
3      3      S WINTER 0.81 0.86 2.39 0.36 2.06
…(중략)
```

이렇게 읽어들인 데이터는 후속 분석을 위해 다양하게 활용될 수 있다. 예를 들어, 다음과 같이 요약 통계량을 계산하거나 인공강우 실시 여부에 따른 강수량 평균을 구해볼 수 있다. 인공강우를 실시한 경우가 그렇지 않은 경우에 비해 강우량이 더 많다.

```
> summary(cloud.seeding[4:8])
       te               tw               nc               sc              nwc
 Min.   :0.0000   Min.   :0.060   Min.   :0.000   Min.   :0.020   Min.   :0.0400
 1st Qu.:0.5125   1st Qu.:0.890   1st Qu.:0.410   1st Qu.:0.535   1st Qu.:0.8825
 Median :0.9100   Median :1.555   Median :1.285   Median :0.995   Median :1.9150
 Mean   :1.2326   Mean   :2.046   Mean   :1.506   Mean   :1.202   Mean   :2.1929
 3rd Qu.:1.6750   3rd Qu.:3.000   3rd Qu.:2.132   3rd Qu.:1.663   3rd Qu.:3.0500
 Max.   :6.0000   Max.   :6.930   Max.   :9.420   Max.   :4.020   Max.   :7.8400
> colMeans(subset(cloud.seeding, select=c(te, tw),
+                 subset=(seeded=="S" & season=="AUTUMN")))
      te       tw
1.390833 2.047500
> colMeans(subset(cloud.seeding, select=c(te, tw),
+                 subset=(seeded=="U" & season=="AUTUMN")))
      te       tw
1.188333 1.970833
```

단순히 인터넷상에 링크된 파일을 읽어오는 것이 아니라 웹페이지상에 게시된 데이터(텍스트, 숫자, 이미지, 표 등)를 읽어오려면 지금까지와는 다른 좀 더 복잡한 과정이 필요하다. 왜냐하면 웹페이지에는 실제 데이터와는 무관한 수많은 HTML 태그(HTML tag)가 포함되어 있어서 이를 제거하는 작업이 필요하기 때문이다. 크게 두 가지 방법으로 웹페이지의 데이터를 읽어올 수 있다.

첫 번째 접근법은 정규표현식을 이용하는 것이다. HTML 태그 패턴(<…> 사이)을 정규표현식으로 표현한 후 이를 이용하여 HTML 텍스트로부터 태그를 제거한다. 미국 링컨(Abraham Lincoln) 대통령의 게티스버그(Gettysburg) 연설을 소개한 웹페이지(http://www.abrahamlincolnonline.org)로부터 이 방법으로 텍스트를 추출해보자. 다음과 같이 `readLines()` 함수를 이용하여 웹페이지를 한 라인씩 읽어들인 다음 `gsub()` 함수를 이용하여 HTML 텍스트에서 HTML 태그 패턴의 정규표현식(여기에서는 "<.*?>")과 일치하는 부분을 삭제한다.[11] 그러면 HTML 문서로부터 태그가 제거된 텍스트를 추출할 수 있다.

```
> url <- "http://www.abrahamlincolnonline.org/lincoln/speeches/gettysburg.htm"
> html <- readLines(url)
> html[1:5]
[1] "<HTML>"
[2] "<HEAD>"
[3] "<META NAME=\"description\" VALUE=\"Abraham Lincoln's Gettysburg Address\">"
[4] "<META NAME=\"keywords\" VALUE=\"Abraham Lincoln Gettysburg Address\">"
[5] "<TITLE>The Gettysburg Address by Abraham Lincoln</TITLE>"
> pattern <- "<.*?>"
> text <- gsub(pattern, "", html)
> length(text)
[1] 331
> text[1:5]
[1] ""
[2] ""
[3] ""
[4] ""
[5] "The Gettysburg Address by Abraham Lincoln"
> cat(paste(text, collapse="\n"))



The Gettysburg Address by Abraham Lincoln

…(중략)

Lincoln speech text is in the public domain; the organization, remaining text,
and photo on this page are copyright 2016 Abraham Lincoln Online.
All rights reserved. Privacy Policy
```

11 정규표현식은 '제6장 텍스트와 날짜'에서 간략하게 살펴본 바 있다. 정규표현식은 그 자체로 매우 복잡한 개념이다. 숙달되지 않으면 패턴을 정확히 표현하기도 어렵고 제대로 표현된 것인지 검증하기도 쉽지 않다. 정규표현식을 본격적으로 다루는 것은 이 책의 집필 의도를 벗어나므로 이에 대한 자세한 설명은 별도의 전문서적을 참고하기 바란다. 정규표현식은 HTML 태그 패턴을 매우 다양한 방식으로 나타낼 수 있다. 예를 들어, 가능한 많은 경우의 수를 고려한 다음과 같은 더욱 정교한 정규표현식도 사용할 수 있다:
"〈/?\\w+((\\s+\\w+(\\s*=\\s*(?:\".*?\"|'.*?'|[^'\">\\s]+))?)+\\s*|\\s*)/?〉". 이 정규표현식은 다음 웹사이트를 참고하였다: http://haacked.com/archive/2004/10/25/usingregularexpressionstomatchhtml.aspx/.

추가로 텍스트를 모두 이어붙인 후 줄바꿈(\n), 탭(\t) 등의 이스케이프 시퀀스를 텍스트로부터 삭제한다. 끝으로 텍스트 양끝의 여백을 제거한다.

```
> text <- paste(text, collapse=" ")
> text <- gsub("[\n\t]", "", text)
> text <- trimws(text)
> text
[1] "The Gettysburg Address by Abraham LincolnHome |News |Books |Speeches |Places |Resources |Education | Timelines | Index |Search  Soldiers National Cemetery&copy Abraham Lincoln OnlineThe Gettysburg AddressGettysburg, PennsylvaniaNovember 19, 1863On June 1, 1865, Senator Charles Sumner referred to the most famous speech ever given by President Abraham Lincoln. In his eulogy on the slain president, he called the Gettysburg Address a \"monumental act.\" He said Lincoln was mistaken that
…(중략)
```

이 방법이 다양한 HTML 문서에서 모두 성공적으로 동작하기 위해서는 매우 정교한 정규표현식을 필요로 한다. 정규표현식은 일단 익숙해지면 어떠한 패턴이든 자유롭게 표현할 수 있다는 장점이 있다. 그러나 웹페이지를 구성하는 다양한 HTML 태그로부터 원하는 텍스트를 정확히 추출할 수 있는 정교한 정규표현식을 만드는 것은 쉽지 않은 작업이다.

웹페이지상의 데이터를 직접 읽어오는 두 번째 접근법은 XPath를 이용하는 것이다. XPath는 XML 문서의 특정 부분에 접근하기 위한 경로를 지정하는 표기법이다.[12] XML 문서는 노드(node, 즉 태그와 텍스트)가 트리 구조를 형성하고 있기 때문에 이러한 계층적 경로 구조를 이용하면 XML 문서의 요소(element)와 거기에 속해 있는 속성(attribute)에 접근할 수 있다. HTML 문서는 XML 문서와 마찬가지로 노드가 트리 구조로 표현되기 때문에 HTML 문서 또한 XPath를 이용한 접근이 가능하다.

XPath는 특정 노드의 위치를 트리상의 경로로 나타낸다. 파일 경로와 유사하게 두 가지 방식으로 노드 경로를 표현할 수 있다. 절대경로는 XML 문서의 가장 상위에 위치하는 루트 노드(root node)를 기준으로 노드의 경로를 나타낸다. 반면에 상대경로는 기준이 되는 노드를 기준으로 노드의 상대적 위치를 나타낸다. 특정 노드에 대한 경로를 나타내는 트리 구조의 각 단계는 `axis::nodetest[predicate]`와 같은 형식을 갖는다.

`axis`는 노드를 찾기 위한 검색 방향을 의미하며 기준 노드와의 관계를 기술한다. 예를 들어, `child`는 바로 하위의 자식 노드를

12 XML과 XPath는 그 자체로도 방대한 내용을 담고 있는 전문적인 분야이다. XML과 XPath에 관한 보다 자세한 설명은 별도의 전문 서적을 참고하기 바란다.

의미하며(생략 가능), descendant는 하위 구조를 이루는 모든 자손 노드(예를 들어, 자식의 자식의 자식 노드)까지 포함한다. parent는 부모 노드를 의미하며(..으로 대체 가능), ancestor는 상위 구조를 이루는 모든 조상 노드를 나타낸다. ancestor-or-self는 기준 노드를 포함한 조상 노드를 나타내고, descendant-or-self는 기준 노드를 포함한 자손 노드를 나타낸다(//로 사용 가능). attribute는 기준 노드가 가진 속성 노드를 의미한다(@로 사용 가능). descendant와 descendant-or-self는 순방향으로(즉 트리의 아래로) 검색하며, ancestor와 ancestor-or-self는 역방향으로 검색한다.

nodetest는 선택 대상이 되는 노드, 즉 찾을 노드를 의미한다. axis에 지정된 노드 검색 범위에서 찾고자 하는 노드를 정의한다. 예를 들어, td 노드를 지정하면 테이블 셀을 의미하는 <td>(table data) 태그 부분을 찾는다. 그 밖에 text()를 지정하면 검색 범위 내의 모든 텍스트 노드를 추출할 수 있으며 comment()는 주석 노드를 찾는다. node() 또는 *는 모든 유형의 노드를 추출한다. predicate는 선택된 노드 중에서 특정 노드를 선택하기 위한 조건을 지정한다. 즉 axis를 기준으로 노드 집합을 필터링해서 새로운 노드 집합을 생성한다. 함수를 사용할 수 있으며 논리 연산도 가능하다. 예를 들어, position()은 현재 노드의 위치를 반환하고 last()는 마지막 노드의 위치를 반환한다.

다음은 XPath를 사용한 예이다. 앞에 /를 붙이면 바로 아래 직계 자식 노드에 대해서만 검색을 하고 //를 붙이면 모든 자손 노드로 검색 범위를 넓힌다.

- child::td
  자식 노드 중에서 td 노드를 찾는다. child를 생략하고 td만으로도 나타낼 수 있다.
- child::td[position()=1]
  자식 노드 중에서 첫 번째 td 노드를 찾는다. child를 생략하고 td[1]만으로도 나타낼 수 있다.
- child::td[position()=last()]
  자식 노드 중에서 마지막 td 노드를 찾는다. child를 생략하고 td[last()]만으로도 나타낼 수 있다.
- child::text()
  자식 노드 중에서 텍스트 노드(내용을 텍스트로 갖는 노드)를 찾는다. child를 생략하고 text()만으로도 나타낼 수 있다.

- child::p/child::td[position()=5]

  p 노드의 자식 노드 중 다섯 번째 td 노드를 찾는다. child를 생략하고 p/td[5]만으로도 나타낼 수 있다.

- td[attribute::class="xyz"]

  td 노드의 속성 중 class 값이 xyz인 것을 찾는다. td[@class="xyz"]로도 나타낼 수 있다.

- td[attribute::class="xyz"][position()=5]

  자식 노드 중 class 값이 xyz인 td 노드 가운데 다섯 번째 노드를 찾는다. td[@class="xyz"][5]로도 나타낼 수 있다.

앞에서 다룬 링컨 대통령 게티스버그 연설 웹페이지의 텍스트를 XPath를 이용한 방법으로 추출해보자. 이를 위해 먼저 RCurl 패키지의 getURL() 함수를 이용하여 웹페이지의 HTML 문서를 하나의 문자 벡터로 추출한다.[13]

13 getURL() 함수 이외에도 GET() 함수와 read_html() 함수 또한 웹페이지로부터 HTML 문서를 읽어들일 때 사용할 수 있다. HTTPS 프로토콜의 SSL 인증 문제를 포함하여 어떤 이유에서든 특정 함수가 동작하지 않을 때 선택적으로 사용 가능하다. GET() 함수는 httr 패키지에 포함되어 있으며, read_html() 함수는 xml2 패키지로부터 제공된다. 여기의 경우에는 표준 패키지에 포함된 readLines() 함수를 이용하여 라인 단위로 읽어올 수도 있다.

```
> library(RCurl)
> url <- "http://www.abrahamlincolnonline.org/lincoln/speeches/gettysburg.htm"
> html <- getURL(url)
> str(html)
 chr "<HTML>\n<HEAD>\n<META NAME=\"description\" VALUE=\"Abraham Lincoln's Gettysburg Address\">\n<META NAME=\"keywords\" VALUE=\"Abr"| __truncated__
> length(html)
[1] 1
> cat(html)
<HTML>
<HEAD>
<META NAME="description" VALUE="Abraham Lincoln's Gettysburg Address">
<META NAME="keywords" VALUE="Abraham Lincoln Gettysburg Address">
<TITLE>The Gettysburg Address by Abraham Lincoln</TITLE>
…(중략)
</HTML>
```

그런 다음 XML 패키지의 htmlParse() 함수를 이용하여 문자열로 추출한 HTML 웹페이지를

HTML 트리 구조를 갖는 R 객체(XMLInternalDocument 클래스 및 그와 동등한 클래스)로 변환한다.14

```
> library(XML)
> html.parsed <- htmlParse(html)
> str(html.parsed)
Classes 'HTMLInternalDocument', 'HTMLInternalDocument', 'XMLInternalDocument',
'XMLAbstractDocument' <externalptr>
> html.parsed
<!DOCTYPE html PUBLIC "-//W3C//DTD HTML 4.0 Transitional//EN"
"http://www.w3.org/TR/REC-html40/loose.dtd">
<html>
<head>
<meta name="description" value="Abraham Lincoln's Gettysburg Address">
<meta name="keywords" value="Abraham Lincoln Gettysburg Address">
<title>The Gettysburg Address by Abraham Lincoln</title>
…(중략)
<b><font face="arial" size="2">Gettysburg, Pennsylvania<br>
November 19, 1863</font></b><p>

On June 1, 1865, Senator Charles Sumner referred to the most famous speech
ever given by President Abraham Lincoln. In his eulogy on the slain
president, he called the Gettysburg Address a "monumental act." He said Lincoln was
mistaken that
 "the world will little note, nor long remember what we say here." Rather, the
Bostonian
 remarked, "The world noted at once what he said, and will never cease to
 remember it. The battle itself was less important than the speech."</p>
…(중략)
</html>
```

이제 HTML 트리 구조의 R 객체로부터 앞서 살펴본 XPath를 이용하여 HTML 문서의 특정 부분을 추출할 수 있다. XML 패키지의 xpathSApply() 함수는 XPath를 바탕으로 HTML 문서와 같은 XML 형식의 문서로부터 특정 조건을 충족하는 노드를 추출한다. 예를 들어, 다음과 같이 첫 번째 인수(doc)에 트리 구조의 R 객체를 지정하고 두 번째 인수(path)에 XPath로 //p를 지정하면 <p>(paragraph) 태그를 갖는 모든 노드가 리스트 형식으로 출력된다.

14 htmlParse() 함수에 웹페이지의 HTML 텍스트가 아닌 URL을 직접 인수로 제공해도 HTML 트리 구조의 객체를 생성할 수 있다. 그러나 지금처럼 먼저 웹페이지로부터 HTML 텍스트를 추출하는 것이 보다 안정적이다.

```
> html.node <- xpathSApply(doc=html.parsed, path="//p")
> str(html.node)
List of 39
 $ :Classes 'XMLInternalElementNode', 'XMLInternalNode', 'XMLAbstractNode' <externalptr>
 $ :Classes 'XMLInternalElementNode', 'XMLInternalNode', 'XMLAbstractNode' <externalptr>
…(중략)
> html.node
[[1]]
<p>
</p>

[[2]]
<p>

On June 1, 1865, Senator Charles Sumner referred to the most famous speech
ever given by President Abraham Lincoln. In his eulogy on the slain
president, he called the Gettysburg Address a "monumental act." He said Lincoln was
mistaken that
 "the world will little note, nor long remember what we say here." Rather, the
Bostonian
 remarked, "The world noted at once what he said, and will never cease to
 remember it. The battle itself was less important than the speech."</p>
…(중략)
[[39]]
<p>
Lincoln speech text is in the public domain; the organization, remaining text, and
photo on this page are copyright 2020 Abraham Lincoln Online.
All rights reserved. <a href="../privacy.htm">Privacy Policy</a></p>
```

출력된 결과가 리스트 형식이므로, 예를 들어 이 가운데 두 번째 <p> 태그의 노드는 다음과 같이 추출할 수 있다.

```
> html.node[[2]]
<p>

On June 1, 1865, Senator Charles Sumner referred to the most famous speech
ever given by President Abraham Lincoln. In his eulogy on the slain
```

```
president, he called the Gettysburg Address a "monumental act." He said Lincoln was
mistaken that
 "the world will little note, nor long remember what we say here." Rather, the
Bostonian
 remarked, "The world noted at once what he said, and will never cease to
 remember it. The battle itself was less important than the speech."</p>
```

이제 최종 목표인 태그 내의 텍스트를 추출한다. 태그 내의 텍스트는 xmlValue() 함수를 이용하여 추출할 수 있다. XML 문서에서 더 이상 자식 노드를 갖지 않는 최하위 노드를 리프 노드(leaf node)라고 하며 리프 노드는 대개 텍스트만을 포함하고 있다. xmlValue() 함수는 이러한 리프 노드로부터 값을 추출한다. 예를 들어, xmlValue() 함수를 이용하여 다음과 같이 두 번째 <p> 태그 노드로부터 텍스트를 추출할 수 있다.

```
> text <- xmlValue(html.node[[2]])
> str(text)
 chr "\n\nOn June 1, 1865, Senator Charles Sumner referred to the most famous speech
\never given by President Abraham Lincoln. I"| __truncated__
> text
[1] "\n\nOn June 1, 1865, Senator Charles Sumner referred to the most famous speech
\never given by President Abraham Lincoln. In his eulogy on the slain \npresident, he
called the Gettysburg Address a \"monumental act.\" He said Lincoln was mistaken that
\n \"the world will little note, nor long remember what we say here.\" Rather, the
Bostonian \n remarked, \"The world noted at once what he said, and will never cease
to \n remember it. The battle itself was less important than the speech. \""
> cat(text)


On June 1, 1865, Senator Charles Sumner referred to the most famous speech
ever given by President Abraham Lincoln. In his eulogy on the slain
president, he called the Gettysburg Address a "monumental act." He said Lincoln was
mistaken that
 "the world will little note, nor long remember what we say here." Rather, the
Bostonian
 remarked, "The world noted at once what he said, and will never cease to
 remember it. The battle itself was less important than the speech."
```

웹페이지의 모든 텍스트를 가져오려면 하나의 <p> 태그 노드가 아닌 모든 <p> 태그 노드로부터 텍스트를 추출해야 한다. 이를 위해서는 다음과 같이 sapply() 함수를 이용하여 모든 노드에 대해 xmlValue() 함수를 적용한다.15

15 sapply() 함수는 어떤 함수를 일련의 데이터 원소에 반복적으로 적용할 때 유용하다. 첫 번째 인수에는 함수에 적용할 벡터(또는 리스트)를 지정한다. 두 번째 인수에는 함수를 지정한다. 벡터 내의 모든 원소에 대해 지정된 함수가 반복적으로 적용된다. sapply() 함수는 '제9장 데이터 전처리'의 '9.8 반복 적용'을 참고한다.

```
> text <- sapply(html.node, xmlValue)
> str(text)
 chr [1:39] "\n" ...
> text[2]
[1] "\n\nOn June 1, 1865, Senator Charles Sumner referred to the most famous speech
\never given by President Abraham Lincoln. In his eulogy on the slain \npresident, he
called the Gettysburg Address a \"monumental act. \" He said Lincoln was mistaken
that \n \"the world will little note, nor long remember what we say here. \" Rather,
the Bostonian \n remarked, \"The world noted at once what he said, and will never
cease to \n remember it. The battle itself was less important than the speech.\""
> text[4]
[1] "\n\t\nBliss Copy"
> cat(paste(text, collapse="\n"))


On June 1, 1865, Senator Charles Sumner referred to the most famous speech
ever given by President Abraham Lincoln. In his eulogy on the slain
…(중략)
Lincoln speech text is in the public domain; the organization, remaining text, and
photo on this page are copyright 2016 Abraham Lincoln Online.
All rights reserved. Privacy Policy
```

또는 다음과 같이 xpathSApply() 함수의 세 번째 인수(fun)를 활용하여 노드 추출과 텍스트 추출을 동시에 수행할 수도 있다. 세 번째 인수에 지정된 xmlValue() 함수가 XPath로 지정된 조건을 충족하는 노드에 차례대로 적용되어 <p> 태그에 포함된 모든 텍스트가 문자 벡터로 반환된다.

```
> text <- xpathSApply(html.parsed, path="//p", fun=xmlValue)
```

특정 태그 노드를 검색하여 그 안에 포함된 텍스트를 추출할 수도 있지만 다음과 같이 path="//text()"를 지정하여 웹페이지에 포함된 모든 텍스트를 추출할 수도 있다. XPath로 지정된 text()는 HTML 문서 내의 모든 텍스트 노드를 추출한다.

```
> text <- xpathSApply(html.parsed, path="//text()", fun=xmlValue)
> text[1:10]
 [1] "The Gettysburg Address by Abraham Lincoln"
 [2] "\n"
 [3] "\n"
 [4] "\n"
 [5] "\n"
 [6] "Home"
 [7] " |\n"
 [8] "News"
 [9] " |\n"
[10] "Books"
> cat(paste(text, collapse=" "))
The Gettysburg Address by Abraham Lincoln



Home  |
News  |
…(중략)
All rights reserved.  Privacy Policy
```

추가로 텍스트를 모두 이어붙인 후 줄바꿈(\n), 탭(\t) 등의 이스케이프 시퀀스를 텍스트로부터 삭제한다. 끝으로 텍스트 양끝의 여백을 제거한다.

```
> text <- paste(text, collapse=" ")
> text <- gsub("[\n\t]", "", text)
> text <- trimws(text)
> text
[1] "The Gettysburg Address by Abraham LincolnHome |News |Books |Speeches |Places
|Resources |Education | Timelines | Index |Search  Soldiers National Cemetery&copy
Abraham Lincoln OnlineThe Gettysburg AddressGettysburg, PennsylvaniaNovember 19,
1863On June 1, 1865, Senator Charles Sumner referred to the most famous speech
ever given by President Abraham Lincoln. In his eulogy on the slain president, he
called the Gettysburg Address a \"monumental act.\" He said Lincoln was mistaken that
…(중략)
```

웹페이지상의 많은 데이터는 테이블(표) 형식으로 되어 있다. XPath를 이용하면 테이블 태그 노드로부터 우리가 원하는 데이터를 읽어올 수 있기는 하지만 많은 번거로운 작업이 수반된다. XML 패키지의 readHTMLTable() 함수를 이용하면 비교적 간단하게 HTML 문서에 포함된 테이블 데이터를 읽어올 수 있다.

NationMaster(https://www.nationmaster.com)는 국가별 통계 데이터를 표로 정리하여 웹사이트를 통해 제공한다. 다음과 같이 XML 패키지의 readHTMLTable() 함수를 이용하여 국가별 평균 월급(세금을 제외한 가처분 소득) 데이터를 웹페이지로부터 추출해보자. 먼저 httr 패키지의 GET() 함수를 이용하여 웹페이지로부터 HTML 문서를 읽어들인다. readHTMLTable() 함수의 첫 번째 인수(doc)에 htmlParse() 함수를 이용하여 생성한 HTML 트리 구조 객체를 지정한다.

```
> library(httr)
> library(XML)
> url <- "https://www.nationmaster.com/country-info/stats/Cost-of-living/Average-
monthly-disposable-salary/After-tax"
> html <- GET(url)
> html.parsed <- htmlParse(html)
> html.tab <- readHTMLTable(doc=html.parsed)
```

웹페이지에 포함된 테이블은 리스트 형식으로 추출되며 테이블에 포함된 데이터값은 리스트의 각 원소에 데이터프레임 형식으로 저장된다. 리스트의 첫 번째 원소를 추출하여 다음과 같이 별도의 데이터프레임으로 저장한다.

```
> str(html.tab)
List of 1
 $ NULL:'data.frame':  176 obs. of  5 variables:
  ..$ #      : chr [1:176] "1" "2" "3" "4" ...
  ..$ COUNTRY: chr [1:176] "Switzerland" "Luxembourg" "Zambia" "Jersey" ...
  ..$ AMOUNT : chr [1:176] "$6,301.73" "$4,479.80" "$4,330.98" "$4,323.25" ...
  ..$ DATE   : chr [1:176] "2014" "2014" "2014" "2014" ...
  ..$ GRAPH  : chr [1:176] "" "" "" "" ...
```

```
> head(html.tab[[1]])
  #     COUNTRY    AMOUNT DATE GRAPH
1 1 Switzerland $6,301.73 2014
2 2  Luxembourg $4,479.80 2014
3 3      Zambia $4,330.98 2014
4 4      Jersey $4,323.25 2014
5 5     Bermuda $4,250.00 2014
6 6      Norway $4,215.43 2014
> salary <- html.tab[[1]]
> str(salary)
'data.frame':  176 obs. of  5 variables:
 $ #      : chr  "1" "2" "3" "4" ...
 $ COUNTRY: chr  "Switzerland" "Luxembourg" "Zambia" "Jersey" ...
 $ AMOUNT : chr  "$6,301.73" "$4,479.80" "$4,330.98" "$4,323.25" ...
 $ DATE   : chr  "2014" "2014" "2014" "2014" ...
 $ GRAPH  : chr  "" "" "" "" ...
```

추출하고자 하는 테이블의 위치를 알고 있다면 다음과 같이 readHTMLTable() 함수의 which 인수에 테이블의 위치를 지정할 수 있다. 그러면 원하는 테이블을 데이터프레임 형태로 바로 변환할 수 있다.

```
> salary <- readHTMLTable(doc=html.parsed, which=1)
> str(salary)
'data.frame': 176 obs. of  5 variables:
 $ #      : chr  "1" "2" "3" "4" ...
 $ COUNTRY: chr  "Switzerland" "Luxembourg" "Zambia" "Jersey" ...
 $ AMOUNT : chr  "$6,301.73" "$4,479.80" "$4,330.98" "$4,323.25" ...
 $ DATE   : chr  "2014" "2014" "2014" "2014" ...
 $ GRAPH  : chr  "" "" "" "" ...
```

웹페이지의 테이블 데이터가 R 환경의 데이터프레임 형식으로 성공적으로 변환되었다. 하지만 이렇게 추출한 데이터를 분석에 사용 가능한 형태로 만들기 위해서는 일반적으로 몇 가지 전처리 작업이 필요하다. 예를 들어, 여기에서는 우선 필요 없는 다섯 번째 열(GRAPH)을 삭제한다. 그리고 sapply() 함수를 이용하여 AMOUNT 변수에서 쉼표(,)를 제거한다. 이어서 substring() 함수를 이용하여 숫자 앞의 달러($) 기호를 삭제한다. AMOUNT 변수는 금액을 나타내므로 as.numeric() 함수를 이용하여 문자형을 숫자형으로 변환한다.

```
> salary <- salary[,-5]
> salary$AMOUNT <- sapply(salary[,3], function(x) gsub(",", "", as.character(x)))
> salary$AMOUNT <- as.numeric(substring(salary$AMOUNT, 2))
> str(salary)
'data.frame':  176 obs. of  4 variables:
 $ #       : chr  "1" "2" "3" "4" ...
 $ COUNTRY : chr  "Switzerland" "Luxembourg" "Zambia" "Jersey" ...
 $ AMOUNT  : num  6302 4480 4331 4323 4250 ...
 $ DATE    : chr  "2014" "2014" "2014" "2014" ...
> head(salary)
  #      COUNTRY  AMOUNT DATE
1 1 Switzerland 6301.73 2014
2 2  Luxembourg 4479.80 2014
3 3      Zambia 4330.98 2014
4 4      Jersey 4323.25 2014
5 5     Bermuda 4250.00 2014
6 6      Norway 4215.43 2014
```

이제 웹페이지상의 테이블로부터 수집한 데이터를 각종 분석에 활용할 수 있다. 예를 들어, 다음과 같이 summary() 함수를 이용하여 평균, 중위수, 최소값, 최대값 등 국가별 월급과 관련된 통계를 계산해볼 수 있다.

```
> summary(salary$AMOUNT)
   Min. 1st Qu.  Median    Mean 3rd Qu.    Max.
  25.05  424.49  730.54 1274.93 1955.62 6301.73
```

지금까지 웹사이트로부터 데이터를 읽어오는 다양한 방법을 살펴보았다. 그런데 일부 웹사이트는 데이터에 접근할 수 있는 공개된 API(Application Programming Interface)를 제공하기도 한다. 이러한 웹사이트의 API를 이용하면 데이터를 보다 쉽게 R 환경으로 읽어들일 수 있다. 예를 들어, quantmod 패키지는 API를 통해 주식 종목에 대한 데이터를 다운로드한다. quantmod 패키지에는 데이터를 다운로드할 사이트로 야후(yahoo!)가 기본으로 설정되어 있다. 따라서 quantmod 패키지를 수행하면 기본적으로 야후 파이낸스 웹사이트(https://finance.yahoo.com)로부터 주식 종목 데이터가 다운로드된다. getSymbols() 함수의 Symbols 인수에 종목 코드를 지정하면 해당 종목의 주가 및 거래량 데이터가 웹사이트로부터 다운로드된다.16 from 인수와 to 인수에는 시작 일자와 종료 일자를 지정할 수 있다.17

```
> library(quantmod)
> ibm <- getSymbols(Symbols="IBM", from="2021-01-01", to="2021-12-31",
+                   auto.assign=FALSE)
> head(ibm, 3)
           IBM.Open IBM.High  IBM.Low IBM.Close IBM.Volume IBM.Adjusted
2021-01-04 120.3155 120.3824 117.6291  118.4895    5417443     112.8135
2021-01-05 119.5124 121.1090 119.1300  120.5927    6395872     114.8160
2021-01-06 121.3193 126.0803 121.1472  123.6042    8322708     117.6832
> tail(ibm, 3)
           IBM.Open IBM.High IBM.Low IBM.Close IBM.Volume IBM.Adjusted
2021-12-28   131.60   133.22  131.59    132.63    3445200       132.63
2021-12-29   132.40   134.21  132.30    133.35    4239900       133.35
2021-12-30   133.75   134.37  133.33    133.91    3158100       133.91
```

세계은행(World Bank)은 웹사이트를 통해 WDI(World Development Indicators)를 비롯한 다양한 통계 데이터를 제공한다(https://data.worldbank.org). WDI 패키지를 이용하면 세계은행 웹사이트의 API를 통해 WDI 데이터를 포함한 각종 공개 데이터를 보다 쉽게 읽어들일 수 있다. WDI 패키지의 WDIsearch() 함수를 이용하여 현재 이용 가능한 지표를 키워드로 검색할 수 있다. 검색 결과는 행렬 형식으로 출력된다. 지표의 이름은 name 열에 출력되고 대응되는 지표의 코드는 indicator 열에 나타난다. 모든 열을 출력하려면 short=FALSE를 지정한다. WDIsearch() 함수는 기본적으로 name 열을 대상으로 키워드 검색을 수행하며 검색 대상 열은 field 인수를 지정하여 변경할 수 있다.

```
> library(WDI)
> WDIsearch("unemployment")
```

16 종목 코드는 야후 파이낸스 웹사이트(https://finance.yahoo.com)에서 검색할 수 있다. 한국의 주식 종목도 검색할 수 있으며 영문으로 검색어를 입력한다(예를 들면, 삼성전자는 'Samsung Electronics'로 검색).

17 실행 결과를 변수로 저장하기 위해서는 getSymbols() 함수에 auto.assign=FALSE를 추가로 지정한다. 또는 getSymbols() 함수를 실행하기 전에 options(getSymbols.auto.assign=FALSE)를 실행한다.

```
> tail(WDIsearch("unemployment"), 3)
      indicator
[45,] "SL.UEM.TOTL.NE.ZS"
[46,] "SL.UEM.TOTL.ZS"
[47,] "UNEMPSA_"
      name
[45,] "Unemployment, total (% of total labor force) (national estimate)"
[46,] "Unemployment, total (% of total labor force) (modeled ILO estimate)"
[47,] "Unemployment rate,Percent,,,"
```

WDIsearch() 함수는 내부적으로 grep() 함수를 이용하며 대소문자를 구분하지 않는다. 또한 정규표현식을 사용할 수 있다.

```
> WDIsearch("Unemployment, Total")
     indicator
[1,] "SL.UEM.TOTL.NE.ZS"
[2,] "SL.UEM.TOTL.ZS"
     name
[1,] "Unemployment, total (% of total labor force) (national estimate)"
[2,] "Unemployment, total (% of total labor force) (modeled ILO estimate)"
> WDIsearch("gdp.*capita.*current.*\\$")
     indicator            name
[1,] "NY.GDP.PCAP.CD"     "GDP per capita (current US$)"
[2,] "NY.GDP.PCAP.PP.CD"  "GDP per capita, PPP (current international $)"
```

지표의 실제 데이터는 WDI() 함수를 이용하여 다운로드한다. country 인수에는 국가 코드(ISO-2 코드, 예를 들면 US, BR, KR과 같은 두 자리 국가 코드)를 지정한다. 두 개 이상의 국가를 벡터 형식으로 지정할 수 있다. country 인수를 지정하지 않으면 모든 국가에 대한 데이터가 추출된다(country="all"). indicator 인수에는 지표의 코드를 지정하고 start 인수와 end 인수에는 추출하고자 하는 기간의 시작 연도와 종료 연도를 지정한다. 예를 들어, 2011년부터 2020년까지 10년간의 우리나라 1인당 GDP(GDP per capita (current US$))와 실업률(Unemployment, total (% of total labor force)) 데이터를 다음과 같이 추출할 수 있다.

```
> WDI(country="KR", indicator=c("NY.GDP.PCAP.CD", "SL.UEM.TOTL.ZS"),
+     start=2011, end=2020)
   iso2c      country year NY.GDP.PCAP.CD SL.UEM.TOTL.ZS
1     KR Korea, Rep. 2011       25096.26           3.40
2     KR Korea, Rep. 2012       25466.76           3.20
3     KR Korea, Rep. 2013       27182.73           3.10
4     KR Korea, Rep. 2014       29249.58           3.50
5     KR Korea, Rep. 2015       28732.23           3.55
6     KR Korea, Rep. 2016       29288.87           3.65
7     KR Korea, Rep. 2017       31616.84           3.65
8     KR Korea, Rep. 2018       33422.94           3.82
9     KR Korea, Rep. 2019       31936.80           3.75
10    KR Korea, Rep. 2020       31631.47           4.07
```

wbstats 패키지 또한 세계은행이 제공하는 공개 데이터베이스에 접근할 수 있다. 사용 방법은 WDI 패키지와 유사하다. 원하는 데이터를 찾기 위한 키워드 검색은 wb_search() 함수를 이용한다. wbstats 패키지의 wb_search() 함수는 기본적으로 지표의 ID(indicator_id), 지표의 이름(indicator), 그리고 지표에 대한 설명(indicator_desc)에서 일치하는 패턴을 검색한다. 검색 대상 열은 fields 인수를 지정하여 변경할 수 있다. 검색 결과는 데이터프레임 형식으로 출력된다.[18] 데이터 원천(source)을 포함한 모든 열을 출력하려면 wb_search() 함수에 extra=TRUE를 지정한다.

18 wb_search() 함수는 사실 검색 결과를 티블 형식으로 반환한다. 티블 형식은 데이터프레임의 한 특수한 형태이다.

```
> library(wbstats)
> wb_search("Unemployment, Total")
# A tibble: 2 x 3
  indicator_id      indicator                      indicator_desc
  <chr>             <chr>                          <chr>
1 SL.UEM.TOTL.NE.ZS Unemployment, total (% of to~ Unemployment refers to the share of~
2 SL.UEM.TOTL.ZS    Unemployment, total (% of to~ Unemployment refers to the share of~
> wb_search("gdp.*capita.*current.*\\$")
# A tibble: 2 x 3
  indicator_id      indicator                                       indicator_desc
  <chr>             <chr>                                           <chr>
1 NY.GDP.PCAP.CD    GDP per capita (current US$)                    GDP per capita is g~
2 NY.GDP.PCAP.PP.CD GDP per capita, PPP (current international $) This indicator prov~
```

데이터를 다운로드하기 위해서는 **wb_data()** 함수를 사용한다. **country** 인수에는 국가를 지정하며 (기본값은 country="all") **indicator** 인수에는 지표의 코드를 지정하고 **start_date** 인수와 **end_date** 인수에는 추출하고자 하는 기간의 시작 연도와 종료 연도를 지정한다. 기간 단위가 좀 더 세분화된 데이터의 경우 연도뿐만 아니라 월(예: 2016M01) 또는 분기(예: 2016Q1)를 지정할 수 있다. 다음 코드는 2011년부터 2020년까지 10년간의 우리나라 1인당 GDP와 실업률 데이터를 다운로드한다.

```
> wb_data(country="KR", indicator=c("NY.GDP.PCAP.CD", "SL.UEM.TOTL.ZS"),
+         start_date=2011, end_date=2020)
# A tibble: 10 x 6
   iso2c iso3c country      date NY.GDP.PCAP.CD SL.UEM.TOTL.ZS
   <chr> <chr> <chr>       <dbl>          <dbl>          <dbl>
 1 KR    KOR   Korea, Rep.  2011         25096.           3.4
 2 KR    KOR   Korea, Rep.  2012         25467.           3.2
 3 KR    KOR   Korea, Rep.  2013         27183.           3.1
 4 KR    KOR   Korea, Rep.  2014         29250.           3.5
 5 KR    KOR   Korea, Rep.  2015         28732.           3.55
 6 KR    KOR   Korea, Rep.  2016         29289.           3.65
 7 KR    KOR   Korea, Rep.  2017         31617.           3.65
 8 KR    KOR   Korea, Rep.  2018         33423.           3.82
 9 KR    KOR   Korea, Rep.  2019         31937.           3.75
10 KR    KOR   Korea, Rep.  2020         31631.           4.07
```

언제까지의 데이터가 이용 가능한 가장 최근의 데이터인지 잘 모를 때는 **start_date** 인수와 **end_date** 인수를 이용하여 기간을 지정하는 대신에 **mrv**(most recent values) 인수를 이용하여 다운로드할 가장 최근 데이터 개수를 지정할 수 있다. **mrv** 인수에 정수를 지정하면 그 숫자가 나타내는 기간만큼의 최근 데이터를 추출한다. 예를 들어, 다음 코드를 실행하면 우리나라 1인당 GDP와 실업률 각각의 최근 10년간의 데이터가 다운로드된다. **mrv** 인수를 지정한 후 두 개 이상의 지표를 다운로드할 때는 데이터의 가용 여부에 따라 출력되는 데이터의 기간이 각 지표마다 서로 다를 수 있다는 점에 주의해야 한다.

```
> wb_data(country="KR", indicator=c("NY.GDP.PCAP.CD", "SL.UEM.TOTL.ZS"), mrv=10)
# A tibble: 10 x 6
   iso2c iso3c country      date NY.GDP.PCAP.CD SL.UEM.TOTL.ZS
   <chr> <chr> <chr>       <dbl>          <dbl>          <dbl>
 1 KR    KOR   Korea, Rep.  2011         25096.           3.4
 2 KR    KOR   Korea, Rep.  2012         25467.           3.2
 3 KR    KOR   Korea, Rep.  2013         27183.           3.1
 4 KR    KOR   Korea, Rep.  2014         29250.           3.5
 5 KR    KOR   Korea, Rep.  2015         28732.           3.55
 6 KR    KOR   Korea, Rep.  2016         29289.           3.65
 7 KR    KOR   Korea, Rep.  2017         31617.           3.65
 8 KR    KOR   Korea, Rep.  2018         33423.           3.82
 9 KR    KOR   Korea, Rep.  2019         31937.           3.75
10 KR    KOR   Korea, Rep.  2020         31631.           4.07
```

wbstats 패키지와 WDI 패키지는 모두 세계은행의 데이터베이스에 접근할 수 있는 환경을 제공한다는 공통점이 있지만 두 패키지 간에는 한 가지 중요한 차이점이 있다. WDI 패키지는 와이드포맷(wide format) 형태의 데이터셋을 생성하는 반면, wbstats 패키지는 return_wide=FALSE를 지정할 경우 다음과 같이 롱포맷(long format) 형태의 데이터셋을 만들 수 있다.[19]

19 와이드포맷 및 롱포맷의 개념과 두 포맷 간의 변환은 '제9장 데이터 전처리'의 '9.9 형태 변환'을 참고한다.

```
> wb_data(country="KR", indicator=c("NY.GDP.PCAP.CD", "SL.UEM.TOTL.ZS"),
+         start_date=2011, end_date=2020, return_wide=FALSE)
# A tibble: 20 x 11
   indicator_id    indicator    iso2c iso3c country  date  value unit  obs_status footnote
   <chr>           <chr>        <chr> <chr> <chr>   <dbl>  <dbl> <chr> <chr>      <chr>
 1 NY.GDP.PCAP.~ GDP per c~ KR    KOR   Korea,~  2020 3.16e4 NA    NA         NA
 2 NY.GDP.PCAP.~ GDP per c~ KR    KOR   Korea,~  2019 3.19e4 NA    NA         NA
 3 NY.GDP.PCAP.~ GDP per c~ KR    KOR   Korea,~  2018 3.34e4 NA    NA         NA
…(중략)
 8 NY.GDP.PCAP.~ GDP per c~ KR    KOR   Korea,~  2013 2.72e4 NA    NA         NA
 9 NY.GDP.PCAP.~ GDP per c~ KR    KOR   Korea,~  2012 2.55e4 NA    NA         NA
10 NY.GDP.PCAP.~ GDP per c~ KR    KOR   Korea,~  2011 2.51e4 NA    NA         NA
11 SL.UEM.TOTL.~ Unemploym~ KR    KOR   Korea,~  2020 4.07e0 NA    NA         NA
12 SL.UEM.TOTL.~ Unemploym~ KR    KOR   Korea,~  2019 3.75e0 NA    NA         NA
13 SL.UEM.TOTL.~ Unemploym~ KR    KOR   Korea,~  2018 3.82e0 NA    NA         NA
```

```
…(중략)
18 SL.UEM.TOTL.~ Unemploym~ KR     KOR  Korea,~  2013  3.1 e0 NA     NA           NA
19 SL.UEM.TOTL.~ Unemploym~ KR     KOR  Korea,~  2012  3.2 e0 NA     NA           NA
20 SL.UEM.TOTL.~ Unemploym~ KR     KOR  Korea,~  2011  3.4 e0 NA     NA           NA
# ... with 1 more variable: last_updated <date>
```

와이드포맷의 데이터셋에는 변수들이 각각 하나의 열로 표현되어 한 행에 관련된 변수와 값이 차례대로 옆으로 넓게 배열된다. 롱포맷은 데이터셋에 포함된 가능한 변수 목록을 나타내는 하나의 열과 이 변수들에 대한 값을 나타내는 또 하나의 열을 갖는다. 따라서 두 개의 열을 갖는 형태로 데이터가 아래로 길게 배열된다. 데이터분석 함수에 따라 요구하는 데이터 형태가 다를 수 있다. 어떤 데이터 분석에는 와이드포맷의 데이터셋이 필요하고 또 다른 데이터분석을 위해서는 롱포맷의 데이터셋이 필요하다. 이처럼 함수마다 요구하는 데이터셋의 형태가 다르기 때문에 wbstats 패키지는 각각 용도에 맞는 데이터셋을 생성하는 데 있어서 보다 유연하게 대응할 수 있다.

한 가지 예를 더 살펴보자. wbstas 패키지를 이용하여 1981년부터 2020년까지의 40년간의 우리나라를 비롯한 일본, EU, 미국의 1인당 GDP의 추이를 분석하려고 한다. 우선 다음과 같이 지역별 1인당 GDP 데이터를 추출한다.

```
> wb.data <- wb_data(country=c("KR", "JP", "EU", "US"), indicator="NY.GDP.PCAP.CD",
+                     start_date=1981, end_date=2020)
> wb.data
# A tibble: 160 x 9
   iso2c iso3c country         date NY.GDP.PCAP.CD unit  obs_status footnote last_updated
   <chr> <chr> <chr>          <dbl>          <dbl> <chr> <chr>      <chr>    <date>
 1 EU    EUU   European U~     1981          7032. NA    NA         NA       2021-12-16
 2 EU    EUU   European U~     1982          6759. NA    NA         NA       2021-12-16
 3 EU    EUU   European U~     1983          6559. NA    NA         NA       2021-12-16
 4 EU    EUU   European U~     1984          6305. NA    NA         NA       2021-12-16
 5 EU    EUU   European U~     1985          6469. NA    NA         NA       2021-12-16
 6 EU    EUU   European U~     1986          9020. NA    NA         NA       2021-12-16
 7 EU    EUU   European U~     1987         11125. NA    NA         NA       2021-12-16
 8 EU    EUU   European U~     1988         12173. NA    NA         NA       2021-12-16
 9 EU    EUU   European U~     1989         12393. NA    NA         NA       2021-12-16
10 EU    EUU   European U~     1990         15455. NA    NA         NA       2021-12-16
# ... with 150 more rows
```

이렇게 추출한 데이터를 이용하여 네 지역별로 1인당 GDP 추이를 그래프로 그려보면 [그림 7-5]와 같다. 여기에서는 그래프 생성을 위해 ggplot2 패키지를 이용하였다.[20]

20 ggplot2 패키지는 그래프 문법 구조를 바탕으로 통일된 규칙에 따라 일관된 방식으로 그래프를 생성한다. ggplot2 패키지는 '제11장 고급 그래픽'의 '11.2 ggplot2 패키지'를 참고한다. scales 패키지는 Y축의 금액에 콤마(,)를 나타내기 위해 필요하다.

```
> library(ggplot2)
> library(scales)
> ggplot(wb.data, aes(x=date, y=NY.GDP.PCAP.CD, color=country)) +
+   geom_line(size=1.5) +
+   scale_y_continuous(labels=comma) +
+   labs(x="", y="US Dollars", title="GDP per Capita") +
+   theme(plot.title=element_text(face="bold"),
+         legend.position=c(0.1, 0.85),
+         legend.title=element_blank())
```

[그림 7-5] 지역별 1인당 GDP 추이. 한국, 일본, EU, 미국의 1인당 GDP의 추이를 비교해볼 수 있다.

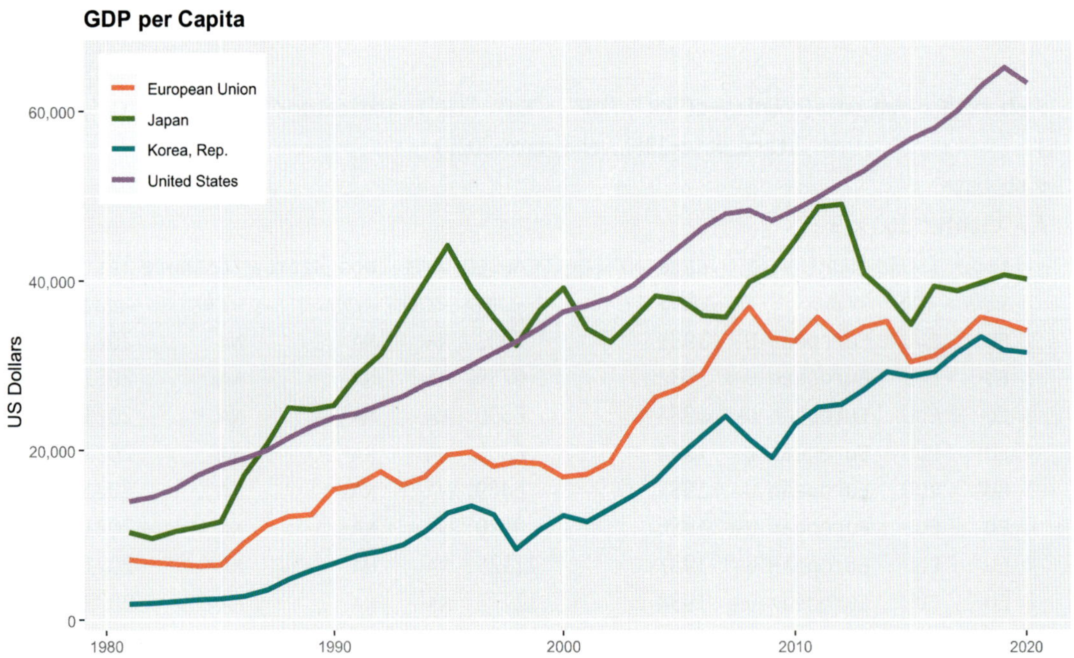

7.2 출력

화면

R은 코드 수행 결과를 기본적으로 R 콘솔, 즉 화면으로 출력한다. 처리 결과를 명시적으로 화면으로 출력하기 위해서는 print() 함수를 이용한다. 그러나 print() 함수 없이 다음과 같이 명령어 프롬프트에 출력하려는 객체만 입력해도 R은 그 값을 화면에 출력한다.

```
> pi
[1] 3.141593
> sqrt(3)
[1] 1.732051
```

print() 함수를 명시적으로 사용하지는 않았지만 사실 R은 내부적으로 print() 함수를 호출한다. 따라서 앞의 예는 다음과 같이 print() 함수를 사용한 것과 동일하다.

```
> print(pi)
[1] 3.141593
> print(sqrt(3))
[1] 1.732051
```

print() 함수는 어떠한 객체든 그 객체에 적합한 형태로 출력한다. 예를 들어, 행렬이 인수로 주어지면 행렬의 형태로 출력하며 리스트가 인수로 주어지면 리스트의 형태로 출력한다. print() 함수의 이러한 특성은 매우 유용하다. 왜냐하면 특별한 설정 없이 어떠한 데이터 구조를 갖는 객체든 하나의 print() 함수만으로 출력할 수 있기 때문이다.

```
> print(matrix(c(1,2,3,4), ncol=2))
     [,1] [,2]
[1,]    1    3
[2,]    2    4
> print(list("Batman", "Spiderman", "Ironman"))
[[1]]
[1] "Batman"
```

```
[[2]]
[1] "Spiderman"

[[3]]
[1] "Ironman"
```

그러나 print() 함수는 한 번에 하나의 객체만을 출력할 수 있다는 한계를 갖고 있다. 다음과 같이 여러 객체를 인수로 제공하더라도 첫 번째 객체만 출력한다.

```
> print(1, 3, 5)
[1] 1
```

print() 함수 대신에 cat() 함수를 이용하면 여러 객체를 하나로 이어서 출력할 수 있다. 객체 간에는 공백으로 구분된다. cat() 함수는 출력 후 자동으로 다음 라인으로 커서를 이동시키지 않기 때문에 출력된 라인을 마무리하기 위해서는 커서를 새로운 라인으로 이동시키기 위한 이스케이프 시퀀스(escape sequence) \n을 인수로 지정해야 한다.[21]

21 RStudio는 새로운 라인으로 이동시키는 이스케이프 시퀀스 \n을 cat() 함수의 끝에 자동으로 추가한다. 그러나 R 자체는 그렇게 하지 않는다. 따라서 RStudio를 사용하지 않고 R 콘솔을 이용할 때는 \n을 cat() 함수의 마지막에 추가할 필요가 있다.

```
> cat(1, 3, 5, "\n")
1 3 5
```

이스케이프 시퀀스를 이용한 다음과 같은 좀 더 다양한 출력도 가능하다. \b는 백스페이스(backspace), \n은 줄바꿈, \t는 탭, \'는 작은따옴표를 나타낸다.

```
> name <- "Jenny"
> cat("Hello", name, "\b,\n", "Isn\'t it", "\t", "A LOVELY DAY?\n")
Hello Jenny,
 Isn't it 	 A LOVELY DAY?
```

출력 결과를 보면 두 번째 라인이 한 칸 안으로 들어가 있다. 왜냐하면 cat() 함수는 객체를 공백으로 구분하며 출력 시 객체 간에 공백을 삽입하기 때문이다. 이처럼 자동으로 공백이 삽입되기 때문에 쉼표(,) 앞에 백스페이스(\b)를 추가하였다. 그렇지 않으면 'Hello Jenny ,'와 같이 출력된다.

cat() 함수는 벡터만 출력할 수 있으며 행렬, 리스트, 데이터프레임 같은 복합 구조의 데이터는 출력할 수 없다. 복합 구조의 데이터를 cat() 함수로 출력하기 위해서는 먼저 벡터로 변환한다. 예를 들어, cat() 함수로 리스트를 출력하려면 먼저 unlist() 함수를 이용하여 리스트를 벡터로 변환한다.

```
> prime <- c(2,3,5,7,11,13,17,19)
> cat("The prime numbers are:", prime, "...\n")
The prime numbers are: 2 3 5 7 11 13 17 19 ...
> hero <- list("Batman", "Spiderman", "Ironman")
> cat(hero)
Error in cat(hero) : argument 1 (type 'list') cannot be handled by 'cat'
> cat(unlist(hero), "\n")
Batman Spiderman Ironman
```

R은 기본적으로 수치 데이터를 다음과 같이 일곱 개의 유효숫자 자릿수로 출력한다.

```
> pi
[1] 3.141593
> pi*100
[1] 314.1593
> pi/100
[1] 0.03141593
```

그러나 수치 데이터를 출력할 때 출력할 자릿수를 조정하고 싶을 때가 있다. 예를 들어, 제한된 공간에 많은 수치를 출력해야 할 때는 기본 출력 자릿수인 일곱 자리를 모두 수용할 수 없다. print() 함수의 digits 인수를 이용하면 출력할 자릿수를 조정할 수 있다.

```
> print(pi, digits=3)
[1] 3.14
> print(pi*100, digits=3)
[1] 314
```

cat() 함수를 이용해도 출력 자릿수를 조정할 수 있다. 그러나 cat() 함수는 그 자체로는 수치의 출력 자릿수를 조정할 수 없다. 대신에 cat() 함수를 호출하기 전에 format() 함수를 이용하여 출력할 자릿수를 지정한다.

```
> cat(pi, "\n")
3.141593
> cat(format(pi, digits=3), "\n")
3.14
```

R은 벡터 연산을 수행하기 때문에 print() 함수나 format() 함수에 벡터가 인수로 주어지면 다음과 같이 벡터 전체의 자릿수가 한꺼번에 조정된다.22

22 pnorm() 함수는 표준정규분포에서 인수로 주어진 표준점수까지의 누적확률을 계산한다.

```
> pnorm(-3:3)
[1] 0.001349898 0.022750132 0.158655254 0.500000000 0.841344746 0.977249868
[7] 0.998650102
> print(pnorm(-3:3), digits=3)
[1] 0.00135 0.02275 0.15866 0.50000 0.84134 0.97725 0.99865
```

print() 함수나 format() 함수는 벡터 내 원소의 자릿수를 모두 일치시킴으로써 벡터 전체의 자릿수를 조정한다. 이를 위해 먼저 벡터 내 원소 중 가장 작은 수치를 지정된 유효자릿수에 따라 자릿수를 결정한다(여기에서는 0.00135). 그런 다음 다른 모든 수치가 그와 동일한 길이(여기에서는 소수점 이하 다섯 자리)를 갖도록 자릿수를 일치시킨다. 이런 방식은 다음과 같이 테이블 형식의 수치 데이터를 자릿수에 맞춰 출력하고 싶을 때 매우 유용하다.

```
> z <- c(0, 1.64, 1.96, 2.58)
> ptbl <- data.frame(Z=z, Lower=pnorm(-z), Upper=pnorm(z))
> ptbl
     Z       Lower     Upper
1 0.00 0.500000000 0.5000000
2 1.64 0.050502583 0.9494974
3 1.96 0.024997895 0.9750021
4 2.58 0.004940016 0.9950600
> print(ptbl, digits=3)
     Z   Lower Upper
1 0.00 0.50000 0.500
2 1.64 0.05050 0.949
3 1.96 0.02500 0.975
4 2.58 0.00494 0.995
```

파일

print() 함수와 cat() 함수는 일반적으로 처리 결과를 화면, 즉 R 콘솔에 출력한다. 그러나 cat() 함수는 file 인수를 지정함으로써 처리 결과를 파일 형태로도 출력할 수 있다. cat() 함수에서 처리 결과를 파일 형태로 출력하기 위해서는 다음과 같이 file 인수에 저장할 파일명을 지정한다. sep="\t"는 데이터 항목이 탭으로 구분된다는 것을 나타낸다. 다음 코드를 실행한 후 현재의 작업 디렉토리 내에 생성된 prime.txt 파일을 열어보면 탭으로 구분된 데이터를 확인할 수 있다.

```
> prime <- c(2,3,5,7,11,13,17,19)
> cat(prime, file="prime.txt", sep="\t", "\n")
```

cat() 함수를 이용하여 기존의 파일에 데이터를 추가하려면 append=TRUE를 지정한다. append=TRUE를 지정하지 않으면 cat() 함수를 호출할 때마다 파일을 새로 생성하게 되어 기존의 저장된 내용이 삭제된다.

```
> id <- c("A001", "A002", "A003")
> name <- c("Mouse", "Keyboard", "USB")
> price <- c(30000, 90000, 50000)
> cat(id, file="product-cat.txt", sep="\t", "\n")
> cat(name, file="product-cat.txt", sep="\t", append=TRUE, "\n")
> cat(price, file="product-cat.txt", sep="\t", append=TRUE, "\n")
```

현재의 작업 디렉토리 내에 생성된 product-cat.txt 파일을 열어보면 다음과 같은 처리 결과를 확인할 수 있다.

```
<product-cat.txt 파일>
A001     A002     A003
Mouse    Keyboard USB
30000    90000    50000
```

앞에서와 같이 cat() 함수 내에 파일명을 반복해서 직접 입력하는 대신에 다음과 같이 file() 함수를 이용하여 연결 객체를 생성하고 그 객체를 cat() 함수의 file 인수에 지정할 수 있다.

```
> con <- file("product-cat.txt", open="w")
> cat(id, file=con, sep="\t", "\n")
```

```
> cat(name, file=con, sep="\t", "\n")
> cat(price, file=con, sep="\t", "\n")
> close(con)
```

이러한 방식은 파일 이름의 반복 입력에 따른 실수를 줄일 수 있으며 또한 코드를 단순화시켜 유지보수를 용이하게 할 수 있다.[23] file() 함수의 open 인수에는 파일과의 연결을 통해 하고자 하는 작업을 지정한다. 파일을 읽기 위해서는 open="r"를 지정하고 지금처럼 파일에 쓰기 위해서는 open="w"를 지정한다. 연결 객체를 통해 파일에 데이터를 쓸 때는 추가로 append=TRUE를 지정할 필요가 없다. 파일과의 연결을 종료하기 위해서는 close() 함수를 이용한다.

print() 함수는 cat() 함수와 달리 처리 결과를 직접 파일로 저장할 수 없다. 그러나 sink() 함수를 이용하면 처리 결과를 화면이 아닌 파일로 보낼 수 있다. sink() 함수는 R 스크립트의 실행 결과를 파일로 저장할 때 주로 이용된다. 예를 들어, 다음과 같은 코드를 R 스크립트로 작성하여 FahToCel.R이라는 스크립트 파일을 만들어보자.

```
fah <- readline("Fahrenheit? ")
fah <- as.numeric(fah)
print(paste("Fahrenheit =", fah))
cel <- (fah-32)/1.8
print(paste("Celsius =", cel))
```

sink() 함수를 이용하면 R 스크립트 파일을 실행시켜 중간 중간의 print() 함수 출력 결과를 파일로 보낼 수 있다. 우선 sink() 함수에 출력 결과를 저장하려는 파일명을 인수로 지정한다. 그러면 이후의 print() 함수의 출력 결과는 모두 화면이 아닌 지정된 파일로 보내지기 때문에 source() 함수를 통한 R 스크립트 실행 결과는 지정된 파일로 저장된다.[24] 작업을 모두 마치고 나면 인수 없이 sink() 함수를 실행시켜 출력 결과를 다시 화면으로 보낸다. sink() 함수에 파일명과 함께 append=TRUE를 지정하면 기존의 파일에 출력 결과를 추가할 수 있다.

```
> sink("FahToCel-output.txt")
> source("FahToCel.R")
Fahrenheit? 32
> sink()
```

23 read.csv(), read.table(), read.fwf(), readLines(), scan(), write.csv(), write.table() 등의 데이터 입력 및 출력 함수 역시 파일명을 직접 입력하는 대신에 file() 함수를 통해 생성한 연결 객체를 이용할 수 있다.

24 source() 함수는 '부록 A. R 설치 및 사용'을 참고한다.

현재의 작업 디렉토리에 저장된 FahToCel-output.txt 파일을 열어보면 출력된 결과가 다음과 같이 저장된 것을 확인할 수 있다.

```
<FahToCel-output.txt 파일>
[1] "Fahrenheit = 32"
[1] "Celsius = 0"
```

R은 이 밖에도 다양한 파일 출력 방식을 제공한다. R은 입력할 때와 마찬가지로 출력할 때도 CSV 형식을 지원한다. CSV 형식은 가장 보편적으로 사용되는 파일 형식이기 때문에 R에서 처리한 작업 결과를 CSV 형식으로 출력하면 다른 응용 프로그램에서 이를 쉽게 이용할 수 있다. CSV 파일을 생성하기 위해서는 `write.csv()` 함수를 이용한다. `write.csv()` 함수는 행렬이나 데이터프레임 같은 테이블 형식의 데이터를 CSV 형식의 ASCII 파일로 만든다. 데이터의 각 행은 파일의 한 라인을 구성하고 데이터 항목은 쉼표에 의해 구분된다.

`write.csv()` 함수를 이용하여 R의 표준패키지에 포함되어 있는 `Orange` 데이터셋으로부터 다음과 같이 orange.csv 파일을 생성할 수 있다. 첫 번째 인수(x)에는 데이터를 지정하고 두 번째 인수(`file`)에 생성할 파일 이름을 지정한다.

```
> Orange
   Tree  age circumference
1     1  118            30
2     1  484            58
…(중략)
34    5 1372           174
35    5 1582           177
> write.csv(x=Orange, file="orange.csv", row.names=FALSE)
```

`write.csv()` 함수를 실행하면 R 콘솔에는 어떠한 결과도 출력되지 않지만 현재의 작업 디렉토리를 살펴보면 orange.csv 파일이 생성된 것을 볼 수 있다. 이 파일을 텍스트 편집기로 열어보면 다음과 같이 쉼표로 구분된 데이터를 확인할 수 있다. 생성된 CSV 파일에는 열의 이름이 자동으로 포함된다.

```
<orange.csv 파일>
"Tree","age","circumference"
"1",118,30
"1",484,58
```

```
…(중략)
"5",1372,174
"5",1582,177
```

row.names=FALSE를 지정하지 않으면 각 라인의 앞에 행의 이름이 붙는다. 데이터에 행 이름이 포함되어 있지 않으면 행의 일련 번호가 대신 붙게 된다. 따라서 다음과 같은 CSV 파일이 생성된다. 행 이름이 필요하지 않다면 앞서와 같이 row.names=FALSE를 지정한다.

```
> write.csv(Orange, "orange2.csv")
```

```
<orange2.csv 파일>
"","Tree","age","circumference"
"1","1",118,30
"2","1",484,58
…(중략)
"34","5",1372,174
"35","5",1582,177
```

쉼표로 구분된 형식이 아닌 다른 형식으로 데이터 파일을 생성하려면 write.table() 함수를 이용한다. write.table() 함수는 write.csv() 함수에 비해 좀 더 다양한 옵션을 제공한다. sep 인수에는 데이터 항목을 구분하는 구분자를 지정한다. 달리 지정하지 않으면 기본값 sep=" "이 사용되어 데이터 항목은 공백으로 구분된다. 기존 파일에 새로운 데이터를 추가하기 위해서는 append=TRUE를 지정하며 fileEncoding 인수에는 데이터의 인코딩 방식을 지정할 수 있다.

```
> write.table(x=Orange, file="orange.txt", sep=";", row.names=FALSE)
```

```
<orange.txt 파일>
"Tree";"age";"circumference"
"1";118;30
"1";484;58
…(중략)
"5";1372;174
"5";1582;177
```

작업 중에 생성된 객체 역시 파일로 저장하면 유용할 때가 있다. 복잡하고 오랜 시간에 걸친 데이터 처리 작업의 결과물을 나중의 후속 작업에 다시 사용하고 싶을 때도 있고 다른 컴퓨터로 이동하여 작업을 해야 할 때도 있다. save() 함수를 이용하여 객체를 파일로 저장할 수 있다. 파일로 저장된 객체를 작업공간의 메모리에 적재하기 위해서는 load() 함수를 이용한다.

```
> z <- c(0, 1.64, 1.96, 2.58)
> ptbl <- data.frame(Z=z, Lower=pnorm(-z), Upper=pnorm(z))
> ls()
[1] "ptbl" "z"
> save(ptbl, file="ptbl.rda")
> rm(ptbl)
> ls()
[1] "z"
> load("ptbl.rda")
> ls()
[1] "ptbl" "z"
```

save() 함수는 달리 인수를 지정하지 않는 한 파일 크기를 작게 하기 위하여 이진 형식(binary format)으로 파일을 저장한다. 그러나 텍스트 파일(즉 ASCII 파일) 형식으로 저장하고 싶을 때가 있다. save() 함수에 ascii=TRUE를 지정하면 객체를 텍스트 파일로 저장할 수 있다. dput() 함수나 dump() 함수도 텍스트 파일 형식으로 객체를 저장한다.

```
> save(ptbl, file="ptbl.txt", ascii=TRUE)
> dput(ptbl, file="ptbl.txt")
> dump("ptbl", file="ptbl.txt")
```

readr 패키지

readr 패키지는 R 환경으로 데이터를 읽어오는 다양한 함수를 제공할 뿐만 아니라 읽기 함수에 대응되는 유용한 쓰기 함수도 제공한다. write_*() 형태의 함수들은 데이터프레임(티블)을 텍스트 파일로 저장한다.

예를 들어, 앞서 사용했던 Orange 데이터셋으로부터 write_csv() 함수를 이용하여 다음과 같이 orange.csv 파일을 생성할 수 있다. 첫 번째 인수(x)에는 데이터를 지정하고 두 번째 인수(file)에 생성할 파일 이름을 지정한다.

```
> library(readr)
> Orange
   Tree  age circumference
1     1  118             30
2     1  484             58
…(중략)
34    5 1372            174
35    5 1582            177
> write_csv(x=Orange, file="orange.csv")
> read_csv("orange.csv")
Rows: 35 Columns: 3
-- Column specification ------------------------------------------------------------------
Delimiter: ","
dbl (3): Tree, age, circumference

i Use `spec()` to retrieve the full column specification for this data.
i Specify the column types or set `show_col_types = FALSE` to quiet this message.
# A tibble: 35 x 3
    Tree   age circumference
   <dbl> <dbl>         <dbl>
 1     1   118            30
 2     1   484            58
 3     1   664            87
…(중략)
 8     2   118            33
 9     2   484            69
10     2   664           111
# ... with 25 more rows
```

다음과 같이 write_delim() 함수를 이용하면 데이터 항목 간 구분자를 자유롭게 지정할 수 있다.

```
> write_delim(x=Orange, file="orange.txt", delim=";")
> read_delim("orange.txt", delim=";")
Rows: 35 Columns: 3
-- Column specification ------------------------------------------------------------------
Delimiter: ";"
dbl (3): Tree, age, circumference
```

```
i Use `spec()` to retrieve the full column specification for this data.
i Specify the column types or set `show_col_types = FALSE` to quiet this message.
# A tibble: 35 x 3
    Tree   age circumference
   <dbl> <dbl>         <dbl>
 1     1   118            30
 2     1   484            58
 3     1   664            87
…(중략)
 8     2   118            33
 9     2   484            69
10     2   664           111
# ... with 25 more rows
```

테이블 형식의 데이터프레임이 아닌 벡터를 텍스트 파일로 저장하려면 다음과 같이 write_lines() 함수를 사용한다. 벡터의 각 원소당 한 라인씩 데이터가 저장된다(circumference.txt 파일).

```
> write_lines(x=Orange$circumference, file="circumference.txt")
> read_lines("circumference.txt")
 [1] "30"  "58"  "87"  "115" "120" "142" "145" "33"  "69"  "111" "156" "172" "203"
[14] "203" "30"  "51"  "75"  "108" "115" "139" "140" "32"  "62"  "112" "167" "179"
[27] "209" "214" "30"  "49"  "81"  "125" "142" "174" "177"
```

```
<circumference.txt 파일>
30
58
87
…(중략)
142
174
177
```

클립보드

R로부터의 처리 결과는 클립보드로 출력할 수 있다. 일단 클립보드에 데이터가 복사되면 이 데이터를 붙여넣기(Ctrl + V)를 통해 다른 응용 프로그램에서 이용할 수 있기 때문에 클립보드로 출력하는 것도 때로는 유용하다. 클립보드를 이용한 데이터 출력은 writeClipboard() 함수나 write.table()

[그림 7-6] 클립보드를 이용한 데이터 출력. writeClipboard() 함수를 이용하여 데이터를 클립보드로 복사한다.

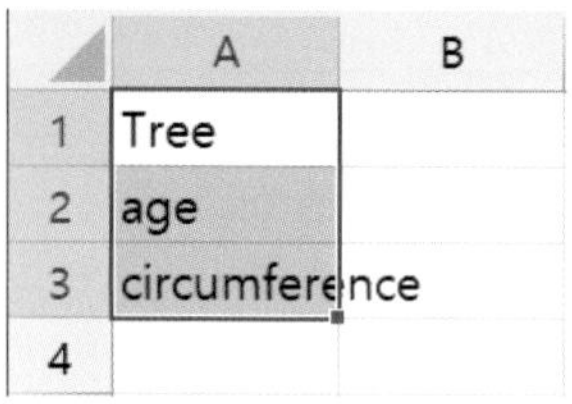

함수를 이용한다.

writeClipboard() 함수는 벡터 데이터를 클립보드에 복사한다. 예를 들어, 다음과 같이 writeClipboard() 함수를 실행하면 Orange 데이터셋의 열 이름이 클립보드로 복사된다.

```
> names(Orange)
[1] "Tree"          "age"           "circumference"
> writeClipboard(names(Orange))
```

writeClipboard() 함수를 실행하면 R 콘솔에는 아무런 결과도 출력되지 않는다. 하지만 데이터는 이미 클립보드로 복사되었기 때문에 다른 응용 프로그램에서 붙여넣기를 통해 데이터를 출력할 수 있다. 예를 들면, 엑셀 프로그램을 열어서 붙여넣기를 하면 [그림 7-6]과 같이 클립보드에 복사된 데이터가 출력된다.

writeClipboard() 함수는 테이블 형식의 데이터에는 적용할 수 없다. 테이블 형식의 데이터를 클립보드에 복사하기 위해서는 write.table() 함수를 이용한다. 인수로서 file="clipboard", sep="\t", row.names=FALSE를 지정한다.

```
> head(Orange)
  Tree  age circumference
1    1  118            30
2    1  484            58
3    1  664            87
4    1 1004           115
5    1 1231           120
6    1 1372           142
> write.table(head(Orange), file="clipboard", sep="\t", row.names=FALSE)
```

[그림 7-7] 클립보드를 이용한 데이터 출력. 테이블 형식의 데이터를 클립보드로 복사하려면 `write.table()` 함수를 이용한다.

	A	B	C	D
1	Tree	age	circumference	
2	1	118	30	
3	1	484	58	
4	1	664	87	
5	1	1004	115	
6	1	1231	120	
7	1	1372	142	
8				

`write.table()` 함수 또한 R 콘솔에 아무런 처리 결과를 출력하지 않는다. 하지만 클립보드에 이미 데이터가 복사되어 있기 때문에 [그림 7-7]과 같이 엑셀 스프레드시트에 데이터를 붙여넣기 할 수 있다.

파일 탐색

현재 작업 디렉토리 내의 파일 목록을 보려면 `list.files()` 함수를 이용한다. 하위 디렉토리에 있는 파일 목록까지 모두 보려면 `recursive=TRUE`를 지정한다. `list.files()` 함수는 숨겨진 파일(hidden file)(일반적으로 .으로 시작하는 파일)은 보여주지 않는다. 찾고자 하는 파일이 없으면 `all.files=TRUE`를 지정하여 모든 파일의 목록을 검색해볼 수 있다.

```
> list.files()
[1] "BigData"         "Customer-s.txt"   "FahCel-output.txt"   "FahCel.R"
[5] "iris.sqlite"     "KOR_adm"          "orange.csv"
> list.files(all.files=TRUE)
[1] "."               ".."                ".RData"              ".Rhistory"
[5] "BigData"         "Customer-s.txt"   "FahCel-output.txt"   "FahCel.R"
[9] "iris.sqlite"     "KOR_adm"          "orange.csv"
```

특정 패턴을 갖는 파일의 목록을 보기 위해서는 `pattern` 인수에 패턴을 지정한다. 또한 `path` 인수에 디렉토리 경로를 지정함으로써 특정 디렉토리 내의 파일 목록을 검색할 수 있다.

```
> list.files(pattern="*.txt")
[1] "Customer-s.txt"    "FahCel-output.txt"
```

```
> list.files(path="D:/R")
[1] "sale.accdb"
```

하위 디렉토리의 목록을 모두 보려면 list.dirs() 함수를 이용한다.

```
> list.dirs()
[1] "."          "./BigData" "./KOR_adm"
```

이 밖에도 파일과 관련된 많은 유용한 함수가 있다. 예를 들면, file.create() 함수는 파일을 생성하며 file.remove() 함수는 파일을 삭제한다. 또한 file.exists() 함수를 이용하면 특정 파일이 존재하는지 여부를 테스트할 수 있다.

```
> file.create("temp.txt")
[1] TRUE
> file.exists("temp.txt")
[1] TRUE
> file.remove("temp.txt")
[1] TRUE
> file.exists("temp.txt")
[1] FALSE
```

pander 패키지에 포함된 openFileInOS() 함수를 이용하여 운영체제에 연결 설정된 프로그램으로 R 환경에서 파일을 직접 열 수 있다. 예를 들어, 다음과 같이 CSV 파일을 인수로 제공하면 메모장(또는 워드패드, 엑셀)이 구동되어 파일을 열어준다.

```
> library(pander)
> openFileInOS("orange.csv")
```

7.3 데이터베이스

기업이나 공공기관 등 대부분의 조직에서는 데이터베이스(database) 형태로 데이터를 보관하고 관리하는 것이 일반적이다. R은 데이터베이스에 저장된 데이터를 R 환경으로 가져오는 과정을 다양한 방식으로 지원한다.

우선 생각해볼 수 있는 간단한 방법은 데이터베이스의 데이터를 텍스트 형식의 파일로 저장한 후 그 텍스트 파일을 R 환경으로 읽어들이는 것이다. 대용량의 데이터를 다룰 때는 텍스트 파일로부터 데이터를 읽어들이는 것이 데이터베이스와의 직접적 연결을 통해 데이터를 읽는 것보다 일반적으로 데이터 처리 속도가 더 빠르다. 따라서 데이터베이스로부터 대용량의 데이터를 추출하고 분석하는 것이 일회성 작업이라면 이러한 텍스트 파일 기반의 입력 작업이 최적의 방법이 될 수 있다. 그러나 R을 이용하여 수시로 보고서를 작성하거나 반복적으로 분석을 수행해야 할 때는 데이터베이스의 데이터를 매번 텍스트 파일로 변환하는 것은 비효율적이다. 이럴 때는 데이터베이스 연결을 통해 직접 데이터를 읽어오는 것이 보다 나은 대안이 될 수 있다.

R에서 데이터베이스에 직접 연결하기 위해서는 패키지를 추가로 설치해야 한다. 설치할 패키지는 사용하려는 데이터베이스 연결 방법과 연결하려는 데이터베이스에 따라 결정된다. R은 다음과 같은 두 가지 데이터베이스 연결 방법을 제공한다.

- **RODBC 패키지:** ODBC(Open DataBase Connectivity)를 이용하여 데이터베이스에 연결한다. ODBC는 데이터베이스 연결을 위한 표준 인터페이스를 제공한다. RODBC 패키지를 이용한다.
- **DBI 패키지:** 데이터베이스에서 제공하는 고유의 데이터베이스 드라이버를 이용하여 데이터베이스에 연결한다. 데이터베이스별로 제공되는 DBI(DataBase Interface) 패키지를 이용한다.

RODBC 패키지

R에서 ODBC를 통해 데이터베이스에 접근하기 위해서는 RODBC 패키지와 연결할 데이터베이스에 대한 ODBC 드라이버(ODBC driver)를 설치한 후 ODBC 연결환경을 설정한다.

우선 `install.packages()` 함수를 이용하여 RODBC 패키지를 설치한다. 그런 다음 `library()` 함수를 이용하여 패키지가 제대로 설치되어 있는지 확인한다. `library()` 함수로 패키지를 메모리에 적재하는 과정에서 별다른 에러 메시지가 나타나지 않으면 RODBC 패키지는 정상적으로 설치되었다는 것을 의미한다.

```
> install.packages("RODBC")
> library(RODBC)
```

데이터베이스에 대한 ODBC 연결환경을 설정하려면 올바른 ODBC 드라이버가 컴퓨터에 설치되어 있어야 한다. 연결하려는 데이터베이스에 대한 ODBC 드라이버가 이미 설치되어 있다면 별도의 드라이버 설치 과정은 필요 없다. 그렇지 않다면 데이터베이스 웹사이트를 방문하여 ODBC 드라이버를 다운로드하여 설치한다. Microsoft Access, MySQL, PostgreSQL, SQLite, SQL Server, Oracle 등 대부분의 데이터베이스는 자신들의 웹사이트에서 ODBC 드라이버를 제공한다.[25]

25 마이크로소프트의 Access 데이터베이스에 대한 ODBC 드라이버의 설치를 위해서는 마이크로소프트 웹사이트에서 'Microsoft Access Database Engine'을 검색하여 설치한다.

컴퓨터에 연결하려는 데이터베이스에 대한 ODBC 드라이버가 올바르게 설치되어 있다는 것을 확인하였다면 이제 데이터베이스에 대한 ODBC 연결환경을 설정한다. 이 작업은 ODBC 관리자에 연결하려는 데이터베이스를 등록하는 과정을 의미한다. 등록 과정은 한 번만 수행하면 되고 일단 설정이 완료되면 이후에는 R 환경에서 **RODBC**를 이용하여 등록된 데이터베이스에 언제든 접근할 수 있다.

여기에서는 마이크로소프트의 Access 데이터베이스에 대한 ODBC 연결환경을 설정해보자. 작업 디렉토리에 MLB.mdb라는 이름의 Access 데이터베이스 파일이 이미 존재한다고 가정한다. SeanLahman.com(https://www.seanlahman.com)에서 제공하는 미국 메이저리그의 야구 데이터베이스(https://www.seanlahman.com/baseball-archive/statistics)를 다운로드한 후 MLB.mdb로 파일 이름을 변경한다.

우선 윈도우의 제어판에 들어가 『관리 도구』를 선택한다. 관리 도구 폴더에서 『ODBC 데이터 원본(64비트)』을 더블클릭하여 실행한다. 『ODBC 데이터 원본 관리자(64비트)』 대화상자에서 연결하려는

[그림 7-8] ODBC 데이터 원본 관리자(설정 전). 연결할 데이터베이스에 대한 DSN을 설정한다.

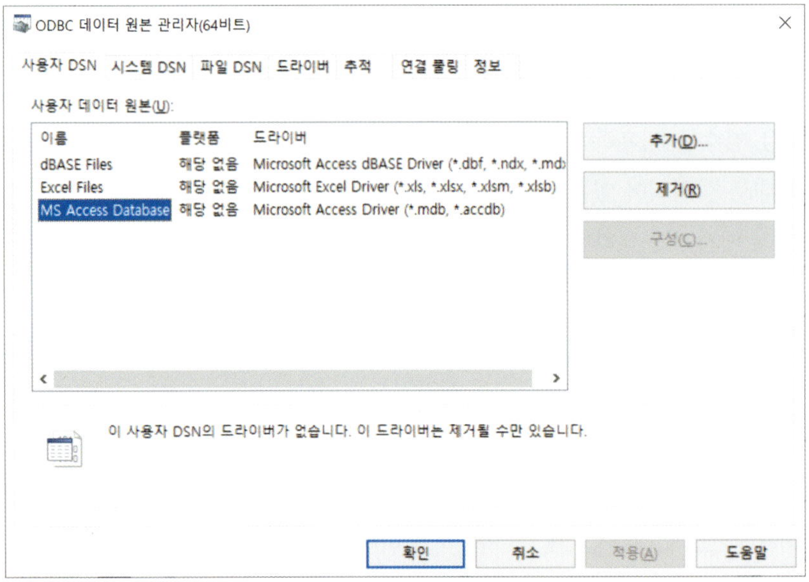

[그림 7-9] 새 데이터 원본 만들기. 데이터베이스 드라이버를 선택한다.

데이터베이스의 DSN(Data Source Name)을 설정한다. 『사용자 DSN』 탭을 선택한 후 『추가』 버튼을 클릭한다(여러 사용자와 공유하려면 『시스템 DSN』 탭을 선택한다)([그림 7-8]). 이어서 나타나는 『새 데이터 원본 만들기』 대화상자에서 'Microsoft Access Driver(*.mdb, *.accdb)'를 선택하고 『마침』 버튼을 클릭한다([그림 7-9]).

데이터베이스 드라이버를 선택한 후 『ODBC Microsoft Access 설정』 대화상자에서 데이터 원본 이름(여기에서는 MLB)과 그에 대한 설명(여기에서는 Major League Baseball database)을 입력하고 『선택』 버튼을

[그림 7-10] ODBC Microsoft Access 설정. 데이터베이스 파일을 선택한다.

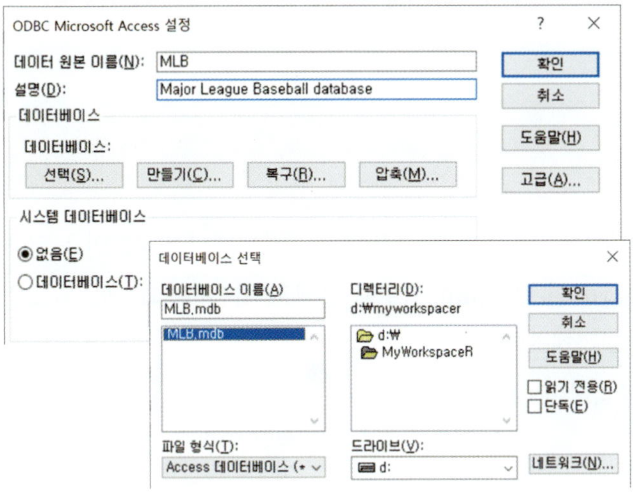

[그림 7-11] ODBC 데이터 원본 관리자(설정 후). 데이터베이스 파일 이름과 드라이버가 등록된 것을 확인할 수 있다.

클릭하여 연결할 데이터베이스 파일(여기에서는 MLB.mdb)을 선택한다. 이어서 『확인』 버튼을 클릭하여 ODBC 연결 환경 설정을 마친다([그림 7-10]). 그러면 『ODBC 데이터 원본 관리자(64비트)』 대화상자의 『사용자 DSN』 탭에서 지정한 데이터베이스 파일 이름과 드라이버가 등록된 것을 확인할 수 있다([그림 7-11]).

이제 R에서 ODBC에 MLB라는 DSN으로 등록되어 있는 데이터베이스에 접근할 수 있다. 이를 위해 우선 다음과 같이 `odbcConnect()` 함수를 이용하여 데이터베이스와 연결한다. 첫 번째 인수(dsn)에 DSN 이름을 지정한다.

```
> library(RODBC)
> mlbdb <- odbcConnect(dsn="MLB")
```

`odbcConnect()` 함수에 연결하려는 데이터베이스의 DSN을 지정한다. 데이터베이스 로그인을 위한 사용자명과 패스워드가 설정되어 있으면 `uid` 인수와 `pwd` 인수에 추가로 사용자명과 패스워드를 지정한다.[26] `odbcConnect()` 함수는 `RODBC` 클래스의 객체를 반환한다. 이 객체는 보통 채널(channel)이라고 불리며 데이터베이스와의 연결 통로로서의 역할을 수행한다.

26 ODBC 환경 설정 과정 중에 사용자명과 패스워드를 지정하였으면 `uid` 인수와 `pwd` 인수를 별도로 지정할 필요가 없다.

```
> class(mlbdb)
[1] "RODBC"
```

연결된 데이터베이스에 대한 정보를 보려면 다음과 같이 odbcGetInfo() 함수를 이용한다. 이 함수는 채널(즉 odbcConnect() 함수에 의해 반환된 객체)을 인수(channel)로 받아서 드라이버와 데이터베이스 연결 정보를 문자 벡터로 반환한다.

```
> odbcGetInfo(channel=mlbdb)
             DBMS_Name                          DBMS_Ver
              "ACCESS"                      "04.00.0000"
       Driver_ODBC_Ver                  Data_Source_Name
               "03.51"                             "MLB"
           Driver_Name                        Driver_Ver
         "ACEODBC.DLL"  "Microsoft Access database engine"
              ODBC_Ver                       Server_Name
          "03.80.0000"                          "ACCESS"
```

데이터베이스 내에 어떤 테이블이 포함되어 있는지 보려면 sqlTables() 함수를 이용한다. 첫 번째 인수(channel)에 채널을 지정한다. 이 함수는 데이터베이스 내에 포함된 테이블 정보를 데이터프레임 형식으로 반환한다.

```
> sqlTables(channel=mlbdb)
                   TABLE_CAT TABLE_SCHEM          TABLE_NAME   TABLE_TYPE REMARKS
1  D:\\MyWorkspaceR\\MLB.mdb        <NA> MSysAccessStorage SYSTEM TABLE    <NA>
2  D:\\MyWorkspaceR\\MLB.mdb        <NA>     MSysAccessXML SYSTEM TABLE    <NA>
3  D:\\MyWorkspaceR\\MLB.mdb        <NA>         MSysACEs SYSTEM TABLE    <NA>
…(중략)
38 D:\\MyWorkspaceR\\MLB.mdb        <NA>            Teams        TABLE    <NA>
39 D:\\MyWorkspaceR\\MLB.mdb        <NA>  TeamsFranchises        TABLE    <NA>
40 D:\\MyWorkspaceR\\MLB.mdb        <NA>        TeamsHalf        TABLE    <NA>
```

sqlColumns() 함수는 테이블 내의 열에 대한 정보를 제공한다. 첫 번째 인수(channel)에는 채널을 지정하고 두 번째 인수(sqtable)에는 테이블 이름을 지정한다.

```
> sqlColumns(channel=mlbdb, sqtable="Salaries")
                TABLE_CAT TABLE_SCHEM TABLE_NAME COLUMN_NAME DATA_TYPE TYPE_NAME
1 D:\\MyWorkspaceR\\MLB.mdb        <NA>   Salaries      yearID         5  SMALLINT
2 D:\\MyWorkspaceR\\MLB.mdb        <NA>   Salaries      teamID        12   VARCHAR
3 D:\\MyWorkspaceR\\MLB.mdb        <NA>   Salaries        lgID        12   VARCHAR
4 D:\\MyWorkspaceR\\MLB.mdb        <NA>   Salaries    playerID        12   VARCHAR
5 D:\\MyWorkspaceR\\MLB.mdb        <NA>   Salaries      salary         8    DOUBLE
  COLUMN_SIZE BUFFER_LENGTH DECIMAL_DIGITS NUM_PREC_RADIX NULLABLE REMARKS COLUMN_DEF
1           5             2              0             10        1    <NA>       <NA>
2           3             6             NA             NA        1    <NA>       <NA>
3           2             4             NA             NA        1    <NA>       <NA>
4           9            18             NA             NA        1    <NA>       <NA>
5          53             8             NA              2        1    <NA>       <NA>
  SQL_DATA_TYPE SQL_DATETIME_SUB CHAR_OCTET_LENGTH ORDINAL_POSITION IS_NULLABLE ORDINAL
1             5               NA                NA                1         YES       1
2            12               NA                 6                2         YES       2
3            12               NA                 4                3         YES       3
4            12               NA                18                4         YES       4
5             8               NA                NA                5         YES       5
```

데이터베이스 내의 특정 테이블을 가져오려면 sqlFetch() 함수를 이용한다. sqlFetch() 함수의 첫 번째 인수(channel)에는 채널을 지정하고 두 번째 인수(sqtable)에는 가져올 테이블 이름을 지정한다. sqlFetch() 함수는 인수로 지정된 테이블의 내용을 데이터프레임 형식으로 반환한다.

```
> salaries <- sqlFetch(channel=mlbdb, sqtable="Salaries")
> str(salaries)
'data.frame':  26428 obs. of  5 variables:
 $ yearID   : int  1985 1985 1985 1985 1985 1985 1985 1985 1985 1985 ...
 $ teamID   : chr  "ATL" "ATL" "ATL" "ATL" ...
 $ lgID     : chr  "NL" "NL" "NL" "NL" ...
 $ playerID : chr  "barkele01" "bedrost01" "benedbr01" "campri01" ...
 $ salary   : num  870000 550000 545000 633333 625000 ...
> head(salaries)
  yearID teamID lgID  playerID  salary
1   1985    ATL   NL barkele01  870000
2   1985    ATL   NL bedrost01  550000
3   1985    ATL   NL benedbr01  545000
4   1985    ATL   NL  campri01  633333
5   1985    ATL   NL ceronri01  625000
6   1985    ATL   NL chambch01  800000
```

sqlFetch() 함수를 이용하여 일단 테이블을 데이터프레임 형식으로 가져오면 이후에는 R 명령어를 이용하여 쉽게 데이터를 다룰 수 있다. 예를 들어, subset() 함수를 이용하여 다음과 같이 3,000만 달러 이상의 연봉을 받는 선수에 대한 정보(연도, 팀, 선수, 금액)를 Salaries 테이블로부터 추출할 수 있다.

```
> salaries <- sqlFetch(mlbdb, "Salaries")
> subset(salaries,
+        select=c("yearID", "teamID", "playerID", "salary"),
+        subset=(salaries$salary >= 30000000))
      yearID teamID  playerID   salary
20287   2009    NYA rodrial01 33000000
21110   2010    NYA rodrial01 33000000
21946   2011    NYA rodrial01 32000000
22794   2012    NYA rodrial01 30000000
25132   2015    LAN kershcl01 32571000
25589   2016    ARI greinza01 31799030
25674   2016    BOS priceda01 30000000
25966   2016    LAN kershcl01 33000000
```

데이터베이스의 데이터를 처리할 때는 SQL 쿼리(SQL query)를 사용하는 것이 일반적이다. SQL을 이용하여 복수의 테이블로부터 데이터를 가져올 수도 있고, 검색 조건과 일치하는 행 또는 열의 데이터를 추출할 수도 있으며, 데이터를 요약할 수도 있다. R 환경에서 SQL 쿼리를 사용하려면 sqlQuery() 함수를 이용한다. 첫 번째 인수에 채널(channel)을 지정하고 두 번째 인수(query)에 SQL문을 지정한다. sqlQuery() 함수는 SQL 쿼리의 결과를 데이터프레임 형식으로 반환한다. 예를 들어, sqlQuery() 함수를 이용하여 다음과 같이 3,000만 달러 이상의 연봉을 받는 선수에 대한 정보를 Salaries 테이블로부터 추출할 수 있다.

```
> sqlQuery(channel=mlbdb,
+          query="SELECT yearID, teamID, playerID, salary
+                 FROM Salaries WHERE salary >= 30000000")
  yearID teamID  playerID   salary
1   2009    NYA rodrial01 33000000
2   2010    NYA rodrial01 33000000
3   2011    NYA rodrial01 32000000
4   2012    NYA rodrial01 30000000
```

```
5  2015     LAN  kershcl01  32571000
6  2016     ARI  greinza01  31799030
7  2016     BOS  priceda01  30000000
8  2016     LAN  kershcl01  33000000
```

sqlQuery() 함수를 이용하여 데이터베이스 정의 및 조작과 관련된 어떠한 SQL문도 실행할 수 있다. 따라서 SELECT뿐만 아니라 INSERT, DELETE, UPDATE 등의 데이터조작어(DML, Data Manipulation Language)와 CREATE, DROP, ALTER 등의 데이터정의어(DDL, Data Definition Language)도 sqlQuery() 함수에서 사용할 수 있다.

테이블이 매우 크거나 쿼리가 복잡할 때는 sqlFetch() 함수나 sqlQuery() 함수의 실행 시간이 다소 오래 걸린다. 그렇기 때문에 전체 실행 결과를 한꺼번에 가져오기보다는 실행 결과의 일부를 먼저 확인한 후 나중에 나머지 결과를 보는 것이 때로는 유용하다. sqlFetch() 함수나 sqlQuery() 함수의 max 인수에 한 번에 가져올 행의 개수를 지정하여 실행 결과의 일부를 가져올 수 있다. 나머지 결과는 sqlGetResults() 함수를 이용하여 가져온다.

```
> sqlQuery(mlbdb, "SELECT yearID, teamID, playerID, salary
+                  FROM Salaries WHERE salary >= 20000000", max=10)
   yearID teamID  playerID   salary
1    2001    TEX rodrial01 22000000
2    2002    TEX rodrial01 22000000
3    2003    BOS ramirma02 20000000
4    2003    TEX rodrial01 22000000
5    2004    BOS ramirma02 22500000
6    2004    NYA rodrial01 22000000
7    2005    BOS ramirma02 22000000
8    2005    NYA rodrial01 26000000
9    2005    SFN bondsba01 22000000
10   2006    NYA giambja01 20428571
> sqlGetResults(mlbdb)
  yearID teamID  playerID   salary
1   2006    NYA jeterde01 20600000
2   2006    NYA rodrial01 21680727
3   2007    NYA giambja01 23428571
…(중략)
```

```
145  2016   TOR  tulowtr01  20000000
146  2016   WAS  scherma01  22142857
147  2016   WAS  werthja01  21733615
```

RODBC 채널을 이용한 데이터베이스 작업을 모두 마치고 나면 odbcClose() 함수를 이용하여 데이터베이스와의 연결 통로를 닫는다. odbcClose() 함수는 연결 시 생성한 채널 객체를 인수(channel)로 받는다.

```
> odbcClose(channel=mlbdb)
```

데이터처리 및 분석 작업을 끝내고 나면 데이터베이스와의 연결을 종료하는 것이 좋다. 이렇게 함으로써 이 작업에 할당된 컴퓨팅 자원을 자유롭게 해줄 수 있기 때문이다. 여러 채널을 유지하고 있을 때 연결된 모든 채널을 동시에 종료하려면 odbcCloseAll() 함수를 이용한다.

```
> odbcCloseAll()
```

이 밖에도 R 환경에서 데이터베이스의 테이블을 직접 다룰 수 있는 다양한 함수가 존재한다. 예를 들어, 데이터프레임의 데이터를 데이터베이스에 저장하기 위해서는 sqlSave() 함수를 이용한다. 또한 데이터베이스의 테이블을 업데이트하기 위해서는 sqlUpdate() 함수를 사용할 수 있다.

R의 표준패키지에 기본적으로 내장되어 있는 USArrests 데이터셋을 이용하여 테이블을 생성해보자.

```
> head(USArrests)
           Murder Assault UrbanPop Rape
Alabama      13.2     236       58 21.2
Alaska       10.0     263       48 44.5
Arizona       8.1     294       80 31.0
Arkansas      8.8     190       50 19.5
California    9.0     276       91 40.6
Colorado      7.9     204       78 38.7
```

이를 위해 우선 다음과 같이 odbcConnect() 함수를 이용하여 테이블이 생성될 데이터베이스와 연결한다.[27]

27 이때 데이터베이스는 사전에 만들어져 있어야 하며 ODBC 연결이 설정되어 있어야 한다. Access 데이터베이스를 사용할 때는 『ODBC 데이터 원본 관리자(64비트)』 대화상자의 『사용자 DSN』 탭을 선택한 후 『추가』 버튼을 클릭한다. 『새 데이터 원본 만들기』 대화상자에서 'Microsoft Access Driver(*.mdb, *.accdb)'를 선택하고 『마침』 버튼을 클릭한다. 『ODBC Microsoft Access 설정』 대화상자에서 데이터 원본 이름(여기에서는 Arrest)과 그에 대한 설명을 입력하고 『만들기』 버튼을 클릭한다. 『새 데이터베이스』 대화상자에서 데이터베이스 이름(여기에서는 Arrest)과 디렉토리 경로를 설정한 후 『확인』 버튼을 클릭한다. 『ODBC Microsoft Access 설정』 대화상자로 돌아와서 『확인』 버튼을 클릭하여 데이터베이스 생성을 종료한다.

```
> library(RODBC)
> arrestdb <- odbcConnect(dsn="Arrest")
```

그런 다음 다음과 같이 sqlSave() 함수를 이용하여 연결된 데이터베이스 안에 테이블을 생성한다. sqlSave() 함수의 첫 번째 인수(channel)는 연결 객체이고, 두 번째 인수(dat)는 데이터프레임 이름, 세 번째 인수(tablename)는 생성할 테이블 이름이다. rownames 인수에는 데이터프레임의 행 이름이 저장될 테이블의 열 이름을 지정한다. addPK=TRUE를 지정하면 행 이름에 대응되는 열이 기본키(primary key)로서 사용된다.[28]

28 이 명령어를 실행한 적이 있으면 데이터베이스에 Crime이라는 이름의 테이블이 이미 존재할 것이기 때문에 다시 실행하면 에러가 발생한다. 이 명령어를 실행하기 전에 sqlTables(channel=arrestdb)를 실행하여 테이블 이름을 확인한 후 Crime이라는 이름의 테이블이 존재하면 sqlDrop(channel=arrestdb, sqtable="Crime")을 실행하여 테이블을 삭제한다.

```
> sqlSave(channel=arrestdb, dat=USArrests, tablename="Crime",
+         rownames="State", addPK=TRUE)
```

다음과 같이 sqlFetch() 함수를 이용하여 생성한 테이블을 확인할 수 있다.

```
> sqlFetch(arrestdb, "Crime")
           State Murder Assault UrbanPop Rape
1        Alabama   13.2     236       58 21.2
2         Alaska   10.0     263       48 44.5
3        Arizona    8.1     294       80 31.0
…(중략)
48 West Virginia    5.7      81       39  9.3
49     Wisconsin    2.6      53       66 10.8
50       Wyoming    6.8     161       60 15.6
> odbcClose(channel=arrestdb)
```

DBI 패키지

R에서 데이터베이스에 접근하기 위한 두 번째 방법은 DBI 패키지를 이용하는 것이다. DBI는 하나의 특정 패키지를 말하는 것은 아니며 데이터베이스에 접근하기 위한 프레임워크이면서 동시에 데이터베이스 접근을 위한 패키지 집합을 의미한다. DBI 패키지는 각 DBMS별로 제공된다. 예를 들어, MySQL 데이터베이스에 접근하기 위해서는 RMySQL 패키지를 이용해야 하며, SQLite는 RSQLite 패키지를, Oracle은 ROracle 패키지를, PostgreSQL은 RPostgreSQL 패키지를 이용해야 한다.

여기에서는 SQLite 데이터베이스에 연결해보자.29 이를 위해 우선 install.packages() 함수를 이용하여 RSQLite 패키지를 설치하고 library() 함수를 이용하여 이를 메모리에 적재한다.

```
> install.packages("RSQLite")
> library(RSQLite)
```

DBI를 통한 데이터베이스 연결을 위해서는 dbConnect() 함수를 이용한다. dbConnect() 함수는 드라이버 객체를 필요로 하기 때문에 연결하려는 데이터베이스의 드라이버 객체를 먼저 생성해야 한다. 드라이버 객체는 dbDriver() 함수를 이용하여 생성한다. 예를 들어, SQLite 데이터베이스에 대한 드라이버 객체는 다음과 같이 생성한다.

```
> drv <- dbDriver("SQLite")
> class(drv)
[1] "SQLiteDriver"
attr(,"package")
[1] "RSQLite"
```

이렇게 생성된 드라이버 객체는 dbConnect() 함수에 데이터베이스 파일과 함께 인수로 제공되어 데이터베이스와의 연결 객체를 생성한다. dbConnect() 함수는 드라이버 객체와 데이터베이스 파일 이외에 사용자명, 패스워드 등의 추가 인수를 받는다. 인수명이나 형식은 이용하려는 데이터베이스의 종류에 따라 조금씩 다를 수 있다. SQLite 데이터베이스의 경우에는 dbname 인수에 데이터베이스 파일을 지정한다. 작업 디렉토리 내에는 연결하려는 데이터베이스 파일(여기에서는 MLB.db 파일)이 존재해야 한다.30

```
> mlbdb <- dbConnect(drv=drv, dbname="MLB.db")
```

드라이버 객체를 생성하는 중간 과정 없이 다음과 같이 직접 dbConnect() 함수 내에서 연결 객체를 생성할 수도 있다. 이렇게 하면 dbConnect() 함수 내에서 어떤 데이터베이스의 드라이버를

29 SQLite는 응용 프로그램에 넣어서 사용할 수 있는 비교적 가벼운 데이터베이스로서 안드로이드 운영체제에 기본으로 탑재되어 있다. SQLite는 SQLite 홈페이지(https://www.sqlite.org)에서 다운로드할 수 있다. SQLite를 용이하게 사용할 수 있도록 데이터베이스 관리 환경을 제공하는 애플리케이션이 많이 있다. 구글에서 'SQLite manager'를 검색하면 유용한 SQLite 데이터베이스 관리도구를 쉽게 찾을 수 있다. 여기에서는 DB Browser for SQLite(https://sqlitebrowser.org)를 사용하였다.

30 여기에서는 앞서 사용했던 MLB.mdb Access 데이터베이스의 일부 테이블(AallstarFull, Batting, Pitching, Salaries)을 SQLite 데이터베이스로 변환하여 MLB.db 파일을 생성하였다. Microsoft Access에서 MLB.mdb 데이터베이스의 테이블을 텍스트 파일(CSV 파일)로 저장한(export) 후 DB Browser for SQLite를 이용하여 가져오는(import) 방법으로 SQLite 데이터베이스를 생성할 수 있다.

사용하는지 바로 확인할 수 있는 장점이 있다.

```
> mlbdb <- dbConnect(SQLite(), dbname="MLB.db")
```

연결 객체를 생성하면 이제 데이터베이스에 접근할 수 있다. dbListTables() 함수를 이용하여 데이터베이스 내의 테이블을 확인할 수 있다. 이 함수는 연결 객체를 인수(conn)로 받아서 테이블 이름을 문자 벡터로 반환한다.

```
> dbListTables(conn=mlbdb)
[1] "AllstarFull" "Batting"     "Pitching"    "Salaries"
```

테이블 내의 열 이름은 dbListFields() 함수를 이용하여 알 수 있다. 이 함수는 연결 객체(conn)와 테이블 이름(name)을 인수로 받아서 열 이름의 벡터를 반환한다.

```
> dbListFields(conn=mlbdb, name="Salaries")
[1] "yearID"   "teamID"   "lgID"     "playerID" "salary"
```

dbGetQuery() 함수는 연결 객체(conn)와 SQL문(statement)을 인수로 받아서 SQL 쿼리 결과를 데이터프레임 형식으로 반환한다. 예를 들어, 3,000만 달러 이상의 연봉을 받는 선수에 대한 데이터는 다음과 같이 검색할 수 있다.

```
> dbGetQuery(conn=mlbdb,
+            statement="SELECT yearID, teamID, playerID, salary
+                       FROM Salaries WHERE salary >= 30000000")
  yearID teamID  playerID   salary
1   2009    NYA rodrial01 33000000
2   2010    NYA rodrial01 33000000
3   2011    NYA rodrial01 32000000
4   2012    NYA rodrial01 30000000
5   2015    LAN kershcl01 32571000
6   2016    ARI greinza01 31799030
7   2016    BOS priceda01 30000000
8   2016    LAN kershcl01 33000000
```

SQL 쿼리를 수행하는 작업과 결과를 가져오는 작업을 분리하는 것이 필요할 때가 있다. 테이블이 크거나 SQL 쿼리가 복잡하여 전체 결과를 얻기까지 많은 시간이 걸릴 것으로 예상될 때 특히 유용하다. 이러한 방식으로 작업을 수행하기 위해서는 dbSendQuery() 함수를 이용하여 SQL 쿼리를 보내고 fetch() 함수를 이용하여 결과를 가져온다. fetch() 함수를 통해 결과를 가져올 때 한 번에 가져올 행의 개수를 지정할 수 있다. 다음과 같이 n 인수에 출력할 최대 행의 개수를 지정한다. n 인수를 지정하지 않으면 전체 결과가 모두 출력된다.

```
> res <- dbSendQuery(mlbdb,
+                    "SELECT yearID, teamID, playerID, salary FROM Salaries")
> fetch(res, n=5)
  yearID teamID  playerID salary
1   1985    ATL barkele01 870000
2   1985    ATL bedrost01 550000
3   1985    ATL benedbr01 545000
4   1985    ATL  campri01 633333
5   1985    ATL ceronri01 625000
```

쿼리 결과를 삭제하기 위해서는 dbClearResult() 함수를 이용한다. 쿼리 결과를 삭제하면 더 이상 fetch() 함수를 이용할 수 없다.

```
> dbClearResult(res)
> fetch(res)
Error: Invalid result set
```

dbGetQuery() 함수나 dbSendQuery() 함수를 SQL문과 함께 사용하여 테이블 전체를 읽을 수도 있지만 dbReadTable() 함수를 이용하면 좀 더 간편하게 동일한 결과를 얻을 수 있다. 첫 번째 인수(conn)에 연결 객체를 지정하고 두 번째 인수(name)에 테이블 이름을 지정한다.

```
> salaries.read <- dbReadTable(conn=mlbdb, name="Salaries")
> dim(salaries.read)
[1] 26428     5
> head(salaries.read, 3)
  yearID teamID lgID  playerID  salary
1   1985    ATL   NL barkele01  870000
2   1985    ATL   NL bedrost01  550000
3   1985    ATL   NL benedbr01  545000
```

```
> salaries.sql <- dbGetQuery(conn=mlbdb, statement="SELECT * FROM Salaries")
> dim(salaries.sql)
[1] 26428     5
> head(salaries.sql, 3)
  yearID teamID lgID  playerID  salary
1   1985    ATL   NL barkele01  870000
2   1985    ATL   NL bedrost01  550000
3   1985    ATL   NL benedbr01  545000
```

데이터베이스 연결을 종료하기 위해서는 dbDisconnect() 함수를 이용하고 데이터베이스 드라이버 객체를 메모리에서 제거하기 위해서는 dbUnloadDriver() 함수를 사용한다. 이런 작업은 컴퓨팅 자원을 자유롭게 만들어주어 시스템을 보다 효율적으로 사용할 수 있게 한다.

```
> dbDisconnect(mlbdb)
> dbUnloadDriver(drv)
```

R 환경에서 생성한 데이터프레임을 DBI를 이용하여 데이터베이스의 테이블로 만들기 위해서는 dbWriteTable() 함수를 이용한다. 또한 dbExistsTable() 함수를 이용하여 테이블이 존재하는지 체크할 수 있으며 dbRemoveTable() 함수를 이용하여 테이블을 삭제할 수 있다. R의 표준 패키지에 내장되어 있는 iris 데이터셋을 이용하여 테이블을 생성해보자.

```
> head(iris)
  Sepal.Length Sepal.Width Petal.Length Petal.Width Species
1          5.1         3.5          1.4         0.2  setosa
2          4.9         3.0          1.4         0.2  setosa
3          4.7         3.2          1.3         0.2  setosa
4          4.6         3.1          1.5         0.2  setosa
5          5.0         3.6          1.4         0.2  setosa
6          5.4         3.9          1.7         0.4  setosa
```

이를 위해서는 먼저 dbConnect() 함수를 이용하여 데이터베이스 파일을 생성하고, 이어서 이 데이터베이스와의 연결 객체를 생성한다.

```
> library(RSQLite)
> irisdb <- dbConnect(SQLite(), "iris.db")
```

```
> list.files(pattern="iris.db")
[1] "iris.db"
```

그런 다음 dbWriteTable() 함수를 이용하여 데이터베이스 내에 테이블을 생성한다. dbWriteTable() 함수의 첫 번째 인수(conn)는 연결 객체이고, 두 번째 인수(name)는 테이블 이름, 세 번째 인수(value)는 테이블로 변환할 데이터프레임 데이터이다.[31]

```
> dbWriteTable(conn=irisdb, name="iristable", value=iris)
```

다음과 같이 dbReadTable() 함수를 이용하여 생성한 테이블을 확인할 수 있다.

```
> dbReadTable(conn=irisdb, name="iristable")
  Sepal.Length Sepal.Width Petal.Length Petal.Width Species
1          5.1         3.5          1.4         0.2  setosa
2          4.9         3.0          1.4         0.2  setosa
3          4.7         3.2          1.3         0.2  setosa
4          4.6         3.1          1.5         0.2  setosa
5          5.0         3.6          1.4         0.2  setosa
6          5.4         3.9          1.7         0.4  setosa
…(중략)
> dbDisconnect(irisdb)
```

31 이 명령어를 실행한 적이 있으면 데이터베이스에 iristable이라는 이름의 테이블이 이미 존재할 것이기 때문에 다시 실행하면 에러가 발생한다. 이 명령어를 실행하기 전에 dbListTables(conn=irisdb)를 실행하여 테이블 이름을 확인한 후 iristable이라는 이름의 테이블이 존재하면 dbRemoveTable(conn=irisdb, name="iristable")을 실행하여 테이블을 삭제한다.

연 | 습 | 문 | 제 >>>

01. A, B, C, D 네 개 자동차 모델의 연비가 아래의 <모델별 연비>와 같이 측정되었다. 이 데이터를 `KPL`, `model` 두 개의 변수를 갖는 데이터프레임 형식으로 입력하여 <결과>와 같이 출력하고 평균 연비를 계산하시오(모델 이름을 생성할 때는 `rep()` 함수를 이용하시오).

<모델별 연비>

A	B	C	D
21.0	14.8	10.9	9.7
18.2	14.7	10.6	9.2
	14.0	10.5	
	13.8		

단위: KPL(Kilometer Per Liter)

<결과>

```
    KPL model
1  21.0     A
2  18.2     A
3  14.8     B
4  14.7     B
5  14.0     B
6  13.8     B
7  10.9     C
8  10.6     C
9  10.5     C
10  9.7     D
11  9.2     D
```

02. 원주율(π)을 유효자릿수 20자리로 나타내시오.

03. StatSci 웹사이트에서 제공하는 체리 나무 데이터에 대해 다음을 수행하시오.

(a) 웹사이트(http://www.statsci.org/data/general/cherry.txt)로부터 데이터를 읽어들여 데이터프레임 형식으로 저장하시오.

(b) 데이터 구조를 확인하고 체리 나무 높이의 평균을 구하시오.

04. StatSci 웹사이트에서 제공하는 눈 색상별 깜박임 빈도 데이터에 대해 다음을 수행하시오.

(a) 웹사이트(https://www.statsci.org/data/general/flicker.txt)로부터 데이터를 읽어들여 데이터프레임 형식으로 저장하시오.
(b) 데이터 구조를 확인하고 Brown 색 눈의 깜박임 빈도의 평균을 구하시오.

05. NIST(National Institute of Standards and Technology)의 웹사이트는 원주율(π)의 처음 5,000개 숫자 데이터를 제공한다.

(a) 웹사이트(https://www.itl.nist.gov/div898/strd/univ/data/PiDigits.dat)로부터 데이터를 읽어들여 데이터 프레임 형식으로 저장하시오.
(b) 데이터 구조를 확인하고 0부터 9까지 숫자의 출현 횟수 및 비율을 구하시오.

06. 베트남 전쟁 당시 미국은 선발징병제도(selective service system)에 의해 징집 순서를 정하기 위한 번호 추첨을 실시하였다. 366개의 생일(2월 29일 포함)에 대해 1부터 366까지의 숫자가 무작위로 부여되고 해당 생일에 해당하는 징집 대상자는 부여된 번호의 순서에 따라 입대하게 된다. 이 번호는 작을수록 징집 순서가 빠른 것을 나타낸다. 즉 1번은 가장 빨리 징집되고 366번은 가장 늦게 징집된다. 번호 추첨 데이터는 미국 선발징병제도 웹사이트와 미국통계학회(American Statistical Association) 웹사이트에 게시되어 있다. 다음 작업을 수행하시오.

(a) 웹사이트(http://jse.amstat.org/datasets/draft70mn.dat.txt)로부터 1969년 12월 1일에 시행된 징병 추첨 데이터를 읽어들여 데이터프레임 형식으로 저장하시오.
(b) 데이터 구조를 확인하고 `month.abb` 상수 벡터를 이용하여 열 이름을 변경하시오.
(c) day 열을 추가하고 1부터 31까지의 값을 할당하시오.
(d) 생일이 2월 29일인 사람의 추첨 번호를 구하고 1월과 12월의 추첨 번호 중위수를 계산하시오.

07. 한국환경공단의 에어코리아(Airkorea) 웹사이트는 대기환경 정보를 제공한다. 다음 작업을 수행하시오.

(a) 웹사이트(https://www.airkorea.or.kr)로부터 서울시의 가장 최근의 측정자료 데이터를 다운로드하여 데이터 프레임 형식으로 저장하시오.
(b) 데이터 구조를 확인하고 성북구와 종로구의 PM2.5 미세먼지 농도의 평균을 구하시오.

08. 미국사회보장국(Social Security Administration) 웹사이트로부터 정규표현식을 이용하여 인기 있는 아기 이름 상위 10개를 추출하고 데이터프레임 형식으로 저장하시오(https://www.ssa.gov/oact/babynames).

(a) `base` 패키지를 이용하시오.
(b) `stringr` 패키지를 이용하시오.

연 | 습 | 문 | 제 >>>

09. 미국의회도서관(Library of Congress) 웹사이트는 미국 역대 대통령에 대한 정보를 제공한다. 다음 작업을 수행하시오.

(a) 웹사이트(https://www.loc.gov/rr/print/list/057_chron.html)로부터 역대 대통령 데이터를 읽어들여 데이터프레임 형식으로 저장하시오.

(b) 데이터 구조를 확인하고 대통령 재임기간의 시작 연도와 종료 연도를 나타내는 START 열과 END 열을 추가하시오.

(c) 역대 대통령 가운데 단일 임기로서 재임기간이 가장 길었던 대통령(이는 연임에 성공한 대통령을 의미함)의 이름과 재임기간을 출력하시오.

10. 위키피디아(Wikipedia) 웹사이트에는 미국 역대 대통령과 선거 당시 상대 후보의 키 데이터가 게시되어 있다. 다음 작업을 수행하시오.

(a) 웹사이트(https://en.wikipedia.org/wiki/Heights_of_presidents_and_presidential_candidates_of_the_United_States)로부터 1948년부터 최근까지의 선거에서 선출된 대통령과 상대 후보의 키 데이터(cm 단위)를 읽어들여 아래와 같은 데이터프레임 형식으로 저장하시오.

(b) 대통령 및 상대 후보 키의 평균과 차이의 평균을 구하시오.

(c) 키가 큰 사람이 선거에서 이긴 횟수와 비율을 계산하시오.

```
 election.year winner opponent difference
1         2020    182      191         -9
2         2016    191      165         26
3         2012    187      187          0
…(중략)
17        1956    179      178          1
18        1952    179      178          1
19        1948    175      173          2
```

Chapter 08

함수와 논리흐름 제어

Introductory R
R 기초와 활용

Chapter 08 | 함수와 논리흐름 제어

8.1 함수

프로그래밍 언어를 사용하는 이유 중의 하나는 작업을 자동화할 수 있는 장점 때문이다. 한 번에 하나씩 R 명령어를 입력하여 정해진 순서대로 작업을 수행할 수도 있지만 여러 명령어를 하나의 스크립트(script)로 만들어 이 스크립트를 실행함으로써 일련의 작업을 자동화할 수 있다. 더 나아가 스크립트를 파일로 저장한 후 필요할 때 저장된 파일을 실행하여 원하는 작업을 한꺼번에 처리할 수 있다.

야드(yard)로 측정된 길이를 미터(meter)로 환산하는 간단한 스크립트를 작성해보자. 야드로 측정된 길이에 0.9144를 곱하여 미터로 변환한 후 미터 단위(m)를 붙여서 출력한다. R 편집기 창이나 RStudio의 Source 창에 다음과 같은 스크립트를 입력한 후 스크립트 파일로 저장한다(여기에서는 transLength.R).[1]

```
x <- c(30, 50, 90)
tlength <- round(x*0.9144, digits=1)
result <- paste(tlength, "m", sep="")
print(result)
```

source() 함수를 이용하여 저장된 스크립트 파일을 호출하면 30yd, 50yd, 90yd의 길이가 각각 27.4m, 45.7m, 82.3m로 환산된 다음과 같은 결과가 출력된다.

```
> source("transLength.R")
[1] "27.4m" "45.7m" "82.3m"
```

이처럼 스크립트의 실행을 통해 프로그래밍 언어가 제공할 수 있는

1 스크립트 파일의 작성 및 실행은 '부록 A. R 설치 및 사용'을 참고한다.

자동화의 목적을 충분히 달성할 수 있다. 하지만 스크립트에 포함된 세 숫자가 아닌 다른 데이터에 대해 길이를 환산하려면 그때마다 스크립트를 고쳐야 하는 번거로움이 따른다. 스크립트는 이와 같이 가변적인 입력 데이터를 처리할 때 유연하지 못한 단점을 갖고 있다. R은 사용자가 자신의 함수(function)를 정의할 수 있도록 함으로써 스크립트가 갖고 있는 이러한 한계를 보완한다.

함수는 연속적으로 수행되는 일련의 코드 집합으로 정의할 수 있으며 본질적으로 source() 함수로 실행되는 스크립트와 크게 다르지 않다. 하지만 스크립트에 비해 다음과 같은 장점을 갖는다. 첫째, 함수는 가변적인 입력 데이터를 처리할 수 있다. 따라서 입력 데이터를 변화시켜가며 동일한 코드를 실행하여 다른 결과를 얻을 수 있다. 둘째, 함수는 실행 결과를 객체로 반환할 수 있다. 따라서 함수의 실행 결과를 다른 작업에서 쉽게 이용할 수 있다.

사용자 정의 함수는 function() 함수를 이용하여 생성한다. 앞에서 예로 사용한 길이변환 스크립트는 다음과 같이 함수로 변환될 수 있다.

```
transLength <- function(x) {
   tlength <- round(x*0.9144, digits=1)
   result <- paste(tlength, "m", sep="")
   return(result)
}
```

function() 함수의 괄호 안에는 함수 내에서 사용할 인수(argument)를 지정한다. 인수는 여러 개를 지정할 수 있다. 여기에서는 x라는 하나의 인수만이 정의되었다. 실행할 코드는 중괄호 { } 안에 포함시킨다. return() 명령어는 정의된 함수의 실행 결과를 함수 내부에서 작업공간으로 보내는 역할을 한다. return()은 하나의 객체만을 반환할 수 있다. 정의된 함수는 이름을 가져야 사용할 수 있으므로 함수의 정의가 완료되면 할당 연산자(<-)를 이용하여 함수에 이름을 부여한다.

이제 이렇게 정의된 함수를 이용하기 위해서는 먼저 함수를 실행하여 메모리, 즉 작업공간에 적재한다.[2] 하지만 함수를 실행해도 콘솔상에는 아무것도 나타나지 않는다. R은 함수가 작업공간에 적재되었다는 것을 명시적으로 알려주지 않는다. 그러나 ls() 함수를 이용하면 방금 정의한 함수 transLength()가 하나의 객체로서 작업공간에 적재되어 있음을 확인할 수 있다.

2 만일 함수를 스크립트 파일로 저장하였으면 source() 함수를 이용하여 실행하고, 콘솔상에서 작업하였으면 일반적인 R 코드와 동일한 방식으로 실행한다.

```
> transLength <- function(x) {
+   tlength <- round(x*0.9144, digits=1)
+   result <- paste(tlength, "m", sep="")
+   return(result)
+ }
> ls()
[1] "transLength"
```

작업공간에 적재하였으므로 이제 이 함수를 이용할 수 있다. 일반적인 R 내장 함수처럼 다음과 같이 함수에 인수를 제공하는 방식으로 사용자 정의 함수를 이용한다.

```
> y <- c(100,150,200)
> transLength(y)
[1] "91.4m"  "137.2m" "182.9m"
```

R에서는 함수 역시 객체이기 때문에 다른 유형의 객체와 동일하게 취급된다. 예를 들어, 다음과 같이 함수를 새로운 객체에 할당함으로써 다른 객체로 복사할 수도 있다. 새롭게 생성한 객체 trans2 또한 함수이며 원래의 함수 transLength 객체와 정확히 동일하다.

```
> trans2 <- transLength
> trans2(y)
[1] "91.4m"  "137.2m" "182.9m"
```

함수를 복사할 때 함수 이름 transLength 뒤에 괄호가 붙지 않았다는 점에 주목하자. 괄호를 붙이게 되면 함수를 호출하여 그 결과를 trans2 객체에 할당하는 것이 된다. 따라서 인수 없이 함수를 호출하는 것이 되므로 에러가 발생한다. 반면에 여기처럼 괄호를 붙이지 않은 채 함수 이름을 사용하면 함수 객체 자체를 의미한다. 따라서 함수를 복사한 객체를 명령어 프롬프트에 입력하여 객체의 내용을 프린트하면 다음과 같이 동일한 함수 코드가 출력된다.

```
> trans2
function(x) {
  tlength <- round(x*0.9144, digits=1)
  result <- paste(tlength, "m", sep="")
  return(result)
}
<bytecode: 0x0000018a46323e78>
```

이렇게 함수를 복사할 때는 주의가 필요하다. 왜냐하면 함수 역시 객체이므로 동일한 이름의 다른 객체가 존재할 때는 기존의 객체가 메모리에서 삭제되기 때문이다. 따라서 데이터가 저장된 데이터 객체와 동일한 이름으로 함수를 복사할 때는 데이터를 잃을 수 있다는 점을 유의하자.3

함수를 구성하는 코드 중 return() 명령어는 반드시 필요한 요소는 아니다. transLength() 함수에서 마지막 줄의 return() 명령어를 삭제하고 함수를 실행하여 다시 작업공간에 적재해보자.4

```
> transLength <- function(x) {
+   tlength <- round(x*0.9144, digits=1)
+   result <- paste(tlength, "m", sep="")
+ }
```

수정된 transLength() 함수에 인수를 제공하여 실행하면 아무런 결과도 출력되지 않는다.

```
> y <- c(100,150,200)
> transLength(y)
```

그렇다고 R이 아무런 일도 하지 않은 것은 아니다. 다음과 같이 print() 함수를 이용하면 실행 결과를 볼 수 있다.

```
> print(transLength(y))
[1] "91.4m"  "137.2m" "182.9m"
```

R은 함수의 결과값으로 마지막 명령어의 실행 결과를 반환한다. 여기에서 함수를 실행했을 때 결과가 출력되지 않은 이유는 함수 코드의 마지막 줄이 값을 할당하는 작업으로 끝나서 반환되는 값이 없었기 때문이다. 따라서 다음과 같이 실행 결과를 변수로 할당하는 과정을 생략하면 종전과 동일한 출력 결과를 얻을 수 있다.

```
> transLength <- function(x) {
+   tlength <- round(x*0.9144, digits=1)
+   paste(tlength, "m", sep="")
+ }
> y <- c(100,150,200)
> transLength(y)
[1] "91.4m"  "137.2m" "182.9m"
```

3 다행히도 함수 객체와 다른 유형 객체 간의 이름 충돌 문제는 기본 R 내장 함수나 패키지에 포함된 함수에서는 발생하지 않는다. 왜냐하면 R은 어떤 객체가 함수로 사용될 때 그 이름을 갖는 함수만을 탐색하고 동일한 이름의 다른 객체는 무시하기 때문이다. 예를 들어, sum이라는 데이터 벡터를 생성하더라도 R의 기본 함수인 sum() 함수는 여전히 이용할 수 있다. sum()이 함수로 이용될 때 R은 그 이름을 갖는 함수만을 찾고 sum이라는 이름의 벡터는 무시한다.

4 수정한 코드는 콘솔에서 다시 실행해야 수정한 내용이 반영된다. 수정한 함수 코드를 콘솔에서 실행하면 새로운 함수 객체가 기존의 객체를 대체한다.

그렇다면 return() 명령어는 굳이 사용할 필요가 없는 것처럼 보인다. 하지만 코드의 끝까지 실행하지 않고 중간에 함수를 벗어나고 싶을 때는 return() 명령어가 필요하다. 예를 들어, 인수로 주어진 x가 숫자인지 체크하여 숫자가 아니면 'Not a number'라는 메시지를 출력하고 함수의 실행을 종료하고 싶다면 다음과 같이 return() 명령어를 사용할 필요가 있다.[5]

5 '8.2 논리흐름 제어' 부분에서 살펴보겠지만 if문은 if 다음 괄호 안의 조건을 평가하여 그 값이 TRUE이면 다음 문장을 수행한다. is.numeric() 함수는 인수로 주어진 값이 숫자이면 TRUE, 아니면 FALSE를 반환한다.

```
> transLength <- function(x) {
+   if(!is.numeric(x)) return("Not a number")
+   tlength <- round(x*0.9144, digits=1)
+   paste(tlength, "m", sep="")
+ }
> transLength("ABC")
[1] "Not a number"
```

실행할 코드를 감싸는 중괄호 { } 역시 함수를 생성할 때 반드시 필요한 것은 아니다. 함수의 실행 코드가 하나의 표현식이면 중괄호로 코드를 감쌀 필요가 없다. 예를 들어, 다음 두 함수는 동일하다.

```
> f1 <- function(x, y) {x + y}
> f2 <- function(x, y) x + y
> f1(1,3)
[1] 4
> f2(1,3)
[1] 4
```

앞에서 정의한 transLength() 함수를 다음과 같이 중괄호 { } 없이 한 줄로 작성할 수 있다.

```
> transLength <- function(x) paste(round(x*0.9144, digits=1), "m", sep="")
```

그러나 이렇게 작성하는 것이 때에 따라서는 바람직하지 않을 수 있다. 전체 코드의 길이는 줄일 수 있을지 모르지만 코드가 복잡해져서 결과적으로 가독성이 떨어지는 이해하기 어려운 코드가 되기 때문이다.

함수에 있어서 인수는 중요한 역할을 한다. R은 함수의 인수를 다루는 데 있어서 매우 유연하다. 함수의 인수는 다음과 같은 특성을 갖는다.

▶ 함수를 정의할 때 사전에 지정한 값을 인수에 할당할 수 있다. 함수를 호출할 때 인수에 달리 값을 지정하지 않으면 사전에 지정된 값이 사용된다.

▶ 함수를 정의할 때 인수는 이름을 가져야 한다. 함수를 호출할 때는 정의된 인수 이름을 사용한다. 그러나 함수를 호출할 때 함수에 정의된 순서대로 인수의 값을 지정하면 인수의 이름을 사용할 필요가 없다.

▶ 함수를 정의할 때 가변적인 인수 리스트를 포함할 수 있다. 함수 내에서 다른 함수로 전달할 인수를 지정하고 싶거나 사용 여부가 확정적이지 않은 인수를 처리하는 함수를 작성하려고 할 때 유용하다.

이제 길이의 단위를 변환하는 transLength() 함수를 좀 더 쓸모 있게 만들어보자. 현재의 함수는 야드를 미터로만 변환하도록 되어 있다. 다음과 같이 mult 인수와 unit 인수를 추가함으로써 미터로의 변환뿐만 아니라 피트(feet)나 인치(inch)와 같은 다른 단위로의 변환이 가능한 유연한 길이변환 함수를 만들 수 있다.

```
> transLength <- function(x, mult, unit) {
+   tlength <- round(x*mult, digits=1)
+   paste(tlength, unit, sep="")
+ }
> y <- c(100,150,200)
> transLength(y, mult=3, unit="ft")
[1] "300ft" "450ft" "600ft"
> transLength(y, mult=36, unit="in")
[1] "3600in" "5400in" "7200in"
```

이처럼 인수를 추가하면 좀 더 유용한 함수를 만들 수 있지만 이로 인해 새로운 문제가 발생하기도 한다. 다음과 같이 추가된 인수에 값을 지정하지 않으면 에러가 발생한다. mult 인수에 지정된 값이 없기 때문에 R은 벡터 y에 얼마를 곱해야 할지 알 수 없으며, 따라서 작업을 멈추고 에러 메시지를 내보낸다.

```
> y <- c(100,150,200)
> transLength(y)
Error in transLength(y) : argument "mult" is missing, with no default
```

인수에 초기값(default value, 기본값)을 지정함으로써 이러한 문제를 피할 수 있다. 초기값은 인수 리스트에 포함된 어느 인수에나 지정할 수 있으며 '인수=초기값' 형식으로 지정한다. 다음과 같이 인수에 초기값을 지정해보자.

```
> transLength <- function(x, mult=0.9144, unit="m") {
+   tlength <- round(x*mult, digits=1)
+   paste(tlength, unit, sep="")
+ }
```

함수 정의 시 초기값을 지정하면 인수에 값을 지정하지 않은 채 함수를 호출하더라도 에러가 발생하지 않는다. 함수에 지정된 초기값이 사용되기 때문이다. 따라서 다음과 같이 mult 인수와 unit 인수에 값을 지정하지 않으면 함수 내에 지정된 초기값이 사용되어 기본적으로 야드로 표현된 길이 벡터를 미터로 변환한다.

```
> y <- c(100,150,200)
> transLength(y)
[1] "91.4m"  "137.2m" "182.9m"
```

인수에 초기값이 지정되어 있더라도 함수 실행 시 얼마든지 다른 값을 지정할 수 있다. 예를 들어, 초기값이 사용되면 야드를 미터로 변환하지만 다음과 같이 지정하면 야드를 피트로 변환한다. 이때 함수에 정의된 인수 리스트의 순서대로 인수의 값을 지정하기만 하면 인수 이름을 지정하지 않아도 된다.

```
> y <- c(100,150,200)
> transLength(x=y, mult=3, unit="ft")
[1] "300ft" "450ft" "600ft"
> transLength(y, 3, "ft")
[1] "300ft" "450ft" "600ft"
```

함수 내에 다른 함수가 사용될 때 그 내부 함수의 인수를 모두 지정하면 함수는 너무 많은 인수 리스트를 갖게 된다. 이럴 때 내부 함수에서 사용하게 될 인수를 총칭하여 ...으로 지정할 수 있다. 현재 정의된 transLength() 함수는 내부에 round() 함수가 이용되고 있고 digits 인수가 1로 지정되어 항상 소수 첫째 자리로 반올림된 결과를 출력한다. 함수를 호출할 때 반올림할 자릿수를 결정하고 싶다면, 즉 round() 함수의 digits 인수를 함수 호출 시 지정하고 싶다면 transLength() 함수

정의 시 다음과 같이 인수 리스트의 마지막과 내부의 round() 함수의 digits 인수 자리에 ... 인수를 추가한다.

```
> transLength <- function(x, mult=0.9144, unit="m", ...) {
+   tlength <- round(x*mult, ...)
+   paste(tlength, unit, sep="")
+ }
```

그러면 transLength() 함수를 호출할 때 ... 인수 자리에 다음과 같이 함수 내의 round() 함수에 대한 digits 인수를 지정할 수 있다.

```
> y <- c(100,150,200)
> transLength(y, digits=2)
[1] "91.44m"  "137.16m" "182.88m"
```

round() 함수에 넘겨줄 인수를 지정하지 않으면 round() 함수에 지정된 초기값이 사용된다. 따라서 다음과 같이 digits 인수를 지정하지 않고 함수를 호출하면 round() 함수의 초기값 digits=0이 적용되어 정수로 반올림된 결과가 출력된다.

```
> y <- c(100,150,200)
> transLength(y)
[1] "91m"  "137m" "183m"
```

내부 함수의 인수에 다른 초기값을 지정하고 싶다면 함수 정의 시 인수 리스트에 ... 인수 대신에 인수의 초기값을 명시적으로 지정해야 한다. 따라서 달리 인수를 지정하지 않았을 때 변환된 결과가 기본적으로 소수 첫째 자리로 반올림되도록 하고 싶다면 함수 정의 시 다음과 같이 digits=1을 초기값으로 지정한다. 그리고 round() 함수 내에도 그 값을 인수로 받을 digits 인수를 명시적으로 지정한다.

```
> transLength <- function(x, mult=0.9144, unit="m", digits=1) {
+   tlength <- round(x*mult, digits=digits)
+   paste(tlength, unit, sep="")
+ }
> y <- c(100,150,200)
> transLength(y)
[1] "91.4m"  "137.2m" "182.9m"
```

함수의 인수 리스트에 있는 인수 이름을 앞의 예와 같이 round() 함수의 인수 이름(즉 digits)과 동일하게 부여할 필요는 없다. 어떤 이름을 사용해도 관계없다. 그러나 함수 정의 시 R 내장 함수에서 사용하는 인수 이름과 동일한 이름을 사용하면 함수의 코드를 들여다보지 않더라도 그 인수가 어떤 일을 하는지 보다 쉽게 이해할 수 있는 장점이 있다.

R은 함수 자체를 인수처럼 취급할 수 있다. 이러한 특성을 이용하면 transLength() 함수의 거리 변환 결과에 round() 함수뿐만 아니라 다른 함수를 적용할 수 있다. 함수 정의 시 인수 리스트에 FUN 인수를 추가하고 그 인수 이름으로 원하는 함수를 호출한다. FUN 인수에는 다른 인수와 마찬가지로 초기값을 지정할 수 있다. 여기에서는 round() 함수가 초기값으로 지정되었다. 따라서 달리 지정하지 않는 한 round() 함수가 적용되어 정수로 반올림된 결과가 출력된다.

```
> transLength <- function(x, mult=0.9144, unit="m", FUN=round, ...) {
+   tlength <- FUN(x*mult, ...)
+   paste(tlength, unit, sep="")
+ }
> y <- c(100,150,200)
> transLength(y)
[1] "91m"  "137m" "183m"
```

출력 결과를 소수점 이하 자릿수가 아닌 다른 형식으로(예를 들면, 유효숫자 자릿수나 가장 가까운 정수) 나타내려면 다음과 같이 함수 호출 시 FUN 인수에 해당하는 함수를 지정한다. signif를 지정하면 유효숫자 자릿수로, floor를 지정하면 가장 가까운 정수로 결과를 출력한다.6

```
> y <- c(100,150,200)
> transLength(y, FUN=signif, digits=3)
[1] "91.4m" "137m"  "183m"
> transLength(y, FUN=floor)
[1] "91m"  "137m" "182m"
```

6 FUN 인수에 함수를 지정할 때 함수 이름에 괄호를 붙이지 않는다. signif()나 floor()와 같이 괄호를 붙이면 함수 자체가 아닌 함수의 실행 결과를 할당한 것이 된다. 따라서 이는 인수 없이 함수를 호출한 것이 되기 때문에 에러가 발생한다.

함수 내에서 생성된 객체는 함수의 실행이 종료되면 작업공간에서 사라진다. transLength() 함수를 실행한 후 작업공간을 살펴보면 다음과 같이 함수 객체 transLength와 길이 벡터 y만이 존재하는 것을 알 수 있다. 함수 내에서 객체처럼 사용했던 x, mult, unit, FUN 등의 인수와 함수 내에서 생성했던 tlength 객체는 함수를 실행한 후에는 작업공간에서 찾아볼 수 없다.

```
> ls()
[1] "transLength" "y"
```

이렇게 되는 이유는 함수를 실행하면 함수는 현재의 작업 환경 내에 일시적인 로컬 환경(local environment)을 생성하여 그 안에서 작업을 수행하고 함수가 종료되자마자 로컬 환경은 그 안에 생성된 모든 객체와 함께 소멸되기 때문이다.

로컬 환경은 현재의 작업 환경인 글로벌 환경(global environment) 안에 포함되어 있으므로 로컬 환경으로부터 글로벌 환경의 어떤 객체든 제한 없이 접근할 수 있다. 다음과 같이 객체 x를 생성하고 scopeTest()라는 작은 함수를 만들어보자.

```
> x <- 11:15
> scopeTest <- function(x) {
+   cat("This is x: ", x, "\n")
+   rm(x)
+   cat("This is x after removing it: ", x, "\n")
+ }
```

이 scopeTest() 함수는 x라는 인수를 받아서 화면에 출력한 후 x를 작업공간에서 제거하고 다시 x를 화면에 출력하는 함수이다. x를 작업공간에서 제거하는 rm(x) 명령어 이후에는 x가 더 이상 존재하지 않기 때문에 두 번째 화면 출력 명령어는 실행되지 않고 에러가 발생할 것으로 예상할지 모른다. 그러나 함수를 실행해보면 다음과 같이 정상적으로 잘 동작한다.

```
> scopeTest(x=15:11)
This is x:  15 14 13 12 11
This is x after removing it:  11 12 13 14 15
```

x가 작업공간에서 삭제되었음에도 불구하고 이 함수는 x를 화면에 출력한다. 하지만 출력 결과를 살펴보면 첫 번째 출력된 x와 두 번째 출력된 x는 서로 다르다는 것을 알 수 있다. 첫 번째 출력된 x는 함수의 인수로 주어진 x로서 로컬 환경에서 생성된 객체이고 두 번째 출력된 x는 글로벌 환경에서 생성된 객체이다.

R은 함수 내에서 객체를 보게 되면 우선 로컬 환경에서 그 객체를 찾는다. 로컬 환경에 함수의 인수로

주어진 x가 존재하기 때문에 첫 번째 cat() 명령어는 인수로 주어진 x를 출력한다. 그 다음 라인에서 그 객체 x는 제거된다. 따라서 R이 세 번째 라인에 도달하게 되면 로컬 환경에서는 더 이상 x를 찾을 수 없다. 그러면 R은 로컬 환경 밖의 글로벌 환경에 x가 있는지 살펴본다. 글로벌 환경에 x가 존재하기 때문에 R은 두 번째 cat() 명령어로 글로벌 환경의 x를 출력한다. 즉 첫 번째 x는 로컬 환경의 x이고 두 번째 x는 글로벌 환경의 x이다.

8.2 논리흐름 제어

함수를 이용하면 일련의 작업을 정해진 순서대로 처리할 수 있다. 그러나 때로는 조건에 따른 선택이 필요할 수도 있으며 그에 따라 다른 작업을 수행해야 할 때도 있다. 또는 동일한 작업을 반복적으로 수행해야 할 필요도 있다. R은 이러한 다양한 논리흐름을 제어할 수 있는 명령어를 제공한다.

조건문을 만드는 가장 간단한 방법은 if문을 사용하는 것이다. if 다음 괄호 안의 조건을 평가하여 그 값이 TRUE이면 다음 문장이 수행된다. 따라서 만일 조건의 논리값이 TRUE가 아니면 아무것도 수행하지 않고 if문은 종료된다.

```
> x <- pi
> y <- 3
> if (x > y) x
[1] 3.141593
> if (x < y) x
```

조건을 평가한 후 TRUE이면 어떤 일을 수행하고 TRUE가 아니면 다른 일을 수행하는 조건문을 만들고 싶으면 다음과 같이 if...else 형식을 이용한다. TRUE이면 조건문 다음 문장이 수행되고 TRUE가 아니면 else 다음의 문장이 수행된다.

```
> if (x < y) x else y
[1] 3
```

if...else 형식의 조건문은 벡터 연산을 수행할 수 없다. 즉 if 다음의 괄호 안에는 하나의 논리값만을 가질 수 있다. 만약 조건문에 다음과 같이 벡터가 포함되면 벡터의 원소 중 첫 번째 값만이 논리 연산을 위해 사용된다. 즉 y는 다섯 개의 값을 갖는 벡터이지만 첫 번째 원소인 1만이 x와의 비교를 위해 사용된다.

```
> x <- pi
> y <- 1:5
> if (x < y) x else y
[1] 1 2 3 4 5
Warning message:
In if (x < y) x else y :
  the condition has length > 1 and only the first element will be used
> if (x > y) x else y
[1] 3.141593
Warning message:
In if (x > y) x else y :
  the condition has length > 1 and only the first element will be used
```

조건문에 벡터를 포함시켜 벡터 연산을 하고 싶다면 ifelse() 함수를 이용한다. ifelse() 함수의 첫 번째 인수에는 조건이 주어지며 조건을 테스트한 결과가 TRUE이면 두 번째 인수가 실행되고 FALSE이면 세 번째 인수가 실행된다.

```
> test <- c(TRUE, FALSE, TRUE, TRUE, FALSE)
> yes <- 1:5
> no <- 0
> ifelse(test, yes, no)
[1] 1 0 3 4 0
```

ifelse() 함수는 벡터 연산을 지원하기 때문에 if...else 형식의 조건문에서 불완전하게 동작했던 앞의 예에 다음과 같이 ifelse() 함수를 적용하면 기대한 결과를 얻을 수 있다.

```
> x <- pi
> y <- 1:5
> ifelse(x > y, x, y)
[1] 3.141593 3.141593 3.141593 4.000000 5.000000
```

switch() 함수는 첫 번째 인수로 주어진 값에 따라 두 번째 이후의 인수에 지정된 코드를 수행한다. 예를 들어, 다음과 같은 예에서 사용자 정의 함수인 center() 함수는 switch() 함수의

type 인수에 주어진 값(mean, median, trimmed)에 따라 평균 또는 중위수 또는 절삭평균을 계산한다.

```
> center <- function(x, type) {
+   switch(type,
+          mean=mean(x),
+          median=median(x),
+          trimmed=mean(x, trim=0.1))
+ }
> x <- c(2,3,5,7,11,13,17,19,23,29)
> center(x, "mean")
[1] 12.9
> center(x, "median")
[1] 12
> center(x, "trimmed")
[1] 12.25
```

switch() 함수의 type 인수에 정의된 선택지가 아닌 다른 값에 대해 처리 방법을 별도로 지정하기 위해서는 다음과 같이 인수 리스트의 마지막에 처리 방법을 선택지 이름 없이 지정한다.

```
> center <- function(x, type) {
+   switch(type,
+          mean=mean(x),
+          median=median(x),
+          trimmed=mean(x, trim=0.1),
+          "Choose one of mean, median, and trimmed")
+ }
> center(x, "other")
[1] "Choose one of mean, median, and trimmed"
```

다른 프로그래밍 언어에서처럼 R 역시 반복 작업을 수행하는 다양한 명령어를 제공한다. 우선 가장 단순한 형식인 repeat문을 이용하여 반복 작업을 수행할 수 있다. repeat 다음에 반복하려는 작업을 지정한다.

```
> repeat print("hello")
```

그러나 앞의 예와 같이 단순히 repeat 명령어만을 사용하면 작업이 무한 반복된다. 반복 작업의 흐름을 통제하기 위해 두 가지 키워드를 사용할 수 있다. 반복 작업을 멈추기 위해서는 break 명령어를 이용한다. next 명령어를 이용하면 반복 작업 도중에 다음 단계로 건너뛸 수 있다.

예를 들어, 다음 코드는 5부터 25까지 5의 배수를 화면에 출력한다. i의 값이 25보다 커지게 되면 break 명령어가 실행되어 반복 작업이 종료된다.7

7 다음과 같이 한 줄로 코드를 만들 수도 있다: repeat {if(i > 25) break else {print(i); i <- i + 5}}. 한 줄에 두 개 이상의 명령어를 표현하기 위해서는 명령어 간에 세미콜론(semicolon, ;)을 입력한다.

```
> i <- 5
> repeat {if(i > 25) break
+   else {
+     print(i)
+     i <- i + 5
+   }
+ }
[1] 5
[1] 10
[1] 15
[1] 20
[1] 25
```

while문 또한 유용한 반복 명령어이다. while 다음에 주어지는 조건이 TRUE인 한 지정된 작업이 반복 수행된다. 다음 코드는 5부터 25까지 5의 배수를 화면에 출력하는 앞에서의 예를 while 명령어를 이용하여 작성한 코드이다.

```
> i <- 5
> while (i <= 25) {
+   print(i)
+   i <- i + 5
+ }
[1] 5
[1] 10
[1] 15
[1] 20
[1] 25
```

while 루프(loop) 안에 break와 next 명령어를 포함시킬 수 있다. break 명령어를 이용하면 반복 작업을 중간에 멈출 수 있다. 또한 반복 도중 next 명령어를 만나면 나머지 명령어를 수행하지 않고 다음 반복 단계로 이동한다.

while문과 repeat문은 몇 번의 반복 작업을 수행해야 하는지 알 수 없을 때 유용하다. 예를 들어, 동전을 몇 번 던져야 연속해서 10번의 앞면이 나오는지 while문을 이용해서 다음과 같이 시뮬레이션 해볼 수 있다.

```
> flip <- function() sample(x=c("H", "T"), size=1)
> nflip <- 0
> nhead <- 0
> while (nhead < 10) {
+   if (flip() == "H") {
+     nhead <- nhead + 1
+   } else {
+     nhead <- 0
+   }
+   nflip <- nflip + 1
+ }
> nflip
[1] 2277
```

sample() 함수는 첫 번째 인수(x)에 주어진 데이터 벡터로부터 두 번째 인수(size)에 주어진 크기 만큼의 무작위 표본을 생성한다. 여기에서 사용자 정의 함수 flip()은 호출될 때마다 sample() 함수를 이용하여 H 또는 T 가운데 하나를 무작위로 추출한다.

반복 작업의 횟수가 정해져 있으면 for문을 이용하는 것이 보다 편리할 수 있다. for문을 이용하여 벡터(또는 리스트) 내의 각 원소에 대해 차례대로 반복 작업을 수행할 수 있다. for 루프의 형식은 다음과 같다.

```
for (var in list) statement
```

for 다음의 괄호 안에 반복 조건을 지정한다. *list* 내의 각 원소를 차례대로 추출하여 *var*에 할당한 후 각 *var*에 대해 괄호 다음의 코드 *statement*를 반복 수행한다.

5부터 25까지 5의 배수를 화면에 출력하는 앞에서의 예를 for문을 이용하여 수행하면 다음과 같다.

for문에 대해서도 루프 내에 break와 next 명령어를 포함시킬 수 있다.

```
> for (i in seq(from=5, to=25, by=5)) print(i)
[1] 5
[1] 10
[1] 15
[1] 20
[1] 25
```

반복 명령어를 사용할 때 다음과 같은 점을 주의할 필요가 있다. 첫째, 실행 결과는 루프 내에서는 출력되지 않는다. 예를 들어, 다음과 같이 코드를 작성하면 화면상에 아무런 결과도 출력되지 않는다. 화면에 출력하기 위해서는 앞에서의 예처럼 명시적으로 print() 함수를 호출해야 한다.

```
> for (i in seq(from=5, to=25, by=5)) i
```

둘째, 루프 내에서 생성된 객체는 함수에서와 달리 순환 루프가 종료된 뒤에도 사라지지 않는다. 따라서 for 루프 내에서 객체의 값이 바뀌면 작업공간에도 바뀐 그대로 존재하게 된다. 그렇기 때문에 for 루프 내에서 생성된 변수 *var*의 값은 루프를 도는 동안 각 반복 단계마다 값이 계속 변화한다. 다음 예와 같이 처음에 1이 할당된 i는 for 루프 내에 계속 값이 바뀌게 되며 반복 작업을 종료한 후에는 for 루프 내에서 최종적으로 할당된 값 25를 갖게 된다.

```
> i <- 1
> for (i in seq(from=5, to=25, by=5)) i
> i
[1] 25
```

for 루프를 이용한 반복 작업은 일반적으로 일정한 패턴을 갖는다. for 루프를 이용하여 표준패키지에 포함된 iris 데이터셋으로부터 아이리스 꽃의 네 개 측정값(꽃받침과 꽃잎의 길이와 폭)의 평균을 구해보자. 이를 위해 우선 다음과 같이 네 개 측정값 변수로 구성된 데이터셋을 생성한다.

```
> head(iris, 3)
  Sepal.Length Sepal.Width Petal.Length Petal.Width Species
1          5.1         3.5          1.4         0.2  setosa
2          4.9         3.0          1.4         0.2  setosa
3          4.7         3.2          1.3         0.2  setosa
```

```
> iris.m <- iris[c(1:4)]
> head(iris.m, 3)
  Sepal.Length Sepal.Width Petal.Length Petal.Width
1          5.1         3.5          1.4         0.2
2          4.9         3.0          1.4         0.2
3          4.7         3.2          1.3         0.2
```

다음과 같이 for 루프를 이용하여 데이터프레임에 포함된 네 개 변수의 평균을 구할 수 있다.

```
> out <- vector(mode="numeric", length=ncol(iris.m))
> out
[1] 0 0 0 0
> for (i in seq_along(iris.m)) {
+   out[[i]] <- mean(iris.m[[i]])
+ }
> out
[1] 5.843333 3.057333 3.758000 1.199333
```

루프를 돌리기 전에 우선 결과를 저장할 공간을 확보해야 한다. vector() 함수를 이용하면 일정 길이를 갖는 빈 벡터를 생성할 수 있다. vector() 함수에는 생성할 벡터의 유형(integer, numeric, double, logical, character 등)과 길이를 인수로 지정한다.[8] for 루프 내에서는 반복 대상의 목록과 그 목록의 개별 원소에 적용할 실제 작업을 정의한다. 여기에서는 seq_along(iris.m) 함수로부터 반환된 1부터 데이터프레임의 열의 개수까지의 숫자 목록(즉 1, 2, 3, 4)으로부터 차례대로 하나씩 값을 추출하여 i에 할당한다.[9] 이어서 데이터프레임의 i번째 변수의 평균을 계산하여 빈 벡터의 i번째 원소에 저장한다. 이러한 작업을 데이터프레임의 열의 개수만큼 반복하여 모든 열의 평균을 산출한다.

for 루프에서 반복 대상의 목록과 그 목록으로부터 개별 원소를 추출하는 방법은 크게 세 가지가 있다. 앞서 살펴본 것처럼 숫자 인덱스를 이용하는 것이 가장 일반적인 방법이다. 그 밖에 다음과 같이 이름을 이용하여 루프를 돌릴 수 있다. 이름을 사용할 경우에는 결과를 저장할 벡터에도 names() 함수를 이용하여 동일하게 이름을 부여한다.

8 numeric(ncol(iris.m))과 같이 특정 유형의 데이터 객체를 생성하는 함수를 이용할 수도 있다. integer(), double(), logical(), character() 등의 함수에 생성할 벡터의 길이를 인수(length)로 제공한다.

9 seq_along() 함수는 인수로 주어지는 객체의 길이만큼의 순열(sequence)을 반환한다. 예를 들어, 객체의 길이가 n이면 1:n의 벡터를 반환한다. 데이터프레임에 length() 함수를 적용한 길이는 열의 개수이므로 seq_along() 함수에 데이터프레임을 인수로 제공하면 1부터 열의 개수까지의 순열이 생성된다.

```
> result <- vector("numeric", ncol(iris.m))
> names(result) <- names(iris.m)
> for (nm in names(iris.m)) {
+   result[[nm]] <- mean(iris.m[[nm]])
+ }
> result
Sepal.Length  Sepal.Width Petal.Length  Petal.Width
    5.843333     3.057333     3.758000     1.199333
```

또는 다음과 같이 반복 대상 목록 내의 원소를 이용하여 루프를 돌릴 수 있다. 목록 내의 원소가 하나씩 차례대로 추출되어 반복 작업에 사용된다. 예를 들어, 여기에서 아이리스 꽃 종류별로 서브셋을 생성하여 각각의 꽃 이름을 파일명으로 갖는 CSV 파일로 저장하였다.

```
> levels(iris$Species)
[1] "setosa"     "versicolor" "virginica"
> for (species in levels(iris$Species)) {
+   s <- subset(iris, subset=(species==iris$Species))
+   write.csv(s, file=paste0("iris-", species, ".csv"))
+ }
> list.files(pattern="iris-.*.csv")
[1] "iris-setosa.csv"     "iris-versicolor.csv" "iris-virginica.csv"
```

앞서와 같이 for 루프를 이용하여 새로운 결과 객체를 생성하는 대신에 기존 객체를 수정하고 싶을 때가 있다. 예를 들어, 표준패키지에 포함된 USArrests 데이터셋의 네 변수를 평균 0, 표준편차 1로 표준화하려고 한다. 다시 말해 USArrests 데이터셋의 각 변수값을 표준화된 값으로 대체하길 원한다.

```
> str(USArrests)
'data.frame':  50 obs. of  4 variables:
 $ Murder   : num  13.2 10 8.1 8.8 9 7.9 3.3 5.9 15.4 17.4 ...
 $ Assault  : int  236 263 294 190 276 204 110 238 335 211 ...
 $ UrbanPop : int  58 48 80 50 91 78 77 72 80 60 ...
 $ Rape     : num  21.2 44.5 31 19.5 40.6 38.7 11.1 15.8 31.9 25.8 ...
```

```
> head(USArrests, 3)
        Murder Assault UrbanPop Rape
Alabama   13.2     236       58 21.2
Alaska    10.0     263       48 44.5
Arizona    8.1     294       80 31.0
```

이를 위해 데이터프레임의 각 변수에 적용할 표준화 함수를 다음과 같이 정의한다.

```
> rescaling <- function(x) {
+   round((x - mean(x))/sd(x), 2)
+ }
```

이 함수를 for 루프 내에서 반복적으로 호출하여 데이터셋의 기존 변수값을 변경한다. 여기에서는 입력으로 이용된 데이터 객체가 동일하게 출력 객체로도 사용된다.

```
> for (i in seq_along(USArrests)) {
+   USArrests[[i]] <- rescaling(USArrests[[i]])
+ }
> head(USArrests, 3)
        Murder Assault UrbanPop Rape
Alabama   1.24    0.78    -0.52 0.00
Alaska    0.51    1.11    -1.21 2.48
Arizona   0.07    1.48     1.00 1.04
```

때로는 출력된 결과의 길이가 얼마나 되는지 모를 수도 있다. 예를 들어, 혈압의 평균이 100, 110, 120이고 표준편차는 모두 25인 세 집단으로부터 무작위 표본을 추출하려고 한다. 이때 각 평균 집단으로부터 추출하는 개수도 무작위로 결정한다. 따라서 각 집단으로부터 몇 개의 값이 추출될지 사전에 알 수 없다. 이럴 때 다음과 같이 빈 리스트 데이터 구조를 생성한 후 for 루프를 돌면서 각 집단으로부터 추출된 값을 리스트의 원소에 저장한다. rnorm() 함수는 정규분포로부터 무작위 표본을 추출한다. 끝으로 필요에 따라 unlist() 함수를 이용하여 단일 벡터로 변환한다.

```
> means <- c(100, 110, 120)
> output <- vector("list", length(means))
```

```
> for (i in seq_along(means)) {
+   n <- sample(10, 1)
+   output[[i]] <- round(rnorm(n=n, mean=means[[i]], sd=25), 0)
+ }
> output
[[1]]
[1]  93  95 108  75 105

[[2]]
[1] 119 107 143 109 121  97

[[3]]
[1] 116 117  95 137 146 129

> unlist(output)
 [1]  93  95 108  75 105 119 107 143 109 121  97 116 117  95 137 146 129
```

연 | 습 | 문 | 제 >>>

01. 짝수이면 TRUE를, 홀수이면 FALSE를 출력하는 함수를 작성하고 다음 벡터에 대해 테스트하여 결과를 제시하시오.

```
c(-5:5, Inf, -Inf, NA, NaN)
```

02. 짝수의 개수를 세는 함수를 작성하고 다음 벡터에 대해 테스트하여 결과를 제시하시오.

```
c(-5:5, Inf, -Inf, NA, NaN)
```

03. 주어진 숫자가 원주율(pi, π)보다 크면 TRUE, 아니면 FALSE를 출력하는 함수를 작성하고 3과 1:5 벡터에 대해 테스트하여 결과를 제시하시오.

04. 주어진 데이터 벡터를 평균 1, 표준편차 1로 표준화하는 함수를 작성하고(데이터에 NA가 포함되어 있으면 계산에서 제외) 다음 벡터에 대해 테스트하여 결과를 제시하시오.

```
c(1,2,3,4,5,NA)
```

05. 인수로 주어진 문자를 텍스트로부터 제거하는 함수를 작성하시오. 작성한 함수를 이용하여 다음 텍스트 벡터로부터 세미콜론(;)을 제거하시오.

'I saw her standing there; Misery; Anna (Go to him); Chains; Boys; Ask me why'

06. 데이터프레임 또는 행렬을 인수로 받아서 각 열의 데이터 유형을 출력하는 함수를 작성하시오. iris 데이터셋과 LakeHuron 데이터셋에 대해 테스트하여 각각 다음과 같은 형식으로 출력되도록 하시오.

```
<iris 데이터셋>
Sepal.Length is numeric
Sepal.Width is numeric
Petal.Length is numeric
Petal.Width is numeric
Species is factor
```

```
<LakeHuron 데이터셋>
It is neither a data frame nor a matrix.
```

07. 주어진 벡터에 대해 평균과 표준편차를 계산하고 med 인수에 TRUE를 지정하면 중위수를 함께 계산하는 함수를 작성하시오. 1:50 벡터에 대해 테스트하여 다음과 같은 형식으로 출력되도록 하시오.

```
<med 인수를 지정하지 않을 때>
Mean is 25.5, and Standard Deviation is 14.6.
```

```
<med 인수에 TRUE를 지정할 때>
Mean is 25.5, and Standard Deviation is 14.6.
Also Median is 25.5.
```

08. 다음은 루이스 캐롤(Lewis Carroll)의 소설 '이상한 나라의 앨리스'(Alice's Adventures in Wonderland)의 첫 번째 문장에서 가져온 단어이다. 이와 같은 단어의 벡터가 주어졌을 때 아래 <결과>와 같은 형식으로 단어의 길이별로 해당되는 단어 목록을 출력하는 함수를 작성하시오.

'Alice', 'was', 'beginning', 'to', 'get', 'very', 'tired', 'of', 'sitting', 'by', 'her', 'sister', 'on', 'the', 'bank', 'and', 'of', 'having', 'nothing', 'to', 'do', 'once', 'or', 'twice', 'she', 'had', 'peeped', 'into', 'the', 'book', 'her', 'sister', 'was', 'reading', 'but', 'it', 'had', 'no', 'pictures', 'or', 'conversations', 'in', 'it', 'and', 'what', 'is', 'the', 'use', 'of', 'a', 'book', 'thought', 'Alice', 'without', 'pictures', 'or', 'conversations'

```
<결과>
These words have 1 letter(s):
[1] "a"
These words have 2 letter(s):
[1] "to, of, by, on, do, or, it, no, in, is"
These words have 3 letter(s):
[1] "was, get, her, the, and, she, but, had, use"
…(중략)
These words have 13 letter(s):
[1] "conversations"
```

09. 주어진 데이터로부터 이상값(outlier)을 제거하고 평균을 계산하는 함수를 작성하시오. 이상값은 표준편차의 일정 배수 범위 밖에 존재하는 관측값으로 정의하며, 배수를 인수로 지정하여 이상값의 범위를 조정할 수 있도록 한다. 작성한 함수를 `car` 패키지에 포함된 `Salaries` 데이터셋의 `salary` 변수에 적용하여 다음 작업을 수행하시오.

(a) 전체 데이터에 대한 평균을 계산하시오.
(b) 표준편차 2배수 범위 밖에 존재하는 이상값을 제거한 후의 평균을 산출하시오.
(c) 표준편차 3배수 범위 밖에 존재하는 이상값을 제거한 후의 평균을 구하시오.

10. `for`문을 이용하여 `month.name` 벡터로부터 다음과 같이 월 이름을 출력하시오.

```
The month of January
The month of February
The month of March
…(중략)
The month of October
```

```
The month of November
The month of December
```

11. for문을 이용하여 c("Superman","Batman","Spiderman") 벡터로부터 다음과 같은 메시지를 출력하시오.

```
Hello Superman...
Hello Batman...
Hello Spiderman...
```

12. 동전을 몇 번 던져야 연속해서 10번의 앞면이 나오는지 시뮬레이션하는 코드를 repeat문을 이용하여 작성하시오.

13. 무작위로 세 개의 알파벳 문자를 복원추출(sampling with replacement)할 때 ABC 순서로 나오기까지 몇 번을 시행해야 하는지 시뮬레이션하는 코드를 while문을 이용하여 작성하시오.

Chapter **09**

데이터 전처리

Introductory R
R 기초와 활용

Chapter 09 | 데이터 전처리

9.1 데이터 구조 선택

효과적인 데이터분석을 위해서는 데이터가 분석 목적에 적합한 형태로 준비되어 있어야 한다. 그러나 현실 세계에서 우리가 수집하게 되는 데이터는 대부분 분석을 위해 즉시 사용할 수 있는 형태로 되어 있지 않을 때가 많다. 데이터가 분석에 적합한 형태로 되어 있다 하더라도 데이터 일부가 존재하지 않거나 오류가 있을 수 있다. 따라서 분석을 위해 수집한 데이터를 실제 사용 가능한 데이터로 만들기 위해서는 많은 사전 작업이 필요하다. 데이터분석에 사용할 수 있는 적합한 데이터를 만들기 위한 사전 작업을 데이터 전처리(data preprocessing)라고 한다.

데이터 전처리를 위해 우선 해야 할 일은 데이터를 R 환경에서 어떠한 데이터 구조로 표현할 것인지를 결정하는 것이다. R이 제공하는 기본적인 데이터 구조는 벡터, 행렬, 리스트, 데이터프레임이며, 이들은 데이터 표현 방식에서 있어서 서로 조금씩 다른 특성을 갖고 있다.

데이터가 하나의 차원만 갖고 있다면 벡터가 가장 적합한 데이터 구조이다. 그러나 두 개 이상의 차원으로 구성되어 있다면 행렬(또는 배열), 리스트, 데이터프레임 등이 선택 가능한 데이터 구조가 된다. 행렬이나 배열은 데이터가 모두 동일한 데이터 유형으로 구성되어 있을 때 사용 가능하다. 예를 들어, 데이터가 모두 숫자이거나 문자일 때는 행렬이나 배열 데이터 구조를 사용할 수 있다. 그러나 실제 분석 현장에서 다루는 데이터셋은 서로 다른 데이터 유형으로 구성되어 있을 때가 많다. 예를 들어, 분석할 데이터셋에 숫자 데이터와 문자 데이터가 서로 섞여 있다. 이럴 때는 리스트나 데이터프레임이 보다 적절한 데이터 구조가 된다.

데이터프레임은 동일한 길이의 벡터로 이루어진 리스트를 구성 원소로 갖는 데이터 구조이다. 데이터프레임은 데이터베이스의 테이블과 개념적으로 유사하다. 따라서 데이터가 서로 다른 데이터 유형으로 구성되어 있으면서 테이블 형태로 표현 가능하다면 데이터프레임 데이터 구조가 바람직한 선택이 될 수 있다. 그러나 만일 데이터가 다양한 유형의 객체로 구성되어 있으나 데이터프레임으로 표현할 수 없으면 리스트가 적합한 데이터 구조가 된다. 리스트는 어떤 유형의 객체든 수용할 수 있다는 점에서 유연한 데이터 구조이다. 리스트는 벡터, 행렬, 데이터프레임, 리스트 등 기본적인 데이터 객체뿐만 아니라 함수를 비롯한 다른 모든 객체를 포함할 수 있기 때문에 복잡한 데이터 구조를 표현하려고 할 때 매우 유용하다.

R에서 제공하는 다양한 데이터 구조 가운데 데이터프레임은 데이터분석 및 전처리 작업에 가장 널리 사용된다. 데이터프레임은 현실 세계의 데이터를 가장 잘 표현할 수 있고 구조상으로도 데이터베이스에서 다루는 테이블과 비슷하기 때문이다. 또한 R의 데이터 입력 함수는 대부분 데이터프레임 데이터 구조로의 변환을 지원한다. 예를 들어, 텍스트 형식의 데이터를 `read.csv()` 함수나 `read.table()` 함수를 이용하여 읽어들이면 R은 데이터를 쉽게 데이터프레임 구조로 변환한다.

9.2 데이터 유형 및 구조 변환

데이터 유형 변환

R에서 모든 객체는 모드(mode)를 갖는다. 모드란 객체가 메모리에 물리적으로 저장되는 형태를 의미한다. 모드의 종류로는 숫자(numeric), 문자(character), 논리(logical), 리스트(list), 함수(function) 등이 있으며 객체는 이 가운데 하나의 모드만을 가질 수 있다. [그림 9-1]은 객체의 유형에 따른 모드 종류의 예이다.

[그림 9-1] 모드. 객체가 메모리에 물리적으로 저장되는 형태로서 객체는 하나의 모드만을 취할 수 있다.

객체	예	모드
숫자	`1.414`	`numeric`
숫자 벡터	`c(1.414, 1.732)`	`numeric`
문자	`"Batman"`	`character`
문자 벡터	`c("Batman", "Superman", "Spiderman")`	`character`
팩터	`factor("High", "Medium", "Low")`	`numeric`
날짜	`as.Date("2030-12-31")`	`numeric`
논리	`5 > 2`	`logical`
리스트	`list(1.23, "Apple", c(2,3,5,7))`	`list`
데이터프레임	`data.frame(x=1:3, y=c("H", "M", "L"))`	`list`
함수	`mean`	`function`

mode() 함수를 이용하면 인수로 주어진 객체의 모드를 알 수 있다.

```
> mode(1.414)
[1] "numeric"
> mode(c(1.414, 1.732))
[1] "numeric"
> mode("Batman")
[1] "character"
> mode(c("Batman", "Superman", "Spiderman"))
[1] "character"
> mode(factor("High", "Medium", "Low"))
[1] "numeric"
> mode(as.Date("2030-12-31"))
[1] "numeric"
> mode(5 > 2)
[1] "logical"
> mode(list(1.23, "Apple", c(2,3,5,7)))
[1] "list"
> mode(data.frame(x=1:3, y=c("H", "M", "L")))
[1] "list"
> mode(mean)
[1] "function"
```

벡터의 구성 원소는 모두 동일한 데이터 유형이어야 하는 반면, 리스트는 벡터와 달리 여러 다른 유형의 데이터를 수용할 수 있다. 이를 모드의 관점에서 보면 벡터는 모든 원소가 동일한 모드이어야 한다는 것을 의미하고 리스트의 원소는 서로 다른 모드를 가질 수 있다는 것을 뜻한다.

R에서 모든 객체는 물리적 저장 형태와 별도로 클래스(class)라는 추상적 형태를 갖는다. 예를 들어, 물리적으로는 숫자라는 하나의 형태로 저장되더라도 이 숫자는 실제로 다양한 많은 것을 동시에 나타낼 수 있다. 상황에 따라서 그 숫자는 거리를 나타내는 객체가 되기도 하고 시간을 나타내는 객체가 되기도 한다. 이 객체는 숫자로 저장되기 때문에 모두 숫자(numeric) 모드를 갖는다는 공통점이 있다. 그러나 이 두 객체는 의미상 다른 해석이 가능한 서로 다른 클래스에 속한다.

예를 들어, 날짜 객체의 모드는 숫자이며 하나의 숫자로 이루어진 길이 1인 숫자 벡터이다. 하지만 이 숫자는 Date 클래스이기 때문에 R은 그 숫자를 날짜로 해석한다. 즉 Date 클래스이기 때문에

R은 그 숫자를 단순히 정수가 아닌 1970년 1월 1일부터 경과된 일수로 이해한다. 그리고 그 숫자에 대한 처리는 Date 클래스에 적합한 방식으로 수행된다. 예를 들어, Date 클래스의 객체에 1을 더하면 이 숫자 1은 날짜 하루를 의미하며, 따라서 단순히 숫자 1이 더해진 정수가 아닌 하루가 더해진 날짜가 출력된다.

```
> d <- as.Date("2030-12-31")
> mode(d)
[1] "numeric"
> length(d)
[1] 1
> as.integer(d)
[1] 22279
> class(d)
[1] "Date"
> d + 1
[1] "2031-01-01"
```

이처럼 R은 클래스에 따라 객체를 처리하는 방법을 결정한다. 즉 클래스에 따라 R은 해당 클래스에 적합한 처리 방법을 찾는다. 예를 들어, print() 함수는 클래스에 따라 객체를 출력하는 다양한 버전의 하위 함수를 갖고 있다. 날짜(Date 클래스)를 출력할 때는 내부적으로 print.Date() 함수가 호출되며, 데이터프레임(data.frame 클래스)을 출력할 때는 print.data.frame() 함수가 사용된다. 만약 회귀모델(lm 클래스)을 출력하면 print.lm() 함수가 호출된다. 이와 같이 R은 객체를 출력할 때 해당 객체의 클래스를 확인한 후 그에 맞는 적당한 하위 print() 함수를 호출한다.[1]

데이터 유형의 변환은 데이터 전처리 작업 중에 종종 발생한다. 문자형이나 숫자형과 같은 데이터 유형을 다른 데이터 유형으로 변환하기 위해서는 데이터 유형별 변환 함수를 이용한다. as.character(x), as.complex(x), as.numeric(x), as.integer(x), as.logical(x) 등의 변환 함수는 인수로 주어진 x의 데이터 유형을 각 함수 이름이 의미하는 데이터 유형으로 변환한다. 만약 변환이 불가능하면 NA가 출력된다.

1 이러한 함수를 제네릭 함수(generic function)라고 한다. 제네릭 함수는 print() 함수 이외에 summary() 함수, plot() 함수 등이 있다. 제네릭 함수는 인수로 주어진 클래스에 따라 적합한 하위 함수(이를 methods라고 함)를 호출하여 실행한다. 예를 들어, summary() 함수에 수치 데이터가 인수로 주어지면 요약 통계량을 출력하며, 통계모델 수행결과가 인수로 주어지면 모델에 대한 요약을 보여준다. methods(summary)와 같은 형식으로 methods() 함수를 이용하여 사용 가능한 하위 함수를 확인할 수 있다.

```
> as.numeric(1.618)
[1] 1.618
> as.integer(1.618)
[1] 1
> as.character(1.618)
[1] "1.618"
> as.numeric("gold")
[1] NA
Warning message:
NAs introduced by coercion
```

벡터가 인수로 주어지면 벡터 연산이 수행되어 벡터 내 각 원소에 변환 함수가 적용된다.

```
> as.numeric(c("-1", "1.618", "3.14"))
[1] -1.000  1.618  3.140
> as.numeric(c("-1", "1.618", "3.14", "and"))
[1] -1.000  1.618  3.140     NA
Warning message:
NAs introduced by coercion
> as.character(11:15)
[1] "11" "12" "13" "14" "15"
```

논리값은 숫자로 변환할 수 있다. 논리값에 as.numeric() 함수를 적용하면 FALSE는 0으로 변환되고 TRUE는 1로 변환된다.

```
> as.numeric(FALSE)
[1] 0
> as.numeric(TRUE)
[1] 1
```

이를 이용하면 논리 벡터에 TRUE가 몇 개 포함되어 있는지 계산할 수 있다. 예를 들어, 다음과 같이 1월부터 12월까지의 12개 달 가운데 30일을 초과하는 월의 개수를 셀 수 있다. sum() 함수를 논리 벡터에 적용하면 논리 벡터는 내부적으로 숫자로 변환되어 TRUE의 개수를 반환한다.

```
> logical.v <- c(TRUE, FALSE, TRUE, TRUE, FALSE)
> sum(logical.v)
[1] 3
```

```
> days.of.months <- c(31,28,31,30,31,30,31,31,30,31,30,31)
> sum(days.of.months > 30)
[1] 7
```

데이터 구조 변환

데이터 구조의 변환은 데이터 전처리 작업 중에 빈번히 발생한다. 예를 들어, 현재의 데이터 구조는 리스트인데 분석모델에서 요구하는 데이터 구조가 데이터프레임이라면 데이터 구조를 변환해야 한다. as.data.frame(x), as.list(x), as.matrix(x), as.vector(x), as.factor(x) 등의 함수는 인수로 주어진 x의 데이터 구조를 각 함수 이름이 나타내는 데이터 구조로 변환한다. 현재의 데이터 구조를 확인하기 위해서는 is.data.frame(x), is.list(x), is.matrix(x), is.vector(x), is.factor(x) 등의 함수를 이용한다. 벡터, 행렬, 리스트, 데이터프레임 간의 변환 방법을 차례로 살펴보자.

우선 벡터에서 다른 데이터 구조로의 변환 방법을 살펴보자. 벡터에서 리스트로의 변환을 위해서는 as.list() 함수를 이용한다. 벡터의 각 원소가 리스트의 원소로 변환된다. 만일 list() 함수를 이용하면 벡터 전체를 하나의 원소로 갖는 리스트가 생성되기 때문에 이것이 원하는 결과가 아닐 때는 주의해야 한다.

```
> vec <- 1:6
> vec
[1] 1 2 3 4 5 6
> as.list(vec)
[[1]]
[1] 1

[[2]]
[1] 2

[[3]]
[1] 3

[[4]]
[1] 4
```

```
[[5]]
[1] 5

[[6]]
[1] 6

> list(vec)
[[1]]
[1] 1 2 3 4 5 6
```

벡터를 행렬로 변환하기 위해서는 다음과 같은 방법을 이용한다. 하나의 열로 구성된 행렬로 변환하려면 cbind() 함수나 as.matrix() 함수를 이용한다. rbind() 함수를 이용하면 하나의 행으로 구성된 행렬로 변환된다. 행렬의 차원을 지정함으로써, 즉 행과 열의 개수를 지정하여 벡터로부터 행렬을 생성하려면 matrix() 함수를 이용한다.

```
> vec <- 1:6
> cbind(vec)
     vec
[1,]   1
[2,]   2
[3,]   3
[4,]   4
[5,]   5
[6,]   6
> as.matrix(vec)
     [,1]
[1,]    1
[2,]    2
[3,]    3
[4,]    4
[5,]    5
[6,]    6
> rbind(vec)
    [,1] [,2] [,3] [,4] [,5] [,6]
vec    1    2    3    4    5    6
```

```
> matrix(vec, 2, 3)
     [,1] [,2] [,3]
[1,]    1    3    5
[2,]    2    4    6
```

벡터를 하나의 열로 구성된 데이터프레임으로 변환하려면 간단히 as.data.frame() 함수를 이용한다. 반면에 하나의 행으로 구성된 데이터프레임으로 변환하려면 먼저 rbind() 함수를 이용하여 행렬로 변환한 후 변환된 행렬을 as.data.frame() 함수를 이용하여 데이터프레임으로 변환한다.

```
> vec <- 1:6
> as.data.frame(vec)
  vec
1   1
2   2
3   3
4   4
5   5
6   6
> as.data.frame(rbind(vec))
    V1 V2 V3 V4 V5 V6
vec  1  2  3  4  5  6
```

행렬 데이터 구조를 벡터, 리스트, 데이터프레임 구조로 변환하기 위해서는 행렬에 각각 as.vector(), as.list(), as.data.frame() 함수를 적용한다.

```
> mat <- matrix(1:6, 3, 2)
> mat
     [,1] [,2]
[1,]    1    4
[2,]    2    5
[3,]    3    6
> as.vector(mat)
[1] 1 2 3 4 5 6
> as.list(mat)
[[1]]
[1] 1
```

```
[[2]]
[1] 2

[[3]]
[1] 3

[[4]]
[1] 4

[[5]]
[1] 5

[[6]]
[1] 6

> as.data.frame(mat)
  V1 V2
1  1  4
2  2  5
3  3  6
```

리스트 구조로부터 다른 데이터 구조로의 변환 방법을 살펴보자. 리스트를 벡터로 변환하려면 `unlist()` 함수를 이용한다. 리스트의 원소에 이름이 있을 때는 이름을 갖는 벡터로 변환된다. `as.vector()` 함수를 이용하면 벡터로 변환될 것 같지만 기대와 달리 아무런 변화가 없으며 다음에서 보듯이 변환 전후의 두 객체는 실제로 동일하다.[2] 또한 리스트를 벡터로 변환할 때 리스트에 숫자와 문자가 섞여 있으면 모두 문자로 변환된다는 점에 유의하자.

2 `identical()` 함수는 두 객체가 동일한지 여부를 테스트한다. 두 객체가 동일하면 `TRUE`를 반환한다.

```
> lst <- list(odd=c(1,3,5), even=c(2,4,6))
> lst
$odd
[1] 1 3 5

$even
[1] 2 4 6
```

```
> unlist(lst)
 odd1  odd2  odd3 even1 even2 even3 
    1     3     5     2     4     6 
> as.vector(lst)
$odd
[1] 1 3 5

$even
[1] 2 4 6

> identical(lst, as.vector(lst))
[1] TRUE
> lst2 <- list(odd=c(1,3,5), even=c("two", "four", "six"))
> lst2
$odd
[1] 1 3 5

$even
[1] "two"  "four" "six"

> unlist(lst2)
  odd1   odd2   odd3  even1  even2  even3 
   "1"    "3"    "5"  "two" "four"  "six" 
```

리스트를 행렬 데이터 구조로 변환하기 위해서는 먼저 unlist() 함수를 이용하여 리스트를 벡터로 변환한다. 그런 다음 앞에서 살펴본 방법을 이용하여 변환된 벡터를 행렬로 변환한다. 리스트의 원소 이름을 행렬의 행 또는 열의 이름으로 사용하려면 dimnames 인수를 추가로 지정한다. 리스트에 matrix() 함수나 as.matrix() 함수를 그대로 적용하면 행렬로 변환된 결과를 얻을 수 없다는 점을 주의하자.

```
> lst <- list(odd=c(1,3,5), even=c(2,4,6))
> matrix(unlist(lst), 3, 2)
     [,1] [,2]
[1,]    1    2
[2,]    3    4
[3,]    5    6
```

```
> matrix(unlist(lst), 3, 2, dimnames=list(NULL, names(lst)))
     odd even
[1,]   1    2
[2,]   3    4
[3,]   5    6
> matrix(lst)
     [,1]
[1,] numeric,3
[2,] numeric,3
> as.matrix(lst)
     [,1]
odd  numeric,3
even numeric,3
```

리스트를 데이터프레임으로 변환하기 위해서는 간단히 as.data.frame() 함수를 이용한다. 숫자와 문자가 섞여 있더라도 숫자는 숫자 벡터로, 문자는 문자 벡터로 그대로 변환된다.

```
> lst <- list(odd=c(1,3,5), even=c(2,4,6))
> as.data.frame(lst)
  odd even
1   1    2
2   3    4
3   5    6
> lst2 <- list(odd=c(1,3,5), even=c("two", "four", "six"))
> as.data.frame(lst2)
  odd even
1   1  two
2   3 four
3   5  six
> str(as.data.frame(lst2)$odd)
 num [1:3] 1 3 5
> str(as.data.frame(lst2)$even)
 chr [1:3] "two" "four" "six"
```

데이터프레임으로부터 다른 데이터 구조를 생성해보자. 데이터프레임의 열로부터 벡터를 생성하려면 데이터프레임 인덱싱을 이용한다. 데이터프레임으로부터 하나의 행을 추출하면 데이터프레임으로 반환되며 하나의 열을 추출하면 벡터로 반환된다.

```
> dfm <- data.frame(odd=c(1,3,5), even=c(2,4,6))
> dfm
  odd even
1   1    2
2   3    4
3   5    6
> dfm[1,]
  odd even
1   1    2
> str(dfm[1,])
'data.frame':  1 obs. of  2 variables:
 $ odd : num 1
 $ even : num 2
> dfm[,1]
[1] 1 3 5
> str(dfm[,1])
 num [1:3] 1 3 5
> dfm[[1]]
[1] 1 3 5
> str(dfm[[1]])
 num [1:3] 1 3 5
```

데이터프레임의 모든 원소를 추출하여 하나의 긴 벡터로 만들려면 다음과 같이 as.matrix() 함수를 이용하여 행렬로 변환한 후 이를 as.vector() 함수를 이용하여 벡터로 변환한다. 그러나 이것은 데이터프레임의 원소가 모두 숫자이거나 모두 문자일 때에만 의미가 있다. 숫자와 문자가 섞여 있으면 모두 문자로 변환된다.

```
> dfm <- data.frame(odd=c(1,3,5), even=c(2,4,6))
> as.vector(as.matrix(dfm))
[1] 1 3 5 2 4 6
> dfm2 <- data.frame(odd=c(1,3,5), even=c("two", "four", "six"))
> as.vector(as.matrix(dfm2))
[1] "1"    "3"    "5"    "two"  "four" "six"
```

데이터프레임을 리스트로 변환하기 위해서는 as.list() 함수를 이용한다. 데이터프레임에 숫자와 문자가 섞여 있더라도 숫자는 숫자 벡터로, 문자는 문자 벡터로 그대로 변환된다.

```
> dfm <- data.frame(odd=c(1,3,5), even=c(2,4,6))
> as.list(dfm)
$odd
[1] 1 3 5

$even
[1] 2 4 6

> dfm2 <- data.frame(odd=c(1,3,5), even=c("two", "four", "six"))
> as.list(dfm2)
$odd
[1] 1 3 5

$even
[1] "two"  "four" "six"
```

데이터프레임을 행렬로 변환하기 위해서는 as.matrix() 함수를 이용한다. 데이터프레임을 행렬로 변환할 때는 주의해야 한다. 데이터프레임이 숫자로만 구성되어 있으면 숫자로 구성된 행렬을 얻을 수 있다. 데이터프레임이 문자로만 구성되어 있으면 문자로 구성된 행렬을 얻을 수 있다. 그러나 데이터프레임에 숫자와 문자가 섞여 있으면 모든 값은 문자로 변환되어 문자로 구성된 행렬을 얻게 된다.

```
> dfm <- data.frame(odd=c(1,3,5), even=c(2,4,6))
> as.matrix(dfm)
     odd even
[1,]   1    2
[2,]   3    4
[3,]   5    6
> dfm2 <- data.frame(odd=c(1,3,5), even=c("two", "four", "six"))
> as.matrix(dfm2)
     odd even
[1,] "1" "two"
[2,] "3" "four"
[3,] "5" "six"
```

9.3 결합

데이터분석 작업을 수행하다 보면 다른 곳에 저장된 데이터를 서로 합쳐야 할 때가 종종 있다. 두 개 이상의 데이터프레임이나 행렬을 결합하여 하나의 데이터셋을 만드는 작업은 빈번히 요구되는 데이터 전처리 작업 중의 하나이다. 크게 다음과 같은 세 가지 방식으로 데이터를 결합할 수 있다.[3]

▶ 열 결합: 결합하려는 데이터셋이 동일한 행으로 구성되어 있을 때 수평으로 결합한다. `cbind()` 함수를 이용하여 기준이 되는 데이터셋의 오른쪽에 열을 추가하는 형태로 데이터프레임이나 행렬을 결합한다.

▶ 행 결합: 결합하려는 데이터셋이 동일한 열을 갖고 있을 때 수직으로 결합한다. `rbind()` 함수를 이용하여 기준이 되는 데이터셋의 아래에 행을 추가하는 형태로 데이터프레임이나 행렬을 결합한다.

▶ 공통 열에 의한 결합: 결합하려는 데이터셋의 공통 열을 기준으로 데이터를 결합한다. 이는 데이터베이스의 조인(join) 작업과 동일하다. `merge()` 함수를 이용하여 두 데이터셋의 교집합이나 합집합을 만든다. `match()` 함수나 `%in%` 연산자를 이용하여 두 데이터셋에서 서로 일치하는 값의 위치를 찾아 데이터셋을 결합할 수도 있다.

`cbind()` 함수, `rbind()` 함수, `merge()` 함수 등을 이용한 데이터 결합 전처리 과정을 살펴보자. 야후 파이낸스(yahoo! finance) 웹사이트(https://finance.yahoo.com)가 제공하는 개별 종목의 주가 데이터와 환율 데이터를 이용하여 열 결합, 행 결합, 공통 열에 의한 결합을 통해 복수 종목의 주가와 환율 데이터가 포함된 데이터셋을 만든다. 여기에서는 `quantmod` 패키지에 포함된 `getSymbols()` 함수를 이용하여 주가와 환율 데이터를 다운로드한다.[4]

우선 삼성전자의 주가 데이터를 다음과 같이 내려받아 데이터프레임 형식으로 저장한다.

```
> library(quantmod)
> sec <- getSymbols(Symbols="005930.KS", from="2021-03-01", to="2021-03-31",
+                   auto.assign=FALSE)
> sec <- as.data.frame(sec)
```

3 '9.7 분할-적용-결합'에서 소개하는 `dplyr` 패키지 또한 데이터를 결합하는 다양한 방식을 제공한다.

4 주가와 환율을 검색하기 위한 종목 코드와 환율 코드는 야후 파이낸스 웹사이트(https://finance.yahoo.com)에서 검색할 수 있다. 영문으로 검색어를 입력한다. 예를 들면, 삼성전자의 종목 코드는 'Samsung Electronics'로 검색할 수 있다. 원달러 환율의 코드를 검색하기 위해서는 'KRW'를 입력한다.

```
> str(sec)
'data.frame':	22 obs. of  6 variables:
 $ 005930.KS.Open    : num  85100 83500 82600 81100 82900 81400 82400 81000 83100 ...
 $ 005930.KS.High    : num  85300 84000 83200 82600 83000 81900 82500 82500 83500 ...
 $ 005930.KS.Low     : num  83000 82800 82200 81100 81600 80600 80700 81000 82400 ...
 $ 005930.KS.Close   : num  83600 84000 82400 82100 82000 81400 80900 82000 82800 ...
 $ 005930.KS.Volume  : num  33498180 19882132 24348331 20508971 17641256 ...
 $ 005930.KS.Adjusted: num  82863 83260 81674 81377 81277 ...
> head(sec[c("005930.KS.Close", "005930.KS.Volume")])
           005930.KS.Close 005930.KS.Volume
2021-03-02           83600         33498180
2021-03-03           84000         19882132
2021-03-04           82400         24348331
2021-03-05           82100         20508971
2021-03-08           82000         17641256
2021-03-09           81400         25420764
```

cbind() 함수를 이용하여 날짜와 종목명을 기존의 데이터프레임과 열의 방향으로 결합하여 새로운 데이터프레임을 생성한다. 추가로 행 이름을 제거하고 열 이름을 변경한다.

```
> sec <- cbind(date=rownames(sec), symbol="005930.KS",
+              sec[c("005930.KS.Close", "005930.KS.Volume")])
> rownames(sec) <- NULL
> colnames(sec)[c(3, 4)] <- c("close", "volume")
> head(sec)
        date    symbol close   volume
1 2021-03-02 005930.KS 83600 33498180
2 2021-03-03 005930.KS 84000 19882132
3 2021-03-04 005930.KS 82400 24348331
4 2021-03-05 005930.KS 82100 20508971
5 2021-03-08 005930.KS 82000 17641256
6 2021-03-09 005930.KS 81400 25420764
```

현대자동차의 주가 데이터 또한 동일한 방식으로 다운로드하여 전처리 과정을 거쳐 다음과 같이 데이터프레임 형식으로 저장한다.

```
> hmc <- getSymbols(Symbols="005380.KS", from="2021-03-01", to="2021-03-31",
+                   auto.assign=FALSE)
> hmc <- as.data.frame(hmc)
> hmc <- cbind(date=rownames(hmc), symbol="005380.KS",
+              hmc[c("005380.KS.Close", "005380.KS.Volume")])
> rownames(hmc) <- NULL
> colnames(hmc)[c(3, 4)] <- c("close", "volume")
> head(hmc)
        date    symbol  close  volume
1 2021-03-02 005380.KS 239000 2509152
2 2021-03-03 005380.KS 240000  910872
3 2021-03-04 005380.KS 235000 1274581
4 2021-03-05 005380.KS 235000 1153198
5 2021-03-08 005380.KS 230500  853206
6 2021-03-09 005380.KS 231500 1254755
```

삼성전자와 현대자동차의 주가 데이터는 rbind() 함수를 이용하여 행의 방향으로 결합할 수 있다. 두 종목의 주가 데이터는 다음과 같이 하나의 데이터프레임으로 저장된다.

```
> stock <- rbind(sec, hmc)
> stock
         date    symbol  close   volume
1  2021-03-02 005930.KS  83600 33498180
2  2021-03-03 005930.KS  84000 19882132
3  2021-03-04 005930.KS  82400 24348331
…(중략)
42 2021-03-29 005380.KS 215500  1184415
43 2021-03-30 005380.KS 219500   935840
44 2021-03-31 005380.KS 218000   750876
```

이번에는 merge() 함수를 이용하여 삼성전자의 주가 데이터 옆에 환율 데이터를 추가해보자. 야후 파이낸스는 주가 데이터뿐만 아니라 환율 데이터도 제공한다. getSymbols() 함수를 이용하여 앞서와 유사한 방식으로 환율 데이터를 다운로드할 수 있다.

```
> fx <- getSymbols(Symbols="KRW=X", from="2021-03-01", to="2021-03-31",
+                  auto.assign=FALSE)
```

```
> fx <- as.data.frame(fx)
> fx <- cbind(date=rownames(fx), fx[c("KRW=X.Close")])
> rownames(fx) <- NULL
> colnames(fx)[c(2)] <- c("close")
> head(fx)
        date   close
1 2021-03-01 1123.37
2 2021-03-02 1101.83
3 2021-03-03 1124.33
4 2021-03-04 1129.50
5 2021-03-05 1133.35
6 2021-03-08 1127.49
```

이제 merge() 함수를 이용하여 삼성전자의 주가 데이터와 환율 데이터를 공통의 열을 기준으로 결합한다. 현재 두 데이터프레임에는 다음과 같이 두 개의 공통 열이 있다.

```
> intersect(names(sec), names(fx))
[1] "date"  "close"
```

merge() 함수의 by 인수에 다음과 같이 날짜 열의 이름을 지정하여 날짜를 기준으로 두 데이터프레임을 결합한다.

```
> report <- merge(sec, fx, by="date")
> report
         date    symbol close.x   volume close.y
1  2021-03-02 005930.KS   83600 33498180 1101.83
2  2021-03-03 005930.KS   84000 19882132 1124.33
3  2021-03-04 005930.KS   82400 24348331 1129.50
…(중략)
20 2021-03-29 005930.KS   81600 14952134 1127.96
21 2021-03-30 005930.KS   82200 13121698 1131.65
22 2021-03-31 005930.KS   81400 17240518 1132.32
```

두 데이터프레임이 날짜를 기준으로 성공적으로 결합되었다. 새롭게 생성한 데이터셋에는 삼성전자의 주가 데이터와 함께 마지막 열에 환율이 포함되어 있다.

merge() 함수에서처럼 두 데이터셋을 직접 결합하지는 않지만 두 데이터셋에서 서로 일치하는 값의 위치를 찾은 후 이를 인덱스로 이용하여 데이터셋을 결합하는 방법도 있다. match() 함수는 두 벡터의 원소가 서로 일치하는 위치의 인덱스를 결과값으로 반환한다. 두 번째 인수로 주어지는 벡터가 인덱스의 기준이 된다. 즉 인수로 주어지는 두 벡터 중 첫 번째 벡터의 원소가 두 번째 벡터에서 나타나는 위치를 두 번째 벡터에서의 인덱스로 반환한다. 두 번째 벡터에 일치하는 원소가 없으면 NA 값이 반환된다.

```
> vec <- c(10,9,8,7,6,5,4,3,2,1)
> match(7, vec)
[1] 4
> match(c(11,5,3,1,0), vec)
[1] NA  6  8 10 NA
```

R의 표준패키지에 포함되어 있는 mtcars 데이터셋을 이용하여 match() 함수를 사용한 데이터셋의 결합 방법을 살펴보자. 이를 위해 우선 mtcars 데이터셋을 복사한 후 행 이름으로 name 열을 생성하고, name 열과 중복되는 기존의 행 이름을 삭제한다.

```
> head(mtcars)
                   mpg cyl disp  hp drat    wt  qsec vs am gear carb
Mazda RX4         21.0   6  160 110 3.90 2.620 16.46  0  1    4    4
Mazda RX4 Wag     21.0   6  160 110 3.90 2.875 17.02  0  1    4    4
Datsun 710        22.8   4  108  93 3.85 2.320 18.61  1  1    4    1
Hornet 4 Drive    21.4   6  258 110 3.08 3.215 19.44  1  0    3    1
Hornet Sportabout 18.7   8  360 175 3.15 3.440 17.02  0  0    3    2
Valiant           18.1   6  225 105 2.76 3.460 20.22  1  0    3    1
> car <- mtcars
> car$name <- row.names(car)
> row.names(car) <- NULL
> head(car)
   mpg cyl disp  hp drat    wt  qsec vs am gear carb              name
1 21.0   6  160 110 3.90 2.620 16.46  0  1    4    4         Mazda RX4
2 21.0   6  160 110 3.90 2.875 17.02  0  1    4    4     Mazda RX4 Wag
3 22.8   4  108  93 3.85 2.320 18.61  1  1    4    1        Datsun 710
4 21.4   6  258 110 3.08 3.215 19.44  1  0    3    1    Hornet 4 Drive
5 18.7   8  360 175 3.15 3.440 17.02  0  0    3    2 Hornet Sportabout
6 18.1   6  225 105 2.76 3.460 20.22  1  0    3    1           Valiant
```

다음과 같이 145마력이 넘는 힘 좋은 자동차 모델로 구성된 highhp.car 데이터프레임과 무게가 3,200파운드 미만인 가벼운 자동차 모델로 구성된 lightwt.car 데이터프레임을 생성한다.

```
> highhp.car <- car[car$hp > 145,]
> highhp.car
    mpg cyl  disp  hp drat    wt  qsec vs am gear carb              name
5  18.7   8 360.0 175 3.15 3.440 17.02  0  0    3    2 Hornet Sportabout
7  14.3   8 360.0 245 3.21 3.570 15.84  0  0    3    4        Duster 360
12 16.4   8 275.8 180 3.07 4.070 17.40  0  0    3    3        Merc 450SE
…(중략)
29 15.8   8 351.0 264 4.22 3.170 14.50  0  1    5    4    Ford Pantera L
30 19.7   6 145.0 175 3.62 2.770 15.50  0  1    5    6      Ferrari Dino
31 15.0   8 301.0 335 3.54 3.570 14.60  0  1    5    8     Maserati Bora
> lightwt.car <- car[car$wt < 3.2,]
> lightwt.car
    mpg cyl  disp  hp drat    wt  qsec vs am gear carb           name
1  21.0   6 160.0 110 3.90 2.620 16.46  0  1    4    4      Mazda RX4
2  21.0   6 160.0 110 3.90 2.875 17.02  0  1    4    4  Mazda RX4 Wag
3  22.8   4 108.0  93 3.85 2.320 18.61  1  1    4    1     Datsun 710
…(중략)
29 15.8   8 351.0 264 4.22 3.170 14.50  0  1    5    4 Ford Pantera L
30 19.7   6 145.0 175 3.62 2.770 15.50  0  1    5    6   Ferrari Dino
32 21.4   4 121.0 109 4.11 2.780 18.60  1  1    4    2     Volvo 142E
```

이제 match() 함수를 이용하여 이 두 데이터셋으로부터 힘이 좋으면서 동시에 가벼운 자동차 모델을 찾아보자. 다음과 같이 match() 함수를 실행하면 highhp.car에 속한 자동차 모델과 일치하는 lightwt.car 소속 자동차 모델의 인덱스가 출력된다. 출력 결과의 13과 14는 highhp.car 데이터셋의 자동차 모델 두 개가 각각 lightwt.car 데이터셋의 13번째와 14번째 자동차 모델과 일치한다는 것을 나타낸다. 또한 NA로 출력된 lightwt.car 데이터셋의 나머지 자동차 모델은 highhp.car 데이터셋에는 존재하지 않는다는 것을 의미한다.

```
> index <- match(highhp.car$name, lightwt.car$name)
> index
 [1] NA NA NA NA NA NA NA NA NA NA NA NA 13 14 NA
```

따라서 이 결과를 이용하면 다음과 같이 두 데이터셋에 공통으로 포함되는 힘이 좋으면서 동시에 가벼운 자동차 모델을 찾을 수 있다. 인덱스에 포함된 NA 값을 제거하기 위해서 na.omit() 함수를 이용한다.

```
> lightwt.car[na.omit(index),]
    mpg cyl disp  hp drat   wt qsec vs am gear carb           name
29 15.8   8  351 264 4.22 3.17 14.5  0  1    5    4 Ford Pantera L
30 19.7   6  145 175 3.62 2.77 15.5  0  1    5    6   Ferrari Dino
```

match() 함수 대신에 %in% 연산자를 이용할 수도 있다. %in% 연산자는 두 벡터가 서로 일치하는지 여부를 논리값으로 반환한다. 첫 번째 인수로 주어진 벡터의 원소가 두 번째 인수의 벡터에 존재하면 TRUE를 출력하고 그렇지 않으면 FALSE를 반환한다. match() 함수는 첫 번째 인수 벡터의 각 원소에 대해 일치하는 두 번째 인수 벡터의 인덱스를 반환하는 반면, %in% 연산자는 첫 번째 인수 벡터의 각 원소가 두 번째 벡터에 존재하는지 여부의 논리값을 반환한다. 즉 match() 함수는 두 번째 인수의 벡터가 인덱스 출력 기준 벡터가 되며, %in% 연산자는 첫 번째 인수의 벡터가 논리값 출력 기준 벡터가 된다.

```
> vec <- c(10,9,8,7,6,5,4,3,2,1)
> 7 %in% vec
[1] TRUE
> c(11,5,3,1,0) %in% vec
[1] FALSE  TRUE  TRUE  TRUE FALSE
```

%in% 연산자의 출력 결과를 match() 함수의 결과와 비교해보자. match() 함수의 결과에서 NA 값은 %in% 연산자의 출력 결과에서는 FALSE로, NA가 아닌 값은 TRUE로 출력된다.

```
> match(c(11,5,3,1,0), vec)
[1] NA  6  8 10 NA
```

즉 %in% 연산자는 다음 코드와 동일한 결과를 출력한다.

```
> !is.na(match(c(11,5,3,1,0), vec))
[1] FALSE  TRUE  TRUE  TRUE FALSE
```

%in% 연산자가 반환하는 논리값을 이용하여 힘이 좋으면서 동시에 가벼운 자동차 모델을 찾아보자.

다음과 같은 코드를 실행하면 highhp.car에 속한 자동차 모델이 lightwt.car에 존재하면 TRUE가 반환되고 그렇지 않으면 FALSE가 출력된다. 출력 결과를 보면 13번째와 14번째 원소가 TRUE이고 나머지 원소는 FALSE이다. 이것은 highhp.car 데이터셋의 13번째와 14번째 자동차 모델이 lightwt.car 데이터셋에 존재하고 나머지 자동차 모델은 lightwt.car 데이터셋에 존재하지 않는다는 것을 나타낸다.

```
> index <- highhp.car$name %in% lightwt.car$name
> index
 [1] FALSE FALSE FALSE FALSE FALSE FALSE FALSE FALSE FALSE FALSE FALSE FALSE
[13]  TRUE  TRUE FALSE
```

%in% 연산자가 논리값을 반환하기 때문에 위의 출력 결과를 이용하여 다음과 같이 두 데이터셋에 공통으로 포함되는 힘이 좋으면서 동시에 가벼운 자동차 모델을 찾을 수 있다. match() 함수를 이용한 것과 동일한 결과가 출력되었다.

```
> highhp.car[index,]
    mpg cyl disp  hp drat   wt  qsec vs am gear carb           name
29 15.8   8  351 264 4.22 3.17  14.5  0  1    5    4 Ford Pantera L
30 19.7   6  145 175 3.62 2.77  15.5  0  1    5    6   Ferrari Dino
```

9.4 서브셋

데이터셋으로부터 데이터 일부를 추출하여 서브셋(subset)을 만드는 작업은 데이터분석 시 빈번히 수행하는 전처리 작업 중의 하나이다. 이렇게 만들어진 서브셋은 후속 분석 작업에 활용된다. 서브셋을 생성하는 가장 일반적인 접근법은 R의 다양한 인덱싱 방법(벡터/행렬/리스트/데이터프레임 인덱싱)을 이용하는 것이다.

다음 세 가지 연산자를 서브셋 작업에 이용할 수 있다.

- $: 달러 기호 연산자는 데이터셋으로부터 하나의 원소(또는 열)를 추출한다. 이름을 갖는 리스트에 적용하면 해당 원소가 추출된다. 데이터프레임에 적용하면 해당 열의 벡터가 반환된다.
- [[ ]]: 두 개의 대괄호를 이용한 연산자 역시 하나의 원소(또는 열)를 반환한다. 이름뿐만 아니라 위치에 의해 원소(또는 열)를 선택할 수 있다. 리스트와 데이터프레임에 사용할 수 있다.
- [ ]: 한 개의 대괄호를 이용한 연산자는 데이터셋으로부터 여러 개의 원소(또는 열)를 추출할 수 있다.

예를 들어, 앞의 세 가지 연산자를 이용하여 mtcars 데이터셋으로부터 다음과 같이 벡터 형식(하나의 열 추출)이나 데이터프레임 형식(여러 개의 열 추출)의 서브셋을 추출할 수 있다.

```
> str(mtcars)
'data.frame':  32 obs. of  11 variables:
 $ mpg : num  21 21 22.8 21.4 18.7 18.1 14.3 24.4 22.8 19.2 ...
 $ cyl : num  6 6 4 6 8 6 8 4 4 6 ...
 $ disp: num  160 160 108 258 360 ...
 $ hp  : num  110 110 93 110 175 105 245 62 95 123 ...
 $ drat: num  3.9 3.9 3.85 3.08 3.15 2.76 3.21 3.69 3.92 3.92 ...
 $ wt  : num  2.62 2.88 2.32 3.21 3.44 ...
 $ qsec: num  16.5 17 18.6 19.4 17 ...
 $ vs  : num  0 0 1 1 0 1 0 1 1 1 ...
 $ am  : num  1 1 1 0 0 0 0 0 0 0 ...
 $ gear: num  4 4 4 3 3 3 3 4 4 4 ...
 $ carb: num  4 4 1 1 2 1 4 2 2 4 ...
> mtcars$mpg
 [1] 21.0 21.0 22.8 21.4 18.7 18.1 14.3 24.4 22.8 19.2 17.8 16.4 17.3 15.2 10.4 10.4
[17] 14.7 32.4 30.4 33.9 21.5 15.5 15.2 13.3 19.2 27.3 26.0 30.4 15.8 19.7 15.0 21.4
> mtcars[[1]]
 [1] 21.0 21.0 22.8 21.4 18.7 18.1 14.3 24.4 22.8 19.2 17.8 16.4 17.3 15.2 10.4 10.4
[17] 14.7 32.4 30.4 33.9 21.5 15.5 15.2 13.3 19.2 27.3 26.0 30.4 15.8 19.7 15.0 21.4
> mtcars[c(1,4)]
                    mpg  hp
Mazda RX4          21.0 110
Mazda RX4 Wag      21.0 110
Datsun 710         22.8  93
…(중략)
Ferrari Dino       19.7 175
Maserati Bora      15.0 335
Volvo 142E         21.4 109
> mtcars[c("mpg", "hp")]
                    mpg  hp
Mazda RX4          21.0 110
Mazda RX4 Wag      21.0 110
Datsun 710         22.8  93
```

```
…(중략)
Ferrari Dino       19.7 175
Maserati Bora      15.0 335
Volvo 142E         21.4 109
```

음(-)의 인덱스를 이용하면 해당 인덱스가 가리키는 열이 제외된 서브셋을 얻을 수 있다. 즉 음의 인덱스에 대응되는 열은 서브셋에 포함되지 않는다.

```
> mtcars[-c(2,3,5,7:11)]
                    mpg  hp    wt
Mazda RX4          21.0 110 2.620
Mazda RX4 Wag      21.0 110 2.875
Datsun 710         22.8  93 2.320
…(중략)
Ferrari Dino       19.7 175 2.770
Maserati Bora      15.0 335 3.570
Volvo 142E         21.4 109 2.780
```

음의 인덱스는 데이터셋으로부터 해당 인덱스가 가리키는 열을 제거하는 것을 의미하므로 다음 두 코드는 모두 동일하게 데이터셋으로부터 첫 번째 열을 제거한다.

```
> mtcars[-1]
> mtcars[1] <- NULL
```

음의 인덱스와 양(+)의 인덱스는 함께 섞어서 사용할 수 없다. 예를 들어, 다음과 같은 코드는 에러가 발생한다.

```
> mtcars[c(-1,2)]
Error in `[.default`(mtcars, c(-1, 2)) :
  only 0's may be mixed with negative subscripts
```

데이터프레임은 행과 열을 갖는 2차원의 데이터 구조이기 때문에 추출할 행과 열을 지정하여 원하는 서브셋을 생성할 수 있다. R의 표준패키지에 포함되어 있는 `iris` 데이터프레임을 이용하여 좀 더 다양하게 서브셋을 만들어보자. `iris` 데이터프레임은 150개의 관측값과 다섯 개의 변수, 즉 150개의 행과 다섯 개의 열로 구성되어 있다.

```
> str(iris)
'data.frame':  150 obs. of  5 variables:
 $ Sepal.Length: num  5.1 4.9 4.7 4.6 5 5.4 4.6 5 4.4 4.9 ...
 $ Sepal.Width : num  3.5 3 3.2 3.1 3.6 3.9 3.4 3.4 2.9 3.1 ...
 $ Petal.Length: num  1.4 1.4 1.3 1.5 1.4 1.7 1.4 1.5 1.4 1.5 ...
 $ Petal.Width : num  0.2 0.2 0.2 0.2 0.2 0.4 0.3 0.2 0.2 0.1 ...
 $ Species     : Factor w/ 3 levels "setosa","versicolor",..: 1 1 1 1 1 1 1 1 1 1 ...
```

iris 데이터프레임의 처음 다섯 행으로 구성된 서브셋은 다음과 같이 추출할 수 있다. 쉼표(,) 뒤에 열을 지정하지 않으면 모든 열이 선택된다.

```
> iris[1:5,]
  Sepal.Length Sepal.Width Petal.Length  Petal.Width Species
1          5.1         3.5          1.4          0.2  setosa
2          4.9         3.0          1.4          0.2  setosa
3          4.7         3.2          1.3          0.2  setosa
4          4.6         3.1          1.5          0.2  setosa
5          5.0         3.6          1.4          0.2  setosa
```

반대로 쉼표 앞에 행을 지정하지 않으면 모든 행이 선택된다. 다음과 같이 특정 열만으로 구성된 서브셋을 생성할 수 있다.

```
> iris[,c("Sepal.Length", "Sepal.Width")]
    Sepal.Length  Sepal.Width
1            5.1          3.5
2            4.9          3.0
3            4.7          3.2
…(중략)
148          6.5          3.0
149          6.2          3.4
150          5.9          3.0
```

데이터프레임에서 하나의 열만을 선택할 때는 약간의 주의가 필요하다. 왜냐하면 선택한 열이 데이터프레임이 아닌 벡터 형식으로 출력되기 때문이다. 만일 추출한 서브셋이 데이터프레임 형식일 것으로 예상했다면 후속 작업에서 에러가 발생할 수 있다.

```
> iris[,"Sepal.Length"]
  [1] 5.1 4.9 4.7 4.6 5.0 5.4 4.6 5.0 4.4 4.9 5.4 4.8 4.8 4.3 5.8 5.7 5.4 5.1 5.7
 [20] 5.1 5.4 5.1 4.6 5.1 4.8 5.0 5.0 5.2 5.2 4.7 4.8 5.4 5.2 5.5 4.9 5.0 5.5 4.9
 [39] 4.4 5.1 5.0 4.5 4.4 5.0 5.1 4.8 5.1 4.6 5.3 5.0 7.0 6.4 6.9 5.5 6.5 5.7 6.3
…(중략)
 [96] 5.7 5.7 6.2 5.1 5.7 6.3 5.8 7.1 6.3 6.5 7.6 4.9 7.3 6.7 7.2 6.5 6.4 6.8 5.7
[115] 5.8 6.4 6.5 7.7 7.7 6.0 6.9 5.6 7.7 6.3 6.7 7.2 6.2 6.1 6.4 7.2 7.4 7.9 6.4
[134] 6.3 6.1 7.7 6.3 6.4 6.0 6.9 6.7 6.9 5.8 6.8 6.7 6.7 6.3 6.5 6.2 5.9
```

이처럼 R은 복잡한 데이터 구조의 객체를 가능하면 단순화시키려 한다. 다음과 같이 drop=FALSE를 지정하면 원래의 데이터프레임 구조를 그대로 유지할 수 있다.

```
> iris[,"Sepal.Length", drop=FALSE]
    Sepal.Length
1            5.1
2            4.9
3            4.7
…(중략)
148          6.5
149          6.2
150          5.9
```

다음과 같이 대괄호를 이용하여 리스트 인덱싱 방법으로 서브셋을 추출해도 동일한 결과를 얻을 수 있다. 즉 하나의 열을 갖는 데이터프레임이 출력된다.

```
> iris["Sepal.Length"]
    Sepal.Length
1            5.1
2            4.9
3            4.7
…(중략)
148          6.5
149          6.2
150          5.9
```

쉼표를 사이에 두고 행과 열을 모두 지정하면 다음과 같이 원하는 행과 열로 구성된 서브셋을 생성할 수 있다.

```
> iris[1:5, c("Sepal.Length", "Sepal.Width")]
  Sepal.Length Sepal.Width
1          5.1         3.5
2          4.9         3.0
3          4.7         3.2
4          4.6         3.1
5          5.0         3.6
```

때로는 어떤 조건을 충족하는 데이터만으로 서브셋을 구성하고 싶을 때가 있다. 다음과 같이 논리 연산자를 사용한다.

```
> iris[iris$Sepal.Length > 7,]
    Sepal.Length Sepal.Width Petal.Length Petal.Width   Species
103          7.1         3.0          5.9         2.1 virginica
106          7.6         3.0          6.6         2.1 virginica
108          7.3         2.9          6.3         1.8 virginica
…(중략)
131          7.4         2.8          6.1         1.9 virginica
132          7.9         3.8          6.4         2.0 virginica
136          7.7         3.0          6.1         2.3 virginica
```

포함시키고자 하는 열을 함께 지정하면 조건을 충족하는 행과 지정한 열로 구성된 서브셋을 생성할 수 있다.

```
> iris[iris$Sepal.Length > 7, c("Sepal.Width", "Sepal.Length", "Species")]
    Sepal.Width Sepal.Length   Species
103         3.0          7.1 virginica
106         3.0          7.6 virginica
108         2.9          7.3 virginica
…(중략)
131         2.8          7.4 virginica
132         3.8          7.9 virginica
136         3.0          7.7 virginica
```

다음과 같이 subset() 함수를 이용해도 동일한 출력 결과를 얻을 수 있다.

```
> subset(iris,
+        select=c("Sepal.Width", "Sepal.Length", "Species"),
+        subset=(Sepal.Length > 7))
    Sepal.Width Sepal.Length   Species
103         3.0          7.1 virginica
106         3.0          7.6 virginica
108         2.9          7.3 virginica
…(중략)
131         2.8          7.4 virginica
132         3.8          7.9 virginica
136         3.0          7.7 virginica
```

데이터분석 작업을 수행하다 보면 데이터셋으로부터 무작위 표본(random sample)을 추출해야 할 일이 종종 발생한다. 예를 들어, 통계처리를 할 때 필요 이상으로 데이터가 많거나 성능상의 문제로 일부 데이터만을 사용하려는 경우가 있다. 또는 분석 목적에 따라 데이터셋을 여러 개의 서브셋(예를 들면, 훈련용과 테스트용)으로 분할해야 할 필요도 있다. sample() 함수는 이럴 때 유용하게 사용할 수 있으며 주어진 데이터셋으로부터 무작위 표본을 생성한다.

sample() 함수의 첫 번째 인수(x)에는 표본추출할 데이터셋을 벡터 형식으로 지정하고 두 번째 인수(size)에는 추출할 표본의 개수를 지정한다. sample() 함수의 첫 번째 인수에 1보다 큰 정수를 지정할 수도 있다. 그러면 1부터 해당 정수까지가 표본추출할 데이터셋이 된다. 예를 들어, x=10을 지정하면 이는 1:10의 벡터로 간주된다. sample() 함수는 달리 지정하지 않는 한 비복원추출(sampling without replacement)을 한다. 만일 복원추출(sampling with replacement)을 하려면 replace=TRUE를 지정한다.[5] 예를 들어, 1부터 10까지의 숫자 중에서 다섯 개의 숫자를 비복원 방식으로 무작위 추출하려면 sample() 함수의 인수를 다음과 같이 지정한다.

```
> sample(x=1:10, size=5)
[1] 10  5  6  9  3
> sample(x=10, size=5)
[1]  7 10  9  6  4
```

1부터 10까지의 숫자 중에서 다섯 개의 숫자를 추출하되 복원 방식으로 추출하려면 다음과 같이 replace=TRUE를 지정한다. 여기에서는 8이 반복하여 추출되었다.

5 복원추출은 추출하였던 것을 제자리로 되돌려 놓고 다음 것을 추출하는 방식이고 비복원추출은 추출한 것을 되돌리지 않은 상태에서 다음 것을 추출하는 방식이다.

```
> sample(1:10, 5, replace=TRUE)
[1]  5  8 10  4  8
```

sample() 함수에 데이터셋만을 인수로 주면 데이터를 무작위로 섞는다. 즉 주어진 벡터로부터 무작위로 배열된 순열(permutation)을 생성한다.

```
> sample(1:10)
 [1]  7 10  4  9  2  1  6  8  3  5
```

sample() 함수로부터 반환되는 값은 무작위로 결정되는 값이기 때문에 실행할 때마다 다른 결과를 얻게 된다. 대부분의 경우 우리는 이런 결과를 원한다. 하지만 sample() 함수를 실행할 때마다 동일한 결과를 얻고 싶을 때가 있다. 예를 들어, R 코드를 개발하는 중간 중간에 동일한 데이터셋을 이용하여 테스트하고 싶다거나 다른 사람이 내가 작성한 코드를 테스트하여 내가 얻은 결과와 동일한 결과를 볼 수 있도록 하고 싶은 경우이다. 이럴 경우 sample() 함수를 실행하기 전에 시드값(seed value)이라고 하는 난수(random number) 생성 초기값을 지정한다.[6] set.seed() 함수로 시드값을 지정하면 R은 항상 동일한 난수를 추출한다.[7] 시드값은 어떠한 정수든 지정할 수 있다.

```
> set.seed(1)
> sample(1:10, 5, replace=TRUE)
[1]  3  4  6 10  3
```

시드값을 지정하지 않고 동일한 방식으로 무작위 표본을 추출하면 앞에서와 다른 결과를 얻게 된다.

```
> sample(1:10, 5, replace=TRUE)
[1]  9 10  7  7  1
```

같은 시드값을 지정하면 앞에서와 정확히 동일한 무작위 표본을 얻을 수 있다.

6 R을 비롯한 모든 컴퓨터 프로그램은 처음에 주어지는 초기값을 이용하여 컴퓨터 알고리즘에 의해 난수를 생성한다. 난수는 ① 생성 방법이 결정되어 있지 않아야 하며 ② 다음에 생성될 값을 전혀 예측할 수 없어야 하고 ③ 주기성이 존재하지 않아야 한다. 이런 의미에서 R에서 생성하는 난수는 초기값을 알면 계산될 수 있고 커다란 주기를 가지므로 진정한 의미에서의 난수는 아니지만 사용상 난수로 간주해도 지장이 없다. 이러한 난수를 의사난수(pseudo-random number)라고 한다. 시드값을 지정하면 R은 난수생성기(RNG, Random Number Generator)로부터 항상 동일한 난수를 추출한다. 시드값을 지정하지 않으면 R은 난수생성기에 현재 지정된 시드값을 이용하여 난수를 생성한다. R은 구동될 때 난수생성기에 초기 시드값을 지정하며 난수생성기를 호출할 때마다 이 값은 변경된다.

7 하지만 set.seed() 함수로 동일한 시드값을 지정하더라도 R 버전에 따라 다른 결과를 얻을 수 있다.

```
> set.seed(1)
> sample(1:10, 5, replace=TRUE)
[1]  3  4  6 10  3
```

sample() 함수를 이용하면 데이터프레임으로부터 무작위 표본을 추출할 수 있다. 그런데 데이터프레임에 단순히 sample() 함수를 적용하면 다음과 같이 전혀 의도하지 않은 결과가 출력된다. 데이터프레임의 행으로부터 추출된 무작위 표본(즉 행이 무작위로 뒤섞인 표본)이 아니라 열로부터 추출된 무작위 표본(즉 열이 무작위로 뒤섞인 표본)이 생성된다.8 여기에서는 데이터프레임의 다섯 개의 열로부터 무작위로 세 개의 열이 추출되었다.

8 데이터프레임은 동일한 길이의 벡터로 이루어진 리스트를 구성원소로 갖는 데이터 구조이기 때문에 sample() 함수는 리스트의 원소, 즉 데이터프레임의 열로부터 무작위 표본을 추출한다.

```
> sample(iris, 3)
        Species Petal.Width Sepal.Width
1        setosa         0.2         3.5
2        setosa         0.2         3.0
3        setosa         0.2         3.2
…(중략)
148   virginica         2.0         3.0
149   virginica         2.3         3.4
150   virginica         1.8         3.0
```

데이터프레임의 행으로부터 무작위 표본을 추출하려면 sample() 함수를 이용하여 먼저 데이터프레임의 행 번호로 구성된 무작위 표본을 생성한다. 그런 다음 이를 인덱스로 이용하여 데이터프레임의 행을 추출한다. 그러면 행으로부터 추출된 무작위 표본을 생성할 수 있다.

```
> set.seed(1)
> index <- sample(1:nrow(iris), 3)
> index
[1] 40 56 85
> iris[index,]
   Sepal.Length Sepal.Width Petal.Length Petal.Width    Species
40          5.1         3.4          1.5         0.2     setosa
56          5.7         2.8          4.5         1.3 versicolor
85          5.4         3.0          4.5         1.5 versicolor
```

데이터셋에 중복된 값이 포함되어 있는 경우가 종종 있다. 중복된 값은 데이터분석에 영향을 미칠 수 있기 때문에 중복된 값이 허용되는 경우가 아니라면 올바른 분석을 위해서 데이터셋에 포함된 중복된 값을 찾아서 제거해야 한다.

duplicated() 함수는 주어진 데이터셋의 각 원소의 중복 여부를 논리값 벡터로 반환한다. 즉 어떤 원소가 처음 출현하면 FALSE를 반환하고 이후에 그 값이 중복될 때마다 TRUE를 반환한다.

```
> duplicated(c(1,2,3,1,1,4,3))
[1] FALSE FALSE FALSE  TRUE  TRUE FALSE  TRUE
```

duplicated() 함수를 데이터프레임에 적용하면 R은 각 행을 하나의 값으로 취급한다. 즉 행의 모든 값이 일치할 경우 중복으로 간주한다. 다음과 같이 데이터프레임을 생성한 후 마지막 행에 첫 행과 중복된 행을 추가해보자.

```
> id <- c("A001", "A002", "A003")
> name <- c("Mouse", "Keyboard", "USB")
> price <- c(30000, 90000, 50000)
> product <- data.frame(id=id, name=name, price=price)
> product
    id     name price
1 A001    Mouse 30000
2 A002 Keyboard 90000
3 A003      USB 50000
> product <- rbind(product, c("A001", "Mouse", 30000))
> product
    id     name price
1 A001    Mouse 30000
2 A002 Keyboard 90000
3 A003      USB 50000
4 A001    Mouse 30000
```

여기에 duplicated() 함수를 적용해보면 마지막 네 번째 원소가 TRUE로 반환된다. 이는 데이터프레임의 마지막 행이 중복되었음을 의미한다.

```
> duplicated(product)
[1] FALSE FALSE FALSE  TRUE
```

duplicated() 함수로부터 반환된 논리값 벡터를 이용하여 데이터셋으로부터 중복된 행을 제거할 수 있다. 다음과 같이 데이터프레임 인덱싱 방법을 이용한다.

```
> product[!duplicated(product),]
    id     name price
1 A001    Mouse 30000
2 A002 Keyboard 90000
3 A003      USB 50000
```

which() 함수는 어떤 벡터에서 TRUE인 위치의 인덱스를 반환한다. 다음과 같이 which() 함수와 duplicated() 함수를 함께 이용하면 중복되는 원소의 위치를 파악할 수 있다.

```
> which(duplicated(product))
[1] 4
```

따라서 이를 이용하면 역시 데이터셋으로부터 중복된 행을 제거할 수 있다.

```
> index <- which(duplicated(product))
> product[-index,]
    id     name price
1 A001    Mouse 30000
2 A002 Keyboard 90000
3 A003      USB 50000
```

중복되는 원소를 파악할 필요가 없다면 다음과 같이 unique() 함수를 이용하여 한 번에 중복이 제거된 서브셋을 얻을 수 있다.

```
> unique(product)
    id     name price
1 A001    Mouse 30000
2 A002 Keyboard 90000
3 A003      USB 50000
```

데이터셋에 결측값(NA)이 포함되어 있을 때 이를 찾아 제거하는 작업은 종종 발생하는 데이터 전처리 작업 중의 하나이다. 결측값이 포함된 데이터프레임으로부터 결측값이 포함된 행을 제거하기 위해 사용할 수 있는 함수로서 complete.cases() 함수가 있다.

R의 표준패키지에 내장되어 있는 airquality 데이터셋으로부터 결측값이 제거된 서브셋을 생성해 보자. airquality 데이터프레임에는 153개의 관측값이 있으며 상당수의 결측값이 포함되어 있다.

```
> str(airquality)
'data.frame':  153 obs. of  6 variables:
 $ Ozone   : int  41 36 12 18 NA 28 23 19 8 NA ...
 $ Solar.R : int  190 118 149 313 NA NA 299 99 19 194 ...
 $ Wind    : num  7.4 8 12.6 11.5 14.3 14.9 8.6 13.8 20.1 8.6 ...
 $ Temp    : int  67 72 74 62 56 66 65 59 61 69 ...
 $ Month   : int  5 5 5 5 5 5 5 5 5 5 ...
 $ Day     : int  1 2 3 4 5 6 7 8 9 10 ...
```

complete.cases() 함수는 데이터프레임의 각 행에 결측값이 없으면 TRUE를 반환하고 결측값이 포함되어 있으면 FALSE를 반환한다.

```
> complete.cases(airquality)
  [1]  TRUE  TRUE  TRUE  TRUE FALSE FALSE  TRUE  TRUE  TRUE FALSE FALSE  TRUE  TRUE
 [14]  TRUE  TRUE  TRUE  TRUE  TRUE  TRUE  TRUE  TRUE  TRUE  TRUE  TRUE FALSE FALSE
…(중략)
[131]  TRUE  TRUE  TRUE  TRUE  TRUE  TRUE  TRUE  TRUE  TRUE  TRUE  TRUE  TRUE  TRUE
[144]  TRUE  TRUE  TRUE  TRUE  TRUE  TRUE FALSE  TRUE  TRUE  TRUE
```

반환된 논리값 벡터를 인덱스로 이용하면 다음과 같이 NA가 제거된 데이터셋을 얻을 수 있다. 행의 개수가 153개에서 111개로 줄어들었다.

```
> airquality.nona <- airquality[complete.cases(airquality),]
> str(airquality.nona)
'data.frame':  111 obs. of  6 variables:
 $ Ozone   : int  41 36 12 18 23 19 8 16 11 14 ...
 $ Solar.R : int  190 118 149 313 299 99 19 256 290 274 ...
 $ Wind    : num  7.4 8 12.6 11.5 8.6 13.8 20.1 9.7 9.2 10.9 ...
 $ Temp    : int  67 72 74 62 65 59 61 69 66 68 ...
 $ Month   : int  5 5 5 5 5 5 5 5 5 5 ...
 $ Day     : int  1 2 3 4 7 8 9 12 13 14 ...
```

다음과 같이 na.omit() 함수를 이용해도 동일하게 결측값이 제거된 서브셋을 얻을 수 있다.

```
> airquality.nona <- na.omit(airquality)
```

데이터분석 중에 관측값을 일정 구간별로 몇 개의 그룹으로 범주화시켜야 할 때가 종종 있다. 예를 들어, 일정 구간별로 관측값의 빈도를 계산하고 싶으면 구간 범주를 생성해야 한다. cut() 함수를 이용하면 데이터셋을 구간에 따라 그룹으로 분할할 수 있다.

cut() 함수의 첫 번째 인수(x)에는 구간별로 범주화하려는 숫자 벡터를 지정한다. 두 번째 인수(breaks)에는 벡터나 정수로 구간을 지정한다. 여러 개의 숫자를 벡터로 지정하면 각 지정된 숫자를 구간의 하한값과 상한값으로 하는 구간이 생성된다. 하나의 숫자를 지정하면 동일한 간격으로 지정된 숫자만큼의 구간을 자동으로 생성한다. cut() 함수는 데이터셋의 각 원소에 대응되는 구간을 팩터 형식으로 반환한다.

iris 데이터셋의 Sepal.Width 열의 관측값을 다음과 같이 다섯 개의 구간으로 나누어보자.

```
> cut(x=iris$Sepal.Width, breaks=c(0,1,2,3,4,5))
  [1] (3,4] (2,3] (3,4] (3,4] (3,4] (3,4] (3,4] (3,4] (2,3] (3,4] (3,4] (3,4] (2,3]
 [14] (2,3] (3,4] (4,5] (3,4] (3,4] (3,4] (3,4] (3,4] (3,4] (3,4] (3,4] (3,4] (2,3]
…(중략)
[131] (2,3] (3,4] (2,3] (2,3] (2,3] (2,3] (3,4] (3,4] (2,3] (3,4] (3,4] (3,4] (2,3]
[144] (3,4] (3,4] (2,3] (2,3] (2,3] (3,4] (2,3]
Levels: (0,1] (1,2] (2,3] (3,4] (4,5]
```

다섯 개의 레벨을 갖는 팩터가 출력되었으며 구간의 경계를 나타내는 수학 기호가 팩터의 이름으로 사용되었다. 예를 들어, 첫 번째 레벨 (0,1]은 오른쪽이 폐구간(closed interval)인 0과 1 사이의 구간을 나타낸다(즉 $0<x\leq1$을 만족하는 x). 왼쪽을 폐구간으로 만들려면 right=FALSE를 지정한다(right=TRUE가 기본값). 다음과 같이 table() 함수나 summary() 함수를 이용하면 팩터의 구간별(즉 레벨별) 관측값의 개수를 계산할 수 있다.

```
> iris.cut1 <- cut(iris$Sepal.Width, breaks=c(0,1,2,3,4,5))
> table(iris.cut1)
iris.cut1
(0,1] (1,2] (2,3] (3,4] (4,5]
    0     1    82    64     3
```

```
> summary(iris.cut1)
(0,1] (1,2] (2,3] (3,4] (4,5]
    0     1    82    64     3
```

labels 인수에 이름을 지정함으로써 딱딱한 수학 기호 대신에 좀 더 의미 있는 구간 이름을 사용할 수 있다.

```
> cut(iris$Sepal.Width,
+     breaks=c(0,1,2,3,4,5),
+     labels=c("Smaller", "Small", "Medium", "Big", "Bigger"))
  [1] Big     Medium Big     Big     Big     Big Big     Big Medium Big Big
 [12] Big     Medium Medium Big     Bigger Big Big     Big Big     Big Big
…(중략)
[133] Medium Medium Medium Medium Big     Big Medium Big Big     Big Medium
[144] Big     Big     Medium Medium Medium Big Medium
Levels: Smaller Small Medium Big Bigger
```

labels 인수에 이름이 지정되면 table() 함수나 summary() 함수는 구간별 원소의 개수를 집계할 때 그 이름을 사용한다.

```
> iris.cut2 <- cut(iris$Sepal.Width,
+                  breaks=c(0,1,2,3,4,5),
+                  labels=c("Smaller", "Small", "Medium", "Big", "Bigger"))
> table(iris.cut2)
iris.cut2
Smaller   Small  Medium     Big  Bigger
      0       1      82      64       3
> summary(iris.cut2)
Smaller   Small  Medium     Big  Bigger
      0       1      82      64       3
```

다음과 같이 breaks 인수에 하나의 정수를 지정하면 R은 지정된 숫자만큼의 구간을 자동으로 생성한다. 여기에서는 동일 간격을 갖는 다섯 개의 구간이 생성되었다. 예를 들어, 첫 번째 구간에는 꽃받침 폭(Sepal.Width)이 2와 2.48 사이인 관측값이 포함된다.

```
> cut(iris$Sepal.Width, breaks=5, include.lowest=TRUE)
  [1] (3.44,3.92] (2.96,3.44] (2.96,3.44] (2.96,3.44] (3.44,3.92] (3.44,3.92]
  [7] (2.96,3.44] (2.96,3.44] (2.48,2.96] (2.96,3.44] (3.44,3.92] (2.96,3.44]
…(중략)
[139] (2.96,3.44] (2.96,3.44] (2.96,3.44] (2.96,3.44] (2.48,2.96] (2.96,3.44]
[145] (2.96,3.44] (2.96,3.44] (2.48,2.96] (2.96,3.44] (2.96,3.44] (2.96,3.44]
Levels: [2,2.48] (2.48,2.96] (2.96,3.44] (3.44,3.92] (3.92,4.4]
```

여기에서는 추가 인수로서 include.lowest=TRUE를 지정하였다. 이렇게 하면 첫 번째 구간의 왼쪽은 폐구간으로 설정되어 데이터셋 내의 최소값이 구간의 하한값과 일치할 때 최소값이 누락되는 것을 방지할 수 있다. 기본값은 include.lowest=FALSE이며, 이 경우 왼쪽이 개구간(open interval)이기 때문에 간혹 데이터셋에 포함된 가장 작은 값이 포함되지 않을 수도 있다. labels 인수에 이름을 지정하여 구간별 원소의 개수를 집계한 결과는 다음과 같다.

```
> iris.cut3 <- cut(iris$Sepal.Width,
+                  breaks=5,
+                  labels=c("Smaller", "Small", "Medium", "Big", "Bigger"),
+                  include.lowest=TRUE)
> table(iris.cut3)
iris.cut3
Smaller   Small  Medium     Big  Bigger
     11      46      68      21       4
> summary(iris.cut3)
Smaller   Small  Medium     Big  Bigger
     11      46      68      21       4
```

9.5 소팅

데이터 소팅(sorting, 정렬)은 데이터분석이나 전처리 작업 중에 흔히 발생한다. sort() 함수를 이용하면 다음과 같이 벡터를 소팅할 수 있다.

```
> x <- c(3,7,5,1,2,5)
> sort(x)
[1] 1 2 3 5 5 7
```

sort() 함수는 달리 지정하지 않는 한 오름차순으로 소팅한다. 내림차순으로 소팅하기 위해서는 다음과 같이 decreasing=TRUE를 지정한다.

```
> x <- c(3,7,5,1,2,5)
> sort(x, decreasing=TRUE)
[1] 7 5 5 3 2 1
```

소팅할 벡터에 NA가 포함되어 있을 때 sort() 함수에 na.last 인수를 지정함으로써 NA 값을 맨 앞이나 맨 뒤에 위치시킬 수 있다. 인수 지정 없이 sort() 함수를 사용할 경우에 na.last 인수에는 기본값으로서 NA가 지정되며 소팅 결과에는 NA 값이 출력되지 않는다. na.last=TRUE를 지정하면 NA는 소팅 결과의 맨 뒤에 위치하며 na.last=FALSE를 지정하면 NA는 맨 앞에 위치한다.

```
> x <- c(3,7,5,1,2,5)
> length(x)
[1] 6
> length(x) <- 7
> x
[1]  3  7  5  1  2  5 NA
> sort(x)
[1] 1 2 3 5 5 7
> sort(x, na.last=TRUE)
[1]  1  2  3  5  5  7 NA
> sort(x, na.last=FALSE)
[1] NA  1  2  3  5  5  7
```

데이터를 소팅하는 또 다른 방법은 order() 함수를 이용하는 것이다. order() 함수는 벡터가 소팅되었을 때의 원소의 순서를 원소의 인덱스로 반환한다. 예를 들어, 다음과 같은 벡터를 생성해 보자.

```
> y <- c(33,11,55,22,44)
```

이 벡터에 order() 함수를 적용하면 다음과 같다.

```
> order(y)
[1] 2 4 1 5 3
```

order() 함수는 벡터 자체를 소팅하는 것이 아니라 소팅되었을 경우의 원소의 순서를 각 원소의 인덱스로 보여준다. 그렇기 때문에 이 출력 결과는 첫 번째 위치에 2번 원소(11)가 오고, 두 번째 위치에 4번 원소(22)가 오고, 세 번째 위치에 1번(33) 원소가 오고, 네 번째 위치에 5번 원소(44)가 오고, 다섯 번째 위치에 3번 원소(55)가 온다는 것을 의미한다. 따라서 우리는 이 순서 정보를 이용하여 다음과 같이 벡터를 소팅할 수 있다.

```
> y[order(y)]
[1] 11 22 33 44 55
```

이는 다음과 같이 앞서의 sort() 함수를 이용한 것과 같다.

```
> sort(y)
[1] 11 22 33 44 55
```

sort() 함수가 있음에도 불구하고 order() 함수가 추가로 있는 이유는 order() 함수가 반환하는 순서 정보가 종종 필요하기 때문이다. order() 함수는 특히 데이터프레임을 소팅할 때 유용하다. 다음과 같이 두 개의 열을 갖는 데이터프레임을 생성해보자.

```
> y <- c(33,11,55,22,44)
> z <- c("superman", "batman", "ironman", "antman", "spiderman")
> df <- data.frame(y, z)
> df
   y         z
1 33  superman
2 11    batman
3 55   ironman
4 22    antman
5 44 spiderman
```

order() 함수를 이용하여 다음과 같이 y 열을 기준으로 데이터프레임을 소팅할 수 있다. decreasing=TRUE를 지정하면 내림차순으로 소팅한다. 소팅하려는 열이 숫자일 경우에는 소팅 변수에 -를 붙여서 음수로 만들어 내림차순으로 소팅할 수 있다.

```
> df[order(df$y),]
   y         z
2 11    batman
4 22    antman
1 33  superman
5 44 spiderman
3 55   ironman
> df[order(df$y, decreasing=TRUE),]
   y         z
3 55   ironman
5 44 spiderman
1 33  superman
4 22    antman
2 11    batman
> df[order(-df$y),]
   y         z
3 55   ironman
5 44 spiderman
1 33  superman
4 22    antman
2 11    batman
```

order() 함수에 두 개 이상의 벡터를 인수로 제공하면 두 개 이상의 열을 이용한 소팅이 가능하다. 즉 첫 번째 벡터에 의해 소팅 순서가 결정되고 동률이 발생하면 나머지 벡터에 의해 소팅된다. 다음과 같이 세 번째 벡터를 추가하여 세 개의 열을 갖는 데이터프레임을 생성해보자.

```
> w <- c("can fly", "cannot fly", "can fly", "cannot fly", "cannot fly")
> df <- data.frame(y, z, w)
> df
   y         z          w
1 33  superman    can fly
2 11    batman cannot fly
3 55   ironman    can fly
4 22    antman cannot fly
5 44 spiderman cannot fly
```

order() 함수에 다음과 같이 두 개의 벡터를 인수로 제공하여 우선 w 열을 기준으로 소팅하고 동률에 대해 y 열을 기준으로 소팅한다.

```
> df[order(df$w, df$y),]
   y         z          w
1 33  superman    can fly
3 55   ironman    can fly
2 11    batman cannot fly
4 22    antman cannot fly
5 44 spiderman cannot fly
```

두 개 이상의 열을 이용하여 소팅할 때 각 열은 모두 동일한 소팅 방법이 적용된다. 즉 모든 열이 동일하게 오름차순 또는 내림차순의 소팅 순서를 갖게 된다. 어떤 열은 오름차순으로 소팅하고 어떤 열은 내림차순으로 소팅할 필요가 있을 때는 xtfrm() 함수를 이용하여 특정 열의 소팅 방법을 바꿀 수 있다. xtfrm() 함수는 주어진 벡터를 오름차순의 소팅 순서를 나타내는 숫자 벡터로 변환한다. 따라서 xtfrm() 함수를 이용하여 숫자 벡터로 변환한 후 이것을 음수(-)로 만들게 되면 내림차순으로 소팅 방법을 변경할 수 있다. order() 함수와 xtfrm() 함수를 함께 이용하면 다음과 같이 w 열은 내림차순으로, y 열은 오름차순으로 소팅할 수 있다.

```
> xtfrm(df$w)
[1] 1 3 1 3 3
> index <- order(-xtfrm(df$w), df$y)
> df[index,]
   y         z          w
2 11    batman cannot fly
4 22    antman cannot fly
5 44 spiderman cannot fly
1 33  superman    can fly
3 55   ironman    can fly
```

dplyr 패키지에서 제공하는 desc() 함수와 arrange() 함수를 사용하여 다음과 같이 간단하게 처리할 수도 있다.

```
> library(dplyr)
```

```
> df[order(desc(df$w), df$y),]
   y         z          w
2 11    batman cannot fly
4 22    antman cannot fly
5 44 spiderman cannot fly
1 33  superman    can fly
3 55   ironman    can fly
> arrange(df, desc(w), y)
   y         z          w
1 11    batman cannot fly
2 22    antman cannot fly
3 44 spiderman cannot fly
4 33  superman    can fly
5 55   ironman    can fly
```

arrange() 함수는 지정한 열을 기준으로 오름차순으로 데이터프레임을 소팅한다. desc() 함수는 주어진 벡터를 내림차순으로 변환하기 때문에 특정 열만을 내림차순으로 소팅하기 위해서는 desc() 함수를 함께 사용한다.

9.6 집단 요약

집단별 데이터 요약은 데이터분석을 위한 전처리 과정에서 종종 발생한다. 예를 들어, 집단별 합산을 하거나 집단별 평균을 구하는 작업은 빈번히 발생하는 데이터 처리 작업 중의 하나이다. 집단별 데이터 처리를 위해서는 먼저 벡터를 집단별로 분할할 필요가 있다. split() 함수나 unstack() 함수는 벡터를 집단별로 분할한다. 일단 벡터를 집단별로 분할한 후 필요에 따라 집단별 데이터 처리 작업을 수행한다.

표준패키지에 내장되어 있는 mtcars 데이터셋을 이용하여 집단별 분할 작업을 수행해보자. 우선 데이터프레임을 복사하여 새로운 데이터셋 car 데이터프레임을 생성한 후 여기에서 집단 구분을 위해 사용하고자 하는 변수 am(변속기 유형: 0=Automatic, 1=Manual)에 이해하기 쉽도록 레이블을 부여한다.

```
> str(mtcars)
'data.frame':  32 obs. of  11 variables:
 $ mpg : num  21 21 22.8 21.4 18.7 18.1 14.3 24.4 22.8 19.2 ...
```

```
 $ cyl  : num  6 6 4 6 8 6 8 4 4 6 ...
 $ disp : num  160 160 108 258 360 ...
…(중략)
 $ am   : num  1 1 1 0 0 0 0 0 0 0 ...
 $ gear : num  4 4 4 3 3 3 3 4 4 4 ...
 $ carb : num  4 4 1 1 2 1 4 2 2 4 ...
> car <- mtcars
> car <- within(car, am <- factor(am,
+                                 levels=c(0,1),
+                                 labels=c("Automatic", "Manual")))
```

split() 함수의 첫 번째 인수(x)에 벡터 또는 데이터프레임을 지정하고 두 번째 인수(f)에 집단을 나타내는 팩터를 지정하면 벡터 또는 데이터프레임이 집단별로 분할된 리스트가 반환된다. 다음과 같이 car 데이터프레임의 자동차 모델별 MPG(mpg)를 변속기 유형(am)에 따라 두 개의 데이터 집단으로 분할할 수 있다.

```
> g <- split(x=car$mpg, f=car$am)
> g
$Automatic
 [1] 21.4 18.7 18.1 14.3 24.4 22.8 19.2 17.8 16.4 17.3 15.2 10.4 10.4 14.7 21.5 15.5
[17] 15.2 13.3 19.2

$Manual
 [1] 21.0 21.0 22.8 32.4 30.4 33.9 27.3 26.0 30.4 15.8 19.7 15.0 21.4
```

일단 이렇게 분할된 데이터셋은 집단별 분석에 이용할 수 있다. 예를 들어, 변속기 유형별로 분할된 데이터셋을 이용하여 다음과 같이 자동변속기와 수동변속기의 MPG 평균을 구할 수 있다.[9]

```
> mean(g[[1]])
[1] 17.14737
> mean(g[["Manual"]])
[1] 24.39231
> sapply(g, mean)
Automatic    Manual
 17.14737  24.39231
```

9 sapply() 함수는 어떤 함수를 일련의 데이터 원소에 반복적으로 적용할 때 유용하다. 첫 번째 인수에는 함수에 적용할 벡터(또는 리스트)를 지정한다. 두 번째 인수에는 함수를 지정한다. 벡터 내의 모든 원소에 대해 지정된 함수가 반복적으로 적용된다. sapply() 함수는 '9.8 반복 적용'을 참고한다.

unstack() 함수 또한 split() 함수와 유사한 기능을 수행한다. 다음과 같이 unstack() 함수에 분할할 벡터와 집단변수(팩터)를 데이터프레임으로 만들어 인수로 제공한다. split() 함수와 마찬가지로 벡터가 집단별로 분할된 리스트가 반환된다.

```
> unstack(data.frame(car$mpg, car$am))
$Automatic
 [1] 21.4 18.7 18.1 14.3 24.4 22.8 19.2 17.8 16.4 17.3 15.2 10.4 10.4 14.7 21.5 15.5
[17] 15.2 13.3 19.2

$Manual
 [1] 21.0 21.0 22.8 32.4 30.4 33.9 27.3 26.0 30.4 15.8 19.7 15.0 21.4
```

그러나 unstack() 함수는 split() 함수와 달리 인수로 주어진 벡터가 집단별로 모두 동일한 길이를 가지면 집단별로 분할된 데이터셋의 형식을 리스트에서 데이터프레임으로 변환한다. 따라서 추가 변환 과정 없이 데이터프레임에 적용할 수 있는 유용한 함수들을 그대로 이용할 수 있다. iris 데이터셋에는 아이리스 꽃 종류를 나타내는 Species 변수가 포함되어 있다. unstack() 함수를 이용하여 아이리스 꽃받침 길이(Sepal.Length)를 세 가지 꽃 종류별로 분할하면 인수로 주어진 벡터가 꽃 종류별로 모두 동일한 길이를 가지므로 분할된 결과는 데이터프레임 형식으로 반환된다. 그러면 summary() 함수와 같은 데이터프레임에 적용 가능한 함수를 바로 이용할 수 있다.

```
> gg <- unstack(data.frame(iris$Sepal.Length, iris$Species))
> str(gg)
'data.frame':  50 obs. of  3 variables:
 $ setosa    : num  5.1 4.9 4.7 4.6 5 5.4 4.6 5 4.4 4.9 ...
 $ versicolor: num  7 6.4 6.9 5.5 6.5 5.7 6.3 4.9 6.6 5.2 ...
 $ virginica : num  6.3 5.8 7.1 6.3 6.5 7.6 4.9 7.3 6.7 7.2 ...
> gg
   setosa versicolor virginica
1     5.1        7.0       6.3
2     4.9        6.4       5.8
3     4.7        6.9       7.1
…(중략)
48    4.6        6.2       6.5
49    5.3        5.1       6.2
50    5.0        5.7       5.9
```

```
> summary(gg)
     setosa        versicolor       virginica    
 Min.   :4.300   Min.   :4.900   Min.   :4.900  
 1st Qu.:4.800   1st Qu.:5.600   1st Qu.:6.225  
 Median :5.000   Median :5.900   Median :6.500  
 Mean   :5.006   Mean   :5.936   Mean   :6.588  
 3rd Qu.:5.200   3rd Qu.:6.300   3rd Qu.:6.900  
 Max.   :5.800   Max.   :7.000   Max.   :7.900  
```

집단별 분할 작업과 동시에 연산 작업을 하면 좀 더 효과적으로 집단별 데이터 처리 작업을 수행할 수 있다. tapply(), aggregate(), by() 함수 등은 데이터셋을 집단으로 분할한 후 각 분할된 데이터셋에 함수를 적용하여 집단별 데이터 처리 결과를 반환한다.

tapply() 함수는 세 개의 인수를 갖는다. 첫 번째 인수(X)에는 처리할 대상 벡터를 지정한다. 두 번째 인수(INDEX)에 집단을 나타내는 팩터를 지정하며 세 번째 인수(FUN)에 적용할 함수를 지정한다. tapply() 함수는 벡터로부터 집단별로 원소를 추출하여 함수를 적용한 후 처리 결과를 모아서 벡터나 행렬 형태로 반환한다.

다음 코드는 iris 데이터셋에서 아이리스 꽃받침 길이의 평균을 세 가지 꽃 종류별로 계산한다. tapply() 함수에 평균을 계산할 꽃받침 길이 벡터 Sepal.Length를 첫 번째 인수로 지정하고 두 번째 인수에 집단을 나타내는 변수 Species를 지정한 후 마지막 인수에 호출할 mean() 함수를 지정한다.

```
> tapply(X=iris$Sepal.Length, INDEX=iris$Species, FUN=mean)
    setosa versicolor  virginica 
     5.006      5.936      6.588 
```

꽃 종류별로 몇 개의 데이터가 포함되어 있는지 알기 위해서는 다음과 같이 tapply() 함수에서 length() 함수를 호출한다.

```
> tapply(iris$Sepal.Length, iris$Species, length)
    setosa versicolor  virginica 
        50         50         50 
```

tapply() 함수를 이용하여 두 집단 간 요약표를 만들 수 있다. 예를 들어, 실린더 개수별 변속기 유형별 조합에 따른 MPG 평균의 2차원 테이블을 생성할 수 있다. tapply() 함수의 집단변수 인수에 사용하려는 두 집단변수를 리스트 형식으로 지정한다. 이때 요약표상에 나타날 행 이름과 열 이름을 지정할 수 있다. 다음 코드는 실린더 개수별 변속기 유형별 MPG 평균을 2차원 테이블 형식으로 출력한다.

```
> with(car, tapply(mpg, list(cyl, am), mean))
  Automatic   Manual
4    22.900 28.07500
6    19.125 20.56667
8    15.050 15.40000
> with(car, tapply(mpg, list(Cylinder=cyl, Transmission=am), mean))
        Transmission
Cylinder Automatic   Manual
       4    22.900 28.07500
       6    19.125 20.56667
       8    15.050 15.40000
```

tapply() 함수와 유사한 함수로서 aggregate() 함수가 있다. aggregate() 함수는 tapply() 함수와 마찬가지로 집단별로 분할된 데이터셋에 각각 함수를 적용하여 집단별 처리 결과를 반환한다. 첫 번째 인수(x)에는 처리할 대상 벡터를 지정한다. 두 번째 인수(by)에 집단을 나타내는 변수를 리스트 형식으로 지정한다. 세 번째 인수(FUN)에는 적용할 함수를 지정한다.

```
> with(car, aggregate(x=mpg, by=list(Cylinder=cyl, Transmission=am), FUN=mean))
  Cylinder Transmission        x
1        4    Automatic 22.90000
2        6    Automatic 19.12500
3        8    Automatic 15.05000
4        4       Manual 28.07500
5        6       Manual 20.56667
6        8       Manual 15.40000
```

aggregate() 함수는 벡터에 대해서 뿐만 아니라 데이터프레임을 대상으로 집단별 데이터 처리 작업을 수행할 수 있다. 예를 들어, 다음 코드는 car 데이터프레임 내 여섯 개 변수의 평균을 실린더 개수와 변속기 유형의 조합에 따라 집단별로 계산한다.

```
> aggregate(car[c(1:6)], list(Group.cyl=car$cyl, Group.am=car$am), mean)
  Group.cyl  Group.am      mpg cyl     disp        hp     drat       wt
1         4 Automatic 22.90000   4 135.8667  84.66667 3.770000 2.935000
2         6 Automatic 19.12500   6 204.5500 115.25000 3.420000 3.388750
3         8 Automatic 15.05000   8 357.6167 194.16667 3.120833 4.104083
4         4    Manual 28.07500   4  93.6125  81.87500 4.183750 2.042250
5         6    Manual 20.56667   6 155.0000 131.66667 3.806667 2.755000
6         8    Manual 15.40000   8 326.0000 299.50000 3.880000 3.370000
```

아이리스 꽃 종류별 네 개 측정치의 평균값을 앞에서와 유사하게 aggregate() 함수를 이용하여 다음과 같이 구할 수 있다. 아이리스 꽃 종류별 측정 변수별 요약표가 출력된다.

```
> aggregate(iris[1:4], list(Species=iris$Species), mean)
     Species Sepal.Length Sepal.Width Petal.Length Petal.Width
1     setosa        5.006       3.428        1.462       0.246
2 versicolor        5.936       2.770        4.260       1.326
3  virginica        6.588       2.974        5.552       2.026
```

by() 함수 또한 데이터프레임을 대상으로 집단별 데이터 처리를 수행할 수 있다. by() 함수는 데이터프레임의 행을 집단으로 분할하고 집단별로 함수를 적용하여 결과를 리스트로 반환한다. by() 함수의 첫 번째 인수(data)에는 데이터프레임을 지정하고 두 번째 인수(INDICES)에는 집단을 나타내는 팩터를 지정한다. 그리고 세 번째 인수(FUN)에 적용하려는 함수를 지정한다. 함수는 집단으로 분할된 데이터프레임을 인수로 받는다.

```
> by(data=iris, INDICES=iris$Species, FUN=summary)
iris$Species: setosa
  Sepal.Length    Sepal.Width     Petal.Length    Petal.Width          Species
 Min.   :4.300   Min.   :2.300   Min.   :1.000   Min.   :0.100   setosa    :50
 1st Qu.:4.800   1st Qu.:3.200   1st Qu.:1.400   1st Qu.:0.200   versicolor: 0
 Median :5.000   Median :3.400   Median :1.500   Median :0.200   virginica : 0
 Mean   :5.006   Mean   :3.428   Mean   :1.462   Mean   :0.246
 3rd Qu.:5.200   3rd Qu.:3.675   3rd Qu.:1.575   3rd Qu.:0.300
 Max.   :5.800   Max.   :4.400   Max.   :1.900   Max.   :0.600
---------------------------------------------------------------
```

```
iris$Species: versicolor
  Sepal.Length    Sepal.Width    Petal.Length   Petal.Width          Species
 Min.   :4.900   Min.   :2.000   Min.   :3.00   Min.   :1.000   setosa    : 0
 1st Qu.:5.600   1st Qu.:2.525   1st Qu.:4.00   1st Qu.:1.200   versicolor:50
 Median :5.900   Median :2.800   Median :4.35   Median :1.300   virginica : 0
 Mean   :5.936   Mean   :2.770   Mean   :4.26   Mean   :1.326
 3rd Qu.:6.300   3rd Qu.:3.000   3rd Qu.:4.60   3rd Qu.:1.500
 Max.   :7.000   Max.   :3.400   Max.   :5.10   Max.   :1.800
------------------------------------------------------------
iris$Species: virginica
  Sepal.Length    Sepal.Width     Petal.Length    Petal.Width          Species
 Min.   :4.900   Min.   :2.200   Min.   :4.500   Min.   :1.400   setosa    : 0
 1st Qu.:6.225   1st Qu.:2.800   1st Qu.:5.100   1st Qu.:1.800   versicolor: 0
 Median :6.500   Median :3.000   Median :5.550   Median :2.000   virginica :50
 Mean   :6.588   Mean   :2.974   Mean   :5.552   Mean   :2.026
 3rd Qu.:6.900   3rd Qu.:3.175   3rd Qu.:5.875   3rd Qu.:2.300
 Max.   :7.900   Max.   :3.800   Max.   :6.900   Max.   :2.500
```

by() 함수의 세 번째 인수(FUN)에 지정된 실행 함수는 데이터프레임을 처리할 수 있는 어떠한 함수이든 가능하다. 예를 들어, 다음과 같이 by() 함수에 데이터프레임을 인수로 받는 사용자 정의 함수를 지정하여 집단별 데이터 처리 작업을 수행할 수 있다.

```
> by(iris, iris$Species, function(x) mean(x$Sepal.Length))
iris$Species: setosa
[1] 5.006
------------------------------------------------------------
iris$Species: versicolor
[1] 5.936
------------------------------------------------------------
iris$Species: virginica
[1] 6.588
```

두 집단 간의 요약표를 만들기 위해서는 앞서 살펴본 함수와 유사하게 집단변수 인수에 사용하려는 두 집단변수를 리스트 형식으로 지정한다. 예를 들어, 다음과 같이 실린더 개수별 변속기 유형별 MPG 평균을 계산할 수 있다.

```
> by(car, list(car$cyl,car$am), function(x) mean(x$mpg))
: 4
: Automatic
[1] 22.9
------------------------------------------------------------------------
: 6
: Automatic
[1] 19.125
------------------------------------------------------------------------
: 8
: Automatic
[1] 15.05
------------------------------------------------------------------------
: 4
: Manual
[1] 28.075
------------------------------------------------------------------------
: 6
: Manual
[1] 20.56667
------------------------------------------------------------------------
: 8
: Manual
[1] 15.4
```

단순히 집단별로 합산한 값에만 관심이 있다면 **rowsum()** 함수를 이용할 수 있다. 첫 번째 인수(x)에 행렬, 데이터프레임, 벡터를 인수로 지정하고 두 번째 인수(group)에 집단을 나타내는 팩터를 지정한다. **iris** 데이터프레임의 다섯 번째 변수(Species)는 숫자가 아니기 때문에 **rowsum()** 함수 적용 시 다음과 같이 계산에서 제외한다.

```
> rowsum(x=iris[-5], group=iris$Species)
           Sepal.Length Sepal.Width Petal.Length Petal.Width
setosa            250.3       171.4         73.1        12.3
versicolor        296.8       138.5        213.0        66.3
virginica         329.4       148.7        277.6       101.3
```

범주형 변수가 가질 수 있는 가능한 범주값에 대해 각각의 범주별 관측값이 몇 개인지 알고 싶을 때가 있다. R은 이런 목적으로 사용할 수 있는 유용한 함수를 제공한다. 데이터셋에 집단을 나타내는 범주형 변수(즉 팩터)나 범주형 변수로 취급될 수 있는 변수가 포함되어 있을 경우 table() 함수를 이용하여 각 범주별로 포함된 원소의 개수를 셀 수 있다.10 예를 들어, 다음과 같이 변속기 기어 단수별로 자동차 모델의 개수를 집계하거나 변속기 유형별로 자동차 모델의 개수를 집계할 수 있다.

10 table() 함수는 앞에서 살펴본 tapply() 함수와 비슷해 보인다. 그러나 table() 함수는 팩터의 각 레벨별 조합에 따른 교차표(즉 범주에 따른 빈도 테이블)만을 생성할 수 있는 반면, tapply() 함수는 어떠한 함수든 이용하여 교차되는 셀값을 결정할 수 있다. 즉 빈도, 평균, 그 밖에 어떠한 값이든 두 차원의 교차 셀에 포함시킬 수 있다.

```
> table(car$gear)

 3  4  5 
15 12  5 
> table(car$am)

Automatic    Manual 
       19        13 
```

변속기 유형과 변속기 기어 단수 간의 2차원 교차표를 만드는 것도 가능하다. 다음과 같이 table() 함수를 이용하면 자동/수동 변속기 유형별로 3/4/5단 변속기를 갖는 자동차 모델의 개수를 집계할 수 있다.

```
> table(car$am, car$gear)

             3  4  5
  Automatic 15  4  0
  Manual     0  8  5
```

table() 함수는 기본적으로 팩터에 대해서만 사용할 수 있다. 그러나 다음과 같이 cut() 함수를 사용하여 숫자 데이터를 구간으로 분할한 후 table() 함수를 적용하면 구간별 빈도를 계산할 수 있다.

```
> mpg.cut <- cut(car$mpg, breaks=5, include.lowest=TRUE)
```

```
> table(mpg.cut)
mpg.cut
[10.4,15.1] (15.1,19.8] (19.8,24.5] (24.5,29.2] (29.2,33.9]
          6          12           8           2           4
```

xtabs() 함수 또한 table() 함수와 동일한 기능을 수행한다. 그러나 xtabs() 함수는 table() 함수와는 다르게 범주별 빈도 계산 시 포뮬러 인터페이스(formula interface) 방식을 이용한다. xtabs() 함수의 첫 번째 인수(formula)에 범주로 사용할 변수를 포뮬러 형식으로 지정하고 두 번째 인수(data)에 데이터프레임을 지정한다. xtabs() 함수를 이용하여 다음과 같이 변속기 유형과 변속기 기어 단수 간의 2차원 교차표를 생성할 수 있다.

```
> xtabs(formula= ~ am + gear, data=car)
           gear
am           3  4  5
  Automatic 15  4  0
  Manual     0  8  5
```

포뮬러 인터페이스는 데이터 처리 시 어떤 열을 사용할 것인지를 일종의 수식 형식으로 지정하는 방식이다. 여기에서 포뮬러는 수학적인 산식 표현이 아니라 통계 모델 관점에서 모델에 포함되는 변수 간의 관계를 나타낸다. 예를 들어, 포뮬러 연산자 +는 변수(즉 열)를 더하라는 것이 아니라 데이터 처리 작업을 수행할 때 모델에 변수를 포함시키라는 것을 의미한다. [그림 9-2]에 포뮬러 연산자의 예 및 의미를 정리하였다.11

11 포뮬러 인터페이스는 다양한 통계 및 데이터분석 모델링(예를 들면, 선형회귀분석을 수행하는 lm() 함수)과 시각화(예를 들면, lattice 패키지의 xyplot() 함수) 작업에 널리 사용된다.

[그림 9-2] 포뮬러 연산자. 포뮬러를 이용한 변수 간 관계 정의는 통계 및 데이터분석 모델링에 폭넓게 사용된다.

연산자	예	의미
~	y ~ x	y는 x의 함수임(즉 x의 함수로서 y를 나타냄)
+	y ~ a + b	a열과 b열을 모델에 포함시킴
-	y ~ a - b	a열은 모델에 포함시키나 b열은 모델에서 제외함
:	y ~ a : b	a열과 b열의 상호작용 효과를 모델에 포함시킴
*	y ~ a * b	a열과 b열, 그리고 두 열의 상호작용 효과를 모델에 포함시킴(즉 y ~ a + b + a:b)
|	y ~ a | b	y는 b를 조건으로 한 a의 조건부 함수임

많은 R 함수는 기존의 함수 사용 방법과 함께 포뮬러 인터페이스를 지원한다. 예를 들어, aggregate() 함수에 다음과 같이 포뮬러를 지정하여 car 데이터프레임으로부터 실린더 개수별 변속기 유형별 MPG 평균을 구할 수 있다.

```
> aggregate(formula=mpg ~ cyl + am, data=car, FUN=mean)
  cyl        am      mpg
1   4 Automatic 22.90000
2   6 Automatic 19.12500
3   8 Automatic 15.05000
4   4    Manual 28.07500
5   6    Manual 20.56667
6   8    Manual 15.40000
```

aggregate() 함수의 첫 번째 인수(formula)는 포뮬러이고 두 번째 인수(data)는 처리할 데이터프레임이다. 세 번째 인수(FUN)에는 적용할 함수를 지정한다. 여기에서는 mpg를 cyl과 am의 함수로서 모델링하여 평균을 계산한다. 즉 cyl과 am의 조합에 따른 mpg 값을 추출한 후 mean() 함수를 이용하여 평균을 계산한다. 이 출력 결과는 앞에서 설명했던 aggregate() 함수의 다음과 같은 코드 실행 결과와 동일하다. 포뮬러 인터페이스는 함수의 수행 내용을 기존 방식에 비해 보다 이해하기 쉽도록 표현할 수 있는 장점이 있다.

```
> with(car, aggregate(mpg, list(cyl=cyl, am=am), mean))
```

함수의 도움말을 살펴보면 그 함수가 포뮬러 인터페이스를 지원하는지 확인할 수 있다. 예를 들어, aggregate() 함수의 도움말(?aggregate)을 살펴보면 다음과 같은 설명을 볼 수 있다.

```
## S3 method for class 'data.frame'
aggregate(x, by, FUN, ..., simplify = TRUE)

## S3 method for class 'formula'
aggregate(formula, data, FUN, ...,
          subset, na.action = na.omit)
```

data.frame 클래스에 대한 사용법과 함께 formula 클래스에 대한 사용법이 설명되어 있다. 이처럼 도움말 기능을 이용하여 함수가 포뮬러 인터페이스를 지원하는지 여부를 확인할 수 있다.

9.7 분할-적용-결합

데이터의 전처리는 대부분 주어진 데이터를 분할하고, 분할된 데이터에 특정 함수를 적용하여 계산하고, 그 결과들을 모아서 결합하는 일련의 과정으로 이루어진다. 이러한 일련의 과정을 SAC(Split, Apply, Combine), 즉 분할-적용-결합 과정이라고 한다. 여기에서 소개할 `dplyr` 패키지는 데이터프레임 형식의 데이터셋을 대상으로 이러한 일련의 데이터 변환 과정을 지원하는 유용한 함수를 제공한다.

dplyr 패키지

`dplyr` 패키지는 다섯 개의 기본 함수를 비롯하여 많은 유용한 함수를 제공한다. 다섯 개의 기본 함수를 이용하여 기초적인 데이터 전처리 작업을 수행할 수 있다. 원하는 행과 열을 추출할 수 있고(`filter()` 함수, `select()` 함수), 행을 소팅할 수 있으며(`arrange()` 함수), 기존 변수를 이용하여 새로운 변수를 생성할 수 있고(`mutate()` 함수), 요약 통계량을 계산할 수 있다(`summarise()` 함수).

R의 표준패키지에 내장되어 있는 `airquality` 데이터셋을 이용하여 `dplyr` 패키지가 제공하는 함수를 살펴보자. `airquality` 데이터셋에는 뉴욕시의 5개월간의 대기 상태가 네 개 측정변수로 기록되어 있다.

```
> head(airquality)
  Ozone Solar.R Wind Temp Month Day
1    41     190  7.4   67     5   1
2    36     118  8.0   72     5   2
3    12     149 12.6   74     5   3
4    18     313 11.5   62     5   4
5    NA      NA 14.3   56     5   5
6    28      NA 14.9   66     5   6
```

`filter()` 함수는 데이터프레임으로부터 조건과 일치하는 행을 추출한다. 첫 번째 인수에 데이터프레임을 지정하고 두 번째 이후 인수에 추출 조건을 지정한다.

```
> library(dplyr)
```

```
> filter(airquality, Month == 6)
  Ozone Solar.R Wind Temp Month Day
1    NA     286  8.6   78     6   1
2    NA     287  9.7   74     6   2
3    NA     242 16.1   67     6   3
…(중략)
28   NA      98 11.5   80     6  28
29   NA      31 14.9   77     6  29
30   NA     138  8.0   83     6  30
```

앞의 결과는 다음과 같이 인덱싱 기능이나 R에서 기본적으로 제공하는 `subset()` 함수를 사용한 것과 동일하다.

```
> airquality[airquality$Month == 6,]
> subset(airquality, subset=(Month == 6))
```

`filter()` 함수에서 AND 조건은 **,** 연산자나 **&** 연산자를 사용하며 OR 조건은 **|** 연산자를 이용한다.

```
> filter(airquality, Month == 6, Temp > 90)
  Ozone Solar.R Wind Temp Month Day
1    NA     259 10.9   93     6  11
2    NA     250  9.2   92     6  12
> filter(airquality, Month == 6 & Temp > 90)
  Ozone Solar.R Wind Temp Month Day
1    NA     259 10.9   93     6  11
2    NA     250  9.2   92     6  12
> filter(airquality, Ozone > 80 | Temp > 90)
  Ozone Solar.R Wind Temp Month Day
1   115     223  5.7   79     5  30
2    NA     259 10.9   93     6  11
3    NA     250  9.2   92     6  12
…(중략)
21   78     197  5.1   92     9   2
22   73     183  2.8   93     9   3
23   91     189  4.6   93     9   4
```

단순히 특정 위치의 행을 추출하려면 다음과 같이 `slice()` 함수를 이용한다. 첫 번째 인수에 데이터 프레임을 지정하고 두 번째 인수에 추출하려는 행 번호를 지정한다.

```
> slice(airquality, 6:10)
  Ozone Solar.R Wind Temp Month Day
1    28      NA 14.9   66     5   6
2    23     299  8.6   65     5   7
3    19      99 13.8   59     5   8
4     8      19 20.1   61     5   9
5    NA     194  8.6   69     5  10
```

마지막 행과 마지막 세 개 행은 다음과 같이 추출할 수 있다. 여기에서 `n()`은 데이터셋의 행의 개수를 반환하므로 이는 결국 마지막 행의 번호를 나타낸다.

```
> slice(airquality, n())
  Ozone Solar.R Wind Temp Month Day
1    20     223 11.5   68     9  30
> slice(airquality, (n()-2):n())
  Ozone Solar.R Wind Temp Month Day
1    14     191 14.3   75     9  28
2    18     131  8.0   76     9  29
3    20     223 11.5   68     9  30
```

음수(-)로 행 번호로 지정하면 해당 행은 제외하고 추출한다. 따라서 마지막 세 개 행은 다음과 같은 방식으로도 추출할 수 있다.

```
> slice(airquality, -(1:(n()-3)))
  Ozone Solar.R Wind Temp Month Day
1    14     191 14.3   75     9  28
2    18     131  8.0   76     9  29
3    20     223 11.5   68     9  30
```

이 밖에도 `slice_*()` 형태로 정의된 다양한 함수를 이용하여 행 추출 작업을 보다 효과적으로 수행할 수 있다. `slice_head()` 함수와 `slice_tail()` 함수는 처음과 마지막 n개 행을 추출한다. `n` 인수에 추출할 행의 개수를 지정한다.

```
> slice_head(airquality, n=3)
  Ozone Solar.R Wind Temp Month Day
1    41     190  7.4   67     5   1
2    36     118  8.0   72     5   2
3    12     149 12.6   74     5   3
> slice_tail(airquality, n=3)
  Ozone Solar.R Wind Temp Month Day
1    14     191 14.3   75     9  28
2    18     131  8.0   76     9  29
3    20     223 11.5   68     9  30
```

slice_max() 함수와 slice_min() 함수는 인수로 주어진 변수의 값을 기준으로 상위 n개 행과 하위 n개 행을 추출한다. order_by 인수에 추출 기준으로 사용할 열을 지정하고 n 인수에 추출할 행의 개수를 지정한다. n 인수를 지정하지 않으면 최소값과 최대값을 갖는 한 개의 행이 출력된다. 동률이 발생할 경우 n 인수에 지정된 행의 개수보다 더 많은 행이 추출될 수도 있다. 동률을 무시하고 지정된 행의 개수만큼만 추출하려면 추가로 with_ties=FALSE를 지정한다.

```
> slice_max(airquality, order_by=Ozone, n=3)
  Ozone Solar.R Wind Temp Month Day
1   168     238  3.4   81     8  25
2   135     269  4.1   84     7   1
3   122     255  4.0   89     8   7
> slice_min(airquality, order_by=Temp, n=3)
  Ozone Solar.R Wind Temp Month Day
1    NA      NA 14.3   56     5   5
2     6      78 18.4   57     5  18
3    NA      66 16.6   57     5  25
4    NA      NA  8.0   57     5  27
```

slice_sample() 함수는 무작위로 행을 추출한다. 추출할 행을 개수(n) 또는 비율(prop)로 선택할 수 있다. slice_sample() 함수는 지정한 숫자만큼 또는 지정한 비율만큼의 표본을 추출한다. 복원추출을 하려면 replace=TRUE를 지정한다.

```
> slice_sample(airquality, n=3)
  Ozone Solar.R Wind Temp Month Day
1    NA     153  5.7   88     8  27
2    16     201  8.0   82     9  20
3    NA     287  9.7   74     6   2
> slice_sample(airquality, prop=0.03)
  Ozone Solar.R Wind Temp Month Day
1    89     229 10.3   90     8   8
2    11      44  9.7   62     5  20
3    39     323 11.5   87     6  10
4    NA      47 10.3   73     6  27
```

열을 추출하려면 select() 함수를 이용한다. 첫 번째 인수에는 데이터프레임을 지정한다. 두 번째 이후 인수에 추출할 열을 지정한다. 여러 열을 추출할 때는 , 연산자로 구분하며, 인접한 열을 추출할 때는 : 연산자를 이용할 수 있다. 지정한 열 이외의 다른 열을 추출하고 싶을 때는, 즉 지정한 열을 추출에서 제외하려면 해당 열 앞에 - 부호를 붙인다.

```
> select(airquality, Month, Day, Temp)
    Month Day Temp
1       5   1   67
2       5   2   72
3       5   3   74
…(중략)
151     9  28   75
152     9  29   76
153     9  30   68
> select(airquality, Temp:Day)
    Temp Month Day
1     67     5   1
2     72     5   2
3     74     5   3
…(중략)
151   75     9  28
152   76     9  29
153   68     9  30
```

```
> select(airquality, -(Ozone:Wind))
    Temp Month Day
1     67     5   1
2     72     5   2
3     74     5   3
…(중략)
151   75     9  28
152   76     9  29
153   68     9  30
```

select() 함수를 이용하여 인수 이름을 지정함으로써 다음과 같이 열 이름을 변경할 수 있다.

```
> select(airquality, Solar=Solar.R)
    Solar
1     190
2     118
3     149
…(중략)
151   191
152   131
153   223
```

그러나 select() 함수는 선택된 열만으로 구성된 데이터프레임을 반환하기 때문에 열 이름 변경이 목적이라면 select() 함수를 이용하는 것은 그다지 바람직하지 않다. 열의 이름을 변경하려면 대신에 다음과 같이 rename() 함수를 이용하는 것이 좋다.

```
> rename(airquality, Solar=Solar.R)
    Ozone Solar Wind Temp Month Day
1      41   190  7.4   67     5   1
2      36   118  8.0   72     5   2
3      12   149 12.6   74     5   3
…(중략)
151    14   191 14.3   75     9  28
152    18   131  8.0   76     9  29
153    20   223 11.5   68     9  30
```

select() 함수 내에서 함께 사용할 수 있는 많은 헬퍼 함수(helper function)가 있다. 헬퍼 함수는 특정 열을 보다 편리하게 추출할 수 있도록 도와준다.12 예를 들어, starts_with(), ends_with(), contains() 함수 등은 각각 특정 문자열로 시작하거나 끝나는 열을 매칭하거나 특정 문자열을 포함하고 있는 열을 매칭해서 해당 열을 추출할 수 있도록 도와준다. everything() 함수는 모든 열을 매칭하고 last_col() 함수는 마지막 열을 식별한다.

예를 들어, everything() 헬퍼 함수를 select() 함수와 함께 사용하면 다음과 같이 특정 변수를 데이터프레임의 시작 열 위치로 쉽게 이동할 수 있다.

12 select() 함수 내에서 함께 사용할 수 있는 헬퍼 함수에 대한 보다 자세한 설명은 select() 함수의 도움말(?select)을 참고한다.

```
> select(airquality, Month, Day, everything())
    Month Day Ozone Solar.R Wind Temp
1       5   1    41     190  7.4   67
2       5   2    36     118  8.0   72
3       5   3    12     149 12.6   74
…(중략)
151     9  28    14     191 14.3   75
152     9  29    18     131  8.0   76
153     9  30    20     223 11.5   68
```

select() 함수를 distinct() 함수와 함께 사용하면 특정 열에 포함된 중복되지 않는 고유한 값을 추출할 수 있다. 이는 R에서 기본적으로 제공하는 함수인 unique() 함수와 유사하다.

```
> distinct(select(airquality, Month))
  Month
1     5
2     6
3     7
4     8
5     9
> unique(airquality$Month)
[1] 5 6 7 8 9
```

arrange() 함수는 지정한 열을 기준으로 오름차순으로 데이터프레임을 소팅한다. 첫 번째 인수에 데이터프레임을 지정하고 두 번째 이후의 인수에 소팅 기준 열을 지정한다. 두 개 이상의 열을 지정하면 동률이 발생할 때 추가로 지정한 열에 의해 소팅된다. 내림차순으로 소팅할 때는 desc() 함수를 함께 사용한다.

```
> arrange(airquality, Temp, Month, Day)
    Ozone Solar.R Wind Temp Month Day
1      NA      NA 14.3   56     5   5
2       6      78 18.4   57     5  18
3      NA      66 16.6   57     5  25
…(중략)
151    85     188  6.3   94     8  31
152    84     237  6.3   96     8  30
153    76     203  9.7   97     8  28
> arrange(airquality, desc(Temp), Month, Day)
    Ozone Solar.R Wind Temp Month Day
1      76     203  9.7   97     8  28
2      84     237  6.3   96     8  30
3     118     225  2.3   94     8  29
…(중략)
151    NA      66 16.6   57     5  25
152    NA      NA  8.0   57     5  27
153    NA      NA 14.3   56     5   5
```

앞의 결과는 다음과 같이 order() 함수를 이용한 것과 동일하다.

```
> airquality[order(airquality$Temp, airquality$Month, airquality$Day),]
> airquality[order(desc(airquality$Temp), airquality$Month, airquality$Day),]
```

mutate() 함수는 새로운 열을 추가할 때 사용한다. mutate() 함수를 이용하여 다음과 같이 기존 열을 바탕으로 새로운 열을 생성할 수 있다. 첫 번째 인수에 데이터프레임을 지정하고 두 번째 이후의 인수에 새롭게 생성할 변수에 대한 표현식을 지정한다.

```
> mutate(airquality, Temp.C=(Temp-32)/1.8, Diff=Temp.C - mean(Temp.C))
  Ozone Solar.R Wind Temp Month Day   Temp.C         Diff
1    41     190  7.4   67     5   1 19.44444  -6.04575163
2    36     118  8.0   72     5   2 22.22222  -3.26797386
3    12     149 12.6   74     5   3 23.33333  -2.15686275
4    18     313 11.5   62     5   4 16.66667  -8.82352941
5    NA      NA 14.3   56     5   5 13.33333 -12.15686275
6    28      NA 14.9   66     5   6 18.88889  -6.60130719
…(중략)
```

mutate() 함수는 표준패키지에 포함된 transform() 함수와 유사한 기능을 수행한다. 그러나 mutate() 함수는 새롭게 생성한 열을 동일한 함수 내에서 바로 사용할 수 있다는 점이 transform() 함수와 다르다. 예를 들어, transform() 함수에서는 다음과 같이 함수 내에서 생성된 Temp.C 변수를 동일 함수 내에서 계산에 사용하려 하면 에러가 발생한다.

```
> transform(airquality, Temp.C=(Temp-32)/1.8, Diff=Temp.C - mean(Temp.C))
Error in eval(substitute(list(...)), `_data`, parent.frame()) :
  object 'Temp.C' not found
```

새롭게 생성한 열만을 데이터셋 내에 유지하고 싶다면 다음과 같이 transmute() 함수를 이용한다.

```
> transmute(airquality, Temp.C=(Temp-32)/1.8, Diff=Temp.C - mean(Temp.C))
      Temp.C         Diff
1   19.44444  -6.04575163
2   22.22222  -3.26797386
3   23.33333  -2.15686275
4   16.66667  -8.82352941
5   13.33333 -12.15686275
6   18.88889  -6.60130719
…(중략)
```

summarise() 함수(또는 summarize() 함수)는 평균, 중위수, 표준편차, 최소값, 최대값 같은 요약 통계량을 계산한다. 계산 결과는 단일 행으로 이루어진 데이터프레임 형식으로 출력된다. 첫 번째 인수에 데이터프레임을 지정하며 두 번째 이후 인수에 사용할 요약 통계량 계산 함수를 지정한다. mean(), median(), sd(), min(), max() 등과 같은 표준패키지에서 제공하는 요약 통계량 계산 함수를 사용할 수 있다. dplyr 패키지는 그 밖에 summarise() 함수와 함께 사용할 수 있는 몇 가지 유용한 요약 통계량 계산 함수를 추가로 제공한다. 예를 들어, n()은 데이터셋의 행의 개수를 반환한다. n_distinct(x)는 x에 포함된 중복되지 않는 고유한 값의 개수를 출력한다. first(x), last(x), nth(x, n)은 각각 x[1], x[length(x)], x[n]에 해당하는 기능을 수행한다.

```
> summarise(airquality, mean(Temp))
  mean(Temp)
1   77.88235
```

```
> summarise(airquality,
+           Min=min(Temp, na.rm=TRUE),
+           Median=median(Temp, na.rm=TRUE),
+           Mean=mean(Temp, na.rm=TRUE),
+           SD=sd(Temp, na.rm=TRUE),
+           Max=max(Temp, na.rm=TRUE),
+           N=n(),
+           Distinct.Month=n_distinct(Month),
+           First.Month=first(Month),
+           Last.Month=last(Month))
  Min Median     Mean      SD Max   N Distinct.Month First.Month Last.Month
1  56     79 77.88235 9.46527  97 153              5           5          9
```

지금까지 살펴본 함수들은 그 자체로도 유용하지만 group_by() 함수와 함께 사용하면 더욱 강력한 기능을 발휘한다. group_by() 함수는 주어진 데이터셋으로부터 집단변수의 레벨별로 분할된 그룹화된 객체를 생성한다. 첫 번째 인수에 데이터프레임을 지정하고 두 번째 인수에 집단변수를 지정한다. group_by() 함수에 의해 생성된 그룹화된 객체는 외관상으로는 기존의 데이터셋과 구별할 수 없으나 이후 적용되는 함수를 통해서 그룹화된 특성이 드러난다. 다음과 같이 group_by() 함수에 Month를 집단변수로 지정함으로써 월별로 그룹화된 객체를 생성할 수 있다.

```
> air.group <- group_by(airquality, Month)
> class(air.group)
[1] "grouped_df" "tbl_df"     "tbl"        "data.frame"
> air.group
# A tibble: 153 x 6
# Groups:   Month [5]
   Ozone Solar.R  Wind  Temp Month   Day
   <int>   <int> <dbl> <int> <int> <int>
 1    41     190   7.4    67     5     1
 2    36     118   8      72     5     2
 3    12     149  12.6    74     5     3
…(중략)
 8    19      99  13.8    59     5     8
 9     8      19  20.1    61     5     9
10    NA     194   8.6    69     5    10
# ... with 143 more rows
```

일단 그룹화된 객체를 생성하면 이 객체에 앞에서 살펴본 함수들을 적용하여 집단별 처리를 수행할 수 있다. 이 함수들은 입력된 데이터가 group_by() 함수에 의해 생성된 그룹화된 객체이면 자동으로 집단별 작업을 수행한다. 앞에서 생성한 월 단위로 그룹화된 데이터 객체 air.group을 이용하여 다음과 같이 월별 통계량을 구할 수 있다.

```
> summarise(air.group, Mean.Temp=mean(Temp, na.rm=TRUE))
# A tibble: 5 x 2
  Month Mean.Temp
  <int>     <dbl>
1     5      65.5
2     6      79.1
3     7      83.9
4     8      84.0
5     9      76.9
> summarise(air.group,
+           Number.of.Days=n(),
+           Mean.Temp=mean(Temp, na.rm=TRUE),
+           SD.Temp=sd(Temp, na.rm=TRUE))
# A tibble: 5 x 4
  Month Number.of.Days Mean.Temp SD.Temp
  <int>          <int>     <dbl>   <dbl>
1     5             31      65.5    6.85
2     6             30      79.1    6.60
3     7             31      83.9    4.32
4     8             31      84.0    6.59
5     9             30      76.9    8.36
```

그룹화를 해제하려면 다음과 같이 ungroup() 함수를 이용한다. 그룹화되었을 때와 달리 전체 데이터셋에 대한 통계량이 계산된다.

```
> air.ungroup <- ungroup(air.group)
> class(air.ungroup)
[1] "tbl_df"     "tbl"        "data.frame"
```

```
> summarise(air.ungroup, Mean.Temp=mean(Temp, na.rm=TRUE))
# A tibble: 1 x 1
  Mean.Temp
      <dbl>
1      77.9
```

그룹화된 집단별 빈도에만 관심이 있다면 다음과 같이 간단히 count() 함수를 사용하는 것도 좋은 방법이다. n() 함수에 의해 집단별 빈도가 계산되어 n 열에 저장된다. 추가로 sort=TRUE를 지정하면 빈도가 큰 집단부터 출력된다(빈도의 내림차순으로 정렬).

```
> count(airquality, Month)
  Month  n
1     5 31
2     6 30
3     7 31
4     8 31
5     9 30
> count(airquality, Month, sort=TRUE)
  Month  n
1     5 31
2     7 31
3     8 31
4     6 30
5     9 30
```

count() 함수의 wt 인수에 추가로 변수를 지정하면 해당 변수의 합계가 반환된다. 즉 n 열의 요약 통계량은 sum(wt)에 의해 계산된다.

```
> count(airquality, Month, wt=Temp)
  Month    n
1     5 2032
2     6 2373
3     7 2601
4     8 2603
5     9 2307
```

이를 이용해서 다음과 같이 특정 변수의 집단별 평균을 계산할 수 있다. `wt` 인수에 변수를 지정할 때 집단별 빈도로 나눈다. 월별 평균 온도가 산출되었다.

```
> count(airquality, Month, wt=Temp/n())
  Month        n
1     5 65.54839
2     6 79.10000
3     7 83.90323
4     8 83.96774
5     9 76.90000
```

데이터분석을 수행할 때 한 개의 데이터셋만을 다루는 경우는 드물다. 일반적으로 여러 개의 데이터셋을 결합하여 어떤 관심 있는 문제에 대한 답을 구하게 된다. `dplyr` 패키지는 데이터프레임 형식, 즉 테이블 형태의 데이터를 공통의 열을 바탕으로 결합하거나 필터링하는 다양한 방법을 제공한다.

우선 데이터셋을 행이나 열의 방향으로 간단하게 결합하는 방법부터 살펴보자. 행의 방향으로 데이터프레임을 결합하기 위해서는 다음과 같이 `bind_rows()` 함수를 이용한다. 이는 표준패키지에 포함된 `rbind()` 함수와 동일하다.

```
> df1 <- data.frame(x=1:6, y=month.name[1:6])
> df2 <- data.frame(x=7:12, y=month.name[7:12])
> df3 <- bind_rows(df1, df2)
> df3
    x        y
1   1  January
2   2 February
3   3    March
…(중략)
10 10  October
11 11 November
12 12 December
```

열의 방향으로 결합하려면 다음과 같이 `bind_cols()` 함수를 이용한다. 이는 표준패키지에 포함된 `cbind()` 함수와 같다.

```
> df4 <- data.frame(z=month.abb)
```

```
> bind_cols(df3, df4)
    x        y   z
1   1  January Jan
2   2 February Feb
3   3    March Mar
…(중략)
10 10  October Oct
11 11 November Nov
12 12 December Dec
```

dplyr 패키지는 SQL(Structured Query Language)과 같은 데이터베이스 언어에서 제공하는 다양한 조인(join) 기능을 지원한다. 조인은 공통의 열을 바탕으로 두 데이터프레임을 연결한다. dplyr 패키지에 내장되어 있는 다음과 같은 두 개의 데이터셋을 이용하여 조인 함수를 살펴보자. band_members 데이터셋에는 밴드의 구성원 이름과 소속 밴드 이름이 저장되어 있고, band_instruments 데이터셋에는 뮤지션 이름과 그가 다루는 악기가 저장되어 있다.

```
> band_members
# A tibble: 3 x 2
  name  band
  <chr> <chr>
1 Mick  Stones
2 John  Beatles
3 Paul  Beatles
> band_instruments
# A tibble: 3 x 2
  name  plays
  <chr> <chr>
1 John  guitar
2 Paul  bass
3 Keith guitar
```

가장 단순한 형태의 조인은 내부조인(inner join)이다. 내부조인은 두 데이터프레임으로부터 공통 열이 서로 일치하는 행을 찾아준다. 내부조인을 실행하면 공통 열과 두 데이터프레임의 나머지 열을 모두 포함하는 새로운 데이터프레임이 생성된다. 예를 들어, 다음과 같이 inner_join() 함수를 이용하여 band_members 데이터셋과 band_instruments 데이터셋으로부터 밴드 구성원 이름, 그가 속한 밴드 이름, 그리고 그가 다루는 악기 정보를 추출할 수 있다.

```
> inner_join(x=band_members, y=band_instruments)
Joining, by = "name"
# A tibble: 2 x 3
  name  band    plays
  <chr> <chr>   <chr>
1 John  Beatles guitar
2 Paul  Beatles bass
```

inner_join() 함수의 첫 번째 인수(x)와 두 번째 인수(y)에 두 개의 데이터프레임을 차례대로 지정한다. 여기에서는 밴드 구성원 이름인 name 열이 두 데이터셋으로부터 정보를 추출하기 위한 공통 열로 사용된다. John과 Paul만이 두 데이터셋에 공통으로 존재하므로 첫 번째 데이터셋(band_members)과 두 번째 데이터셋(band_instruments)으로부터 이 두 사람의 행을 추출하여 name, band, plays 등 세 개의 열을 갖는 새로운 데이터프레임을 생성한다([그림 9-3]).

두 데이터프레임을 결합하기 위한 공통 열은 다음과 같이 by 인수에 지정할 수 있다. 앞서와 같이 by 인수를 지정하지 않으면 두 데이터프레임의 모든 공통 열이 사용된다. 따라서 공통 열이 여러 개 있을 때는 조인을 위해 사용되는 변수가 적절한지 확인이 필요할 수 있다.

```
> inner_join(x=band_members, y=band_instruments, by="name")
# A tibble: 2 x 3
  name  band    plays
  <chr> <chr>   <chr>
1 John  Beatles guitar
2 Paul  Beatles bass
```

[그림 9-3] 내부조인. 두 데이터셋의 공통 열이 서로 일치하는 행을 찾아 새로운 데이터셋을 생성한다.

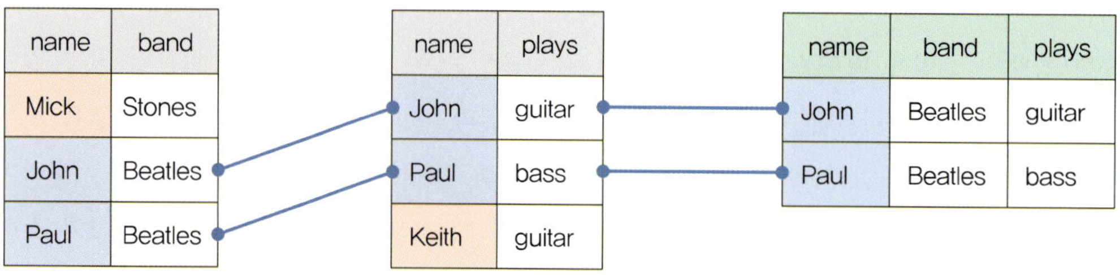

내부조인은 일치하지 않는 행은 새로 생성되는 데이터프레임에 포함시키지 않는다. 즉 내부조인은 양쪽 데이터셋에 동시에 등장하는 관측값만을 추출한다. 따라서 관측값의 손실이 발생하기 때문에 많은 양의 데이터를 필요로 하는 데이터분석을 수행할 때 내부조인은 일반적으로 적절한 선택이 아닐 수 있다. 반면에 외부조인(outer join)은 어느 한쪽 데이터셋에만 등장하더라도 해당 관측값은 새로운 데이터셋에 포함되기 때문에 데이터의 손실이 없다. 기준이 되는 데이터셋이 왼쪽인지, 오른쪽인지, 혹은 둘 다인지에 따라 외부조인은 다음과 같이 세 가지로 구분된다.

- 레프트조인(left join): 왼쪽 데이터셋을 기준으로 결합한다. 따라서 왼쪽 데이터셋의 관측값은 모두 새로운 데이터셋에 포함된다.
- 라이트조인(right join): 오른쪽 데이터셋을 기준으로 결합한다. 따라서 오른쪽 데이터셋의 관측값은 모두 새로운 데이터셋에 포함된다.
- 풀조인(full join): 두 데이터셋이 모두 결합의 기준이 된다. 따라서 두 데이터셋의 관측값은 모두 새로운 데이터셋에 포함된다.

이러한 세 가지 외부조인은 다음과 같이 각각 `left_join()`, `right_join()`, `full_join()` 함수를 이용하여 수행할 수 있다.

```
> left_join(band_members, band_instruments, by="name")
# A tibble: 3 x 3
  name  band    plays
  <chr> <chr>   <chr>
1 Mick  Stones  NA
2 John  Beatles guitar
3 Paul  Beatles bass
> right_join(band_members, band_instruments, by="name")
# A tibble: 3 x 3
  name  band    plays
  <chr> <chr>   <chr>
1 John  Beatles guitar
2 Paul  Beatles bass
3 Keith NA      guitar
```

```
> full_join(band_members, band_instruments, by="name")
# A tibble: 4 x 3
  name  band    plays
  <chr> <chr>   <chr>
1 Mick  Stones  NA
2 John  Beatles guitar
3 Paul  Beatles bass
4 Keith NA      guitar
```

외부조인은 공통 열에 의해 일치하지 않는 행은 새로 생성되는 데이터프레임에 NA로 값을 채운다. 예를 들어, 여기에서 레프트조인은 첫 번째 데이터셋에는 포함되어 있으나 두 번째 데이터셋에 포함되지 않은 Mick 행에 대해 NA로 값을 채워 결합한다. 반면에 라이트조인은 두 번째 데이터셋에는 포함되어 있으나 첫 번째 데이터셋에 포함되지 않은 Keith 행에 대해 NA로 값을 채워 결합한다. 풀조인의 경우에는 첫 번째 데이터셋에 포함되지 않은 Keith 행과 두 번째 데이터셋에 포함되지 않은 Mick 행에 대해 각각 NA로 값을 할당하여 두 개의 데이터셋을 결합한다([그림 9-4]).

레프트조인은 세 가지 외부조인 가운데 가장 빈번히 사용되는 조인 방법이다. 다른 데이터셋으로부터 추가로 데이터를 가져오려고 할 때면 언제든 레프트조인의 사용을 먼저 고려하는 것이 좋다. 왜냐하면 레프트조인은 두 데이터셋 간에 일치하는 행이 없을 때조차도 원래의 데이터셋을 언제나 그대로 보존하기 때문이다.

결합에 사용할 공통 열의 이름이 서로 다르면 by 인수에 각각의 열 이름을 사용하여 지정한다. by=c("a"="b")는 첫 번째 데이터셋의 a 열과 두 번째 데이터셋의 b 열을 매칭한다. 예를 들어, band_instruments2 데이터셋에 밴드 구성원 이름이 artist라는 열 이름으로 저장되어 있을 때 band_members 데이터셋의 name 열과 매칭시키려면 다음과 같이 by 인수에 지정한다.

```
> band_instruments2
# A tibble: 3 x 2
  artist plays
  <chr>  <chr>
1 John   guitar
2 Paul   bass
3 Keith  guitar
```

[그림 9-4] **외부조인.** 어느 한쪽 데이터셋에만 등장하더라도 새로운 데이터셋에 포함된다. 일치하지 않는 행에 대해서는 NA 값을 갖는 가상의 행을 생성하여 새로운 데이터셋에 포함시킨다.

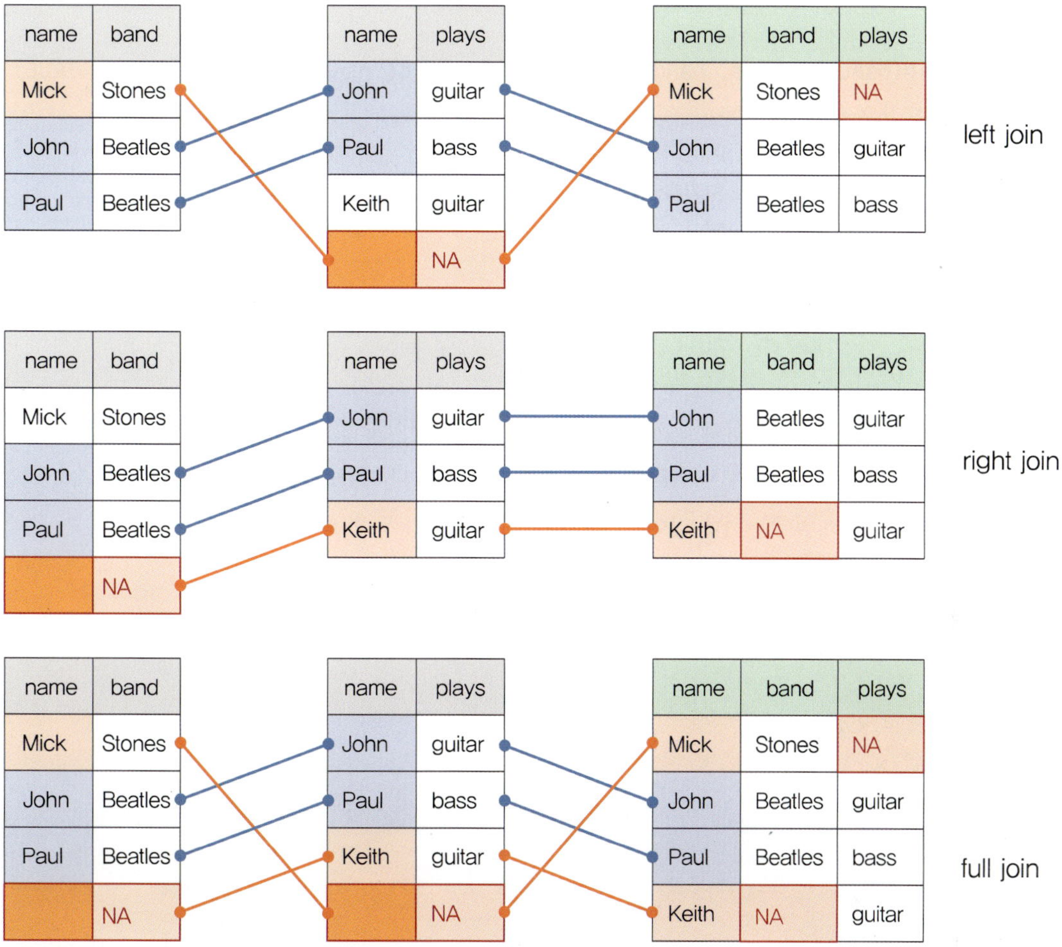


```
> full_join(band_members, band_instruments2, by=c("name"="artist"))
# A tibble: 4 x 3
  name  band    plays
  <chr> <chr>   <chr>
1 Mick  Stones  NA
2 John  Beatles guitar
3 Paul  Beatles bass
4 Keith NA      guitar
```

공통 열은 기본적으로 새로 생성되는 데이터셋에서는 합쳐져서 한 개만 남는다. 새로운 데이터셋에서 원래 그대로 모두 유지하려면 다음과 같이 keep=TRUE를 추가로 지정한다.

```
> full_join(band_members, band_instruments2, by=c("name"="artist"), keep=TRUE)
# A tibble: 4 x 4
  name  band    artist plays
  <chr> <chr>   <chr>  <chr>
1 Mick  Stones  NA     NA
2 John  Beatles John   guitar
3 Paul  Beatles Paul   bass
4 NA    NA      Keith  guitar
```

지금까지는 공통 열에 포함된 관측값에 중복이 없다는 것을 가정하였다. 하지만 항상 이런 것은 아니다. 예를 들어, 다음과 같이 두 개의 데이터셋을 생성해보자. 두 데이터프레임은 공통 열로서 id 열을 갖고 있고 x 데이터프레임에는 id 값이 중복되어 있다(1과 2가 두 번 출현).

```
> x <- tibble(id=c(1, 2, 2, 1), val_x=c("x1", "x2", "x3", "x4"))
> y <- tibble(id=c(1, 2), val_y=c("y1", "y2"))
> x
# A tibble: 4 x 2
     id val_x
  <dbl> <chr>
1     1 x1
2     2 x2
3     2 x3
4     1 x4
> y
# A tibble: 2 x 2
     id val_y
  <dbl> <chr>
1     1 y1
2     2 y2
```

다음과 같이 조인을 수행하면 매칭되는 x 데이터프레임의 각 행에 대해 y 데이터프레임의 행이 중복해서 나타난다.

```
> left_join(x, y, by="id")
# A tibble: 4 x 3
     id val_x val_y
  <dbl> <chr> <chr>
1     1 x1    y1
2     2 x2    y2
3     2 x3    y2
4     1 x4    y1
```

이와 유사하게 x 데이터프레임의 한 행이 y 데이터프레임의 여러 행과 일치하면 y의 행은 x의 각 매칭 행에 대해 한 번씩 반환되어 x 데이터프레임의 행이 중복해서 나타난다.

```
> x <- tibble(id=c(1, 2, 3), val_x=c("x1", "x2", "x3"))
> y <- tibble(id=c(1, 1, 2), val_y=c("y1", "y2", "y3"))
> x
# A tibble: 3 x 2
     id val_x
  <dbl> <chr>
1     1 x1
2     2 x2
3     3 x3
> y
# A tibble: 3 x 2
     id val_y
  <dbl> <chr>
1     1 y1
2     1 y2
3     2 y3
> left_join(x, y, by="id")
# A tibble: 4 x 3
     id val_x val_y
  <dbl> <chr> <chr>
1     1 x1    y1
2     1 x1    y2
3     2 x2    y3
4     3 x3    NA
```

이처럼 한 데이터셋의 행이 다른 데이터셋의 여러 행과 일치하면 조인 작업을 통해 새로 생성되는 데이터셋의 행은 중복되어 나타난다. 따라서 다음과 같이 두 데이터셋이 공통 열에 모두 중복된 값을 가지고 있을 경우 조인 작업을 수행하면 모든 가능한 조합으로 구성된 데이터셋을 얻게 된다.

```
> x <- tibble(id=c(1, 2, 2, 3), val_x=c("x1", "x2", "x3", "x4"))
> y <- tibble(id=c(1, 2, 2, 3), val_y=c("y1", "y2", "y3", "y4"))
> x
# A tibble: 4 x 2
     id val_x
  <dbl> <chr>
1     1 x1
2     2 x2
3     2 x3
4     3 x4
> y
# A tibble: 4 x 2
     id val_y
  <dbl> <chr>
1     1 y1
2     2 y2
3     2 y3
4     3 y4
> left_join(x, y, by="id")
# A tibble: 6 x 3
     id val_x val_y
  <dbl> <chr> <chr>
1     1 x1    y1
2     2 x2    y2
3     2 x2    y3
4     2 x3    y2
5     2 x3    y3
6     3 x4    y4
```

지금까지 했던 조인 작업은 매칭되는 공통 열을 바탕으로 다른 데이터셋의 열을 추가하는 것이었다. 매칭되는 공통 열을 바탕으로 행을 추출하는 필터링 작업 또한 수행할 수 있다. semi_join() 함수는 첫 번째 데이터셋으로부터 공통 열이 서로 일치하는 행을 추출한다. 반면에 anti_join() 함수는 첫 번째 데이터셋으로부터 공통 열이 서로 일치하지 않는 행을 추출한다.

예를 들어, semi_join() 함수를 이용하여 다음과 같이 band_instruments 데이터셋에도 포함된 구성원(즉 악기를 연주하는 밴드 구성원)만을 band_members 데이터셋으로부터 추출할 수 있다.

```
> semi_join(band_members, band_instruments, by="name")
# A tibble: 2 x 2
  name  band
  <chr> <chr>
1 John  Beatles
2 Paul  Beatles
```

다음과 같이 anti_join() 함수를 이용하면 앞서와 반대로 band_instruments 데이터셋에는 포함되지 않은 구성원(즉 악기를 연주하지 않는 밴드 구성원)만을 band_members 데이터셋으로부터 추출할 수 있다.

```
> anti_join(band_members, band_instruments, by="name")
# A tibble: 1 x 2
  name  band
  <chr> <chr>
1 Mick  Stones
```

dplyr 패키지는 파이프 연산자(pipe operator) %>%를 제공한다.[13] 파이프 연산자는 한 함수로부터의 출력 결과나 데이터를 다음 함수의 첫 번째 인수로 전달한다. 예를 들어, 파이프 연산자는 다음과 같은 방식으로 동작한다.

13 %>%는 사실 magrittr 패키지에 포함되어 있다. 그러나 dplyr 패키지는 자동으로 magrittr 패키지를 적재하기 때문에 magrittr 패키지를 추가로 메모리에 적재할 필요는 없다.

```
> iris %>% head
  Sepal.Length Sepal.Width Petal.Length Petal.Width Species
1          5.1         3.5          1.4         0.2  setosa
2          4.9         3.0          1.4         0.2  setosa
3          4.7         3.2          1.3         0.2  setosa
4          4.6         3.1          1.5         0.2  setosa
5          5.0         3.6          1.4         0.2  setosa
6          5.4         3.9          1.7         0.4  setosa
> 1:10 %>% mean
[1] 5.5
```

iris 데이터셋이 head() 함수의 인수로 전달되어 데이터셋의 처음 여섯 개 행이 출력되었으며, 1부터 10까지의 숫자 벡터가 mean() 함수의 인수로 전달되어 그 숫자들의 평균이 계산되었다.

파이프 연산자를 이용하면 일련의 작업을 연결해서 한 번에 수행할 수 있다. 즉 최종 결과를 얻기 위하여 중간에 임시로 데이터프레임을 생성할 필요가 없다. dplyr 패키지가 제공하는 함수에는 공통적으로 첫 번째 인수에 데이터프레임을 지정한다. %>% 연산자를 이용하면 선행 작업의 결과가 뒤에 오는 함수의 입력값으로 사용되기 때문에 매번 함수에 데이터프레임을 지정할 필요가 없게 된다. 다음과 같은 예를 보자.

```
> a1 <- select(airquality, Ozone, Temp, Month)
> a2 <- group_by(a1, Month)
> a3 <- summarise(a2,
+                 Mean.Ozone=mean(Ozone, na.rm=TRUE),
+                 Mean.Temp=mean(Temp, na.rm=TRUE))
> a4 <- filter(a3, Mean.Ozone > 30 | Mean.Temp > 70)
> a5 <- arrange(a4, desc(Mean.Temp))
> a6 <- left_join(a5, tibble(Month=1:12, Month.Name=month.name), by="Month")
> a6
# A tibble: 4 x 4
  Month Mean.Ozone Mean.Temp Month.Name
  <int>      <dbl>     <dbl> <chr>
1     8       60.0      84.0 August
2     7       59.1      83.9 July
3     6       29.4      79.1 June
4     9       31.4      76.9 September
```

이 예는 airquality 데이터셋으로부터 Ozone, Temp, Month 세 열을 선택한 후(a1), 월별로 그룹화하고(a2), 집단별(즉 월별) Ozone과 Temp의 평균을 구한 후(a3), Ozone 평균값이 30보다 크거나 Temp 평균값이 70보다 큰 월(즉 행)을 추출하여(a4), 그 결과를 Temp 평균값의 내림차순으로 소팅한 다음에(a5) 최종적으로 월 이름 데이터셋과 결합하여 영문 월 이름을 함께 출력하는(a6) 일련의 작업을 단계별로 수행한 코드이다. 이러한 일련의 작업을 다음과 같이 파이프 연산자를 이용하여 중간 단계 없이 한 번에 수행할 수 있다.

```
> air <- airquality %>%
+   select(Ozone, Temp, Month) %>%
+   group_by(Month) %>%
+   summarise(Mean.Ozone=mean(Ozone, na.rm=TRUE),
+             Mean.Temp=mean(Temp, na.rm=TRUE)) %>%
+   filter(Mean.Ozone > 30 | Mean.Temp > 70) %>%
+   arrange(desc(Mean.Temp)) %>%
+   left_join(tibble(Month=1:12, Month.Name=month.name), by="Month")
> air
# A tibble: 4 x 4
  Month Mean.Ozone Mean.Temp Month.Name
  <int>      <dbl>     <dbl> <chr>
1     8       60.0      84.0 August
2     7       59.1      83.9 July
3     6       29.4      79.1 June
4     9       31.4      76.9 September
```

9.8 반복 적용

여러 다른 변수나 다른 데이터셋에 대해 동일한 작업을 반복적으로 수행해야 할 때 가장 손쉽게 접근할 수 있는 방법은 for문이나 while문과 같은 반복문을 사용하는 것이다. 이러한 반복문은 반복 과정을 명시적으로 쉽게 확인할 수 있는 장점이 있다. 하지만 반복문을 구성하는 코드가 복잡할 뿐만 아니라 유사한 반복 작업을 수행할 때 동일한 코드가 반복문마다 중복되는 비효율적인 측면이 있다. 여기에서는 이러한 중복을 제거하고 코드를 간결하게 만듦으로써 좀 더 효과적이고 효율적으로 반복 작업을 수행할 수 있는 방법을 살펴본다.

apply 패밀리

데이터분석을 위한 전처리 작업 중에 어떤 함수를 일련의 데이터 원소에 반복적으로 적용해야 할 때가 있다. R은 이런 경우 사용할 수 있는 함수들을 제공한다. 이 함수들은 함수 이름이 모두 'apply'로 끝나는 공통점을 갖고 있어 'apply family'라고도 불린다. 먼저 가장 많이 사용되는 apply(), lapply(), sapply() 함수를 살펴본다. 적용하려는 데이터 객체 유형에 따라 사용할 수 있는 함수가 결정된다.

apply() 함수는 적용하려는 데이터 객체가 행렬(또는 배열)일 때 이용할 수 있다. 데이터프레임이 주어지면 내부적으로 행렬로 변환된다.14 apply() 함수는 세 개의 인수를 갖는다. 첫 번째 인수(X)에는 함수가 적용되는 행렬을 지정한다. 두 번째 인수(MARGIN)에는 함수가 적용될 데이터셋의 차원을 지정한다. 행렬의 경우 1은 행을 나타내며 2는 열을 의미한다. 세 번째 인수(FUN)에는 함수를 지정한다. 함수가 추가로 인수를 필요로 할 경우 세 번째 인수 이후에 추가 인수를 지정할 수 있다. apply() 함수는 두 번째 인수에 지정된 차원에 대해 세 번째 인수에 지정된 함수를 반복하여 적용하고 그 결과를 모아서 하나의 벡터나 행렬 형식으로 반환한다.

14 적용하려는 데이터 객체가 데이터프레임일 때 apply() 함수를 이용하면 R은 데이터프레임을 우선 행렬로 변환한 후 작업을 수행한다. 따라서 데이터프레임이 하나의 데이터 유형(즉 전부 숫자 또는 전부 문자)으로만 구성되어 있으면 문제 없이 동작한다. 그러나 데이터프레임에 여러 유형의 데이터가 섞여 있으면 R은 모든 열을 동일한 데이터 유형으로 변환하기 때문에 의도한 결과를 얻지 못할 수도 있다.

다음과 같은 간단한 행렬을 생성해보자.

```
> x <- 1:20
> dim(x) <- c(4,5)
> x
     [,1] [,2] [,3] [,4] [,5]
[1,]    1    5    9   13   17
[2,]    2    6   10   14   18
[3,]    3    7   11   15   19
[4,]    4    8   12   16   20
```

각 행의 최대값을 구하기 위해서는 각 행에 차례대로 max() 함수를 적용하면 된다. 이때 다음과 같이 apply() 함수를 이용할 수 있다. 첫 번째 인수에는 적용 대상 행렬을, 두 번째 인수에는 행을 의미하는 1을, 세 번째 인수에는 최대값을 구해주는 max() 함수를 지정한다.

```
> apply(X=x, MARGIN=1, FUN=max)
[1] 17 18 19 20
```

각 열의 최소값을 구하기 위해서는 apply() 함수에 다음과 같이 인수를 지정한다.

```
> apply(x, 2, min)
[1]  1  5  9 13 17
```

다음과 같이 4×3×2 배열을 생성하여 apply() 함수를 행렬이 아닌 좀 더 고차원의 배열에 적용해 보자.

```
> y <- 1:24
> dim(y) <- c(4,3,2)
> y
, , 1

     [,1] [,2] [,3]
[1,]    1    5    9
[2,]    2    6   10
[3,]    3    7   11
[4,]    4    8   12

, , 2

     [,1] [,2] [,3]
[1,]   13   17   21
[2,]   14   18   22
[3,]   15   19   23
[4,]   16   20   24
```

apply() 함수로부터 paste() 함수를 호출하여 다음과 같이 두 번째 인수값에 따라 어떤 원소가 선택되어 출력되는지 살펴볼 수 있다. apply() 함수의 두 번째 인수값 1은 배열의 행에 대해, 2는 배열의 열에 대해, 3은 배열의 세 번째 차원, 즉 테이블에 대해 paste() 함수를 적용한다.

```
> apply(y, 1, paste, collapse=",")
[1] "1,5,9,13,17,21"  "2,6,10,14,18,22" "3,7,11,15,19,23" "4,8,12,16,20,24"
> apply(y, 2, paste, collapse=",")
[1] "1,2,3,4,13,14,15,16"    "5,6,7,8,17,18,19,20"    "9,10,11,12,21,22,23,24"
> apply(y, 3, paste, collapse=",")
[1] "1,2,3,4,5,6,7,8,9,10,11,12"           "13,14,15,16,17,18,19,20,21,22,23,24"
```

두 번째 인수에 두 개 이상의 값을 지정함으로써 조금 더 정교한 방식으로 원소를 선택할 수 있다. 예를 들어, 두 번째 인수에 다음과 같이 c(1,2)를 지정하면 테이블(세 번째 차원) 구분 없이 행(첫 번째 차원)과 열(두 번째 차원)이 교차하는 원소에 함수를 적용하여 4×3 크기의 행렬 형식으로 결과를 출력한다.

```
> apply(y, c(1,2), paste, collapse=",")
     [,1]   [,2]   [,3]   
[1,] "1,13" "5,17" "9,21" 
[2,] "2,14" "6,18" "10,22"
[3,] "3,15" "7,19" "11,23"
[4,] "4,16" "8,20" "12,24"
```

표준패키지에 내장되어 있는 Titanic 데이터셋에 apply() 함수를 적용해보자. Titanic 데이터셋에는 타이타닉호의 승객 데이터가 4차원 배열 형식으로 저장되어 있다.

```
> str(Titanic)
 table [1:4, 1:2, 1:2, 1:2] 0 0 35 0 0 0 17 0 118 154 ...
 - attr(*, "dimnames")=List of 4
  ..$ Class   : chr [1:4] "1st" "2nd" "3rd" "Crew"
  ..$ Sex     : chr [1:2] "Male" "Female"
  ..$ Age     : chr [1:2] "Child" "Adult"
  ..$ Survived: chr [1:2] "No" "Yes"
```

승객 등급별 탑승 인원을 알고자 하면 다음과 같이 첫 번째 차원(Class)에 대해 sum() 함수를 적용한다.

```
> apply(Titanic, 1, sum)
 1st  2nd  3rd Crew 
 325  285  706  885 
```

성별에 따른 탑승 인원은 두 번째 차원(Sex)에 대해, 성인 및 아동에 대한 탑승 인원은 세 번째 차원(Age)에 대해, 그리고 생존자 통계는 네 번째 차원(Survived)에 대해 sum() 함수를 적용하여 파악할 수 있다.

```
> apply(Titanic, 2, sum)
  Male Female 
  1731    470 
> apply(Titanic, 3, sum)
Child Adult 
  109  2092 
```

```
> apply(Titanic, 4, sum)
  No  Yes
1490  711
```

두 개의 차원에 대해 동시에 함수를 적용할 수도 있다. 승객 등급별 생존자 통계를 알고 싶으면 다음과 같이 첫 번째 차원(Class)과 네 번째 차원(Survived)을 apply() 함수의 두 번째 인수로 지정한다.

```
> apply(Titanic, c(1,4), sum)
      Survived
Class   No Yes
  1st  122 203
  2nd  167 118
  3rd  528 178
  Crew 673 212
```

lapply() 함수와 sapply() 함수는 apply() 함수와 달리 적용하려는 데이터 객체가 리스트 또는 벡터일 때 사용할 수 있다. 데이터프레임이 주어지면 내부적으로 리스트로 변환된다. 이 두 함수는 두 개의 인수를 갖는다. 첫 번째 인수(X)에는 함수를 적용할 리스트를 지정한다. 두 번째 인수(FUN)에는 함수를 지정한다. 리스트 내의 모든 원소에 대해 지정된 함수가 반복적으로 적용된다. lapply() 함수는 실행 결과를 항상 리스트 형식으로 반환한다. 'lapply'에서 'l'은 'list'를 의미한다.

반면에 sapply() 함수는 실행 결과를 될 수 있는 대로 벡터 또는 행렬로 반환하려고 한다. 'sapply'에서 's'는 'simplify'를 의미하며 sapply() 함수는 실행 결과를 가능한 벡터 또는 행렬로 단순화한다. 벡터 또는 행렬로 단순화되기 위해서는 실행 결과 반환되는 값이 모두 동일한 길이를 가져야 한다. 길이가 모두 동일하게 1이면, 즉 실행 결과값이 한 개인 경우 벡터로 반환되고 길이가 모두 동일하나 실행 결과값이 두 개 이상이면 행렬로 반환된다. 실행 결과 반환되는 값들의 길이가 서로 다르면 단순화는 불가능해지며 리스트 형식으로 반환된다. 이 경우 lapply() 함수와 sapply() 함수는 출력 결과에 있어서 차이가 없다.

예를 들어, 다음과 같이 네 개 학년도의 시험성적이 기록된 데이터셋을 생성해보자. 매 학년도마다 학생 수가 서로 다르기 때문에 리스트 형식으로 데이터를 생성한다.

```
> exams <- list(s1=c(78, 89, 91, 85, 95, 98),
+               s2=c(85, 86, 97, 99, 90),
+               s3=c(98, 96, 89, 90, 93, 85, 92),
+               s4=c(98, 96, 91, 88, 93, 99))
> exams
$s1
[1] 78 89 91 85 95 98

$s2
[1] 85 86 97 99 90

$s3
[1] 98 96 89 90 93 85 92

$s4
[1] 98 96 91 88 93 99
```

length() 함수를 이용하여 각 학년도의 학생 수를 구할 수 있다. lapply() 함수는 length() 함수의 실행 결과를 리스트 형식으로 출력한다. 각 학년도에 적용된 length() 함수의 실행 결과는 길이가 1로서 모두 동일하므로 sapply() 함수는 그 결과를 벡터로 출력한다.

```
> lapply(exams, length)
$s1
[1] 6

$s2
[1] 5

$s3
[1] 7

$s4
[1] 6

> sapply(exams, length)
s1 s2 s3 s4
 6  5  7  6
```

sapply() 함수를 이용하면 학년도별 시험점수의 평균 및 표준편차도 쉽게 구할 수 있다. 평균을 구하는 mean() 함수나 표준편차를 구하는 sd() 함수 모두 하나의 값만을 반환하기 때문에 각 학년도의 평균과 표준편차를 집계한 sapply() 함수의 출력 결과는 다음과 같이 벡터로 반환된다.

```
> sapply(exams, mean)
      s1       s2       s3       s4
89.33333 91.40000 91.85714 94.16667
> sapply(exams, sd)
      s1       s2       s3       s4
7.174027 6.348228 4.375255 4.262237
```

만일 호출한 함수가 길이 2 이상의 벡터를 반환하면 sapply() 함수는 반환된 벡터를 모아 최종 결과를 행렬로 만들어 반환한다. 예를 들어, range() 함수는 두 개의 원소(범위 내의 최소값과 최대값)를 갖는 벡터를 반환하기 때문에 sapply() 함수에서 range() 함수를 호출하면 출력 결과는 다음과 같이 행렬로 반환된다.

```
> sapply(exams, range)
     s1 s2 s3 s4
[1,] 78 85 85 88
[2,] 98 99 98 99
```

lapply() 함수와 sapply() 함수는 적용하려는 데이터 객체가 데이터프레임일 때도 사용할 수 있다. 예를 들어, iris 데이터프레임을 구성하는 각 열의 클래스를 확인하기 위해서 다음과 같이 lapply() 함수를 이용할 수 있다. 각 열의 클래스가 리스트 형식으로 출력된다.

```
> lapply(iris, class)
$Sepal.Length
[1] "numeric"

$Sepal.Width
[1] "numeric"

$Petal.Length
[1] "numeric"
```

```
$Petal.Width
[1] "numeric"

$Species
[1] "factor"
```

sapply() 함수를 이용하면 단순화된 형태인 벡터로 출력된다.

```
> sapply(iris, class)
Sepal.Length  Sepal.Width Petal.Length  Petal.Width      Species
   "numeric"    "numeric"    "numeric"    "numeric"     "factor"
```

이번에는 각 열의 평균을 구해보자. 다음과 같이 sapply() 함수를 이용한다.

```
> sapply(iris, mean)
Sepal.Length  Sepal.Width Petal.Length  Petal.Width      Species
    5.843333     3.057333     3.758000     1.199333           NA
Warning message:
In mean.default(X[[i]], ...) :
  argument is not numeric or logical: returning NA
```

출력 결과를 보면 경고 메시지가 포함되어 있다. 왜냐하면 Species 열은 숫자형이 아니어서 mean() 함수를 적용할 수 없기 때문이다. 다음과 같이 sapply() 함수 내에 사용자 정의 함수를 포함시킴으로써 이러한 문제를 해결할 수 있다. 이처럼 sapply() 함수를 비롯한 모든 apply 패밀리 함수에서 호출하는 함수는 내장 함수이든 사용자 정의 함수이든 모두 가능하다.

```
> sapply(iris, function(x) ifelse(is.numeric(x), mean(x), NA))
Sepal.Length  Sepal.Width Petal.Length  Petal.Width      Species
    5.843333     3.057333     3.758000     1.199333           NA
```

지금까지 살펴본 apply 패밀리의 함수 내부에 지정된 함수는 하나의 데이터셋(즉 하나의 행렬, 벡터, 리스트, 데이터프레임)만을 인수로 받아서 처리할 수 있다. 복수의 벡터나 리스트에 대해 함수를 적용하려면 mapply() 함수를 이용한다. mapply() 함수는 첫 번째 인수(FUN)에 이용하려는 함수를 지정하고 두 번째 이후에는 지정한 함수에 인수로 제공되는 벡터나 리스트를 지정한다. 함수가 추가로 인수를 필요로 할 때 두 번째 인수 이후에 추가 인수를 지정할 수 있다. mapply() 함수는 인수로 주어진 벡터(또는 리스트)의 각 원소쌍에 대해 차례로 함수를 적용하여 벡터 연산을 수행한다.

mapply() 함수는 적용하려는 함수가 벡터 연산을 지원하지 않을 때 특히 유용하다. 즉 적용하려는 함수가 벡터가 아닌 스칼라(하나의 단일 원소)에 대해 연산을 수행하는 경우 mapply() 함수를 이용하면 벡터 연산을 수행하는 것과 같은 효과를 얻을 수 있다. 예를 들어, 다음과 같이 mapply() 함수를 사용하면 1이 네 번, 2가 세 번, 3이 두 번, 4가 한 번 반복된 결과를 하나의 리스트 형태로 얻을 수 있다. 인수로 주어진 두 벡터로부터 차례대로 (1, 4), (2, 3), (3, 2), (4, 1) 원소를 추출하여 rep() 함수에 인수로 넘겨준다.

```
> mapply(rep, 1:4, 4:1)
[[1]]
[1] 1 1 1 1

[[2]]
[1] 2 2 2

[[3]]
[1] 3 3

[[4]]
[1] 4
```

이는 다음과 같이 rep() 함수를 네 번 반복하여 사용한 것과 동일하다.

```
> list(rep(1, 4), rep(2, 3), rep(3, 2), rep(4, 1))
[[1]]
[1] 1 1 1 1

[[2]]
[1] 2 2 2

[[3]]
[1] 3 3

[[4]]
[1] 4
```

purrr 패키지

purrr 패키지에는 반복 적용 작업을 효과적으로 수행하도록 도와주는 많은 유용한 함수가 포함되어 있다. map() 함수는 리스트 또는 벡터를 입력으로 받아서 각 원소에 특정 함수를 적용하여 작업을 수행하고 그 결과를 입력 데이터와 같은 길이의 리스트 구조로 반환한다.

예를 들어, 다음과 같이 네 개 학년도의 시험성적이 기록된 데이터셋으로부터 map() 함수를 이용하여 학년도별 시험점수의 평균을 구할 수 있다. map() 함수의 첫 번째 인수(.x)에는 리스트 또는 벡터를 지정하고 두 번째 인수에는 적용할 함수(.f)를 지정한다. 결과는 리스트 형식으로 출력된다.

```
> exams <- list(s1=c(78, 89, 91, 85, 95, 98),
+               s2=c(85, 86, 97, 99, 90),
+               s3=c(98, 96, 89, 90, 93, 85, 92),
+               s4=c(98, 96, 91, 88, 93, 99))
> exams
$s1
[1] 78 89 91 85 95 98

$s2
[1] 85 86 97 99 90

$s3
[1] 98 96 89 90 93 85 92

$s4
[1] 98 96 91 88 93 99

> library(purrr)
> map(.x=exams, .f=mean)
$s1
[1] 89.33333

$s2
[1] 91.4

$s3
[1] 91.85714
```

```
$s4
[1] 94.16667
```

map() 함수는 수행 결과를 항상 리스트 형식으로 출력하지만 이 함수를 확장한 map_*() 형태의 함수를 이용하면 보다 다양한 데이터 유형의 벡터 형식으로 출력할 수 있다. 함수 이름에서 * 부분은 데이터 유형을 나타낸다. map_lgl(), map_int(), map_dbl(), map_chr() 함수는 수행 결과를 각각 논리 벡터, 정수 벡터, 실수 벡터, 문자 벡터로 출력한다. 예를 들어, 다음과 같이 학년도별 시험점수의 평균을 리스트 형식이 아닌 실수로 표현된 숫자 벡터 형식으로 출력할 수 있다.

```
> map_dbl(exams, mean)
      s1       s2       s3       s4 
89.33333 91.40000 91.85714 94.16667
```

map_*() 계열의 함수에는 반복 적용할 함수에서 사용할 인수를 추가로 지정할 수 있다. 두 번째 인수인 반복 적용 함수(.f) 다음에 지정한다. 예를 들어, 다음과 같이 map_dbl() 함수에 mean() 함수의 trim 인수를 추가로 지정하여 상하 30%의 관측값이 제거된 절삭평균을 구할 수 있다.

```
> map_dbl(exams, mean, trim=0.3)
      s1       s2       s3       s4 
90.00000 91.00000 91.66667 94.50000
```

purrr 패키지의 함수는 모두 일관되게 첫 번째 인수로 데이터셋을 받기 때문에 파이프 연산자(%>%)와 함께 사용하면 코드를 보다 간결하게 만들 수 있다. 앞서의 작업을 파이프 연산자를 이용하여 다음과 같은 방식으로 수행할 수도 있다.

```
> exams %>%
+   map_dbl(mean, trim=0.3)
      s1       s2       s3       s4 
90.00000 91.00000 91.66667 94.50000
```

일련의 함수를 순차적으로 적용하는 연속된 작업을 수행할 때 파이프 연산자는 특히 유용하다. 예를 들어, 다음과 같이 두 개의 map_*() 계열의 함수를 차례대로 적용하여 각 학년도별 시험점수의 범위(= 최대값 - 최소값)를 계산할 수 있다.

```
> exams %>%
+   map(range) %>%
+   map_dbl(diff)
s1 s2 s3 s4
20 14 13 11
```

여기에서 첫 번째의 map() 함수는 학년도별 시험점수의 최소값과 최대값을 리스트 형식로 출력하며, 이어서 이 결과를 받아서 두 번째의 map_dbl() 함수는 두 값의 차이를 계산하여 시험점수의 범위를 벡터 형식으로 산출한다.

map_*() 계열 함수의 .f 인수에는 사용자 정의 함수를 지정할 수도 있다. 예를 들어, 다음과 같이 map() 함수에 사용자 정의 함수를 지정하여 시험점수에 10%씩 가산점을 부여하는 작업을 수행할 수 있다.

```
> exams %>%
+   map(function(x) x*1.1)
$s1
[1]  85.8  97.9 100.1  93.5 104.5 107.8

$s2
[1]  93.5  94.6 106.7 108.9  99.0

$s3
[1] 107.8 105.6  97.9  99.0 102.3  93.5 101.2

$s4
[1] 107.8 105.6 100.1  96.8 102.3 108.9
```

포뮬러(formula) 형식을 사용하면 다음과 같이 좀 더 간단한 방식으로 함수를 지정할 수 있다.

```
> exams %>%
+   map(~.x*1.1)
$s1
[1]  85.8  97.9 100.1  93.5 104.5 107.8

$s2
[1]  93.5  94.6 106.7 108.9  99.0
```

```
$s3
[1] 107.8 105.6  97.9  99.0 102.3  93.5 101.2

$s4
[1] 107.8 105.6 100.1  96.8 102.3 108.9
```

포뮬러 형식은 자동으로 함수로 변환된다. function() 부분을 없애고 함수의 실제 실행 부분만을 ~를 붙여서 지정한다. 이때 함수 내에서 참조하는 인수는 . 또는 .x로 지정한다. 여기에서 . 또는 .x는 함수로 넘겨줄 리스트 또는 벡터의 개별 원소를 나타낸다.

이러한 포뮬러 형식의 지정 방식은 사용자 정의 함수뿐만 아니라 일반적인 R 함수에도 동일하게 적용된다. 예를 들어, 문자열을 이어붙이는 작업은 다음과 같이 두 가지 방식으로 수행할 수 있다.

```
> fruits <- c("Apple", "Banana", "Strawberry")
> fruits %>%
+   map_chr(paste, "Juice", sep="-")
[1] "Apple-Juice"      "Banana-Juice"      "Strawberry-Juice"
> fruits %>%
+   map_chr(~paste(.x, "Juice", sep="-"))
[1] "Apple-Juice"      "Banana-Juice"      "Strawberry-Juice"
```

첫 번째 코드는 함수 지정 방식이고 두 번째 코드는 포뮬러 지정 방식이다. 포뮬러 방식은 반복 작업에 사용하는 함수(여기에서는 paste() 함수)의 원래의 인수 지정 형식을 그대로 유지할 수 있어 함수의 익숙한 형태를 그대로 사용할 수 있는 장점이 있다.

map_*() 계열 함수의 .f 인수에 문자 벡터, 숫자 벡터, 리스트를 지정하여 추출 함수(extractor function)로서의 역할을 수행하게 할 수 있다. 즉 인수로 주어지는 리스트나 벡터의 각 원소에 대해 문자 벡터, 숫자 벡터, 리스트를 인덱스로 활용하여 값을 추출한다. 문자 벡터에 대해서는 이름을 인덱스로 사용하여 원소를 추출하고 숫자 벡터에 대해서는 위치를 인덱스로 이용하여 원소를 선택한다. 리스트는 이름과 위치를 모두 인덱스로 사용하여 탐색한다. 예를 위해 다음과 같은 리스트 형식의 데이터를 생성해보자.

```
> lst <- list(list(num=1:3, letters[1:3]),
+             list(num=101:103, chr=letters[4:6]),
+             list(),
+             list(num=c(9, 99), chr=letters[7:9]))
```

```
> lst
[[1]]
[[1]]$num
[1] 1 2 3

[[1]][[2]]
[1] "a" "b" "c"


[[2]]
[[2]]$num
[1] 101 102 103

[[2]]$chr
[1] "d" "e" "f"


[[3]]
list()

[[4]]
[[4]]$num
[1]  9 99

[[4]]$chr
[1] "g" "h" "i"
```

lst 데이터셋으로부터 num이라는 이름으로 다음과 같이 값을 추출할 수 있다. lst 리스트에는 네 개의 원소가 포함되어 있으며 각 원소에 대해 num이 인덱스로 사용되어 매칭되는 값을 추출한다. 세 번째 원소는 빈 리스트이기 때문에 NULL이 출력된다.

```
> lst %>%
+   map("num")
[[1]]
[1] 1 2 3

[[2]]
[1] 101 102 103
```

```
[[3]]
NULL

[[4]]
[1]  9 99
```

NULL인 경우 .default 인수에 출력할 값을 지정할 수 있다. 예를 들어, 다음과 같이 지정하면 NULL이 아닌 지정된 값(여기에서는 ???와 NA)이 출력된다.

```
> lst %>%
+   map("num", .default="???")
[[1]]
[1] 1 2 3

[[2]]
[1] 101 102 103

[[3]]
[1] "???"

[[4]]
[1]  9 99

> lst %>%
+   map("chr", .default=NA)
[[1]]
[1] NA

[[2]]
[1] "d" "e" "f"

[[3]]
[1] NA

[[4]]
[1] "g" "h" "i"
```

다음과 같이 이름이 아닌 숫자를 지정하여 리스트의 각 원소로부터 특정 위치의 값을 추출할 수 있다. 여기에서는 lst 리스트의 각 원소로부터 두 번째 위치에 있는 문자 벡터가 출력된다.

```
> lst %>%
+   map(2, .default=NA)
[[1]]
[1] "a" "b" "c"

[[2]]
[1] "d" "e" "f"

[[3]]
[1] NA

[[4]]
[1] "g" "h" "i"
```

숫자 인덱스를 여러 개 사용하면 리스트 구조 안으로 더 깊이 들어가서 값을 추출할 수 있다. 다음은 lst 리스트의 각 원소로부터 두 번째 위치에 있는 문자 벡터의 원소 가운데 두 번째 원소를 추출한다.

```
> lst %>%
+   map(c(2, 2))
[[1]]
[1] "b"

[[2]]
[1] "e"

[[3]]
NULL

[[4]]
[1] "h"
```

리스트 구조의 각 원소로부터 하나씩 값이 추출되었기 때문에 map_chr() 함수를 이용하여 문자 벡터로 단순화할 수 있을 것 같다. 하지만 다음과 같이 에러가 발생한다.

```
> lst %>%
+   map_chr(c(2, 2))
Error: Result 3 must be a single string, not NULL of length 0
Run `rlang::last_error()` to see where the error occurred.
```

추출한 값 가운데 NULL이 포함되어 있기 때문이다. 이럴 때는 다음과 같이 .default 인수를 이용하여 NULL을 다른 값으로 대체한다.

```
> lst %>%
+   map_chr(c(2, 2), .default=NA)
[1] "b" "e" NA  "h"
```

문자와 숫자 인덱스를 섞어서 추출 함수를 만들려면 리스트를 사용한다. 다음은 lst 리스트의 각 원소로부터 num 이름에 매칭되는 값을 선택하고, 그렇게 선택된 벡터의 원소 가운데 세 번째 원소를 추출한다. lst 리스트의 세 번째 원소는 빈 리스트이고 마지막 num 원소에는 세 번째 원소가 없기 때문에 세 번째와 네 번째 원소는 모두 NULL이 출력된다.

```
> lst %>%
+   map(list("num", 3))
[[1]]
[1] 3

[[2]]
[1] 103

[[3]]
NULL

[[4]]
NULL
```

이 또한 map_int() 함수와 .default 인수를 이용하여 다음과 같이 벡터로 단순화할 수 있다.

```
> lst %>%
+   map_int(list("num", 3), .default=NA)
[1]   3 103  NA  NA
```

데이터셋으로서 데이터프레임을 지정할 수도 있다. 데이터프레임은 구조적으로 리스트를 구성 원소로 갖는 데이터 형식이기 때문에 데이터프레임의 각 열에 대해 함수가 적용된다. 예를 들어, map_dbl() 함수를 이용하여 다음과 같이 데이터프레임 형식인 USArrests 데이터셋의 네 개 열의 평균을 구할 수 있다.

```
> str(USArrests)
'data.frame':     50 obs. of  4 variables:
 $ Murder   : num  13.2 10 8.1 8.8 9 7.9 3.3 5.9 15.4 17.4 ...
 $ Assault  : int  236 263 294 190 276 204 110 238 335 211 ...
 $ UrbanPop : int  58 48 80 50 91 78 77 72 80 60 ...
 $ Rape     : num  21.2 44.5 31 19.5 40.6 38.7 11.1 15.8 31.9 25.8 ...
> USArrests %>%
+   map_dbl(mean)
  Murder  Assault UrbanPop     Rape
   7.788  170.760   65.540   21.232
```

다음과 같이 map_dbl() 함수를 이용하여 데이터프레임의 각 열에 대해 range() 함수를 적용하면 에러가 발생한다. 반환된 결과가 두 개의 값(각 열의 최소값과 최대값)으로서 하나의 벡터로 표현할 수 없기 때문이다. 따라서 map() 함수를 이용하여 리스트 형식으로 출력한다.

```
> USArrests %>%
+   map_dbl(range)
Error: Result 1 must be a single double, not a double vector of length 2
Run `rlang::last_error()` to see where the error occurred.
> USArrests %>%
+   map(range)
$Murder
[1]  0.8 17.4

$Assault
[1]  45 337

$UrbanPop
[1] 32 91

$Rape
[1]  7.3 46.0
```

map_dfr() 함수를 이용하면 결과를 리스트가 아닌 데이터프레임 형식으로 출력할 수 있다. map_dfr() 함수는 결과를 데이터프레임의 한 특수한 형태인 티블(tibble) 형식으로 반환한다.

```
> USArrests %>%
+   map_dfr(range)
# A tibble: 2 x 4
  Murder Assault UrbanPop  Rape
   <dbl>   <int>    <int> <dbl>
1    0.8      45       32   7.3
2   17.4     337       91  46
```

map_*() 계열 함수는 데이터셋에 어떤 분석모델을 적용하여 집단별 차이를 보려고 할 때 특히 유용하다. 자동차 모델별로 다양한 자동차 관련 데이터가 저장되어 있는 mtcars 데이터셋을 이용하여 실제적인 활용 예를 살펴보자.

```
> str(mtcars)
'data.frame':	32 obs. of  11 variables:
 $ mpg : num  21 21 22.8 21.4 18.7 18.1 14.3 24.4 22.8 19.2 ...
 $ cyl : num  6 6 4 6 8 6 8 4 4 6 ...
 $ disp: num  160 160 108 258 360 ...
…(중략)
 $ am  : num  1 1 1 0 0 0 0 0 0 0 ...
 $ gear: num  4 4 4 3 3 3 3 4 4 4 ...
 $ carb: num  4 4 1 1 2 1 4 2 2 4 ...
```

예를 들어, 변속기 유형(am: 0=Automatic, 1=Manual)에 따라 자동차 연비(mpg)와 무게(wt) 간의 관계가 어떻게 달라지는지 궁금하다. 이를 위해 다음과 같이 변속기 유형에 따라 집단을 구분한 후 각 집단별로 연비를 종속변수로, 무게를 독립변수로 하여 회귀분석을 수행해볼 수 있다(lm() 함수).[15]

```
> models <- mtcars %>%
+   split(.$am) %>%
+   map(~lm(mpg ~ wt, data=.))
```

15 회귀분석에 대한 보다 자세한 설명은 '제12장 데이터분석'의 '12.1 통계분석'을 참고한다.

```
> models
$`0`

Call:
lm(formula = mpg ~ wt, data = .)

Coefficients:
(Intercept)           wt
     31.416       -3.786


$`1`

Call:
lm(formula = mpg ~ wt, data = .)

Coefficients:
(Intercept)           wt
     46.294       -9.084
```

여기에서 lm() 함수 내에서 사용된 .는 split() 함수를 통해 전달받은 데이터셋으로서 변속기 유형에 따라 구분된 자동변속기 서브셋과 수동변속기 서브셋을 나타낸다. map() 함수는 각 데이터셋에 차례대로 lm() 함수를 적용하여 두 개의 회귀모델을 리스트 형식으로 반환한다.

회귀모델과 같은 분석모델 객체에는 분석 결과가 저장되어 있기 때문에 일반적으로 모델 객체로부터 필요한 정보를 추출하여 분석에 활용한다. 모델 객체에 summary() 함수를 적용하여 이러한 분석 결과를 추출할 수 있다. 분석 결과는 리스트 형식으로 저장되어 있으며 추출할 수 있는 정보의 목록은 names() 함수를 통해 확인 가능하다. 예를 들어, 다음과 같이 자동변속기 데이터셋에 대한 회귀분석 결과로부터 모델의 설명력을 보여주는 R^2를 추출할 수 있다.

```
> model0 <- summary(models$`0`)
> names(model0)
 [1] "call"          "terms"         "residuals"     "coefficients"  "aliased"
 [6] "sigma"         "df"            "r.squared"     "adj.r.squared" "fstatistic"
[11] "cov.unscaled"
> model0$r.squared
[1] 0.5892948
```

다음과 같이 추출 함수를 정의하여 map_dbl() 함수로 넘겨주면 두 가지 변속기 유형별 R^2를 한꺼번에 추출할 수 있다.

```
> models %>%
+   map(summary) %>%
+   map_dbl(function(x) x$r.squared)
        0         1
0.5892948 0.8261261
```

추출 함수는 다음과 같이 포뮬러 형식으로 간단하게 나타낼 수도 있다.

```
> models %>%
+   map(summary) %>%
+   map_dbl(~.$r.squared)
        0         1
0.5892948 0.8261261
> models %>%
+   map(summary) %>%
+   map_dbl(~.x$r.squared)
        0         1
0.5892948 0.8261261
```

또는 앞서 살펴본 대로 함수 대신에 이름을 인덱스로 사용하여 추출하는 것도 가능하다.

```
> models %>%
+   map(summary) %>%
+   map_dbl("r.squared")
        0         1
0.5892948 0.8261261
```

데이터셋을 자동변속기와 수동변속기의 두 개의 서브셋으로 분할하고 각 서브셋에 대해 회귀분석을 수행한 후 그 분석 결과로부터 변속기 유형별 R^2를 추출하는 일련의 과정은 다음과 같이 하나의 명령어로 작성할 수 있다.

```
> mtcars %>%
+   split(.$am) %>%
+   map(~lm(mpg ~ wt, data=.)) %>%
+   map(summary) %>%
+   map_dbl("r.squared")
        0         1
0.5892948 0.8261261
```

지금까지는 map_*() 함수를 이용하여 하나의 입력값에 대해 함수를 반복 적용하는 경우를 살펴봤다. 그러나 여러 개의 인수를 갖는 함수를 반복 적용해야 하는 경우도 종종 있다. 이러한 작업은 map2_*() 함수와 pmap_*() 함수를 이용한다.

예를 들어, 다음과 같이 map2() 함수를 이용하여 두 개의 데이터셋으로부터 입력을 받아 쌍을 이룬 두 값의 차이를 계산할 수 있다. map2() 함수의 첫 번째 인수(.x)와 두 번째 인수(.y)에는 같은 길이의 리스트 또는 벡터를 지정하고 세 번째 인수에는 적용할 함수(.f)를 지정한다. 이때 함수 내의 인수는 지정된 데이터셋의 위치에 의해 참조된다. 즉 first에는 a가, second에는 b가 대응된다. 결과는 리스트 형식으로 출력된다.

```
> a <- list(1, 2, 3)
> b <- list(10, 20, 30)
> map2(.x=a, .y=b, .f=function(first, second) second - first)
[[1]]
[1] 9

[[2]]
[1] 18

[[3]]
[1] 27
```

포뮬러 형식을 이용하여 다음과 같이 반복 적용할 함수를 보다 단순한 형태로 지정할 수도 있다. function() 부분을 없애고 함수의 실제 실행 부분만을 ~를 붙여서 지정한다. 이때 함수 내에서 참조하는 두 개의 인수는 .x와 .y로 지정한다. 여기에서 .x와 .y는 함수로 넘겨줄 리스트 또는 벡터의 개별 원소를 나타낸다.

```
> map2(a, b, ~.y-.x)
[[1]]
[1] 9

[[2]]
[1] 18

[[3]]
[1] 27
```

반복 적용된 함수로부터 반환된 값이 모두 동일하게 한 개이기 때문에 여기에서는 다음과 같이 map2_dbl() 함수를 이용하여 리스트가 아닌 벡터 형식으로 출력하는 것도 가능하다.

```
> map2_dbl(a, b, ~.y-.x)
[1]  9 18 27
```

반복 적용할 함수에서 필요로 하는 인수는 추가로 지정할 수 있다. 세 번째 인수인 반복 적용 함수(.f) 다음에 지정한다. 예를 들어, 다음과 같이 rnorm() 함수를 반복 적용하여 주어진 평균과 표준편차를 갖는 정규분포로부터 다섯 개씩의 무작위 표본을 추출할 수 있다.

```
> set.seed(123)
> map2(b, a, rnorm, n=5)
[[1]]
[1]  9.439524  9.769823 11.558708 10.070508 10.129288

[[2]]
[1] 23.43013 20.92183 17.46988 18.62629 19.10868

[[3]]
[1] 33.67225 31.07944 31.20231 30.33205 28.33248
```

rnorm() 함수는 추출할 표본크기(n), 평균(mean), 표준편차(sd) 등 세 개의 인수를 갖는다. map2() 함수의 첫 번째와 두 번째 인수에 각각 평균과 표준편차를 리스트 형식으로 지정하고 반복 적용 함수(여기에서는 rnorm() 함수) 뒤에는 추가 인수로서 추출할 표본크기를 지정한다. 루프를 돌며 값이 변하는 인수(여기에서는 평균과 표준편차)는 반복 함수 앞에 지정하고 값이 변하지 않는 인수(여기에서는 추출할 표본크기)는

[그림 9-5] purrr 패키지의 map2() 함수. 두 개의 인수를 갖는 함수를 반복 적용한다.

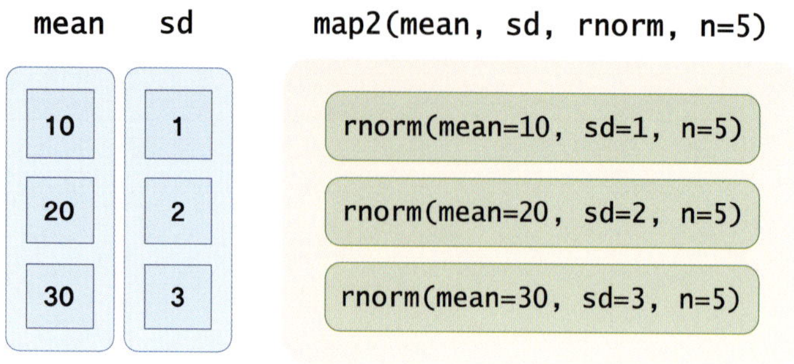

반복 함수 뒤에 지정한다. 이는 다음과 같이 rnorm() 함수를 세 번 반복하여 사용한 것과 동일하다. map2() 함수는 [그림 9-5]와 같이 동작한다.

```
> set.seed(123)
> list(rnorm(mean=10, sd=1, n=5),
+      rnorm(mean=20, sd=2, n=5),
+      rnorm(mean=30, sd=3, n=5))
[[1]]
[1]  9.439524  9.769823 11.558708 10.070508 10.129288

[[2]]
[1] 23.43013 20.92183 17.46988 18.62629 19.10868

[[3]]
[1] 33.67225 31.07944 31.20231 30.33205 28.33248
```

좀 더 실제적인 활용 예를 살펴보자. 앞서 mtcars 데이터셋을 이용하여 변속기 유형별로 연비와 무게 간의 관계를 보여주는 회귀모델을 만든 적이 있다. 이번에는 이렇게 생성한 회귀모델을 바탕으로 연비를 예측하려고 한다. 이를 위해 우선 다음과 같이 변속기 유형에 따라 분할된 두 개의 서브셋을 생성하고 이를 바탕으로 앞서와 마찬가지 방식으로 두 개의 회귀모델을 구축한다.

```
> by.am <- mtcars %>%
+   split(.$am)
```

```
> by.am
$`0`
                   mpg cyl  disp  hp drat    wt  qsec vs am gear carb
Hornet 4 Drive    21.4   6 258.0 110 3.08 3.215 19.44  1  0    3    1
Hornet Sportabout 18.7   8 360.0 175 3.15 3.440 17.02  0  0    3    2
Valiant           18.1   6 225.0 105 2.76 3.460 20.22  1  0    3    1
…(중략)

$`1`
               mpg cyl  disp  hp drat    wt  qsec vs am gear carb
Mazda RX4     21.0   6 160.0 110 3.90 2.620 16.46  0  1    4    4
Mazda RX4 Wag 21.0   6 160.0 110 3.90 2.875 17.02  0  1    4    4
Datsun 710    22.8   4 108.0  93 3.85 2.320 18.61  1  1    4    1
…(중략)

> models <- by.am %>%
+   map(~lm(mpg ~ wt, data=.))
> models
$`0`

Call:
lm(formula = mpg ~ wt, data = .)

Coefficients:
(Intercept)           wt
     31.416       -3.786


$`1`

Call:
lm(formula = mpg ~ wt, data = .)

Coefficients:
(Intercept)           wt
     46.294       -9.084
```

예측값을 구하기 위해서는 predict() 함수를 이용한다. predict() 함수의 첫 번째 인수에는 회귀모델을 지정하고 두 번째 인수에는 예측변수가 포함된 데이터셋을 지정한다. 반복 적용할 predict() 함수가 두 개의 입력값을 필요로 하므로 여기에서는 map2() 함수가 적절한 선택이 될 수 있다. 따라서 다음과 같이 map2() 함수를 이용하여 자동변속기와 수동변속기, 두 변속기 유형별로 자동차 연비의 예측값을 산출할 수 있다.

```
> map2(models, by.am, predict)
$`0`
    Hornet 4 Drive   Hornet Sportabout          Valiant     Duster 360
          19.24436            18.39253         18.31682       17.90037
…(중략)

$`1`
    Mazda RX4  Mazda RX4 Wag    Datsun 710     Fiat 128   Honda Civic Toyota Corolla
     22.49370       20.17721      25.21898     26.30909      31.62339       29.62485
…(중략)
```

map2() 함수의 첫 번째 인수와 두 번째 인수에 각각 회귀모델과 데이터셋을 지정하고 세 번째 인수에 이 두 개의 값을 받아 처리할 predict() 함수를 지정한다.

입력값이 세 개 이상일 때는 pmap_*() 함수를 이용한다. 예를 들어, 다음과 같이 pmap() 함수를 이용하여 세 개의 데이터셋으로부터 입력을 받아 쌍을 이룬 세 값의 합을 계산할 수 있다. pmap() 함수의 첫 번째 인수(.l)에는 리스트 형식으로 함수로 넘겨줄 인수값을 지정하고 두 번째 인수에는 적용할 함수(.f)를 지정한다. 첫 번째 인수에 지정된 리스트의 원소의 개수가 두 번째 인수에 지정된 함수에서 처리할 인수의 개수이다. 결과는 리스트 형식으로 반환된다.

```
> a <- list(1, 2, 3)
> b <- list(10, 20, 30)
> c <- list(100, 200, 300)
> pmap(.l=list(a, b, c), .f=sum)
[[1]]
[1] 111

[[2]]
[1] 222

[[3]]
[1] 333
```

반복 적용된 함수로부터 반환된 값이 모두 동일하게 한 개이기 때문에 앞서와 유사하게 pmap_dbl() 함수를 이용하여 결과를 벡터 형식으로 출력할 수도 있다.

```
> pmap_dbl(list(a, b, c), sum)
[1] 111 222 333
```

다음과 같이 사용자 정의 함수를 지정할 수 있으며, 이때 함수 내의 인수는 지정된 데이터셋의 위치에 의해 매칭된다.

```
> pmap_dbl(list(a, b, c), function(first, second, third) second - first + third)
[1] 109 218 327
```

포뮬러 형식을 이용하여 다음과 같이 반복 적용할 함수를 보다 단순한 형태로 지정할 수도 있다. 이때 함수 내에서 참조하는 인수는 ..1, ..2, ..3과 같은 방식으로 지정한다.

```
> pmap_dbl(list(a, b, c), ~..2-..1+..3)
[1] 109 218 327
```

데이터셋의 원소에 이름이 있을 경우에는 다음과 같이 인수를 매칭할 때 그 이름을 사용할 수 있다. 데이터셋의 원소에 이름이 있으면 함수 내에서 참조 시 이름이 사용되기 때문에 함수 내 인수의 위치는 중요하지 않다.

```
> pmap_dbl(list(alpha=a, beta=b, gamma=c),
+          function(gamma, beta, alpha) beta - alpha + gamma)
[1] 109 218 327
```

입력 데이터셋에 반복 적용 함수에 의해 사용되지 않는 원소가 포함되어 있을 때는 다음과 같이 에러가 발생한다.

```
> plus <- function(x, y) x + y
> pmap_dbl(list(a, b, c), plus)
Error in .f(.l[[1L]][[i]], .l[[2L]][[i]], .l[[3L]][[i]], ...) :
  unused argument (.l[[3]][[i]])
```

이럴 때는 함수를 정의할 때 가변적인 인수를 수용할 수 있도록 다음과 같이 ...을 추가한다.

```
> plus2 <- function(x, y, ...) x + y
> pmap_dbl(list(a, b, c), plus2)
[1] 11 22 33
```

앞서 map2() 함수를 이용하여 평균과 표준편차를 달리하며 정규분포로부터 무작위 표본을 추출한 적이 있다. 여기에서는 pmap() 함수를 이용하여 평균과 표준편차뿐만 아니라 표본크기도 변화시켜가며 무작위 표본을 추출해보자. 다음과 같이 rnorm() 함수에서 사용할 인수값을 리스트 형식으로 정의한 후 pmap() 함수로 넘겨준다.

```
> args <- list(mean=c(0, 5, 10),
+              sd=c(1, 2, 3),
+              n=c(1, 3, 5))
> set.seed(123)
> args %>%
+   pmap(rnorm)
[[1]]
[1] -0.5604756

[[2]]
[1] 4.539645 8.117417 5.141017

[[3]]
[1] 10.387863 15.145195 11.382749  6.204816  7.939441
```

평균 0 표준편차 1인 정규분포로부터 한 개의 무작위 표본이, 평균 5 표준편차 2인 정규분포로부터 세 개의 무작위 표본이, 그리고 평균 10 표준편차 3인 정규분포로부터 다섯 개의 무작위 표본이 추출되었다. 이는 다음과 같이 rnorm() 함수를 세 번 반복하여 사용한 것과 동일하다. pmap() 함수는 [그림 9-6]과 같이 동작한다.

```
> set.seed(123)
> list(rnorm(mean=0, sd=1, n=1),
+      rnorm(mean=5, sd=2, n=3),
+      rnorm(mean=10, sd=3, n=5))
[[1]]
[1] -0.5604756
```

[그림 9-6] purrr 패키지의 pmap() 함수. 세 개 이상의 인수를 갖는 함수를 반복 적용한다.

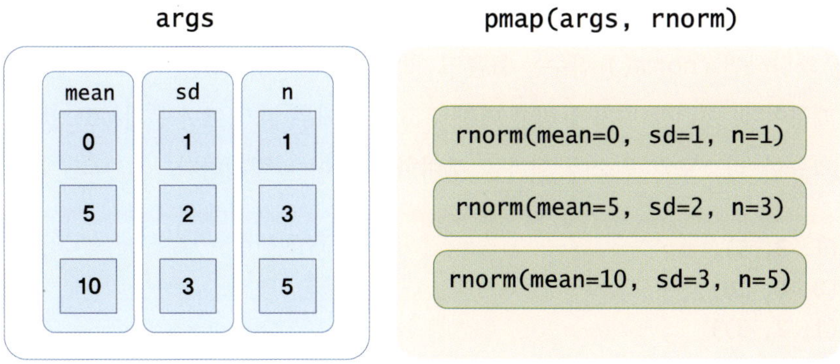


```
[[2]]
[1] 4.539645 8.117417 5.141017

[[3]]
[1] 10.387863 15.145195 11.382749  6.204816  7.939441
```

인수가 모두 동일한 길이를 갖고 있으므로 다음과 같이 데이터프레임 형식으로 인수값을 저장하여 pmap() 함수로 넘겨줄 수도 있다. 코드가 복잡해지면 데이터프레임을 사용하는 것이 좋은 선택일 수 있다. 왜냐하면 데이터프레임 형식은 열 이름이 반드시 필요하고 모든 열이 동일한 길이를 가져야 하기 때문에 복잡한 리스트 구조보다 실수를 줄일 수 있다.

```
> args.df <- data.frame(mean=c(0, 5, 10),
+                       sd=c(1, 2, 3),
+                       n=c(1, 3, 5))
> set.seed(123)
> args.df %>%
+   pmap(rnorm)
[[1]]
[1] -0.5604756

[[2]]
[1] 4.539645 8.117417 5.141017

[[3]]
[1] 10.387863 15.145195 11.382749  6.204816  7.939441
```

pmap() 함수의 첫 번째 인수로 지정된 리스트의 원소에 이름이 없으면 이후 함수를 호출할 때 위치에 의해 사용할 인수를 매칭한다. 따라서 rnorm() 함수를 호출할 때는 다음과 같이 리스트 원소의 순서가 조정되어야 한다. 왜냐하면 rnorm() 함수는 표본크기(n), 평균(mean), 표준편차(sd)의 순서로 인수가 지정되어야 하기 때문이다. 이러한 위치에 의한 매칭은 코드를 매우 읽기 어렵게 만들고 실수할 가능성을 증가시키므로 가능한 리스트의 원소에 이름을 부여하는 것이 바람직하다.

```
> args2 <- list(c(1, 3, 5),
+               c(0, 5, 10),
+               c(1, 2, 3))
> set.seed(123)
> args2 %>%
+   pmap(rnorm)
[[1]]
[1] -0.5604756

[[2]]
[1] 4.539645 8.117417 5.141017

[[3]]
[1] 10.387863 15.145195 11.382749  6.204816  7.939441
```

여러 개의 원소로 구성된 복잡한 리스트 구조의 데이터셋에 대해 원소쌍을 하나의 원소로 축약하는 함수를 반복적으로 적용하여 데이터셋을 보다 단순한 구조로 변환하고 싶을 때가 있다. reduce() 함수를 사용하여 이러한 종류의 작업을 수행할 수 있다. 예를 들어, 다음은 인수로 주어진 숫자들의 누적곱을 계산한다. reduce() 함수의 첫 번째 인수(.x)에는 리스트 또는 벡터를 지정하고 두 번째 인수(.f)에는 결합 및 축약에 사용할 함수를 지정한다.16

16 함수로서 +, -, *, / 등의 사칙 연산 기호를 지정할 때는 백틱(backtick, `)을 사용한다. 키보드 숫자 1 자판의 왼쪽에 있다.

```
> reduce(.x=c(1, 3, 5, 7), .f=`*`)
[1] 105
```

reduce() 함수는 1과 3에 곱하기 연산자를 적용하고, 그 결과와 5에 다시 곱하기 연산자를 적용하고, 그 결과와 7에 다시 곱하기 연산자를 적용하여 값을 산출한다. f를 곱셈 함수라고 할 때 reduce() 함수는 $f(f(f(1, 3), 5), 7)$를 계산한다. 즉 $(((1\times3)\times5)\times7)$을 계산한다.

한 가지 예를 더 살펴보자. 다음과 같이 연속적으로 문자열을 결합할 수 있다.

```
> paste2 <- function(u, v, sep=".") paste(u, v, sep=sep)
> letters[1:4] %>%
+   reduce(paste2)
[1] "a.b.c.d"
```

a와 b를 .으로 결합하고, 그 결과 a.b와 c를 다시 .으로 결합하여 a.b.c를 만들고, 다시 그 결과에 d를 .으로 결합하여 최종적으로 a.b.c.d를 반환한다.

reduce() 함수는 다수의 데이터프레임을 리스트의 구성 원소로 갖고 있는 데이터 구조를 하나의 데이터프레임 구조로 단순화하려고 할 때 특히 유용하다. 예를 들어, 다음과 같은 리스트 형식의 데이터셋으로부터 데이터프레임을 추출하여 모두 결합된 하나의 커다란 데이터프레임을 만들려고 한다.

```
> dfs <- list(data.frame(name="Superman", age=30),
+             data.frame(name=c("Spiderman", "Wonderwoman"), sex=c("M", "F")),
+             data.frame(name="Batman", grade="A"))
> dfs
[[1]]
      name age
1 Superman  30

[[2]]
         name sex
1   Spiderman   M
2 Wonderwoman   F

[[3]]
    name grade
1 Batman     A
```

이때 다음과 같이 reduce() 함수에 반복 적용할 함수로서 dplyr 패키지의 bind_rows() 함수를 지정하면 리스트 구조 내의 데이터프레임을 순차적으로 행의 방향으로 결합하여 하나의 데이터프레임으로 만들어준다.

```
> library(dplyr)
> dfs %>%
+   reduce(bind_rows)
         name age  sex grade
1    Superman  30 <NA>  <NA>
2   Spiderman  NA    M  <NA>
3 Wonderwoman  NA    F  <NA>
4      Batman  NA <NA>     A
```

벡터를 구성 원소로 갖고 있는 리스트 구조의 데이터셋으로부터 교집합을 찾을 때도 다음과 같이 reduce() 함수를 이용할 수 있다. 첫 번째 벡터와 두 번째 벡터의 교집합을 찾고, 이어서 그 결과와 세 번째 벡터의 교집합을 찾는다.

```
> vs <- list(c(1, 3, 5, 6, 7, 8, 10),
+            c(2, 3, 7, 8, 10),
+            c(1, 2, 3, 5, 7, 9, 10))
> vs %>%
+   reduce(intersect)
[1]  3  7 10
```

accumulate() 함수는 reduce() 함수와 유사하나 모든 중간 결과를 보여준다. 예를 들어, 다음과 같이 accumulate() 함수를 이용하여 누적합을 계산할 수 있다.

```
> set.seed(123)
> x <- sample(10)
> x
 [1]  3 10  2  8  6  9  1  7  5  4
> x %>%
+   reduce(`+`)
[1] 55
> x %>%
+   accumulate(`+`)
[1]  3 13 15 23 29 38 39 46 51 55
```

이는 다음과 같이 cumsum() 함수를 사용한 것과 동일하다.

```
> cumsum(x)
 [1]  3 13 15 23 29 38 39 46 51 55
```

reduce() 함수와 accumulate() 함수는 이항 함수(binary function, 두 개의 입력값을 받는 함수)를 반복 적용할 수 있는 반면, reduce2() 함수와 accumulate2() 함수는 삼항 함수(ternay function)를 인수로 받기 때문에 세 개의 인수를 반복 적용 함수에 전달할 수 있다. 예를 들어, 다음과 같이 구분자를 인수로 지정하여 문자열을 결합할 수 있다. reduce2() 함수의 첫 번째 인수(.x)에는 리스트 또는 벡터를 지정하고 두 번째 인수(.y)에는 반복 적용 함수에 전달할 추가 인수를 지정한다. 세 번째 인수(.f)에는 결합 및 축약에 사용할 함수를 지정한다.

```
> paste2 <- function(u, v, sep=".") paste(u, v, sep=sep)
> reduce2(.x=letters[1:4], .y=c("-", ".", "-"), .f=paste2)
[1] "a-b.c-d"
```

반복 적용 함수에는 첫 번째 인수로서 누적값이 전달되고, 두 번째 인수로서 .x의 다음 값이 전달되고, 세 번째 인수로서 .y의 다음 값이 전달된다(여기에서는 구분자로 사용할 문자). accumulate2() 함수를 이용하여 결합 및 축약 과정을 단계별로 살펴보면 다음과 같다.

```
> accumulate2(letters[1:4], c("-", ".", "-"), paste2)
[[1]]
[1] "a"

[[2]]
[1] "a-b"

[[3]]
[1] "a-b.c"

[[4]]
[1] "a-b.c-d"
```

이는 구체적으로 다음과 같은 과정을 거쳐 수행된 결과이다.

```
> p1 <- letters[[1]]
> p1
[1] "a"
```

```
> p2 <- paste2(p1, letters[[2]], "-")
> p2
[1] "a-b"
> p3 <- paste2(p2, letters[[3]], ".")
> p3
[1] "a-b.c"
> p4 <- paste2(p3, letters[[4]], "-")
> p4
[1] "a-b.c-d"
```

조금 복잡해보이지만 다음의 예도 동일한 방식으로 작업이 수행된다. x 데이터셋의 원소가 두 개씩 누적하여 결합될 때 y 데이터셋의 원소가 추가로 결합된다. paste() 함수에는 첫 번째 인수로 x 데이터셋 원소의 누적 결합 문자열이 전달되고, 두 번째 인수로 x 데이터셋의 다음 원소가 전달되고, 세 번째 인수로 y 데이터셋의 다음 원소가 전달된다.

```
> x <- list(c(0, 1), c(2, 3), c(4, 5))
> y <- list(c("a", "b"), c("c", "d"))
> reduce2(x, y, paste)
[1] "0 2 a 4 c" "1 3 b 5 d"
> accumulate2(x, y, paste)
[[1]]
[1] 0 1

[[2]]
[1] "0 2 a" "1 3 b"

[[3]]
[1] "0 2 a 4 c" "1 3 b 5 d"

> q1 <- x[[1]]
> q1
[1] 0 1
> q2 <- paste(q1, c(2, 3), c("a", "b"))
> q2
[1] "0 2 a" "1 3 b"
> q3 <- paste(q2, c(4, 5), c("c", "d"))
> q3
[1] "0 2 a 4 c" "1 3 b 5 d"
```

9.9 형태 변환

데이터셋은 변수와 값을 어떻게 배열하는지에 따라 일반적으로 와이드포맷(wide format)과 롱포맷(long format)이라는 두 가지 형태(shape)를 갖는다. 와이드포맷은 말 그대로 너비는 넓고 길이는 짧게 데이터를 배열하는 것이고, 롱포맷은 그와 반대로 길이는 길게 너비는 좁게 데이터를 배열하는 것이다.

와이드포맷의 데이터셋에는 변수들이 각각 하나의 열로 표현되어 한 행에 관련된 변수와 값이 차례대로 옆으로 넓게 배열된다. 즉 한 분석대상(subject)의 모든 측정값이 하나의 행에 나타난다. 한 분석대상은 하나의 행으로 표현된다. 예를 들어, 다음은 와이드포맷의 데이터셋이다.

```
     subject time age weight height
1 John Smith    1  33     90   1.87
2 Mary Smith    1  NA     NA   1.54
```

롱포맷은 데이터셋에 포함된 모든 변수 목록을 나타내는 하나의 열과 이 변수들에 대한 값을 나타내는 또 하나의 열을 갖는다. 따라서 두 개의 열을 갖는 형태로 데이터가 아래로 길게 배열된다. 즉 하나의 행에는 하나의 변수에 대한 측정값만이 포함되며, 따라서 분석대상의 변수가 여러 개일 경우 변수값은 여러 행에 걸쳐 나타난다. 한 분석대상은 여러 행으로 표현된다. 예를 들어, 롱포맷의 데이터셋은 다음과 같은 형태를 갖는다.

```
     subject variable value
1 John Smith     time  1.00
2 Mary Smith     time  1.00
3 John Smith      age 33.00
4 Mary Smith      age    NA
5 John Smith   weight 90.00
6 Mary Smith   weight    NA
7 John Smith   height  1.87
8 Mary Smith   height  1.54
```

데이터분석 함수에 따라 요구하는 데이터 형태가 다를 수 있다. 어떤 데이터분석에는 와이드포맷의 데이터셋이 필요하고 또 다른 데이터분석을 위해서는 롱포맷의 데이터셋이 필요하다. 이처럼 함수마다 요구하는 데이터셋의 형태가 다르기 때문에 데이터 전처리 과정 중에 데이터셋을 한 형태에서 다른 형태로 변환할 필요성이 종종 발생한다. 와이드포맷을 주로 사용하는 SPSS와 같은 일반적인 통계

소프트웨어와 달리 R에서는 롱포맷의 데이터셋도 흔히 사용된다. 예를 들면, 그래픽 패키지인 `lattice`는 집단별 그래프를 생성할 때 롱포맷의 데이터셋을 요구한다. 또한 많은 데이터분석 모델링 함수에서도 롱포맷의 데이터셋이 종종 사용된다.

reshape2 패키지

R은 와이드포맷과 롱포맷 간 데이터셋 형태를 변환하는 유용한 함수를 제공한다. 먼저 `reshape2` 패키지에 포함된 `melt()` 함수와 `dcast()` 함수를 살펴보자. 와이드포맷을 롱포맷으로 변환하기 위해서는 `melt()` 함수를 이용한다. 반대로 롱포맷을 와이드포맷으로 변환하기 위해서는 `dcast()` 함수를 이용한다.

`reshape2` 패키지에 포함되어 있는 `smiths` 데이터셋을 이용하여 와이드포맷과 롱포맷 간의 형태 변환 방법을 살펴보자.

```
> library(reshape2)
> smiths
     subject time age weight height
1 John Smith    1  33     90   1.87
2 Mary Smith    1  NA     NA   1.54
```

`smiths` 데이터셋은 와이드포맷으로 되어 있다. 이를 롱포맷으로 변환하기 위해서는 다음과 같이 `melt()` 함수를 이용한다. 첫 번째 인수(data)에 와이드포맷의 데이터셋을 지정한다. `melt()` 함수는 여러 열로 표현된 변수와 값을 두 개의 열(variable, value)만을 이용하여 변수와 값의 쌍(key-value pair)으로 변환한다.

```
> smiths.long <- melt(data=smiths)
Using subject as id variables
> smiths.long
     subject variable value
1 John Smith     time  1.00
2 Mary Smith     time  1.00
3 John Smith      age 33.00
4 Mary Smith      age    NA
5 John Smith   weight 90.00
6 Mary Smith   weight    NA
7 John Smith   height  1.87
8 Mary Smith   height  1.54
```

melt() 함수는 식별자(identifier)를 지정하지 않으면 식별자를 임의로 지정하고 어떤 변수가 사용되었는지 알려준다. 여기에서는 subject 변수가 식별자로 사용되었다는 메시지가 출력되었다. melt() 함수는 데이터셋에 범주형 변수(즉 팩터)가 포함되어 있으면 이를 식별자로 사용한다. 직접 명시적으로 식별자를 지정하려면 다음과 같이 id.vars 인수에 식별자를 지정한다.

```
> smiths.long <- melt(smiths, id.vars="subject")
> smiths.long
     subject variable value
1 John Smith     time  1.00
2 Mary Smith     time  1.00
3 John Smith      age 33.00
4 Mary Smith      age    NA
5 John Smith   weight 90.00
6 Mary Smith   weight    NA
7 John Smith   height  1.87
8 Mary Smith   height  1.54
```

롱포맷으로 되어 있는 데이터프레임을 와이드포맷으로 변환하려면 dcast() 함수를 이용한다. dcast() 함수는 첫 번째 인수(data)에 롱포맷의 데이터셋을 지정하고 두 번째 인수(formula)에 변수를 배치하는 포뮬러를 지정한다. dcast() 함수의 포뮬러는 다음과 같이 작성한다.

- x_variable ~ y_variable의 형태로 지정한다. 여기에서 ~ 앞의 x_variable은 식별자 변수를 나타내며, ~ 뒤의 y_variable은 측정 변수를 나타낸다. 변수가 여러 개일 경우에는 +로 연결한다.
- .은 변수 없음을 나타낸다. 따라서 아무 변수도 포함시키지 않으려면 x_variable ~ .과 같이 지정한다. 이 경우 기본적으로 식별자 변수별로 관측값 개수가 출력된다.
- ...은 포뮬러에 지정되지 않은 다른 모든 변수를 나타낸다.

다음과 같이 dcast() 함수를 이용하여 앞에서 롱포맷으로 만들었던 smiths.long 데이터프레임을 다시 와이드포맷으로 변환할 수 있다. subject 변수가 식별자로서 행에 배치되고 variable에 포함된 측정 변수가 측정값과 함께 열에 배치되어 와이드포맷이 완성된다.

```
> smiths.wide <- dcast(data=smiths.long, formula=subject ~ variable)
> smiths.wide
     subject time age weight height
1 John Smith    1  33     90   1.87
2 Mary Smith    1  NA     NA   1.54
```

R 표준패키지에 내장되어 있는 airquality 데이터셋을 이용하여 롱포맷과 와이드포맷 간 형태 변환에 대해 좀 더 자세히 살펴보자.

```
> str(airquality)
'data.frame':  153 obs. of  6 variables:
 $ Ozone  : int  41 36 12 18 NA 28 23 19 8 NA ...
 $ Solar.R: int  190 118 149 313 NA NA 299 99 19 194 ...
 $ Wind   : num  7.4 8 12.6 11.5 14.3 14.9 8.6 13.8 20.1 8.6 ...
 $ Temp   : int  67 72 74 62 56 66 65 59 61 69 ...
 $ Month  : int  5 5 5 5 5 5 5 5 5 5 ...
 $ Day    : int  1 2 3 4 5 6 7 8 9 10 ...
> head(airquality)
  Ozone Solar.R Wind Temp Month Day
1    41     190  7.4   67     5   1
2    36     118  8.0   72     5   2
3    12     149 12.6   74     5   3
4    18     313 11.5   62     5   4
5    NA      NA 14.3   56     5   5
6    28      NA 14.9   66     5   6
```

airquality 데이터셋은 와이드포맷으로 되어 있다. airquality 데이터셋에 melt() 함수를 적용하여 롱포맷으로 변환해보자.

```
> aq.long <- melt(airquality)
No id variables; using all as measure variables
```

melt() 함수는 달리 지정하지 않는 한 숫자형 데이터를 갖는 모든 열을 대상으로 롱포맷 변환을 수행한다. airquality 데이터셋은 숫자형 데이터만을 포함하고 있으므로 식별자 없이 여섯 개 변수 모두가 롱포맷으로 변환되었다. 따라서 다음과 같이 두 개의 열만을 갖는 형태로 변환된다.

```
> head(aq.long)
  variable value
1    Ozone    41
2    Ozone    36
3    Ozone    12
4    Ozone    18
5    Ozone    NA
6    Ozone    28
> tail(aq.long)
    variable value
913      Day    25
914      Day    26
915      Day    27
916      Day    28
917      Day    29
918      Day    30
```

앞에서 살펴본 smiths 데이터셋에서처럼 범주형 변수가 포함되어 있을 때는 범주형 변수가 자동으로 식별자로 사용되기 때문에 식별자를 명시적으로 지정하지 않는 것이 별 문제가 되지 않는다. 하지만 airquality 데이터셋에는 범주형 변수가 없다. airquality 데이터셋은 일자별로 대기 상태를 기록한 데이터이므로 일자 변수(Month, Day)를 식별자로 사용하는 것이 바람직해보이지만 일자 변수는 숫자형 데이터이기 때문에 자동으로 식별자로 사용되지 않는다. 따라서 이럴 경우에는 식별자로 사용하려는 특정 열을 다른 측정 변수와 구별하여 식별자로 명시적으로 지정할 필요가 있다. 일자(Month, Day)별로 Ozone, Solar.R, Wind, Temp 값이 나타나도록 배치하려면 다음과 같이 id.vars 인수에 Month와 Day를 지정하여 이 두 열을 식별자 변수로 사용한다.

```
> aq.long <- melt(airquality, id.vars=c("Month", "Day"))
> head(aq.long)
  Month Day variable value
1     5   1    Ozone    41
2     5   2    Ozone    36
3     5   3    Ozone    12
4     5   4    Ozone    18
5     5   5    Ozone    NA
6     5   6    Ozone    28
```

와이드포맷에서 롱포맷으로 변환하는 것은 비교적 쉬운 반면, 그 반대로 롱포맷에서 와이드포맷으로의 변환은 다소 까다롭다. dcast() 함수를 이용하여 앞에서 생성한 롱포맷 데이터셋 aq.long을 와이드포맷으로 변환해보자. 포뮬러의 ~ 왼쪽에는 식별자 변수가 지정되고 ~ 오른쪽에는 측정 변수가 위치한다. 여기에서 Month와 Day는 식별자 변수를 나타내고 variable은 측정 변수를 의미한다. 남은 변수는 이제 value 하나밖에 없기 때문에 별다른 지정 없이도 dcast() 함수는 이 변수를 측정 변수값으로 간주한다. 그러나 측정 변수값 열을 명확히 하기 위해서나 열 이름을 변경하였을 경우에는 value.var 인수에 측정 변수값이 어떤 열인지를 명시적으로 지정해야 할 필요도 있다. 예를 들면, value.var="value"와 같이 명시적으로 지정한다.

```
> aq.wide <- dcast(aq.long, Month + Day ~ variable)
> aq.wide <- dcast(aq.long, Month + Day ~ variable, value.var="value")
> head(aq.wide)
  Month Day Ozone Solar.R Wind Temp
1     5   1    41     190  7.4   67
2     5   2    36     118  8.0   72
3     5   3    12     149 12.6   74
4     5   4    18     313 11.5   62
5     5   5    NA      NA 14.3   56
6     5   6    28      NA 14.9   66
```

롱포맷을 와이드포맷으로 변환할 때 만나게 되는 문제 중의 하나는 하나의 셀에 여러 개의 값이 들어가게 되는 경우이다. 예를 들어, 다음과 같이 식별자 변수에 Month 하나만을 지정해보자.

```
> dcast(aq.long, Month ~ variable)
Aggregation function missing: defaulting to length
  Month Ozone Solar.R Wind Temp
1     5    31      31   31   31
2     6    30      30   30   30
3     7    31      31   31   31
4     8    31      31   31   31
5     9    30      30   30   30
```

메시지와 함께 월별로 각 측정 변수의 관측값 개수가 출력된다. 이 숫자는 다름 아닌 월별 일수이다. dcast() 함수를 적용할 때 한 셀에 여러 개의 값이 존재하면 추가로 그 여러 개의 값을 어떻게 처리할지 지정해야 한다. 예를 들어, 추가로 함수를 지정하여 평균, 중위수, 합계 등을 계산할 수 있다. 아무것도 지정하지 않으면 지금의 예처럼 그 크기를 계산하여(즉 length() 함수 적용) 해당 셀에 할당한다. 다음과 같이 dcast() 함수의 fun.aggregate 인수에 mean() 함수를 지정하면 월별로 측정 변수값의 평균을 계산할 수 있다. 이때 na.rm=TRUE를 지정하여 NA를 계산에서 제외한다.

```
> dcast(aq.long, Month ~ variable, fun.aggregate=mean, na.rm=TRUE)
  Month    Ozone  Solar.R      Wind     Temp
1     5 23.61538 181.2963 11.622581 65.54839
2     6 29.44444 190.1667 10.266667 79.10000
3     7 59.11538 216.4839  8.941935 83.90323
4     8 59.96154 171.8571  8.793548 83.96774
5     9 31.44828 167.4333 10.180000 76.90000
```

melt() 함수를 이용하여 롱포맷으로 데이터셋을 변환할 때 인수를 명시적으로 지정함으로써 롱포맷의 구성 요소를 보다 명확히 정의할 수 있다. 다음과 같이 인수를 지정해보자.

```
> aq.long <- melt(airquality,
+                 id.vars=c("Month", "Day"),
+                 measure.vars=c("Ozone", "Solar.R", "Wind", "Temp"),
+                 variable.name="Factor",
+                 value.name="Measurement")
> head(aq.long)
  Month Day Factor Measurement
1     5   1  Ozone          41
2     5   2  Ozone          36
3     5   3  Ozone          12
4     5   4  Ozone          18
5     5   5  Ozone          NA
6     5   6  Ozone          28
```

id.vars 인수에는 식별자 변수를 지정한다. 문자열이나 숫자(즉 변수 위치를 나타내는 인덱스)로 지정할 수 있다. 지정하지 않으면 측정 변수로 지정된 변수가 아닌 모든 변수가 식별자 변수로 사용된다. measure.vars 인수에는 측정 변수를 문자열이나 숫자로 지정한다. 지정하지 않으면 식별자 변수로 지정된 변수가 아닌 모든 변수가 측정 변수로 사용된다. id.vars 인수와 measure.vars 인수 가운데 하나만 지정하면 나머지 변수는 다른 인수에 속하는 것으로 간주된다. id.vars 인수와

measure.vars 인수 어느 것도 지정하지 않으면 범주형 변수와 문자형 변수는 식별자 변수로 사용되고 나머지 변수는 측정 변수로 사용된다. variable.name 인수에는 변수 목록을 나타내는 열 이름을 지정한다. 지정하지 않으면 variable이 열 이름으로 사용된다. value.name 인수에는 측정 변수값을 나타내는 열 이름을 지정한다. 지정하지 않으면 열 이름으로 value가 사용된다.

dcast() 함수를 이용할 때는 앞의 예와 같이 측정 변수값을 나타내는 열 이름이 value가 아닐 때 주의해야 한다. dcast() 함수는 별다른 지정이 없으면 value 열에 측정 변수값이 포함되어 있는 것으로 가정하기 때문이다. 다음 예에서는 포뮬러에 포함되지 않고 남는 열이 Measurement 하나밖에 없기 때문에 별 문제가 생기지 않지만 일반적으로 열 이름이 value가 아니면 dcast() 함수를 이용할 때 value.var에 그 이름을 명시적으로 지정하는 것이 좋다.

[그림 9-7] reshape2 패키지의 melt() 함수와 dcast() 함수. 와이드포맷과 롱포맷 간에 데이터 형태를 변환한다.

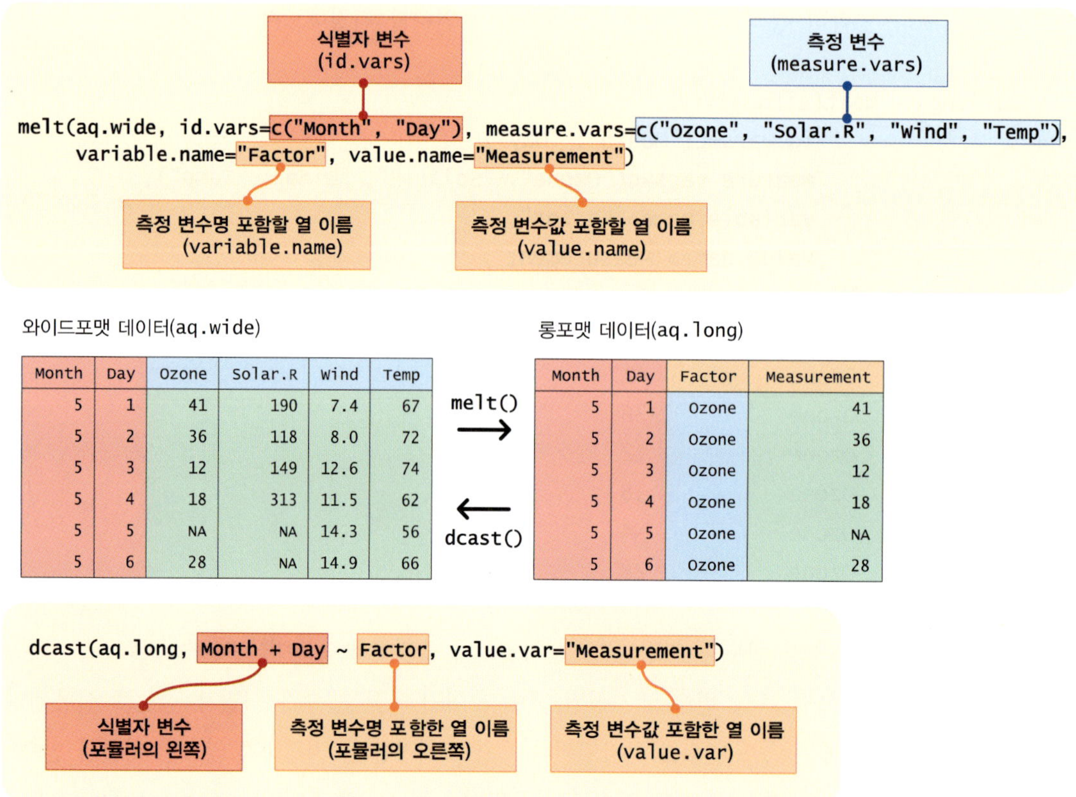

Month	Day	Ozone	Solar.R	Wind	Temp
5	1	41	190	7.4	67
5	2	36	118	8.0	72
5	3	12	149	12.6	74
5	4	18	313	11.5	62
5	5	NA	NA	14.3	56
5	6	28	NA	14.9	66

Month	Day	Factor	Measurement
5	1	Ozone	41
5	2	Ozone	36
5	3	Ozone	12
5	4	Ozone	18
5	5	Ozone	NA
5	6	Ozone	28

```
> aq.wide <- dcast(aq.long, Month + Day ~ Factor)
Using Measurement as value column: use value.var to override.
> aq.wide <- dcast(aq.long, Month + Day ~ Factor, value.var="Measurement")
> head(aq.wide)
  Month Day Ozone Solar.R Wind Temp
1     5   1    41     190  7.4   67
2     5   2    36     118  8.0   72
3     5   3    12     149 12.6   74
4     5   4    18     313 11.5   62
5     5   5    NA      NA 14.3   56
6     5   6    28      NA 14.9   66
```

[그림 9-7]에 melt() 함수와 dcast() 함수의 인수 지정 방식을 그림으로 나타냈다. 빨간색으로 표시된 부분은 식별자 변수 및 변수값이다. 파란색 부분은 측정 변수를 나타내고 초록색 부분은 측정 변수의 변수값이다.

tidyr 패키지

와이드포맷과 롱포맷 간의 데이터셋 형태 변환을 지원하는 또 다른 패키지인 tidyr 패키지를 살펴보자. tidyr 패키지는 reshape2 패키지가 제공하는 기능을 데이터프레임 형식에 대해서만 사용할 수 있도록 제한한 대신 성능을 향상시키고 사용법을 간소화한 함수를 제공한다. tidyr 패키지에서는 reshape2 패키지에 포함된 melt() 함수와 dcast() 함수가 제공하는 기능을 gather()/pivot_longer() 함수(와이드포맷을 롱포맷으로 변환)와 spread()/pivot_wider() 함수(롱포맷을 와이드포맷으로 변환)가 대신한다.

앞에서 사용했던 airquality 데이터셋을 대상으로 tidyr 패키지를 이용한 형태 변환을 수행해 보자. airquality 데이터셋은 와이드포맷이므로 우선 이 데이터셋을 롱포맷으로 변환한다. tidyr 패키지의 gather() 함수를 이용하여 주어진 데이터셋을 롱포맷으로 변환한다. gather() 함수의 첫 번째 인수(data)에는 변환 대상 데이터셋을 지정한다. 두 번째 인수(key)에는 변수명을 포함할 열의 이름을 지정하고 세 번째 인수(value)에는 변수값을 포함할 열의 이름을 지정한다. 네 번째 인수에는 롱포맷으로 변환할 변수 리스트를 지정한다. 연속된 변수를 지정할 때는 : 연산자를 사용할 수 있다. 이 변수 리스트에 포함되지 않은 변수는 식별자 변수로 이용된다.

```
> library(tidyr)
> head(airquality)
  Ozone Solar.R Wind Temp Month Day
1    41     190  7.4   67     5   1
2    36     118  8.0   72     5   2
3    12     149 12.6   74     5   3
4    18     313 11.5   62     5   4
5    NA      NA 14.3   56     5   5
6    28      NA 14.9   66     5   6
> aq.long <- gather(data=airquality, key="Factor", value="Measurement", Ozone:Temp)
> head(aq.long)
  Month Day Factor Measurement
1     5   1  Ozone          41
2     5   2  Ozone          36
3     5   3  Ozone          12
4     5   4  Ozone          18
5     5   5  Ozone          NA
6     5   6  Ozone          28
> tail(aq.long)
    Month Day Factor Measurement
607     9  25   Temp          63
608     9  26   Temp          70
609     9  27   Temp          77
610     9  28   Temp          75
611     9  29   Temp          76
612     9  30   Temp          68
```

식별자로 사용할 변수와 롱포맷으로 변환할 나머지 측정 변수가 순서대로 정렬되어 있지 않아 : 연산자를 사용하기 어려울 경우에는 식별자로 사용할 변수를 다음과 같이 - 부호를 이용하여 제외할 수 있다. 제외된 열은 자동으로 식별자 변수로 사용되고 나머지 변수는 측정 변수가 된다. 다음의 실행 결과는 앞에서의 결과와 동일하다.

```
> gather(airquality, "Factor", "Measurement", -Month, -Day)
```

다음과 같이 인덱스를 사용하거나 직접 변수 이름을 입력하여 롱포맷으로 변환할 변수 리스트를 지정하는 것도 가능하다. 다음 두 코드는 앞에서의 실행 결과와 동일하다.

```
> gather(airquality, "Factor", "Measurement", 1:4)
> gather(airquality, "Factor", "Measurement", Ozone, Solar.R, Wind, Temp)
```

다음과 같이 파이프 연산자(%>%)를 이용할 수도 있다. 파이프 연산자는 데이터셋, 연산 도중에 생성된 계산 결과값, 함수의 실행 결과 등을 다음 함수로 전달한다. 다음의 실행 결과 역시 앞에서의 결과와 동일하다.

```
> airquality %>%
+   gather("Factor", "Measurement", Ozone:Temp)
```

tidyr 패키지의 spread() 함수는 롱포맷의 데이터셋을 와이드포맷으로 변환한다. spread() 함수의 첫 번째 인수(data)에는 변환 대상 데이터셋을 지정한다. 두 번째 인수(key)에는 변수명을 포함하고 있는 열의 이름을 지정하고 세 번째 인수(value)에는 변수값을 포함하고 있는 열의 이름을 지정한다.

```
> aq.wide <- spread(data=aq.long, key=Factor, value=Measurement)
> head(aq.wide)
  Month Day Ozone Solar.R Temp Wind
1     5   1    41     190   67  7.4
2     5   2    36     118   72  8.0
3     5   3    12     149   74 12.6
4     5   4    18     313   62 11.5
5     5   5    NA      NA   56 14.3
6     5   6    28      NA   66 14.9
> tail(aq.wide)
    Month Day Ozone Solar.R Temp Wind
148     9  25    14      20   63 16.6
149     9  26    30     193   70  6.9
150     9  27    NA     145   77 13.2
151     9  28    14     191   75 14.3
152     9  29    18     131   76  8.0
153     9  30    20     223   68 11.5
```

다음과 같이 파이프 연산자를 사용하는 것도 가능하다.

```
> aq.long %>%
+   spread(Factor, Measurement)
```

tidyr 패키지는 gather() 함수 및 spread() 함수와 동일하게 데이터셋의 형태 변환을 지원하는 pivot_longer() 함수 및 pivot_wider() 함수를 제공한다. pivot_longer() 함수와 pivot_wider() 함수는 앞서 살펴본 gather() 함수 및 spread() 함수에 비해 좀 더 사용하기 편리하고 더 많은 기능을 제공한다.[17]

와이드포맷을 롱포맷으로 변환하기 위해서는 다음과 같이 pivot_longer() 함수를 이용한다. pivot_longer() 함수의 첫 번째 인수(data)에는 변환 대상 데이터셋을 지정한다. 두 번째 인수(cols)에는 롱포맷으로 변환할 변수 리스트를 지정한다. names_to 인수와 values_to 인수에는 변수명을 포함할 열의 이름과 변수값을 포함할 열의 이름을 지정한다(지정하지 않으면 "name"과 "value"가 사용된다).

```
> aq.long <- pivot_longer(data=airquality, cols=Ozone:Temp,
+                         names_to="Factor", values_to="Measurement")
> head(aq.long)
# A tibble: 6 x 4
  Month   Day Factor  Measurement
  <int> <int> <chr>         <dbl>
1     5     1 Ozone          41
2     5     1 Solar.R       190
3     5     1 Wind            7.4
4     5     1 Temp           67
5     5     2 Ozone          36
6     5     2 Solar.R       118
> tail(aq.long)
# A tibble: 6 x 4
  Month   Day Factor  Measurement
  <int> <int> <chr>         <dbl>
1     9    29 Wind            8
2     9    29 Temp           76
3     9    30 Ozone          20
4     9    30 Solar.R       223
5     9    30 Wind           11.5
6     9    30 Temp           68
```

17 사용성 및 기능성 측면에서 좀 더 개선된 pivot_longer() 함수와 pivot_wider() 함수가 있음에도 불구하고 gather() 함수와 spread() 함수를 다룬 이유는 기 작성된 R 문서 및 코드에서 이 함수들을 종종 보게될 뿐만 아니라 이 함수들을 여전히 많이 사용하고 있기 때문이다.

롱포맷을 와이드포맷으로 변환하기 위해서는 다음과 같이 pivot_wider() 함수를 이용한다. pivot_wider() 함수의 첫 번째 인수(data)에는 변환 대상 데이터셋을 지정한다. names_from 인수와 values_from 인수에는 변수명을 포함하고 있는 열의 이름과 변수값을 포함하고 있는 열의 이름을 지정한다(지정하지 않으면 name 열과 value 열에 변수명과 변수값이 포함되어 있는 것으로 간주한다).

```
> aq.wide <- pivot_wider(data=aq.long, names_from=Factor, values_from=Measurement)
> head(aq.wide)
# A tibble: 6 x 6
  Month   Day Ozone Solar.R  Wind  Temp
  <int> <int> <dbl>   <dbl> <dbl> <dbl>
1     5     1    41     190   7.4    67
2     5     2    36     118   8      72
3     5     3    12     149  12.6    74
4     5     4    18     313  11.5    62
5     5     5    NA      NA  14.3    56
6     5     6    28      NA  14.9    66
> tail(aq.wide)
# A tibble: 6 x 6
  Month   Day Ozone Solar.R  Wind  Temp
  <int> <int> <dbl>   <dbl> <dbl> <dbl>
1     9    25    14      20  16.6    63
2     9    26    30     193   6.9    70
3     9    27    NA     145  13.2    77
4     9    28    14     191  14.3    75
5     9    29    18     131   8      76
6     9    30    20     223  11.5    68
```

사실 pivot_longer() 함수 및 pivot_wider() 함수는 인수의 이름과 지정 순서만 다를 뿐 gather() 함수 및 spread() 함수와 지정하는 내용은 동일하다. gather(df, key="key", value="value", x, y, z)는 pivot_longer(df, c(x, y, z), names_to="key", values_to="value")와 동일하며, spread(df, key=key, value=value)는 pivot_wider (df, names_from=key, values_from=value)와 같다. 이 두 함수 또한 파이프 연산자를 사용할 수 있다. [그림 9-8]에 pivot_longer() 함수와 pivot_wider() 함수의 인수 지정 방식을 그림으로 나타냈다.

[그림 9-8] tidyr 패키지의 pivot_longer() 함수와 pivot_wider() 함수. 와이드포맷과 롱포맷 간에 데이터 형태를 변환한다.

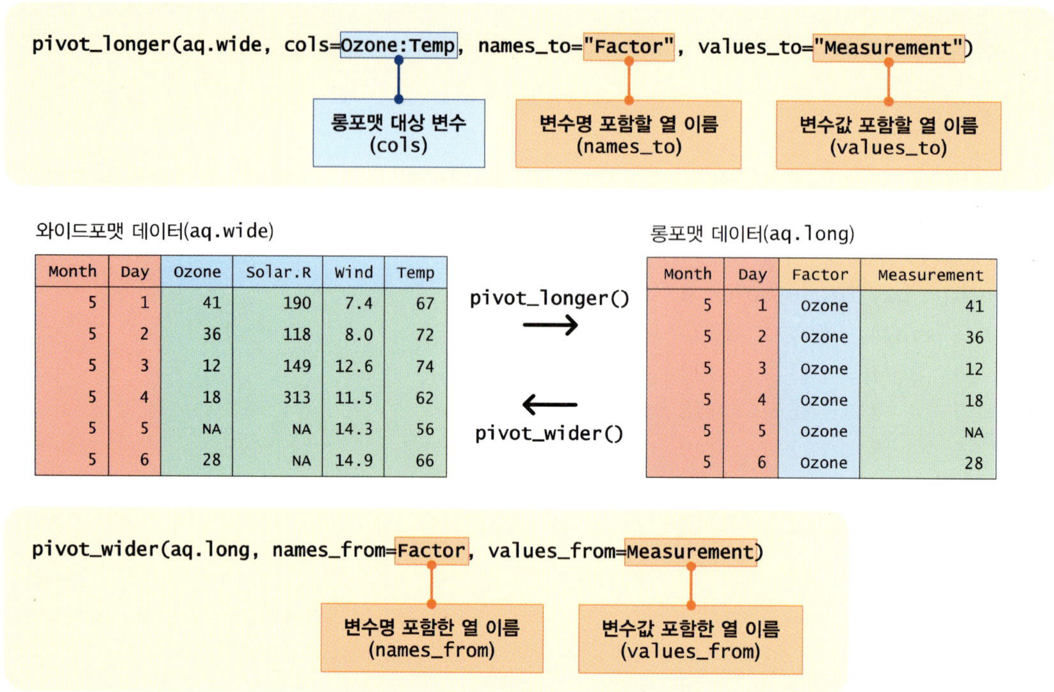

Month	Day	Ozone	Solar.R	Wind	Temp
5	1	41	190	7.4	67
5	2	36	118	8.0	72
5	3	12	149	12.6	74
5	4	18	313	11.5	62
5	5	NA	NA	14.3	56
5	6	28	NA	14.9	66

Month	Day	Factor	Measurement
5	1	Ozone	41
5	2	Ozone	36
5	3	Ozone	12
5	4	Ozone	18
5	5	Ozone	NA
5	6	Ozone	28

tidyr 패키지는 와이드포맷과 롱포맷 데이터셋 간 형태를 변환하는 gather()/spread() 함수와 pivot_longer()/pivot_wider() 함수 이외에도 많은 유용한 함수를 제공한다. 그 가운데 nest() 함수는 데이터프레임에 리스트 열을 생성하여 테이블의 셀 안에 또 다른 테이블을 중첩하여 저장한다. 이러한 데이터셋을 중첩 데이터프레임(nested data frame)이라고 한다.

```
> df <- tibble(x=c(1, 1, 1, 2, 2, 3), y=1:6, z=6:1)
> df
# A tibble: 6 x 3
      x     y     z
  <dbl> <int> <int>
1     1     1     6
2     1     2     5
3     1     3     4
4     2     4     3
5     2     5     2
6     3     6     1
```

```
> df.nested <- nest(.data=df, ndata=c(y, z))
> df.nested
# A tibble: 3 x 2
      x ndata
  <dbl> <list>
1     1 <tibble [3 x 2]>
2     2 <tibble [2 x 2]>
3     3 <tibble [1 x 2]>
> df.nested$ndata
[[1]]
# A tibble: 3 x 2
      y     z
  <int> <int>
1     1     6
2     2     5
3     3     4

[[2]]
# A tibble: 2 x 2
      y     z
  <int> <int>
1     4     3
2     5     2

[[3]]
# A tibble: 1 x 2
      y     z
  <int> <int>
1     6     1

> df.nested$ndata[[2]]
# A tibble: 2 x 2
      y     z
  <int> <int>
1     4     3
2     5     2
```

nest() 함수의 첫 번째 인수(.data)에 데이터프레임을 지정하고 두 번째 이후의 인수에 중첩 대상의 열을 지정한다. 중첩 대상의 열을 지정할 때는 새로 생성할 리스트 열의 이름을 함께 지정할 수 있다. 예를 들어, 여기에서는 리스트 열 이름이 ndata이고 데이터프레임의 중첩 대상 열은 y와 z이다(ndata=c(y, z)). 리스트 열 이름을 지정하지 않으면 기본값으로서 data가 사용된다. nest() 함수는 중첩 대상 열로 지정된 열이 아닌 나머지 열에 의해 정의된 각 집단에 대해 한 개씩의 행을 생성하여 집단별 요약 작업을 수행한다. 여기에서는 x 열이 집단을 나타내는 변수로 사용되어 1, 2, 3 각 값에 대해 한 개씩의 행이 생성되었고 그 안에 y 열과 z 열의 값이 저장되었다.

중첩된 구조를 해체하려면 다음과 같이 unnest() 함수를 사용한다. 첫 번째 인수에 중첩 데이터프레임을 지정하고 두 번째 인수(cols)에 리스트 열을 지정한다.

```
> unnest(df.nested, cols=ndata)
# A tibble: 6 x 3
      x     y     z
  <dbl> <int> <int>
1     1     1     6
2     1     2     5
3     1     3     4
4     2     4     3
5     2     5     2
6     3     6     1
```

리스트 열은 여러 개가 될 수도 있다. 예를 들어, iris 데이터셋으로부터 다음과 같이 꽃 종류별로 꽃받침과 꽃잎 데이터를 각각 리스트 열로 만들어 저장할 수 있다.

```
> str(iris)
'data.frame':	150 obs. of  5 variables:
 $ Sepal.Length: num  5.1 4.9 4.7 4.6 5 5.4 4.6 5 4.4 4.9 ...
 $ Sepal.Width : num  3.5 3 3.2 3.1 3.6 3.9 3.4 3.4 2.9 3.1 ...
 $ Petal.Length: num  1.4 1.4 1.3 1.5 1.4 1.7 1.4 1.5 1.4 1.5 ...
 $ Petal.Width : num  0.2 0.2 0.2 0.2 0.2 0.4 0.3 0.2 0.2 0.1 ...
 $ Species     : Factor w/ 3 levels "setosa","versicolor",..: 1 1 1 1 1 1 1 1 1 1 ...
```

```
> iris %>%
+   nest(sepal=c("Sepal.Length", "Sepal.Width"),
+        petal=c("Petal.Length", "Petal.Width"))
# A tibble: 3 x 3
  Species    sepal             petal
  <fct>      <list>            <list>
1 setosa     <tibble [50 x 2]> <tibble [50 x 2]>
2 versicolor <tibble [50 x 2]> <tibble [50 x 2]>
3 virginica  <tibble [50 x 2]> <tibble [50 x 2]>
```

중첩 대상 열을 선택할 때 dplyr 패키지의 select() 함수에서처럼 헬퍼 함수를 사용할 수 있다. 따라서 앞서의 작업은 헬퍼 함수를 이용하여 다음과 같이 수행할 수도 있다.

```
> iris %>%
+   nest(sepal=starts_with("Sepal"), petal=starts_with("Petal"))
# A tibble: 3 x 3
  Species    sepal             petal
  <fct>      <list>            <list>
1 setosa     <tibble [50 x 2]> <tibble [50 x 2]>
2 versicolor <tibble [50 x 2]> <tibble [50 x 2]>
3 virginica  <tibble [50 x 2]> <tibble [50 x 2]>
```

nest() 함수는 dplyr 패키지의 group_by() 함수와 종종 함께 사용된다. group_by() 함수에 의해 그룹화된 데이터프레임에 nest() 함수를 적용하면 그룹화에 사용된 집단 변수를 제외한 나머지 변수가 중첩되어 리스트 열에 저장된다. 예를 들어, 다음과 같이 mtcars 데이터셋을 실린더 개수(cyl)에 따라 분할하여 리스트 열(data)에 저장할 수 있다.

```
> head(mtcars)
                   mpg cyl disp  hp drat    wt  qsec vs am gear carb
Mazda RX4         21.0   6  160 110 3.90 2.620 16.46  0  1    4    4
Mazda RX4 Wag     21.0   6  160 110 3.90 2.875 17.02  0  1    4    4
Datsun 710        22.8   4  108  93 3.85 2.320 18.61  1  1    4    1
Hornet 4 Drive    21.4   6  258 110 3.08 3.215 19.44  1  0    3    1
Hornet Sportabout 18.7   8  360 175 3.15 3.440 17.02  0  0    3    2
Valiant           18.1   6  225 105 2.76 3.460 20.22  1  0    3    1
```

```
> library(dplyr)
> mtcars.n <- mtcars %>%
+   group_by(cyl) %>%
+   nest()
> mtcars.n
# A tibble: 3 x 2
# Groups:   cyl [3]
    cyl  data
  <dbl>  <list>
1     6  <tibble [7 x 10]>
2     4  <tibble [11 x 10]>
3     8  <tibble [14 x 10]>
```

이러한 작업은 집단별로 분할된 데이터셋에 분석 모델을 적용할 때 특히 유용하다. 예를 들어, 다음과 같이 앞서 생성한 중첩 데이터프레임의 리스트 열에 저장된 실린더 개수별 데이터셋(data)에 대해 회귀분석을 수행하여 연비(mpg)와 무게(wt) 간의 회귀모델을 또 다른 리스트 열(model)로 저장할 수 있다.

```
> library(purrr)
> mtcars.m <- mtcars.n %>%
+   mutate(model=map(data, ~lm(mpg ~ wt, data=.x))) %>%
+   arrange(cyl)
> mtcars.m
# A tibble: 3 x 3
# Groups:   cyl [3]
    cyl  data               model
  <dbl>  <list>             <list>
1     4  <tibble [11 x 10]> <lm>
2     6  <tibble [7 x 10]>  <lm>
3     8  <tibble [14 x 10]> <lm>
> mtcars.m$model
[[1]]

Call:
lm(formula = mpg ~ wt, data = .x)
```

```
Coefficients:
(Intercept)           wt
     39.571       -5.647


[[2]]

Call:
lm(formula = mpg ~ wt, data = .x)

Coefficients:
(Intercept)           wt
      28.41        -2.78


[[3]]

Call:
lm(formula = mpg ~ wt, data = .x)

Coefficients:
(Intercept)           wt
     23.868       -2.192
```

그러면 리스트 열에 저장된 회귀모델로부터 다음과 같이 회귀계수나 R^2와 같은 정보를 추출할 수 있다.[18]

```
> mtcars.m %>%
+   transmute(cyl, beta=map_dbl(model, ~coefficients(.)[[2]])) %>%
+   ungroup()
# A tibble: 3 x 2
    cyl  beta
  <dbl> <dbl>
1     4 -5.65
2     6 -2.78
3     8 -2.19
```

18 여기에서 coefficients() 함수는 회귀모델로부터 회귀계수를 추출한다.

```
> mtcars.m %>%
+   transmute(cyl, summary=map(model, summary)) %>%
+   transmute(cyl, R.squared=map_dbl(summary, "r.squared")) %>%
+   ungroup()
# A tibble: 3 x 2
    cyl  R.squared
  <dbl>      <dbl>
1     4      0.509
2     6      0.465
3     8      0.423
```

R^2는 다음과 같은 방식으로도 추출할 수 있다. 두 줄의 코드를 한 줄로 줄여서 보다 간략히 나타냈다.

```
> mtcars.m %>%
+   transmute(cyl, R.squared=map_dbl(map(model, summary), "r.squared")) %>%
+   ungroup()
# A tibble: 3 x 2
    cyl  R.squared
  <dbl>      <dbl>
1     4      0.509
2     6      0.465
3     8      0.423
```

그 밖에 tidyr 패키지가 제공하는 유용한 함수로서 열을 분할하거나 합치는 데 사용할 수 있는 separate() 함수와 unite() 함수가 있다. separate() 함수는 하나의 열을 여러 개의 열로 분할한다. 우선 다음과 같이 iris 데이터셋을 롱포맷으로 변환해보자.

```
> head(iris)
  Sepal.Length Sepal.Width Petal.Length Petal.Width Species
1          5.1         3.5          1.4         0.2  setosa
2          4.9         3.0          1.4         0.2  setosa
3          4.7         3.2          1.3         0.2  setosa
4          4.6         3.1          1.5         0.2  setosa
5          5.0         3.6          1.4         0.2  setosa
6          5.4         3.9          1.7         0.4  setosa
```

```
> iris.long <- pivot_longer(data=iris, cols=-Species,
+                           names_to="Element", values_to="Measurement")
> head(iris.long)
# A tibble: 6 x 3
  Species Element      Measurement
  <fct>   <chr>              <dbl>
1 setosa  Sepal.Length         5.1
2 setosa  Sepal.Width          3.5
3 setosa  Petal.Length         1.4
4 setosa  Petal.Width          0.2
5 setosa  Sepal.Length         4.9
6 setosa  Sepal.Width          3
```

여기에서 Element 열을 separate() 함수를 이용하여 다음과 같이 두 개의 열로 분할할 수 있다. separate() 함수의 첫 번째 인수(data)에는 데이터셋을 지정한다. 두 번째 인수(col)에는 분할할 현재 열 이름을 지정하고 세 번째 인수(into)에는 분할 후에 새롭게 생성할 열 이름을 지정한다. sep 인수에는 분할에 사용할 문자를 나타내는 정규표현식 또는 분할 위치를 나타내는 숫자를 지정한다. 기본값은 문자·숫자가 아닌 값(non-alphanumeric value)을 나타내는 정규표현식이 사용된다. 따라서 여기에서는 변수 이름에 포함된 .이 분할 구분자로 사용된다.

```
> iris.sep <- separate(data=iris.long, col=Element, into=c("Part", "Measures"))
> head(iris.sep)
# A tibble: 6 x 4
  Species Part  Measures Measurement
  <fct>   <chr> <chr>          <dbl>
1 setosa  Sepal Length           5.1
2 setosa  Sepal Width            3.5
3 setosa  Petal Length           1.4
4 setosa  Petal Width            0.2
5 setosa  Sepal Length           4.9
6 setosa  Sepal Width            3
```

분할된 열을 합치기 위해서는 다음과 같이 unite() 함수를 이용한다. unite() 함수의 첫 번째 인수(data)에는 데이터셋을 지정한다. 두 번째 인수(col)에는 결합 후에 새롭게 생성할 열 이름을 지정한다. 세 번째 이후에는 결합할 열 이름을 차례로 지정한다. 끝으로 sep 인수에는 결합할 값을 연결하는 데 사용할 문자를 지정한다.

```
> iris.unite <- unite(data=iris.sep, col="Factor", Part, Measures, sep="_")
> head(iris.unite)
# A tibble: 6 x 3
  Species Factor        Measurement
  <fct>   <chr>               <dbl>
1 setosa  Sepal_Length          5.1
2 setosa  Sepal_Width           3.5
3 setosa  Petal_Length          1.4
4 setosa  Petal_Width           0.2
5 setosa  Sepal_Length          4.9
6 setosa  Sepal_Width           3
```

표준패키지에 포함된 stack() 함수와 unstack() 함수도 제한적이긴 하지만 롱포맷과 와이드포맷 간 데이터셋 형태 변환에 사용할 수 있다. stack() 함수는 인수로 주어진 데이터프레임을 두 개의 열을 갖는 롱포맷 데이터프레임으로 변환한다. 기존 데이터프레임의 변수값을 모두 연결하여 values 열을 생성하고 각 값이 어느 변수에서 왔는지는 ind 열에 팩터로 나타낸다. unstack() 함수는 이와 반대로 팩터 변수의 각 레벨을 열로 하는 와이드포맷의 데이터프레임을 생성한다. 예를 들어, 다음과 같이 롱포맷 형태의 PlantGrowth 데이터셋을 unstack() 함수를 이용하여 세 레벨(ctrl, trt1, trt2)을 변수 이름으로 하는 와이드포맷의 데이터프레임을 생성하고 다시 이를 stack() 함수를 이용하여 values 열과 ind 열을 갖는 롱포맷 데이터프레임으로 변환할 수 있다.

```
> str(PlantGrowth)
'data.frame':	30 obs. of  2 variables:
 $ weight: num  4.17 5.58 5.18 6.11 4.5 4.61 5.17 4.53 5.33 5.14 ...
 $ group : Factor w/ 3 levels "ctrl","trt1",..: 1 1 1 1 1 1 1 1 1 1 ..
> PlantGrowth
   weight group
1    4.17  ctrl
2    5.58  ctrl
3    5.18  ctrl
…(중략)
28   6.15  trt2
29   5.80  trt2
30   5.26  trt2
```

```
> plant.wide <- unstack(PlantGrowth)
> plant.wide
   ctrl  trt1  trt2
1  4.17  4.81  6.31
2  5.58  4.17  5.12
3  5.18  4.41  5.54
4  6.11  3.59  5.50
5  4.50  5.87  5.37
6  4.61  3.83  5.29
7  5.17  6.03  4.92
8  4.53  4.89  6.15
9  5.33  4.32  5.80
10 5.14  4.69  5.26
> plant.long <- stack(plant.wide)
> plant.long
   values  ind
1    4.17  ctrl
2    5.58  ctrl
3    5.18  ctrl
…(중략)
28   6.15  trt2
29   5.80  trt2
30   5.26  trt2
```

연 | 습 | 문 | 제 ›››

01. 변수 x에 벡터 5:10을 저장한 후 다음 코드를 차례대로 수행하고 그 결과를 제시하시오.

```
x[c(1,2)] <- 2:3
x[-1] <- 1:5
```

02. mtcars 데이터셋에 weight 열을 생성하여 무게가 중위수보다 큰 자동차 모델에는 heavy를 저장하고 그렇지 않은 자동차 모델에는 light를 저장하시오.

03. mtcars 데이터셋을 열이 왼쪽에서 오른쪽으로 알파벳순으로 배치되도록 출력하시오.

04. 다음 서브셋 추출 코드의 오류를 바로잡으시오.

```
mtcars[mtcars$cyl = 4, ]
mtcars[-1:4, ]
mtcars[mtcars$cyl <= 5]
mtcars[mtcars$cyl == 4 | 6, ]
```

05. 다음의 첫 번째 코드는 에러가 발생한다. 왜 그런지 이유를 설명하고 두 번째 코드와 어떻게 다른지 비교하시오.

```
mtcars[1:15]
mtcars[1:15,]
```

06. iris 데이터셋으로부터 70%의 데이터를 무작위 표본추출하시오.

07. 다음과 같은 벡터 names를 생성하고 'apply 패밀리' 함수를 이용하여 names 각 원소의 문자 개수를 (a) 리스트 형식과 (b) 벡터 형식으로 출력하시오.

```
names <- c("Gates", "Jobs", "Bezos")
```

08. 다음과 같은 두 개의 리스트 lst1과 lst2를 생성하고 mapply() 함수와 identical() 함수를 이용하여 두 리스트의 각 원소가 동일한지 여부를 확인하시오.

```
lst1 <- list(A=matrix(1:12, nrow=3), B=matrix(1:12, nrow=2), C=1:12)
lst2 <- list(A=matrix(1:12, nrow=3), B=matrix(1:12, nrow=6), C=12:1)
```

09. apply() 함수를 이용하여 state.x77 데이터셋의 각 열의 평균과 표준편차를 구하시오.

10. nycflights13 패키지에 포함된 flights 데이터셋을 이용하여 다음과 같이 각 도착지 공항별 빈도(count), 비행거리 평균(dist), 지연시간 평균(delay)을 출력하시오(dplyr 패키지 사용, 도착지의 출현 빈도 50번 이상으로 제한, 지연시간 상위 10개 도착지로 제한).

```
   dest  count  dist delay
   <chr> <int> <dbl> <dbl>
 1 CAE     116  604.  41.8
 2 TUL     315  1215  33.7
 3 OKC     346  1325  30.6
…(중략)
 8 DSM     569 1021.  19.0
 9 GRR     765  606.  18.2
10 BHM     297  866.  16.9
```

11. nycflights13 패키지에 포함된 flights 데이터셋, airlines 데이터셋, airports 데이터셋을 이용하여 다음과 같은 작업을 수행하시오(dplyr 패키지 사용).

(a) 각 항공편에 항공사 이름(name)을 추가하여 다음과 같은 형태로 출력하시오.

```
   year month   day  hour origin dest  tailnum carrier name
  <int> <int> <int> <dbl> <chr>  <chr> <chr>   <chr>   <chr>
1  2013     1     1     5 EWR    IAH   N14228  UA      United Air Lines Inc.
2  2013     1     1     5 LGA    IAH   N24211  UA      United Air Lines Inc.
3  2013     1     1     5 JFK    MIA   N619AA  AA      American Airlines Inc.
4  2013     1     1     5 JFK    BQN   N804JB  B6      JetBlue Airways
5  2013     1     1     6 LGA    ATL   N668DN  DL      Delta Air Lines Inc.
…(중략)
```

(b) 가장 인기 있는(즉 항공편 횟수가 가장 많은) 상위 10개 공항을 목적지로 갖는 항공편을 다음과 같은 형태로 공항 이름(name)과 함께 출력하시오.

```
   year month   day  hour origin dest  name                        tailnum carrier
  <int> <int> <int> <dbl> <chr>  <chr> <chr>                       <chr>   <chr>
1  2013     1     1     5 JFK    MIA   Miami Intl                  N619AA  AA
2  2013     1     1     6 LGA    ATL   Hartsfield Jackson Atl~     N668DN  DL
3  2013     1     1     5 EWR    ORD   Chicago Ohare Intl          N39463  UA
4  2013     1     1     6 EWR    FLL   Fort Lauderdale Hollyw~     N516JB  B6
5  2013     1     1     6 JFK    MCO   Orlando Intl                N593JB  B6
…(중략)
```

연 | 습 | 문 | 제 >>>

12. gapminder 패키지에 포함된 gapminder 데이터셋과 country_codes 데이터셋을 이용하여 다음과 같은 작업을 수행하시오(dplyr 패키지 사용).

(a) 대륙별 관측값과 국가의 개수를 산출하시오.
(b) 대륙별로 2007년의 기대수명 중위수를 계산하시오.
(c) 한국, 미국, 프랑스의 소속 대륙과 국가 코드를 다음과 같은 형태로 출력하시오.

```
  country       continent iso_alpha iso_num
  <chr>         <fct>     <chr>       <int>
1 France        Europe    FRA           250
2 Korea, Rep.   Asia      KOR           410
3 United States Americas  USA           840
```

13. 학생 정보가 다음과 같은 리스트 구조로 저장되어 있다.

```
tbl1 <- tibble(name="Oliver", age=25)
tbl2 <- tibble(name=c("Oliver", "Emma"), sex=c("Male", "Female"))
tbl3 <- tibble(name="Emma", grade="A")
lst <- list(age=tbl1, gender=tbl2, grade=tbl3)
lst
$age
# A tibble: 1 x 2
  name     age
  <chr>  <dbl>
1 Oliver    25

$gender
# A tibble: 2 x 2
  name   sex
  <chr>  <chr>
1 Oliver Male
2 Emma   Female

$grade
# A tibble: 1 x 2
  name  grade
  <chr> <chr>
1 Emma  A
```

다음과 같은 작업을 수행하시오(purrr 패키지 사용).

(a) 리스트의 각 원소에 저장되어 있는 데이터프레임을 학생 이름을 기준으로 풀조인하여 다음과 같은 학생 정보 데이터프레임을 완성하시오.

```
  name     age  sex    grade
  <chr>  <dbl>  <chr>  <chr>
1 Oliver    25  Male   NA
2 Emma      NA  Female A
```

(b) 풀조인 과정을 단계별로 보여주시오.

14. 제품 정보가 다음과 같은 리스트 구조로 저장되어 있다.

```
tbl1 <- tibble(name=c("Mouse", "Keyboard", "USB"), price=c(30000, 90000, 50000))
tbl2 <- tibble(part=c("Mouse", "Keyboard", "Monitor"), quantity=c(20, 30, 10))
tbl3 <- tibble(product=c("Keyboard", "USB", "Webcam"), madein=c("Korea", "USA", "China"))
lst <- list(price=tbl1, quantity=tbl2, madein=tbl3)
lst
$price
# A tibble: 3 x 2
  name      price
  <chr>     <dbl>
1 Mouse     30000
2 Keyboard  90000
3 USB       50000

$quantity
# A tibble: 3 x 2
  part     quantity
  <chr>       <dbl>
1 Mouse          20
2 Keyboard       30
3 Monitor        10

$madein
# A tibble: 3 x 2
  product   madein
  <chr>     <chr>
1 Keyboard  Korea
2 USB       USA
3 Webcam    China
```

연 | 습 | 문 | 제 >>>

다음과 같은 작업을 수행하시오(purrr 패키지 사용).

(a) 리스트의 각 원소에 저장되어 있는 데이터프레임을 제품명을 기준으로 레프트조인하여 다음과 같은 제품 정보 데이터프레임을 완성하시오.

```
  name      price quantity madein
  <chr>     <dbl>    <dbl> <chr>
1 Mouse     30000       20 NA
2 Keyboard  90000       30 Korea
3 USB       50000       NA USA
```

(b) 레프트조인 과정을 단계별로 보여주시오.

15. gapminder 패키지에 포함된 gapminder 데이터셋을 이용하여 다음과 같은 작업을 수행하시오(dplyr, purrr, tidyr 패키지 사용).

(a) 대륙별 기대수명 평균을 계산하여 다음과 같은 형태로 출력하시오.

```
  continent data               lifeExp.avg
  <fct>     <list>                   <dbl>
1 Asia      <tibble [396 x 5]>        60.1
2 Europe    <tibble [360 x 5]>        71.9
3 Africa    <tibble [624 x 5]>        48.9
4 Americas  <tibble [300 x 5]>        64.7
5 Oceania   <tibble [24 x 5]>         74.3
```

(b) 대륙별로 기대수명(lifeExp)을 결과변수로 사용하고 인구(pop), 1인당 GDP(gdpPercap), 연도(year)를 예측변수로 사용하여 회귀분석을 수행한 후 대륙별 R^2를 다음과 같은 형태로 출력하시오.

```
  continent data               model  summary     R.squared
  <fct>     <list>             <list> <list>          <dbl>
1 Asia      <tibble [396 x 5]> <lm>   <smmry.lm>      0.522
2 Europe    <tibble [360 x 5]> <lm>   <smmry.lm>      0.695
3 Africa    <tibble [624 x 5]> <lm>   <smmry.lm>      0.416
4 Americas  <tibble [300 x 5]> <lm>   <smmry.lm>      0.606
5 Oceania   <tibble [24 x 5]>  <lm>   <smmry.lm>      0.973
```

16. 두 명의 환자(ID)를 대상으로 두 가지 유형의 약(Type)을 투여한 후 검사(X1, X2)를 실시하여 그 결과를 기록한 다음의 데이터를 데이터프레임 형식으로 저장하시오.

```
  ID Type X1 X2
1  1   T1  4  3
2  1   T2  7  6
3  2   T1  2  4
4  2   T2  5  1
```

다음 각 작업을 수행하시오(reshape2 패키지 사용).

(a) 다음과 같은 롱포맷으로 변환하시오.

```
  ID Type variable value
1  1   T1       X1     4
2  1   T2       X1     7
3  2   T1       X1     2
4  2   T2       X1     5
5  1   T1       X2     3
6  1   T2       X2     6
7  2   T1       X2     4
8  2   T2       X2     1
```

(b) (a)에서 변환한 롱포맷 데이터셋을 다음과 같은 모양의 와이드포맷으로 변환하시오.

①

```
  ID Type X1 X2
1  1   T1  4  3
2  1   T2  7  6
3  2   T1  2  4
4  2   T2  5  1
```

②

```
  ID variable T1 T2
1  1       X1  4  7
2  1       X2  3  6
3  2       X1  2  5
4  2       X2  4  1
```

③

```
  ID X1_T1 X1_T2 X2_T1 X2_T2
1 1      4     7     3     6
2 2      2     5     4     1
```

(c) (a)에서 변환한 롱포맷 데이터셋을 다음과 같은 모양의 와이드포맷으로 변환하고, 셀값들은 평균으로 나타내시오.

①

```
  ID  X1  X2
1  1 5.5 4.5
2  2 3.5 2.5
```

②

```
  Type X1  X2
1   T1  3 3.5
2   T2  6 3.5
```

③

```
  ID  T1  T2
1  1 3.5 6.5
2  2 3.0 3.0
```

17. ChickWeight 데이터셋을 이용하여 다음을 수행하시오(reshape2 패키지 사용).

(a) Time, Chick, Diet 변수를 식별자 변수로 사용하여 롱포맷으로 변환하시오.
(b) (a)에서 변환한 롱포맷 데이터셋을 와이드포맷으로 변환하여 다음 항목별로 닭의 평균 무게를 계산하시오.

① 사육 기간(Time)
② 사료 종류(Diet)
③ 사료 종류와 사육 기간(Diet, Time)

18. tidyr 패키지에 포함된 relig_income 데이터셋을 이용하여 종교(religion), 소득(income), 빈도(count)의 세 변수로 구성된 롱포맷 데이터셋을 생성하시오(tidyr 패키지의 gather() 함수와 pivot_longer() 함수 사용).

19. tidyr 패키지에 포함된 table4b 데이터셋과 table2 데이터셋을 이용하여 다음 작업을 수행하시오(tidyr 패키지 사용).

(a) table4b 데이터셋을 다음과 같은 형태로 변환하시오.

```
  country     year  population
  <chr>       <chr>      <int>
1 Afghanistan 1999    19987071
2 Afghanistan 2000    20595360
3 Brazil      1999   172006362
4 Brazil      2000   174504898
5 China       1999  1272915272
6 China       2000  1280428583
```

(b) table2 데이터셋을 다음과 같은 형태로 변환하시오.

```
  country      year   cases population
  <chr>       <int>   <int>      <int>
1 Afghanistan  1999     745   19987071
2 Afghanistan  2000    2666   20595360
3 Brazil       1999   37737  172006362
4 Brazil       2000   80488  174504898
5 China        1999  212258 1272915272
6 China        2000  213766 1280428583
```

Chapter 10

그래픽

Chapter 10 | 그래픽

10.1 그래픽 개요

R은 매우 강력한 그래픽(graphics) 기능을 제공한다. R과 함께 설치되는 표준패키지에는 그래픽 기능을 지원하는 `graphics` 패키지가 포함되어 있으며 이를 이용하여 다양한 그래픽을 생성할 수 있다.[1] R의 `graphics` 패키지가 제공하는 베이스 그래픽(base graphics)은 고수준 그래픽 함수(high-level graphics function)와 저수준 그래픽 함수(low-level graphics function)로 구성되어 있다. 우선 이 두 종류의 그래픽 함수가 서로 어떻게 다른지 살펴보자.

고수준 그래픽 함수는 완전한 하나의 그래프를 생성한다. 그래프 창을 초기화하고, 축 눈금을 설정하고, 제목이나 축 이름 같은 그래프 요소를 추가하고, 그 밖에 다양한 요소를 결합하여 최종적으로 하나의 완성된 그래프를 생성한다. 예를 들어, 다음과 같은 함수는 하나의 완전한 그래프를 생성하는 고수준 그래픽 함수에 해당한다.

- `plot()`: 제네릭 그래프 생성(generic plotting)
- `boxplot()`: 상자도표(box plot) 생성
- `hist()`: 히스토그램(histogram) 생성
- `qqnorm()`: Q–Q도표(quantile–quantile plot) 생성
- `curve()`: 사용자 지정 함수로부터 그래프 생성

저수준 그래픽 함수는 독자적으로 새로운 그래프를 생성할 수 없다. 기존의 완성된 그래프에 부가적인 요소를 추가하는 역할을 한다. 이미 생성된 그래프상에 점, 선, 텍스트 등을 추가할 때 사용할 수 있다. 예를 들어, 다음과 같은 함수는 부가적인 요소를 추가하는 저수준 그래픽 함수에 해당한다.

1 표준패키지인 `graphics` 패키지 이외에 `lattice`, `ggplot2` 등의 패키지를 이용하면 표준패키지에서 제공하는 그래픽과는 다른(일반적으로 좀 더 예쁜) 다양한 데이터 시각화(data visualization) 작업을 수행할 수 있다. 이 두 패키지는 '제11장 고급 그래픽'에서 살펴본다.

- points(): 점 추가
- lines(): 선 추가
- abline(): 직선 추가
- segments(): 꺾은선 추가
- polygon(): 다각형 추가
- text(): 텍스트 추가

저수준 그래픽 함수를 호출하기 전에는 반드시 고수준 그래픽 함수를 먼저 호출해야 한다. 저수준 그래픽 함수는 그래프 창을 생성할 수 없기 때문에 저수준 그래픽 함수만으로는 그래프 작업을 수행할 수 없다. 따라서 저수준 그래픽 함수를 이용하기 위해서는 먼저 고수준 그래픽 함수를 통해 사용할 그래프 창을 초기화한다.

R의 표준패키지에 포함된 **faithful** 데이터셋을 이용하여 그래프를 생성해보자. **faithful** 데이터셋은 미국 옐로우스톤(Yellowstone) 국립공원에 있는 올드페이스풀 간헐천(Old Faithful Geyser)의 분출 현상을 관측한 데이터이다. **faithful** 데이터프레임은 **eruptions** 변수와 **waiting** 변수로 구성되어 있다. **eruptions** 변수는 간헐천의 분출 지속시간을, **waiting** 변수는 분출 간의 간격을 나타낸다. 두 변수는 모두 분 단위로 측정되었다.

```
> str(faithful)
'data.frame':  272 obs. of  2 variables:
 $ eruptions: num  3.6 1.8 3.33 2.28 4.53 ...
 $ waiting  : num  79 54 74 62 85 55 88 85 51 85 ...
```

R에서 그래프를 생성하는 가장 간단한 방법은 **plot()** 함수를 이용하는 것이다. **plot()** 함수는 인수로 주어지는 데이터의 형식에 따라 다양한 형태의 그래프를 생성하는 대표적인 고수준 그래픽 함수이다. **faithful** 데이터셋에 다음과 같이 **plot()** 함수를 적용해보자.

```
> plot(faithful)
```

[그림 10-1]은 출력된 그래프이다. **faithful** 데이터셋이 두 개의 열을 갖는 데이터프레임 형식이기 때문에 **plot()** 함수는 첫 번째 열(eruptions)을 X축으로 하고 두 번째 열(waiting)을 Y축으로 하는 산점도(scatter plot)를 생성한다. 산점도로부터 분출시간이 길수록 대기시간 역시 길어지는 관계 패턴을

[그림 10-1] **plot() 함수로 생성한 산점도.** 간헐천의 분출시간과 대기시간은 정의 선형관계를 보이고 있으며 크게 두 개의 클러스터를 형성하고 있다.

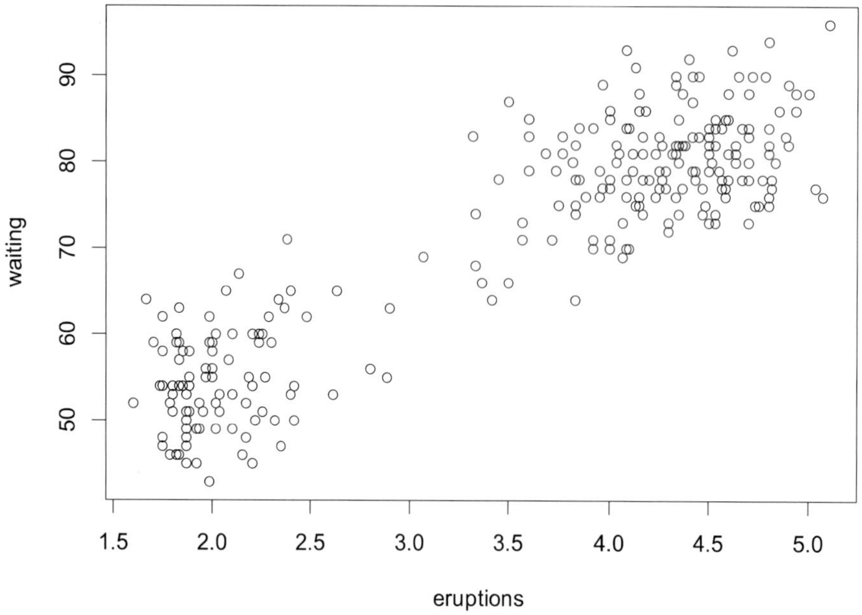

관찰할 수 있다.

이처럼 plot() 함수는 고수준 그래픽 함수로서 하나의 완전한 그래프를 생성한다. 여기에 저수준 그래픽 함수를 이용하여 점이나 선 등의 부가적인 요소를 덧붙여보자. 그래프상에 점을 표현하기 위해서는 points() 함수를 이용한다. faithful 데이터셋의 산점도를 보면 분출시간과 대기시간에 따라 크게 두 개의 클러스터가 있는 것처럼 보인다. 산점도 우상단의 클러스터, 즉 분출시간과 대기시간이 상대적으로 긴 클러스터의 점들을 빨간색으로 나타내보자. 이 클러스터는 분출시간이 대략 3분 이상인 것으로 보인다. 따라서 우선 다음과 같이 faithful 데이터셋으로부터 분출시간이 3분을 초과하는 관측값을 추출한다.

```
> eruptions.long <- with(faithful, faithful[eruptions > 3,])
```

그리고 이렇게 추출한 관측값을 points() 함수를 이용하여 다음과 같이 빨간색 점으로 나타낸다.

```
> plot(faithful)
> points(eruptions.long, col="red", pch=19)
```

points() 함수에 인수를 지정함으로써 점의 색상이나 모양을 변경할 수 있다. col 인수에 색상을 지정하며 pch 인수에 사용하고자 하는 심볼(symbol)을 지정한다. 여기에서는 빨간색(col="red")으로 속이 채워진 원(pch=19)을 심볼로 사용한다. [그림 10-2]는 points() 함수를 이용한 그래프 출력 결과이다. 분출시간과 대기시간이 긴 관측값이 빨간색 점으로 표현되었다.

points() 함수를 이용하기 전에는 반드시 먼저 plot() 함수를 통해 그래프를 생성해야 한다. 만약 기존에 생성된 그래프가 없는 상태에서 points() 함수만을 이용하여 그래프를 나타내고자 하면 에러가 발생한다. 다음과 같이 dev.off() 함수를 이용하여 그래프 창을 닫은 후 저수준 그래픽 함수인 points() 함수를 호출해보자. 에러가 발생한다.

```
> dev.off()
null device
          1
> points(eruptions.long, col="red", pch=19)
Error in plot.xy(xy.coords(x, y), type = type, ...) :
  plot.new has not been called yet
```

[그림 10-2] points() 함수로 추가한 심볼. 분출시간과 대기시간이 긴 클러스터의 관측값을 빨간색 점으로 나타낸다.

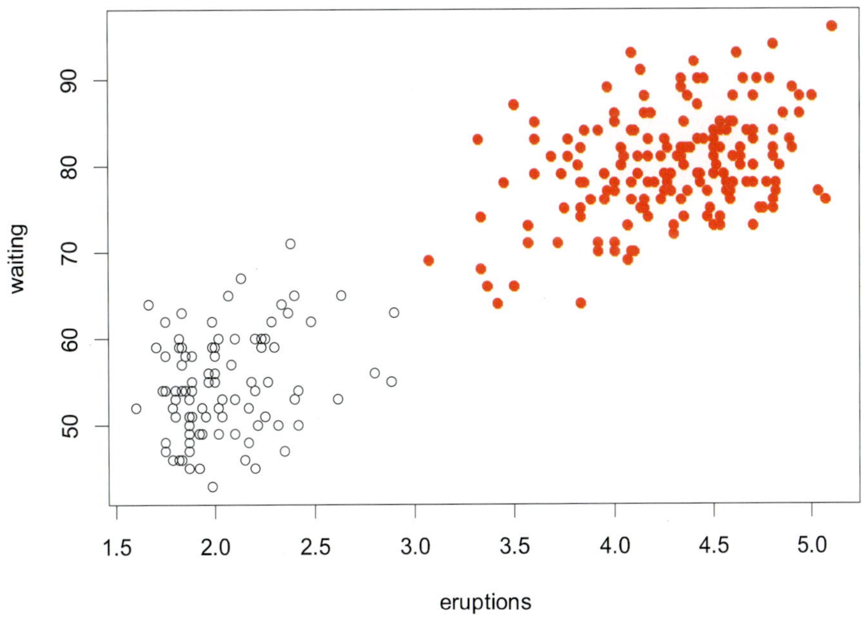

점을 표현한 것과 유사한 방식으로 lines() 함수를 이용하여 그래프상에 선을 나타낼 수 있다. 예를 들어, lines() 함수를 이용하여 산점도상에 회귀선을 그릴 수 있다. 이를 위해서는 먼저 다음과 같이 lm() 함수를 이용하여 선형회귀모델을 추정한다.2 여기에서 waiting은 종속변수, eruptions는 독립변수이다.

```
> faithful.lm <- lm(waiting ~ eruptions, data=faithful)
```

일단 회귀모델을 추정하고 나면 fitted() 함수를 이용하여 회귀모델로부터 예측값을 추출할 수 있으며 이 값을 이용하여 그래프상에 회귀선을 그릴 수 있다. lines() 함수에 선으로 연결할 x, y 벡터를 첫 번째 인수(x)와 두 번째 인수(y)에 차례로 지정한다. 이때 y 벡터에 회귀모델로부터 추출한 예측값을 지정한다.

```
> plot(faithful)
> points(eruptions.long, col="red", pch=19)
> lines(x=faithful$eruptions, y=fitted(faithful.lm), col="blue")
```

그래프상에 선을 그리는 또 다른 유용한 함수는 abline() 함수이다. abline() 함수를 이용하여 수평선, 수직선, 기울기 등을 그릴 수 있다. 예를 들어, 분출시간이 3분인 지점에 수직선을 그리려면 다음과 같이 v 인수에 수직선이 그려질 X축의 값을 지정한다.

```
> abline(v=3, col="purple")
```

수평선을 그리기 위해서는 h 인수에 수평선이 그려질 Y축의 값을 지정한다. 예를 들어, 평균 대기시간을 가로지르는 수평선을 그리려면 다음과 같이 대기시간의 평균을 계산한 후 그 값을 h 인수에 지정한다.

```
> abline(h=mean(faithful$waiting), col="green")
```

abline() 함수에 인수 a와 b를 지정함으로써 $y = a + bx$에 대응되는 직선을 그릴 수 있다. 즉 다음과 같이 회귀모델로부터 절편과 기울기의 회귀계수를 추출한 후 각각 a, b 인수에 지정하여 회귀선을 그린다. 또는 회귀모델 객체를 abline() 함수에 인수로 제공해도 동일한 회귀선을 그릴 수 있다.3 abline() 함수를 이용한 이

2 선형회귀모델을 추정하는 lm() 함수는 '제12장 데이터분석'의 '12.1 통계분석'을 참고한다.

3 plot() 함수에 회귀모델 객체를 인수로 주면 회귀선을 그릴 수 있을 것 같지만 그렇지 않다. 대신에 회귀모델의 적합성 정도를 보여주는 다양한 진단도표(diagnostic plot)가 출력된다.

[그림 10-3] lines() 함수와 abline() 함수로 추가한 선. 산점도상에 회귀선, 수직선, 수평선을 서로 다른 색으로 그린다.

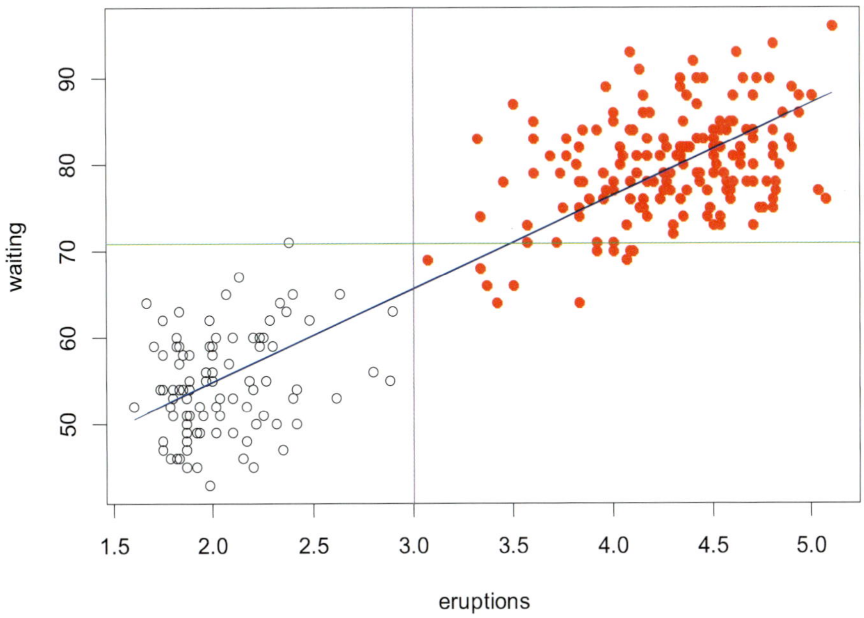

두 가지 방법은 앞에서 lines() 함수를 이용하여 그린 회귀선과 동일한 결과를 출력한다.

```
> abline(a=coef(faithful.lm)[1], b=coef(faithful.lm)[2], col="blue")
> abline(faithful.lm, col="blue")
```

[그림 10-3]은 lines() 함수와 abline() 함수를 이용하여 산점도상에 회귀선, 수직선, 수평선을 그린 출력 결과이다. 세 개의 선이 각각 다른 색(파란색, 보라색, 초록색)으로 그려졌다.

10.2 그래프 생성 및 저장

plot() 함수는 R의 베이스 그래픽에서 가장 빈번히 활용되는 그래프 생성 함수이다. plot() 함수는 제네릭 함수(generic function)로서 인수로 주어지는 데이터 형식에 따라 가장 적합한 형태의 그래프를 자동으로 생성한다. 즉 plot(x)는 인수로 주어진 x의 데이터 형식이 벡터인지, 팩터인지, 데이터프레임인지, 시계열인지, 테이블인지, 선형회귀모델인지 등에 따라 그에 적합한 형태의 그래프를 출력한다.

[그림 10-4] plot() 함수로 생성한 산점도. 자동차 속도가 빠를수록 제동거리는 길어진다.

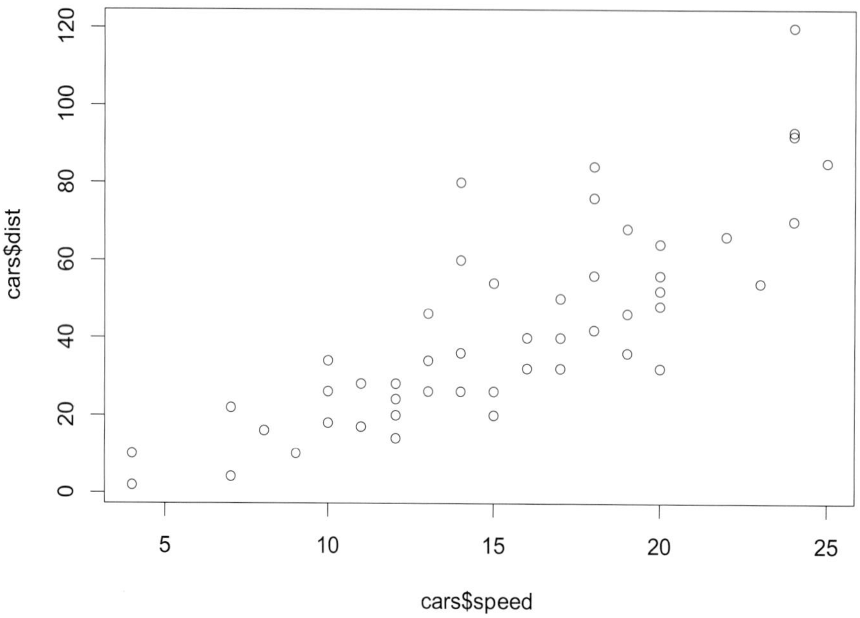

plot() 함수가 갖는 제네릭 함수로서의 유용성을 살펴보자. plot() 함수는 두 개의 숫자 벡터가 인수로 주어지면 두 벡터를 각각 X축과 Y축으로 하는 산점도를 생성한다. [그림 10-4]는 cars 데이터셋으로부터 생성한 자동차 속도(speed)와 제동거리(dist) 간의 산점도이다.

```
> str(cars)
'data.frame':  50 obs. of  2 variables:
 $ speed: num  4 4 7 7 8 9 10 10 10 11 ...
 $ dist : num  2 10 4 22 16 10 18 26 34 17 ...
> plot(cars$speed, cars$dist)
```

데이터가 두 개의 열로 구성된 데이터프레임 형식으로 저장되어 있다면 좀 더 간단하게 산점도를 생성할 수 있다. 다음과 같이 plot() 함수에 두 개 열로 구성된 데이터프레임을 인수로 주면 plot() 함수는 데이터프레임의 첫 번째 열은 X축으로, 두 번째 열은 Y축으로 하는 산점도를 생성한다.

```
> plot(cars)
```

[그림 10-5] **plot() 함수로 생성한 상자도표.** 두 종류의 비타민 C 보충제별로 기니피그의 이빨 성장 속도의 분포를 살펴볼 수 있다.

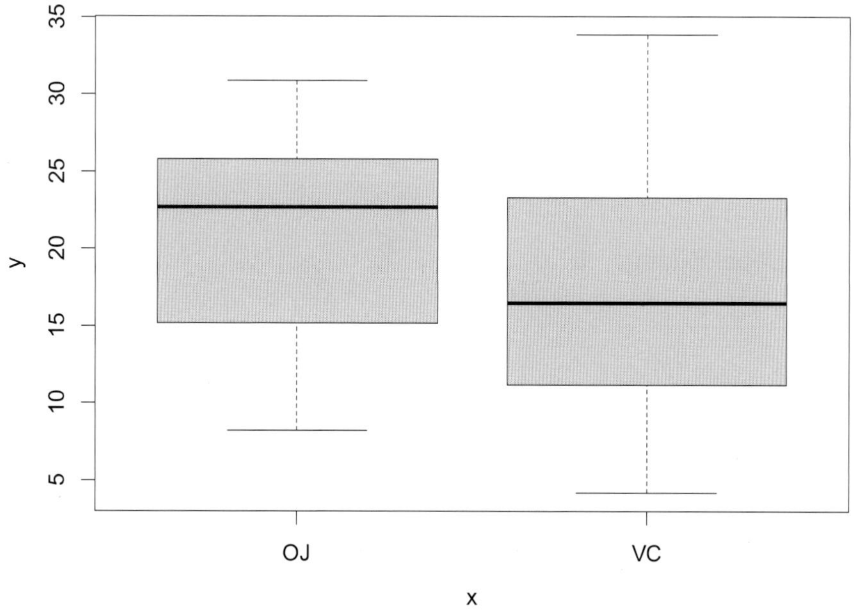

인수로 주어지는 두 벡터 중 첫 번째 벡터, 즉 x 벡터가 집단을 나타내는 팩터 형식이면 `plot()` 함수는 집단별 상자도표(box plot)를 생성한다. `ToothGrowth` 데이터셋의 `supp` 변수는 팩터 형식으로서 OJ(orange juice)와 VC(vitamin C)라는 두 레벨을 갖는다. [그림 10-5]는 기니피그(guinea pig) 이빨 길이의 분포를 나타낸 상자도표이다. 비타민 C 보충제가 오렌지 주스 형태로 제공된 경우(OJ)와 아스코르브산(ascorbic acid) 형태로 제공된 경우(VC)의 두 집단별 분포를 보여준다.

```
> str(ToothGrowth)
'data.frame':  60 obs. of  3 variables:
 $ len  : num  4.2 11.5 7.3 5.8 6.4 10 11.2 11.2 5.2 7 ...
 $ supp : Factor w/ 2 levels "OJ","VC": 2 2 2 2 2 2 2 2 2 2 ...
 $ dose : num  0.5 0.5 0.5 0.5 0.5 0.5 0.5 0.5 0.5 0.5 ...
> plot(ToothGrowth$supp, ToothGrowth$len)
```

앞에서 살펴본 것처럼 `plot()` 함수에 데이터프레임을 인수로 제공하면 산점도가 생성된다. 이때 변수가 두 개일 경우에는 두 변수를 축으로 하는 산점도가 생성되지만 변수가 두 개를 초과할 경우에는 산점도 행렬(scatterplot matrix)이 생성된다. [그림 10-6]은 `iris` 데이터프레임에 포함된 처음 네 개의

[그림 10-6] **plot() 함수로 생성한 산점도 행렬.** 아이리스 꽃받침 및 꽃잎의 길이와 폭을 나타내는 네 변수 간의 산점도가 행렬의 형태로 나타난다.

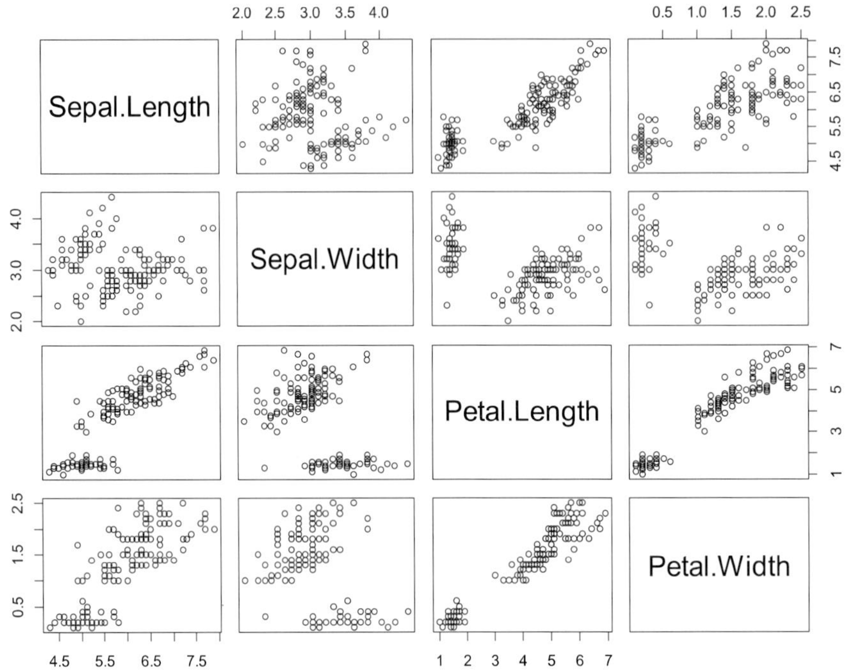

열을 대상으로 plot() 함수를 적용한 결과이다. 아이리스 꽃의 꽃받침 및 꽃잎의 길이와 폭을 나타내는 네 변수 간의 산점도 행렬이 생성되었다.

```
> str(iris)
'data.frame':  150 obs. of  5 variables:
 $ Sepal.Length: num  5.1 4.9 4.7 4.6 5 5.4 4.6 5 4.4 4.9 ...
 $ Sepal.Width : num  3.5 3 3.2 3.1 3.6 3.9 3.4 3.4 2.9 3.1 ...
 $ Petal.Length: num  1.4 1.4 1.3 1.5 1.4 1.7 1.4 1.5 1.4 1.5 ...
 $ Petal.Width : num  0.2 0.2 0.2 0.2 0.2 0.4 0.3 0.2 0.2 0.1 ...
 $ Species     : Factor w/ 3 levels "setosa","versicolor",..: 1 1 1 1 1 1 1 1 1 1 ...
> plot(iris[,1:4])
```

시계열(time series) 데이터가 인수로 주어지면 plot() 함수는 관측값이 선으로 연결된 시계열도표(time series plot)를 생성한다. [그림 10-7]은 코네티컷(Connecticut) 주 뉴헤이븐(New Haven) 시의 연평균 기온을 보여주는 시계열도표이다. X축에 연도가, Y축에 연평균 기온이 표시되어 있다.

[그림 10-7] **plot() 함수로 생성한 시계열도표.** 시간의 흐름에 따른 기온의 변화를 파악할 수 있다.

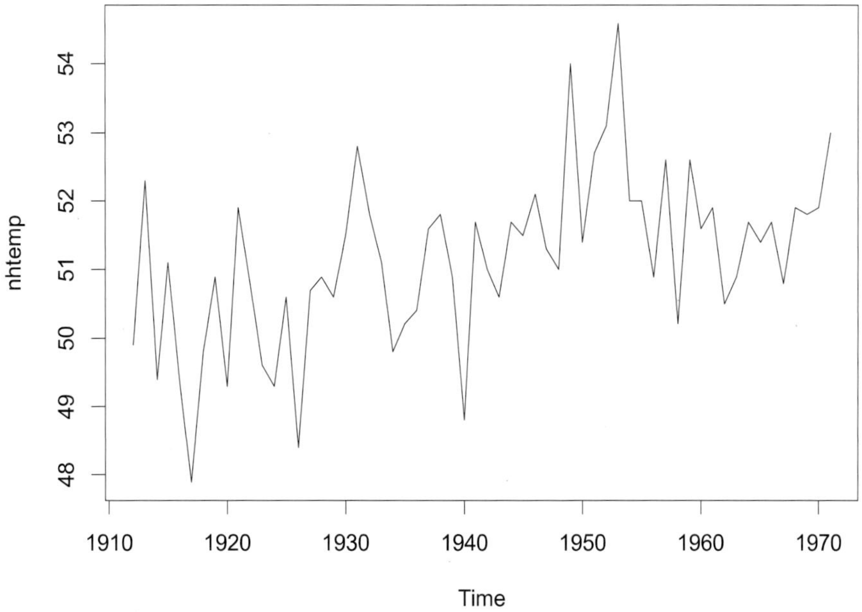


```
> str(nhtemp)
 Time-Series [1:60] from 1912 to 1971: 49.9 52.3 49.4 51.1 49.4 47.9 49.8 50.9 ...
> plot(nhtemp)
```

plot() 함수는 테이블 형식의 데이터가 주어지면 모자이크도표(mosaic plot)를 생성한다. 모자이크도표는 교차표의 빈도수에 비례한 크기로 사각형의 모자이크 조각을 그린다. [그림 10-8]은 UCBAdmission 데이터셋에 plot() 함수를 적용한 결과이다. 버클리대학(UC Berkley)의 대학원 입학 허가 여부를 성별, 여섯 개의 학과별로 합격/불합격 빈도수에 따라 모자이크 조각의 크기로 표현하였다. 각 세부 집단별 데이터의 분포를 쉽게 비교할 수 있다.

```
> str(UCBAdmissions)
 table [1:2, 1:2, 1:6] 512 313 89 19 353 207 17 8 120 205 ...
 - attr(*, "dimnames")=List of 3
  ..$ Admit  : chr [1:2] "Admitted" "Rejected"
  ..$ Gender : chr [1:2] "Male" "Female"
  ..$ Dept   : chr [1:6] "A" "B" "C" "D" ...
> plot(UCBAdmissions)
```

[그림 10-8] **plot() 함수로 생성한 모자이크도표**. 모자이크 조각의 크기로 교차표의 상대적 빈도를 확인할 수 있다.

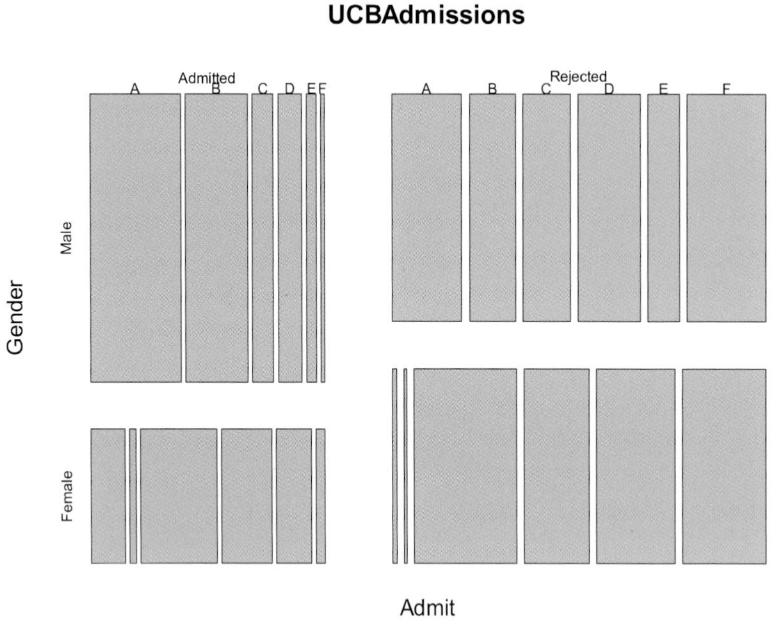

일반적인 데이터 객체뿐만 아니라 모델 객체도 `plot()` 함수의 인수로 사용될 수 있다. 선형회귀모델 객체를 인수로 주면 `plot()` 함수는 [그림 10-9]와 같은 회귀모델에 대한 진단도표(diagnostic plot)를 출력한다.

```
> str(faithful)
'data.frame':  272 obs. of  2 variables:
 $ eruptions: num  3.6 1.8 3.33 2.28 4.53 ...
 $ waiting  : num  79 54 74 62 85 55 88 85 51 85 ...
> faithful.lm <- lm(waiting ~ eruptions, data=faithful)
> class(faithful.lm)
[1] "lm"
> plot(faithful.lm)
```

[그림 10-9] **plot() 함수로 생성한 회귀모델 진단도표.** 회귀모델의 적합 정도를 보여준다.

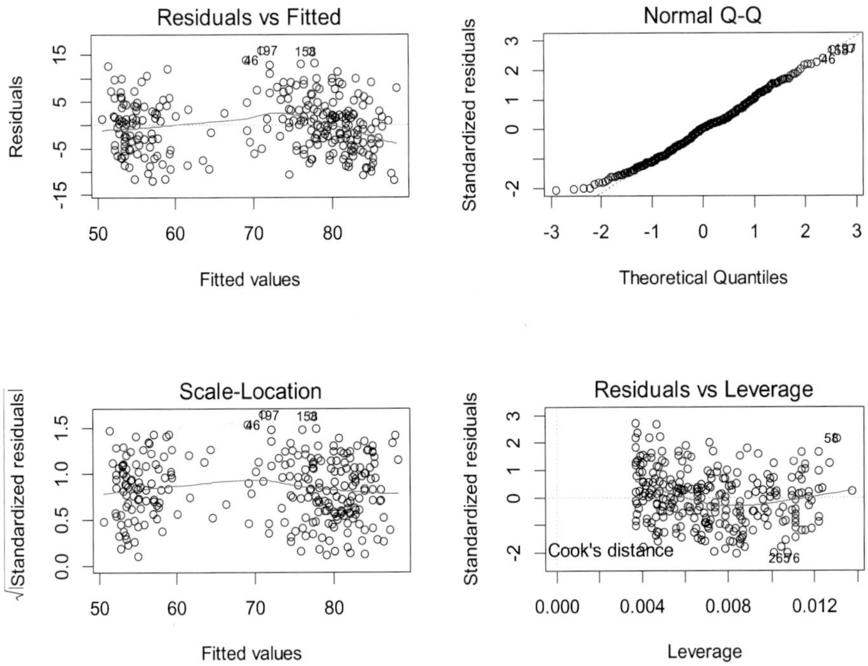

그래프 작업 결과는 다양한 방식으로 파일로 저장할 수 있다. 우선 가장 간단한 방법은 그래프 창의 메뉴를 이용하는 것이다. 『파일 > 다른 이름으로 저장』을 클릭한 후 파일 유형(PDF, PNG, BMP, JPEG 등)을 선택한다. 파일은 현재의 작업 디렉토리에 저장된다. RStudio를 사용하고 있는 경우에는 『Plots > Export』 메뉴를 통해서 동일한 작업을 수행할 수 있다.

다음과 같이 `savePlot()` 함수를 이용하는 것도 그래프 작업 결과를 파일로 저장하는 한 방법이다.[4]

```
> plot(faithful)
> savePlot(filename="myplot.pdf", type="pdf")
```

`savePlot()` 함수의 `filename` 인수에 저장할 파일 이름을 지정하고 `type` 인수에는 파일 유형을 지정한다. `type` 인수에 지정할 수 있는 파일 유형으로는 wmf, png, jpg, pdf, eps 등이 있다. `Devices`에 대한 도움말(`?Devices`)을 참조하면 지정할 수 있는

4 `savePlot()` 함수는 RStudio의 Plots 탭에 생성된 그래프를 저장할 때는 동작하지 않는다. `win.graph()` 함수나 `windows()` 함수를 이용하여 그래프 창을 생성한 후 사용할 수 있다.

파일 유형에 대한 좀 더 자세한 정보를 확인할 수 있다.

다음과 같이 스크립트를 작성하여 그래프 파일을 생성할 수도 있다. 먼저 png(), jpeg(), pdf(), postscript() 같은 그래프 파일 오픈 함수를 호출한다. png() 함수와 jpeg() 함수는 기본적으로 width 인수와 height 인수에 그래프의 크기를 픽셀(pixel) 단위로 지정한다. 하지만 units 인수에 in, cm, mm을 지정하면 각각 인치, 센티미터, 밀리미터 단위로 나타내는 것도 가능하다. pdf() 함수와 postscript() 함수는 width 인수와 height 인수에 인치 단위로 그래프 크기를 지정한다. 그래프 파일 오픈 함수를 호출한 다음 plot() 함수나 다른 그래프 함수를 이용하여 그래프 이미지를 생성한다. 끝으로 dev.off() 함수를 호출하여 그래프 파일을 닫는다.

```
> png("myplot.png", width=648, height=432)
> plot(faithful)
> dev.off()
RStudioGD
        2
```

그래프 파일 오픈 함수는 사용하고 있는 운영체제와 저장하려는 파일 유형에 따라 다르다. 보다 자세한 정보는 도움말(?Devices)을 참고한다.

10.3 그래프 패러미터 설정

plot() 함수는 그래프 생성에 적합한 데이터만 주어지면 최소한의 그래프 형식을 갖춘 기본적인 형태의 그래프를 생성한다. 그러나 그래프를 통해 메시지를 잘 전달하기 위해서는 그래프에 부가적인 요소를 추가하거나 기존 요소를 변경하는 것이 필요할 수 있다. 그래프에 제목을 붙일 수도 있으며, X축과 Y축의 이름을 이해하기 쉽도록 수정할 수도 있다. 그래프를 둘러싼 외곽선의 형태, 제목이나 X축 및 Y축 레이블의 글자 크기, 데이터를 표현하는 심볼이나 선의 모양 또는 색상 등을 변경하는 것도 그래프를 좀 더 멋지게 보이고 이해하기 쉽도록 만드는 데 도움이 된다. 이러한 다양한 그래프 요소를 그래프 패러미터(graphical parameter)라고 한다. 그래프 생성 함수에서 제공하는 다양한 인수를 이용하여 그래프 패러미터를 조정하면 그래프를 좀 더 흥미롭고 이해하기 쉽도록 꾸밀 수 있다.

제목과 축

그래프의 제목, 부제목, X축 이름, Y축 이름은 각각 main, sub, xlab, ylab 인수에 지정한다. faithful 데이터셋을 이용하여 기본 그래프에 제목과 축 이름 등을 추가해보자. [그림 10-10]에서 볼 수 있는 것처럼 그래프에 제목과 축에 대한 설명을 추가함으로써 기본 형태의 단순한 그래프에 비해 전달하려는 메시지가 보다 풍부한 그래프가 생성되었다.

```
> plot(faithful,
+       main="Old Faithful Geyser",
+       sub="Yellowstone National Park",
+       xlab="Eruption time (minutes)",
+       ylab="Waiting time to next eruption (minutes)")
```

X축과 Y축 레이블(축 눈금의 텍스트)의 기본 형태는 [그림 10-10]처럼 축과 평행한 모양이다. 축의 레이블 방향, 즉 레이블 스타일(label style)을 변경하기 위해서는 las 인수를 이용한다. las 인수에

[그림 10-10] 제목, 부제목, X축 이름, Y축 이름. main, sub, xlab, ylab 인수를 이용한다.

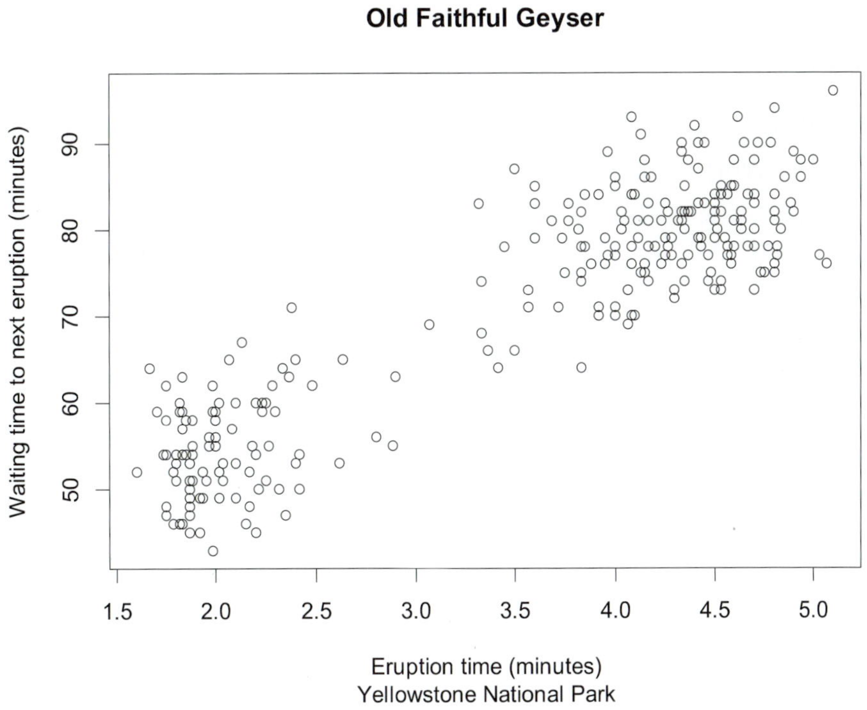

[그림 10-11] 축 레이블 스타일. `las` 인수를 이용한다.

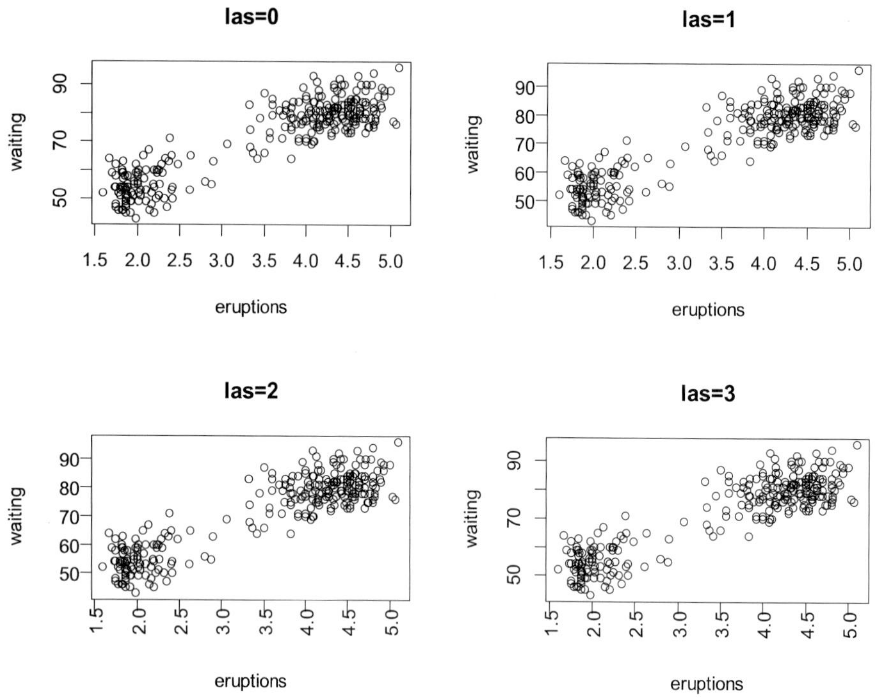

0, 1, 2, 3을 지정함으로써 모두 네 가지 형태로 레이블 스타일을 지정할 수 있다. 기본값은 0으로서 레이블이 축과 평행하게 나타난다. 1은 수평으로, 2는 축과 직각으로, 3은 수직으로 레이블을 삽입한다. [그림 10-11]에 네 가지 축 레이블 스타일을 정리하였다.

```
> plot(faithful, las=0)
> plot(faithful, las=1)
> plot(faithful, las=2)
> plot(faithful, las=3)
```

그래프 영역을 둘러싼 박스 형태(box type)를 변경하기 위해서는 `bty` 인수를 이용한다. 기본값은 o(숫자 0이 아닌 알파벳 o)로서 그래프 주위에 사각형 모양을 그린다. n을 지정하면 그래프 주위에 아무것도 그리지 않는다. l(숫자 1이 아닌 알파벳 l)을 지정하면 그래프 왼쪽과 아래쪽에 직선을 그린다.](오른쪽 대괄호)를 지정하면 그래프 주위에 왼쪽이 비어 있는]와 비슷한 모양의 외곽선을 그린다. 그 밖에 7, c, u 등을 지정할 수 있으며 그래프 주위에 지정한 모양과 유사한 형태의 박스 모양을 그린다.

[그림 10-12] 그래프 영역 외곽선 모양. bty 인수를 이용한다.

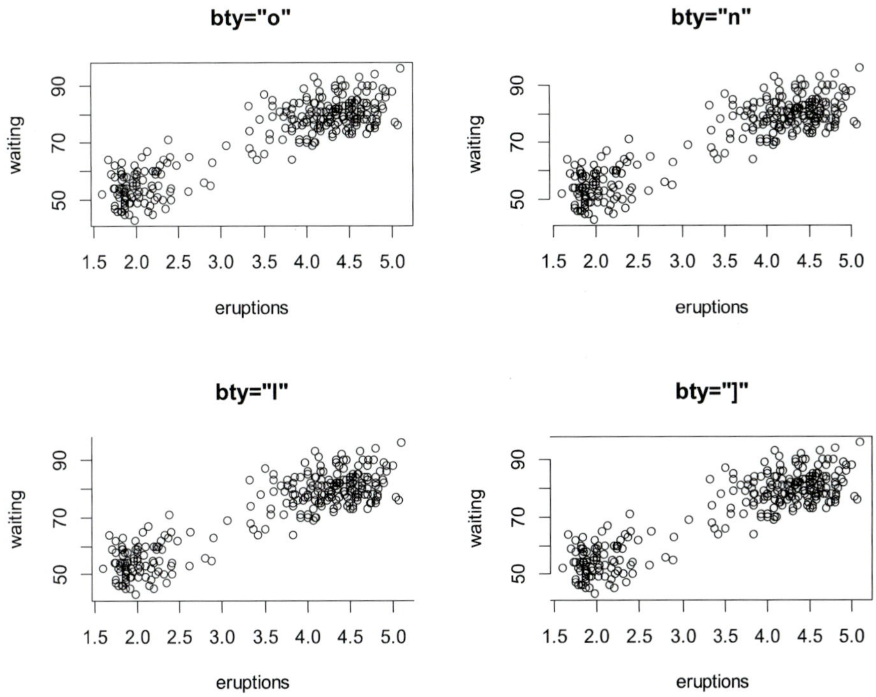

[그림 10-12]에 주요한 박스 모양 몇 가지를 정리하였다.

```
> plot(faithful, bty="o")
> plot(faithful, bty="n")
> plot(faithful, bty="l")
> plot(faithful, bty="]")
```

심볼과 선

pch 인수를 이용하여 데이터를 표현하는 심볼 모양(plotting character)을 지정할 수 있다. pch 인수에 0부터 25까지의 정수를 지정하면 각 정수에 대응되는 심볼로 데이터가 표현된다. 예를 들어, 19는 속이 채워진 원을 의미하고 20은 이보다는 조금 작은 크기의 속이 찬 원을 나타낸다. pch 인수를 지정하지 않으면 기본값으로 1이 사용되며 속이 빈 원이 출력된다. 심볼에는 색상(col)을 함께 지정할 수 있다. 21부터 25까지는 차례대로 속이 비어 있는 원, 사각형, 다이아몬드, 위 삼각형, 아래 삼각형을 나타낸다. 이 심볼들의 경우 외곽선(col)과 속(bg)에 대해 각각 별도로 색상을 지정할 수 있다.

[그림 10-13] 심볼 모양. pch 인수를 이용한다.

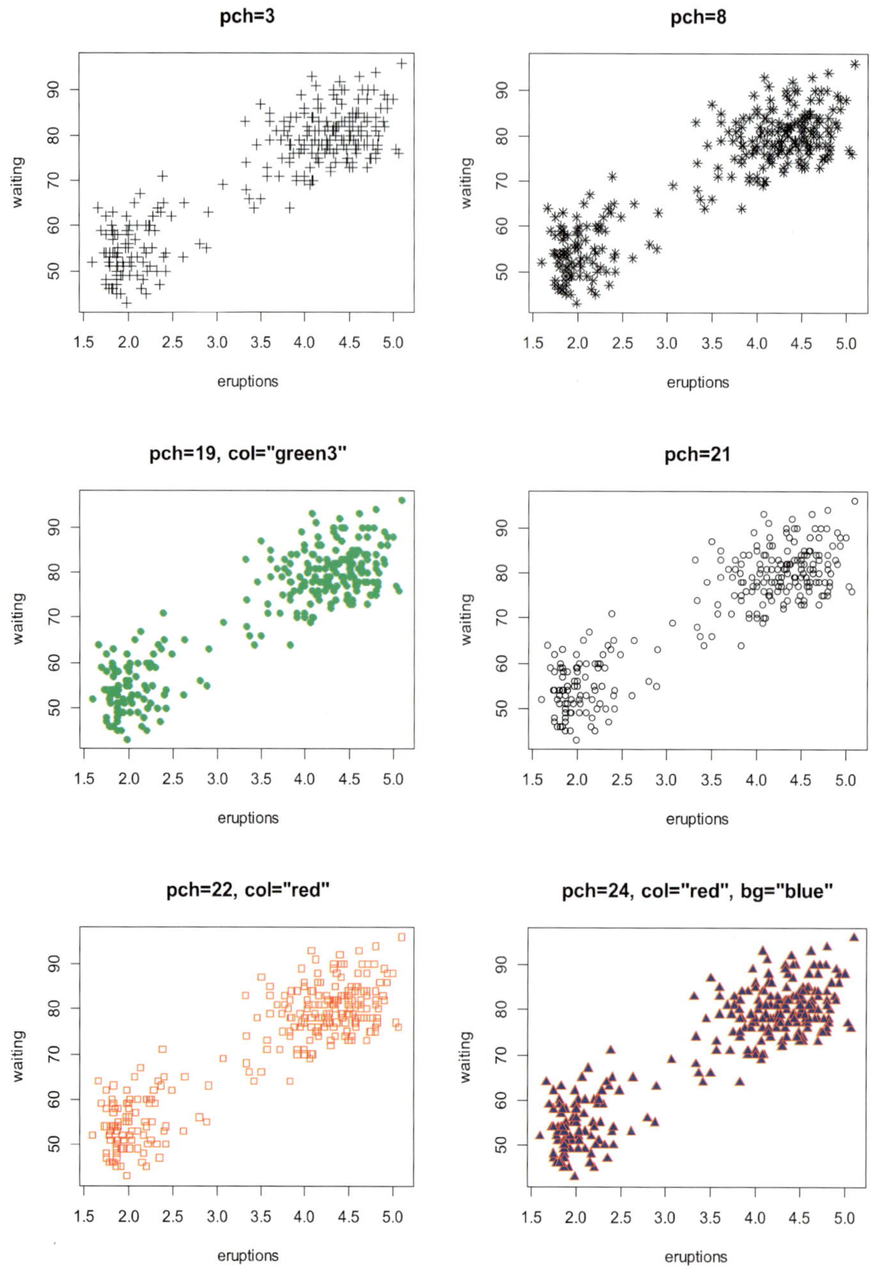

pch 인수 지정을 통해 출력할 수 있는 심볼은 R의 도움말(?points)을 참고한다. [그림 10-13]에 인수로 지정할 수 있는 심볼의 종류 몇 가지를 정리하였다.

```
> plot(faithful, pch=3)
> plot(faithful, pch=8)
> plot(faithful, pch=19, col="green3")
> plot(faithful, pch=21)
> plot(faithful, pch=22, col="red")
> plot(faithful, pch=24, col="red", bg="blue")
```

선도표(line plot)를 그릴 때 선의 모양을 변경하는 다양한 인수를 지정할 수 있다. lty 인수를 이용하여 선 유형(line type)을 지정한다. 기본값은 solid이다. 그 밖에 dashed, dotted, dotdash, longdash, twodash 등을 지정할 수 있다. 선 유형은 각각 1(solid)부터 6(twodash)까지의 정수로 지정할 수도 있다. 심볼에서와 마찬가지로 선에도 색상(col)을 함께 지정할 수 있다.

북미대륙에 있는 휴런호(Lake Huron)의 수위를 측정한 시계열 데이터로 그래프를 생성하면 [그림 10-14]의 첫 번째 도표와 같이 실선으로 그려지는 시계열도표가 생성된다. plot() 함수는 시계열 도표 생성 시 선의 유형을 기본값인 실선으로 그리기 때문에 출력 결과는 lty="solid"를 지정한 것과 동일한 그래프가 된다.

```
> plot(LakeHuron)
> plot(LakeHuron, lty="solid")
```

[그림 10-14]에 인수로 지정할 수 있는 선 유형을 정리하였다.

```
> plot(LakeHuron, lty="solid")
> plot(LakeHuron, lty="dashed")
> plot(LakeHuron, lty="dotted")
> plot(LakeHuron, lty="dotdash")
> plot(LakeHuron, lty="longdash")
> plot(LakeHuron, lty="twodash")
```

[그림 10-14] 선 유형. lty 인수를 이용한다.

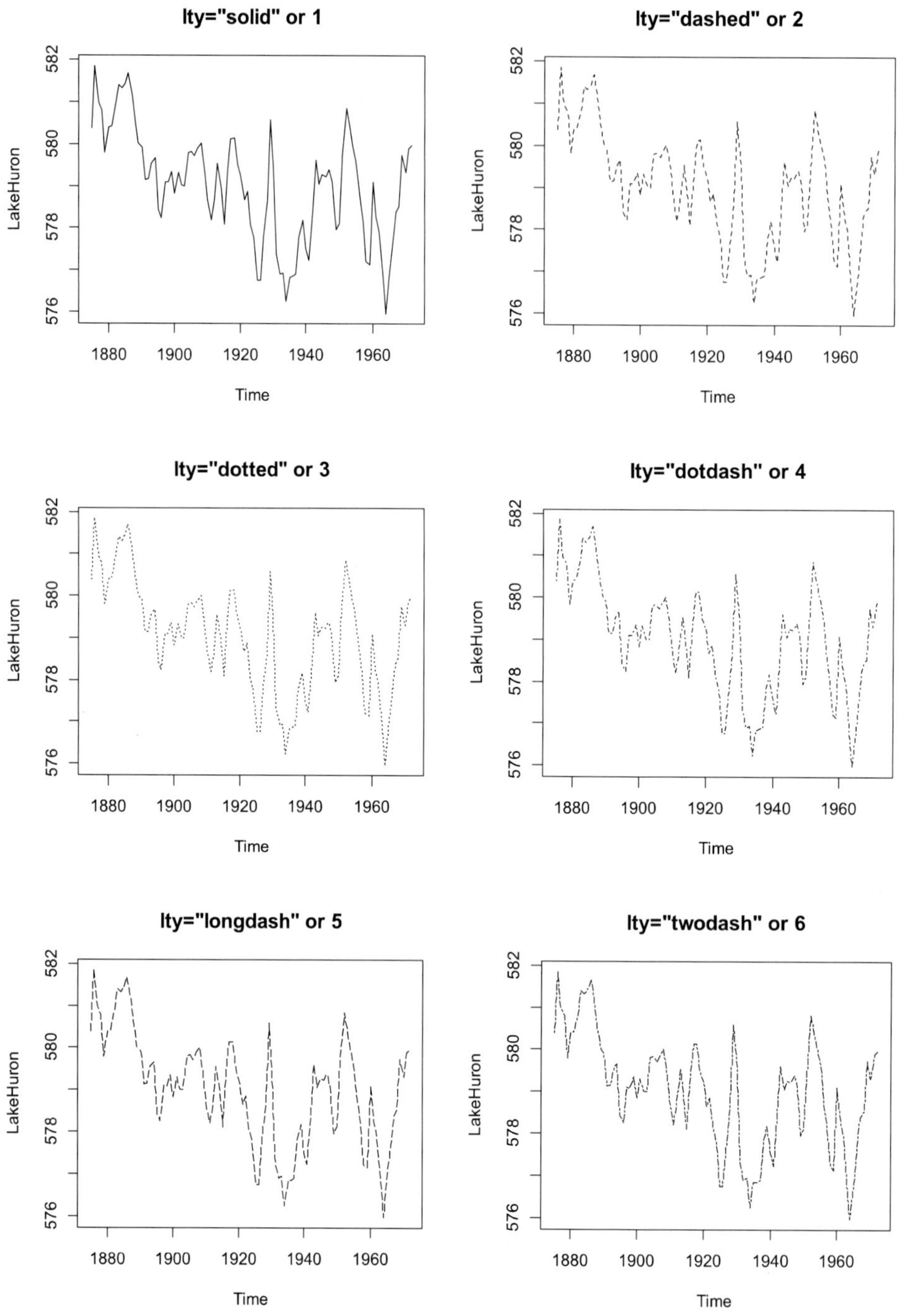

그래프 유형

plot() 함수는 인수로 주어지는 데이터 형식에 따라 그에 적합한 형태의 그래프를 자동으로 생성한다. 그러나 type 인수를 이용하면 그래프의 유형을 명시적으로 변경할 수 있다. 예를 들어, 기본적으로 생성되는 산점도를 선도표로 변경할 수 있다. plot() 함수는 두 개의 벡터나 두 벡터로 이루어진 데이터프레임이 인수로 주어지면 기본적으로 산점도를 생성한다. 다음과 같이 plot() 함수에 기온(temperature)과 기압(pressure) 간의 관계를 기록한 pressure 데이터셋을 인수로 제공하면 [그림 10-15]의 왼쪽과 같은 산점도가 생성된다.

```
> plot(pressure)
```

type 인수에 점을 나타내는 p를 명시적으로 지정해도 동일한 산점도를 얻을 수 있다.

```
> plot(pressure, type="p")
```

이 산점도의 점을 매끄럽게 선으로 연결하여 [그림 10-15]의 오른쪽과 같은 선도표로 변환하려면 다음과 같이 type="l"(숫자 1이 아닌 알파벳 l)을 지정한다.

```
> plot(pressure, type="l")
```

[그림 10-15] plot() 함수로 생성한 산점도와 선도표. type 인수에 따라 산점도(type="p")가 되기도 하고 선도표(type="l")가 되기도 한다.

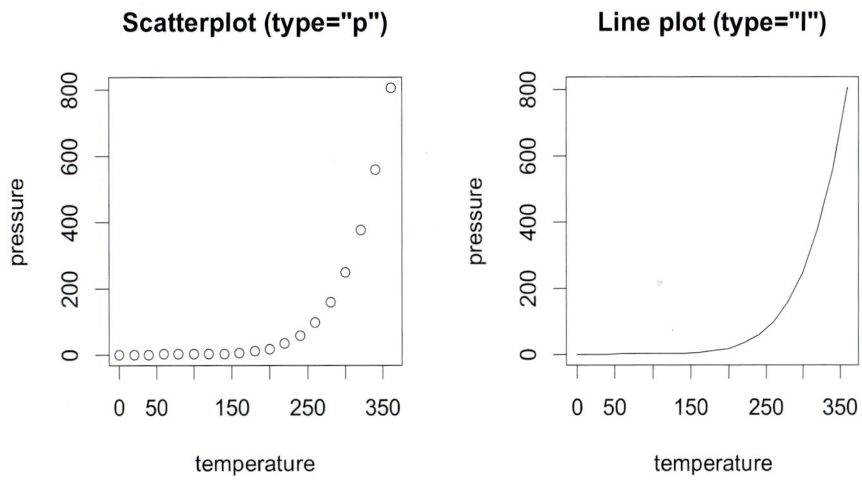

점과 선을 나타내는 p와 l 이외에도 type 인수에는 b, o, h, s(S) 등을 지정할 수 있다. b는 점과 선을 모두 나타내며(both), o는 점과 선을 겹친 형태로 나타내고(overplotted), h는 수직선을 그려서 히스토그램 형태로 나타내며(histogram), s(S)는 계단 형태로 나타낸다(stair step).

[그림 10-16]에 p와 l 이외의 b, o, h, s(S) 그래프 유형을 정리하였다.

```
> plot(pressure, type="b")
> plot(pressure, type="o")
> plot(pressure, type="h")
> plot(pressure, type="s")
```

type 인수에는 이 밖에도 n을 지정할 수 있다(nothing). type="n"을 지정하면 축과 눈금으로 구성된 그래프의 틀만 생성할 뿐 아무것도 그리지 않는다. 아무것도 그리지 않는 그래프 유형을 지정하는 것이 이상해 보일지 모르지만 n 그래프 유형은 일단 그래프 형태를 갖춘 이후에 points() 함수나

[그림 10-16] plot() 함수의 type 인수. p, l 이외에도 b, o, h, s(S) 등을 이용하여 다양한 그래프 유형을 표현할 수 있다.

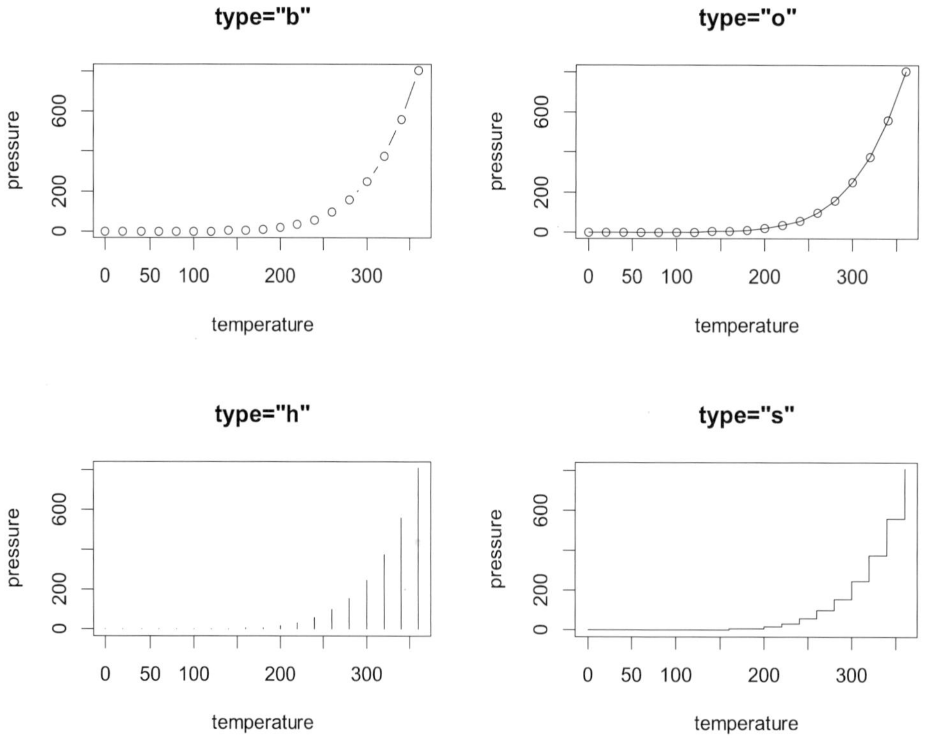

lines() 함수 같은 저수준 그래픽 함수를 이용하여 단계별로 그래프를 구축하고자 할 때 매우 유용하다.

다음과 같은 예를 보자.

```
> x <- 1:10
> y1 <- exp(1:10)
> y2 <- exp(10:1)
> plot(x, y1, xlab="x", ylab="y", type="n")
> lines(x, y1, type="o", pch=21, col="red")
> lines(x, y2, type="o", pch=22, col="blue")
```

이 예는 두 개의 선 그래프를 하나는 동그라미 빨간색으로, 다른 하나는 네모 파란색으로 차례대로 생성한다. 먼저 plot() 함수를 이용하여 그래프 창을 초기화한다. 이때 type="n"을 지정하여 실제로는 그래프 창에 축 이외에는 아무것도 그리지 않는다. 이후에 lines() 함수를 이용하여 두 개의 그래프를 차례대로 삽입한다. [그림 10-17]은 이런 방식으로 생성한 그래프이다.

[그림 10-17] plot() 함수의 type 인수. type="n" 그래프 유형을 이용하여 단계별로 그래프를 생성할 수 있다.

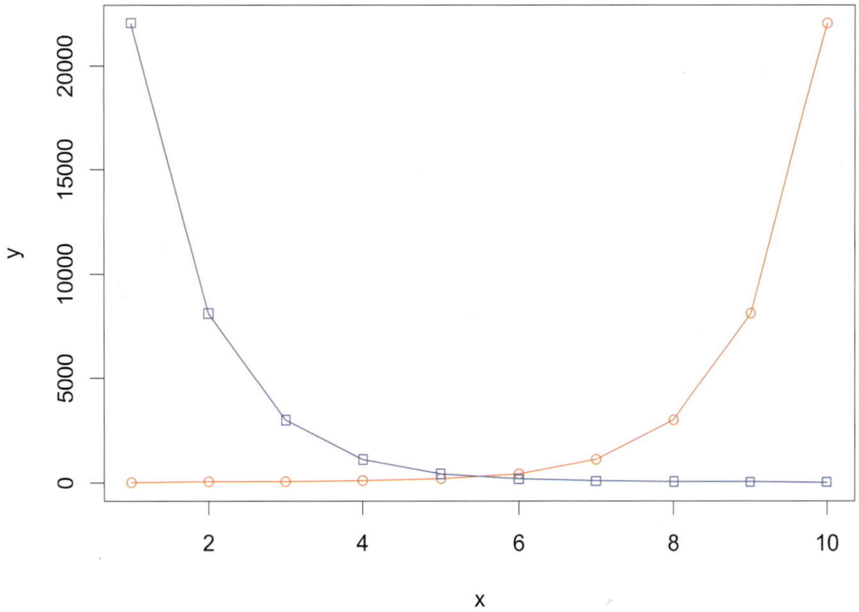

[그림 10-18] plot() 함수의 type 인수. type="n" 그래프 유형을 이용하여 그리드를 추가한다.

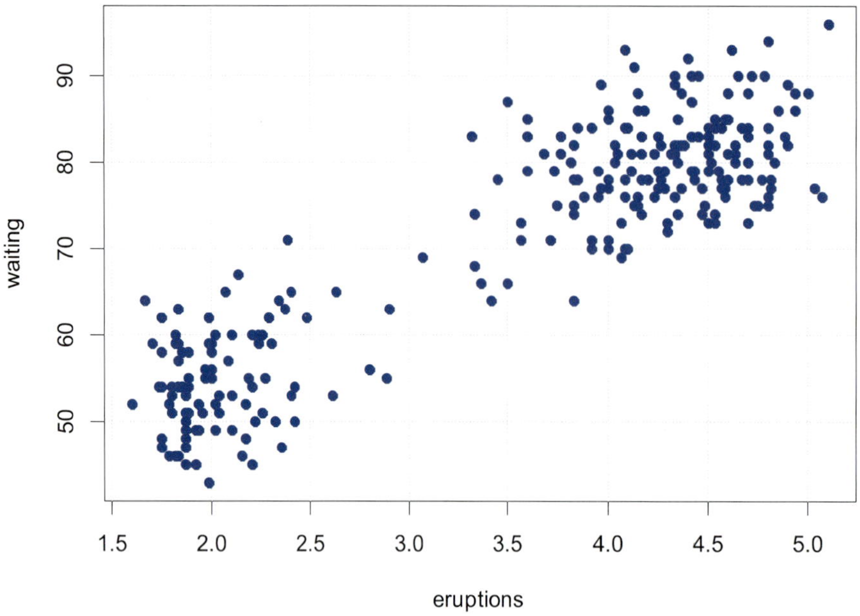

그래프 영역에 그리드(grid)를 삽입할 때도 이와 유사한 방법을 이용할 수 있다. 먼저 plot() 함수에 type="n"을 지정하여 아무런 데이터를 표시하지 않은 채 그래프 창을 초기화한다. 그런 다음 그리드를 그리기 위한 grid() 함수를 호출한다. 마지막으로 points() 함수나 lines() 함수 같은 저수준 그래픽 함수를 이용하여 그리드 위에 그래프를 생성한다. 이런 방식으로 [그림 10-18]과 같이 산점도상에 그리드를 추가할 수 있다.

```
> plot(faithful, type="n")
> grid()
> points(faithful, pch=19, col="blue")
```

그래프 창에 그리드를 추가할 때 다음과 같이 plot() 함수를 이용하여 그래프를 생성한 후 grid() 함수를 호출하는 것도 한 방법이다. 그러나 이 방법은 나중에 호출된 grid() 함수로부터 생성된 격자가 기존의 그래프를 부분적으로 덮어버리는 문제가 있기 때문에 앞의 방식이 더 깔끔한 그래프를 생성한다.

```
> plot(faithful, pch=19, col="blue")
> grid()
```

색상

R에서는 다양한 방식으로 색상을 표현할 수 있다. 일반적으로 col 인수를 이용하여 색상을 지정한다. col 인수에 지정할 수 있는 색상 이름은 colors() 함수를 이용하여 확인할 수 있다. 총 657개의 색상 이름이 사용 가능하다.[5]

```
> length(colors())
[1] 657
> head(colors(), 10)
 [1] "white"         "aliceblue"     "antiquewhite"  "antiquewhite1" "antiquewhite2"
 [6] "antiquewhite3" "antiquewhite4" "aquamarine"    "aquamarine1"   "aquamarine2"
> grep("purple", colors(), value=TRUE)
 [1] "mediumpurple"  "mediumpurple1" "mediumpurple2" "mediumpurple3" "mediumpurple4"
 [6] "purple"        "purple1"       "purple2"       "purple3"       "purple4"
```

col 인수에 색상 이름을 문자열로 직접 지정하기도 하지만 숫자 인덱스를 이용하기도 한다. 색상 팔레트(color palette)를 달리 변경하지 않는 한 1은 검은색, 2는 빨간색, 3은 초록색, 4는 파란색, 5는 하늘색, 6은 자주색, 7은 노란색, 8은 회색 계열의 색상을 나타낸다.[6] 만약 8보다 큰 숫자를 사용하면 재사용 규칙에 의해 1에서 8까지의 색상이 다시 사용된다. 예를 들어, 9를 지정하면 1번 색상이 다시 사용되며 10을 지정하면 2번 색상이 이용된다.

palette() 함수를 이용하여 다음과 같이 현재 설정된 색상 팔레트를 확인할 수 있으며 새로운 색상 팔레트로 변경할 수도 있다. 색상 팔레트를 변경하려면 변경할 색상 팔레트의 이름과 색상의 개수를 palette() 함수에 인수로 제공한다. 기본 설정된 색상 팔레트로 돌아가려면 palette("default")를 실행한다.

5 각 색상 이름에 대응되는 실제 색상은 구글 검색을 통해서 쉽게 찾아볼 수 있다. 구글에서 'Colors in r'을 검색한다. 예를 들어, 다음 웹사이트에서 색상 테이블을 볼 수 있다: http://www.stat.columbia.edu/~tzheng/files/Rcolor.pdf.

6 여기에서는 이해를 돕기 위해 우리에게 친숙한 색상명을 사용하였다. 실제로 표현되는 정확한 색상은 palette() 함수를 실행해서 알 수 있다.

```
> palette()
[1] "black"   "#DF536B" "#61D04F" "#2297E6" "#28E2E5" "#CD0BBC" "#F5C710" "gray62"
> palette(rainbow(6))
> palette()
[1] "red"     "yellow"  "green"   "cyan"    "blue"    "magenta"
> palette("default")
```

이름이나 인덱스 이외에도 16진수(hexadecimal), RGB(red-green-blue), HSV(hue-saturation-value)로 색상을 지정할 수 있다. 예를 들어, col="white", col="#FFFFFF", col=rgb(1,1,1), col=hsv(0,0,1)은 모두 하얀색을 나타낸다. rgb() 함수는 빨간색(red), 초록색(green), 파란색(blue)의 삼원색 값에 따라 색상을 만들며, hsv() 함수는 색조(hue), 채도(saturation), 명도(value)에 따라 색상을 생성한다.

[그림 10-19]의 그래프는 다음과 같은 코드를 통해 생성했다. pie() 함수는 조각의 크기를 인수로 받아서 원도표(pie chart)를 생성한다. 여기에서는 동일한 크기를 갖는 12개 조각에 12개의 색상을 할당했다. 8을 초과하는 9~12의 색상은 1~4의 색상과 동일하다.

```
> n <- 12
> pie(rep(1,n), col=1:n)
```

일정 간격으로 색상이 변하도록 만들어 놓은 색상 목록을 이용하여 한 색상에서 다른 색상으로 점진적으로 변해가는 효과, 즉 그러데이션 효과(gradation effect)를 줄 수 있다. R의 베이스 그래픽에는 이처럼 인접한 색상을 모아 놓은 다양한 색상 팔레트가 준비되어 있다. rainbow() 함수는 무지개 색상의 팔레트를 만들고 heat.colors() 함수는 빨간색과 노란색 중심의 따뜻한 색감의 색상 팔레트를 만든다. terrain.colors() 함수와 topo.colors() 함수는 초록색, 파란색, 노란색 중심으로 표현되는 대자연 느낌의 색상 팔레트를 만든다. 끝으로 cm.colors() 함수는 하늘색(cyan)과 자주색(magenta) 중심의 색상 팔레트를 만든다. 이 함수들은 인수로 주어진 숫자만큼의 색상을 각 색상 팔레트로부터 생성한다. gray() 함수를 이용하면 흑백으로 표현되는 그러데이션 효과를 얻을 수 있다.

[그림 10-19] 기본 색상 팔레트. 색상 팔레트는 기본적으로 1에서 8까지의 숫자로 여덟 개의 색상을 나타낸다.

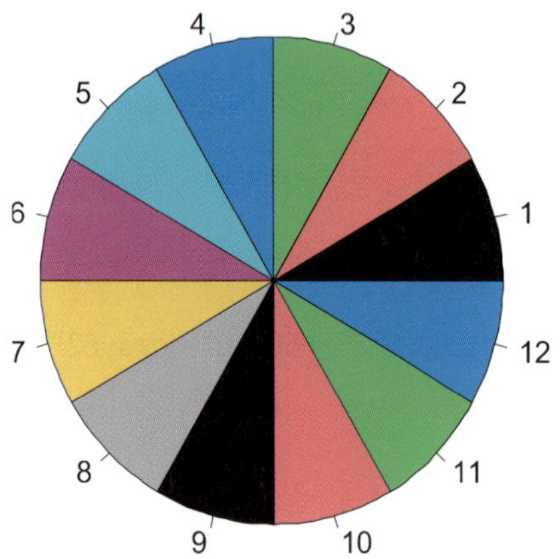

[그림 10-20] 그러데이션 효과 색상 팔레트. rainbow(), heat.colors(), terrain.colors(), topo.colors(), cm.colors(), gray() 함수 등을 이용하여 다양한 그러데이션 효과를 얻을 수 있다.

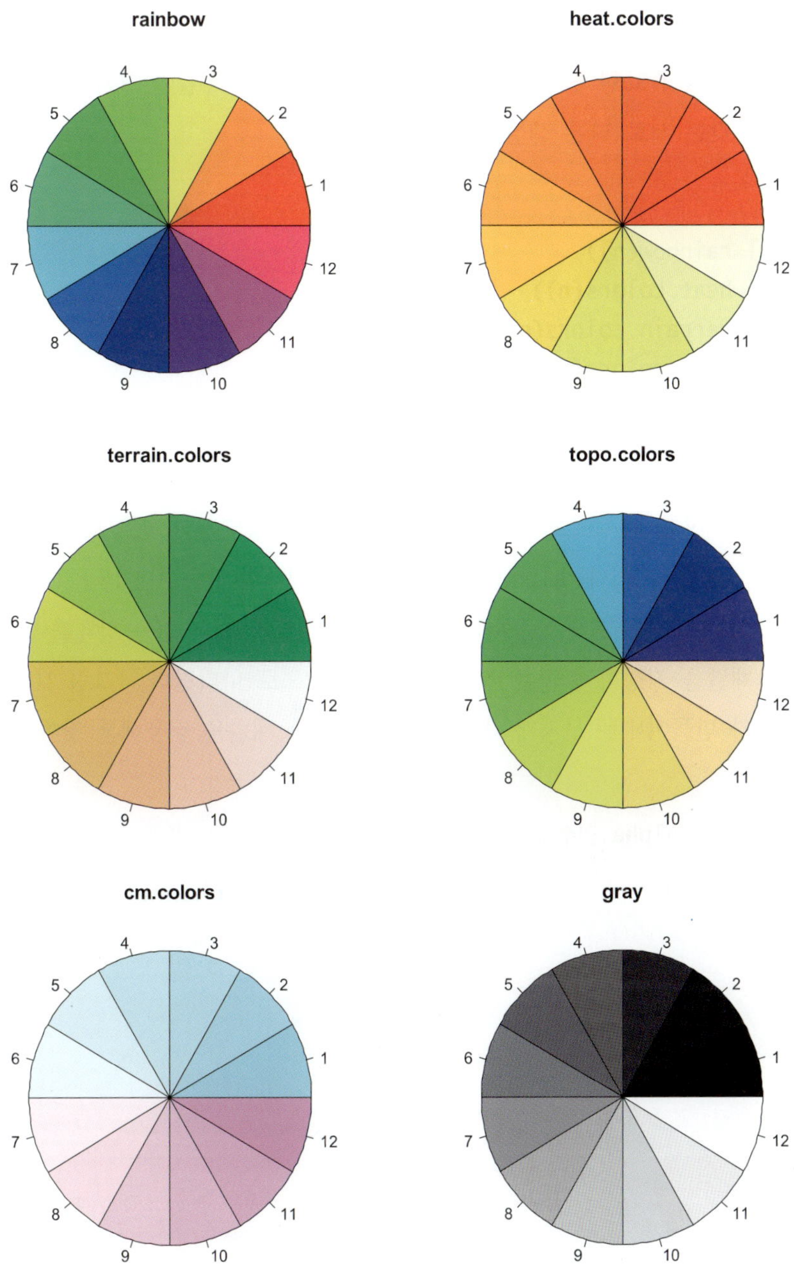

gray() 함수의 level 인수에 0에서 1 사이의 값을 지정한다. 이때 0은 검은색을 나타내며 1은 흰색을 의미한다. level 인수의 값이 0에서부터 1에 가까워질수록 점차 검은색에서 흰색으로 회색의 농담이 변하여 회색조로 이루어진 색상 팔레트가 만들어진다.

[그림 10-20]에 그러데이션 색상 표현 방법을 정리하였다. 여기에서는 동일한 크기를 갖는 12개 조각을 그러데이션 효과를 갖는 서로 다른 색상으로 표현하였다.

```
> n <- 12
> pie(rep(1,n), col=rainbow(n))
> pie(rep(1,n), col=heat.colors(n))
> pie(rep(1,n), col=terrain.colors(n))
> pie(rep(1,n), col=topo.colors(n))
> pie(rep(1,n), col=cm.colors(n))
> pie(rep(1,n), col=gray(level=seq(0, 1, length=n)))
```

색상의 투명도 또한 색상을 사용할 때 중요한 역할을 한다. 색상의 투명도는 알파 투명도 채널(alpha transparency channel)을 통해 지정할 수 있다. alpha 인수에 0에서 1 사이의 값을 지정한다. 0은 완전히 투명한 것을 나타내며 이 경우 색상은 흰색으로 나타난다. 1은 투명도가 전혀 없는 상태를 나타내며 이 경우 해당 색은 알파 채널을 지정하지 않은 것과 동일한 색상으로 나타난다. [그림 10-21]의 왼쪽은 rainbow() 함수가 만들어내는 무지개 색상 팔레트에 알파 채널을 적용해본 것이다. 알파

[그림 10-21] 색상의 투명도 조절. alpha 인수를 이용한다.

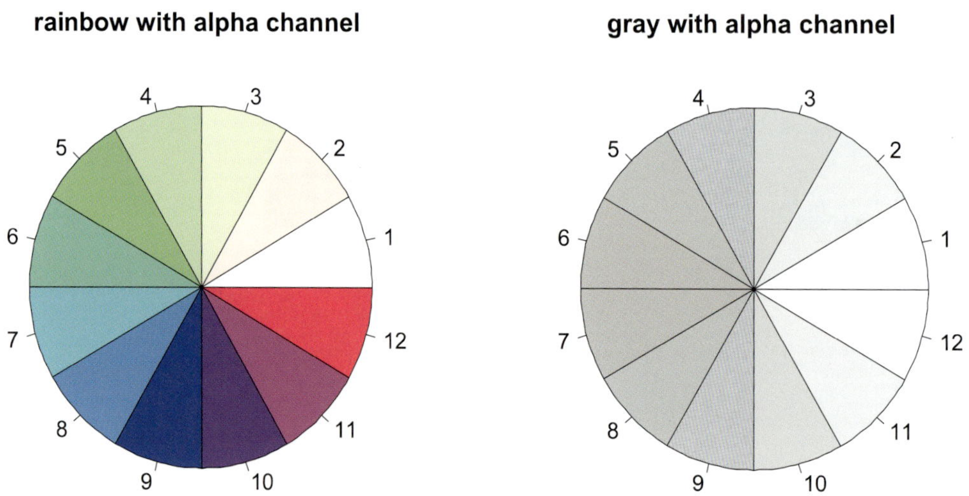

채널 0이 지정된 1번 색상은 흰색으로 보이며, 반면에 알파 채널 1이 지정된 마지막 색상은 원래의 색과 동일하다. gray() 함수에는 [그림 10-21]의 오른쪽과 같이 그러데이션 효과를 나타내는 level 인수와 함께 색상의 투명도를 조절하는 alpha 인수를 별도로 지정할 수 있다.

```
> n <- 12
> pie(rep(1,n), col=rainbow(n, alpha=seq(0, 1, length=n)))
> pie(rep(1,n), col=gray(level=seq(0, 1, length=n), alpha=seq(0, 1, length=n)))
```

RColorBrewer 패키지도 멋진 색상의 팔레트를 제공한다. 사용할 수 있는 색상 팔레트로는 Blues, Greens, Oranges, Purples, Reds 등의 한 가지 색상 위주의 팔레트와 BuGn, GnBu, YlOrRd와 같이 두세 가지 색상이 혼합된 팔레트가 있다. 그 밖에 Accent, Dark2, Paired, Pastel1, Pastel2, Set1, Set2, Set3 등의 색상 팔레트도 이용할 수 있다.

다음과 같은 함수를 이용하여 RColorBrewer 패키지가 제공하는 색상 팔레트의 종류 및 색상을 확인할 수 있다. display.brewer.pal() 함수에 지정된 숫자는 색상 팔레트로부터 추출할 색상의 개수를 나타낸다.

```
> library(RColorBrewer)
> display.brewer.all()
> display.brewer.pal(3, "Dark2")
> display.brewer.pal(9, "Blues")
```

[그림 10-22]는 다음과 같은 코드를 통해 생성하였다. brewer.pal() 함수에 색상의 개수와 사용할 색상 팔레트를 지정한다.

```
> n <- 9
> pie(rep(1,n), col=brewer.pal(n, "Blues"))
> pie(rep(1,n), col=brewer.pal(n, "Greens"))
> pie(rep(1,n), col=brewer.pal(n, "BuGn"))
> pie(rep(1,n), col=brewer.pal(n, "GnBu"))
> pie(rep(1,n), col=brewer.pal(n, "Purples"))
> pie(rep(1,n), col=brewer.pal(n, "Reds"))
```

그래프의 제목, 부제목, 축 이름, 축 레이블에 색상을 지정해보자. 다음과 같이 각각 col.main, col.sub, col.lab, col.axis 인수를 이용한다. 출력 결과는 [그림 10-23]과 같다.

[그림 10-22] 그러데이션 효과 색상 팔레트. `RColorBrewer` 패키지의 `brewer.pal()` 함수를 이용하여 특정 색상을 바탕으로 한 그러데이션 효과를 얻을 수 있다.

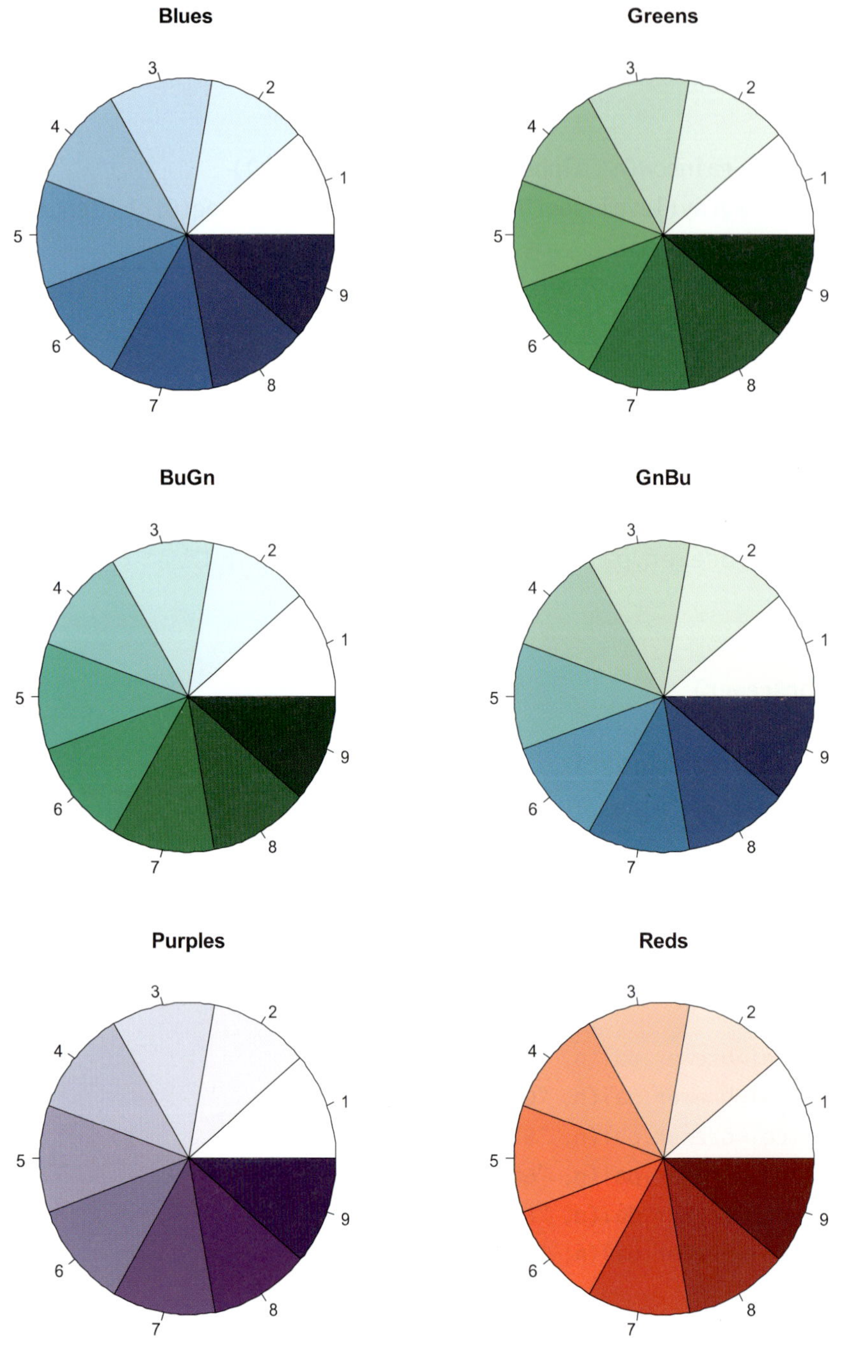

[그림 10-23] 그래프 제목, 부제목, 축 이름, 축 레이블 색상. col.main, col.sub, col.lab, col.axis 인수를 이용한다.

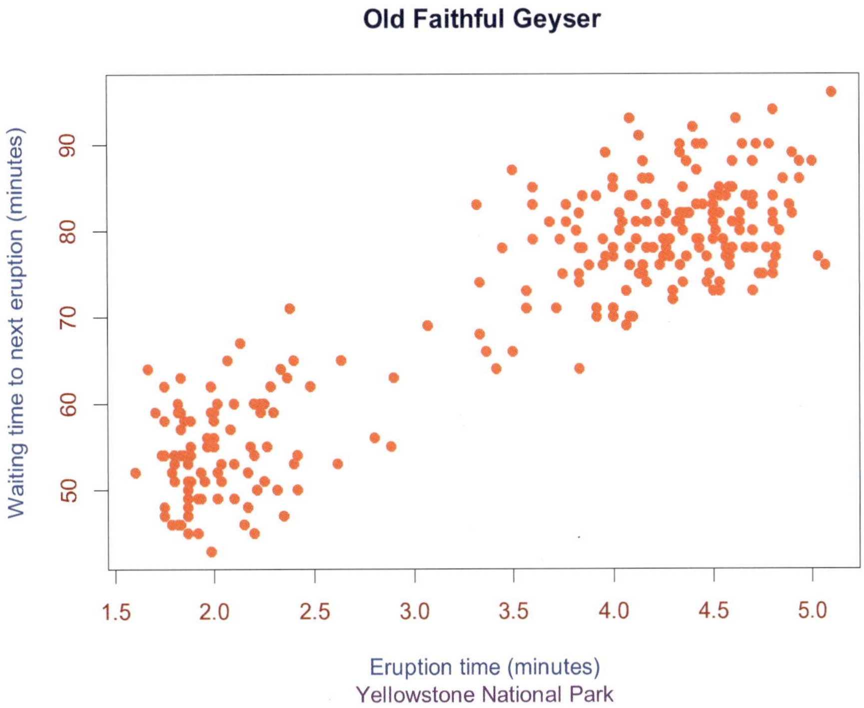


```
> plot(faithful, pch=19, col="tomato",
+       main="Old Faithful Geyser",
+       sub="Yellowstone National Park",
+       xlab="Eruption time (minutes)",
+       ylab="Waiting time to next eruption (minutes)",
+       col.main="navy", col.sub="purple", col.lab="royalblue", col.axis="brown")
```

크기

데이터를 표현하는 심볼 크기나 그래프상의 각종 텍스트 크기를 변경하기 위해서는 cex 인수를 이용한다. cex 인수는 기본값 1에 대한 상대적 크기(character expansion ratio)로 지정한다. 심볼이나 텍스트 크기를 줄이기 위해서는 cex에 1보다 작은 값을 지정하며, 반대로 크게 하려면 1보다 큰 값을 지정한다. 예를 들어, 0.5를 지정하면 50% 작아지며 1.5를 지정하면 50% 커진다.

다음과 같은 코드를 실행해보자.

```
> x <- seq(0.5, 1.5, 0.25)
> y <- rep(1, length(x))
> plot(x, y, pch=19, cex=x, main="Effects of cex on symbol and text size")
> text(x, y+0.2, labels=x, cex=x)
```

0.5부터 1.5까지 0.25 간격으로 다섯 개의 수치를 생성하여 x 벡터에 할당하고 x 벡터의 원소 개수만큼 1을 생성하여 y 벡터에 할당한다. 그리고 plot() 함수를 이용하여 x, y 좌표상에 속이 채워진 점(pch=19)을 그린다. 이때 cex 인수에는 x 벡터를 지정한다(cex=x). 그러면 x 벡터의 각 원소값에 대응되는 크기를 갖는 점이 그려진다. 여기에 text() 함수를 이용하여 점 위에 텍스트를 추가한다. text() 함수의 첫 번째 및 두 번째 인수로 텍스트가 놓일 위치를 x, y 좌표로 지정한다. text() 함수에 추가할 텍스트로 x 벡터를 지정하고(labels=x) cex 인수에는 x 벡터를 지정한다(cex=x). 점 위에 x 벡터의 각 원소값에 대응되는 크기를 갖는 x 원소값이 텍스트로 출력된다. [그림 10-24]의

[그림 10-24] 크기. cex, cex.main, cex.lab, cex.axis 인수를 이용하여 심볼 및 텍스트 크기(위쪽)와 제목 및 축 레이블 크기(아래쪽)를 변경한다.

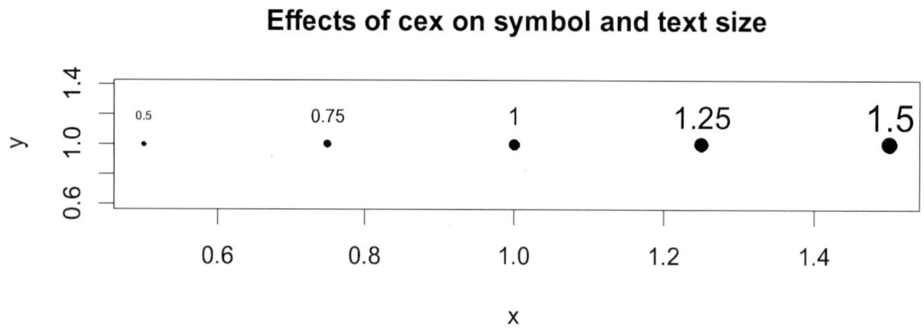

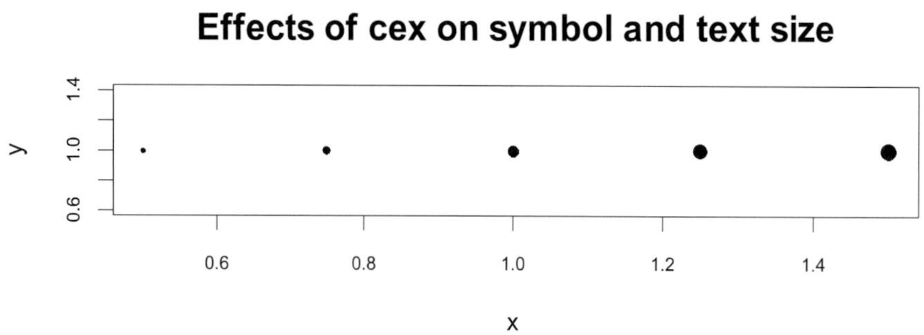

위쪽에서 출력 결과를 확인할 수 있다.

그래프 제목 및 부제목, 축 이름, 축 레이블의 크기도 유사한 방식으로 변경할 수 있다. 그래프 제목의 크기를 변경하기 위해서는 cex.main 인수에 cex 값을 지정한다. 부제목의 경우에는 cex.sub 인수를 이용한다. 축 이름의 크기를 변경하려면 cex.lab 인수에, 축 레이블의 크기를 변경하려면 cex.axis 인수에 cex 값을 지정한다.

다음 코드는 [그림 10-24]의 아래쪽과 같은 그래프를 생성한다. 그래프 제목의 크기와 축 레이블의 크기가 [그림 10-24]의 위쪽 그래프와 차이가 있다. 제목은 50% 커졌고(cex.main=1.5) 축 레이블은 25% 작아졌다(cex.axis=0.75). 축 이름의 크기는 동일하다(cex.lab=1.0).

[그림 10-25] 선 두께. lwd 인수를 이용한다.

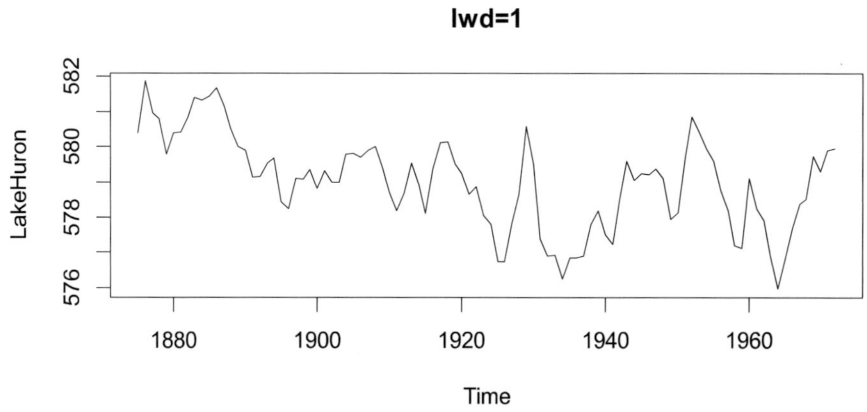

```
> plot(x, y, pch=19, cex=x, main="Effects of cex on symbol and text size",
+      cex.main=1.5, cex.lab=1.0, cex.axis=0.75)
```

선 두께(line width)는 lwd 인수에 기본값 1에 대한 상대적 크기를 지정한다. 예를 들어, [그림 10-25]의 아래쪽 그래프와 같이 2를 지정하면 선의 두께는 기본 두께의 두 배가 된다.

```
> plot(LakeHuron, lwd=1)
> plot(LakeHuron, lwd=2)
```

글꼴과 글씨체

글꼴(font family)의 지정은 family 인수를 이용한다. 글꼴은 serif, sans, mono를 기본값으로 갖는다. 윈도우 환경의 경우 serif는 TT Times New Roman으로, sans는 TT Arial로, mono는 TT Courier New로 대응된다.[7]

[7] TT는 True Type의 약자이다.

```
> windowsFonts()
$serif
[1] "TT Times New Roman"

$sans
[1] "TT Arial"

$mono
[1] "TT Courier New"
```

family="serif"와 같이 인수 지정을 하면 이러한 대응관계에 따라 글꼴은 TT Times New Roman으로 지정된다. 기존에 정의된 글꼴 대응관계를 변경하려면 windowsFont() 함수를 이용한다. 예를 들어, 다음과 같이 A, B, C를 새로운 글꼴값으로 지정할 수 있다.

```
> windowsFonts(A=windowsFont("Arial Black"),
+              B=windowsFont("Book Antiqua"),
+              C=windowsFont("Calisto MT"))
```

새롭게 지정된 글꼴은 family 인수를 이용하여 기존과 동일한 방법으로 사용할 수 있다. 예를 들어, 다음과 같이 family="C"를 지정하면 Calisto MT 글꼴이 사용된다.

```
> plot(faithful, pch=19, col="tomato",
+       main="Old Faithful Geyser",
+       xlab="Eruption time (minutes)",
+       ylab="Waiting time to next eruption (minutes)",
+       family="C")
```

그래프를 PDF나 PostScript 형식으로 출력하면서 글꼴을 지정할 수도 있다. PDF 형식으로 출력할 때는 먼저 `names(pdfFonts())` 함수를 이용하여 현재의 시스템 환경에서 사용 가능한 글꼴을 확인한다. 그런 다음 `pdf()` 함수의 `family` 인수에 사용하려는 글꼴을 지정한 후 `plot()` 함수를 호출하여 그래프를 생성한다.

```
> names(pdfFonts())
 [1] "serif"              "sans"              "mono"
 [4] "AvantGarde"         "Bookman"           "Courier"
…(중략)
[25] "Japan1GothicBBB"    "Japan1Ryumin"      "Korea1"
[28] "Korea1deb"          "CNS1"              "GB1"
> pdf(file="myplot.pdf", family="Courier")
> plot(faithful, pch=19, col="tomato",
+       main="Old Faithful Geyser",
+       xlab="Eruption time (minutes)",
+       ylab="Waiting time to next eruption (minutes)")
> dev.off()
```

PostScript 형식의 경우에도 유사한 절차를 따른다. 먼저 `names(postscriptFonts())` 함수를 이용하여 글꼴을 확인한다. 그리고 `postscript(file="myplot.ps", family="Courier")`와 같이 파일 생성 함수를 실행하고 `plot()` 함수를 호출하여 글꼴이 적용된 그래프를 생성한다.

글씨체(font style)의 지정은 `font` 인수를 이용한다. 1은 plain, 2는 bold, 3은 italic, 4는 bold italic을 나타낸다. 그래프 제목 및 부제목, 축 이름, 축 레이블의 글씨체는 다음과 같이 각각 `font.main`, `font.sub`, `font.lab`, `font.axis` 인수를 이용하여 지정한다. Times New Roman(`family="serif"`) 글꼴을 함께 적용한 출력 결과는 [그림 10-26]과 같다.

[그림 10-26] 글꼴과 글씨체. family 인수와 font 인수를 이용한다.

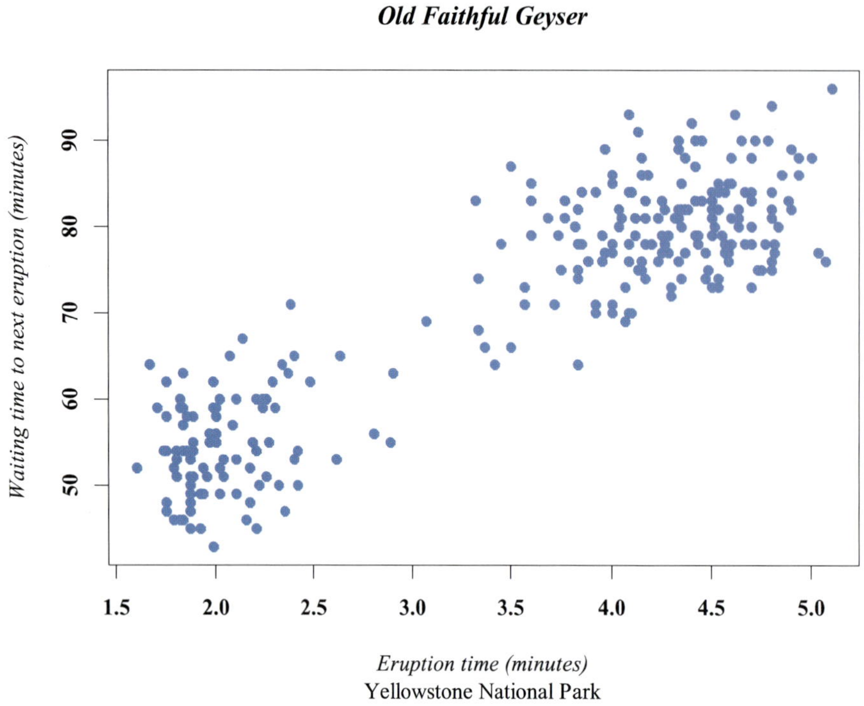


```
> plot(faithful, pch=19, col="cornflowerblue",
+       main="Old Faithful Geyser",
+       sub="Yellowstone National Park",
+       xlab="Eruption time (minutes)",
+       ylab="Waiting time to next eruption (minutes)",
+       family="serif",
+       font.main=4, font.sub=1, font.lab=3, font.axis=2)
```

그래프 패러미터의 글로벌 설정

그래프에는 앞에서 살펴본 그래프 요소뿐만 아니라 우리가 미처 인식하지 못하지만 그래프를 그리는 데 필요한 여러 다양한 요소가 포함되어 있다. 그래프 패러미터라고 불리는 이러한 그래프 요소는 미리 설정된 값이 있으며, 그래서 우리는 그래프의 세세한 부분에 대해 신경 쓰지 않고도 하나의 훌륭한 그래프를 완성할 수 있다. 그러나 이러한 설정값을 변경하고 싶을 때가 있다. par() 함수를 이용하여 다양한 그래프 요소에 대한 기본 설정값을 변경할 수 있다.

현재의 설정값을 보려면 par() 함수에 그래프 요소의 이름을 인수로 지정한다. 예를 들어, 선 유형은 lty를, 배경 색상은 bg를, 선의 굵기는 lwd를 par() 함수의 인수로 제공한다. 인수로 제공할 때는 인용부호로 감싼다.

```
> par("lty")
[1] "solid"
> par("bg")
[1] "white"
> par("lwd")
[1] 1
```

그래프 요소의 설정값을 변경하려면 par() 함수를 이용하여 설정값을 직접 지정한다. 예를 들어, 선의 굵기를 기본값인 1에서 2로 변경하려면 다음과 같이 선의 굵기를 나타내는 그래프 패러미터 lwd에 숫자 2를 지정한다.

```
> par(lwd=2)
> par("lwd")
[1] 2
```

그래프 요소의 설정값을 기본 설정값으로 되돌리려면 다음과 같이 dev.off() 함수를 이용한다.

```
> dev.off()
null device
          1
> par("lwd")
[1] 1
```

par() 함수를 이용하여 설정할 수 있는 그래프 요소는 매우 많다. par() 함수를 인수 없이 실행하면 우리가 설정을 변경할 수 있는 그래프 패러미터 리스트를 확인할 수 있다. 또한 par() 함수에 대한 도움말을 이용하면 좀 더 자세한 그래프 요소별 인수 지정 옵션을 알 수 있다.

```
> par()
> ?par
```

이렇게 변경된 설정값은 다음에 생성할 그래프 하나에만 영향을 미치는 것이 아니라 이후 만들어지는 모든 그래프에 적용된다. 따라서 par() 함수를 이용하여 그래프 패러미터를 변경할 때는 주의를 기울일 필요가 있다. 왜냐하면 우리는 일반적으로 모든 그래프를 점선으로 표시하고, 색깔은 빨간색으로 하며, 선의 굵기는 보통보다 두 배 두껍게 하고 싶지는 않을 것이기 때문이다. 가능하면 모든 그래프에 적용되는 글로벌 변경보다는 그래프를 작성할 때마다 필요한 변경을 하는 로컬 변경을 통해 그래프 패러미터를 설정하는 것이 바람직하다.

10.4 그래프 배치

새로운 그래프를 생성하면 기존의 그래프는 사라진다. 새로운 그래프가 기존의 그래프를 덮어쓰기 때문이다. 그런데 새로운 그래프를 생성하면서 동시에 기존 그래프를 유지하고 싶을 때가 있다. 예를 들어, 두 그래프를 비교하는 작업을 하려면 기존의 그래프와 새로운 그래프를 모두 볼 수 있어야 한다. 두 그래프를 모두 유지할 수 있는 가장 간단한 방법은 기존의 그래프 창은 그대로 둔 채 새로운 그래프 창을 하나 더 여는 것이다.

windows() 함수를 이용하여 기존의 그래프 창을 유지한 채 새로운 그래프 창을 생성할 수 있다.[8] windows() 함수를 통해 새로운 그래프 창이 생성되면 이 창이 활성화되고(active window) 이후의 모든 그래프 작업 결과는 이 새로운 창에 나타난다. 그러면 기존의 그래프 창은 비활성화 상태가 되고 이 비활성화된 그래프 창(inactive window)을 일부러 닫지 않는 한 기존의 창에 그려진 그래프는 그대로 남아 있게 된다.

활성창과 비활성창 간에는 전환이 가능하다. 기존의 활성창을 비활성화시켜 그래프를 고정시키고 비활성창을 활성화시켜 그 창을 새롭게 생성한 그래프로 덮어쓸 수 있다. dev.set() 함수는 그래프 창 간의 전환 작업을 수행하여 현재의 활성창을 비활성화시키고 다음 순서의 그래프 창을 활성 상태로 만든다. dev.set() 함수는 활성화된 그래프 창의 번호를 반환한다.[9]

```
> dev.set()
windows
      2
```

windows() 함수는 기본적으로 정사각형 모양의 그래프 창을

8 win.graph() 함수도 동일한 기능을 수행한다.

9 RStudio의 경우에는 Plots 영역에 그래프가 생성된다. 그래프를 생성할 때마다 Plots 영역에 그래프가 차례대로 저장되며 화살표 아이콘을 이용하여 지금까지 생성한 그래프를 살펴볼 수 있다. dev.set() 함수를 이용한 그래프 창 전환은 R 콘솔 작업환경에서만 가능하다.

생성한다(기본값은 폭과 높이 모두 7인치). windows() 함수에 width 인수와 height 인수를 지정하여 그래프 창의 폭과 높이를 인치(inch) 단위로 변경할 수 있다. 예를 들어, 다음과 같이 지정하면 폭이 7인치, 높이가 5.5인치인 그래프 창이 생성된다.

```
> windows()
> windows(width=7.0, height=5.5)
```

그래프가 출력되는 영역은 그림 영역(figure region)이라고 하며 플롯 영역(plot region)과 그 주변을 둘러싼 네 개의 그림 마진(figure margin)으로 구성된다.10 플롯 영역은 실제 그래프가 출력되는 영역을 말한다. 네 개의 마진은 각각 마진 1, 마진 2, 마진 3, 마진 4로 불리며 플롯 영역을 중심으로 아래쪽, 왼쪽, 위쪽, 오른쪽의 여백을 의미한다. 이 여백에 그래프 제목, X축, Y축, 축의 이름과 레이블 등이 출력된다. par() 함수를 이용하여 마진을 설정한다. mai 인수에는 인치 단위로 마진을 지정할 수 있으며 mar 인수에는 라인 단위로 지정한다. mar 인수의 기본값은 c(5,4,4,2) + 0.1이다. 예를 들어, 네 곳의 마진을 다음과 같이 인치 또는 라인 단위로 지정할 수 있다.

10 그림 영역 바깥에도 마진이 존재한다. 이를 그림 마진과 구별하여 외부 마진(outer margin)이라고 한다.

```
> par(mai=c(1,0.5,1,0.2))
> par("mai")
[1] 1.0 0.5 1.0 0.2
> par(mar=c(5,4,4,2) + 0.2)
> par("mar")
[1] 5.2 4.2 4.2 2.2
> par(mar=c(5,4,4,2) + 0.1)
```

여러 개의 데이터셋으로 하나의 그래프를 그리기 위해서는 고수준 그래픽 함수와 저수준 그래픽 함수를 차례대로 사용해야 한다. plot() 함수나 curve() 함수와 같은 고수준 그래픽 함수를 이용하여 첫 번째 데이터셋에 대한 그래프를 생성하면서 그래프 창을 초기화한다. 그리고 그 위에 lines() 함수나 points() 함수와 같은 저수준 그래픽 함수를 이용하여 나머지 데이터셋에 대한 그래프를 차례로 더해 나간다.

이처럼 여러 개의 데이터셋을 하나의 그래프로 표현할 때는 그래프가 그려질 영역의 크기에 주의해야 한다. plot() 함수나 curve() 함수를 이용하여 첫 번째 데이터셋에 대한 그래프를 생성할 때 그래프 창은 그 데이터셋을 기준으로 크기가 결정된다. 따라서 나머지 데이터셋이 이미 생성된 그래프 창의 범위를 벗어나면 그래프를 제대로 표현하지 못하게 되는 경우가 발생할 수 있다. 이러한 문제를 해결하기 위해서 X축과 Y축의 범위를 결정하는 xlim 인수와 ylim 인수를 이용하여 모든 데이터셋을 담을 수 있을 만큼 충분한 크기의 그래프 영역을 설정한다. range() 함수를 이용하여 표현해야 할 데이터 범위를 계산하고 이 범위를 xlim 인수와 ylim 인수에 지정한다.

예를 들어, 다음과 같이 두 개의 데이터셋을 하나의 그래프로 나타내보자. 하나의 데이터셋은 x1과 y1 벡터로 구성되어 있으며 다른 하나의 데이터셋은 x2와 y2 벡터로 구성되어 있다.

```
> x1 <- 1:10
> y1 <- log(x1)
> x2 <- 1:10
> y2 <- sqrt(x2)
```

이 두 데이터셋을 하나의 그래프로 표현하기 위하여 다음과 같이 코드를 작성해보자.

```
> plot(x1, y1, type="l", col="red", xlab="X", ylab="Y")
> lines(x2, y2, lty="dashed", col="blue")
```

생성된 그래프는 [그림 10-27]의 왼쪽과 같다. 두 데이터셋이 하나의 그래프로 표현되기는 하였지만 뭔가 부자연스럽다. 첫 번째 데이터셋에 대한 그래프는 제대로 잘 그려졌다(빨간색 실선). 그러나 두 번째 데이터셋은 일부 데이터가 그래프 영역 밖으로 벗어난 것처럼 보인다(파란색 점선). 이는 다음과 같이 y1과 y2의 범위가 달라서 생긴 문제이다.

```
> range(y1)
[1] 0.000000 2.302585
> range(y2)
[1] 1.000000 3.162278
```

그래프 영역을 두 데이터셋의 데이터를 모두 충분히 수용할 만큼 크게 만들어주면 이러한 문제는 간단히 해결된다. 그래프 영역의 크기를 지정하는 xlim 인수와 ylim 인수를 이용한다. xlim 인수에는 X축의 범위를 결정하는 하한값과 상한값을 지정하고 ylim 인수에는 Y축의 범위를 결정하는 하한값과 상한값을 지정한다. 하한값과 상한값은 range() 함수를 이용하여 쉽게 구할 수 있다. 이제 앞에서 작성했던 코드를 다음과 같이 수정해보자.

```
> xlim <- range(c(x1, x2))
> ylim <- range(c(y1, y2))
> plot(x1, y1, xlim=xlim, ylim=ylim,
+       type="l", col="red", xlab="X", ylab="Y")
> lines(x2, y2, lty="dashed", col="blue")
```

새롭게 생성된 그래프는 [그림 10-27]의 오른쪽과 같다. 왼쪽 그래프와 달리 두 데이터셋 모두 그래프 영역 내에 잘 표현되어 있다.

한 페이지에 여러 개의 그래프를 위 아래 또는 양 옆으로 배치하려면 par() 함수를 이용하여 mfrow 또는 mfcol 그래프 패러미터에 행의 개수와 열의 개수를 지정한다. 예를 들어, 한 페이지에 네 개의 그래프를 위 두 개, 아래 두 개 나란히 배치하려면 먼저 다음과 같이 인수 지정을 한다. 그러면 하나의 그래프 창에 2×2, 즉 네 개의 그래프 영역이 생성된다.

```
> par(mfrow=c(2,2))
```

그런 다음 plot() 함수를 이용하여 각 영역에 그려질 네 개의 그래프를 차례대로 생성한다.

[그림 10-27] 여러 개의 데이터셋을 하나의 그래프로 그리기. 왼쪽 그래프는 일부 데이터가 그래프 영역 밖으로 벗어났다.

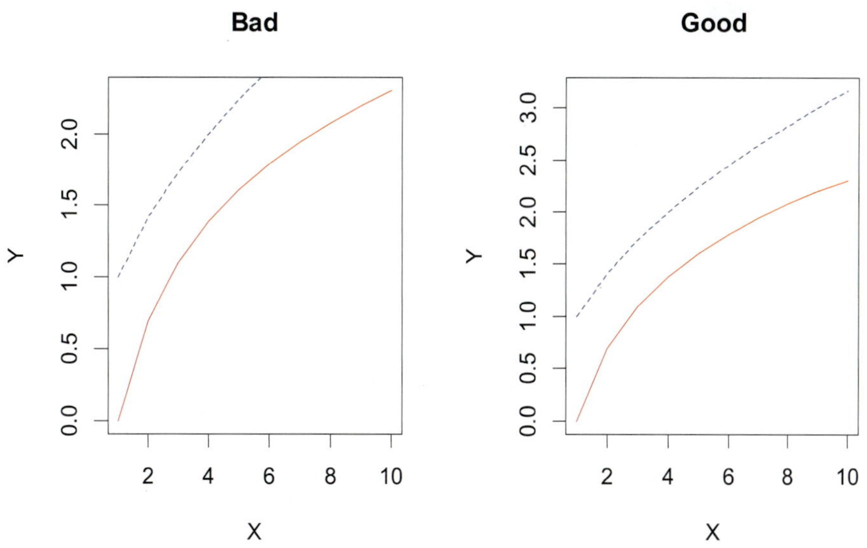

```
> plot(faithful, main="First: Old Faithful Geyser", col="blue", pch=19)
> plot(pressure, main="Second: Temperature vs. Pressure", type="l", col="red")
> plot(LakeHuron, main="Third: Lake Huron", col="green", lwd=2)
> plot(ToothGrowth$supp, ToothGrowth$len,
+       main="Fourth: Tooth Growth of Guinea Pig", col="orange")
```

그러면 [그림 10-28]과 같이 네 개의 그래프가 하나의 그래프 창에 왼쪽에서 오른쪽으로, 그리고 위에서 아래로 차례대로 배치된다. 각 그래프에는 각각 독립적으로 제목, 축 이름 및 레이블, 유형, 색상 등을 지정할 수 있다.

mfrow를 이용하여 그래프를 배치하면 각 개별 그래프가 행을 기준으로 채워진다. 앞에서 생성한 [그림 10-28]의 네 그래프는 우선 첫 번째 행부터 채워진다. 첫 번째 행에 그래프가 모두 배치되면 이어서 두 번째 행이 채워진다. 이와 반대로 열을 기준으로 그래프를 채워나가고 싶으면 mfcol을 이용한다.

하나의 그래프 창에 여러 개의 그래프를 배치하는 작업이 더 이상 필요 없으면 원래대로 그래프

[그림 10-28] 복수의 그래프 배치. par() 함수의 mfrow와 mfcol 인수를 이용한다.

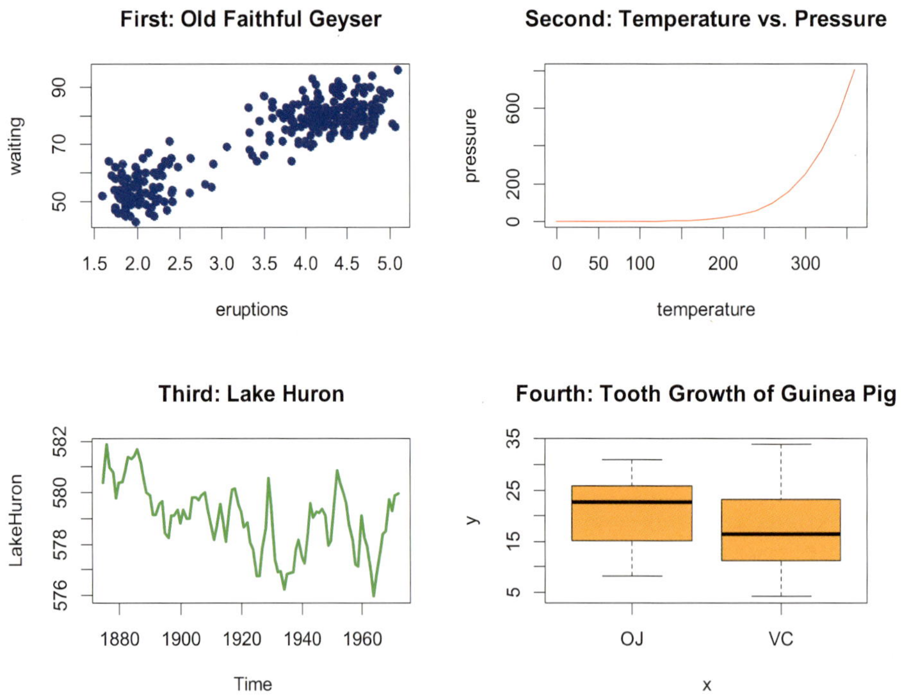

패러미터를 재설정해야 한다. 그렇지 않으면 이후 생성되는 그래프는 모두 현재와 같은 형태로 화면에 나타난다. 이때 par() 함수의 특성을 이용하면 비교적 간단하게 그래프 패러미터를 원래대로 재설정할 수 있다. par() 함수를 호출하면 R은 새로운 그래프 옵션을 설정하면서 기존의 설정 상태를 결과값으로 반환한다. 따라서 이 반환값을 저장해 두었다가 par() 함수를 이용하여 그래프 패러미터를 재설정하면 원래의 상태로 쉽게 돌아갈 수 있다. par(no.readonly=TRUE)도 기존의 패러미터 설정 상태를 반환한다. 이 값을 변수로 저장하여 두었다가 par() 함수로 호출하여도 원래의 설정 상태로 돌아갈 수 있다.

예를 들어, 다음과 같이 old.par 변수에 기존의 설정 상태를 저장하고 이후 이 설정값을 이용하여 원래 설정 상태로 간단히 돌아갈 수 있다.

```
> par(mfrow=c(1,1))
> par("mfrow")
[1] 1 1
> old.par <- par(mfrow=c(2,2))
> par("mfrow")
[1] 2 2
> old.par
$mfrow
[1] 1 1
> plot(faithful, main="First: Old Faithful Geyser", col="blue", pch=19)
> plot(pressure, main="Second: Temperature vs. Pressure", type="l", col="red")
> plot(LakeHuron, main="Third: Lake Huron", col="green", lwd=2)
> plot(ToothGrowth$supp, ToothGrowth$len,
+      main="Fourth: Tooth Growth of Guinea Pig", col="orange")
> par(old.par)
> par("mfrow")
[1] 1 1
> plot(faithful, main="First: Old Faithful Geyser", col="blue", pch=19)
```

layout() 함수를 이용하면 좀 더 다양한 그래프 배치가 가능하다. layout() 함수는 그래프가 배치될 위치를 행렬의 형식으로 지정할 수 있다. 따라서 mfrow 인수나 mfcol 인수로는 가능하지 않은 형태의 그래프 배치도 가능하다. 예를 들어, 두 개 행에 걸쳐 그래프를 배치할 수 있다. 인수로 주어지는 행렬의 셀값은 해당 위치에 배치될 그래프의 번호를 나타낸다.

layout() 함수를 이용하여 [그림 10-29]와 같은 형태로 네 개의 그래프를 배치해보자. 2×3의 행렬에는 여섯 개의 셀이 있고 각 셀값은 해당 위치에 배치될 그래프 번호를 의미한다. 예를 들어, 2×3의 행렬에서 (1, 1)과 (1, 2)의 셀값 1이 의미하는 것은 (1, 1)과 (1, 2)의 위치에 1번 그래프를 배치하라는 것이다. 마찬가지로 (1, 3)과 (2, 3) 위치의 셀값 4가 나타내는 것은 해당 위치에 4번 그래프가 배치된다는 것이다. layout.show() 함수를 이용하면 현재의 그래프 배치도를 볼 수 있다.

```
> old.par <- par(no.readonly=TRUE)
> layout(matrix(c(1,1,4,2,3,4), 2, 3, byrow = TRUE))
> matrix(c(1,1,4,2,3,4), 2, 3, byrow = TRUE)
     [,1] [,2] [,3]
[1,]    1    1    4
[2,]    2    3    4
> plot(faithful, main="First: Old Faithful Geyser", col="blue", pch=19)
> plot(pressure, main="Second:\nTemperature vs. Pressure", type="l", col="red")
```

[그림 10-29] 복수의 그래프 배치. layout() 함수를 이용하여 좀 더 다양한 형태로 그래프를 배치할 수 있다.

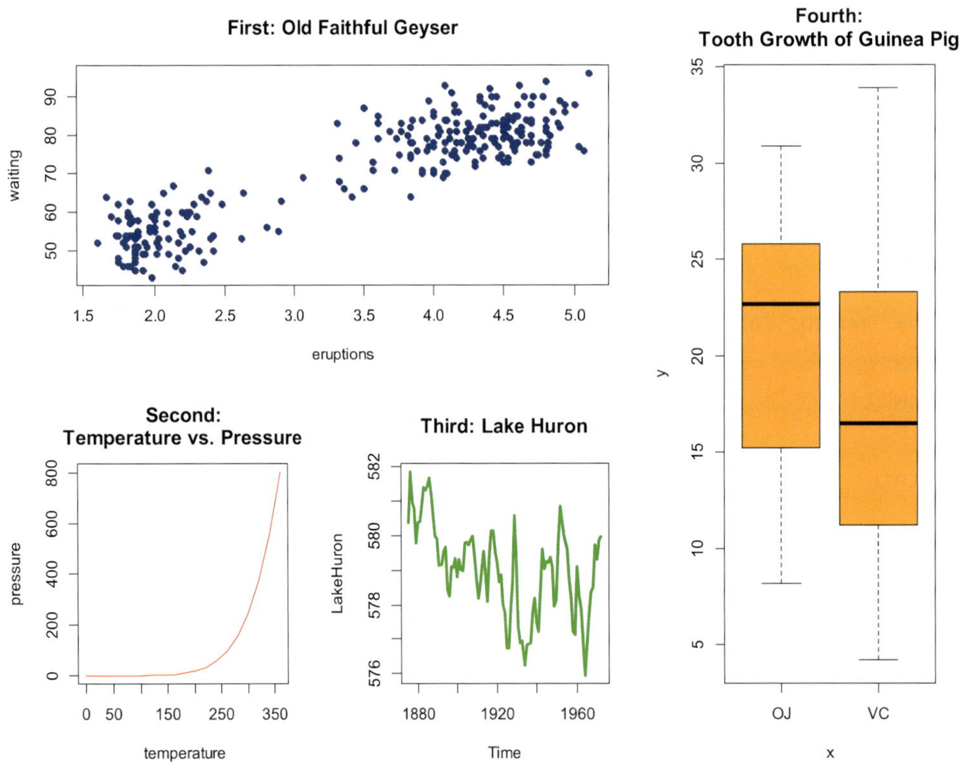

```
> plot(LakeHuron, main="Third: Lake Huron", col="green", lwd=2)
> plot(ToothGrowth$supp, ToothGrowth$len,
+       main="Fourth: \nTooth Growth of Guinea Pig", col="orange")
> layout.show(4)
> par(old.par)
```

layout() 함수의 widths 인수와 heights 인수를 이용하면 배치되는 각 그래프의 크기를 조정할 수 있다. widths 인수에는 열의 폭을 지정하고 heights 인수에는 행의 높이를 지정한다. 각 열 및 행의 크기는 상대적 크기로 지정한다. 예를 들어, 다음과 같이 layout() 함수의 widths 인수와 heights 인수를 지정하면 [그림 10-30]과 같은 그래프가 생성된다.

```
> old.par <- par(no.readonly=TRUE)
> layout(matrix(c(1,1,4,2,3,4), 2, 3, byrow = TRUE),
+         widths=c(1,1,1.5), heights=c(2,1))
```

[그림 10-30] **복수의 그래프 배치.** layout() 함수를 이용하여 배치되는 개별 그래프의 크기를 조정할 수 있다.

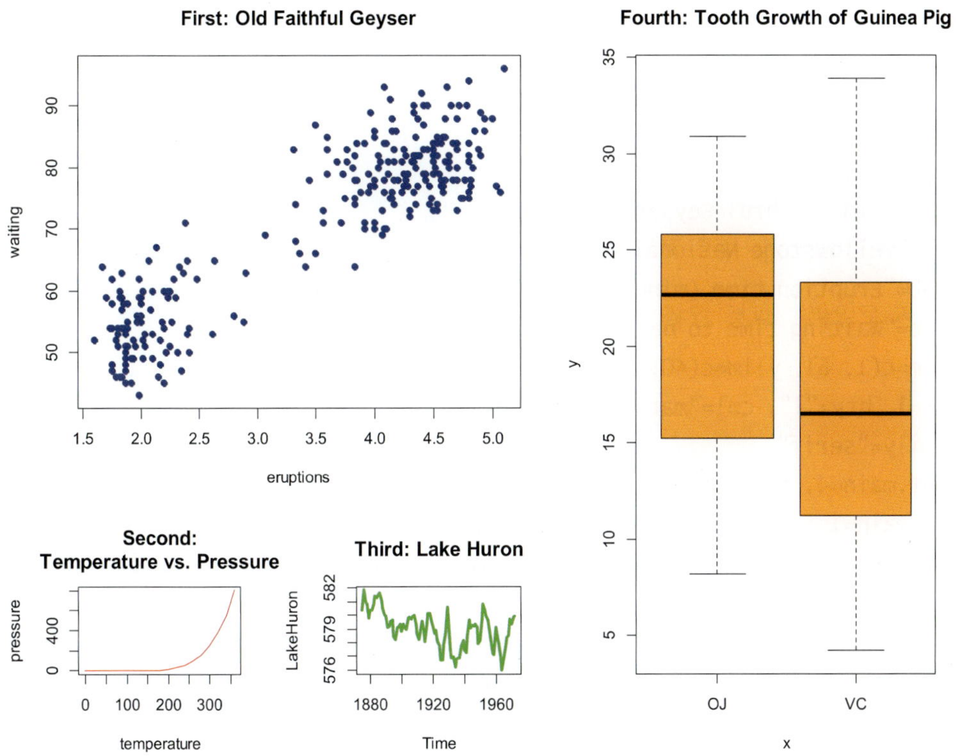

```
> plot(faithful, main="First: Old Faithful Geyser", col="blue", pch=19)
> plot(pressure, main="Second:\nTemperature vs. Pressure", type="l", col="red")
> plot(LakeHuron, main="Third: Lake Huron", col="green", lwd=2)
> plot(ToothGrowth$supp, ToothGrowth$len,
+       main="Fourth: Tooth Growth of Guinea Pig", col="orange")
> par(old.par)
```

세 열의 폭이 1:1:1.5의 비율(widths=c(1,1,1.5))로 지정되었으며 두 행의 높이가 2:1의 비율(heights=c(2,1))로 설정되었다. 그래서 세 번째 열에 그려진 4번 그래프는 2번 및 3번 그래프에 비해 1.5배 더 큰 폭을 가진다. 또한 1번 그래프는 2번 및 3번 그래프에 비해 2배 더 긴 높이를 갖는다.

10.5 그래프 요소 추가

plot() 함수를 비롯한 대부분의 고수준 그래픽 함수(예를 들면, 나중에 살펴보게 될 hist() 함수, boxplot() 함수 등)는 그 내부에 그래프 패러미터를 지정할 수 있다. 예를 들어, [그림 10-31]과 같이 그래프의 제목 및 부제목, 축 이름, 축 레이블을 포함한 다양한 그래프 옵션을 인수로 지정하여 그래프 요소를 표현한다.

```
> plot(faithful,
+       main="Old Faithful Geyser",
+       sub="Yellowstone National Park",
+       xlab="Eruption time (minutes)",
+       ylab="Waiting time to next eruption (minutes)",
+       xlim=c(1, 6), ylim=c(40, 100),
+       las=1, bty="l", col="maroon", pch=19,
+       family="serif",
+       font.main=4, font.lab=3, font.axis=2,
+       cex.main=1.5, cex.lab=1.0, cex.axis=0.75,
+       col.main="tomato", col.sub="orange", col.lab="firebrick", col.axis="khaki4")
```

그러나 고수준 그래픽 함수에서 제공하는 기본적인 형태의 제목이나 축 레이블 등을 그대로 사용하지 않고 새롭게 정의하고 싶을 때가 있다. 그리고 고수준 그래픽 함수라고 해서 그래프 패러미터 지정이

[그림 10-31] 고수준 그래픽 함수를 이용한 그래프 생성. 대부분의 그래픽 함수는 그래프 패러미터 지정을 통해 그래프 요소를 표현할 수 있다.

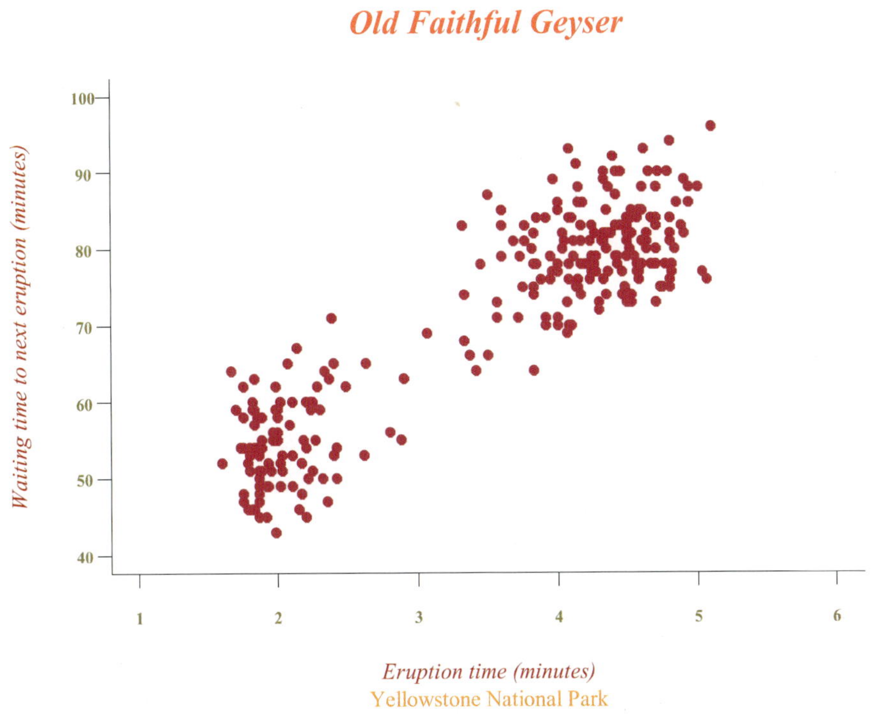

모두 동일하게 가능한 것도 아니다. 또한 그래프 요소를 하나씩 추가함으로써 그래프 생성 과정을 단계별로 모듈화하고 싶을 때도 있다. 따라서 기본적으로 제공되는 그래프 요소를 변경하고 싶거나, 함수 내에서 그래프 패러미터 지정이 허용되지 않거나, 새로운 그래프 요소를 추가하려고 할 때는 다른 방법으로 그래프 옵션을 지정할 수 있어야 한다. 저수준 그래픽 함수를 이용하여 그래프 요소를 지정함으로써 이러한 다양한 목적을 달성할 수 있다.

제목과 축

그래프 제목과 축 이름을 그래프에 추가하기 위해서는 `title()` 함수를 이용한다. 그래프의 제목, 부제목, X축 이름, Y축 이름을 각각 `main`, `sub`, `xlab`, `ylab` 인수를 이용하여 지정한다. 텍스트 크기, 글씨체, 색상 등의 그래프 패러미터도 고수준 그래픽 함수에서와 동일한 형식으로 `title()` 함수에 지정할 수 있다. `title()` 함수를 이용하면 고수준 그래픽 함수에서 기본적으로 제공하는 형태의 그래프 제목과 축 이름 대신에 사용자가 정의하는 그래프 제목과 축 이름을 사용할 수 있다.[11]

axis() 함수는 축을 추가한다. axis() 함수를 이용하여 그래픽 함수에서 자동으로 생성하는 축 대신에 사용자가 정의한 다양한 형태의 축을 생성할 수 있다. side 인수에는 축을 그릴 그래프의 위치를 지정한다(1은 아래쪽, 2는 왼쪽, 3은 위쪽, 4는 오른쪽). at 인수에는 축의 눈금(tick mark)이 그려질 위치를 나타내는 숫자 벡터를 지정한다. labels 인수에는 눈금 이름에 사용할 텍스트 레이블을 문자 벡터로 지정한다. 지정하지 않으면 at 인수에 지정된 값이 사용된다. tck 인수에는 눈금의 길이를 그래프 영역 대비 비율로 지정한다. 음수를 지정하면 눈금이 그래프 영역 바깥으로 그려지고 양수를 지정하면 그래프 영역 안으로 그려진다. 0을 지정하면 눈금을 그리지 않고 1을 지정하면 그리드를 그린다. 그 밖에 lty, col, las 등의 인수를 이용하여 눈금 및 레이블의 모양, 색상, 스타일 등을 지정할 수 있다. 사용자가 정의한 축을 그리려면 그래픽 함수에 의해서 자동으로 생성되는 축이 나타나지 않도록 해야 한다. axes=FALSE를 지정하면 축의 틀을 포함한 모든 축이 나타나지 않는다(축의 틀은 보이게 하려면 frame.plot=TRUE를 지정한다). xaxt="n"과 yaxt="n"은 각각 X축과 Y축을 숨긴다(축의 틀은 보이나 눈금은 보이지 않는다).

11 plot() 함수와 같은 고수준 그래픽 함수를 이용하여 그래프를 생성할 때 기본적으로 제공되는 그래프 제목과 축 이름을 사용하지 않으려면 ann=FALSE를 지정한다.

R의 표준패키지에 내장되어 있는 state.x77 데이터셋을 이용하여 [그림 10-32]와 같이 제목, 축 이름, 축 레이블을 추가한 그래프를 생성해보자. state.x77 데이터셋은 행렬 형식이므로 우선 이를 데이터프레임 형식으로 변환한다. 그리고 그래프의 오른쪽에 축 정보가 포함될 수 있도록 마진을 확장한다.

```
> states <- data.frame(state.x77)
> attach(states)
> old.par <- par(no.readonly=TRUE)
> par(mar=c(5,4,4,8) + 0.2)
```

먼저 plot() 함수를 이용하여 살인사건율(Murder)과 기대수명(Life.Exp) 간의 관계를 산점도로 그린다. 이때 자동으로 생성되는 축의 이름을 숨기고(ann=FALSE) Y축의 축 정보 또한 숨긴다(yaxt="n"). Y축의 축 정보가 숨겨졌기 때문에 축의 레이블 색상과 크기를 지정하면 이는 X축 레이블의 색상과 크기로 지정된다(col.axis="purple", cex.axis=0.75). 이어서 points() 함수를 이용하여 살인사건율과 고졸자비율(HS.Grad) 간의 산점도를 추가한다.

```
> plot(Murder, Life.Exp, pch=20, col="tomato", ylim=c(35,75),
+      yaxt="n", col.axis="darkorchid4", cex.axis=0.75, ann=FALSE)
```

[그림 10-32] 제목과 축 추가. title() 함수와 axis() 함수를 이용한다.

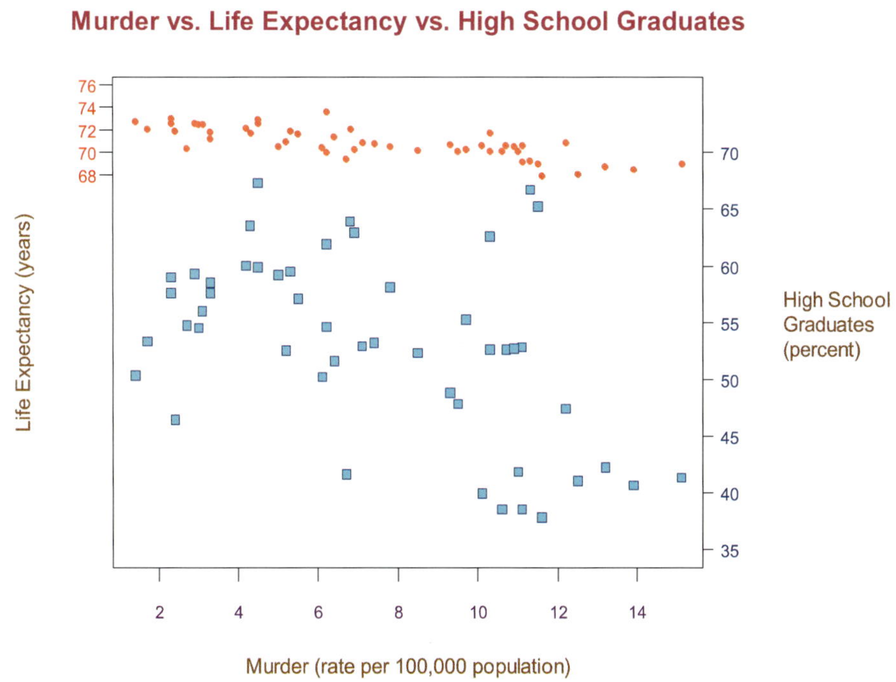


```
> points(Murder, HS.Grad, pch=22, col="blue", bg="skyblue")
```

axis() 함수를 이용하여 그래프의 왼쪽 축(side=2)과 오른쪽 축(side=4)을 차례대로 추가한다.

```
> axis(side=2, at=seq(68, 76, 2), labels=seq(68,76, 2),
+      col.axis="red", cex.axis=0.75, las=2)
> axis(side=4, at=seq(35, 70, 5), labels=seq(35, 70, 5),
+      col.axis="blue", cex.axis=0.75, las=2, tck=-0.02)
```

mtext() 함수를 이용하여 오른쪽 축에 대한 레이블을 추가한다. mtext() 함수는 그래프의 마진 영역에 텍스트를 추가한다. text 인수에 사용할 텍스트를 지정한다. side 인수에는 텍스트가 놓일 마진의 위치를 지정한다(1은 아래쪽, 2는 왼쪽, 3은 위쪽, 4는 오른쪽). line 인수에는 텍스트의 위치를 라인 단위로 지정한다. 기본값은 0이며 큰 값을 지정할수록 텍스트의 위치는 축을 기준으로 바깥쪽으로 이동하게 된다.

```
> mtext(text="High School\nGraduates\n(percent)",
+       side=4, line=3, cex=0.9, las=2, col="tan4")
```

끝으로 title() 함수를 이용하여 제목과 X축 및 Y축의 이름을 추가한다.

```
> title(main="Murder vs. Life Expectancy vs. High School Graduates",
+       xlab="Murder (rate per 100,000 population)",
+       ylab="Life Expectancy (years)",
+       col.main="maroon", col.lab="tan4", cex.lab=0.9)
> detach(states)
> par(old.par)
```

범례

두 개 이상의 집단을 그래프상에 표현할 때 범례(legend)를 사용하여 그래프상의 심볼, 선, 막대 등의 소속 집단을 나타내면 그래프를 이해하는 데 도움이 된다. legend() 함수를 이용하여 그래프상에 범례를 추가할 수 있다. legend() 함수에는 우선 범례가 놓일 위치를 인수로 지정해야 한다. 범례의 위치는 다양한 방법으로 지정할 수 있다. 범례 박스의 좌상단 모서리의 위치를 x, y 좌표로 지정하는 것이 가장 일반적인 방법이다. 또는 bottom, bottomleft, left, topleft, top, topright, right, bottomright, center 등의 키워드를 이용할 수도 있다. 키워드를 이용할 때는 inset 인수를 이용하여 키워드로 지정된 위치와 플롯 영역의 경계 사이에 공간을 삽입함으로써 범례 위치를 추가로 조정할 수 있다. inset 인수에 키워드로 지정된 위치와 플롯 영역의 경계 사이에 삽입될 거리를 전체 플롯 영역의 거리를 1로 했을 때에 대한 비율로서 지정한다. title 인수에는 범례의 제목을 지정한다. legend 인수에는 데이터의 소속 집단을 나타내는 레이블(즉 구분 표시 모양에 대한 설명)을 문자 벡터로 지정한다.

데이터 구분 표시 모양에 대한 옵션은 그래프상에서 소속 집단을 구분하기 위하여 무엇을 사용하였는지에 따라 달라진다. 데이터의 소속 집단이 색상으로 구분되어 있으면 col 인수에 색상 벡터를 지정한다. 심볼을 사용하여 데이터를 구분했으면 pch 인수에 심볼 벡터를 지정한다. 선의 두께나 선의 유형으로 데이터를 구분한 경우에는 lwd 또는 lty 인수에 선의 두께나 선의 유형을 벡터로 지정한다. 색상이 칠해진 면(예를 들면, 막대, 상자, 원 조각 등)으로 구분했으면 fill 인수에 색상 벡터를 지정한다. legend() 함수는 이 밖에도 많은 다양한 인수를 제공한다. bty 인수는 범례 박스의 유형을 결정한다. 예를 들어, bty="n"을 지정하면 상자 테두리를 없앨 수 있다. 배경색은 bg 인수에, 범례의 전체

크기는 cex 인수에, 텍스트 색상은 text.col 인수에 지정한다. 또한 horiz=TRUE를 지정하면 범례를 수직이 아닌 수평으로 생성할 수 있다.

R의 표준패키지에 포함된 Orange 데이터셋에는 다섯 그루의 오렌지 나무에 대한 수령과 나무둘레 데이터가 저장되어 있다. 수령은 일수로 기록되었으며 나무둘레는 밀리미터(mm) 단위로 측정되었다. 다음 코드는 첫 번째와 두 번째 오렌지 나무에 대한 수령과 나무둘레 간의 관계를 나타내는 선도표를 생성한다.

```
> head(Orange)
  Tree  age circumference
1    1  118            30
2    1  484            58
3    1  664            87
4    1 1004           115
5    1 1231           120
6    1 1372           142
> tree1 <- subset(Orange, Tree==1)
> tree2 <- subset(Orange, Tree==2)
> xlim <- range(c(tree1$age, tree2$age))
> ylim <- range(c(tree1$circumference, tree2$circumference))
> plot(tree1$age, tree1$circumference, type="b", xlim=xlim, ylim=ylim,
+      pch=16, lty=1, col="red",
+      main="Growth of Orange Tree",
+      xlab="Age (days)", ylab="Circumference (mm)")
> lines(tree2$age, tree2$circumference, type="b",
+       pch=15, lty=2, col="blue")
```

이렇게 생성한 그래프에 다음과 같이 왼쪽 상단에 범례를 추가할 수 있다. 두 오렌지 나무는 각각 선, 심볼, 색상에 의해 구분되고 있기 때문에 lty, pch, col 인수를 이용하여 범례를 완성한다.

```
> legend("topleft", inset=0.05, title="Tree ID", legend=c("Tree 1", "Tree 2"),
+        lty=c(1, 2), pch=c(16, 15), col=c("red", "blue"))
```

여기에 그래프 요소 한 가지를 더 추가해보자. 그래프에는 보통 축의 주눈금(major tick mark)만이 표시된다. 여기에 보조눈금(minor tick mark)을 추가한다. 보조눈금은 Hmisc 패키지에 포함된 minor.tick()

[그림 10-33] 범례와 보조눈금 추가. legend() 함수와 minor.tick() 함수를 이용한다.

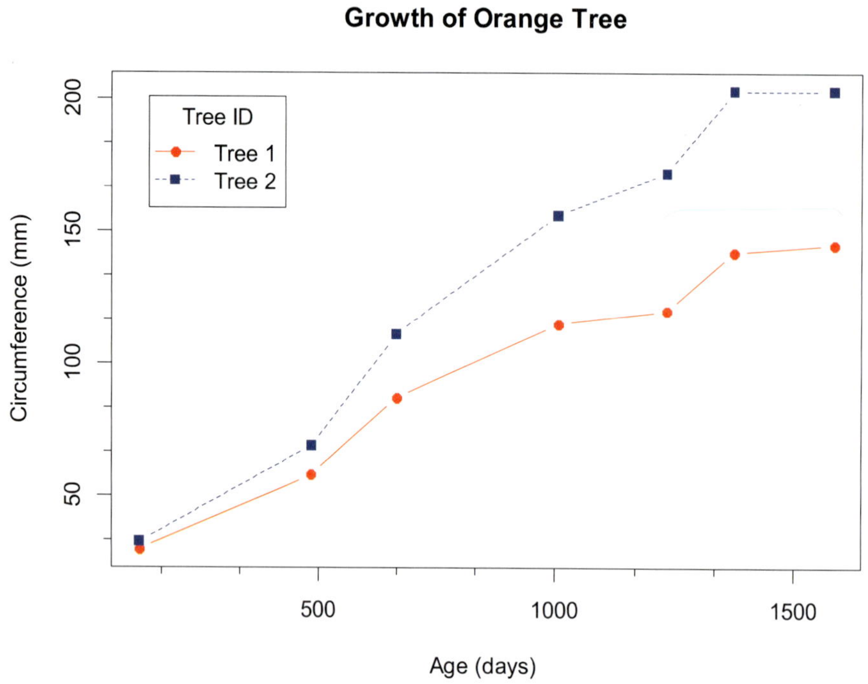

함수를 이용하여 그릴 수 있다. nx 인수와 ny 인수에는 X축과 Y축 각각에 대해 주눈금 사이 영역을 분할하는 간격의 개수를 지정한다. tick.ratio 인수에는 보조눈금의 크기를 주눈금에 대한 상대적 크기로 지정한다.

```
> library(Hmisc)
> minor.tick(nx=3, ny=3, tick.ratio=0.5)
```

여기에서는 X축과 Y축에 대해 주눈금 사이에 두 개의 보조눈금을 추가하여 세 칸의 간격을 만들었고(nx=3, ny=3) 보조눈금의 크기는 주눈금 크기의 50%로 설정하였다(tick.ratio=0.5). 최종적으로 생성된 그래프는 [그림 10-33]과 같다.

텍스트

text() 함수와 mtext() 함수를 이용하여 그래프상에 텍스트를 추가할 수 있다. text() 함수는 그래프가 출력되는 플롯 영역에 텍스트를 위치시키며 mtext() 함수는 마진 영역에 텍스트를 위치시킨다. mtext() 함수에 대해서는 앞('제목과 축')에서 다루었으므로 여기에서는 text() 함수에 대해서만 살펴본다. text() 함수의 첫 번째 인수로 텍스트가 놓일 x, y 좌표를 지정한다. 텍스트는 지정한 좌표를 기준으로 가운데에 배치된다. pos 인수를 지정하면 지정한 좌표를 중심으로 아래쪽(1), 왼쪽(2), 위쪽(3), 오른쪽(4)에 텍스트틀 배치할 수 있다. pos 인수를 지정하면 이와 함께 offset 인수를 이용하여 지정한 좌표로부터 몇 글자 떨어져서 텍스트를 출력할지 지정할 수 있다(기본값은 0.5). labels 인수에는 출력할 텍스트를 지정한다. srt 인수에는 텍스트의 회전 각도를 지정하여 텍스트를 시계 반대 방향으로 회전시킬 수 있다. 그 밖에 cex(크기), col(색상), font(글씨체)와 같은 일반적인 그래프 패러미터도 기존의 인수 지정 방식과 동일한 방식으로 사용할 수 있다.

예를 들어, text() 함수를 이용하여 글꼴과 글씨체를 [그림 10-34]와 같이 출력할 수 있다. 윈도우 환경에서 사용되는 글꼴을 글씨체, 색상, 크기 등을 달리 하면서 빈 그래프(type="n", xaxt="n", yaxt="n") 상에 출력하였다. 또한 mtext() 함수를 이용하여 아래쪽 마진에 그래프의 제목 텍스트를 추가하였다.

```
> plot(1:5, 1:5, type="n", xaxt="n", yaxt="n", las=1, ann=FALSE)
> text(2,2, font=1, col="red", cex=1.0,
+       labels="Default text: Sans text with plain (font=1)")
> text(3,3, font=2, col="darkgreen", cex=1.2, family="mono",
+       labels="Mono text with bold (font=2)")
```

[그림 10-34] 텍스트 추가. text() 함수와 mtext() 함수를 이용한다.

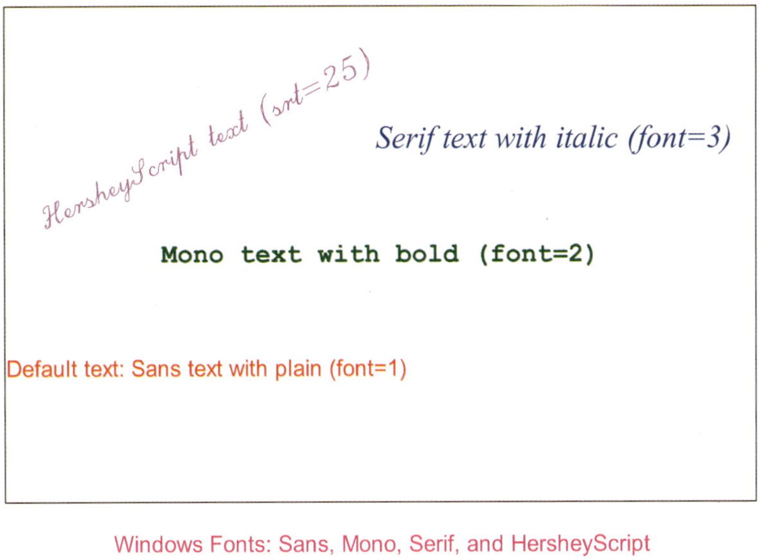

```
> text(4,4, font=3, col="blue", cex=1.4, family="serif",
+      labels="Serif text with italic (font=3)")
> text(2,4, font=2, col="magenta", cex=1.4, family="HersheyScript",
+      labels="HersheyScript text (srt=25)", srt=25)
> mtext(text="Windows Fonts: Sans, Mono, Serif, and HersheyScript",
+       side=1, line=1, col="deeppink")
```

text() 함수는 앞에서와 같이 단순히 텍스트를 그래프상에 출력하는 용도로뿐만 아니라 그래프상의 데이터값 주위에 레이블을 추가하는 목적으로도 사용한다. 그래프로 그려지는 데이터값을 위치를 나타내는 x, y 좌표로 사용하고 각 데이터값을 설명하는 레이블을 데이터셋으로부터 선택하여 출력할 텍스트로 지정한다. 이때 x, y 레이블 벡터는 모두 동일한 길이를 가져야 한다.

예를 들어, [그림 10-35]는 mtcars 데이터셋에 포함된 32개 자동차 모델에 대해 자동차 무게와 연비 간 산점도를 그린 것이다. text() 함수를 이용하여 각 데이터 점(무게와 연비) 옆에 자동차 모델 이름을 추가하였다.

[그림 10-35] 데이터값 옆에 레이블 추가, text() 함수를 이용한다.

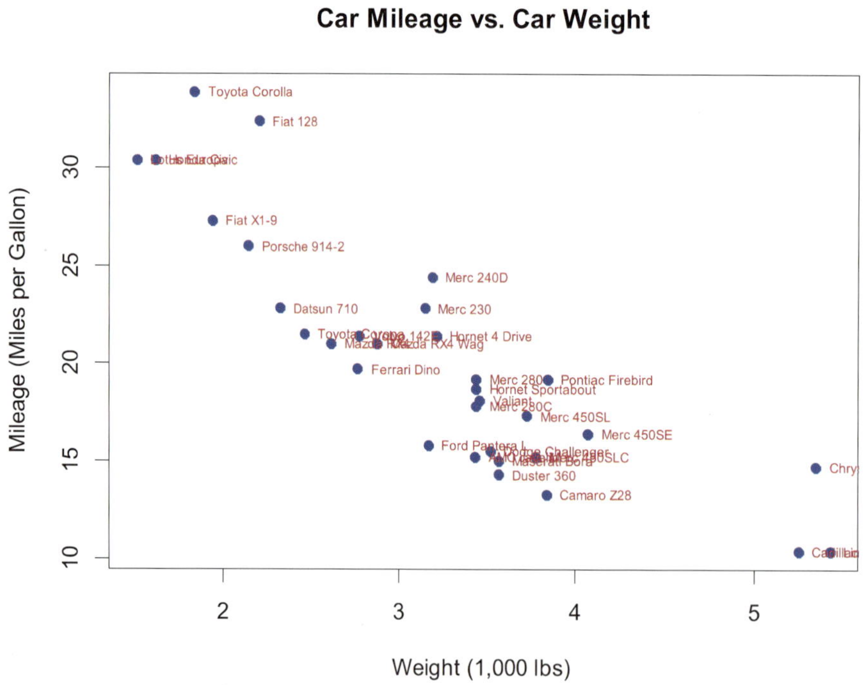

```
> attach(mtcars)
> plot(wt, mpg, pch=19, col="royalblue",
+      main="Car Mileage vs. Car Weight",
+      xlab="Weight (1,000 lbs)", ylab="Mileage (Miles per Gallon)")
> text(wt, mpg, row.names(mtcars), cex=0.6, pos=4, col="maroon")
> detach(mtcars)
```

10.6 그래픽 함수

원도표

원도표(pie chart)는 pie() 함수를 이용하여 생성한다.[12] pie() 함수에 조각의 크기를 나타내는 벡터를 첫 번째 인수로 제공한다. labels 인수에는 각 조각을 설명하는 레이블을 지정할 수 있다. 다음 코드는 [그림 10-36]의 왼쪽과 같은 단순한 원도표를 생성한다.

12 원도표는 일상에서 흔히 볼 수 있는 그래프이지만 대부분의 통계학자는 원도표의 사용을 권하지 않는 경향이 있다. 원도표 대신에 막대도표의 사용을 권장한다. 왜냐하면 사람들은 대체로 면적보다는 길이를 보다 정확히 비교할 수 있기 때문이다.

```
> slice <- c(325, 285, 706, 885)
> lbl <- c("1st Class", "2nd Class", "3rd Class", "Crew")
> pie(slice, labels=lbl, main="Pie Chart from Vector")
```

[그림 10-36] **원도표**. pie() 함수는 원도표를 생성한다.

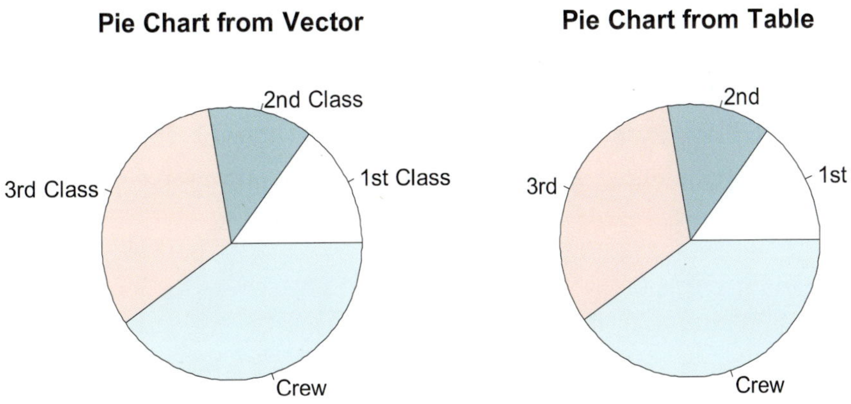

데이터셋이 테이블 또는 행렬 형식이면 pie() 함수에 간단하게 데이터셋만 제공함으로써 원도표를 생성할 수 있다. 이때 labels 인수를 생략하면 테이블의 열 이름이 레이블로 사용된다. 테이블 형식인 Titanic 데이터셋으로부터 [그림 10-36]의 오른쪽과 같은 원도표를 생성해보자. 이를 위해 우선 margin.table() 함수로 Class 차원만을 추출하여 조각 크기를 나타내는 별도의 변수로 저장한다. margin.table() 함수는 첫 번째 인수(x)로 지정한 배열 형식의 데이터셋으로부터 두 번째 인수(margin)로 지정한 차원으로 구성된 새로운 요약 테이블을 생성한다.

```
> str(Titanic)
 table [1:4, 1:2, 1:2, 1:2] 0 0 35 0 0 0 17 0 118 154 ...
 - attr(*, "dimnames")=List of 4
  ..$ Class    : chr [1:4] "1st" "2nd" "3rd" "Crew"
  ..$ Sex      : chr [1:2] "Male" "Female"
  ..$ Age      : chr [1:2] "Child" "Adult"
  ..$ Survived : chr [1:2] "No" "Yes"
> class <- margin.table(x=Titanic, margin=1)
> class
Class
 1st  2nd  3rd Crew
 325  285  706  885
> pie(class, main="Pie Chart from Table")
```

원도표상에 빈도나 비율을 함께 나타내면 조각 크기를 시각적으로 비교할 때 도움이 된다. 다음 코드는 빈도가 표시된 [그림 10-37]의 왼쪽 원도표를 생성한다.

```
> lbl <- paste(names(class), ": ", class, sep="")
> pie(class, labels=lbl, main="Pie Chart with Sample Sizes")
```

다음 코드는 비율이 표시된 [그림 10-37]의 오른쪽 원도표를 생성한다. 각 조각에 대응되는 비율을 계산한 후 그 비율을 이용하여 원도표를 생성하였다. col 인수에는 rainbow() 함수를 이용하여 색상을 지정한다. rainbow() 함수는 인수로 주어지는 숫자만큼의 색상을 미리 정의된 무지개 색상 팔레트로부터 추출한다.

[그림 10-37] **원도표.** 조각에 빈도나 비율을 함께 표시한다.

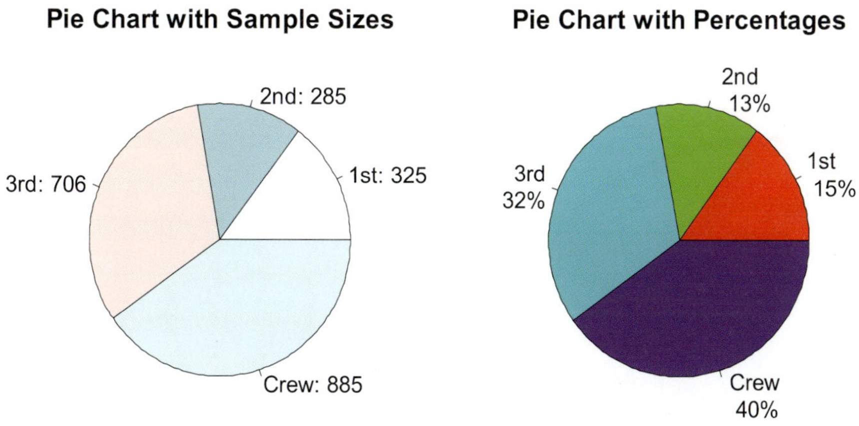


```
> class.pct <- round(class/sum(class)*100)
> class.pct
Class
 1st  2nd  3rd Crew 
  15   13   32   40 
> lbl <- paste(names(class), "\n ", class.pct, "%", sep="")
> pie(class.pct, labels=lbl, col=rainbow(length(class.pct)),
+     main="Pie Chart with Percentages")
```

원도표의 단점 중 하나는 조각 크기를 비교하기 쉽지 않다는 점이다. 예를 들어, [그림 10-36]의 원도표를 보면 1등석과 2등석 승객 가운데 어느 쪽의 승객이 많은지 판단하기 쉽지 않다. 원도표의 한 변형된 형태인 부채도표(fan plot)는 조각의 상대적 크기를 시각적으로 쉽게 비교할 수 있도록 보여줌으로써 이러한 문제를 해결한다. 다음과 같이 plotrix 패키지에 포함된 fan.plot() 함수를 이용하여 부채도표를 그릴 수 있다. 생성된 그래프는 [그림 10-38]과 같다.

```
> library(plotrix)
> class <- margin.table(x=Titanic, margin=1)
> fan.plot(class, labels=names(class), main="Fan Plot of Titanic Passengers")
```

부채도표는 조각을 서로 겹치게 재배치하고 조각의 반경을 조정하여 각 조각이 서로 쉽게 구별되도록 그래프를 생성한다. 이제 1등석과 2등석 조각의 크기를 쉽게 구별할 수 있다. 1등석 승객이 2등석 승객보다 약간 더 많다는 것을 시각적으로 쉽게 확인할 수 있다. 여기에서 크기를 나타내는 것은

[그림 10-38] **부채도표**. fan.plot() 함수는 부채도표를 생성한다. 조각의 상대적 크기를 쉽게 비교할 수 있다.

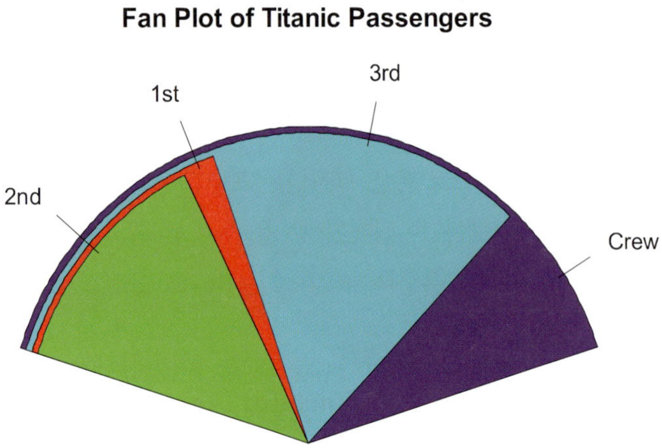

조각의 폭이며 반경과는 관계없다.

막대도표

막대도표(bar chart)는 barplot() 함수를 이용하여 생성한다. barplot() 함수에 막대의 높이를 나타내는 벡터나 테이블/행렬을 인수로 제공한다. Titanic 데이터셋으로부터 1차원의 테이블(Class 차원)을 추출하여 [그림 10-39]의 왼쪽과 같은 막대도표를 생성하였다. barplot() 함수는 기본적으로 수직 막대도표를 생성한다.

```
> class <- margin.table(Titanic, 1)
> class
Class
 1st  2nd  3rd Crew
 325  285  706  885
> barplot(class, main="Simple Bar Chart")
```

[그림 10-39]의 오른쪽과 같은 수평 막대도표를 생성하려면 다음과 같이 horiz=TRUE를 지정한다.

```
> barplot(class, horiz=TRUE,
+         xlab="Number of Passengers", ylab="Class",
+         main="Horizontal Bar Chart")
```

[그림 10-39] **막대도표.** barplot() 함수는 막대도표를 생성한다. 기본적으로 수직 막대도표를 생성하며 horiz=TRUE를 지정하면 수평 막대도표를 생성한다.

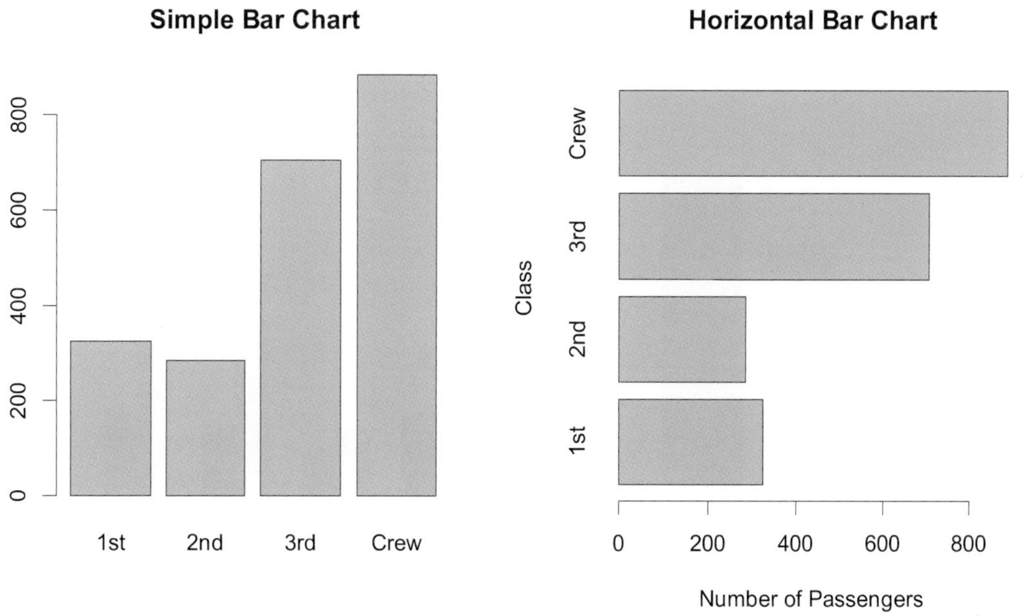

barplot() 함수에 2차원의 테이블 또는 행렬이 인수로 주어지면 [그림 10-40]의 왼쪽과 같은 수직누적 막대도표를 생성한다. 테이블/행렬의 각 열은 막대에 대응되고 열의 값은 막대에 쌓아 올려지는 하부 막대의 높이를 결정한다. 예를 들어, 첫 번째 열(1st)은 1등석 승객의 막대를 나타낸다. 사망자수(No)를 나타내는 첫 번째 원소 122는 막대 하단을 구성하는 하부 막대의 높이가 되고 생존자수(Yes)를 나타내는 203은 막대 상단을 구성하는 하부 막대의 높이가 된다.

```
> survival.by.class <- margin.table(Titanic, c(4,1))
> survival.by.class
      Class
Survived  1st 2nd 3rd  Crew
      No  122 167 528  673
     Yes  203 118 178  212
> barplot(survival.by.class, main="Stacked Bar Chart")
```

[그림 10-40]의 오른쪽과 같은 수평배열 막대도표를 생성하려면 beside=TRUE를 지정한다. names.arg 인수에는 막대의 이름을 나타내는 레이블을 지정하며 cex.names 인수에는 레이블의

[그림 10-40] **막대도표.** 2차원의 행렬 데이터에 대해 기본적으로 수직누적 막대도표를 생성하며 beside=TRUE를 지정하면 수평배열 막대도표를 생성한다.

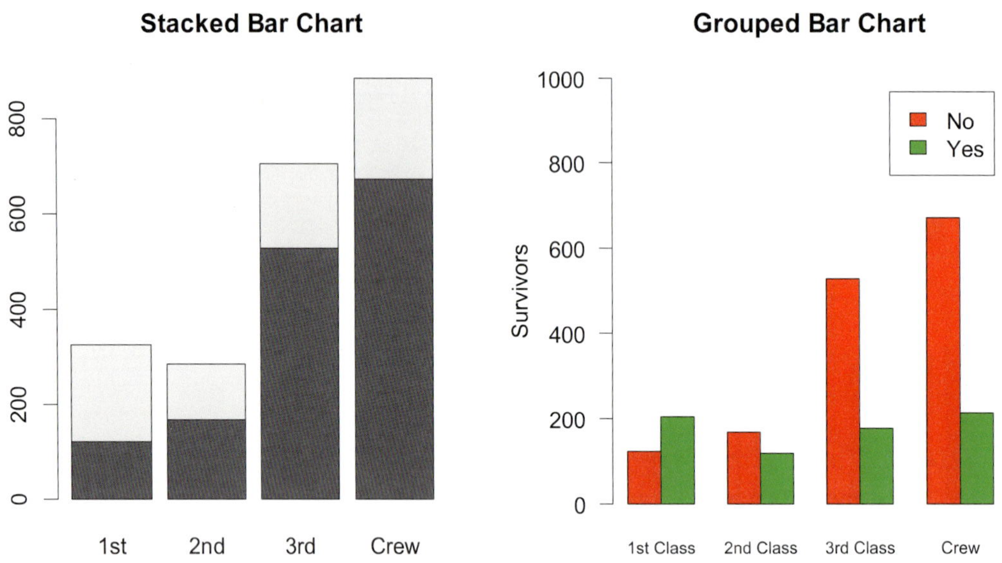

크기를 지정한다. col 인수에는 색상을 지정한다. legend=TRUE를 지정하면 자동으로 범례를 생성한다. 이 기능은 데이터셋이 테이블/행렬일 때 사용 가능하며 행 이름이 범례의 레이블로 사용된다.

```
> barplot(survival.by.class, ylim=c(0, 1000), beside=TRUE,
+         col=c("red", "green"), legend=TRUE,
+         ylab="Survivors", las=1, cex.names=0.75,
+         names.arg=c("1st Class", "2nd Class", "3rd Class", "Crew"),
+         main="Grouped Bar Chart")
```

legend 인수를 이용하여 barplot() 함수 내에서 범례를 지정하면 고정된 위치에 범례가 자동 생성되기 때문에 막대가 길 경우 범례가 막대를 가리기도 한다. 이럴 때 다음과 같이 명시적으로 legend() 함수를 사용하여 범례를 지정할 수도 있다. 별도로 범례를 생성한 그래프는 [그림 10-41]과 같다.

```
> barplot(survival.by.class, ylim=c(0, 1000), beside=TRUE,
+         col=c("coral", "khaki4"),
+         ylab="Survivors", las=1, cex.names=0.8,
+         names.arg=c("1st Class", "2nd Class", "3rd Class", "Crew"),
+         main="Grouped Bar Chart with Customized Legend")
```

[그림 10-41] **막대도표.** legend() 함수를 이용하여 범례를 지정할 수 있다.

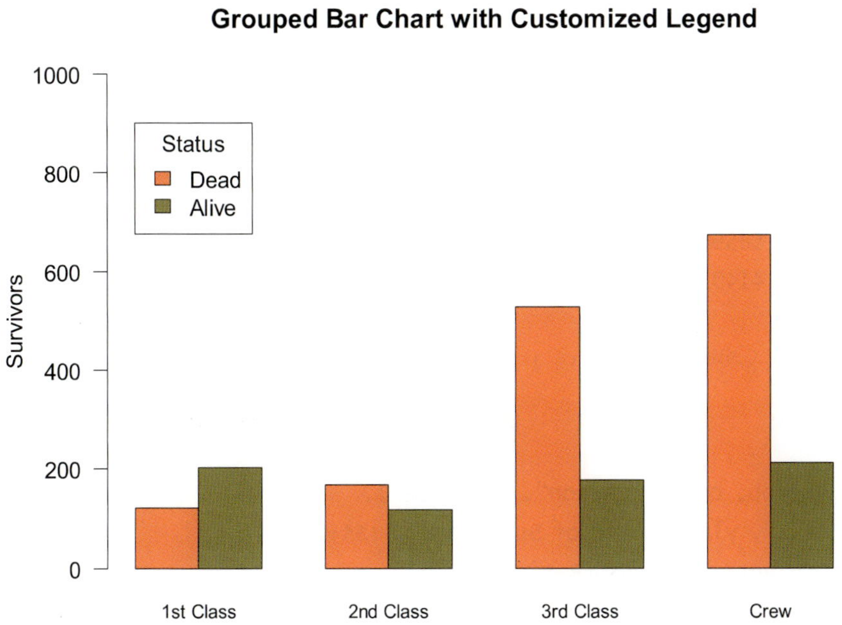


```
> legend(x=1, y=900, legend=c("Dead", "Alive"),
+        fill=c("coral", "khaki4"), title="Status")
```

legend() 함수의 처음 두 인수(x, y)에는 범례 상자가 위치할 X축 좌표와 Y축 좌표를 지정한다. 이 좌표는 범례 상자 좌측 상단의 모서리 위치를 나타낸다. legend 인수에는 레이블, 즉 데이터 구분 표시 모양에 대한 설명을 지정한다. 그래프상에서 데이터 구분 표시 모양으로 무엇을 사용하였는지에 따라 다음에 지정할 인수는 달라진다. 심볼인지, 선인지, 면(막대, 상자, 원 조각 등)인지에 따라 각각 pch, lty, fill 인수를 지정한다. 여기에서는 막대의 색상으로 생존 여부를 구분하고 있기 때문에 fill 인수에 구분 색상을 지정한다. title 인수에는 범례 제목을 지정한다.

수직누적 막대도표에서 막대의 높이를 모두 동일하게 통일하면 하부 막대 크기의 상대적 비교가 가능하다. 이를 위해서 먼저 다음과 같이 prop.table() 함수를 이용하여 막대의 높이를 100%로 척도 조정된 비율로 변환한다. prop.table() 함수는 교차표의 빈도를 비율로 변환한다. prop.table() 함수의 첫 번째 인수(x)에는 테이블을 지정한다. 두 번째 인수(margin)로 1을 지정하면 행의 비율이 계산되며 2를 지정하면 열의 비율이 계산된다. 여기에서는 막대의 높이를 100%로 환산해야 하기 때문에 열의 비율을 계산한다.

```
> survival.by.class <- margin.table(Titanic, c(4,1))
> survival.prop <- prop.table(x=survival.by.class, margin=2)
> survival.prop
        Class
Survived       1st       2nd       3rd      Crew
     No  0.3753846 0.5859649 0.7478754 0.7604520
     Yes 0.6246154 0.4140351 0.2521246 0.2395480
```

비율로 변환된 막대 높이를 이용하여 다음과 같이 100%로 척도 조정된 수직누적 막대도표를 생성할 수 있다.

```
> barplot(survival.prop, col=c("maroon", "skyblue"),
+         xlab="Class", ylab="Ratio of Survivors", las=1,
+         main="Survivors by Class (Ratio)")
```

[그림 10-42] **막대도표.** 막대 높이를 비율로 변환하여 100% 척도 조정된 수직누적 막대도표를 생성할 수 있다.

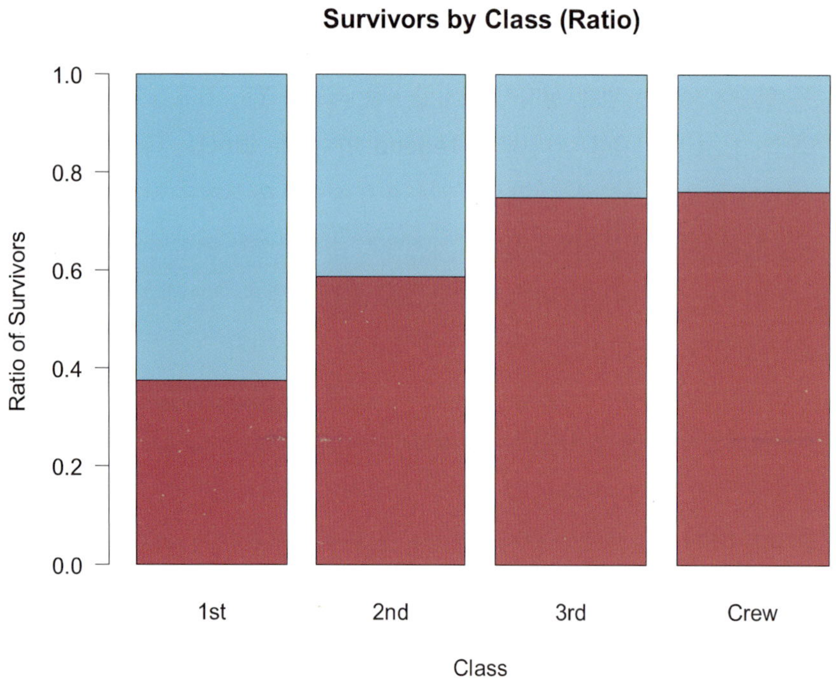

[그림 10-42]는 100%로 척도 조정된 수직누적 막대도표이다. 이 그래프로부터 타이타닉호의 생존자 비율은 1등석 승객이 가장 높고 3등석과 승무원이 가장 작다는 것을 알 수 있다.

100%로 척도 조정된 수직누적 막대도표는 스파인도표(spine plot)를 이용하면 보다 쉽게 그릴 수 있다.[13] 스파인도표에서 각 막대의 높이는 동일하게 1로 척도가 조정되며 하부 막대의 높이는 그에 대한 비율로 표현된다. 또한 막대의 폭은 각 막대에 대응되는 범주의 상대적 빈도 크기를 나타낸다. 스파인도표는 다음과 같이 vcd 패키지에 포함된 spine() 함수를 이용하여 생성할 수 있다.

13 스파인도표는 스피노그램(spinogram)이라고도 한다.

```
> library(vcd)
> survival.by.class <- margin.table(Titanic, c(4,1))
> t(survival.by.class)
      Survived
Class   No  Yes
  1st   122 203
  2nd   167 118
  3rd   528 178
  Crew  673 212
> spine(t(survival.by.class), gp=gpar(fill=c("mistyrose", "lightblue")),
+        main="Spine Plot of Survivors by Class")
```

spine() 함수의 x, y 인수에 각각 X축과 Y축에 대응되는 변수를 지정한다. 또는 여기처럼 table(x, y)에 대응되는 테이블 형식의 데이터를 인수로 제공한다. gp 인수에는 색상을 지정한다. 스파인도표의 출력 결과는 [그림 10-43]과 같다.

막대도표의 막대는 빈도나 비율뿐만 아니라 보다 다양한 값들을 나타낼 수 있다. 막대 높이는 분석 결과로 주어지는 데이터에 따라 평균도 될 수 있고, 중위수도 될 수 있으며, 표준편차도 될 수 있다. 만일 데이터셋이 숫자 벡터와 이에 대응되는 집단을 나타내는 팩터로 구성되어 있으면 집단별 평균이나 합계와 같은 요약 통계량의 분포를 막대도표로 표현할 수 있다.

R의 표준패키지에 포함되어 있는 chickwts 데이터셋은 사료의 종류별로 닭의 무게를 기록한 데이터이다. weight는 닭의 무게를 나타내는 숫자형 변수이며 feed는 사료의 종류를 나타내는 범주형 변수, 즉 팩터이다. 사료 종류별 평균 무게를 막대도표로 표현해보자. 먼저 다음과 같이 집단별 평균(여기에서는 사료 종류에 따른 닭의 평균 무게)을 계산한다.

[그림 10-43] **스파인도표.** spine() 함수는 스파인도표를 생성한다. 100%로 척도 조정된 수직누적 막대도표를 쉽게 그릴 수 있다.

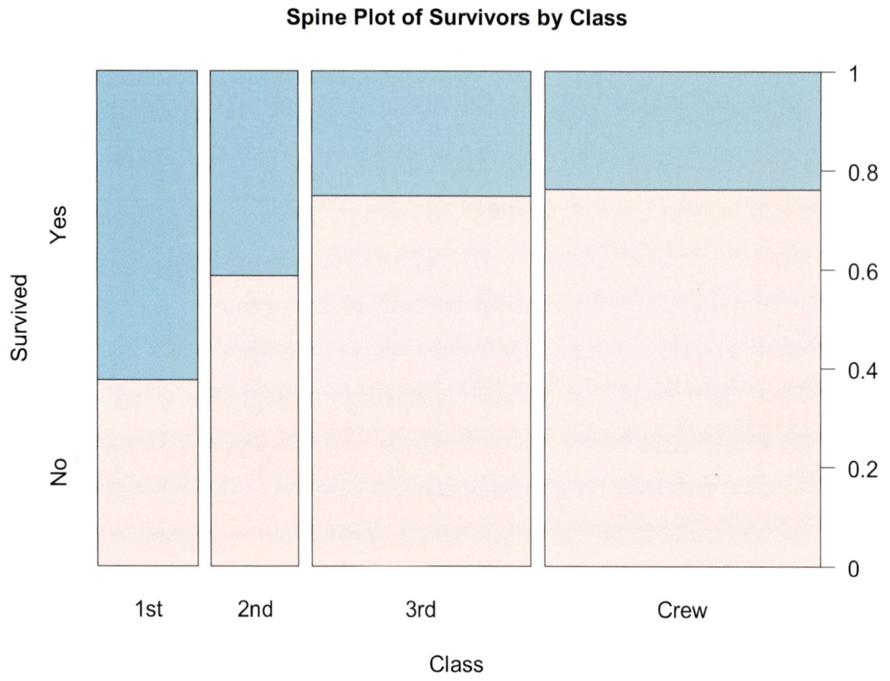


```
> str(chickwts)
'data.frame':  71 obs. of  2 variables:
 $ weight: num  179 160 136 227 217 168 108 124 143 140 ...
 $ feed  : Factor w/ 6 levels "casein","horsebean",..: 2 2 2 2 2 2 2 2 2 2 ...
> heights <- tapply(chickwts$weight, chickwts$feed, mean)
> heights
   casein horsebean   linseed  meatmeal   soybean sunflower
 323.5833  160.2000  218.7500  276.9091  246.4286  328.9167
```

이렇게 계산된 값은 막대의 높이가 되며 이를 이용하여 다음과 같이 막대도표를 그릴 수 있다. [그림 10-44]는 생성한 막대도표이다. X축은 사료의 종류이며 Y축은 닭의 평균 무게이다.

```
> barplot(heights, xlab="Feed Type", ylab="Mean Chicken Weights (g)",
+         ylim=c(0, 400), las=1, main="Chicken Weights by Feed Type")
```

[그림 10-44] **막대도표.** 막대의 높이는 빈도나 비율뿐만 아니라 평균과 같은 요약 통계량을 나타낼 수 있다.

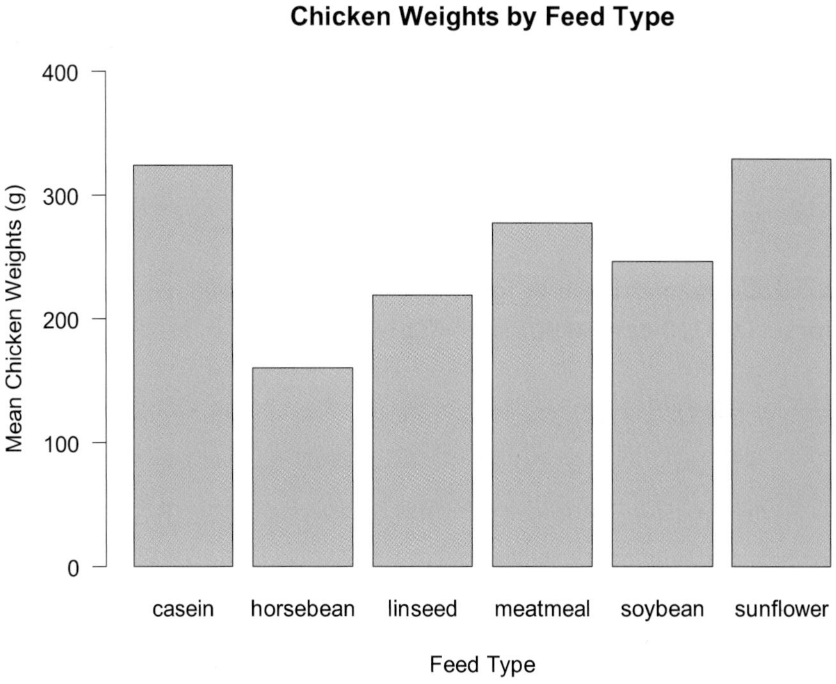

막대에 색상을 지정하여 좀 더 풍부한 정보를 제공하는 막대도표를 생성해보자. 여기에서는 막대의 높이에 따라 막대의 색상이 한 색상에서 다른 색상으로 점진적으로 변해가도록 색상을 지정한다. 이러한 그러데이션 효과를 이용하면 시각적으로 의미 있는 정보를 제공하는 막대도표를 생성할 수 있다. 이를 위해 먼저 다음과 같이 각 막대의 상대적 높이를 계산한다.

```
> rel.heights <- (heights - min(heights))/(max(heights) - min(heights))
```

그런 다음 `cm.colors()` 함수의 색상 팔레트로부터 막대 개수만큼의 색상을 추출한다 (`cm.colors(length(rel.heights))`). 이때 막대 간의 상대적 높이에 따른 순서를 계산하여 높이가 낮은 막대에는 낮은 색상 번호가 지정되고 높이가 높은 막대에는 높은 색상 번호가 지정되도록 한다 (`rank(rel.heights)`).[14] `cm.colors()` 함수가 제공하는 색상 팔레트는 색상 번호가 커짐에 따라 하늘색에서 자주색으로 변해가므로 상대적으로 막대 높이가 낮을수록 막대는 하늘색에 가까운 색으로 표현되고 반대로 막대 높이가 높을수록 막대는 자주색에 가까운 색으로 나타난다.

14 `rank()` 함수는 주어진 벡터에 대해 작은 값에서 큰 값 순으로 순위(1, 2, 3, …)를 반환한다.

```
> rank(rel.heights)
   casein horsebean   linseed  meatmeal   soybean sunflower 
        5         1         2         4         3         6 
> colors <- cm.colors(length(rel.heights))[rank(rel.heights)]
```

이제 이렇게 만들어진 색상 벡터를 이용하여 다음과 같이 막대도표를 그리면 [그림 10-45]의 위쪽과 같은 수평 막대도표를 얻을 수 있다.

```
> barplot(heights, xlab="Mean Chicken Weights (g)", xlim=c(0, 400),
+         col=colors, las=1, horiz=TRUE, main="Colors")
```

그래프를 그리다 보면 간혹 그림의 영역이 좁아서 레이블이 제대로 나타나지 않거나 경계선에 너무 바짝 붙어 있는 경우가 있다. 예를 들면, 지금 같은 경우에도 Y축의 레이블을 구성하는 사료 종류명이 너무 길어서 그래프 창의 크기에 따라서는 레이블이 Y축의 여백을 벗어날 수 있다. 우선 다음과 같이 par() 함수를 이용하여 현재 그래프의 여백을 확인한다.

```
> par("mar")
[1] 5.1 4.1 4.1 2.1
```

이제 Y축의 레이블을 충분히 수용할 수 있도록 다음과 같이 그림 영역 왼쪽의 마진, 즉 마진 2를 증가시킨 후 다시 막대도표를 생성한다. Y축의 여백이 보다 넓어진 그래프를 얻을 수 있다.

```
> old.par <- par(mar=c(5, 7, 4, 2))
> colors <- cm.colors(length(rel.heights))[rank(rel.heights)]
> barplot(heights, xlab="Mean Chicken Weights (g)", xlim=c(0, 400),
+         col=colors, las=1, horiz=TRUE, main="Colors")
> par(old.par)
```

다양한 컬러 색상이 아니더라도 회색조 색상을 이용하여 앞서와 유사한 효과를 얻을 수 있다. 컬러로 표현할 수 없을 때 특히 효과적인 방법이다. 여기에서는 막대 높이의 상대적 크기에 따라 회색조의 명암 차이가 나타나도록 막대도표를 생성해보자. 이를 위해 컬러 색상 팔레트 함수 대신에 회색조의 그러데이션 효과를 만들 수 있는 gray() 함수를 이용한다. gray() 함수는 인수로 주어지는 0에서 1 사이의 값에 따라 검은색과 흰색 사이의 회색조 색상을 반환한다(0은 검은색, 1은 흰색).

앞에서와 마찬가지로 막대의 상대적 높이를 계산한 후 그 값을 회색조 색상으로 변환한다. 이때 계산된 상대적 높이를 그대로 gray() 함수에 인수로 제공하면 높이가 긴 막대는 밝게 표현되고 높이가 짧은 막대는 어두운 색으로 나타난다. 하지만 일반적으로 큰 값은 어두운 색으로, 작은 값은 밝은 색으로 표현하는 것이 메시지 전달에는 더 효과적이다. 이처럼 나타내기 위하여 막대의 상대적 높이를 역으로

[그림 10-45] 막대도표. 그러데이션 효과를 이용하여 시각적으로 의미 있는 정보를 제공하는 막대도표를 생성한다.

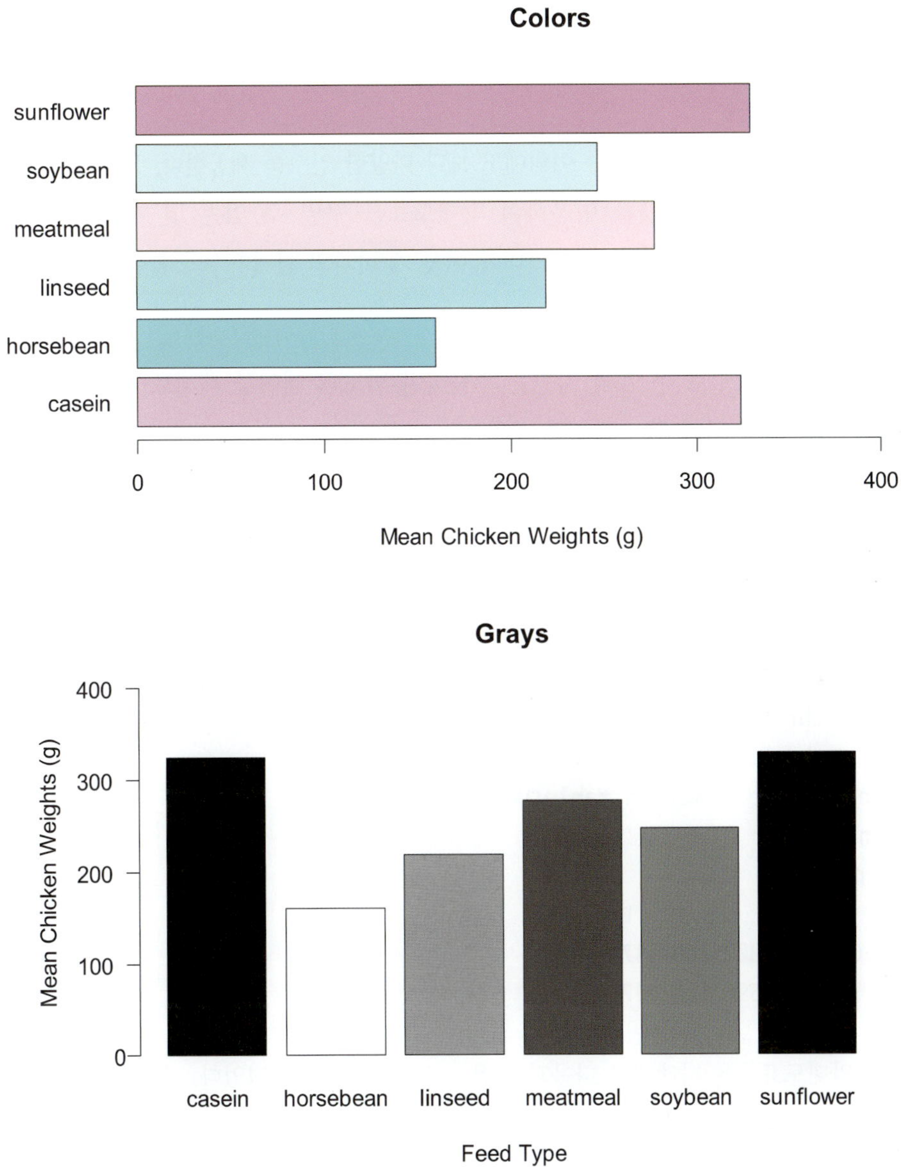

변환한 후 gray() 함수에 인수로 제공한다(gray(1 - rel.heights)).

```
> rel.heights <- (heights - min(heights))/(max(heights) - min(heights))
> grays <- gray(1 - rel.heights)
> barplot(heights, xlab="Feed Type", ylab="Mean Chicken Weights (g)", ylim=c(0, 400),
+         col=grays, las=1, main="Grays")
```

[그림 10-45]의 아래쪽은 흑백의 회색조로 표현된 막대도표이다. 닭의 평균 무게가 가장 큰 sunflower 사료가 가장 어두운 색으로 나타나고 막대 높이가 가장 낮은 horsebean 사료는 가장 밝은 색으로 표현된다.

barplot() 함수는 지금까지 살펴본 인수 이외에도 보다 다양한 인수를 제공한다. R의 표준패키지에 포함된 UCBAdmissions 데이터셋을 이용하여 막대도표를 꾸밀 수 있는 몇 가지 옵션에 대해 살펴보자. UCBAdmissions 데이터셋은 버클리대학 여섯 개 학과의 합격자수와 불합격자수를 기록한 데이터이다.

우선 margin.table() 함수로 두 개의 차원을 추출하여 별도의 테이블 객체로 저장한다. 다음과 같이 합격자수/불합격자수를 나타내는 첫 번째 차원(Admit)과 학과를 나타내는 세 번째 차원(Dept)으로 이루어진 교차표를 생성한다.

```
> str(UCBAdmissions)
 table [1:2, 1:2, 1:6] 512 313 89 19 353 207 17 8 120 205 ...
 - attr(*, "dimnames")=List of 3
  ..$ Admit : chr [1:2] "Admitted" "Rejected"
  ..$ Gender: chr [1:2] "Male" "Female"
  ..$ Dept  : chr [1:6] "A" "B" "C" "D" ...
> admission.by.dept <- margin.table(UCBAdmissions, c(1, 3))
> admission.by.dept
          Dept
Admit        A   B   C   D   E   F
  Admitted 601 370 322 269 147  46
  Rejected 332 215 596 523 437 668
```

[그림 10-46]의 막대도표들은 차례대로 다음과 같은 코드에 의해 생성되었다. 수직누적 막대도표의 하단의 하부 막대는 합격자수를 나타내고 상단의 하부 막대는 불합격자수를 나타낸다. 수평배열

[그림 10-46] **막대도표.** barplot() 함수는 막대도표를 생성하는 다양한 인수를 제공한다.

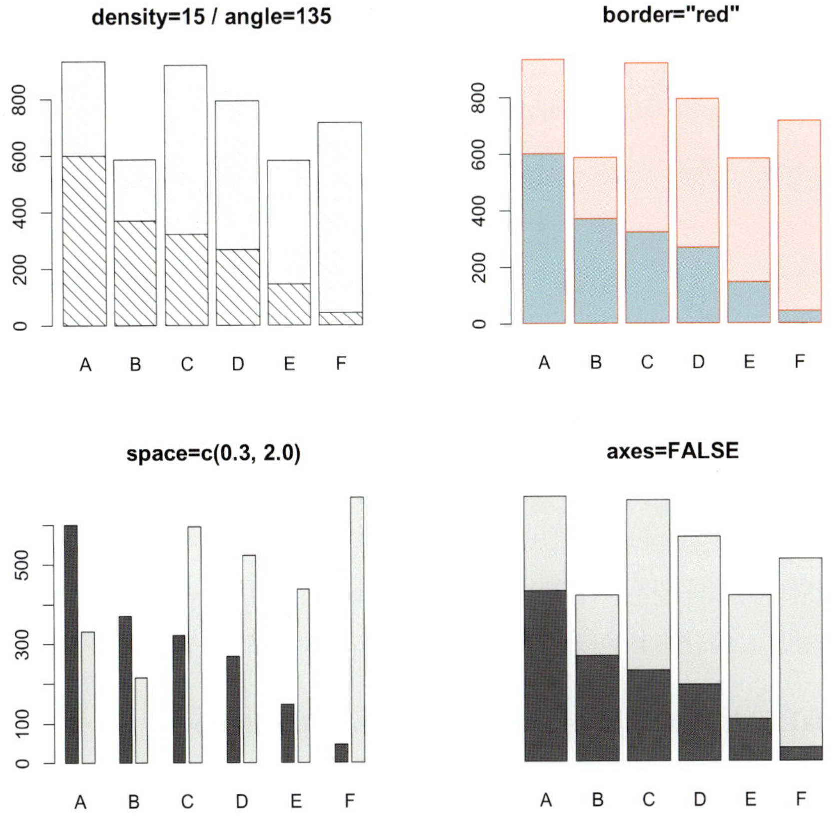

막대도표의 첫 번째 하부 막대는 합격자수이고 두 번째 하부 막대는 불합격자수이다.

```
> barplot(admission.by.dept, density=15, angle=135, main="density=15 / angle=135")
> barplot(admission.by.dept, border="red", col=c("lightblue", "mistyrose"),
+         main='border="red"')
> barplot(admission.by.dept, beside=TRUE, space=c(0.3, 2.0), main="space=c(0.3, 2.0)")
> barplot(admission.by.dept, axes=FALSE, main="axes=FALSE")
```

density 인수는 막대 내부를 채우는 사선의 밀도를 나타낸다. 1인치당 사선의 수를 지정한다. angle 인수에는 density 인수를 이용하여 사선을 그릴 때 막대 안에 그려지는 사선의 각도를 지정한다. 기본값은 45도이다. border 인수에는 막대의 테두리 색상을 지정한다. 기본값은 검은색(black)이며 par("fg")를 통해 확인할 수 있다. space 인수는 막대 간 간격을 나타낸다. 0이 지정되면 막대가 모두 붙어서 나타나며 기본값은 0.2이다. 행렬 또는 테이블 형식의 데이터를 이용하여 수평 배열 막대도표를 생성할 때(beside=TRUE)는 space 인수에 두 개의 숫자가 지정된다. 첫 번째 값은 같은 집단 내에서의 막대 간 간격이고 두 번째 값은 집단 사이의 간격이다. 이 경우 기본값은 c(0, 1)이다. axes 인수는 좌표축 출력 여부를 나타낸다. FALSE를 지정하면 수직 좌표축이 출력되지 않는다. horiz=TRUE일 때는 수평 좌표축이 출력되지 않는다.

히스토그램

히스토그램(histogram)은 데이터값을 몇 개의 구간으로 나누고 각 구간별로 해당 구간에 속하는 빈도(또는 비율)를 막대로 나타내는 그래프이다. 언뜻 보면 막대도표와 유사해 보이지만 막대도표의 막대는 특정값에 대응되는 빈도를 나타내지만 히스토그램에서의 막대는 값의 범위에 대응되는 빈도를 나타낸다는 차이가 있다.

다음과 같이 hist() 함수를 이용하여 히스토그램을 생성할 수 있다. 간단히 숫자 벡터를 인수로 주면 [그림 10-47]의 좌상단 그래프와 같은 기본적인 형태의 히스토그램이 생성된다. 구간(bin)의 개수는 hist() 함수에서 자동으로 계산한다. 여기에서는 12개의 구간이 자동으로 생성되었다.

```
> hist(iris$Sepal.Width, main="Histogram of iris$Sepal.Width")
```

hist() 함수에서 사용할 수 있는 유용한 인수를 살펴보자. 우선 breaks 인수를 이용하여 구간의 개수를 조정할 수 있다. 구간 구획점(breakpoint)을 벡터로 지정하거나 하나의 정수로 지정한다. 예를 들어, seq(2.0, 4.4, 0.2)라고 구간 구획점 벡터를 지정하면 막대의 시작점 2.0부터 끝점 4.4까지 0.2 간격으로 구간이 생성된다. 벡터가 아닌 하나의 정수 형태로 지정하면 그 개수만큼의 구간을 생성한다. 하지만 이 개수는 보장된 것은 아니며 hist() 함수는 지정된 개수에 근접한 최적의 구간을 생성한다. labels=TRUE를 지정하면 막대 높이의 값이 막대 상단에 출력된다. density 인수와 angle 인수는 막대 내부를 채우는 사선의 밀도와 각도를 나타내며 막대도표 함수인 barplot() 함수에서와 동일한 방식으로 동작한다. [그림 10-47]의 우상단 히스토그램은 다음과 같은 코드를 통해 생성되었다.

```
> hist(iris$Sepal.Width, breaks=seq(2.0, 4.4, 0.2), labels=TRUE,
+       density=20, angle=135, col="dimgray", xlim=c(2, 4.5), ylim=c(0, 40),
+       xlab="Sepal Width (cm)", main="breaks / labels / density / xlim / ylim")
```

prob=TRUE를 지정하면 막대가 빈도가 아닌 상대적 빈도, 즉 비율을 나타내는 히스토그램을 생성할 수 있다. 따라서 막대의 면적을 모두 더하면 1이 되는 확률밀도(probability density)를 나타낼 수 있다.[15] 이는 freq=FALSE를 지정한 것과 동일하다. 막대의 색상은 col 인수에 지정하며 border 인수에는 막대의 테두리 색상을 지정한다. 다음 코드는 막대를 비율로 나타낸 히스토그램을 생성한다.

15 각 막대의 면적을 계산하여 모두 더하면 1이 된다. 예를 들어, [그림 10-47]의 좌하단 히스토그램에서 첫 번째 막대의 면적은 0.2×0.133(=밑변×높이)으로 구할 수 있으며 이렇게 구한 막대의 면적을 모두 더하면 1이다. labels=TRUE를 지정하면 막대의 높이를 확인할 수 있다.

[그림 10-47] 히스토그램. hist() 함수는 히스토그램을 생성한다. 인수 지정을 통해 다양한 히스토그램을 생성할 수 있다.

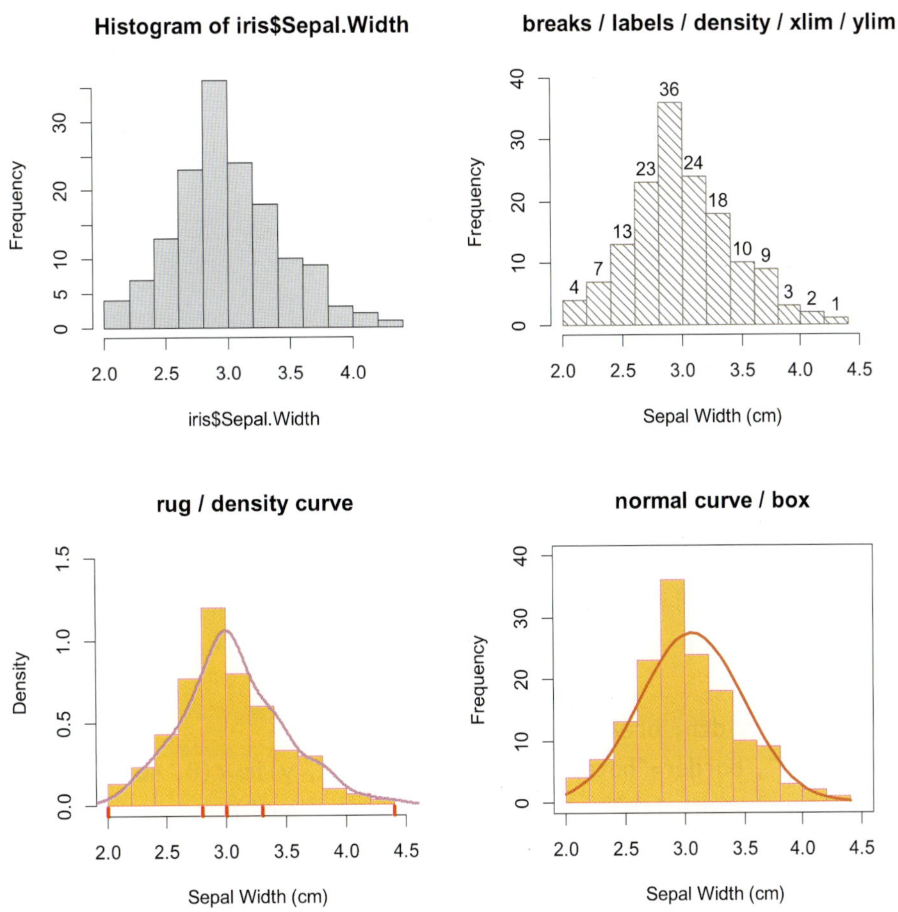

```
> hist(iris$Sepal.Width, breaks=seq(2.0, 4.4, 0.2), prob=TRUE,
+       col="gold", border="hotpink", xlim=c(2, 4.5), ylim=c(0, 1.5),
+       xlab="Sepal Width (cm)", main="rug / density curve")
```

일단 히스토그램을 생성하고 나면 그 위에 추가로 그래프를 겹쳐 그림으로써 좀 더 풍부한 정보를 담은 그래프를 만들 수 있다. 예를 들어, 히스토그램 위에 확률밀도를 나타내는 밀도곡선(density curve)을 그릴 수 있다. prob=TRUE를 지정하여 확률밀도 히스토그램을 그린 후 다음과 같이 density() 함수로 확률밀도값을 추정하고 이 값을 이용하여 lines() 함수로 히스토그램 위에 밀도곡선을 겹쳐 그린다.

```
> lines(density(iris$Sepal.Width), col="violet", lwd=2)
```

히스토그램 위에 러그도표(rug plot)를 그려보자. 러그도표는 데이터의 위치를 X축상에 작은 수직선으로 나타낸다. 예를 들어, 다음과 같이 quantile() 함수를 이용하여 백분위수를 구한 후 rug() 함수에서 호출하면 다섯 개의 백분위수(0%, 25%, 50%, 75%, 100%)의 위치가 그래프상에 표시된다.

```
> rug(quantile(iris$Sepal.Width), col="red", lwd=3)
```

[그림 10-47]의 좌하단 그래프는 이상과 같은 과정을 거쳐 막대를 비율로 나타낸 히스토그램 위에 밀도곡선과 러그도표를 함께 겹쳐 그린 출력 결과이다.

히스토그램은 데이터 분포의 형태를 살펴보려고 할 때 유용하다. 특히 표본을 바탕으로 모집단의 모수를 추정할 때 모집단의 분포가 정규분포를 따른다는 가정하에서 분석이 이루어지는 경우가 종종 있다. 따라서 히스토그램 위에 이론적인 정규분포곡선을 함께 그려 데이터의 분포가 정규분포와 얼마나 유사한지 살펴보는 것은 분석 방법을 결정할 때 매우 유용한 정보를 제공한다.

히스토그램상에 정규분포곡선을 그려보자. 먼저 다음과 같이 히스토그램을 생성하고 히스토그램 객체로 저장한다.

```
> h <- hist(iris$Sepal.Width, breaks=seq(2.0, 4.4, 0.2),
+           col="gold", border="hotpink", xlim=c(2, 4.5), ylim=c(0, 40),
+           xlab="Sepal Width (cm)", main="normal curve / box")
```

히스토그램 위에 다음과 같은 절차로 정규분포곡선을 그린다. 우선 데이터의 범위를 40등분하여 정규분포곡선을 그리기 위한 x값을 산출한다. 그런 다음 dnorm() 함수를 이용하여 각 x값에 대응되는 정규분포의 확률밀도값, 즉 y값을 계산한다. 이때 히스토그램 데이터의 평균 및 표준편차와 동일한 평균 및 표준편차를 갖는 이론적 정규분포로부터 확률밀도값을 계산한다. 이를 현재의 표본크기를 고려하여 히스토그램 영역 내에 적절히 표현될 수 있도록 보정하여 lines() 함수로 그래프를 생성한다.16 끝으로 box() 함수를 이용하여 상자 모양의 외곽선으로 그래프를 둘러싼다. 출력된 결과는 [그림 10-47]의 우하단 그래프와 같다.

```
> s <- iris$Sepal.Width
> x <- seq(min(s), max(s), length=40)
> y <- dnorm(x, mean=mean(s), sd=sd(s))
> y <- y*diff(h$mids[1:2])*length(s)
> lines(x, y, col="chocolate", lwd=2)
> box()
```

밀도도표

히스토그램을 이용하면 변수의 분포 형태를 살펴볼 수 있다. 그러나 히스토그램은 구간의 경계에서 불연속성이 나타나고 구간의 개수와 시작 위치에 따라 분포의 모양이 달라진다는 문제를 갖는다. 이에 대한 대안으로 밀도곡선을 이용하면 변수의 분포 형태를 비교적 정확히 추정할 수 있다.17

밀도도표(density plot)는 density() 함수로부터 추정한 확률밀도값을 바탕으로 다음과 같이 plot() 함수를 이용하여 생성한다. 기존의 그래프상에 밀도곡선을 겹쳐서 그리려면 앞서 히스토그램상에

---

16 현재 생성된 히스토그램의 Y축은 빈도를 나타내므로 dnorm() 함수로부터 계산된 확률밀도값 그대로를 Y축에 나타내면 정점이 매우 낮은 평평한 모양의 정규분포곡선이 그려진다. y값이 히스토그램의 영역 내에 적절히 표현될 수 있도록 y값을 보정할 필요가 있다. x값으로 이루어진 각 구간에 대응되는 높이를 나타내는 y값은 확률밀도이므로 x의 구간폭에 y값을 곱하여 모두 더하면 1이 된다(즉 Σ구간폭×확률밀도=1). Y축을 히스토그램상에 표현된 빈도의 척도로 변환하려면 '구간폭×확률밀도'를 보정하여 그 합계가 표본크기와 같게 되도록 한다. 즉 y값을 '구간폭×확률밀도×표본크기'로 보정한다. 여기에서 diff(h$mids[1:2])는 막대 밑변의 길이(구간폭)를 나타내고 length(s)는 표본크기를 나타내므로 확률밀도값 y에 이 두 값을 곱하여 Y축에 나타낼 y값을 다시 계산한다. 그래픽 함수를 이용하여 그래프를 생성하고 그 결과를 객체로 저장하면 그 객체에는 생성한 그래프에 대한 정보가 리스트 형식으로 저장된다. 예를 들어, h$mids에는 히스토그램 각 막대의 중간 위치의 값이 저장되어 있다. 따라서 diff(h$mids[1:2])는 첫 번째 막대와 두 번째 막대 간격을 나타내며 이는 막대의 밑변 길이를 의미한다.

17 밀도곡선은 커널밀도추정(kernel density estimation)을 통해 도출된다. 커널밀도추정은 커널 함수(예를 들면, 가우스 함수(Gaussian function))를 이용하여 확률변수의 확률밀도를 추정하는 비모수적(nonparametric) 방법의 하나이다. 비록 매우 기초적인 접근법이긴 하지만 히스토그램도 비모수적 밀도추정 방법의 하나로 볼 수 있으며, 따라서 커널 밀도추정은 히스토그램으로부터 얻은 불연속적 확률밀도를 연속형 함수로 부드럽게 평활(smoothing)한 것이다.

[그림 10-48] 밀도도표. density() 함수는 밀도도표를 생성한다.

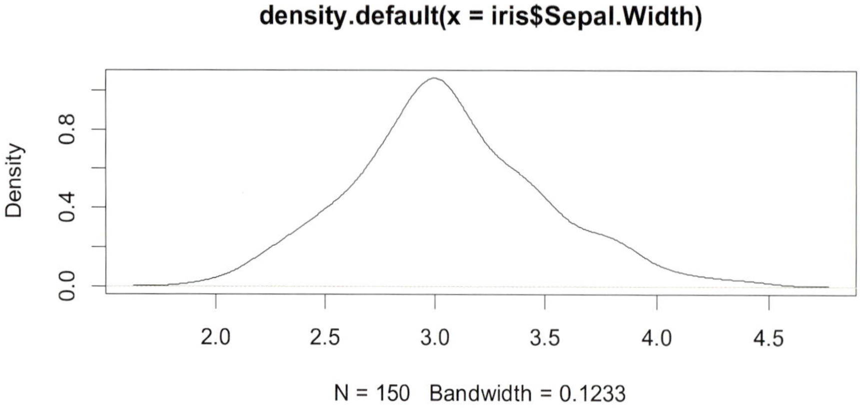

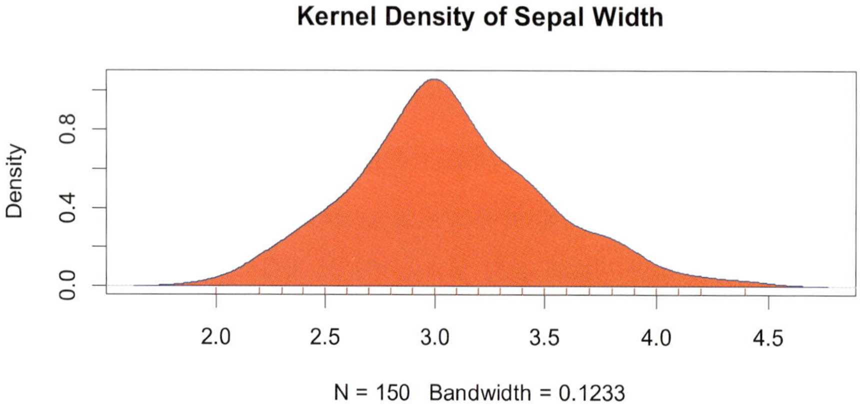

밀도곡선을 그린 것처럼 lines() 함수를 이용한다. [그림 10-48]의 위쪽 그래프는 plot() 함수를 이용하여 생성한 기본적인 밀도곡선이다.

```
> ds <- density(iris$Sepal.Width)
> plot(ds)
```

polygon() 함수를 이용하면 밀도곡선 내부 및 경계선에 색상을 지정할 수 있다. polygon() 함수는 인수로 주어진 x, y 좌표에 따라 다각형(polygon)을 그린다. 여기에서 x, y 좌표는 density() 함수로부터 제공된다. [그림 10-48]의 아래쪽 그래프는 polygon() 함수와 rug() 함수를 이용하여 수정 보완된 밀도도표이다.

```
> ds <- density(iris$Sepal.Width)
> plot(ds, main="Kernel Density of Sepal Width")
> polygon(ds, col="tomato", border="blue")
> rug(iris$Sepal.Width, col="brown")
```

데이터셋이 집단으로 구분되어 있을 때 하나의 그래프 공간상에 각 집단별 밀도곡선을 중첩시켜 그리면 집단 간의 분포를 보다 쉽게 비교할 수 있다. 각 집단별 분포의 모양을 볼 수 있을 뿐만 아니라 집단 간 겹치는 정도를 확인할 수 있다. sm 패키지에서 제공하는 `sm.density.compare()` 함수를 이용하면 여러 개의 집단별 밀도곡선을 하나의 그래프상에 나타낼 수 있다. `sm.density.compare()` 함수의 첫 번째 인수(x)에 밀도곡선을 그릴 데이터 벡터를 지정하고 두 번째 인수(group)에 집단변수를 지정한다. [그림 10-49]의 집단별 밀도도표는 다음과 같이 생성할 수 있다.

```
> library(sm)
> attach(iris)
> sm.density.compare(x=Sepal.Width, group=Species, lwd=2, xlab="Sepal Width (cm)")
```

[그림 10-49] 밀도도표. `sm.density.compare()` 함수를 이용하여 집단별로 비교 가능한 밀도도표를 생성할 수 있다.

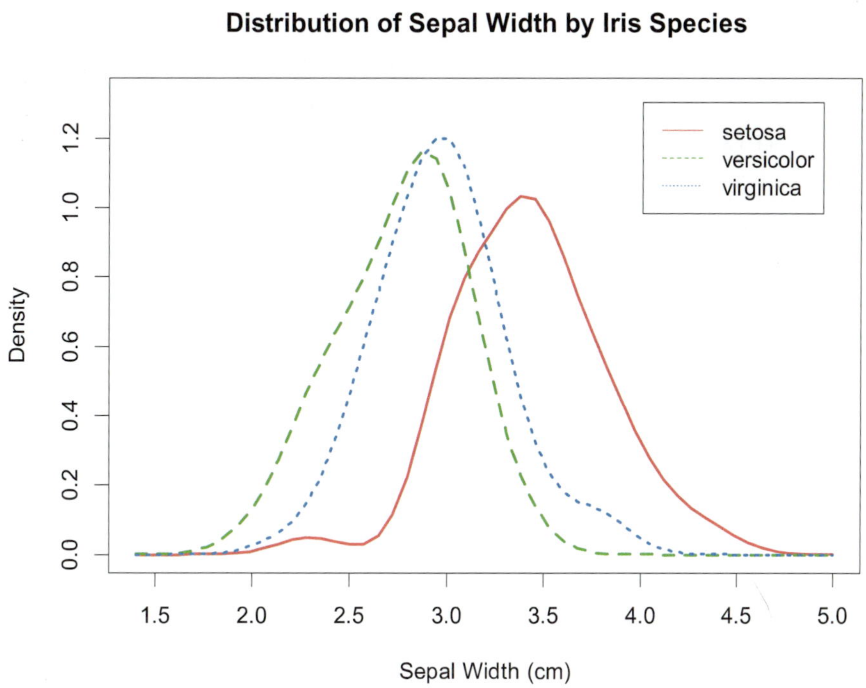

```
> title(main="Distribution of Sepal Width by Iris Species")
> legend("topright", inset=0.05, legend=levels(Species),
+        lty=c(1:length(levels(Species))), col=c(2:(1+length(levels(Species)))))
> detach(iris)
```

sm.density.compare() 함수에 두 번째 인수로 꽃 종류를 나타내는 집단변수인 Species를 지정한다. 그리고 title() 함수와 legend() 함수를 이용하여 그래프의 제목과 범례를 추가한다. sm.density.compare() 함수는 선 유형 및 색상으로 집단을 구분하고 있기 때문에 범례의 집단 구분 표시도 그와 일치하도록 설정한다. 선 유형을 나타내는 lty 인수에는 Species의 각 레벨(setosa, versicolor, virginica)에 대해 1, 2, 3의 선 유형(solid, dashed, dotted)이 할당되고 col 인수에는 각 레벨에 대해 2, 3, 4의 색상(빨간색, 초록색, 파란색)이 지정된다.

상자도표

상자도표(box plot)는 사분위수, 중위수, 이상점 등의 정보와 함께 데이터 분포를 볼 수 있는 그래프이다. 상자도표는 boxplot() 함수를 이용하여 그릴 수 있다. 다음과 같이 숫자 벡터를 인수로 제공한다.

```
> boxplot(iris$Sepal.Width,
+          ylab="Sepal Width (cm)", main="Sepal Width of Iris")
```

[그림 10-50]의 상자도표는 iris 데이터셋의 Sepal.Width 변수에 대한 분포를 보여준다. 상자의 하단부는 첫 번째 사분위수(Q1)를 나타내며 상단부는 세 번째 사분위수(Q3)를 나타낸다.[18] 따라서 상자의 길이는 사분위 범위(IQR, interquartile range: Q3 - Q1)를 의미한다. 상자 가운데의 굵은 수평선은 중위수를 나타낸다. 상자의 상단과 하단으로부터 뻗어 나온 선의 끝은 상자 길이 1.5배 범위 내에서의 최소값과 최대값을 나타내며 이 선을 수염(whisker)이라고 부른다. 상자와 수염으로 데이터의 분포를 보여준다고 하여 상자도표를 상자수염도표(box-and-whisker plot)라고도 한다. 상자 길이의 1.5배를 벗어나는 값은 이상점(outlier)으로 정의되며 상자도표상에서 작은 동그라미로 표시된다.

상자도표를 구성하는 이러한 요소들의 구체적인 수치는 다음과 같이 boxplot.stats() 함수를 이용하여 확인할 수 있다.

18 데이터를 크기 순으로 정렬했을 때 전체 데이터 집합을 4등분하는 수를 사분위수(quartile)라고 한다. 25%에 해당하는 수는 첫 번째 사분위수(Q1, 1st quartile)이고 75%에 해당하는 수는 세 번째 사분위수(Q3, 3rd quartile)이다.

[그림 10-50] **상자도표**. boxplot() 함수는 상자도표를 생성한다.

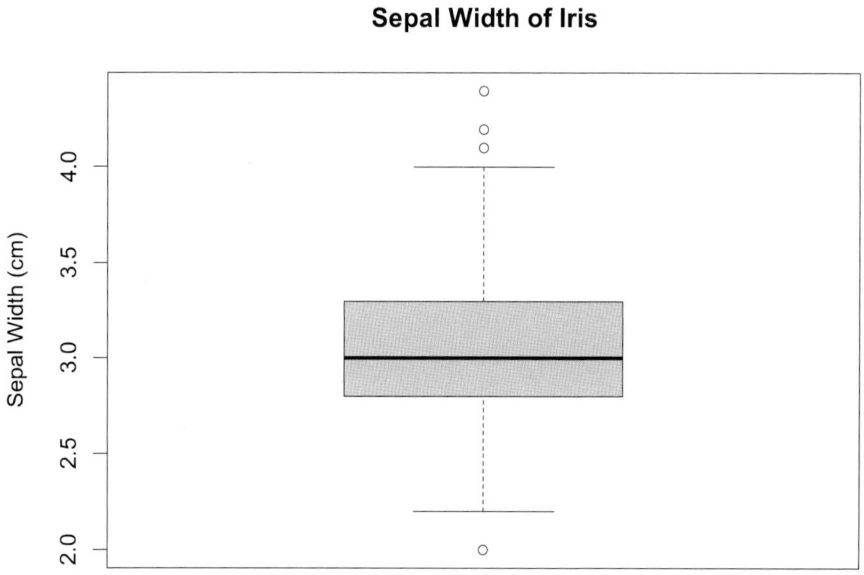


```
> boxplot.stats(iris$Sepal.Width)
$stats
[1] 2.2 2.8 3.0 3.3 4.0

$n
[1] 150

$conf
[1] 2.935497 3.064503

$out
[1] 4.4 4.1 4.2 2.0
```

boxplot.stats() 함수는 상자도표에 담겨 있는 정보를 리스트 형식으로 출력한다. stats 원소에 포함되어 있는 다섯 개의 값은 각각 아래쪽 수염 끝의 값, 첫 번째 사분위수, 중위수, 세 번째 사분위수, 위쪽 수염 끝의 값을 나타낸다. n은 표본의 개수이며 conf는 중위수에 대한 95% 신뢰구간을 나타낸다. 이상점은 out에 포함되어 있으며 현재 네 개의 이상점이 존재한다. 이 데이터셋은 대체로 살짝 오른쪽으로 치우친 분포 모양을 갖고 있다(위쪽 수염이 아래쪽 수염에 비해 약간 더 길다).

상자도표는 집단별 분포를 나타내는 데도 유용하다. boxplot() 함수에 포뮬러 형식으로 인수를 지정한다. 다음과 같이 ~ 앞에는 분포를 그릴 숫자형 변수를, ~ 뒤에는 집단을 나타내는 범주형 변수를 지정한다. data 인수에는 데이터셋을 지정한다.19

19 집단별 상자도표는 plot() 함수를 이용해도 그릴 수 있다. 그러나 boxplot() 함수에서와는 달리 포뮬러 형식이 아닌 일반적인 인수 지정 방식을 사용한다. 이때 범주형 변수를 먼저 지정하고 뒤에 숫자형 변수를 지정한다는 점에 유의하자: plot(iris$Species, iris$Sepal.Width).

```
> boxplot(Sepal.Width ~ Species, data=iris,
+         ylab="Sepal Width (cm)", main="Sepal Width by Iris Species")
```

[그림 10-51]의 상자도표로부터 세 종류의 아이리스 꽃 간의 뚜렷한 분포의 차이를 확인할 수 있다. virginica종은 다른 두 종에 비해 좀 더 대칭인 분포를 보이고 있으며 setosa종은 오른쪽으로 꼬리가 긴 분포를 하고 있다. setosa종에는 또한 하나의 이상점이 존재한다.

boxplot() 함수는 많은 유용한 인수를 제공한다. 예를 들어, 다음과 같이 인수를 지정하면 [그림 10-52]와 같은 상자도표가 출력된다.

[그림 10-51] 상자도표. 데이터에 집단을 나타내는 변수가 포함되어 있으면 집단별 상자도표를 생성할 수 있다.

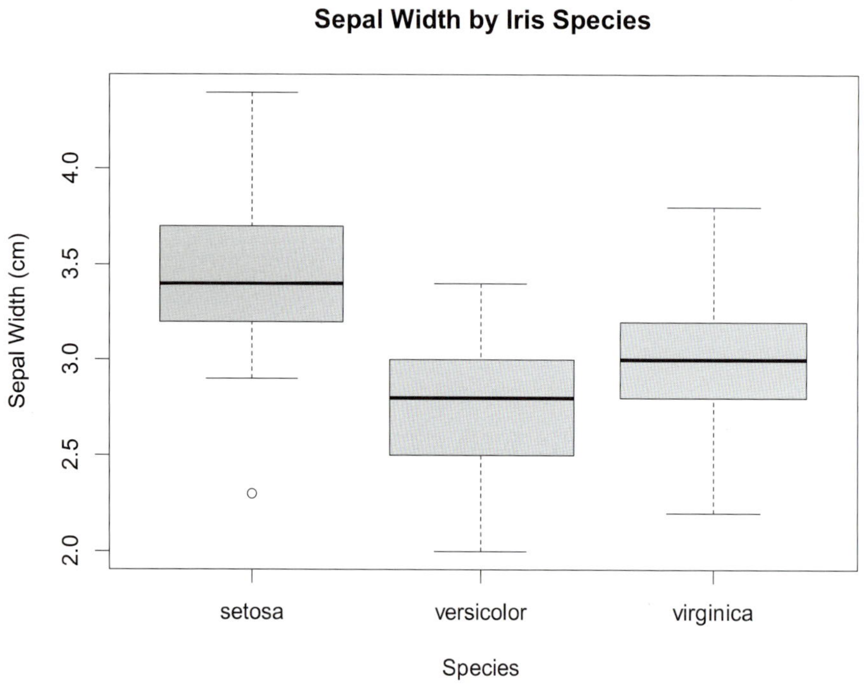

[그림 10-52] 상자도표. boxplot() 함수는 상자도표를 생성하는 다양한 인수를 제공한다.

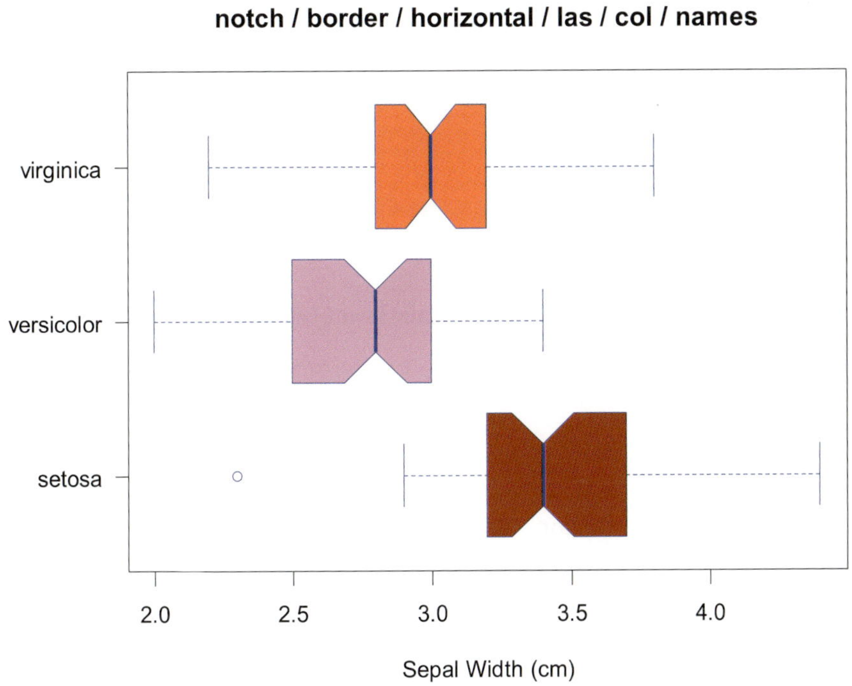


```
> boxplot(Sepal.Width ~ Species, data=iris,
+         notch=TRUE, border="royalblue", horizontal=TRUE, las=1,
+         col=c("sienna", "plum", "coral"),
+         names=c("setosa", "versicolor", "virginica"),
+         xlab="Sepal Width (cm)",
+         ylab="",
+         main="notch / border / horizontal / las / col / names")
```

notch=TRUE를 지정하면 중위수에 대한 95% 신뢰구간을 표시한다. 신뢰구간은 상자의 양 옆에 V 형태의 홈으로 표시된다. 두 상자 간의 홈이 서로 겹치지 않으면 모집단에서 두 집단의 중위수는 서로 다를 가능성이 높다는 것을 의미한다. border 인수에는 상자 내부를 제외한 그림의 색상을 지정한다. 상자 내부의 색상은 col 인수에 지정한다. horizontal=TRUE를 지정하면 수평 방향의 상자도표가 출력된다. 축의 눈금 텍스트가 표시되는 방향을 지정하기 위해서는 las 인수를 사용하며 여기에서는 1을 지정하여 수평으로 나타나도록 한다. names 인수에는 각 상자 아래 또는 옆(horizontal=TRUE일 때)에 표시될 집단의 이름을 지정한다.

집단을 구분하는 변수가 두 개 이상일 때 집단변수의 조합에 따른 데이터의 분포를 상자도표로 그릴 수 있다. 예를 들어, mtcars 데이터셋을 이용하여 변속기 유형(am)과 실린더 개수(cyl)의 조합에 따른 연비의 분포를 상자도표로 그려보자. 먼저 다음과 같이 두 집단변수를 팩터로 변환하고 레이블을 지정한다.

```
> mtcars$cyl.factor <- factor(mtcars$cyl,
+                             levels=c(4, 6, 8), labels=c("4", "6", "8"))
> mtcars$am.factor <- factor(mtcars$am,
+                            levels=c(0, 1), labels=c("Auto", "Manual"))
```

다음과 같이 boxplot() 함수를 이용하여 상자도표를 생성한다. 두 집단변수의 조합은 포뮬러 형식으로 지정한다.

```
> boxplot(mpg ~ am.factor * cyl.factor, data=mtcars,
+         col=c("salmon", "violet"), las=1,
+         varwidth=TRUE, at=c(1, 2, 3.5, 4.5, 6, 7),
+         xlab="Car Type", ylab="Miles per Gallon",
+         main="Car Mileage by Type")
```

[그림 10-53]에서 볼 수 있는 것처럼 변속기 유형 및 실린더 개수의 조합별로 상자도표가 생성된다. 4기통과 6기통 차량의 경우 수동 변속기의 연비가 자동 변속기에 비해 좋은 반면, 8기통 차량의 경우는 차이가 없는 것으로 보인다. 여기에는 모두 여섯 개의 상자가 있으나 col 인수에는 두 개의 색상만 지정되었기 때문에 재사용 규칙이 적용되어 두 색상이 세 번 반복 사용된다. varwidth=TRUE를 지정하면 각 집단의 표본크기에 비례하여 상자의 폭이 조정된다. 상자 폭으로 비교해볼 때 4기통 수동 변속기 차량과 8기통 자동 변속기 차량의 표본크기가 가장 크다. at 인수에는 각 상자의 위치를 벡터로 지정한다. 여기에서는 4기통, 6기통, 8기통 차량 간의 구분이 잘 드러나도록 동일 실린더 유형 내에는 1의 간격을 주었고 다른 실린더 유형 간에는 1.5의 간격을 지정하였다. 기본값은 1:n으로 모든 집단이 동일한 간격으로 배치된다. 여기에서 n은 집단의 개수이다.

[그림 10-53] **상자도표.** 데이터에 집단을 나타내는 변수가 여러 개 포함되어 있으면 집단의 조합별 상자도표를 생성할 수 있다.

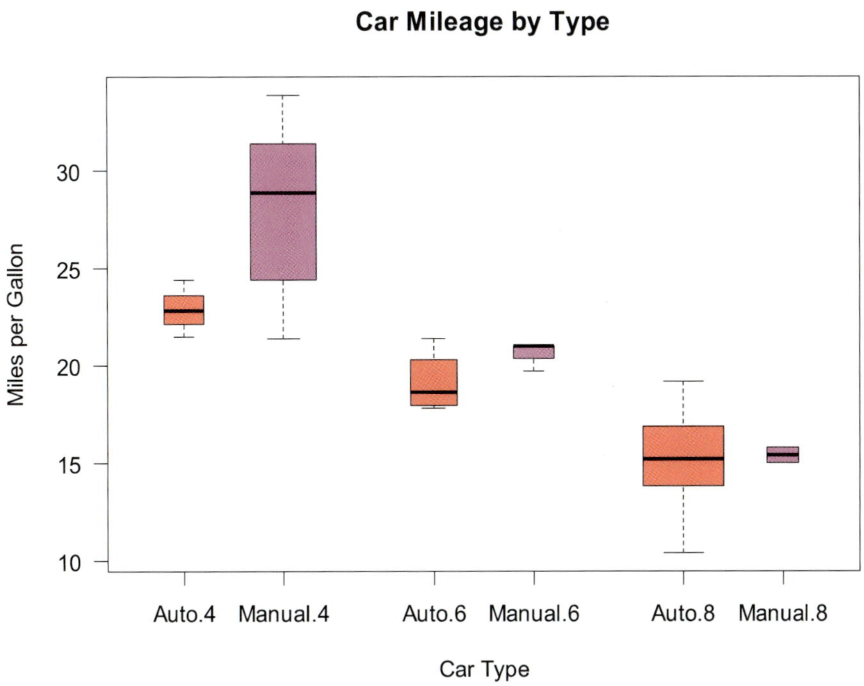

바이올린도표

바이올린도표(violin plot)는 상자도표와 밀도도표를 결합한 그래프이다. vioplot 패키지의 vioplot() 함수를 이용하여 그릴 수 있다. 다음과 같이 [그림 10-54]의 바이올린도표를 생성할 수 있다.

```
> library(vioplot)
> vioplot(mpg ~ cyl, data=mtcars,
+         names=c("4-cylinder", "6-cylinder", "8-cylinder"),
+         col="gold", colMed="magenta", border="red",
+         xlab="Number of Cylinders", ylab="Miles per Gallon",
+         main="Car Mileage by Cylinder")
```

실린더 개수별로 세 개의 바이올린도표가 생성된다. 바이올린도표는 기본적으로 상자도표 위에 밀도도표가 겹쳐 그려진 형태이다. 상자 가운데의 점은 중위수를 의미하며 상자의 길이는 사분위 범위를

[그림 10-54] 바이올린도표. vioplot() 함수는 바이올린도표를 생성한다.

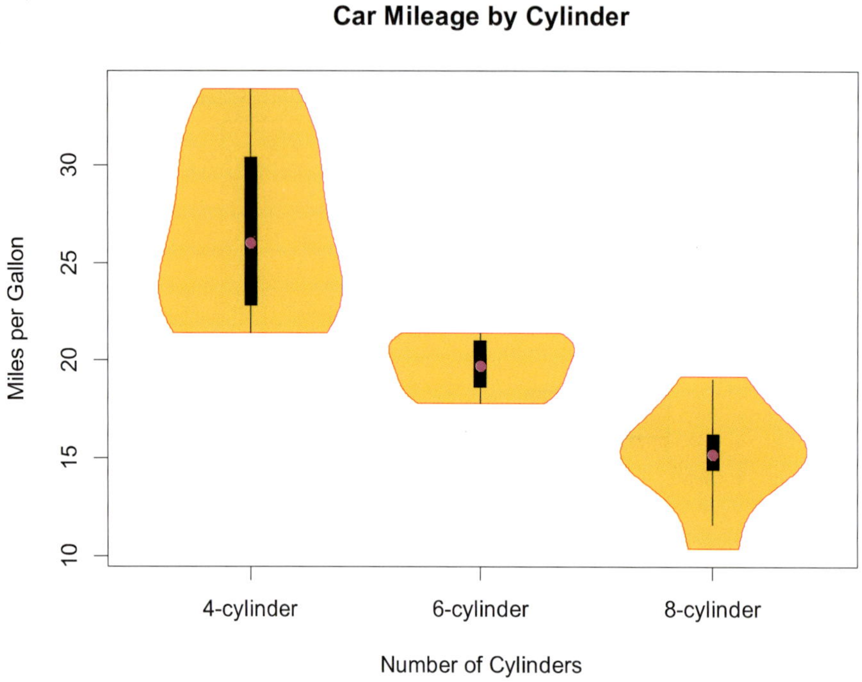

나타낸다. 상자의 상단과 하단으로부터 뻗어 나온 선의 끝은 상자 길이 1.5배 범위 내에서의 최대값과 최소값을 나타낸다. 상자도표를 둘러싼 외곽선은 밀도곡선이다.

`vioplot()` 함수를 이용하여 [그림 10-54]와 같은 집단별 바이올린도표를 그리기 위해서는 포뮬러 형식으로 인수를 지정한다. ~ 앞에는 분포를 그릴 숫자형 변수를, ~ 뒤에는 집단을 나타내는 변수를 지정한다. `data` 인수에는 데이터셋을 지정한다. `names` 인수에는 집단별 각 바이올린도표에 대한 레이블을 지정한다. `col` 인수에는 밀도곡선 내부의 색상을 지정하며 `border` 인수에는 밀도곡선을 포함한 외곽선의 색상을 지정한다. `colMed` 인수에는 중위수를 나타내는 심볼의 색상을 지정한다.

포뮬러 형식 대신에 다음과 같이 집단별로 분할된 데이터셋을 준비하여 인수로 지정할 수도 있다. 실린더 개수에 따라 데이터셋을 분할하여 세 개의 변수(c4, c6, c8)를 생성한 후 차례대로 인수로 지정한다.

```
> c4 <- mtcars$mpg[mtcars$cyl==4]
> c6 <- mtcars$mpg[mtcars$cyl==6]
```

```
> c8 <- mtcars$mpg[mtcars$cyl==8]
> vioplot(c4, c6, c8, names=c("4-cylinder", "6-cylinder", "8-cylinder"),
+         col="gold", colMed="magenta", border="red",
+         xlab="Number of Cylinders", ylab="Miles per Gallon",
+         main="Car Mileage by Cylinder")
```

바이올린도표는 기존의 그래프 위에 겹쳐서 그릴 수도 있다. 예를 들면, [그림 10-55]와 같이 자동차 무게와 연비 간의 산점도 위에 두 변수의 분포를 나타내는 바이올린도표를 추가하여 그릴 수 있다.

```
> x <- mtcars$wt
> y <- mtcars$mpg
> plot(x, y, xlim=c(0,6), ylim=c(0,36), pch=20, col="darkblue", ann=FALSE)
> vioplot(x, col="lightsalmon", horizontal=TRUE, at=4, add=TRUE, wex=6,
+         lty=2, rectCol="gray")
> vioplot(y, col="lightblue", horizontal=FALSE, at=1, add=TRUE, lty=2, rectCol="gray")
> title("Car Mileage vs. Car Weight",
+       xlab="Weight (1000 lbs)", ylab="Miles per Gallon")
```

[그림 10-55] 바이올린도표. add=TRUE 인수를 지정하여 기존 그래프 위에 바이올린도표를 겹쳐 그릴 수 있다.

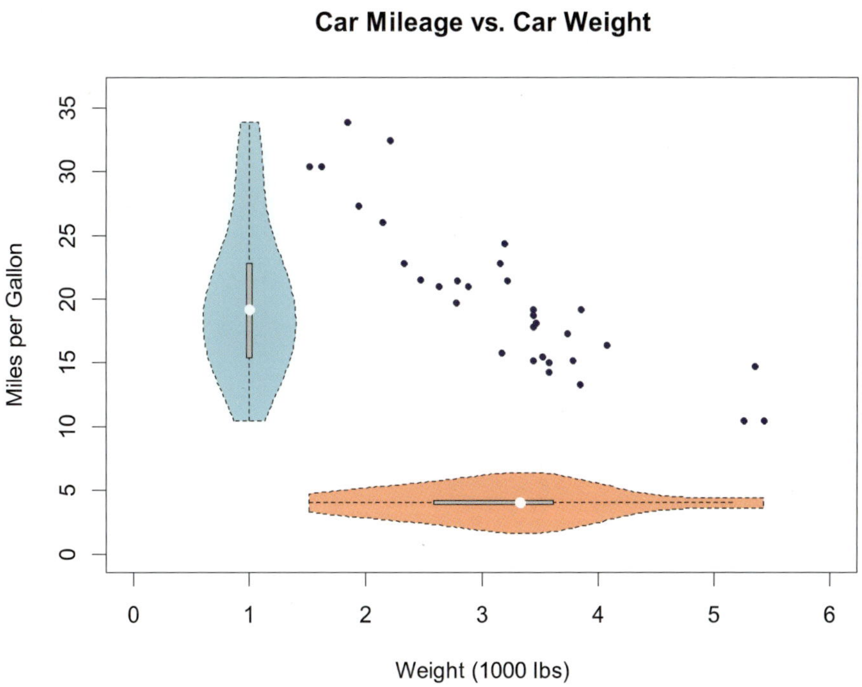

기존 그래프 위에 바이올린도표를 겹쳐 그리기 위해서는 add=TRUE를 지정한다. 그려질 위치는 at 인수에 지정한다. wex 인수에는 바이올린 모양의 상대적 크기를 지정한다(기본값 1). X축과 Y축의 척도가 다른 경우에는 밀도곡선이 실제 분포의 모양을 적절히 반영하지 못할 수 있다. 즉 밀도곡선 정점의 높이가 실제 분포의 모양과는 다르게 매우 낮거나 높게 그려진다. 이럴 경우 wex 인수에 값을 지정하여 바이올린의 크기를 조정한다. rectCol 인수에는 상자도표의 상자 색상을 지정한다.

점도표

점도표(dot plot)는 개별 데이터값 하나하나를 수평선 위에 점으로 나타내는 일차원의 산점도이다. 다음과 같이 dotchart() 함수를 이용하여 점도표를 생성할 수 있다.

```
> dotchart(mtcars$mpg, labels=row.names(mtcars), cex=0.7,
+           xlab="Miles per Gallon", main="Mileage for Car Models")
```

첫 번째 인수에는 점으로 표현될 숫자형 벡터나 행렬을 지정하며 labels 인수에는 각 점을 구분하는 이름 벡터를 지정한다. 여기에서는 mtcars 데이터셋에 포함된 mpg 변수를 첫 번째 인수로 지정하여

[그림 10-56] 점도표. dotchart() 함수는 점도표를 생성한다.

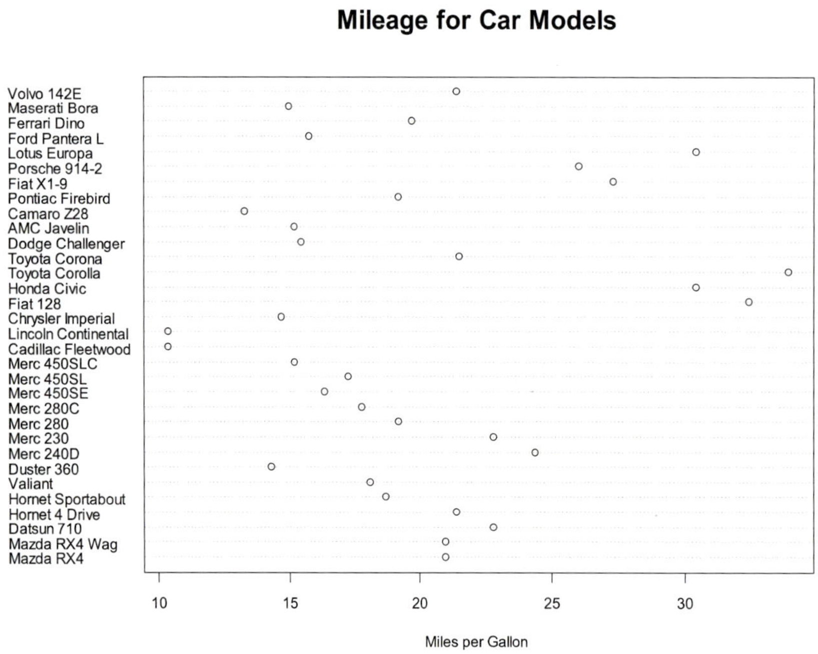

연비 데이터를 그래프의 수평축상에 점으로 나타낸다. 또한 해당 연비에 대응되는 자동차 모델 이름 (row.names(mtcars))을 labels 인수에 지정하여 각 점이 모델별로 식별될 수 있도록 한다. cex 인수에는 레이블로 사용될 텍스트의 크기를 지정한다. 출력 결과는 [그림 10-56]과 같다.

데이터값을 정렬하고 범주화하면 시각적으로 좀 더 유용한 점도표를 그릴 수 있다. [그림 10-56]의 점도표를 연비순으로 정렬하고 실린더 개수 기준으로 범주화해보자. 이를 위해 먼저 다음과 같이 연비 데이터(mpg)를 기준으로 오름차순으로 데이터프레임을 정렬하여 새로운 데이터프레임(cars)을 생성한다. 그런 다음 실린더 개수 변수(cyl)를 팩터로 변환한다.

```
> cars <- mtcars[order(mtcars$mpg),]
> cars$cyl.f <- factor(cars$cyl, levels=c(4, 6, 8),
+                      labels=c("4 cylinders", "6 cylinders", "8 cylinders"))
```

이어서 각 데이터 점이 실린더 개수에 따라 서로 다른 색상으로 표현되도록 다음과 같이 cars 데이터프레임에 colors 변수를 생성하고 여기에 실린더 개수에 따른 세 가지 색상을 할당한다.

```
> cars$colors[cars$cyl.f=="4 cylinders"] <- "maroon"
> cars$colors[cars$cyl.f=="6 cylinders"] <- "deepskyblue"
> cars$colors[cars$cyl.f=="8 cylinders"] <- "darkgreen"
```

이제 다음과 같이 점도표를 생성할 수 있다.

```
> dotchart(cars$mpg, labels=row.names(cars), cex=0.7,
+          groups=cars$cyl.f, gcolor="black",
+          color=cars$colors, pch=19,
+          xlab="Miles per Gallon", main="Mileage for Car Models\nby Cylinders")
```

groups 인수에는 범주화할 집단변수를 지정한다. 여기에서는 실린더 개수를 나타내는 팩터 cyl.f를 지정한다. gcolor 인수에는 범주를 나타내는 텍스트에 사용할 색상을 지정한다. 여기에서는 검은색(black)을 지정한다. color 인수에는 데이터 표시 심볼과 각 심볼을 나타내는 레이블에 사용될 색상을 지정한다. 앞에서 생성한 cars 데이터프레임의 colors 벡터를 사용한다. pch 인수에는 데이터를 표시하는 데 사용할 심볼을 지정한다. 출력 결과는 [그림 10-57]과 같다.

dotchart() 함수에 행렬 데이터셋이 인수로 주어지면 각 열을 범주로 하는 열의 개수만큼의

[그림 10-57] 점도표. 데이터값을 정렬하고 범주화하여 시각적으로 좀 더 유용한 점도표를 생성할 수 있다.

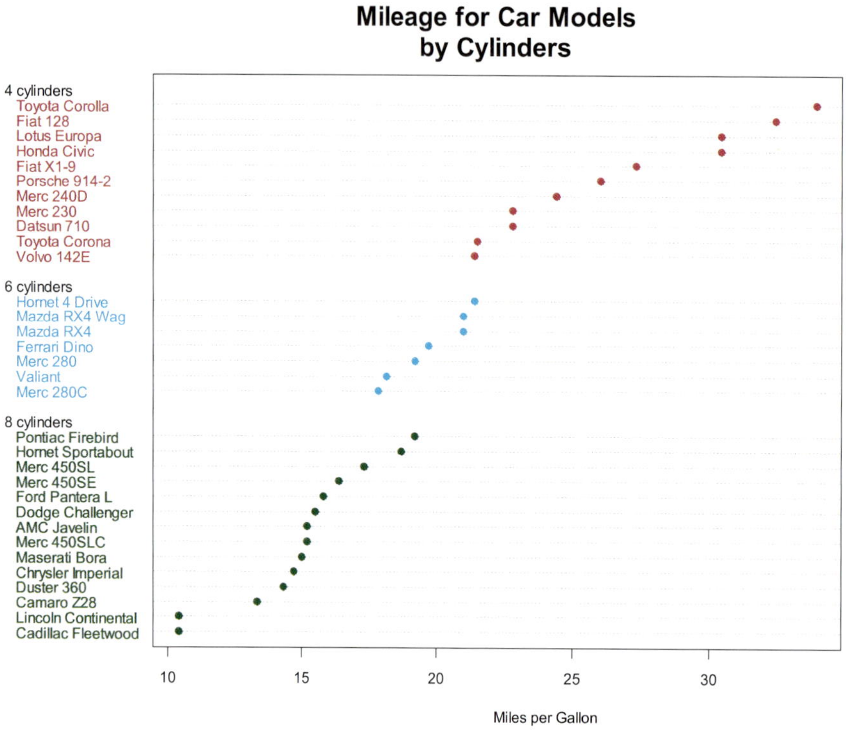

점도표가 하나의 그래프상에서 나란히 생성된다. 버지니아 주의 사망률을 나타내는 VADeaths 데이터셋을 이용하여 점도표를 그려보자. VADeaths 데이터셋은 다음과 같이 행렬 형식의 데이터이며 행은 연령대를, 열은 인구집단을 나타낸다. 각 셀값은 사망률이다.

```
> VADeaths
      Rural Male Rural Female Urban Male Urban Female
50-54       11.7          8.7       15.4          8.4
55-59       18.1         11.7       24.3         13.6
60-64       26.9         20.3       37.0         19.3
65-69       41.0         30.9       54.6         35.1
70-74       66.0         54.3       71.1         50.0
```

VADeaths 데이터셋을 그대로 점도표로 나타내면 [그림 10-58]의 왼쪽과 같다. 열(인구집단)을 범주로 하여 행(연령대)의 데이터값(사망률)이 점으로 나타난다.

[그림 10-58] **점도표.** 행렬 데이터를 이용하면 각 열을 범주로 하는 열의 개수만큼의 점도표를 생성할 수 있다.

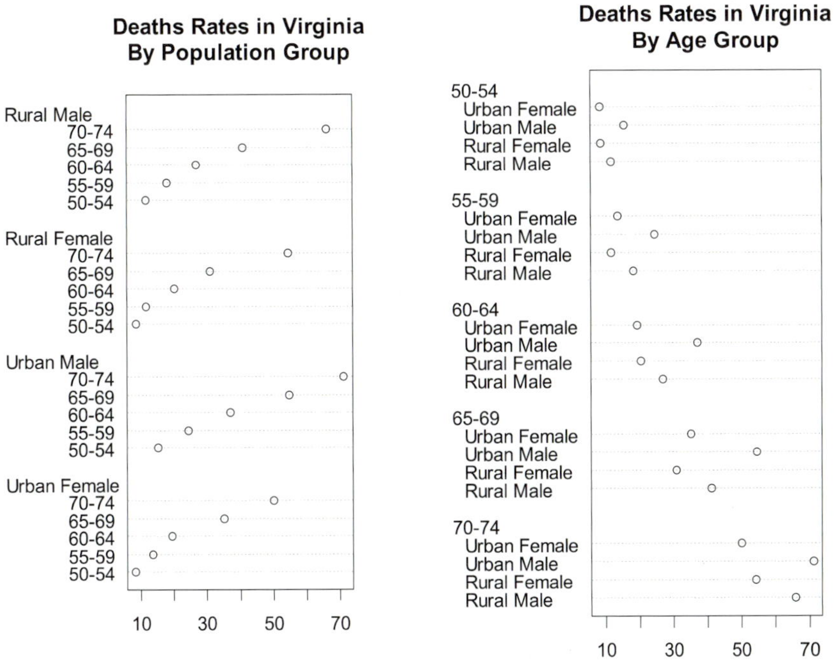


```
> dotchart(VADeaths, cex=0.8, main="Deaths Rates in Virginia\nBy Population Group")
```

이와 반대로 연령대를 범주로 하여 인구집단별 사망률을 표현하고 싶으면 다음과 같이 데이터 행렬을 전치시킨 후 dotchart() 함수를 적용한다. 그러면 [그림 10-58]의 오른쪽과 같은 점도표가 생성된다.

```
> dotchart(t(VADeaths), cex=0.8, main="Deaths Rates in Virginia\nBy Age Group")
```

선도표

산점도의 점을 선으로 연결하면 선도표(line plot)를 만들 수 있다. R 표준패키지에 포함된 Orange 데이터셋에는 다섯 그루의 오렌지 나무에 대한 수령과 나무둘레 데이터가 저장되어 있다. 수령은 일수로 기록되었으며 나무둘레는 밀리미터(mm) 단위로 측정되었다. 첫 번째 오렌지 나무에 대한 수령과 나무둘레 길이 간의 관계를 그래프로 그려보면 [그림 10-59]와 같다. [그림 10-59]의 왼쪽 그래프는 산점도이고 오른쪽 그래프는 선도표이다. 두 그래프를 비교해보면 알 수 있듯이 이 경우에는 선도표가 산점도보다 수령에 따른 나무의 성장 정도를 좀 더 잘 표현한다. 두 그래프는 다음과 같이 생성한다.

```
> tree1 <- subset(Orange, Tree==1)
> tree1
  Tree  age circumference
1    1  118            30
2    1  484            58
3    1  664            87
4    1 1004           115
5    1 1231           120
6    1 1372           142
7    1 1582           145
> plot(tree1$age, tree1$circumference,
+      main="Growth of Orange Tree 1",
+      xlab="Age (days)", ylab="Circumference (mm)")
> plot(tree1$age, tree1$circumference, type="o",
+      main="Growth of Orange Tree 1",
+      xlab="Age (days)", ylab="Circumference (mm)")
```

[그림 10-59] 산점도와 선도표. plot() 함수에 type 인수를 지정하여 생성한다.

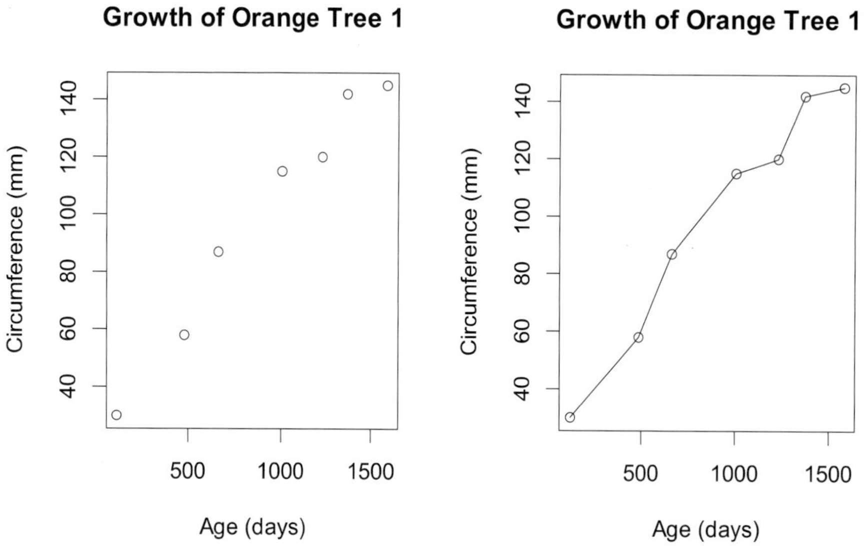

[그림 10-59]의 두 그래프는 모두 plot() 함수를 이용하여 생성하였다. type 인수에 의해 두 그래프가 점으로 표현되는지 선으로 표현되는지가 결정된다. 여기에서는 type="o"를 지정하여 점과 선이 겹친 형태로 그려지도록 한다.

선도표는 일반적으로 앞의 예처럼 plot() 함수에 type 인수를 지정하여 생성할 수 있지만 plot() 함수와 lines() 함수를 함께 사용하여 그리기도 한다. lines() 함수는 저수준 그래픽 함수이기 때문에 홀로 사용할 수는 없으며 먼저 고수준 그래픽 함수인 plot() 함수를 호출해야 한다. 이때 plot() 함수에 type="n"을 지정하여 기본적인 그래프 틀만을 생성하고 이후 lines() 함수를 이용하여 그래프상에 데이터를 나타내는 선을 추가한다.

데이터셋에 집단을 나타내는 변수가 포함되어 있으면 집단별로 구분되는 선도표를 그릴 수 있다. plot() 함수와 lines() 함수를 함께 사용하여 이러한 집단별 선도표를 생성해보자. Orange 데이터셋에 포함된 다섯 그루의 오렌지 나무에 대한 수령과 나무둘레 간의 관계를 [그림 10-60]과 같은 선도표로 표현한다. 여기에서는 선의 모양 및 색상, 그리고 심볼 모양으로 다섯 오렌지 나무를 구분하였다.

[그림 10-60] 선도표. plot() 함수를 이용하여 그래프 틀을 생성하고 그 위에 lines() 함수를 이용하여 선을 추가한다.

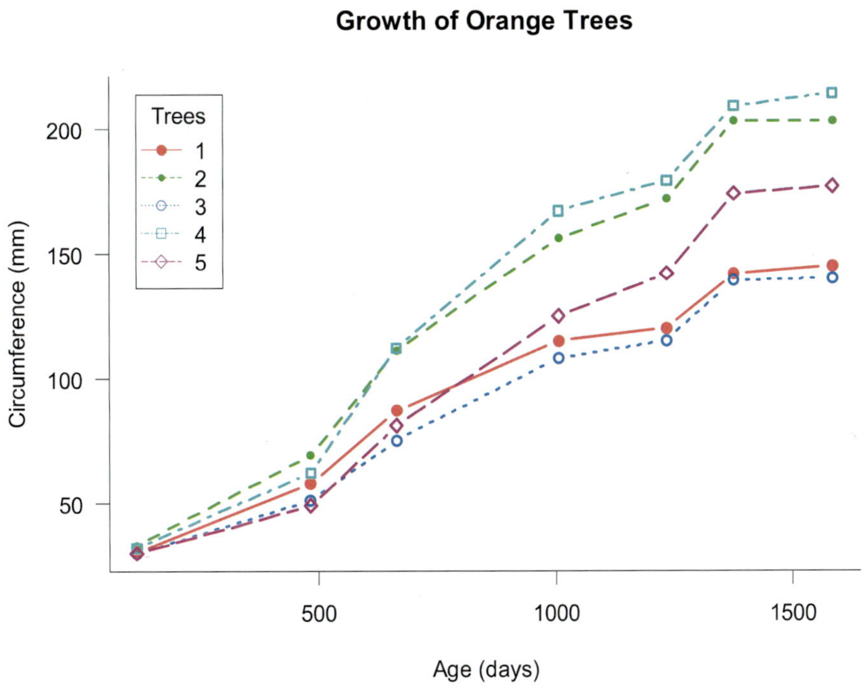

[그림 10-60]의 집단 선도표는 다음과 같은 코드에 의해 생성되었다. 먼저 plot() 함수에 type="n"을 지정하여 제목, 축, 그래프 형태 등의 기본적 그래프 요소만을 갖고 있는 그래프 틀을 생성한다. 이때 데이터셋에 포함된 모든 데이터가 그래프를 벗어나지 않고 잘 표현될 수 있도록 age 변수와 circumference 변수의 범위를 계산하여 축의 범위를 결정한다.

```
> xlim <- range(Orange$age)
> ylim <- range(Orange$circumference)
> plot(xlim, ylim, type="n", las=1, bty="l",
+      xlab="Age (days)", ylab="Circumference (mm)",
+      main="Growth of Orange Trees")
```

그런 다음 lines() 함수를 이용하여 나무별로 선도표를 그릴 데이터를 준비한다. 이를 위해 팩터 형식인 Tree 변수를 숫자로 변환한 후 최대값을 구해 데이터셋에 포함된 나무의 개수를 구한다. 나무 개수만큼의 색상, 선 유형, 심볼 모양을 지정하여 첫 번째(1번) 나무부터 마지막(5번) 나무까지 서로 다른 색상, 선, 심볼로 표현될 수 있도록 한다.

```
> ntree <- max(as.numeric(Orange$Tree))
> colors <- c(1:ntree) + 1
> linetype <- c(1:ntree)
> plotchar <- c(1:ntree) + 18
```

이제 for 루프와 lines() 함수를 이용하여 나무별로 차례로 선도표를 생성한다. type="b"를 지정하여 점과 선이 모두 나타나도록 한다.

```
> for (i in 1:ntree) {
+   tree <- subset(Orange, Tree==i)
+   lines(tree$age, tree$circumference,
+         type="b", lwd=2,
+         lty=linetype[i], col=colors[i], pch=plotchar[i])
+ }
```

마지막으로 legend() 함수를 이용하여 범례를 추가한다.

```
> legend(xlim[1], ylim[2], 1:ntree,
+        col=colors, pch=plotchar, lty=linetype, title="Trees")
```

산점도

산점도(scatter plot)는 두 수치형 데이터 간의 관계를 보여주는 그래프이다. 수치형 데이터가 저장된 두 벡터에 대해 `plot()` 함수를 이용하여 그래프를 그리면 두 벡터를 각각 X축과 Y축으로 하는 산점도가 생성된다. 예를 들어, `iris` 데이터셋을 이용하여 [그림 10-61]의 왼쪽과 같은 산점도를 그릴 수 있다. `with()` 함수를 사용하면 데이터셋을 반복해서 지정하는 번거로움을 피할 수 있다.

```
> plot(iris$Petal.Length, iris$Petal.Width, main="All")
> with(iris, plot(Petal.Length, Petal.Width, main="All"))
```

또는 다음과 같이 포뮬러 방식으로 데이터 벡터를 지정할 수도 있다.

```
> plot(Petal.Width ~ Petal.Length, data=iris, main="All")
```

그런데 두 벡터에 대응되는 집단변수, 즉 범주형 변수가 있다면 이 범주형 변수를 이용하여 집단별로 구분되는 산점도를 그릴 수 있다. `iris` 데이터셋에는 `Species`라는 세 가지 아이리스 꽃 종류를 나타내는 집단변수가 팩터 형식으로 저장되어 있다. 다음과 같이 팩터를 정수로 변환한 후 이 정수를 `pch` 인수에 지정하면 집단별로 서로 다른 심볼로 표현된 산점도가 그려진다.

[그림 10-61] 산점도. `plot()` 함수는 산점도를 생성한다. 데이터에 집단을 나타내는 변수가 포함되어 있으면 집단을 구분한 산점도를 생성할 수 있다.

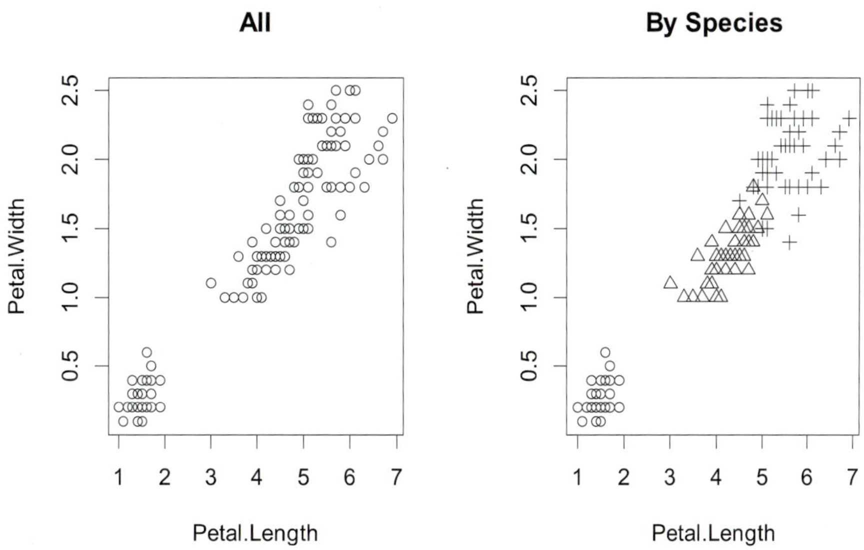

```
> with(iris, plot(Petal.Length, Petal.Width,
+                 pch=as.integer(Species), main="By Species"))
```

Species 변수의 각 데이터값은 정수 1, 2, 3으로 변환되고 이 값들이 pch 인수에 심볼값으로 지정된다. 그러면 각 데이터값은 pch 인수값에 대응되는 세 가지 심볼(동그라미, 세모, 십자)로 산점도상에 표현된다.[20] 출력 결과는 [그림 10-61]의 오른쪽과 같다.

20 pch에 지정할 수 있는 인수값은 points() 함수의 도움말(?points)에서 확인할 수 있다.

그런데 이렇게 집단별로 구분되는 산점도를 그리기는 하였지만 현재로서는 각 심볼이 무엇을 나타내는지 알 수 없다. 따라서 그래프상에 각 심볼의 의미를 설명하는 범례를 추가할 필요가 있다.

다음과 같이 legend() 함수를 이용하여 앞에서 생성한 그래프에 범례를 추가해보자. 처음 두 인수(x, y)는 범례 상자의 좌표를 나타낸다. x는 1.2, y는 2.4의 위치에 범례 상자의 좌측 상단 모서리가 위치한다. 세 번째 인수(legend)는 레이블 벡터로서 여기에서는 세 가지 꽃 종류 이름을 지정한다. 마지막 인수(pch)는 현재 지정된 세 종류의 레이블이 각각 1, 2, 3 유형의 심볼(동그라미, 세모, 십자)에 대응된다는 것을 나타낸다. 출력 결과는 [그림 10-62]와 같다.

[그림 10-62] 산점도. legend() 함수를 이용하여 집단 구분을 범례로 나타낼 수 있다.

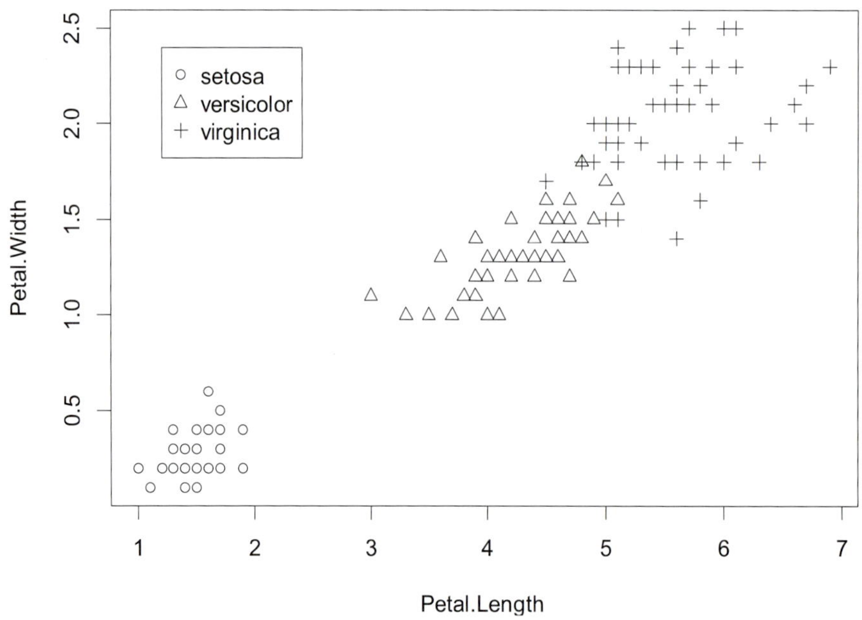

```
> with(iris, plot(Petal.Length, Petal.Width, pch=as.integer(Species)))
> legend(x=1.2, y=2.4, legend=c("setosa", "versicolor", "virginica"), pch=1:3)
```

앞에서 작성한 코드를 다음과 같이 수정할 수 있다. 앞에서와 다른 점은 범례의 레이블로 사용한 세 가지 꽃 종류를 코드 내에서 직접 코딩하지 않는다는 점이다. 필요한 값을 Species 변수로부터 추출하여 사용한다. 이렇게 함으로써 꽃 종류를 직접 입력하다가 생길 수 있는 오류를 방지할 수 있다. 또한 누군가 데이터셋에 새로운 꽃 종류를 추가하더라도 코드 수정 없이 그대로 사용할 수 있는 장점이 있다.

```
> with(iris, plot(Petal.Length, Petal.Width, pch=as.integer(Species)))
> legend(x=1.2, y=2.4, legend=as.character(levels(iris$Species)),
+        pch=1:length(levels(iris$Species)))
```

locator() 함수를 이용하면 범례 상자의 위치를 좀 더 편리하게 지정할 수 있다. legend() 함수의 x, y 좌표 인수 대신에 locator() 함수를 지정한다. 그러면 locator() 함수가 호출되면서 십자 모양의 커서가 그래프 창에 나타난다. 이때 적당한 위치를 클릭하면 그 위치에 범례 상자가 생성된다. locator() 함수에 주어진 숫자 1은 클릭할 지점의 개수를 의미한다.

```
> with(iris, plot(Petal.Length, Petal.Width, pch=as.integer(Species)))
> legend(locator(1), legend=as.character(levels(iris$Species)),
+        pch=1:length(levels(iris$Species)))
```

legend() 함수는 이 밖에도 다양한 형식의 범례를 생성할 수 있다. [그림 10-63]의 두 가지 범례 작성 예를 살펴보자. [그림 10-63]의 왼쪽 그래프의 경우 그래프 생성 시 심볼에 색상을 지정하고 legend() 함수의 col 인수를 이용하여 범례에 해당 색상을 추가한다. col 인수에는 정수를 이용하여 색상을 지정한다. 이 그래프는 심볼과 색상으로 집단을 구분한다.

```
> with(iris, plot(Petal.Length, Petal.Width,
+                 pch=as.integer(Species), col=as.integer(Species),
+                 main='pch / col / bty="n"'))
> legend(1.1, 2.5, legend=as.character(levels(iris$Species)),
+        pch=1:length(levels(iris$Species)), col=1:length(levels(iris$Species)),
+        bty="n")
```

[그림 10-63] 산점도. legend() 함수는 범례 요소를 다양하게 지정할 수 있다.

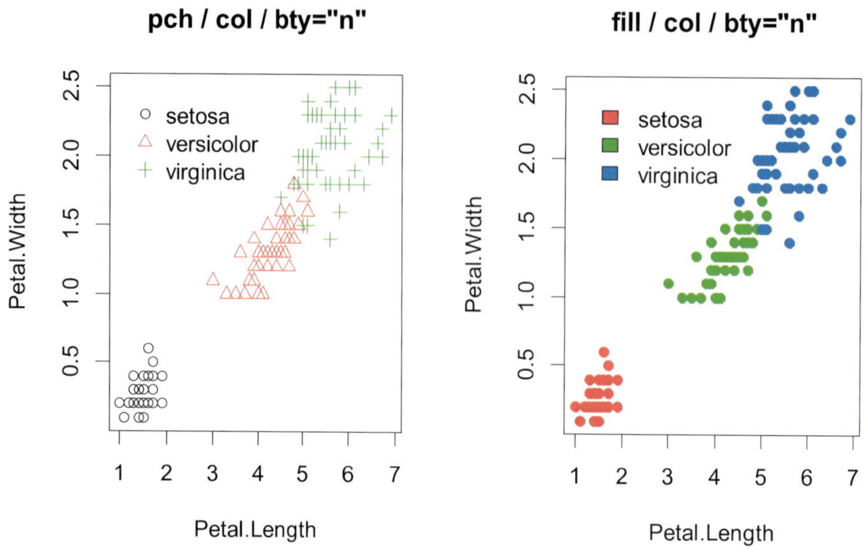

[그림 10-63]의 오른쪽 그래프는 색상만으로 데이터의 소속 집단을 구분한다. legend() 함수의 fill 인수를 이용하여 각 색상에 대응되는 범례를 생성한다.

```
> with(iris, plot(Petal.Length, Petal.Width,
+                 pch=19, col=as.integer(iris$Species)+1,
+                 main='fill / col / bty="n"'))
> legend(1.1, 2.5, legend=as.character(levels(iris$Species)),
+        fill=(1:length(levels(iris$Species)))+1, bty="n")
```

앞에서 살펴보았듯이 plot() 함수를 이용하면 기본적인 형태의 산점도를 그릴 수 있다. R에는 이 밖에도 산점도를 그릴 수 있는 많은 유용한 함수가 있다. 예를 들어, car 패키지에 포함된 scatterplot() 함수는 좀 더 다양한 정보를 제공하는 보다 복잡한 형태의 산점도를 생성한다. 다음과 같이 scatterplot() 함수를 이용하여 산점도상에 상자도표를 추가할 수 있고, 회귀선을 그릴 수 있으며, 데이터값을 집단별로 나타낼 수 있다. [그림 10-64]는 다음과 같은 코드를 실행한 결과이다.

```
> library(car)
> scatterplot(mpg ~ wt | cyl, data=mtcars, boxplots="xy", lwd=2,
```

[그림 10-64] 산점도. scatterplot() 함수는 다양한 정보를 제공하는 산점도를 생성한다.

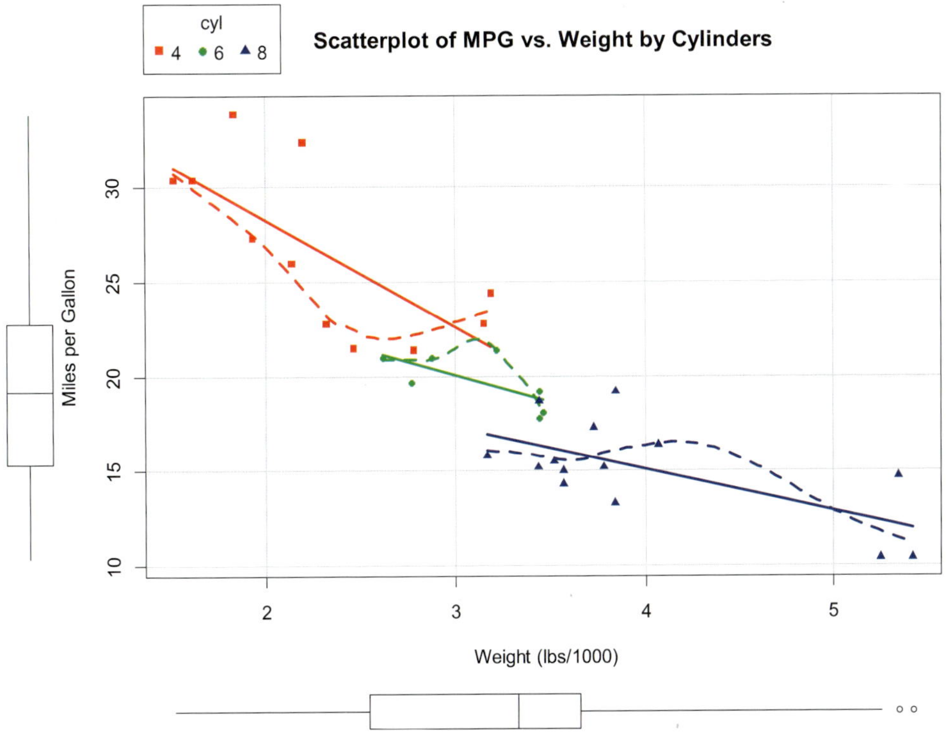


```
+              pch=c(15, 16, 17), col=c("red", "green3", "blue"),
+              xlab="Weight (lbs/1000)", ylab="Miles per Gallon",
+              main="Scatterplot of MPG vs. Weight by Cylinders")
```

산점도상에 나타낼 데이터를 포뮬러 형식으로 지정한다. ~ 앞에는 Y축에 나타낼 변수를, ~ 뒤에는 X축에 나타낼 변수를 지정한다. | 뒤에는 집단변수를 지정한다. boxplots 인수는 산점도의 X축과 Y축 옆에 상자도표를 추가한다. x를 지정하면 X축에, y를 지정하면 Y축에, xy를 지정하면 X축과 Y축에 상자도표를 그린다.

산점도 행렬

산점도 행렬(scatterplot matrix)은 여러 개의 수치형 변수에 대해 각 변수쌍으로 이루어진 산점도를 생성하여 모든 변수 간 관계를 한꺼번에 행렬 형식으로 보여주는 그래프이다. R에는 산점도 행렬을 생성하는 많은 유용한 함수가 있다.

기본적으로 plot() 함수를 이용하여 산점도 행렬을 그릴 수 있다. plot() 함수에 수치형 데이터를 열로 갖는 데이터프레임을 지정한다. 두 개의 열을 포함하고 있으면 앞서 살펴본 기본적인 형태의 산점도가 생성되고 세 개 이상의 열이 있으면 산점도 행렬이 그려진다. plot() 함수와 함께 가장 빈번히 사용되는 함수는 pairs() 함수이다. pairs() 함수에 다음과 같이 변수가 포함된 데이터 프레임 또는 행렬을 지정하거나 포뮬러 방식으로 변수를 지정한다.

```
> plot(iris[1:4])
> pairs(iris[1:4], main="Scatterplot Matrix using pairs()")
> pairs(~ Sepal.Length + Sepal.Width + Petal.Length + Petal.Width, data=iris,
+       main="Scatterplot Matrix using pairs()")
```

[그림 10-65]에서 볼 수 있는 것처럼 모든 변수쌍 간의 산점도가 생성된다. 예를 들어, Sepal.Length 변수와 Sepal.Width 변수 간의 산점도는 두 변수가 교차하는 셀에 그려진다. 대각선 아래의 여섯 개 산점도는 대각선 위의 여섯 개 산점도와 축만 바뀌었을 뿐 동일하다. 인수를 지정하여 대각선 위쪽 또는 대각선 아래쪽 산점도만을 나타나게 할 수 있다. 예를 들어, 다음과 같이

[그림 10-65] 산점도 행렬. pairs() 함수는 산점도 행렬을 생성한다.

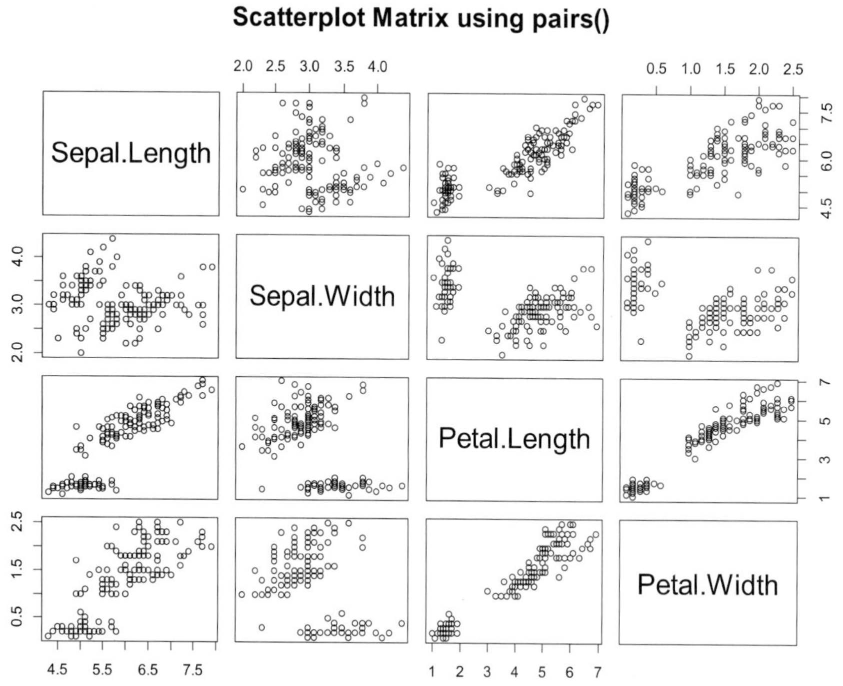

[그림 10-66] 산점도 행렬. pairs.panels() 함수를 이용하여 히스토그램, 밀도곡선, 상관계수 등의 정보를 추가한다.

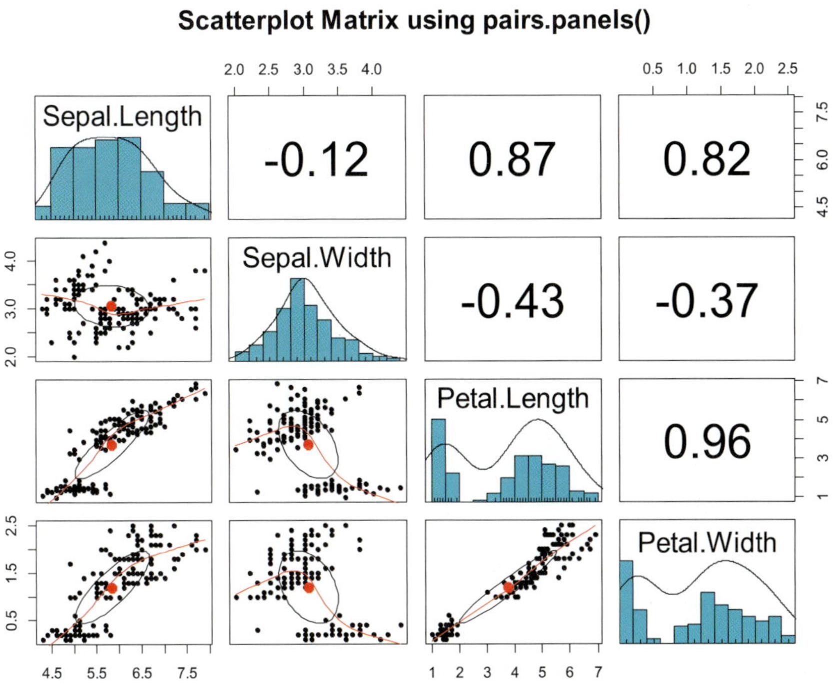

upper.panel=NULL을 지정하면 대각선 아래 부분으로만 구성된 산점도 행렬이 만들어진다.

```
> pairs(iris[1:4], upper.panel=NULL, main="Scatterplot Matrix using pairs()")
```

산점도상에 변수 간의 관계를 나타내는 다른 유용한 정보를 포함하고 싶으면 psych 패키지의 pairs.panels() 함수를 이용한다. pairs.panels() 함수에 데이터프레임이나 행렬을 인수로 제공하면 [그림 10-66]과 같은 산점도 행렬이 만들어진다. 대각선에는 히스토그램과 밀도곡선이 출력된다. 대각선의 아래쪽에는 기본적인 산점도 행렬이 그려지며 대각선의 위쪽에는 상관계수가 출력된다.

```
> library(psych)
> pairs.panels(iris[1:4], main="Scatterplot Matrix using pairs.panels()")
```

[그림 10-67]과 같이 색상으로 집단을 구분할 수 있으며(bg=c("red","green","blue")[iris$Species])

[그림 10-67] 산점도 행렬. pairs.panels() 함수를 이용하여 색상으로 집단을 구분하고 회귀선을 추가한다.

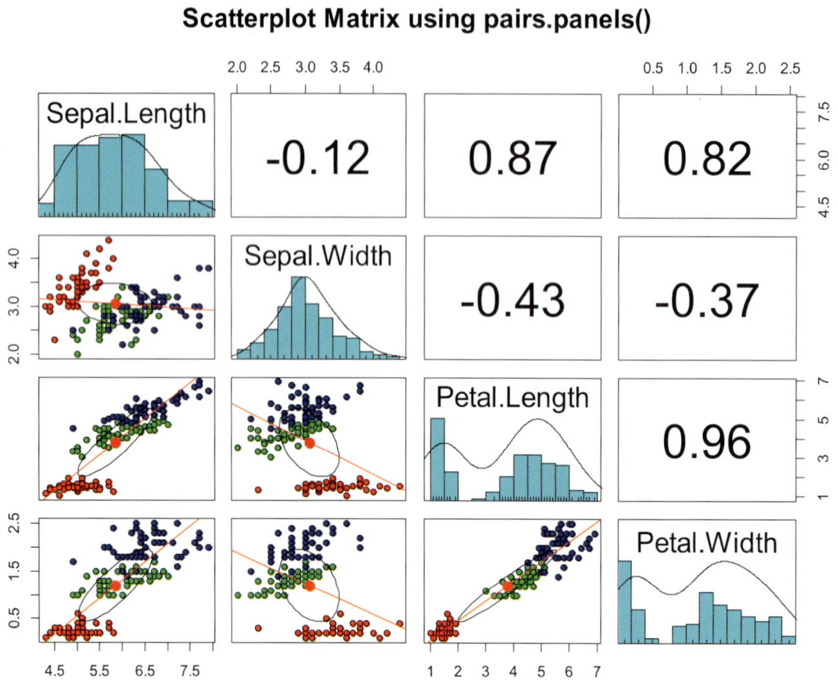

직선의 회귀선을 산점도상에 그릴 수 있다(lm=TRUE).21

```
> pairs.panels(iris[1:4], pch=21, bg=c("red", "green", "blue")[iris$Species],
+              lm=TRUE, main="Scatterplot Matrix using pairs.panels()")
```

[그림 10-68]처럼 색상뿐만 아니라 심볼의 모양으로도 집단을 구분할 수 있으며(pch=21+as.integer(iris$Species)), 히스토그램의 색상을 지정할 수도 있다(hist.col="gold"). pairs.panels() 함수는 이 밖에도 많은 유용한 인수를 제공한다.

```
> pairs.panels(iris[1:4], pch=21+as.integer(iris$Species),
+              bg=c("red", "green", "blue")[iris$Species], hist.col="gold",
+              main="Scatterplot Matrix using pairs.panels()")
```

21 iris 데이터셋의 Species 변수는 팩터 형식이다. 팩터 데이터는 내부적으로 각 레벨에 대응되는 숫자로 저장된다. 따라서 Species의 세 레벨 setosa, versicolor, virginica는 각각 1, 2, 3으로 변환되고 이 값이 색상 벡터(c("red","green","blue"))에 인덱스로 사용되어 세 가지 꽃 종류 setosa, versicolor, virginica가 각각 빨간색, 초록색, 파란색에 대응된다.

[그림 10-68] **산점도 행렬.** pairs.panels() 함수를 이용하여 심볼의 모양으로 집단을 구분하고 히스토그램에 색상을 지정한다.

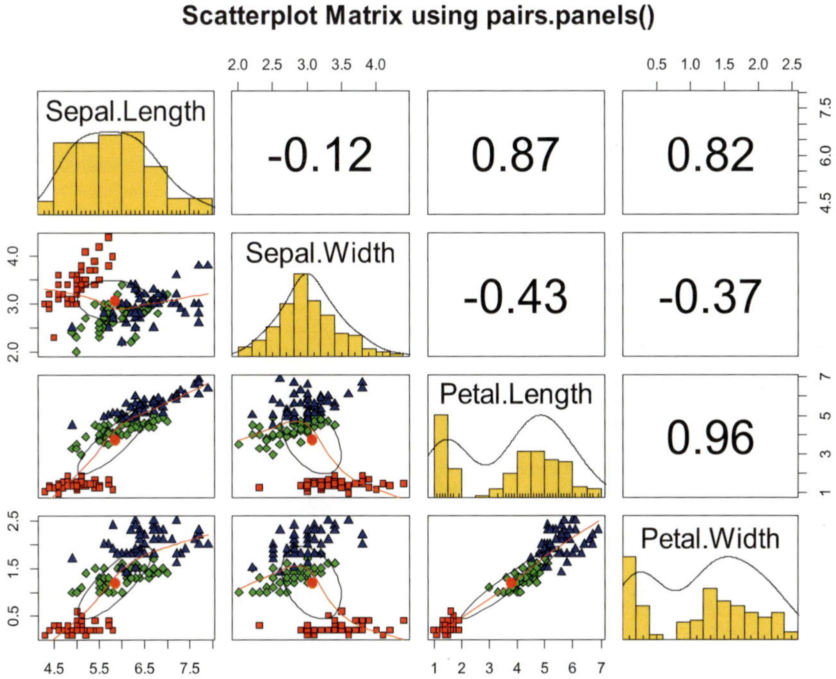

pairs.panels() 함수를 이용하면 산점도와 함께 상관계수를 볼 수 있지만 상관계수의 통계적 유의성을 확인할 수 없는 것이 조금 아쉽다. PerformanceAnalytics 패키지에 포함된 chart.Correlation() 함수를 이용하면 상관계수의 유의성을 확인할 수 있다. 또한 상관계수의 값에 비례하는 크기로 숫자가 출력된다. [그림 10-69]와 같이 상관계수에 * 표시로 유의성 정도를 보여준다. 출력 결과를 보면 Sepal.Length 변수와 Sepal.Width 변수 간의 상관계수 -0.12는 통계적으로 유의하지 않다.

```
> library(PerformanceAnalytics)
> chart.Correlation(iris[1:4], pch=21, bg=c("red", "green", "blue")[iris$Species],
+                   main="Scatterplot Matrix using chart.Correlation()")
```

[그림 10-69] **산점도 행렬**. chart.Correlation() 함수는 상관계수의 유의성을 보여준다.

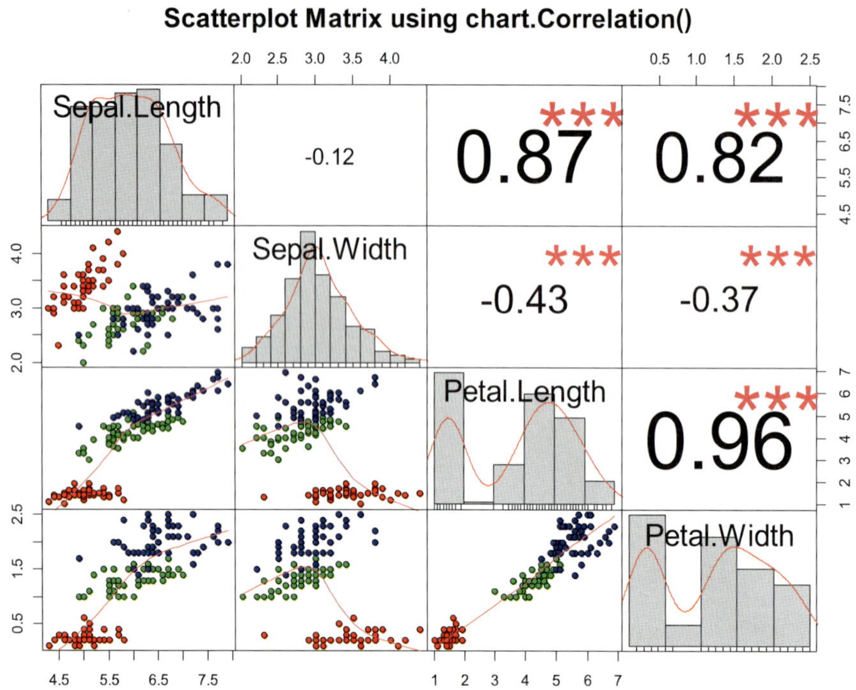

고밀도 산점도

산점도를 그릴 때 중첩되는 점이 과도하게 많으면 데이터 간의 관계를 시각적으로 파악하기 어려울 수 있다. 예를 들어, 다음과 같은 데이터셋을 생성해보자. 서로 다른 평균과 표준편차를 갖는 두 정규분포(평균 0, 표준편차 1; 평균 3, 표준편차 1.5)로부터 각각 5,000개씩의 데이터쌍을 생성하여 총 10,000개의 표본크기를 갖는 데이터셋을 만든다.[22]

```
> n <- 10000
> set.seed(123)
> block1 <- matrix(rnorm(n, mean=0, sd=1), ncol=2)
> block2 <- matrix(rnorm(n, mean=3, sd=1.5), ncol=2)
> mysample <- rbind(block1, block2)
> mysample <- as.data.frame(mysample)
> names(mysample) <- c("X", "Y")
```

22 정규분포로부터 난수를 생성하기 위해서는 rnorm() 함수를 이용한다. 첫 번째 인수에는 생성할 난수의 개수를 지정하고 두 번째 및 세 번째 인수에는 정규분포의 평균과 표준편차를 지정한다. 평균과 표준편차를 지정하지 않으면 표준정규분포로부터 난수가 생성된다.

```
> head(mysample, 3); tail(mysample, 3)
           X          Y
1 -0.5604756 -0.4941739
2 -0.2301775  1.1275935
3  1.5587083 -1.1469495
              X        Y
9998  2.2632107 4.357584
9999  4.4624789 5.821102
10000 0.6361014 4.394343
```

이렇게 만들어진 데이터셋을 이용하여 다음과 같이 산점도를 그려보면 [그림 10-70]의 왼쪽과 같은 그래프가 생성된다.

```
> plot(mysample$X, mysample$Y,
+      pch=19, xlab="X", ylab="Y", main="Scatterplot\nwith size of 10,000")
```

[그림 10-70]의 왼쪽 산점도는 데이터값이 너무 중첩되어 있어서 x와 y 간의 관계를 정확히 식별하기 어려울 뿐만 아니라 어느 부분에 데이터가 집중되어 있는지 파악하기 힘들다. R은 이러한 고밀도

[그림 10-70] 고밀도 산점도. smoothScatter() 함수는 데이터의 중첩 정도를 색상의 농도로 나타낸다.

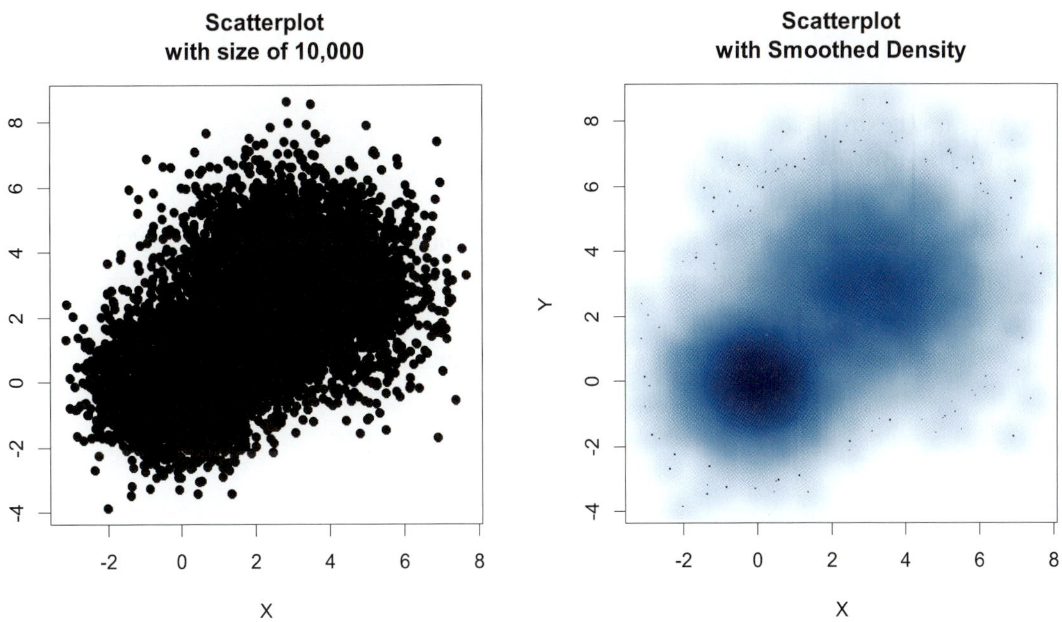

산점도(high density scatter plot) 문제를 해결하기 위한 다양한 함수를 제공한다. smoothScatter() 함수는 밀도에 따라 색상의 진한 정도를 변화시킴으로써 데이터값의 중첩 정도를 시각적으로 표현한다. 다음과 같이 smoothScatter() 함수를 이용하여 앞에서 생성한 데이터에 대한 산점도를 그려보면 [그림 10-70]의 오른쪽과 같다.

```
> smoothScatter(mysample$X, mysample$Y,
+              xlab="X", ylab="Y", main="Scatterplot\nwith Smoothed Density")
```

[그림 10-70]의 오른쪽 그래프는 왼쪽과 달리 진한 색상으로 표현된 두 개의 클러스터를 보여준다. 하나는 (0, 0)을 중심으로 분포하고 있으며 다른 하나는 (3, 3)을 중심으로 분포하고 있다. (0, 0)을 중심으로 분포한 클러스터가 더 진한 색으로 표현되어 있으며, 이는 (3, 3)을 중심으로 한 클러스터보다 더 조밀하게 중첩되어 있다는 것을 나타낸다.

산점도의 데이터 중첩 정도를 표현하는 또 다른 방법으로 hexbin 패키지에 포함된 hexbin() 함수를 이용하는 방법이 있다. hexbin() 함수는 중첩 정도를 육각형 모양의 셀의 색상으로 나타낸다. 육각형 셀의 색상을 살펴봄으로써 데이터의 밀집 정도를 시각적으로 확인할 수 있다. xbins 인수에는 X축의 데이터 범위를 분할하는 셀의 개수를 지정한다. 큰 값을 지정할수록 육각형 셀이 작게 표현된다. colramp 인수에는 색상 팔레트를 지정할 수 있다. 출력 결과는 [그림 10-71]과 같다. 위쪽의 그래프는 색상의 지정 없이 기본값인 회색조의 그러데이션 효과로 데이터를 표현하였으며 아래쪽은 색상 팔레트를 지정하여 색상 그러데이션으로 데이터 밀집도를 파악할 수 있도록 하였다.

```
> library(hexbin)
> plot(hexbin(mysample$X, mysample$Y, xbins=50),
+      xlab="X", ylab="Y",
+      main="Scatterplot with size of 10,000\nusing Hexagonal Binning")
> plot(hexbin(mysample$X, mysample$Y, xbins=50), colramp=terrain.colors,
+      xlab="X", ylab="Y",
+      main="Scatterplot with size of 10,000\nusing Hexagonal Binning")
```

[그림 10-71] **고밀도 산점도.** hexbin() 함수는 데이터의 중첩 정도를 육각형 모양의 셀의 색상 또는 농도로 나타낸다.

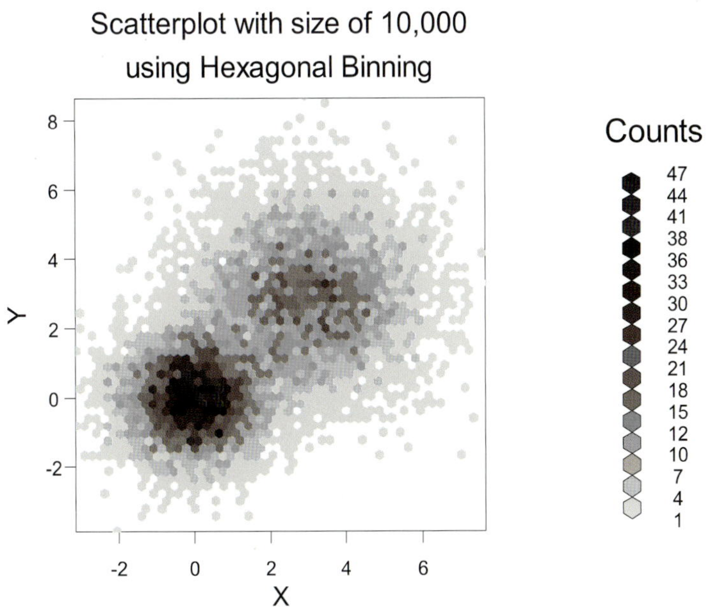

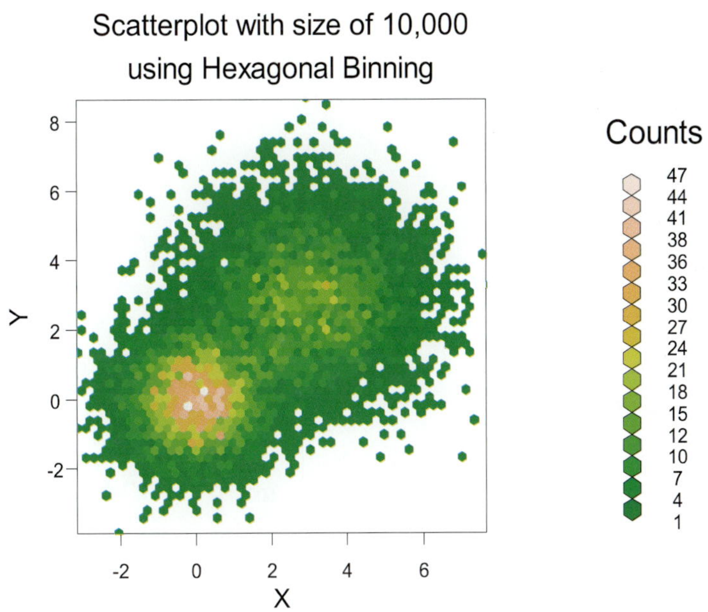

3차원 산점도

산점도나 산점도 행렬은 두 변수 간의 이변량 관계(bivariate relationship)를 보여준다. 만일 세 변수 간의 관계를 한꺼번에 보려면 3차원 산점도(3D scatter plot)를 이용할 수 있다. 다음과 같이 scatterplot3d 패키지에 포함된 scatterplot3d() 함수를 이용하여 3차원 산점도를 그릴 수 있다.

```
> library(scatterplot3d)
> scatterplot3d(mtcars$wt, mtcars$disp, mtcars$mpg,
+               xlab="Weight", ylab="Displacement", zlab="Miles per Gallon",
+               main="3D Scatterplot")
```

scatterplot3d() 함수의 처음 세 인수는 각각 X축, Y축, Z축을 나타낸다. [그림 10-72]의 3차원 산점도는 자동차 무게(wt), 연비(mpg), 배기량(disp) 간의 관계를 3차원으로 보여준다.

scatterplot3d() 함수는 다양한 인수를 제공한다. 예를 들어, 다음 코드는 [그림 10-73]의 3차원 산점도를 생성한다. 각 점과 평면을 연결하는 수직선(type="h")이 표현되어 있고 깊이를 색상의 차이(highlight.3d=TRUE)로 나타내고 있다.

[그림 10-72] 3차원 산점도. scatterplot3d() 함수는 3차원 산점도를 생성한다.

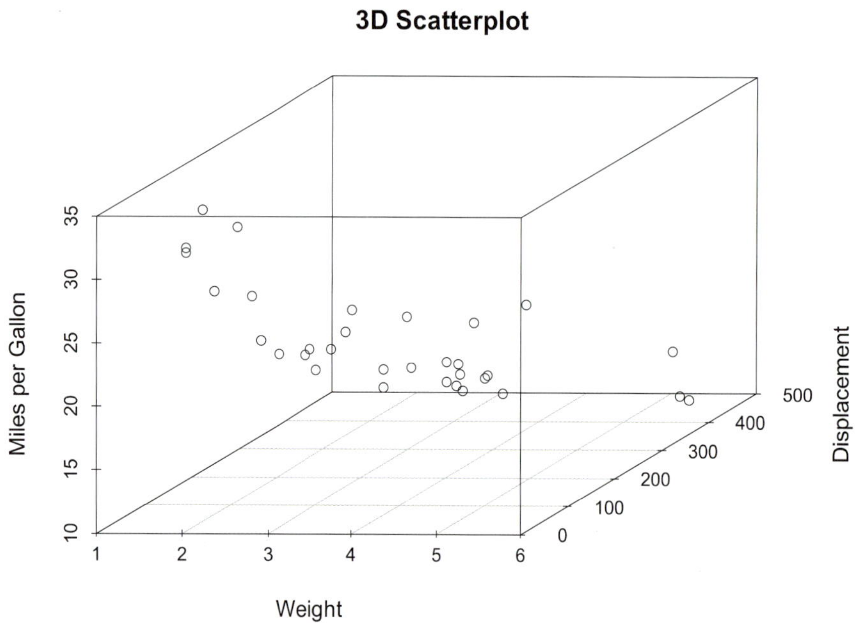

[그림 10-73] 3차원 산점도. 높이와 깊이를 수직선과 색상으로 나타낸다.

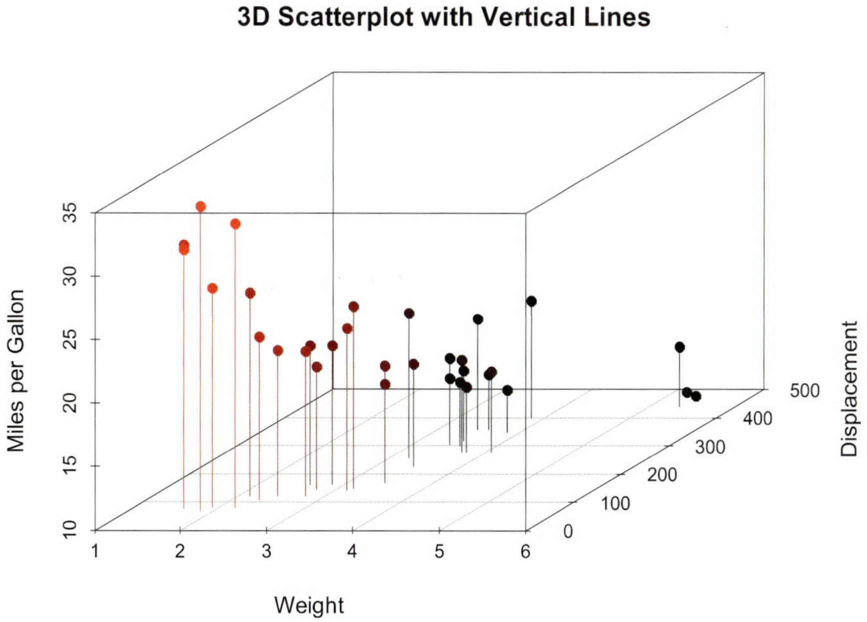


```
> scatterplot3d(mtcars$wt, mtcars$disp, mtcars$mpg,
+               pch=19, highlight.3d=TRUE, type="h",
+               xlab="Weight", ylab="Displacement", zlab="Miles per Gallon",
+               main="3D Scatterplot with Vertical Lines")
```

[그림 10-73]의 3차원 산점도에 회귀평면(regression plane)을 추가해보자. 우선 다음과 같이 3차원 산점도를 생성하여 객체로 저장한다.

```
> sp3d <- scatterplot3d(mtcars$wt, mtcars$disp, mtcars$mpg,
+                       pch=19, highlight.3d=TRUE, type="h",
+                       xlab="Weight", ylab="Displacement", zlab="Miles per Gallon",
+                       main="3D Scatterplot with Vertical Lines and Regression Plane")
```

lm() 함수를 이용하여 회귀모델을 생성한 후 이를 3차원 산점도 객체의 plane3d() 함수에 인수로 제공하면 [그림 10-74]와 같이 산점도상에 회귀평면이 그려진다. lm() 함수에는 포뮬러 형식으로 인수를 지정한다. ~ 앞에는 종속변수를 지정하며 ~ 뒤에는 독립변수를 지정한다. 여기에서는 자동차 무게(wt)와 배기량(disp)을 독립변수로 하고 연비(mpg)를 종속변수로 하여 다중회귀분석을 수행하였다.

[그림 10-74] 3차원 산점도. 회귀평면으로 산점도상에 회귀모델을 나타낸다.

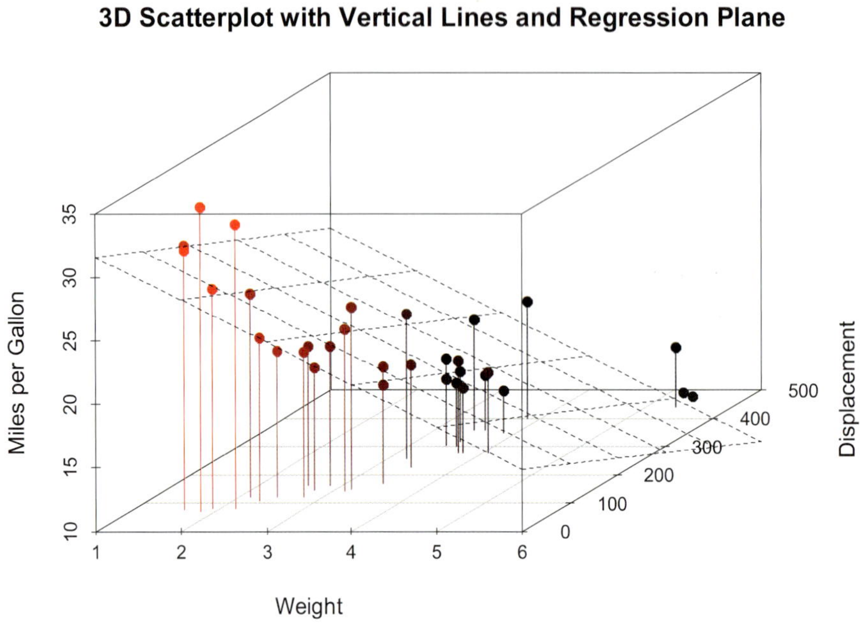


```
> reg <- lm(mpg ~ wt + disp, data=mtcars)
> sp3d$plane3d(reg)
```

[그림 10-74]의 회귀평면이 포함된 3차원 산점도는 다중회귀분석을 이용하여 자동차 무게와 배기량으로부터 연비를 예측하는 모델을 시각적으로 보여준다. 산점도상의 평면은 예측된 값을 나타내고 점은 실제 관측값을 나타낸다. 따라서 점으로부터 평면까지의 거리는 잔차(residual)를 의미한다. 평면 위의 점은 관측값이 예측값보다 큰 경우이고, 반대로 평면 아래의 점은 관측값이 예측값보다 작은 경우이다.

조건부도표

두 개의 숫자형 변수와 이에 대응되는 집단을 나타내는 범주형 변수가 있을 때 각 범주별로 하나씩 범주 개수만큼의 산점도를 한 페이지에 그릴 수 있다. 이러한 그래프를 조건부도표(conditioning plot)라고 한다. `coplot()` 함수를 이용하여 조건부도표를 그릴 수 있다. 두 개의 숫자형 변수는 포뮬러 형식으로 지정한다. ~ 왼쪽에는 산점도상 Y축에 위치할 변수를 지정하고 ~ 오른쪽에는 X축에 위치할 변수를 지정한다. | 뒤에는 범주형 변수를 지정한다. 그래프 생성에 사용할 데이터셋은 `data` 인수에

지정한다.

coplot() 함수에 다음과 같이 인수를 지정하면 아이리스의 꽃 종류별로 Petal.Length와 Petal.Width 간의 관계가 산점도 형태로 그려진다.

```
> coplot(Petal.Width ~ Petal.Length | Species, data=iris)
```

[그림 10-75]에서 볼 수 있는 것처럼 범주형 변수 Species의 각 레벨별로 Petal.Length를 X축으로, Petal.Width를 Y축으로 하는 산점도 세 개가 한 페이지에 생성된다. 하단의 왼쪽은 setosa, 하단의 오른쪽은 versicolor, 상단의 왼쪽은 virginica의 산점도이다. 각 집단별 그래프는 집단변수값의 오름차순으로 하단 및 좌측부터 채워진다. 따라서 여기에서는 세 레벨(setosa, versicolor, virginica)의 알파벳 순서대로 하단 왼쪽, 하단 오른쪽, 상단 왼쪽의 순서로 setosa, versicolor, virginica의 그래프가 배치된다.

[그림 10-75] 조건부도표. coplot() 함수는 조건부도표를 생성한다.

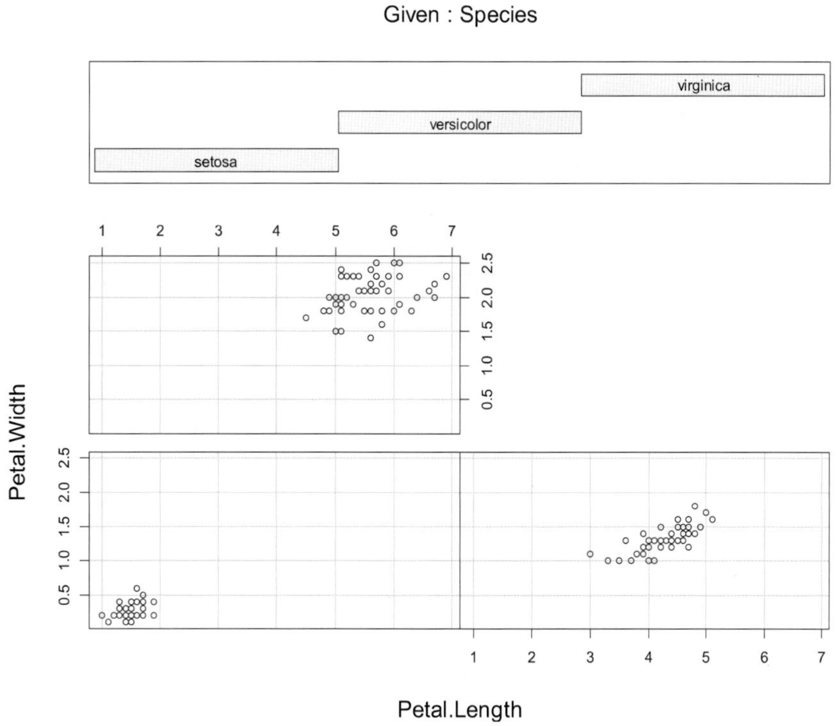

그래프 조합

여러 다양한 그래프를 적절히 조합하고 배치하여 하나의 의미 있는 그래프를 만들고 싶을 때가 있다. 이를 위해서는 그래프를 원하는 위치에 정확히 배치할 수 있어야 한다. `par()` 함수의 `fig` 인수를 이용하여 그래프의 위치를 정교하게 조정할 수 있다. `fig` 그래프 패러미터는 그래프가 배치되는 영역을 두 개의 x 좌표와 y 좌표로 지정한다. 전체 그래프 영역을 좌하단 구석의 (0, 0)으로부터 우상단 구석의 (1, 1)에 걸쳐 있는 것으로 정의하고(x1=0, x2=1, y1=0, y2=1) `fig` 인수에 `c(x1, x2, y1, y2)` 형식으로 그래프가 위치할 영역을 지정한다. 예를 들어, `fig=c(0, 1, 0, 1)`을 지정하면 전체 그래프 영역에 그래프가 배치된다. `fig=c(0.5, 1, 0.5, 1)`을 지정하면 전체 그래프 영역을 4등분하였을 때 우상단(1사분면)의 영역에 그래프가 배치된다.

[그림 10-76]의 그래프는 다음과 같은 코드를 이용하여 생성한다. 산점도의 위와 아래에 상자도표가 추가된다.

[그림 10-76] 그래프 조합. `par()` 함수의 `fig` 인수를 이용하여 그래프의 위치를 정교하게 조정할 수 있다.

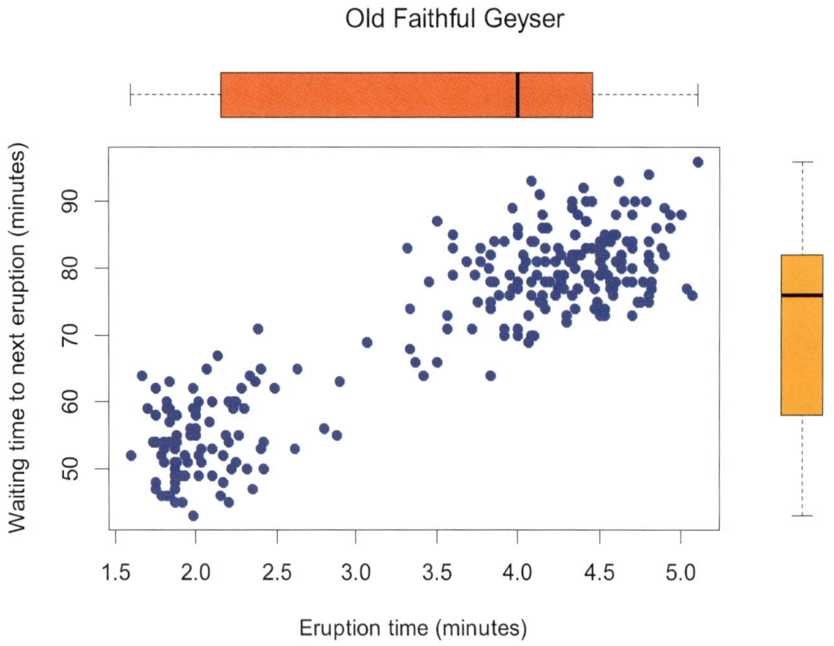

```
> old.par <- par(no.readonly=TRUE)
> par(fig=c(0, 0.85, 0, 0.85))
> attach(faithful)
> plot(eruptions, waiting, pch=19, col="royalblue",
+      xlab="Eruption time (minutes)",
+      ylab="Waiting time to next eruption (minutes)")
> par(fig=c(0, 0.85, 0.5, 1), new=TRUE)
> boxplot(eruptions, horizontal=TRUE, col="tomato", axes=FALSE)
> par(fig=c(0.7, 1, 0, 0.85), new=TRUE)
> boxplot(waiting, col="orange", axes=FALSE)
> mtext("Old Faithful Geyser", cex=1.2, side=3, outer=TRUE, line=-4)
> detach(faithful)
> par(old.par)
```

우선 산점도는 X축상으로 0에서부터 0.85까지, Y축상으로 0에서부터 0.85까지의 영역에 배치된다(fig=c(0, 0.85, 0, 0.85)). 이어서 상단의 상자도표는 X축상으로 0에서부터 0.85까지, Y축상으로 0.5에서부터 1까지의 영역(fig=c(0, 0.85, 0.5, 1))에 배치된다. 우측의 상자도표는 X축상으로 0.7에서부터 1까지, Y축상으로 0에서부터 0.85까지의 영역(fig=c(0.7, 1, 0, 0.85))에 위치한다. 기존 그래프에 새로운 그래프를 추가하려면 par() 함수에 new=TRUE를 지정한다. 각 그래프가 배치되는 x 좌표와 y 좌표의 적정값을 찾기 위해서는 반복적인 시행착오 과정이 필요하다. 끝으로 mtext() 함수를 이용하여 그래프에 제목을 부여한다. 여기에서는 복수의 그림 영역이 존재하기 때문에 그림 영역 밖의 외부 마진을 기준으로 제목 텍스트를 출력한다. 이를 위해 outer=TRUE를 지정하고 line 인수에 음수값을 지정하여 외부 마진의 아래쪽에 제목이 출력되도록 한다.

연 | 습 | 문 | 제 >>>

01. 다음과 같은 심볼 그래프를 생성하시오.

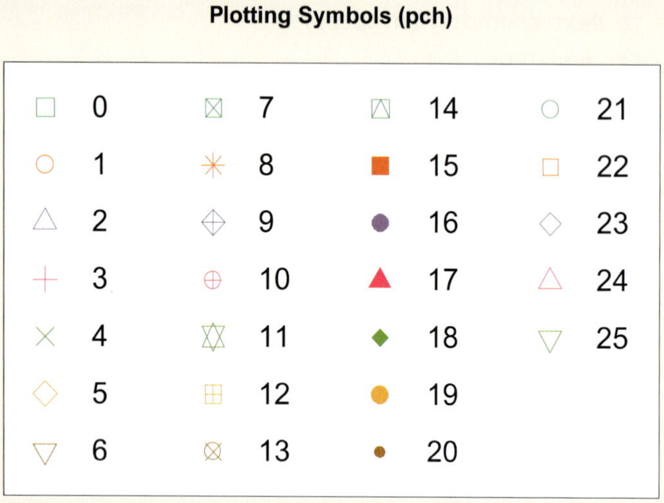

02. 다음과 같은 선 유형 그래프를 생성하시오.

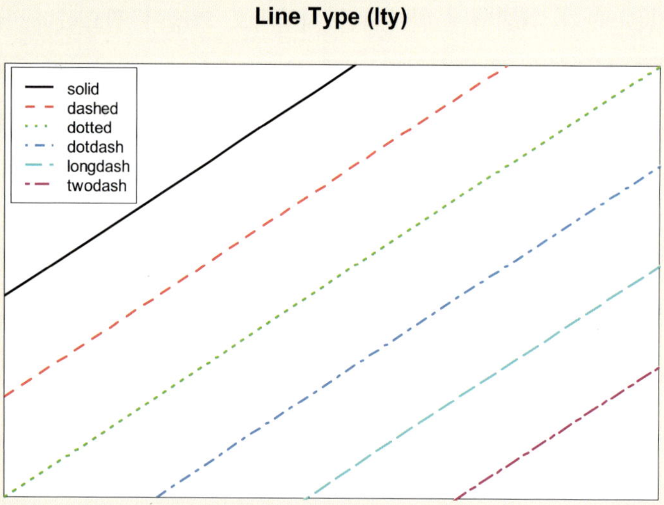

03. `ToothGrowth` 데이터셋을 이용하여 다음과 같은 그래프를 생성하시오.

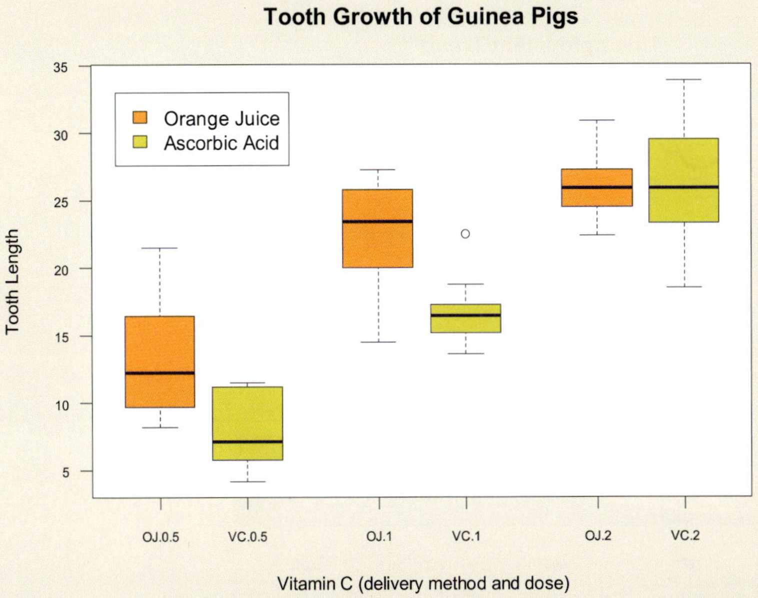

04. `ggplot2` 패키지의 `economics` 데이터셋을 이용하여 다음과 같은 그래프를 생성하시오.

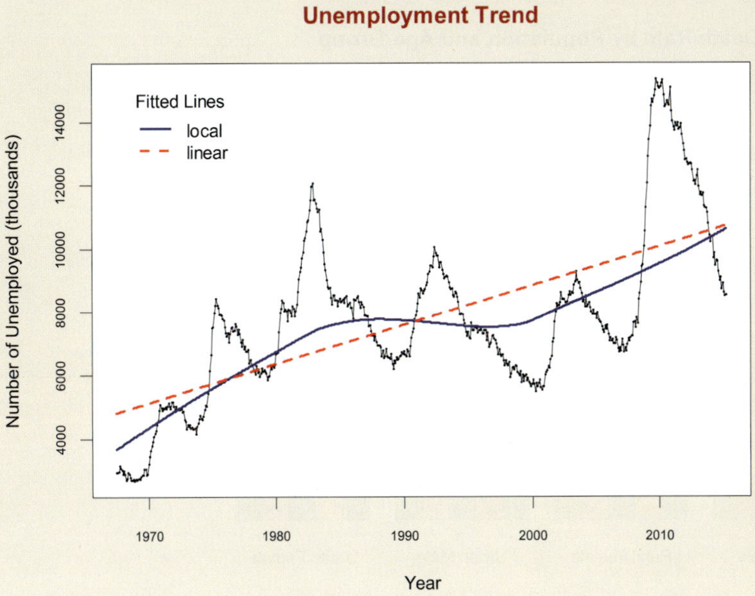

05. `ggplot2` 패키지의 `economics` 데이터셋을 이용하여 다음과 같이 두 개의 그래프를 하나의 그래프 창에 생성하시오.

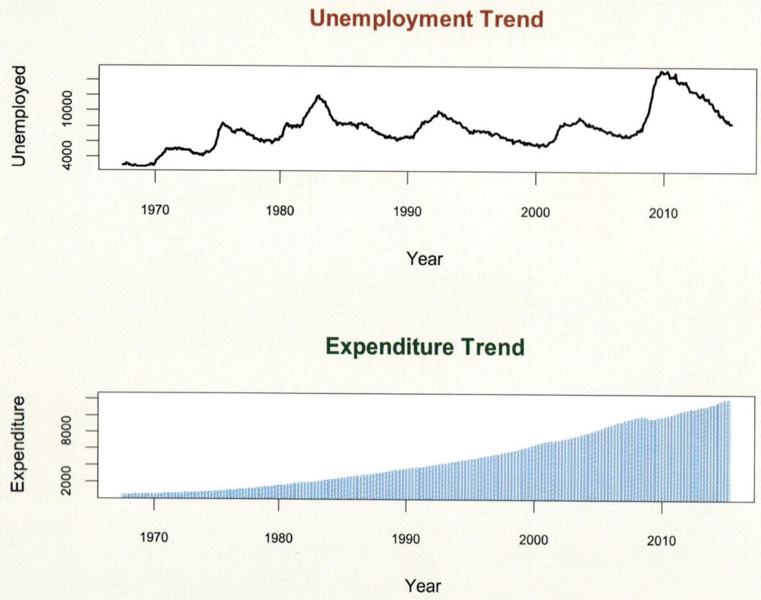

06. `VADeaths` 데이터셋을 이용하여 다음과 같은 그래프를 생성하시오.

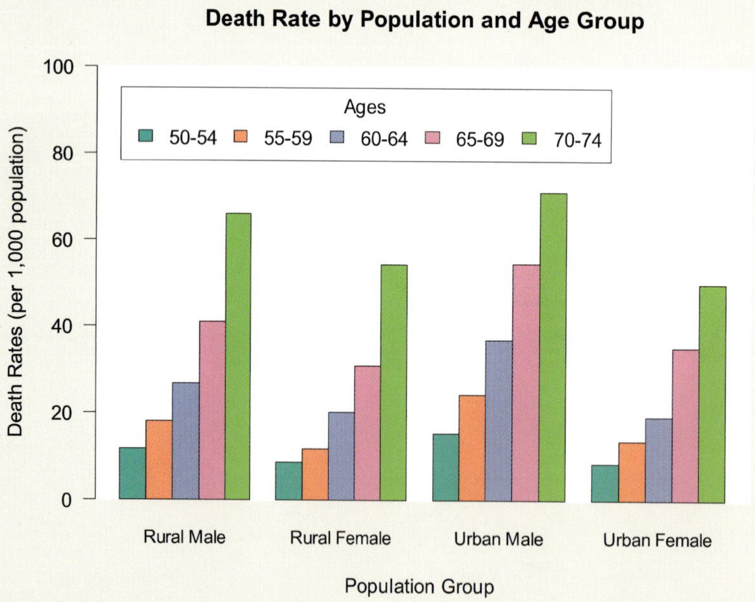

07. `ggplot2` 패키지에 포함된 `diamonds` 데이터셋을 이용하여 다음과 같은 그래프를 생성하시오(빨간색 선은 백분위수를 나타냄).

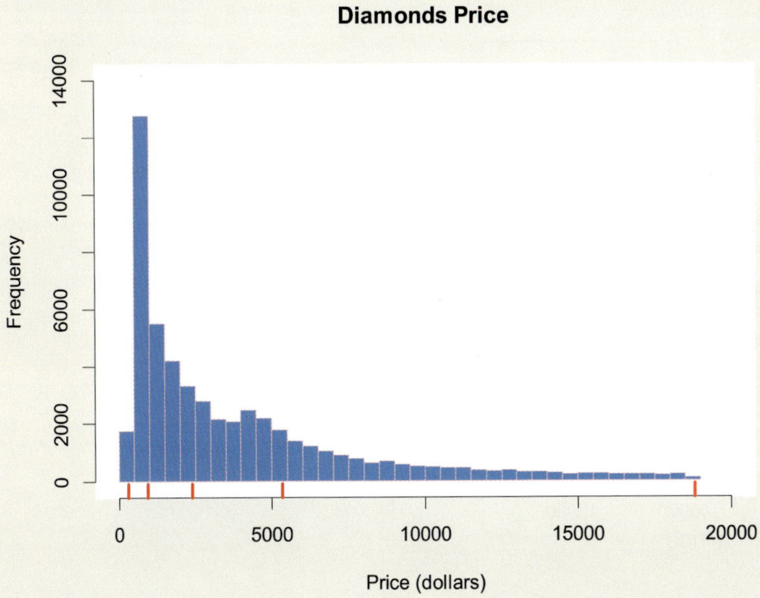

08. `car` 패키지에 포함된 `Salaries` 데이터셋을 이용하여 다음과 같은 그래프를 생성하시오.

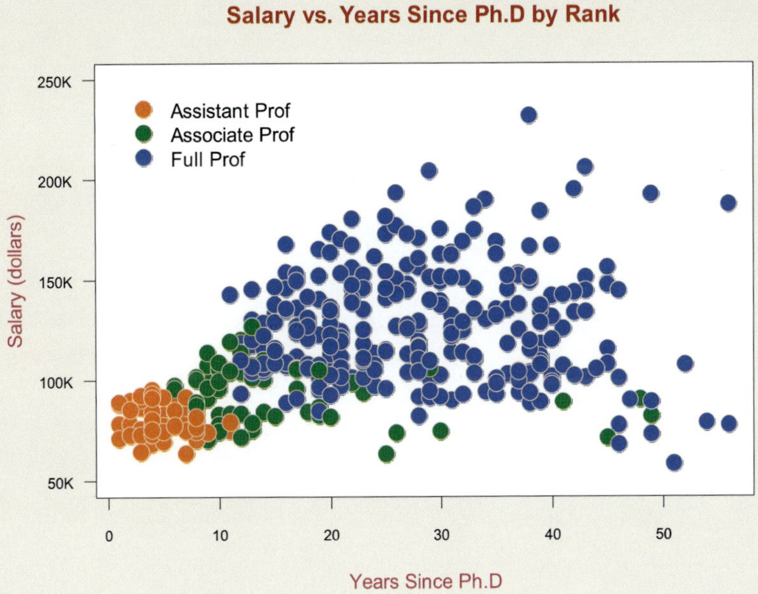

연 | 습 | 문 | 제 >>>

09. `ggplot2` 패키지에 포함된 `diamonds` 데이터셋을 이용하여 다음과 같은 그래프를 생성하시오.

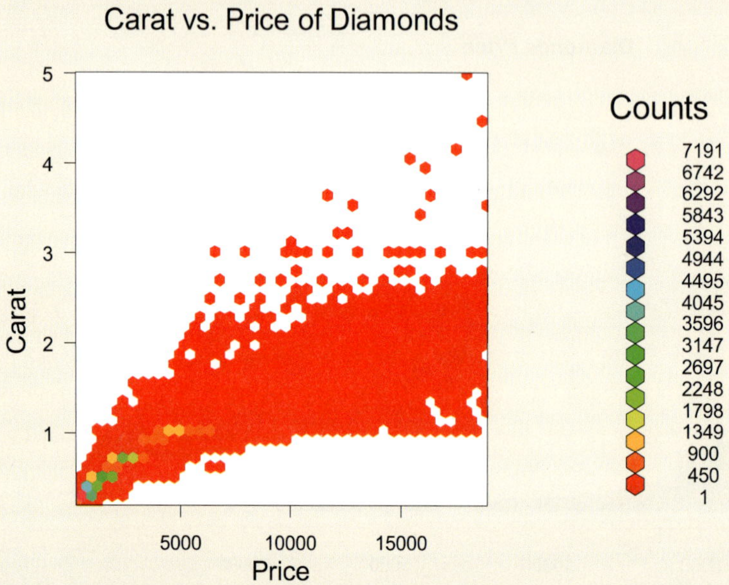

10. `chickwts` 데이터셋을 이용하여 다음과 같은 스트립도표(strip chart)를 생성하시오(`stripchart()` 함수 이용).

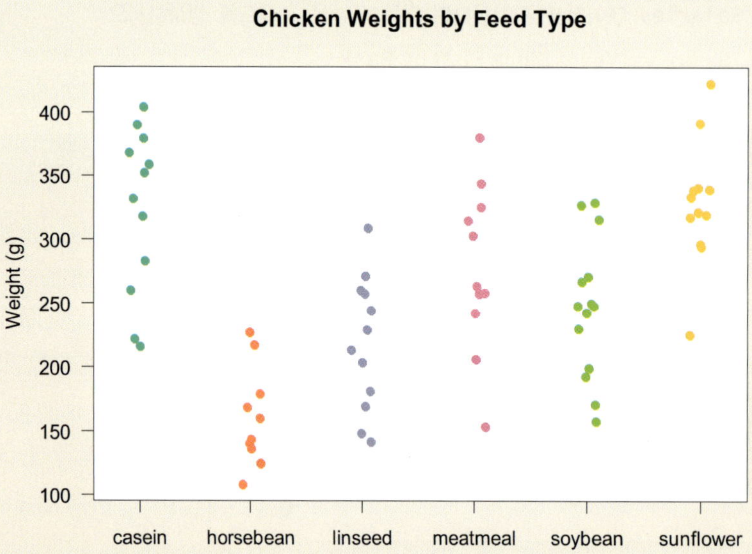

Chapter **11**

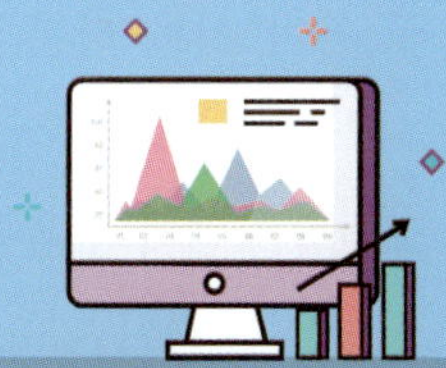

고급 그래픽

Introductory R
R 기초와 활용

Chapter 11 | 고급 그래픽

R에는 몇 가지 서로 다른 그래픽 시스템이 존재한다. 표준패키지인 `graphics` 패키지의 베이스 그래픽 시스템(base graphics system)은 R의 역사와 함께 시작되어 전통적인 그래픽 환경을 제공한다. 베이스 그래픽은 하나의 훌륭한 그래픽 시스템이긴 하지만 그래프를 원하는 형태대로 정교하게 꾸미기 위해서는 많은 노력이 필요하다. 또한 새로운 그래프 유형으로 확장하기 어려운 단점이 있다.

이러한 베이스 그래픽의 한계를 극복하기 위하여 탄생한 것이 그리드 그래픽 시스템(grid graphics system)이다. 그리드 그래픽은 좀 더 유연한 그래픽 생성 환경을 제공한다. 하지만 그리드 그래픽은 매우 낮은 수준에서 각 그래프 요소(점, 선, 도형 등)의 위치를 직접 지정하는 방식으로 그래프를 생성하기 때문에 탁월한 기능과 유연성에도 불구하고 사용하기에는 매우 까다로운 측면이 있다. 여기에서 살펴볼 `lattice` 패키지와 `ggplot2` 패키지는 이러한 저수준의 그리드 그래픽 시스템을 기반으로 거의 모든 유형의 그래프를 비교적 쉽게 생성할 수 있는 다양한 고수준 그래픽 함수를 제공한다. `lattice` 패키지와 `ggplot2` 패키지는 전통적인 베이스 그래픽에 비해 일반적으로 좀 더 세련된 형태의 그래프를 제공하며, 때로는 베이스 그래픽으로 표현하기 어려운 그래프 유형도 비교적 쉽게 구현할 수 있다.

11.1 lattice 패키지

`lattice` 패키지는 베이스 그래픽과 구별되는 몇 가지 특징을 갖고 있다. 첫째, 베이스 그래픽에 존재하지 않는 유용한 그래픽 함수들을 갖고 있으며, 베이스 그래픽에 비해 대체로 더 보기 좋은 그래프를 생성한다. 둘째, 그래프를 단지 일회성으로 화면에 그리는 것에 그치지 않고 그래프 자체를 변수로 저장할 수 있다. 따라서 그래프를 생성한 후 나중에 동일한 그래프를 쉽게 다시 재생성할 수 있으며 편집도 가능하다. 또한 그래프를 생성한 후 그 그래프를 바탕으로 일련의 유사한 그래프를

쉽게 생성할 수 있고, 이 과정에서 수정 · 확장되는 매 단계별로 그래프를 별도의 변수로 저장할 수도 있다. 셋째, 하나의 그래프에 격자 형태로 여러 개의 패널(panel)을 포함할 수 있다. 동일한 유형의 그래프가 범주별로 구분된 패널에 생성된다. 이런 형태의 그래프는 데이터를 범주로 분할하여 집단 간 비교를 할 때 매우 유용하다. lattice 패키지는 R의 표준패키지에 포함되어 있지만 사용을 위해서는 먼저 library() 함수를 이용하여 메모리에 적재해야 한다.

그래프 생성

lattice 패키지는 특히 트렐리스 그래픽(trellis graphics)을 쉽게 구현할 수 있다는 장점 때문에 많은 사용자를 확보하고 있다. 트렐리스 그래픽은 벨 연구소에서 개발한 데이터 시각화 프레임워크로서 변수의 분포나 여러 변수 간의 관계를 범주를 나타내는 독립적인 패널에 표현함으로써 범주별 변수의 특성이나 변수 간의 유기적 관계를 보다 쉽게 비교할 수 있는 그래프를 생성한다.

예를 들어, 대학교수의 연봉과 학교 졸업 이후 경과된 기간 간의 관계를 성별에 따라 비교해보고 싶다고 하자. car 패키지의 Salaries 데이터셋에는 대학교수의 박사학위 취득 후 경과된 기간(yrs.since.phd)과 연봉(salary)이 직급(rank)과 성별(sex)에 따라 저장되어 있다.

```
> library(car)
> str(Salaries)
'data.frame':  397 obs. of  6 variables:
 $ rank         : Factor w/ 3 levels "AsstProf","AssocProf",..: 3 3 1 3 3 2 3 3 3 ...
 $ discipline   : Factor w/ 2 levels "A","B": 2 2 2 2 2 2 2 2 2 2 ...
 $ yrs.since.phd: int  19 20 4 45 40 6 30 45 21 18 ...
 $ yrs.service  : int  18 16 3 39 41 6 23 45 20 18 ...
 $ sex          : Factor w/ 2 levels "Female","Male": 2 2 2 2 2 2 2 2 2 1 ...
 $ salary       : int  139750 173200 79750 115000 141500 97000 175000 129000 ...
```

다음 코드는 [그림 11-1]과 같은 트렐리스 그래픽 형태의 그래프를 생성한다. xyplot() 함수가 사용되었다.

```
> library(lattice)
> xyplot(salary ~ yrs.since.phd | sex, data=Salaries,
+        main="Salary vs. Years Since Ph.D by Gender",
+        xlab="Years Since Ph.D", ylab="Salary (dollars)")
```

[그림 11-1] `lattice` **패키지의 그래픽 함수 예.** `xyplot()` 함수는 성별에 따른 연봉과 박사학위 취득 이후 기간 간의 산점도를 생성한다.

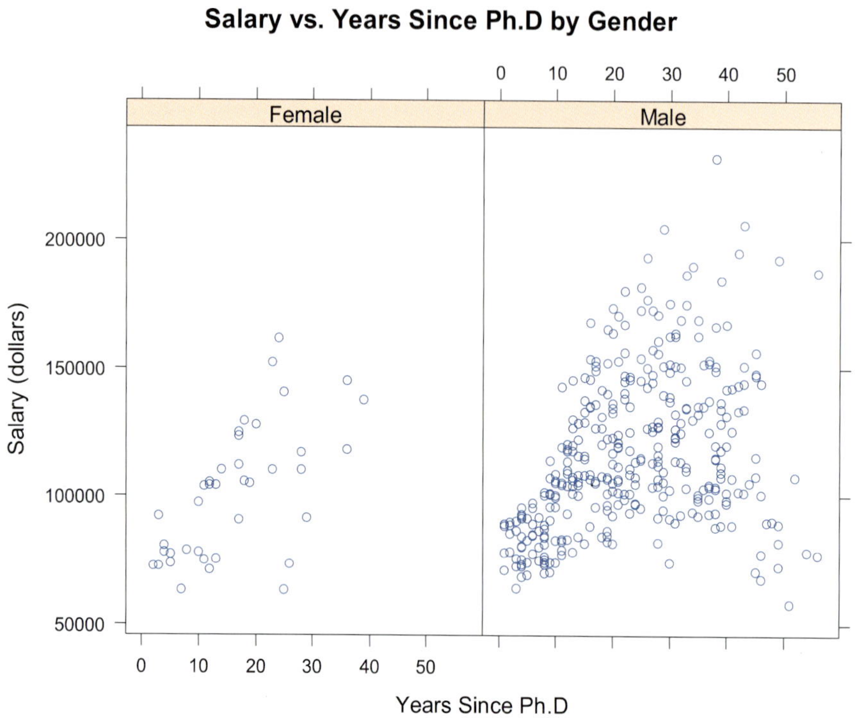

여기에서 ~ 앞의 `salary`는 종속변수로서 Y축에 위치하고 ~ 뒤의 `yrs.since.phd`는 독립변수로서 X축에 나타난다. | 뒤의 `sex`는 조건변수(conditional variable)로서 범주별 패널을 생성한다. 조건변수인 성별의 두 레벨(Female, Male)에 따라 두 개의 독립적인 산점도가 생성된다. `main`, `xlab`, `ylab` 인수에는 각각 제목, X축 이름, Y축 이름을 지정한다.

`lattice` 패키지의 트렐리스 그래픽에서 패널은 조건변수(범주형 변수, 즉 팩터)의 각 레벨에 대해 생성된다. 예를 들어, 조건변수의 레벨이 두 개이면 두 개의 패널이 생성되고 레벨이 10개이면 10개의 패널이 생성된다. 만약 두 개 이상의 조건변수가 주어지면 레벨의 조합별로 패널이 생성된다. 패널은 비교가 용이하도록 격자 형태로 나란히 배열된다. 각 패널에 대한 레이블은 패널 상단 띠 모양의 스트립(strip)이라고 불리는 영역에 출력된다.

`lattice` 패키지는 [그림 11-1]과 같은 산점도뿐만 아니라 히스토그램, 밀도도표, 막대도표, 상자도표, 점도표, 스트립도표, 3차원도표, 산점도 행렬 등 다양한 그래프를 생성한다. 각 그래프는

고유의 그래픽 함수에 의해 생성할 수 있다. 예를 들면, 산점도는 xyplot() 함수, 히스토그램은 histogram() 함수, 밀도도표는 densityplot() 함수, 막대도표는 barchart() 함수, 상자도표는 bwplot() 함수, 점도표는 dotplot() 함수, 스트립도표는 stripplot() 함수, 3차원 산점도는 cloud() 함수, 산점도 행렬은 splom() 함수 등에 의해 생성된다.

다음 코드는 표준패키지에 포함된 mtcars 데이터셋을 이용하여 자동차 연비(mpg), 무게(wt), 배기량(disp), 기어 단수(gear), 실린더 개수(cyl) 간의 관계를 나타내는 다양한 lattice 패키지 그래프를 생성한다. 생성된 그래프는 [그림 11-2]와 같다. 주요 그래픽 함수 및 사용할 수 있는 그래프 패러미터는 이어지는 섹션에서 좀 더 자세히 살펴본다.

```
> data(mtcars)
> mtcars$gear <- factor(mtcars$gear, levels=c(3, 4, 5),
+                        labels=c("3 gears", "4 gears", "5 gears"))
> mtcars$cyl <- factor(mtcars$cyl, levels=c(4, 6, 8),
+                       labels=c("4 cylinders", "6 cylinders", "8 cylinders"))
> histogram( ~ mpg | cyl, data=mtcars, main="histogram()", xlab="Miles per Gallon")
> densityplot( ~ mpg | cyl, data=mtcars,
+              main="densityplot()", xlab="Miles per Gallon")
> bwplot( ~ mpg | gear, data=mtcars, main="bwplot()", xlab="Miles per Gallon")
> xyplot(mpg ~ wt | cyl * gear, data=mtcars,
+        main="xyplot()", xlab="Car Weight", ylab="Miles per Gallon")
> cloud(mpg ~ wt * disp | cyl, data=mtcars, main="cloud()")
> dotplot(cyl ~ mpg | gear, data=mtcars, main="dotplot()", xlab="Miles per Gallon")
```

그래픽 함수의 첫 번째 인수(x)에는 그래프상에 표현할 변수를 포뮬러(formula) 형식으로 지정한다. 두 번째 인수(data)에는 그래프를 생성할 데이터셋을 지정한다. 세 번째 이후의 인수에는 그래프 요소를 변경 및 추가하기 위한 다양한 인수를 지정할 수 있다.

포뮬러는 그래프 함수 내에 일반적으로 다음과 같은 형식으로 지정한다.

```
y ~ x | A * B
```

여기에서 소문자(y, x)는 연속형 변수를 나타내며 대문자(A, B)는 범주형 변수(팩터)를 나타낸다. | 오른쪽의 변수는 조건변수로서 패널로 표현되며 | 왼쪽의 변수는 각 패널 내에서 Y축 및 X축으로 대응된다. 하나의 변수만을 표현할 경우에는 Y축 변수를 생략하고 ~ x로 지정한다. 3차원도표를 그릴 경우에는

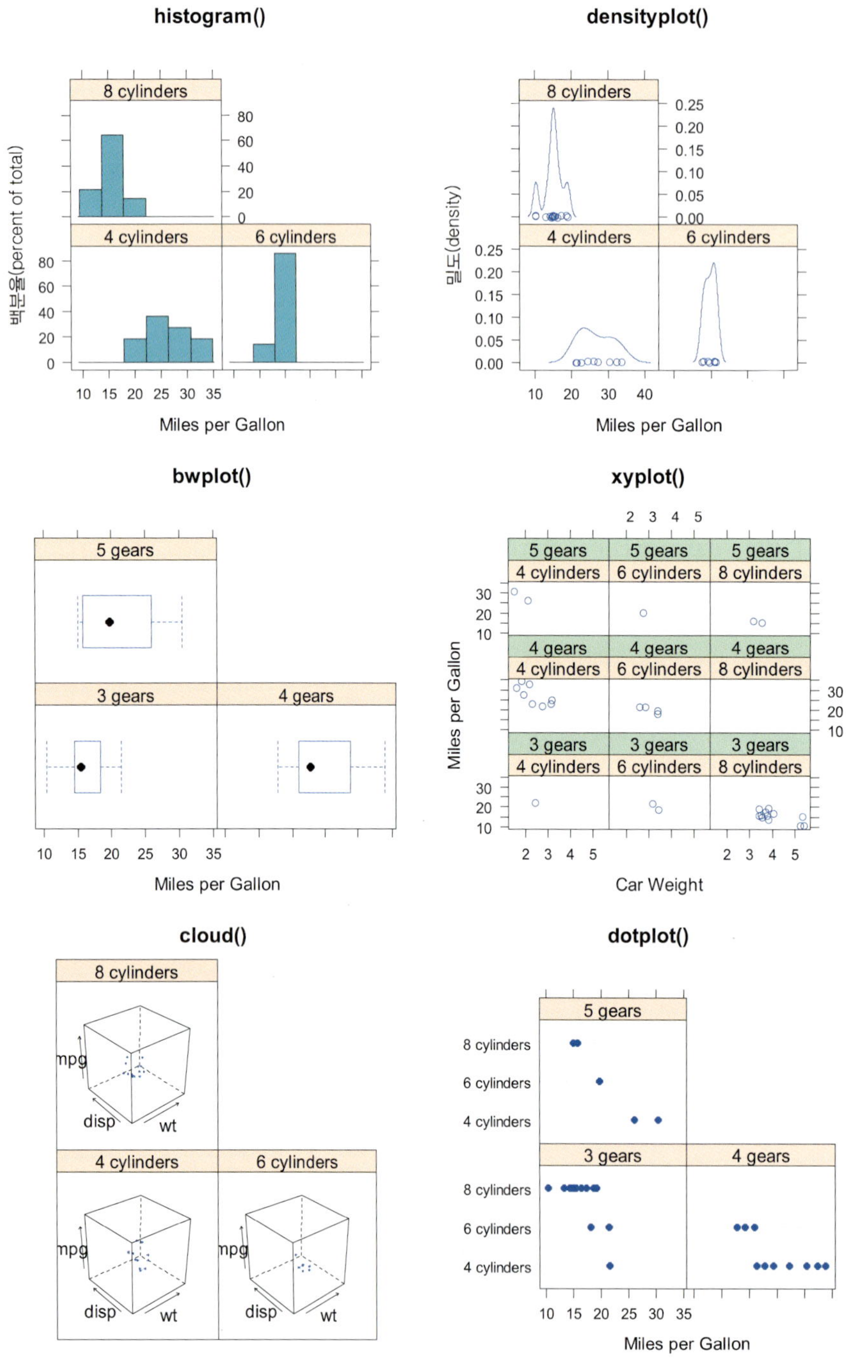

[그림 11-2] `lattice` 패키지의 그래픽 함수 예. 히스토그램(`histogram()` 함수), 밀도도표(`densityplot()` 함수), 상자도표(`bwplot()` 함수), 산점도(`xyplot()` 함수), 3차원 산점도(`cloud()` 함수), 점도표(`dotplot()` 함수) 등을 그릴 수 있다.

y ~ x 대신에 z ~ x * y를 지정한다. 산점도 행렬과 같은 다변량 그래프를 그릴 때는 y ~ x 대신에 데이터프레임을 지정한다. 몇 가지 예를 살펴보자.

- ~ x | A: 팩터 A의 각 레벨에 대해 연속형 변수 x를 시각화한다(예: ~ mpg | cyl).
- y ~ x | A * B: 팩터 A와 B의 각 레벨별 조합에 대해 연속형 변수 y와 x 간의 관계를 보여준다(예: mpg ~ wt | cyl * gear).
- A ~ x | B: 팩터 B의 각 레벨에 대해 팩터 A를 Y축에 배치하고 연속형 변수 x를 X축에 배치하여 두 변수 간의 관계를 설명한다(예: cyl ~ mpg | gear).

산점도

표준패키지에 포함된 mtcars 데이터셋을 이용하여 32개 자동차 모델의 연비와 자동차 무게 간의 관계를 산점도로 그려보자. lattice 패키지의 xyplot() 함수는 두 변수 간의 산점도를 생성한다. 다음과 같이 연비(mpg)와 자동차 무게(wt) 간 산점도를 생성할 수 있다. 생성된 그래프는 [그림 11-3]과 같다.

[그림 11-3] 산점도. xyplot() 함수는 산점도를 생성한다.

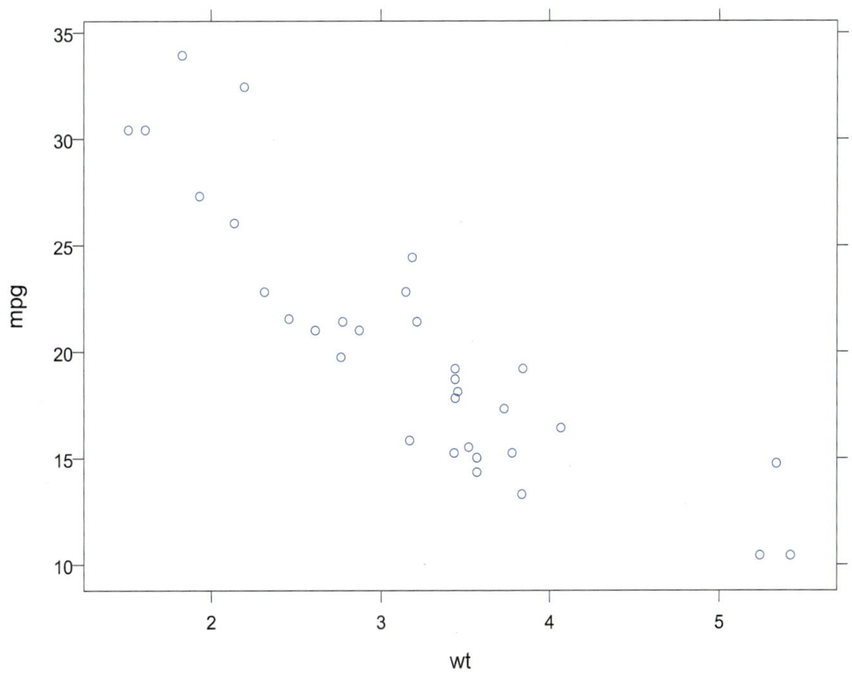

```
> data(mtcars)
> xyplot(mpg ~ wt, data=mtcars)
```

[그림 11-3]의 산점도를 보면 자동차 무게가 클수록 연비는 작아지는 경향이 있다. 연비와 자동차 무게 간에는 부의 관계(negative relationship)가 존재한다. 그런데 자동차의 연비는 실린더의 개수와도 밀접한 관련이 있다. 따라서 실린더의 개수를 통제할 경우에도 연비와 무게 간의 이러한 관계가 그대로 유지되는지 궁금할 수 있다. 이는 동일한 실린더 개수를 갖는 자동차 모델 내에서의 연비와 무게 간의 관계를 살펴보는 것을 의미한다. 실린더 개수로 자동차 모델의 집단을 구분하고 집단별로 연비와 무게 간의 산점도를 생성한다.

`xyplot()` 함수의 포뮬러에서 ~ 앞과 뒤에 각각 Y축과 X축 변수를 지정하고 이와 함께 | 뒤에 범주를 나타내는 변수를 조건변수로 지정하면 독립된 패널에 각각의 집단별 산점도를 그릴 수 있다. | 뒤에 지정되는 조건변수는 팩터 형식이어야 한다. 조건변수로 지정된 팩터의 레벨 개수(즉 집단의 범주 개수) 만큼의 패널이 생성되어 패널별로 ~ 앞 뒤의 변수를 각각 Y축과 X축으로 하는 산점도가 생성된다.

[그림 11-4] 산점도. 포뮬러의 | 뒤에 조건변수를 지정하여 여러 개의 패널에 집단별로 구분된 산점도를 생성할 수 있다.

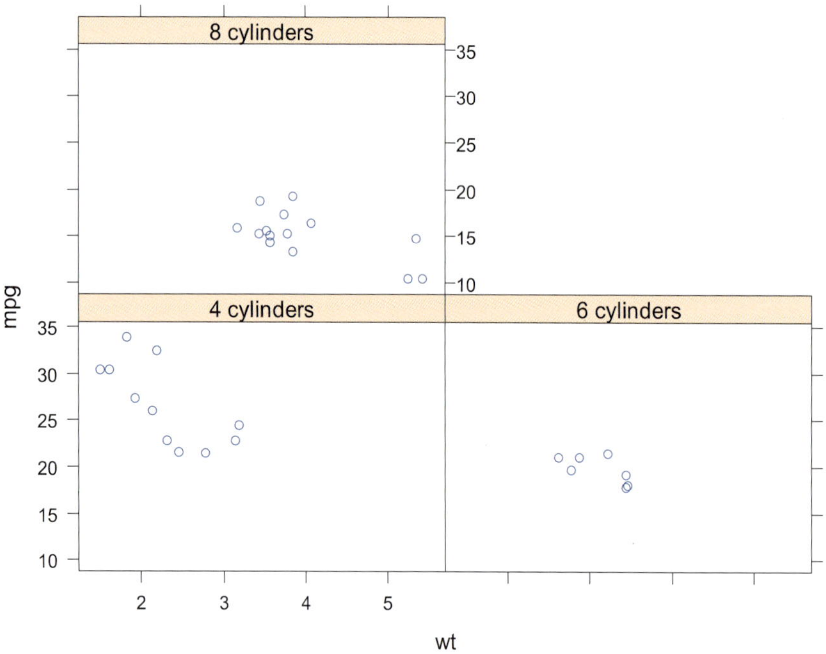

여기에서는 다음과 같이 cyl 변수를 팩터로 변환하여 집단변수로 사용하였다. 데이터셋에 포함된 자동차 모델의 실린더 개수는 네 개 또는 여섯 개 또는 여덟 개이기 때문에 모두 세 개의 패널이 생성된다. 세 범주별 산점도는 [그림 11-4]와 같다.

```
> mtcars$cyl <- factor(mtcars$cyl, levels=c(4,6,8),
+                      labels=c("4 cylinders", "6 cylinders", "8 cylinders"))
> xyplot(mpg ~ wt | cyl, data=mtcars)
```

lattice 패키지의 그래픽 함수는 현재 그래프 창의 크기에 따라 패널을 자동으로 배치한다. 그래프 창이 모든 패널을 수용할 만큼 충분히 크면 패널이 하나의 행에 배치될 수도 있으나 그래프 창의 폭이 좁아 한 행에 모든 패널이 배치되지 못할 때는 팩터의 레벨값 순서에 따라 하단 왼쪽에서 오른쪽으로 그 다음 상단 왼쪽에서 오른쪽으로 패널이 배치된다. 즉 하단에서 상단 순으로, 그리고 왼쪽에서 오른쪽 순으로 패널이 배치된다.

패널의 배치 구조는 layout 인수를 이용하여 명시적으로 설정할 수 있다. layout 인수에 열의 개수와 행의 개수를 나타내는 두 개의 숫자를 지정한다. 예를 들어, 다음과 같이 layout=c(3,1)을 지정하면

[그림 11-5] 산점도. layout 인수는 패널의 레이아웃을 설정한다.

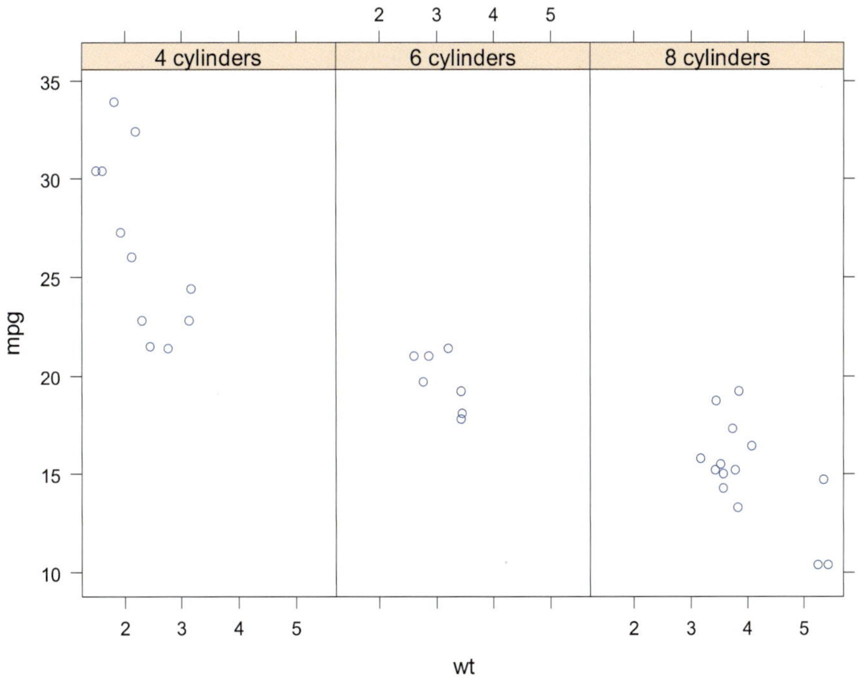

[그림 11-5]와 같이 열의 개수가 세 개이고 행의 개수가 한 개인 레이아웃으로 패널이 배치된다.

```
> xyplot(mpg ~ wt | cyl, data=mtcars, layout=c(3,1))
```

lattice 패키지의 xyplot() 함수는 type 인수를 이용하여 그래프의 유형을 변경할 수 있다.1 이는 베이스 그래픽의 plot() 함수에서의 type 인수 사용법과 유사하다. 기본값은 type="p"이며 달리 변경하지 않는 한 앞에서 생성한 그래프처럼 데이터가 작은 원으로 표시된 산점도를 그린다. type="l"을 지정하면 데이터는 선으로 표현되어 선도표를 생성한다. plot() 함수의 type 인수에서 사용했던 b, o, h, s(S) 등은 xyplot() 함수에서도 모두 동일하게

1 type 인수는 엄밀히 말하면 xyplot() 함수의 인수가 아니라 panel.xyplot()이라는 패널 함수의 인수이다. lattice 패키지 그래픽에서는 별도의 패널 함수를 이용하여 패널의 세부사항을 관리한다. xyplot() 함수 역시 패널 함수를 이용하여 패널의 세부사항을 관리하며, 따라서 함수에 지정된 type 인수는 내부적으로 패널 함수를 통해서 실행된다. xyplot() 함수는 기본적으로 panel.xyplot() 함수를 패널 함수로 이용한다. 주요 그래픽 함수들은 패널을 통제하기 위한 별도의 패널 함수를 갖고 있다. 예를 들어, barchart() 함수는 panel.barchart() 함수를 패널 함수로 호출하며, bwplot() 함수는 panel.bwplot() 함수를, dotplot() 함수는 panel.dotplot() 함수를 패널 함수로 이용한다. 패널 함수를 통해 그래프의 다양한 요소를 좀 더 정교하게 다룰 수 있다. 패널 함수에 대한 자세한 정보는 각 패널 함수의 도움말(예를 들어, ?panel.xyplot)을 참고한다.

[그림 11-6] 산점도. type="r"을 지정하여 회귀선을 그릴 수 있다.

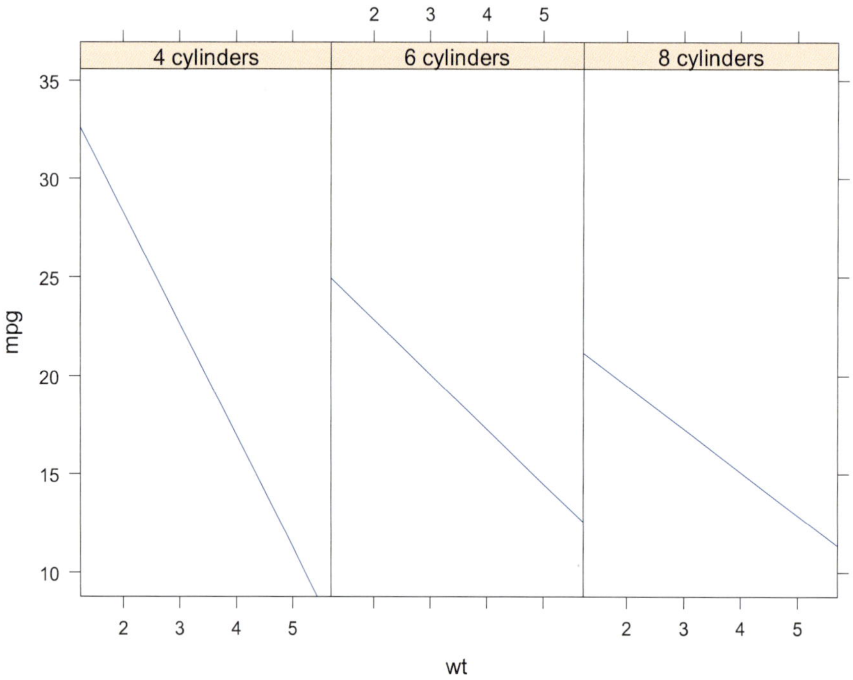

[그림 11-7] **산점도.** type 인수에 복수의 그래프 유형을 지정하여 여러 유형의 그래프를 중첩하여 그릴 수 있다.

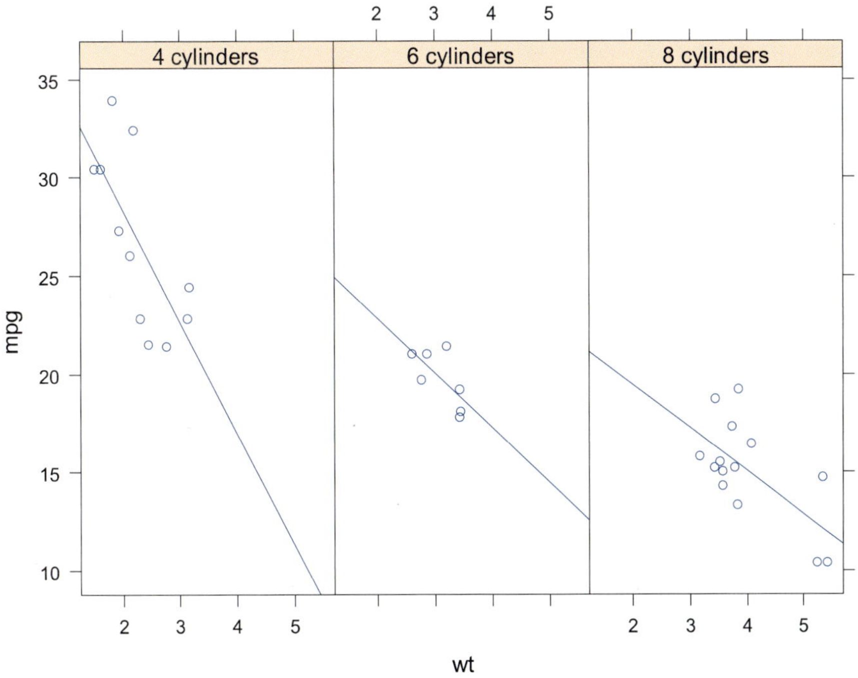

동작한다. xyplot() 함수는 이 밖에도 다양한 적합선(fiited line)을 그래프상에 표현할 수 있다. 예를 들어, 다음과 같이 type="r"을 지정하면 [그림 11-6]과 같은 회귀선(regression line)을 그린다.

```
> xyplot(mpg ~ wt | cyl, data=mtcars, type="r", layout=c(3,1))
```

여러 다른 그래프 유형을 하나의 그래프상에 표현하는 것도 가능하다. 예를 들어, 다음과 같이 두 개의 유형을 동시에 지정하면(type=c("p", "r")) [그림 11-7]과 같이 산점도상에 회귀선을 나타낼 수 있다.

```
> xyplot(mpg ~ wt | cyl, data=mtcars, type=c("p", "r"), layout=c(3,1))
```

그래프의 제목과 X축 이름 및 Y축 이름을 지정하기 위해서는 다음과 같이 각각 main, xlab, ylab 인수를 사용한다. 제목과 축 이름이 추가된 그래프는 [그림 11-8]과 같다.

[그림 11-8] **산점도.** main, xlab, ylab 인수를 이용하여 그래프 제목과 축 이름을 지정할 수 있다.

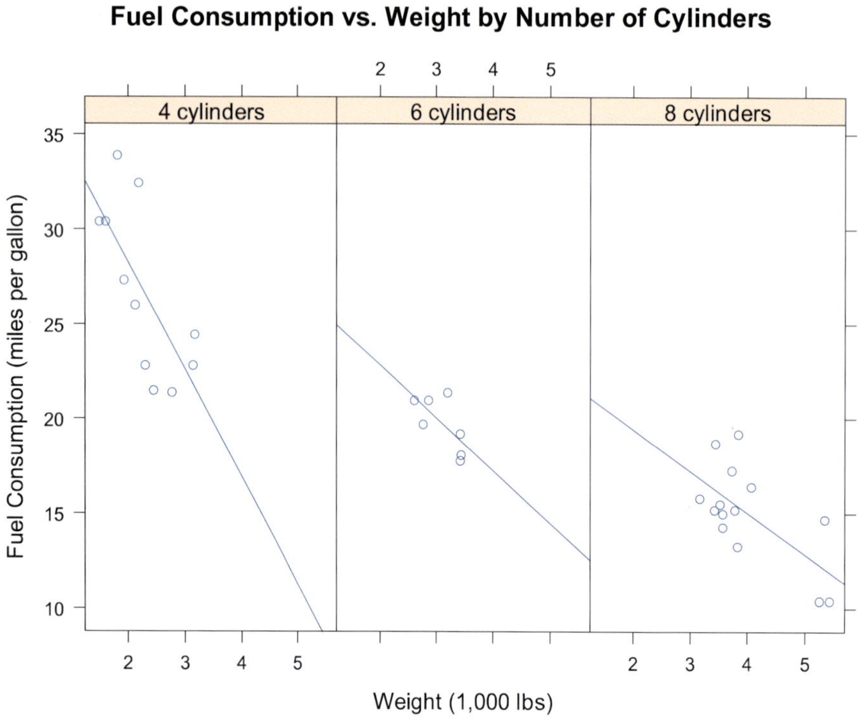


```
> xyplot(mpg ~ wt | cyl, data=mtcars, type=c("p", "r"), layout=c(3,1),
+        main="Fuel Consumption vs. Weight by Number of Cylinders",
+        xlab="Weight (1,000 lbs)",
+        ylab="Fuel Consumption (miles per gallon)")
```

그래프 제목과 축 이름의 속성을 지정하기 위해서는 main, xlab, ylab 인수에 속성을 리스트 형식으로 지정한다.2 제목에 사용할 텍스트는 main 인수의 label 인수에 지정하며 텍스트의 크기와 색상은 cex 인수와 col 인수에 지정한다. 축 레이블(축 눈금 텍스트)과 관련된 속성은 scales 인수에 리스트 형식으로 지정한다. scales 인수의 cex 인수에는 축 레이블의 크기를 지정하며 alternating 인수에는 축 레이블이 배치되는 방법을 지정한다. alternating 인수에 0(축 레이블 없음), 1(아래쪽/왼쪽에 축 레이블), 2(위쪽/오른쪽에 축 레이블), 3(모든 방향에 축 레이블)을 지정할 수 있다. 기본값은 [그림 11-4]와

2 lattice 패키지는 그리드 그래픽을 기반으로 하고 있고, 이는 베이스 그래픽과 전혀 다른 그래픽 시스템이다. 따라서 lattice 패키지의 그래프 패러미터 지정 방식은 베이스 그래픽과는 근본적으로 다르다. 예를 들어, 베이스 그래픽에서 제목과 축 이름의 크기 및 색상을 지정하는 인수인 cex.main, cex.lab, col.main, col.lab 등은 lattice 패키지에서는 사용할 수 없다.

[그림 11-9] 산점도. main, xlab, ylab 인수에 그래프 제목, 축 이름, 축 레이블의 속성을 지정할 수 있다.

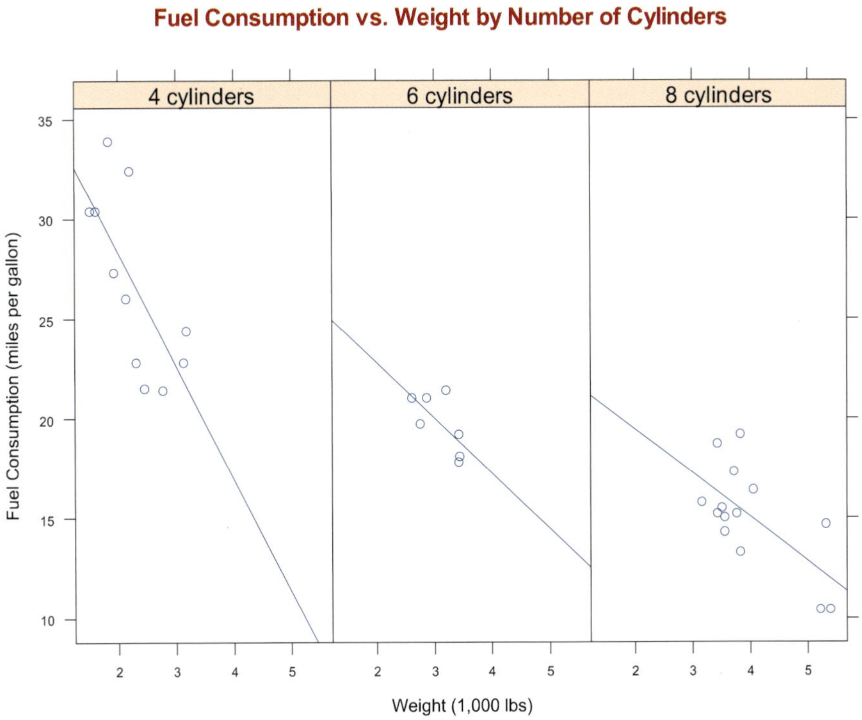

[그림 11-8]과 같이 아래쪽/왼쪽과 위쪽/오른쪽에 축 레이블이 패널 간에 번갈아 배치되는 형태이다. 이는 alternating=TRUE 또는 alternating=c(1,2)를 지정한 것과 같다(alternating=FALSE는 alternating=1과 같음). [그림 11-9]의 그래프는 다음과 같이 그래프 제목, 축 이름, 축 레이블의 속성을 지정하여 생성한다.

```
> xyplot(mpg ~ wt | cyl, data=mtcars, type=c("p", "r"), layout=c(3,1),
+        main=list(label="Fuel Consumption vs. Weight by Number of Cylinders",
+                  cex=0.9, col="brown"),
+        xlab=list(label="Weight (1,000 lbs)", cex=0.75),
+        ylab=list(label="Fuel Consumption (miles per gallon)", cex=0.75),
+        scales=list(cex=0.6, alternating=1))
```

심볼의 유형과 색상의 지정은 pch 인수와 col 인수를 사용하며 선의 유형과 색상의 지정은 lty 인수와 col.line 인수를 이용한다. 일부 인수는 베이스 그래픽의 plot() 함수에서의 그래프 패러미터 사용법과 유사하다.3 예를 들어, 다음과 같이 인수 지정을 추가하면 [그림 11-10]과 같이 빨간색 점(pch=19, col="red")의 산점도와 파란색 두꺼운 점선(lty=3, lwd=2, col.line="blue")의 회귀선으로 표현된 그래프가 생성된다.

3 pch, lty, lwd, col 인수는 베이스 그래픽의 plot() 함수에서 각각 심볼 유형, 선 유형, 선 두께, 심볼 및 선 색상을 지정할 때 사용한다.

```
> xyplot(mpg ~ wt | cyl, data=mtcars, layout=c(3,1),
+        type=c("p", "r"), pch=19, col="red", lty=3, lwd=2, col.line="blue",
+        main=list(label="Fuel Consumption vs. Weight by Number of Cylinders",
+                  cex=0.9, col="brown"),
+        xlab=list(label="Weight (1,000 lbs)", cex=0.75),
+        ylab=list(label="Fuel Consumption (miles per gallon)", cex=0.75),
+        scales=list(cex=0.6, alternating=1))
```

패널 상단의 스트립은 strip 인수 지정을 통해 수정할 수 있다. strip 인수에는 스트립의 배경 색상,

[그림 11-10] 산점도. pch, col, lty, col.line 인수를 이용하여 심볼 유형, 심볼 색상, 선 유형, 선 색상을 지정할 수 있다.

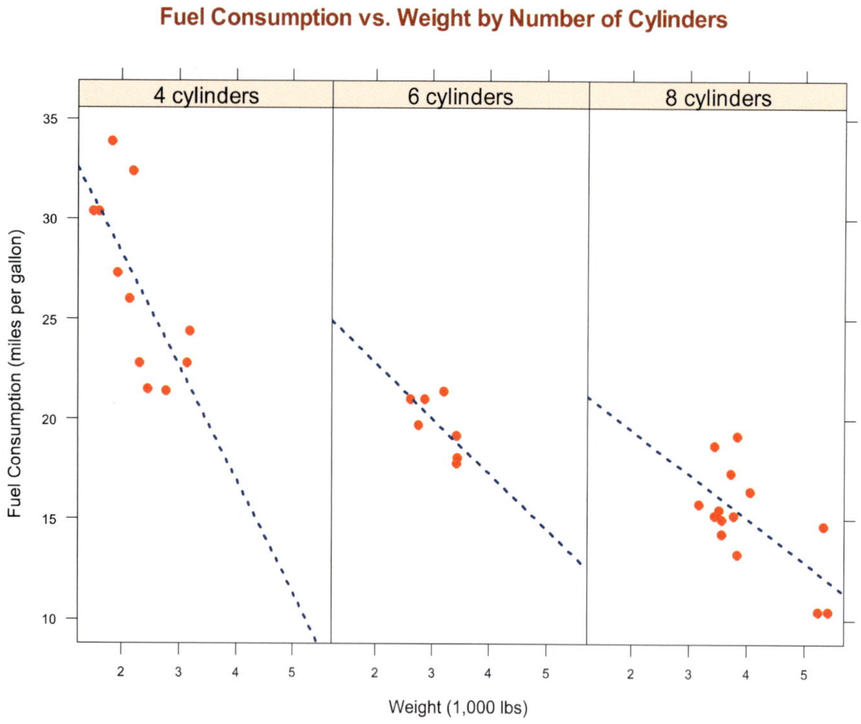

[그림 11-11] 산점도. strip 인수를 이용하여 스트립 속성을 변경할 수 있다.

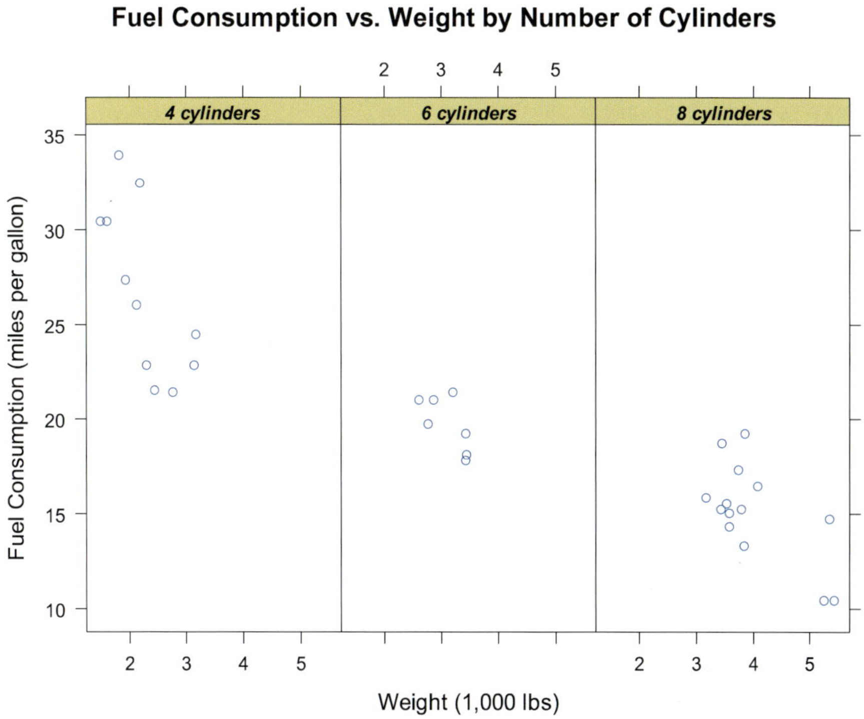

글씨체, 글씨 크기 등 스트립의 속성을 변경하는 함수를 지정한다. strip.custom() 함수를 이용하면 변경이 필요한 인수만 지정하고 나머지는 기본값을 사용하는 방식으로 스트립의 속성을 변경할 수 있다. 예를 들어, 다음 코드는 [그림 11-11]과 같은 그래프를 생성한다. bg 인수에는 스트립의 배경 색상을 지정한다. par.strip.text 인수에는 스트립 텍스트의 속성을 리스트 형식으로 지정한다. 색상(col), 크기(cex), 글씨체(font) 등을 지정할 수 있다. strip 인수 대신에 par.strip.text 인수를 이용하여 스트립 텍스트 속성만을 변경할 수도 있다.

```
> xyplot(mpg ~ wt | cyl, data=mtcars, layout=c(3,1),
+        strip=strip.custom(bg="lightgoldenrod",
+                           par.strip.text=list(col="black", cex=0.8, font=4)),
+        main="Fuel Consumption vs. Weight by Number of Cylinders",
+        xlab="Weight (1,000 lbs)",
+        ylab="Fuel Consumption (miles per gallon)")
```

lattice 패키지는 생성한 그래프를 객체로 저장할 수 있다. 예를 들어, [그림 11-5]의 그래프를 다음과 같이 변수로 저장할 수 있다. 변수로 저장한 그래프는 언제든지 재생성할 수 있으며 필요에 따라 편집할 수 있다. 따라서 변수로 저장된 그래프를 순차적으로 업데이트하여 새로운 그래프를 단계별로 생성할 수 있으며, 이렇게 단계별로 생성한 그래프 역시 또 다른 변수로 저장이 가능하다.

```
> mpgwt.xyplot <- xyplot(mpg ~ wt | cyl, data=mtcars, layout=c(3,1))
> mpgwt.xyplot
```

변수로 저장한 그래프를 재사용하여 편집하기 위해서는 다음과 같이 update() 함수를 이용한다. 변수로 저장된 lattice 그래프 객체를 첫 번째 인수로 지정하고 필요한 그래프 옵션을 추가로 지정하여 그래프를 수정한다. [그림 11-5]의 그래프를 재사용하여 업데이트한 그래프는 [그림 11-12]와 같다. 업데이트된 그래프 역시 변수로 저장하여 나중에 재활용할 수 있다.

```
> mpgwt.xyplot2 <- update(mpgwt.xyplot, type=c("p", "r"),
+                         pch=19, col="tomato", col.line="royalblue")
```

[그림 11-12] 산점도. 그래프를 변수로 저장한 후 update() 함수를 이용하여 수정 및 재활용할 수 있다. 이 그래프는 [그림 11-5]의 그래프를 변수로 저장한 후 이를 재사용하여 그려졌다.

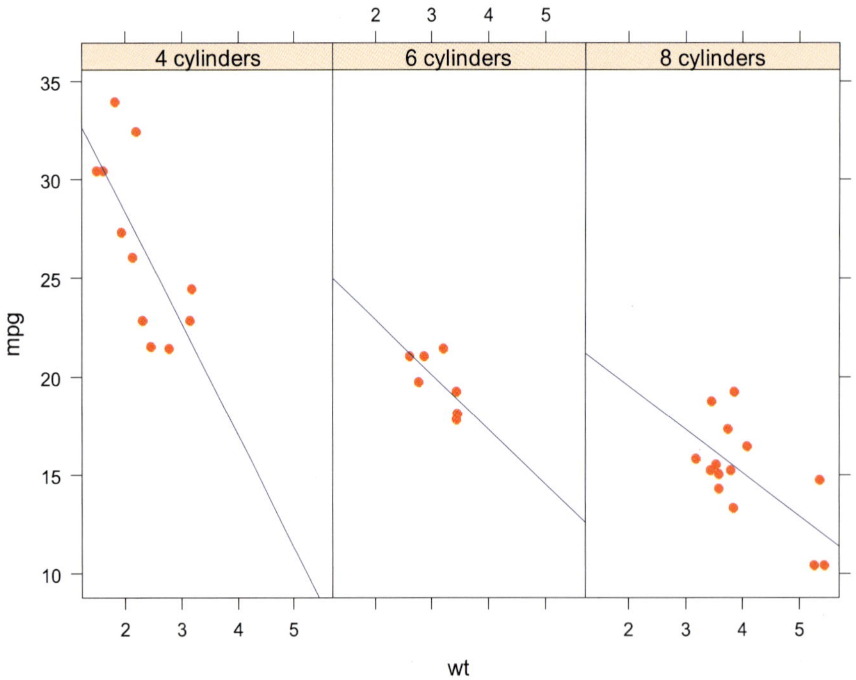

```
> mpgwt.xyplot2
```

lattice 패키지는 각 그래픽 함수별로 패널의 속성을 관리할 수 있는 고유의 패널 함수를 제공한다. 패널 함수의 이름은 panel.<graphic function>과 같은 형식을 따른다. 예를 들면, xyplot() 함수는 패널에 그래프를 생성할 때 기본적으로 panel.xyplot() 함수를 호출한다. 패널 함수에 사용할 수 있는 인수에 대한 정보는 각 패널 함수의 도움말(예를 들어, ?panel.xyplot)에서 확인할 수 있다. 패널 함수는 panel 인수에 의해 명시적으로 호출할 수 있으며, 따라서 다음 두 코드는 동일한 그래프를 생성한다.

```
> xyplot(mpg ~ wt | cyl, data=mtcars)
> xyplot(mpg ~ wt | cyl, data=mtcars, panel=panel.xyplot)
```

panel 인수에 기본적으로 제공되는 패널 함수 대신에 사용자가 정의한 패널 함수를 지정함으로써 좀 더 자유롭게 패널을 디자인할 수 있다. 예를 들어, 다음 코드는 [그림 11-13]과 같은 그래프를

[그림 11-13] **산점도.** 사용자 정의 패널 함수를 이용하여 러그도표, 그리드, 회귀선을 추가한다.

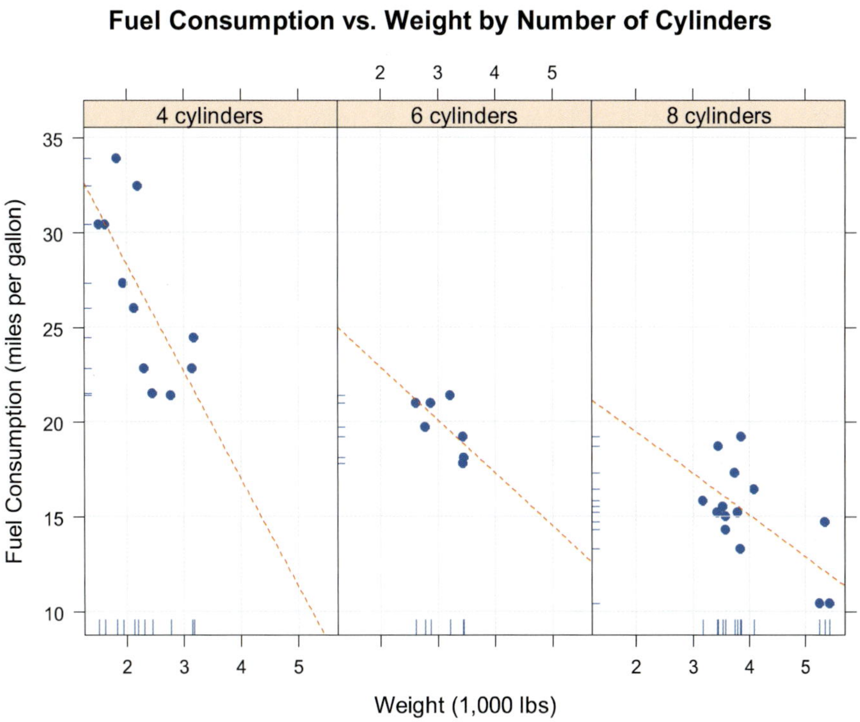

생성한다. 실린더 개수별로 생성된 세 개의 패널에 사용자 정의 패널 함수가 적용되었다.

```
> mypanel <- function(x, y) {
+   panel.xyplot(x, y, pch=19)
+   panel.rug(x, y)
+   panel.grid(h=-1, v=-1)
+   panel.lmline(x, y, col="red", lty=2)
+ }
> xyplot(mpg ~ wt | cyl, data=mtcars, layout=c(3,1),
+        main="Fuel Consumption vs. Weight by Number of Cylinders",
+        xlab="Weight (1,000 lbs)",
+        ylab="Fuel Consumption (miles per gallon)",
+        panel=mypanel)
```

mypanel()이라는 패널 함수를 정의하여 이 함수를 xyplot() 함수의 panel 인수에 지정한다. mypanel() 함수 내에서 우선 기본 패널 함수인 panel.xyplot() 함수를 호출하여 속이 채워진 원(pch=19)으로 산점도를 생성한다. panel.rug() 함수는 X축과 Y축 두 축에 러그도표를 추가한다. 어느 한축에만 러그도표를 그리려면 해당 축만 인수로 지정한다. panel.grid() 함수는 그래프 내부에 수평선과 수직선의 그리드선을 그린다. h 인수와 v 인수에는 각각 수평선과 수직선의 개수를 지정한다. h=-1과 v=-1을 지정하면 축 눈금의 레이블과 일치하는 그리드선을 그린다. 끝으로 panel.lmline() 함수를 이용하여 선형회귀선을 생성하고 빨간색(col="red")의 점선(lty=2)으로 산점도상에 추가한다.

사용자 정의 패널 함수의 예를 한 가지 더 살펴보자. 다음 코드는 [그림 11-14]와 같은 그래프를 생성한다. 변속기 유형에 따라 생성된 두 개의 패널에 새로운 사용자 정의 패널 함수 mypanel2()를 적용한다.

```
> mtcars$am <- factor(mtcars$am, levels=c(0,1),
+                     labels=c("Automatic", "Manual"))
> mypanel2 <- function(x, y) {
+   panel.xyplot(x, y)
+   panel.grid(h=-1, v=-1)
+   panel.loess(x, y, col="orangered")
+   panel.abline(h=mean(y), col="darkgreen", lty=2, lwd=2)
+ }
```

[그림 11-14] **산점도.** 사용자 정의 패널 함수를 이용하여 그리드, LOESS 적합선, 수평 평균선을 추가한다.

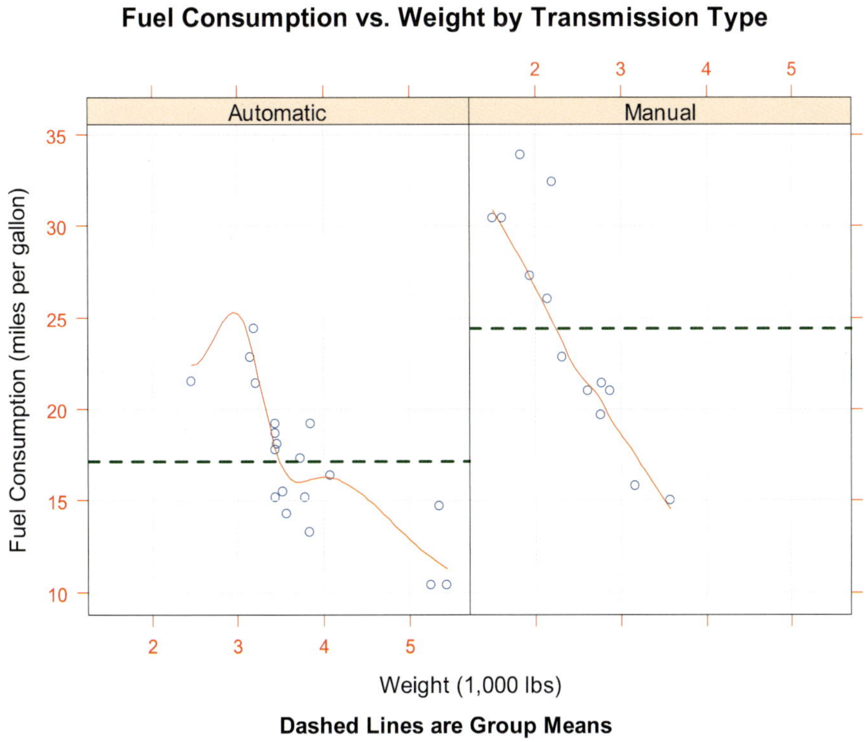


```
> xyplot(mpg ~ wt | am, data=mtcars,
+        main="Fuel Consumption vs. Weight by Transmission Type",
+        xlab="Weight (1,000 lbs)",
+        ylab="Fuel Consumption (miles per gallon)",
+        sub="Dashed Lines are Group Means",
+        scales=list(cex=0.8, col="red"),
+        panel=mypanel2)
```

앞서 생성한 그래프에서처럼 기본 패널 함수인 panel.xyplot() 함수가 산점도를 생성한다. panel.loess() 함수는 두 패널의 산점도상에 LOESS 적합선을 그린다.[4] panel.abline() 함수는 그래프상에 수평선과 수직선을 그린다. h 인수와 v 인수에는 각각 수평선과 수직선의 위치를 지정하며, 여기에서는 Y축상에 연비(mpg)의 평균을 수평선으로 그린다(h=mean(y)). 만약 h=mean(mtcars$mpg)를 지정하면 각 집단별

4 LOESS(LOcal regrESSion)는 데이터의 구간별로 가장 적합한 추세선을 찾는다. 전체 데이터를 대표하는 단일의 추세선을 찾으려 하기보다는 현재 데이터에 최적화된 구간별 추세선을 탐색한다.

평균 수평선이 아닌 전체 연비의 평균을 나타내는 하나의 수평선이 그려진다. `xyplot()` 함수의 `scales` 인수를 이용하여 축 레이블의 색상을 빨간색으로, 크기를 표준 크기의 80% 수준으로 변경한다.

지금까지 살펴본 것처럼 집단을 나타내는 범주형 변수를 조건변수로 포뮬러에 포함시키면 그 변수의 각 레벨(범주)에 대해 개별 패널이 생성된다. 즉 범주형 변수의 레벨 개수만큼의 그래프가 각각의 패널에 생성된다. 이렇게 여러 개의 패널을 사용하지 않고 각 레벨별 그래프를 하나의 패널에 겹쳐서 그리고 싶을 때가 있다. 이럴 경우에는 시각화하려는 범주형 변수를 포뮬러가 아닌 `groups` 인수에 지정한다.

예를 들어, 다음 코드는 [그림 11-15]와 같은 그래프를 생성한다. 연비와 무게 간의 관계가 실린더 개수별로 각각 다른 색으로 산점도상에 표현된다. 범례는 자동으로 생성되지 않으며 범례를 생성하려면 `auto.key=TRUE`를 지정한다.

[그림 11-15] 산점도. groups 인수에 집단을 나타내는 범주형 변수를 지정하여 하나의 패널 내에서 집단을 구분한다.

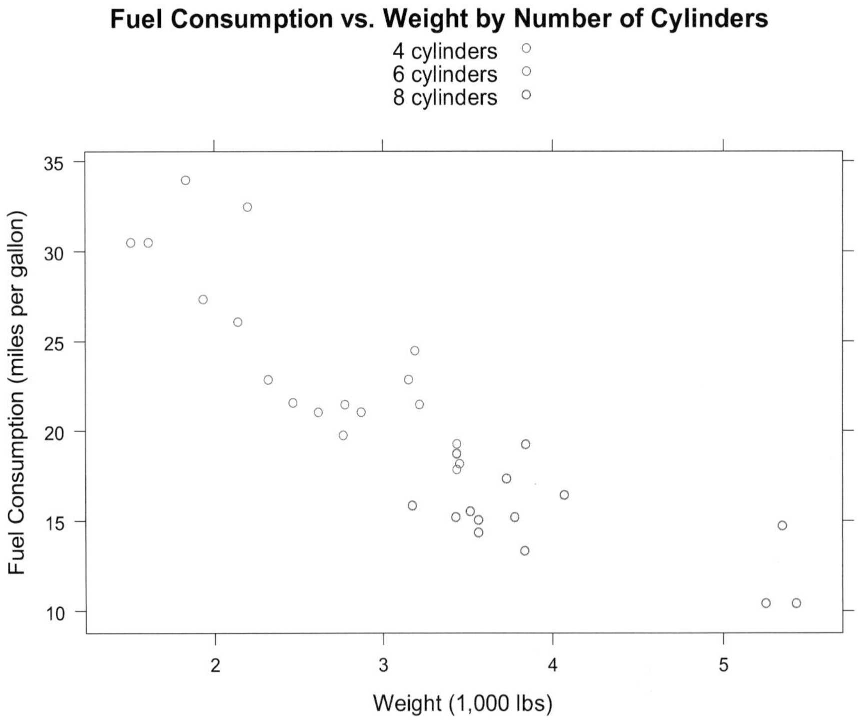

```
> data(mtcars)
> mtcars$cyl <- factor(mtcars$cyl, levels=c(4, 6, 8),
+                      labels=c("4 cylinders", "6 cylinders", "8 cylinders"))
> xyplot(mpg ~ wt, data=mtcars, groups=cyl,
+        main="Fuel Consumption vs. Weight by Number of Cylinders",
+        xlab="Weight (1,000 lbs)",
+        ylab="Fuel Consumption (miles per gallon)",
+        auto.key=TRUE)
```

두 개의 범주형 변수가 있을 때 한 변수는 조건변수로, 또 다른 변수는 집단변수로 사용할 수도 있다. 조건변수에 지정된 범주형 변수는 각 레벨별로 패널을 생성하고 각 패널에는 집단변수로 지정된 범주형 변수의 레벨별 그래프가 겹쳐서 그려진다. 예를 들어, 다음 코드는 [그림 11-16]과 같은 그래프를 생성한다. 실린더 개수별로 생성된 패널에 연비와 무게 간의 산점도가 변속기 유형에 따라 다른 색으로 표현된다.

[그림 11-16] 산점도. 집단을 나타내는 두 개의 범주형 변수를 각각 포뮬러의 | 뒤와 groups 인수에 지정하여 복수의 패널 내에서 집단이 구분된 그래프를 생성한다.

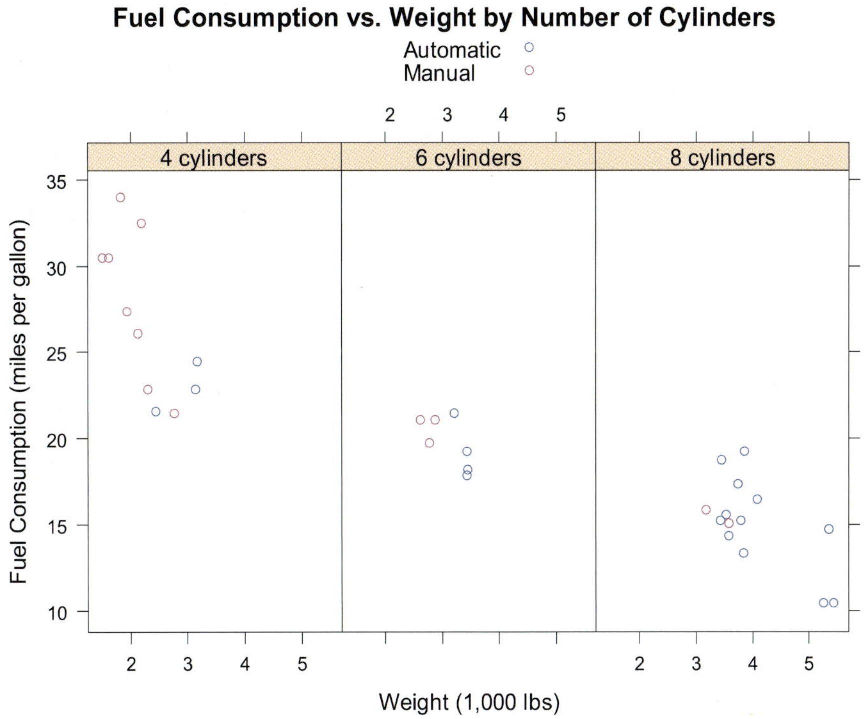

```
> data(mtcars)
> mtcars$cyl <- factor(mtcars$cyl, levels=c(4, 6, 8),
+                      labels=c("4 cylinders", "6 cylinders", "8 cylinders"))
> mtcars$am <- factor(mtcars$am, levels=c(0,1),
+                     labels=c("Automatic", "Manual"))
> xyplot(mpg ~ wt | cyl, data=mtcars, groups=am, layout=c(3,1),
+        main="Fuel Consumption vs. Weight by Number of Cylinders",
+        xlab="Weight (1,000 lbs)",
+        ylab="Fuel Consumption (miles per gallon)",
+        auto.key=TRUE)
```

끝으로 패널에 범주형 변수의 각 레벨별 그래프를 생성하는 lattice 패키지의 특성을 응용하여 지금까지와는 조금 다른 상황을 표현하는 그래프를 생성해보자. 표준패키지에 포함된 longley 데이터셋에는 연도별 거시경제지표(GNP, 인구, 실업률 등)가 담겨 있다. [그림 11-17]과 같이 longley 데이터셋의 거시경제지표를 각각의 독립된 패널에 배치함으로써 이 지표들을 동시에 비교 관찰할 수 있는 그래프를 생성한다.

```
> longley
     GNP.deflator     GNP Unemployed Armed.Forces Population Year Employed
1947         83.0 234.289      235.6        159.0    107.608 1947   60.323
1948         88.5 259.426      232.5        145.6    108.632 1948   61.122
1949         88.2 258.054      368.2        161.6    109.773 1949   60.171
…(중략)
1960        114.2 502.601      393.1        251.4    125.368 1960   69.564
1961        115.7 518.173      480.6        257.2    127.852 1961   69.331
1962        116.9 554.894      400.7        282.7    130.081 1962   70.551
> str(longley)
'data.frame':  16 obs. of  7 variables:
 $ GNP.deflator: num  83 88.5 88.2 89.5 96.2 ...
 $ GNP         : num  234 259 258 285 329 ...
 $ Unemployed  : num  236 232 368 335 210 ...
 $ Armed.Forces: num  159 146 162 165 310 ...
 $ Population  : num  108 109 110 111 112 ...
 $ Year        : int  1947 1948 1949 1950 1951 1952 1953 1954 1955 1956 ...
 $ Employed    : num  60.3 61.1 60.2 61.2 63.2 ...
```

[그림 11-17] **산점도.** 와이드포맷 데이터를 롱포맷으로 변환하여 각 변수가 독립된 패널에 배치된 그래프를 생성한다.

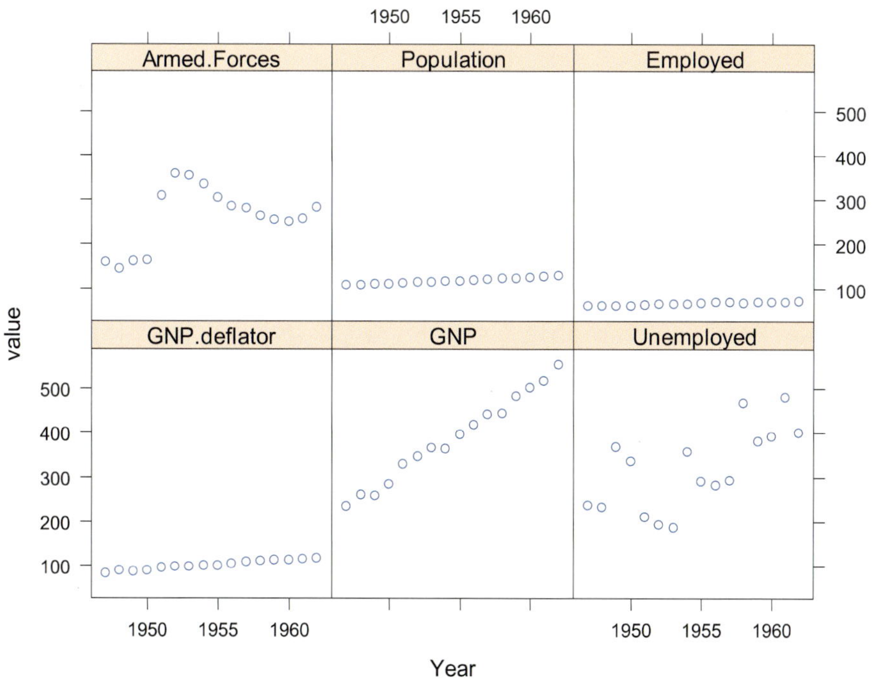

여기에서 생성할 그래프의 각 패널은 `Year` 변수를 제외한 나머지 변수를 나타낸다. 패널에는 연도(`Year`)와 각 패널에 대응되는 변수의 실제값 간의 관계가 그래프로 그려진다. 이러한 그래프를 생성하기 위해서 먼저 와이드포맷(`wide format`)의 데이터를 롱포맷(`long format`)으로 변환한다. `reshape2` 패키지의 `melt()` 함수를 이용하여 다음과 같이 와이드포맷인 `longley` 데이터셋을 롱포맷으로 변환한다.[5] `Year` 변수를 제외한 나머지 여섯 개 변수의 이름이 `variable` 열 아래로 이동하고, 각 변수의 실제값은 `value` 열의 값으로 대체된다. 이렇게 롱포맷으로 변환하면 `variable` 열은 하나의 범주형 변수로 취급할 수 있으며, 그러면 그 아래로 이동한 여섯 개의 변수는 레벨로 간주할 수 있다.

5 와이드포맷에서는 각 변수가 각각 하나의 열로 표현된다. 롱포맷은 와이드포맷이 갖고 있는 것과 동일한 정보를 두 개의 열로 표현한다. 하나의 열은 변수 이름에 사용되고 나머지 열은 그 변수의 실제값을 나타낸다. 와이드포맷과 롱포맷 간의 데이터 형태 변환 방법은 '제9장 데이터 전처리'의 '9.9 형태 변환'을 참고한다.

```
> library(reshape2)
> longley.long <- melt(longley, id.vars="Year")
```

```
> longley.long
   Year     variable   value
1  1947 GNP.deflator  83.000
2  1948 GNP.deflator  88.500
3  1949 GNP.deflator  88.200
…(중략)
94 1960     Employed  69.564
95 1961     Employed  69.331
96 1962     Employed  70.551
```

이제 롱포맷 데이터의 새로운 열 value와 variable을 이용하여 다음과 같이 우리가 원하는 그래프를 생성할 수 있다. xyplot() 함수의 포뮬러에 variable 변수를 조건변수로 지정하면 [그림 11-17]의 그래프가 생성된다.

```
> xyplot(value ~ Year | variable, data=longley.long)
```

[그림 11-18] 산점도. scales="free" 인수 지정은 변수별로 척도를 자동 조정한다.

이러한 그래프를 생성할 때 X축과 Y축이 동일한 척도로 그려질 경우에는 생성된 그래프가 의미 있는지 살펴볼 필요가 있다. 예를 들어, [그림 11-17]의 그래프는 해석상의 주의가 필요하다. 왜냐하면 Y축 값의 측정 단위가 각 변수마다 다르기 때문이다. 인구는 백만 명 단위일 수 있고, 반면에 취업자수는 십만 명 단위일 수 있다. 따라서 이 그래프로는 변수 간의 직접적 비교는 할 수 없다. 그러나 각 변수별 추세는 이 그래프로부터 파악이 가능하다.

만일 X축과 Y축의 척도를 각 변수에 맞게 자동으로 조정되도록 하려면 다음과 같이 scales="free"를 지정한다. [그림 11-18]과 같이 각 패널마다 변수별로 다른 척도로 그래프가 생성된다. [그림 11-17]에 비해 더 명확하게 변수별 추세를 확인할 수 있다.

```
> xyplot(value ~ Year | variable, data=longley.long, scales="free")
```

막대도표

막대도표는 barchart() 함수를 이용하여 그릴 수 있다. 표준패키지에 포함된 mtcars 데이터셋을 이용하여 자동차 모델별 연비의 막대도표를 그려보자. 이를 위해 먼저 데이터셋에 자동차 모델명을 변수로 추가한다. 자동차 모델명은 행 이름에 포함되어 있기 때문에 다음과 같이 행 이름을 이용하여 새로운 변수를 생성한다.

```
> data(mtcars)
> mtcars$model <- row.names(mtcars)
```

barchart() 함수는 산점도를 그릴 때 사용했던 xyplot() 함수와 유사한 방식으로 인수를 지정한다. 포뮬러의 ~ 앞에는 Y축 변수를 지정하고 ~ 뒤에는 X축 변수를 지정한다. 다음과 같이 Y축에 자동차 모델(model)을 지정하고 X축에 연비(mpg)를 지정한다. 생성된 자동차 모델별 연비의 막대도표는 [그림 11-19]와 같다.

```
> library(lattice)
> barchart(model ~ mpg, data=mtcars, scales=list(cex=0.65))
```

연비는 변속기 유형(자동 또는 수동)에 따라 차이가 있을 수 있다. 그러나 [그림 11-19]의 막대도표에서는 변속기 유형에 대한 구분이 드러나지 않는다. 막대의 색상으로 변속기 유형이 구분되도록 자동차 모델별 연비의 막대도표를 수정해보자.

[그림 11-19] 막대도표. barchart() 함수는 막대도표를 생성한다.

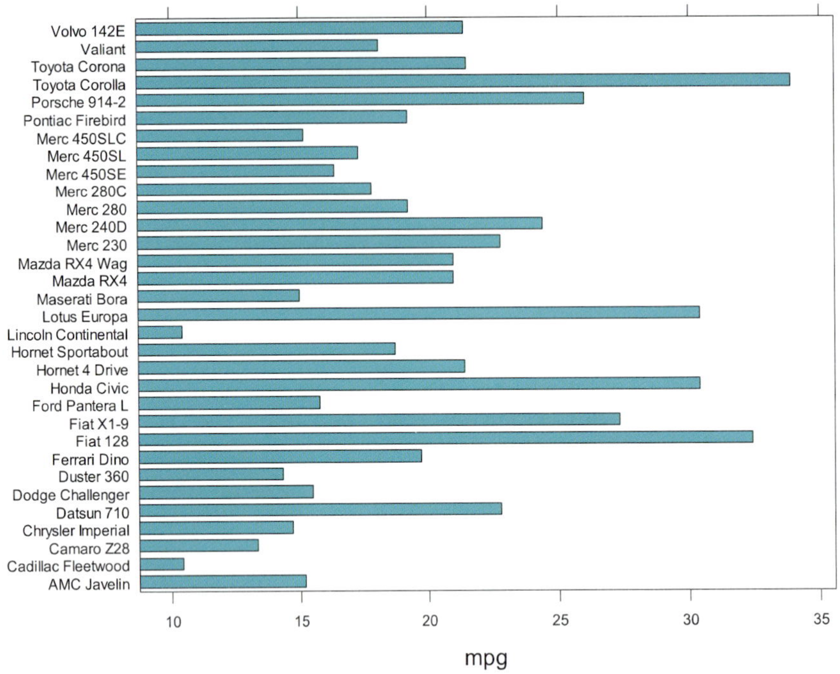

막대도표의 막대를 집단에 따라 구분하려면 다음과 같이 groups 인수에 변속기 유형(am) 변수를 집단변수로 지정한다. groups 인수를 사용할 때 일반적으로 집단을 나타내는 범례도 함께 사용하게 된다. auto.key=TRUE를 지정하면 범례가 자동으로 생성된다. 범례의 레이블은 groups 인수에 지정된 집단변수의 레벨이 사용된다. 막대의 색상을 지정하려면 par.settings 인수를 이용한다. par.settings 인수는 보통 simpleTheme() 함수와 함께 사용하여 그래프 요소를 지정한다.[6] [그림 11-20]의 막대도표는 막대의 색상으로 변속기 유형을 구분한다.

6 par.settings 인수는 그래프 패러미터를 설정하는 베이스 그래픽의 par() 함수와 유사한 역할을 한다. 일반적으로 simpleTheme() 함수와 함께 사용하여 색상(col), 심볼 색상(col.points), 선 색상(col.line), 텍스트 크기(cex), 심볼 유형(pch), 글씨체(font), 선 유형(lty) 및 두께(lwd) 등의 그래프 요소를 지정한다.

```
> mtcars$am <- factor(mtcars$am, levels=c(0,1),
+                      labels=c("Automatic", "Manual"))
> barchart(model ~ mpg, data=mtcars, scales=list(cex=0.65),
+          groups=am, auto.key=TRUE,
+          main=list(label="Fuel Comsumption by Models and Transmission Type",
```

[그림 11-20] **막대도표.** 색상으로 집단을 구분한다.

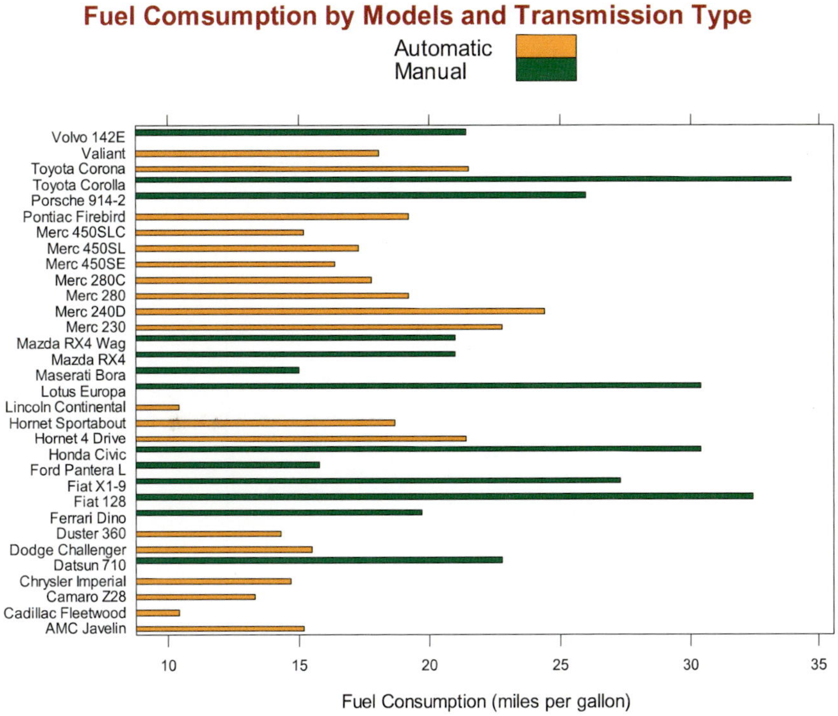


```
+                    col="brown"),
+         xlab=list(label="Fuel Consumption (miles per gallon)", cex=0.8),
+         par.settings=simpleTheme(col=c("orange", "seagreen")))
```

하나의 패널에 막대의 색상으로 집단을 구분하지 않고 집단별로 독립적인 패널을 생성하여 각각의 패널에 집단별 막대도표를 그릴 때는 | 뒤에 범주형 변수를 조건변수로 지정한다. 다음과 같이 변속기 유형에 따른 자동차 모델별 연비의 막대도표를 세 개의 독립된 패널에 생성할 수 있다. 생성된 집단별 막대도표는 [그림 11-21]과 같다.

```
> barchart(model ~ mpg | am, data=mtcars, col="cornflowerblue", scales=list(cex=0.65),
+         main=list(label="Fuel Comsumption by Models and Transmission Type",
+                    col="brown"),
+         xlab=list(label="Fuel Consumption (miles per gallon)", cex=0.8),
+         par.strip.text=list(cex=0.8, col="blue"))
```

[그림 11-21] **막대도표**. 패널로 집단을 구분한다.

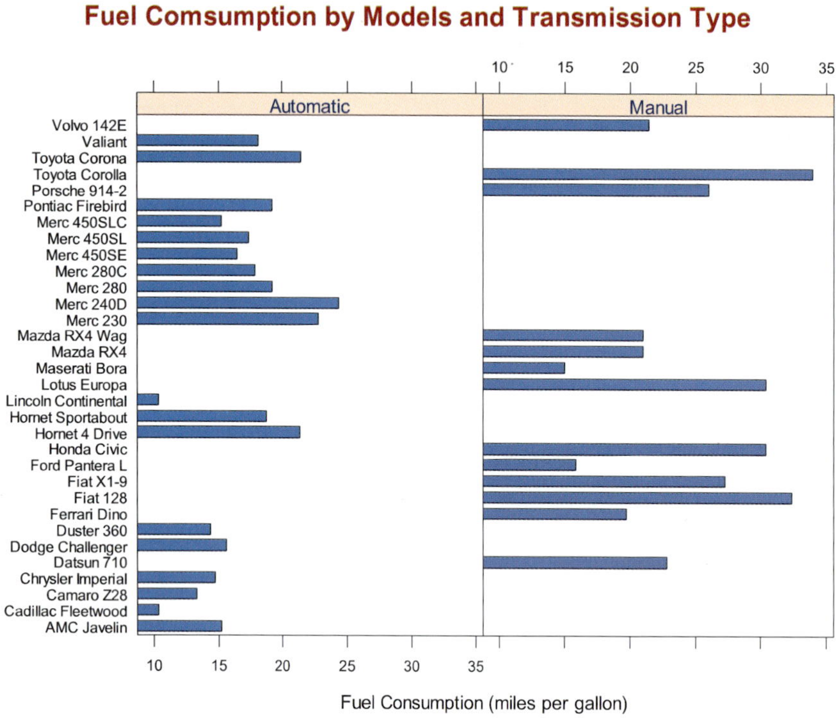

범주형 변수가 두 개 있을 때는 그 두 변수를 각각 조건변수와 집단변수로 지정할 수 있다. 그러면 조건변수에 의해서 생성된 각각의 패널 내에서 집단변수로 구분된 그래프가 생성된다. 포뮬러에 지정되는 조건변수는 패널을 생성하고 groups 인수에 지정되는 집단변수는 각 패널 내에서 집단을 구분하는 역할을 한다. 다음과 같이 앞에서와 동일한 방식으로 groups 인수와 auto.key 인수를 이용하여 패널 내의 집단과 집단에 대한 범례를 지정할 수 있다. [그림 11-22]의 그래프는 실린더의 개수별로 생성된 패널 내에서 막대의 색상으로 변속기 유형을 구분한다.

```
> mtcars$cyl <- factor(mtcars$cyl, levels=c(4, 6, 8),
+                      labels=c("4 cylinders", "6 cylinders", "8 cylinders"))
> barchart(model ~ mpg | cyl, data=mtcars, scales=list(cex=0.65),
+          groups=am, auto.key=TRUE,
+          par.settings=simpleTheme(col=c("orange", "seagreen")),
+          main=list(label="Fuel Comsumption by Models",
+                    col="brown"),
```

[그림 11-22] **막대도표.** 각 패널 내에서 집단을 구분한다.

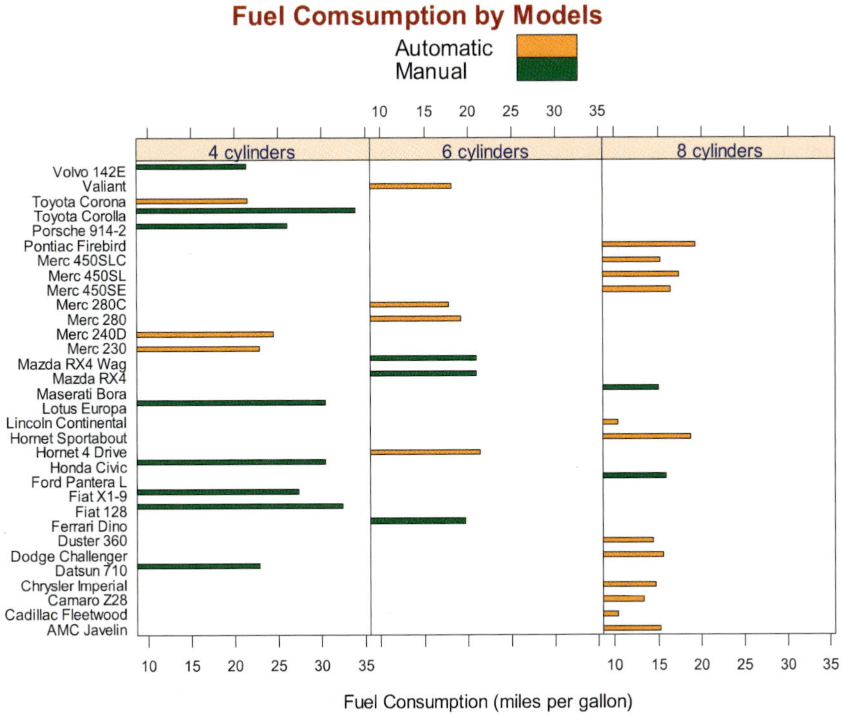


```
+           xlab=list(label="Fuel Consumption (miles per gallon)", cex=0.8),
+           par.strip.text=list(cex=0.8, col="blue"),
+           layout=c(3,1))
```

barchart() 함수는 groups 인수에 집단변수가 지정되면 기본적으로 집단별 막대가 옆으로 나란히 배열되는 수평배열 막대도표를 생성한다. 집단별 막대가 아래 위로 쌓여지는 수직누적 막대도표를 생성하려면 stack=TRUE를 지정한다. lattice 패키지에 포함되어 있는 barley 데이터셋을 이용하여 수평배열 및 수직누적 막대도표를 생성해보자. barley 데이터셋에는 여섯 개 재배지(site)에서 생산된 10개 보리 품종(variety)의 두 해(year)의 수확량(yield)이 저장되어 있다.

```
> barley
      yield       variety  year             site
1  27.00000     Manchuria  1931  University Farm
2  48.86667     Manchuria  1931           Waseca
3  27.43334     Manchuria  1931           Morris
```

```
…(중략)
118  35.90000  Wisconsin No. 38  1932        Crookston
119  20.66667  Wisconsin No. 38  1932     Grand Rapids
120  29.33333  Wisconsin No. 38  1932           Duluth
> str(barley)
'data.frame':  120 obs. of  4 variables:
 $ yield  : num  27 48.9 27.4 39.9 33 ...
 $ variety: Factor w/ 10 levels "Svansota","No. 462",..: 3 3 3 3 3 3 7 7 7 7 ...
 $ year   : Factor w/ 2 levels "1932","1931": 2 2 2 2 2 2 2 2 2 2 ...
 $ site   : Factor w/ 6 levels "Grand Rapids",..: 3 6 4 5 1 2 3 6 4 5 ...
```

다음과 같이 각 재배지(site)별로 품종(variety)에 따른 수확량(yield)의 분포를 나타내는 막대도표를 생성할 수 있다. 연도가 집단변수로 지정되어(groups=year) [그림 11-23]과 같이 각 품종별로 두 해의 수확량이 다른 색상의 막대로 표현된다.

```
> barchart(yield ~ variety | site, data=barley,
+          groups=year, layout=c(1,6), origin=0,
+          auto.key=list(space="right"),
+          xlab="Variety of Barley",
+          ylab="Barley Yield (bushels/acre)",
+          scales=list(x=list(rot=45)))
```

origin 인수에는 막대의 시작점을 지정한다. 지금처럼 0을 지정하면 0에서부터 막대가 시작된다. 지정하지 않으면 패널의 가장 하단부에서 막대가 시작된다. 이 경우 막대 시작점의 값이 0이 아니기 때문에 해석상에 주의가 필요하다. 앞에서 범례 지정을 위해 사용했던 auto.key 인수는 사실 내부적으로 simpleKey() 함수를 호출한다. auto.key=TRUE는 auto.key=list()와 동일하며, 이 경우 simpleKey() 함수의 기본 설정값에 따라 범례가 생성된다. 기본 설정값이 아닌 다른 형태로 범례를 생성하려면 auto.key 인수에 simpleKey() 함수에서 사용할 인수를 리스트 형식으로 지정한다. 예를 들어, 여기에서처럼 auto.key=list(space="right")를 지정하면 space="right"가 simpleKey() 함수의 인수로 사용되어 범례의 위치가 그래프 오른쪽에 나타난다. space 인수에는 그 밖에 top, bottom, left 등을 지정할 수 있다. scales 인수 역시 이미 앞에서 살펴봤던 인수이긴 하지만 여기에서는 조금 다른 방식으로 사용되었다. scales 인수의 리스트 내에 동일한 리스트 형식으로 x 또는 y 리스트를 지정하면 X축 또는 Y축 각각에 대해 독립적으로 축 레이블 속성을 지정할

[그림 11-23] **막대도표**. barchart() 함수는 groups 인수에 집단변수가 지정되면 기본적으로 수평배열 막대도표를 생성한다.

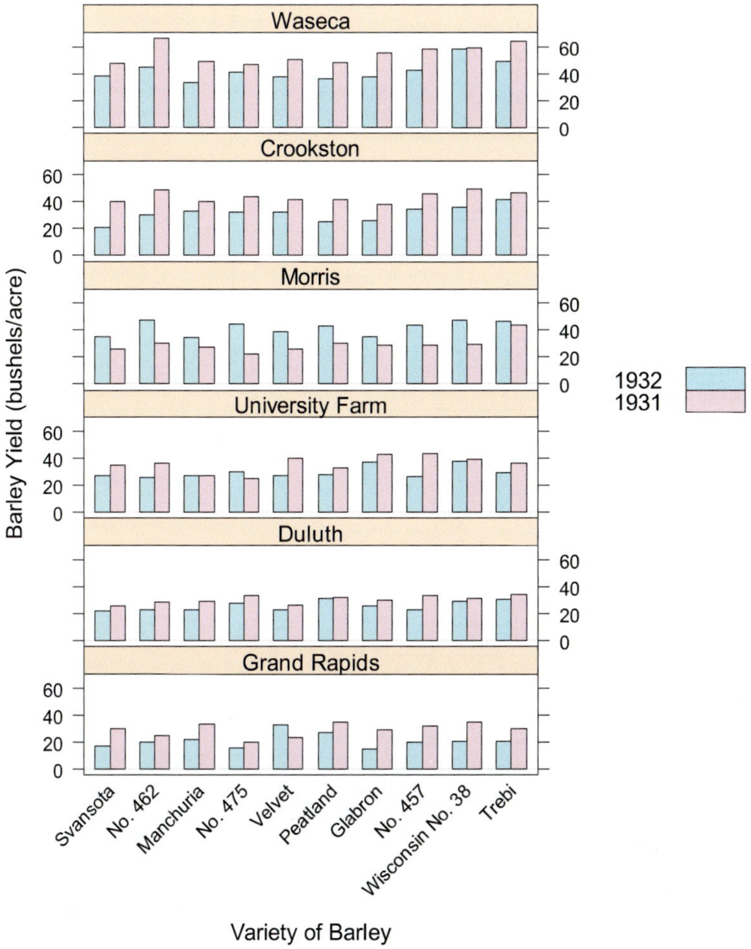

수 있다. 여기에서처럼 x=list(rot=45)를 지정하면 X축 눈금의 텍스트가 45도 기울어지게 출력된다. 이렇게 하면 눈금의 텍스트가 길 경우 겹치지 않도록 출력할 수 있다.

수직누적 막대도표는 다음과 같이 stack=TRUE를 추가로 지정하여 생성할 수 있다. stack=TRUE가 지정되면 origin 인수는 무시되며 막대는 0에서부터 시작된다.7 생성된 그래프는 [그림 11-24]와 같다.

7 stack 인수와 origin 인수는 barchart() 함수의 인수가 아니며 실제로는 barchart() 함수의 패널 함수인 panel.barchart() 함수의 인수이다.

[그림 11-24] **막대도표.** barchart() 함수는 stack=TRUE를 지정하면 수직누적 막대도표를 생성한다.

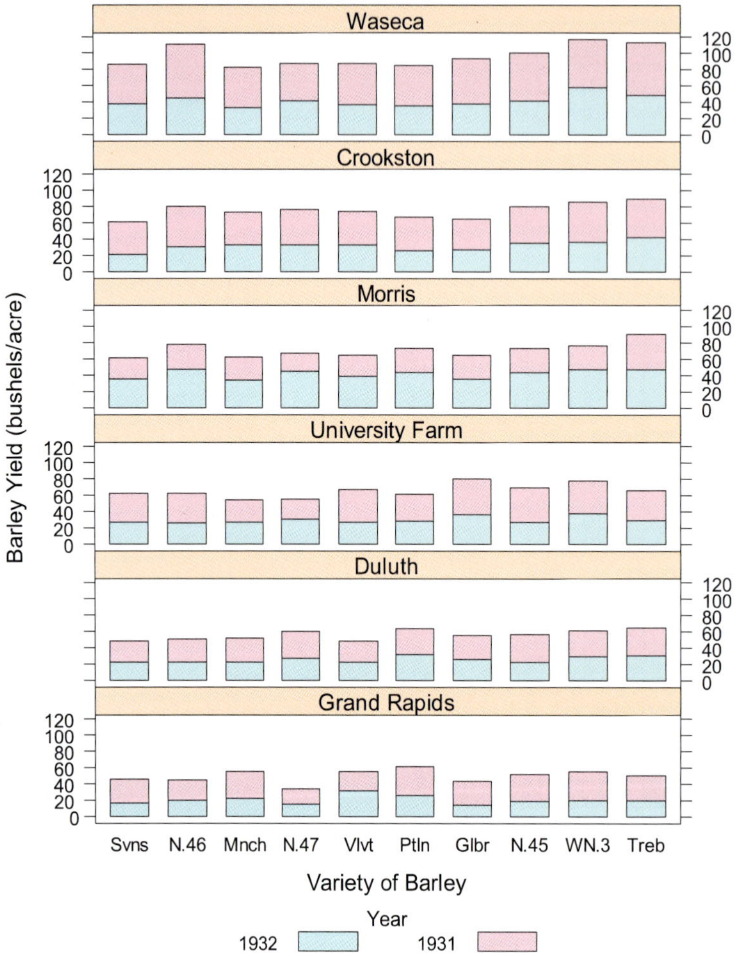


```
> barchart(yield ~ variety | site, data=barley,
+          groups=year, layout=c(1,6), stack=TRUE,
+          key=simpleKey(title="Year", cex.title=0.9,
+                        text=levels(barley$year), cex=0.8,
+                        space="bottom", columns=2, points=FALSE, rectangles=TRUE),
+          xlab="Variety of Barley",
+          ylab="Barley Yield (bushels/acre)",
+          scales=list(x=list(abbreviate=TRUE, minlength=4)))
```

여기에서는 범례 지정을 위해 auto.key 인수 대신에 key 인수를 사용하였다. simpleKey() 함수를 명시적으로 호출하여 key 인수에 범례의 옵션을 리스트 형식으로 지정한다. simpleKey() 함수의 text 인수에는 범례의 레이블로 사용할 텍스트를 지정한다. 레이블 텍스트의 크기, 색상, 글씨체는 cex, col, font 인수를 이용하여 지정할 수 있다. 범례의 제목은 title 인수에 지정할 수 있으며 크기는 cex.title 인수에 지정한다. 범례는 하단에 위치시켰으며(space="bottom") 두 열로 배치하였다(columns=2). 범례의 모양을 rectangles, lines, points 인수에 대한 논리값으로 지정할 수 있으며 기본값은 속이 빈 원(points=TRUE)이다. 여기에서는 사각형으로 나타냈다(points=FALSE, rectangles=TRUE). 눈금의 텍스트가 길 때 약자로 간단하게 나타낼 수 있다. scales 인수의 abbreviate 인수와 minlength 인수를 이용한다. 여기에서처럼 scales 인수에 리스트 형식으로 x=list(abbreviate=TRUE, minlength=4)를 지정하면 X축 눈금의 텍스트가 네 글자로 줄어서 나타난다.

상자도표

상자도표를 그리기 위해서는 bwplot() 함수를 이용한다. lattice 패키지에 포함되어 있는 singer 데이터셋을 이용하여 상자도표를 그려보자. singer 데이터셋에는 합창단 단원의 키(height)와 담당하는 성부(voice.part)가 저장되어 있다.

```
> singer
    height  voice.part
1       64   Soprano 1
2       62   Soprano 1
3       66   Soprano 1
…(중략)
233     71      Bass 2
234     74      Bass 2
235     75      Bass 2
> str(singer)
'data.frame':  235 obs. of  2 variables:
 $ height     : num  64 62 66 65 60 61 65 66 65 63 ...
 $ voice.part: Factor w/ 8 levels "Bass 2","Bass 1",..: 8 8 8 8 8 8 8 8 8 8 ...
```

bwplot() 함수의 인수 지정 방식은 앞에서 살펴본 그래픽 함수들과 유사하다. 포뮬러의 ~ 앞에는 Y축 변수를 지정하고 ~ 뒤에는 X축 변수를 지정한다. 다음과 같이 성부(voice.part)별 키(height)의 분포를 상자도표로 나타낼 수 있다. 생성된 그래프는 [그림 11-25]와 같다.

[그림 11-25] 상자도표. bwplot() 함수는 상자도표를 생성한다.

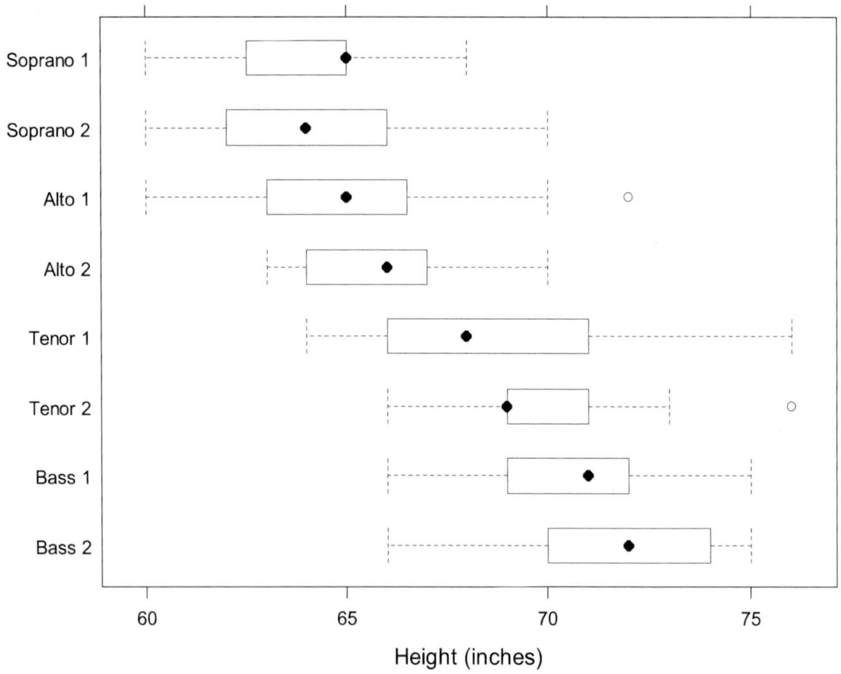


```
> bwplot(voice.part ~ height, data=singer, xlab="Height (inches)")
```

상자 가운데의 검은색 점은 중위수를 나타낸다. 상자의 양쪽 끝은 각각 25번째 백분위수와 75번째 백분위수를 나타낸다. 상자를 벗어나서 연장된 점선의 양쪽 끝은 상자 길이의 1.5배의 범위 내에 있는 최소값과 최대값을 의미한다. 점선 밖의 작은 동그라미는 상자 길이의 1.5배를 벗어난 이상점이다.

집단별로 패널을 생성하여 각각의 패널에 집단별 상자도표를 그릴 때는 | 뒤에 패널에 나타날 조건 변수를 지정한다. 다음과 같이 성부(voice.part)에 따른 키(height)의 분포를 여덟 개의 독립된 패널에 나타낼 수 있다. Y축에 해당되는 변수가 없기 때문에 포뮬러에서 ~ 왼쪽에는 변수를 지정하지 않는다. 생성된 집단별 상자도표는 [그림 11-26]과 같다.

```
> bwplot( ~ height | voice.part, data=singer, layout=c(2,4), xlab="Height (inches)")
```

그래프 요소를 추가로 지정함으로써 상자도표를 조금 더 풍부하게 만들 수 있다. fill 인수에는 상자의 색상을 지정한다. pch 인수를 이용하여 중위수를 나타내는 상자 내부의 심볼을 지정할 수

[그림 11-26] **상자도표.** 패널로 집단을 구분한다.

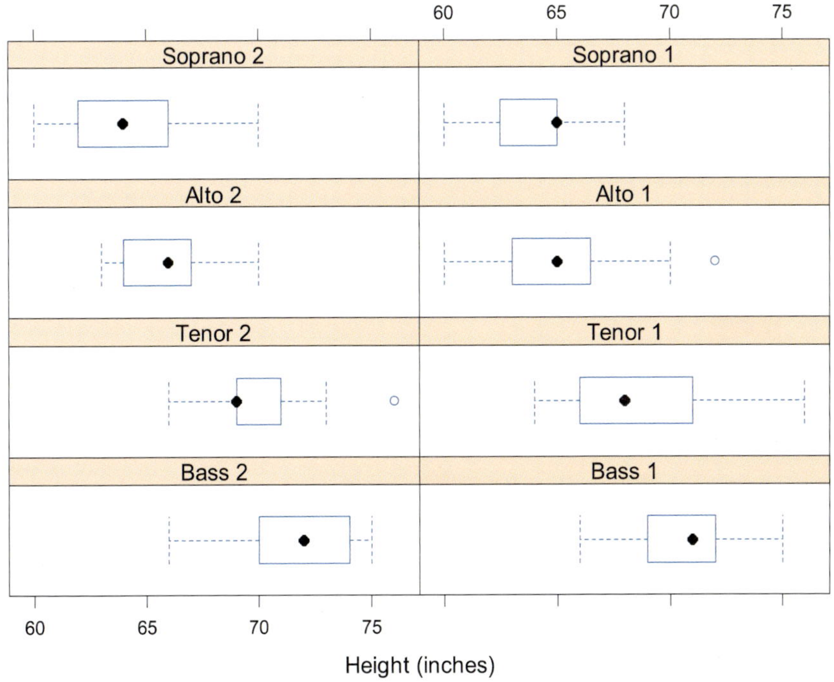

있다. notch=TRUE를 지정하면 중위수에 대한 95% 신뢰구간을 표시한다. 상자의 양 옆에 V 형태의 홈으로 표시된다. 두 상자 간의 홈이 서로 겹치지 않으면 모집단에서 두 집단의 중위수는 서로 다를 가능성이 높다는 것을 의미한다.

8 여기에서 사용된 fill, pch, notch 인수는 bwplot() 함수의 인수가 아니라 bwplot() 함수의 패널 함수인 panel.bwplot() 함수의 인수이다.

mtcars 데이터셋을 이용하여 다음과 같이 실린더 개수(cyl)별 연비(mpg)의 분포를 나타내는 상자도표를 생성한다. 상자를 색상으로 채우고(fill="tomato"), 중위수의 위치를 수직선으로 나타내며(pch="|"), 중위수에 대한 95% 신뢰구간을 표시한다(notch=TRUE).8 생성된 그래프는 [그림 11-27]과 같다.

```
> data(mtcars)
> mtcars$cyl <- factor(mtcars$cyl, levels=c(4, 6, 8),
+                      labels=c("4 cylinders", "6 cylinders", "8 cylinders"))
> bwplot( ~ mpg | factor(cyl), data=mtcars, layout=c(1,3),
+        fill="tomato", pch="|", notch=TRUE,
+        xlab="Fuel Consumption (miles per gallon)")
```

[그림 11-27] 상자도표. fill, pch, notch 인수에는 색상, 심볼, 신뢰구간 등의 그래프 요소를 지정한다.

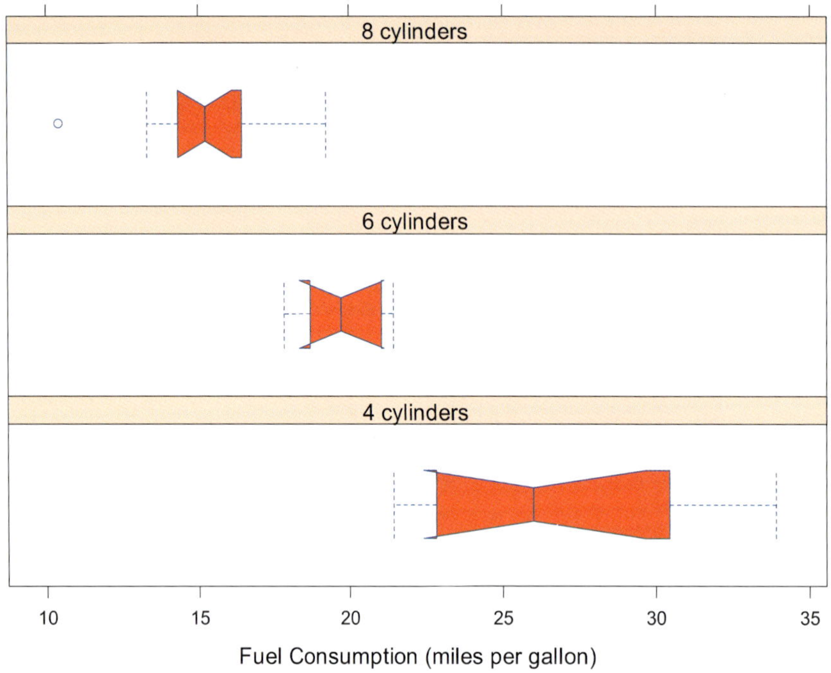

히스토그램과 밀도도표

히스토그램은 histogram() 함수를 이용하여 그릴 수 있다. 포뮬러의 ~ 뒤에 분포를 그리려는 X축 변수를 지정한다. 다음 코드는 [그림 11-28]과 같은 연비(mpg)의 히스토그램을 생성한다.

```
> data(mtcars)
> histogram( ~ mpg, data=mtcars)
```

집단별 히스토그램을 생성하려면 | 뒤에 조건변수를 지정한다. type 인수에는 Y축의 값을 나타내는 방법을 지정한다. Y축은 퍼센트, 빈도, 밀도로 나타낼 수 있으며 type 인수에 각각 percent, count, density를 지정한다. type 인수를 지정하지 않으면 기본값으로 type="percent"가 사용되어 Y축은 상대빈도(즉 퍼센트)로 나타난다. nint 인수에는 X축의 구간 개수를 지정한다. 다음과 같이 실린더 개수(cyl)별로 별도의 패널에 연비(mpg)의 히스토그램을 그릴 수 있다. 생성된 히스토그램은 [그림 11-29]와 같다.

[그림 11-28] 히스토그램. histogram() 함수는 히스토그램을 생성한다.

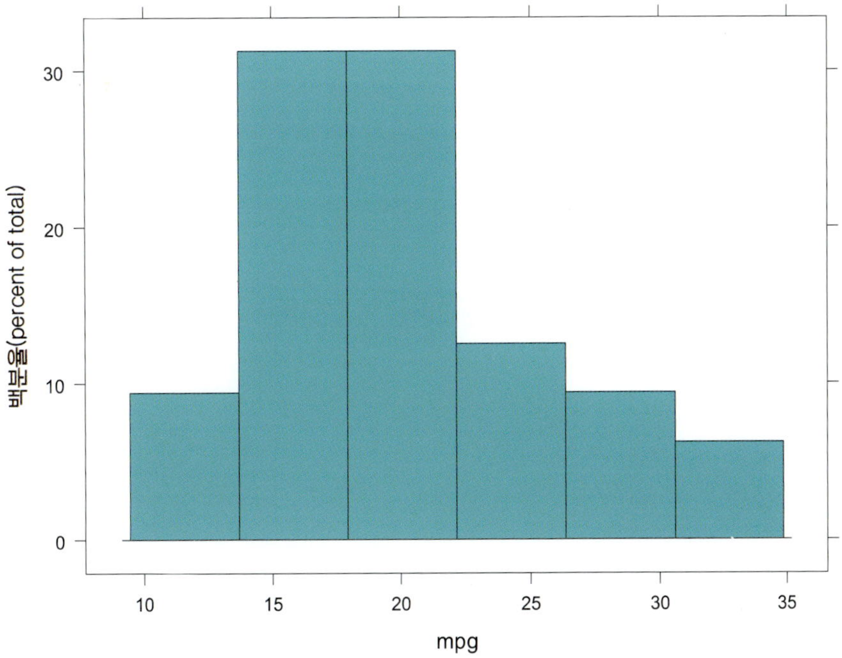

[그림 11-29] 히스토그램. 패널로 집단을 구분한다.

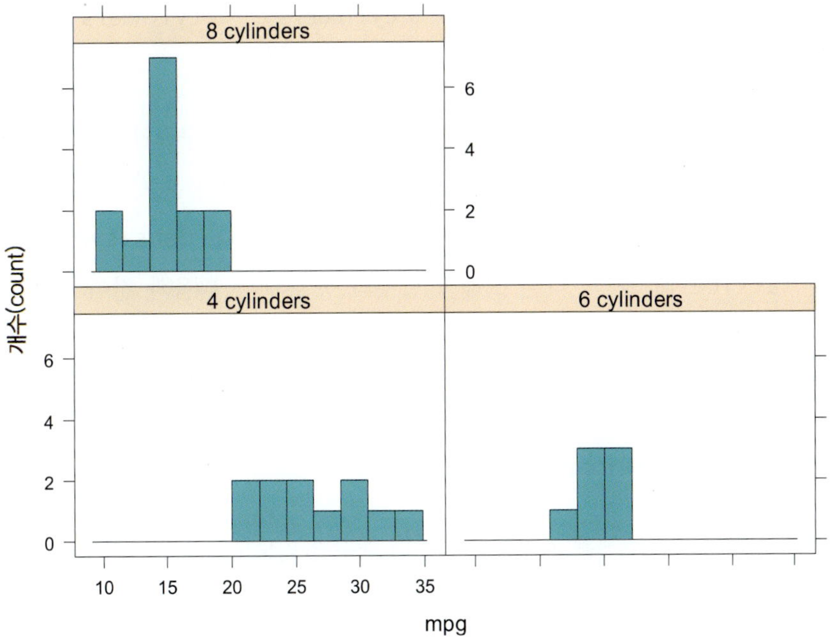

[그림 11-30] 밀도도표. densityplot() 함수는 밀도도표를 생성한다.

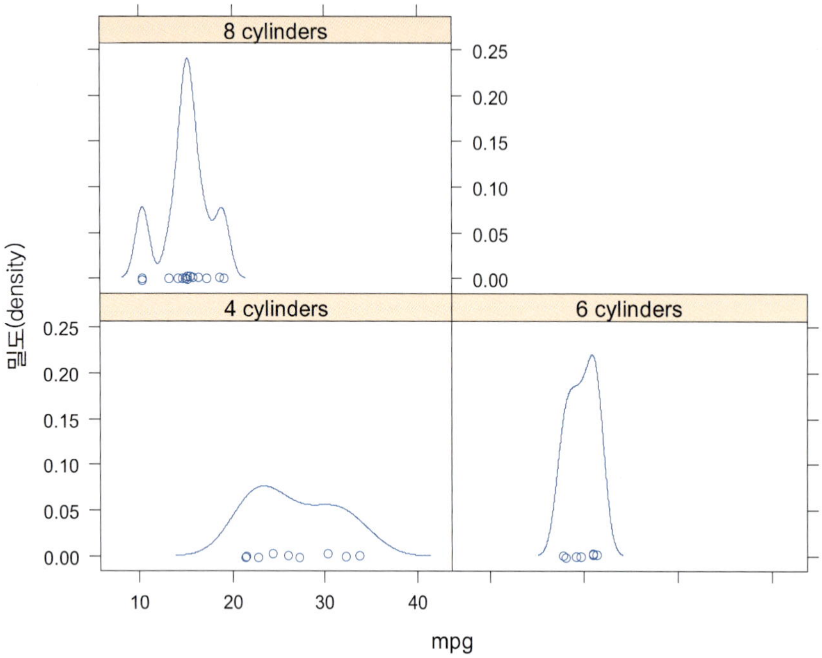


```
> mtcars$cyl <- factor(mtcars$cyl, levels=c(4, 6, 8),
+                      labels=c("4 cylinders", "6 cylinders", "8 cylinders"))
> histogram( ~ mpg | cyl, data=mtcars, type="count", nint=12)
```

히스토그램은 변수의 분포 형태를 살펴볼 수 있는 유용한 그래프이긴 하지만 사용된 구간의 개수에 따라 분포의 모양이 달라져 보이는 문제가 있다. 밀도도표를 이용하면 이러한 문제 없이 분포 형태를 보다 정확히 추정할 수 있다. 밀도도표는 densityplot() 함수를 이용하여 생성한다. densityplot() 함수의 인수 지정 방식은 lattice 패키지의 다른 그래픽 함수와 동일하다. 다음과 같이 | 뒤에 집단을 나타내는 조건변수를 지정하면 밀도도표가 각 집단별 패널에 생성된다. [그림 11-30]과 같이 실린더 개수별로 밀도도표가 생성된다.

```
> densityplot( ~ mpg | cyl, data=mtcars)
```

다음과 같이 groups 인수에 실린더 개수(cyl)를 지정하여 실린더 개수별 밀도도표를 하나의 패널상에 겹쳐서 그릴 수 있다. 생성된 밀도도표는 [그림 11-31]과 같다.

[그림 11-31] 밀도도표. 하나의 패널 내에서 집단을 구분한다.

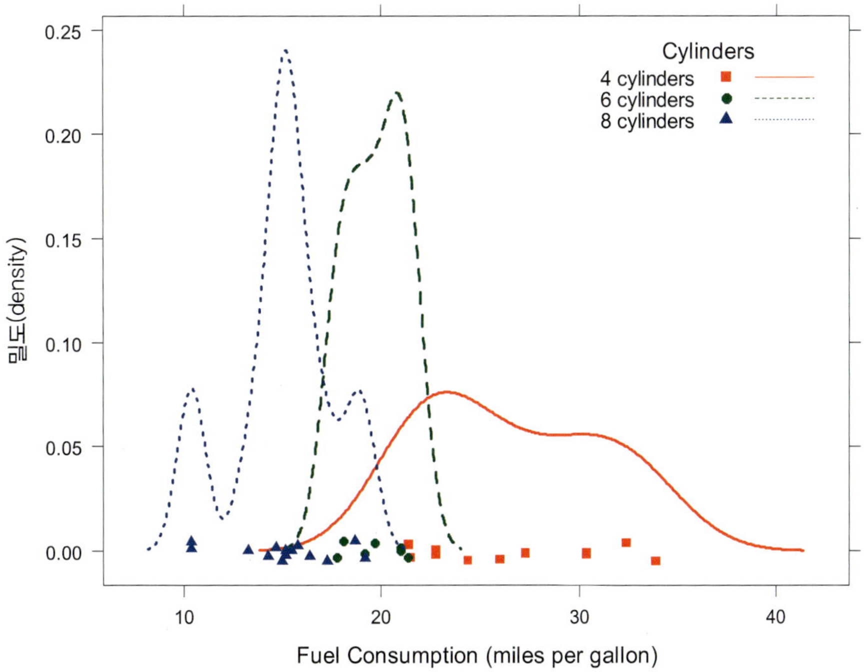


```
> colors = c("red", "darkgreen", "blue")
> lines = c(1,2,3)
> points = c(15,16,17)
> densityplot( ~ mpg, groups=cyl, data=mtcars,
+             pch=points, lty=lines, col=colors, lwd=2, jitter=0.005,
+             xlab="Fuel Consumption (miles per gallon)",
+             key=list(title="Cylinders", x=0.65, y=0.8, corner=c(0,0),
+                      text=list(levels(mtcars$cyl)),
+                      points=list(pch=points, col=colors),
+                      lines=list(col=colors, lty=lines),
+                      cex.title=1, cex=.9))
```

[그림 11-31]의 그래프에는 범례가 그래프 내부에 위치하고 있다. key 인수를 이용하여 범례의 위치 및 속성을 보다 다양하게 설정할 수 있다. key 인수에는 세부 속성을 리스트 형식으로 지정한다. x, y, corner 인수를 이용하여 범례의 위치를 지정한다. x, y 인수에는 플롯 영역에서의 범례 상자의 위치를 0에서 1 사이의 값으로 지정한다. x=0, y=0은 좌하단, x=1, y=1은 우상단을 의미한다.

범례 상자의 어느 모서리가 x, y의 지정된 위치에 놓여지는가는 corner 인수에 지정한다. 범례 상자의 모서리는 보통 c(0,0), c(1,0), c(1,1), c(0,1)을 지정한다. 지금의 예처럼 x=0.65, y=0.8, corner=c(0,0)을 지정하면 범례 상자의 좌하단 모서리가 그래프 내부(즉 플롯 영역)의 X축 0.65 및 Y축 0.8의 위치에 놓여진다. 범례 제목 및 제목의 크기는 title과 cex.title 인수에 지정하고 cex 인수에는 범례 레이블의 크기를 지정한다. points 인수와 lines 인수에는 점과 선의 유형 및 색상을 지정한다. jitter 인수를 이용하여 점이 가능한 겹치지 않도록 미세한 위치 조정을 할 수 있다.

lattice 패키지에 포함되어 있는 singer 데이터셋을 이용하여 몇 가지 인수를 추가한 히스토그램과 밀도도표를 그려보자. 다음과 같이 합창단원의 성부(voice.part)별로 키(height)의 히스토그램을 그릴 수 있다. 생성된 히스토그램은 [그림 11-32]와 같다.

```
> histogram( ~ height | voice.part, data=singer, nint=17, col="pink",
+            endpoints=c(59.5, 76.5), layout=c(4,2), aspect=1.2,
+            xlab="Height (inches)", ylab="Percent")
```

[그림 11-32] 히스토그램. col, endpoints, aspect 인수에는 색상, 범위, 패널비율을 지정한다.

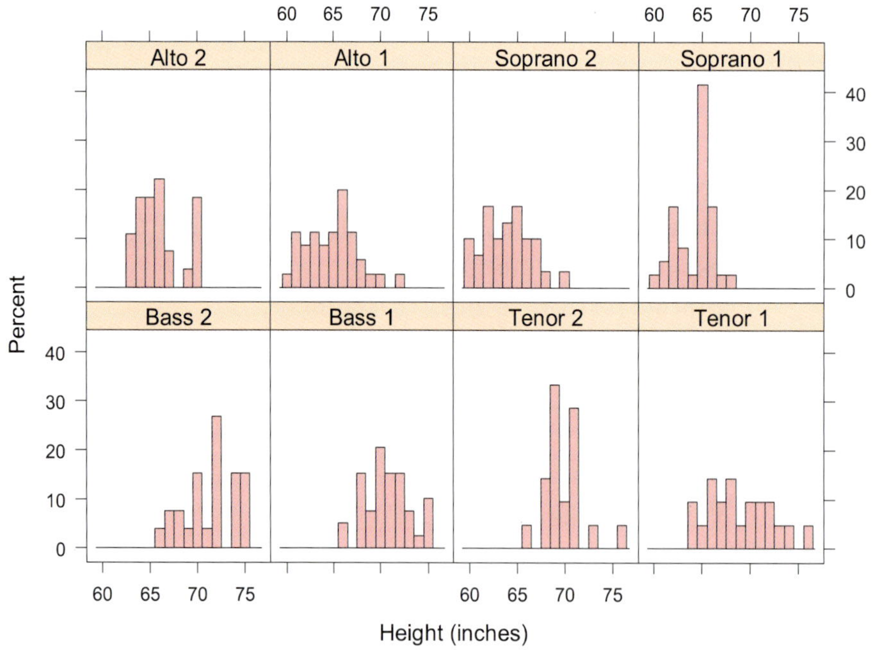

히스토그램의 막대 색상은 col 인수에 지정한다. endpoints 인수에는 히스토그램에 의해 표현되는 x 값의 범위를 두 개의 숫자로 지정한다. nint 인수는 구간(bin)의 개수를 나타낸다. aspect 인수에는 패널의 형상비를 높이 대 너비 비율로 지정한다. aspect 인수를 지정하지 않으면 기본값으로 aspect="fill"이 적용되며 이용 가능한 공간을 최대로 활용하여 패널의 크기를 가능한 크게 만든다.

이번에는 다음과 같이 합창단원의 성부(voice.part)별로 각각의 패널에 키(height)의 밀도도표를 그려볼 수 있다. 생성된 밀도도표는 [그림 11-33]과 같다.

```
> densityplot( ~ height | voice.part, data=singer, layout=c(2,4),
+              xlab="Height (inches)", ylab="Density", bw=5)
```

여기에서 bw 인수는 히스토그램의 확률밀도를 부드럽게 곡선화시켜 주는 정도(smoothing bandwidth)를 나타내는 커널 함수의 패러미터이다. bw 인수에 큰 값을 지정할수록 더 완만한(즉 표준편차가 더 큰) 곡선 형태의 밀도도표가 생성된다.9

9 densityplot() 함수는 내부적으로 커널밀도를 추정하는 density() 함수를 호출한다. densityplot() 함수에 지정된 bw 인수는 density() 함수의 인수로 사용된다.

[그림 11-33] 밀도도표. bw 인수에는 커널 함수 패러미터를 지정한다.

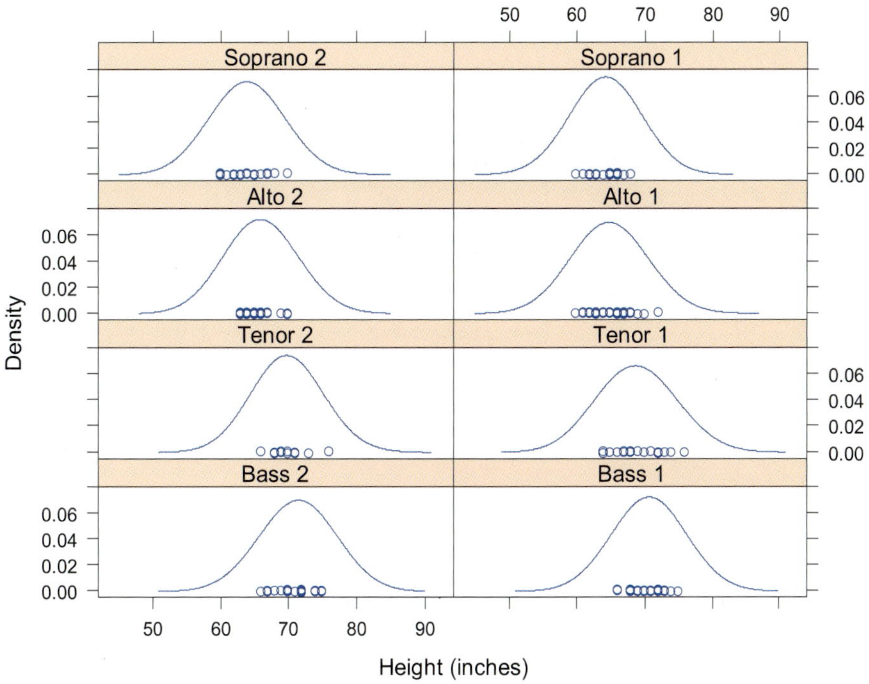

점도표와 스트립도표

점도표와 스트립도표(strip plot)는 데이터값을 수평선 위에 점으로 나타내며 각각 dotplot() 함수와 stripplot() 함수를 이용하여 생성한다. 인수 지정 방식은 lattice 패키지의 다른 그래픽 함수와 동일하다. lattice 패키지에 포함된 barley 데이터셋을 이용하여 다음과 같이 재배지별로 품종과 수확량 간의 관계(variety ~ yield | site)를 점도표로 그릴 수 있다. 연도는 집단변수로 지정되어 (groups=year) 각 패널 내에서 데이터값이 연도로 구분된다. 생성된 그래프는 [그림 11-34]와 같다.

```
> dotplot(variety ~ yield | site, data=barley, groups=year,
+         layout=c(3,2), aspect=1,
+         key=simpleKey(levels(barley$year), space="right"),
+         xlab="Barley Yield (bushels/acre) ")
```

스트립도표도 점도표와 유사한 방식으로 데이터값을 수평선 위에 배치한다. 그러나 점도표와 다르게 수평선을 그리지는 않는다. lattice 패키지에 포함되어 있는 singer 데이터셋을 이용하여 다음과 같이 성부(voice.part)별 키(height)의 분포를 스트립도표로 그릴 수 있다. stripplot() 함수는 dotplot() 함수와 달리 jitter() 함수를 이용할 수 있어서 같은 값을 갖는 데이터가 여러 번

[그림 11-34] 점도표. dotplot() 함수는 점도표를 생성한다.

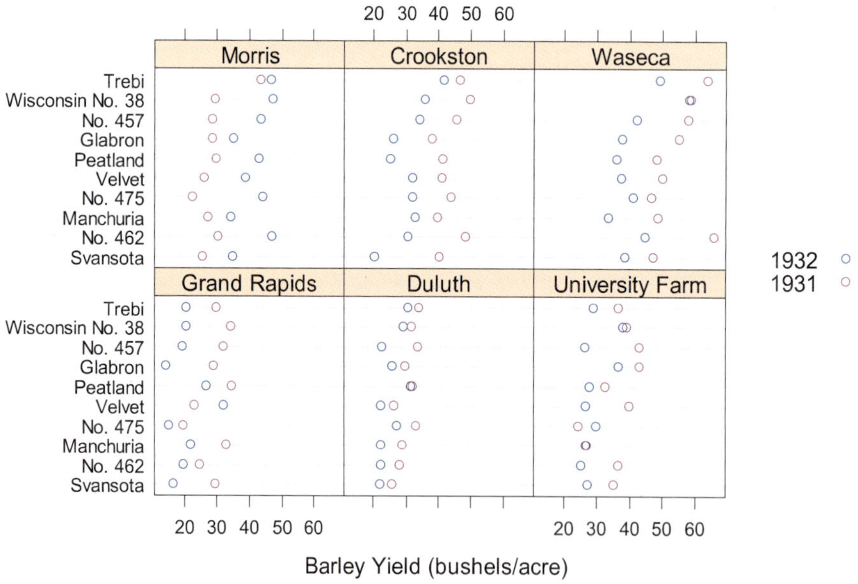

[그림 11-35] 스트립도표. stripplot() 함수는 스트립도표를 생성한다.

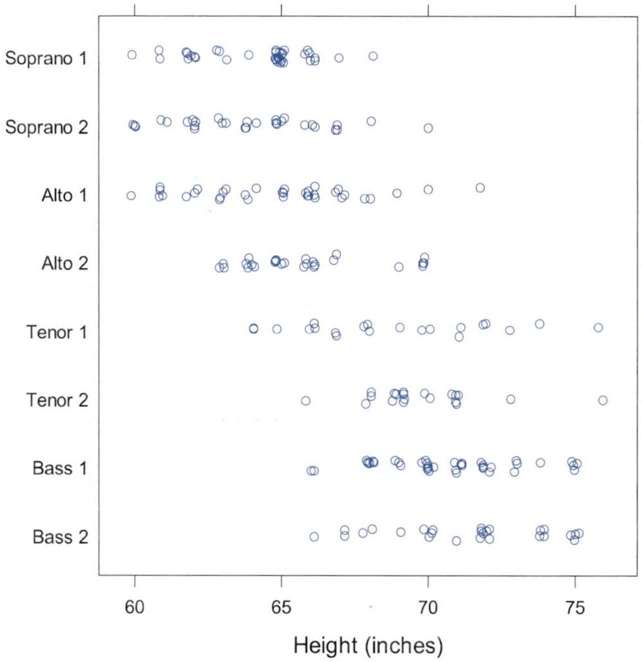

겹쳐서 그려지는 것을 피할 수 있다. jitter() 함수는 데이터값에 아주 작은 값을 더해줌으로써 그래프 생성 시 동일한 위치에 중복해서 그려지지 않도록 한다. 데이터값에 jitter() 함수를 적용할 경우에는 jitter.data=TRUE를 지정한다. 다음 코드는 [그림 11-35]와 같은 스트립도표를 생성한다.

```
> stripplot(voice.part ~ jitter(height), data=singer, aspect=1,
+           jitter.data=TRUE, xlab="Height (inches)")
```

그래프 패러미터의 글로벌 설정

베이스 그래픽에서는 par() 함수를 이용하여 그래프 패러미터의 기본 설정값을 변경할 수 있다. 그러나 lattice 그래픽에서는 par() 함수가 동작하지 않는다. lattice 그래픽의 그래프 패러미터 기본 설정값은 trellis.par.get() 함수를 통해 확인할 수 있으며 trellis.par.set() 함수를 통해 변경할 수 있다. show.settings() 함수는 현재의 그래프 패러미터 설정 상태를 [그림 11-36]과 같이 그래프로 보여준다.

[그림 11-36] lattice 그래픽의 그래프 패러미터 설정. show.settings() 함수는 현재의 그래프 패러미터 설정 상태를 시각적으로 보여준다.

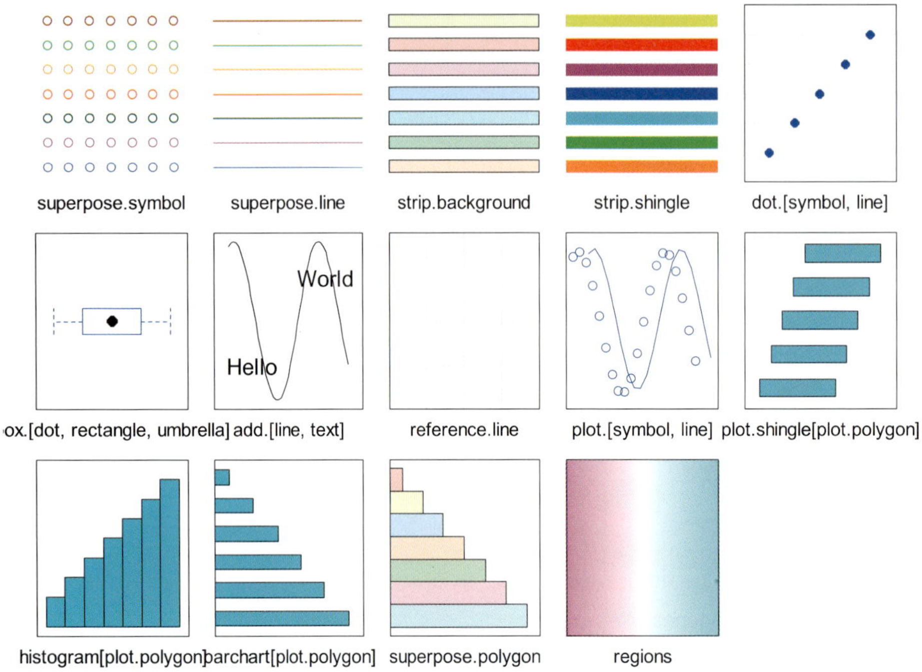


```
> show.settings()
```

그래프상에서 집단을 구분하는 데 사용하는 심볼의 설정을 변경해보자. 즉 groups 인수를 이용하여 그래프를 생성할 때 집단을 구분하는 심볼의 기본 설정값을 변경한다. [그림 11-36]의 show.settings() 함수의 실행 결과 그래프를 보면 기본 설정값은 속이 빈 원이다(superpose.symbol). 다음과 같이 현재의 그래프 패러미터 설정값을 리스트 객체로 저장하고 names() 함수를 이용하여 그래프 패러미터 원소를 추출할 수 있다.

```
> mysettings <- trellis.par.get()
> names(mysettings)
 [1] "grid.pars"        "fontsize"        "background"     "panel.background"
 [5] "clip"             "add.line"        "add.text"       "plot.polygon"
 [9] "box.dot"          "box.rectangle"   "box.umbrella"   "dot.line"
[13] "dot.symbol"       "plot.line"       "plot.symbol"    "reference.line"
[17] "strip.background" "strip.shingle"   "strip.border"   "superpose.line"
```

```
[21] "superpose.symbol"  "superpose.polygon" "regions"          "shade.colors"
[25] "axis.line"         "axis.text"         "axis.components" "layout.heights"
[29] "layout.widths"     "box.3d"            "par.title.text"  "par.xlab.text"
[33] "par.ylab.text"     "par.zlab.text"     "par.main.text"   "par.sub.text"
```

집단구분 심볼은 superpose.symbol 원소에 저장되어 있으며 현재 속이 빈 원(pch=1)으로 설정되어 있다. 여기에서는 모두 일곱 개의 레벨이 동일한 값으로 정의되어 있다. 집단의 레벨 개수가 이를 넘으면 재사용된다.

```
> mysettings$superpose.symbol
$alpha
[1] 1 1 1 1 1 1 1

$cex
[1] 0.8 0.8 0.8 0.8 0.8 0.8 0.8

$col
[1] "#0080ff"   "#ff00ff"   "darkgreen" "#ff0000"   "orange"   "#00ff00"   "brown"

$fill
[1] "#CCFFFF" "#FFCCFF" "#CCFFCC" "#FFE5CC" "#CCE6FF" "#FFFFCC" "#FFCCCC"

$font
[1] 1 1 1 1 1 1 1

$pch
[1] 1 1 1 1 1 1 1
```

다음과 같이 집단구분 심볼을 변경할 수 있다. 집단변수의 첫 번째 레벨은 심볼 1(속이 빈 원)로, 두 번째 레벨은 심볼 2(속이 빈 삼각형)로, 세 번째 레벨은 심볼 3(십자) 등으로 출력된다. 이런 식으로 집단변수의 각 레벨은 1~10까지의 심볼로 출력된다.

```
> mysettings$superpose.symbol$pch <- c(1:10)
> trellis.par.set(mysettings)
> mysettings$superpose.symbol$pch
[1]  1  2  3  4  5  6  7  8  9 10
```

[그림 11-37] 그래프 패러미터 설정 변경. superpose.symbol 원소의 변경을 통해 집단을 구분하는 심볼을 세 종류의 도형(원, 삼각형, 십자)으로 변경한다.

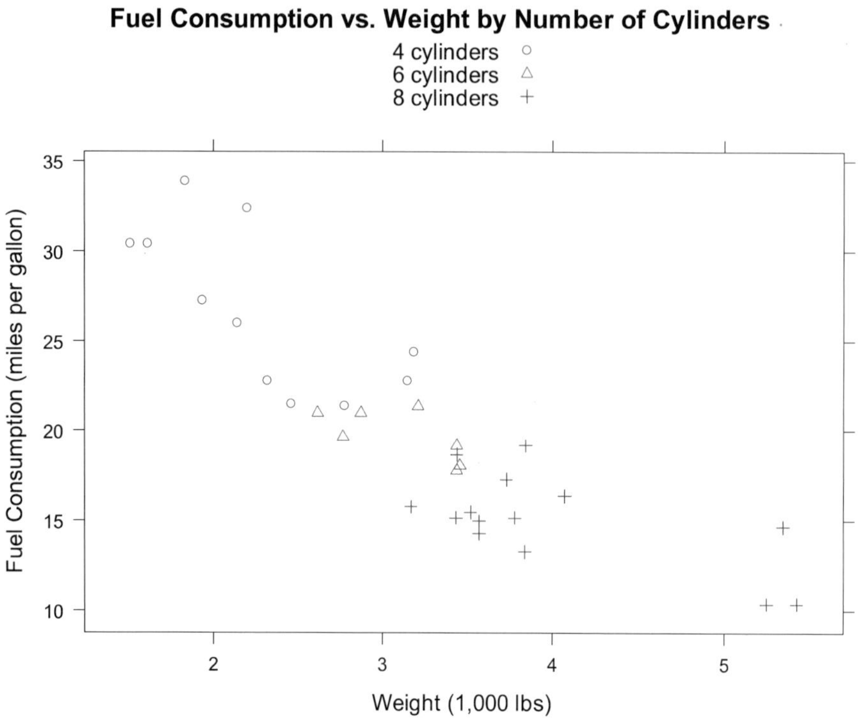

show.settings() 함수를 이용하면 변경된 결과를 확인할 수 있다. 다음과 같이 [그림 11-15]의 산점도를 다시 생성해보자. 그래프 생성 결과는 [그림 11-37]과 같다. 집단을 구분하는 심볼이 한 종류의 도형(원)에서 세 종류의 도형(원, 삼각형, 십자)으로 변경되었다.

```
> data(mtcars)
> mtcars$cyl <- factor(mtcars$cyl, levels=c(4, 6, 8),
+                      labels=c("4 cylinders", "6 cylinders", "8 cylinders"))
> xyplot(mpg ~ wt, data=mtcars, groups=cyl,
+        main="Fuel Consumption vs. Weight by Number of Cylinders",
+        xlab="Weight (1,000 lbs)",
+        ylab="Fuel Consumption (miles per gallon)",
+        auto.key=TRUE)
```

그래프 배치 및 저장

베이스 그래픽에서는 par() 함수를 이용하여 하나의 그래프 창에 여러 개의 그래프를 배치할 수 있다. 그러나 lattice 그래픽에는 par() 함수를 적용할 수 없기 때문에 여러 개의 그래프를 하나로 결합하기 위해서는 다른 접근 방법이 필요하다. 여러 개의 lattice 그래프를 하나의 그래프 창에 배치하는 방법 중의 하나로 lattice 그래프를 객체로 저장한 후 이를 plot() 함수의 split 인수나 position 인수를 이용하여 배치하는 방법이 있다.

예를 들어, 다음과 같이 두 개의 lattice 그래프를 split 인수 지정을 통해 배치하면 [그림 11-38]과 같은 그래프를 얻을 수 있다. split 인수는 c(x, y, nx, ny)와 같이 네 개의 정수를 벡터로 지정한다. 이는 X축상으로 nx개(즉 열의 개수가 nx개), Y축상으로 ny개(즉 행의 개수가 ny개)의 그래프가 배열되는 레이아웃에서 현재 그래프를 x, y 위치에 배치하라는 의미이다(시작점은 좌상단). 10

10 인수 지정에 대한 좀 더 자세한 내용은 trellis 그래픽 객체 생성의 도움말(?print.trellis)을 참고한다.

[그림 11-38] 복수의 그래프 배치. plot() 함수의 split 인수를 이용하여 여러 개의 그래프를 하나의 그래프 창에 배치한다.

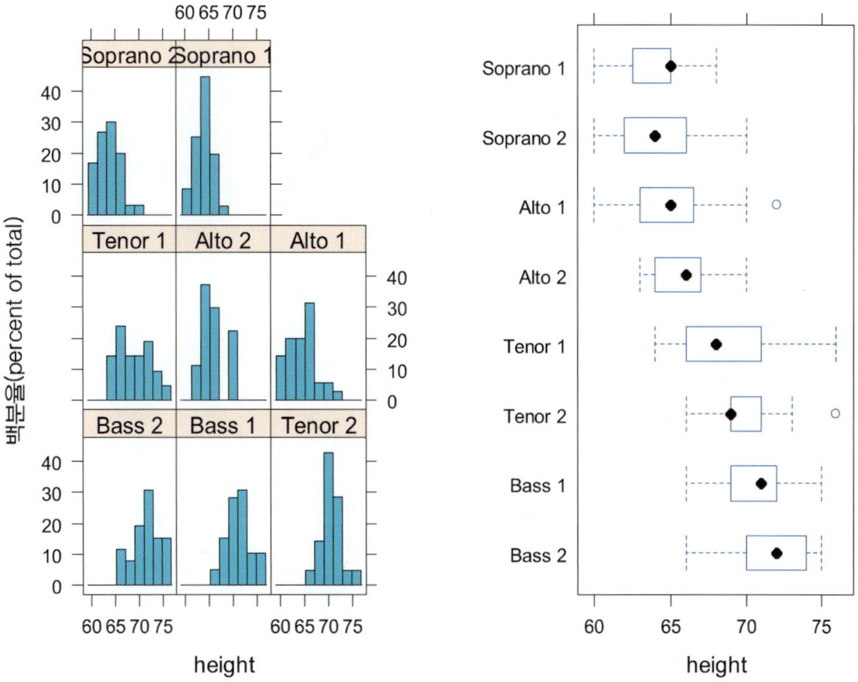

```
> g1 <- histogram(~ height | voice.part, data=singer)
> g2 <- bwplot(voice.part ~ height, data=singer)
> plot(g1, split=c(1, 1, 2, 1))
> plot(g2, split=c(2, 1, 2, 1), newpage=FALSE)
```

첫 번째 plot() 함수는 그래프 창을 두 개의 열과 한 개의 행으로 분할하고 첫 번째 열과 첫 번째 행에 그래프를 배치한다. 두 번째 plot() 함수는 그래프 창을 동일한 방식으로 분할하고 두 번째 열과 첫 번째 행에 그래프를 배치한다. plot() 함수는 기본적으로 새로운 그래프 창을 구동하기 때문에 newpage=FALSE를 지정하여 두 번째 plot() 함수에서 기존 그래프 창을 그대로 유지하도록 한다.

plot() 함수의 position 인수는 배치되는 그래프의 위치 및 크기에 대한 좀 더 정교한 설정이 가능하다. position 인수는 c(xmin, ymin, xmax, ymax)와 같이 네 개의 숫자를 벡터로 지정한다. 네 개의 숫자는 0에서 1 사이의 값을 가지며 그래프가 배치될 사각형 공간의 좌하단과 우상단을 가리키는 x, y 좌표를 나타낸다. 예를 들어, 다음 코드는 세 개의 lattice 그래프를 [그림 11-39]와 같은 레이아웃으로 배치한다.

[그림 11-39] 복수의 그래프 배치. plot() 함수의 position 인수를 이용하여 그래프의 크기 및 위치에 대한 정교한 설정을 할 수 있다.

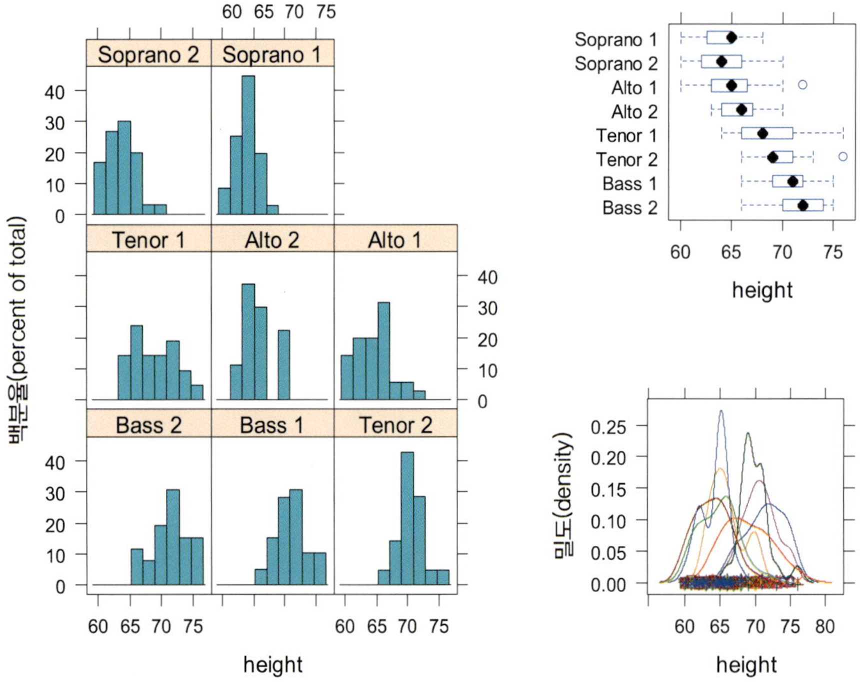

```
> g1 <- histogram(~ height | voice.part, data=singer)
> g2 <- bwplot(voice.part ~ height, data=singer)
> g3 <- densityplot( ~ height, groups=voice.part, data=singer)
> plot(g1, position=c(0, 0, 0.6, 1))
> plot(g2, position=c(0.6, 0.5, 1, 1), newpage=FALSE)
> plot(g3, position=c(0.6, 0, 1, 0.5), newpage=FALSE)
```

하나의 그래프 창에 여러 개의 lattice 그래프를 배치하는 또다른 방법은 gridExtra 패키지의 grid.arrange() 함수를 이용하는 것이다. grid.arrange() 함수에 배치할 그래프를 차례대로 지정하고 nrow 인수와 ncol 인수에 레이아웃 구조를 나타낼 행의 개수와 열의 개수를 지정한다. 다음 코드는 [그림 11-38]과 동일한 레이아웃을 갖는 그래프를 생성한다.

```
> g1 <- histogram(~ height | voice.part, data=singer)
> g2 <- bwplot(voice.part ~ height, data=singer)
> library(gridExtra)
> grid.arrange(g1, g2, ncol=2)
```

arrangeGrob() 함수로 그래프를 묶은 다음 다시 이를 grid.arrange() 함수로 배치하면 좀 더 다양한 레이아웃 구조의 그래프를 생성할 수 있다. grid.arrange() 함수에는 추가로 widths 인수와 heights 인수를 지정할 수 있다. 각각 배치될 그래프의 X축과 Y축에서의 상대적 크기를 나타낸다. 다음 코드는 [그림 11-39]와 동일한 레이아웃을 갖는 그래프를 생성한다.

```
> g1 <- histogram(~ height | voice.part, data=singer)
> g2 <- bwplot(voice.part ~ height, data=singer)
> g3 <- densityplot( ~ height, groups=voice.part, data=singer)
> grid.arrange(g1, arrangeGrob(g2, g3, nrow=2, heights=c(0.5, 0.5)),
+              ncol=2, widths=c(0.6, 0.4))
```

이제 끝으로 lattice 그래프를 파일로 저장하는 방법을 살펴보자. lattice 그래프는 '제10장 그래픽'에서 다룬 표준적인 그래프 저장 방법과 유사한 절차로 저장할 수 있다. 그래프를 생성한 후 png(), jpeg(), pdf(), postscript() 같은 그래프 파일 오픈 함수를 호출한다. 그런 다음 print() 함수를 이용하여 lattice 그래프를 출력한다. 끝으로 dev.off() 함수를 호출하여 그래프 파일을 닫는다.

```
> myxyplot <- xyplot(mpg ~ wt | factor(cyl), data=mtcars)
> png("myplot.png", width=648, height=432)
> print(myxyplot)
> dev.off()
windows
      2
```

일반적인 그래프 파일 오픈 함수 대신에 `lattice` 패키지에 최적화된 `trellis.device()` 함수를 이용하면 동일한 작업을 좀 더 효과적으로 수행할 수 있다. `device` 인수에 저장하려는 그래프 포맷을 지정한다. pdf, postscript, png, jpeg 등을 사용할 수 있다. `filename` 인수에는 저장할 파일 이름을 지정한다.

```
> myxyplot <- xyplot(mpg ~ wt | factor(cyl), data=mtcars)
> trellis.device(device="png", filename="myplot.png")
> print(myxyplot)
> dev.off()
windows
      2
```

11.2 ggplot2 패키지

`ggplot2` 패키지는 `lattice` 패키지와 마찬가지로 그리드 그래픽 시스템을 기반으로 하고 있다. 하지만 그래프를 생성하는 데 있어서 베이스 그래픽은 물론 `lattice` 패키지와도 완전히 다른 새로운 사고방식으로 접근한다. `ggplot2`의 'gg'는 'grammar of graphics'를 의미하며 언어의 문법 구조처럼 체계적이고 포괄적인 그래프 문법 구조를 기반으로 그래프를 생성하고자 하는 의도를 담고 있다. `ggplot2` 패키지는 이러한 그래프 문법 구조를 바탕으로 통일된 규칙에 따라 일관된 방식으로 그래프를 생성할 수 있으며 때로는 새롭고 창의적인 형태의 그래프를 생성할 수 있다.

`ggplot2` 패키지는 R의 표준패키지에 포함되어 있지 않기 때문에 사용을 위해서는 우선 패키지를 다운로드받아 설치해야 한다. 설치한 후 사용하기 전에 `library()` 함수를 이용하여 메모리에 적재한다.

그래프 생성

ggplot2 패키지에서는 덧셈 기호(+)를 이용하여 일련의 그래프 생성 함수들을 연결하는 방식으로 그래프를 생성한다. + 기호로 연결된 각 함수는 마치 덧셈을 하듯이 이전 함수에 의해 생성된 그래프를 차례대로 업데이트하여 최종 그래프를 완성한다.

R 표준패키지에 포함된 mtcars 데이터셋을 이용하여 32개 자동차 모델의 연비(mpg)와 자동차 무게(wt) 간의 관계를 산점도로 그려보자. 다음과 같이 세 개의 함수를 연결하여 [그림 11-40]과 같은 산점도를 생성할 수 있다.

```
> library(ggplot2)
> ggplot(data=mtcars, mapping=aes(x=wt, y=mpg)) +
+   geom_point() +
+   labs(title="Fuel Consumption vs. Weight",
+        x="Weight (1,000 lbs)", y="Fuel Consumption (miles per gallon)")
```

[그림 11-40] **ggplot2 패키지의 geom 함수 예.** geom_point() 함수는 연비와 자동차 무게 간의 산점도를 생성한다.

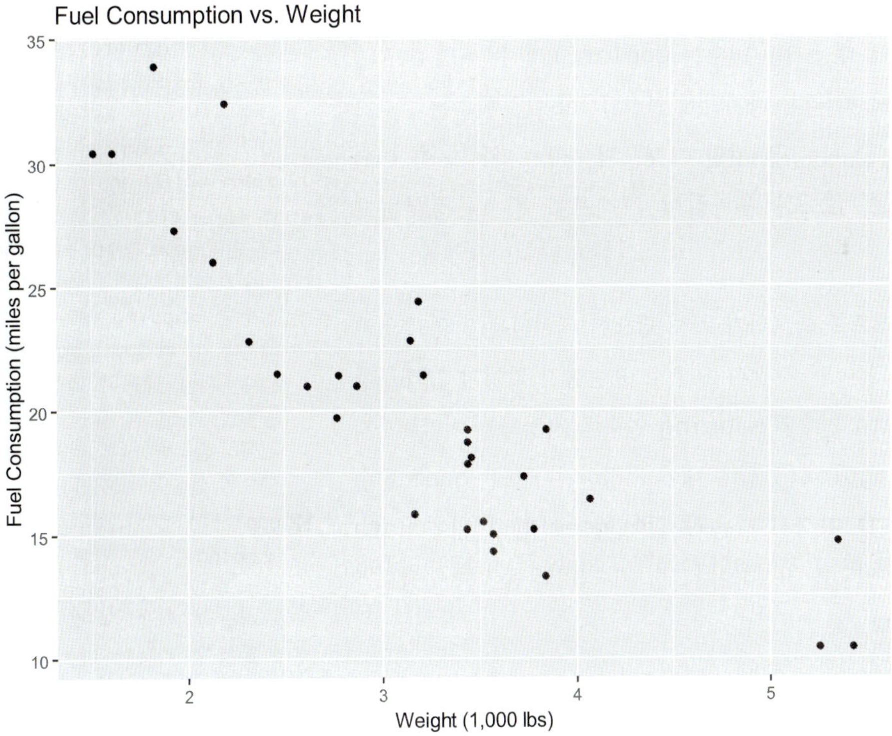

그래프가 어떻게 생성되는지 코드를 각 함수별로 분해해보자. ggplot() 함수는 그래프를 초기화하고 사용할 데이터셋(mtcars)과 그래프상에서의 변수(wt, mpg)의 역할을 설정한다. 데이터셋은 데이터프레임 형식이어야 하며 data 인수에 지정한다. 각 변수가 그래프상에서 어떤 모습으로 표현되는지는 aes() 함수를 이용하여 mapping 인수에 지정한다. 즉 데이터와 그래프의 시각적 요소 간의 대응(mapping) 관계를 지정한다. 그래프의 시각적 요소는 에스테틱(aesthetic)이라고 하며 심볼, 선, 색상, 위치 등 그래프상에 표현되는 모든 것을 의미한다. 여기에서는 aes() 함수의 x 인수와 y 인수에 그래프의 X축과 Y축에 배치될 변수를 지정함으로써 변수와 축 간 관계를 설정한다. wt 값은 X축에 대응되고 mpg 값은 Y축에 대응된다. 이 밖에도 aes() 함수를 이용하여 데이터에 포함된 각 변수를 집단, 색상, 심볼 등으로 대응시켜 시각적으로 표현할 수 있다.

ggplot() 함수는 그래프 생성 환경을 초기화하는 역할을 수행하지만 그 자체로는 그래프의 시각적 결과물을 만들지 못한다. 실제 그래프는 점, 선, 막대, 상자 등의 기하객체(geometric object, ggplot2에서는 geom 객체라고 함)를 이용하여 생성된다. 하나 이상의 geom 함수(geom function)가 기하객체를 그래프상에 그려줌으로써 그래프의 시각적 결과물이 완성된다. 예를 들어, 여기에서는 geom_point() 함수가 그래프상에 점을 그림으로써 산점도를 생성한다. 산점도상에서 X축과 Y축에 대응되는 변수는 ggplot() 함수 내의 aes() 함수의 인수 지정을 따른다. 마지막에 연결된 labs() 함수는 그래프 자체를 생성하는 함수는 아니지만 그래프의 제목이라든가 축 이름 등과 같은 그래프 요소를 추가하여 그래프를 좀 더 풍부하게 만든다.

geom 함수는 그래프를 생성하기 위해 필요한 데이터셋을 갖고 있고 데이터를 그래프의 어떤 시각적 요소로 표현할지 알아야 그래프를 그릴 수 있다. data 인수와 mapping 인수에 지정되는 이 두 가지 요소는 앞서처럼 ggplot() 함수 내에 지정하거나 또는 geom 함수 자체에 지정한다.[11] 따라서 다음과 같이 geom 함수 내에 data 인수와 mapping 인수를 지정하여 [그림 11-40]과 동일한 산점도를 생성할 수 있다.[12]

11 data 인수와 mapping 인수를 ggplot() 함수 내에 지정하면 연결된 geom 함수로 그 내용이 상속되어 전달되므로 geom 함수에 추가로 지정할 필요는 없다. 하지만 ggplot() 함수 내에 인수가 지정되어 있어도 geom 함수에서 이를 재지정할 수 있다. 만약 geom 함수에 data 인수가 지정되면 ggplot() 함수에 지정된 data 인수는 무시된다. 만약 geom 함수에 mapping 인수가 지정되면 ggplot() 함수의 mapping 인수 지정 내용에 geom 함수의 mapping 인수 지정 내용이 추가된다. 동일한 에스테틱 대응 관계의 지정이 중복해서 나타나면 geom 함수의 설정이 사용된다.

12 ggplot() 함수 내에서는 data, mapping 순서로 지정하나 geom 함수 내에서는 mapping, data 순서로 지정한다. 인수 이름을 사용하여 지정할 때는 문제 없으나 인수 이름 없이 지정할 때는 이 순서를 지켜야 한다.

```
> ggplot() +
+   geom_point(mapping=aes(x=wt, y=mpg), data=mtcars) +
+   labs(title="Fuel Consumption vs. Weight",
+        x="Weight (1,000 lbs)", y="Fuel Consumption (miles per gallon)")
```

ggplot2 패키지는 다양한 geom 함수를 제공한다. 이 geom 함수를 이용하여 우리는 원하는 형태의 그래프를 생성할 수 있다. 예를 들어, geom_bar(), geom_boxplot(), geom_density(), geom_histogram(), geom_line(), geom_point(), geom_rug(), geom_violin() 등의 geom 함수는 각각 막대도표, 상자도표, 밀도도표, 히스토그램, 선도표, 산점도, 러그도표, 바이올린 도표 등의 표준화된 유형의 다양한 그래프를 생성한다. 이 밖에도 ggplot2 패키지에는 많은 유용한 geom 함수가 있다. geom_hline() 함수와 geom_vline() 함수는 각각 수평선과 수직선을 그리며 geom_smooth() 함수는 적합선을 생성한다. geom_jitter() 함수는 점의 위치를 조금씩 이동시켜 그래프 생성 시 점들이 가능한 덜 겹치게 만든다. 그리고 geom_text() 함수를 이용하면 그래프상에 텍스트 주석을 나타낼 수 있다. 다음 코드는 ggplot2 패키지에서 제공하는 다양한 그래프의 예이다. 생성된 그래프는 [그림 11-41]과 같다.

```
> data(mtcars)
> mtcars$cyl <- factor(mtcars$cyl, levels=c(4, 6, 8),
+                      labels=c("4 cylinders", "6 cylinders", "8 cylinders"))
> ggplot(data=mtcars, mapping=aes(x=mpg)) + geom_histogram() + facet_grid(cyl ~ .) +
+   labs(title="geom_histogram()", x="Miles per Gallon")
> ggplot(data=mtcars, mapping=aes(x=cyl, y=mpg)) + geom_boxplot() +
+   labs(title="geom_boxplot()", x="Number of Cylinders", y="Miles per Gallon")
> ggplot(data=mtcars, mapping=aes(x=mpg, fill=cyl)) + geom_density(outline.type="full") +
+   labs(title="geom_density()", x="Miles per Gallon")
> ggplot(data=mtcars, mapping=aes(x=wt, y=mpg, col=cyl)) + geom_point() +
+   labs(title="geom_point()", x="Weight (1,000 lbs)", y="Miles per Gallon")
> ggplot(data=mtcars, mapping=aes(x=wt, y=mpg)) + geom_smooth() +
+   labs(title="geom_smooth()", x="Weight (1,000 lbs)", y="Miles per Gallon")
> ggplot(data=economics, mapping=aes(x=date, y=unemploy)) + geom_line() +
+   labs(title="geom_line()", x="Year", y="Number of Unemployed (thousands)")
```

geom 함수를 + 기호로 연결하면 geom 객체가 각각의 레이어(layer)를 형성하게 되고 이들이 층을 이루면서 합쳐져서 하나의 그래프로 완성된다. 예를 들어, 다음과 같이 geom_point() 함수와

[그림 11-41] **ggplot2 패키지의 geom 함수 예.** 히스토그램(geom_histogram() 함수), 상자도표(geom_boxplot() 함수), 밀도도표(geom_density() 함수), 산점도(geom_point() 함수), 적합선도표(geom_smooth() 함수), 선도표(geom_line() 함수) 등을 그릴 수 있다.

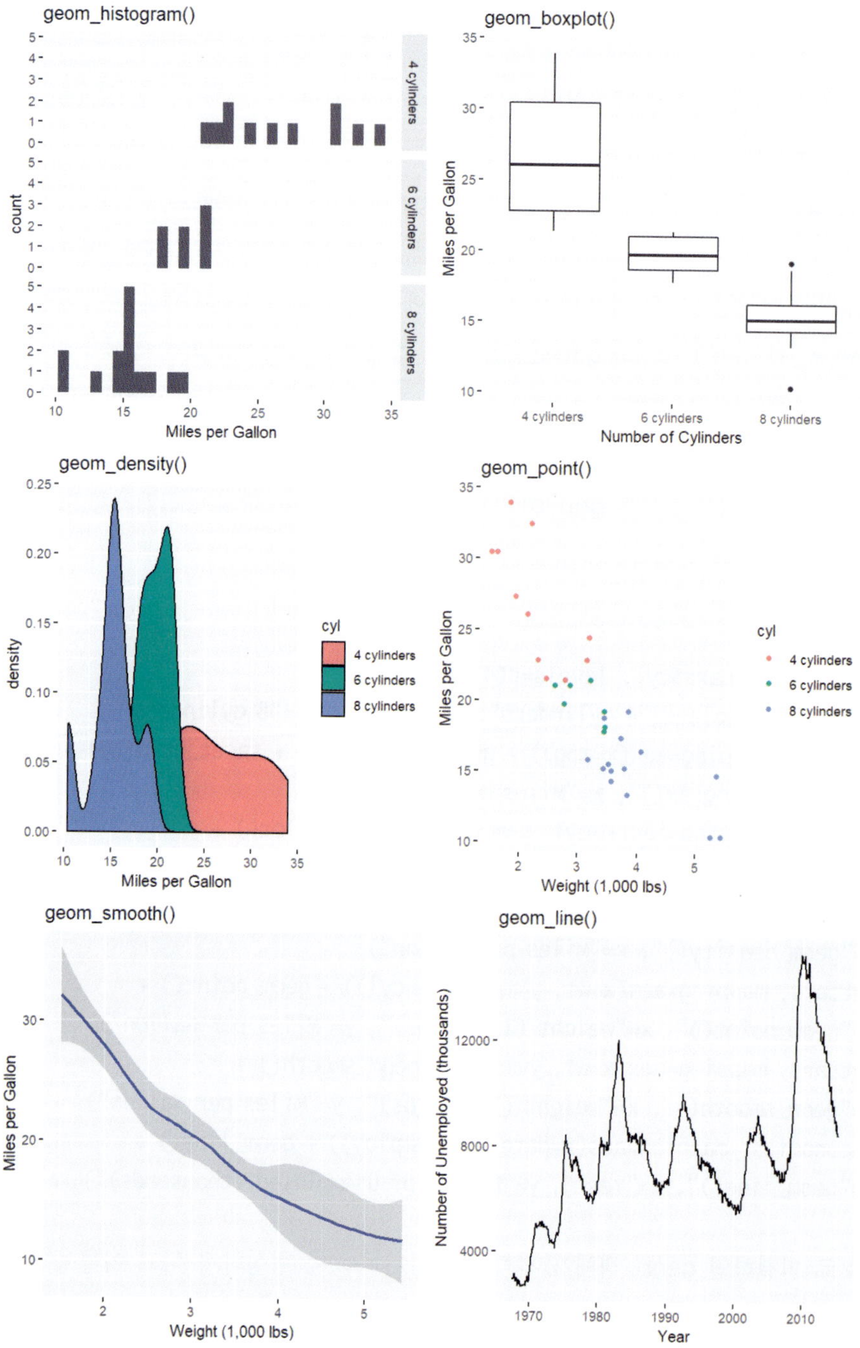

[그림 11-42] 산점도와 적합선의 결합. geom_point() 함수와 geom_smooth() 함수는 산점도 위에 적합선이 그려진 그래프를 생성한다.

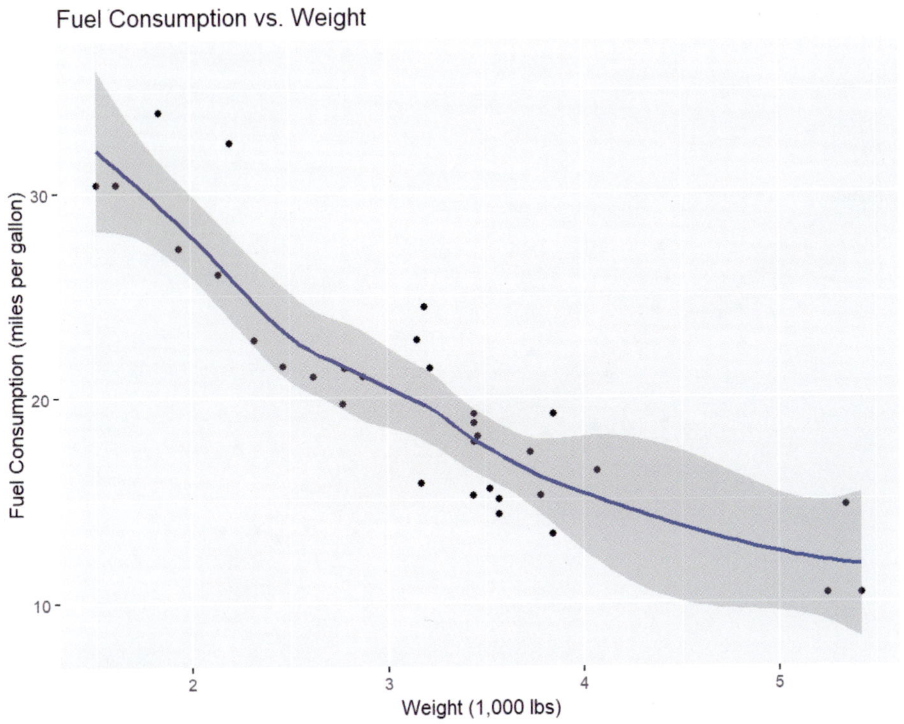

geom_smooth() 함수를 함께 사용하면 산점도 위에 적합선이 그려진 [그림 11-42]와 같은 그래프를 생성할 수 있다. 적합선에는 기본적으로 95% 신뢰구간이 함께 그려진다(적합선 주위의 회색 영역).

```
> ggplot(data=mtcars, mapping=aes(x=wt, y=mpg)) +
+   geom_point() +
+   geom_smooth() +
+   labs(title="Fuel Consumption vs. Weight",
+        x="Weight (1,000 lbs)", y="Fuel Consumption (miles per gallon)")
```

geom 객체 옵션

geom 함수에는 geom 객체를 표현하는 다양한 옵션을 인수로 지정할 수 있다. 예를 들어, 산점도 위에 적합선이 그려진 [그림 11-42]를 geom 함수에 인수 지정을 추가하여 다음과 같이 수정해보자. 생성된 그래프는 [그림 11-43]과 같다.

[그림 11-43] 산점도와 적합선의 결합. geom 함수의 인수 지정을 통해 심볼 유형 및 속성(색상, 크기), 적합선 유형 및 속성(색상, 형태, 크기) 등 그래프 요소를 다양하게 표현한다.

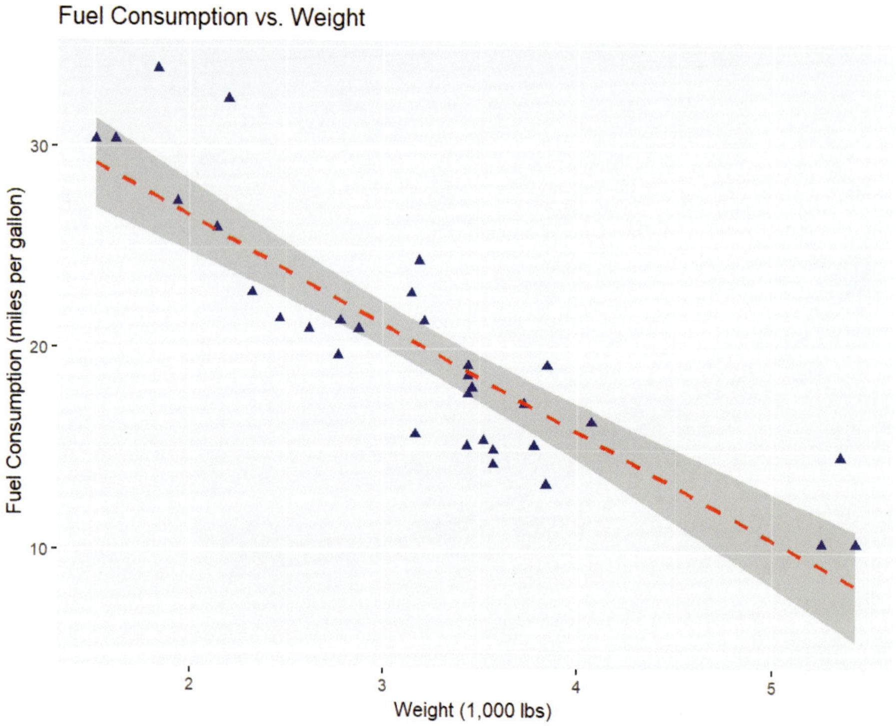


```
> ggplot(data=mtcars, mapping=aes(x=wt, y=mpg)) +
+   geom_point(pch=17, color="blue", size=2) +
+   geom_smooth(method="lm", color="red",linetype=2, size=1) +
+   labs(title="Fuel Consumption vs. Weight",
+        x="Weight (1,000 lbs)", y="Fuel Consumption (miles per gallon)")
```

geom_point() 함수의 인수 지정을 통해 심볼의 모양을 삼각형(pch=17)으로 변경하고, 심볼은 파란색(color="blue")으로 나타내며, 심볼의 크기는 표준 크기보다 두 배(size=2) 크게 표현한다. geom_smooth() 함수에 대한 인수 지정을 통해 적합선으로 선형회귀선(method="lm")이 생성되도록 한다. 회귀선은 빨간색(color="red")의 점선(linetype=2)으로 표준 크기(size=1)로 표현한다. geom_smooth() 함수의 method 인수에는 적합선의 종류를 지정할 수 있다(표본크기가 1,000보다 작을 경우 기본적으로 loess가 사용되며 1,000 이상일 때는 gam이 사용된다). 신뢰구간 영역을 나타내지 않으려면 se=FALSE를 지정한다. formula 인수에는 적합선을 추정하는 함수를 지정할 수 있다(기본값은 y ~ x이고, 이 밖에 y ~ log(x), y ~ poly(x, n) 등의 함수를 지정할 수 있다).

산점도상의 심볼 옆에 레이블을 추가해보자. 그래프상에 텍스트를 포함시키기 위해서는 geom_text() 함수를 이용한다. label 인수에는 포함시킬 텍스트를 지정한다. 텍스트가 놓여질 위치는 hjust 인수와 vjust 인수에 0과 1로 지정한다. 0과 1은 hjust 인수의 경우에는 심볼을 중심으로 텍스트가 각각 오른쪽과 왼쪽에 위치함을 나타내고 vjust 인수의 경우에는 위쪽과 아래쪽에 위치함을 의미한다. nudge_x 인수와 nudge_y 인수는 hjust 인수와 vjust 인수에 지정된 위치로부터 각각 수평 방향과 수직 방향으로 간격을 추가 조정하려고 할 때 유용하다. size 인수에는 텍스트의 크기를 지정한다. 다음 코드는 [그림 11-44]와 같이 산점도상에 레이블이 추가된 그래프를 생성한다.

```
> ggplot(data=mtcars, mapping=aes(x=wt, y=mpg)) +
+   geom_point(pch=17, color="blue", size=2) +
+   geom_smooth(method="lm", color="red",linetype=2, size=1) +
+   geom_text(label=rownames(mtcars), hjust=0, vjust=0, nudge_y=0.7, size=2) +
+   labs(title="Fuel Consumption vs. Weight",
+         x="Weight (1,000 lbs)", y="Fuel Consumption (miles per gallon)")
```

[그림 11-44] 산점도와 적합선의 결합. geom 함수의 인수 지정을 통해 산점도상의 심볼에 레이블을 추가한다.

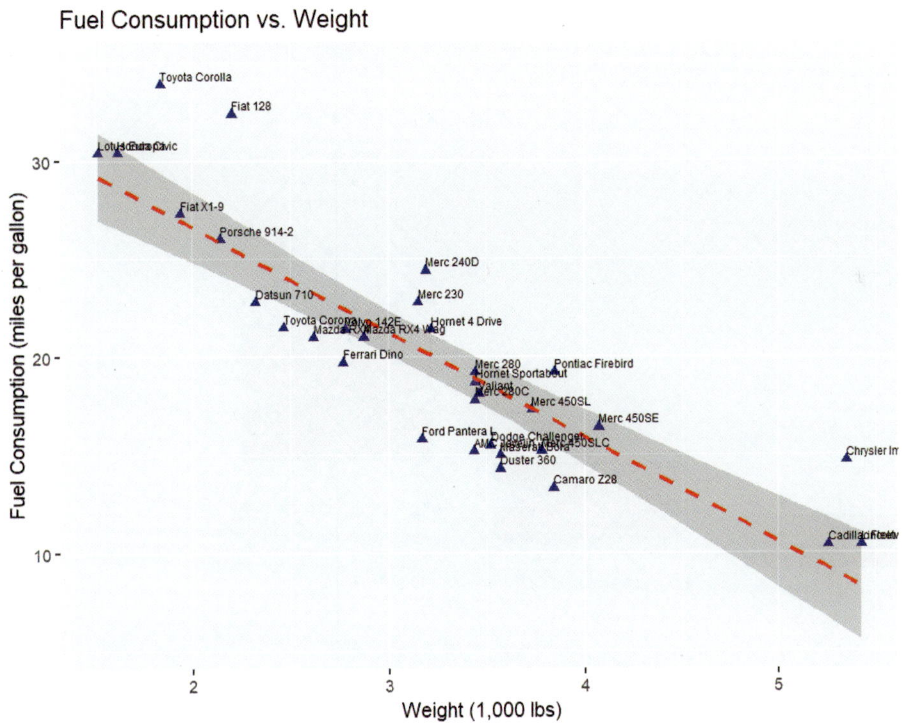

이 밖에도 geom 함수에는 geom 객체를 표현하는 다양한 옵션을 인수로 지정할 수 있다. car 패키지에 포함된 Salaries 데이터셋을 이용하여 geom 함수에서 사용할 수 있는 인수에 대해 좀 더 살펴보자. Salaries 데이터셋은 대학교수의 직급(rank)과 성별(sex)에 따른 연봉(salary) 데이터이다. 여기에는 박사학위 취득 후 경과된 기간(yrs.since.phd)과 교수 재직기간(yrs.service) 데이터도 포함되어 있다.

다음과 같이 geom_boxplot(), geom_point(), geom_rug() 함수를 차례대로 지정하여 상자도표, 산점도, 러그도표가 결합된 [그림 11-45]와 같은 그래프를 생성할 수 있다. 생성된 그래프는 대학교수의 직급별 연봉의 분포를 하나의 그래프 창에 상자도표, 산점도, 러그도표의 형태로 동시에 보여준다.

```
> library(car)
```

[그림 11-45] 상자도표, 산점도, 러그도표의 결합. geom_boxplot() 함수, geom_point() 함수, geom_rug() 함수를 결합한다.

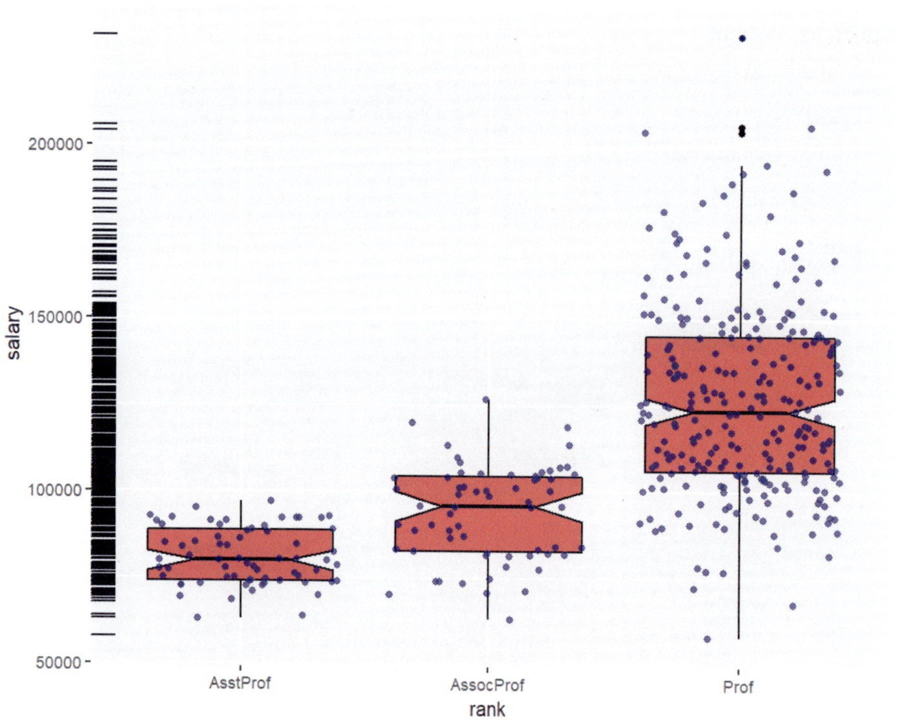

```
> str(Salaries)
'data.frame':	397 obs. of  6 variables:
 $ rank         : Factor w/ 3 levels "AsstProf","AssocProf",..: 3 3 1 3 3 2 3 3 3 ...
 $ discipline   : Factor w/ 2 levels "A","B": 2 2 2 2 2 2 2 2 2 2 ...
 $ yrs.since.phd: int  19 20 4 45 40 6 30 45 21 18 ...
 $ yrs.service  : int  18 16 3 39 41 6 23 45 20 18 ...
 $ sex          : Factor w/ 2 levels "Female","Male": 2 2 2 2 2 2 2 2 2 1 ...
 $ salary       : int  139750 173200 79750 115000 141500 97000 175000 129000 ...
> ggplot(Salaries, aes(x=rank, y=salary)) +
+   geom_boxplot(fill="coral3", color="black", notch=TRUE) +
+   geom_point(position="jitter", color="blue", alpha=0.5) +
+   geom_rug(sides="l", color="black")
```

geom_boxplot(), geom_point(), geom_rug() 함수에 지정된 인수를 좀 더 자세히 살펴보자. geom_boxplot() 함수의 fill 인수에는 상자도표의 상자 색상을 지정한다. fill 인수는 상자도표뿐만 아니라 막대도표, 히스토그램, 밀도도표 등에서 도형 내부의 색상을 지정할 때 사용할 수 있다. color 인수에는 상자의 외곽선 색상을 지정한다. 상자도표, 막대도표, 히스토그램, 밀도도표 등에서의 color 인수는 도형 외곽선의 색상을 나타내지만 산점도나 선도표에서는 심볼 또는 선의 색상을 의미한다. notch=TRUE를 지정하면 중위수에 대한 95% 신뢰구간을 표시한다. 신뢰구간은 상자의 양 옆에 V 형태의 홈으로 표시된다.

geom_point() 함수의 position 인수는 산점도의 점을 표현하는 심볼의 위치를 조정한다. position="jitter"를 지정하면 점이 겹쳐서 나타나는 것을 어느 정도 피할 수 있다. alpha 인수에는 색상의 투명도를 지정한다. 0(완전 투명)에서 1(완전 불투명) 사이의 값을 가질 수 있다. 여기에서는 0.5를 지정하여 점이 상자도표를 완전히 가리지 않도록 하였다.

geom_rug() 함수의 sides 인수에는 러그도표의 위치를 지정한다. sides="l"(left), sides="t"(top), sides="r"(right), sides="b"(bottom)를 지정할 수 있으며 이 네 문자의 조합으로 지정할 수도 있다. 예를 들어, sides="bl"을 지정하면 그래프 아래쪽과 왼쪽에 러그도표가 위치한다(sides="bl"은 기본 설정값).

ggplot2 패키지의 강점 중의 하나는 다양한 geom 함수를 결합하여 새로운 유형의 그래프를 생성할 수 있다는 점이다. lattice 패키지에 포함되어 있는 singer 데이터셋을 이용하여 바이올린도표와 상자도표가 결합된 새로운 형태의 그래프를 그려보자. 다음 코드는 성부(voice.part)별 키(height)의

[그림 11-46] 바이올린도표와 상자도표의 결합. geom_violin() 함수와 geom_boxplot() 함수를 결합한다.

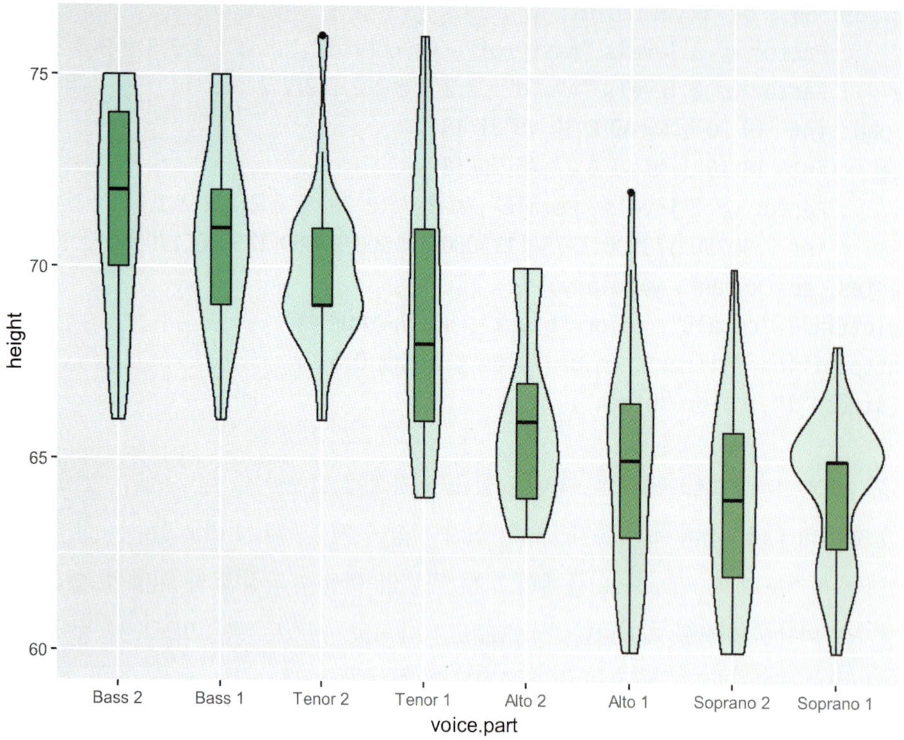

분포를 보여주는 두 개의 도표를 하나의 그래프상에 동시에 중첩하여 그려준다. 생성된 그래프는 [그림 11-46]과 같다.

```
> library(lattice)
> ggplot(singer, aes(x=voice.part, y=height)) +
+   geom_violin(fill="honeydew2") +
+   geom_boxplot(fill="lightgreen", width=0.2)
```

각 성부별 키의 범위를 나타내는 바이올린도표를 먼저 그리고 그 위에 키의 25번째, 50번째(중위수), 75번째 백분위수와 이상점을 보여주는 상자도표를 겹쳐서 그린다. 상자도표가 바이올린도표 안에 그려질 수 있도록 상자의 폭은 원래 크기의 20% 수준으로 축소한다(width=0.2).

집단별 그래프

데이터셋에서 집단은 보통 범주형 변수의 레벨로 구분된다. ggplot2 패키지에서 하나의 그래프 창에

[그림 11-47] **집단별 밀도도표.** 직급별로 대학교수 연봉의 밀도곡선을 생성하고(geom_density() 함수) 직급별 밀도도표는 내부를 채운 색상(fill=rank)에 의해 구분한다.

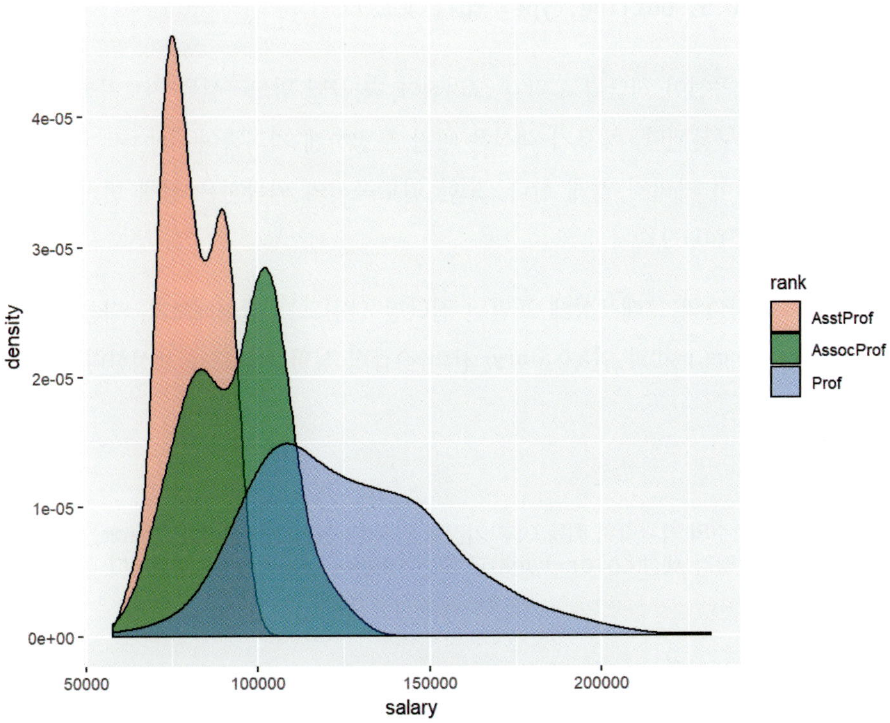

집단별 그래프를 겹쳐서 그리기 위해서는 집단변수(팩터)를 그래프상의 시각적 특성(도형, 점/선 색상, 채우기 색상, 선 유형 등)에 대응시킨다. 예를 들어, 세 개의 집단으로 구분된 데이터셋이 있을 때 세 집단을 각각 빨간색, 초록색, 파란색으로 표현한다거나, 각각 원형, 삼각형, 사각형으로 나타낼 수 있다. ggplot() 함수 내의 aes() 함수는 각 변수를 그래프상에서의 역할(즉 그래프상의 시각적 특성)에 대응시킨다. aes() 함수를 이용하여 집단변수를 표현하려는 시각적 특성에 연결시킴으로써 하나의 그래프 창에 겹쳐 그려진 집단별 그래프를 생성할 수 있다.

car 패키지에 포함된 Salaries 데이터셋을 이용하여 다양한 방식으로 집단별 그래프를 그려보자. 우선 하나의 집단변수에 의해 집단이 구분된 밀도도표를 살펴본다. 다음 코드는 [그림 11-47]과 같은 직급(rank: 조교수(assistant professor), 부교수(associate professor), 정교수(full professor))에 따른 연봉(salary)의 밀도도표를 생성한다.

```
> library(car)
> ggplot(Salaries, aes(x=salary, fill=rank)) +
+   geom_density(alpha=0.5, outline.type="full")
```

하나의 그래프상에 세 개의 밀도곡선이 직급별로 각각 그려진다. 직급별 밀도곡선은 밀도곡선 내부를 채운 색상(fill=rank)에 의해서 구분된다. 채우기 색상은 약간 투명하게 처리하여(alpha=0.5) 겹쳐진 밀도곡선의 내부가 서로를 완전히 가리지 않게 한다. 또한 밀도곡선의 외곽선은 전체 면적을 모두 감싸도록 그린다(outline.type="full").

이번에는 두 개의 집단변수가 하나의 그래프상에 표현된 집단별 산점도를 생성해보자. 다음 코드는 박사학위 취득 이후 기간(yrs.since.phd)과 연봉(salary) 간의 직급별 성별 산점도를 생성한다. 생성된 그래프는 [그림 11-48]과 같다.

[그림 11-48] 집단별 산점도. 대학교수의 박사학위 취득 이후 기간과 연봉 간 산점도를 생성하고(geom_point() 함수) 직급과 성별을 각각 색상(color=rank)과 도형(shape=sex)에 의해 구분한다.

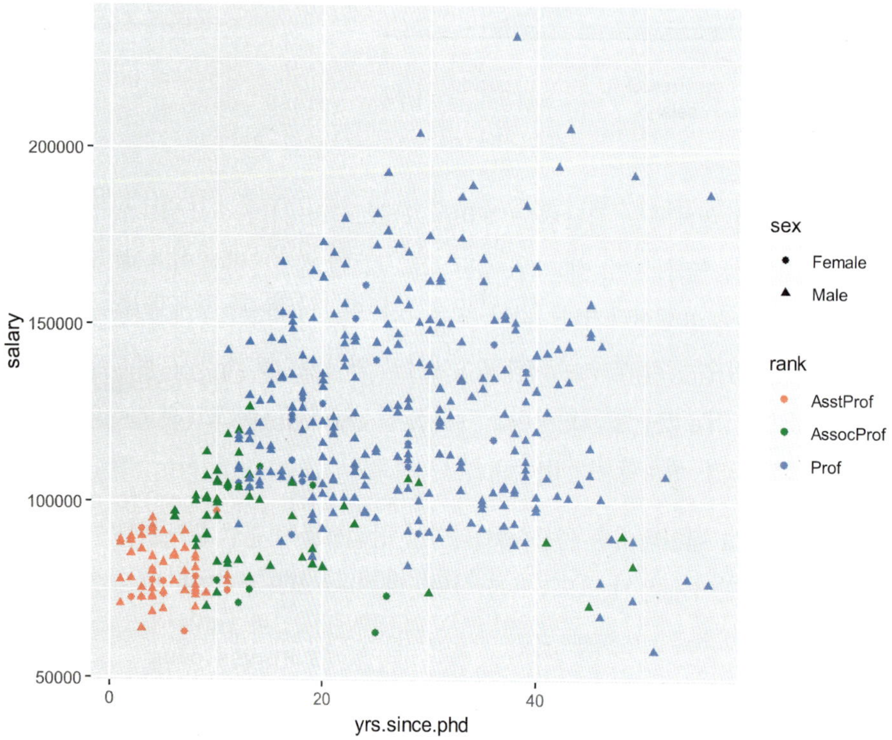

```
> ggplot(Salaries, aes(x=yrs.since.phd, y=salary, color=rank, shape=sex)) +
+   geom_point()
```

직급은 세 가지 서로 다른 색상(color=rank)으로 구분되며 동시에 성별은 두 가지 서로 다른 도형(shape=sex)으로 구분된다. 하나의 그래프상에 색상과 도형에 의해 집단을 구분한 산점도를 생성한다.

[그림 11-49] **집단별 막대도표.** 대학교수의 직급별 성별 빈도 및 비율 막대도표를 생성하고(geom_bar() 함수) 성별을 나타내는 하부막대는 색상(fill=sex)에 의해 구분한다.

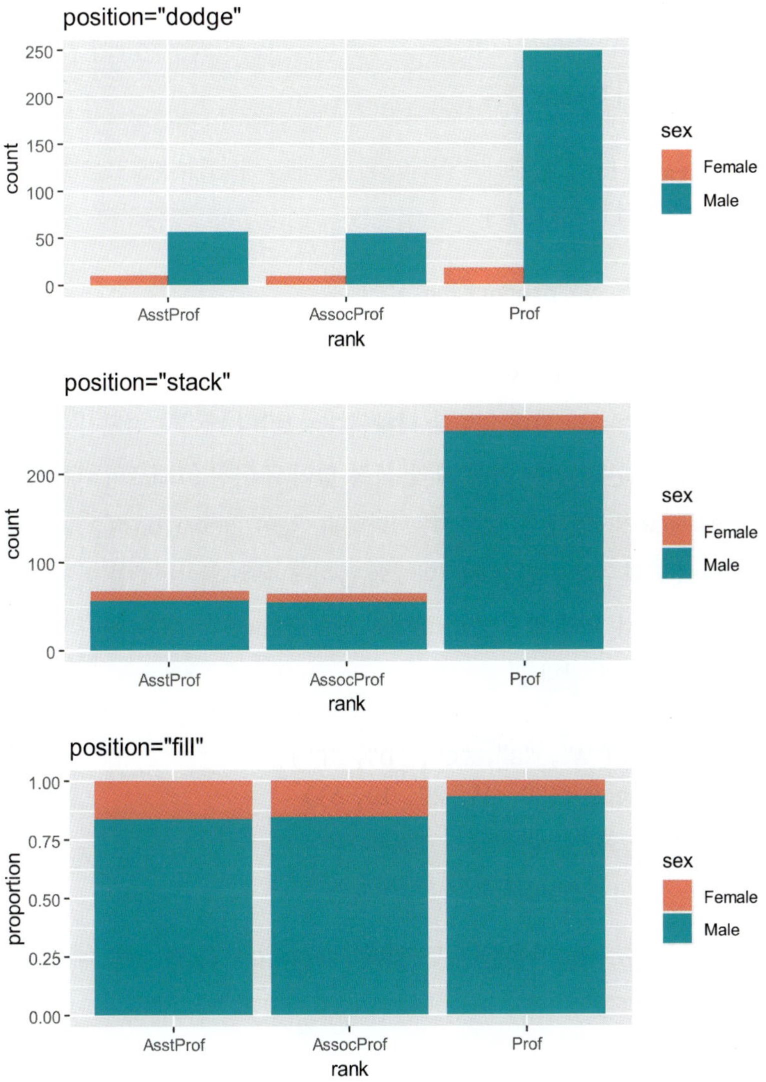

하나의 그래프상에 두 개의 집단변수가 표현된 막대도표를 생성해보자. 다음 코드는 [그림 11-49]와 같은 직급별 성별 대학교수의 빈도와 비율을 나타내는 막대도표를 생성한다. 각 직급에서 성별은 막대를 채운 색상(fill=sex)에 의해 구분한다. geom_bar() 함수의 position 인수에는 막대를 배치하는 형태를 지정한다. 첫 번째 코드는 수평배열 막대도표(position="dodge")를, 두 번째 코드는 수직누적 막대도표(position="stack", 기본값)를, 세 번째 코드는 100%로 척도 조정된 수직누적 막대도표(position="fill")를 생성한다.

```
> ggplot(Salaries, aes(x=rank, fill=sex)) +
+   geom_bar(position="dodge") +
+   labs(title='position="dodge"')
> ggplot(Salaries, aes(x=rank, fill=sex)) +
+   geom_bar(position="stack") +
+   labs(title='position="stack"')
> ggplot(Salaries, aes(x=rank, fill=sex)) +
+   geom_bar(position="fill") +
+   labs(title='position="fill"', y="proportion")
```

막대도표를 생성하는 geom_bar() 함수는 aes() 함수의 x 인수에 X축에 위치할 집단변수를 지정하면 자동으로 각 집단별 빈도를 계산하여 Y축의 막대 높이로 나타낸다. 그런데 데이터 전처리 과정을 통하여 데이터가 미리 요약 정리된 경우에는 이러한 자동 요약 과정 없이 주어진 그대로의 데이터를 사용하여 막대도표를 생성해야 할 필요가 있다. 이럴 때는 다음과 같이 geom_bar() 함수에 stat="identity"를 지정하고 aes() 함수의 y 인수에는 막대의 높이에 대응되는 변수를 지정한다. 그러면 geom_bar() 함수는 별도의 데이터 요약 과정 없이 주어진 데이터를 그대로 사용하여 막대를 생성한다. 생성된 그래프는 [그림 11-50]과 같다.

```
> presummed <- data.frame(Grade=c("A", "B", "C", "D", "F"),
+                         Frequency=c(20, 45, 20, 10, 5))
> ggplot(presummed, aes(x=Grade, y=Frequency)) +
+   geom_bar(stat="identity")
```

또는 다음과 같이 간단히 geom_col() 함수를 사용할 수도 있다. geom_col() 함수는 데이터를 있는 그대로 표현해준다.

[그림 11-50] **요약 정리된 데이터로 생성한 막대도표.** geom_bar() 함수에 stat="identity"를 지정하면 데이터 요약 과정 없이 주어진 데이터를 그대로 이용하여 막대도표를 생성한다.

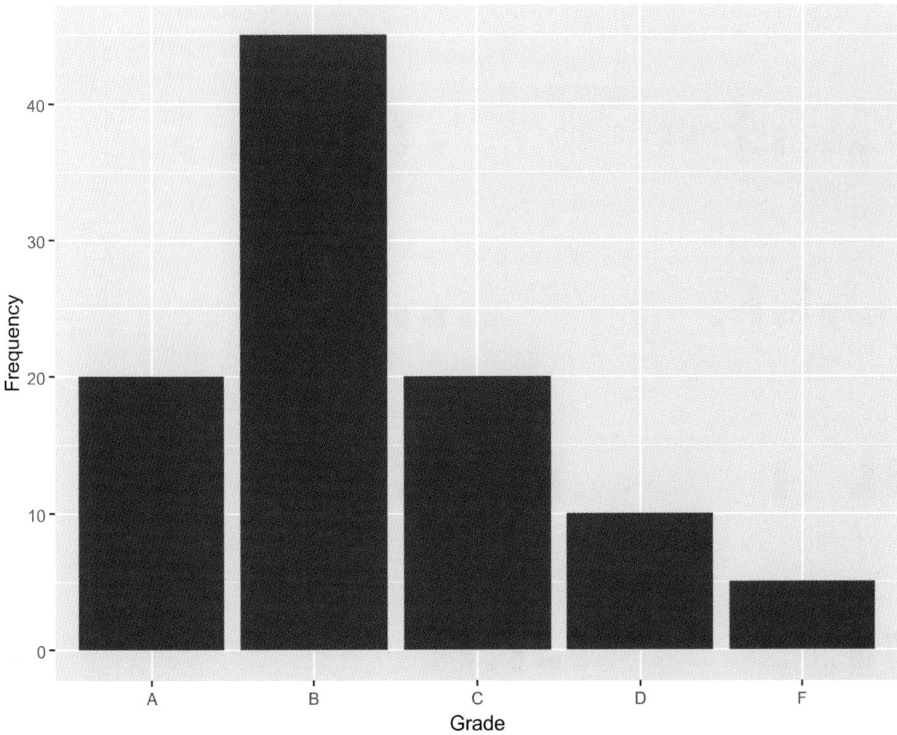


```
> ggplot(presummed, aes(x=Grade, y=Frequency)) +
+   geom_col()
```

지금까지는 하나의 그래프상에 색상, 도형 등으로 집단을 구분하는 집단별 그래프를 생성하였다. 즉 패널 하나에 여러 개의 집단이 중첩해서 표현되는 그래프를 다루었다. 그러나 때에 따라서는 각 집단별로 별도의 패널에 그래프를 그려서 집단별로 옆으로 또는 위 아래로 비교하며 보는 것이 집단별 데이터 분포를 이해하는 데 더 유용할 수 있다. ggplot2 패키지의 facet_wrap() 함수와 facet_grid() 함수는 이러한 독립된 패널에 그려진 집단별 그래프를 생성한다. facet_grid() 함수는 행에 위치할 집단변수와 열에 위치할 집단변수를 ~를 중심으로 각각 왼쪽과 오른쪽에 인수로 지정한다. facet_wrap() 함수는 하나의 집단변수만을 ~ 다음에 지정하고 집단변수의 각 집단이 배치될 행의 개수(nrow) 또는 열의 개수(ncol)를 추가로 지정한다.

facet_wrap() 함수는 하나의 차원으로 구성된 집단별 그래프를 생성한다. 예를 들어, 다음과 같이

[그림 11-51] **복수의 패널에 생성한 집단별 히스토그램.** 집단별 패널을 생성하여(facet_wrap() 함수) 성부별 키 히스토그램(geom_histogram() 함수)을 그린다.

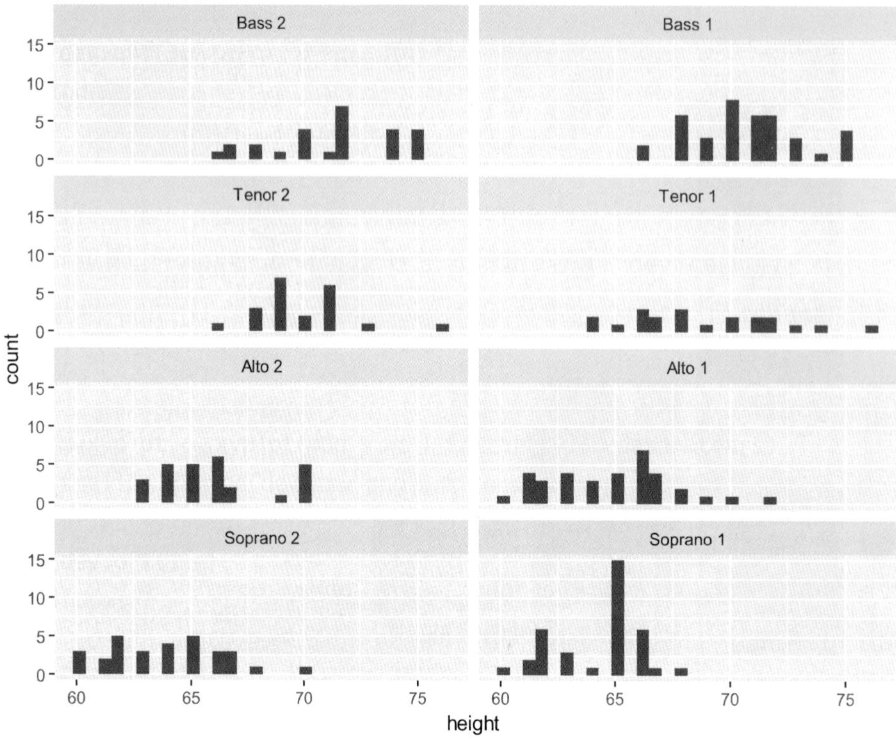

키(height)의 히스토그램을 성부(voice.part)별로 별도의 패널에 그린다(lattice 패키지의 singer 데이터셋). 생성된 그래프는 [그림 11-51]과 같다. 여덟 개의 성부별 키 히스토그램이 네 개의 행(nrow=4)에 차례대로 배열된다.

```
> library(lattice)
> ggplot(data=singer, aes(x=height)) +
+   geom_histogram() +
+   facet_wrap( ~ voice.part, nrow=4)
```

이번에는 facet_grid() 함수를 이용하여 독립된 패널에 성부별로 키의 밀도도표를 생성해보자. facet_grid() 함수는 두 개의 차원으로 구성된 집단별 그래프를 생성하지만 하나의 차원을 생략하면 facet_wrap() 함수를 사용한 것과 동일하게 한 개의 차원으로 구성된 집단별 그래프를 그릴 수 있다. 예를 들어, 다음 코드는 [그림 11-52]와 같이 여덟 개의 성부(voice.part)가 행으로 배치된

[그림 11-52] 복수의 패널에 생성한 집단별 밀도도표. 집단별 패널을 생성하여(facet_grid() 함수) 성부별 키 밀도도표(geom_density() 함수)를 그린다.

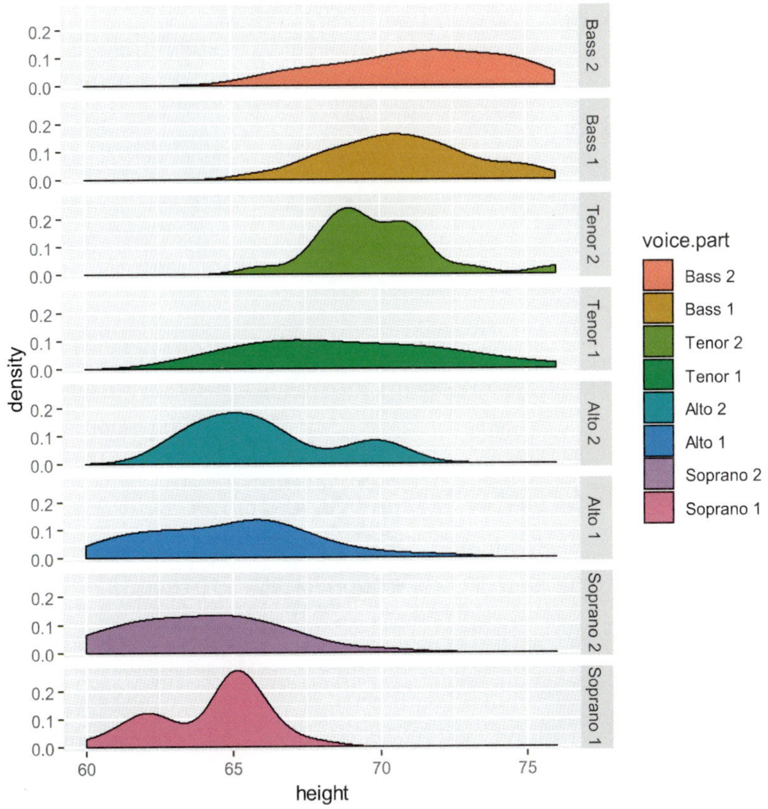

밀도도표를 생성한다. 모든 집단을 한 열에 수평으로 배열함으로써 집단 간 비교가 용이한 그래프가 생성된다. 여덟 개의 성부를 별도의 패널에 배치함과 동시에 이들의 밀도곡선을 색상으로도 구분한다(fill=voice.part).

```
> ggplot(data=singer, aes(x=height, fill=voice.part)) +
+   geom_density(outline.type="full") +
+   facet_grid(voice.part ~ .)
```

facet_grid() 함수를 이용하여 두 개의 차원으로 구성된 집단별 그래프를 생성해보자. 예를 들어, 다음 코드는 행에는 성별(sex)이, 열에는 직급(rank)이 배치된 집단별 산점도를 생성한다(car 패키지의 Salaries 데이터셋). 생성된 그래프는 [그림 11-53]과 같다.

[그림 11-53] 복수의 패널에 생성한 집단별 산점도. 집단별 패널을 생성하여(facet_grid() 함수) 성별 직급별 박사학위 취득 이후 기간과 연봉 간 산점도(geom_point() 함수)를 그린다.

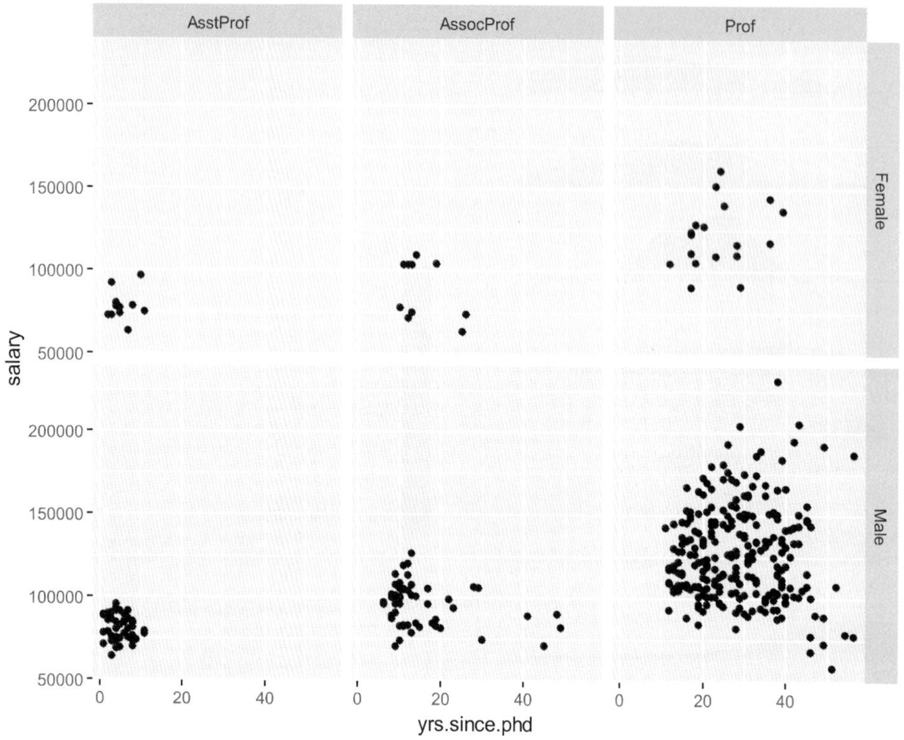


```
> library(car)
> ggplot(Salaries, aes(x=yrs.since.phd, y=salary)) +
+   geom_point() +
+   facet_grid(sex ~ rank)
```

[그림 11-53]의 그래프를 [그림 11-54]와 같이 성별만을 열에 위치시키고(facet_grid(. ~ sex)) 직급은 색상과 도형으로 구분하여(color=rank, shape=rank) 성별에 좀 더 초점이 맞춰진 집단별 그래프를 생성할 수도 있다. 성별에 따른 데이터 분포가 좀 더 명확히 드러난다.

```
> ggplot(Salaries, aes(x=yrs.since.phd, y=salary, color=rank, shape=rank)) +
+   geom_point() +
+   facet_grid(. ~ sex)
```

facet_grid() 함수 대신에 다음과 같이 facet_wrap() 함수를 이용해도 [그림 11-54]와 동일한

[그림 11-54] 복수의 패널에 생성한 집단별 산점도. 집단별 패널을 생성하여(facet_grid() 함수) 성별에 따른 박사학위 취득 이후 기간과 연봉 간 산점도(geom_point() 함수)를 그린다. 각 패널 내에서 색상(color=rank)과 도형(shape=rank)으로 직급을 구분한다.

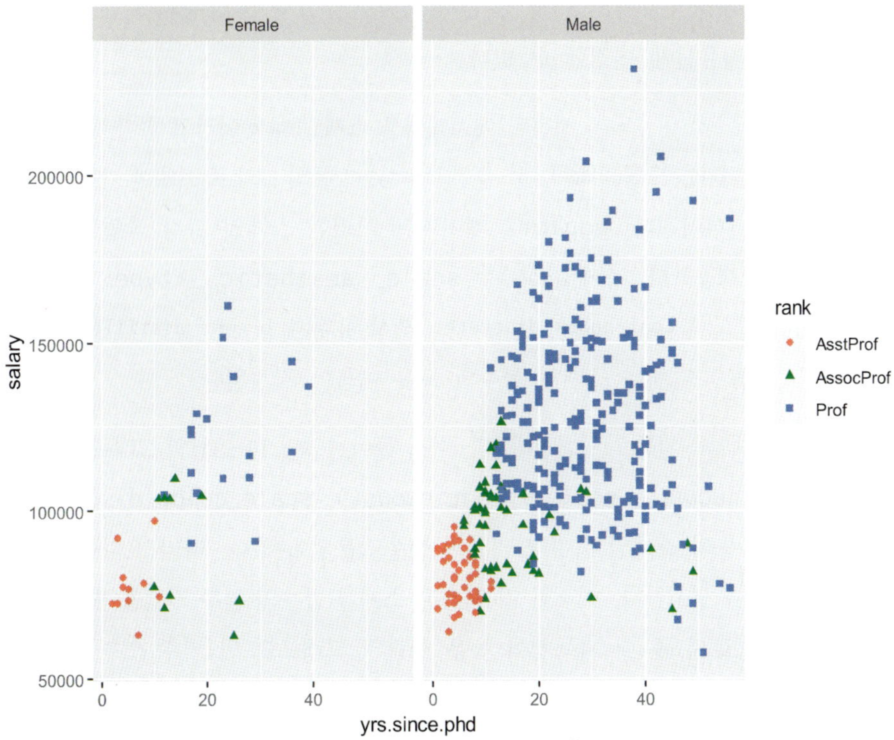

그래프를 생성할 수 있다.

```
> ggplot(Salaries, aes(x=yrs.since.phd, y=salary, color=rank, shape=rank)) +
+   geom_point() +
+   facet_wrap(~ sex, ncol=2)
```

그래프 옵션

aes() 함수를 이용한 에스테틱 지정은 어떤 변수가 그래프상에서 어떻게 표현되는지 결정한다. 예를 들어, aes(shape=x)는 x 변수를 도형(shape)에 대응시켜 표현한다는 의미이다. 하지만 이때 어떤 도형이 그래프상에 사용되는지는 알 수 없다. ggplot2 패키지에 의해 정해진 기본값이 사용된다. 마찬가지로 aes(color=y)는 어떤 색상이 y 변수를 나타내기 위해 사용되는지 알려주지 않는다. 역시 ggplot2 패키지에 의해 미리 지정된 기본값이 사용된다. ggplot2 패키지에서 제공되는 그래프는 기본 형태만으로도 품질이 뛰어나기 때문에 대부분의 경우 그대로 사용해도 아무런 문제가 없다. 그러나 때에 따라서는 그래프의 외양을 목적에 맞도록 수정해야 할 필요도 있다. ggplot2 패키지는 제목, 축 이름, 축 레이블 및 눈금(tick mark), 범례, 심볼/선/상자 색상 등의 그래프 요소의 설정을 사용자의 필요에 의해 자유롭게 변경할 수 있다.

ggplot2 패키지에서는 변수와 그에 대응되어 지정된 에스테틱을 스케일(scale)이라고 한다. 위치(x, y), 색상(color), 채우기(fill), 크기(size), 도형(shape), 선 유형(linetype) 등의 그래프 요소에 대한 수정은 해당 스케일을 수정함으로써 이루어진다. ggplot2 패키지는 이러한 스케일 수정 작업을 수행할 수 있는 다양한 스케일 함수를 제공한다. 스케일 함수는 scale_<aesthetic>_<type>의 형식을 갖는다. <type>에는 데이터 형식(예: continuous, discrete), 색상 유형(예: brewer, distiller), 변환/변경 방법(예: sqrt, manual) 등을 나타내는 스케일 함수의 고유 이름이 지정된다.

ggplot2 패키지는 기본적인 스케일을 자동으로 설정해준다. 예를 들어, [그림 11-54]의 그래프를 생성한 코드에는 이미 scale_x_continuous(), scale_y_continuous(), scale_color_discrete(), scale_shape_discrete() 등의 스케일 함수가 기본적으로 적용되어 있다. 따라서 다음 코드는 [그림 11-54]와 동일한 그래프를 생성한다. 이러한 기 적용된 스케일 함수의 인수 지정을 변경하거나 새로운 스케일 함수를 추가함으로써 좀 더 가독성이 높은 세련된 그래프를 만들 수 있다.

```
> ggplot(Salaries, aes(x=yrs.since.phd, y=salary, color=rank, shape=rank)) +
+   geom_point() +
+   facet_wrap(~ sex, ncol=2) +
+   scale_x_continuous() +
+   scale_y_continuous() +
+   scale_color_discrete() +
+   scale_shape_discrete()
```

축

우선 축에 대해 살펴보자. 다음과 같은 스케일 함수를 이용하여 축의 설정을 변경할 수 있다. X축을 설정하는 함수와 Y축을 설정하는 함수가 구분되어 있다. 또한 축이 연속형 변수를 나타내는지 범주형 변수(팩터)를 나타내는지에 따라 적용하는 함수가 다르다.

▶ scale_x_continuous(), scale_y_continuous(): breaks 인수에는 축의 눈금을 나타내는 숫자 벡터를 지정한다. labels 인수에는 눈금 이름에 사용할 텍스트 레이블을 문자 벡터로

지정한다. 지정하지 않으면 breaks 인수에 지정된 값이 사용된다. limits 인수에는 그래프상에 나타낼 값의 범위를 지정한다. name 인수에는 축의 이름을 지정한다.

- scale_x_discrete(), scale_y_discrete(): breaks 인수에는 축의 눈금을 나타내는 팩터의 레벨을 문자 벡터로 지정한다. labels 인수에는 눈금 이름에 사용할 텍스트 레이블을 문자 벡터로 지정한다. 지정하지 않으면 breaks 인수에 지정된 값이 사용된다. limits 인수에는 그래프상에 나타낼 레벨을 지정한다. name 인수에는 축의 이름을 지정한다.
- coord_flip(): X축과 Y축을 바꾼다.

car 패키지에 포함된 Salaries 데이터셋을 이용하여 축 눈금에 대한 옵션을 설정해보자. 다음 코드는 [그림 11-55]와 같은 직급별 성별 연봉의 상자도표를 생성한다. 스케일 함수를 이용하여 X축과 Y축의 축 눈금과 눈금의 레이블을 설정한다.

```
> library(car)
```

[그림 11-55] 상자도표. 스케일 함수를 이용하여 축 눈금과 눈금의 레이블을 설정한다.

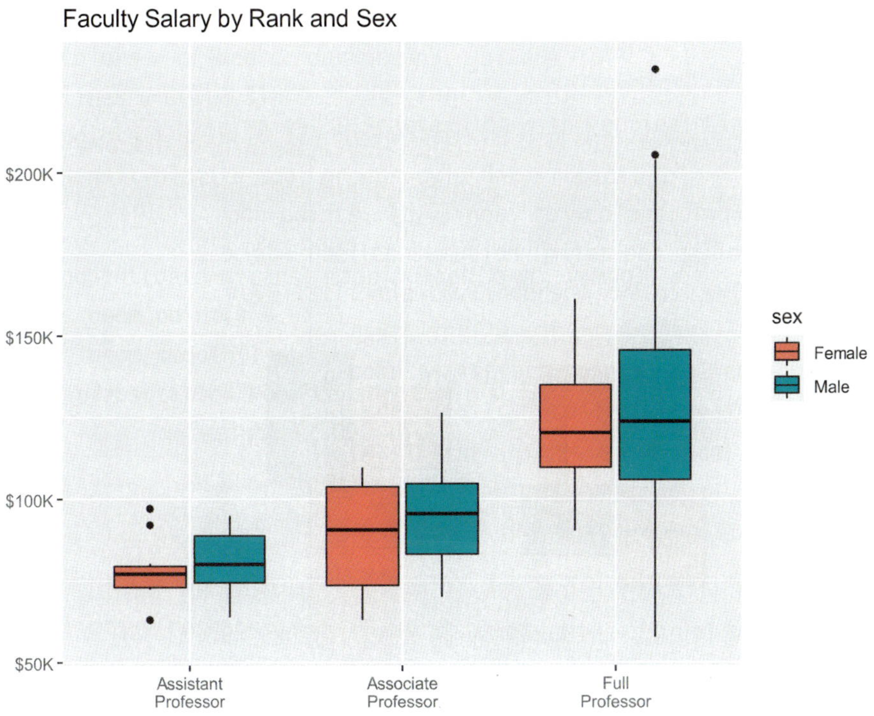

```
> ggplot(Salaries, aes(x=rank, y=salary, fill=sex)) +
+   geom_boxplot() +
+   scale_x_discrete(breaks=c("AsstProf", "AssocProf", "Prof"),
+                    labels=c("Assistant\nProfessor",
+                             "Associate\nProfessor", "Full\nProfessor")) +
+   scale_y_continuous(breaks=c(50000, 100000, 150000, 200000),
+                      labels=c("$50K", "$100K", "$150K", "$200K")) +
+   labs(title="Faculty Salary by Rank and Sex", x="", y="")
```

범례

ggplot2 패키지는 범례를 자동으로 생성한다. 자동으로 생성된 범례는 대부분의 경우 그대로 사용해도 되지만 필요에 따라서는 범례의 제목이나 위치 등을 변경하고 싶을 수 있다. 범례의 제목을 변경할 때는 우선 범례로 나타내려는 범주 구분이 어떠한 에스테틱(색상, 도형, 크기, 채우기 등의 시각적 요소)으로 표현되었는지 확인해야 한다. 범례 제목의 변경을 위해서는 그래프상에 표현된 에스테틱 인수와 동일한 인수를 사용하여 labs() 함수에 범례의 제목을 지정한다. 범례의 위치는 theme() 함수의

[그림 11-56] 상자도표. labs() 함수와 theme() 함수를 이용하여 범례의 제목과 위치를 수정한다.

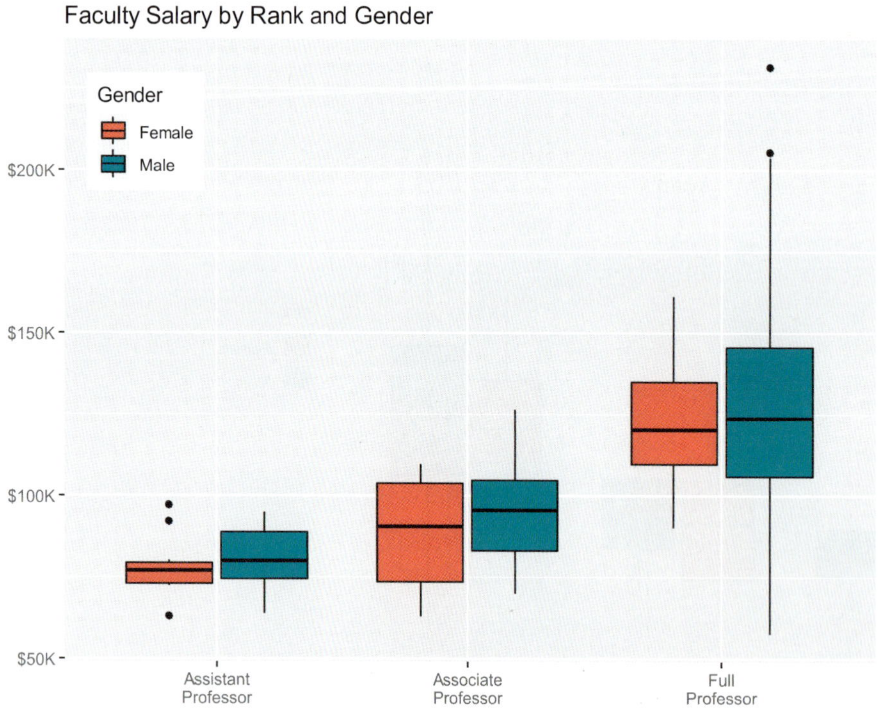

legend.position 인수를 이용하여 지정한다. left, top, right, bottom 등을 지정할 수 있다. 기본값은 right이고 범례를 그래프상에 나타내지 않으려면 none을 지정한다. 그래프 내부에 범례를 위치시키려면 축 전체 길이를 1로 했을 때의 비율로 X축과 Y축의 좌표를 지정한다.

다음 코드는 [그림 11-56]과 같은 상자도표를 생성한다. 상자 색상으로 성별을 구별하였으므로 (fill=sex) 범례의 제목은 동일한 에스테틱 인수인 labs() 함수의 fill 인수를 이용하여 변경한다 (fill="Gender"). 범례는 X축의 왼쪽 끝으로부터 10%, Y축의 아랫쪽 끝으로부터 85%에 해당하는 곳에 위치하여 그래프 내부에 그려진다(legend.position=c(0.1, 0.85)).

```
> ggplot(Salaries, aes(x=rank, y=salary, fill=sex)) +
+   geom_boxplot() +
+   scale_x_discrete(breaks=c("AsstProf", "AssocProf", "Prof"),
+                    labels=c("Assistant\nProfessor",
+                             "Associate\nProfessor", "Full\nProfessor")) +
+   scale_y_continuous(breaks=c(50000, 100000, 150000, 200000),
+                      labels=c("$50K", "$100K", "$150K", "$200K")) +
+   labs(title="Faculty Salary by Rank and Gender", x="", y="", fill="Gender") +
+   theme(legend.position=c(0.1, 0.85))
```

labs() 함수 대신에 스케일 함수의 name 인수를 이용하여 범례의 제목을 변경할 수도 있다. 범례를 나타내는 에스테틱에 따라 scale_fill_discrete() 함수, scale_shape_discrete() 함수, scale_color_discrete() 함수, scale_size_continuous() 함수 등의 name 인수를 이용한다. labs() 함수 대신에 scale_fill_discrete() 함수를 이용한 다음 코드는 [그림 11-56]과 동일한 그래프를 생성한다.

```
> ggplot(Salaries, aes(x=rank, y=salary, fill=sex)) +
+   geom_boxplot() +
+   scale_x_discrete(breaks=c("AsstProf", "AssocProf", "Prof"),
+                    labels=c("Assistant\nProfessor",
+                             "Associate\nProfessor", "Full\nProfessor")) +
+   scale_y_continuous(breaks=c(50000, 100000, 150000, 200000),
+                      labels=c("$50K", "$100K", "$150K", "$200K")) +
+   scale_fill_discrete(name="Gender") +
+   labs(title="Faculty Salary by Rank and Gender", x="", y="") +
+   theme(legend.position=c(0.1, 0.85))
```

[그림 11-57] **산점도.** 스케일 함수를 이용하여 범례의 제목을 변경한다.

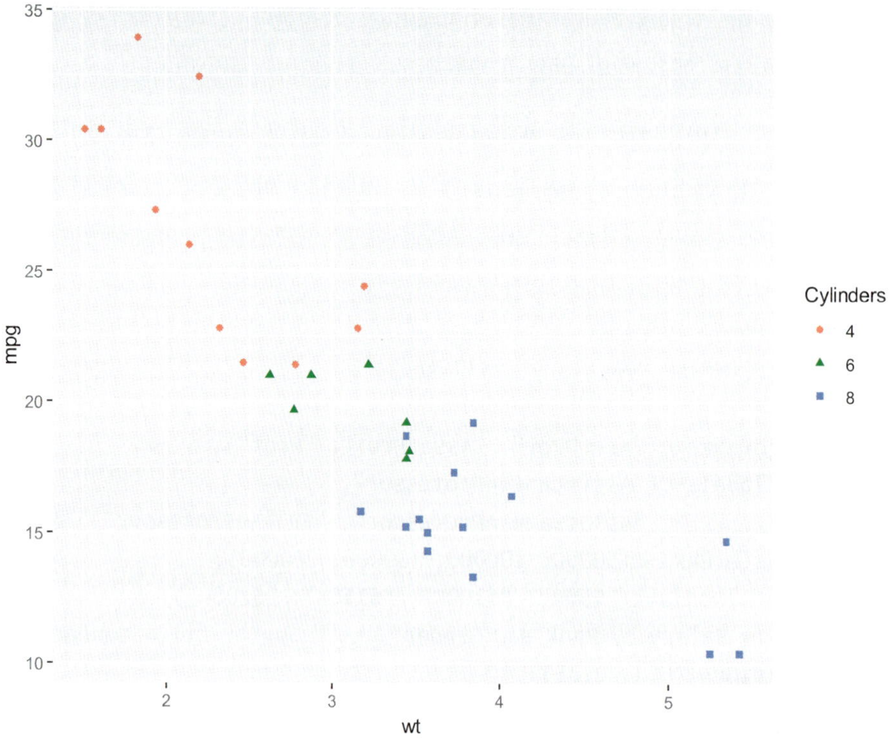

또한 앞의 예와 마찬가지로 다음 두 코드는 모두 [그림 11-57]의 그래프를 생성한다. `labs()` 함수와 `scale_shape_discrete()` 함수 및 `scale_color_discrete()` 함수를 이용하여 범례 제목을 변경한다.

```
> data(mtcars)
> ggplot(mtcars, aes(x=wt, y=mpg, shape=factor(cyl), color=factor(cyl))) +
+   geom_point() +
+   labs(shape="Cylinders", color="Cylinders")
> ggplot(mtcars, aes(x=wt, y=mpg, shape=factor(cyl), color=factor(cyl))) +
+   geom_point() +
+   scale_shape_discrete(name="Cylinders") +
+   scale_color_discrete(name="Cylinders")
```

색상과 도형

aes() 함수에 변수와 시각적 요소 간의 대응관계를 지정하면 ggplot2 그래픽은 사전에 설정된 색상, 도형 등을 사용하여 그래프를 생성한다. ggplot2 패키지의 다양한 스케일 함수를 이용하여 기본적으로 제공되는 색상, 도형 등의 설정을 변경할 수 있다.

다음 코드는 [그림 11-58]과 같은 그래프를 생성한다. scale_fill_manual() 함수는 막대도표의 막대 색상을 변경한다. scale_fill_manual() 함수는 aes() 함수의 fill 인수 지정을 통해서 생성된 스케일의 채우기 속성을 values 인수에 지정된 색상으로 변경한다.

```
> ggplot(Salaries, aes(x=rank, fill=sex)) +
+   geom_bar() +
+   scale_fill_manual(values=c("tomato", "cornflowerblue"))
```

aes() 함수의 color 인수 지정을 통해 생성된 집단별 산점도의 점 색상은 scale_color_manual()

[그림 11-58] 막대도표. scale_fill_manual() 함수는 막대의 색상을 변경한다.

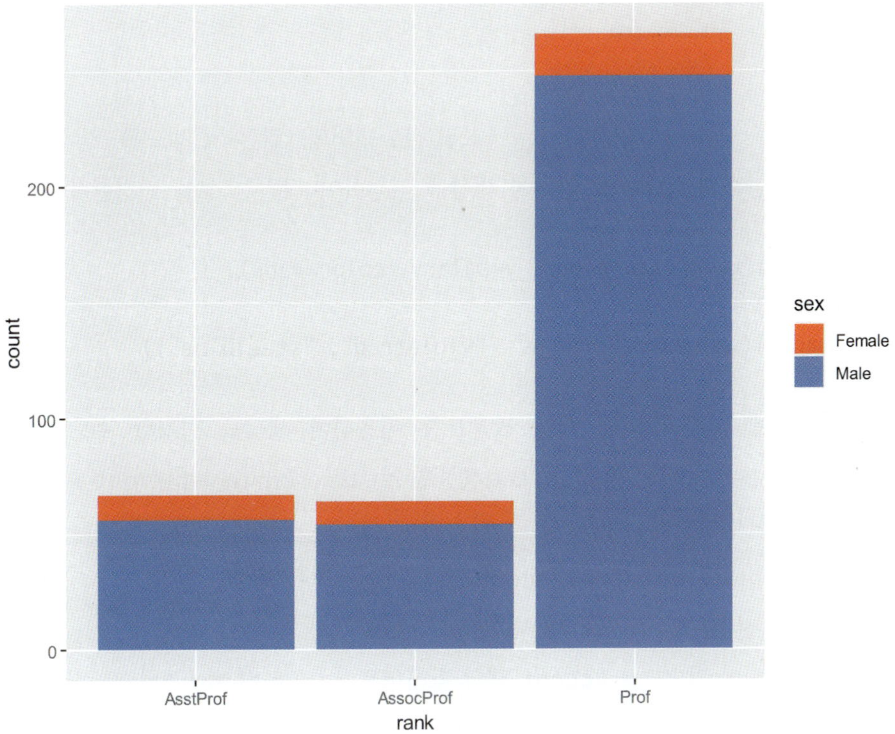

[그림 11-59] 산점도. scale_color_manual() 함수는 점의 색상을 변경한다.

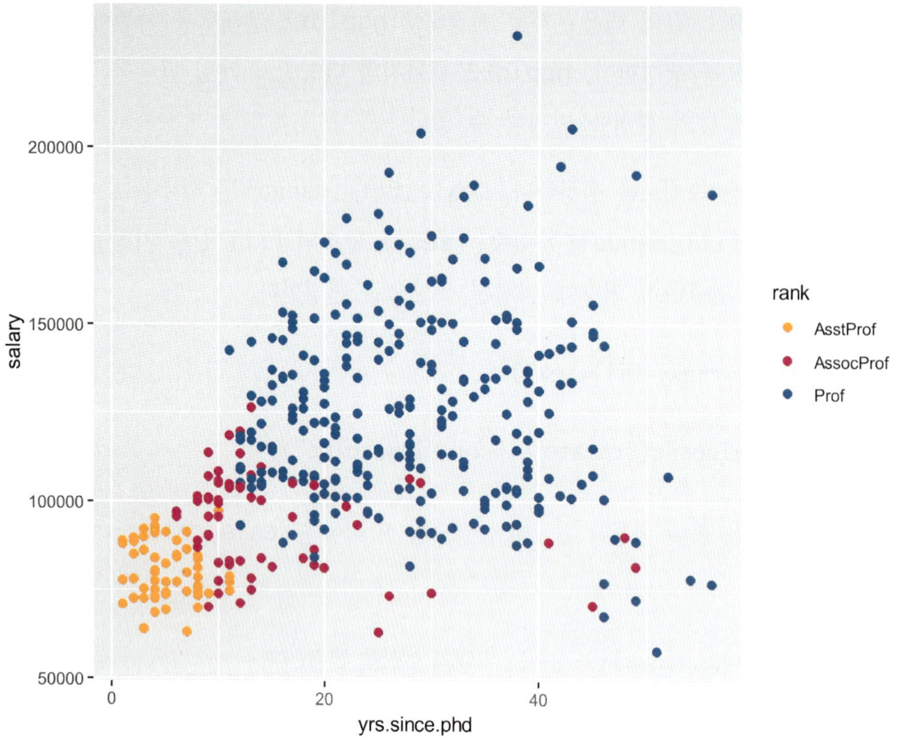

함수를 이용하여 변경할 수 있다. 다음 코드는 [그림 11-59]와 같은 산점도를 생성한다. scale_color_manual() 함수의 values 인수에 색상을 지정하여 점의 색상을 변경한다.

```
> ggplot(Salaries, aes(x=yrs.since.phd, y=salary, color=rank)) +
+   geom_point(size=2) +
+   scale_color_manual(values=c("orange", "violetred", "steelblue"))
```

직접 색상을 지정하는 대신에 미리 정의된 색상 팔레트를 이용하여 색상을 변경할 수도 있다. scale_color_brewer() 함수나 scale_fill_brewer() 함수는 ColorBrewer(https://colorbrewer2.org)에서 제공하는 색상 팔레트를 이용한다. 예를 들어, 다음과 같이 scale_color_brewer() 함수에 palette="Accent"를 지정하면 Accent 색상 팔레트가 산점도의 점 색상에 사용된다. rank 변수에는 세 개의 직급이 포함되어 있으므로 Accent 색상 팔레트로

13 사용할 수 있는 색상 팔레트의 종류는 RColorBrewer 패키지의 도움말(?RColorBrewer)을 참고한다.

[그림 11-60] 산점도. scale_color_brewer() 함수는 ColorBrewer의 색상 팔레트를 이용하여 점의 색상을 변경한다.

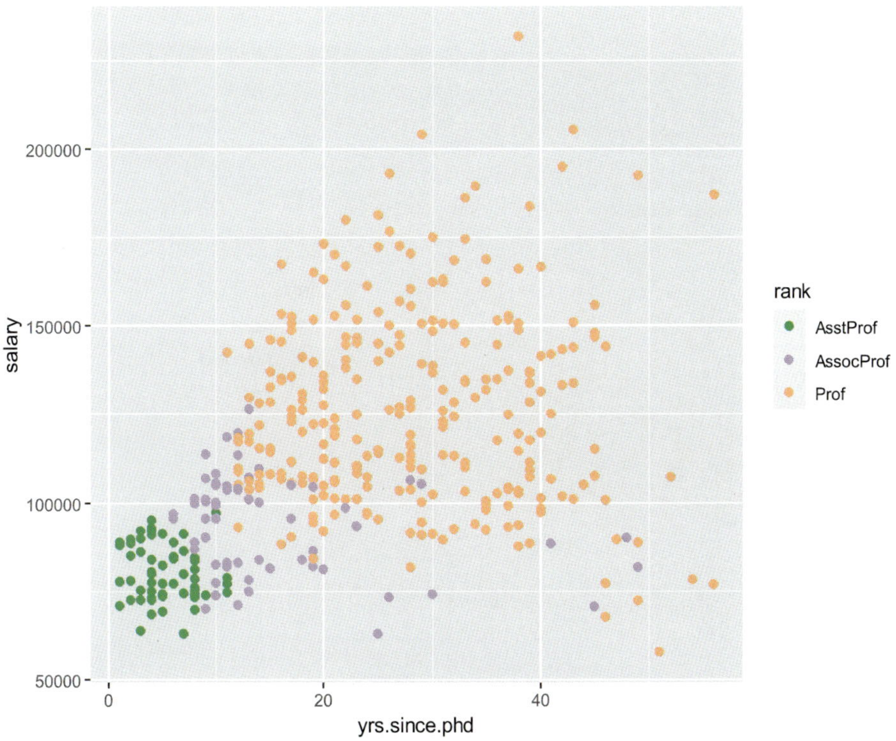

부터 세 개의 색상이 추출되어 각 직급을 나타내는 색상으로 사용된다.[13] 생성된 그래프는 [그림 11-60]과 같다.

```
> ggplot(Salaries, aes(x=yrs.since.phd, y=salary, color=rank)) +
+   geom_point(size=2) +
+   scale_color_brewer(palette="Accent")
```

viridisLite(https://bids.github.io/colormap)에서 제공하는 색상맵을 사용할 수도 있다. scale_color_viridis_d() 함수나 scale_fill_viridis_d() 함수를 이용한다. 다음과 같이 option 인수에 사용할 색상맵을 지정할 수 있다.[14] 생성된 그래프는 [그림 11-61]과 같다.

14 사용할 수 있는 색상맵의 종류는 scale_color_viridis_d() 함수의 도움말(?scale_color_viridis_d)을 참고한다.

[그림 11-61] **산점도.** scale_color_viridis_d() 함수는 viridisLite의 색상맵을 이용하여 점의 색상을 변경한다.

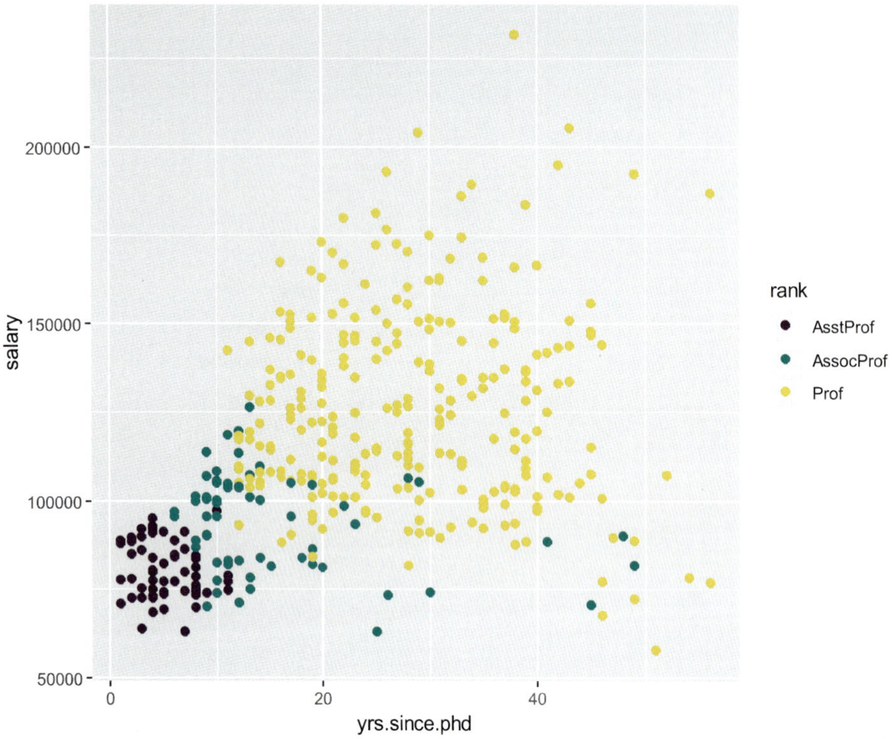


```
> ggplot(Salaries, aes(x=yrs.since.phd, y=salary, color=rank)) +
+   geom_point(size=2) +
+   scale_color_viridis_d(option="viridis")
```

지금까지는 범주형 변수를 시각적 요소로 대응시켜 범주형 변수가 나타내는 집단을 그래프상에서 색상, 도형 등으로 표현하였다. 연속형 변수도 동일한 방식으로 시각적 요소로 대응시킬 수 있다. 다음 코드는 [그림 11-62]와 같은 버블차트(bubble chart) 형태의 산점도를 생성한다. 연비(mpg)와 무게(wt) 간 산점도상의 점을 엔진 배기량(disp)의 크기로 표현하였다. aes() 함수에 size=disp를 지정하면 연속형 변수인 disp(엔진 배기량)에 대한 연속형 스케일이 생성되어 엔진 배기량의 크기에 비례하여 점, 즉 원의 크기가 결정된다.15

15 명시적으로 지정하지 않더라도 scale_size_continuous() 함수가 자동으로 적용된다.

[그림 11-62] **버블차트 산점도.** 원의 크기는 엔진 배기량의 크기(size=disp)를 나타낸다.

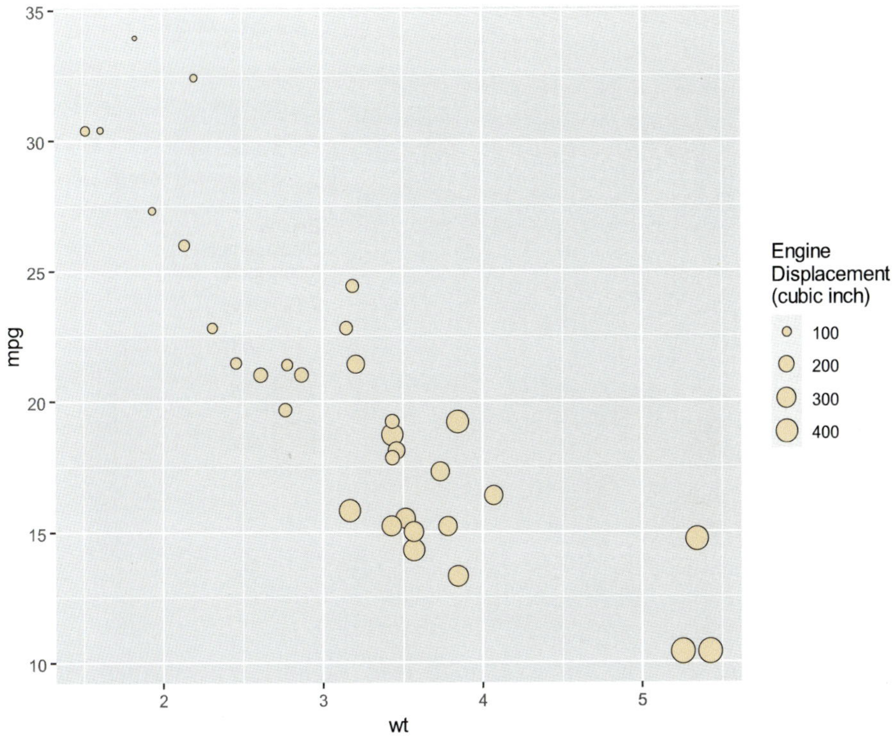


```
> ggplot(data=mtcars, aes(x=wt, y=mpg, size=disp)) +
+   geom_point(shape=21, color="black", fill="wheat") +
+   labs(size="Engine\nDisplacement\n(cubic inch)")
```

연속형 변수에 대한 연속형 스케일로 scale_size_continuous() 함수가 자동으로 적용되므로 다음과 같이 추가로 인수 지정을 하여(range=c(1, 12)) 그래프상에 표현되는 원의 상대적 크기를 조정할 수 있다. 수정된 그래프는 [그림 11-63]과 같다.

```
> ggplot(data=mtcars, aes(x=wt, y=mpg, size=disp)) +
+   geom_point(shape=21, color="black", fill="wheat") +
+   labs(size="Engine\nDisplacement\n(cubic inch)") +
+   scale_size_continuous(range=c(1, 12))
```

[그림 11-63] 버블차트 산점도. 엔진 배기량의 크기를 나타내는 원의 상대적 크기를 조정한다.

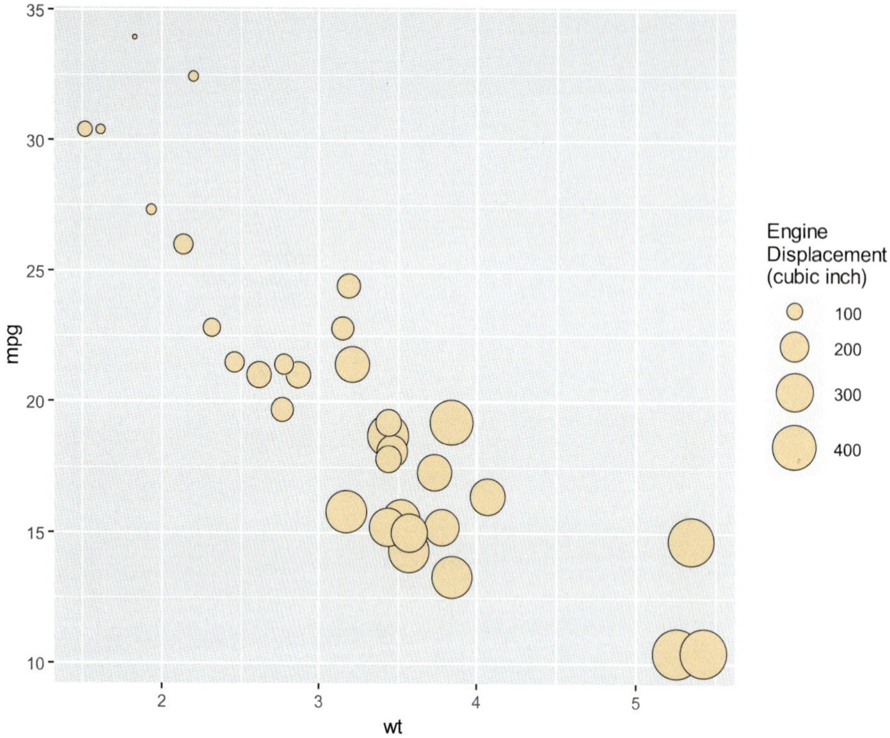

이번에는 연속형 변수를 색상으로 표현해보자. aes() 함수의 color 인수와 fill 인수에 연속형 변수를 대응시킨 경우에는 앞에서 설명한 색상 변경 스케일 함수를 사용할 수 없다. 앞에서 소개한 함수들은 범주형 변수에 사용할 수 있는 이산형 스케일 함수이기 때문이다. 연속형 변수에 대해서는 연속형 스케일 함수를 이용한다. 예를 들어, 다음과 같이 scale_color_gradient() 함수를 이용하여 엔진 배기량의 크기에 따라 색상이 점차 진해지는 그러데이션 효과를 만들 수 있다.[16] 다음 코드는 [그림 11-64]와 같은 히트맵 산점도를 생성한다.

16 이산형 변수는 일반적으로 범주로 구분되는 제한된 값만 가지므로 정해진 색상으로 그래프를 표현할 수 있다. 반면에 연속형 변수는 무수히 많은 값을 가질 수 있으므로 색상의 그러데이션의 연속적인 변화로 표현하는 것이 보다 적절하다.

```
> ggplot(data=mtcars, aes(x=wt, y=mpg, color=disp)) +
+   geom_point(size=5) +
+   labs(color="Engine\nDisplacement\n(cubic inch)") +
+   scale_color_gradient(low="orange", high="maroon")
```

[그림 11-64] 히트맵 산점도. scale_color_gradient() 함수는 색상에 그러데이션 효과를 준다.

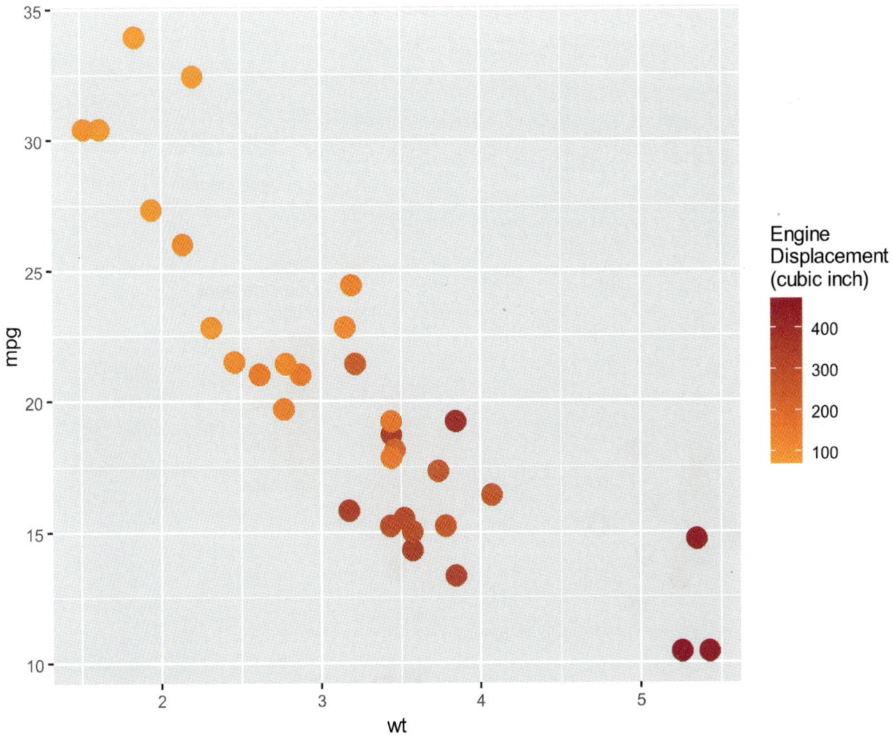

ColorBrewer에서 제공하는 색상 팔레트를 이용할 경우에는 scale_color_distiller() 함수나 scale_fill_distiller() 함수를 적용한다. 예를 들어, [그림 11-65]와 같이 scale_fill_distiller() 함수로 fill 인수에 지정된 배기량을 그러데이션 색상으로 표현할 수 있다. 여기에서는 산점도를 표현할 심볼로서 shape=21을 지정하여 원의 내부와 테두리를 각각 다른 색상으로 표현할 수 있는 도형을 선택한다.[17] 원의 내부는 그러데이션 색상으로(fill=disp), 테두리는 검은색으로 표현된다(color="black").

17 사용할 수 있는 도형(심볼)의 종류는 points() 함수의 도움말(?points)에서 확인할 수 있다.

```
> ggplot(data=mtcars, aes(x=wt, y=mpg, fill=disp)) +
+   geom_point(shape=21, size=5, color="black") +
+   labs(fill="Engine\nDisplacement\n(cubic inch)") +
+   scale_fill_distiller(palette="YlOrRd", direction=1)
```

[그림 11-65] 히트맵 산점도. scale_fill_distiller() 함수는 ColorBrewer의 색상 팔레트를 이용하여 그러데이션 효과를 준다.

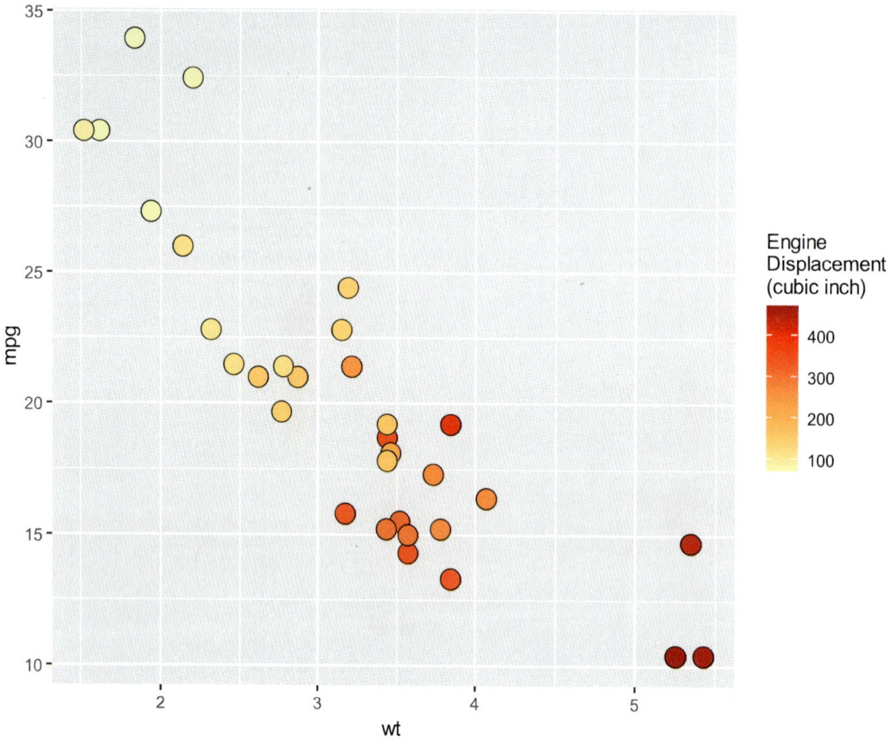

scale_color_viridis_c() 함수나 scale_fill_viridis_c() 함수는 viridisLite의 색상맵을 이용하여 연속형 변수를 표현한다. 생성된 그래프는 [그림 11-66]과 같다.

```
> ggplot(data=mtcars, aes(x=wt, y=mpg, fill=disp)) +
+   geom_point(shape=21, size=5, color="black") +
+   labs(fill="Engine\nDisplacement\n(cubic inch)") +
+   scale_fill_viridis_c(option="plasma", direction=-1)
```

[그림 11-66] 히트맵 산점도. scale_fill_viridis_c() 함수는 viridisLite의 색상맵을 이용하여 그러데이션 효과를 준다.

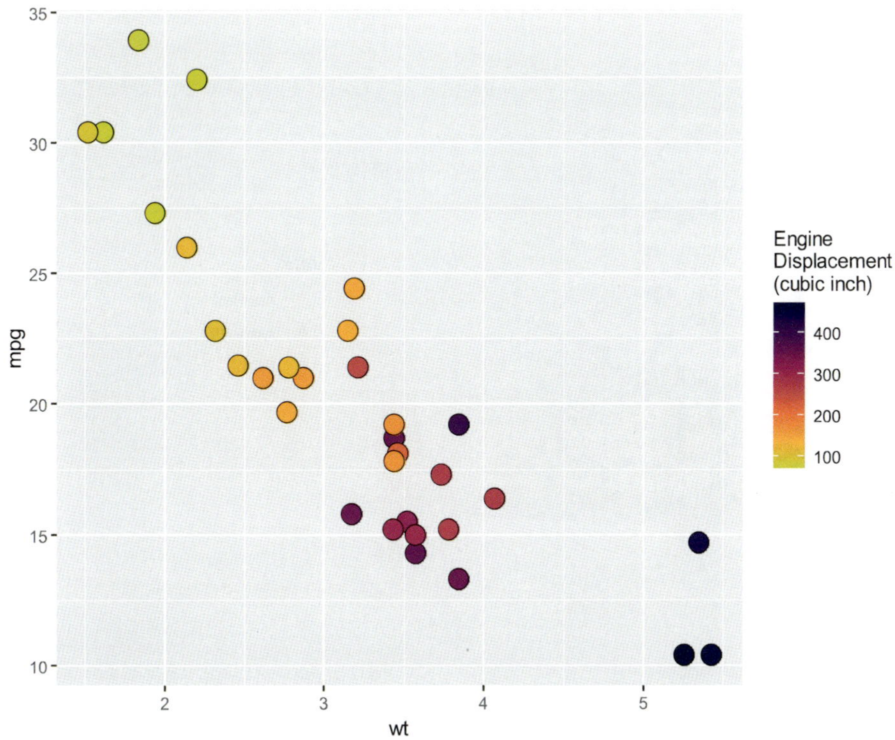

색상뿐만 아니라 도형(또는 심볼)의 모양도 기본적으로 제공되는 형태와 다르게 변경할 수 있다. aes() 함수를 이용하여 변수와 도형 간의 대응관계를 설정하였다면 다음과 같이 scale_shape_manual() 함수를 이용하여 기본적으로 제공되는 도형 모양을 변경할 수 있다. scale_shape_manual() 함수에 사용하려는 도형을 직접 지정한다. 생성된 그래프는 [그림 11-67]과 같다.

```
> ggplot(Salaries, aes(x=yrs.since.phd, y=salary, color=rank, shape=rank)) +
+   scale_shape_manual(values=c(15, 17, 19)) +
+   geom_point(size=2)
```

[그림 11-67] 산점도. scale_shape_manual() 함수는 도형의 모양을 변경한다.

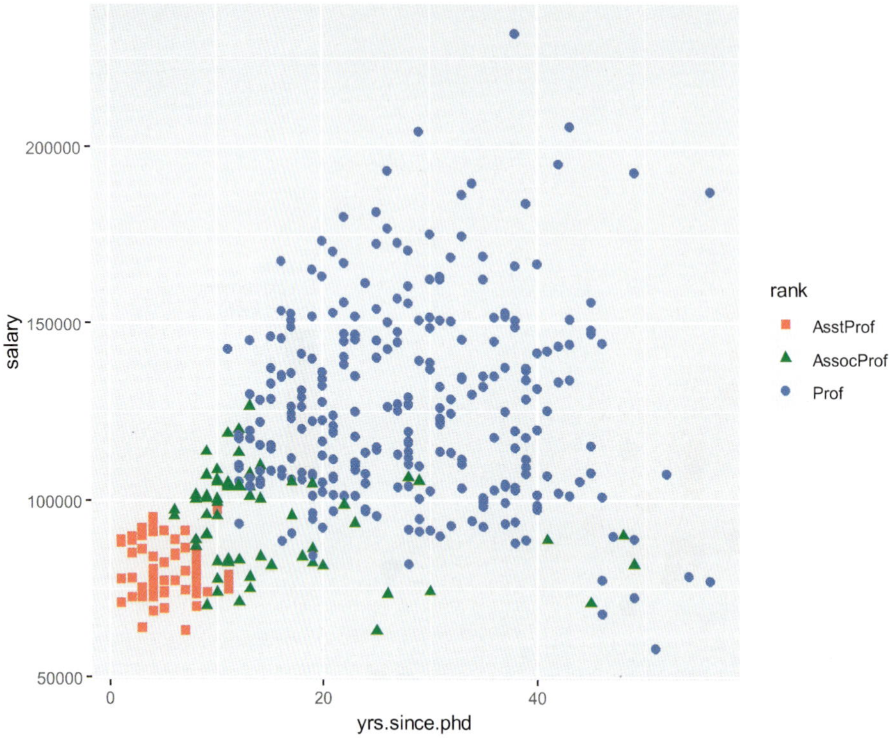

테마

ggplot2 패키지는 배경 색상, 글꼴의 색상 및 크기, 격자선 등이 사전에 정의된 여러 가지 유형의 테마(theme)를 제공한다. 미리 정의된 테마를 이용하여 다양한 외양을 갖는 그래프를 손쉽게 생성할 수 있다. 예를 들어, 다음 코드는 theme_dark() 테마가 적용된 [그림 11-68]과 같은 그래프를 생성한다. 사전 정의된 테마의 종류는 테마 도움말(?theme)에서 확인할 수 있다.18 아무런 테마도 지정하지 않을 때는 기본적으로 theme_gray() 테마가 적용된다.

18 theme() 함수 도움말의 'complete themes' 링크에서 볼 수 있다.

```
> library(car)
> ggplot(Salaries, aes(x=yrs.since.phd, y=salary, color=rank, shape=rank)) +
+   geom_point() +
+   facet_grid(. ~ sex)
+   theme_dark()
```

[그림 11-68] 테마. 어두운 배경 화면의 theme_dark 테마가 적용되었다.

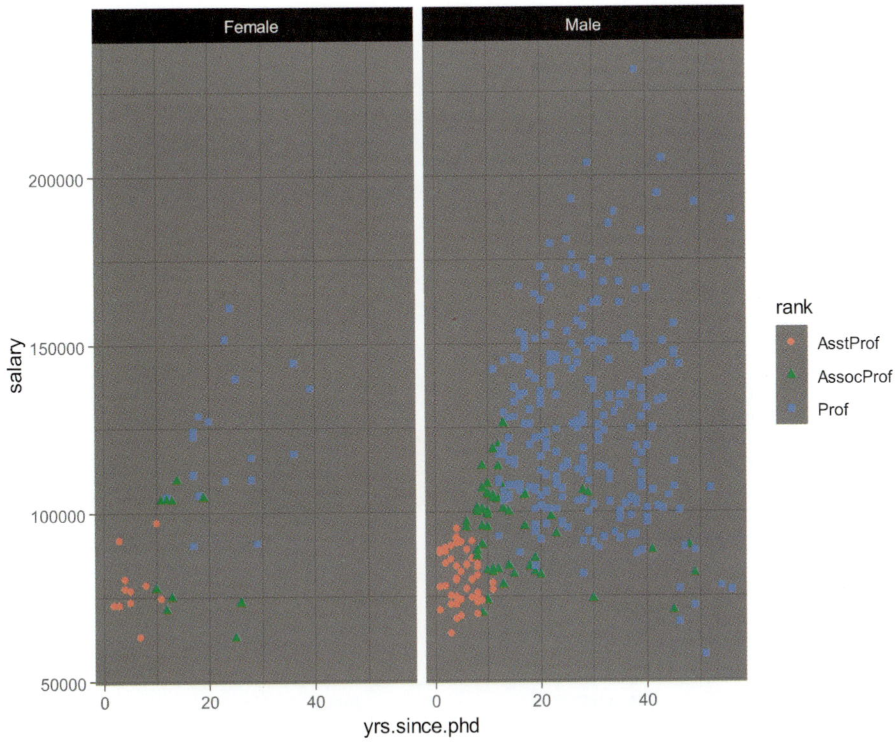

theme() 함수를 이용하면 나만의 테마를 정의할 수 있다. theme() 함수는 글꼴, 글씨체, 배경, 색상, 격자선, 그래프 영역, 범례, 제목, 축 이름 및 레이블 등에 대한 옵션을 설정할 수 있는 다양한 인수를 제공한다. 예를 들어, 다음과 같이 테마를 정의하여 이를 적용하면 [그림 11-69]와 같은 그래프가 생성된다.

```
> mytheme <- theme(plot.title=element_text(face="bold.italic",
+                                          size="14", color="brown"),
+                  axis.title=element_text(face="bold.italic",
+                                          size="10", color="tomato"),
+                  axis.text=element_text(face="bold",
+                                          size="9", color="royalblue"),
+                  panel.background=element_rect(fill="snow", color="darkblue"),
+                  panel.grid.major.y=element_line(color="gray", linetype="solid"),
+                  panel.grid.minor.y=element_line(color="gray", linetype="dashed"),
+                  legend.position="top")
```

[그림 11-69] 테마. theme() 함수를 이용하여 테마를 정의할 수 있다.

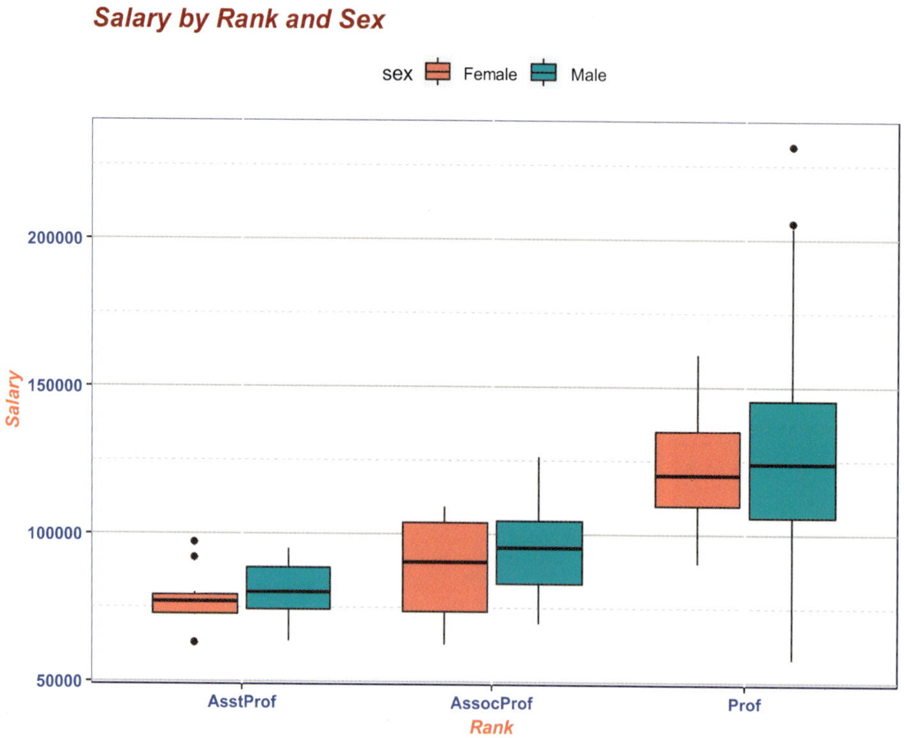


```
> ggplot(Salaries, aes(x=rank, y=salary, fill=sex)) +
+   geom_boxplot() +
+   labs(title="Salary by Rank and Sex", x="Rank", y="Salary") +
+   mytheme
```

theme() 함수의 plot.title, axis.title, axis.text 인수를 이용하여 제목, 축 이름, 축 레이블의 글씨체, 크기, 색상 등을 지정한다. panel.background 인수에는 플롯 영역을 구성하는 사각형 내부와 테두리선의 색상을 지정한다. panel.grid.major.y 인수와 panel.grid.minor.y 인수를 이용하여 Y축을 가로지르는 주눈금과 보조눈금의 속성을 지정한다. 여기에서 주눈금은 회색 실선으로 표현하였고 보조눈금은 회색 점선으로 나타냈다. 범례는 legend.position 인수를 이용하여 그래프 상단에 위치시킨다.

사용자 정의 테마는 재사용이 가능하다. 테마를 생성한 후 여러 그래프에 반복하여 적용할 수 있다. 예를 들어, 다음과 같이 앞에서 생성한 mytheme 테마를 다른 그래프에 적용하여 [그림 11-70]과

[그림 11-70] 테마. 일단 생성한 사용자 정의 테마는 다른 그래프에도 적용할 수 있다.

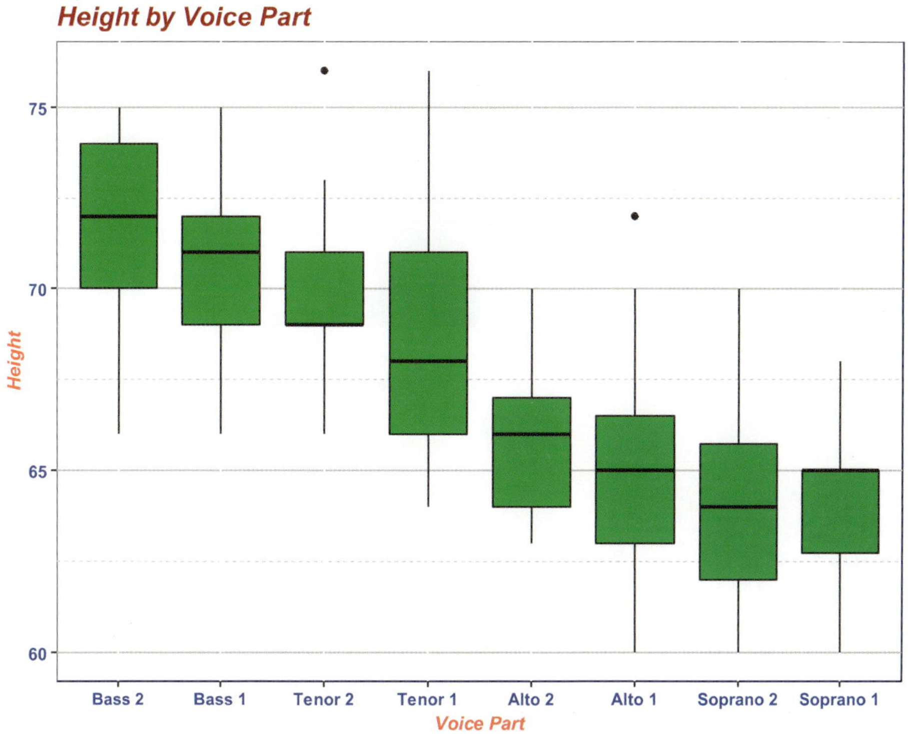

같은 그래프를 생성할 수 있다.

```
> library(lattice)
> ggplot(singer, aes(x=voice.part, y=height)) +
+   geom_boxplot(fill="limegreen") +
+   labs(title="Height by Voice Part", x="Voice Part", y="Height") +
+   mytheme
```

그래프 배치 및 저장

베이스 그래픽에서 사용하던 par() 함수는 ggplot2 그래픽에는 이용할 수 없기 때문에 여러 개의 그래프를 결합하여 하나의 창에 배치하기 위해서는 다른 접근방법이 필요하다. 하나의 그래프 창에 여러 개의 ggplot2 그래프를 배치하는 손쉬운 방법 중의 하나는 gridExtra 패키지의 grid.arrange() 함수를 이용하는 것이다. grid.arrange() 함수에 배치할 그래프를 차례대로 지정하고 nrow

[그림 11-71] 하나의 그래프 창에 여러 개의 그래프 배치하기. grid.arrange() 함수를 이용하여 그래프 창의 레이아웃을 설정할 수 있다.

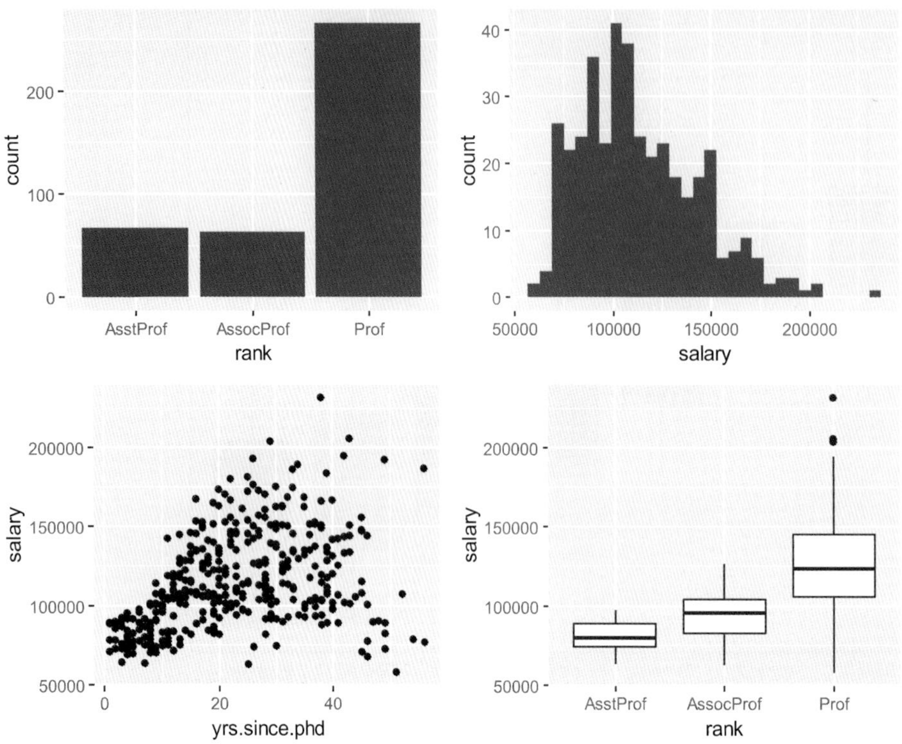

인수와 ncol 인수에 레이아웃 구조를 나타낼 행의 개수와 열의 개수를 지정한다. 다음 코드는 [그림 11-71]과 같은 그래프를 생성한다.

```
> library(car)
> p1 <- ggplot(Salaries, aes(x=rank)) + geom_bar()
> p2 <- ggplot(Salaries, aes(x=salary)) + geom_histogram()
> p3 <- ggplot(Salaries, aes(x=yrs.since.phd, y=salary)) + geom_point()
> p4 <- ggplot(Salaries, aes(x=rank, y=salary)) + geom_boxplot()
> library(gridExtra)
> grid.arrange(p1, p2, p3, p4, nrow=2, ncol=2)
```

arrangeGrob() 함수로 그래프를 묶은 다음 다시 이를 grid.arrange() 함수로 배치하면 좀 더 다양한 레이아웃 구조의 그래프를 생성할 수 있다. grid.arrange() 함수에는 추가로 widths 인수와 heights 인수를 지정할 수 있다. 각각 배치될 그래프의 X축과 Y축에서의 상대적 크기를

[그림 11-72] 하나의 그래프 창에 여러 개의 그래프 배치하기. grid.arrange() 함수와 arrangeGrob() 함수를 함께 이용하여 좀 더 다양한 레이아웃 구조의 그래프를 생성할 수 있다.

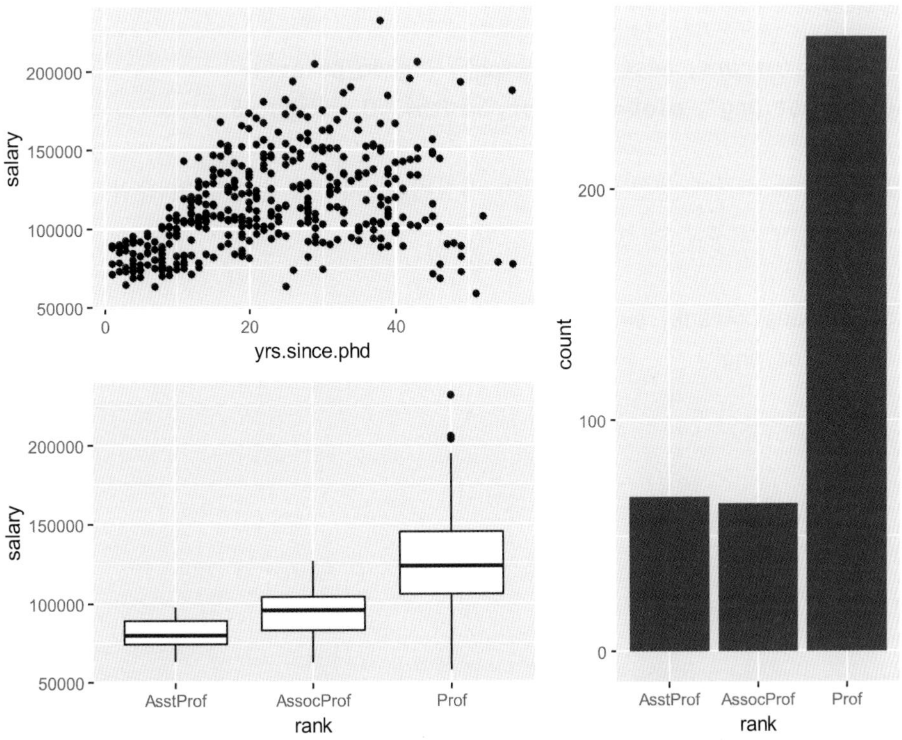

나타낸다. 다음 코드는 [그림 11-72]와 같은 레이아웃 구조를 갖는 그래프를 생성한다.

```
> grid.arrange(arrangeGrob(p3, p4, nrow=2, heights=c(0.5, 0.5)), p1,
+              ncol=2, widths=c(0.6, 0.4))
```

이제 끝으로 ggplot2 그래프를 저장하는 방법을 살펴보자. ggplot2 그래프는 '제10장 그래픽'에서 다룬 표준적인 그래프 저장 방법을 이용하여 저장할 수 있다. 하지만 ggplot2 패키지에서 제공하는 ggsave() 함수를 이용하면 좀 더 편리하게 ggplot2 그래프를 저장할 수 있다. file 인수에는 저장할 파일 이름을 지정한다. plot 인수에는 생성한 ggplot2 그래프 객체를 지정한다. width 인수와 height 인수에는 인치 단위로 그래프의 크기를 지정한다(units 인수에 in, cm, mm을 지정하여 각각 인치, 센티미터, 밀리미터로 크기 단위를 변경할 수 있다).

다음 코드는 myggplot 변수에 저장된 ggplot2 그래프를 myplot.png라는 파일 이름으로 저장한다.

파일 확장자를 ps, tex, pdf, jpeg, tiff, png, bmp, svg, wmf 등으로 변경하면 해당 그래픽 포맷으로 저장된다.

```
> myggplot <- ggplot(mtcars, aes(x=wt, y=mpg)) + geom_point()
> ggsave(file="myplot.png", plot=myggplot, width=7.0, height=5.5)
```

plot 인수를 생략하면 가장 최근에 생성된 그래프가 저장된다. 따라서 현재 작업 중인 그래프는 다음과 같이 간단하게 파일로 저장할 수 있다.

```
> ggplot(Salaries, aes(x=rank, y=salary)) + geom_boxplot()
> ggsave(file="myplot.png")
```

연 | 습 | 문 | 제 >>>

01. `Orange` 데이터셋에 포함된 다섯 개 오렌지 나무의 수령과 나무둘레 간의 관계를 다음과 같은 두 가지 형태의 그래프로 그리시오(`lattice` 패키지 사용).

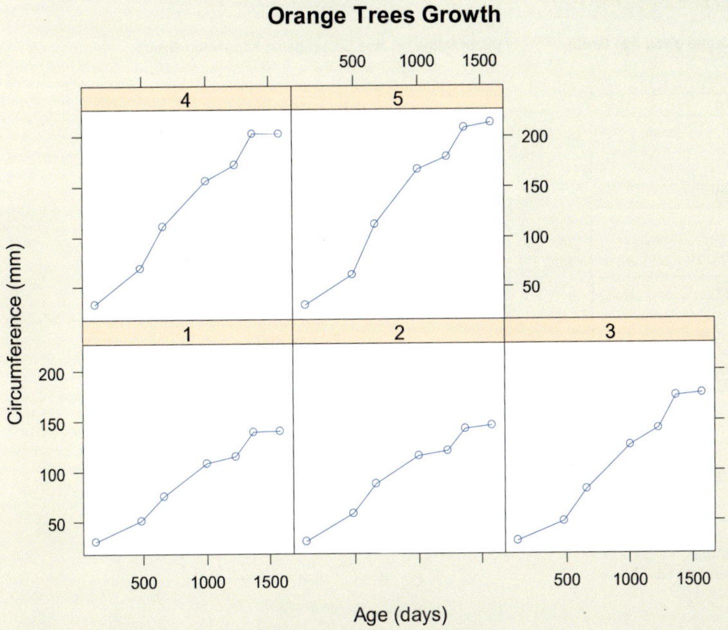

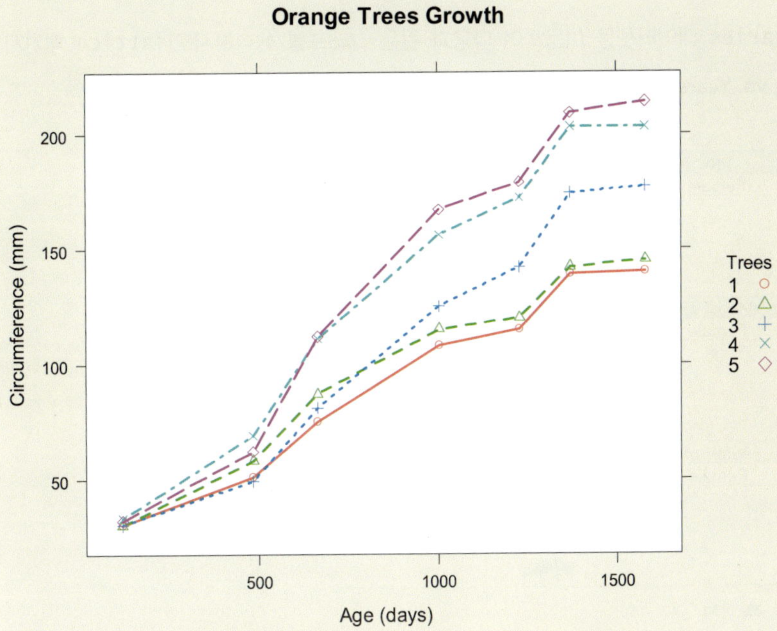

연 | 습 | 문 | 제 >>>

02. VADeaths 데이터셋을 롱포맷의 데이터프레임으로 변환한 후 (a) 인구그룹과 사망률 (b) 연령대와 사망률 간의 관계를 나타내는 다음과 같은 그래프를 생성하시오(lattice 패키지를 사용하고, 하나의 그래프 창에 두 그래프가 나란히 배열되도록 그리시오).

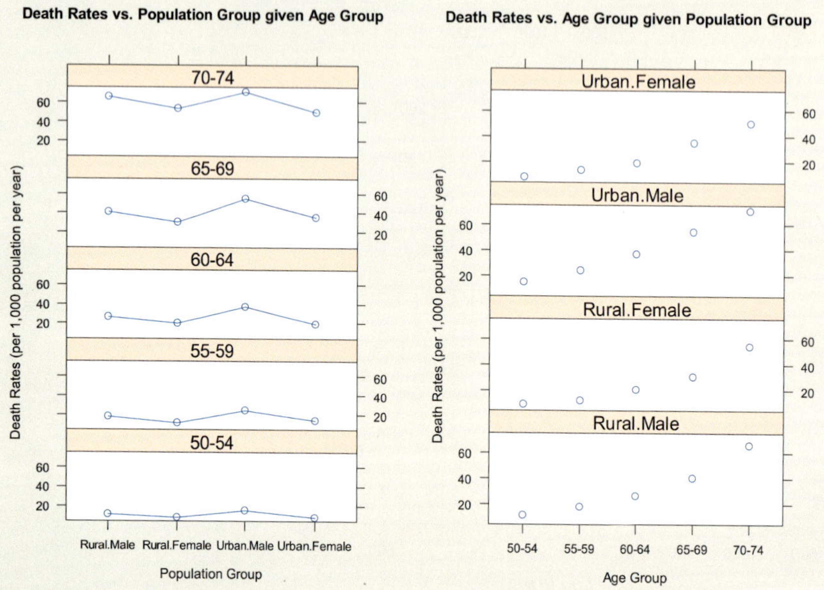

03. car 패키지의 Salaries 데이터셋을 이용하여 다음과 같은 그래프를 생성하시오(lattice 패키지 사용).

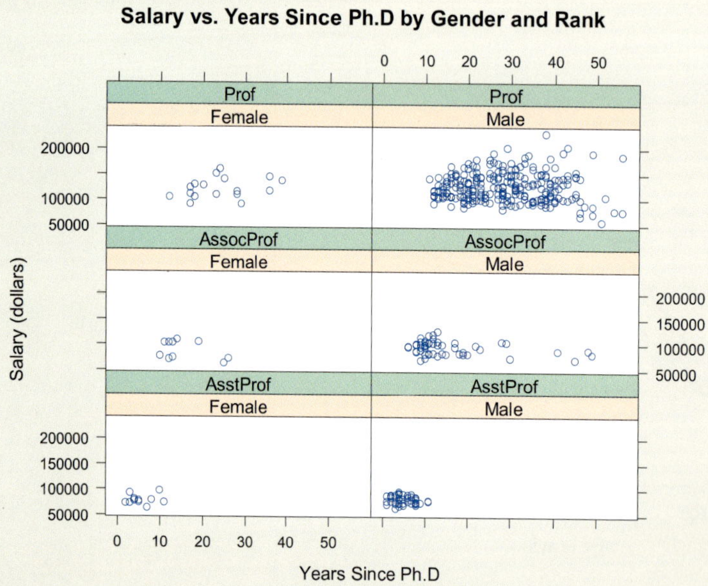

04. `faithful` 데이터셋에 `length` 변수를 추가하여 분출시간 3분 이상인 관측값에 대해서는 long을 저장하고 그 미만인 관측값에 대해서는 short를 저장하시오. 새롭게 생성한 집단변수 `length`를 이용하여 다음과 같은 (a) 상자도표와 (b) 밀도도표를 생성하시오(`lattice` 패키지 사용).

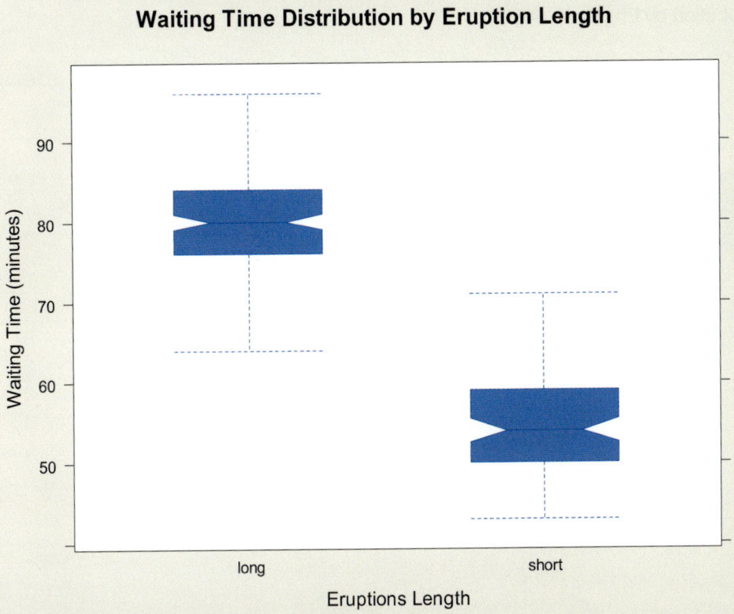

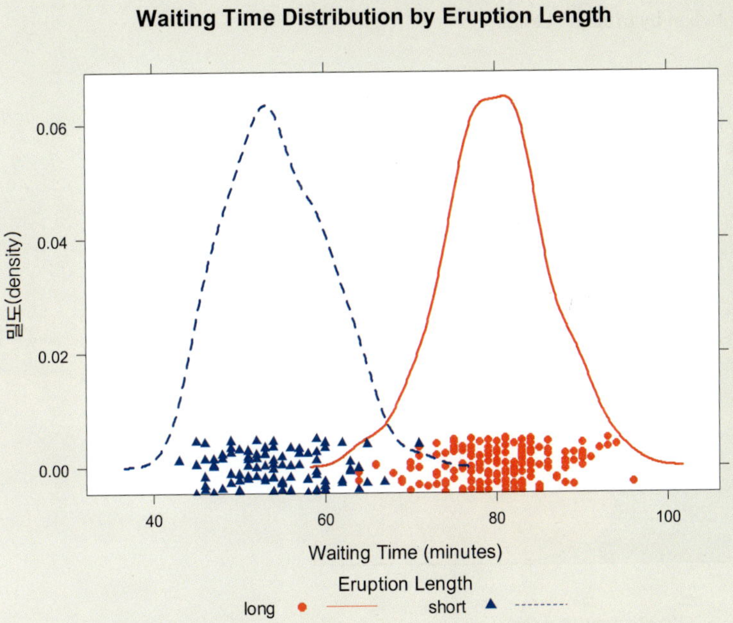

05. `faithful` 데이터셋에 `length` 변수를 추가하여 분출시간 3분 이상인 관측값에 대해서는 long을 저장하고 그 미만인 관측값에 대해서는 short를 저장하시오. 새롭게 생성한 집단변수 `length`를 이용하여 다음과 같은 (a) 상자도표와 (b) 밀도도표를 생성하시오(`ggplot2` 패키지 사용).

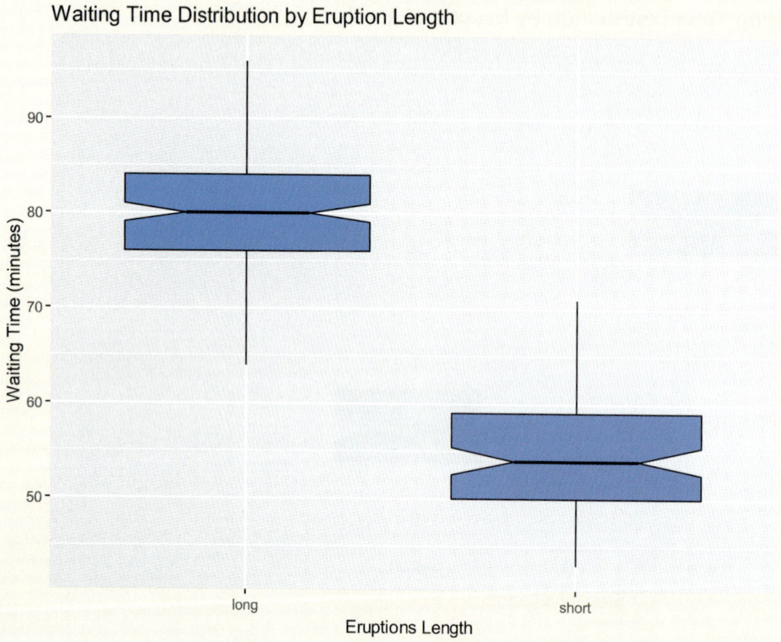

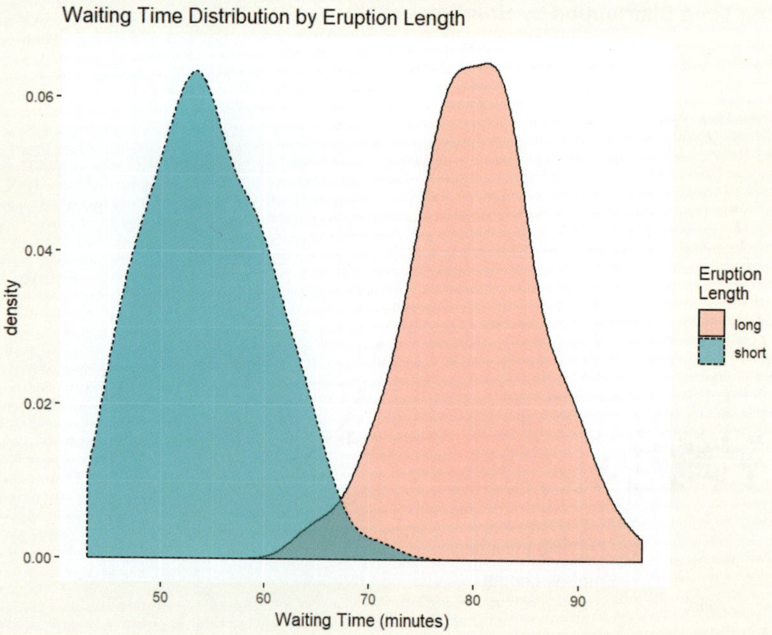

06. `lattice` 패키지에 포함된 `singer` 데이터셋을 이용하여 다음과 같은 (a) 키의 히스토그램과 (b) 성부별 키의 상자도표를 생성하시오(`ggplot2` 패키지 사용).

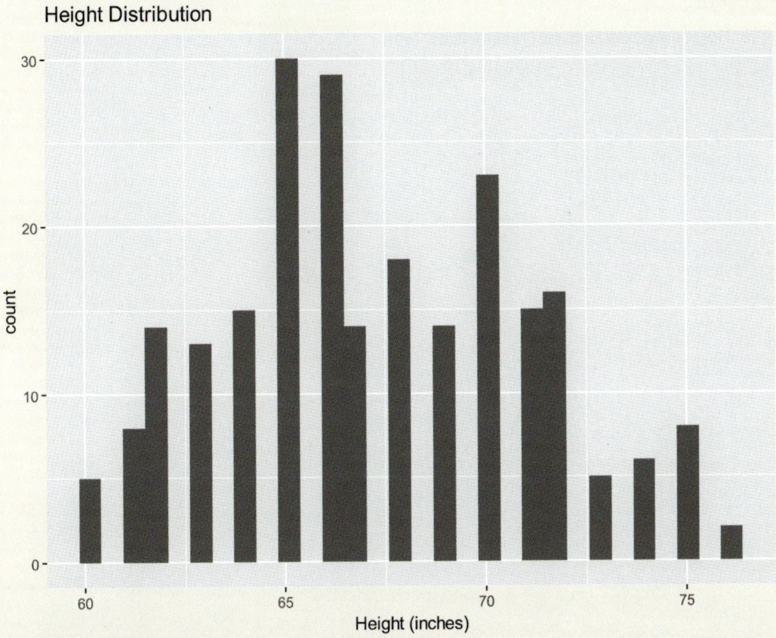

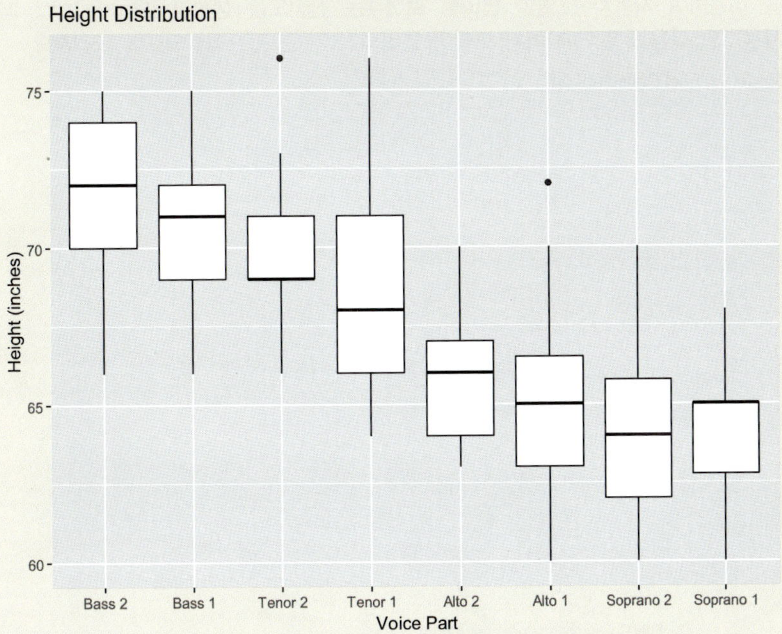

연 | 습 | 문 | 제 >>>

07. mtcars 데이터셋을 이용하여 다음과 같은 엔진 유형과 변속기 유형에 따른 연비와 마력 간의 산점도를 생성하시오(ggplot2 패키지 사용). 엔진 유형은 열에 배치하고 변속기 유형은 행에 배치하며 실린더 개수는 색상과 도형의 모양으로 구분하시오.

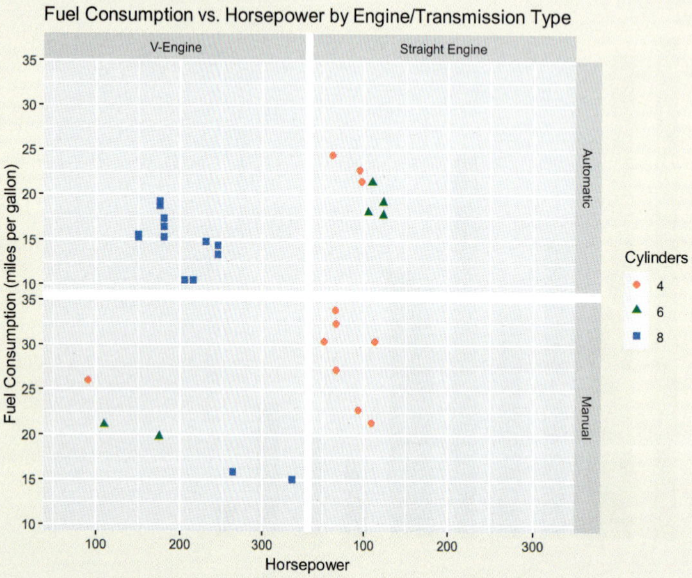

08. mtcars 데이터셋을 이용하여 자동차 모델별 연비를 보여주는 산점도를 생성하시오(ggplot2 패키지와 forcats 패키지 사용). 단 다음과 같이 자동차 모델이 연비의 크기 순으로 정렬되도록 그리시오.

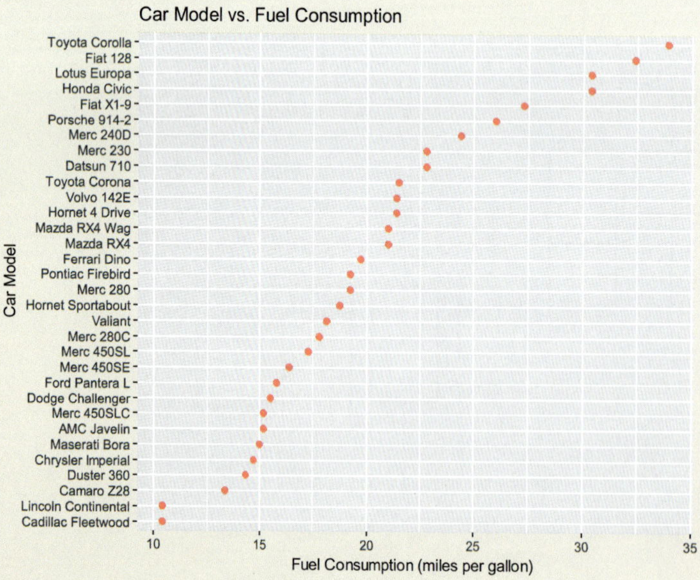

연 | 습 | 문 | 제 >>>

09. car 패키지에 포함된 Salaries 데이터셋을 이용하여 박사학위 취득 이후의 기간과 연봉 간의 산점도상에 다음과 같은 추세선을 그리시오(ggplot2 패키지 사용). 추세선은 2차 다항회귀식을 사용하고(formula= y ~ poly(x, 2)), 선 유형, 도형, 색상에 의해 성별을 구분하시오.

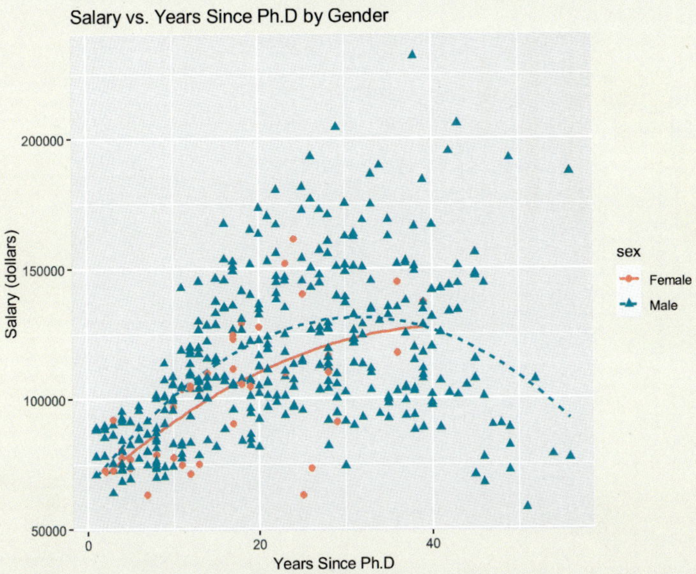

10. ggplot2 패키지에 포함된 diamonds 데이터셋을 이용하여 다음과 같은 컷 등급별 다이아몬드 캐럿(무게)과 가격 간 산점도를 생성하시오(ggplot2 패키지 사용). 추세선은 컷 등급별로 색상에 의해 구분하시오.

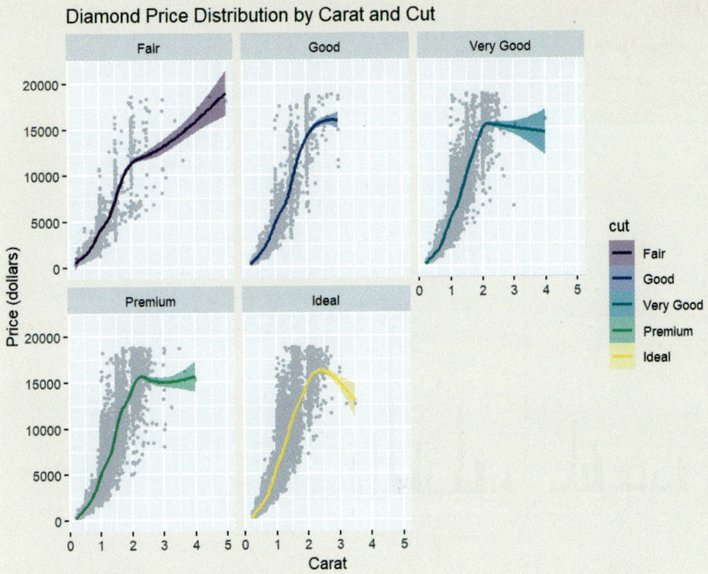

연 | 습 | 문 | 제 »»

11. ggplot2 패키지에 포함된 diamonds 데이터셋을 이용하여 다이아몬드 캐럿(무게)과 가격 간의 다음과 같은 상자도표를 생성하시오(ggplot2 패키지 사용). 캐럿은 0.25 간격으로 구분하시오.

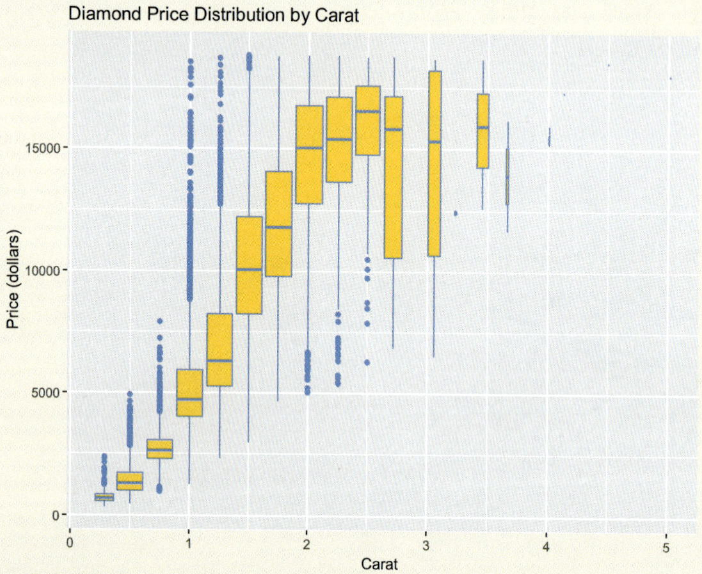

12. latticeExtra 패키지의 doubleYScale() 함수는 Y축에 두 개의 서로 다른 눈금을 그릴 수 있다. latticeExtra 패키지에 포함된 SeatacWeather 데이터셋을 이용하여 다음과 같이 X축은 날짜를, Y축은 왼쪽과 오른쪽에 각각 온도와 강수량을 축으로 갖는 그래프를 생성하시오(latticeExtra 패키지의 doubleYScale() 함수 사용).

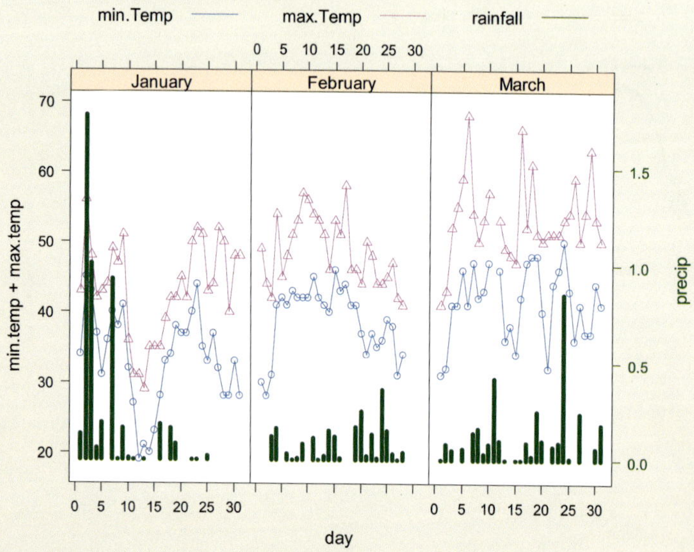

13. 세계은행(World Bank)의 공개 데이터(https://data.worldbank.org)를 이용하여 최근 50년간의 한국, 일본, 중국의 출생률 변동 추이를 다음과 같은 그래프로 그리시오(`wbstats` 패키지와 `ggplot2` 패키지 사용).

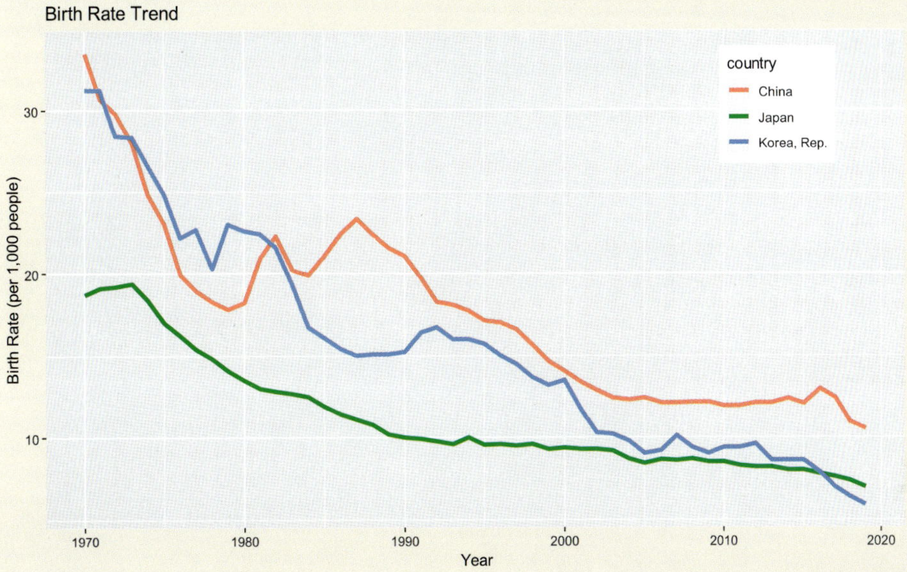

Chapter 12

데이터분석

Introductory R
R 기초와 활용

Chapter 12 | 데이터분석

12.1 통계분석

R을 사용하는 주요한 목적 중의 하나는 통계분석(statistical analysis)을 통해 의사결정에 필요한 정보를 얻는 것이다. R은 통계적 검정을 위한 다양한 통계분석 방법을 지원한다. 여기에서는 평균검정, 분산분석, 회귀분석 등에 대해 살펴본다.

평균검정

일표본 평균검정

일표본 평균검정(one-sample t test)은 하나의 표본 데이터를 이용하여 모집단의 평균이 특정값과 같은지 검정한다. 일표본 평균검정은 표본집단이 특정 모집단과 일치하는지 혹은 그렇지 않은지 알고 싶을 때 이용할 수 있다. 예를 들어, 벤처기업 경영자의 혈압(표본)이 우리나라 일반 성인의 혈압(모집단)과 동일한지 검정한다거나, 가구당 소득에 대한 표본 데이터를 바탕으로 기존에 알려진 우리나라의 가구당 소득이 맞는지 검정하는 것이 여기에 해당한다.

MASS 패키지에 포함되어 있는 cats 데이터셋을 이용하여 일표본 평균검정을 수행해보자. cats 데이터셋에는 고양이의 성별(Sex)에 따른 몸무게(Bwt)와 심장무게(Hwt)가 저장되어 있다. 몸무게는 킬로그램(kg) 단위이며 심장무게는 그램(g) 단위이다.

```
> library(MASS)
> str(cats)
'data.frame':  144 obs. of  3 variables:
 $ Sex: Factor w/ 2 levels "F","M": 1 1 1 1 1 1 1 1 1 1 ...
 $ Bwt: num  2 2 2 2.1 2.1 2.1 2.1 2.1 2.1 2.1 ...
 $ Hwt: num  7 7.4 9.5 7.2 7.3 7.6 8.1 8.2 8.3 8.5 ...
```

일표본 평균검정은 t.test() 함수를 이용한다. 일표본 평균검정을 수행하기 위해서는 t.test() 함수의 첫 번째 인수에 데이터셋을 지정하고 mu 인수에 검정하고자 하는 모집단 평균을 지정한다. mu 인수를 지정하지 않으면 모집단 평균이 0인지를 검정한다. 다음과 같이 t.test() 함수를 이용하여 고양이의 몸무게가 2.6kg인지 검정해보자.

```
> t.test(cats$Bwt, mu=2.6)

	One Sample t-test

data:  cats$Bwt
t = 3.0565, df = 143, p-value = 0.002673
alternative hypothesis: true mean is not equal to 2.6
95 percent confidence interval:
 2.643669 2.803553
sample estimates:
mean of x
 2.723611
```

p-값(p-value)은 0.002673으로서 일반적 유의수준 0.05에 비해 매우 작으므로 모집단에서 고양이의 몸무게가 2.6kg은 아니라고 결론 내린다. 2.6kg이라는 고양이 몸무게가 사실이라는 가정하에서 표본으로부터 관측된 검정통계량 t값 3.0565보다 더 극단적인 값을 얻게 될 확률이 0.002673에 불과하므로, 이는 발생 가능성이 매우 작은 드문 경우이다. 따라서 고양이 몸무게가 2.6kg이라는 가정은 틀렸다고 볼 수 있으며, 표본 데이터는 모집단 평균이 2.6kg이라는 귀무가설을 기각한다.

만일 다음과 같이 고양이 몸무게가 2.7kg인지 검정하면 p-값은 0.5603으로서 모집단에서의 고양이 몸무게가 2.7kg이라는 귀무가설을 기각하지 못한다.

```
> t.test(cats$Bwt, mu=2.7)

	One Sample t-test

data:  cats$Bwt
t = 0.5838, df = 143, p-value = 0.5603
alternative hypothesis: true mean is not equal to 2.7
```

```
95 percent confidence interval:
 2.643669 2.803553
sample estimates:
mean of x
 2.723611
```

t.test() 함수는 달리 지정하지 않는 한 양측검정을 수행한다. 단측검정을 하려면 alternative 인수에 greater 또는 less를 지정한다. 예를 들어, 고양이 몸무게가 2.6kg보다 크다는 연구가설을 검정하려면 다음과 같이 alternative="greater"를 지정한다. 검정결과 p-값은 0.001337로서 귀무가설을 기각한다(유의수준 0.05). 따라서 고양이 몸무게는 2.6kg보다 크다고 할 수 있다.

```
> t.test(cats$Bwt, mu=2.6, alternative="greater")

	One Sample t-test

data:  cats$Bwt
t = 3.0565, df = 143, p-value = 0.001337
alternative hypothesis: true mean is greater than 2.6
95 percent confidence interval:
 2.656656      Inf
sample estimates:
mean of x
 2.723611
```

t.test() 함수는 검정 결과를 리스트 객체로 반환한다. R에 포함된 통계 및 데이터분석 함수는 실행 결과를 모델객체(model object) 형태로 반환한다. 모델객체에는 분석 결과에 대한 많은 정보가 담겨 있어서 추가 분석에 활용할 수 있다. 예를 들어, t.test() 함수는 다음과 같이 htest 클래스의 객체를 생성한다.

```
> cats.t <-t.test(cats$Bwt, mu=2.6)
> class(cats.t)
[1] "htest"
> str(cats.t)
List of 10
 $ statistic   : Named num 3.06
```

```
  ..- attr(*, "names")= chr "t"
 $ parameter   : Named num 143
  ..- attr(*, "names")= chr "df"
 $ p.value     : num 0.00267
 $ conf.int    : num [1:2] 2.64 2.8
  ..- attr(*, "conf.level")= num 0.95
 $ estimate    : Named num 2.72
  ..- attr(*, "names")= chr "mean of x"
 $ null.value  : Named num 2.6
  ..- attr(*, "names")= chr "mean"
 $ stderr      : num 0.0404
 $ alternative : chr "two.sided"
 $ method      : chr "One Sample t-test"
 $ data.name   : chr "cats$Bwt"
 - attr(*, "class")= chr "htest"
```

분석 결과가 리스트의 원소 형태로 저장되어 있기 때문에 p-값이나 신뢰구간 등을 다음과 같이 모델 객체로부터 직접 추출하는 것도 가능하다.

```
> cats.t$p.value
[1] 0.002673036
> cats.t$conf.int
[1] 2.643669 2.803553
attr(,"conf.level")
[1] 0.95
```

t.test() 함수는 달리 지정하지 않는 한 95% 신뢰구간을 계산한다. conf.level 인수에 95% 신뢰구간 이외의 다른 신뢰구간을 지정할 수 있다. 다음 코드는 99% 신뢰구간을 추정한다.

```
> t.test(cats$Bwt, mu=2.6, conf.level=0.99)

     One Sample t-test

data:  cats$Bwt
t = 3.0565, df = 143, p-value = 0.002673
alternative hypothesis: true mean is not equal to 2.6
99 percent confidence interval:
```

```
 2.618031 2.829191
sample estimates:
mean of x
 2.723611
```

이번에는 모집단의 비율에 대한 통계적 검정을 수행해보자. 어떤 시행의 결과가 성공 또는 실패의 두 가지 경우만 존재하는 모집단으로부터 표본을 추출하여 모집단의 성공 비율이 특정값과 일치하는지 검정한다. 예를 들어, 어느 프로야구팀의 열혈 팬은 자신이 응원하는 팀이 초반 30경기 가운데 18승을 거두었다며 팀의 승률이 50%를 넘는다고 주장하고 있다고 했을 때 이러한 주장이 타당한지 검정할 수 있다.

모집단 비율에 대한 검정은 `prop.test()` 함수를 이용한다. 첫 번째 인수(x)에는 성공 횟수를 지정하고 두 번째 인수(n)에는 시행 횟수를 지정한다. 세 번째 인수(p)에는 검정하려는 비율을 지정한다. 비율을 지정하지 않으면 모집단 비율이 0.5인지 검정한다. `alternative` 인수를 지정하지 않으면 양측검정이 수행된다. 단측검정을 수행하려면 `alternative="greater"` 또는 `alternative="less"`를 지정한다. 30경기 가운데 18경기를 승리한 표본 데이터를 이용하여 이 프로야구팀의 승률이 50%보다 크다고 할 수 있는지 다음과 같이 검정할 수 있다.

```
> prop.test(x=18, n=30, p=0.5, alternative="greater")

	1-sample proportions test with continuity correction

data:  18 out of 30, null probability 0.5
X-squared = 0.8333, df = 1, p-value = 0.1807
alternative hypothesis: true p is greater than 0.5
95 percent confidence interval:
 0.4344744 1.0000000
sample estimates:
  p
0.6
```

검정 결과 p-값은 0.1807로서 일반적 유의수준 0.05보다 크므로 모집단 비율이 0.5라는 귀무가설을 기각할 수 없다. 따라서 주어진 데이터는 이 프로야구팀의 승률이 50%보다 크다고 주장할만한 충분한 증거가 되지 못한다고 결론 내릴 수 있다.

독립표본 평균검정

독립표본 평균검정(two-independent samples test)은 두 개의 독립표본 데이터를 이용하여 각각에 대응되는 두 개의 모집단 평균이 서로 동일한지 검정한다. 이는 두 집단이 서로 차이가 있는지 검정하는 것과 같은 의미를 갖는다. 이러한 두 개 독립표본의 평균차이 검정의 예는 우리 주위에서 흔히 찾아볼 수 있다. 남녀 간의 영어시험 점수에 차이가 있는지, 흡연자와 비흡연자 간의 폐질환 발생률은 서로 다른지, 고학력자와 저학력자 간의 텔레비전 시청시간에 차이가 있는지 등이 독립표본 평균검정을 수행할 수 있는 예가 된다.

일표본 평균검정에 사용했던 `t.test()` 함수를 독립표본 평균검정에도 이용할 수 있다. `t.test()` 함수의 첫 번째 인수에 포뮬러 방식으로 인수를 지정한다. ~ 앞에는 검정하려는 종속변수를 지정하고 ~ 뒤에는 집단을 나타내는 독립변수를 지정한다. 집단을 나타내는 독립변수는 팩터 형식이어야 한다. 두 번째 인수(data)에는 데이터셋을 지정한다.

MASS 패키지에 포함되어 있는 `cats` 데이터셋을 이용하여 독립표본 평균검정을 수행해보자. 성별에 따라서 고양이 몸무게의 차이가 있는지 검정한다. `t.test()` 함수의 첫 번째 인수의 ~ 앞에 몸무게를 나타내는 `Bwt` 변수를 지정하고 ~ 뒤에 집단을 나타내는 `Sex` 변수를 지정한다. 이 포뮬러는 '몸무게는 성별의 함수'라는 것을 의미한다. 이어서 두 번째 인수인 `data` 인수에는 데이터셋인 `cats`를 지정한다.

```
> t.test(Bwt ~ Sex, data=cats)

	Welch Two Sample t-test

data:  Bwt by Sex
t = -8.7095, df = 136.838, p-value = 8.831e-15
alternative hypothesis: true difference in means is not equal to 0
95 percent confidence interval:
 -0.6631268 -0.4177242
sample estimates:
mean in group F mean in group M
       2.359574        2.900000
```

검정 결과를 보면 p-값이 매우 작다. 따라서 암컷 고양이와 수컷 고양이 두 집단의 몸무게 차이가 없다는 귀무가설을 기각할 수 있다. 고양이 성별에 따라 몸무게에 있어서 차이가 존재한다. 또한

95% 신뢰구간을 보면 구간 내에 0이 포함되어 있지 않다. 따라서 신뢰구간을 통해서도 두 집단 간에 몸무게 차이가 존재한다는 동일한 결론에 도달할 수 있다.

t.test() 함수는 두 표본 데이터를 직접 인수로 제공하는 방식으로도 독립표본 평균검정을 수행할 수 있다. 다음과 같이 암컷 고양이와 수컷 고양이의 몸무게를 각각 별도의 벡터로 추출한 후 t.test() 함수에 인수로 제공하면 앞에서 포뮬러 방식의 인수 지정을 통해 평균검정을 수행한 것과 동일한 결과를 얻을 수 있다.

```
> Bwt.f <- cats$Bwt[cats$Sex=="F"]
> Bwt.m <- cats$Bwt[cats$Sex=="M"]
> t.test(Bwt.f, Bwt.m)

	Welch Two Sample t-test

data:  Bwt.f and Bwt.m
t = -8.7095, df = 136.838, p-value = 8.831e-15
alternative hypothesis: true difference in means is not equal to 0
95 percent confidence interval:
 -0.6631268 -0.4177242
sample estimates:
mean of x mean of y
 2.359574  2.900000
```

이번에는 집단 간의 비율이 동일한지 검정해보자. 시행의 결과가 성공 또는 실패로 구성된 두 개 이상의 집단으로부터 표본 데이터를 추출하여 이들 집단의 성공 비율이 모두 동일한지 검정할 수 있다. 예를 들어, 다음과 같이 네 개 병원으로부터 폐질환자수와 그 환자 가운데 흡연자수를 조사했다고 가정하자. 여기에서 patients 벡터와 smokers 벡터는 네 병원 각각에 대응되는 폐질환자수와 흡연자수를 나타낸다.

```
> patients <- c(86, 93, 136, 82)
> smokers  <- c(83, 90, 129, 70)
```

prop.test() 함수를 이용하여 폐질환자 대비 흡연자의 비율이 네 병원에서 모두 동일한지 검정한다. prop.test() 함수의 첫 번째 인수(x)에는 어떤 사건이 발생한 횟수(여기에서는 흡연자수 smokers)를 지정하며 두 번째 인수(n)에는 대응되는 집단의 크기(여기에서는 폐질환자수 patients)를 지정한다.

```
> prop.test(x=smokers, n=patients)

	4-sample test for equality of proportions without continuity correction

data:  smokers out of patients
X-squared = 12.6004, df = 3, p-value = 0.005585
alternative hypothesis: two.sided
sample estimates:
   prop 1    prop 2    prop 3    prop 4 
0.9651163 0.9677419 0.9485294 0.8536585 
```

검정 결과를 보면 p-값이 일반적 유의수준 0.05에 비해 매우 작으므로 네 병원의 폐질환자 대비 흡연자의 비율이 동일하다는 귀무가설을 기각한다. 즉 네 병원의 폐질환자 대비 흡연자의 비율은 동일하지 않다.

분산분석

일원분산분석

앞에서 두 개의 독립된 표본을 이용하여 각각 대응되는 두 개의 모집단 평균이 서로 동일한지 검정하는 가설검정 방법을 살펴보았다. 두 개가 아닌 여러 모집단 간의 평균의 동일성은 분산분석(ANOVA, analysis of variance)을 이용하여 검정한다. 먼저 일원분산분석(one-way ANOVA)을 살펴본다. 일원분산분석에서 '일원'(one-way)이란 집단을 구분하는 독립변수가 한 개인 경우를 의미한다.

R의 표준패키지에 내장되어 있는 InsectSprays 데이터셋을 이용하여 일원분산분석을 수행해보자. InsectSprays 데이터셋에는 살충제에 대한 실험 데이터가 저장되어 있다. 여섯 종류의 살충제를 각각 12개의 실험 공간에 살포한 후 살아 남은 해충수를 기록하였다. spray 변수는 살충제 종류를 나타내며 count 변수는 발견된 해충수를 의미한다.

```
> str(InsectSprays)
'data.frame':	72 obs. of  2 variables:
 $ count: num  10 7 20 14 14 12 10 23 17 20 ...
 $ spray: Factor w/ 6 levels "A","B","C","D",..: 1 1 1 1 1 1 1 1 1 1 ...
```

일원분산분석을 통해 살충제의 성능이 동일한지(즉 살충제 간 해충수의 평균이 동일한지) 검정한다. aov() 함수를 이용하여 일원분산분석을 수행할 수 있다. aov() 함수의 첫 번째 인수에 포뮬러 방식으로 인수를 지정한다. ~ 앞에는 검정하고자 하는 종속변수인 count를 지정하고 ~ 뒤에는 집단을 나타내는 독립변수인 spray를 지정한다. 두 번째 인수(data)에는 데이터셋을 지정한다.

```
> sprays.aov <- aov(count ~ spray, data=InsectSprays)
> sprays.aov
Call:
   aov(formula = count ~ spray, data = InsectSprays)

Terms:
                   spray  Residuals
Sum of Squares  2668.833   1015.167
Deg. of Freedom        5         66

Residual standard error: 3.921902
Estimated effects may be unbalanced
```

aov() 함수를 실행한 결과 생성된 모델객체는 그 자체로는 가설검정을 위한 충분한 정보를 보여주지 않는다. summary() 함수를 이용하여 모델객체가 제공하는 정보를 확인할 수 있다. 분산분석을 수행하여 생성된 모델객체에 summary() 함수를 적용하면 다음과 같은 분산분석표(ANOVA table)를 얻을 수 있다.

```
> summary(sprays.aov)
            Df Sum Sq Mean Sq F value  Pr(>F)
spray        5   2669   533.8    34.7 <2e-16 ***
Residuals   66   1015    15.4
---
Signif. codes:  0 '***' 0.001 '**' 0.01 '*' 0.05 '.' 0.1 ' ' 1
```

분산분석표상의 p-값(Pr(>F) 열)이 매우 작으므로 집단 간에 차이가 없다는 귀무가설을 기각할 수 있다. 따라서 살충제 간에는 살충 효과의 차이가 존재한다.

분산분석을 통해 여섯 종류 살충제 간의 살충 효과 차이는 없다(살충 효과는 동일하다)는 귀무가설을 기각할 수 있었다. 하지만 이것만으로는 모집단 평균이 모두 동일하다는 주장을 기각할 수 있을 뿐이며 어느 집단과 어느 집단이 서로 달라서 이러한 결과가 나왔는지는 알지 못한다. model.tables() 함수를 이용하면 개별 집단 간 평균의 차이를 확인할 수 있다. model.tables() 함수는 집단 간의 평균의 차이를 두 가지 다른 형식으로 보여준다. type="mean"을 지정하면 각 집단에 대한 평균을 확인할 수 있으며 type="effects"를 지정하면 집단별로 각 집단 평균과 전체 평균의 차이를 볼 수 있다. 인수를 지정하지 않으면 type="effects"가 지정된 것으로 간주한다.

```
> model.tables(sprays.aov, type="mean")
Tables of means
Grand mean

9.5

 spray
spray
     A      B      C      D      E      F
14.500 15.333  2.083  4.917  3.500 16.667
> model.tables(sprays.aov, type="effects")
Tables of effects

 spray
spray
     A      B      C      D      E      F
 5.000  5.833 -7.417 -4.583 -6.000  7.167
 > model.tables(sprays.aov)
Tables of effects

 spray
spray
     A      B      C      D      E      F
 5.000  5.833 -7.417 -4.583 -6.000  7.167
```

살충제 C가 살포된 실험 공간에서는 전체 평균보다 7.4마리 더 적은 해충이 발견되어 살충제 C가 가장 살충 효과가 좋은 것으로 나타났다. 반면에 살충제 F의 경우에는 전체 평균보다 7.1마리 더 많이 발견되어 살충 효과가 가장 미흡해 보인다. 분산분석 결과로 집단 간의 차이를 확인하였을 경우 추가로 이러한 개별 집단 간 차이의 유의성을 통계적으로 검정하는 것이 때로는 유용하다. 왜냐하면 개별 집단 간에 의미 있는 차이가 존재하는지 여부는 집단을 선택하는 의사결정에 영향을 미칠 수 있기 때문이다.

예를 들어, 살충제를 구매하는 의사결정을 해야 할 때 살충 효과가 가장 좋은 살충제 C를 사는 것이 반드시 좋은 결정은 아닐 수 있다. 살충 효과는 제일 좋겠지만 아무래도 가격은 가장 비쌀 것이기 때문이다. 만일 좀 더 저렴한 살충제 D의 살충 효과가 살충제 C와 실제로는 차이가 없다고 하면 비싼 살충제 C를 구매할 필요는 없을 것이다. 살충제 D와 C 이 두 살충제 간의 살충 효과가 유의적인 차이를 보이는지 검정하기 위해서는 Tukey's Honest Significant Difference(HSD)검정을 이용한다. 이러한 검정을 사후분석(post hoc)이라고 하며 다중비교(multiple comparison)를 통해 집단 간의 차이를 검정한다. 다중비교를 위해서는 다음과 같이 `TukeyHSD()` 함수를 이용한다.

```
> sprays.compare <- TukeyHSD(sprays.aov)
> sprays.compare
  Tukey multiple comparisons of means
    95% family-wise confidence level

Fit: aov(formula = count ~ spray, data = InsectSprays)

$spray
           diff        lwr       upr     p adj
B-A   0.8333333  -3.866075  5.532742 0.9951810
C-A -12.4166667 -17.116075 -7.717258 0.0000000
D-A  -9.5833333 -14.282742 -4.883925 0.0000014
E-A -11.0000000 -15.699409 -6.300591 0.0000000
F-A   2.1666667  -2.532742  6.866075 0.7542147
C-B -13.2500000 -17.949409 -8.550591 0.0000000
D-B -10.4166667 -15.116075 -5.717258 0.0000002
E-B -11.8333333 -16.532742 -7.133925 0.0000000
F-B   1.3333333  -3.366075  6.032742 0.9603075
D-C   2.8333333  -1.866075  7.532742 0.4920707
E-C   1.4166667  -3.282742  6.116075 0.9488669
F-C  14.5833333   9.883925 19.282742 0.0000000
E-D  -1.4166667  -6.116075  3.282742 0.9488669
F-D  11.7500000   7.050591 16.449409 0.0000000
F-E  13.1666667   8.467258 17.866075 0.0000000
```

TukeyHSD() 함수는 리스트 형식의 모델객체를 생성한다. 이 객체에는 여섯 종류의 살충제가 만들어내는 모든 가능한 비교쌍 간의 평균 차이, 95% 신뢰구간의 상한값 및 하한값, 그리고 평균 차이에 대한 p-값이 포함되어 있다. 유의한 차이를 보이는 살충제쌍도 있고 그렇지 않은 쌍도 있다. 어느 하나의 쌍이라도 유의한 차이를 보이면 분산분석에서는 모든 살충제 간의 살충 효과가 동일하다는 귀무가설을 기각한다.

TukeyHSD() 함수로부터 생성된 모델객체는 리스트이기 때문에 일반적인 리스트의 원소 추출 방법을 이용하여 특정 비교쌍을 추출할 수 있다. 예를 들어, 살충제 D와 C에 대한 평균 비교 분석 결과는 다음과 같이 직접 추출할 수 있다.

```
> sprays.compare$spray['D-C',]
     diff        lwr        upr      p adj
 2.8333333 -1.8660752  7.5327418  0.4920707
```

살충제 D와 C 간의 평균 차이에 대한 p-값은 0.49로서 일반적 유의수준 0.05에 비해 매우 크므로 두 살충제 간의 평균 차이가 0이라는 귀무가설을 기각할 수 없다. 따라서 두 살충제 간의 살충 효과 차이는 없다고 결론 내릴 수 있다.

이원분산분석

이원분산분석(two-way ANOVA)은 집단을 구분하는 독립변수가 두 개인 경우 모집단 간의 평균의 동일성을 검정한다. 이원분산분석은 두 개의 주효과(main effect)와 하나의 상호작용효과(interaction effect)를 검정한다. 여기에서 두 개의 주효과검정은 각 독립변수에 의해 만들어지는 집단 간 평균의 차이에 대한 검정을 말하며, 상호작용효과검정은 두 독립변수의 조합에 의해 만들어지는 집단 간 평균의 차이에 대한 검정을 의미한다. 다시 말해 주효과검정은 두 독립변수가 각각 개별적으로 종속변수에 유의한 영향을 미치는지 검정하는 것이고, 상호작용효과검정은 두 독립변수의 조합이 종속변수와 유의한 영향관계를 갖는지 검정하는 것이다. 상호작용효과가 존재하면 독립변수와 종속변수 간의 관계패턴이 두 독립변수에 의해서 만들어지는 집단 간 조합에 따라 달라진다.

R의 표준패키지에 포함되어 있는 ToothGrowth 데이터셋을 이용하여 이원분산분석을 수행해보자. ToothGrowth 데이터셋에는 10마리의 기니피그(guinea pig)를 대상으로 비타민 C가 이빨의 성장에 미치는 영향을 조사한 실험 데이터가 저장되어 있다. len 변수는 이빨의 길이(tooth length)를 나타내며 종속변수로서의 역할을 한다. 이 데이터셋에는 집단을 구분하는 두 개의 독립변수가 포함되어 있다.

우선 supp 변수는 비타민 C 보충제(supplement)를 나타낸다. 오렌지 주스 형태로 제공된 경우에는 OJ로, 아스코르브산(ascorbic acid) 형태로 제공된 경우에는 VC로 코딩되었다. dose 변수는 보충제의 투여량을 나타낸다. 0.5, 1.0, 2.0밀리그램(mg) 등 서로 다른 세 가지 수준으로 투여되었다.

```
> str(ToothGrowth)
'data.frame':  60 obs. of  3 variables:
 $ len  : num  4.2 11.5 7.3 5.8 6.4 10 11.2 11.2 5.2 7 ...
 $ supp : Factor w/ 2 levels "OJ","VC": 2 2 2 2 2 2 2 2 2 2 ...
 $ dose : num  0.5 0.5 0.5 0.5 0.5 0.5 0.5 0.5 0.5 0.5 ...
```

dose 변수는 숫자 벡터로 저장되어 있다. 포뮬러를 사용하기 위해서는 집단을 나타내는 변수는 팩터이어야 하기 때문에 숫자형으로 되어 있는 dose 변수를 다음과 같이 팩터로 변환한다. 0.5, 1.0, 2.0을 각각 low, med, high로 변환한다.

```
> ToothGrowth$dose <- factor(ToothGrowth$dose,
+                            levels=c(0.5, 1.0, 2.0), labels=c("low", "med", "high"))
> str(ToothGrowth)
'data.frame':  60 obs. of  3 variables:
 $ len  : num  4.2 11.5 7.3 5.8 6.4 10 11.2 11.2 5.2 7 ...
 $ supp : Factor w/ 2 levels "OJ","VC": 2 2 2 2 2 2 2 2 2 2 ...
 $ dose : Factor w/ 3 levels "low","med","high": 1 1 1 1 1 1 1 1 1 1 ...
> ToothGrowth[seq(1,60,5),]
    len supp dose
1   4.2   VC  low
6  10.0   VC  low
11 16.5   VC  med
16 17.3   VC  med
21 23.6   VC high
26 32.5   VC high
31 15.2   OJ  low
36 10.0   OJ  low
41 19.7   OJ  med
46 25.2   OJ  med
51 25.5   OJ high
56 30.9   OJ high
```

일원분산분석에서와 마찬가지로 aov() 함수를 이용하여 이원분산분석을 수행한다. aov() 함수의 첫 번째 인수에 포뮬러 방식으로 인수를 지정한다. ~ 앞에는 검정하고자 하는 종속변수인 len을 지정하고 ~ 뒤에는 집단을 나타내는 두 독립변수 supp와 dose를 * 연산자를 이용하여 지정한다. 두 번째 인수(data)에는 데이터셋을 지정한다.

```
> ToothGrowth.aov <- aov(len ~ supp * dose, data=ToothGrowth)
```

aov() 함수의 실행 결과로 생성된 모델객체에 summary() 함수를 적용하면 다음과 같은 분산분석표를 얻을 수 있다.

```
> summary(ToothGrowth.aov)
            Df  Sum Sq  Mean Sq  F value    Pr(>F)
supp         1   205.4    205.4   15.572  0.000231 ***
dose         2  2426.4   1213.2   92.000   < 2e-16 ***
supp:dose    2   108.3     54.2    4.107  0.021860 *
Residuals   54   712.1     13.2
---
Signif. codes:  0 '***' 0.001 '**' 0.01 '*' 0.05 '.' 0.1 ' ' 1
```

분산분석표의 supp, dose, supp:dose 행은 각각 보충제에 의한 주효과, 투여량에 의한 주효과, 그리고 보충제와 투여량 간의 상호작용효과에 대한 분석 결과를 나타낸다. 두 개의 주효과와 한 개의 상호작용효과 각각에 대한 p-값이 모두 일반적 유의수준 0.05보다 작으므로 주효과와 상호작용효과가 없다는 귀무가설을 기각할 수 있다. 따라서 기니피그의 이빨 성장은 보충제의 종류와 투여량에 따라서 달라지고 보충제와 투여량의 조합에 의해서도 영향을 받는다.

model.tables() 함수를 이용하여 각 집단별 요약 통계량을 확인할 수 있다. 오렌지 주스가 아스코르브산보다 기니피그의 이빨 성장에 더 큰 영향을 미치는 것으로 나타났다(보충제의 주효과). 또한 투여량이 많으면 이빨의 길이가 더 길다는 것을 알 수 있다(투여량의 주효과). 투여량이 작을 때(low, med)는 오렌지 주스가 아스코르브산보다 이빨 성장에 더 큰 영향을 미치지만, 투여량이 많을 때(high)는 비록 작은 차이기는 하지만 아스코르브산이 오히려 오렌지 주스보다 더 큰 영향을 미친다(보충제 및 투여량의 상호작용효과).

```
> model.tables(ToothGrowth.aov, type="means")
Tables of means
Grand mean

18.81333

 supp
supp
    OJ     VC
20.663 16.963

 dose
dose
   low    med   high
10.605 19.735 26.100

 supp:dose
    dose
supp low   med   high
  OJ 13.23 22.70 26.06
  VC  7.98 16.77 26.14
```

TukeyHSD() 함수를 이용한 사후분석을 통해 집단 간 차이에 대한 추가 검정을 수행할 수 있다.

```
> TukeyHSD(ToothGrowth.aov)
  Tukey multiple comparisons of means
    95% family-wise confidence level

Fit: aov(formula = len ~ supp * dose, data = ToothGrowth)

$supp
      diff       lwr       upr     p adj
VC-OJ -3.7 -5.579828 -1.820172 0.0002312

$dose
            diff       lwr       upr   p adj
med-low    9.130  6.362488 11.897512 0.0e+00
high-low  15.495 12.727488 18.262512 0.0e+00
high-med   6.365  3.597488  9.132512 2.7e-06
```

```
$`supp:dose`
                 diff        lwr        upr     p adj
VC:low-OJ:low   -5.25 -10.048124 -0.4518762 0.0242521
OJ:med-OJ:low    9.47   4.671876 14.2681238 0.0000046
VC:med-OJ:low    3.54  -1.258124  8.3381238 0.2640208
OJ:high-OJ:low  12.83   8.031876 17.6281238 0.0000000
VC:high-OJ:low  12.91   8.111876 17.7081238 0.0000000
OJ:med-VC:low   14.72   9.921876 19.5181238 0.0000000
VC:med-VC:low    8.79   3.991876 13.5881238 0.0000210
OJ:high-VC:low  18.08  13.281876 22.8781238 0.0000000
VC:high-VC:low  18.16  13.361876 22.9581238 0.0000000
VC:med-OJ:med   -5.93 -10.728124 -1.1318762 0.0073930
OJ:high-OJ:med   3.36  -1.438124  8.1581238 0.3187361
VC:high-OJ:med   3.44  -1.358124  8.2381238 0.2936430
OJ:high-VC:med   9.29   4.491876 14.0881238 0.0000069
VC:high-VC:med   9.37   4.571876 14.1681238 0.0000058
VC:high-OJ:high  0.08  -4.718124  4.8781238 1.0000000
```

TukeyHSD() 함수에서는 달리 지정하지 않는 한 95% 신뢰구간을 계산한다. conf.level 인수에 95% 신뢰구간 이외의 다른 신뢰구간을 지정할 수 있다. 모든 가능한 집단 간 비교를 원치 않으면 which 인수에 비교하려는 집단만을 지정한다.

```
> TukeyHSD(ToothGrowth.aov, which=c("dose"), conf.level=0.99)
  Tukey multiple comparisons of means
    99% family-wise confidence level

Fit: aov(formula = len ~ supp * dose, data = ToothGrowth)

$dose
           diff       lwr       upr   p adj
med-low   9.130  5.637681 12.622319 0.0e+00
high-low 15.495 12.002681 18.987319 0.0e+00
high-med  6.365  2.872681  9.857319 2.7e-06
```

회귀분석

우리는 종종 어떤 두 사건 간의 연관성을 분석한다. 기업의 연구개발 투자와 신제품 출시 비율 간의 관계, 광고비와 매출액 간의 관계, 한 나라의 일인당 GDP와 기대수명 간의 관계 등이 그러한 예가 될 수 있다. 두 사건, 즉 두 변수 간의 선형적 관계를 직선의 방정식으로 표현하여 변수(독립변수 및 종속변수) 간의 연관성을 분석하는 통계기법을 회귀분석(regression analysis)이라고 한다.

MASS 패키지에 포함된 cats 데이터셋을 이용하여 회귀분석을 수행해보자. 회귀분석은 lm() 함수를 이용하여 수행한다. lm() 함수에는 포뮬러 방식으로 인수를 지정한다. ~ 앞에는 종속변수를 지정하며 ~ 뒤에는 독립변수를 지정한다. 두 번째 인수(data)에는 사용할 데이터셋을 지정한다. 다음과 같이 고양이 몸무게(Bwt)를 독립변수로 하고, 심장무게(Hwt)를 종속변수로 하여 회귀분석을 수행해보자.

```
> library(MASS)
> lm(Hwt ~ Bwt, data=cats)

Call:
lm(formula = Hwt ~ Bwt, data = cats)

Coefficients:
(Intercept)          Bwt
    -0.3567       4.0341
```

선형회귀식(linear regression equation)은 $Hwt = -0.3567 + 4.0341 \times Bwt$로 도출되었다. lm() 함수는 회귀분석 결과에 대한 다양한 정보를 담고 있는 회귀모델 객체를 생성한다. 선형회귀식의 회귀계수(regression coefficient, 즉 절편과 기울기) 정보 이외에 좀 더 다양한 통계분석 결과를 보려면 용도에 맞는 추출 함수를 이용하여 회귀모델 객체에 포함된 정보를 추출한다. [그림 12-1]은 회귀모델 객체로부터

[그림 12-1] 회귀모델 정보 추출 함수. lm() 함수를 이용하여 생성한 회귀모델 객체로부터 다양한 정보를 추출할 수 있다.

함수	추출 정보
anova()	분산분석표
coefficients() / coef()	회귀계수
confint()	회귀계수에 대한 신뢰구간
fitted()	회귀식에 의한 예측값
residual() / resid()	잔차
summary()	주요 분석 정보(잔차, 회귀계수, R^2, F값 등)

정보를 추출하는 데 이용할 수 있는 주요 함수이다.

예를 들어, 다음과 같이 summary() 함수에 회귀모델 객체를 인수로 제공하면 회귀분석 결과에 대한 요약 정보가 출력된다.

```
> cats.lm <- lm(Hwt ~ Bwt, data=cats)
> class(cats.lm)
[1] "lm"
> cats.lm

Call:
lm(formula = Hwt ~ Bwt, data = cats)

Coefficients:
(Intercept)          Bwt
    -0.3567       4.0341

> summary(cats.lm)

Call:
lm(formula = Hwt ~ Bwt, data = cats)

Residuals:
    Min      1Q  Median      3Q     Max
-3.5694 -0.9634 -0.0921  1.0426  5.1238

Coefficients:
            Estimate Std. Error t value Pr(>|t|)
(Intercept)  -0.3567     0.6923  -0.515    0.607
Bwt           4.0341     0.2503  16.119   <2e-16 ***
---
Signif. codes:  0 '***' 0.001 '**' 0.01 '*' 0.05 '.' 0.1 ' ' 1

Residual standard error: 1.452 on 142 degrees of freedom
Multiple R-squared:  0.6466,  Adjusted R-squared:  0.6441
F-statistic: 259.8 on 1 and 142 DF,  p-value: < 2.2e-16
```

summary() 함수는 회귀모델에 대한 다양한 정보를 제공한다. 출력 결과로부터 잔차(residual)의 분포(Residuals), 회귀계수 추정치 및 유의성 검정 결과(Coefficients), R^2(Multiple R-squared, Adjusted R-squared), 회귀식의 유의성 검정 결과(F-statistic) 등을 확인할 수 있다.

summary() 함수로부터 생성된 객체에 coef() 함수를 적용하면 다음과 같이 회귀계수에 대한 추정치, 표준오차, t값, p-값 등을 테이블 형태로 추출할 수 있다.

```
> cats.lm.summary <- summary(cats.lm)
> coef(cats.lm.summary)
              Estimate  Std. Error     t value     Pr(>|t|)
(Intercept) -0.3566624   0.6922770  -0.5152019  6.072131e-01
Bwt          4.0340627   0.2502615  16.1193908  6.969045e-34
```

summary() 함수로부터 전반적인 회귀분석 결과를 확인할 수 있긴 하지만 별도의 특화된 추출 함수를 이용하면 필요한 정보만을 추출하거나 좀 더 자세한 정보를 얻을 수 있다. 예를 들어, 회귀모델에 대한 분산분석표를 얻기 위해서는 다음과 같이 회귀모델 객체에 anova() 함수를 적용한다.

```
> anova(cats.lm)
Analysis of Variance Table

Response: Hwt
           Df  Sum Sq  Mean Sq  F value     Pr(>F)
Bwt         1  548.09   548.09   259.83  < 2.2e-16 ***
Residuals 142  299.53     2.11
---
Signif. codes:  0 '***' 0.001 '**' 0.01 '*' 0.05 '.' 0.1 ' ' 1
```

회귀모델에 대한 분산분석표는 회귀식의 유의성 검정에 활용된다. p-값이 매우 작으므로 회귀계수가 모두 0이라는 귀무가설을 기각할 수 있고, 따라서 회귀식은 통계적으로 유의하다. anova() 함수는 데이터프레임 형식으로 결과를 반환하기 때문에 데이터프레임의 원소 추출 방식을 이용하여 특정 원소를 추출할 수 있다. 예를 들어, 다음과 같이 독립변수 Bwt의 회귀계수에 대한 유의확률을 구할 수 있다.

```
> cats.lm.anova <- anova(cats.lm)
> cats.lm.anova["Bwt", "Pr(>F)"]
[1] 6.969045e-34
```

```
> cats.lm.anova[1,5]
[1] 6.969045e-34
```

coef() 함수를 이용하면 회귀모델 객체로부터 회귀계수만을 추출할 수 있다.

```
> coef(cats.lm)
(Intercept)         Bwt
 -0.3566624   4.0340627
```

confint() 함수는 회귀계수에 대한 신뢰구간을 계산한다. 기본적으로 95% 신뢰구간이 산출된다. level 인수를 이용하여 신뢰구간의 신뢰수준을 지정할 수 있다.

```
> confint(cats.lm)
                2.5 %    97.5 %
(Intercept) -1.725163  1.011838
Bwt          3.539343  4.528782
> confint(cats.lm, level=0.99)
                0.5 %    99.5 %
(Intercept) -2.164125  1.450800
Bwt          3.380656  4.687469
```

fitted() 함수는 회귀식에 의한 예측값을 벡터 형태로 반환한다. 예를 들어, 데이터셋에 포함된 처음 다섯 고양이에 대해 회귀식에 의한 심장무게 예측값을 다음과 같이 구할 수 있다.

```
> fitted(cats.lm)[1:5]
       1        2        3        4        5
7.711463 7.711463 7.711463 8.114869 8.114869
```

데이터셋 전체가 아닌 일부 서브셋에 대해서만 회귀분석을 수행하려면 subset 인수에 추출하려는 서브셋 조건을 지정한다. 예를 들어, 다음과 같이 암컷 고양이에 대해서만 회귀분석을 수행할 수 있다.

```
> lm(Hwt ~ Bwt, data=cats, subset=(Sex=="F"))

Call:
lm(formula = Hwt ~ Bwt, data = cats, subset = (Sex == "F"))
```

```
Coefficients:
(Intercept)          Bwt
      2.981        2.636
```

또는 다음과 같이 심장무게가 10g보다 작은 고양이에 대해서만 회귀분석을 수행할 수도 있다.

```
> lm(Hwt ~ Bwt, data=cats, subset=(Hwt < 10.0))

Call:
lm(formula = Hwt ~ Bwt, data = cats, subset = (Hwt < 10))

Coefficients:
(Intercept)          Bwt
      4.724        1.619
```

subset 인수에는 논리 벡터뿐만 아니라 추출하려는 서브셋을 숫자 벡터로 직접 지정할 수도 있다. 다음 코드는 처음 50개의 관측값에 대해서만 회귀분석을 수행한다.

```
> lm(Hwt ~ Bwt, data=cats, subset=1:50)

Call:
lm(formula = Hwt ~ Bwt, data = cats, subset = 1:50)

Coefficients:
(Intercept)          Bwt
      2.437        2.853
```

회귀모델은 기본적으로 두 변수 간의 관계를 설명하는 역할을 하지만 새로운 데이터에 대한 예측값을 추정하는 데도 유용하게 활용할 수 있다. 예를 들어, 최근 입양한 세 마리 고양이의 몸무게가 각각 2.0kg, 2.5kg, 3.0kg이라면 이 고양이들의 심장무게는 다음과 같이 회귀모델에 predict() 함수를 적용하여 예측할 수 있다. predict() 함수의 첫 번째 인수에 회귀모델 객체를 지정한다. 두 번째 인수(newdata)에는 예측에 사용할 새로운 데이터셋을 데이터프레임 형식으로 지정한다. 이때 새로운 데이터프레임의 열 이름은 회귀모델에 사용된 독립변수 이름과 같아야 한다.

```
> cats.new <- data.frame(Bwt=c(2.0, 2.5, 3.0))
> predict(cats.lm, newdata=cats.new)
        1         2         3
 7.711463  9.728494 11.745526
```

예측값을 추정하면서 예측에 대한 95% 신뢰구간도 함께 구할 수 있다. 종속변수의 모집단 평균에 대한 95% 신뢰구간을 구하기 위해서는 다음과 같이 interval="confidence"를 지정한다.

```
> predict(cats.lm, newdata=cats.new, interval="confidence")
        fit       lwr       upr
1  7.711463  7.280886  8.142040
2  9.728494  9.464902  9.992087
3 11.745526 11.469954 12.02109
```

예를 들어, 몸무게가 2.5kg인 고양이의 심장무게에 대한 95% 신뢰구간(출력 결과의 두 번째 행)은 모집단에서 실제 평균 심장무게가 9.46g에서 9.99g 사이에 존재할 가능성이 95%라는 것을 의미한다. 즉 몸무게가 2.5kg인 고양이에 대한 심장무게의 모집단 평균이 이 두 구간 사이에 있을 가능성이 95%이다.

12.2 군집분석

군집분석(cluster analysis)은 데이터셋의 개별 케이스(case, 분석대상으로서 행으로 표현되며 관측값을 의미)를 서로 간의 유사도를 토대로 동질적인 집단으로 묶어주는 데이터분석 기법이다. 예를 들어, 백화점 고객의 인구통계학적 특성과 거래 데이터를 토대로 시장 세분화 작업을 수행한다거나, 이동통신 가입 고객의 사용 요금제와 통화 패턴을 바탕으로 타깃 마케팅을 위한 고객 집단을 도출한다. 군집분석은 관측된 특성이나 설문의 응답내용을 토대로 수행되며 서로 유사한 특징을 지니거나 유사한 답변을 한 대상들을 동일한 집단으로 분류한다. 데이터셋의 분석대상들은 군집분석에 의해 두 개 이상의 집단으로 분류되며 이렇게 분류된 각 집단을 군집(cluster)이라고 부른다. 군집분석을 하고 나면 군집 내의 분석대상들은 서로 동질적인 특성을 갖는 반면, 군집 간에는 서로 이질적인 모습을 보이게 된다. 군집분석의 종류로는 크게 계층적 군집분석(hierarchical cluster analysis)과 분할적 군집분석(partitioning cluster analysis)이 있다.

계층적 군집분석

군집분석의 기본적 아이디어는 한 군집 내의 대상 간의 유사도는 가능한 크게, 서로 다른 군집 간의 유사도는 가능한 작게 군집을 형성하는 것이다. 이를 위해서는 대상 간의 유사도 및 군집 간의 유사도를 측정하기 위한 척도가 필요하다. 유사도는 일반적으로 대상 간 거리(distance)를 이용하여 측정된다.[1]

1 거리가 클수록 유사도는 작아지고 거리가 작을수록 유사도는 커진다. 따라서 거리는 엄밀히 얘기하면 비유사성(즉 상이성) 정도를 나타낸다.

군집분석에서 거리를 측정하기 위한 대표적인 척도로서 유클리드 거리(Euclidean distance)가 많이 사용되며 유클리드 거리는 다음과 같이 정의된다.

$$d_{ij} = \sqrt{\sum_{p=1}^{m}(x_{ip} - x_{jp})^2}$$

여기에서, d_{ij}: 케이스 i와 j 간의 유클리드 거리, x_{ip}, x_{jp}: 케이스 i와 j의 p 변수값(속성값), m: 변수의 개수

`flexclust` 패키지에 포함된 `nutrient` 데이터셋을 이용하여 데이터셋에 포함된 케이스 간의 유사도를 측정해보자. `nutrient` 데이터셋에는 육류, 생선류, 가금류 식품 총 27종에 대한 영양 성분 데이터가 포함되어 있다. 27종의 식품별로 에너지(energy, 칼로리), 단백질(protein, 그램), 지방(fat, 그램), 칼슘(calcium, 밀리그램), 철분(iron, 밀리그램) 등 다섯 개 영양 성분을 측정하여 기록하였다(괄호 안은 측정 단위).

```
> library(flexclust)
> data(nutrient)
> head(nutrient, 5)
              energy protein fat calcium iron
BEEF BRAISED     340      20  28       9  2.6
HAMBURGER        245      21  17       9  2.7
BEEF ROAST       420      15  39       7  2.0
BEEF STEAK       375      19  32       9  2.6
BEEF CANNED      180      22  10      17  3.7
```

햄버거(HAMBURGER)와 비프스테이크(BEEF STEAK) 간의 유클리드 거리는 다음과 같이 계산된다. 햄버거와 비프스테이크의 다섯 개 영양 성분값의 차이를 각각 제곱하여 합산한 후 제곱근을 구한다.

$$d_{24} = \sqrt{(245-375)^2 + (21-19)^2 + (17-32)^2 + (9-9)^2 + (2.7-2.6)^2} = 130.88$$

R의 표준패키지에 포함되어 있는 dist() 함수를 이용하여 행렬 또는 데이터프레임의 모든 행(즉 케이스) 간의 거리를 계산할 수 있다. dist() 함수는 method 인수에 계산방법을 달리 지정하지 않는 한 기본적으로 유클리드 거리를 계산한다. dist() 함수는 계산 결과를 하삼각행렬(lower triangle matrix) 형태로 출력한다. 이를 as.matrix() 함수를 이용하여 행렬 형식으로 변환하면 거리로 표현된 근접행렬(proximity matrix)을 얻을 수 있으며 일반적인 행렬 인덱싱 방법을 이용하여 케이스 간의 거리를 추출할 수 있다.

```
> d <- dist(nutrient)
> as.matrix(d)[1:5, 1:5]
              BEEF BRAISED HAMBURGER BEEF ROAST BEEF STEAK BEEF CANNED
BEEF BRAISED       0.00000  95.64000   80.93429   35.24202   161.22410
HAMBURGER         95.64000   0.00000  176.49218  130.87784    65.87868
BEEF ROAST        80.93429 176.49218    0.00000   45.76418   242.05968
BEEF STEAK        35.24202 130.87784   45.76418    0.00000   196.42609
BEEF CANNED      161.22410  65.87868  242.05968  196.42609     0.00000
```

근접행렬에서 작은 셀값은 거리가 작다는 것을 의미하며, 이는 케이스 간의 유사도가 크다는 것을 나타낸다. 반대로 큰 셀값은 유사도가 작다는 것을 나타낸다. dist() 함수를 통해 계산된 햄버거와 비프스테이크 간의 거리는 앞에서 산식을 통해 계산한 결과와 동일하다는 것을 확인할 수 있다.

계층적 군집화는 모든 케이스가 각자 하나의 군집을 형성하면서 시작된다. 즉 시작단계에서는 케이스의 개수와 군집의 개수가 동일하다. 이후 군집 단계가 진행되면서 단계별로 유사한 군집끼리 서로 합쳐지며, 최종 단계에서는 하나의 군집만 남는다. 군집화의 기본 원리는 최종 한 개의 군집이 남을 때까지 매 단계마다 거리가 가까운 군집끼리 합해가는 것이다. 매 단계마다 가장 작은 거리를 갖는 두 군집이 결합하여 하나의 새로운 군집을 형성한다. 즉 두 개의 군집이 사라지고 새로운 하나의 군집이 생성된다. 케이스 개수만큼의 군집을 형성한 최초 단계에서는 하나의 군집 내에 하나의 케이스만 포함되어 있으므로 군집 간의 거리는 곧 그 안에 포함된 두 케이스 간의 거리가 되며, 이 거리를 바탕으로 최소 거리를 갖는 군집 간의 병합이 이루어진다. 그 다음 단계에서는 나머지 케이스 중의 하나가 전 단계에서 생성된 이미 두 개의 케이스를 포함하고 있는 군집에 포함되거나, 나머지 케이스 중 두 개가 새로운 또 하나의 군집을 형성한다. 이처럼 각 단계가 진행될 때마다 군집 간의 최소거리를 기준으로 개별 케이스가 기존의 군집에 흡수되거나, 두 개의 케이스가 결합하여 새로운 군집을 만들어내거나, 기존의 두 군집이 결합하여 새로운 군집을 형성하거나 하는 등의 방식으로 군집의 개수가 줄어든다.

군집 간의 최소거리를 파악하기 위해서는 군집 간의 거리를 측정해야 하는데, 최초 단계처럼 하나의 군집이 하나의 케이스로 구성되어 있을 때는 두 군집 간의 거리를 측정하는 데 별다른 문제가 없다. 하나의 군집에 하나의 케이스만 포함되어 있기 때문에 케이스 간의 거리가 곧 군집 간의 거리가 된다. 하지만 하나의 군집 내에 두 개 이상의 케이스가 포함될 때는 조금 문제가 복잡해진다. 군집 간의 거리는 일반적으로 다음과 같은 방법으로 측정한다.

- **단일연결법**(single linkage): 두 군집의 모든 케이스쌍의 거리 중 가장 가까운 거리를 사용한다.
- **완전연결법**(complete linkage): 두 군집의 모든 케이스쌍의 거리 중 가장 먼 거리를 사용한다.
- **평균연결법**(average linkage): 두 군집의 모든 케이스쌍의 평균거리를 사용한다.
- **중심연결법**(centroid linkage): 두 군집의 중심(centroid) 간 거리를 사용한다. 군집의 중심은 변수 평균을 이용하며 군집 내에 하나의 케이스만 포함되어 있을 때는 변수값 자체가 그 군집의 중심이 된다.
- **최소분산연결법**(minimum variance linkage): 두 군집 내 모든 케이스 간의 총분산(total within-cluster variance)을 거리로 사용한다. 총분산이 최소화되는 군집들을 결합한다.

`flexclust` 패키지에 포함된 `nutrient` 데이터셋을 이용하여 계층적 군집분석을 수행해보자. 먼저 데이터를 다른 이름으로 저장한 후 `tolower()` 함수를 이용하여 행 이름을 편의상 모두 소문자로 변경한다. 변수들의 척도가 서로 다르므로 큰 범위를 갖는 변수의 영향을 제거하기 위하여 `scale()` 함수를 이용하여 다섯 개 영양 성분 변수를 모두 평균 0, 표준편차 1로 표준화한다.

```
> data(nutrient)
> nutrition <- nutrient
> row.names(nutrition) <- tolower(row.names(nutrition))
> nutrition.scaled <- scale(nutrition)
```

계층적 군집분석은 `hclust()` 함수를 이용한다. `hclust()` 함수는 `dist()` 함수로부터 생성한 근접행렬을 첫 번째 인수로 받아 이를 바탕으로 군집화 작업을 수행한다. `method` 인수에는 군집 간의 거리를 측정하는 방법을 지정한다. 달리 지정하지 않으면 기본값으로 complete(완전연결법)이 지정된다. 여기에서는 average(평균연결법)를 이용한다. 그 밖에 single(단일연결법), centroid(중심연결법), ward.D 및 ward.D2(최소분산연결법) 등을 지정할 수 있다.

```
> d <- dist(nutrition.scaled)
> clustering.average <- hclust(d, method="average")
```

군집분석 결과는 [그림 12-2]와 같이 plot() 함수를 이용하여 덴드로그램(dendrogram)으로 나타낼 수 있다. plot() 함수의 hang 인수는 케이스 레이블의 위치를 지정한다. 음수가 주어지면 레이블이 0에서부터 아래로 정렬된다.

```
> plot(clustering.average, hang=-1, cex=0.9,
+       xlab="Food", main="Hierarchical Clustering with Average Linkage")
```

덴드로그램은 개별 케이스의 군집 형성 과정을 보여준다. X축(Food)은 개별 케이스를 나타내며 Y축(Height)은 군집 결합의 기준이 되는 값을 나타낸다. 여기에서는 평균연결법을 사용하였으므로 이 값은 한 군집 내의 케이스들과 다른 군집 내의 케이스들 간의 평균 거리를 나타낸다. 거리가 가까운 순서대로 차례로 군집이 형성된다. 가장 가까이 있는 beef braised와 smoked ham이 합쳐져서 최초의

[그림 12-2] 덴드로그램. plot() 함수는 계층적 군집분석 결과를 이용하여 덴드로그램을 생성한다.

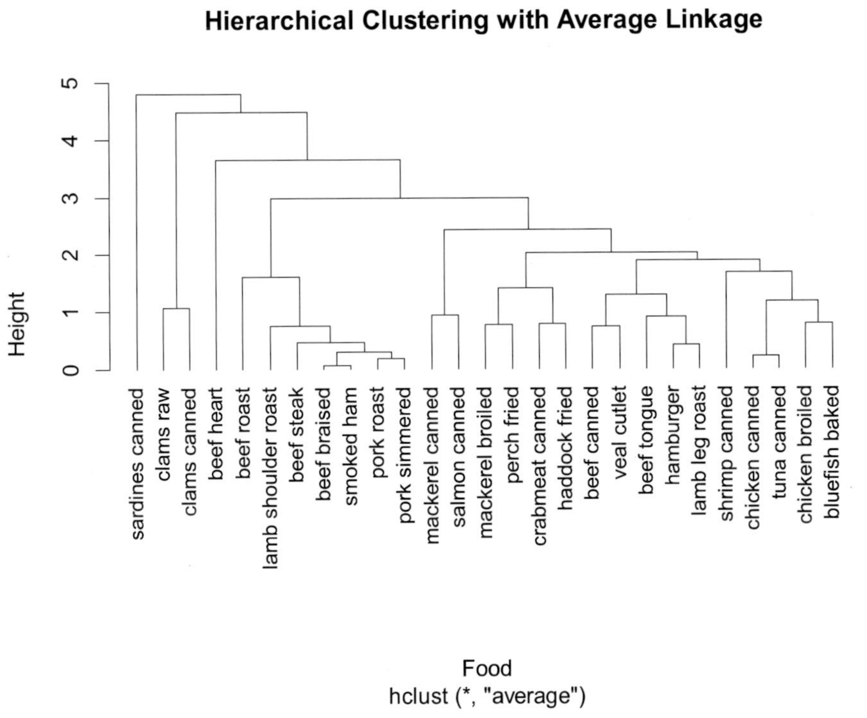

군집을 형성하고, 이어서 pork roast와 pork simmered가 또 하나의 군집을 형성한다. 이렇게 생성된 두 군집은 나중에 다시 하나의 군집을 형성한다. 이런 식으로 모든 케이스가 합쳐져서 하나의 군집으로 뭉쳐질 때까지 이 과정이 반복된다.

[그림 12-2]의 덴드로그램은 27종의 식품을 유사성과 상이성 정도에 따라 계층적으로 배치한다. 예를 들어, 이 덴드로그램을 보면 오른쪽 끝부분에 있는 chicken canned와 tuna canned는 서로 유사하다는 것을 알 수 있으며, 동시에 이 둘은 왼쪽 끝에 있는 sardines canned와는 매우 다르다는 것을 알 수 있다. 영양 성분의 관점에서 식품 간의 유사성이나 상이성을 알고자 하면 덴드로그램으로 충분하다. 하지만 이처럼 덴드로그램을 통해서 식품 간의 유사성이나 상이성을 파악할 수는 있지만 덴드로그램만으로는 27종의 식품을 몇 개의 집단으로 나누는 것이 바람직한지는 알 수 없다. 따라서 식품을 몇 개의 의미 있는 집단으로 구분하려면 바람직한 군집의 개수를 결정하기 위한 추가 분석이 필요하다.

NbClust 패키지의 NbClust() 함수는 최적의 군집 개수를 알려주는 다양한 지표를 제공한다. 제안하는 최적 군집 개수는 지표마다 다를 수 있다. 따라서 일반적으로 어느 하나의 지표를 사용하기보다는 지표들로부터 가장 많은 지지를 받는 군집의 개수를 최적 군집 개수로 결정한다.

NbClust() 함수를 이용하기 위해서는 군집 대상의 데이터셋(행렬 또는 데이터프레임), 거리 측정방법(distance), 군집방법(method), 최소 및 최대 군집 개수(min.nc, max.nc) 등을 인수로 지정한다. 다음과 같이 평균연결법을 이용하여 군집분석을 수행할 때(method="average") 최소 2개, 최대 15개(min.nc=3, max.nc=15)의 범위 내에서 각 지표가 추천하는 최적 군집 개수를 구할 수 있다.

```
> library(NbClust)
> nc <- NbClust(nutrition.scaled, distance="euclidean",
+               min.nc=3, max.nc=15, method="average")
> str(nc)
List of 4
 $ All.index         : num [1:13, 1:26] 7.1625 0.0544 5.6157 0.8195 1.0303 ...
  ..- attr(*, "dimnames")=List of 2
  .. ..$ : chr [1:13] "3" "4" "5" "6" ...
  .. ..$ : chr [1:26] "KL" "CH" "Hartigan" "CCC" ...
 $ All.CriticalValues: num [1:13, 1:3] 0.494 0.486 0.409 0.378 0.287 ...
  ..- attr(*, "dimnames")=List of 2
  .. ..$ : chr [1:13] "3" "4" "5" "6" ...
  .. ..$ : chr [1:3] "CritValue_Duda" "CritValue_PseudoT2" "Fvalue_Beale"
```

```
  $ Best.nc           : num [1:2, 1:26] 3 7.16 15 43.73 4 ...
   ..- attr(*, "dimnames")=List of 2
   .. ..$ : chr [1:2] "Number_clusters" "Value_Index"
   .. ..$ : chr [1:26] "KL" "CH" "Hartigan" "CCC" ...
  $ Best.partition    : Named int [1:27] 1 2 1 1 2 2 2 3 2 1 ...
   ..- attr(*, "names")= chr [1:27] "beef braised" "hamburger" "beef roast" ...
```

NbClust() 함수가 반환하는 값 중 Best.nc에는 각 지표가 추천하는 최적 군집의 개수와 지표값이 행렬 형태로 저장되어 있다. 첫 번째 행은 군집의 개수를, 두 번째 행은 지표값을 나타낸다.

```
> nc$Best.nc
                    KL      CH Hartigan     CCC   Scott  Marriot    TrCovW  TraceW
Number_clusters 3.0000 15.0000   4.0000 13.0000  9.0000    5.000    5.0000  5.0000
Value_Index     7.1625 43.7316  21.5587  8.0689 62.4209 3141.291  338.8725 29.0322
                Friedman   Rubin  Cindex      DB Silhouette   Duda PseudoT2  Beale
Number_clusters   5.0000 13.0000 10.0000 15.0000    15.0000 3.0000     3.00 3.0000
Value_Index     501.0101 -2.6324  0.4126  0.3709     0.6446 0.9713     0.65 0.0884
                Ratkowsky    Ball PtBiserial   Frey McClain    Dunn Hubert SDindex
Number_clusters     5.000  5.0000     4.0000 4.0000   3.000 14.0000      0  5.0000
Value_Index         0.385 10.7663     0.6921 1.3431   0.139  0.7494      0  0.8518
                Dindex    SDbw
Number_clusters      0 15.0000
Value_Index          0  0.0189
```

table() 함수를 이용하여 다음과 같이 군집 개수별로 지지받은 지표의 개수를 구할 수 있다. 출력 결과의 첫 번째 행은 군집의 개수를 나타내며 두 번째 행은 지지하는 지표의 개수를 나타낸다.

```
> table(nc$Best.nc[1,])

 0  3  4  5  9 10 13 14 15
 2  5  3  7  1  1  2  1  4
```

가장 많이 지지를 받고 있는 군집의 개수는 다섯 개로서 모두 일곱 개의 지표로부터 지지받고 있다. 군집 개수 세 개는 다섯 개의 지표로부터 지지받고 있으며 군집 개수 15개는 네 개의 지표로부터 지지받았다.

군집 개수 3, 5, 15개가 지표로부터 많은 지지를 받는 군집 개수이므로 이들을 대상으로 가장 의미 있는 군집 분할을 찾아 최적의 군집 개수를 결정할 수 있다. cutree() 함수는 계층적 군집분석 결과를 바탕으로 지정된 개수(k)만큼의 군집을 도출한다. 여기에서는 앞에서 수행한 계층적 군집화 결과를 다음과 같이 가장 많은 지지를 받은 군집 개수인 다섯 개의 군집으로 분할한다.

```
> clusters <- cutree(clustering.average, k=5)
> clusters
       beef braised            hamburger        beef roast         beef steak
                  1                    2                 1                  1
        beef canned      chicken broiled    chicken canned         beef heart
                  2                    2                 2                  3
     lamb leg roast  lamb shoulder roast        smoked ham         pork roast
                  2                    1                 1                  1
      pork simmered          beef tongue       veal cutlet      bluefish baked
                  1                    2                 2                  2
          clams raw         clams canned   crabmeat canned      haddock fried
                  4                    4                 2                  2
   mackerel broiled      mackerel canned       perch fried      salmon canned
                  2                    2                 2                  2
    sardines canned          tuna canned    shrimp canned
                  5                    2                 2
```

cutree() 함수는 군집 대상인 개별 케이스별로 소속 군집을 할당한다. 다음과 같이 table() 함수를 이용하여 각 군집에 할당된 케이스 개수를 확인할 수 있다. 첫 번째 군집에 일곱 개의 케이스가 할당되었고 두 번째 군집에 16개의 케이스가 할당되어, 이 두 개의 군집에 대부분의 케이스가 포함되었다.

```
> table(clusters)
clusters
 1  2  3  4  5
 7 16  1  2  1
```

rect.hclust() 함수를 이용하면 [그림 12-3]과 같이 덴드로그램상에 군집을 나타낼 수 있다. 다음과 같이 먼저 plot() 함수를 이용하여 덴드로그램을 그린 후 rect.hclust() 함수를 이용하여 다섯 개 군집을 덴드로그램상에 박스로 표시한다.

[그림 12-3] **군집을 표시한 덴드로그램.** rect.hclust() 함수는 덴드로그램상에 군집을 박스로 표시한다.

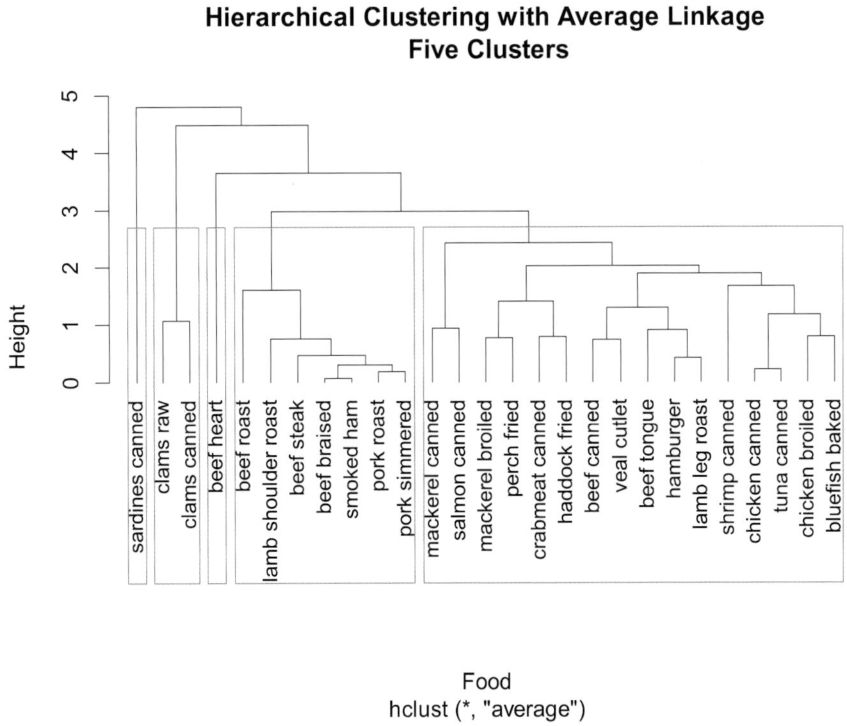


```
> plot(clustering.average, hang=-1, cex=0.9,
+      xlab="Food",
+      main="Hierarchical Clustering with Average Linkage\n Five Clusters")
> rect.hclust(clustering.average, k=5)
```

군집은 케이스 간의 유사도를 바탕으로 도출되기 때문에 각 군집에 속한 케이스의 속성을 비교하면 다른 군집과 구별되는 각 군집의 고유한 특성을 파악할 수 있다. 이를 위해 각 군집에 속한 케이스의 속성값(즉 변수값)에 대한 평균이나 중위수를 계산한다. 다음과 같이 aggregate() 함수를 이용하여 다섯 개 군집의 영양 성분별 평균을 구할 수 있다.

```
> aggregate(nutrition, by=list(cluster=clusters), mean)
  cluster   energy  protein      fat    calcium     iron
1       1 352.8571 18.57143 30.14286   8.714286 2.414286
2       2 167.1875 19.81250  8.56250  36.812500 1.725000
3       3 160.0000 26.00000  5.00000  14.000000 5.900000
4       4  57.5000  9.00000  1.00000  78.000000 5.700000
5       5 180.0000 22.00000  9.00000 367.000000 2.500000
```

변수들의 측정 단위가 서로 다르기 때문에 다음과 같이 평균 0과 표준편차 1로 표준화된 값을 이용하여 군집별 평균을 구하면 군집 간 상대적 비교가 보다 쉬워진다.

```
> aggregate(nutrition.scaled, by=list(cluster=clusters), mean)
  cluster     energy    protein        fat     calcium        iron
1       1  1.4371395 -0.1008001  1.4800859 -0.45170775  0.02244858
2       2 -0.3973993  0.1911002 -0.4369696 -0.09163236 -0.44924322
3       3 -0.4684165  1.6464016 -0.7534384 -0.38397193  2.40779157
4       4 -1.4811842 -2.3520023 -1.1087718  0.43618072  2.27092763
5       5 -0.2708033  0.7056007 -0.3981050  4.13968254  0.08110456
```

일곱 개의 식품(beef roast~pork simmered)을 포함하고 있는 1번 군집은 에너지와 지방 성분이 상대적으로 높은 특성을 보이고 있다. 2번 군집은 가장 많은 16개의 식품(mackerel canned~bluefish baked)을 보유하고 있으며 철분이 다른 군집에 비해 상대적으로 낮은 특성을 보인다. 3번 군집은 원소를 한 개 갖는 군집으로서(beef heart) 철분과 단백질 성분이 다른 군집보다 상대적으로 높다. 두 개의 식품(clams raw, clams canned)으로 구성된 4번 군집은 에너지와 단백질 성분이 다른 군집에 비해 낮게 나타났다. 5번 군집은 하나의 식품(sardines canned)으로 구성된 군집으로서 칼슘이 다른 군집에 비해 월등히 높은 특성을 보이고 있다.

계층적 군집분석은 생물학적 분류와 같이 의미 있는 계층적 구조를 기대할 수 있을 때 특히 유용하다. 그러나 계층적 군집분석은 군집화 알고리즘상 일단 어떤 케이스가 특정 군집에 할당되면 군집화 과정이 끝날 때까지 더 이상 소속 군집이 바뀌지 않는다는 한계가 있다. 또한 계층적 군집분석은 케이스의 수가 많으면 모든 케이스 간의 거리를 계산한 근접행렬이 상당히 커지게 되므로 많은 케이스를 갖는 대용량 데이터에 적용하기에는 적합하지 않다. 다음에 살펴볼 분할적 군집분석은 이러한 문제를 피해갈 수 있는 좋은 대안이 될 수 있다.

분할적 군집분석

분할적 군집분석은 계층적 군집분석과 달리 도출하려는 군집의 개수를 사전에 결정한다. 주어진 기준에 따라 모든 케이스를 사전에 정의한 개수만큼의 군집으로 할당하고, 이후 가장 적합한 군집에 케이스를 재할당하는 과정을 반복 수행하여 최적화된 군집 분할을 찾아낸다. 여기에서는 분할적 군집분석 방법 가운데 k-평균(k-means) 군집분석 방법을 소개한다.

k-평균 군집분석은 개별 케이스와 k개 중심점과의 거리를 측정하여 이 가운데 가장 가까운 거리를 갖는 군집에 개별 케이스를 할당하는 방식으로 군집화를 수행한다. 우선 임의로 선택된 k개 케이스의 값이 최초의 k 중심점으로서의 역할을 수행한다. 최초의 중심점이 결정되면 이 k개 중심점과 개별 케이스 간의 거리를 바탕으로 각 케이스를 분류하여 모든 케이스를 k개 군집으로 할당한다. 그런 다음 각 군집에 할당된 케이스들을 이용하여 새로운 군집평균을 계산하고, 이를 새로운 군집 중심점으로 삼아 모든 케이스를 다시 분류한다. 이런 식으로 군집평균에 있어서 더 이상 큰 변화가 없거나 정해진 최대 반복 횟수에 도달할 때까지 이 과정을 반복한다.

k-평균 군집분석은 계층적 군집분석에 비해 큰 규모의 데이터셋을 다루는 데 보다 적합하다. 또한 개별 케이스는 군집화 과정 중 하나의 군집에 귀속되더라도 그 군집에 영구적으로 속하는 것은 아니며 최적의 군집 분할을 찾는 과정에서 매 단계마다 소속 군집이 변경될 수 있다. 그러나 k-평균 군집분석은 군집 중심점을 계산할 때 평균을 사용하기 때문에 모든 변수가 연속형이어야 하는 제약이 따르며, 또한 분석 결과가 이상점(outlier)에 의해 영향을 받을 수 있다.

R의 표준패키지에 포함된 `state.x77` 데이터셋을 이용하여 k-평균 군집분석을 수행해보자. `state.x77` 데이터셋에는 미국 50개 주에 대한 여덟 가지 통계치가 저장되어 있다. 변수들의 측정 단위가 다르고 변동폭 또한 차이가 크기 때문에 우선 여덟 개 변수를 평균 0, 표준편차 1로 표준화한다.

```
> head(state.x77)
           Population Income Illiteracy Life Exp Murder HS Grad Frost   Area
Alabama          3615   3624        2.1    69.05   15.1    41.3    20  50708
Alaska            365   6315        1.5    69.31   11.3    66.7   152 566432
Arizona          2212   4530        1.8    70.55    7.8    58.1    15 113417
Arkansas         2110   3378        1.9    70.66   10.1    39.9    65  51945
California      21198   5114        1.1    71.71   10.3    62.6    20 156361
Colorado         2541   4884        0.7    72.06    6.8    63.9   166 103766
> state.scaled <- scale(state.x77)
```

계층적 군집분석과 달리 k-평균 군집분석은 추출할 군집의 개수를 사전에 결정해야 한다. 몇 개의 군집이 최적인지 사전에 알기는 쉽지 않다. 따라서 군집의 개수를 달리 하면서 k-평균 군집분석을 반복 수행하여 그 중 가장 의미 있는 군집 분할을 찾는 것이 하나의 방법이 될 수 있다. 또는 다음과 같이 계층적 군집분석에서 적정 군집 개수를 산정하기 위하여 사용했던 NbClust() 함수의 도움을 받는 것도 좋은 대안이 될 수 있다.

```
> library(NbClust)
> nc <- NbClust(state.scaled, distance="euclidean",
+               min.nc=2, max.nc=15, method="kmeans")
> table(nc$Best.nc[1,])

 0  1  2  3  4  5  6  8  9 15
 2  1  6  6  2  1  1  2  1  4
```

NbClust() 함수의 실행 결과를 보면 가장 많이 지지를 받고 있는 군집의 개수는 두 개 또는 세 개로서 모두 여섯 개의 지표로부터 지지받고 있다. 이 결과를 바탕으로 k-평균 군집분석을 이용하여 관측값을 세 개의 군집으로 분할해보자.

k-평균 군집분석은 kmeans() 함수를 이용한다. kmeans() 함수에는 행렬이나 데이터프레임 형식의 데이터와 군집 개수(centers)를 인수로 지정한다. k-평균 군집분석은 최초에 선택되는 k개의 군집 중심점에 따라 서로 다른 다양한 군집 분할이 도출될 수 있기 때문에 동일한 군집 개수를 지정하더라도 실행할 때마다 다른 군집 분할 결과를 얻을 수 있다. 실행할 때마다 동일한 결과가 나오도록 하기 위해서는 set.seed() 함수를 이용한다. 보다 안정적인 군집 분할 결과를 도출하려면 kmeans() 함수의 nstart 인수를 이용한다. nstart 인수에 정수를 지정하면 지정된 횟수만큼 군집분석을 수행하여 그 가운데 최적의 분할 결과를 제시한다. 다음과 같이 NbClust() 함수로부터 제안된 세 개의 군집으로 데이터셋을 분할해보자.

```
> set.seed(123)
> clustering.km <- kmeans(state.scaled, centers=3, nstart=25)
> str(clustering.km)
List of 9
 $ cluster     : Named int [1:50] 1 3 3 1 3 2 2 2 3 1 ...
  ..- attr(*, "names")= chr [1:50] "Alabama" "Alaska" "Arizona" "Arkansas" ...
```

```
 $ centers      : num [1:3, 1:8] -0.227 -0.487 0.946 -1.301 0.133 ...
  ..- attr(*, "dimnames")=List of 2
  .. ..$ : chr [1:3] "1" "2" "3"
  .. ..$ : chr [1:8] "Population" "Income" "Illiteracy" "Life Exp" ...
 $ totss        : num 392
 $ withinss     : num [1:3] 23.6 67.7 111.7
 $ tot.withinss: num 203
 $ betweenss    : num 189
 $ size         : int [1:3] 11 24 15
 $ iter         : int 2
 $ ifault       : int 0
 - attr(*, "class")= chr "kmeans"
```

kmeans() 함수는 군집분석 결과로서 각 케이스별 소속 군집(cluster), 최종 군집 중심점(centers), 군집의 크기(size) 등을 반환한다.

```
> clustering.km$cluster
       Alabama         Alaska         Arizona       Arkansas     California
             1              3               3              1              3
      Colorado    Connecticut        Delaware        Florida        Georgia
             2              2               2              3              1
        Hawaii          Idaho        Illinois        Indiana           Iowa
             2              2               3              2              2
        Kansas       Kentucky       Louisiana          Maine       Maryland
             2              1               1              2              3
 Massachusetts       Michigan       Minnesota    Mississippi       Missouri
             2              3               2              1              3
       Montana       Nebraska          Nevada  New Hampshire     New Jersey
             2              2               3              2              3
    New Mexico       New York  North Carolina   North Dakota           Ohio
             1              3               1              2              3
      Oklahoma         Oregon    Pennsylvania   Rhode Island South Carolina
             2              2               3              2              1
  South Dakota      Tennessee           Texas           Utah        Vermont
             2              1               3              2              2
      Virginia     Washington   West Virginia      Wisconsin        Wyoming
             3              2               1              2              2
```

```
> clustering.km$centers
  Population     Income  Illiteracy   Life Exp     Murder    HS Grad      Frost
1 -0.2269956 -1.3014617 1.391527063 -1.1773136 1.0919809 -1.4157826 -0.7206500
2 -0.4873370  0.1329601-0.641201154  0.7422562-0.8552439  0.5515044  0.4528591
3  0.9462026  0.7416690 0.005468667 -0.3242467 0.5676042  0.1558335 -0.1960979
        Area
1 -0.2340290
2 -0.1729366
3  0.4483198
> clustering.km$size
[1] 11 24 15
```

세 개의 군집에 각각 11개, 24개, 15개의 케이스가 할당되었다. 첫 번째 군집은 문맹률과 살인사건 발생률이 높고 소득이 다른 군집에 비해 낮다. 두 번째 군집은 다른 군집에 비해 기대수명이 길며 상대적으로 추운 기후의 특성을 보인다. 세 번째 군집에 속한 주는 다른 주에 비해 인구와 소득이 많고 면적이 넓은 특성을 갖고 있다. 각 군집의 중심점은 표준화된 값으로 계산되었기 때문에 실제 측정 단위로 된 평균값은 알 수 없다. 원래의 값으로 계산된 속성 평균을 알기 위해서는 다음과 같이 aggregate() 함수를 이용한다.

```
> aggregate(state.x77, by=list(cluster=clustering.km$cluster), mean)
  cluster Population   Income Illiteracy Life Exp    Murder  HS Grad     Frost
1       1   3233.000 3636.091  2.0181818 69.29818 11.409091 41.67273  67.00000
2       2   2070.708 4517.500  0.7791667 71.87500  4.220833 57.56250 128.00000
3       3   8470.733 4891.533  1.1733333 70.44333  9.473333 54.36667  94.26667
       Area
1  50766.82
2  55979.67
3 108989.80
```

cluster 패키지에 포함된 clusplot() 함수를 이용하여 군집화 결과를 2차원상에 그래프로 나타낼 수 있다. clusplot() 함수는 주성분분석이나 다차원척도법을 이용하여 변수들을 2차원으로 축소한 후 2차원상에 각 케이스를 나타내고, 케이스 주변에 군집을 보여주는 타원을 그린다. 첫 번째 인수(x)에는 데이터프레임이나 행렬 형식의 데이터셋을 지정하거나 근접행렬을 지정할 수 있다.[2] 두 번째 인수(clus)에는 x 데이터셋의

2 근접행렬을 사용할 경우에는 diss=TRUE를 함께 지정한다.

[그림 12-4] 군집도표. `clusplot()` 함수는 군집분석 결과를 이용하여 군집도표를 생성한다.

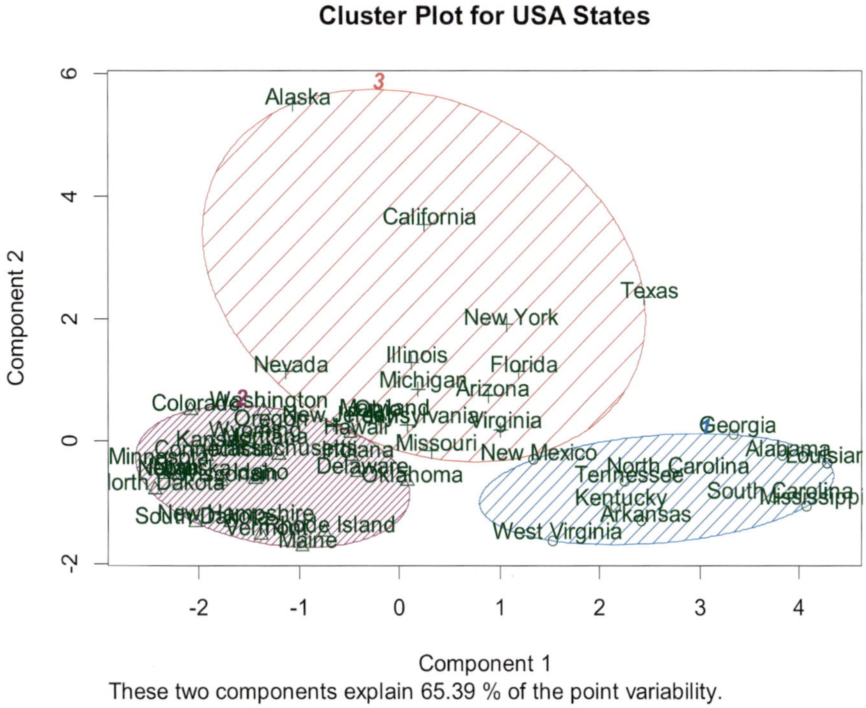

각 케이스가 속한 군집을 나타내는 벡터를 지정한다. `color=TRUE`를 지정하면 집단을 나타내는 타원형에 색상이 지정되며 `shade=TRUE`를 지정하면 타원형 내부에 빗금이 그려진다. 군집 번호와 개별 케이스 행 이름을 레이블로 나타내기 위해서는 `labels=2`를 지정한다. `lines=0`은 군집 간의 거리를 나타내는 선을 삭제한다. 다음 코드는 [그림 12-4]와 같은 군집도표를 생성한다.

```
> library(cluster)
> clusplot(x=state.x77, clus=clustering.km$cluster, color=TRUE, shade=TRUE,
+          labels=2, lines=0, main="Cluster Plot for USA States")
```

12.3 분류분석

분류분석(classification analysis)은 예측변수를 이용하여 범주형 결과변수인 집단을 예측하는 데이터분석 기법이다. 예를 들어, 대출 신청자의 인구통계학적 특성과 재무상태 데이터를 토대로 상환 가능성을 판정한다거나, 기업의 재무제표와 신용 데이터 등을 이용하여 부도 가능성을 예측한다. 분류분석을 수행하기 위해서는 예측에 사용되는 변수의 값뿐만 아니라 예측하려는 결과변수의 값을 알고 있어야 한다. 즉 데이터의 각 개별 케이스가 어느 집단으로 분류되는지를 사전에 알고 있어야 한다. 분류분석은 이러한 개별 케이스와 귀속집단 간의 관계를 토대로 예측모델을 개발하여 이를 통해 새로운 케이스의 집단을 예측하는 것을 목표로 한다. 분류분석은 일반적으로 다음과 같은 절차에 따라 수행된다. 우선 예측모델을 생성하기에 앞서 데이터셋을 훈련 데이터(training data)와 테스트 데이터(test data)로 나눈다. 훈련 데이터는 예측모델을 개발하는 데 이용되며, 생성된 예측모델의 정확성은 테스트 데이터를 이용하여 검증한다. 검증 절차를 거쳐 정확성이 검증된 예측모델이 개발되면 새로운 케이스에 대해 예측변수값만을 이용하여 소속집단을 예측한다. 여기에서는 로지스틱 회귀분석(logistic regression analysis)과 의사결정나무(decision tree) 기법을 살펴본다.

로지스틱 회귀분석

로지스틱 회귀분석은 종속변수가 이분형 변수(binary variable)일 때 예측변수로부터 종속변수의 이분형 범주를 예측한다. 로지스틱 회귀분석은 특정 사건이 발생(예를 들면, 기업부도)할 확률을 직접 추정한다. 따라서 종속변수의 예측값은 항상 0과 1 사이의 확률값을 갖게 되며, 이 값이 일정 기준값(예를 들면, 0.5)보다 크면 그 사건이 발생하고 기준값보다 작으면 그 사건이 발생하지 않는 것으로 예측한다. 로지스틱 회귀모델(logistic regression model)은 다음과 같다.

$$\text{Prob}(\text{사건발생}) = \frac{1}{1+e^{-z}}$$

여기에서, Prob(사건발생): 사건이 발생할 예측확률, $z = b_0 + b_1x_1 + b_2x_2 + \cdots + b_px_p$,
x_i: 독립변수, b_i: 로지스틱 회귀계수, p: 독립변수의 개수, e: 자연로그의 밑수로서 약 2.718

mlbench 패키지에 포함된 BreastCancer 데이터셋을 이용하여 로지스틱 회귀분석을 수행해보자.

```
> library(mlbench)
> data(BreastCancer)
> str(BreastCancer)
'data.frame':	699 obs. of  11 variables:
 $ Id             : chr  "1000025" "1002945" "1015425" "1016277" ...
 $ Cl.thickness   : Ord.factor w/ 10 levels "1"<"2"<"3"<"4"<..: 5 5 3 6 4 8 1 2 4 ...
 $ Cell.size      : Ord.factor w/ 10 levels "1"<"2"<"3"<"4"<..: 1 4 1 8 1 10 1 1 2 ...
 $ Cell.shape     : Ord.factor w/ 10 levels "1"<"2"<"3"<"4"<..: 1 4 1 8 1 10 1 2 1 ...
 $ Marg.adhesion  : Ord.factor w/ 10 levels "1"<"2"<"3"<"4"<..: 1 5 1 1 3 8 1 1 1 ...
 $ Epith.c.size   : Ord.factor w/ 10 levels "1"<"2"<"3"<"4"<..: 2 7 2 3 2 7 2 2 2 ...
 $ Bare.nuclei    : Factor w/ 10 levels "1","2","3","4",..: 1 10 2 4 1 10 10 1 1 1 ...
 $ Bl.cromatin    : Factor w/ 10 levels "1","2","3","4",..: 3 3 3 3 3 9 3 3 1 2 ...
 $ Normal.nucleoli: Factor w/ 10 levels "1","2","3","4",..: 1 2 1 7 1 7 1 1 1 1 ...
 $ Mitoses        : Factor w/ 9 levels "1","2","3","4",..: 1 1 1 1 1 1 1 1 5 1 ...
 $ Class          : Factor w/ 2 levels "benign","malignant": 1 1 1 1 1 2 1 1 1 1 ...
```

BreastCancer 데이터셋에는 위스콘신 대학병원(University of Wisconsin Hospitals)에서 진료를 받은 유방암 의심 환자 699명의 세포조직 검사 결과와 유방암 판정 결과가 저장되어 있다. 데이터셋은 11개의 변수로 이루어져 있으며 16개 케이스에는 결측값(missing value)이 포함되어 있다. 첫 번째 변수(Id)는 환자의 ID를 나타낸다. 두 번째부터 10번째까지의 아홉 개 변수는 유방암과 관계가 있는 것으로 알려진 세포조직의 특성으로서 각 환자별로 1부터 10까지의 점수로 기록되어 있다. 점수가 클수록 악성에 가까운 것을 나타낸다. 그러나 어떠한 변수도 홀로는 양성조직과 악성조직을 명확히 구별해주지는 못하는 것으로 알려져 있다. 따라서 이 아홉 개 세포조직 특성을 조합하여 악성종양을 예측할 수 있는 분류모델을 찾을 필요가 있다. 마지막 11번째 변수(Class)는 결과변수로서 유방암 판정 결과를 나타낸다. 1은 양성(benign)을 의미하며 2는 악성(malignant)을 나타낸다.

다음과 같이 분석에 불필요한 첫 번째 변수(Id)는 제거하고 세포조직의 특성을 나타내는 아홉 개 예측변수는 팩터에서 숫자형 변수로 변환한다. 그런 다음 데이터셋을 예측모델 생성을 위한 훈련 데이터(70%)와 검증을 위한 테스트 데이터(30%)로 분할한다. 훈련 데이터에는 489개의 표본(양성 308개, 악성 181개)이 포함되었으며 테스트 데이터에는 210개의 표본(양성 150개, 악성 60개)이 할당되었다.

```
> bc <- BreastCancer[-1]
> bc <- cbind(lapply(bc[-10], function(x) as.numeric(as.character(x))), bc[10])
```

```
> str(bc)
'data.frame':  699 obs. of  10 variables:
 $ Cl.thickness   : num  5 5 3 6 4 8 1 2 2 4 ...
 $ Cell.size      : num  1 4 1 8 1 10 1 1 1 2 ...
 $ Cell.shape     : num  1 4 1 8 1 10 1 2 1 1 ...
 $ Marg.adhesion  : num  1 5 1 1 3 8 1 1 1 1 ...
 $ Epith.c.size   : num  2 7 2 3 2 7 2 2 2 2 ...
 $ Bare.nuclei    : num  1 10 2 4 1 10 10 1 1 1 ...
 $ Bl.cromatin    : num  3 3 3 3 3 9 3 3 1 2 ...
 $ Normal.nucleoli: num  1 2 1 7 1 7 1 1 1 1 ...
 $ Mitoses        : num  1 1 1 1 1 1 1 1 5 1 ...
 $ Class          : Factor w/ 2 levels "benign","malignant": 1 1 1 1 1 2 1 1 1 1 ...
> set.seed(123)
> train <- sample(nrow(bc), 0.7*nrow(bc))
> bc.train <- bc[train,]
> bc.test <- bc[-train,]
> table(bc.train$Class)

   benign malignant 
      308       181 
> table(bc.test$Class)

   benign malignant 
      150        60 
```

로지스틱 회귀분석은 glm() 함수를 이용한다. glm() 함수의 첫 번째 인수에는 결과변수(종속변수) Class와 나머지 아홉 개 예측변수(독립변수)를 포뮬러 형식으로 지정한다. data 인수에는 예측모델 개발에 사용할 훈련 데이터(bc.train)를 지정한다. glm() 함수를 이용하여 로지스틱 회귀모델을 생성하기 위해서는 family=binomial()을 지정한다.3 로지스틱 회귀분석을 수행한 결과는 다음과 같다.

3 glm() 함수는 종속변수가 정규분포를 따르지 않을 때(예를 들면, 이분형 범주, 횟수) 사용할 수 있는 일반선형모델(generalized linear model)을 지원한다. family 인수에 종속변수의 확률분포에 해당되는 함수를 지정한다. 예를 들어, 종속변수가 이분형 범주인 경우에는 binomial()(로지스틱 회귀분석)을 지정하고 횟수인 경우에는 poisson()(포아송 회귀분석)을 지정한다.

```
> bc.logit <- glm(Class ~ ., data=bc.train, family=binomial())
```

```
> summary(bc.logit)

Call:
glm(formula = Class ~ ., family = binomial(), data = bc.train)
Deviance Residuals:
    Min       1Q   Median       3Q      Max
-3.4096  -0.1032  -0.0509   0.0098   2.4726

Coefficients:
                 Estimate Std. Error z value  Pr(>|z|)
(Intercept)      -9.95363    1.50861  -6.598  4.17e-11 ***
Cl.thickness      0.53316    0.21204   2.514   0.01192 *
Cell.size         0.52586    0.36652   1.435   0.15136
Cell.shape        0.53433    0.43976   1.215   0.22435
Marg.adhesion     0.20826    0.15823   1.316   0.18810
Epith.c.size     -0.05237    0.26271  -0.199   0.84200
Bare.nuclei       0.46440    0.15475   3.001   0.00269 **
Bl.cromatin       0.28580    0.24532   1.165   0.24402
Normal.nucleoli   0.10032    0.15355   0.653   0.51351
Mitoses           0.18574    0.33734   0.551   0.58190
---
Signif. codes:  0 '***' 0.001 '**' 0.01 '*' 0.05 '.' 0.1 ' ' 1

(Dispersion parameter for binomial family taken to be 1)

    Null deviance: 631.321  on 475  degrees of freedom
Residual deviance:  58.205  on 466  degrees of freedom
  (결측으로 인하여 13개의 관측치가 삭제되었습니다.)
AIC: 78.205

Number of Fisher Scoring iterations: 9
```

출력 결과 중 Coefficients는 로지스틱 회귀모델의 회귀계수이다. 로지스틱 회귀모델에서 독립변수의 선형결합은 다음과 같이 '사건이 발생할 확률 대 발생하지 않을 확률 비율의 로그값'으로 표현된다.[4]

---

4 로지스틱 회귀모델은 $\text{Prob(사건발생)} = \frac{1}{1+e^{-Z}}$ 로 나타낼 수 있다. 따라서 $e^{-Z} = \frac{1-\text{Prob(사건발생)}}{\text{Prob(사건발생)}} = \frac{\text{Prob(사건미발생)}}{\text{Prob(사건발생)}}$ 이고 $z = b_0 + b_1x_1 + b_2x_2 + \cdots + b_px_p = \ln\frac{\text{Prob(사건발생)}}{\text{Prob(사건미발생)}}$ 가 된다.

여기에서 '사건발생확률 대 미발생확률 비율'($=\frac{\text{Prob(사건발생)}}{\text{Prob(사건미발생)}}$)을 오즈(odds)라고 한다.

$$\ln\frac{\text{Prob(사건발생)}}{\text{Prob(사건미발생)}}=\ln\text{오즈}=b_0+b_1x_1+b_2x_2+\cdots+b_px_p$$

로지스틱 회귀분석 시 결과변수인 이분형 변수값은 작은 값은 0, 큰 값은 1로 자동 변환되며 0은 사건미발생으로, 1은 사건발생으로 간주하여 분석을 수행한다. 여기에서 양성판정은 사건미발생으로서 0으로 코딩되고 악성판정은 사건발생으로서 1로 코딩되며, 따라서 오즈는 악성일 확률이 양성일 확률의 몇 배인지를 나타낸다.

로지스틱 회귀모델에서 독립변수의 회귀계수는 다른 독립변수의 변화가 없다는 가정하에서 해당 변수가 한 단위만큼 변화할 때의 '사건발생확률 대 미발생확률 비율의 로그값'(즉 로그오즈(log odds))의 변화량을 나타낸다. +의 회귀계수는 독립변수의 값이 증가할 때 '사건발생확률 대 미발생확률 비율의 로그값' 역시 증가함을 뜻하며, 반대로 −의 회귀계수는 독립변수의 값이 증가할 때 '사건발생확률 대 미발생확률 비율의 로그값'은 감소함을 뜻한다.

그러나 로그오즈는 그 자체로 해석상의 어려움이 있기 때문에 종속변수가 로그오즈인 로지스틱 회귀모델에 지수함수를 취하여 종속변수를 오즈로 변환한다. 그러면 독립변수의 회귀계수는 원래의 로지스틱 회귀모델의 회귀계수값에 지수함수(exponential function)를 취한 값이 된다.

$$\text{오즈}=e^{b_0+b_1x_1+b_2x_2+\cdots+b_px_p}$$

이렇게 종속변수가 오즈인 회귀모델을 만들게 되면 새롭게 계산된 회귀계수값을 이용하여 독립변수 한 단위의 증가에 따른 오즈의 변화 비율을 살펴볼 수 있다. 오즈의 변화 비율은 다른 독립변수가 동일하다는 가정하에서 특정 독립변수 한 단위 증가에 따른 사건발생확률 대 미발생확률 비율의 변화율을 의미하며 오즈비(odds ratio)라고 한다. 회귀모델의 회귀계수를 지수함수값으로 변환하기 위해서는 다음과 같이 `coef()` 함수를 이용하여 회귀계수를 추출한 후 `exp()` 함수를 적용한다.

```
> exp(coef(bc.logit))
  (Intercept)  Cl.thickness     Cell.size       Cell.shape  Marg.adhesion
 4.755477e-05  1.704313e+00  1.691916e+00     1.706297e+00   1.231533e+00
Epith.c.size   Bare.nuclei   Bl.cromatin  Normal.nucleoli        Mitoses
 9.489790e-01  1.591054e+00  1.330829e+00     1.105530e+00   1.204115e+00
```

예를 들어, 다른 변수들이 일정하다는 가정하에서 `Cl.thickness` 조직세포의 특성이 1만큼 증가하면 오즈(즉 악성확률 대 양성확률 비율)는 1.704가 된다. 그런데 만일 `Cl.thickness` 조직세포의 특성이 2만큼 증가하면 오즈는 1.704의 두 배(1,704×2)가 아닌 1.704의 제곱($1{,}704^2$)이 된다. 이는 `Cl.thickness` 변수값이 커질수록 악성일 확률 대 양성일 확률의 비율이 지수함수적으로 증가한다는 것을 의미한다. 로지스틱 회귀모델에서 독립변수 x_i의 n단위의 증가는 오즈를 $e^{b_i \times n}$, 즉 $(e^{b_i})^n$만큼 증가시킨다. 만일 `Bare.nuclei` 값이 5만큼 증가하면 악성일 확률은 양성일 확률의 약 10배($=e^{0.464\times5}=1{,}591^5=10.2$)가 된다.

로지스틱 회귀모델의 회귀계수를 이용하여 사건발생의 확률, 즉 여기에서는 종양이 악성일 확률을 계산할 수 있다. 이는 앞에서 살펴본 다음과 같은 로지스틱 회귀모델을 이용하여 계산된다.

$$\text{Prob}(\text{사건발생}) = \frac{1}{1+e^{-z}}$$

여기에서, $z = b_0 + b_1x_1 + b_2x_2 + \cdots + b_px_p$

로지스틱 회귀분석 결과로 생성된 회귀모델에 아홉 개 독립변수의 값을 입력하면 결과변수값이 1인 확률, 즉 종양이 악성일 확률을 예측할 수 있다. 따라서 훈련 데이터(`bc.train`)를 바탕으로 개발한 예측모델을 이용하여 테스트 데이터(`bc.test`)에 포함된 각 케이스를 양성과 악성으로 분류할 수 있다. 테스트 데이터의 각 케이스별 악성종양 확률은 로지스틱 회귀모델의 상수항과 회귀계수를 이용하여 다음과 같이 계산된다.

```
> z <- coef(bc.logit)[1] + (as.matrix(bc.test[-10])%*%coef(bc.logit)[-1])
> p <- 1/(1+exp(-z))
```

처음 여섯 환자의 악성종양 예측확률은 다음과 같다.

```
> head(p)
         [,1]
1 0.010811914
2 0.971123210
3 0.005951377
4 0.995417893
7 0.078037541
9 0.002613760
```

predict() 함수를 이용하면 좀 더 쉽게 예측확률을 구할 수 있다. 첫 번째 인수에 훈련 데이터로부터 생성한 로지스틱 회귀모델(bc.logit)을 지정한다. newdata 인수에 예측에 사용할 데이터셋(bc.test)을 지정한다. predict() 함수는 달리 지정하지 않는 한 결과변수값이 1(즉 종양이 악성)인 로그오즈를 추정한다. type="response"를 지정하면 로그오즈 대신 좀 더 해석이 용이한 악성종양일 확률을 출력한다.

```
> bc.logit.pred <- predict(bc.logit, newdata=bc.test, type="response")
> head(bc.logit.pred)
          1           2           3           4           7           9 
0.010811914 0.971123210 0.005951377 0.995417893 0.078037541 0.002613760 
```

이제 테스트 데이터에 포함된 각 케이스의 악성확률을 구했으므로 이렇게 계산된 예측확률을 토대로 개별 케이스를 악성과 양성으로 분류할 수 있다. 일반적으로 예측확률 50%를 판정기준으로 삼아 다음과 같이 예측확률이 0.5보다 큰 케이스는 악성으로 분류하고 예측확률이 0.5보다 작거나 같은 케이스는 양성으로 분류한다.

```
> bc.logit.pred <- factor(bc.logit.pred > 0.5, levels=c(FALSE, TRUE),
+                         labels=c("benign", "malignant"))
> head(bc.logit.pred)
        1         2         3         4         7         9 
   benign malignant    benign malignant    benign    benign 
Levels: benign malignant
> table(bc.logit.pred)
bc.logit.pred
   benign malignant 
      143        64 
```

실제 판정 결과와 로지스틱 회귀모델에 의한 예측 결과를 비교하기 위하여 다음과 같이 교차표를 생성하여 얼마나 예측이 정확하게 이루어졌는지 살펴보자.

```
> bc.logit.perf <- table(bc.test$Class, bc.logit.pred, dnn=c("Actual", "Predicted"))
> bc.logit.perf
           Predicted
Actual      benign malignant
  benign       142         6
  malignant      1        58
```

```
> mean(bc.test$Class==bc.logit.pred, na.rm=TRUE)
[1] 0.9661836
```

대각선의 값은 예측에 성공한 케이스를 나타낸다. 실제로 양성인 환자 가운데 142명이 예측모델에 의해서도 양성으로 분류되었으며, 실제로 악성인 환자 가운데 58명이 예측모델에 의해서 동일하게 악성으로 분류되었다. 비대각선의 값은 정확한 분류에 실패한 케이스를 나타낸다. 총 7명의 환자가 실제와 차이가 있는 것으로 나타났다. 세 개의 케이스는 예측변수 데이터에 포함된 결측값으로 인해 어느쪽으로도 분류되지 못하였다. 로지스틱 회귀모델에 의해 정확하게 분류된 케이스는 전체적으로 207명의 환자 가운데 200명으로 예측모델은 96.6%의 정확도를 보여준다.

의사결정나무

의사결정규칙 또는 분류규칙을 나뭇가지 모양으로 도식화한 것을 의사결정나무라고 한다. 의사결정나무의 각 가지는 가능한 의사결정 또는 분류판정을 나타낸다. 나무의 구조는 선택되는 가지에 따라 어떠한 집단에 귀속되는지 보여주며, 따라서 이러한 의사결정나무의 가지 구조를 바탕으로 새로운 케이스에 대한 분류를 수행할 수 있다. 의사결정나무분석 방법 중 여기에서는 CART(Classification And Regression Tree)기법을 살펴본다.

CART를 기반으로 한 의사결정나무분석은 일반적으로 다음과 같은 절차에 따라 수행된다.

- 데이터를 두 개의 집단으로 가장 잘 분할하는 예측변수를 선택한다. 이때 두 집단의 순도(purity, 또는 동질성(homogeneity))가 최대화되도록 하는 예측변수를 선정한다. 여기에서 순도를 최대화한다는 것은, 예를 들면 한 집단에는 가능한 많은 양성환자 데이터가 포함되게 하고 다른 한 집단에는 가능한 많은 악성환자 데이터가 포함되도록 한다는 것을 의미한다. 예측변수가 연속형 변수이면 두 집단에 대한 순도를 극대화시키는 분할점(cut-point)이 사용된다. 예측변수가 범주형 변수일 때는 순도가 최대가 되도록 범주들을 결합한다.
- 예측변수가 결정되면 이를 이용하여 데이터를 두 개의 집단으로 분할한다.
- 각 분할 집단에 대해 앞서의 절차를 반복한다. 이러한 분할 작업은 순도가 일정 기준값 이상으로 더 이상 증가하지 않을 때까지 반복된다. 더 이상 분할이 이루어지지 않는 마지막 단계의 집단을 최종노드(terminal node)라고 한다. 최종노드는 포함된 케이스들이 속한 범주의 상대적 빈도에 따라 귀속집단이 결정된다. 즉 케이스의 수가 더 많은 범주가 최종노드의 귀속범주가 된다.
- 새로운 케이스를 분류하기 위해서는 대상 케이스를 의사결정나무의 가지를 따라 흘려보낸다. 의사

결정나무의 분류규칙에 따라 마지막에 도달하게 되는 최종노드가 새로운 케이스에 대한 귀속집단이 된다.

rpart 패키지에 포함된 rpart() 함수는 CART 기반의 의사결정나무분석을 수행한다. 위스콘신 대학 병원의 유방암 진료 데이터셋(mlbench 패키지에 포함된 BreastCancer 데이터셋)을 이용하여 의사결정나무분석을 수행해보자. 앞서 로지스틱 회귀분석을 위해 생성했던 훈련 데이터와 테스트 데이터를 이용한다.

```
> library(mlbench)
> data(BreastCancer)
> bc <- BreastCancer[-1]
> bc <- cbind(lapply(bc[-10], function(x) as.numeric(as.character(x))), bc[10])
> set.seed(123)
> train <- sample(nrow(bc), 0.7*nrow(bc))
> bc.train <- bc[train,]
> bc.test <- bc[-train,]
> table(bc.train$Class)

 benign malignant
    308       181
> table(bc.test$Class)

 benign malignant
    150        60
```

rpart() 함수의 첫 번째 인수에는 결과변수(종속변수)인 Class와 나머지 아홉 개 예측변수(독립변수)를 포뮬러 형식으로 지정한다. data 인수에는 예측모델 개발에 사용할 훈련 데이터(bc.train)를 지정한다. method="class"를 지정하면 rpart() 함수는 결과변수를 범주형 변수로 간주하여 분류분석을 수행한다. parms 인수에는 집단 분할 시 적용할 순도 계산 방식을 리스트 형식으로 지정할 수 있다. 기본값으로 지니계수(gini impurity index, split="gini") 방법이 사용되며, 그 외에 정보이득(information gain, split="information") 방법을 지정할 수 있다.5

5 지니계수는 잘못 분류된 비율을 나타낸다. 즉 지니계수가 0이면 모든 케이스가 올바르게 분류되었음을 의미한다. 지니계수를 최소화하는 예측변수와 분할점을 선택한다. 정보이득은 분류 작업이 진행되면서 나타나는 상위 분류집단과 하위 분류집단 간의 혼잡도 차이를 의미한다. 집단 내 혼잡도(또는 불확실성)를 엔트로피(entropy)라고 하며 집단 내에 같은 종류의 케이스가 많이 포함되어 있을수록 엔트로피는 작아진다. 즉 엔트로피가 0이면 집단 내에 같은 종류의 케이스만 포함되어 있다는 것을 나타낸다. 집단 내 엔트로피가 작아지도록 매 단계마다 정보이득이 최대화되는 예측변수와 분할점을 선택한다.

```
> library(rpart)
> set.seed(123)
> bc.dtree <- rpart(Class ~ ., data=bc.train, method="class",
+                    parms=list(split="information"))
```

rpart() 함수를 이용하여 분류분석을 수행한 결과는 다음과 같다. 모두 다섯 번의 분할이 이루어졌으며 여섯 개의 최종노드가 생성되었다. n번의 분할이 이루어진 의사결정나무는 n+1개의 최종노드를 갖는다.

```
> bc.dtree
n=489

node), split, n, loss, yval, (yprob)
      * denotes terminal node

 1) root 489 181 benign (0.62985685 0.37014315)
   2) Cell.size< 2.5 292  10 benign (0.96575342 0.03424658)
     4) Bare.nuclei< 2.5 268   0 benign (1.00000000 0.00000000) *
     5) Bare.nuclei>=2.5 24  10 benign (0.58333333 0.41666667)
      10) Cl.thickness< 3.5 13   0 benign (1.00000000 0.00000000) *
      11) Cl.thickness>=3.5 11   1 malignant (0.09090909 0.90909091) *
   3) Cell.size>=2.5 197  26 malignant (0.13197970 0.86802030)
     6) Cell.size< 4.5 59  24 malignant (0.40677966 0.59322034)
      12) Bare.nuclei< 7.5 36  13 benign (0.63888889 0.36111111)
        24) Marg.adhesion< 3.5 27   5 benign (0.81481481 0.18518519) *
        25) Marg.adhesion>=3.5 9   1 malignant (0.11111111 0.88888889) *
      13) Bare.nuclei>=7.5 23   1 malignant (0.04347826 0.95652174) *
     7) Cell.size>=4.5 138   2 malignant (0.01449275 0.98550725) *
```

의사결정나무의 분석 결과는 일반적으로 그래프 형태로 나타낸다. rpart.plot 패키지에 포함된 prp() 함수를 이용하여 의사결정나무를 [그림 12-5]와 같은 그래프로 표현해보자.

```
> library(rpart.plot)
> cols <- ifelse(bc.dtree$frame$yval==2, "darkred", "green4")
```

```
> prp(bc.dtree, type=2, extra=104, fallen.leaves=TRUE, branch.lty=3,
+     col=cols, border.col=cols, shadow.col="gray",
+     split.cex=1.2, split.suffix="?",
+     split.box.col="lightgray", split.border.col="darkgray", split.round=0.5,
+     main="Decision Tree for Breast Cancer Test")
```

prp() 함수는 많은 인수를 갖고 있다. type=2를 지정하면 분기점 레이블이 노드 아래에 표시된다. 각 노드에 케이스 비율과 집단별 확률을 나타내기 위해서는 extra=104를 지정한다. fallen.leaves=TRUE를 지정하면 그래프 하단에 최종노드들이 나란히 정렬된다. branch.lty=3은 나뭇가지를 점선으로 표현한다. 의사결정나무모델 객체의 bc.dtree$frame$yval에는 각 노드별 판정 결과가 저장되어 있으므로 이를 이용하여 노드 텍스트와 경계선을 양성(1)과 악성(2)에 따라 각각 초록색(green4)과 빨간색(darkred)으로 나타나도록 col 인수와 border.col 인수에 사전에 정의한 색상을 지정한다(col=cols, border.col=cols). shadow.col="gray"는 노드의 그림자 색상을 회색으로 나타낸다. split.cex=1.2를 지정하여 나뭇가지 텍스트(분기점 레이블) 크기를 노드 텍스트 크기보다 약간 더 크도록 한다. split.suffix="?"를 지정하면 나뭇가지 텍스트 뒤에 ?가 붙는다. split.box.col

[그림 12-5] 의사결정나무. prp() 함수는 의사결정나무분석 결과를 이용하여 의사결정나무 그래프를 생성한다.

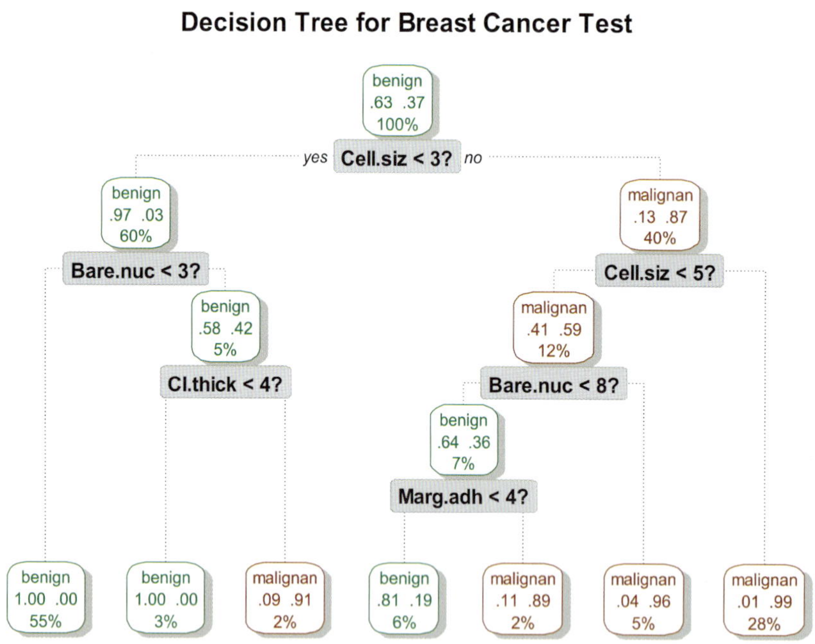

인수와 split.border.col 인수에는 나뭇가지 텍스트 박스와 경계선의 색상을 지정한다. 각각 옅은 회색(lightgray)과 진한 회색(darkgray)을 지정한다(기본값은 white). split.round=0.5를 지정하면 나뭇가지 박스의 모서리가 약간 둥글게 표현된다.

새로운 환자에 대한 세포조직 검사 결과를 알고 있을 때 의사결정나무를 이용하여 이 환자가 양성인지 악성인지 분류하기 위해서는 가장 위의 노드부터 시작하여 최종노드에 도달할 때까지 조건이 충족되면 왼쪽으로, 그렇지 않으면 오른쪽으로 가지를 따라 이동한다. 도달한 최종노드의 귀속집단이 해당 환자의 판정 결과이다.

predict() 함수를 이용하여 테스트 데이터에 포함된 각 케이스를 분류할 수 있다. newdata 인수에는 예측에 사용할 데이터셋(bc.test)을 지정한다. type="class"를 지정하면 각 케이스별로 분류된 집단이 출력된다. type="prob"를 지정하면 각 케이스별 집단 분류확률이 행렬 형태로 출력된다.

```
> bc.dtree.pred <- predict(bc.dtree, newdata=bc.test, type="class")
> head(bc.dtree.pred)
        1         2         3         4         7         9 
   benign malignant    benign malignant    benign    benign 
Levels: benign malignant
```

실제 판정 결과와 의사결정나무에 의한 예측 결과를 비교하기 위하여 다음과 같이 교차표를 생성해 보자.

```
> bc.dtree.perf <- table(bc.test$Class, bc.dtree.pred, dnn=c("Actual", "Predicted"))
> bc.dtree.perf
           Predicted
Actual      benign malignant
  benign       140        10
  malignant      4        56
> mean(bc.test$Class==bc.dtree.pred)
[1] 0.9333333
```

대각선의 값은 예측에 성공한 케이스를 나타낸다. 실제로 양성인 환자 가운데 140명이 예측모델에 의해서도 양성으로 분류되었으며, 실제로 악성인 환자 가운데 56명이 예측모델에 의해서 동일하게 악성으로 분류되었다. 의사결정나무에 의해 정확하게 분류된 케이스는 전체적으로 210명의 환자 가운데 196명으로 예측모델은 93.3%의 정확도를 보여준다. 앞에서 살펴본 로지스틱 회귀분석에서는 결측값으로 인해 일부 케이스는 분류되지 못하였으나 의사결정나무에 의한 예측모델은 로지스틱 회귀분석에서와 달리 테스트 데이터에 포함된 210개의 케이스를 모두 분류하였다.

12.4 텍스트분석

텍스트분석(text analysis, text analytics, text minig)은 비정형의 텍스트를 구조화된 데이터로 변환하고, 구조화된 데이터로부터 그 안에 내재된 패턴을 찾아내어, 추출된 패턴을 평가하고 해석하는 일련의 과정으로 이루어진다. 다양한 데이터분석 기법(예를 들면, 통계분석, 차원분석, 분류분석, 군집분석, 연관규칙분석 등을 위한 분석기법)이 구조화된 텍스트 데이터로부터 의미 있는 정보를 추출하는 데 활용될 수 있다. 텍스트분석을 통해 문서를 자동으로 분류할 수 있고, 문서나 단어 간의 연관성을 분석할 수 있으며, 텍스트에 담겨 있는 감성(즉 평가, 성향 등)을 예측할 수 있고, 시간의 흐름에 따른 이슈의 변화 과정을 추적할 수 있다.

텍스트분석을 위해 수행해야 할 첫 번째 작업은 비구조화된 텍스트, 즉 비정형의 텍스트를 구조화된 데이터로 변환하는 것이다. 일단 구조화된 데이터를 생성하게 되면 이를 바탕으로 텍스트에 대한 다양한 분석을 시도할 수 있다. 텍스트를 구조화하는 방법 가운데 하나로 단어주머니(bag-of-words) 접근법이 일반적으로 많이 사용된다. 단어주머니 접근법은 하나의 문서(document, 즉 텍스트)를 단어의 집합(즉 주머니)으로 단순화시킨 표현 방법이다. 단어주머니 접근법은 단어의 순서나 문법은 무시하고 단어의 출현 빈도만을 이용하여 텍스트를 표현한다. 분석 대상이 되는 문서로부터 단어들을 추출하고 이 단어들이 각 문서에서 출현하는 빈도를 행렬 형태로 기록한다.[6] 이러한 행렬을 문서-용어행렬(documents-by-terms matrix)이라고 하며 행은 문서를 나타내고 열은 단어(용어)를 나타낸다.[7] 셀값은 특정 문서에서의 특정 단어의 출현 횟수이다. 어떤 단어가 어떤 문서에

6 분석 대상이 되는 개별 텍스트를 문서(document)라고 하고, 이러한 문서의 집합을 코퍼스(corpus)라고 한다. 코퍼스로부터 추출된 단어를 용어(term)라고 한다. 용어는 일반적으로 하나의 단어로 구성되나 분석의 목적에 따라서는 인접한 두 단어나 세 단어로 구성되기도 한다. 인접한 두 단어는 바이그램(bigram)이라고 하고 인접한 세 단어는 트라이그램(trigram)이라고 한다. n개의 인접한 단어로 구성된 용어를 일반화시켜 n그램(ngram)이라고 한다. 이 책에서는 용어와 단어를 동일한 의미로 사용한다.

7 행에는 단어를 배치하고 열에는 문서를 배치할 수도 있다. 이러한 형태로 배치된 행렬은 용어-문서 행렬(terms-by-documents matrix)이라고 한다.

[그림 12-6] **문서-용어행렬 예.** 어떤 단어가 어떤 문서에 나타나면 대응되는 행과 열의 셀값은 1이 된다.

	business	data	analytics	is	useful	also	interesting
문서1	1	0	1	1	1	0	0
문서2	0	1	1	1	0	1	1

나타나면 대응되는 행과 열의 셀값은 1이 된다. 한 문서 내에 같은 단어가 여러 번 나타날 경우에는 총출현 횟수가 대응되는 행과 열의 셀값이 된다. 예를 들어, 어떤 단어가 문서 내에 세 번 나타나면 대응되는 셀값은 3이다.

간단한 예를 통해 문서-용어행렬의 구조를 살펴보자. 다음과 같은 두 개의 문서로 구성된 코퍼스가 있다고 가정하자.

문서1: business analytics is useful
문서2: data analytics is also interesting

그러면 이로부터 생성한 문서-용어행렬은 [그림 12-6]과 같은 구조를 갖는다. 두 개의 문서와 일곱 개의 단어로 구성된 2×7 행렬이다.

일반적으로 실제 텍스트로부터 추출되는 단어는 그 개수가 방대하기 때문에 문서-용어행렬은 보통 매우 큰 차원을 갖게 된다. 그런데 모든 단어가 모든 문서에 고르게 출현하지는 않으며 대부분의 단어는 소수의 문서에서만 나타난다. 따라서 문서-용어행렬의 밀도는 매우 낮을 수밖에 없다. 즉 문서개수×단어개수의 크기를 갖는 문서-용어행렬의 대부분의 셀은 0으로 채워진다. 비정형화된 텍스트는 이러한 방식으로 문서-용어행렬로 구조화할 수 있으며, 이렇게 구조화한 문서-용어행렬은 이후 원래의 비정형 텍스트를 대신하여 다양한 텍스트분석에 활용된다.

스탠포드대학(Stanford University)의 웹사이트로부터 스티브 잡스(Steve Jobs)의 스탠포드대학 졸업식 축사 텍스트를 수집하여 이를 대상으로 간단한 텍스트분석을 수행해보자. 웹사이트로부터 텍스트를 추출하는 방법은 여러 가지가 있다.[8] 여기에서는 XPath를 이용하여 HTML 태그를 식별한 후 이를 바탕으로 태그 내의 텍스트를 추출한다.

XPath를 이용하여 필요한 텍스트를 추출하기 위해 먼저 `httr` 패키지의 `GET()` 함수를 이용하여 웹페이지의 HTML 문서를 읽어 들인다.

8 웹사이트로부터 데이터를 수집하는 방법에 대한 보다 자세한 설명은 '제7장 입력과 출력'의 '7.1 입력'을 참고한다.

```
> url <- "https://news.stanford.edu/2005/06/14/jobs-061505/"
> library(httr)
> html <- GET(url)
```

그런 다음 XML 패키지의 htmlParse() 함수를 이용하여 문자열로 추출한 HTML 웹페이지를 HTML 트리 구조를 갖는 R 객체(XMLInternalDocument 클래스 및 그와 동등한 클래스)로 변환한다. 그리고 xpathSApply() 함수와 xmlValue() 함수를 이용하여 <p> 태그 내의 텍스트를 추출한다.

```
> library(XML)
> html.parsed <- htmlParse(html)
> text <- xpathSApply(html.parsed, path="//p", xmlValue)
> text
 [1] "This is a prepared text of the Commencement address delivered by Steve
Jobs, CEO of Apple Computer and of Pixar Animation Studios, on June 12, 2005."
 [2] " Go to the web site to view the video."
 [3] "Video of Steve Jobs' Commencement address on June 12, 2005."
 [4] "I am honored to be with you today at your commencement from one of the
finest universities in the world. I never graduated from college. Truth be told,
this is the closest I've ever gotten to a college graduation. Today I want to tell
you three stories from my life. That's it. No big deal. Just three stories."
…(중략)
[29] "Stay Hungry. Stay Foolish."
[30] "Thank you all very much."
…(중략)
[35] "© Stanford University.Stanford, California 94305."
```

추출된 텍스트를 보면 실제 연설문 부분은 4번째 원소부터 30번째 원소까지이다. 해당 부분을 추출하여 다음과 같이 분석 대상 텍스트로 저장한다.9

9 해당 웹페이지가 변경되면 추출한 텍스트 벡터의 구조가 여기에서 설명한 것과 다를 수 있다. 텍스트 벡터의 구조와 필요한 텍스트의 위치를 확인한 후 작업을 진행한다.

```
> text <- text[4:30]
> text
 [1] "I am honored to be with you today at your commencement from one of the finest
universities in the world. I never graduated from college. Truth be told, this is
the closest I've ever gotten to a college graduation. Today I want to tell you three
stories from my life. That's it. No big deal. Just three stories."
```

```
 [2] "The first story is about connecting the dots."
…(중략)
[26] "Stay Hungry. Stay Foolish."
[27] "Thank you all very much."
```

웹페이지로부터 HTML 태그 내의 텍스트를 성공적으로 추출하였다. 이제 이렇게 추출한 텍스트를 대상으로 간단한 텍스트분석을 수행해보자. 여기에서는 텍스트마이닝 패키지인 `tm` 패키지를 사용한다. 텍스트분석을 위해서는 우선 분석해야 할 텍스트를 문서의 집합인 코퍼스 형식으로 변환해야 한다. `tm` 패키지의 `VCorpus()` 함수는 다양한 소스로부터 읽어들인 텍스트를 텍스트마이닝을 위한 `Corpus` 객체로 변환한다. 텍스트를 읽어들일 소스는 다음과 같이 `getSources()` 함수를 이용하여 확인할 수 있다. 예를 들어, `DirSource()` 함수는 파일이 저장된 폴더로부터 텍스트를 읽어오며 `URISource()` 함수는 웹페이지로부터 텍스트를 읽어온다. 우리는 텍스트를 벡터 형식으로 저장하였으므로 텍스트를 읽어들일 소스로서 `VectorSource()` 함수를 이용한다.

```
> library(tm)
> getSources()
[1] "DataframeSource" "DirSource"        "URISource"       "VectorSource"
[5] "XMLSource"        "ZipSource"
> docs <- VCorpus(VectorSource(text))
> class(docs)
[1] "VCorpus" "Corpus"
```

생성된 코퍼스에 대한 정보를 얻기 위해서는 간단히 `Corpus` 객체를 프린트하거나 `inspect()` 함수를 이용한다. 모두 27개의 문서가 하나의 코퍼스를 구성하고 있다. 26번 문서는 26개의 문자로 구성되어 있다.

```
> docs
<<VCorpus>>
Metadata:  corpus specific: 0, document level (indexed): 0
Content:  documents: 27
> inspect(docs[26])
<<VCorpus>>
Metadata:  corpus specific: 0, document level (indexed): 0
Content:  documents: 1
```

```
[[1]]
<<PlainTextDocument>>
Metadata:  7
Content:  chars: 26
```

코퍼스에 포함된 텍스트의 내용은 다음과 같이 확인할 수 있다.

```
> inspect(docs[[26]])
<<PlainTextDocument>>
Metadata:  7
Content:  chars: 26

Stay Hungry. Stay Foolish.
```

텍스트의 내용을 추출하기 위해서는 다음과 같이 as.character() 함수를 이용한다.

```
> as.character(docs[[26]])
[1] "Stay Hungry. Stay Foolish."
> lapply(docs, as.character)
$`1`
[1] "I am honored to be with you today at your commencement from one of the finest
universities in the world. I never graduated from college. Truth be told, this is the
closest I've ever gotten to a college graduation. Today I want to tell you three
stories from my life. That's it. No big deal. Just three stories."

…(중략)

$`27`
[1] "Thank you all very much."
```

코퍼스는 내부적으로 리스트의 리스트로 구조화되어 있다. 문서의 실제 내용은 content 원소에 포함되어 있으므로 다음과 같이 문서의 content 원소로부터 텍스트 내용을 직접 추출할 수도 있다.

```
> str(docs[26])
Classes 'VCorpus', 'Corpus'  hidden list of 3
 $ content:List of 1
  ..$ :List of 2
  .. ..$ content: chr "Stay Hungry. Stay Foolish."
  .. ..$ meta   :List of 7
  .. .. ..$ author       : chr(0)
  .. .. ..$ datetimestamp: POSIXlt[1:1], format: "2021-10-19 05:24:26"
  .. .. ..$ description  : chr(0)
  .. .. ..$ heading      : chr(0)
  .. .. ..$ id           : chr "26"
  .. .. ..$ language     : chr "en"
  .. .. ..$ origin       : chr(0)
  .. .. ..- attr(*, "class")= chr "TextDocumentMeta"
  .. ..- attr(*, "class")= chr [1:2] "PlainTextDocument" "TextDocument"
 $ meta   : list()
  ..- attr(*, "class")= chr "CorpusMeta"
 $ dmeta  :'data.frame':        1 obs. of  0 variables
> docs[[26]]$content
[1] "Stay Hungry. Stay Foolish."
> lapply(docs, function(x)(x$content))
$`1`
[1] "I am honored to be with you today at your commencement from one of the finest
universities in the world. I never graduated from college. Truth be told, this is the
closest I've ever gotten to a college graduation. Today I want to tell you three
stories from my life. That's it. No big deal. Just three stories.

…(중략)

$`27`
[1] "Thank you all very much"
```

텍스트는 기본적으로 비정형 데이터이다. 따라서 텍스트 데이터에는 분석에 불필요한, 때로는 분석을 방해하는 요소가 포함되기 마련이다. 데이터정제(data cleansing) 작업은 텍스트분석에 있어서 가장 중요한 작업이다. 왜냐하면 깔끔하게 정제되지 않은 데이터는 분석 결과에 큰 영향을 미칠 수 있기 때문이다. 또한 데이터정제 작업은 가장 귀찮은 작업이기도 하다. 왜냐하면 데이터정제는 대체로 반복적인 과정을 거쳐 이루어지게 되고 매 단계마다 전단계에서 미처 깨닫지 못한 새로운 문제가 발생할 가능성이 항상 존재하기 때문이다. tm 패키지는 텍스트 데이터의 정제 과정을 지원하는 다양한 변환함수를 제공한다. 다음과 같이 getTransformations() 함수를 이용하여 사용 가능한 표준 변환함수를 확인할 수 있다. 변환함수는 그 이름만으로 무엇을 하는 함수인지 대략 추측이 가능하다. tm_map() 함수는 변환함수를 인수로 받아 해당 변환 작업을 수행한다.

```
> getTransformations()
[1] "removeNumbers"     "removePunctuation" "removeWords"       "stemDocument"
[5] "stripWhitespace"
```

그런데 tm 패키지에서 제공하는 변환함수를 적용하기 전에 사전 정제작업이 필요할 수 있다. 예를 들어, 간혹 어떤 이유에서든 콜론(:)이나 세미콜론(;)이 단어와 단어 사이에 공백 없이 사용되는 경우가 있다. 이 경우 별도의 전처리 과정 없이 removePunctuation() 변환함수를 사용하면 해당 문장부호의 양쪽에 있는 단어들이 합쳐져서 의미 없는 단어가 만들어진다. 소유격을 나타내는 작은 따옴표(')의 경우도 마찬가지여서 removePunctuation() 변환함수를 적용할 경우 ' 뒤의 s가 앞의 단어에 붙게 된다. 따라서 이런 일을 피하기 위해서는 변환함수를 적용하기 전에 이에 대한 수정작업이 필요하다. 사전에 콜론, 세미콜론, 작은 따옴표를 공백으로 대체하면 예기치 않게 단어들이 서로 결합되는 문제를 피할 수 있다.

이러한 문자 대체작업을 위해서는 변환 과정을 지원할 수 있는 별도의 변환함수가 필요하다. tm 패키지는 content_transformer() 함수를 통해 표준 변환함수가 아닌 다른 함수를 이용하여 변환 작업을 수행할 수 있도록 허용한다. 이 함수는 사용자가 정의한 변환함수를 인수로 받아서 마치 tm 패키지에서 제공하는 표준 변환함수인 것처럼 사용할 수 있게 한다. content_transformer() 함수를 이용하여 다음과 같이 특정 문자를 공백으로 변환하는 사용자 정의 함수 toSpace() 함수를 생성해보자. 내부에 gsub() 함수를 사용하였으며 pattern 인수에 주어지는 문자를 찾아서 이를 모두 공백(" ")으로 변환한다.

```
> toSpace <- content_transformer(function(x, pattern)
+   {return(gsub(pattern, " ", x))})
```

이제 방금 정의한 toSpace() 함수를 이용하여 콜론, 세미콜론, 작은 따옴표를 공백으로 대체할 수 있다. tm_map() 함수에 다음과 같이 사용자 정의 변환함수를 인수로 제공한다.[10]

10 대체 대상의 문자를 인수로 제공할 때는 텍스트로부터 복사해서 붙여넣기(cut & paste) 하는 것이 안전하다. 직접 입력할 경우 R에서 해당 문자를 인식하지 못할 수도 있다.

```
> docs <- tm_map(docs, toSpace, ":")
> docs <- tm_map(docs, toSpace, ";")
> docs <- tm_map(docs, toSpace, "’")
```

변환이 끝났으면 텍스트 내용을 한번 살펴본다. 의도한 대로 변환이 이루어졌으면 각종 문장부호를 텍스트에서 제거하기 위하여 다음과 같이 표준 변환함수인 removePunctuation() 함수를 적용한다. 이때 단어 내에 포함된 하이픈(예를 들면, bag-of-words)을 그대로 유지하려면 preserve_intra_word_dashes=TRUE를 지정한다.

```
> docs <- tm_map(docs, removePunctuation)
```

변환과정이 끝날 때마다 성공적으로 변환이 이루어졌는지 텍스트 내용을 살펴보는 것이 좋다. removePunctuation() 변환함수를 적용하더라도 간혹 표준 문장부호가 아닌 것이 제거되지 않고 남아 있는 경우가 있다. 예를 들어, 다음과 같이 25번 문서 포함된 큰따옴표("Stay Hungry Stay Foolish")는 제거되지 않고 그대로 남아 있다. 왜냐하면 여기서 사용된 왼쪽 큰따옴표와 오른쪽 큰따옴표는 제거 대상 문장부호에 포함되지 않기 때문이다.

```
> docs[[25]]$content
[1] "Stewart and his team put outseveral issues of The Whole Earth Catalog and then
when it had run its course they put out a final issue It was the mid1970s and I was
your age On the back cover of their final issue was a photograph of an early morning
country road the kind you might find yourself hitchhiking on if you were so
adventurous Beneath it were the words “Stay Hungry Stay Foolish” It was their
farewell message as they signed off Stay Hungry Stay Foolish And I have always wished
that for myself And now as you graduate to begin anew I wish that for you"
```

이럴 경우 앞에서 정의한 toSpace() 함수를 이용하여 다음과 같이 남아 있는 문장부호나 특수기호를 제거한다.

```
> docs <- tm_map(docs, toSpace, "“")
> docs <- tm_map(docs, toSpace, "”")
```

문장부호에 대한 변환이 성공적으로 이루어졌으면 이제 다음 단계로 이동한다. R은 대문자와 소문자를 구분하기 때문에 Text와 text를 서로 다른 단어로 인식한다. 동일한 단어가 다른 단어로 취급되는 이러한 문제를 해결하기 위하여 텍스트 내의 문자를 모두 소문자로 변환한다. 소문자로의 변환은 표준패키지(base 패키지)에 내장되어 있는 tolower() 함수를 사용할 수 있지만 이 함수는 tm 패키지의 표준 변환함수가 아니기 때문에 그대로 사용할 수 없다. Corpus 객체를 다룰 수 있도록 다음과 같이 content_transformer() 함수와 함께 사용한다.

```
> docs <- tm_map(docs, content_transformer(tolower))
```

텍스트 내에 포함된 숫자는 일반적으로 텍스트의 의미에 기여하는 정도가 미미하다. 그렇기 때문에 텍스트분석에 있어서 숫자는 대체로 관심의 대상이 아니다. 그러나 물론 항상 그런 것은 아니다. 예를 들어, 텍스트를 분석하는 데 있어서 특정 연도가 출현하는 횟수에 관심이 있다면 이때 연도에 해당하는 숫자는 분석의 대상이 되어야 한다. 텍스트 내 숫자를 제거하기 위해서는 다음과 같이 표준 변환함수인 removeNumbers() 함수를 이용한다.

```
> docs <- tm_map(docs, removeNumbers)
```

공통적으로 흔히 사용되는 단어 또한 중요한 의미를 담고 있지 않기 때문에 텍스트를 분석하는 데 있어서 관심의 대상이 아니다. 관사(a, the), 접속사(and, but), be동사(is, are), 조동사(have, may), 인칭대명사(he, she), 지시대명사(this, that) 등이 여기에 해당한다. 이러한 단어를 불용어(stop word)라고 하며 tm 패키지는 불용어의 표준리스트를 내장하고 있다.[11] 다음과 같이 표준 변환함수인 removeWords() 함수를 이용하여 불용어를 제거한다.[12]

```
> docs <- tm_map(docs, removeWords, stopwords("english"))
> docs[[25]]$content
[1] "stewart   team put  several issues   whole earth catalog     run  course  put
final issue    mids     age   back cover   final issue   photograph   early morning
```

11 tm 패키지에 내장된 불용어 리스트는 stopwords("english")를 실행하여 확인할 수 있다.

12 불용어 리스트는 분석 목적에 따라서 수정하여 사용할 수 있다. 예를 들어, among, beyond를 불용어로 추가하고 기존의 own, few를 삭제하여 나만의 불용어 리스트르 생성할 수 있다. 이렇게 수정된 불용어 리스트를 stopwords("english") 대신에 불용어 제거 작업에 이용한다. 이를 실행하는 코드는 다음과 같다: mystopwords <- c(stopwords("english"), c("among", "beyond")); mystopwords <- setdiff(mystopwords, c("own", "few")); docs <- tm_map(docs, removeWords, mystopwords). 이렇게 불용어 리스트를 수정하면 분석에 불필요한 불용어를 가능한 많이 제거할 수 있으므로 보다 의미 있는 텍스트분석을 수행할 수 있다. 하지만 여기에서는 간단한 예시를 보여주는 것이 목적이므로 이러한 작업은 수행하지 않았다.

```
country road  kind  might find  hitchhiking      adventurous beneath    words    stay
hungry stay foolish     farewell message   signed  stay hungry stay foolish    always
wished     now   graduate  begin anew  wish    "
```

끝으로 다음과 같이 stripWhitespace() 함수를 이용하여 텍스트 내의 모든 공백을 제거한다.

```
> docs <- tm_map(docs, stripWhitespace)
```

이제 텍스트분석을 위해 필요한 기본적인 변환 작업을 모두 마쳤다. 문장부호, 특수문자, 숫자, 불용어 등 분석에 불필요한 것들이 모두 제거되었다. 그러나 좀 더 정교한 텍스트분석을 위해서는 여기에서 한 발 더 나갈 필요가 있다. 일반적으로 텍스트에는 방대한 양의 단어가 포함되어 있다. 그러나 그 단어는 형태는 다르지만 의미상 동일한 경우가 많다. 예를 들어, works, worked, working은 모두 형태는 다르지만 work라는 한 단어로 봐도 무방하다. 어간추출(stemming)을 통해 이처럼 형태는 다르지만 의미는 동일한 관련된 단어를 하나의 공통된 어간으로 대체한다. 어간추출 과정을 거치면 단어의 출현 빈도를 계산할 때 형태는 다르지만 동일한 어간을 갖는 단어가 서로 다른 단어로 계산되는 문제를 피할 수 있다.

stemDocument() 함수는 어간추출 작업을 수행한다. 이 함수는 단어의 끝을 잘라내서 어간을 추출하는 비교적 단순한 알고리즘을 사용한다. 예를 들어, believed와 believing은 believe가 아닌 believ로 추출된다. 그래서 원래 단어의 고유의 형태를 잃어버리는 단점이 있다.[13]

```
> library(SnowballC)
> docs <- tm_map(docs, stemDocument)
> docs[[15]]$content
[1] "m pretti sure none happen hadn t fire appl aw tastmedicin guess patient need
sometim life hit head brick don t lose faith m convinc thing kept go love ve got find
love true work lover work go fill larg part life way truli satisfi believ great work
way great work love haven t found yet keep look don t settl matter heart ll know find
```

13 stemCompletion() 함수를 이용하여 이러한 문제를 보완할 수 있다. 어간만으로 이루어진 불완전한 단어를 어간추출 전의 원래 문서를 사전으로 이용하여 완전한 단어로 대체한다. 대체할 단어를 선택하는 기준으로는 가장 출현 빈도가 많은 단어(prevalent, 기본값), 가장 긴 단어(longest), 가장 짧은 단어(shortest) 등을 사용할 수 있다. 예를 들어, 원래의 문서에서 believe가 가장 많이 출현했다면, '가장 출현 빈도가 많은 단어'를 단어 완성의 기준으로 선택했을 때 believ는 believe로 대체된다. stemCompletion() 함수의 첫 번째 인수(x)로 어간 벡터를 지정하고 두 번째 인수(dictionary)에 사전으로 사용할 코퍼스 또는 문자 벡터를 지정한다. 세 번째 인수(type)로는 대체 단어를 선택하는 기준을 지정한다. stemCompletion() 함수를 이용하려면 SnowballC 패키지가 필요하다.

```
like great relationship just get better better year roll keep look find don t settl"
```

어간추출 후에는 적절히 변환이 이루어졌는지 점검한다. `stemDocument()` 함수는 기대한 대로 동작하지 않을 수도 있기 때문이다. 예를 들어, 15번 문서를 보면, loved와 love는 모두 love로 변환이 이루어졌다. 그런데 lover는 변환이 이루어지지 않았다. `stemDocument()` 함수는 lover를 love와 다른 어간의 단어로 인식했기 때문이다. 여기에서 이 두 단어를 동일한 단어로 취급하려면 다음과 같이 추가 변환 과정을 통해 lover를 love로 대체한다. 어간추출이 만족스럽지 못하면 수작업을 통해 이를 보완한다.

```
> docs <- tm_map(docs, content_transformer(gsub),
+                pattern="lover", replacement="love")
```

이제 정제 과정을 마친 비정형의 텍스트 데이터를 문서-용어행렬 형태로 구조화한다. 행은 문서를 나타내고 열은 단어를 나타낸다. 문서-용어행렬은 다음과 같이 `DocumentTermMatrix()` 함수를 이용하여 생성할 수 있다.[14]

```
> dtm <- DocumentTermMatrix(docs)
> dtm
<<DocumentTermMatrix (documents: 27, terms: 519)>>
Non-/sparse entries: 847/13166
Sparsity           : 94%
Maximal term length: 12
Weighting          : term frequency (tf)
```

생성된 문서-용어행렬은 27×519의 크기를 가지며 셀의 대부분(94%, 13,166개)은 0으로 채워져 있다. `inspect()` 함수를 이용하여 문서-용어행렬을 탐색해볼 수 있다. 다음은 처음 다섯 개 문서에서의 1번 단어부터 10번 단어까지의 출현 빈도이다. 거의 대부분의 셀이 0으로 채워져 있어 전체 단어 가운데 각 문서에서 출현하는 단어의 빈도가 매우 작음을 알 수 있다.

```
> inspect(dtm[1:5, 1:10])
<<DocumentTermMatrix (documents: 5, terms: 10)>>
Non-/sparse entries: 2/48
Sparsity           : 96%
Maximal term length: 8
```

14 `TermDocumentMatrix()` 함수는 용어-문서행렬을 생성한다.

```
Weighting           : term frequency (tf)
Sample              :
    Terms
Docs across adopt adult adventur advis affair age agent ago almost
   1      0     0     0        0     0      0   0     0   0      0
   2      0     0     0        0     0      0   0     0   0      0
   3      0     0     0        0     0      0   0     0   0      0
   4      0     4     0        0     0      0   0     0   0      0
   5      0     0     0        0     0      0   0     0   0      1
```

행렬 형태로 구조화된 텍스트는 이제 다양한 분석에 활용할 수 있다. 예를 들어, 개별 단어의 출현 빈도를 알고자 하면 다음과 같이 각 열의 합계를 구한다.

```
> term.freq <- colSums(as.matrix(dtm))
```

행렬에 대한 연산을 수행할 수 있도록 먼저 데이터 구조를 행렬 형식으로 변환하고(as.matrix() 함수) 단어를 나타내는 각 열을 합산한다(colSums() 함수). 519개 단어의 출현 빈도를 단어별로 확인할 수 있다.

```
> head(term.freq)
  across    adopt    adult adventur    advis   affair
       1        4        1        1        1        1
> length(term.freq)
[1] 519
```

출현 빈도가 높은 상위 여섯 개 단어와 출현 빈도가 낮은 하위 여섯 개 단어는 다음과 같다. 상위 여섯 개 단어에 포함된 life, college, drop, love 등은 스티브 잡스의 졸업식 축사를 잘 설명해주는 대표 단어로서 모자람이 없어 보인다.

```
> term.freq[head(order(term.freq, decreasing=TRUE))]
  life colleg   year   drop   love    one
    17     14     12     10     10     10
> term.freq[tail(order(term.freq, decreasing=TRUE))]
      whenev       window        woman         word workingclass          woz
           1            1            1            1            1            1
```

findFreqTerms() 함수를 이용하면 일정 횟수 이상 출현한 단어가 무엇인지 쉽게 찾을 수 있다. 예를 들어, 10번 이상 등장한 단어를 찾으려면 다음과 같이 findFreqTerms() 함수에 lowfreq=10을 지정한다. 전체 문서에서 10번 이상 출현한 단어가 알파벳 순으로 출력된다(빈도순이 아님에 유의).

```
> findFreqTerms(dtm, lowfreq=10)
[1] "colleg" "drop"   "life"   "love"   "one"    "year"
```

단어의 출현 빈도를 그래프로 나타내보자. 가장 간단한 방법은 출현 빈도의 분포를 막대도표로 표현하는 것이다. [그림 12-7]은 출현 빈도가 7 이상인 단어를 대상으로 X축에 단어의 출현 빈도를, Y축에 단어를 배치하여 생성한 막대도표이다. life, college, drop, love 등의 출현 빈도가 높다는 것을 시각적으로 쉽게 확인할 수 있다.

```
> barplot(subset(term.freq, term.freq >= 7), horiz=TRUE, las=1,
+         xlim=c(0, 20), cex.names=0.8, col="mediumseagreen",
+         xlab="Words Frequency", ylab="Words")
```

[그림 12-7] 단어 출현 빈도 막대도표. life의 출현 빈도가 가장 높다.

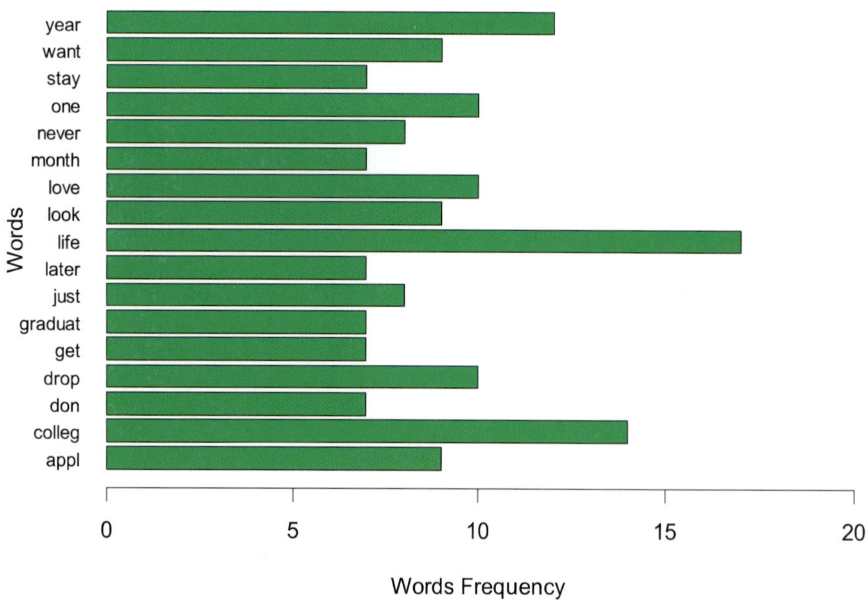

출현 빈도에 따른 단어의 중요성을 시각적으로 보여주는 방법으로 워드클라우드(word cloud)가 종종 사용된다. 워드클라우드는 wordcloud 패키지의 wordcloud() 함수를 이용하여 생성한다. 생성된 워드클라우드는 [그림 12-8]과 같다.

```
> library(wordcloud)
> term.freq <- colSums(as.matrix(dtm))
> set.seed(123)
> wordcloud(words=names(term.freq), freq=term.freq, min.freq=3)
```

워드클라우드를 그리기 위해서는 먼저 앞에서 했듯이 문서-용어행렬을 행렬 형식으로 변환한 후 단어의 출현 빈도를 계산한다. wordcloud() 함수의 처음 두 인수 words와 freq에는 각각 단어와 단어의 출현 빈도를 지정한다. min.freq 인수에는 워드클라우드에 포함시킬 최소 빈도수를 지정한다. freq 인수 지정 없이 words 인수에 텍스트 벡터나 코퍼스를 지정할 수 있다. words 인수에 텍스트 벡터나 코퍼스를 지정하면 지정된 텍스트 벡터나 코퍼스로부터 단어의 출현 빈도가 계산된다.

[그림 12-8] 워드클라우드. 출현 빈도에 따른 단어의 중요성을 크기와 색상 농도를 달리 하여 보여준다.

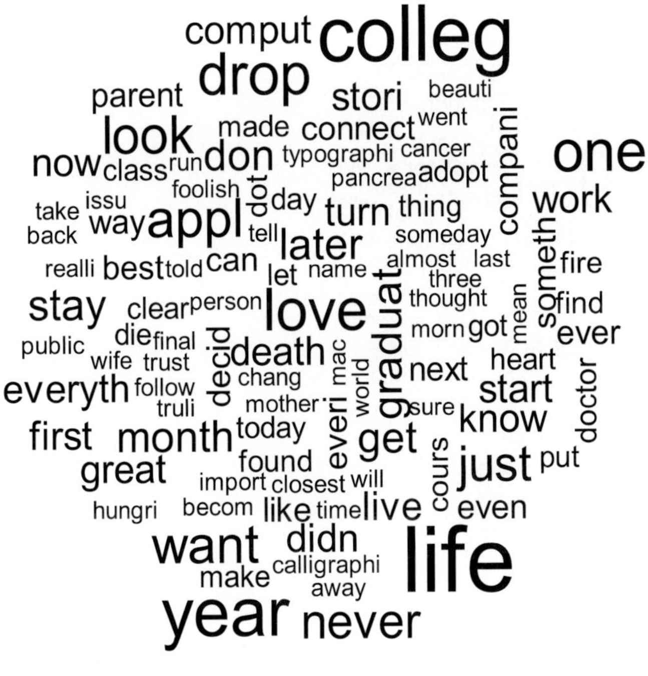

중요한 단어(즉 높은 빈도를 갖는 단어)가 중앙에 나타나도록 하려면 random.order=FALSE를 지정한다. 색상은 colors 인수에 지정할 수 있다. random.color=FALSE를 지정하면 색상의 순서와 빈도 크기에 따라 단어에 색상이 부여된다. 다음 코드는 앞의 그래프와 달리 워드클라우드의 가운데에 높은 빈도의 단어를 배치하고 빈도에 따라 다른 색상을 부여한다. 생성된 그래프는 [그림 12-9]와 같다.

```
> set.seed(123)
> library(RColorBrewer)
> wordcloud(words=names(term.freq), freq=term.freq, min.freq=2,
+           random.order=FALSE, random.color=FALSE, colors=brewer.pal(5, "Set1"))
```

스티브 잡스가 졸업식 축사에서 강조했던 life, college, love 등의 단어가 잘 보이도록 워드클라우드의 중앙에 배치되었다.

[그림 12-9] 워드클라우드. 가운데에 높은 빈도의 단어를 배치하고 빈도에 따라 다른 색상을 부여한다.

연 | 습 | 문 | 제 >>>

01. car 패키지에 포함된 Salaries 데이터셋을 이용하여 성별에 따라 연봉에 있어서 차이가 존재하는지 검정하시오.

02. 세 종류의 신약에 대한 임상 실험 결과가 다음과 같다. 치료율에 있어서 세 신약 간에 차이가 존재하는지 검정하시오.

신약	완치 환자수	투약 환자수
A	21	30
B	31	50
C	45	65

03. car 패키지에 포함된 Salaries 데이터셋을 이용하여 성별, 직급, 그리고 성별과 직급의 조합에 따라 연봉에 있어서 차이가 존재하는지 검정하시오.

04. women 데이터셋을 이용하여 몸무게를 종속변수로 하고, 키를 독립변수로 한 회귀분석을 수행하시오. 그리고 회귀모델을 이용하여 키가 60, 65, 70인치일 때의 몸무게를 예측하시오.

05. USArrests 데이터셋을 이용하여 미국 50개 주에 대한 계층적 군집분석을 수행하시오.

06. USArrests 데이터셋을 이용하여 미국 50개 주에 대한 k-평균 군집분석을 수행하시오.

07. titanic 패키지에 포함된 titanic_train 데이터셋을 이용하여 생존자를 예측하기 위한 로지스틱 회귀분석을 수행하고 예측성능을 평가하시오.

08. titanic 패키지에 포함된 titanic_train 데이터셋을 이용하여 생존자를 예측하기 위한 의사결정나무분석을 수행하고 예측성능을 평가하시오.

09. Wikisource(www.wikisource.org) 웹사이트에는 케네디(John F. Kennedy) 대통령의 'Moon Speech' 연설문이 게시되어 있다(https://en.wikisource.org/wiki/We_choose_to_go_to_the_moon). 텍스트분석을 수행하고 이를 바탕으로 워드클라우드를 그리시오.

10. 뉴욕타임즈(The New York Times) 웹사이트에 게시된 9·11 테러 뉴스 기사(https://archive.nytimes.com/www.nytimes.com/learning/general/onthisday/big/0911.html)를 바탕으로 워드클라우드를 그리시오.

Appendix

부 록

Introductory R
R 기초와 활용

부록 A. R 설치 및 사용
부록 B. RStudio 설치 및 사용
부록 C. 연습문제 풀이

Appendix A | R 설치 및 사용

R 프로젝트 웹사이트(https://www.r-project.org)에는 최신 버전의 R 설치 파일과 R과 관련된 다양한 정보가 게시되어 있다. R을 설치하기 위해서는 우선 R 웹사이트의 CRAN(Comprehensive R Archive Network) 링크를 클릭하여 국가별 미러사이트(mirror site) 중의 하나를 선택한다. 이어서 사용하고 있는 운영체제의 R 설치 파일 링크를 클릭하여 R 설치 파일(base 선택)을 내려받는다. 내려받은 R 설치 파일을 더블클릭하여 실행한 후 단계별 지시에 따라 설치한다.[1]

설치 과정 중에 스타트업(startup) 옵션을 조정함으로써(스타트업 옵션 조정 대화상자에서 'Yes(스타트업 조정)'를 선택) 디스플레이 모드를 설정할 수 있다. R은 MDI(Multiple-Document Interface)와 SDI(Single-Document Interface) 두 가지 디스플레이 모드를 제공한다. 기본적인 디스플레이 모드는 MDI 모드이다. MDI로 설정할 경우 R 코드를 입력하는 R 콘솔(R Console) 창, 그래프 결과물이 출력되는 R 그래픽스(R Graphics) 창, 스크립트(script)를 작성하는 R 편집기(R Editor) 창 등이 RGui(R Graphical user interface)라는 하나의 창 내에서 처리된다.[2] 즉 R 세션(session)을 시작하면 RGui 창 내에 R 콘솔 창이 하나 뜨고 이후에 그래프를 그리면 R 그래픽스 창 역시 RGui 창 내에 생성된다. 스크립트 파일을 열면 R 편집기 창 또한 RGui 창 내에 생성된다. 이와 달리 SDI 모드로 R 세션을 시작하면 RGui 창 없이 R 콘솔 창이 뜨고 이후에 그래프를 그리면 R 그래픽스 창이 별도의 공간에 생성된다. 스크립트를 작성하기 위한 R 편집기 창 역시 별도의 공간에 생성된다.

MDI 모드와 SDI 모드는 각각 나름의 장점을 지니고 있기 때문에 어느 쪽이 더 편리하다고 얘기할 수는 없으나 R 코드를 입력하는 화면과 그래프 출력 화면을 별개의 창에서 독립적으로 다루고 싶다면 SDI 모드가 더 적합하다. 특히 다중 모니터 환경에서 작업을 할 경우

1 여기에서는 윈도우(Windows) 운영체제 환경을 가정한다. 리눅스(Linux)나 맥OS(macOS) 운영체제의 경우는 R 웹사이트를 참고한다. 윈도우 사용자 계정명이 한글이면 여러 가지 문제가 발생한다. 만약 한글이면 영문 사용자 이름으로 관리자 계정을 하나 더 만들어 그 계정으로 R 설치를 진행하는 것이 좋다.

2 R은 자체적으로 RGui라는 사용자 인터페이스 툴을 제공하며, 이를 통해 사용자의 R 환경을 관리할 수 있다.

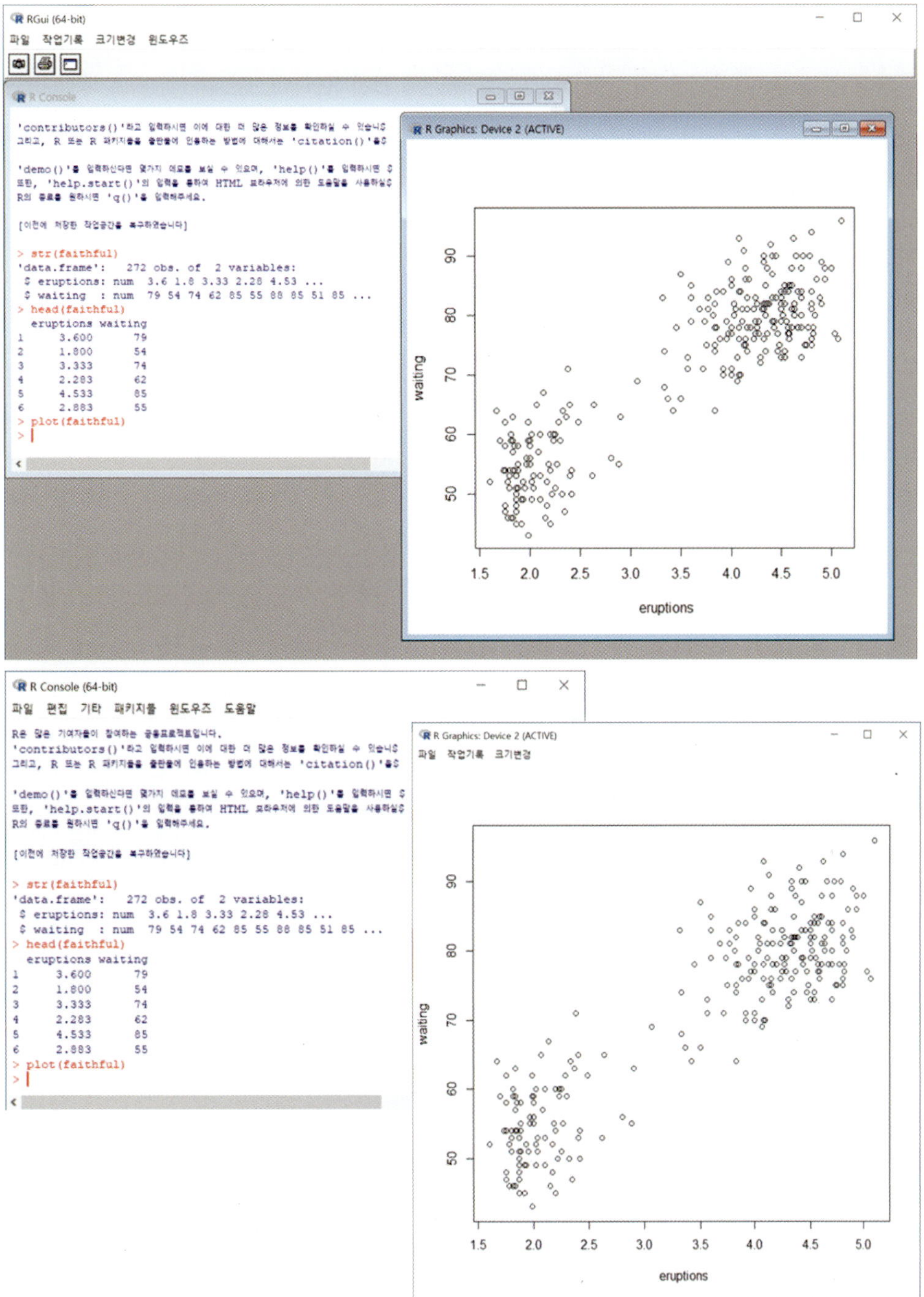

[그림 A-1] MDI(위)와 SDI(아래) 디스플레이 모드. SDI 모드에서는 R 코드 입력 화면과 그래프 출력 화면을 독립된 창에서 다룰 수 있다.

SDI 모드를 활용하면 다중 모니터의 장점을 최대한 활용할 수 있다. R을 설치한 후에는 Rconsole 파일을 수정함으로써 디스플레이 모드를 지정할 수 있다. Rconsole 파일은 R 설치 폴더에 위치해 있다. 설치 시 설치 폴더를 다르게 지정하지 않았으면 C:\Program Files\R\<R-version>\etc 폴더에 위치한다.[3] Rconsole 파일은 텍스트 파일이기 때문에 일반적인 텍스트 파일 편집기(예를 들면, 워드패드)를 이용하여 편집할 수 있다. Rconsole 파일의 Style 부분에서 아래와 같이 MDI=no를 지정하면 이후 실행되는 R 세션은 모두 SDI 디스플레이 모드로 실행된다.[4]

```
## Style
# This can be 'yes' (for MDI) or 'no' (for SDI).
# MDI=yes
MDI=no
```

R 설치 후에 Rprofile.site 파일에 다양한 옵션 사항을 지정함으로써 자신만의 R 사용자 환경을 구성할 수 있다. R을 실행하면 Rprofile.site 파일이 R에 의해서 먼저 구동되고 이 파일 안에 포함된 R 코드가 차례대로 수행된다. 따라서 Rprofile.site 파일에 새로운 코드를 추가하거나 Rprofile.site 파일의 기존 코드를 수정함으로써 사용자가 원하는 작업환경을 구성할 수 있다. Rprofile.site 파일은 R 설치 폴더에 위치해 있다. 설치 시 설치 폴더를 다르게 지정하지 않았으면 C:\Program Files\R\<R-version>\etc 폴더에 위치한다. Rprofile.site 파일은 텍스트 파일이기 때문에 일반적인 텍스트 파일 편집기를 이용하여 편집할 수 있다.[5]

예를 들어, Rprofile.site 파일의 수정을 통해 다음과 같이 R 사용자 환경을 구성해볼 수 있다.[6]

```
options(digits=3)
options(show.signif.stars=FALSE)
options(prompt=">>")
options(continue="++ ")

.libPaths("D:/MyWorkspaceR/myRLibrary")

library(ggplot2)
setwd("D:/MyWorkspaceR")
cat("\nWelcome at ", date(), "\n")
```

3 <R-version>은 사용자가 설치한 R 버전을 나타낸다.

4 #은 주석(comment) 처리를 의미하며 이후 문장은 실행되지 않는다.

5 Rconsole 파일이나 Rprofile.site 파일을 편집하고 저장할 때 액세스가 거부되었다는 메시지가 나올 수 있다. 파일 이름을 오른쪽 마우스 키로 클릭하고 『속성 > 보안』 경로를 따라 들어가서 사용자 계정의 권한을 '모든 권한' 허용으로 변경한다.

6 여기의 Rprofile.site 파일은 하나의 예시일 뿐이다. Rprofile.site 파일은 R 실행에 전반적으로 영향을 미치기 때문에 수정할 때는 주의를 요한다.

앞의 예시 Rprofile.site 파일에는 다음과 같은 실행 명령어가 담겨 있다.

- options() 함수에 R 환경에 전체적으로 적용될 옵션을 지정한다. 여기에서는 유효자릿수를 세 자리로 지정하고(digits=3) 통계적 검정 수행 시 유의수준을 나타내는 별 표시가 나타나지 않게 하며(show.signif.stars=FALSE), 프롬프트를 >>로 변경하고(prompt=">>"), 한 라인을 넘어가는 긴 명령어의 연결 표시를 ++로 지정하였다(continue="++ ").
- .libPaths() 함수는 패키지가 저장되는 위치를 변경한다. 이 함수에 경로를 지정하여 새로 설치되는 패키지의 저장 위치를 변경할 수 있다.
- 그래픽 패키지인 ggplot2를 메모리에 적재하고(library(ggplot2)) 작업 디렉토리(working directory)를 변경한다(setwd("D:/MyWorkspaceR")). 그리고 R을 시작한 시간과 함께 환영 메시지를 출력한다(cat("\nWelcome at ", date(), "\n")).
- Rprofile.site 파일의 수정을 통해 R을 시작할 때마다 사용자의 작업 디렉토리를 원하는 위치로 변경하는 것이 가능하다. R을 설치하고 나면 사용자의 작업 디렉토리는 'C:\Users\<user>\Documents'로 설정되며(<user>는 사용자 계정), 따라서 모든 작업 파일은 이 디렉토리 안에서 관리된다. 이 작업 디렉토리를 사용자가 원하는 폴더로 변경하기 위해서는 Rprofile.site 파일에 작업 디렉토리 변경을 위한 R 명령어를 추가한다. 여기 추가된 setwd("D:/MyWorkspaceR")가 R 세션이 실행될 때마다 자동으로 실행되어 작업 디렉토리를 'D:\MyWorkspaceR'로 변경한다.7

7 R에서 디렉토리 경로를 표시하기 위해서는 \(backslash) 대신에 /(slash)나 \\를 사용한다.

[그림 A-2] RGui의 R 콘솔 화면. 여기에서 R 명령어를 실행한다.

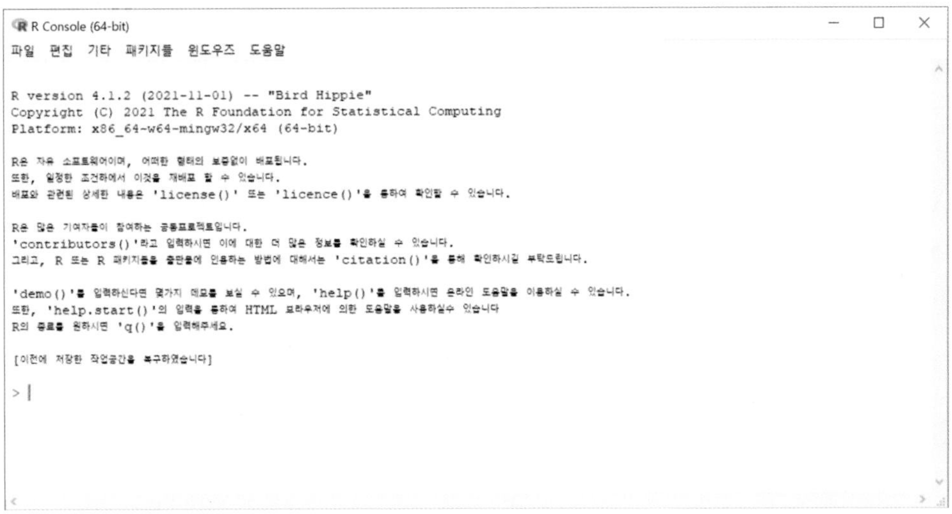

R을 실행하면 [그림 A-2]와 같은 RGui의 R 콘솔 화면이 나타난다.[8] RGui 중 가장 중요한 역할을 하는 R 콘솔은 사용자가 R 명령어를 입력하고 스크립트를 작성하여 R의 기능을 실행하는 환경을 제공한다.

R 콘솔 화면은 설치된 R 버전, 라이선스 조건 등의 R 관련 정보를 우선 보여준다. 그 아래의 >는 R 프롬프트(R prompt)를 의미한다. R 프롬프트는 R 명령어를 입력하는 곳을 나타낸다. R 콘솔에서의 명령어 실행은 기본적으로 대화형 스타일(interactive style)로 실행된다. 즉 명령어를 보내면 R은 그에 응답하고, 다시 다음 명령어를 보내면 R은 다시 그에 대해 응답하고, 이런 방식으로 사용자와 R은 대화 형식으로 원하는 작업을 수행한다.

8 [그림 A-2]의 화면은 SDI 디스플레이 모드의 경우이다. MDI의 경우에는 하나의 RGui 창 안에 R 콘솔 창이 나타난다.

9 만일 입력해야 할 코드의 길이가 길어서 한 줄에 모두 입력되지 않을 경우 다음 줄에 이어서 입력하기 위해서는 Shift + Enter 키를 누른다.

R 콘솔에 간단한 명령어를 입력하여 R을 실행해보자. 다음과 같이 R 콘솔에 입력한 후 엔터 키를 누른다.[9]

```
> 11 + 12 + 13
```

그러면 R은 입력된 명령어를 실행하여 세 개 숫자의 합을 계산한 후 다음과 같이 콘솔에 그 결과를 보여준다.

```
> 11 + 12 + 13
[1] 36
```

세 숫자의 합은 36이다. 36 앞의 [1]은 숫자 36이 출력된 결과 가운데 첫 번째 원소라는 것을 나타낸다. 그런데 사실 이 경우에 있어서 출력된 결과는 오직 36이라는 숫자 하나밖에 없다. R은 벡터 연산(vectorized operation)이라는 방식으로 동시에 여러 값을 계산할 수 있고 그 결과를 벡터 형태로 출력한다. 그렇기 때문에 출력 결과 가운데 몇 번째 결과값인지를 식별하기 위하여 출력 결과가 나타나는 각 행의 첫 번째 결과값 앞에 그 값이 몇 번째 원소인지를 나타내는 식별용 숫자를 부여한다. 다음의 1부터 30까지의 각 숫자에 2를 곱한 값을 계산하도록 한 명령어의 결과를 보면 그 의미는 좀 더 명확해진다. 결과값 54 앞의 [27]은 54가 계산된 출력 결과 가운데 27번째 원소임을 나타낸다.

```
> seq(1:30) * 2
 [1]  2  4  6  8 10 12 14 16 18 20 22 24 26 28 30 32 34 36 38 40 42 44 46 48 50 52
[27] 54 56 58 60
```

R 세션을 끝내기 위해서는 다음과 같이 콘솔에 입력한다.[10]

```
> q()
```

R을 이용한 데이터분석 시 한 번에 하나씩 명령어를 처리하는 대화형 스타일로 작업을 수행하기도 하지만 여러 명령어를 하나의 스크립트 파일로 만들어 일련의 명령어를 한꺼번에 수행하기도 한다. 이처럼 여러 명령어를 하나의 스크립트 파일로 만들어 전체 스크립트를 실행하는 것을 '스크립트를 소싱한다'(sourcing a script)고 한다.[11]

10 콘솔 창을 닫거나 『파일 > 종료』를 선택해도 동일한 명령어가 수행되어 R 세션이 종료된다.

11 전체 스크립트를 실행하는 R 함수의 이름 source()와 연관지어 생각할 수 있다.

화씨 온도를 섭씨 온도로 바꾸는 스크립트를 작성하여 이를 실행해보자. R 콘솔 창에서 『파일 > 새 스크립트』를 선택하여 R 편집기 창을 연 후 [그림 A-3]과 같이 코드를 입력한다.

코드의 첫 번째 라인은 콘솔로부터 사용자의 입력을 받아들이는 부분이다. 사용자로부터 변환할 화씨 온도를 입력 받는다. 두 번째 라인에서는 입력 받은 데이터를 숫자형 데이터로 변환하고 세 번째 라인에서는 이를 이용하여 섭씨 온도를 계산한다. 마지막 라인은 계산된 섭씨 온도를 'Celsius ='라는 문자열과 함께 출력한다. R 편집기 창 상태에서 코드를 실행하기 위해서는 실행하려는 라인 또는 블록을 선택한 후 『편집 > 줄 또는 선택영역 실행』을 선택한다. 또는 Ctrl 키와 R 키를 함께 눌러 실행할 수 있다(Ctrl+R).
스크립트를 모두 입력한 후 『파일 > 다른 이름으로 저장』을 선택하여 입력한 스크립트를 파일로

[그림 A-3] R 편집기 창. 여기에서 R 스크립트를 작성한다.

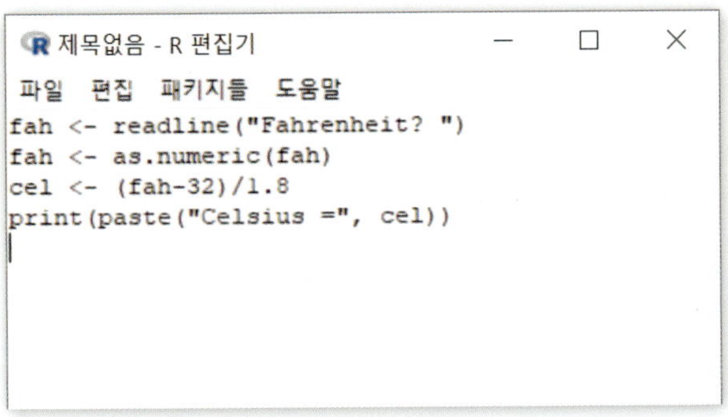

저장할 수 있다. 여기에서는 FahCel.R로 저장해보자. 저장된 스크립트 파일은 두 가지 방법으로 실행할 수 있다. 첫째, R 콘솔 창에서 『파일 > R 코드를 소스』를 선택하고 이어서 나타나는 파일 선택 대화상자에서 실행하려는 스크립트 파일을 선택한다. 둘째, R 콘솔 창에 다음과 같이 스크립트 파일 실행 함수 `source()`를 직접 입력한다. 첫 번째 방법과 두 번째 방법은 사실상 동일하다. 첫 번째 방법을 이용하여 R 콘솔 창의 메뉴를 통해 스크립트 파일을 실행하면 `source()` 함수가 R 콘솔 창에서 실행되는 것을 확인할 수 있다.

```
> source("FahCel.R")
```

스크립트가 실행되면 콘솔 창에 화씨 온도의 입력을 기다리는 메시지가 출력되고 화씨 온도를 입력하면 나머지 코드가 실행되면서 주어진 화씨 온도에 해당하는 섭씨 온도가 출력되며 실행이 종료된다.

한글 버전으로 설치된 R은 R 환경의 많은 부분이 한글화되어 있다. 그런데 이런 한글화가 어떤 때는 불편을 초래한다. 예를 들어, 패키지나 데이터셋에 포함된 설명 파일의 내용이 일부 깨진 채로 출력되기도 한다. 그리고 R 실행 후 에러가 발생했을 때 한글로 된 메시지가 출력되기도 한다. 이때 간혹 한글화된 번역이 매끄럽지 못하거나 번역된 전문용어 때문에 메시지를 정확히 이해하기 힘들 때도 있다. 한글화된 메시지를 영어 그대로 출력하기 위해서는 시스템의 로케일(locale) 설정을 변경해야 한다. 로케일은 언어, 화폐, 숫자, 날짜 등에 대한 로컬 사용 환경을 설정한 환경변수를 의미한다.

[그림 A-4] R 콘솔에서 스크립트 실행하기. `source()` 함수는 R 스크립트를 실행한다.

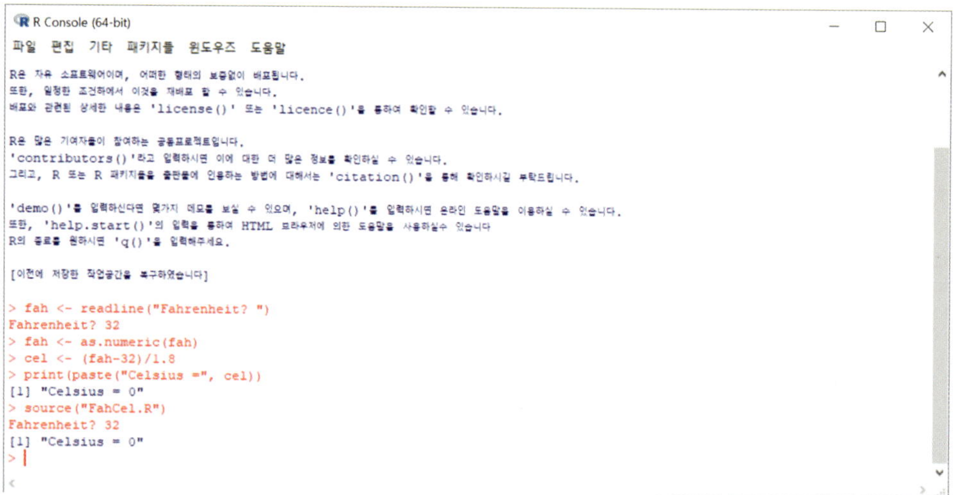

R은 설치 시 운영체제의 정보를 바탕으로 로케일을 설정한다. 현재의 로케일 설정 내용을 보려면 다음과 같이 Sys.getlocale() 함수를 이용한다.

```
> Sys.getlocale()
[1] "LC_COLLATE=Korean_Korea.949;LC_CTYPE=Korean_Korea.949;LC_MONETARY=Korean_Korea.
949;LC_NUMERIC=C;LC_TIME=Korean_Korea.949"
```

한글 운영체제에 등록된 한국 지역 및 언어의 로케일이 설정되어 있다. 영문 로케일로 변경하기 위해서는 다음과 같이 Sys.setlocale() 함수를 이용하여 북미 표준형식의 로케일로 설정한다.

```
> Sys.setlocale("LC_ALL", "English_United States.1252")
[1] "LC_COLLATE=English_United States.1252;LC_CTYPE=English_United States.1252;
LC_MONETARY=English_United States.1252;LC_NUMERIC=C;LC_TIME=English_United States.1252"
```

원래의 로케일로 돌아가기 위해서는 다음과 같이 인수 없이 Sys.setlocale() 함수를 실행한다.

```
> Sys.setlocale()
[1] "LC_COLLATE=Korean_Korea.949;LC_CTYPE=Korean_Korea.949;LC_MONETARY=Korean_Korea.
949;LC_NUMERIC=C;LC_TIME=Korean_Korea.949"
```

Appendix B | RStudio 설치 및 사용

R은 R 프로그램에 내장된 RGui 이외에 다른 코드 편집기를 이용할 수 있도록 허용한다. 여기에서는 R 코드 편집기로서의 기능뿐만 아니라 R을 위한 통합개발환경을 제공하는 RStudio를 소개한다. RStudio를 설치하기 위해서는 RStudio 홈페이지(https://www.rstudio.com)를 방문한 후 다운로드 링크를 클릭한다. 이어서 RStudio 데스크톱(RStudio desktop)의 다운로드 링크를 클릭하여 자신의 운영체제에 해당하는 설치 파일을 내려받는다. 내려받은 설치 파일을 더블클릭하여 실행한 후 단계별 지시에 따라 설치한다.[12]

RStudio를 실행한 후 『File > New File > R Script』를 선택한다. 그러면 [그림 B-1]과 같은 네 개의 작업 영역을 갖는 RStudio 화면이 나타난다. RStudio의 네 개의 작업 영역은 왼쪽 상단부터 시계방향으로 Source, Environment/History/Connections/Tutorial, File/Plots/Packages/Help/Viewer, Console/Terminal/Jobs를 나타낸다.

- Source: 이 영역은 스크립트(script)를 작성하는 텍스트 편집기이다. 여기에서 코드를 입력하고, 스크립트 파일을 저장하고, 스크립트를 실행할 수 있다. 일반적인 텍스트 편집기와 유사하지만 R 명령어의 요소별로 다른 색을 사용하거나(함수, 문자, 숫자 등을 서로 다른 색으로 나타냄) 대응되는 괄호를 표시함으로써 사용자가 실수 없이 코드를 입력하도록 도와준다. 여기에서 작성된 코드는 Console 영역으로 보내서 실행할 수 있다. 코드를 실행하기 위해서는 실행하려는 라인을 클릭한 후 Ctrl+Enter 키를 누르거나 Run 버튼을 클릭한다. 또는 실행하려는 블록을 선택한 후 Ctrl+Enter 키를 누르거나 Run 버튼을 클릭한다.
- Environment/History/Connections/Tutorial: Environment 영역에서는 생성한 변수와 그 변수가 갖는 값, 그리고 생성한 함수를 확인할 수 있다. History 영역에서는 지금까지 실행한 R 코드의 기록을 볼 수 있다. Connections 영역은 데이터베이스

12 여기에서는 윈도우(Windows) 운영체제 환경을 가정한다. 리눅스(Linux)나 맥OS(macOS) 운영체제의 경우는 RStudio 홈페이지를 참고한다.

연결을 지원한다. Tutorial 영역은 RStudio에 대한 튜토리얼을 제공한다.

- **File/Plots/Packages/Help/Viewer**: 이 영역에서는 파일과 폴더를 탐색할 수 있으며, 그래픽이 출력되고, 설치된 패키지를 확인할 수 있으며, 도움말이 출력된다.
- **Console/Terminal/Jobs**: Console 영역에는 Source 영역에서 실행된 결과가 출력된다.[13] 이 영역은 RGui의 R 콘솔과 동일한 역할을 한다. 대화형 스타일(interactive style)로 R 코드를 실행할 수 있다. Terminal 영역은 시스템 쉘(system shell)에 접근할 수 있는 터미널 기능을 제공한다. Jobs 영역에서는 백그라운드에서 실행 중인 작업을 확인할 수 있다.

13 Console은 기본적으로 Source 영역 아래, 즉 왼쪽에 위치한다. 『View > Panes > Console on Left』 또는 『View > Panes > Console on Right』 메뉴를 이용하여 Console의 위치를 왼쪽 또는 오른쪽으로 조정할 수 있다.

RStudio에서 여러 명령어를 하나의 스크립트 파일로 만들어 전체 스크립트를 실행하는 스크립트 소싱 방법을 살펴보자. 다음과 같은 화씨/섭씨 온도 변환 스크립트를 RStudio의 Source 창에 입력한다.

[그림 B-1] RStudio 화면. 네 개의 작업 영역이 있다.

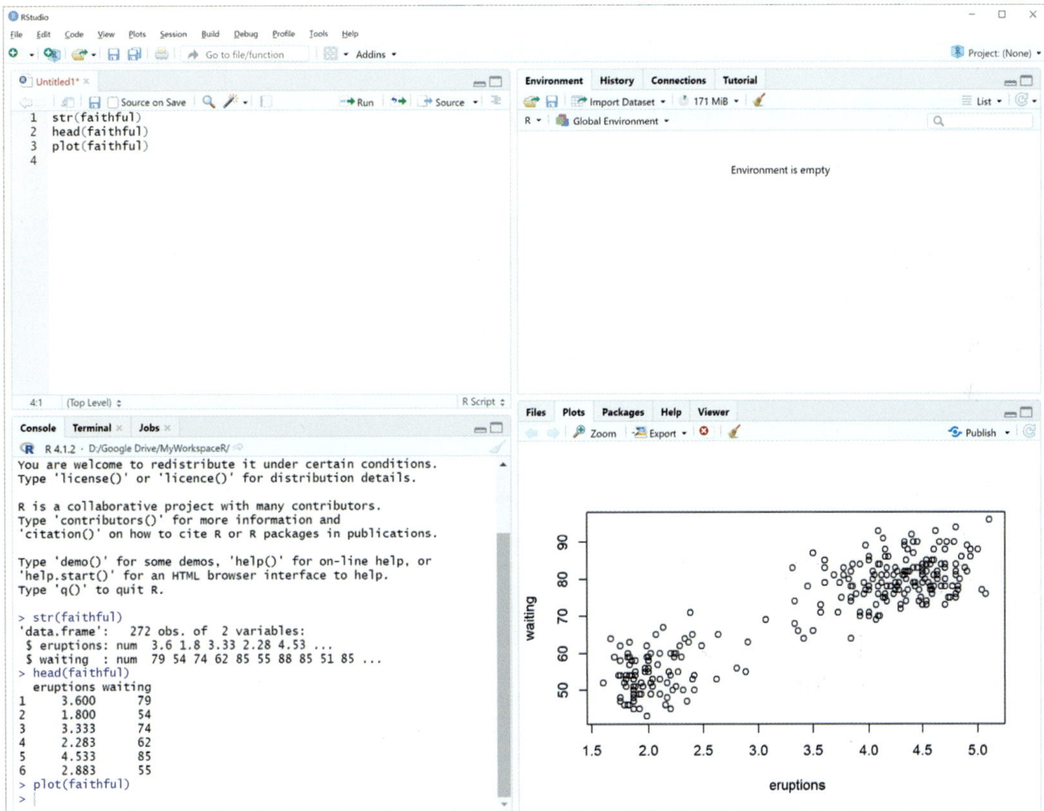

```
fah <- readline("Fahrenheit? ")
fah <- as.numeric(fah)
cel <- (fah-32)/1.8
print(paste("Celsius =", cel))
```

스크립트를 모두 입력한 후 RStudio에서 스크립트를 실행하기 위해서는 좌측 상단의 Source 영역 화면에서 Source 버튼을 클릭하거나 『Code > Source』를 선택한다.14 스크립트가 실행되면 Console 화면 영역에 화씨 온도의 입력을 기다리는 메시지가 출력되고 화씨 온도를 입력하면 나머지 코드가 실행되면서 주어진 화씨 온도에 해당하는 섭씨 온도가 출력되며 실행이 종료된다. 이때 우측 상단의 Environment 영역에는 스크립트 실행 중 생성된 변수 및 변수값이 나타난다.

14 Ctrl+Shift+S 키를 입력해도 스크립트를 실행할 수 있다.

스크립트를 모두 입력한 후 『File > Save As』를 선택하여 입력한 스크립트를 파일로 저장한다(확장자는 '.R'을 사용한다). 여기에서는 FahCel.R로 저장해보자. 저장된 스크립트 파일은 두 가지 방법으로 실행할 수 있다. 첫째, 『File > Open File』을 선택하여 저장된 스크립트 파일을 Source 창으로 불러들인다.

[그림 B-2] RStudio에서 스크립트 실행하기. 실행된 결과는 Console 화면에 나타난다.

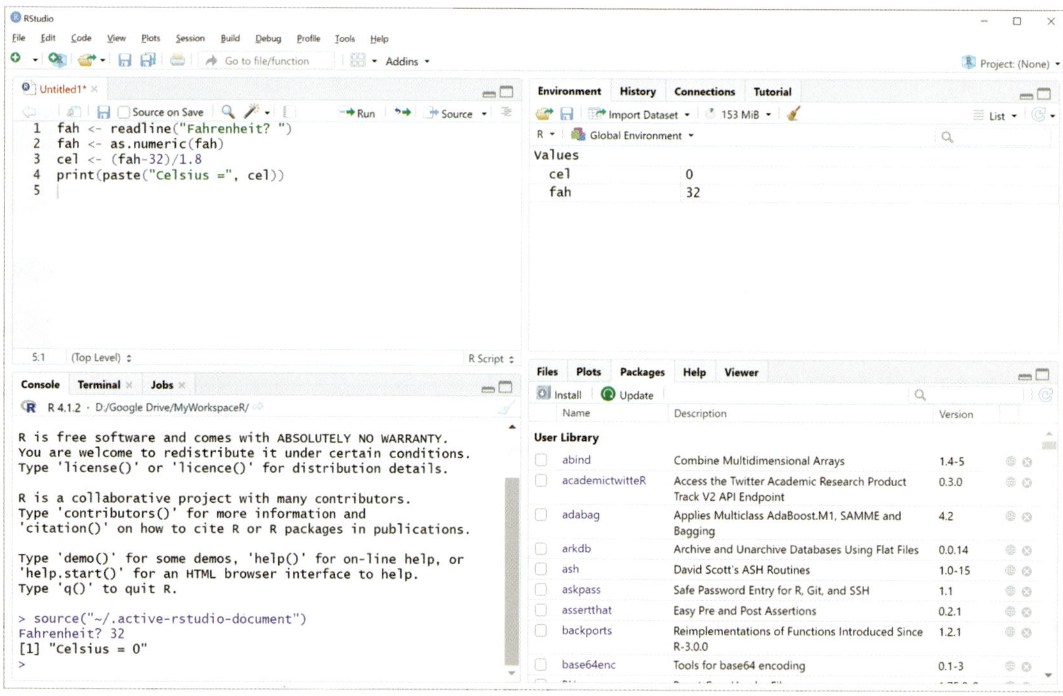

Source 영역 화면에서 Source 버튼을 클릭하거나 『Code > Source』를 선택한다. 둘째, Source 영역이나 Console 영역에서 다음과 같이 스크립트 파일 실행 함수 source()를 직접 입력한다.

```
> source("FahCel.R")
```

RStudio의 단축키를 사용하면 R 프로그래밍을 할 때 실수 없이 보다 빠르게 코딩할 수 있다. RStudio는 유용한 많은 단축키를 제공한다. 사용할 수 있는 단축키는 RStudio 상단의 메뉴 『Tools > Keyboard Shortcuts Help』에서 볼 수 있다. 또는 Alt + Shift + K 키를 입력하면 단축키 목록이 화면에 출력된다. 여기에서는 그 가운데 유용한 단축키 몇 개를 소개한다.

▶ 명령어 실행: Ctrl + Enter 또는 Alt + Enter
- Ctrl + Enter 키는 현재 라인을 실행하고 다음 라인으로 이동한다. 실행 후 다음 라인으로 이동하지 않기 위해서는 마우스로 드래그하여 실행할 부분을 선택한 후 Ctrl + Enter 키를 입력한다.
- Alt + Enter 키는 선택 과정 없이 실행해도 다음 라인으로 이동하지 않는다. 현재 라인의 명령어를 반복 실행할 때 유용하다.

▶ 할당 연산자(<-) 삽입: Alt + -

▶ 파이프 연산자(%>%) 삽입: Ctrl + Shift + M

▶ 주석 라인(#) 만들기 및 취소: Ctrl + Shift + C

▶ 라인 삭제: Ctrl + D

▶ 라인 이동: Alt + Up Arrow / Down Arrow

▶ 콘솔 화면 지우기: Ctrl + L

▶ R 새로 시작: Ctrl + Shift + F10

Appendix C | 연습문제 풀이

Chapter 01 R 개요

1-1 demo(graphics) 이외에 demo(image), demo(persp) 등을 통해서 그래프 데모를 볼 수 있다. 인수없이 demo()를 실행하면 R에서 제공하는 다른 종류의 데모를 살펴볼 수 있다.

1-2 example("Titanic")을 실행하면 모자이크도표(mosaic plot)를 비롯한 간단한 분석 예제를 볼 수 있다.

1-3 fortunes 패키지에는 R과 관련된 재미있고 때로는 유익한 문구나 코멘트가 담겨 있다. fortune() 함수에 레코드 번호나 키워드를 인수로 제공하여 해당하는 문구를 출력할 수 있다. 인수없이 실행하면 무작위로 문구를 보여준다.

```
> install.packages("fortunes")
> library(fortunes)
> ?fortune

> fortune(343)

Sooner or later most R beginners are bitten by this all too convenient shortcut. As
an R newbie, think of R as your bank account: overuse of $-extraction can lead to
undesirable consequences. It's best to acquire the '[[' and '[' habit early.
   -- Peter Ehlers (about the use of $-extraction)
      R-help (March 2013)

> fortune()

2-D pie charts are terrible. That makes 3-D pie charts terrible to the 3/2 power.
   -- Frank Harrell
      R-help (April 2006)
```

```
> fortune()

Well..... SAS is SAS, but R is FREE...
   -- Abhishek Rathore (in a discussion about R vs. SAS)
      LinkedIn Group Stat-Math Statistics (July 2011)

> fortune()

Most optimization problems have more than one answer, and the "wrong" ones often
seem to be easier to find.
   -- John C. Nash (about nonlinear optimization problems)
      R-help (April 2013)
```

Chapter 02 벡터

2-1

```
> 1:10
 [1]  1  2  3  4  5  6  7  8  9 10
> 10:1
 [1] 10  9  8  7  6  5  4  3  2  1
> c(1:10, 9:1)
 [1]  1  2  3  4  5  6  7  8  9 10  9  8  7  6  5  4  3  2  1
```

2-2

```
> seq(0, 1, 0.1)
 [1] 0.0 0.1 0.2 0.3 0.4 0.5 0.6 0.7 0.8 0.9 1.0
> seq(0, 1, length.out=10)
 [1] 0.0000000 0.1111111 0.2222222 0.3333333 0.4444444 0.5555556 0.6666667 0.7777778
 [9] 0.8888889 1.0000000
```

2-3

```
> x <- 1:10
> y <- 3:1
```

(a)

```
> names(x) <- letters[x]
> x
 a  b  c  d  e  f  g  h  i  j
 1  2  3  4  5  6  7  8  9 10
```

(b)

```
> x + y
 a  b  c  d  e  f  g  h  i  j
 4  4  4  7  7  7 10 10 10 13
```

2-4
```
> pi
[1] 3.141593
> signif(pi, digits=3)
[1] 3.14
> round(pi)
[1] 3
> round(pi, digits=3)
[1] 3.142
> ceiling(pi)
[1] 4
> trunc(pi)
[1] 3
```

2-5
```
> heights <- c(179, 161, 165, 185, 158)
> weights <- c(75, 72, 60, 100, 65)
```

(a)
```
> bmi <- weights/(heights*0.01)^2
> bmi
[1] 23.40751 27.77671 22.03857 29.21841 26.03749
```

(b)
```
> weights[bmi > 25]
[1]  72 100  65
```

2-6
```
> vec <- c(2,5,3)
> vec
[1] 2 5 3
> rep(vec, 5)
 [1] 2 5 3 2 5 3 2 5 3 2 5 3 2 5 3
> rep(vec, length.out=10)
 [1] 2 5 3 2 5 3 2 5 3 2
> rep(vec, times=c(2,5,3))
 [1] 2 2 5 5 5 5 5 3 3 3
```

2-7
```
> c(TRUE, TRUE, FALSE, FALSE) & c(TRUE, FALSE, TRUE, FALSE)
[1]  TRUE FALSE FALSE FALSE
> c(TRUE, TRUE, FALSE, FALSE) | c(TRUE, FALSE, TRUE, FALSE)
[1]  TRUE  TRUE  TRUE FALSE
> c(TRUE, TRUE, FALSE, FALSE) + 1:4
[1] 2 3 3 4
```

2-8
```
> sum(1:100 %% 7 == 0)
[1] 14
```

2-9
```
> rep(c("a", "b", "c"), 3)
[1] "a" "b" "c" "a" "b" "c" "a" "b" "c"
> rep(c(1,3,5), c(1,3,5))
[1] 1 3 3 3 5 5 5 5 5
> rep(0:2, rep(2,3))
[1] 0 0 1 1 2 2
> rep(seq(1,3), times=3) + rep(0:2, each=3)
[1] 1 2 3 2 3 4 3 4 5
```

2-10
```
> none.true <- c(FALSE, FALSE, FALSE)
> some.true <- c(FALSE, TRUE, FALSE)
> all.true <- c(TRUE, TRUE, TRUE)
> true.missing <- c(TRUE, TRUE, NA)
> false.missing <- c(NA, FALSE, NA)
> mixed <- c(TRUE, FALSE, NA)

> any(none.true)
[1] FALSE
> any(some.true)
[1] TRUE
> any(all.true)
[1] TRUE
> any(true.missing)
[1] TRUE
> any(false.missing)
[1] NA
> any(mixed)
[1] TRUE

> all(none.true)
[1] FALSE
> all(some.true)
[1] FALSE
> all(all.true)
[1] TRUE
> all(true.missing)
[1] NA
> all(false.missing)
[1] FALSE
```

```
> all(mixed)
[1] FALSE
```

2-11

```
> x <- 1:10
> z <- (x - mean(x))/sd(x)
> z
 [1] -1.4863011 -1.1560120 -0.8257228 -0.4954337 -0.1651446  0.1651446  0.4954337
 [8]  0.8257228  1.1560120  1.4863011
> mean(z)
[1] 0
> sd(z)
[1] 1
```

2-12

```
> exam1 <- c(9,4,7,9)
> exam2 <- c(10,5,8,7)
> exam3 <- c(8,3,6,9)

> pmax(exam1, exam2, exam3)
[1] 10  5  8  9
```

2-13

```
> dice <- c(3, 2, 5, 1, 5, 6, 5)
> possible.dice <- c(1, 2, 3, 4, 5, 6)
> labels.dice <- c("one", "two", "three", "four", "five", "six")
> dice.f <- factor(dice, levels=possible.dice, labels=labels.dice)
> dice.f
[1] three two   five  one   five  six   five
Levels: one two three four five six
> table(dice.f)
dice.f
  one   two three  four  five   six
    1     1     1     0     3     1
```

2-14

```
> grade <- factor(c("A", "B", "C", "D", "F"))
> grade
[1] A B C D F
Levels: A B C D F
> count <- c(11, 25, 30, 5, 2)
```

(a)

```
> library(forcats)
> fct_relevel(grade, "F")
[1] A B C D F
Levels: F A B C D
```

(b)

```
> fct_reorder(grade, count, .desc=TRUE)
[1] A B C D F
Levels: C B A D F
```

Chapter 03 행렬

3-1

```
> mtx <- matrix(1:12, nrow=3, ncol=4)
> dimnames(mtx) <- list(letters[1:3], letters[1:4])
> mtx
  a b c  d
a 1 4 7 10
b 2 5 8 11
c 3 6 9 12
```

다음 코드도 동일하다.

```
> mtx <- matrix(1:12, nrow=3, ncol=4, dimnames=list(letters[1:3], letters[1:4]))
```

3-2

```
> mtx.c <- cbind(mtx[,c(1,3)], mtx[,c(2,4)])
> mtx.c
  a c b  d
a 1 7 4 10
b 2 8 5 11
c 3 9 6 12
```

3-3

```
> mtx
  a b c  d
a 1 4 7 10
b 2 5 8 11
c 3 6 9 12
> mtx.c
  a c b  d
a 1 7 4 10
b 2 8 5 11
c 3 9 6 12
```

```
> 3 * mtx
  a  b  c  d
a 3 12 21 30
b 6 15 24 33
c 9 18 27 36
> mtx + 3
  a b  c  d
a 4 7 10 13
b 5 8 11 14
c 6 9 12 15
> mtx + mtx.c
  a  b  c  d
a 2 11 11 20
b 4 13 13 22
c 6 15 15 24
> mtx - mtx.c
  a  b c d
a 0 -3 3 0
b 0 -3 3 0
c 0 -3 3 0
> mtx * mtx.c
  a  b  c   d
a 1 28 28 100
b 4 40 40 121
c 9 54 54 144
> mtx / mtx.c
  a         b    c d
a 1 0.5714286 1.75 1
b 1 0.6250000 1.60 1
c 1 0.6666667 1.50 1
> mtx %*% mtx.c #Incorrect
Error in mtx %*% mtx.c non-conformable arguments
```

3-4

```
> matrix(1:4, nrow=2)^(1:4)
     [,1] [,2]
[1,]    1   27
[2,]    4  256
```

3-5

```
> x <- 1:10
> mtx <- cbind(x1=x, x2=x*2, x3=x*3, x4=x*4, x5=x*5)
> rownames(mtx) <- letters[1:10]
```

```
> mtx
  x1 x2 x3 x4 x5
a  1  2  3  4  5
b  2  4  6  8 10
c  3  6  9 12 15
d  4  8 12 16 20
e  5 10 15 20 25
f  6 12 18 24 30
g  7 14 21 28 35
h  8 16 24 32 40
i  9 18 27 36 45
j 10 20 30 40 50
> sum(mtx["h",])
[1] 120
```

3-6

```
> v <- 1:9999
> mtx <- matrix(v, ncol=9)
> mtx.sub <- mtx[(dim(mtx)[1]-2):dim(mtx)[1], (dim(mtx)[2]-1):dim(mtx)[2]]
> mtx.sub
     [,1] [,2]
[1,] 8886 9997
[2,] 8887 9998
[3,] 8888 9999
```

3-7

```
> x <- c(1:3)
> y <- x^2
> z <- letters[1:3]
> mtx <- cbind(x, y, z)
> is.numeric(mtx[,1])
[1] FALSE
> is.numeric(mtx[,2])
[1] FALSE
> is.character(mtx[,3])
[1] TRUE
> mtx
     x   y   z
[1,] "1" "1" "a"
[2,] "2" "4" "b"
[3,] "3" "9" "c"
```

3-8

```
> mtx <- matrix(1:12, nrow=3)
> mtx
     [,1] [,2] [,3] [,4]
[1,]    1    4    7   10
[2,]    2    5    8   11
[3,]    3    6    9   12

> t(t(mtx))
     [,1] [,2] [,3] [,4]
[1,]    1    4    7   10
[2,]    2    5    8   11
[3,]    3    6    9   12
> mtx %*% matrix(1, ncol(mtx)) # Not the same
     [,1]
[1,]   22
[2,]   26
[3,]   30
> mtx * 1
     [,1] [,2] [,3] [,4]
[1,]    1    4    7   10
[2,]    2    5    8   11
[3,]    3    6    9   12
> mtx %*% diag(ncol(mtx))
     [,1] [,2] [,3] [,4]
[1,]    1    4    7   10
[2,]    2    5    8   11
[3,]    3    6    9   12
```

3-9

```
> mtx <- matrix(1:10000, 1000)
> mtx[777, 3]
[1] 2777
```

3-10 (a)

```
> probs <- c(0.43,0.04,0.01,0.49,0.72,0.52,0.08,0.24,0.47)
> class.trans <- matrix(probs, nrow=3)
> class.trans
     [,1] [,2] [,3]
[1,] 0.43 0.49 0.08
[2,] 0.04 0.72 0.24
[3,] 0.01 0.52 0.47

> rownames(class.trans) <- c("lower", "middle", "upper")
```

```
> colnames(class.trans) <- c("lower", "middle", "upper")
> class.trans
        lower  middle  upper
lower    0.43    0.49   0.08
middle   0.04    0.72   0.24
upper    0.01    0.52   0.47
```

(b)

```
> rowSums(class.trans)
 lower middle  upper
     1      1      1
```

(c)

```
> class.trans2 <- class.trans %*% class.trans
> class.trans2
         lower  middle   upper
lower   0.2053  0.6051  0.1896
middle  0.0484  0.6628  0.2888
upper   0.0298  0.6237  0.3465
```

(d)

```
> class.trans2[, "upper"]
 lower middle  upper
0.1896 0.2888 0.3465
```

Chapter 04 리스트

4-1

```
> lst1 <- list(list(alpha=pi, beta=sqrt(pi)), gamma=letters, delta=NULL)
> lst2 <- list(alpha=pi, beta=sqrt(pi), gamma=letters, delta=NULL)

> length(lst1)
[1] 3
> length(lst2)
[1] 4
```

4-2

```
> lst <- list(c(3,5,7), c("A", "B", "C"))
> lst
[[1]]
[1] 3 5 7
```

```
[[2]]
[1] "A" "B" "C"

> lst[[2]][1] <- "Alpha"
> lst
[[1]]
[1] 3 5 7

[[2]]
[1] "Alpha" "B"     "C"
```

4-3
```
> lst <- list(math=list(95, 90), writing=list(90, 85), reading=list(85, 80))
> lst
$math
$math[[1]]
[1] 95

$math[[2]]
[1] 90


$writing
$writing[[1]]
[1] 90

$writing[[2]]
[1] 85


$reading
$reading[[1]]
[1] 85

$reading[[2]]
[1] 80

> mean(unlist(lst))
[1] 87.5
```

4-4
```
> lst <- list(alpha=0:4, beta=sqrt(1:5), gamma=log(1:5))
> lst$alpha <- lst$alpha + 1
> lst
$alpha
[1] 1 2 3 4 5

$beta
[1] 1.000000 1.414214 1.732051 2.000000 2.236068

$gamma
[1] 0.0000000 0.6931472 1.0986123 1.3862944 1.6094379
```

4-5
```
> lst <- list(L=letters[1:5], M=month.name[1:5])
> lst
$L
[1] "a" "b" "c" "d" "e"

$M
[1] "January"  "February" "March"    "April"    "May"

> lst$M[-3]
[1] "January"  "February" "April"    "May"
```

4-6
```
> lst <- list(month.name, month.abb)
```

(a)
```
> names(lst) <- c("mon.name", "mon.abb")
> lst
$mon.name
 [1] "January"   "February"  "March"     "April"     "May"       "June"
 [7] "July"      "August"    "September" "October"   "November"  "December"

$mon.abb
 [1] "Jan" "Feb" "Mar" "Apr" "May" "Jun" "Jul" "Aug" "Sep" "Oct" "Nov" "Dec"
```

(b)
```
> length(lst$mon.name) + length(lst$mon.abb)
[1] 24
```

(c)

```
> lst$mon.num <- 1:12
> lst
$mon.name
 [1] "January"   "February"  "March"     "April"     "May"       "June"
 [7] "July"      "August"    "September" "October"   "November"  "December"

$mon.abb
 [1] "Jan" "Feb" "Mar" "Apr" "May" "Jun" "Jul" "Aug" "Sep" "Oct" "Nov" "Dec"

$mon.num
 [1]  1  2  3  4  5  6  7  8  9 10 11 12
```

4-7

```
> lst1 <- list("X", "Y", "Z", "x", "y", "z")
> lst2 <- list("x", "y", "z")

> setdiff(lst1, lst2)
[[1]]
[1] "X"

[[2]]
[1] "Y"

[[3]]
[1] "Z"
```

4-8

```
> lst <- c(list(a=1, b=2), pi)
> lst
$a
[1] 1

$b
[1] 2

[[3]]
[1] 3.141593

> lst[[3]]
[1] 3.141593
```

4-9
```
> lst <- list(first=1, second=2, third=list(third.one=3.1, third.two=3.2))
> lst
$first
[1] 1

$second
[1] 2

$third
$third$third.one
[1] 3.1

$third$third.two
[1] 3.2
```

(a)

```
> lst[1:2]
$first
[1] 1

$second
[1] 2

> lst[-3]
$first
[1] 1

$second
[1] 2

> lst[c("first", "second")]
$first
[1] 1

$second
[1] 2

> lst[c(TRUE, TRUE, FALSE)]
$first
[1] 1

$second
[1] 2
```

```
> lst[1,2] # Different
Error in lst[1, 2] : incorrect number of dimensions
```

(b)

```
> lst$second
[1] 2
> lst$s
[1] 2
> lst[[2]]
[1] 2
> lst[["second"]]
[1] 2
> lst[["s"]] # Different
NULL
```

(c)

```
> lst[["third"]][["third.one"]]
[1] 3.1
> lst[[c("third", "third.one")]]
[1] 3.1
> lst[["third"]]$third.one
[1] 3.1
> lst[[3]][[1]]
[1] 3.1
> lst[[3]]["third.one"] # Different
$third.one
[1] 3.1
```

4-10

```
> lst <- list("Apple", NULL, "Orange")
> lst
[[1]]
[1] "Apple"

[[2]]
NULL

[[3]]
[1] "Orange"

> lst[sapply(lst, is.null)] <- NULL
> lst
[[1]]
[1] "Apple"
```

```
[[2]]
[1] "Orange"
```

sapply() 함수는 어떤 함수를 일련의 데이터 원소들에 반복적으로 적용하려고 할 때 유용하다. 첫 번째 인수에는 함수에 적용할 벡터(또는 리스트)를 지정한다. 두 번째 인수에는 함수를 지정한다. 벡터 내의 모든 원소에 대해 지정된 함수가 반복적으로 적용된다. sapply() 함수에 대해서는 '제9장 데이터 전처리'의 '9.8 반복 적용'을 참고한다.

4-11
```
> lst <- list(-2.4, 0.4, 5.7, 12.5, 17.8, 22.2,
+              24.9, 25.7, 21.2, 14.8, 7.2, 0.4)
> names(lst) <- month.abb
> lst
$Jan
[1] -2.4

$Feb
[1] 0.4

$Mar
[1] 5.7

$Apr
[1] 12.5

$May
[1] 17.8

$Jun
[1] 22.2

$Jul
[1] 24.9

$Aug
[1] 25.7

$Sep
[1] 21.2

$Oct
[1] 14.8
```

```
$Nov
[1] 7.2

$Dec
[1] 0.4
```

(a)

```
> lst[lst < 0]
$Jan
[1] -2.4
```

(b)

```
> lst[lst < mean(unlist(lst))]
$Jan
[1] -2.4

$Feb
[1] 0.4

$Mar
[1] 5.7

$Apr
[1] 12.5

$Nov
[1] 7.2

$Dec
[1] 0.4
```

(c)

```
> lst[lst < mean(unlist(lst))] <- NULL
> lst
$May
[1] 17.8

$Jun
[1] 22.2

$Jul
[1] 24.9
```

```
$Aug
[1] 25.7

$Sep
[1] 21.2

$Oct
[1] 14.8
```

Chapter 05 데이터프레임

5-1
```
> lst <- list(1:12)
> mtx <- matrix(1:12, nrow=4)
> df <- data.frame(x=1:4, y=5:8, z=9:12)

> length(lst)
[1] 1
> length(mtx)
[1] 12
> length(df)
[1] 3
```

5-2
```
> str(mtcars)
'data.frame':	32 obs. of  11 variables:
 $ mpg : num  21 21 22.8 21.4 18.7 18.1 14.3 24.4 22.8 19.2 ...
 $ cyl : num  6 6 4 6 8 6 8 4 4 6 ...
 $ disp: num  160 160 108 258 360 ...
 $ hp  : num  110 110 93 110 175 105 245 62 95 123 ...
 $ drat: num  3.9 3.9 3.85 3.08 3.15 2.76 3.21 3.69 3.92 3.92 ...
 $ wt  : num  2.62 2.88 2.32 3.21 3.44 ...
 $ qsec: num  16.5 17 18.6 19.4 17 ...
 $ vs  : num  0 0 1 1 0 1 0 1 1 1 ...
 $ am  : num  1 1 1 0 0 0 0 0 0 0 ...
 $ gear: num  4 4 4 3 3 3 3 4 4 4 ...
 $ carb: num  4 4 1 1 2 1 4 2 2 4 ...
> mtcars[1:4]
                   mpg cyl  disp  hp
Mazda RX4         21.0   6 160.0 110
Mazda RX4 Wag     21.0   6 160.0 110
Datsun 710        22.8   4 108.0  93
```

```
…(중략)
Ferrari Dino        19.7    6  145.0  175
Maserati Bora       15.0    8  301.0  335
Volvo 142E          21.4    4  121.0  109
> mtcars[,1:4]
> mtcars[-c(5,6,7,8,9,10,11)]
> mtcars[c("mpg", "cyl", "disp", "hp")]
> mtcars[-5:11] # Incorrect
Error in `[.default`(mtcars, -5:11):
  only 0's may be mixed with negative subscripts
```

5-3
```
> name <- c("Potter", "Elsa", "Gates", "Wendy", "Ben")
> sex <- factor(c("F", "M", "F", "M", "F"))
> math <- c(85, 76, 99, 88, 67)

> df <- data.frame(name, sex, math)
> df
    name sex  math
1 Potter   F    85
2   Elsa   M    76
3  Gates   F    99
4  Wendy   M    88
5    Ben   F    67

> levels(df$sex)
[1] "F" "M"
> levels(df$sex) <- c("M", "F")
> df
    name sex  math
1 Potter   M    85
2   Elsa   F    76
3  Gates   M    99
4  Wendy   F    88
5    Ben   M    67
> str(df)
'data.frame':      5 obs. of  3 variables:
 $ name: chr  "Potter" "Elsa" "Gates" "Wendy" ...
 $ sex : Factor w/ 2 levels "M","F": 1 2 1 2 1
 $ math: num  85 76 99 88 67
```

5-4 (a)

```
> stat <- c(76, 73, 95, 82, 55)
> df <- cbind(df, stat)
```

(b)

```
> df$score <- with(df, round((math + stat)/2, 1))
> df
    name sex math stat score
1 Potter   M   85   76  80.5
2   Elsa   F   76   73  74.5
3  Gates   M   99   95  97.0
4  Wendy   F   88   82  85.0
5    Ben   M   67   55  61.0
```

(c)

```
> df$grade[df$score >= 90] <- "A"
> df$grade[df$score >= 80 & df$score < 90] <- "B"
> df$grade[df$score >= 70 & df$score < 80] <- "C"
> df$grade[df$score < 70] <- "D"
```

(d)

```
> df$grade <- factor(df$grade, levels=c("A", "B", "C", "D"), ordered=TRUE)
> df
    name sex math stat score grade
1 Potter   M   85   76  80.5     B
2   Elsa   F   76   73  74.5     C
3  Gates   M   99   95  97.0     A
4  Wendy   F   88   82  85.0     B
5    Ben   M   67   55  61.0     D
> str(df)
'data.frame':	5 obs. of  6 variables:
 $ name : chr  "Potter" "Elsa" "Gates" "Wendy" ...
 $ sex  : Factor w/ 2 levels "M","F": 1 2 1 2 1
 $ math : num  85 76 99 88 67
 $ stat : num  76 73 95 82 55
 $ score: num  80.5 74.5 97 85 61
 $ grade: Ord.factor w/ 4 levels "A"<"B"<"C"<"D": 2 3 1 2 4
```

5-5

```
> x <- 1:5
> y <- 3
> z <- x^2 + y
```

```
> tibble(x, y, z)
# A tibble: 5 x 3
      x     y     z
  <int> <dbl> <dbl>
1     1     3     4
2     2     3     7
3     3     3    12
4     4     3    19
5     5     3    28
```

5-6 (a)

```
> str(iris)
'data.frame':	150 obs. of  5 variables:
 $ Sepal.Length: num  5.1 4.9 4.7 4.6 5 5.4 4.6 5 4.4 4.9 ...
 $ Sepal.Width : num  3.5 3 3.2 3.1 3.6 3.9 3.4 3.4 2.9 3.1 ...
 $ Petal.Length: num  1.4 1.4 1.3 1.5 1.4 1.7 1.4 1.5 1.4 1.5 ...
 $ Petal.Width : num  0.2 0.2 0.2 0.2 0.2 0.4 0.3 0.2 0.2 0.1 ...
 $ Species     : Factor w/ 3 levels "setosa","versicolor",..: 1 1 1 1 1 1 1 1 1 1 ...
> iris.new <- iris[-5]
> head(iris.new)
  Sepal.Length Sepal.Width Petal.Length Petal.Width
1          5.1         3.5          1.4         0.2
2          4.9         3.0          1.4         0.2
3          4.7         3.2          1.3         0.2
4          4.6         3.1          1.5         0.2
5          5.0         3.6          1.4         0.2
6          5.4         3.9          1.7         0.4
```

(b)

```
> colMeans(iris.new)
Sepal.Length  Sepal.Width Petal.Length  Petal.Width
    5.843333     3.057333     3.758000     1.199333
```

5-7 (a)

```
> str(beaver1)
'data.frame':	114 obs. of  4 variables:
 $ day  : num  346 346 346 346 346 346 346 346 346 346 ...
 $ time : num  840 850 900 910 920 930 940 950 1000 1010 ...
 $ temp : num  36.3 36.3 36.4 36.4 36.5 ...
 $ activ: num  0 0 0 0 0 0 0 0 0 0 ...
```

```
> str(beaver2)
'data.frame':     100 obs. of  4 variables:
 $ day  : num  307 307 307 307 307 307 307 307 307 307 ...
 $ time : num  930 940 950 1000 1010 1020 1030 1040 1050 1100 ...
 $ temp : num  36.6 36.7 36.9 37.1 37.2 ...
 $ activ: num  0 0 0 0 0 0 0 0 0 0 ...
> beaver1$id <- 1
> beaver2$id <- 2
```

(b)

```
> beaver12 <- rbind(beaver1, beaver2)
> beaver12 <- beaver12[,c(5, 1:4)]
> str(beaver12)
'data.frame':     214 obs. of  5 variables:
 $ id   : num  1 1 1 1 1 1 1 1 1 1 ...
 $ day  : num  346 346 346 346 346 346 346 346 346 346 ...
 $ time : num  840 850 900 910 920 930 940 950 1000 1010 ...
 $ temp : num  36.3 36.3 36.4 36.4 36.5 ...
 $ activ: num  0 0 0 0 0 0 0 0 0 0 ...
```

(c)

```
> subset(beaver12, subset=(activ == 1))
    id day time  temp activ
54   1 346 1730 37.07     1
68   1 346 1950 37.10     1
80   1 346 2150 37.53     1
…(중략)
212  2 308  140 38.01     1
213  2 308  150 38.04     1
214  2 308  200 38.07     1
```

5-8 (a)

```
> class(VADeaths)
[1] "matrix"
> VADeaths.df <- data.frame(VADeaths)
> class(VADeaths.df)
[1] "data.frame"
```

(b)

```
> VADeaths.df
      Rural.Male Rural.Female Urban.Male Urban.Female
50-54       11.7          8.7       15.4          8.4
55-59       18.1         11.7       24.3         13.6
60-64       26.9         20.3       37.0         19.3
65-69       41.0         30.9       54.6         35.1
70-74       66.0         54.3       71.1         50.0
> VADeaths.df$Age <- row.names(VADeaths.df)
> row.names(VADeaths.df) <- NULL
> VADeaths.df
  Rural.Male Rural.Female Urban.Male Urban.Female   Age
1       11.7          8.7       15.4          8.4 50-54
2       18.1         11.7       24.3         13.6 55-59
3       26.9         20.3       37.0         19.3 60-64
4       41.0         30.9       54.6         35.1 65-69
5       66.0         54.3       71.1         50.0 70-74
```

(c)

```
> VADeaths.df$Average <- rowMeans(VADeaths.df[1:4])
> VADeaths.df
  Rural.Male Rural.Female Urban.Male Urban.Female   Age Average
1       11.7          8.7       15.4          8.4 50-54  11.050
2       18.1         11.7       24.3         13.6 55-59  16.925
3       26.9         20.3       37.0         19.3 60-64  25.875
4       41.0         30.9       54.6         35.1 65-69  40.400
5       66.0         54.3       71.1         50.0 70-74  60.350
```

(d)

```
> VADeaths.df <- VADeaths.df[,c(5, 6, 1:4)]
> VADeaths.df
    Age Average Rural.Male Rural.Female Urban.Male Urban.Female
1 50-54  11.050       11.7          8.7       15.4          8.4
2 55-59  16.925       18.1         11.7       24.3         13.6
3 60-64  25.875       26.9         20.3       37.0         19.3
4 65-69  40.400       41.0         30.9       54.6         35.1
5 70-74  60.350       66.0         54.3       71.1         50.0
```

5-9 (a)

```
> str(USArrests)
'data.frame':	50 obs. of  4 variables:
 $ Murder  : num  13.2 10 8.1 8.8 9 7.9 3.3 5.9 15.4 17.4 ...
 $ Assault : int  236 263 294 190 276 204 110 238 335 211 ...
 $ UrbanPop: int  58 48 80 50 91 78 77 72 80 60 ...
 $ Rape    : num  21.2 44.5 31 19.5 40.6 38.7 11.1 15.8 31.9 25.8 ...
> USArrests[seq(1, 50, 5),]
               Murder  Assault  UrbanPop  Rape
Alabama          13.2      236        58  21.2
Colorado          7.9      204        78  38.7
Hawaii            5.3       46        83  20.2
Kansas            6.0      115        66  18.0
Massachusetts     4.4      149        85  16.3
Montana           6.0      109        53  16.4
New Mexico       11.4      285        70  32.1
Oklahoma          6.6      151        68  20.0
South Dakota      3.8       86        45  12.8
Virginia          8.5      156        63  20.7
```

(b)

```
> nrow(subset(USArrests, subset=(Murder > 15)))
[1] 4
```

(c)

```
> row.names(subset(USArrests, subset=(Murder > mean(Murder))))
 [1] "Alabama"        "Alaska"         "Arizona"         "Arkansas"
 [5] "California"     "Colorado"       "Florida"         "Georgia"
 [9] "Illinois"       "Kentucky"       "Louisiana"       "Maryland"
[13] "Michigan"       "Mississippi"    "Missouri"        "Nevada"
[17] "New Mexico"     "New York"       "North Carolina"  "South Carolina"
[21] "Tennessee"      "Texas"          "Virginia"
```

(d)

```
> row.names(USArrests)[which.max(USArrests$Murder)]
[1] "Georgia"
> row.names(USArrests)[which.min(USArrests$Murder)]
[1] "North Dakota"
```

5-10 (a)

```
> library(MASS)
> str(mammals)
'data.frame':	62 obs. of  2 variables:
 $ body : num  3.38 0.48 1.35 465 36.33 ...
 $ brain: num  44.5 15.5 8.1 423 119.5 ...
> med.body <- median(mammals$body)
> med.body
[1] 3.3425
> mammals$size <- ifelse(mammals$body > med.body, "large", "small")
> head(mammals)
                   body  brain  size
Arctic fox         3.385  44.5  large
Owl monkey         0.480  15.5  small
Mountain beaver    1.350   8.1  small
Cow              465.000 423.0  large
Grey wolf         36.330 119.5  large
Goat              27.660 115.0  large
```

(b)

```
> subset(mammals, subset=(size=="large"))
                   body brain  size
Arctic fox         3.385  44.5 large
Cow              465.000 423.0 large
Grey wolf         36.330 119.5 large
…(중략)
Pig              192.000 180.0 large
Brazilian tapir  160.000 169.0 large
Red fox            4.235  50.4 large
```

(c)

```
> mammals[which.max(mammals$body),]
                 body brain  size
African elephant 6654   5712 large
> mammals[which.min(mammals$body),]
                           body brain  size
Lesser short-tailed shrew 0.005   0.14 small
```

(d)

```
> mammals$brain.percent <- mammals$brain / (mammals$body * 1000) * 100
> mammals[which.max(mammals$brain.percent),]
                 body  brain  size brain.percent
Ground squirrel  0.101     4  small      3.960396
> mammals[which.min(mammals$brain.percent),]
                 body  brain  size brain.percent
African elephant 6654   5712  large     0.0858431
```

(e)

```
> med.brain.percent <- median(mammals$brain.percent)
> med.brain.percent
[1] 0.6610856
> subset(mammals, subset=(mammals$brain.percent > med.brain.percent)
+        & size == "large")
                body  brain  size brain.percent
Arctic fox     3.385   44.5 large     1.3146233
Roe deer      14.830   98.2 large     0.6621713
Verbet         4.190   58.0 large     1.3842482
Patas monkey  10.000  115.0 large     1.1500000
Human         62.000 1320.0 large     2.1290323
Rhesus monkey  6.800  179.0 large     2.6323529
Chimpanzee    52.160  440.0 large     0.8435583
Baboon        10.550  179.5 large     1.7014218
Raccoon        4.288   39.2 large     0.9141791
Red fox        4.235   50.4 large     1.1900826
```

5-11 (a)

```
> data(mtcars)
> sqldf("select * from mtcars where mpg > 30", row.names=TRUE)
                mpg cyl disp hp drat    wt  qsec vs am gear carb
Fiat 128       32.4   4 78.7 66 4.08 2.200 19.47  1  1    4    1
Honda Civic    30.4   4 75.7 52 4.93 1.615 18.52  1  1    4    2
Toyota Corolla 33.9   4 71.1 65 4.22 1.835 19.90  1  1    4    1
Lotus Europa   30.4   4 95.1 11 3.77 1.513 16.90  1  1    5    2
> subset(mtcars, subset=(mpg > 30))
                mpg cyl disp  hp drat    wt  qsec vs am gear carb
Fiat 128       32.4   4 78.7  66 4.08 2.200 19.47  1  1    4    1
Honda Civic    30.4   4 75.7  52 4.93 1.615 18.52  1  1    4    2
Toyota Corolla 33.9   4 71.1  65 4.22 1.835 19.90  1  1    4    1
Lotus Europa   30.4   4 95.1 113 3.77 1.513 16.90  1  1    5    2
```

```
> sqldf("select * from mtcars where cyl=6 order by mpg", row.names=TRUE)
                mpg cyl  disp  hp drat    wt  qsec vs am gear carb
Merc 280C      17.8   6 167.6 123 3.92 3.440 18.90  1  0    4    4
Valiant        18.1   6 225.0 105 2.76 3.460 20.22  1  0    3    1
Merc 280       19.2   6 167.6 123 3.92 3.440 18.30  1  0    4    4
Ferrari Dino   19.7   6 145.0 175 3.62 2.770 15.50  0  1    5    6
Mazda RX4      21.0   6 160.0 110 3.90 2.620 16.46  0  1    4    4
Mazda RX4 Wag  21.0   6 160.0 110 3.90 2.875 17.02  0  1    4    4
Hornet 4 Drive 21.4   6 258.0 110 3.08 3.215 19.44  1  0    3    1
> subset(mtcars, subset=(cyl == 6))[order(subset(mtcars, subset=(cyl == 6))$mpg),]
                mpg cyl  disp  hp drat    wt  qsec vs am gear carb
Merc 280C      17.8   6 167.6 123 3.92 3.440 18.90  1  0    4    4
Valiant        18.1   6 225.0 105 2.76 3.460 20.22  1  0    3    1
Merc 280       19.2   6 167.6 123 3.92 3.440 18.30  1  0    4    4
Ferrari Dino   19.7   6 145.0 175 3.62 2.770 15.50  0  1    5    6
Mazda RX4      21.0   6 160.0 110 3.90 2.620 16.46  0  1    4    4
Mazda RX4 Wag  21.0   6 160.0 110 3.90 2.875 17.02  0  1    4    4
Hornet 4 Drive 21.4   6 258.0 110 3.08 3.215 19.44  1  0    3    1
```

(b)

```
> data(iris)
> sqldf("select * from iris where [Sepal.Length] between 4.5 and 4.9
+       and Species in ('versicolor', 'virginica')")
  Sepal.Length Sepal.Width Petal.Length Petal.Width    Species
1          4.9         2.4          3.3         1.0 versicolor
2          4.9         2.5          4.5         1.7  virginica
> subset(iris, subset=(Sepal.Length >= 4.5 & Sepal.Length <= 4.9)
+        & Species %in% c('versicolor', 'virginica'))
  Sepal.Length Sepal.Width Petal.Length Petal.Width    Species
58         4.9         2.4          3.3         1.0 versicolor
107        4.9         2.5          4.5         1.7  virginica

> sqldf("select avg([Sepal.Length]) as avg_Sepal_Length, Species
+       from iris group by Species")
  avg_Sepal_Length    Species
1            5.006     setosa
2            5.936 versicolor
3            6.588  virginica
> sapply(split(iris$Sepal.Length, iris$Species), mean)
  setosa versicolor virginica
   5.006      5.936     6.588
```

order(), sapply(), split() 함수 등에 대해서는 '제9장 데이터 전처리'를 참고한다.

Chapter 06 텍스트와 날짜

6-1
```
> hbirthday <- c("Happy", "Birthday", "to", "You")
> hbirthday
[1] "Happy"    "Birthday" "to"       "You"

> length(hbirthday)
[1] 4
> sum(nchar(hbirthday))
[1] 18
```

6-2
```
> hbirthday2 <- paste(hbirthday, collapse=" ")
> hbirthday2
[1] "Happy Birthday to You"

> length(hbirthday2)
[1] 1
> sum(nchar(hbirthday2))
[1] 21
```

6-3
```
> paste(LETTERS[1:10], 1:10)
 [1] "A 1"  "B 2"  "C 3"  "D 4"  "E 5"  "F 6"  "G 7"  "H 8"  "I 9"  "J 10"

> paste(LETTERS[1:10], 1:10, sep="")
 [1] "A1"  "B2"  "C3"  "D4"  "E5"  "F6"  "G7"  "H8"  "I9"  "J10"
```

6-4
```
> paste(c("red", "blue"), "pen")
[1] "red pen"  "blue pen"

> paste(c("red", "blue"), "pen", sep="-")
[1] "red-pen"  "blue-pen"

> paste(c("red", "blue"), "pen", collapse="; ")
[1] "red pen; blue pen"

> paste(c("red", "blue"), "pen", sep="-", collapse="; ")
[1] "red-pen; blue-pen"
```

6-5
```
> txt <- "Good Morning"
> s <- strsplit(txt, " ")
> s
[[1]]
[1] "Good"    "Morning"

> list(s[[1]][1], s[[1]][2])
[[1]]
[1] "Good"

[[2]]
[1] "Morning"
```

다음 코드도 동일한 결과를 출력한다.

```
> list(unlist(s)[1], unlist(s)[2])
[[1]]
[1] "Good"

[[2]]
[1] "Morning"
```

6-6
```
> txt <- c("Yesterday is history, tomorrow is a mystery, today is a gift!",
+          "That's why we call it the present - from Kung Fu Panda")
> txt
[1] "Yesterday is history, tomorrow is a mystery, today is a gift!"
[2] "That's why we call it the present - from Kung Fu Panda"

> strsplit(txt, split=",? -? ?")
[[1]]
 [1] "Yesterday" "is"        "history"   "tomorrow"  "is"        "a"
 [7] "mystery"   "today"     "is"        "a"         "gift!"

[[2]]
 [1] "That's"  "why"     "we"      "call"    "it"      "the"     "present"
 [8] "from"    "Kung"    "Fu"      "Panda"
```

strsplit() 함수의 split 인수에 구분자로 정규표현식을 지정하였다. ?는 ? 앞의 문자가 0 또는 1회 출현하는 패턴을 나타내므로 이는 매칭되는 구분자가 선택적(optional)으로 사용된다는 것을 의미한다. 즉 해당 문자가 있으면 구분자로 사용되고 아니면 무시한다. 따라서 ",? -? ?" 패턴(쉼표, 물음표, 공백, 하이픈, 물음표, 공백, 물음표)은 차례대로 ,는 선택 사용, " "(공백)은 반드시 사용, -은 선택 사용, " "(공백)은 선택 사용을 의미한다. 즉 공백은 구분자로 반드시 사용하되 쉼표, 하이픈, 추가 공백에 대해서도 존재할 때는 문자열 분할을 위한 구분자로 사용된다. 뒷부분의 하이픈(-)과 공백(" ")은 다음과 같이 ( )로 묶어 그룹화할 수도 있다.

```
> strsplit(txt, split=",? (- )?")
[[1]]
 [1] "Yesterday" "is"        "history"   "tomorrow"  "is"        "a"
 [7] "mystery"   "today"     "is"        "a"         "gift!"

[[2]]
 [1] "That's"   "why"     "we"      "call"    "it"      "the"      "present"
 [8] "from"     "Kung"    "Fu"      "Panda"
```

6-7

```
> out <- outer(1:6, 1:6, FUN=paste)
> out
     [,1]  [,2]  [,3]  [,4]  [,5]  [,6]
[1,] "1 1" "1 2" "1 3" "1 4" "1 5" "1 6"
[2,] "2 1" "2 2" "2 3" "2 4" "2 5" "2 6"
[3,] "3 1" "3 2" "3 3" "3 4" "3 5" "3 6"
[4,] "4 1" "4 2" "4 3" "4 4" "4 5" "4 6"
[5,] "5 1" "5 2" "5 3" "5 4" "5 5" "5 6"
[6,] "6 1" "6 2" "6 3" "6 4" "6 5" "6 6"

> dice <- as.vector(out)
> dice
 [1] "1 1" "2 1" "3 1" "4 1" "5 1" "6 1" "1 2" "2 2" "3 2" "4 2" "5 2" "6 2" "1 3"
[14] "2 3" "3 3" "4 3" "5 3" "6 3" "1 4" "2 4" "3 4" "4 4" "5 4" "6 4" "1 5" "2 5"
[27] "3 5" "4 5" "5 5" "6 5" "1 6" "2 6" "3 6" "4 6" "5 6" "6 6"
```

6-8

```
> ssn <- c("941215-1234567","850605-2345678","760830-1357913")
> ssn
[1] "941215-1234567" "850605-2345678" "760830-1357913"

> paste(substr(ssn,1,7), "*******", sep="")
[1] "941215-*******" "850605-*******" "760830-*******"
```

6-9

```
> str(USArrests)
'data.frame':	50 obs. of  4 variables:
 $ Murder  : num  13.2 10 8.1 8.8 9 7.9 3.3 5.9 15.4 17.4 ...
 $ Assault : int  236 263 294 190 276 204 110 238 335 211 ...
 $ UrbanPop: int  58 48 80 50 91 78 77 72 80 60 ...
 $ Rape    : num  21.2 44.5 31 19.5 40.6 38.7 11.1 15.8 31.9 25.8 ...
```

```
> index <- grep("New", row.names(USArrests))
> USArrests[index,]
              Murder  Assault  UrbanPop  Rape
New Hampshire    2.1       57        56   9.5
New Jersey       7.4      159        89  18.8
New Mexico      11.4      285        70  32.1
New York        11.1      254        86  26.1
> colMeans(USArrests[index,])
  Murder  Assault UrbanPop     Rape
   8.000  188.750   75.250   21.625
```

6-10

```
> txt <- c("a", "ab", "acb", "accb", "acccb", "accccb")
> grep("ac?b", txt, value=TRUE)
[1] "ab"  "acb"
> grep("ac*b", txt, value=TRUE)
[1] "ab"     "acb"    "accb"   "acccb"  "accccb"
> grep("ac+b", txt, value=TRUE)
[1] "acb"    "accb"   "acccb"  "accccb"
```

6-11

```
> df <- data.frame(Datetime=c("12/25/2030 23:59:59","1/25/2031 23:59:59",
+                             "2/25/2031 23:59:59"))
> df$Datetime <- strptime(df$Datetime, format="%m/%d/%Y %H:%M:%S")
> df
             Datetime
1 2030-12-25 23:59:59
2 2031-01-25 23:59:59
3 2031-02-25 23:59:59
> str(df)
'data.frame':     3 obs. of  1 variable:
 $ Datetime: POSIXlt, format: "2030-12-25 23:59:59" "2031-01-25 23:59:59" ...
```

6-12

```
> format(seq(as.Date("2030-06-01"), by="day", length.out=7), "%a-%m%d")
[1] "토-0601" "일-0602" "월-0603" "화-0604" "수-0605" "목-0606" "금-0607"
```

6-13

```
> mydate <- as.Date(c("2030-12-25", "2031-1-25", "2032-2-25"))
> mydate
[1] "2030-12-25" "2031-01-25" "2032-02-25"

> Sys.setlocale("LC_TIME", "C")
[1] "C"
> format(mydate, "%B %d, %Y")
[1] "December 25, 2030" "January 25, 2031"  "February 25, 2032"
```

```
> Sys.setlocale("LC_TIME", "Korean_Korea.949")
[1] "Korean_Korea.949"
```

6-14
```
> library(stringr)
> sentences3 <- sentences[1:3]
> sentences3
[1] "The birch canoe slid on the smooth planks."
[2] "Glue the sheet to the dark blue background."
[3] "It's easy to tell the depth of a well."
> str_replace_all(sentences3, fixed("the", ignore_case=TRUE), "THE")
[1] "THE birch canoe slid on THE smooth planks."
[2] "Glue THE sheet to THE dark blue background."
[3] "It's easy to tell THE depth of a well."
```

6-15
```
> d1 <- "January 1, 2030"
> d2 <- "2030-Mar-21"
> d3 <- c("August 15 (2030)", "July 17 (2030)")
> d4 <- "7-Jun-2030"
> d5 <- "12/30/30" # 2030년 12월 30일

> library(lubridate)
```

다음은 영문 로케일에서 정상 동작한다.

```
> Sys.setlocale("LC_TIME", "C")
[1] "C"
> mdy(d1)
[1] "2030-01-01"
> ymd(d2)
[1] "2030-03-21"
> mdy(d3)
[1] "2030-08-15" "2030-07-17"
```

다음은 영문/한글 로케일 모두에서 정상 동작한다.

```
> Sys.setlocale("LC_TIME", "Korean_Korea.949")
[1] "Korean_Korea.949"
> dmy(d4)
[1] "2030-06-07"
> mdy(d5)
[1] "2030-12-30"
```

Chapter 07 입력과 출력

7-1

```
> k1 <- c(21.0, 18.2)
> k2 <- c(14.8, 14.7, 14.0, 13.8)
> k3 <- c(10.9, 10.6, 10.5)
> k4 <- c(9.7, 9.2)

> KPL <- c(k1, k2, k3, k4)
> model <- c(rep("A", 2), rep("B", 4), rep("C", 3), rep("D", 2))
> KPL
 [1] 21.0 18.2 14.8 14.7 14.0 13.8 10.9 10.6 10.5  9.7  9.2
> model
 [1] "A" "A" "B" "B" "B" "B" "C" "C" "C" "D" "D"

> mileage <- data.frame(KPL, model)
> mileage
    KPL model
1  21.0     A
2  18.2     A
3  14.8     B
4  14.7     B
5  14.0     B
6  13.8     B
7  10.9     C
8  10.6     C
9  10.5     C
10  9.7     D
11  9.2     D
> mean(mileage$KPL)
[1] 13.4
```

7-2

```
> print(pi, digits=20)
[1] 3.1415926535897931
> format(pi, digits=20)
[1] "3.1415926535897931"
```

7-3 (a)

```
> url <- "http://www.statsci.org/data/general/cherry.txt"
> cherry <- read.table(url, header=TRUE)
> str(cherry)
'data.frame':   31 obs. of  3 variables:
 $ Diam   : num  8.3 8.6 8.8 10.5 10.7 10.8 11 11 11.1 11.2 ...
 $ Height: int  70 65 63 72 81 83 66 75 80 75 ...
 $ Volume: num  10.3 10.3 10.2 16.4 18.8 19.7 15.6 18.2 22.6 19.9 ...
```

(b)

```
> head(cherry)
  Diam Height Volume
1  8.3     70   10.3
2  8.6     65   10.3
3  8.8     63   10.2
4 10.5     72   16.4
5 10.7     81   18.8
6 10.8     83   19.7
> mean(cherry$Height)
[1] 76
```

7-4 (a)

```
> url <- "http://www.statsci.org/data/general/flicker.txt"
> flicker <- read.table(url, header=TRUE)
> str(flicker)
'data.frame':   19 obs. of  2 variables:
 $ Colour : chr  "Brown" "Brown" "Brown" "Brown" ...
 $ Flicker: num  26.8 27.9 23.7 25 26.3 24.8 25.7 24.5 26.4 24.2 ...
```

(b)

```
> head(flicker, 3); tail(flicker, 3)
  Colour Flicker
1  Brown    26.8
2  Brown    27.9
3  Brown    23.7
   Colour Flicker
17   Blue    28.5
18   Blue    29.4
19   Blue    28.3
> mean(subset(flicker, subset=(Colour=="Brown"))$Flicker)
[1] 25.5875
```

7-5 (a)

```
> url <- "https://www.itl.nist.gov/div898/strd/univ/data/PiDigits.dat"
> pidigits <- read.table(url, skip=60)
> str(pidigits)
'data.frame':	5000 obs. of  1 variable:
 $ V1: int  3 1 4 1 5 9 2 6 5 3 ...
```

(b)

```
> head(pidigits)
  V1
1  3
2  1
3  4
4  1
5  5
6  9
> table(pidigits)
pidigits
  0   1   2   3   4   5   6   7   8   9 
466 531 496 461 508 525 513 488 491 521 
> length(pidigits$V1)
[1] 5000
> table(pidigits)/5000
pidigits
     0      1      2      3      4      5      6      7      8      9 
0.0932 0.1062 0.0992 0.0922 0.1016 0.1050 0.1026 0.0976 0.0982 0.1042 
```

7-6 (a)

```
> url <- "http://jse.amstat.org/datasets/draft70mn.dat.txt"
> draft70 <- read.fwf(url, widths=c(-1, rep(c(-1,3), 12)), n=31)
> str(draft70)
'data.frame':	31 obs. of  12 variables:
 $ V1 : int  305 159 251 215 101 224 306 199 194 325 ...
 $ V2 : int  86 144 297 210 214 347 91 181 338 216 ...
 $ V3 : int  108 29 267 275 293 139 122 213 317 323 ...
 $ V4 : int  32 271 83 81 269 253 147 312 219 218 ...
 $ V5 : int  330 298 40 276 364 155 35 321 197 65 ...
 $ V6 : int  249 228 301 20 28 110 85 366 335 206 ...
 $ V7 : int  93 350 115 279 188 327 50 13 277 284 ...
 $ V8 : int  111 45 261 145 54 114 168 48 106 21 ...
 $ V9 : int  225 161 49 232 82 6 8 184 263 71 ...
 $ V10: int  359 125 244 202 24 87 234 283 342 220 ...
```

```
 $ V11: int  19 34 348 266 310 76 51 97 80 282 ...
 $ V12: int  129 328 157 165 56 10 12 105 43 41 ...
```

(b) & (c)

```
> head(draft70)
   V1  V2  V3  V4  V5  V6  V7  V8  V9 V10 V11 V12
1 305  86 108  32 330 249  93 111 225 359  19 129
2 159 144  29 271 298 228 350  45 161 125  34 328
3 251 297 267  83  40 301 115 261  49 244 348 157
4 215 210 275  81 276  20 279 145 232 202 266 165
5 101 214 293 269 364  28 188  54  82  24 310  56
6 224 347 139 253 155 110 327 114   6  87  76  10
> names(draft70) <- month.abb
> draft70$day <- 1:31
> head(draft70, 3); tail(draft70, 3)
  Jan Feb Mar Apr May Jun Jul Aug Sep Oct Nov Dec day
1 305  86 108  32 330 249  93 111 225 359  19 129   1
2 159 144  29 271 298 228 350  45 161 125  34 328   2
3 251 297 267  83  40 301 115 261  49 244 348 157   3
   Jan Feb Mar Apr May Jun Jul Aug Sep Oct Nov Dec day
29 349 285 362 191 226 353 270  61 151 229  99  16  29
30 164  NA 217 208 103 209 287 333 315  38 174   3  30
31 211  NA  30  NA 313  NA 193  11  NA  79  NA 100  31
```

(d)

```
> draft70$Feb[29]
[1] 285
> median(draft70$Jan, na.rm=TRUE)
[1] 211
> median(draft70$Dec, na.rm=TRUE)
[1] 100
```

7-7 (a)

```
> library(readxl)
> airqual <- read_excel(path="확정자료엑셀다운.xls",
+                       col_types=c(rep("text", 3), rep("numeric", 7)), sheet=1)
```

에어코리아 웹사이트(https://www.airkorea.or.kr)에서 『통계정보 > 최종확정 측정자료 조회 > 확정자료 다운로드』의 메뉴를 찾아간다. 측정망은 '도시대기', 지역은 '서울', 측정소는 '전체', 조회기간은 주어진 최근 기간으로 설정하여 측정자료를 다운로드한다. 웹사이트의 유지보수 작업으로 URL, 메뉴 경로, 내려받을 파일의 이름이 여기와 다를 수 있다. 그럴 때는 웹사이트의 올바른 주소 및 메뉴 경로, 변경된 파일 이름으로 코드를 수정한다.

(b)

```
> str(airqual)
tibble [1,800 x 10] (S3: tbl_df/tbl/data.frame)
 $ 날짜      : chr [1:1800] "2021-07-29 01" "2021-07-29 02" "2021-07-29 03" ...
 $ 시도      : chr [1:1800] "서울 중구" "서울 중구" "서울 중구" "서울 중구" ...
 $ 측정소명  : chr [1:1800] "중구" "중구" "중구" "중구" ...
 $ 측정소코드: num [1:1800] 111121 111121 111121 111121 111121 ...
 $ 아황산가스: num [1:1800] 0.004 0.003 0.004 0.003 0.004 0.004 0.004 0.004 0.004 ...
 $ 일산화탄소: num [1:1800] 0.4 0.4 0.4 0.4 0.5 0.5 0.5 0.7 0.4 0.5 ...
 $ 오존      : num [1:1800] 0.039 0.04 0.039 0.023 0.021 0.01 0.01 0.012 0.023 0.036 ...
 $ 이산화질소: num [1:1800] 0.024 0.017 0.017 0.027 0.025 0.033 0.034 0.033 0.027 ...
 $ PM10      : num [1:1800] 50 68 NA 49 54 57 61 45 43 45 ...
 $ PM2.5     : num [1:1800] 35 35 37 37 42 42 44 33 31 32 ...
> colMeans(subset(airqual, subset=(측정소명=="성북구"))["PM2.5"], na.rm=TRUE)
   PM2.5
17.97222
> colMeans(subset(airqual, subset=(측정소명=="종로구"))["PM2.5"], na.rm=TRUE)
   PM2.5
22.77143
```

7-8

```
> library(httr)
> url <- "https://www.ssa.gov/oact/babynames/"
> html.obj <- GET(url)
> html <- content(html.obj, type="text")
```

또는

```
> html <- readLines(url)
```

정규표현식을 정의하여 데이터를 추출한다. 여기 사용된 정규표현식은 여러 가능한 대안 가운데 하나이다.

(a)

```
> name <- unlist(regmatches(x=html, m=gregexpr(pattern="<td>[A-z]+</td>", text=html)))
> name <- gsub(pattern="<.*?>", replacement="", x=name)
> name
 [1] "Liam"      "Olivia"  "Noah"    "Emma"    "Oliver"    "Ava"      "Elijah"
 [8] "Charlotte" "William" "Sophia"  "James"   "Amelia"    "Benjamin" "Isabella"
[15] "Lucas"     "Mia"     "Henry"   "Evelyn"  "Alexander" "Harper"
```

```
> namebook <- data.frame(Rank=1:10, Male_name=name[seq(1, 20, by=2)],
+                        Female_name=name[seq(2, 20, by=2)])
> namebook
   Rank Male_name Female_name
1     1      Liam      Olivia
2     2      Noah        Emma
3     3    Oliver         Ava
4     4    Elijah   Charlotte
5     5   William      Sophia
6     6     James      Amelia
7     7  Benjamin    Isabella
8     8     Lucas         Mia
9     9     Henry      Evelyn
10   10 Alexander      Harper
```

(b)

```
> library(stringr)
> name <- unlist(str_extract_all(string=html, pattern="<td>[A-z]+</td>"))
> name <- str_replace_all(string=name, pattern="<.*?>", "")
> name
 [1] "Liam"      "Olivia"  "Noah"    "Emma"    "Oliver"    "Ava"       "Elijah"
 [8] "Charlotte" "William" "Sophia"  "James"   "Amelia"    "Benjamin" "Isabella"
[15] "Lucas"     "Mia"     "Henry"   "Evelyn"  "Alexander" "Harper"
> namebook <- data.frame(Rank=1:10, Male_name=name[seq(1, 20, by=2)],
+                        Female_name=name[seq(2, 20, by=2)])
> namebook
   Rank Male_name Female_name
1     1      Liam      Olivia
2     2      Noah        Emma
3     3    Oliver         Ava
4     4    Elijah   Charlotte
5     5   William      Sophia
6     6     James      Amelia
7     7  Benjamin    Isabella
8     8     Lucas         Mia
9     9     Henry      Evelyn
10   10 Alexander      Harper
```

7-9 (a)

```
> library(httr)
> url <- "https://www.loc.gov/rr/print/list/057_chron.html"
> html <- GET(url)
```

```
> library(XML)
> html.parsed <- htmlParse(html)

> html.tab <- readHTMLTable(html.parsed)
> str(html.tab)

> presidents <- html.tab[[4]]
> str(presidents)
'data.frame':	66 obs. of  4 variables:
 $ YEAR          : chr  "1789-1797" "1797-1801" "1801-1805" "1805-1809" ...
 $ PRESIDENT     : chr  "George Washington" "John Adams" "Thomas Jefferson" ..
 $ FIRST LADY    : chr  "Martha Washington" "Abigail Adams" ...
 $ VICE PRESIDENT: chr  "John Adams" "Thomas Jefferson" "Aaron Burr" "George Clinton" ...
> head(presidents, 2); tail(presidents, 2)
       YEAR         PRESIDENT        FIRST LADY  VICE PRESIDENT
1 1789-1797  George Washington Martha Washington      John Adams
2 1797-1801         John Adams     Abigail Adams  Thomas Jefferson
        YEAR       PRESIDENT         FIRST LADY  VICE PRESIDENT
65 2017-2021       Donald J.  Trump Melania Trump      Mike Pence
66     2021-  Joseph R. Biden          Jill Biden   Kamala Harris
```

(b)

```
> years <- strsplit(presidents$YEAR, split="-")
> years <- do.call(rbind, years)
> years <- as.data.frame(years)
> str(years)
'data.frame':	66 obs. of  2 variables:
 $ V1: chr  "1789" "1797" "1801" "1805" ...
 $ V2: chr  "1797" "1801" "1805" "1809" ...

> names(years) <- c("START", "END")
> years$START <- as.numeric(years$START)
> years$END <- as.numeric(years$END)

> presidents <- cbind(presidents[c("YEAR", "PRESIDENT")], years)
> head(presidents)
       YEAR         PRESIDENT START  END
1 1789-1797 George Washington  1789 1797
2 1797-1801        John Adams  1797 1801
3 1801-1805  Thomas Jefferson  1801 1805
4 1805-1809  Thomas Jefferson  1805 1809
5 1809-1812     James Madison  1809 1812
6 1812-1813     James Madison  1812 1813
```

(c)

```
> subset(presidents, select=c(YEAR, PRESIDENT), subset=(END - START) == max(END - START))
        YEAR             PRESIDENT
1  1789-1797     George Washington
9  1817-1825          James Monroe
42 1913-1921        Woodrow Wilson
47 1933-1941 Franklin D. Roosevelt
52 1953-1961   Dwight D. Eisenhower
60 1981-1989         Ronald Reagan
62 1993-2001          Bill Clinton
63 2001-2009        George W. Bush
64 2009-2017          Barack Obama
```

7-10 (a)

```
> library(httr)
> url <- "https://en.wikipedia.org/wiki/Heights_of_presidents_and_presidential_
        candidates_of_the_United_States"
> html <- GET(url)

> library(XML)
> html.parsed <- htmlParse(html)

> html.tab <- readHTMLTable(html.parsed, header=TRUE)
> str(html.tab)

> presidents.heights <- html.tab[[5]]
> str(presidents.heights)

> presidents.heights$V1 <- substr(presidents.heights$V1, 1, 4)
> presidents.heights <-
+   presidents.heights[presidents.heights$V1 >= 1948
+                      & presidents.heights$V1 <= presidents.heights$V1[1],
+                      c(1,4,7)]
> names(presidents.heights) <- c("election.year", "winner", "opponent")
> library(readr)
> presidents.heights$winner <- parse_number(presidents.heights$winner)
> presidents.heights$opponent <- parse_number(presidents.heights$opponent)
> presidents.heights$difference <-
+   presidents.heights$winner - presidents.heights$opponent
```

```
> str(presidents.heights)
'data.frame':	19 obs. of  4 variables:
 $ election.year: chr  "2020" "2016" "2012" "2008" ...
 $ winner       : num  182 191 187 187 182 182 189 189 188 185 ...
 $ opponent     : num  191 165 187 175 193 185 187 188 173 180 ...
 $ difference   : num  -9 26 0 12 -11 -3 2 1 15 5 ...
> presidents.heights
   election.year  winner  opponent  difference
1           2020     182       191          -9
2           2016     191       165          26
3           2012     187       187           0
…(중략)
17          1956     179       178           1
18          1952     179       178           1
19          1948     175       173           2
```

(b)

```
> mean(presidents.heights$winner)
[1] 184.1053
> mean(presidents.heights$opponent)
[1] 181.0526
> mean(presidents.heights$difference)
[1] 3.052632
```

(c)

```
> sum(presidents.heights$winner > presidents.heights$opponent)
[1] 13
> mean(presidents.heights$winner > presidents.heights$opponent)
[1] 0.6842105
```

Chapter 08 함수와 논리흐름 제어

8-1
```
> isEven <- function(x) (x %% 2) == 0

> nums <- c(-5:5, Inf, -Inf, NA, NaN)
> nums
 [1]  -5   -4   -3   -2   -1    0    1    2    3    4    5  Inf -Inf   NA  NaN
> isEven(nums)
 [1] FALSE  TRUE FALSE  TRUE FALSE  TRUE FALSE  TRUE FALSE  TRUE FALSE    NA    NA
[14]    NA    NA
```

8-2
```
> countEven <- function(x) {
+   count <- 0
+   for (val in x) {
+     if(!is.na(val %% 2 == 0) & (val %% 2 == 0)) count <- count + 1
+   }
+   print(count)
+ }

> nums <- c(-5:5, Inf, -Inf, NA, NaN)
> nums
 [1]  -5   -4   -3   -2   -1    0    1    2    3    4    5  Inf -Inf   NA  NaN
> countEven(nums)
[1] 5
```

8-3
```
> piLarger <- function(x) {
+   ifelse(x > pi, TRUE, FALSE)
+ }

> piLarger(c(3, 1:5))
[1] FALSE FALSE FALSE FALSE  TRUE  TRUE
```

8-4
```
> scaling <- function(x) {
+   x <- x[!is.na(x)]
+   z <- (x - mean(x))/sd(x)
+   return(z)
+ }

> nums <- c(1,2,3,4,5,NA)
> scaling(nums)
[1] -1.2649111 -0.6324555  0.0000000  0.6324555  1.2649111
```

8-5
```
> myRemove <- function(x, pattern) {
+   return(gsub(pattern, "", x))
+ }

> x <- "I saw her standing there; Misery; Anna (Go to him); Chains; Boys; Ask me why"
> myRemove(x, ";")
[1] "I saw her standing there Misery Anna (Go to him) Chains Boys Ask me why"
```

8-6
```
> classes <- function(x) {
+   if (is.data.frame(x) | is.matrix(x)) {
+     for (i in 1:ncol(x)) cat(colnames(x)[i], "is", class(x[,i]), "\n")
+     }
+   else cat("It is neither a data frame nor a matrix.", "\n")
+ }

> classes(iris)
Sepal.Length is numeric
Sepal.Width is numeric
Petal.Length is numeric
Petal.Width is numeric
Species is factor
> classes(LakeHuron)
It is neither a data frame nor a matrix.
```

8-7
```
> stats <- function(x, med=FALSE) {
+   mean <- round(mean(x, na.rm=TRUE), 1)
+   sd <- round(sd(x, na.rm=TRUE), 1)
+   cat("Mean is", mean, "\b and Standard Deviation is", sd, "\b.\n")
+   if (med==TRUE) {
+     median <- round(median(x, na.rm=TRUE), 1)
+     cat("Also Median is", median, "\b.\n")
+   }
+ }

> stats(1:50)
Mean is 25.5 and Standard Deviation is 14.6.
> stats(1:50, med=TRUE)
Mean is 25.5 and Standard Deviation is 14.6.
Also Median is 25.5.
```

8-8

```
> alice <- c("Alice", "was", "beginning", "to", "get", "very", "tired", "of",
+            "sitting", "by", "her", "sister", "on", "the", "bank", "and",
+            "of", "having", "nothing", "to", "do", "once", "or", "twice",
+            "she", "had", "peeped", "into", "the", "book", "her", "sister",
+            "was", "reading", "but", "it", "had", "no", "pictures", "or",
+            "conversations", "in", "it", "and", "what", "is", "the", "use",
+            "of", "a", "book", "thought", "Alice", "without", "pictures",
+            "or", "conversations")

> ncharText <- function(x) {
+   nchar.x <- nchar(x)
+   for (i in min(nchar.x):max(nchar.x)) {
+     cat("These words have", i, "letter(s):", "\n")
+     print(toString(unique(alice[nchar.x == i])))
+   }
+ }

> ncharText(alice)
These words have 1 letter(s):
[1] "a"
These words have 2 letter(s):
[1] "to, of, by, on, do, or, it, no, in, is"
These words have 3 letter(s):
[1] "was, get, her, the, and, she, had, but, use"
These words have 4 letter(s):
[1] "very, bank, once, into, book, what"
These words have 5 letter(s):
[1] "Alice, tired, twice"
These words have 6 letter(s):
[1] "sister, having, peeped"
These words have 7 letter(s):
[1] "sitting, nothing, reading, thought, without"
These words have 8 letter(s):
[1] "pictures"
These words have 9 letter(s):
[1] "beginning"
These words have 10 letter(s):
[1] ""
These words have 11 letter(s):
[1] ""
These words have 12 letter(s):
[1] ""
```

```
These words have 13 letter(s):
[1] "conversations"
```

8-9

```
> myMean <- function(x, remove.outlier=FALSE, mult.outlier=2) {
+   if(remove.outlier==TRUE) {
+     outlier.index <-
+       (x > mean(x, na.rm=TRUE) + mult.outlier*sd(x, na.rm=TRUE)) |
+       (x < mean(x, na.rm=TRUE) - mult.outlier*sd(x, na.rm=TRUE))
+     x.new <- x[!outlier.index]
+     result <- mean(x.new, na.rm=TRUE)
+   } else {
+     result <- mean(x, na.rm=TRUE)
+   }
+   return(result)
+ }

> library(car)
> x <- Salaries$salary
```

(a)

```
> mean(x)
[1] 113706.5
> myMean(x)
[1] 113706.5
```

(b)

```
> myMean(x, remove.outlier=TRUE)
[1] 110698.7
```

(c)

```
> myMean(x, remove.outlier=TRUE, mult.outlier=3)
[1] 113175.7
```

8-10

```
> for(month in month.name) {
+   cat("The month of", month, "\n")
+ }
The month of January
The month of February
The month of March
The month of April
The month of May
The month of June
```

```
The month of July
The month of August
The month of September
The month of October
The month of November
The month of December
```

8-11
```
> heroes <- c("Superman","Batman","Spiderman")
> for(hero in heroes) {
+   cat(sprintf("Hello %s...\n", hero))
+ }
Hello Superman...
Hello Batman...
Hello Spiderman...
```

8-12
```
> flip <- function() sample(x=c("H", "T"), size=1)
> nflip <- 0
> nhead <- 0
> repeat {if (nhead >= 10) break
+   else {
+     if (flip() == "H") {
+       nhead <- nhead + 1
+     } else {
+       nhead <- 0
+     }
+     nflip <- nflip + 1
+   }
+ }
> nflip
[1] 1641
```

8-13
```
> lettersTry <- function() paste(sample(LETTERS, 3, replace=TRUE), collapse="")
> ntry <- 0
> flag <- TRUE
> az <- data.frame(try=numeric(), alphabet=character())
> while (flag) {
+   ntry <- ntry + 1
+   a <- lettersTry()
+   az <- rbind(az, data.frame(try=ntry, alphabet=a))
+   cat(ntry, "try:", a, "\n")
+   if (a=="ABC") {
+     flag <- FALSE
```

```
+   } else {
+     flag <- TRUE
+   }
+ }
1 try: LBI
2 try: JBI
3 try: EWO
…(중략)
17893 try: JSN
17894 try: NVH
17895 try: ABC
> str(az)
'data.frame':	17895 obs. of  2 variables:
 $ try     : num  1 2 3 4 5 6 7 8 9 10 ...
 $ alphabet: chr  "LBI" "JBI" "EWO" "SEG" ...
> head(az); tail(az)
  try alphabet
1   1      LBI
2   2      JBI
3   3      EWO
4   4      SEG
5   5      YUZ
6   6      LBK
        try alphabet
17890 17890      EBL
17891 17891      CXT
17892 17892      YUL
17893 17893      JSN
17894 17894      NVH
17895 17895      ABC
```

Chapter 09 데이터 전처리

9-1
```
> x <- 5:10
> x
[1]  5  6  7  8  9 10
```

서브셋 연산자를 할당 연산자와 함께 사용하면 서브셋으로 선택된 값을 다른 값으로 대체할 수 있다.

```
> x[c(1,2)] <- 2:3
> x
[1]  2  3  7  8  9 10

> x[-1] <- 1:5
> x
[1] 2 1 2 3 4 5
```

9-2
```
> data(mtcars)

> mtcars$weight[mtcars$wt > median(mtcars$wt)] <- "heavy"
> mtcars$weight[mtcars$wt <= median(mtcars$wt)] <- "light"
> mtcars
                mpg cyl  disp  hp drat    wt  qsec vs am gear carb weight
Mazda RX4      21.0   6 160.0 110 3.90 2.620 16.46  0  1    4    4  light
Mazda RX4 Wag  21.0   6 160.0 110 3.90 2.875 17.02  0  1    4    4  light
Datsun 710     22.8   4 108.0  93 3.85 2.320 18.61  1  1    4    1  light
…(중략)
Ferrari Dino   19.7   6 145.0 175 3.62 2.770 15.50  0  1    5    6  light
Maserati Bora  15.0   8 301.0 335 3.54 3.570 14.60  0  1    5    8  heavy
Volvo 142E     21.4   4 121.0 109 4.11 2.780 18.60  1  1    4    2  light
```

9-3
```
> data(mtcars)

> mtcars[, order(names(mtcars))]
               am carb cyl  disp drat gear  hp  mpg  qsec vs    wt
Mazda RX4       1    4   6 160.0 3.90    4 110 21.0 16.46  0 2.620
Mazda RX4 Wag   1    4   6 160.0 3.90    4 110 21.0 17.02  0 2.875
Datsun 710      1    1   4 108.0 3.85    4  93 22.8 18.61  1 2.320
…(중략)
Ferrari Dino    1    6   6 145.0 3.62    5 175 19.7 15.50  0 2.770
Maserati Bora   1    8   8 301.0 3.54    5 335 15.0 14.60  0 3.570
Volvo 142E      1    2   4 121.0 4.11    4 109 21.4 18.60  1 2.780
```

9-4 > data(mtcars)

'같다'(equal)를 나타내는 논리 연산자는 ==이다(=는 할당 연산자 <-와 동일한 기능을 수행한다).

```
> mtcars[mtcars$cyl = 4, ] #Incorrect
Error: unexpected '=' in "mtcars[mtcars$cyl ="
> mtcars[mtcars$cyl == 4, ] #Correct
                mpg cyl  disp  hp drat    wt  qsec vs am gear carb
Datsun 710     22.8   4 108.0  93 3.85 2.320 18.61  1  1    4    1
Merc 240D      24.4   4 146.7  62 3.69 3.190 20.00  1  0    4    2
Merc 230       22.8   4 140.8  95 3.92 3.150 22.90  1  0    4    2
…(중략)
Porsche 914-2  26.0   4 120.3  91 4.43 2.140 16.70  0  1    5    2
Lotus Europa   30.4   4  95.1 113 3.77 1.513 16.90  1  1    5    2
Volvo 142E     21.4   4 121.0 109 4.11 2.780 18.60  1  1    4    2
```

서브셋을 추출하기 위한 인덱스는 양수와 음수를 섞어서 사용할 수 없다.

```
> mtcars[-1:4, ] #Incorrect
Error in xj[i] : only 0's may be mixed with negative subscripts
```

데이터프레임에 서브셋을 위한 인덱스로 벡터가 주어지면 벡터의 원소에 대응되는 열을 추출한다. 이때 열을 추출할 수 있는 올바른 형태로 인덱스가 제공되어야 한다. 논리 연산자는 조건과 일치하는 행을 추출할 때 사용할 수 있다.

```
> mtcars[mtcars$cyl <= 5] #Incorrect
Error in `[.data.frame`(mtcars, mtcars$cyl <= 5) :
  undefined columns selected
> mtcars[mtcars$cyl <= 5,] #Correct
                mpg cyl  disp  hp drat    wt  qsec vs am gear carb
Datsun 710     22.8   4 108.0  93 3.85 2.320 18.61  1  1    4    1
Merc 240D      24.4   4 146.7  62 3.69 3.190 20.00  1  0    4    2
Merc 230       22.8   4 140.8  95 3.92 3.150 22.90  1  0    4    2
…(중략)
Porsche 914-2  26.0   4 120.3  91 4.43 2.140 16.70  0  1    5    2
Lotus Europa   30.4   4  95.1 113 3.77 1.513 16.90  1  1    5    2
Volvo 142E     21.4   4 121.0 109 4.11 2.780 18.60  1  1    4    2
```

&와 | 연산자를 사용할 때는 연산자 양쪽에 각각 완전한 논리식을 지정해야 한다.

```
> mtcars[mtcars$cyl == 4 | 6, ] #Incorrect
```

```
                mpg cyl  disp  hp drat    wt  qsec vs am gear carb
Mazda RX4      21.0   6 160.0 110 3.90 2.620 16.46  0  1    4    4
Mazda RX4 Wag  21.0   6 160.0 110 3.90 2.875 17.02  0  1    4    4
Datsun 710     22.8   4 108.0  93 3.85 2.320 18.61  1  1    4    1
…(중략)
Ferrari Dino   19.7   6 145.0 175 3.62 2.770 15.50  0  1    5    6
Maserati Bora  15.0   8 301.0 335 3.54 3.570 14.60  0  1    5    8
Volvo 142E     21.4   4 121.0 109 4.11 2.780 18.60  1  1    4    2
> mtcars[mtcars$cyl == 4 | mtcars$cyl == 6, ] #Correct
                mpg cyl  disp  hp drat    wt  qsec vs am gear carb
Mazda RX4      21.0   6 160.0 110 3.90 2.620 16.46  0  1    4    4
Mazda RX4 Wag  21.0   6 160.0 110 3.90 2.875 17.02  0  1    4    4
Datsun 710     22.8   4 108.0  93 3.85 2.320 18.61  1  1    4    1
…(중략)
Lotus Europa   30.4   4  95.1 113 3.77 1.513 16.90  1  1    5    2
Ferrari Dino   19.7   6 145.0 175 3.62 2.770 15.50  0  1    5    6
Volvo 142E     21.4   4 121.0 109 4.11 2.780 18.60  1  1    4    2
```

또는 다음과 같이 %in% 연산자를 사용할 수도 있다.

```
> mtcars[mtcars$cyl %in% c(4, 6), ] #Correct
```

9-5
```
> data(mtcars)
```

다음 코드는 첫 번째 열부터 15번째 열까지를 추출한다. 그러나 mtcars 데이터프레임에는 11개의 열만이 존재하므로 에러가 발생한다.

```
> mtcars[1:15] #Incorrect
Error in `[.data.frame`(mtcars, 1:15) : undefined columns selected
> str(mtcars)
'data.frame':	32 obs. of  11 variables:
 $ mpg : num  21 21 22.8 21.4 18.7 18.1 14.3 24.4 22.8 19.2 ...
 $ cyl : num  6 6 4 6 8 6 8 4 4 6 ...
 $ disp: num  160 160 108 258 360 ...
 $ hp  : num  110 110 93 110 175 105 245 62 95 123 ...
 $ drat: num  3.9 3.9 3.85 3.08 3.15 2.76 3.21 3.69 3.92 3.92 ...
 $ wt  : num  2.62 2.88 2.32 3.21 3.44 ...
 $ qsec: num  16.5 17 18.6 19.4 17 ...
 $ vs  : num  0 0 1 1 0 1 0 1 1 1 ...
 $ am  : num  1 1 1 0 0 0 0 0 0 0 ...
 $ gear: num  4 4 4 3 3 3 3 4 4 4 ...
 $ carb: num  4 4 1 1 2 1 4 2 2 4 ...
```

다음 코드는 첫 번째 행부터 15번째 행까지를 추출한다. 행렬 인덱싱 방식으로 서브셋을 추출하고 있다.

```
> mtcars[1:15,] #Correct
                    cyl  disp  hp drat    wt  qsec vs am gear carb
Mazda RX4             6 160.0 110 3.90 2.620 16.46  0  1    4    4
Mazda RX4 Wag         6 160.0 110 3.90 2.875 17.02  0  1    4    4
Datsun 710            4 108.0  93 3.85 2.320 18.61  1  1    4    1
Hornet 4 Drive        6 258.0 110 3.08 3.215 19.44  1  0    3    1
Hornet Sportabout     8 360.0 175 3.15 3.440 17.02  0  0    3    2
Valiant               6 225.0 105 2.76 3.460 20.22  1  0    3    1
Duster 360            8 360.0 245 3.21 3.570 15.84  0  0    3    4
Merc 240D             4 146.7  62 3.69 3.190 20.00  1  0    4    2
Merc 230              4 140.8  95 3.92 3.150 22.90  1  0    4    2
Merc 280              6 167.6 123 3.92 3.440 18.30  1  0    4    4
Merc 280C             6 167.6 123 3.92 3.440 18.90  1  0    4    4
Merc 450SE            8 275.8 180 3.07 4.070 17.40  0  0    3    3
Merc 450SL            8 275.8 180 3.07 3.730 17.60  0  0    3    3
Merc 450SLC           8 275.8 180 3.07 3.780 18.00  0  0    3    3
Cadillac Fleetwood    8 472.0 205 2.93 5.250 17.98  0  0    3    4
```

9-6
```
> data(iris)

> sample.index <- sample(1:nrow(iris), 0.7*nrow(iris))
> sample.index
  [1] 117 104 107   2  57  62 100 131 103  77 125  37 112   5 150  54  60 120  83
 [20] 137  86  89 142  91  75  81  90 135 116  25 143  50  71  85 139 123  29  47
…(중략)
 [77]   1   8  34  49  65 130  79 147  21  88 128   6 132  58  74  52 129  53  64
 [96] 113 118 109 108 134 105  95  14  51  17
> iris.sample <- iris[sample.index,]
> iris.sample
    Sepal.Length Sepal.Width Petal.Length Petal.Width    Species
117          6.5         3.0          5.5         1.8  virginica
104          6.3         2.9          5.6         1.8  virginica
107          4.9         2.5          4.5         1.7  virginica
…(중략)
14           4.3         3.0          1.1         0.1     setosa
51           7.0         3.2          4.7         1.4 versicolor
17           5.4         3.9          1.3         0.4     setosa
```

또는 다음과 같이 dplyr 패키지의 slice_sample() 함수를 사용할 수도 있다.

```
> library(dplyr)
> slice_sample(iris, prop=0.7)
```

9-7

```
> names <- c("Gates", "Jobs", "Bezos")
```

(a)

```
> lapply(names, nchar)
[[1]]
[1] 5

[[2]]
[1] 4

[[3]]
[1] 5
```

(b)

```
> sapply(names, nchar)
Gates  Jobs Bezos 
    5     4     5 
```

9-8

```
> lst1 <- list(A=matrix(1:12, nrow=3), B=matrix(1:12, nrow=2), C=1:12)
> lst2 <- list(A=matrix(1:12, nrow=3), B=matrix(1:12, nrow=6), C=12:1)

> mapply(identical, lst1, lst2)
    A     B     C 
 TRUE FALSE FALSE 
```

9-9

```
> apply(state.x77, 2, mean)
Population     Income  Illiteracy   Life Exp     Murder     HS Grad      Frost 
 4246.4200  4435.8000      1.1700    70.8786     7.3780     53.1080   104.4600 
      Area 
70735.8800 

> apply(state.x77, 2, sd)
  Population       Income   Illiteracy     Life Exp       Murder      HS Grad 
4.464491e+03 6.144699e+02 6.095331e-01 1.342394e+00 3.691540e+00 8.076998e+00 
       Frost         Area 
5.198085e+01 8.532730e+04 
```

9-10
```
> library(nycflights13)
> flights
# A tibble: 336,776 x 19
    year month   day dep_time sched_dep_time dep_delay arr_time sched_arr_time
   <int> <int> <int>    <int>          <int>     <dbl>    <int>          <int>
 1  2013     1     1      517            515         2      830            819
 2  2013     1     1      533            529         4      850            830
 3  2013     1     1      542            540         2      923            850
…(중략)
 8  2013     1     1      557            600        -3      709            723
 9  2013     1     1      557            600        -3      838            846
10  2013     1     1      558            600        -2      753            745
# ... with 336,766 more rows, and 11 more variables: arr_delay <dbl>,
#   carrier <chr>, flight <int>, tailnum <chr>, origin <chr>, dest <chr>,
#   air_time <dbl>, distance <dbl>, hour <dbl>, minute <dbl>, time_hour <dttm>

> library(dplyr)
> flights %>%
+   group_by(dest) %>%
+   summarise(count=n(),
+             dist=mean(distance, na.rm=TRUE),
+             delay=mean(arr_delay, na.rm=TRUE)) %>%
+   filter(count >= 50) %>%
+   slice_max(order_by=delay, n=10)
# A tibble: 10 x 4
   dest  count  dist delay
   <chr> <int> <dbl> <dbl>
 1 CAE     116  604.  41.8
 2 TUL     315 1215   33.7
 3 OKC     346 1325   30.6
 4 TYS     631  639.  24.1
 5 MSN     572  804.  20.2
 6 RIC    2454  281.  20.1
 7 CAK     864  397   19.7
 8 DSM     569 1021.  19.0
 9 GRR     765  606.  18.2
10 BHM     297  866.  16.9
```

9-11
```
> library(dplyr)
> library(nycflights13)
```

```
> flights
# A tibble: 336,776 x 19
    year month   day dep_time sched_dep_time dep_delay arr_time sched_arr_time
   <int> <int> <int>    <int>          <int>     <dbl>    <int>          <int>
 1  2013     1     1      517            515         2      830            819
 2  2013     1     1      533            529         4      850            830
 3  2013     1     1      542            540         2      923            850
…(중략)
 8  2013     1     1      557            600        -3      709            723
 9  2013     1     1      557            600        -3      838            846
10  2013     1     1      558            600        -2      753            745
# ... with 336,766 more rows, and 11 more variables: arr_delay <dbl>,
#   carrier <chr>, flight <int>, tailnum <chr>, origin <chr>, dest <chr>,
#   air_time <dbl>, distance <dbl>, hour <dbl>, minute <dbl>, time_hour <dttm>
> airlines
# A tibble: 16 x 2
   carrier name
   <chr>   <chr>
 1 9E      Endeavor Air Inc.
 2 AA      American Airlines Inc.
 3 AS      Alaska Airlines Inc.
…(중략)
14 VX      Virgin America
15 WN      Southwest Airlines Co.
16 YV      Mesa Airlines Inc.
> airports
# A tibble: 1,458 x 8
   faa   name                           lat    lon   alt    tz dst   tzone
   <chr> <chr>                        <dbl>  <dbl> <dbl> <dbl> <chr> <chr>
 1 04G   Lansdowne Airport             41.1  -80.6  1044    -5 A     America/New_Yo~
 2 06A   Moton Field Municipal ~       32.5  -85.7   264    -6 A     America/Chicago
 3 06C   Schaumburg Regional           42.0  -88.1   801    -6 A     America/Chicago
…(중략)
 8 0G7   Finger Lakes Regional ~       42.9  -76.8   492    -5 A     America/New_Yo~
 9 0P2   Shoestring Aviation Ai~       39.8  -76.6  1000    -5 U     America/New_Yo~
10 0S9   Jefferson County Intl         48.1 -123.    108    -8 A     America/Los_An~
# ... with 1,448 more rows
```

(a)

```
> flights %>%
+   select(year:day, hour, origin, dest, tailnum, carrier) %>%
+   left_join(airlines, by="carrier")
```

```
# A tibble: 336,776 x 9
    year month   day  hour origin dest  tailnum carrier name
   <int> <int> <int> <dbl> <chr>  <chr> <chr>   <chr>   <chr>
 1  2013     1     1     5 EWR    IAH   N14228  UA      United Air Lines Inc.
 2  2013     1     1     5 LGA    IAH   N24211  UA      United Air Lines Inc.
 3  2013     1     1     5 JFK    MIA   N619AA  AA      American Airlines Inc.
…(중략)
 8  2013     1     1     6 LGA    IAD   N829AS  EV      ExpressJet Airlines In~
 9  2013     1     1     6 JFK    MCO   N593JB  B6      JetBlue Airways
10  2013     1     1     6 LGA    ORD   N3ALAA  AA      American Airlines Inc.
# ... with 336,766 more rows
```

(b)

```
> dest.popular <- flights %>%
+   count(dest, sort=TRUE) %>%
+   head(10)
> dest.popular
# A tibble: 10 x 2
   dest      n
   <chr> <int>
 1 ORD   17283
 2 ATL   17215
 3 LAX   16174
 4 BOS   15508
 5 MCO   14082
 6 CLT   14064
 7 SFO   13331
 8 FLL   12055
 9 MIA   11728
10 DCA    9705
> flights %>%
+   semi_join(dest.popular, by="dest") %>%
+   left_join(airports, by=c("dest"="faa")) %>%
+   select(year:day, hour, origin, dest, name, tailnum, carrier)
# A tibble: 141,145 x 9
    year month   day  hour origin dest  name                     tailnum carrier
   <int> <int> <int> <dbl> <chr>  <chr> <chr>                    <chr>   <chr>
 1  2013     1     1     5 JFK    MIA   Miami Intl               N619AA  AA
 2  2013     1     1     6 LGA    ATL   Hartsfield Jackson Atl~  N668DN  DL
 3  2013     1     1     5 EWR    ORD   Chicago Ohare Intl       N39463  UA
```

```
…(중략)
 8  2013      1      1       6  EWR    SFO     San Francisco Intl       N53441   UA
 9  2013      1      1       5  JFK    BOS     General Edward Lawrenc~  N708JB   B6
10  2013      1      1       6  LGA    FLL     Fort Lauderdale Hollyw~  N595JB   B6
# ... with 141,135 more rows
```

9-12

```
> library(dplyr)
> library(gapminder)
> gapminder
# A tibble: 1,704 x 6
   country     continent  year lifeExp      pop gdpPercap
   <fct>       <fct>     <int>   <dbl>    <int>     <dbl>
 1 Afghanistan Asia       1952    28.8  8425333      779.
 2 Afghanistan Asia       1957    30.3  9240934      821.
 3 Afghanistan Asia       1962    32.0 10267083      853.
…(중략)
 8 Afghanistan Asia       1987    40.8 13867957      852.
 9 Afghanistan Asia       1992    41.7 16317921      649.
10 Afghanistan Asia       1997    41.8 22227415      635.
# ... with 1,694 more rows
> country_codes
# A tibble: 187 x 3
   country     iso_alpha iso_num
   <chr>       <chr>       <int>
1  Afghanistan AFG             4
2  Albania     ALB             8
3  Algeria     DZA            12
…(중략)
 8 Australia   AUS            36
 9 Austria     AUT            40
10 Azerbaijan  AZE            31
# ... with 177 more rows
```

(a)

```
> gapminder %>%
+   group_by(continent) %>%
+   summarise(n.obs=n(), n.countries=n_distinct(country))
```

```
# A tibble: 5 x 3
  continent n.obs n.countries
  <fct>     <int>       <int>
1 Africa      624          52
2 Americas    300          25
3 Asia        396          33
4 Europe      360          30
5 Oceania      24           2
```

(b)

```
> gapminder %>%
+   filter(year == 2007) %>%
+   group_by(continent) %>%
+   summarise(lifeExp.med=median(lifeExp))
# A tibble: 5 x 2
  continent lifeExp.med
  <fct>           <dbl>
1 Africa           52.9
2 Americas         72.9
3 Asia             72.4
4 Europe           78.6
5 Oceania          80.7
```

(c)

```
> gapminder %>%
+   filter(year == 2007, country %in% c("Korea, Rep.", "United States", "France")) %>%
+   select(country, continent) %>%
+   left_join(country_codes, by="country")
# A tibble: 3 x 4
  country       continent iso_alpha iso_num
  <chr>         <fct>     <chr>       <int>
1 France        Europe    FRA           250
2 Korea, Rep.   Asia      KOR           410
3 United States Americas  USA           840
```

9-13

```
> tbl1 <- tibble(name="Oliver", age=25)
> tbl2 <- tibble(name=c("Oliver", "Emma"), sex=c("Male", "Female"))
> tbl3 <- tibble(name="Emma", grade="A")
> lst <- list(age=tbl1, gender=tbl2, grade=tbl3)
```

```
> lst
$age
# A tibble: 1 x 2
  name     age
  <chr>  <dbl>
1 Oliver    25

$gender
# A tibble: 2 x 2
  name   sex
  <chr>  <chr>
1 Oliver Male
2 Emma   Female

$grade
# A tibble: 1 x 2
  name  grade
  <chr> <chr>
1 Emma  A
```

(a)

```
> library(purrr)
> reduce(lst, full_join)
Joining, by = "name"
Joining, by = "name"
# A tibble: 2 x 4
  name     age sex    grade
  <chr>  <dbl> <chr>  <chr>
1 Oliver    25 Male   NA
2 Emma      NA Female A
```

(b)

```
> accumulate(lst, full_join)
Joining, by = "name"
Joining, by = "name"
$age
# A tibble: 1 x 2
  name     age
  <chr>  <dbl>
1 Oliver    25
```

```
$gender
# A tibble: 2 x 3
  name      age  sex
  <chr>   <dbl>  <chr>
1 Oliver     25  Male
2 Emma       NA  Female

$grade
# A tibble: 2 x 4
  name      age  sex     grade
  <chr>   <dbl>  <chr>   <chr>
1 Oliver     25  Male    NA
2 Emma       NA  Female  A
```

9-14
```
> tbl1 <- tibble(name=c("Mouse", "Keyboard", "USB"), price=c(30000, 90000, 50000))
> tbl2 <- tibble(part=c("Mouse", "Keyboard", "Monitor"), quantity=c(20, 30, 10))
> tbl3 <- tibble(product=c("Keyboard", "USB", "Webcam"), madein=c("Korea", "USA", "China"))
> lst <- list(price=tbl1, quantity=tbl2, madein=tbl3)
> lst
$price
# A tibble: 3 x 2
  name      price
  <chr>     <dbl>
1 Mouse     30000
2 Keyboard  90000
3 USB       50000

$quantity
# A tibble: 3 x 2
  part      quantity
  <chr>        <dbl>
1 Mouse           20
2 Keyboard        30
3 Monitor         10

$madein
# A tibble: 3 x 2
  product   madein
  <chr>     <chr>
1 Keyboard  Korea
2 USB       USA
3 Webcam    China
```

(a)

```
> library(purrr)
> by <- list(c("name"="part"), c("name"="product"))
> reduce2(lst, by, left_join)
# A tibble: 3 x 4
  name     price quantity madein
  <chr>    <dbl>    <dbl> <chr>
1 Mouse    30000       20 NA
2 Keyboard 90000       30 Korea
3 USB      50000       NA USA
```

(b)

```
> accumulate2(lst, by, left_join)
[[1]]
# A tibble: 3 x 2
  name     price
  <chr>    <dbl>
1 Mouse    30000
2 Keyboard 90000
3 USB      50000

[[2]]
# A tibble: 3 x 3
  name     price quantity
  <chr>    <dbl>    <dbl>
1 Mouse    30000       20
2 Keyboard 90000       30
3 USB      50000       NA

[[3]]
# A tibble: 3 x 4
  name     price quantity madein
  <chr>    <dbl>    <dbl> <chr>
1 Mouse    30000       20 NA
2 Keyboard 90000       30 Korea
3 USB      50000       NA USA
```

9-15

```
> library(dplyr)
> library(purrr)
> library(tidyr)
> library(gapminder)
```

```
> gapminder
# A tibble: 1,704 x 6
   country     continent year  lifeExp      pop gdpPercap
   <fct>       <fct>     <int>   <dbl>    <int>     <dbl>
 1 Afghanistan Asia       1952    28.8  8425333      779.
 2 Afghanistan Asia       1957    30.3  9240934      821.
 3 Afghanistan Asia       1962    32.0 10267083      853.
…(중략)
 8 Afghanistan Asia       1987    40.8 13867957      852.
 9 Afghanistan Asia       1992    41.7 16317921      649.
10 Afghanistan Asia       1997    41.8 22227415      635.
# ... with 1,694 more rows
```

먼저 데이터셋을 다음과 같이 리스트 열(data)을 갖는 중첩 데이터프레임으로 변환한다. 리스트 열에는 대륙별로 분할된 데이터가 저장된다.

```
> gapminder.nested <- gapminder %>%
+   group_by(continent) %>%
+   nest()
> gapminder.nested
# A tibble: 5 x 2
# Groups:   continent [5]
  continent  data
  <fct>      <list>
1 Asia       <tibble [396 x 5]>
2 Europe     <tibble [360 x 5]>
3 Africa     <tibble [624 x 5]>
4 Americas   <tibble [300 x 5]>
5 Oceania    <tibble [24 x 5]>
```

(a)

```
> gapminder.nested %>%
+   mutate(lifeExp.avg=map_dbl(data, ~mean(.x$lifeExp))) %>%
+   ungroup()
# A tibble: 5 x 3
  continent  data                lifeExp.avg
  <fct>      <list>                    <dbl>
1 Asia       <tibble [396 x 5]>         60.1
2 Europe     <tibble [360 x 5]>         71.9
3 Africa     <tibble [624 x 5]>         48.9
4 Americas   <tibble [300 x 5]>         64.7
5 Oceania    <tibble [24 x 5]>          74.3
```

(b)

```
> gapminder.nested %>%
+   mutate(model=map(data, ~lm(lifeExp ~ pop + gdpPercap + year, data=.x))) %>%
+   mutate(summary=map(model, summary)) %>%
+   mutate(R.squared=map_dbl(summary, "r.squared")) %>%
+   ungroup()
# A tibble: 5 x 5
  continent data               model  summary    R.squared
  <fct>     <list>             <list> <list>         <dbl>
1 Asia      <tibble [396 x 5]> <lm>   <smmry.lm>     0.522
2 Europe    <tibble [360 x 5]> <lm>   <smmry.lm>     0.695
3 Africa    <tibble [624 x 5]> <lm>   <smmry.lm>     0.416
4 Americas  <tibble [300 x 5]> <lm>   <smmry.lm>     0.606
5 Oceania   <tibble [24 x 5]>  <lm>   <smmry.lm>     0.973
```

9-16

```
> drug <- data.frame(ID=c(1,1,2,2),
+                    Type=c("T1","T2","T1","T2"),
+                    X1=c(4,7,2,5),
+                    X2=c(3,6,4,1))
> drug
  ID Type X1 X2
1  1   T1  4  3
2  1   T2  7  6
3  2   T1  2  4
4  2   T2  5  1
> str(drug)
'data.frame':	4 obs. of  4 variables:
 $ ID  : num  1 1 2 2
 $ Type: chr  "T1" "T2" "T1" "T2"
 $ X1  : num  4 7 2 5
 $ X2  : num  3 6 4 1
```

(a)

```
> library(reshape2)
> drug.long <- melt(drug, id.vars=c("ID", "Type"))
> drug.long
  ID Type variable value
1  1   T1       X1     4
2  1   T2       X1     7
3  2   T1       X1     2
4  2   T2       X1     5
5  1   T1       X2     3
```

```
6  1   T2        X2     6
7  2   T1        X2     4
8  2   T2        X2     1
```

(b)

```
> drug.wide1 <- dcast(drug.long, ID + Type ~ variable)
> drug.wide1
  ID Type X1 X2
1  1   T1  4  3
2  1   T2  7  6
3  2   T1  2  4
4  2   T2  5  1
> drug.wide2 <- dcast(drug.long, ID + variable ~ Type)
> drug.wide2
  ID variable T1  T2
1  1       X1  4   7
2  1       X2  3   6
3  2       X1  2   5
4  2       X2  4   1
> drug.wide3 <- dcast(drug.long, ID ~ variable + Type)
> drug.wide3
  ID X1_T1 X1_T2 X2_T1 X2_T2
1  1     4     7     3     6
2  2     2     5     4     1
```

(c)

```
> drug.wide4 <- dcast(drug.long, ID ~ variable, mean)
> drug.wide4
  ID  X1  X2
1  1 5.5 4.5
2  2 3.5 2.5
> drug.wide5 <- dcast(drug.long, Type ~ variable, mean)
> drug.wide5
  Type X1  X2
1   T1  3 3.5
2   T2  6 3.5
> drug.wide6 <- dcast(drug.long, ID ~ Type, mean)
> drug.wide6
  ID  T1  T2
1  1 3.5 6.5
2  2 3.0 3.0
```

9-17 (a)

```
> head(ChickWeight)
  weight Time Chick Diet
1     42    0     1    1
2     51    2     1    1
3     59    4     1    1
4     64    6     1    1
5     76    8     1    1
6     93   10     1    1
> library(reshape2)
> ChickWeight.long <- melt(ChickWeight, id.vars=2:4)
> head(ChickWeight.long)
  Time Chick Diet variable value
1    0     1    1   weight    42
2    2     1    1   weight    51
3    4     1    1   weight    59
4    6     1    1   weight    64
5    8     1    1   weight    76
6   10     1    1   weight    93
```

(b)

```
> dcast(ChickWeight.long, Time ~ variable, mean)
   Time    weight
1     0  41.06000
2     2  49.22000
3     4  59.95918
4     6  74.30612
5     8  91.24490
6    10 107.83673
7    12 129.24490
8    14 143.81250
9    16 168.08511
10   18 190.19149
11   20 209.71739
12   21 218.68889
> dcast(ChickWeight.long, Diet ~ variable, mean)
  Diet   weight
1    1 102.6455
2    2 122.6167
3    3 142.9500
4    4 135.2627
```

```
> dcast(ChickWeight.long, Diet ~ Time, mean)
  Diet    0     2        4        6         8        10       12       14       16
1    1 41.4 47.25 56.47368 66.78947  79.68421  93.05263 108.5263 123.3889 144.6471
2    2 40.7 49.40 59.80000 75.40000  91.70000 108.50000 131.3000 141.9000 164.7000
3    3 40.8 50.40 62.20000 77.90000  98.40000 117.10000 144.4000 164.5000 197.4000
4    4 41.0 51.80 64.50000 83.90000 105.60000 126.00000 151.4000 161.8000 182.0000
        18       20       21
1 158.9412 170.4118 177.7500
2 187.7000 205.6000 214.7000
3 233.1000 258.9000 270.3000
4 202.9000 233.8889 238.5556
```

9-18
```
> library(tidyr)
> relig_income
# A tibble: 18 x 11
   religion              `<$10k` `$10-20k` `$20-30k` `$30-40k` `$40-50k` `$50-75k`
   <chr>                   <dbl>     <dbl>     <dbl>     <dbl>     <dbl>     <dbl>
 1 Agnostic                   27        34        60        81        76       137
 2 Atheist                    12        27        37        52        35        70
 3 Buddhist                   27        21        30        34        33        58
…(중략)
16 Other Faiths               20        33        40        46        49        63
17 Other World Relig~          5         2         3         4         2         7
18 Unaffiliated              217       299       374       365       341       528
# ... with 4 more variables: $75-100k <dbl>, $100-150k <dbl>, >150k <dbl>,
#   Don't know/refused <dbl>
> gather(relig_income, "income", "count", !religion)
# A tibble: 180 x 3
   religion                income count
   <chr>                   <chr>  <dbl>
 1 Agnostic                <$10k     27
 2 Atheist                 <$10k     12
 3 Buddhist                <$10k     27
 4 Catholic                <$10k    418
 5 Don't know/refused      <$10k     15
 6 Evangelical Prot        <$10k    575
 7 Hindu                   <$10k      1
 8 Historically Black Prot <$10k    228
 9 Jehovah's Witness       <$10k     20
10 Jewish                  <$10k     19
# ... with 170 more rows
```

```
> pivot_longer(relig_income, !religion, names_to="income", values_to="count")
# A tibble: 180 x 3
   religion  income              count
   <chr>     <chr>               <dbl>
 1 Agnostic  <$10k                  27
 2 Agnostic  $10-20k                34
 3 Agnostic  $20-30k                60
 4 Agnostic  $30-40k                81
 5 Agnostic  $40-50k                76
 6 Agnostic  $50-75k               137
 7 Agnostic  $75-100k              122
 8 Agnostic  $100-150k             109
 9 Agnostic  >150k                  84
10 Agnostic  Don't know/refused     96
# ... with 170 more rows
```

9-19

```
> library(tidyr)
```

(a)

```
> table4b
# A tibble: 3 x 3
  country         `1999`      `2000`
* <chr>            <int>       <int>
1 Afghanistan   19987071    20595360
2 Brazil       172006362   174504898
3 China       1272915272  1280428583
> pivot_longer(table4b, c("1999", "2000"), names_to="year", values_to="population")
# A tibble: 6 x 3
  country      year   population
  <chr>        <chr>       <int>
1 Afghanistan  1999     19987071
2 Afghanistan  2000     20595360
3 Brazil       1999    172006362
4 Brazil       2000    174504898
5 China        1999   1272915272
6 China        2000   1280428583
```

(b)

```
> table2
# A tibble: 12 x 4
  country      year type            count
  <chr>       <int> <chr>           <int>
 1 Afghanistan  1999 cases             745
 2 Afghanistan  1999 population   19987071
 3 Afghanistan  2000 cases            2666
 4 Afghanistan  2000 population   20595360
 5 Brazil       1999 cases           37737
 6 Brazil       1999 population  172006362
 7 Brazil       2000 cases           80488
 8 Brazil       2000 population  174504898
 9 China        1999 cases          212258
10 China        1999 population 1272915272
11 China        2000 cases          213766
12 China        2000 population 1280428583
> pivot_wider(table2, names_from=type, values_from=count)
# A tibble: 6 x 4
  country      year  cases population
  <chr>       <int>  <int>      <int>
1 Afghanistan  1999    745   19987071
2 Afghanistan  2000   2666   20595360
3 Brazil       1999  37737  172006362
4 Brazil       2000  80488  174504898
5 China        1999 212258 1272915272
6 China        2000 213766 1280428583
```

Chapter 10 그래픽

10-1

```
> library(RColorBrewer)
> rows <- rep(1:4, each=7)
> cols <- rep(7:1, times=4)
> rows <- rows[1:(length(rows)-2)]
> cols <- cols[1:(length(cols)-2)]
> plot(rows, cols, xlim=c(0.9, 4.5), ylim=c(0.5, 7.5),
+      type="n", xaxt="n", yaxt="n", ann=FALSE)
> points(rows, cols, pch=0:25, col=brewer.pal(7, "Dark2"), cex=2)
> text(rows, cols, 0:25, pos=4, offset=2, cex=1.5)
> title("Plotting Symbols (pch)")
```

10-2
```
> y <- seq(2, -3)
> plot(0, 0, xlim=c(-2, 2), ylim=c(-2, 2),
+      type="n", xaxt="n", yaxt="n", ann=FALSE)
> for (i in 1:6) abline(a=y[i], b=1, col=i, lty=i, lwd=2)
> legend("topleft", inset=0.01, cex=0.8,
+        legend=c("solid", "dashed", "dotted", "dotdash", "longdash", "twodash"),
+        col=c(1:6), lty=1:6, lwd=2)
> title("Line Type (lty)")
```

10-3
```
> str(ToothGrowth)
'data.frame':	60 obs. of  3 variables:
 $ len : num  4.2 11.5 7.3 5.8 6.4 10 11.2 11.2 5.2 7 ...
 $ supp: Factor w/ 2 levels "OJ","VC": 2 2 2 2 2 2 2 2 2 2 ...
 $ dose: num  0.5 0.5 0.5 0.5 0.5 0.5 0.5 0.5 0.5 0.5 ...

> boxplot(len ~ supp + dose, data=ToothGrowth,
+         col=c("orange", "yellow"), border="darkblue",
+         las=1, at=c(1,2,3.5,4.5,6,7),
+         main="Tooth Growth of Guinea Pigs",
+         xlab="Vitamin C (delivery method and dose)", ylab="Tooth Length",
+         cex.lab=0.9, cex.axis=0.7)
> legend(0.5, 33, legend=c("Orange Juice", "Ascorbic Acid"),
+        fill=c("orange", "yellow"))
```

10-4
```
> library(ggplot2)
> str(economics)
Classes 'tbl_df', 'tbl' and 'data.frame':	574 obs. of  6 variables:
 $ date    : Date, format: "1967-07-01" "1967-08-01" ...
 $ pce     : num  507 510 516 513 518 ...
 $ pop     : int  198712 198911 199113 199311 199498 199657 199808 200056 200208 ...
 $ psavert : num  12.5 12.5 11.7 12.5 12.5 12.1 11.7 12.2 11.6 12.2 ...
 $ uempmed : num  4.5 4.7 4.6 4.9 4.7 4.8 5.1 4.5 4.1 4.6 ...
 $ unemploy: int  2944 2945 2958 3143 3066 3018 2878 3001 2877 2709 ...

> plot(economics$date, economics$unemploy, type="o", cex=0.3,
+      main="Unemployment Trend",
+      xlab="Year", ylab="Number of Unemployed (thousands)",
+      col.main="brown", cex.lab=0.9, cex.axis=0.7)
> lines(lowess(economics$date, economics$unemploy), lty=1, lwd=2, col="blue")

> unemp.lm <- lm(unemploy ~ date, data=economics)
> lines(x=economics$date, y=fitted(unemp.lm), lty=2, lwd=2, col="red")
```

```
> legend("topleft", inset=0.05, title="Fitted Lines", legend=c("local", "linear"),
+        lty=c(1,2), lwd=2, col=c("blue", "red"), bty="n", cex=0.9)
```

10-5
```
> library(ggplot2)
> old.par <- par(mfrow=c(2,1))
> plot(economics$date, economics$unemploy, type="l", lwd=2,
+      main="Unemployment Trend",
+      xlab="Year", ylab="Unemployed",
+      col.main="brown", cex.lab=0.9, cex.axis=0.7)
> plot(economics$date, economics$pce, type="l", lwd=2,
+      main="Expenditure Trend",
+      xlab="Year", ylab="Expenditure",
+      col.main="darkgreen", cex.lab=0.9, cex.axis=0.7)
> par(old.par)
```

10-6
```
> VADeaths
      Rural Male Rural Female Urban Male Urban Female
50-54       11.7          8.7       15.4          8.4
55-59       18.1         11.7       24.3         13.6
60-64       26.9         20.3       37.0         19.3
65-69       41.0         30.9       54.6         35.1
70-74       66.0         54.3       71.1         50.0

> library(RColorBrewer)
> barplot(VADeaths, beside=TRUE, ylim=c(0,100), las=1, cex.names=0.9,
+         col=brewer.pal(5, "Set2"), main="Death Rate by Population and Age Group",
+         xlab="Population Group", ylab="Death Rates (per 1,000 population)")
> legend(x=1, y=95, legend=rownames(VADeaths), horiz=TRUE,
+        title="Ages", fill=brewer.pal(5, "Set2"))
```

10-7
```
> library(ggplot2)
> str(diamonds)
Classes 'tbl_df', 'tbl' and 'data.frame':    53940 obs. of  10 variables:
 $ carat  : num  0.23 0.21 0.23 0.29 0.31 0.24 0.24 0.26 0.22 0.23 ...
 $ cut    : Ord.factor w/ 5 levels "Fair"<"Good"<..: 5 4 2 4 2 3 3 3 1 3 ...
 $ color  : Ord.factor w/ 7 levels "D"<"E"<"F"<"G"<..: 2 2 2 6 7 7 6 5 2 5 ...
 $ clarity: Ord.factor w/ 8 levels "I1"<"SI2"<"SI1"<..: 2 3 5 4 2 6 7 3 4 5 ...
 $ depth  : num  61.5 59.8 56.9 62.4 63.3 62.8 62.3 61.9 65.1 59.4 ...
 $ table  : num  55 61 65 58 58 57 57 55 61 61 ...
 $ price  : int  326 326 327 334 335 336 336 337 337 338 ...
 $ x      : num  3.95 3.89 4.05 4.2 4.34 3.94 3.95 4.07 3.87 4 ...
 $ y      : num  3.98 3.84 4.07 4.23 4.35 3.96 3.98 4.11 3.78 4.05 ...
 $ z      : num  2.43 2.31 2.31 2.63 2.75 2.48 2.47 2.53 2.49 2.39 ...
```

```
> hist(diamonds$price, breaks=30, col="cornflowerblue", border="pink",
+      xlim=c(0, 20000), ylim=c(0, 14000),
+      main="Diamonds Price", xlab="Price (dollars)")
> rug(quantile(diamonds$price), col="red", lwd=3)
```

10-8

```
> library(car)
> str(Salaries)
'data.frame':     397 obs. of  7 variables:
 $ rank         : Factor w/ 3 levels "AsstProf","AssocProf",..: 3 3 1 3 3 2 3 3 3 3 ...
 $ discipline   : Factor w/ 2 levels "A","B": 2 2 2 2 2 2 2 2 2 2 ...
 $ yrs.since.phd : int  19 20 4 45 40 6 30 45 21 18 ...
 $ yrs.service  : int  18 16 3 39 41 6 23 45 20 18 ...
 $ sex          : Factor w/ 2 levels "Female","Male": 2 2 2 2 2 2 2 2 2 1 ...
 $ salary       : int  139750 173200 79750 115000 141500 97000 175000 147765 129000 ...
 $ color        : chr  "royalblue" "royalblue" "chocolate" "royalblue" ...

> levels(Salaries$rank)
[1] "AsstProf"  "AssocProf" "Prof"
> Salaries$color[Salaries$rank=="AsstProf"] <- "chocolate"
> Salaries$color[Salaries$rank=="AssocProf"] <- "springgreen4"
> Salaries$color[Salaries$rank=="Prof"] <- "royalblue"

> plot(Salaries$yrs.since.phd, Salaries$salary, pch=21, cex=2, yaxt="n",
+      col="wheat", bg=Salaries$color, cex.axis=0.75, ylim=c(50000, 250000),
+      main="Salary vs. Years Since Ph.D by Rank",
+      xlab="Years Since Ph.D", ylab="Salary (dollars)",
+      col.main="brown", col.lab="maroon")
> axis(side=2, cex.axis=0.75,las=2, at=seq(50000, 250000, 50000),
+      labels=c("50K", "100K", "150K", "200K", "250K"))
> legend("topleft", inset=0.05, bty="n", pch=21, pt.cex=2,
+        legend=c("Assistant Prof", "Associate Prof", "Full Prof"),
+        col="wheat", pt.bg=c("chocolate", "springgreen4", "royalblue"))
```

10-9

```
> library(ggplot2)
> library(hexbin)
> plot(hexbin(diamonds$price, diamonds$carat, xbin=40), colramp=rainbow,
+      main="Carat vs. Price of Diamonds",
+      xlab="Price", ylab="Carat")
```

10-10

```
> str(chickwts)
'data.frame':      71 obs. of  2 variables:
 $ weight : num  179 160 136 227 217 168 108 124 143 140 ...
 $ feed   : Factor w/ 6 levels "casein","horsebean",..: 2 2 2 2 2 2 2 2 2 2 ...
```

```
> library(RColorBrewer)
> stripchart(chickwts$weight ~ chickwts$feed, method="jitter", jitter=0.1,
+            las=1, pch=19, col=brewer.pal(6, "Set2"), vertical=TRUE,
+            main="Chicken Weights by Feed Type", ylab="Weight (g)")
```

스트립도표는 점도표와 유사하게 범주별로 개별 데이터값을 일차원의 산점도로 표현한다. 특히 표본 크기가 작을 때 데이터의 분포를 살펴보는 데 유용하다(표본크기가 클 때는 상자도표를 이용하는 것이 바람직하다). 데이터값이 겹쳐 그려지는 것을 피하기 위해서는 method="jitter"를 지정한다.

Chapter 11 고급 그래픽

11-1

```
> Orange
   Tree  age circumference
1     1  118            30
2     1  484            58
3     1  664            87
…(중략)
33    5 1231           142
34    5 1372           174
35    5 1582           177
> str(Orange)
Classes 'nfnGroupedData', 'nfGroupedData', 'groupedData' and 'data.frame': 35
obs. of  3 variables:
$ Tree         : Ord.factor w/ 5 levels "3"<"1"<"5"<"2"<..: 2 2 2 2 2 2 2 4 4 4 ...
$ age          : num  118 484 664 1004 1231 ...
$ circumference: num  30 58 87 115 120 142 145 33 69 111 ...
 - attr(*, "formula")=Class 'formula' length 3 circumference ~ age | Tree
  .. ..- attr(*, ".Environment")=<environment: R_EmptyEnv>
 - attr(*, "labels")=List of 2
  ..$ x: chr "Time since December 31, 1968"
  ..$ y: chr "Trunk circumference"
 - attr(*, "units")=List of 2
  ..$ x: chr "(days)"
  ..$ y: chr "(mm)"

> library(lattice)
> xyplot(circumference ~ age | factor(as.numeric(Tree)), data=Orange, type="b",
+        main="Orange Trees Growth",
+        xlab="Age (days)", ylab="Circumference (mm)")
```

```
> colors <- c(2:6)
> symbols <- c(1:5)
> lines <- c(1:5)
> key.trees <- list(title="Trees", cex.title=0.9,
+                   space="right",
+                   text=list(levels(factor(as.numeric(Orange$Tree)))),
+                   points=list(pch=symbols, col=colors))
> xyplot(circumference ~ age, groups=factor(as.numeric(Tree)), data=Orange,
+        type="b", pch=symbols, col=colors, lty=lines, lwd=2,
+        main="Orange Trees Growth",
+        xlab="Age (days)", ylab="Circumference (mm)",
+        key=key.trees)
```

11-2

```
> VADeaths
      Rural Male Rural Female Urban Male Urban Female
50-54       11.7          8.7       15.4          8.4
55-59       18.1         11.7       24.3         13.6
60-64       26.9         20.3       37.0         19.3
65-69       41.0         30.9       54.6         35.1
70-74       66.0         54.3       71.1         50.0
> str(VADeaths)
 num [1:5, 1:4] 11.7 18.1 26.9 41 66 8.7 11.7 20.3 30.9 54.3 ...
 - attr(*, "dimnames")=List of 2
  ..$ : chr [1:5] "50-54" "55-59" "60-64" "65-69" ...
  ..$ : chr [1:4] "Rural Male" "Rural Female" "Urban Male" "Urban Female"
> deaths <- data.frame(VADeaths)
> deaths$ages <- row.names(deaths)
> row.names(deaths) <- NULL
> deaths
  Rural.Male Rural.Female Urban.Male Urban.Female  ages
1       11.7          8.7       15.4          8.4 50-54
2       18.1         11.7       24.3         13.6 55-59
3       26.9         20.3       37.0         19.3 60-64
4       41.0         30.9       54.6         35.1 65-69
5       66.0         54.3       71.1         50.0 70-74

> library(reshape2)
> deaths.long <- melt(deaths, id.vars="ages")
```

```
> deaths.long
     ages      variable  value
1  50-54     Rural.Male   11.7
2  55-59     Rural.Male   18.1
3  60-64     Rural.Male   26.9
…(중략)
18 60-64  Urban.Female   19.3
19 65-69  Urban.Female   35.1
20 70-74  Urban.Female   50.0
> str(deaths.long)
'data.frame':      20 obs. of  3 variables:
 $ ages     : chr  "50-54" "55-59" "60-64" "65-69" ...
 $ variable: Factor w/ 4 levels "Rural.Male","Rural.Female",..: 1 1 1 1 1 2 2 2 2 2 ...
 $ value    : num  11.7 18.1 26.9 41 66 8.7 11.7 20.3 30.9 54.3 ...

> library(lattice)
> g1 <- xyplot(value ~ variable | ages, data=deaths.long,layout=c(1,5), type="b",
+       main=list(label="Death Rates vs. Population Group given Age Group", cex=0.8),
+       xlab=list(label="Population Group", cex=0.75),
+       ylab=list(label="Death Rates (per 1,000 population per year)", cex=0.75),
+       scales=list(cex=0.65))
> g2 <- xyplot(value ~ factor(ages) | variable, data=deaths.long,
+       layout=c(1,4), type="p",
+       main=list(label="Death Rates vs. Age Group given Population Group", cex=0.8),
+       xlab=list(label="Age Group", cex=0.75),
+       ylab=list(label="Death Rates (per 1,000 population per year)", cex=0.75),
+       scales=list(cex=0.65))

> library(gridExtra)
> grid.arrange(g1, g2, ncol=2)
```

11-3

```
> library(car)
> Salaries
        rank  discipline  yrs.since.phd  yrs.service   sex  salary
        Prof           B             19           18  Male  139750
 1      Prof           B             20           16  Male  173200
 2  AsstProf           B              4            3  Male   79750
 3
…(중략)
395     Prof           A             42           25  Male  101738
396     Prof           A             25           15  Male   95329
397 AsstProf           A              8            4  Male   81035
```

```
> str(Salaries)
'data.frame':	397 obs. of  6 variables:
 $ rank         : Factor w/ 3 levels "AsstProf","AssocProf",..: 3 3 1 3 3 2 3 3 3 3 ...
 $ discipline   : Factor w/ 2 levels "A","B": 2 2 2 2 2 2 2 2 2 2 ...
 $ yrs.since.phd: int  19 20 4 45 40 6 30 45 21 18 ...
 $ yrs.service  : int  18 16 3 39 41 6 23 45 20 18 ...
 $ sex          : Factor w/ 2 levels "Female","Male": 2 2 2 2 2 2 2 2 2 1 ...
 $ salary       : int  139750 173200 79750 115000 141500 97000 175000 119250 129000 ...

> library(lattice)
> xyplot(salary ~ yrs.since.phd | sex * rank, data=Salaries,
+        main="Salary vs. Years Since Ph.D by Gender and Rank",
+        xlab="Years Since Ph.D", ylab="Salary (dollars)")
```

11-4

```
> faithful
    eruptions  waiting
1       3.600       79
2       1.800       54
3       3.333       74
…(중략)
270     4.417       90
271     1.817       46
272     4.467       74
> str(faithful)
'data.frame':	272 obs. of  2 variables:
 $ eruptions: num  3.6 1.8 3.33 2.28 4.53 ...
 $ waiting  : num  79 54 74 62 85 55 88 85 51 85 ...
> faithful$length <- ifelse(faithful$eruptions < 3, "short", "long")

> library(lattice)
> bwplot(waiting ~ length, data=faithful,
+        fill="cornflowerblue", pch="|", notch=TRUE,
+        main="Waiting Time Distribution by Eruption Length",
+        xlab="Eruptions Length", ylab="Waiting Time (minutes)")

> colors <- c("red", "blue")
> lines <- c(1, 2)
> points <- c(16, 17)
> key.len <- list(title="Eruption Length",
+                 text=list(levels(factor(faithful$length))),
+                 space="bottom", columns=2,
+                 points=list(pch=points, col=colors),
+                 lines=list(col=colors, lty=lines),
```

```
+                    cex.title=1, cex=.9)
> densityplot( ~ waiting, groups=length, data=faithful,
+               pch=points, lty=lines, col=colors, lwd=2, jitter=0.005,
+               main="Waiting Time Distribution by Eruption Length",
+               xlab="Waiting Time (minutes)",
+               key=key.len)
```

11-5
```
> faithful$length <- ifelse(faithful$eruptions < 3, "short", "long")

> library(ggplot2)
> ggplot(faithful, aes(x=length, y=waiting)) +
+   geom_boxplot(fill="cornflowerblue", notch=TRUE) +
+   labs(title="Waiting Time Distribution by Eruption Length",
+        x="Eruptions Length", y="Waiting Time (minutes)")

> ggplot(faithful, aes(x=waiting, fill=length, linetype=length)) +
+   geom_density(alpha=0.5, outline.type="full") +
+   labs(title="Waiting Time Distribution by Eruption Length",
+        x="Waiting Time (minutes)",
+        fill="Eruption\nLength", linetype="Eruption\nLength")
```

11-6
```
> library(lattice)
> singer
    height voice.part
1       64  Soprano 1
2       62  Soprano 1
3       66  Soprano 1
…(중략)
233     71     Bass 2
234     74     Bass 2
235     75     Bass 2
> str(singer)
'data.frame':  235 obs. of  2 variables:
 $ height     : num  64 62 66 65 60 61 65 66 65 63 ...
 $ voice.part: Factor w/ 8 levels "Bass 2","Bass 1",..: 8 8 8 8 8 8 8 8 8 8 ...

> library(ggplot2)
> ggplot(singer, aes(x=height)) + geom_histogram() +
+   labs(title="Height Distribution", x="Height (inches)")

> ggplot(singer, aes(x=voice.part, y=height)) + geom_boxplot() +
+   labs(title="Height Distribution",
+        x="Voice Part", y="Height (inches)")
```

11-7
```
> library(ggplot2)

> data(mtcars)
> mtcars$cyl.factor <- factor(mtcars$cyl,
+                             levels=c(4, 6, 8), labels=c("4", "6", "8"))
> mtcars$am.factor <- factor(mtcars$am,
+                            levels=c(0, 1), labels=c("Automatic", "Manual"))
> mtcars$vs.factor <- factor(mtcars$vs,
+                            levels=c(0, 1), labels=c("V-Engine", "Straight Engine"))

> ggplot(data=mtcars, aes(x=hp, y=mpg, shape=cyl.factor, color=cyl.factor)) +
+   geom_point(size=2) + facet_grid(am.factor ~ vs.factor) +
+   labs(title="Fuel Consumption vs. Horsepower by Engine/Transmission Type",
+        x="Horsepower", y="Fuel Consumption (miles per gallon)",
+        shape="Cylinders", color="Cylinders")
```

11-8
```
> data(mtcars)
> mtcars$model <- row.names(mtcars)
> mtcars$model <- factor(mtcars$model)

> library(ggplot2)
> library(forcats)
> ggplot(mtcars, aes(x=mpg, y=fct_reorder(model, mpg))) +
+   geom_point(pch=19, color="salmon", size=2) +
+   labs(title="Car Model vs. Fuel Consumption",
+        x="Fuel Consumption (miles per gallon)", y="Car Model")
```

forcats 패키지에 포함된 fct_reorder() 함수를 이용하여 연비의 오름차순으로 자동차 모델의 출력 순서(즉 팩터의 레벨 순서)를 변경한다.

11-9
```
> library(car)

> library(ggplot2)
> ggplot(Salaries,
+        aes(x=yrs.since.phd, y=salary, linetype=sex, shape=sex, color=sex)) +
+   geom_smooth(method=lm, formula=y ~ poly(x, 2), se=FALSE, size=1) +
+   geom_point(size=2) +
+   labs(title="Salary vs. Years Since Ph.D by Gender",
+        x="Years Since Ph.D", y="Salary (dollars)")
```

11-10

```
> library(ggplot2)
> head(diamonds)
  carat       cut color clarity depth table price    x    y    z
1  0.23     Ideal     E     SI2  61.5    55   326 3.95 3.98 2.43
2  0.21   Premium     E     SI1  59.8    61   326 3.89 3.84 2.31
3  0.23      Good     E     VS1  56.9    65   327 4.05 4.07 2.31
4  0.29   Premium     I     VS2  62.4    58   334 4.20 4.23 2.63
5  0.31      Good     J     SI2  63.3    58   335 4.34 4.35 2.75
6  0.24 Very Good     J    VVS2  62.8    57   336 3.94 3.96 2.48
> str(diamonds)
Classes ‘tbl_df’, ‘tbl’ and 'data.frame':   53940 obs. of  10 variables:
 $ carat  : num  0.23 0.21 0.23 0.29 0.31 0.24 0.24 0.26 0.22 0.23 ...
 $ cut    : Ord.factor w/ 5 levels "Fair"<"Good"<..: 5 4 2 4 2 3 3 3 1 3 ...
 $ color  : Ord.factor w/ 7 levels "D"<"E"<"F"<"G"<..: 2 2 2 6 7 7 6 5 2 5 ...
 $ clarity: Ord.factor w/ 8 levels "I1"<"SI2"<"SI1"<..: 2 3 5 4 2 6 7 3 4 5 ...
 $ depth  : num  61.5 59.8 56.9 62.4 63.3 62.8 62.3 61.9 65.1 59.4 ...
 $ table  : num  55 61 65 58 58 57 57 55 61 61 ...
 $ price  : int  326 326 327 334 335 336 336 337 337 338 ...
 $ x      : num  3.95 3.89 4.05 4.2 4.34 3.94 3.95 4.07 3.87 4 ...
 $ y      : num  3.98 3.84 4.07 4.23 4.35 3.96 3.98 4.11 3.78 4.05 ...
 $ z      : num  2.43 2.31 2.31 2.63 2.75 2.48 2.47 2.53 2.49 2.39 ...

> ggplot(data=diamonds, aes(x=carat, y=price)) +
+   geom_point(color="gray", size=0.8) +
+   geom_smooth(aes(color=cut, fill=cut)) + facet_wrap( ~ cut) +
+   labs(title="Diamond Price Distribution by Carat and Cut",
+        x="Carat", y="Price (dollars)")
```

11-11

```
> library(ggplot2)

> ggplot(diamonds, aes(x=carat, y=price, group=cut_width(carat, width=0.25))) +
+   geom_boxplot(color="cornflowerblue", fill="gold") +
+   labs(title="Diamond Price Distribution by Carat",
+        x="Carat", y="Price (dollars)")
```

상자도표는 범주별 값의 분포를 보여준다. 여기에서 carat 변수는 연속형 변수이기 때문에 상자도표를 그리기 위해서는 연속형 변수의 값을 일정한 간격으로 분할하여 범주형 변수로 변환할 필요가 있다. 범주화된 연속형 변수는 aes() 함수의 group 인수를 이용하여 명시적으로 범주 구조(즉 레벨)를 정의해야 한다. 여기에서는 cut_width() 함수를 이용하여 carat 변수의 값을 0.25 간격으로 범주화하였고, 이렇게 범주화된 구조를 aes() 함수의 group 인수에 대응시켰다.

11-12
```
> library(latticeExtra)
> data(SeatacWeather)
> str(SeatacWeather)
'data.frame':  90 obs. of  14 variables:
 $ month        : Factor w/ 3 levels "January","February",..: 1 1 1 1 1 1 1 1 1 1 ...
 $ day          : int  1 2 3 4 5 6 7 8 9 10 ...
 $ year         : int  2007 2007 2007 2007 2007 2007 2007 2007 2007 2007 ...
 $ max.temp     : int  43 56 48 42 43 44 49 47 51 36 ...
 $ record.max   : int  58 56 58 61 55 57 59 54 56 59 ...
 $ normal.max   : int  45 45 45 45 45 45 45 45 45 45 ...
 $ min.temp     : int  34 45 43 37 31 36 40 38 41 32 ...
 $ record.min   : int  10 6 6 14 15 14 19 18 13 12 ...
 $ normal.min   : int  35 35 35 36 36 36 36 36 36 36 ...
 $ precip       : num  0.13 1.77 1.01 0.06 0.19 NA 0.93 0 0.16 0.01 ...
 $ record.precip: num  1.37 1.51 1.01 1.56 1.33 1.22 1.33 1.13 2.83 0.94 ...
 $ normal.precip: num  0.17 0.17 0.17 0.17 0.17 0.17 0.17 0.17 0.17 0.17 ...
 $ time.max     : num  1509 1000 1411 1535 1312 ...
 $ time.min     : num  13 135 713 1732 55 ...

> temp <- xyplot(min.temp + max.temp ~ day | month,
+               data=SeatacWeather, type="b", layout=c(3,1))
> rain <- xyplot(precip ~ day | month,
+               data=SeatacWeather, type="h", lwd=4)
> doubleYScale(temp, rain, style1=0, style2=3, add.ylab2=TRUE,
+             text=c("min.Temp", "max.Temp", "rainfall"), columns=3)
```

doubleYScale() 함수는 Y축이 서로 다른 척도를 갖는 두 개의 lattice 그래프를 Y축의 척도를 그대로 유지한 채 하나의 그래프로 만든다. style1 인수와 style2 인수에는 두 개의 lattice 그래프에 대한 스타일(색상, 선 유형, 선 두께 등)을 지정한다. 인덱스 형식으로 지정하며, 지정된 인덱스는 trellis.par.get("superpose.line")의 해당 인덱스에 대응된다. 예를 들어, style2=3은 trellis.par.get("superpose.line")의 세 번째 인덱스값을 사용하여 그래프를 그린다(col="darkgreen", lty=1, lwd=1). 0을 지정하면 기본 설정을 그대로 유지한다.

```
> show.settings()
> trellis.par.get("superpose.line")
$alpha
[1] 1

$col
[1] "#0080ff"   "#ff00ff"   "darkgreen" "#ff0000"   "orange"    "#00ff00"   "brown"
```

```
$lty
[1] 1 1 1 1 1 1 1

$lwd
[1] 1 1 1 1 1 1 1
```

다음과 같이 update() 함수를 이용하면 다른 스타일로 그래프를 수정할 수 있다.

```
> doubleYScale(temp, rain, style1=0, style2=3, add.ylab2=TRUE,
+              text=c("min.Temp", "max.Temp", "rainfall"), columns=3)
> update(trellis.last.object(),
+        par.settings=simpleTheme(col=c("blue", "red", "black")),
+        main="Temparature and Precipitation")
```

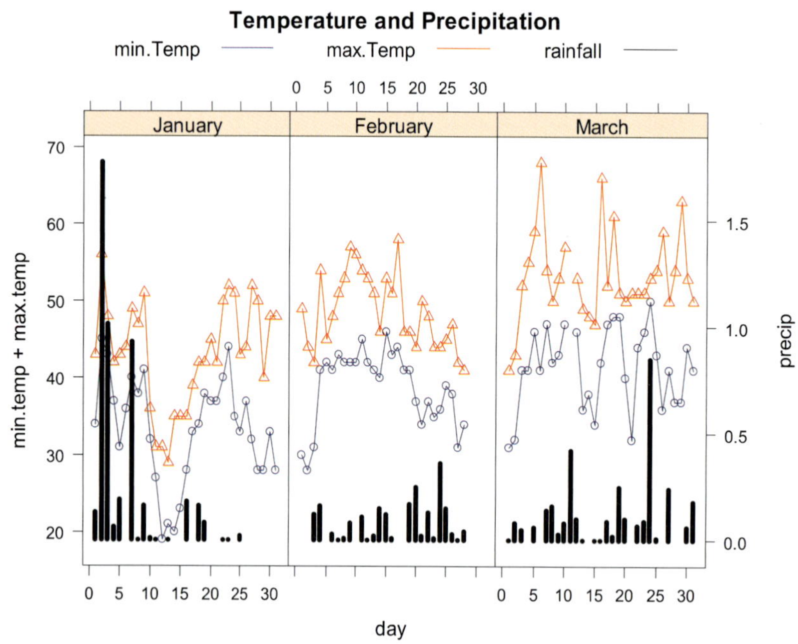

11-13
```
> library(wbstats)
> b <- wb_search(pattern="birth rate")
> b$indicator_id
[1] "SH.DYN.STLB"    "SP.DYN.CBRT.IN" "SP.DYN.CDRT.IN"
> birth.rate <- wb_data(indicator="SP.DYN.CBRT.IN",
+                       country=c("KOR", "JPN", "CHN"), mrv=50)
```

```
> birth.rate
# A tibble: 150 x 9
  iso2c iso3c country  date SP.DYN.CBRT.IN unit  obs_status footnote last_updated
  <chr> <chr> <chr>   <dbl>          <dbl> <chr> <chr>      <chr>    <date>
 1 CN    CHN   China    1970           33.4 NA    NA         NA       2021-12-16
 2 CN    CHN   China    1971           30.6 NA    NA         NA       2021-12-16
 3 CN    CHN   China    1972           29.8 NA    NA         NA       2021-12-16
 4 CN    CHN   China    1973           27.9 NA    NA         NA       2021-12-16
 5 CN    CHN   China    1974           24.8 NA    NA         NA       2021-12-16
 6 CN    CHN   China    1975           23.0 NA    NA         NA       2021-12-16
 7 CN    CHN   China    1976           19.9 NA    NA         NA       2021-12-16
 8 CN    CHN   China    1977           18.9 NA    NA         NA       2021-12-16
 9 CN    CHN   China    1978           18.2 NA    NA         NA       2021-12-16
10 CN    CHN   China    1979           17.8 NA    NA         NA       2021-12-16
# ... with 140 more rows
> library(ggplot2)
> ggplot(birth.rate, aes(x=date, y=SP.DYN.CBRT.IN, color=country)) +
+   geom_line(size=1.5) +
+   labs(title="Birth Rate Trend", x="Year", y="Birth Rate (per 1,000 people)") +
+   theme(legend.position=c(0.85, 0.85))
```

wbstats 패키지의 사용방법에 대해서는 '제7장 입력과 출력'의 '7.1 입력'을 참고한다.

Chapter 12 데이터분석

12-1

```
> library(car)
> str(Salaries)
'data.frame':   397 obs. of  6 variables:
 $ rank         : Factor w/ 3 levels "AsstProf","AssocProf",..: 3 3 1 3 3 2 3 3 3 ...
 $ discipline   : Factor w/ 2 levels "A","B": 2 2 2 2 2 2 2 2 2 2 ...
 $ yrs.since.phd: int  19 20 4 45 40 6 30 45 21 18 ...
 $ yrs.service  : int  18 16 3 39 41 6 23 45 20 18 ...
 $ sex          : Factor w/ 2 levels "Female","Male": 2 2 2 2 2 2 2 2 2 1 ...
 $ salary       : int  139750 173200 79750 115000 141500 97000 175000 147765 129000 ..
> t.test(salary ~ sex, data=Salaries)

     Welch Two Sample t-test

data:  salary by sex
t = -3.1615, df = 50.122, p-value = 0.002664
```

```
alternative hypothesis: true difference in means is not equal to 0
95 percent confidence interval:
 -23037.916  -5138.102
sample estimates:
mean in group Female   mean in group Male
            101002.4             115090.4
```

p−값이 일반적 유의수준 0.05보다 작으므로 성별에 따라 연봉에 있어서 차이가 없다는 귀무가설을 기각한다. 따라서 성별 간에는 연봉의 차이가 존재한다.

12-2

```
> cures <- c(21, 31, 45)
> patients <- c(30, 50, 65)
> prop.test(cures, patients)

    3-sample test for equality of proportions without continuity correction

data:  cures out of patients
X-squared = 0.83175, df = 2, p-value = 0.6598
alternative hypothesis: two.sided
sample estimates:
   prop 1    prop 2    prop 3
0.7000000 0.6200000 0.6923077
```

p−값이 일반적 유의수준 0.05보다 크므로 세 신약 간에 치료율에 있어서 차이가 없다는 귀무가설을 기각하지 못한다. 따라서 세 신약 간에 치료율에 있어서 차이가 존재한다고 볼 수 없다.

12-3

```
> library(car)
> salary.aov <- aov(salary ~ sex * rank, data=Salaries)
> summary(salary.aov)
             Df    Sum Sq   Mean Sq F value    Pr(>F)
sex           1 6.980e+09 6.980e+09  12.452  0.000467 ***
rank          2 1.371e+11 6.855e+10 122.279   < 2e-16 ***
sex:rank      2 4.360e+07 2.180e+07   0.039  0.961859
Residuals   391 2.192e+11 5.606e+08
---
Signif. codes:  0 '***' 0.001 '**' 0.01 '*' 0.05 '.' 0.1 ' ' 1
```

성별과 직급의 주효과에 대한 p−값은 일반적 유의수준 0.05보다 작으므로 성별과 직급에 따라 연봉에 있어서 차이가 존재한다. 그러나 성별과 직급의 상호작용효과에 대한 p−값은 유의수준 0.05보다 크므로 성별과 직급의 조합에 따른 연봉의 차이는 존재하지 않는다.

12-4
```
> str(women)
'data.frame':  15 obs. of  2 variables:
 $ height: num  58 59 60 61 62 63 64 65 66 67 ...
 $ weight: num  115 117 120 123 126 129 132 135 139 142 ...
> women.lm <- lm(weight ~ height, data=women)
> summary(women.lm)

Call:
lm(formula = weight ~ height, data = women)

Residuals:
    Min      1Q  Median      3Q     Max
-1.7333 -1.1333 -0.3833  0.7417  3.1167

Coefficients:
             Estimate Std. Error  t value Pr(>|t|)
(Intercept) -87.51667    5.93694   -14.74 1.71e-09 ***
height        3.45000    0.09114    37.85 1.09e-14 ***
---
Signif. codes:  0 '***' 0.001 '**' 0.01 '*' 0.05 '.' 0.1 ' ' 1

Residual standard error: 1.525 on 13 degrees of freedom
Multiple R-squared:  0.991,     Adjusted R-squared:  0.9903
F-statistic:  1433 on 1 and 13 DF,  p-value: 1.091e-14
```

도출한 선형회귀식은 weight=−87.52+3.45×height이다. 키가 60, 65, 70인치일 때의 몸무게에 대한 예측값은 다음과 같이 구할 수 있다.

```
> women.new <- data.frame(height=c(60, 65, 70))
> predict(women.lm, newdata=women.new)
       1        2        3
119.4833 136.7333 153.9833
```

12-5
```
> str(USArrests)
'data.frame':  50 obs. of  4 variables:
 $ Murder  : num  13.2 10 8.1 8.8 9 7.9 3.3 5.9 15.4 17.4 ...
 $ Assault : int  236 263 294 190 276 204 110 238 335 211 ...
 $ UrbanPop: int  58 48 80 50 91 78 77 72 80 60 ...
 $ Rape    : num  21.2 44.5 31 19.5 40.6 38.7 11.1 15.8 31.9 25.8 ...
> USArrests.scaled <- scale(USArrests)
> d <- dist(USArrests.scaled)
> clustering.average <- hclust(d, method="average")
```

```
> library(NbClust)
> nc <- NbClust(USArrests.scaled, distance="euclidean",
+               min.nc=3, max.nc=10, method="average")
> table(nc$Best.nc[1,])

 0  2  3  4  5  6  8  9 10
 2  1  4  8  7  1  1  1  1
```

여덟 개의 지표가 네 개 군집을 추천하였으므로 네 개 군집을 생성한다.

```
> clusters <- cutree(clustering.average, k=4)
> table(clusters)
clusters
 1  2  3  4
 7  1 12 30
```

네 개 군집을 다음과 같이 덴드로그램과 군집도표를 통해 시각적으로 확인할 수 있다.

```
> windows(width=7.0, height=5.5)
> plot(clustering.average, hang=-1, cex=0.7,
+      xlab="States", main="Hierarchical Clustering for USA States\nby Crime Rates")
> rect.hclust(clustering.average, k=4)
```

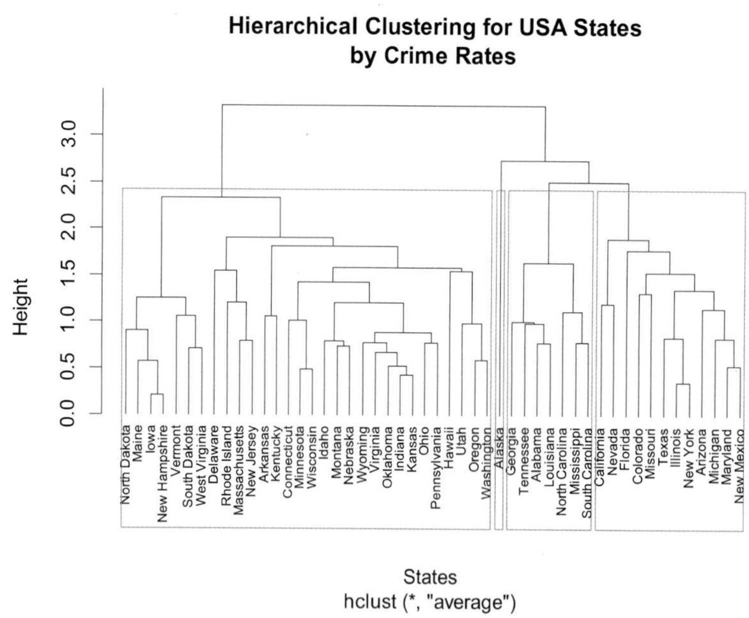

```
> library(cluster)
> clusplot(x=USArrests, clus=clusters, color=TRUE, shade=TRUE,
+          labels=2, lines=0, main="Cluster Plot for USA States\nby Crime Rates")
```

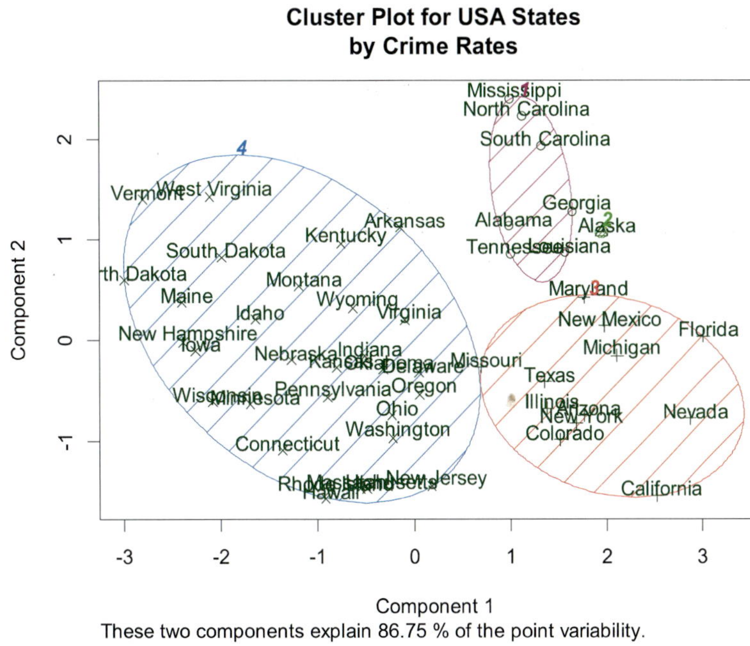

12-6 계층적 군집분석(문제 12-5)에서와 마찬가지로 네 개의 군집을 생성한다.

```
> USArrests.scaled <- scale(USArrests)
> set.seed(123)
> clustering.km <- kmeans(USArrests.scaled, centers=4, nstart=25)
> clustering.km$size
[1]  8 13 16 13
```

네 개 군집을 다음과 같이 군집도표로 그릴 수 있다.

```
> library(cluster)
> clusplot(x=USArrests, clus=clustering.km$cluster, color=TRUE, shade=TRUE,
+          labels=2, lines=0, main="Cluster Plot for USA States")
```

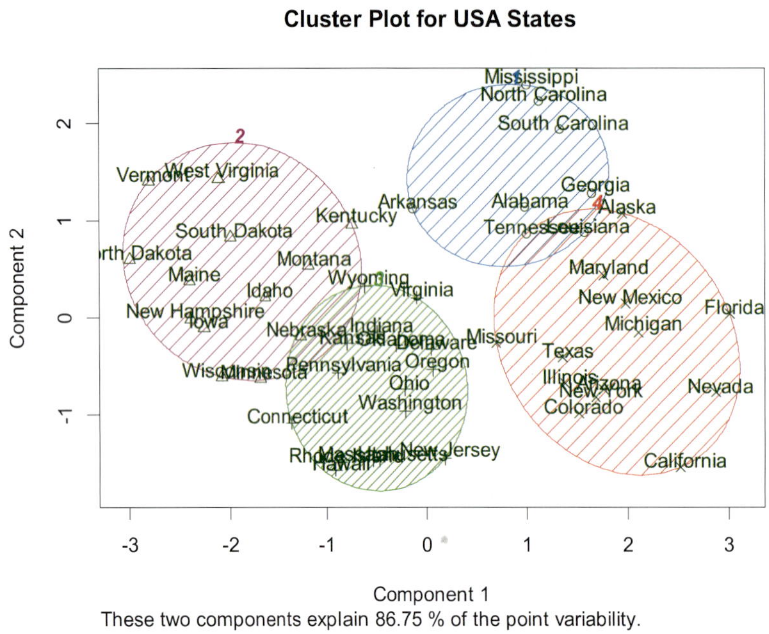

12-7
```
> library(titanic)
> data(titanic_train)
> str(titanic_train)
'data.frame':  891 obs. of  12 variables:
 $ PassengerId: int  1 2 3 4 5 6 7 8 9 10 ...
 $ Survived   : int  0 1 1 1 0 0 0 0 1 1 ...
 $ Pclass     : int  3 1 3 1 3 3 1 3 3 2 ...
 $ Name       : chr  "Braund, Mr. Owen Harris" "Cumings, Mrs. John Bradley
 (Florence Briggs Thayer)" "Heikkinen, Miss. Laina" "Futrelle, Mrs. Jacques Heath
 (Lily May Peel)" ...
 $ Sex      : chr  "male" "female" "female" "female" ...
 $ Age      : num  22 38 26 35 35 NA 54 2 27 14 ...
 $ SibSp    : int  1 1 0 1 0 0 0 3 0 1 ...
 $ Parch    : int  0 0 0 0 0 0 0 1 2 0 ...
 $ Ticket   : chr  "A/5 21171" "PC 17599" "STON/O2. 3101282" "113803" ...
 $ Fare     : num  7.25 71.28 7.92 53.1 8.05 ...
 $ Cabin    : chr  "" "C85" "" "C123" ...
 $ Embarked : chr  "S" "C" "S" "S" ...
```

다섯 개의 열을 선택하여 분석을 위한 별도의 데이터셋을 생성하고, 종속변수로 사용할 변수를 팩터로 변환한다.

```
> titanic <- titanic_train[, c(2,3,5,6,7)]
> titanic$Survived <- factor(titanic$Survived, levels=c(0,1),
+                            labels=c("Dead", "Alive"))
> str(titanic)
'data.frame':	891 obs. of  5 variables:
 $ Survived: Factor w/ 2 levels "Dead","Alive": 1 2 2 2 1 1 1 1 2 2 ...
 $ Pclass  : int  3 1 3 1 3 3 1 3 3 2 ...
 $ Sex     : chr  "male" "female" "female" "female" ...
 $ Age     : num  22 38 26 35 35 NA 54 2 27 14 ...
 $ SibSp   : int  1 1 0 1 0 0 0 3 0 1 ...
```

데이터셋을 훈련 데이터와 테스트 데이터로 분할하고, 훈련 데이터를 이용하여 로지스틱 회귀모델을 생성한다.

```
> set.seed(123)
> train <- sample(nrow(titanic), 0.7*nrow(titanic))
> titanic.train <- titanic[train,]
> titanic.test <- titanic[-train,]
> table(titanic.train$Survived)

 Dead Alive 
  381   242 
> table(titanic.test$Survived)

 Dead Alive 
  168   100 
> titanic.logit <- glm(Survived ~ ., family=binomial(), data=titanic.train)
> summary(titanic.logit)

Call:
glm(formula = Survived ~ ., family = binomial(), data = titanic.train)

Deviance Residuals: 
    Min       1Q   Median       3Q      Max  
-2.4331  -0.6629  -0.3708   0.6284   2.5131  

Coefficients:
            Estimate Std. Error z value Pr(>|z|)    
(Intercept)  6.01248    0.66806   9.000  < 2e-16 ***
Pclass      -1.36238    0.17033  -7.998 1.26e-15 ***
Sexmale     -2.64298    0.26216 -10.081  < 2e-16 ***
Age         -0.05326    0.01001  -5.321 1.03e-07 ***
SibSp       -0.41165    0.14309  -2.877  0.00402 ** 
```

```
---
Signif. codes:  0 '***' 0.001 '**' 0.01 '*' 0.05 '.' 0.1 ' ' 1

(Dispersion parameter for binomial family taken to be 1)

    Null deviance: 673.68  on 496  degrees of freedom
Residual deviance: 443.00  on 492  degrees of freedom
  (결측으로 인하여 126개의 관측치가 삭제되었습니다.)
AIC: 453

Number of Fisher Scoring iterations: 5
```

테스트 데이터에 대해 로지스틱 회귀모델을 적용하여 생존 확률을 추정하고, 생존 확률 0.5를 기준으로 생존 여부를 예측한다. 예측값과 실제값을 비교하여 예측모델의 성능을 평가한다.

```
> titanic.logit.pred <- predict(titanic.logit, newdata=titanic.test, type="response")
> head(titanic.logit.pred)
         1          3          4          7          9         12
0.09103568 0.63193593 0.91484587 0.29545931 0.61946297 0.82648585
> titanic.logit.pred <- factor(titanic.logit.pred > 0.5, levels=c(FALSE,TRUE),
+                              labels=c("Dead", "Alive"))
> head(titanic.logit.pred)
    1     3     4     7     9    12
 Dead Alive Alive  Dead Alive Alive
Levels: Dead Alive
> titanic.logit.perf <- table(titanic.test$Survived, titanic.logit.pred,
+                             dnn=c("Actual", "Predicted"))
> titanic.logit.perf
      Predicted
Actual  Dead Alive
  Dead   111    21
  Alive   23    62
> mean(titanic.test$Survived==titanic.logit.pred, na.rm=TRUE)
[1] 0.797235
```

로지스틱 회귀모델은 테스트 데이터에 포함된 217명의 승객 가운데 173명의 생존 여부를 정확히 예측하여 약 79.7%의 예측 정확도를 보인다(결측값을 갖고 있는 51명은 예측에서 제외되었음).

12-8 로지스틱 회귀분석(문제 12-7)에서와 동일한 데이터 전처리 작업을 수행한다.

```
> data(titanic_train)
```

```
> titanic <- titanic_train[, c(2,3,5,6,7)]
> titanic$Survived <- factor(titanic$Survived, levels=c(0,1),
+                            labels=c("Dead", "Alive"))
> set.seed(123)
> train <- sample(nrow(titanic), 0.7*nrow(titanic))
> titanic.train <- titanic[train,]
> titanic.test <- titanic[-train,]
> table(titanic.train$Survived)

 Dead Alive
  381   242
> table(titanic.test$Survived)

 Dead Alive
  168   100
```

훈련 데이터를 이용하여 의사결정나무모델을 생성한다.

```
> library(rpart)
> set.seed(123)
> titanic.dtree <- rpart(Survived ~ ., data=titanic.train, method="class",
+                        parms=list(split="gini"))
> library(rpart.plot)
```

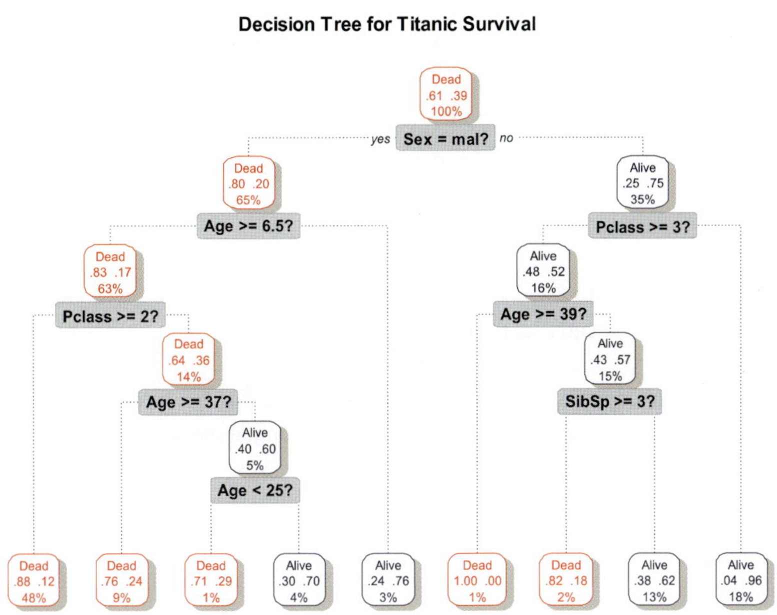

```
> cols <- ifelse(titanic.dtree$frame$yval==2, "darkblue", "red")
> prp(titanic.dtree, type=2, extra=104, fallen.leaves=TRUE, branch.lty=3,
+     col=cols, border.col=cols, shadow.col="gray", box.col="snow",
+     split.cex=1.2, split.suffix="?",
+     split.box.col="lightgray", split.border.col="darkgray", split.round=0.5,
+     main="Decision Tree for Titanic Survival")
```

테스트 데이터에 대해 의사결정나무모델을 적용하여 생존 여부를 예측한다. 예측값과 실제값을 비교하여 예측모델의 성능을 평가한다.

```
> titanic.dtree.pred <- predict(titanic.dtree, newdata=titanic.test, type="class")
> head(titanic.dtree.pred)
    1     3     4     7     9    12
 Dead Alive Alive  Dead Alive Alive
Levels: Dead Alive
> titanic.dtree.perf <- table(titanic.test$Survived, titanic.dtree.pred,
+                             dnn=c("Actual", "Predicted"))
> titanic.dtree.perf
      Predicted
Actual  Dead Alive
  Dead   140    28
  Alive   26    74
> mean(titanic.test$Survived==titanic.dtree.pred)
[1] 0.7985075
```

의사결정나무모델은 268명 가운데 214명의 생존 여부를 정확히 예측하여 79.9%의 예측 정확도를 보인다.

12-9
```
> url <- "https://en.wikisource.org/wiki/We_choose_to_go_to_the_moon"
> library(httr)
> library(XML)
> html <- GET(url)
> html.parsed <- htmlParse(html)
> text <- xpathSApply(html.parsed, path="//p", xmlValue)
> text
 [1] "Delivered at Rice University in Houston, Texas on 12 September 1962.\n"
 [2] "President Pitzer, Mr. Vice President, Governor, Congressman Thomas, Senator
Wiley, and Congressman Miller, Mr. Webb, Mr. Bell, scientists, distinguished guests,
and ladies and gentlemen:\n"
…(중략)
```

```
[16] "We choose to go to the moon. We choose to go to the moon... (interrupted by
applause) we choose to go to the moon in this decade and do the other things, not
because they are easy, but because they are hard, because that goal will serve to
organize and measure the best of our energies and skills, because that challenge is
one that we are willing to accept, one we are unwilling to postpone, and one which we
intend to win, and the others, too."
…(중략)
[32] "Thank you.\n"
[33] "This work is in the public domain in the United States because it is a work of
the United States federal government (see 17U.S.C.105).\n"

> text <- text[2:32]
> text
[1] "President Pitzer, Mr. Vice President, Governor, Congressman Thomas, Senator
Wiley, and Congressman Miller, Mr. Webb, Mr. Bell, scientists, distinguished guests,
and ladies and gentlemen:\n"
…(중략)
[31] "Thank you.\n"
```

웹사이트로부터 추출한 텍스트를 tm 패키지의 코퍼스 형식으로 변환하고 텍스트에 대한 전처리 작업을 수행한다. 전처리가 끝난 텍스트는 분석을 위한 문서-용어행렬로 변환한다.

```
> library(tm)
> docs <- VCorpus(VectorSource(text))
> lapply(docs, function(x)(x$content))
$`1`
[1] "President Pitzer, Mr. Vice President, Governor, Congressman Thomas, Senator Wiley,
and Congressman Miller, Mr. Webb, Mr. Bell, scientists, distinguished guests, and
ladies and gentlemen:\n"

…(중략)

$`31`
[1] "Thank you.\n"
> docs <- tm_map(docs, removePunctuation)
> docs <- tm_map(docs, content_transformer(tolower))
> docs <- tm_map(docs, removeNumbers)
> mystopwords <- c(stopwords("english"),
+                  c("ago", "and", "but", "can", "may", "must", "say", "the", "will"))
> docs <- tm_map(docs, removeWords, mystopwords)
> docs <- tm_map(docs, stripWhitespace)
> lapply(docs, function(x)(x$content))
```

```
> dtm <- DocumentTermMatrix(docs)
> dtm
<<DocumentTermMatrix (documents: 31, terms: 642)>>
Non-/sparse entries: 897/19005
Sparsity           : 95%
Maximal term length: 14
Weighting          : term frequency (tf)
```

문서용어행렬을 이용하여 빈번히 출현하는 단어를 다양한 방식으로 탐색할 수 있다. 가장 빈번히 등장하는 단어로 new, space, moon 등이 눈에 띈다.

```
> term.freq <- colSums(as.matrix(dtm))
> term.freq[head(order(term.freq, decreasing=TRUE), 7)]
      new     space     years       man knowledge     first      moon 
       22        22        11        10         9         8         8 
> findFreqTerms(dtm, lowfreq=8)
[1] "first"     "knowledge" "man"       "moon"      "new"       "space"     "years"
> term.freq.df <- data.frame(Words=names(term.freq), Frequency=term.freq)
> library(ggplot2)
> ggplot(subset(term.freq.df, Frequency >=7), aes(Words, Frequency)) +
+   geom_bar(stat="identity", fill="indianred3", color="black")
```

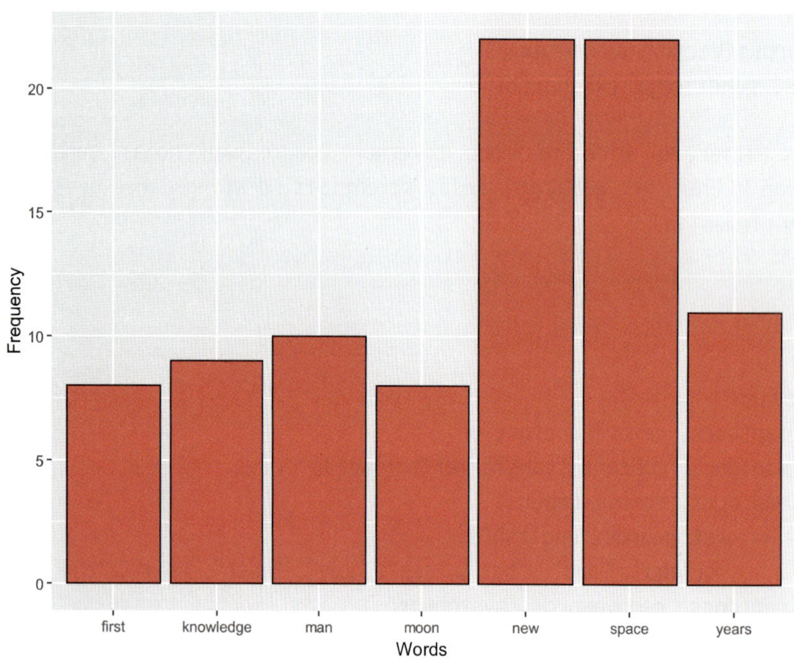

다음과 같이 워드클라우드를 이용하여 가장 빈번히 출현하는 단어의 분포를 시각적으로 확인할 수 있다.

```
> library(wordcloud)
> term.freq <- colSums(as.matrix(dtm))
> set.seed(123)
> wordcloud(words=names(term.freq), freq=term.freq, min.freq=3,
+           random.order=FALSE, random.color=FALSE, colors=brewer.pal(6, "Dark2"))
```

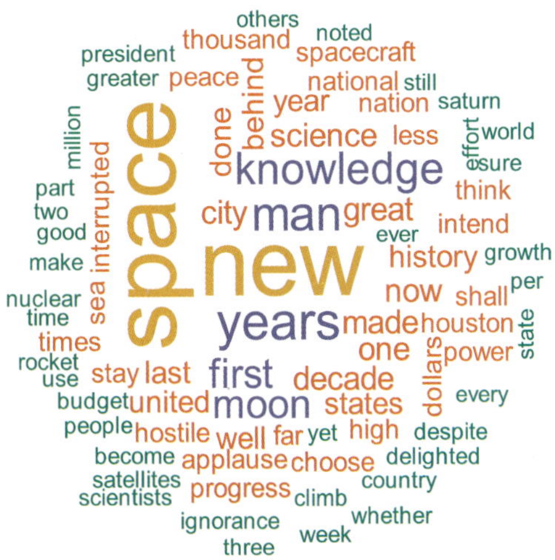


```
12-10 > url <- "https://archive.nytimes.com/www.nytimes.com/learning/general/onthisday/big/0911.html"
> library(httr)
> library(XML)
> html <- GET(url)
> html.parsed <- htmlParse(html)
> text <- xpathSApply(html.parsed, path="//p", fun=xmlValue)
> str(text)
 chr [1:57] "" "" "" "" "" ...

> text <- text[text != ""]
> text <- paste(text, collapse=" ")
> text <- gsub("\\s{2,} | \n", "", text)

> library(tm)
> docs <- VCorpus(VectorSource(text))
> inspect(docs)
<<VCorpus>>
Metadata:  corpus specific: 0, document level (indexed): 0
Content:  documents: 1
```

```
[[1]]
<<PlainTextDocument>>
Metadata:  7
Content:  chars: 15483

> docs <- tm_map(docs, content_transformer(tolower))
> mystopwords <- c(stopwords("english"),
+                  c("also", "among", "but", "even", "four", "get", "one", "said",
+                    "the", "there", "two", "three"))
> docs <- tm_map(docs, removeWords, mystopwords)
> docs <- tm_map(docs, removePunctuation)
> docs <- tm_map(docs, removeNumbers)
> docs <- tm_map(docs, stripWhitespace)
> docs <- tm_map(docs, stemDocument)
> lapply(docs, function(x)(x$content))
$`1`
[1] "hijack ram jetlin new york world trade center tower yesterday toppl hellish storm
ash glass smoke leap victim third jetlin crashedinto pentagon virginia offici count
presid bush thousand perish …(중략)… america inc recent year complex fill tenant
revenu increas addit tower design architect minoru yamasaki feet tall complex
includedfour build gone total million squar feet rentabl offic space"

> dtm <- DocumentTermMatrix(docs)
> dtm
<<DocumentTermMatrix (documents: 1, terms: 802)>>
Non-/sparse entries: 802/0
Sparsity           : 0%
Maximal term length: 18
Weighting          : term frequency (tf)
> inspect(dtm[, 1:10])
<<DocumentTermMatrix (documents: 1, terms: 10)>>
Non-/sparse entries: 10/0
Sparsity           : 0%
Maximal term length: 9
Weighting          : term frequency (tf)
Sample             :
    Terms
Docs abandon abl aboard abroad absenc accompani achiev ackerman across act
   1       1   1      1      1      1         1      1        1      5   4

> term.freq <- colSums(as.matrix(dtm))
> term.freq[order(term.freq, decreasing=TRUE)][1:10]
```

```
peopl  tower   unit  build   new  attack  center  state  world   citi
   18     18     15     13    12      11      11     11     11      9

> library(wordcloud)
> library(RColorBrewer)
> set.seed(123)
> term.freq <- colSums(as.matrix(dtm))
> wordcloud(words=names(term.freq), freq=term.freq, scale=c(4, 0.2), min.freq=3,
+           rot.per=0, random.order=FALSE, random.color=FALSE,
+           colors=brewer.pal(5, "Set1"))
```

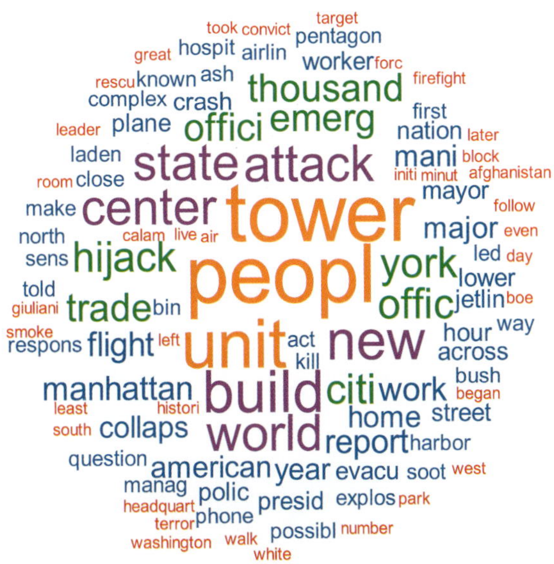

| 참고문헌 |

곽기영 2022. R을 이용한 웹스크레이핑과 데이터분석. 서울: 도서출판 청람.

곽기영 2019. R을 이용한 통계데이터분석. 서울: 도서출판 청람.

Adler, J. 2012. *R in a Nutshell*, Sebastopol, CA: O'Reilly.

Albert, J., and Rizzo, M. 2011. *R by Example*, Baltimore, MD: Springer.

Chang, W. 2018. *R Graphics Cookbook*, Sebastopol, CA: O'Reilly.

Cotton, R. 2013. *Learning R*, Sebastopol, CA: O'Reilly.

Gardener, M. 2012. *Beginning R: The Statistical Programming Language*, Indianapolis, IN: John Wiley & Sons.

Gohil, A. 2015. *R Data Visualization Cookbook*, Birmingham, UK: Packt Publishing.

Husson, F., Le, S., and Pages, J. 2020. *Exploratory Multivariate Analysis by Example Using R*, Boca Raton, FL: CRC Press.

James, G., Witten, D., Hastie, T., and Tibshirani, R. 2021. *An Introduction to Statistical Learning with Applications in R*, New York: Springer.

Kabacoff, R. 2022. *R in Action*, Shelter Island, NY: Manning.

Lander, J. P. 2017. *R for Everyone: Advanced Analytics and Graphics*, Upper Saddle River, NJ: Pearson Education.

Lantz, B. 2019. *Machine Learning with R*, Birmingham, UK: Packt Publishing.

Ledolter, J. 2013. *Data Mining and Business Analytics with R*, Hoboken, NJ: John Wiley & Sons.

Maindonald, J., and Braun, W. J. 2010. *Data Analysis and Graphics Using R: An Example-Based Approach*, Cambridge, UK: Cambridge University Press.

Matloff, N. 2011. *The Art of R Programming*, San Francisco, CA: No Starch Press.

O'Neil, C. and Schutt, R. 2013. *Doing Data Science*, Sebastopol, CA: O'Reilly.

Provost, F., and Fawcett, T.. 2013. *Data Science for Business*, Sebastopol, CA: O'Reilly.

R-bloggers. https://www.r-bloggers.com.

Stackoverflow. https://stackoverflow.com.

Tidyverse. https://www.tidyverse.org.

Teetor, P. 2019. *R Cookbook*, Sebastopol, CA: O'Reilly.

Torgo, L. 2017. *Data Mining with R: Learning with Case Studies*, Boca Raton, FL: CRC Press.

Vries, A., and Meys, J. 2015. *R for Dummies*, West Sussex, England: John Wiley & Sons.

Wickham, H. 2016. *ggplot2: Elegant Graphics for Data Analysis*, Baltimore, MD: Springer.

Wickham, H., and Grolemund, G. 2017. *R for Data Science*, Sebastopol, CA: O'Reilly.

Zumer, N., and Mount, J. 2019. *Practical Data Science with R*, Shelter Island, NY: Manning.

| 찾아보기 |

국문

영문

기타

| 저자약력 |

곽기영

곽기영 교수(kykwahk@kookmin.ac.kr)는 국민대학교 경영대학과 비즈니스IT전문대학원에 재직 중이다. 서울대학교 경영대학을 졸업하였으며 KAIST에서 석사 및 박사 학위를 취득하였다. 한국경영학회, 한국경영정보학회, 한국경영과학회, 한국지식경영학회, 한국지능정보시스템학회, 한국정보시스템학회, 디지털산업정보학회 등으로부터 논문상을 수상하였다. 『소셜네트워크분석』, 『R을 이용한 웹스크레이핑과 데이터분석』, 『R을 이용한 통계데이터분석』, 『SPSS를 이용한 통계데이터분석』 등의 저서를 출간하며, 통계 및 데이터분석 분야에서 활발한 저술 활동을 하고 있다. 삼성SDS에서 정부기관 및 기업을 상대로 정보전략계획, 비즈니스 프로세스 리엔지니어링, e-비즈니스 등과 관련된 프로젝트를 수행하며 IT 컨설턴트로 재직한 경험이 있으며 CISA(Certified Information Systems Auditor), PMP(Project Management Professional), CGEIT(Certified in the Governance of Enterprise IT) 등의 국제자격을 보유하고 있다.

YouTube: https://www.youtube.com/곽기영
GitHub: https://github.com/kykwahk

R 기초와 활용(제2판)

2017년 3월 7일 1판 1쇄 발행
2022년 3월 7일 2판 1쇄 발행

저　자 | 곽기영
발행인 | 이수영
발행처 | 도서출판 청람
서울시 마포구 독막로 288(대흥동, 세양상가 109호)
전　화 | 02)3272-2601~2
팩　스 | 02)3272-2603
이메일 | crbooks@daum.net
홈페이지 | http://www.crbooks.co.kr
등　록 | 2000년 8월 26일 제6-0509호

ISBN 978-89-5972-855-8 93320 [정가 39,000원]